Nr. 22 · Teil II
S. 9169—9552

1963
29. Mai

Chemisches Zentralblatt

Vollständiges Repertorium für alle Zweige der reinen und angewandten Chemie

1830 gegründet. 1897—1945 von der Deutschen Chemischen Gesellschaft fortgeführt. Im Auftrage der Deutschen Akademie der Wissenschaften zu Berlin, der Chemischen Gesellschaft in der DDR, der Akademie der Wissenschaften zu Göttingen und der Gesellschaft Deutscher Chemiker (in der BRD)

herausgegeben von Prof. Dr. **Heinrich Bertsch** und Prof. Dr. Dr. h. c. **Wilhelm Klemm**

134. Jahrgang

1963

Chefredakteure: Dr. Eugen Klever und Prof. Dr.-Ing. Eberhard Leibnitz

Akademie-Verlag GmbH., Berlin — Verlag Chemie, GmbH., Weinheim/Bergstr.

Inhalt

Sprachenbezeichnung in den Referaten des Chemischen Zentralblattes

(Abkürzungen laut DIN-Normblatt 1502, Beiblatt 1)

Albanisch	= alb.	Griechisch	= griech.	Rumänisch	= rum.
Bulgarisch	= bulg.	Irisch	= ir.	Russisch	= russ.
Chinesisch	= chin.	Italienisch	= ital.	Schwedisch	= schwed.
Dänisch	= dän.	Japanisch	= jap.	Serbokroatisch	= serbokroat.
Deutsch	= dt.	Lateinisch	= lat.	Slowakisch	= slowak.
Englisch	= engl.	Litauisch	= litau.	Slowenisch	= slowen.
Estnisch	= estn.	Niederländisch	= niederl.	Spanisch	= span.
Finisch	= finn.	Norwegisch	= norw.	Tschechisch	= tschech.
Flämisch	= fläm.	Persisch	= pers.	Türkisch	= türk.
Französisch	= franz.	Polnisch	= pol.	Ukrainisch	= ukrain.
		Portugiesisch	= port.	Ungarisch	= ung.

Namenregister

Patentregister

Nr. — Seite

Auslegeschriften der Patentanmeldungen des Deutschen Patentamtes München (D.A.S.)

Amerikanische Patente (A.P.)

Australische Patente (Aust.P.)

Belgische Patente (Belg.P.)

Canadische Patente (Can.P.)

Englische Patente (E.P.)

Chemisches Zentralblatt

1963 Nr. 22. Teil II 29. Mai

Geschichte. Unterricht

Nobelpreise für Physik und Chemie. John R. Pellam und David Harker. (Science [Washington] **138,** 667—69, 9/11. 1962; Pasadena, Calif.; Buffalo, N. Y., Roswell Memorial Inst., Biophys. Dep.; engl.) — Würdigung der Preisträger 1962. Der Preis für Physik wurde dem sowjet. Physiker Lew Dawidowitsch Landau für seine quantentheoret. Unters. über das Verh. von fl. He bei tiefen Temp., der Preis für Chemie den brit. Wissenschaftlern John Cowdery Kendrew u. Max Ferdinand Perutz für ihre röntgenograph. Unterss. über die Struktur von Proteinen (Myoglobin u. Hämoglobin) verliehen. — Bilder. A. Blaschette. 1◇

Nobelpreis für Medizin und Physiologie. John T. Edsall. (Science [Washington] **138,** 498—500, 26/10. 1962; Harvard Univ., Biol. Labor.; engl.) — Vgl. vorst. Referat. — Würdigung der Arbeiten des Amerikaners James Dewey Watson u. der brit. Wissenschaftler Francis Harry Compton Crick u. Maurice Hugh Frederick Wilkins, denen der Nobelpreis für Medizin 1962 gemeinsam für ihre Unterss. über die Struktur der Nucleinsäuren u. deren Bedeutung für die Informationsübermittlung in lebenden Syst. verliehen wurde. — Bilder. A. Blaschette. 1◇

Nikolai Arkadewitsch Issmailow. Anonym. (J. physik. Chem. [UdSSR] **36,** 411—13, Febr. 1962; russ.) — Nachruf auf Prof. Dr. N. A. Issmailow (geb. 22/6. 1907 in Suchumi, gest. 2/11. 1961), zuletzt Direktor des Lehrstuhls für Physikal. Chemie an der Universität Charkow. Würdigung seiner Arbeiten über das Verh. von Säuren u. Basen in nichtwss. Lösungsmitteln. — Bild. Ch. Weiske. 1◇

Mirra Ossipowna Korschun. Anonym. (J. analyt. Chem. [UdSSR] **14,** 383—84, Mai/Juni 1959; russ.) — Nachruf auf M. O. Korschun (geb. 21/8. 1900 in Wilno, gest. 1/12. 1958), Leiterin des mikroanalyt. Laboratoriums des Instituts für elementorgan. Verbb. der Akademie der Wissenschaften der UdSSR. Sie arbeitete u. a. Meth. zur schnellen pyrolyt. Veraschung von organ. Verbb. aus. Ch. Weiske. 1◇

100 Jahre Spektralanalyse. Hans Georg Schäfer. (Chemiker-Zeitung **84,** 732—35, 20/11., 771—74, 5/12. 1960; Aachen; dt.) — Geschichtlicher Überblick (Absorptions-, Emissions-, UV-, IR-, Funken-, Röntgen-, Mikrowellenspektren usw.) — 152 Literaturangaben bis 1954. Ch. Weiske. 2◇

Arsenverteilung in Napoleons Haar. Hamilton Smith, Sten Forshufvud und Anders Wassén. (Nature [London] **194,** 725—26. 26/5. 1962; Glasgow, Univ., Dep. of Forersic Med.; Göteborg; engl.) — Die As-Verteilung in einem 13 cm langen Haar, das am 6/5. 1821 vom Kopf Napoleon I. (gest. 5/5. 1821) geschoren wurde, konnte durch 24std. Aktivierung mit therm. Neutronen (10^{12} $cm^{-2} s^{-1}$) ermittelt werden. Das Ergebnis stützt die Hypothese der Vff., daß Napoleon mit Arsenik vergiftet wurde. A. Blaschette. 2◇

Das technische Ausbildungswesen in der Sowjetunion. 2. Mitt. Walter Niens. (Kerntechn., Isotopentechn. u. -chem. **3,** 137—40, März 1961; Berlin-Reinickendorf, AEG; dt.) — 1. vgl. C. **1962,** 7397. — Universitäten, Hochschulen, Fachschulen. Ch. Weiske. 6◇

· **Experimente zur Allgemeinen Chemie.** 1. Mitt. **Nebelkammer, monomolekularer Film und Atomgewicht von Silber.** R. J. Kokes, M. K. Dorfman und T. Mathia. (J. chem. Educat. **39,** 18—20, Jan. 1962; Baltimore, Md., Johns Hopkins Univ.; engl.) — Zur Einführung in die Atomtheorie schlagen Vff. folgende Verss. vor: 1. Verss. mit der Diffusionsnebelkammer (Beschreibung der App.) zur Beobachtung ionisierender Teilchen, Unterss. der Eigg. radioakt. Substanzen (Zerfallsgeschw., Selbstabsorption von *Uranylnitrat,* Absorption in *Au* u. *Al*). Als radioakt. Quellen dienen Uranylnitratkristalle, *Th*-Metall u. eine α-Strahlen-Quelle. 2. Seifenfilmexperimente (*Stearinsäure* auf W.) zur Berechnung der Ausdehnung von Moll. u.

der Avogadroschen Zahl. 3. Berechnung des Atomgew. von Ag mit Hilfe der Fällungsanalyse. D. Hoene. 6◇

Experimente zur Allgemeinen Chemie. 2. Mitt. **Eine einfache Vakuumanlage.** R. J. Kokes, M. K. Dorfman und T. Mathia. (J. chem. Educat. **39**, 20—22, Jan. 1962; engl.) — 1. vgl. vorst. Referat. — Beschreibung einer einfachen Vakuumanlage für 1. Verss. unter Anwendung des Boyleschen u. des idealen Gasgesetzes, 2. für Molgew.-Best. von Gasen nach 2 Meth. (Ausdehnung des Gases im Vakuum, Effusions-Geschw.-Best.), 3. für Verss. zur Anwendung des idealen Gasgesetzes auf Dampf, der im Gleichgewicht mit Festkörpern, Fll. u. Lsgg. steht (Dampfdruck von *Bzl.* u. Einfl. von *Naphthalin* auf den Dampfdruck, Best. von FF. u. Kpp., der Verdampfungs- u. Schmelzwärmen von Bzl. u. Naphthalin-Bzl.-Lsgg., der molaren F-Erniedrigung u. Kp.-Erhöhung von Bzl.). D. Hoene. 6◇

Hohle Diapositive zur Illustrierung der Kristallstruktur. Malcolm E. Kenney und Selby M. Skinner. (J. chem. Educat. **36**, 495, Okt. 1959; Cleveland, Ohio, Case Inst. of Technol.; engl.) — Beschreibung von hohlen Diapositiven, die mit Stahlkugeln gefüllt werden können u. zur Illustrierung von z. B. Gitterfeldern dienen können. Ch. Weiske. 6□

Chemische Kinetik und thermodynamische Übereinstimmung. Charles E. Hecht. (J. chem. Educat. **39**, 311—13, Juni 1962; Beirut, Libanon, Amer. Univ. of Beirut; engl.) — Der Ablauf mehrerer allg. chem. Rkk. wird kinet. u. thermodynam. erörtert. W. Wesly. 6□

Das „Reaktions-Äquivalent" in stöchiometrischen Problemen. Harold Dorf. (J. chem. Educat. **39**, 298—99, Juni 1962; Brooklyn, N. Y., Midwood High School; engl.) — Zur Ausführung stöchiometr. Rechnungen wird die Einführung des Rk-Äquivalents (RÄ) empfohlen, das auf der stöchiometr. Äquivalenz jedes Rk.-Teilnehmers oder -Prod. in der Gleichgew.-Gleichung einer Rk. beruht. Das RÄ ist für jede Gleichung charakterist. u. wird aus den Koeff. der Gleichgew.-Gleichung bestimmt. Der Wert jedes RÄ ergibt die Reagens- oder Prod.-Menge, die jedem anderen RÄ der Gleichung stöchiometr. äquivalent ist. Die Berechnung wird an einem Beispiel erläutert. W. Wesly. 6□

A. Allgemeine, physikalische und anorganische Chemie

Quantenmechanische Systeme mit unendlicher Metrik. 1. Mitt. E. C. G. Sudarshan. (Physic. Rev. [2] **123**, 2183—93, 15/9. 1961; Rochester, N. Y., Univ. of Rochester, Dep. of Phys. and Astronomy; engl.) — Unters. mit Skizzierung einer relativist. Quantentheorie als Grundlage für eine dynam. Theorie von Elementarteilchen. Herbert Weber. 10◇

Quantenmechanische Systeme mit unendlicher Metrik. 2. Mitt. Howard J. Schnitzer und E. C. G. Sudarshan. (Physic. Rev. [2] **123**, 2193—2201, 15/9. 1961; engl.) — 1. vgl. vorst. Referat. — Unters. einfacher Modelle (z. B. „equalmass"-Modell). Herbert Weber. 10◇

Die Spektraldarstellung der Zweipunktfunktion und lokale Kommutativität. L. Lovitch und Y. Tomozawa. (Nuovo Cimento [10] **24**, 1147—59, 16/6. 1962; Ist. Naz. di Fis. Nucl.; Sez. di Pisa; engl.) — Unters. unter Beschränkung auf Spin-0- u. Spin-$^1/_2$-Felder. Herbert Weber. 10◇

Über die mathematischen Grundlagen der quantenmechanischen Elektronentheorie in unendlichen Kristallgittern. Olaf Tamaschke. (Ann. Physik [7] **8**, 76 bis 98, 1961; Tübingen, Univ., Mathem. Inst.; dt.) — Für die quantenmechan. Beschreibung der Elektronentheorie in unendlichen Kristallgittern, wie sie von Sommerfeld u. Bethe entwickelt wurde, wird ein widerspruchsfreies mathemat. Modell entwickelt. L. Roth. 10□

Eine neue Näherung zum Vielkörperproblem, insbesondere zur Theorie des Elektronengases. Nobuyuki Fukuda. (Physica [Utrecht] **26**, S 162—S 169. Dez. 1960; Tokyo, Univ. of Educat.; engl.) — Anwendung des adiabat. Prozesses. Herbert Weber. 10◇

Drehimpulse in relativistischen Vielkörperproblemen. B. Barsella und E. Fabri. (Physic. Rev. [2] **128**, 451—56, 1/10. 1962; Pisa, Italy, Univ., Ist. di Fis.; Ist. Naz. di Fis. Nucl.; engl.) — Unters. zu einer kanon. Transformation. Herbert Weber. 10◇

Fermionen-Ensembles maximaler Entropie. Martin C. Gutzwiller. (Physic. Rev. [2] **125,** 1455—60, 1/3. 1962; Adliswil-Zurich, Switzerland, IBM, Res. Labor.; engl.) — Quantenmechan. Unters. mit Anwendung auf Halbleiter, Ising-Modell, Supraleitfähigkeit. Herbert Weber. 10◇

Spinsusceptibilität von normalen Fermionensystemen. Ronald M. Rockmore. (Physic. Rev. [2] **125,** 1778—84, 1/3. 1962; Waltham, Mass., Brandeis Univ., Dep. of Phys.; Santa Monica, Calif., RAND Corporat.; engl.) — Unters. des Ansprechens eines in Wechselwrkg. stehenden Vielfermionensystems auf ein angelegtes, räumlich variierendes Magnetfeld nach der vom Vf. früher entwickelten Vielkörper-Störungstheorie (vgl. C. **1960,** 722). Herbert Weber. 10◇

Paramagnetische Eigensusceptibilität der chemischen Elemente. Die durch nicht kompensierte Spins einsamer d- und f-Elektronen der äußeren Unterschalen charakterisierten Elemente. Rose Aynard. (C. R. hebd. Séances Acad. Sci. **255,** 1084 bis 1086, 6/8. 1962; franz.) — Einzelheiten zu der C. **1963,** 3461 referierten period. Klassifizierung der Elemente. A. Blaschette. 10◇

A_1. Kernphysik und Kernchemie

Wasserstoffkerne der primären Höhenstrahlung. C. J. Waddington. (Philos. Mag. [8] **6,** 965—70, Aug. 1961; engl.) — Ein Stapel von 10 Ilford-G5-Emulsionen mit 5 × 5 cm u. 0,6 mm Dicke wurde für fast 11 Std. auf 4,5 mbar geflogen. Aus einer Beobachtung von 118 Sternen wurde der Protonenfluß zu 602 p/m² s sterad gefunden, die Extrapolation auf die obere Grenze der Atmosphäre ergab 540 ± 50p/m² s sterad. M. Wiedemann. 85□

Asymmetrie bei der Erholung von einer sehr tiefen Forbush-Typ-Abnahme in der Höhenstrahlintensität. D. C. Rose und S. M. Lapointe. (Canad. J. Physics **39,** 239—51, Febr. 1961; Ottawa, Canada, Nat. Res. Council, Div. of Pure Phys.; engl.) Herbert Weber. 85◇

Untersuchung hochenergetischer μ-Mesonenströme in breiten atmosphärischen Schauern. B. A. Chrenow. (J. exp. theoret. Physik [UdSSR] **41,** 1402—11, Nov. 1961; Moskau, Univ., Inst. für Kernphysik; russ., Auszug: engl.) — Mittels einer großen Anzahl von Zählern wurden auf der Erdoberfläche u. unter 20 u. 40 m Wasser-Äquivalent die Dichte der Mesonenströme verschiedener Energie in den ausgedehnten Luftschauern bestimmt. Ermittelt wurden die räumliche Verteilung, die Abhängigkeit des Mesonenflusses von der Gesamtzahl der Schauerteilchen u. das Energiespektrum im Bereich von 5—10 GeV. Bei > 5 GeV macht die Energie des Myonenstroms ca. 7% der Energie der Primärteilchen aus. M. Wiedemann. 85□

Untersuchung der Polarisation von μ^+-Mesonen der Höhenstrahlung. A. I. Alichanjan, T. L. Assatiani, E. M. Matewossjan und R. O. Scharchatunjan. (J. exp. theoret. Physik [UdSSR] **42,** 127—29, Jan. 1962; Physik. Inst. der Akad. der Wiss. der ArmenSSR; russ., Auszug: engl.) — Unter der Erde wurde die Polarisation P der Höhenstrahl-μ^+ mit einem mittleren Mindestimpuls von 2,3 GeV/c aus der Asymmetrie der Zerfallspositronen bei der Abbremsung in einem Cu-Absorber bestimmt. M. Wiedemann. 85□

Das Impulsspektrum der μ-Mesonen bei 37 m Wasseräquivalent unter der Erde. J. E. Cousins und W. F. Nash. (Nuovo Cimento **23,** 307—22. 16/1. 1962; Nottingham, Univ., Dep. of Phys.; engl.) — Mittels eines aus 2 Nebelkammern von 28 cm ∅ bestehenden Spektrographen wurde an 1481 Myonen mit mehr als 1 GeV/c unter 34,24 m Wasser-Äquivalent an Fels das Impulsspektrum gemessen. Ein Vgl. mit den aus den Spektren auf Seehöhe abgeleiteten Werten ergibt als wahrscheinlichsten Energieverlust im Fels für den Bereich von 1—20 GeV/c den Wert 7,5 GeV. M. Wiedemann. 90□

Über die μ-Mesonen- und Elektronenstreuung durch Protonen. Van Pei und He Joo sé. (Scientia sinica **10,** 63—69, Mai 1961; Kumaja, Akad. der Wiss.; Peking, Univ.; engl.) — Zur Unters. der magnet. Struktur von Elektronen werden Streu-Verss. an Protonen vorgeschlagen. Für die Struktur von Elektronen u. Myonen bei hohen Energien werden Formfaktoren eingeführt. Die Wirkungsquerschnitte für die Streuung von Myonen u. Elektronen an Protonen werden unter Berücksichtigung der Polarisation in der Einphotonennährung ermittelt. M. Wiedemann. 90□

Pionische Beiträge zum magnetischen Moment des Myons. Loyal Durand, III. (Physic. Rev. [2] **128,** 441—48, 1/10. 1962; New Haven, Conn., Yale Univ.,

Dep. of Phys.; engl.) — Unters. der elektromagnet. Vertex-Funktion für das μ u. der pion. Korrekturen zum Photon-Propagator. Herbert Weber. 90◇

Winkelverteilung der μ-Mesonen beim π-μ-Zerfall. H. Hulubei, J. Ausländer, E. Friedländer und S. Titeica. (J. exp. theoret. Physik [UdSSR] **42,** 303—04, Jan. 1962; Bukarest, Inst. für Atomphys. der Rumän. Akad. der Wiss.; russ.) — Mittel eines Emulsionsstapels wurden 1734 π-μ-e-Zerfälle untersucht u. ein Koeff. der Vorwärts-Rückwärts-Asymmetrie von b = —0,143 ± 0,048 erhalten. M. Wiedemann. 90□

Anwendung der allgemeinen Unitarität auf die Pion–Nucleon-Streuung. K. Meetz. (Physic. Rev. [2] **125,** 714—28, 15/1. 1962; Princeton, N. J., Princeton Univ. Palmer Phys. Labor.; engl.) — Der π–π–N-Zwischenzustand wird in die Unitaritätsbedingungen für π–N-Streuung einbezogen. Herbert Weber. 90◇

s-Wellen–Pion–Nucleon-Streuung und Pion–Pion-Wechselwirkungen. J. Hamilton, T. D. Spearman und W. S. Woolcock. (Ann. Physics **17,** 1—40, Jan. 1962; London, Univ. Coll., Dep. of Phys.; engl.) — Mittels einer Partialwellen-Dispersionsrelation wird gezeigt, wie man die niederenerget. s-Wellen–π–N-Wechsel-Wrkg. in Teile langer u. kurzer Reichweite trennen kann. s-Wellen–π–N-Streuung kann in 4 Hauptbestandteile zerlegt werden: Core-Streuung, T = 0- u. T = 1-π–π-Streuung u. wiederholte Streuung. H. Laue. 90□

Unelastische Pion–Nucleon-Wechselwirkung bei hohen Energien. W. Ss. Baraschenkow, D. I. Blochinzew, Wan Shun, E. K. Michul, Zsu-tschshan Chuan und Schi-ke Chu. (J. exp. theoret. Physik [UdSSR] **42,** 217—23, Jan. 1962; Verein. Inst. für Kernforsch.; russ., Auszug: engl.) — Die peripheren Wechselwrkg. zwischen Pion u. Nucleon werden in der Einmesonenapproximation behandelt. Die Multiplizitäten der erzeugten Teilchen, Energie- u. Winkelverteilung u. transversaler Impuls der Rückstoßnucleonen werden ermittelt. Aus einem Vgl. mit experimentellen Daten ergibt sich die überwiegende Rolle der $\pi\pi$-Wechselwrkg. bei energiereichen πN-Stößen. M. Wiedemann. 90□

Totale $\pi\pm$-p-Querschnitte im Bereich von 450—1650 MeV. Thomas J. Devlin, Burton J. Moyer und Victor Perez-Mendez. (Physik. Rev. [2] **125** 690—700, 15/1. 1962, Berkeley, Calif., Univ. of California, Lawrence Rad. Labor.; engl.) — Vgl. C. **1962, 4793.** — Im π^-–p-Querschnitt wurden Maxima bei 600 ± 15 MeV u. 900 ± 15 MeV beobachtet. Im π^+–p-Querschnitt wurden ein breites Maximum bei ca. 1350 MeV sowie eine „Schulter“ bei ca. 800 MeV erhalten. Herbert Weber. 90◇

Untersuchung der Energieabhängigkeit des Photoerzeugungsquerschnittes von π^+-Mesonen an Wasserstoff in der Nähe der Schwelle. M. I. Adamowitsch, E. G. Gorshewskaja, W. G. Larionowa, N. M. Panowa, W. M. Popowa, Ss. P. Charlamow und F. R. Jagudina. (J. exp. theoret. Physik [UdSSR] **41,** 1811—17, Dez. 1961; Physik. Lebedew-Inst. der Akad. der Wiss. der UdSSR; russ., Auszug: engl.) — Vgl. C. **1962,** 14016. — Photonen mit 167—212 MeV aus dem Synchrotron fielen auf ein H_2-Target, das sich in einer Vakuumkammer befand. Zum Nachw. der erzeugten π^+ unter einem Winkel von 42,5° befanden sich Emulsionen als Detektoren in der Kammer. Bestimmt wurde der differentielle Wirkungsquerschnitt der Photoerzeugung in Abhängigkeit von der Energie, er steigt etwas an. Die Daten stehen mit der Dispersionstheorie im Einklang. M. Wiedemann. 90□

Nucleon- und Kern-Querschnitte für positive Pionen und Protonen oberhalb 1,4 GeV/c. Michael J. Longo und Burton J. Moyer. (Physic. Rev. [2] **125,** 701 bis 713, 15/1. 1962; Berkeley, Calif., Univ. of California, Lawrence Radiat. Labor.; engl.) — Totale π^+–p- u. p–p-Querschnitte wurden im Bereich 1,4—4,0 GeV/c gemessen. Für π^+–p ergibt sich oberhalb 2,0 GeV/c ein nahezu konstanter Wert von ca. 29 mbarn. Der p–p-Querschnitt fällt im untersuchten Impulsbereich von 47,5 auf 41,7 mbarn. Absorptions- u. totale elast. Streuquerschnitte für *Be, C, Al* u. *Cu* ür π^+ u. Protonen bei 3,0 GeV/c werden wiedergegeben. Herbert Weber. 90◇

Elastische Streuung von π^--Mesonen mit Impulsen von 2,8 und 6,8 GeV/c an Kohlenstoff. B. P. Bannik, A. M. Galper, W. G. Grischin, L. P. Kotenko, L. A. Kusin, Je. P. Kusnetzow, G. I. Merson, M. I. Podgoretzki und L. W. Ssilwesstrow. (J. exp. theoret. Physik [UdSSR] **41,** 1394—1401, Nov. 1961; Verein. Inst. für Kernforsch.; russ., Auszug: engl.) — Die Streuung von Pionen mit 2,8 GeV/c an C wurde mit einer Propanblasenkammer ohne Magnetfeld, die von Pionen mit 6,8 GeV/c mit einer 24-Liter-Kammer im Feld von 13700 Oe untersucht. Es wurden im ersten Fall 121 Streuungen über 1—10° u. 30 über $\geq 10°$, im zweiten Fall 301 über $\geq 0{,}33°$ beobachtet. Die differentiellen Wirkungsquerschnitte werden ermittelt u. die Parameter des opt. Modells berechnet. Die Wirkungsquerschnitte für die Streuung der π^- an Neutronen nach rückwärts ergaben sich zu $< 0{,}4$ bzw. $< 0{,}1$ mbarn. M. Wiedemann. 90□

S- und P-Wellen-Wechselwirkungen von K^--Mesonen in Wasserstoff. Paul Nordin jun. (Physic. Rev. [2] **123,** 2168—76, 15/9. 1961; Berkeley, Calif., Univ. of California, Lawrence Radiat. Labor.; engl.) — Messung von Streu- u. Hyperonerzeugungs-Querschnitten für K^--Impulse von 300 u. 400 MeV/c in einer H_2-Blasenkammer. Die mittlere K^--Lebensdauer ergab sich zu $(1{,}31 \pm 0{,}08) \cdot 10^{-8}$ s. Herbert Weber. 90◇

Analyse der K^+-Deuterium-Versuche. Erasmo M. Ferreira. (Ann. Physics **17,** 159—75, Jan. 1962; Rio de Janeiro, Centro Brasil. de Pesqu. Fis.; engl.) — Die Ergebnisse der Analyse der K^+-Deuteron-Streuung werden auf elementare Zweiteilchenprozesse angewandt. Es wird angenommen, daß nur S-Wellen bei der K^+-Neutron-Wechsel-Wrkg. mitwirken. Es wurden 2 Arten von Lösungen für die Streuparameter im Zustand mit Isopin 0 für das K-Nucleon-Syst. erhalten. H. Laue. 90□

Vertex-Funktion, Kopplungskonstante und zusammengesetztes Teilchen. Lu Sun Liu. (Physic. Rev. [2] **125,** 761—70, 15/1. 1962; Chicago, Ill., Univ. of Chicago, Dep. of Phys.; Enrico Fermi Inst. for Nucl. Stud.; engl.) — Als Beispiel wird Σ als gebundener Zustand von Λ u. π durch eine $\Sigma\Lambda\pi$-Kopplung vom Skalartyp betrachtet. Herbert Weber. 90◇

Majorisierung von Feynman-Diagrammen für Prozesse, an denen seltsame Teilchen beteiligt sind. I. A. Drabkin und Ju. A. Jappa. (Nachr. Leningrader Univ. **17,** Nr. 4, Ser. Physik, Chem., Nr. 1, 28—36, 1962; russ., Auszug: engl.) M. Wiedemann. 90◇

Erzeugung von Teilchenbündeln bei sehr hohen Energien. S. D. Drell. (Physic. Rev. Letters **5,** 278—81, 15/9. 1960; Stanford, Calif., Stanford Univ., Dep. of Phys., Inst. of Theor. Phys.; engl.) — Durch Unters. der Übergangsamplituden nahe den Polen, die „realen" Einteilchen-Zwischenzuständen entsprechen, wird gezeigt, daß Photonen zur Erzeugung kollimierter Bündel von energiereichen geladenen Pionen u. K-Mesonen, (Anti-) Nucleonen usw. bes. geeignet sind. Herbert Weber. 90◇

Teilchenerzeugung durch auf Al und Be fallende 10—30-GeV-Protonen. W. F. Baker, R. L. Cool, E. W. Jenkins, T. F. Kycia, S. J. Lindenbaum, W. A. Love, D. Lüers, J. A. Niederer, S. Ozaki, A. L. Read, J. J. Russell und L. C. L. Yuan. (Physic. Rev. Letters **7,** 101—04, 1/8. 1961; Upton, N. Y., Brookhaven Nat. Labor.; engl.) — Die Erzeugungswinkel der auf Al- u. Be-Targets fallenden Protonen betrugen $4^3/_4$, 9, 13 u. 20°. Es werden die Impulsspektren der $\pi\pm$ u. Protonen bei 30 GeV Einfallsenergie u. der $\pi\pm$ bei 10 u. 20 GeV Einfallsenergie der Protonen angegeben, ebenfalls die Erzeugungsverhältnisse am Target von K^+/π^+, K^-/π^- u. $\bar{p}/\pi^-$ bei verschiedenen Impulsen u. Erzeugungswinkeln. Die Erzeugung von K-Mesonen mit niedrigem Impuls scheint hauptsächlich durch K-Paarerzeugung zu erfolgen, während bei Erzeugung von K^+-Mesonen hohen Impulses assoziierte Erzeugung vorherrscht. Die $\bar{p}/\pi^-$-Verhältnisse hängen von der Protoneneinfallsenergie ab. J. M. Spaeth. 90□

Reabsorption schneller Sekundärteilchen in Kernen. J. v. Behr und R. Hagedorn. (Nuovo Cimento **23,** 339—54, 16/1. 1962; Genève, CERN; engl.) — Die Reabsorption von Teilchen wird theoretisch untersucht, dabei wird inkohärente Wechselwrkg. der Nucleonen mit dem Primär- u. den Sekundärteilchen angenommen, was bei hohen Energien zutrifft. Es wird versucht, die Diskrepanzen zwischen statist. Theorie u. Experimenten bei dem $\bar{p}/\pi^-$- u. dem d/p-Verhältnis zu deuten. M. Wiedemann. 90□

Wirkung zweier zusätzlicher Teilchen auf die Symmetrien in starken Wechselwirkungen. D. B. Lichtenberg. (Physic. Rev. Letters **4,** 143—44, 1/2. 1960; East Lansing, Mich., Michigan State Univ., Phys. Dep.; engl.) — Vf. zeigt, daß eine Existenz des D-Mesons (positiv geladen, $S = 2$, $I = 0$) u. des sog. Ω (negatives Baryon mit $S = -3$ u. $I = 0$) zur Modifizierung einiger Schlußfolgerungen über die Symmetrien starker Wechselwrkg. führen. Herbert Weber. 90◇

Über die Strahlung in einem Medium, die durch Photonen verursacht ist, die sich in einem geradlinigen Kanal im Medium bewegen. Nikola St. Kalitzin. (Bull. Inst.

Physique Rech. atom., Acad. bulg. Sci. **8,** 207—17, 1960; bulg., Auszug: engl.) — Die Strahlungsenergie je Längeneinheit des Kanals ergibt sich zu Null für alle Lsgg. des Problems, die den Maxwell-Gleichungen u. gewissen Grenzbedingungen genügen. Für den Fall, daß sich Photonen in einem geradlinigen Kanal im Medium bewegen, tritt keine der Čerenkov-Strahlung analoge Strahlung auf.
M. Wiedemann. 90□

Die auf Lorentz-Transformationen beruhende Theorie des Čerenkov-Effekts. Leon W. Zelby. (J. appl. Physics **33,** 2995—98, Okt. 1962; Camden, N. J., Radio Corp. of America; engl.) — Ausdehnung des Berechnungs-Verf. von Nag u. Sayied (C. **1957,** 8130) auf einen modulierten Elektronenstrahl in Ggw. einer endlichen dielektr. Grenze. P. Frenzel. 90◇

Die Bildung von Positronium in einem Elektronengas. M. A. B. Bég und P. M. Stehle. (Physic. Rev. [2] **113,** 1545—47, 15/3. 1959; Pittsburgh, Pa., Univ. of Pittsburgh; engl.) — Vff. zeigen auf mathemat. Wege, daß für ein Positron in einem freien Elektronengas die Geschw. des strahlungslosen Einfanges, der zur Bldg. von Positronium führt, 6 Größenordnungen höher als die Zerfallsgeschw. ist. Die Verteilung der Positroniumatome zwischen den Triplett- u. Singulett-Zuständen nach dem Einfang ist statist. etwa 3:1. G. Heller. 90◇

Links–Rechts-Asymmetrie bei Paarvernichtungen für transversal polarisierte Positronen. S. C. Miller und R. M. Wilcox. (Physic. Rev. [2] **125,** 629—30, 15/1. 1962; Boulder, Colo., Univ. of Colorado, Dep. of Phys.; engl.) — Berechnungen des Querschnittes bei unpolarisierten Targetelektronen. Herbert Weber. 90◇

Neutrino und Dichte der Materie im Universum. B. Pontecorvo und Ja. Smorodinski. (J. exp. theoret. Physik [UdSSR] **41,** 239—43, Juli 1961; Verein. Inst. für Kernforsch.; russ., Auszug: engl.) — Es wird gezeigt, daß es nicht ausgeschlossen ist, daß die Energiedichte von Neutrino u. Antineutrino im Universum die Energiedichte der Ruhmasse des H-Kerns übertrifft. Im Zusammenhang damit werden die Hypothese der Trennung der Materie von Antimaterie durch Schwankungen in einem ladungssymm. Universum sowie die Frage der Existenz von Antiwelten diskutiert. M. Wiedemann. 90□

Neutrinos und Antineutrinos im freien Raum. W. M. Charitonow. (Ber. Akad. Wiss. UdSSR **141,** 66—69, 1/11. 1961; Physik. Inst. der Akad. der Wiss. der ArmenSSR; russ.) — Vf. führt nach Beschreibung der Entstehungsquellen von Neutrino u. Antinentrino die Möglichkeiten ihrer Registrierung unter terrestr. Bedingungen an. Kurt Winkler. 90◇

Approximative Symmetrien in der Zweineutrinotheorie. G. Feinberg und F. Gürsey. (Physic. Rev. [2] **128,** 378—85, 1/10. 1962; New York, N. Y., Columbia Univ.; Ankara, Turkey, Middle Eastern Techn. Univ.; engl.) — Unters. mit Rotationen, die ν_1 in ν_2 u. e in μ transformieren. Herbert Weber. 90◇

Möglichkeit der Benutzung energiereicher Neutrinos zur Untersuchung schwacher Wechselwirkungen. M. Schwartz. (Physic. Rev. Letters **4,** 306—07, 15/3. 1960; New York, N. Y., Columbia Univ.; engl.) — Diskussion einer Anordnung zur Erzeugung eines energiereichen Neutrinobündels aus dem Zerfall energiereicher Pionen, die aus einem Beschleunigertarget (3-GeV-Protonen) herrühren. (Vgl. nachst. Referat.) Herbert Weber. 90◇

Theoretische Diskussion über mögliche energiereiche Neutrino-Experimente. T. D. Lee und C. N. Yang. (Physic. Rev. Letters **4,** 307—11, 15/3. 1960; New York, N. Y., Columbia Univ.; Princeton, N. J., Inst. for Advanced Study; engl.) — Betrachtungen im Hinblick auf Unterss. über die schwachen Wechselwirkungen.
Herbert Weber. 90◇

Eine Analyse von Resonanzen langsamer Neutronen in Silber. E. R. Rae, E. R. Collins, B. B. Kinsey, J. E. Lynn und E. R. Wiblin. (Nuclear Physics [Amsterdam] **5,** 89—121, Jan. 1958; Harwell, A. E. R. E.; engl.) — Spins, Strahlungsbreiten u. Neutronenbreiten von 10 Niveaus in ^{108}Ag u. ^{110}Ag wurden aus der Messung von totalen, elast. u. Strahlungseinfang-Querschnitten für Resonanzen langsamer Neutronen für $E_n = 1-135$ eV bestimmt. Herbert Weber. 90◇

Abbremsungs- und Diffusionslängen von Neutronen in Graphit–Wismut-Systemen. J. M. Hendrie, J. P. Phelps, G. A. Price und E. V. Weinstock. (Progr. nuclear Energy, Ser. I **3,** 270—91, 1959; Upton, Long Island, N. Y., Brookhaven Nat. Labor.; engl.) — Vff. messen Abbremszeit u. Diffusionslänge von Neutronen in Graphit-Bi-Gitteranordnungen. Die mittlere freie Transportweglänge λ_t therm. Neutronen in Graphit, Bi u. zwei C-Bi-Syst. wurde mit einer Vergiftungs-

Meth. gemessen. Als Neutronengift fand Dy Verwendung. Es wurde für C von der Dichte 1,60 g/cm³ ein Wert $\lambda_t = 2{,}77 \pm 0{,}03$ cm gefunden. H. Schroeder. 90□

P-Wellen-Phasenverschiebungen bei 210 MeV und die Photozertrümmerung des Deuterons. Gustav Kramer. (Physic. Rev. Letters **5**, 439—41, 1/11. 1960; Minneapolis, Minn., Univ. of Minnesota, School of Phys.; engl.) — Mit phänomenolog. Deuteron-Wellenfunktionen werden die Informationen untersucht, die sich aus der Photozertrümmerung für die Kernkraft im ^{3}P-Zustand gewinnen lassen. Herbert Weber. 90◇

Die Berechnung von Dreikörperkräften im Dreinucleonenproblem. Ju. P. Schtscherbin. (Nachr. Leningrader Univ., **17**, Nr. 4, Ser. Physik, Chem., Nr. 1, 20—27, 1962; russ., Auszug: engl.) — Für 3 Nucleonen im gebundenen Zustand werden die Dreikörperkräfte u. die Meth. der Variationsberechnung betrachtet. Die Matrixelemente des stat. Potentials werden zwischen Winkel- u. Spin-Isospin-Teilen der Triton-Wellenfunktionen berechnet. M. Wiedemann. 90◇

Untersuchung der Kernoberfläche mittels der elastischen Streuung schwerer Ionen. J. A. McIntyre, S. D. Baker und K. H. Wang. (Physic. Rev. [2] **125**, 584—94, 15/1. 1962; New Haven, Conn., Yale Univ.; engl.) — Unters. zur Best. der Parameter in der elast. Streuung von α-Teilchen u. schweren Ionen an Kernen: Stärke der Coulomb-Wechselwrkg., Radius der Ion–Kern-Wechselwrkg., Kernoberflächendicke. Streuexperimente wurden mit zwei doppelmag. Kernen, ^{16}O + ^{208}Pb bei 157 MeV, u. mit zwei asphär. Kernen, ^{19}F + ^{159}Tb bei 142 MeV, durchgeführt. Herbert Weber. 95◇

Über die niedrigen Niveaus negativer Parität in nichtsphärischen Kernen. D. F. Saretzki und M. G. Urin. (J. exp. theoret. Physik [UdSSR] **42**, 304—06, Jan. 1962; Moskau, Inst. für techn. Phys.; russ.) — Es wird eine Interpretation der 1^--Niveaus auf der Grundlage des superfluiden Modells vorgeschlagen. Zur Prüfung müßte der Querschnitt der Coulomb-Anregung von 3^- bestimmt werden. M. Wiedemann. 95□

Spin und Parität des 4,62-MeV-Niveaus in ^{28}Si. Lennart Simons. (Soc. Sci. fenn., Comment. physico-math. **24**, Nr. 2, 1—10, 1959; Helsinki, Univ., Dep. of Phys.; engl.) — Nach einer Analyse der verfügbaren Daten erscheint 2^+ wahrscheinlicher als 1^+. Herbert Weber. 95◇

Über die tiefer angeregten Zustände von ^{40}Ca. Ss. Ss. Wassiljew, Je. A. Romanowski und G. F. Timuschew. (Nachr. Moskauer Univ., Ser. III **16**, Nr. 6, 88—89, Nov./Dez. 1961; russ.) — Die unelast. Streuung von 6,6-MeV-Protonen an ^{40}Ca wurde untersucht, die differentiellen Wirkungsquerschnitte wurden gemessen. Es wurden 3 Niveaus identifiziert, denen nachst. Spins u. Paritäten zugeordnet werden: 3,352 MeV 0^+, 3,733 MeV 3^- u. 3,912 MeV 2^+. M. Wiedemann. 95□

Die kollektiven Anregungszustände von ^{55}Mn. Ss. Ss. Wassiljew, Je. A. Romanowski und G. F. Timuschew. (Nachr. Moskauer Univ., Ser. III **16**, Nr. 6, 89—90, Nov./Dez. 1961; russ.) — Vgl. vorst. Referat. — Die unelast. Streuung von 6,6-MeV-Protonen an ^{55}Mn wurde untersucht. Die Winkelverteilung bei Anregung der Niveaus bei 0,131, 0,984, 1,291 u. 1,885 MeV unterschied sich stark von der bei Anregung von 1,523 MeV, letzterem Niveau wird $3/2^-$ zugeordnet. Bei den anderen dürfte es sich um kollektive Anregung handeln, folgende Zuordnungen werden getroffen: 0,984 MeV $9/2^-$, 1,291 MeV $11/2^-$ u. 1,885 MeV $7/2^-$. M. Wiedemann. 95□

Zur Analyse der Winkelverteilung der Reaktionsprodukte in leichten Kernen. B. L. Birbrair. (J. exp. theoret. Physik [UdSSR] **40**, 895—97, März 1961; Leningrad, Physiko-techn. Inst. der Akad. der Wiss. der UdSSR; russ., Auszug: engl.) — Theoret. wird gezeigt, daß beim Beschuß leichter Kerne mit Teilchen mittlerer Energie Resonanzeffekte u. direkte Wechselwrkg. aus der Winkelverteilung der Rk.-Prodd. unterschieden werden können, wenn die Energie des Geschoßteilchens gegenüber der Coulomb-Barriere groß genug ist. K.-E. Seyb. 103◇

Die Geschwindigkeit thermonuclearer Reaktionen. B. N. Koslow. (Atomenergie [UdSSR] **12**, 238—40, März 1962; russ.) — Mittels elektron. Rechenmaschine wurden die Geschw. der folgenden Rkk. in Abhängigkeit von der Energie aus den Daten der Wirkungsquerschnitte berechnet: ^{2}H(d,p)^{3}H; ^{2}H(d,n)^{3}He; ^{3}H(d,n)^{4}He u. ^{3}He(d,p)^{4}He. M. Wiedemann. 103□

γ-Emission aus Compoundkernreaktionen von Helium- und Kohlenstoffionen. James F. Mollenauer. (Physic. Rev. [2] **127**, 867—79, 1/8. 1962; Berkeley, Calif., Univ. of California, Lawrence Radiat. Labor.; Upton, N. Y., Brookhaven

Nat. Labor., Chem. Dep.; engl.) — Vf. prüft die Annahme, wonach γ-Emission nicht bei Compoundkern-Rkk. auftritt, wenn die Anregungsenergie unter die Schwelle der Teilchenemission fällt, durch direkte Beobachtung der γ-Strahlen. Zu diesem Zweck werden *Ba*-, *Ho*-, *Co*- u. *Ta*-Targets mit He-Ionen, *Te*- u. *V*-Targets mit ^{12}C-Ionen beschossen. Ein Vgl. der γ-Ausbeuten für den gleichen Compoundkern, durch α-Teilchen u. C-Ionen dei der gleichen Anregungsenergie erzeugt, zeigt an, daß die Ausbeutevergrößerung ein von der Anregungsenergie unabhängiger Drehimpulseffekt ist. Die γ-Ausbeute wird unter 45 u. 90° zur Bündelrichtung gemessen. Sowohl die He-Ionen bei 45° als auch die C-Ionen auf ^{51}V bei vergleichbarer Energie erzeugen große Anisotropien in der γ-Emission. Die Beobachtungen sind mit der γ-Emission bei kollektiven Übergängen im Einklang u. widersprechen einem statist. Modell des Abklingprozesses, das Dipolemission, geringe Anisotropie u. eine mittlere γ-Energie vorhersagt, die das doppelte der beobachteten beträgt.
Gerhard Schmidt. 103◇

Die Kernreaktion $^4He(\alpha, p)^7Li$ und ihre Inverse. 1. Mitt. **Die Reaktion $^4He(\alpha, p)$-^7Li.** W. E. Burcham, G. P. McCauley, D. Bredin, W. M. Gibson, D. J. Prowse und J. Rotblat. (Nuclear Physics [Amsterdam] **5,** 141—48, Jan. 1958; Birmingham, Univ., Belfast, Queen's Univ.; Bristol, Univ., London, St. Batholomew's Hospital, Med. Coll.; engl.) — Differentielle Querschnitte für die Rkk., die ^7Li im Grundzustand u. im 1. angeregten Zustand hinterlassen, wurden für $E_\alpha = 38{,}5$ MeV gemessen. Die Querschnitte sind in guter Übereinstimmung mit den aus der Ausbeute der inversen Rk. $^7Li(p, \alpha)^4He$ vorausgesagten. Unter vereinfachenden Annahmen sind die partiellen unelast. Querschnitte für s- u. p-Wellen in $^4He(\alpha, p)^7Li$ 11 $\pm$ 1 bzw. 33 $\pm$ 3 mbarn. Herbert Weber. 103◇

Die Kernreaktion $^4He(\alpha, p)^7Li$ und ihre Inverse. 2. Mitt. **Die Reaktion $^7Li(p, \alpha)$-^4He.** Joan M. Freeman, R. C. Hanna und J. H. Montague. (Nuclear Physics [Amsterdam] **5,** 148—49, Jan. 1958; Harwell, A. E. R. E.; engl.) — 1. vgl. vorst. Referat. — Der abs. differentielle Querschnitt unter 90° wurde für $E_p = 1{,}01$ — 1,47 MeV gemessen. Er steigt in diesem Bereich von 0,67 $\pm$ 0,06 auf 1,16 $\pm$ 0,10 mbarn · sterad^{-1}. Herbert Weber. 103◇

Erzeugung von ^{10}Be aus ^{10}B. M. B. Crespi und A. E. Cairo. (J. inorg. nuclear Chem. **3,** 248—49, Okt. 1956; Buenos Aires, Com. Nac. de la Energia Atóm.; engl.) — Für $^{10}B(n, p)^{10}Be$ wird ein therm. Querschnitt von $>$ 7 mbarn erhalten.
Herbert Weber. 103◇

Kernenergieniveaus von ^{13}C; Zweistufenreaktion $^{14}N(t, n)^{16}O^*(\alpha)^{12}C$. M. G. Silbert. (Physic. Rev. [2] **127,** 2113—22, 15/9. 1962; Los Alamos, N. Mex., Univ. of California, Los Alamos Scient. Labor.; engl.) — Mit einem doppelfokussierenden Magnetspektrometer untersucht Vf. die α-Spektren aus dem Tritonenbeschuß von natürlichem N bei Labor.-Winkeln von 30 u. 90°. Die Beobachtung der α-Gruppen aus der Rk. $^{14}N(t, \alpha)^{13}C$ erlaubt die Festsetzung der Energieniveaus in ^{13}C, die bis zu einer Anregungsenergie von 12,5 MeV untersucht werden. Zusätzlich zu bekannten Niveaus bei niedrigeren Anregungen werden Niveaus bei 10,736, 10,809, 11,000, 11,078, 11,721 u. 12,131 MeV beobachtet. Die Standardabweichungen bei diesen Werten reichen von 0,020 bis 0,030 MeV. Früher mitgeteilte Niveaus bei 5,51, 6,10 u. 10,47 MeV werden nicht beobachtet. Gerhard Schmidt. 103◇

Eine Suche nach dem paritätsverbotenen α-Zerfall aus dem 8,88-MeV (2^-)-Zustand in ^{16}O. A. Kaufmann und H. Wäffler. (Nuclear Physics [Amsterdam] **24,** 62—68, April 1961; Mainz, MPI für Chem., Nucl. Phys. Div.; engl.) — Der paritätsverbotene α-Zerfall des 8,88-MeV (2^-)-Zustandes von ^{16}O in $^{12}C + \alpha$ erweist sich als weniger häufig als der α-Zerfall des 9,58-MeV (1^-)-Zustandes, u. war um einen Faktor $< 1{,}4 \cdot 10^{-6}$. Aus diesem Befund kann eine obere Grenze für die Intensität F^2 einer möglichen entgegengesetzten Paritätsbeimischung zum 8,88-MeV-Zustand in ^{16}O abgeleitet werden. Sie hängt von der Annahme über Γ_α ab u. reicht von $F^2 \leq 1{,}3\ 10^{-12}$ bis $1{,}3 \cdot 10^{-11}$ entsprechend $\Gamma_\alpha = 6$ bis 0,6 keV. Gerhard Schmidt. 103◇

Relativmessung integrierter Wirkungsquerschnitte für den Kernphotoeffekt: Die Reaktion $^{16}O(\gamma, n)^{15}O$. P. Brix, H. Fuchs, K. H. Lindenberger und C. Salander. (Z. Physik **165,** 485—90, 1961; Heidelberg, Univ., I. Phys. Inst.; dt.) — Vff. führten Bestrahlungen von Li_2CO_3 u. $Na_2C_4H_8O_8$ mit 34-MeV-Bremsstrahlung zur Unters. der Rk. $^{16}O(\gamma, n)^{15}O$ durch. Die Ausbeute der ^{15}O-Aktivität wurde relativ zu den Ausbeuten der Rkk. $^{12}C(\gamma, n)^{11}C$ bzw. $^{63}Cu(\gamma, n)^{62}Cu$ durch Messung der Positronenvernichtungsstrahlung bestimmt. Zusätzlich wurden Ausbeutemessungen durchgeführt, bei denen das Bremsstrahlungsbündel durch 18 mm Pb geschwächt wurde, um das Verhältnis der integrierten Querschnitte der Rkk. $^{16}O(\gamma,n)^{15}O$ u. $^{12}C(\gamma,n)^{11}C$ bzw. $^{63}Cu(\gamma,n)^{62}Cu$ zu erhalten. Unter Verw. des Querschnittes für die Rk. $^{12}C(\gamma,n)^{11}C$ ergab sich für die Rk. $^{16}O(\gamma,n)^{15}O$ der bis 33 MeV integrierte Querschnitt von 61 $\pm$ 7 MeV. mbarn. H. Schroeder. 103□

Photoprotonen aus Sauerstoff, Fluor, Neon und anderen leichten Elementen. W. R. Dodge und W. C. Barber. (Physic. Rev. [2] **127,** 1746—71, 1/9. 1962; Stanford, Calif., Stanford Univ., High Energy Phys. Labor.; engl.) — Vff. untersuchen die (γ, p)-Rk. in O, F, Ne u. C mit Elektronen bis zu 36 MeV Energie. Die Rkk. werden durch Elektronen u. nicht durch reelle Photonen hervorgerufen, jedoch besteht eine teilweise experimentelle Bestätigung der theoret. Vorhersage, daß eine vollständige Korrespondenz zwischen durch Elektronen u. Photonen induzierte Rkk. vorhanden ist. Die Ausbeuten der Elektronenerzeugung werden unter Verw. des virtuellen Photonenspektrums (El) analysiert, um $\sigma(\gamma, p)$ zu erhalten. Die Protonenausbeuten u. die entsprechenden Querschnitte von O, F u. Ne enthalten mehr als 2 Peaks oder Resonanzen. Ne zeigt eine Reihe gut aufgelöster Peaks, u. zwar treten die Peaks bei Protonenenergien (Labor.-Syst.) von 3,20, 3,70, 4,58, 5,80, 6,65, 7,75, 8,65, 9,40 u. 11,40 MeV auf. Die Endzustands-Eigg. der Ne-Protonen von 4—10 MeV u. der O-Protonen von 9,2—12,4 MeV werden zu innerhalb 20% durch Anregungsverss. bestimmt. Winkelverteilungsmessungen über einen weiten Bereich der Riesenresonanzen werden für O, F, Ne u. C wiedergegeben. Gerhard Schmidt. 103◇

Die (p, ^{7}Be)-Reaktion in Al und Mg von 27 bis 31,5 MeV. Richard H. Lindsay und Edward F. Neuzil. (Physic. Rev. [2] **127,** 1269—73, 15/8. 1962; Bellingham, Wash., Western Washington State Coll., Dep. of Phys. and Dep. of Chem.; engl.) — Vff. untersuchen die Querschnitte für die Rkk. $^{27}Al(p, ^7Be)$ u. $Mg(p, ^7Be)$ im Energiebereich von 27—31,5 MeV (Linearbeschleuniger). Die Daten für die Rk. $^{27}Al(p, ^7Be)$ sind im Widerspruch zu den bekannten Querschnitten der Rk. $^{24}Mg(^4He, ^7Be)$ bei Verw. von 30—42-MeV-He-Ionen; beide Rkk führen zu dem gleichen Compoundkern. Es ergibt sich, daß die Rkk. hauptsächlich über einen Compoundkernmechanismus in diesem Energiebereich verlaufen. Ein Mechanismus der direkten Wechselwrkg. mit Dreinucleonenübertragung wird als ein möglicher Beitrag zu der durch He-Ionen induzierten Rk. angesehen. Gerhard Schmidt. 103◇

Strahlungseinfang von ^{14}N auf ^{31}P. B. Linder und A. Zucker. (Physic. Rev. [2] **127,** 1280—83, 15/8. 1962; Tallahassee, Fla., Florida State Univ., Dep. of Chem.; Oak Ridge, Tenn., Oak Ridge Nat. Labor.; engl.) — Vff. bestimmen den Querschnitt für Strahlungseinfang von ^{14}N auf ^{31}P nach der Rk. $^{31}P(^{14}N, \gamma)^{45}Ti$ bei einer Energie der einfallenden N-Ionen von 27 MeV durch chem. Trennung u. Identifizierung des Radionuclids ^{45}Ti. Das abgetrennte Ti, ein 3,1-h-β^+-Strahler wird mit geeichten Geiger-Zählern sowie mit einem NaJ(Tl)-Scintillationszähler in Verbindung mit einem 256-Kanal-Impulshöhenanalysator gezählt. Der Querschnitt ergibt sich zu 1 μbarn innerhalb eines geschätzten Fehlers um einen Faktor von ca. 2. Dieses Ergebnis wird mit der Vorhersage eines statist. Modells verglichen u. in befriedigender Übereinstimmung mit der Theorie gefunden.
Gerhard Schmidt. 103◇

Die ^{35}Cl(n, p)-Reaktion und die Neutronenresonanzparameter von Chlor. Ju. P. Popow und F. L. Schapiro. (J. exp. theoret. Physik [UdSSR] **40,** 1610 bis 1614, Juni 1961; Physik. Lebedew-Inst. der Akad. der Wiss. der UdSSR; russ., Auszug: engl.) — Mit einem Zeitspektrometer für Bremsung der Neutronen in Pb wird der Querschnitt der $^{35}Cl(n,p)$-Rk. in Abhängigkeit von der Neutronenenergie bis 20 keV gemessen. Als Target wird CCl_4 oder C_3Cl_6 in Kontakt mit einem ZnS-Scintillator zum Nachw. der Protonen verwendet. Die Parameter der Resonanzen bei 0,21, 0,405 u. 4,3 keV werden bestimmt. K.-E. Seyb. 103◇

(d, t)-Reaktion an den Titanisotopen. J. L. Yntema. (Physic. Rev. [2] **127,** 1659—63, 1/9. 1962; Argonne, Ill., Argonne Nat. Labor.; engl.) — Vf. untersucht die (d, t)-Rk. an den 5 stabilen Ti-Isotopen ^{46}Ti, ^{47}Ti, ^{48}Ti, ^{49}Ti u. ^{50}Ti bei einer Deuteronenenergie von 21,4 MeV (60-in.-Cyclotron). Die 3 geraden Isotope zeigen 2 starke Gruppen, die um ca. 2 MeV voneinander getrennt sind, beide Gruppen entsprechen dem Pickup eines $1f_{7/2}$-Neutrons. Gruppen, die dem Pickup von 2p-Neutronen entsprechen, werden in ^{50}Ti u. ^{48}Ti beobachtet. Bei der Rk. an ^{48}Ti wird ein $l = 2$-Übergang zu einem Zustand nahe 1,8 MeV in ^{47}Ti ermittelt. Die ungeradegerade-Isotope zeigen eine Anzahl starker Gruppen. Die Grundzustandsübergänge bei den Rkk. $^{48}Ti(d,t)^{47}Ti$ u. $^{47}Ti(d,t)^{46}Ti$ werden nicht beobachtet.
Gerhard Schmidt. 103◇

β–γ-Richtungskorrelation in ^{86}Rb. J. H. Hamilton, B.-G. Pettersson und J. M. Hollander. (Ark. Fysik **19**, 249—57, 1961; engl.) — Unter Verw. eines Magnetlinsen-Spektrometers u. eines NaJ-Scintillators wurde die Richtungskorrelation zwischen der einfach verbotenen 700-keV-β-Gruppe u. der 1,08-MeV-γ-Strahlung in Abhängigkeit von der β-Energie von 100—600 keV gemessen. Die maximale Ansisotropie von 0,40 bei 600 keV ist wesentlich höher als frühere Befunde ergaben. Die Befunde entsprechen dem Schalenmodell, das die β-Übergänge als J-verboten voraussagt. M. Wiedemann. 103□

β- und γ-Strahlen-Spektroskopie von ^{137}Cs. Yasukazu Yoshizawa. (Nuclear Physics [Amsterdam] **5**, 122—40, 1. Jan.-H. 1958; Osaka, Osaka Univ., Dep. of Phys.; engl.) — Der K-Schalen-Konversionskoeff. α_K des 661-keV-γ-Übergangs wurde zu 0,0976 $\pm$0,0055 u. K/L/M zu (5,66 $\pm$ 0,04)/1/(0,260 $\pm$ 0,003) bestimmt. Für die tiefere Komponente der β-Strahlen wurde E_{max} = 514 $\pm$ 2 keV gefunden. Herbert Weber. 103◇

^{145}Pm: Eine neue α-Aktivität. M. Nurmia, P. Kauranen und A. Siivola. (Physic. Rev. [2] **127**, 943—44, 1/8. 1962; Helsinki, Univ., Inst. of Phys.; engl.) — Vff. erzeugen ^{145}Pm mittels der Zerfallskette ^{144}Sm(n, γ)^{145}Sm $\rightarrow$ ^{145}Pm unter Verw. eines Reaktorneutronenflusses von ca. 2 · 10^{14} n/cm^2 s. Die α-Aktivität von ^{145}Pm wird mit einer Gitter-Ionisationskammer u. einem 512-Kanal-Impulshöhenanalysator untersucht. Die α-Energie ergibt sich zu 2,24 $\pm$ 0,04 MeV, die Verzweigung zu (2,8 $\pm$ 0,6) · 10^{-9} α-Teilchen pro Zerfall. Zur Prüfung der Frage, ob die α-Aktivität nicht von ^{147}Sm herrührt, wird eine weitere Sm–Pm-Trennung ohne nachweisbare Änderung im Verzweigungsverhältnis durchgeführt. Die Einfangquerschnitte von ^{144}Sm u. ^{145}Sm für therm. Neutronen werden zu 0,7 bzw. 110 barn geschätzt. Gerhard Schmidt. 103◇

Halbwertszeiten von ^{144}Ce, ^{58}Co, ^{51}Cr, ^{55}Fe, ^{54}Mn, ^{147}Pm, ^{106}Ru und ^{46}Sc. R. P. Schuman, M. E. Jones und A. C. Mewherter. (J. inorg. nuclear Chem. **3**, 160—63, Okt. 1956; Schenectady, N. Y., Knolls Atom. Power Labor.; engl.) — Die ermittelten Halbwertszeiten (obige Reihenfolge) sind 284,5 d; 71,3 d; 27,8 d; 2,60 a; 278 d; 2,66 a; 366,6 d bzw. 84,1 d. Herbert Weber. 103◇

Untersuchung der Reaktion ^{149}Sm(n, α)^{146}Nd mit thermischen Neutronen. Ronald D. Macfarlane und Ismael Almodovar. (Physic. Rev. [2] **127**, 1665 bis 1669, 1/9. 1962; Berkeley, Calif., Univ. of California, Lawrence Radiat. Labor.; Puerto Rico, Univ., Puerto Rico Nucl. Center; engl.) — Vff. bestimmen den Querschnitt für die Rk. ^{149}Sm (n, α)^{146}Nd bei der Energie therm. Neutronen durch Beobachtung des α-Spektrums von natürlichen Sm- u. isotop. angereicherten ^{149}Sm-Targets in der therm. Kolonne eines Reaktors. Es werden α-Gruppen bei 8,72 u. 9,12 MeV beobachtet, die Übergängen zum ersten angeregten Zustand u. Grundzustand von ^{146}Nd entsprechen. Die therm. Querschnitte (σ_0) für die beiden Gruppen werden aus den experimentellen Ergebnissen zu 121 $\pm$ 15 bzw. 22 $\pm$ 10 mbarn berechnet. Die 4^--Resonanz bei 0,0967 eV erklärt am besten den Querschnitt zum ersten angeregten Zustand, sie kann jedoch nicht zur Population des Grundzustandes beitragen. Es wird angenommen, daß die Population des Grundzustandes aus einem Beitrag eines gebundenen 3^--Zustandes in ^{150}Sm hervorgeht. Die berechneten Werte für den (n, α)-Querschnitt werden mit den experimentellen Ergebnissen verglichen. Gerhard Schmidt. 103◇

Koeffizienten der inneren Konversion einiger Kernübergänge in ^{171}Yb. N. M. Antonjewa und B. Ss. Dshelepow. (Nachr. Akad. Wiss. UdSSR, physik. Ser. **25**, 1088, Sept. 1961; Leningrad, Shdanow-Univ., Physik. Forschungsinst.; russ.) — Vff. bestimmen den Konversionskoeff. für einige Übergänge im ^{171}Yb-Kern unter Verw. der Photokonversionsmethode. Ein Ta-Target wird mit 660-MeV-Protonen bestrahlt, die Seltenen Erden werden abgetrennt u. chromatographiert. Bestimmt wurden die Koeff. von 2 ^{171}Yb-Übergängen mit 668,2 u. 740,9 keV. Das Verhältnis der Intensitäten der Konversionslinien $K_{668,2}/K_{740,9}$ beträgt 0,29 $\pm$ 0,01. Das Verhältnis der γ-Intensitäten beträgt 0,26 $\pm$ 0,03. Die Koeff. betrugen beim 1. Übergang (0,27 $\pm$ 0,04) · 10^2 u. beim 2. Übergang (0,24 $\pm$ 0,03) · 10^2. Beide Übergänge gehören zum E 1-Typ. G. Ewald. 103□

Konversionselektronen von ^{165}Tm. Men-chua Gan, K. Ja. Gromow, B. Ss. Dshelepow, W. Swolska und I. Swolski. (Nachr. Akad. Wiss. UdSSR, physik. Ser. **25**, 1092, Sept. 1961; russ.) — Vff. untersuchten erneut die Übergangsenergien in ^{165}Er mit einer Genauigkeit von < 0,1%. Es wurden neue Niveaus in das Zerfallsschema von ^{165}Tm aufgenommen. Benutzt wurde ein doppelfokussierendes β-Spektrometer. Tm wurde aus der Fraktion der Seltenen Erden eines mit 660-MeV-

Protonen bestrahlten Ta-Targets abgetrennt. Es wurden 53 Übergänge u. deren relative Intensitäten bestimmt. Die Niveaus bei 590,6, 664,5 u. 807,5 keV scheinen gesichert. Aus der Energiebilanz ergeben sich Niveaus bei 507,6, 699,6, 921,1, 980,1, 1381,8 u. 1429,5 keV. Außerdem wurde das Niveau bei 47,15 keV eingeführt.
G. Ewald. 103□

Konversionselektronen der Erbiumfraktionen. A. A. Abdurasakow, K. Ja. Gromow, B. Ss. Dshelepow und W. A. Chalkin. (Nachr. Akad. Wiss. UdSSR, physik. Ser. **25**, 1096—1100, Sept. 1961; Mittelasiat. Polytechn. Inst; Dubna, Verein. Inst. für Kernforsch.; russ.) — Vff. untersuchen das Spektrum der Konversionselektronen der Er-Isotope mit Hilfe eines β-Spektrometers mit homogenem Magnetfeld. Erbium wurde von einem mit 660-MeV-Protonen bestrahlten Ta-Target abgetrennt. Die Meßbereiche betragen 20—180 u. 135—900 keV. Konversionslinien, die ^{163}Er oder ^{165}Er zugeordnet werden können, wurden nicht gefunden. Für die Kette ^{161}Er → ^{161}Ho → ^{161}Dy wurden Übergangsenergien von 211,1, 592,6 u. 827,1 keV (^{161}Er) u. 77,6 keV (^{161}Ho) beobachtet. Bei der Kette ^{158}Er → ^{158}Ho → ^{158}Dy wurden für das erste Glied die Übergänge 99,0 u. 387,0 keV u. für das 2. Glied die Übergänge 99,0, 218,1, 320,5, 356,6, 622,3, 646,8, 731,0, 847,8, 850,1, 945,7 u. 948,5 keV gefunden. Im Zerfallsschema wurden für ^{158}Ho Niveaus bei 67,3 u. 387,0 keV u. für ^{158}Dy Niveaus bei 99,0, 317,1, 945,7, 1047,8 u. 1168,2 keV angenommen.
G. Ewald. 103□

Über das Zerfallsschema von ^{147}Eu. I. Wisi, K. Gromow, B. Dshelepow, Sh. Shelew und Ju. Jaswitzki. (Nachr. Akad. Wiss. UdSSR, physik. Ser. **25**, 1101—04, Sept. 1961; Dubna, Verein. Inst. für Kernforsch. u. Leningrad, Radium-Inst. der Akad. der Wiss. der UdSSR; russ.) — Vff. untersuchten mit Hilfe eines dreifach fokussierenden β-Spektrometers u. einer Koinzidenzeinrichtung den oberen Teil des Spektrums der ^{147}Eu-Konversionselektronen u. die γ–γ-Koinzidenzen beim Zerfall von ^{147}Eu. Eu wurde aus einem mit 660-MeV-Protonen bestrahlten Ta-Target abgetrennt. K-Konversionslinien mit 800 $\pm$ 3, 900 $\pm$ 4, 957 $\pm$ 4 u. 1082 $\pm$ 5 keV wurden beobachtet. Durch die Koinzidenzen der γ-Kaskaden wurde die Existenz der Niveaus bei 198, 800 u. 1080 keV des ^{147}Sm-Kerns bestätigt. Vff. führten das 900-keV-Niveau neu ein. Positronen wurden nicht nachgewiesen.
G. Ewald. 103□

Untersuchung der Konversionselektronenspektren von Erbium- und Holmiumisotopen mit Neutronendefizit. K. Ja. Gromow und I. Ss. Dneprowski. (Nachr. Akad. Wiss. UdSSR, physik. Ser. **25**, 1105—14, Sept. 1961; Dubna, Verein. Inst. für Kernforsch.; Moskau, Inst. für Geochem. u. analyt. Chem. der Akad. der Wiss. der UdSSR; russ.) — Ein Ta-Target wurde 0,5—2 Std. mit 660-MeV-Protonen bestrahlt. Die Seltenen Erden wurden abgetrennt u. Er chromatograph. gewonnen. Es wurden Konversionselektronen beobachtet, die sich den Übergängen 1) ^{165}Er → ^{165}Ho; 2) ^{161}Er → ^{161}Ho → ^{161}Dy; 3) ^{160}Er → ^{160}Ho → ^{160}Dy u. 4) ^{158}Er → ^{158}Ho → ^{158}Dy zuordnen lassen. Neue Resultate wurden für die 2. u. die 4. Zerfallskette erhalten. Bei ^{165}Er treten keine γ-Strahlungen auf. Für das 1. Glied der 2. Kette (^{161}Er) wurden Konversionslinien von 155,4, 201,6, 202,15, 536,6, 583,0, 773,2, 816,5 u. 824,5 keV erhalten. Dem 1. Glied der 4. Kette wurden 7 Konversionslinien zugeordnet, dem 2. Glied 39. Es wird ein Zerfallsschema vorgeschlagen, nach dem der ^{158}Ho-Kern Niveaus bei 67,0 u. 386,5 keV u. der ^{158}Dy-Kern Niveaus bei 98,6, 316,7, (626), 946, 1048 u. 1168 keV haben.
G. Ewald. 103□

Der Wirkungsquerschnitt der Spaltung von ^{240}Pu durch 0,04—4,0-MeV-Neutronen. V. G. Nesterov und G. N. Smirenkin. (Reactor Sci. Technol. **16**, 51—55, Jan. 1962; engl. — C. **1962**, 1496.) E. Klever. 103◇

Die Darstellung und Anwendung stabiler Isotope. N. M. Shaworonkow, Ss. I. Babkow, W. Ju. Orlow, K. I. Ssakodynski, N. N. Ssewrjugowa, W. A. Ssokolski und G. N. Tschernych. (Chem. Wiss. Ind. [UdSSR] **4**, 487—98, 1959; russ.) — Übersicht über die verschiedenen Trennverfahren — 240 Literaturhinweise. M. Wiedemann. 104□

Die Ultra-Gaszentrifuge. Werner Gutmann. (Kerntechn., Isotopentechn. u. -chem. **3**, 293—94, Juni 1961; Frankfurt am Main; dt.) — Vf. beschreibt eingehend die Wrkg.-Weise der von Martin u. Kuhn (DRP Nr. 906094 vom 12. 6. 1938) u. der Degussa (DBP Nr. 1071593 vom 9. 6. 1959) vorgeschlagenen Gaszentrifugen.
H. Schroeder. 104□

Linearbeschleuniger für Elektronen auf 3 MeV. O. A. Waldner und A. A. Glaskow. (Versuchsgeräte u. Versuchstechn. [UdSSR] **6**, Nr. 5, 26—28, Sept./

Okt. 1961; russ.) — Der Linearbeschleuniger erreicht bei einer Energiebreite von 10% eine Stromstärke von 200 μA. M. Wiedemann. 112□

Kaskadengenerator mit Wanderwelle als neue Hochvoltquelle für Beschleuniger. E. M. Balabanov und G. A. Vasil'ev. (J. nuclear Energy, Part C **4**, 65 bis 67, Jan. 1962; engl. — C. **1962**, 3712.) E. Klever. 112◇

Physik und Technik der massenspektroskopischen Analyse. 1. Mitt. Hans Voshage. (Kerntechn., Isotopentechn. u. -chem. **3**, 274—78, Juni 1961; Mainz, MPI für Chem. [Otto-Hahn-Inst.]; dt.) — Die Funktionsweise u. die Anwendung massenspektroskop. App. werden eingehend beschrieben. Im einzelnen werden z. T. anhand von Abb. der Aufbau der Ionenquelle, die Durchführung der Massenanalyse u. der Ionennachweis (mit Austrittsspalt u. Auffänger: Massenspektrometer; mit Photoplatte: Massenspektrographen; Massenseparatoren) erläutert. Die abbildenden Eigg. magnet. u. elektr. Ablenkfelder bei Vorliegen von Ionen einheitlicher Masse werden theoret. behandelt. H. Schroeder. 112□

Ionenempfänger für Doppelstrahlmassenspektrometer zur Isotopenanalyse von Stickstoff und Sauerstoff. W. Je. Wetstein und Ss. G. Demidenko. (Versuchsgeräte u. Versuchstechn. [UdSSR] **6**, Nr. 5, 185—86, Sept./Okt. **1961**; Inst. für physik. Chem. der Akad. der UkrainSSR; russ.) — Für das Doppelstrahlmassenspektrometer wurde zur Isotopenanalyse von N_2, O_2 u. CO_2 ein dreispaltiger Ionenempfänger konstruiert, mit dem das Isotopenverhältnis 28:29; 32:34 u. 44:46 nach einer Relativ-Meth. bestimmt werden kann. M. Wiedemann. 112□

4π-Zähler zur Messung schwacher Aktivitäten. K. A. Petrshak und R. W. Ssedletzki. (Versuchsgeräte u. Versuchstechn. [UdSSR] **6**, Nr. 5, 177—78, Sept./Okt. 1961; russ.) — Zur Messung geringer Aktivitäten wurde ein 4π-Proportionalzähler (∅ 30 mm) konstruiert. Der Zähler war mit Methan gefüllt. Der Untergrund des Zählers liegt bei 2—3 cpm. M. Wiedemann. 112□

Eine Untersuchung der integralen und lokalen Empfindlichkeit von Photokathoden und ihr Einfluß auf das Scintillationsdetektorplateau. Josef Šilar und Olga Nováková. (Czechoslov. J. Physics **7**, 614—23, 1957; russ., Auszug: engl.; Prague, Res. Inst. for Electrotechn. Phys.; russ., Auszug: engl.) J. M. Spaeth. 112□

Schnellanalyse von Gammastrahlern durch Benutzung eines Gammastrahl-Scintillationsspektrometers. 1. Mitt. **Quantitative Analyse eines ^{134}Cs–^{137}Cs-Gemischs.** Fumio Aoki, Toshio Kurosawa und Seishi Yajima. (Bull. chem. Soc. Japan **30**, 583—85, Sept. 1957; Shibuya, Tokyo, Government Chem. Ind. Res. Inst.; engl) — Aus der verschiedenen Energie der γ-Strahlung von ^{134}Cs (0,79 MeV) u. ^{137}Cs (0,66) wird das Verhältnis der beiden Isotope ermittelt. Der Fehler der Meth. beträgt bis zu 28%. H. Roschkowski. 112□

Automatisches Spektrometer für Gammastrahlen. Marco Frank. (Rend. Ist. super. Sanità **22**, 884—89, 1959; Roma, Ist. Superiore di Sanità, Labor. di Elettronica; ital. — C. **1961**, 14535.) C. Gottfried. 112

Detektorrelais der γ-Strahlung. M. Birnbaum, W. Popessku und T. Taitel. (Versuchsgeräte u. Versuchstechn. [UdSSR] **6**, Nr. 5, 62—64, Sept./Okt. 1961; russ.) — Beschreibung der Relais, das eine Zeit-Konst. von 0,1—15 Sek. besitzt. M. Wiedemann. 112□

Vorbereitung von flüchtigen mit Kohlenstoff-14 markierten Verbindungen zur Messung. Robert H. Hamilton und Donald E. Moreland. (Analytic. Chem. **34**, 717—18, Mai 1962; Raleigh, N. C., North Carolina State Coll., Field Crops Dep.; engl.) — Um Zählverluste u. Kontamination der Zählrohre bei der Messung von ^{14}C-markierten Verbb., wie 2-Chlor-4-isopropylamino-6-diäthylamino-s-triazin u. O.O-Diäthyl-o-2-pyrazinylthiophosphat, zu vermeiden, werden die Proben mit einem Kunststoffilm in einer Dicke von 0,4—0,8 mg/cm^2 überzogen. Der Zählverlust durch Absorption der Strahlung in Abhängigkeit von der Dicke des Films ist angegeben. R. Krämer. 112◇

Physik des Strahlungsschutzes. O. I. Leipunski. (Atomenergie [UdSSR] **12**, 216—29, März 1962; russ.) — Übersicht. M. Wiedemann. 112□

Neues Verfahren zur Abscheidung radioaktiver Aerosole. H. Israël und G. W. Israël. (Naturwissenschaften **49**, **373**, 2. Aug.-H. 1962; Aachen, TH, Dozentur für Geophys. und Meteor.; dt.) — Das Ansteigen von Kernspaltungsprodd. in der Atmosphäre erfordert geeignete Maßnahmen zur Dekontaminierung der Luft. Die Spaltprodd. lagern sich an Aerosole der Größe von etwa 0,02—1 μ an. Die

Trägerteilchen lassen sich mit den bekannten Abscheidungsverff. nicht aus der Luft entfernen. Vff. zeigen, daß eine Vergrößerung der kleinen Trägeraerosole durch künstliche Nachahmung des sog. Rain-out-Prozesses möglich ist.
I. Zoll. 112◇

Radiochemische Analyse von einzelnen Fall-out-Teilchen. J. Mackin, P. Zigman, D. Love, D. Macdonald und D. Sam. (J. inorg. nuclear Chem. **15**, 20—36, 1 Tafel, Sept. 1960; San Francisco, Calif., U. S. Naval Radiol. Def. Labor.; engl.) — Nach einem Atombomben-Vers. beim Bikini-Atoll im Frühjahr 1956 wurden zahlreiche Fall-out-Partikel gesammelt u. quant. untersucht. Die Teilchen konnten eingeteilt werden in unveränderte Korallenpartikel u. physikal. veränderte (z. B. geschmolzene). Ihre Aktivität entsprach bis zu 10^{10} Spalt-Produkten. Dies ermöglichte radiochem. Analysen, speziell hinsichtlich der Geh. an ^{99}Mo, ^{140}Ba, ^{140}La, ^{89}Sr u. ^{239}Np. Aus den Ergebnissen sowie aus γ-Spektren u. Abfallkurven einiger Teilchen konnte festgestellt werden, daß die physikal. veränderten Teilchen um eine Größenordnung kleinere R-Werte für ^{140}Ba u. ^{89}Sr, bezogen auf ^{99}Mo, aufwiesen, während die Gesamtzahl der Spalt-Prodd. pro g bei den veränderten Teilchen 100 mal größer war als bei den unveränderten. Die γ-Abfallkurven zeigten ähnliche Unterschiede. E. Schiewer. 112□

Radioaktive Kontamination von Staub in Athen, Griechenland. Adr. Melissinos und Th. G. Kouyoumzelis. (Praktika Akad. Athenon **33**, 13—16, 1958, herausgeg. 1959; engl. u. griech.) — Messungen der β-Aktivität.
Herbert Weber. 112◇

A_2. Optisches Verhalten der Materie

Kernenergieerzeugung und -dissipation in Milchstraßensystemen. G. R. Burbidge. (Publ. Astronom. Soc. Pacific **70**, 83—89, Febr. 1958; Chicago, Ill., Univ., Yerkes Observat.; engl.) — Vgl. C. **1958**, 3499. — Übersicht. C. Gottfried. 113

Das ungewöhnliche Spektrum von 3 Centauri. William P. Bidelman. (Publ. Astronom. Soc. Pacific **72**, 24—28, 1 Tafel, Febr. 1960; Univ. of California, Lick Obs.; engl.) — Auffallend an dem Spektrum von 3 Centauri war das Auftreten von sehr intensiven Linien des P in der einfach u. doppelt ionisierten Form. Neben den Linien von *PIII* u. *PII* wurden noch Linien der folgenden Elemente identifiziert: *H, HeI, CII, NII, OII, MgII, SiII, SiIII, ArII* (?), *CaII*(*K*), mehrere *FeII*-Linien, *NiII* u. wahrscheinlich *GdII*. Auffallend ist noch das gleichzeitige Auftreten der ziemlich starken FeII-Linien u. der starken CII-Linie. C. Gottfried. 113

Potenzreihen als Lösungen für Energieeigenwerte. Don Secrest, K. Cashion und Joseph O. Hirschfelder. (J. chem. Physics **37**, 830—35, 15/8. 1962; Madison, Wis., Univ. of Wisconsin, Theoret. Chem. Labor.; engl.) — Es wird eine numer. Meth. zur raschen Berechnung der Energieeigenwerte eindimensionaler Schrödinger-Gleichungen mitgeteilt, die auf Syst. anwendbar ist, deren Potential entweder analyt. ist oder keinen Pol von höherer als zweiter Ordnung besitzt. Die Meth. beruht auf einer Entwicklung der Wellenfunktion in eine Potenzreihe für große Abstände. Die erforderliche große Anzahl von Potenzgliedern läßt sich mit Hilfe schneller Rechenautomaten einfach berechnen. Die Meth. wird auf eine Reihe eindimensionaler Syst. mit Potentialen vom Typ $V = kx^{2n}/2n$ angewendet; sie eignet sich aber auch zur Behandlung physikal. wichtigerer Fälle, wie Morse-, Hulburt-Hirschfelder-, Frost-Musulin- oder Rydberg-Potential. Als Beispiel wird ein rotierender Morse-Oscillator (Pekeris-Oscillator) näher diskutiert.
A. Blaschette. 114◇

Berechnung von Wellenfunktionen für anharmonische Oscillatoren mit Hilfe von Störungsmethoden. A. M. Shorb, R. Schroeder und E. R. Lippincott. (J. chem. Physics **37**, 1043—55, 1/9. 1962; Washington, D. C., Nat. Bur. of Stand.; College Park, Md., Univ. of Maryland., Dep. of Chem.; engl.) — Tabellar. Zusammenstellung approximierter Wellenfunktionen u. der entsprechenden Energien für anharmon. Potentiale. Zur Berechnung wurden Störungsmeth. in zweiter Näherung benutzt u. die Potentiale in Polynomreihen bis zur sechsten Potenz des Abstands x entwickelt. A. Blaschette. 114◇

Berechnung von Energie-Näherungswerten für Zweielektronenatome mit Hilfe gestreckter (scaled) Eigenfunktionen: Halbempirische Coulombsche Abstoßungsintegrale. Frank O. Ellison. (J. chem. Physics **37**, 1414—17, 1/10. 1962; Pittsburgh, Pa., Carnegie Inst. of Technol.; engl.) — Für die durch Multiplikation aller

Elektronenkoordinaten einer exakten Atom-Eigenfunktion mit einem Scaling-Faktor hervorgerufenen Änderungen der kinet., der potentiellen u. der Gesamtenergie werden Gleichungen abgeleitet. Die Einelektronenenergie eines Zweielektronenatoms wird mit Hilfe gestreckter Einelektronenfunktionen approximiert u. führt so zu einer halbempir. Abschätzung des Coulombschen (1s1s: 1s1s)-Abstoßungsintegrals. Zum Schluß werden die Energien eines Zweielektronenatoms ermittelt. A. Blaschette. 114◇

Paarkopplung in p^2f mit Anwendung auf OII. Karl Börje S. Eriksson. (Ark. Fysik **19**, 229—33, 1961; Lund, Univ., Physics Dep.; engl.) — Für die Struktur von p^2f in der intermediären Paarkopplung werden Formeln abgeleitet, diese geben eine genaue Beschreibung von O II $2s^2 2p^2$ nf. Die berechneten u. die beobachteten Niveaus werden verglichen. M. Wiedemann. 114□

Bemerkung über den $^5\Sigma_g^+$-Zustand von N_2. P. K. Carroll. (J. chem. Physics **37**, 805—09, 15/8. 1962; Chicago, Ill., Univ. of Chicago, Dep. of Phys., Labor. of Mol. Structure and Spectra; engl.) — Es wird eine approximierte Potentialkurve für $N_2(^5\Sigma_g^+)$ unter Zugrundelegung der Parameter $D_e = 1100$ cm^{-1}, $\omega_e = 650$ cm^{-1} u. $r_e = 1{,}55$ Å vorgeschlagen, die aus neueren Messungen am Nachleuchten u. aus der Prädissoziation der Zustände $a^1\Pi_g$ u. $B^3\Pi_g$ erhalten wurden. Die Kurve lehnt sich in ihrer Form an die neueste auf theoret. Wege erhaltene Potentialfunktion an (vgl. nachst. Referat). A. Blaschette. 114◇

$^5\Sigma_g^+$-Zustände geringer Energie des Stickstoffmoleküls. Robert S. Mulliken. (J. chem. Physics **37**, 809—13, 16/8. 1962; Chicago, Ill., Univ. of Chicago, Dep. of Phys., Labor. of Mol. Structure and Spectra; engl.) — Die Wellenfunktionen der beiden aus (^{4}S + ^{4}S)- bzw. (^{4}S + ^{2}D)-Atomzuständen ableitbaren $^5\Sigma_g^+$-Zustände von N_2 werden diskutiert u. zur Ableitung angenäherter Potentialkurven benutzt. Hierbei finden empir. Daten über den Normalzustand von F_2 Verw., der mit der VB-Struktur des niedrigeren betrachteten N_2-Zustandes große Ähnlichkeit besitzt. Weiterhin wird die Wellenfunktion des aus (^{4}S + ^{2}P)-Atomen abgeleiteten $^5\Sigma_g^-$-Zustands angegeben. A. Blaschette. 114◇

Schwingungsenergien des CO_2-Moleküls. V. Robert Stull, Philip J. Wyatt und Gilbert N. Plass. (J. chem. Physics **37**, 1442—45, 1/10. 1962; Newport Beach, Calif., Ford Motor Co., Aeronutronic Div.; engl.) — Berechnung von mehr als 1800 Schwingungsniveaus für jedes der Moll. $^{12}C^{16}O_2$, $^{13}C^{16}O_2$, $^{12}C^{16}O^{18}O$, $^{12}C^{16}O^{17}O$, $^{13}C^{16}O^{18}O$, $^{13}C^{16}O^{17}O$, $^{12}C^{18}O_2$, $^{12}C^{17}O^{18}O$. Die Berechnungen schließen die Schwingungsquantenzahlen bis zu Gliedern dritter Ordnung ein u. berücksichtigen die Fermi-Resonanz. Die Matrix-Diagonalisierung erfolgte nach einem sehr genauen Eigenwert-Verfahren. A. Blaschette. 114◇

Potentialkurven und Rotationsstörungen von CN. Robert J. Fallon, Joseph T. Vanderslice und Robert D. Cloney. (J. chem. Physics **37**, 1097—1100, 1/9. 1962; College Park, Md., Univ. of Maryland, Inst. for Mol. Phys.; engl.) — Nach der Rydberg-Klein-Rees-Meth. werden Potentialkurven für die Zustände $X^2\Sigma^+$, $A^2\Pi_{3/2}$, $A^2\Pi_{1/2}$, $B^2\Sigma^+$, $D^2\Pi_i$ u. $J^2\Delta_i$ von CN aus spektroskop. Daten berechnet u. zur qual. Diskussion der Rotationsstörungen im Schwingungsniveau $^2\Pi_{3/2}$ (v = 7) benutzt. A. Blaschette. 114◇

Theorie der Quadrupolpolarisierbarkeit und Antiabschirmung der Kernquadrupolmomente von Mehrelektronen-Ionen. P. G. Khubchandani, R. R. Sharma und T. P. Das. (Physic. Rev. [2] **126**, 594—97, 15/4. 1962; Trombay, Bombay, India, Atom. Energy Establ., Chem. Div.; Riverside, Calif., Univ. of California, Dep. of Phys.; engl.) — Vff. leiten Korrekturen zu bekannten Berechnungen der Quadrupolpolarisierbarkeiten u. Antiabschirmfaktoren von Ionen ab u. verallgemeinern die Dalgarnosche Störungstheorie 2. Ordnung für Mehrelektronen-Atome u. Ionen C. **1963,** 6845). Eine Anwendung dieser Theorie auf K^+- u. Cl^--Ionen liefert um ca. 30% bzw. 11% höhere Antiabschirmfaktoren als frühere Ergebnisse von Variationsrechnungen. D. Jörchel. 114□

Beitrag zur Multiplettstruktur von Röntgenemissionslinien. Armin Meisel und Wadim Nefedow. (Ann. Physik [7] **9**, 53—61, 1961; Leipzig, Karl-Marx-Univ., Phys.-Chem. Inst.; dt.) — Ein mögliches Multiplettschema für K- u. L-Linien unter Annahme der völligen Aufspaltung aller Terme wird angegeben. Vff. weisen nach, daß die Annahme einer Multiplettstruktur der Röntgenemissionslinien keiner bekannten Tatsache widerspricht u. führen zur Stützung ihrer Theorie auf: Die Aufspaltung der Cr-K$\alpha_{1,2}$-Linien im Cr_2O_3; die weitgehende Analogie zwischen Spindublettaufspaltung u. Linienbreite (der Quotient aus Kα-Dublettabstand u. K$\alpha_{1(2)}$-

Halbwertsbreite ist linear abhängig von der Ordnungszahl); die Unmöglichkeit, die Halbwertsbreiten aller Linien aus festen Werten für die Breite der beteiligten Niveaus zusammenzusetzen; die Abhängigkeit von Form u. Breite der Linien von den Anregungsbedingungen. G. Krause. 116

Die Feinstruktur im K-Absorptionsspektrum des Berylliums. Hiroshi Kawaharada. (Sci. Rep. Tôhoku Univ., Ser. I **45,** 6—12, April 1961; Sendai, Tôhoku Univ., Coll. of Arts and Sci.; engl.) — Die Energien des p-quasistationären Zustandes des hexagonal-dichtgepackten krist. Be werden berechnet u. mit der Photonenenergie der sechs gemessenen Maxima des K-Absorptions-Röntgenspektrums verglichen. Die nach der Theorie von Hayasi berechneten Werte zeigen eine gute Übereinstimmung mit den beobachteten Werten. Harro Zimmer. 116◇

Die Feinstruktur im $L_{II,\,III}$-Absorptionsspektrum von Cadmium. Hiroshi Kawaharada. (Sci. Rep. Tôhoku Univ., Ser. I **45,** 152—56, Juli 1961; engl.) — Vgl. vorst. Referat. — Vf. berechnet die Energien für den d-quasistationären Zustand für Cd nach der Theorie von Hayasi u. vergleicht diese mit den gemessenen Photonenenergien der L_{II}- u. L_{III}-Absorptionsmaxima des Cd-Röntgenspektrums, wobei eine befriedigende Übereinstimmung zwischen Beobachtung u. Rechnung erzielt wird. Harro Zimmer. 116◇

Die Röntgen-K-Absorptionsspektren von Kalium und Chlor in KCl. T. Hayasi, S. Kiyono und C. Sugiura. (Sci. Rep. Tôhoku Univ., Ser. I **45,** 139—51, Juli 1961; Sendai, Tôhoku Univ., Fac. of Sci., Phys. Inst.; engl.) — Das Röntgenspektrum von KCl wurde aufgenommen u. die K-Absorptionen von K u. Cl mikrophotometr. vermessen. Die erhaltenen Ergebnisse sind tabellar. zusammengestellt u. werden mit Unterss. anderer Autoren verglichen. Harro Zimmer. 116◇

Elektronenterme des dreiwertigen Erbiumions bis 40000 cm^{-1}. S. Hüfner. (Z. Physik **168,** 74—80, 1962; Darmstadt, TH, Inst. für Techn. Phys.; dt.) — Bei Temp. von 4,2 u. 77 °K wurden die UV-Spektren von einkristallinem $Er\,(C_2H_5SO_4)_3 \cdot 9H_2O$ (hexagonal) u. $ErCl_3 \cdot 6H_2O$ (monoklin) untersucht. Die Zuordnung zwischen den experimentell gefundenen u. den theoret. berechneten Termen gelingt bis zu einer Energie von 40000 cm^{-1}. Harro Zimmer. 118◇

Verteilung der Atome auf angeregte Niveaus in einem Bogen bei niedrigem Druck. I. M. Beloussowa und D. B. Gurewitsch. (Optik u. Spektroskopie [UdSSR] **10,** 410—12, März 1961; russ.) — Für einige Linien von *Fe I* u. *Ba II* wird bei Drücken von 760—20 Torr durch Vgl. der „Anregungs-Temp." eine Boltzmannsche Verteilung festgestellt. Dabei wird die Gas-Temp. auf Grund der CN-Banden bestimmt. Bei den *Fe I*-Linien 5233 u. 4325,8 Å kann man annehmen, daß die Niveaus e^7D_5 u. z^3G_3, von denen deren Strahlung ausgeht, sich nach Boltzmann anordnen. Aus dem Druckbereich, von dem an die Boltzmannsche Verteilung gestört ist, kann man auf den Wirkungsquerschnitt schließen, der für das Niveau e^7D_5 von der Größenordnung 10^{-18} cm^2, für z_3G_3 ca. $5 \cdot 10^{-18}$ sein muß. Bei *Ba II* ist der Wirkungsquerschnitt der Anregung der Resonanzlinie $> 5 \cdot 10^{-16}$ cm^2, also ähnlich wie bei den Resonanzlinien von Alkalielementen. R. K. Müller. 118□

Die Verbesserung einer Methode zur experimentellen Bestimmung von Übergangswahrscheinlichkeiten und ihre Anwendung auf das Spektrum des Bariums. Hans Friedrich Eicke. (Z. Physik **168,** 227—38, 1962; Göttingen, Univ., Mineral. Inst., Spektralanalyt. Abt.; dt.) — Es wird ein Verf. zur Erhöhung der Genauigkeit bei der experimentellen Best. von Übergangswahrscheinlichkeiten in der Atomhülle beschrieben. Das Verf. wird am Beispiel von 38 Übergangswahrscheinlichkeiten von Ba demonstriert, die mit Werten aus der Literatur befriedigend übereinstimmen. Harro Zimmer. 118◇

Das Spektrum von ionisiertem Beryllium, Be II. Lennart Johansson. (Ark. Fysik **20,** 489—98, 1962; Lund, Univ. of Lund, Dep. of Phys.; engl.) — Im Bereich von 150 bis 1200 nm wurde das Spektrum des einfach ionisierten Be unter Verw. einer Hohlkathode untersucht. 46 Linien wurden vermessen u. tabellar. zusammengestellt. Ein revidiertes u. erweitertes Termschema u. die Ritz-Formeln werden angegeben. Harro Zimmer. 118◇

Beobachtung und Identifizierung neuer, von hohen Schwingungsniveaus des $B^2\Sigma_u^+$-Zustands ausgehenden Übergängen entsprechender Schwanzbanden des violetten CN-Systems. Guy Pannetier und Louis Marsigny. (Bull. Soc. chim. France **1962,** 1537—41, Aug./Sept.; Paris, Fac. des Sci., Centre d'Orsay, Labor. de Chim. Gén.; franz.) — Im Spektrum einer Hochspannungs-Wechselentladung in

strömendem CH_3CN von ca. 1 Torr wurden zahlreiche nach Violett oder nach Rot entartete Banden beobachtet u. z. T. dem violetten Syst. des CN zugeordnet.
A. Blaschette. 118◇

Das Ultraviolett-Absorptionsspektrum von Bleichlorid. M. Kojima und T. Yanada. (Sci. Rep. Tôhoku Univ., Ser. I **45,** 23—32, April 1961; Sendai, Tôhoku Univ., Fac. of Sci., Dep. of Phys.; engl.) — Es wurden die UV-Spektren dünner $PbCl_2$-Filme untersucht, wobei zwei Maxima bei 270 nm u. bei 220 nm beobachtet wurden. Das erste Maximum verschiebt sich bei der Temp. der fl. Luft nach 265 nm, während der zweite unverändert bleibt. Eine Reihe von Effekten, die mit der Feuchtigkeitsaufnahme der $PbCl_2$-Filme zusammenhängen, werden ausführlich beschrieben. Harro Zimmer. 118◇

Der Einfluß von Krümmung und Material einer Kante auf die Lichtbeugung. 1. Mitt. Willy Hartnagel. (Ann. Physik [7] **4,** 188—202, 1959; Münster, Univ., Phys. Inst.; dt.) — Die bei der Beugung von einer geraden Schirmkante ausgehende Zylinderwelle wurde in Abhängigkeit vom Krümmungsradius der Kante untersucht. Die abs. Intensitäten, die Phasendifferenz zwischen Parallel- u. Senkrechtkomponente u. das Amplitudenverhältnis dieser Komponenten in Abhängigkeit vom Beugungswinkel wurden bestimmt. Durch Messung bei verschiedenen Wellenlängen wird wegen der λ-Abhängigkeit der opt. Konst. in beschränktem Maße ein Material-Einfl. erfaßt. Die Meßwerte sind tabelliert dargestellt.
E. Schulte. 119□

Absorptionsmessungen an LiF zwischen 0,3 und 0,9 mm Wellenlänge. G. Seger und L. Genzel. (Z. Physik **169,** 66—71, 1962; Freiburg, Univ., Phys. Inst.; dt.) — Mit einem Interferenz-Modulator-Spektrometer wurden im Wellenlängenbereich von 300 bis 900 μ die Durchlässigkeit verschiedener LiF-Platten gemessen u. daraus die opt. Konst. n u. k von LiF bestimmt (20°). Für n ergibt sich der Wert $n = 3{,}03 \pm 0{,}03$. Der Kurvenverlauf von k nach eigenen Messungen sowie in Kombination mit früheren Ergebnissen wird angegeben. I. Zoll. 119◇

Über eine Resonanzerscheinung in dünnen Silberschichten. Georges Rasigni. (C. R. hebd. Séances Acad. Sci. **254,** 881—83, 29/1. 1962; franz.) — Vf. untersucht an sehr dünnen Ag-Schichten (0,6 bis 7,8 nm, aufgedampft im Vakuum) die Änderung von $2\nu\varkappa d$ u. $(\nu^2-\varkappa^2-\varepsilon_a)d$ mit der Wellenlänge der benutzten Strahlung. Die Kurven ähneln der Charakteristik eines Resonators mit bestimmter Eigenfrequenz. Dabei verschieben sich die Resonanzfrequenzen kontinuierlich zu größeren Wellenlängen bei zunehmender Schichtdicke. Die Maxima der $2\nu\varkappa d$-Kurven, die von 12 Schichten verschiedener Dicke gemessen wurden, lassen sich angenähert durch eine Gerade verbinden, die die λ-Achse bei ca. 4000 Å schneidet.
I. Zoll. 119◇

Weitere Untersuchungen über eine Resonanzerscheinung in dünnen Silberschichten unter der Einwirkung von Luft. Georges Rasigni. (C. R. hebd. Séances Acad. Sci. **254,** 1049—51, 5/2. 1962; franz.) — Vgl. vorst. Referat. — Vf. vergleicht die l. c. im Vakuum untersuchte Resonanzerscheinung mit der Resonanzerscheinung, die Ag-Schichten in trockener Luft zeigen. Bei Schichtdicken < 5 nm ist die Resonanzwellenlänge einer Schicht in Luft größer als die einer Schicht im Vakuum. Dickere Proben (> 7,8 nm) zeigen den umgekehrten Effekt. Die Eigenresonanz liegt im Vakuum um 4000 Å, in Luft bei ca. 4500 Å. I. Zoll. 119◇

Photoelektrische Bestimmung des Reflexionsvermögens von Einschlüssen der Größenordnung eines Hundertstel Millimeters. G. Ogniben und S. Quareni. (Atti Mem. Accad. Patavina Sci. Lettere Arti, Mem. Cl. Sci. mat. natur. **72,** 5—9, 1960; Padova, Univ., Ist. di Miner. Petrografia e Geochim.; ital.) — Vff. beschreiben eine photoelektr. Meth. zur mkr. Best. der Reflexionsfähigkeit von Mineralien, die als Einschlüsse bis zu einer Größe von 0,01 mm vorliegen. Als Standard wurde die Reflexionsfähigkeit eines polierten Schnittes eines *Pyrits* der Insel Elba gemessen, sie beträgt 53,8(%) für weißes Licht, 54,3 für mit einem Interferenzfilter (590 nm) erhaltenes gelbes Licht u. 54,0 für Na-Licht (589 nm). C. Gottfried. 119

Entfärbungs- und Bleicheffekte an Quarz, der durch γ-Strahlen von ^{60}Co angeregt worden war. Tsunesaburo Asada, Riichi Kikuchi und Yoshitake Kimura. (Mem. Inst. sci. ind. Res., Osaka Univ. **18,** 109, 1961; engl.) — Das Absorptionsspektrum von Quarz, der durch Bestrahlung mit ^{60}Co eine dem Rauchquarz ähnliche Farbe angenommen hatte, wurde zwischen 190—900 mμ aufgenommen. Es wurden Absorptionsbanden bei 205, 440 u. 620 mμ, bei einigen Proben bei 400 statt 440 mμ gefunden. Beim Erhitzen auf 200—300° verschwanden die Banden im sichtbaren Bereich, während selbst nach Erhitzen auf 400° die UV-Banden noch sichtbar waren. Nach Bestrahlen mit Licht von 3663 Å verschwanden die sichtbaren Absorptionsbanden ebenfalls nach einigen Tagen, während die UV-Banden davon nicht beeinflußt wurden. K. Huste. 119◇

Elektronenspinresonanz-Untersuchungen von Farbzentren in Alkalihalogenid-Kristallen. H. C. Wolf. (Arch. Sci. [Genève] **14** (**166**), 170–72, 1961; Stuttgart, TH, 2. Phys. Inst.; dt.) — Messungen der Elektron-Kern-Doppelresonanz an F-Zentren in *KF*, *KCl*, *KBr*, *KI* u. *NaI* zwischen 300 u. 20°K ergeben die räumliche Verteilung des F-Elektrons. Elektronenresonanzspektren der Folgezentren, die aus dem F-Zentrum durch Licht-Einw. entstehen, ergeben für M- bzw. F'-Zentren Diamagnetismus. Auch dem R- u. N-Zentrum kann eine Elektronenresonanzabsorption zugeschrieben werden. H. Roschkowski. 119◇

Über magnetische und Luminescenz-Zentren, erzeugt durch Röntgenstrahlen, im Lithiumfluoridkristall. A. Choudhury. (Nuovo Cimento [10] **22**, 457–61, 1/11. 1961; Calcutta, Jadavpur Univ., Phys. Dep.; engl.) — LiF-Einkristalle werden bei Raumtemp. mit ungefilterten Röntgenstrahlen (30 kV) bestrahlt, wobei Verfärbung auftritt. Die diamagnet. Susceptibilität (χ) nimmt bei Bestrahlung ab. Nach Entfärbung des Kristalls durch Temp.-Erhöhung nimmt χ wieder den ursprünglichen Wert an. Die Änderung von χ mit der Temp. wird vor u. nach Verfärbung eines LiF-Kristalles im Temp.-Bereich von 87° bis 300°K gemessen; dabei folgt $\Delta\chi$ dem Curieschen Gesetz. $\Delta\chi$ ist ein Maß der bei diesem Prozeß entstandenen paramagnet. Zentren, vorwiegend F-Zentren. Bei Messung der Temp.-Abhängigkeit der Thermoluminescenz (A) eines bestrahlten LiF-Kristalles zeigen die Änderungen von A große Ähnlichkeit mit χ. Es werden die Zahl der F-Zentren u. die entsprechende Zahl der magnet. Zentren berechnet. Aus dem Ergebnis schließt Vf., daß die F-Zentren nicht allein für die Änderung der Luminescenzintensität u. magnet. Eigg. verantwortlich sind. I. Zoll. 119◇

Dispersion der Doppelbrechung von Calcit. J. M. Beckers. (J. opt. Soc. America **52**, 580, Mai 1962; Sydney, Australia, C. S. I. R. O., Nat. Stand. Labor., Div. of Phys.; engl.) — Aus exakten Messungen am Sonnenspektrum u. von drei Erdabsorptionslinien wird der Wert α der Gleichung $\alpha(\lambda) = \lambda(\mathrm{d}\mu/\mathrm{d}\lambda - \mu(\lambda)^{-1}$, bei der μ die Doppelbrechung u. λ die Wellenlänge bedeuten, für Calcit neu zu $\alpha = 2{,}2910 \pm 0{,}0003 \cdot 10^{-8}\ \mathrm{cm}^2$ bestimmt. H. Roschkowski. 119◇

Triplettzustände und optische Aktivität: theoretische Betrachtungen. O. E. Weigang jun. (J. chem. Physics **37**, 673–74, 1/8. 1962; Baton Rouge, La., Louisiana State Univ., Dep. of Chem.; engl.) — Vf. zeigt, daß der Anteil der T ← S-Absorption an der opt. Aktivität durchaus merklich ist u. bei n-π-Spektren ein Intensitätsverhältnis von T ← S zu S ← S ca. 10^{-2} erreichen kann.
G. M. Neumann. 119◇

Bedingungen der Polarisationscharakteristik von Infrarotbanden vielatomiger Moleküle. L. M. Swerdlow. (Optik u. Spektroskopie [UdSSR] **9**, 671–73, Nov. 1960; russ.) — Vgl. C. **1962**, 8870. — Es wird gezeigt, daß die l. c. eingeführten Bedingungen für die Charakteristik der Polarisation von IR-Banden hinreichend sind. U.-L. Rau. 119◇

Bemerkung zum Infrarotspektrum des rhombischen Schwefels. I. Srb und A. Vaško. (J. chem. Physics **37**, 1892–93, 15/10. 1962; Prague, Czechosl. Acad. of Sci., Labor. of Optics; engl.) — Die von verschiedenen Autoren einer Grundschwingung des S_8-Mol. zugeschriebene Bande bei ca. 1510 cm^{-1} erscheint nur im IR-Spektrum von Einkristallen von rhomb. S (**I**), die aus CS_2 gezüchtet wurden, nicht aber im Spektrum von natürlichem **I** oder amorphem S. Sie wird auf CS_2-Einschlüsse in den Kristallen zurückgeführt. Die stärkste IR-Absorption im Spektrum von CS_2 tritt bei 1507 cm^{-1} auf. A. Blaschette. 120◇

Das Spektrum der neutralen Stickstoff-Atome im Bleisulfid-Bereich. Karl Börje S. Eriksson und Ingmar Johansson. (Ark. Fysik **19**, 235–48, 1961; Univ. of Lund, Dep. of Physics; engl.) — Mittels Hohlkathode u. elektrodenloser Entladung als Strahlungsquellen wurde das Spektrum der neutralen N-Atome, N I von 18751–11998 Å aufgenommen. Für 113 Linien wurden die Wellenlängen ermittelt. Es wurde ein Syst. von Energieniveaus abgeleitet, einschließlich der gesamten Konfigurationen $2p^3$, $2p^4$, 3s, 4s, 5s, 3d u. 4f. Auch einige 5f-Niveaus wurden bestimmt. Die 4f-Niveaus entsprechen den Formeln für intermediäre Paarkopplung. IR-Kombinationslinien verbinden die Dublett- u. Quartett-Systeme. Die Messungen über verbotene NI-Linien in Nebelsystemen wurden bestätigt.
M. Wiedemann. 120□

Infrarotintensitäten von Silan. Ira W. Levin und W. T. King. (J. chem. Physics **37,** 1375—81, 1/10. 1962; Providence, R. I., Brown Univ., Metcalf Res. Labor.; engl.) — Integrierte Intensitäten der IR-Grundabsorptionsbanden von SiH_4, SiD_4 u. SiD_3H wurden nach der Extrapolationsmeth. von Wilson u. Wells (1941/46) sowie Penner u. Weber (C. **1952,** 3120) gemessen. Die Ergebnisse zeigen, daß die Ableitungen der Mol.-Dipolmomente nach der Valenz- u. nach der Spreizschwingungs-Koordinate entgegengesetzte Vorzeichen besitzen. — Die Verbb. wurden durch Red. von $SiCl_4$ mit $LiAlH_4$ oder $LiAlD_4$ bzw. von $SiCl_3H$ mit $LiAlD_4$ in Tetramethylenglykoldimethyläther dargestellt. A. Blaschette. 120◇

Mittlere thermische Schwingungsamplituden und thermodynamische Eigenschaften von Metallhexafluoriden. S. Sundaram. (Z. physik. Chem. [Frankfurt/M.] [N. F.] **34,** 225—32, Sept. 1962; Saskatoon, Canada, Univ. of Saskatchewan, Dep. of Mech. Engng.; engl.) — Mit Hilfe von Symmetrieeigg. werden Ausdrücke für alle möglichen mittleren therm. Schwingungsamplituden oktaedr. Moll. vom Typ XY_6 abgeleitet u. zur Berechnung dieser Amplituden aus Schwingungsfrequenzen bei 25° für den Fall von Metallhexafluoriden benutzt. Unter Verw. statist. Meth. ergeben sich hieraus die thermodynam. Funktionen (Molwärme, Enthalpie, Freie Enthalpie, Entropie) im Bereich 100—1500°K. Numer. behandelt wurden MoF_6, WF_6, ReF_6, OsF_6, IrF_6, PtF_6, NpF_6, UF_6, PuF_6. A. Blaschette. 120◇

Mittlere Amplituden und thermodynamische Funktionen einiger Trihalogenide. S. Sundaram. (Z. physik. Chem. [Frankfurt/M.] [N. F.] **34,** 233—37, Sept. 1962; engl.) — Vgl. vorst. Referat. — Analoge Behandlung der pyramidalen Moll. AsF_3, $AsCl_3$, $AsBr_3$, $SbCl_3$, $SbBr_3$, $BiCl_3$. A. Blaschette. 120◇

Infrarotaktive Schwingungen des kubischen Strontiumtitanats. B. D. Silverman und G. F. Koster. (Z. Physik **165,** 334—35, 1961; Waltham, Mass., Raytheon Co., Res. Div.; Cambridge, Mass., MIT; engl.) — Im Gegensatz zu Narayanan u. Vedam (Z. Physik **163,** [1961], 158) wird gezeigt, daß $SrTiO_3$ neun u. nicht zwölf opt.-akt. Schwingungsarten besitzt. Von den 12 Schwingungsfreiheitsgraden gehören neun zu dreifach entarteten IR-akt. Schwingungen der Rasse F_{1u}, drei zur dreifach entarteten inakt. Rasse F_{2u}. A. Blaschette. 120□

Infrarotspektren von 1.10-Phenanthrolin-Metallkomplexen im Steinsalzgebiet unter 2000 cm⁻¹. A. A. Schilt und R. C. Taylor. (J. inorg. nuclear Chem. **9,** 211—21, März 1959; Ann Arbor, Mich., Univ. of Michigan, Dep. of Chem.; engl.) — Die IR-Spektren von 1.10-Phenanthrolin (Ph), dessen Hydrat (**I**), Perchlorat (**II**) u. die der nachst. Komplexe wurden gemessen: $LiPh_2ClO_4$ (**III**), $NaPh_2ClO_4$ (**IV**), $CaPh_2(ClO_4)_2 \cdot 3H_2O$ (**V**), $SrPh_4(ClO_4)_2 \cdot 4H_2O$ (**VI**), $BaPh_4(ClO_4)_2 \cdot 4H_2O$ (**VII**), $MnPh_4(ClO_4)_2 \cdot 2H_2O$ (**VIII**), $MnPh_3(ClO_4)_2$ (**IX**), $Fe^{II}Ph_3(ClO_4)_2$ (**X**), $Fe^{III}Ph_3(ClO_4)_3 \cdot H_2O$ (**XI**), $CoPh_3(ClO_4)_2$ (**XII**), $CoPh_3(ClO_4)_3 \cdot 2H_2O$ (**XIII**), $NiPh_3(ClO_4)_2 \cdot 0{,}5H_2O$ (**XIV**), $CuPh_2ClO_4$ (**XV**), $CuPh_2(ClO_4)_2$ (**XVI**), $AgPh_2ClO_4$ (**XVII**), $ZnPh_3(ClO_4)_2$ (**XVIII**), $CdPh_3(ClO_4)_2$ (**XIX**), $HgPh_3(ClO_4)_2$ (**XX**), $TlPh_2ClO_4$ (**XXI**), $PbPh_4(ClO_4)_2$ (**XXII**) $PbPh_2(ClO_4)_2$ (**XXIII**), $BiPh_3(ClO_4)_3$ (**XXIV**), Tris-[2.2'-bipyridin] (TBP)-eisen(**II**)-perchlorat (**XXV**), TBP-eisen(**III**)-perchlorat-3-Wasser (**XXVI**), TBP-kobalt(II)-perchlorat (**XXVII**), TBP-kobalt(III)-perchlorat-3-Wasser (**XXVIII**), TBP-nickel(II)-perchlorat (**XXIX**) u. TBP-mangan(II)-perchlorat (**XXX**). Im allg. sind die beobachteten Spektren recht ähnlich u. lassen im Fall der Alkalimetalle Koordination u. eine Koordinationszahl von acht bei den Erdalkalimetall-, Blei- u. Mangankomplexen erkennen. Die hauptsächlichen Eigg. der Spektren werden besprochen.

Versuche: **II** aus **I** mit einem Überschuß von $HClO_4$, nach Umkristallisieren aus W. glänzende weiße Nadeln. **III**, **IV**, **V**, **VI** u. **VII** wurden als z. T. unreine Prodd. nach dem Verf. von Pfeiffer u. Christeleit [1938] dargestellt. **VIII** aus einer Lsg. von 0,17 g $MnSO_4 \cdot H_2O$ u. 0,60 g **I** in 100 ml W. u. Fällen mit 0,25 g $NaClO_4$. Farblose Nadeln. **IX** aus **VIII** durch Erhitzen im Vakuum über P_2O_5 auf 185°. Blaßgelbes Pulver. **X** aus wss. Lsg. von 0,3 g $NaClO_4$ + 0,39 g $Fe(NH_4)_2(SO_4)_2 \cdot 6H_2O$ u. 0,6 g **I**, Umkristallisieren aus W., dunkelrote Kristalle. **XI** durch Einleiten von Cl_2 in eine Lsg. von 0,3 g $Fe(NH_4)_2(SO_4)_2 \cdot 6H_2O$, 0,6 g **I** u. 0,2 ml konz. H_2SO_4 in 100 ml W., bis die rote Farbe nach hellblau umschlägt, danach Zugabe eines Überschusses von 30%ig. $NaClO_4$-Lsg., Eiskühlung. Blaue Kristalle. **XII** durch Erhitzen einer Lsg. von 0,24 g $CoCl_2 \cdot 6H_2O$ in 20 ml A. zum Sieden u. nachfolgende Zugabe von 0,6 g **I**, 0,3 g $NaClO_4$ u. 200 ml W., nach 24 Std. im Exsiccator gelbbraune Kristalle. **XIII** durch Eindampfen einer Lsg. von 0,24 g $CoCl_2 \cdot 6H_2O$, 0,6 g **I**, 2 ml H_2O_2 (30%) u. 2 ml konz. HCl in 50 ml W. auf 5 ml, Behandeln der sirupösen Fl. mit 100 ml W. u. 1 ml 72%ig. $HClO_4$ → goldgelber Nd.

Umkristallisieren aus W. mit etwas H_2O_2. **XIV** aus einer Lsg. von $Ni(ClO_4)_2$ in W. unter Zugabe von 1,2 g **I**, Erhitzen zum Sieden, Umkristallisieren aus W. Rosafarbene Kristalle. **XV** durch Zugabe einer Lsg. von 0,4 g **I** in 25 ml A. zu einer sd. Lsg. von 0,25 g $CuSO_4 \cdot 5H_2O$; 0,2 g Hydroxylaminhydrochlorid, 1 ml konz. NH_4OH u. 100 ml W. Danach Zusetzen eines Überschusses 10%ig. $NaClO_4$-Lsg., dunkelvioletter Nd. **XVI** durch Behandeln von 0,08 g CuO mit $HClO_4$, Eindampfen zur Trockne, Lösen in 100 ml W., beim Sieden 0,5 g **I** zusetzen. Der blaugrüne Nd. wird aus Methanol umkristallisiert. **XVII** durch Zugabe von 0,13 g $NaClO_4$ zu einer Lsg. von 0,17 g $AgNO_3$ u. 0,6 g **I** in 200 ml W + 200 ml Methanol, aus Nitrobenzol umkristallisiert → blaßgelbe Kristalle. **XVIII** aus einer wss. Lsg. von $Zn(ClO_4)_2$ u. 0,6 g **I**. Glänzende weiße Nadeln. **XIX** u. **XX** entsprechend **XVIII**. **XXI**, **XXII** u. **XXIV** nach dem Verf. von Pfeiffer u. Werdelmann [1950]. **XXIII** durch Erhitzen von **XXII** im Vakuum auf 185°. Verbb. **XXV** bis **XXIX** nach Burstal u. Nyholm [1952]. **XXX** durch Zugabe einer Lsg. von 0,62 g Bipyridin in 5 ml Methanol zu einer Lsg. von 0,17 g $MnSO_4 \cdot H_2O$ in 100 ml W., Erhitzen, Zusatz von festem $NaClO_4$. Aus W. umkrist., ergeben sich hellgelbe Kristalle.

M. Schüle. 120□

Einfluß der Temperatur und des Aggregatzustandes auf die Infrarotabsorption von Kohlenstofftetrachlorid. M. P. Lissitza und W. N. Malinko. (Nachr. Akad. Wiss. UdSSR, physik. Ser. **22**, 1117—21, Sept. 1958; Kiew, Schewtschenko-Univ.; russ.) — Die Messungen der Halbbreite, Struktur u. Intensität der IR-Absorption wurden nach dem früheren Verf. durchgeführt (Lissitza u. Malinko, C. **1960**, 11945), u. zwar bei — 25 bis + 70°, wobei für die hermet. Verdichtung der Küvetten die wärmebeständigen Füllstoffe (Talk + fl. Glas) u. Kitt (ZnO + MnO + $CaCO_3$, 1:1:1) sich als die besten erwiesen. Die Fehler der Best. des Absorptions-Koeff. K überstiegen kaum 7—10% (bis 15% bei der Grundschwingung des fl. CCl_4). — Gemessen wurden 3 Dubletts: Eins ($\nu_1 + \nu_4$; ν_3) im Bereich 298—343°K. Von einem zweiten Dublettpaar werden nur die Ergebnisse des 1. Paares $\nu_2 + (\nu_1 + \nu_4)$ u. $\nu_2 + \nu_3$ bei 251—333°K angeführt. — Infolge der Fermi-Resonanz erreicht die Intensität der zusammengesetzten Schwingung ($\nu_1 + \nu_4$) fast jene der Grundschwingung (ν_3). Die integrale Absorption jedoch sinkt mit steigender Temp., u. zwar sinkt $\int K_\nu d\nu$ für kurzwellige Komponenten unerheblich, für langwellige hingegen im angegebenen Temp.-Bereich fast auf die Hälfte. Die Halbbreite eines zusammengesetzten Dubletts bleibt bei Temp.-Steigerung unverändert. Bei Änderung des Aggregatzustandes (Fl. → Dampf) sinkt jedoch die Intensität wesentlich, die Halbbreite verändert sich u. die Wechsel-Wrkg. der Resonanz schwächt sich ab, so daß die Intensität der Schwingungen $\nu_1 + \nu_4$ im Vgl. zu ν_3 erheblich abnimmt.

A. v. Wilpert. 120□

Schwingungsspektren von Alkoxysilanen und Siloxanen. 3. Mitt. Schwingungen von Silicium–Sauerstoff-Ketten in den Spektren von Polyalkoxysiloxanen. A. N. Lasarew und M. G. Woronkow. (Optik u. Spektroskopie [UdSSR] **8**, 614—22, Mai 1960; russ.) — 2. vgl. C. **1962**, 12921; vgl. auch C. **1962**, 5234 — In Tabellen u. Diagrammen werden die Schwingungsspektren von Polymethoxy- u. Polyäthoxysiloxanen $(RO)_3Si[OSi(OR)_2]_nOR$ ($R = CH_3$, n = 0, 1, 2, 4, 6; $R = C_2H_5$, n = 0, 1, 2, 4) mitgeteilt, die durch Hydrolyse großer Mengen $Si(OR)_4$ in ROH mit HCl als Katalysator erhalten wurden. Da die Aufspaltung der Schwingungen der SiO_4-Gruppe infolge niedrigerer Symmetrie des Tetramethoxysilan-Mol. als T_d gering ist, kann man qual. die Änderungen der Valenzschwingungen der Si–O-Bindungen mit Zunahme von n auf die Vereinigung einer zunehmenden Zahl von SiO_4-Tetraedern in der Kette zurückführen, unter Vernachlässigung des Einfl. der CH_3-Gruppen. Dadurch ergeben sich Analogien zu den Silicaten, als deren organ. „Modelle" die Polyalkoxysiloxane verwendet werden können.

R. K. Müller. 120□

Schwingungsspektren der trimeren und tetrameren Phosphornitridhalogenide. E. Steger und R. Stahlberg. (Z. Naturforsch. **17b**, 780—81, Nov. 1962; Dresden, TU, Inst. für anorg. u. anorg.-techn. Chem.; dt.) — Die Raman- u. IR-Spektren (1450—150 cm^{-1}) von $(PNF_2)_3$, $(PNCl_2)_3$, $(PNBr_2)_3$, $(PNF_2)_4$, $(PNCl_2)_4$ u. $(PNBr_2)_4$ werden tabellar. mitgeteilt u. zugeordnet. Bei allen Verbb. weisen sie ziemlich sicher das Vorliegen ebener $(PN)_3$- bzw. $(PN)_4$-Ringe zumindest für die freien Moll. in Lsgg. oder Schmelzen aus. A. Blaschette. 120◇

Die Molekülkomplexe von Natriumjodid und Zinkbromid mit Aceton. Haruka Yamada. (Bull. chem. Soc. Japan **33**, 666—69, Mai 1960; Meguro-ku, Tokyo, Tokyo Inst. of Technol., Res. Labor. of Spectrosc.; engl.) — Die IR-Spektren

(400—4000 cm^{-1}) der fl. Syst. NaJ-Aceton u. $ZnBr_2$-Aceton sowie von festem [*NaJ* (*Aceton*)$_3$] · *2 Aceton* werden mitgeteilt u. unter bes. Berücksichtigung der C=O- u. C–C-Valenzschwingungen diskutiert. Die Bldg. der Komplexe erfolgt offensichtlich durch koordinative Bindung zwischen den Metallkationen u. den einsamen Elektronenpaaren der C=O-Gruppe. A. Blaschette. 120◇

Die Absorptionsintensitäten von simultan verlaufenden Schwingungsübergängen in Gasmischungen. J. P. Colpa und J. A. A. Ketelaar. (Physica [Utrecht] **24,** 1035—44, Dez. 1958; Amsterdam, Univ., Labor. voor alg. en anorg. Chem.; engl.) — Vff. entwickeln eine Beziehung für die Intensität von simultan verlaufenden Übergängen in Gasmischungen, d. h. einem IR-aktiven Schwingungsübergang des einen u. einem Raman-aktiven Schwingungsübergang des anderen Moleküls. Die erhaltene Gleichung wird auf Mischungen von CO_2 u. H_2 angewandt u. liefert für den Simultanübergang bei 6510 cm^{-1} mit Literaturdaten für die Polarisierbarkeit von H_2 einen integralen bin. Absorptionskoeff. von 0,63 · 10^{-3} bzw. 1,2 · 10^{-3} gegenüber einem experimentellen Wert von 0,88 · 10^{-3}.
G. M. Neumann. 120◇

Schwingungsspektrum und Struktur von Metallcyanidkomplexen im festen Zustand. 5. Mitt. **$K_2Zn(CN)_4$, $K_2Cd(CN)_4$ und $K_2Hg(CN)_4$.** Llewellyn H. Jones. (Spectrochim. Acta [London] **17,** 188—200, 1961; Los Alamos, N. Mex., Univ. of California, Los Alamos Sci. Labor.; engl.) — 4. vgl. C. **1960,** 6044. — Vf. berichtet über Aufnahmen des IR-Spektrums von $K_2Zn(CN)_4$-, $K_2Cd(CN)_4$- u. $K_2Hg(CN)_4$-Einkristallen. Mit Hilfe von Raman-Daten aus der Literatur lassen sich alle Frequenzen gut einordnen, mit Ausnahme derjenigen mit E-Symmetrie. Ferner berechnet Vf. mit einem Valenzkraftfeld diagonaler Symmetrie die einzelnen Kraft-Konst. u. diskutiert die Bindungsverhältnisse in den einzelnen Komplexen.
G. M. Neumann. 120◇

Ramanspektroskopische Untersuchungen an geschmolzener seleniger Säure. G. E. Walrafen. (J. chem. Physics **37,** 1468—72, 1/10. 1962; Murray Hill, N. J., Bell Telephone Labor., Inc.; engl.) — In den photoelektr. registrierten Raman-Spektren von geschmolzenem H_2SeO_3 bei 70—175° treten Banden auf, die auch in hochkonz. (9,4 m) wss. $NaHSeO_3$-Lsgg. beobachtet werden u. den (Se–O–Se')-Valenz- u. Spreizschwingungen einer Se_2O_5-Gruppe zuzuschreiben sind. Der Ursprung dieser Gruppe wird in den in merklichem Umfang ablaufenden Rkk. $2 H_2SeO_3 \rightleftharpoons H_2Se_2O_5 + H_2O$ (in der Schmelze) bzw. $2 HSeO_3^- \rightleftharpoons Se_2O_5^{2-} + H_2O$ (in Lsg.) gesehen. Im Syst. SeO_2–H_2O treten bei SeO_2-Konzz. von 50—66,67 Mol-% die Banden von $(H_2SeO_3)_2$ u. $H_2Se_2O_5$ in Erscheinung, bei höheren Konzz. in zunehmendem Maß auch die von $(SeO_2)_n$. A. Blaschette. 120◇

Die Temperaturabhängigkeit der Kernquadrupolkopplungskonstante von ^{23}Na in Natriumnitrit, $NaNO_2$. Alarich Weiss und D. Biedenkapp. (Z. Naturforsch. **17a,** 794—98, Sept. 1962; Darmstadt, TH, Eduard-Zintl-Inst.; dt.) — Vff. berichten über Unterss. der Kernquadrupolkopplungskonst. von ^{23}Na in $NaNO_2$ im Temp.-Bereich von 18—215°. Unterhalb der Umwandlungstemp. von 163 ± 2° nimmt der Asymmetrieparameter mit steigender Temp. ab u. wird am Umwandlungspunkt selbst zu Null, um dann weiter abzunehmen. Diese Temp.-Abhängigkeit der Kernquadrupolkopplungskonst. läßt sich mit dem Punktladungsmodell u. der Annahme einer freien Rotation der NO_2-Gruppe oberhalb des Umwandlungspunktes aber nicht befriedigend erklären. G. M. Neumann. 121□

Direkte Beobachtung longitudinaler Schwingungsformen im Signal optischer Maser. R. C. Duncan jun., Z. J. Kiss und J. P. Wittke. (J. appl. Physics **33,** 2568—69, Aug. 1962; Princeton, N. J., RCA Labor.; engl.) — Mit einem hochauflösenden Gitterspektrometer hoher Dispersion wurden longitudinale Wellenformen im Signal gepulster opt. Maser (*U* in CaF_2 u. *Rubin*) direkt beobachtet. Die Linienbreite einzelner Schwingungsformen war durch die Meßanordnung gegeben u. betrug ca. 0,05 cm^{-1}. Es wurde festgestellt, daß die verschiedenen Schwingungsformen im Maser gleichzeitig auftreten. Helmut Seifert. 121◇

Optische Maser-Emission von dreiwertigem Praseodym in Calciumwolframat. A. Yariv, S. P. S. Porto und K. Nassau. (J. appl. Physics **33,** 2519—21, Aug. 1962; Murray Hill, N. J., Bell Teleph. Labor., Inc.; engl.) — Es wurde kohärente Emission von Pr^{3+} in $CaWO_4$ bei 1,047 μ beobachtet, zusammenfallend mit starker Fluorescenz der gleichen Wellenlänge. Die Emission wurde größtenteils durch Absorption von blauem Licht durch die $^3P_0$, $^3P_1$ u. $^3P_2$-Niveaus angeregt. Die Emission entspricht einem $^1G_4$–$^3H_4$-Übergang mit einem Termabstand von

377 cm^{-1} vom Grundzustand. Die Schwingungsschwelle war bei 4,2°, 20° u. 78°K gleich, dagegen wurde keine Emission bei Raumtemp. beobachtet. Die Lebensdauer des metastabilen Zustands $^1G_4$ beträgt 50 ms u. wurde nach einem neuartigen Verf. gemessen. Helmut Seifert. 121◇

Betrieb eines Wanderwellenmasers in einem supraleitenden Querfeld-Elektromagneten. W. G. Nilsen. (J. appl. Physics **33**, 2522—23, Aug. 1962; Murray Hill, N. J., Bell Telephone Labor., Inc.; engl.) — Ein 6 GHz-Wanderwellenmaser wurde in einem neuen supraleitenden Querfeldmagneten betrieben, der ein homogenes Feld von mehr als 4000 Oe in einem Vol. von ca. 3 × 4 × 15 cm erzeugte. Es ergeben sich dieselben Werte für Verstärkung u. Bandbreite wie bei Messung mit einem Laborelektromagneten. Daraus ergibt sich eine Feldinhomogenität des supraleitenden Magneten von ca. ± 1 Oe im Volumen. Helmut Seifert. 121◇

Fluorescenzanregung durch Absorption von zwei aufeinanderfolgenden Photonen. John F. Porter jr. (Physic. Rev. Letters **7**, 414—15, 1/12. 1961; Baltimore, Md., Johns Hopkins Univ., Radiat. Labor.; engl.) — An polykrist. *La* : $PrCl_3$ (1% $PrCl_3$ in $LaCl_3$) wurde eine Fluorescenzstrahlung beobachtet, die aus zwei verschiedenen Anregungsquellen herrührte. An einem Termschema wird gezeigt, daß diese Fluorescenz bei 618 nm von einem Photon mit $\lambda = 2{,}3\ \mu$ u. einem anderen mit $\lambda = 558$ nm angeregt werden muß. Als Infrarotquelle diente eine Sylvania DLG-Projektionslampe mit Hartglas u. Ge-Filtern, für die 558 nm-Strahlung eine AH 6-Quecksilberlampe. I. Zoll. 125◇

Die mineralsaure Zinksulfidfällung. H. Ortmann und R. Piwonka. (Mber. dtsch. Akad. Wiss. Berlin **2**, 549—51, 1960; Dt. Akad. der Wiss., Forsch.-Gemeinschaft, Phys.-Techn. Inst., dt.) — Die Luminescenz-Eigg. der ZnS-Phosphore hängt von den verschiedenen Fällungsmeth. ab. Vff. untersuchen die schwefelsaure Fällung mit H_2S. Dabei wird die Ausbildung der Teilchen u. die Struktur (Debye-Scherrer-Aufnahmen) bei unterschiedlichen Fällungsmeth. verfolgt. I. Zoll. 125◇

Elektroluminescenzzelle im selbsterregten Stromkreis. Gilles Batailler und Jacqueline Pragout. (C. R. hebd. Séances Acad. Sci. **254**, 81—83, 3/1. 1962; Poitiers, Fac. des Sci., Labor. d'Electron. appl.; franz.) — Es wird der Einfl. von Harmonischen der Erregungsfrequenz (50 Hz) auf die gesamte Leuchtdichte einer *ZnS*: *Cu*-Zelle (grüne Emission) untersucht. Bei den gewöhnlichen Erregungsspannungen (110 V) wurde bei Überlagerung einer Harmonischen ein Abfallen der Leuchtdichte beobachtet. Auch ohne die prim. erregende Frequenz behält die Selbsterregung bei selektiver Verstärkung eine feste Frequenz. I. Zoll. 125◇

Stationäre Strahlung von ZnS-Phosphoren. 2. Mitt. **Elektroluminescenz und Infrarotdämpfung.** K.-Ss. K. Rebane. (Optik u. Spektroskopie [UdSSR] **12**, 396—99, März 1962; russ.) — 1. vgl. Optik u. Spektroskopie [UdSSR] **12**, [1962], 254. — Die l. c. enthaltenen Formeln für die Leuchthelligkeit (L) werden auf den Fall stationärer Elektroluminescenz ausgedehnt. Die gefundene Abhängigkeit der L von der Feldstärke konnte experimentell bestätigt werden. Für die an Phosphoren vom ZnS-Typ oft beobachtete Dämpfung durch IR-Strahlung wurden theoret. Beziehungen abgeleitet, die ebenfalls mit dem Experiment befriedigend übereinstimmen. R. Gerbatsch. 125□

Einfluß von Spuren von Verunreinigungen auf die Thermoluminescenzeigenschaften von Zinkoxid. Marie-Louise Blanchard. (C. R. hebd. Séances Acad. Sci. **254**, 249—51, 8/1. 1962; Ille-et-Vilaine, Fac. des Sci. de Rennes, Dép. de Phys.; franz.) — Vgl. C. **1961**, 13815. — Die Thermoluminescenzeigg. von mit Cu aktiviertem ZnO werden mit den dielektr. Eigg. verglichen. Es werden reines synthet. ZnO (**I**) u. 5 Proben mit einer Cu-Konz. von $1 \cdot 10^{-6}$ bis $5 \cdot 10^{-3}$ im Temp.-Bereich von 95 bis 190°K untersucht. Bei **I** treten bei 117 u. 137 °K zwei Peaks auf. Mit wachsender Cu-Konz. nimmt die Intensität stark zu u. erreicht bei einem Cu-Geh. von 10^{-4} ein Optimum. Bei weiterem Anstieg der Cu-Konz. sinkt die Intensität ab u. ist bei $5 \cdot 10^{-3}$ im untersuchten Temp.-Bereich nicht mehr meßbar. I. Zoll. 125◇

Eine zusammenfassende Untersuchung einfacher photoleitender Phosphore. H. Fedders, M. Hunger und F. Lüty. (Physics Chem. Solids **22**, 299—315, Dez. 1961; Stuttgart, TH, II. Phys. Inst.; engl.) — Vff. untersuchen an Hand von eigenen Messungen u. Literaturdaten die photoleitenden Eigg. von *KCl*-Kristallen, die F-Zentren enthalten, u. entwickeln aus einer quant. Beschreibung dieses Syst. ein einfaches Modell für einen photoleitenden Phosphor. G. M. Neumann. 125◇

A_3. Elektrizität. Magnetismus. Elektrochemie

Physikalische Forschung bei tiefen Temperaturen. 3. Mitt. Wärmeleitung in Isolatoren; Paramagnetismus; dielektrische Verluste im Zusammenhang mit chemischen Gitterfehlern. J. Volger. (Philips' techn. Rdsch. **22**, 306–16, 26/5. 1961; dt.) – 2. vgl. C. **1963**, 7245. – Ähnlich wie der Restwiderstand eines Metalls durch die Streuung der Elektronen an Gitterfehlern verursacht wird, bestimmt bei Isolatoren die Streuung der Phononen an solchen Fehlstellen die Wärmeleitung. Außerdem ist auch die Temp.-Abhängigkeit des Phononen-Spektrums dabei zu beachten. Die Verhältnisse werden am Beispiel des *BiTe* erläutert. Auf dem Gebiete der paramagnet. Forschung bei tiefen Temp. wird die Relaxation erörtert. Die Bedeutung der Temp. ergibt sich ferner bei der paramagnet. Resonanz u. beim Maser (Festkörper-Verstärker für Mikrowellen). Die elektr. Verluste als Folge von Polarisationsmechanismen mit sehr kleiner Aktivierungsenergie von $< 0,1$ eV, die also nur bei tieferen Temp. beobachtet werden können, wurden bei unreinem *Quarz* u. in nichtstöchiometr. oder verunreinigten oxid. Halbleitern festgestellt.
H. Fahlenbrach. 130□

Dielektrische Formulierung des Vielkörper-Problems: Anwendung auf das freie Elektronengas. P. Nozières und. D. Pines. (Nuovo Cimento [10] **9**, 470–90, 1/8. 1958; Paris, Labor. de Physique Ecole Normale Superieure; engl.) – Vgl. C. **1959**, 2013. – Durch Einführung einer verallgemeinerten DK $\varepsilon(k, \Omega)$, mit $\Omega =$ Frequenz u. $k =$ Wellenvektor, können die Energie des Grundzustands u. das Bremsvermögen eines gleichförmigen Gases mit Teilchen in Wechselwrkg. ausgedrückt werden, ohne daß eine Störungsentw. nötig ist. Im Falle des Elektronengases kann diese DK aus der unelast. Streuung schneller Elektronen oder aus der Compton-Streuung von Röntgenstrahlung ermittelt werden, die entsprechenden Experimente werden erörtert. M. Wiedemann. 130□

Rückstreuung von 5–20-keV-Elektronen von Isolatoren und Metallen. J. E. Holliday und E. J. Sternglass. (J. appl. Physics **28**, 1189–93, Okt. 1957; Pittsburgh, Pa., Westinghouse Res. Labor.; engl.) – Vff. messen die Rückstreuung von Elektronen an dünnen Metallfilmen auf Basisschichten mit sehr verschiedenen rückstreuenden Eigenschaften. Bei niedrigen eingestrahlten Energien ist der rückgestreute Anteil η (Energien > 50 eV) charakterist. für den Oberflächenfilm. Bei Eindringung bis zu einer Tiefe, die gleich dem doppelten der Schichtdicke ist, tritt eine beträchtliche Änderung von η ein. Bei ausreichend hohen Energien erreicht η den Wert für das Trägermaterial. η wird in Abhängigkeit von der eingestrahlten Energie an *Al*-Schichten auf *Au*, *Ag* u. *C* gemessen. Die Meth. ist geeignet, η an Isolatoren zu bestimmen, wobei deren Aufladung durch dünne Al-Filme (ca. 200 Å) auf der Oberfläche verhindert wird. Die Werte für *LiF*, $Zn_3(PO_4)_2$, *KCl*, *RbBr* u. *TlJ* bei $>$ ca. 5 keV stimmen mit bekannten Werten für Metalle mit entsprechender mittlerer Ordnungszahl überein. Die Verss. weisen darauf hin, daß die Rückstreuung im Fall von Elektronen mit größerer Energie im Vgl. zur Energielücke zwischen Leitungs- u. Valenzband nur von der atomaren Zus. der Isolatoren abhängig ist. P. Frenzel. 131□

Anwendung der Methode der polarisierten Bahnen auf die Streuung von Elektronen an Wasserstoff. A. Temkin und J. C. Lamkin. (Physic. Rev. [2] **121**, 788 bis 794, 1/2. 1961; Washington, D. C., Nation. Bur. of Stand.; engl.) – Unter Verwendung einer Transformation von Omidvar, durch die das Iterations-Verf. zur Lösung der Integrodifferentialgleichungen vermieden wird, berechnen Vff. die s-, p- u. d-Wellenstreuung langsamer Elektronen an atomarem H nach der Meth. der polarisierten Bahnen. Die s-Wellenstreuung ist kleiner als die nach der Austauschnäherung berechnete; die Streulängen liegen innerhalb der von Rosenberg u. Mitarbeitern (Physic. Rev. [2] **119**, [1960], 164) angegebenen oberen Grenzen. Die d-Wellenphasenverschiebungen sind zu klein, als daß sie eine Resonanz im Gesamtquerschnitt erklären könnten, jedoch größer als die nach der Austausch- oder Bornschen Näherung berechneten; sie verleihen den Kurven des differentiellen Querschnitts eine bedeutende Struktur. Die p-Wellen-Phasenverschiebungen werden durch Polarisationseffekte nicht wesentlich vergrößert.
D. Jörchel. 131□

Über den Durchgang eines Strahls geladener Teilchen durch ein magnetisches Plasma. O. B. Kitzenko und K. M. Stepanow. (Ukrain. physik. J. **6**, 297–307, Mai/Juni 1961; ukrain., Auszug: engl.) – Wellen beim Durchgang eines Bündels geladener Teilchen mit anisotroper Geschw.-Verteilung durch ein im Magnetfeld befindliches Plasma werden behandelt. Untersucht werden folgende Typen von Wellen: longitudinale Plasmaschwingungen im Magnetfeld, elektromagnet. Plasmawellen unter den Bedingungen quasi-longitudinaler Ausbreitung, Ioncyclotron- u. hydromagnet. Wellen. Die Inkremente werden angegeben. M. Wiedemann. 131□

Entdeckung von H_5^+ in der Wasserstoffglimmentladung. P. H. Dawson und A. W. Tickner. (J. chem. Physics **37**, 672—73, 1/8. 1962; Ottawa, Nat. Res. Council, Div. of Appl. Chem.; engl.) — Vff. berichten über massenspektroskop. Unterss. in der negativen Zone einer H_2-Glimmentladung. Neben Ionen mit einem m/e-Verhältnis von 1, 2 u. 3 wurden auch solche mit einem m/e-Verhältnis von 4 u. 5 entdeckt. Bei den Ionen der Masse 4 handelt es sich um H_2D^+-Ionen: die relative Intensität zu H_3^+ entspricht dem aus der natürlichen Isotopenzus. zu erwartenden Wert. Bei den Ionen der Masse 5 muß es sich um H_5^+-Ionen handeln, wahrscheinlich mit der Struktur $H_3^+ \cdot H_2$, da bei Verw. von D_2 statt H_2 diese Ionen bei einem m/e-Verhältnis von 10 erscheinen. Ferner wurden noch Ionen der Masse 21 beobachtet, bei denen es sich wahrscheinlich um $H_3^+ \cdot H_2O$ bzw. $H_3O^+ \cdot H_2$ handelt. G. M. Neumann. 131◇

Untersuchung des Hochfrequenzdurchschlags in Gasen in einem weiten Gebiet der Dezimeterfrequenzen. 2. Mitt. G. A. Anaschkin. (Nachr. Moskauer Univ., Ser. Math., Mechan., Astronom., Physik, Chem. **13**, Nr. 3, 69—74, 1958; Moskau, Univ., Lehrstuhl für Elektronik; russ.) — 1. vgl. **1962,** 12923. — Unters. der Resonanzminima der Durchschlagscharakteristiken in Entladungsröhren (D = 0,37, bzw. 0,82 cm, L = 4,4 cm) bei Wellenlängen von λ = 18,5; 45 u. 85 cm bei abnehmendem *Luft*- u. *Ar*-Druck (bis zu $9 \cdot 10^{-3}$ mm Hg). — Bei λ = 18,5 cm nimmt mit abnehmendem Ar-Druck E ab u. erreicht das Minimum bei H = 560 G. Ähnliche Verhältnisse zeigt zunehmendes λ, nur liegt das Minimum bei geringeren H-Werten (bis ca. 125 G). In Luft wird durch zunehmende Wellenlänge das Minimum gleichfalls zu niedrigeren H-Werten verschoben, doch nicht so intensiv. — Nach den Ergebnissen entspricht jeder Frequenz des elektr. Feldes ein optimaler Druck, bei welchem die Resonanzwerte die Minima erreichen. J. Tůmová. 131◇

Optische Beobachtung von Instabilitäten am linearen Pinch während der ersten Kontraktionsphase. W. Hertz. (Z. Naturforsch. **17a,** 681—85, Aug. 1962; Erlangen, Siemens Schuckertwerke AG, Forschungslabor.; dt.) — Mit einer Bildwandlerkamera wurden von linearen, unstabilisierten Pinch-Entladungen in H_2 Sweep- u. Momentaufnahmen hergestellt. Aus den Sweepaufnahmen ist zu sehen, daß die Plasmaschicht während des ersten Einlaufens nicht gleichmäßig leuchtet, sondern Leuchtkanäle vorhanden sind, deren Entstehen durch die Rückleitergeometrie bedingt ist. Während der ersten Kontraktion treten außerdem Instabilitäten vom m = 0-Typ auf, deren Amplituden u. Wellenlängen an Hand von Bildserien zeitlich verfolgt wurden. Innerhalb der Meßgenauigkeit stimmt die Amplitudenänderung mit theoret. Berechnungen von Wyld aus dem Stoßwellenmodell überein, während mit den dort behandelten Einzelteilchen- u. Schneepflugmodellen keine experimentelle Übereinstimmung gefunden wurde.
G. M. Neumann. 131□

Untersuchungen über die Reflexion von Edelgasionen an Festkörperoberflächen. V. Walther und H. Hintenberger. (Z. Naturforsch. **17a,** 694—95, Aug. 1962; Mainz, Max-Planck-Inst. für Chem.; dt.) — Vff. berichten über die Reflexion von Edelgasionen He^+, Ne^+, Ar^+, Kr^+ u. Xe^+ an Targetmaterialien *C, Al, Fe, Cu, Ag, Ta, W, Pt* u. *Au*. Das Massenspektrum besteht aus zwei Anteilen, dem Spektrum der Sekundärionen des Targetmaterials u. dessen Verunreinigungen sowie dem Spektrum der reflektierten Edelgasionen. Die reflektierten monoenerget. Edelgasionen fallen auf ein relativ scharf begrenztes Parabelstück, das um so länger ist, je kleiner die Masse der Edelgasionen u. je schwerer die Masse der Targetatome ist. Die niederenerget. Endpunkte der einzelnen Parabelstücke für die verschiedenen Edelgase bilden eine Gerade, auf der die Ionen liegen, die die halbe Primärenergie besitzen. War die Masse der Edelgasionen größer als die Masse der Targetatome, so wurden keine reflektierten Ionen beobachtet. G. M. Neumann. 131□

Elektronenaffinität von atomarem Jod. Bruce Steiner, Michael L. Seman und Lewis M. Branscomb. (J. chem. Physics **37,** 1200—02, 15/9. 1962; Washington, D. C., Nat. Bur. of Stand., Atomic Phys. Div.; engl.) — In einer früher ausführlich beschriebenen App. (Seman u. Branscomb, Physic. Rev. [2] **126,** [1962], 1602) wurden J^--Ionen durch Einw. einer heißen kathod. Bogenentladung auf eine Mischung von gasförmigem $J_2 + NH_3$ erzeugt. Nach der crossed-beam-Meth. wurden die Elektronen aus den J^--Ionen mittels Photonen abgetrennt u. die Elektronenaffinität von atomarem J zu 3,076 ± 0,005 eV bestimmt. Dieser Wert steht in bester Übereinstimmung zu den Daten anderer Autoren, die ein Stoßrohr verwendet haben. G. Gattow. 131◇

Angeregte Zustände der Molekülionen von Fluorwasserstoff, Jodwasserstoff, Wasser, Schwefelwasserstoff und Ammoniak. D. C. Frost und C. A. McDowell. (Canad. J. Chem. **36,** 39—47, Jan. 1958; Vancouver, B. C., Univ. of British Columbia, Dep. of Chem.; engl.) — Die ersten Ionisierungspotentiale (IP) von HF, HJ, H_2O, H_2S u. NH_3 wurden durch Elektronenstoß mittels monoenerget. Elektronen (Energieverteilung etwa 0,1 eV) bestimmt. HF hat zwei IP. Das IP 15,77 ± 0,02 (V) führt zum HF^+-Ion im Grundzustand $^2\Pi_{3/2;\,1/2}$, das IP 16,91 ± 0,10 zum angeregten HF^+-Ion$^2\Sigma$ · HJ hat die IP 10,44 ± 0,04($^2\Pi_{3/2}$); 11,14 ± 0,04($^2\Pi_{1/2}$); 13,27 ± 0,10($^2\Sigma$); H_2O: 12,60 ± 0,01($^2B_1$); 14,35 ± 0,03($^2A_1$); 16,34 ± 0,06($^2B_2$); H_2S: 10,45 ± 0,03($^2B_1$); 12,46 ± 0,03($^2A_1$); 14,18 ± 0,04($^2B_2$; 16,07 ± 0,05(?); NH_3: 10,40 ± 0,02($^2A_1$); 15,31 ± 0,04($^2E_{3/2:\,1/2}$). P. Sartori. 131□

Das Ionisationspotential und die Absorptionskoeffizienten von Stickstoffdioxid. Toshio Makayama, Morris Y. Katamura und K. Watanabe. (J. chem. Physics **30,** 1180—86, Mai 1959; Honolulu, Hawaii, Univ. of Hawaii, Dep. of Phys.; engl.) — Bei ca. 1400 Wellenlängen im Spektralgebiet von 1080—2700 Å wurden die Absorptionskoeff. von NO_2 mit Hilfe einer photoelektr. Meth. mit einer Auflösung von 0,2 Å gemessen. Verschiedene Banden im Gebiet von 1080 bis 1200 Å entsprechen einer Rydberg-Serie, u. ihre Konvergenzgrenze bei 11,62 eV wurde als 2. Ionisationspotential des NO_2 gedeutet. Das 1. Ionisationspotential wurde durch eine Photoionisations-Meth. bei 9,78 eV gefunden. Das Ionisationskontinuum zeigt einen Knickpunkt bei 10,83 eV, der einem wahrscheinlichen dissoziativen Ionisationsprozeß zugeschrieben wird. Verschiedene andere Elektronenübergänge, die diskreten u. kontinuierlichen Absorptionen entsprechen, werden diskutiert. G. Heller. 131

Massenspektrometrische Untersuchung von Strahlen aus kondensiertem Wasserstoff. W. Henkes. (Z. Naturforsch. **17a,** 786—89, Sept. 1962; Karlsruhe, TH, Kernforschungszentrum, Inst. für Kernverfahrenstechnik; dt.) — Vf. ermittelt durch eine massenspektroskop. Unters., in welchem Maße die in einem kondensierten H_2-Mol.-Strahl vorhandenen Agglomerate eine Ionisation durch Elektronenbeschuß u. anschließende elektr. Beschleunigung überstehen. Der größte beobachtete M/Z-Wert betrug 1100, entsprechend einem einfach geladenen Agglomerat aus 550 Molekülen. Dieser Wert war jedoch lediglich durch die obere Meßbereichsgrenze des Spektrometers gegeben. Bei einer Steigerung der Elektronenenergie von 60 eV auf 100 eV nahm die Intensität bei kleinen Massen auf Kosten derjenigen bei großen Massen zu, d. h. daß die Agglomerate durch den Elektronenbeschuß teilweise zerschlagen werden. G. M. Neumann. 131□

Die sehr genaue Isotopenanalyse von Uranhexafluorid. J. Bishop, D. F. Davidson, P. B. F. Evans, A. N. Hamer, J. A. McKnight und E. J. Robbins. (J. sci. Instruments **38,** 109—18, April 1961; Capenhurst, Chester, U. K. A. E. A., Reactor Technol. Branch; engl.) — Es wird ein 90°-Sektor-Feld-Massenspektrometer mit einem Radius von 30 cm beschrieben, mit dessen Hilfe die U-Isotopenanalyse mit einer Genauigkeit von $5 \cdot 10^{-5}$ (Standardabweichung) bei einer Anreicherung von 50% u. $1{,}4 \cdot 10^{-4}$ bei natürlichem U für eine Einzel-Best. angegeben werden kann. Die Dauer einer Analyse beträgt 12 Minuten. Der „Erinnerungsfehler" bei der Messung der Konz.-Differenz zweier Proben beträgt ± 0,3% der Differenz. E. Schiewer. 131□

Dynamische Untersuchungen mit der Langmuir-Sonde. R. W. Carlson, T. Okuda und H. J. Oskam. (J. appl. Physics **33,** 3141—42, Okt. 1962; Minneapolis, Minn., Univ. of Minnesota, Dep. of Electr. Engng.; engl.) — Vorl. Mitt. über das dynam. Verh. der Langmuir-Sonde bei Messungen an der positiven Säule von Gleichstromentladungen in *Ne* u. *He*. Der Einfl. von Parametern des Meßkreises, der Sondenkonstruktion u. des Verschiebungsstromes sowie Stromverzögerungseffekte sind zu berücksichtigen. P. Frenzel. 131◇

Hochfrequenzrauschen einer Langmuir-Tauchsonde. Robert D. Sears und J. J. Brophy. (J. appl. Physics **33,** 2583—87, Aug. 1962; Chicago, Ill., Armour Res. Foundat.; engl.) — Das Hochfrequenzrauschspektrum einer Langmuir-Sonde in einer Kalt-Kathoden-Entladung in *Ne* wurde zwischen 50 kHz u. 10 MHz gemessen. Die Amplitudenverteilungsfunktion des statist. Rauschens ist eine Gauss-Kurve. Die spektrale Rauschstromdichte steigt sowohl zu hohen als auch zu niederen Frequenzen hin an (Minimum bei ca. 100 kHz). Das Rauschen ist weitgehend unabhängig vom Druck, Strom u. von der Reinheit in der Entladung. Niederfrequente Schwingungen im Plasma können leicht durch Benutzung von Entladungsröhren großen Durchmessers vermieden werden.

Helmut Seifert. 131◇

Durchschlagerscheinungen in gasgefüllten Glühkathodendioden. J. Cleary. (J. appl. Physics **33**, 3143—44, Okt. 1962; Tighe's Hill, N. S. W., Australia, Newcastle Univ. Coll., Dep. of Phys.; engl.) — Neben der Beobachtung, daß unter bestimmten Bedingungen das Durchschlagpotential von Ar-gefüllten Gleichrichterdioden niedriger sein kann als das Ionisationspotential des Gases u. der Anodenstrom vor dem Durchschlag nicht durch die Raumladung begrenzt ist, wird eine hyperbol. Beziehung zwischen Durchschlagspannung u. Kathodentemp. T_k sowie ein 2. Durchschlag nach dem anfänglichen Durchschlag bei ausreichend hoher Spannung u. hohem Strom festgestellt. Der 2. Durchschlag entspricht wahrscheinlich dem Übergang vom Glimmen zum Lichtbogen. Die Übergangsspannung nimmt mit zunehmendem T_k ab, bei höheren Temp. erneut zu.

P. Frenzel. 131◇

Neutralisierung der Raumladung und negativer Widerstand in Glühkathodendioden, die radioaktives Krypton enthalten. R. Forman und J. A. Ghormley. (J. appl. Physics **33**, 3057—60, Okt. 1962; Parma, Ohio, Union Carbide Corp., Parma Res. Labor.; engl.) — Die Kennlinien von mit ^{85}Kr als Spaltprod. gefüllten Glühkathodenröhren (mit Oxidkathode bzw. thorierten W-Drähten) werden mit den Kennlinien von Röhren gleicher Konstruktion, die natürliches Kr enthalten, verglichen. Infolge Ionisation durch die β-Strahlung u. teilweiser Neutralisation der Raumladung wird bei den mit radioakt. Kr gefüllten Röhren neben negativem Widerstands-Verh. im Druckbereich von 20—340 Torr eine bedeutende Erhöhung des Stromes festgestellt. Das Auftreten des negativen Widerstands wird auf eine Änderung des Streuquerschnitts für Elektronen bei Elektronenenergien im Bereich von 1 V zurückgeführt. P. Frenzel. 131◇

Eine Bemerkung über die Abhängigkeit der durch Kanalstrahlbeschuß erzeugten Zerstäubung vom Auftreffwinkel. V. T. Chiplonkar und B. N. Varadrajan. (Indian J. Physics Proc. Indian Assoc. Cultivat. Sci. **33(42)**, 127—34, März 1959; Bombay, Inst. of Sci.; engl.) — Die Zerstäubung von Au-, Ag- u. Messing-Platten sowie von Ag-Drähten bei Beschuß mit Kanalstrahlen wurde untersucht. Gemessen wurde die Dichte der Ndd. auf einem die Probe umgebenden Film bei verschiedenen Einfallswinkeln des Kanalstrahls. Es wurden zwei Zerstäubungstypen gefunden, die in den Winkelbereichen von 0—20° u. 30—90° bzgl. des einfallenden Strahls auftreten. Menge u. Winkelverteilung der Ndd. zeigen eine Abhängigkeit vom Einfallswinkel des Kanalstrahls. G. Lehmpfuhl. 131□

Methode des Nachweises von Molekularstrahlen von Metallen. B. A. Boiko. (Versuchsgeräte u. Versuchstechn. [UdSSR] **6**, Nr. 5, 126—28, Sept./Okt. 1961; russ.) — Zum Nachw. von Molekularstrahlen von Metallen bei Unterdrückung des Gas-Untergrunds wird die Energie der ionisierenden Elektronen so gewählt, daß sie größer ist als die Ionisationsenergie der Metalle im Mol.-Strahl, aber kleiner als die des Restgases. Auf diese Weise können mittels des Detektors $5 \cdot 10^{10}$ Atome Ag/cm^{2}sec, was einem Dampfdruck des Ag von $5 \cdot 10^{-10}$ mm Hg entspricht, nachgewiesen werden bei einem Druck des Restgases von 10^{-7} mm.

M. Wiedemann. 131□

Dielektrische Verluste bei hoher Frequenz und die Gitterenergie der Verbindungen der Metalle der zweiten Gruppe. A. A. Worobjew und A. P. Nachodnowa. (J. techn. Physik [UdSSR] **28**, 2173—74, Okt. 1958; russ.) — Unterss. der Temp.-Frequenzabhängigkeit des Verlustwinkels tg δ von *BeO*, *MgO*, *CaO*, *SrO* u. *BaO* bei 25—480° u. von Ca-, Sr- u. Ba-Fluorid u. -Chlorid bei 25—260° u. Frequenzen zwischen 450—1000 kHz. Benutzt wurden poröse polykristall. Proben in Scheibenform (d = 14—17 mm, Stärke 0,5—0,8 mm, Dichte 65—70, bzw. 95% der Dichte der Einkristalle) mit Ag-Elektroden. Bei allen Proben u. allen Frequenzen nimmt tg δ mit steigender Gitterenergie ab (in der Reihe BaO, SrO, CaO, MgO). An der Luft ist tg δ (25°) 1—2mal größer als im Vakuum, wahrscheinlich infolge adsorbierter Wasserdämpfe. Mit steigender Frequenz nimmt tg δ langsam ab; die niedrigsten Werte zeigt CaF_2. Der steigende Kationenradius führt ebenfalls zum Anstieg von tg δ. T. Tůmová. 132□

Dielektrische Verluste in Verbindung mit der Struktur von Ionenkristallen und ihrer Gemische. N. P. Bogoroditzki, B. A. Kulik und I. D. Fridberg. (J. techn. Physik [UdSSR] **28**, 2165—72, Okt. 1958; russ.) — Unterss. der dielektr. Verluste (tg δ) von Alkalihalogenideinkristallen. (NaCl–KCl, NaCl–CsCl, NaCl–NaF, KBr–KCl, NaCl mit Zusatz von Tl (I) sowie von Pb (II) u. zum Vgl. auch Al_2O_3 bzw. SnO_2 mit *Eu* (III); alle Zusätze unterhalb 0,1%) bei 10^6 Hz u. 200°. Die graph. Darst. zeigen, daß tg δ bei der Ionen-Relaxationspolarisation durch Gitterdefekte bestimmt wird; ein Verhältnis zwischen tg δ u. der Gitterenergie konnte beim Großteil der Alkalihalogenidkristalle nicht gefunden werden. tg δ der einzelnen Halogenide erreicht selbst in Gemischen charakterist. Werte u. könnte zur Best. des Halogenids benützt werden; bei techn. Salzen bewirken jedoch Bldg. u. Zerfall der Salze Unstabilitäten des Verlustwinkels. J. Tůmová. 132□

Dielektrische Eigenschaften aufgedampfter Zinksulfidschichten. R. Guillien, G. Marchal und S. Roizen. (Arch. Sci. [Genève] **14 (166)**, 74–79, 1961; franz.) – Die DK von ZnS-Einzel- u. -Mehrfachschichten wurde bei Frequenzen zwischen 50 u. 100 kHz in Abhängigkeit von $10^3/T$ (T = abs. Temp.) aufgenommen. Ein Maximum der Kurven liegt oberhalb Raum-Temp. für die erste Schicht, unterhalb Raum-Temp. für Mehrfachschichten. H. Roschkowski. 132◇

Über die Dublett-Aufspaltung von Resonanzfrequenzen der Schwingungen von Turmalin-Piezoplättchen. B. A. Finagin. (J. techn. Physik [UdSSR] **27**, 2185 bis 2187, Sept. 1957; russ.) – Spektrum u. Schwingungsform von kreisrunden Turmalin-Piezoblättchen von 16,80 mm Durchmesser u. 0,84 mm Dicke wurden im Bereich 690–1580 kHz untersucht. Insgesamt wurden 57 Resonanzen beobachtet u. mit verschiedenen Figuren in Verbindung gebracht, 37 davon zeigten Aufspaltung in Dubletts. Die Ursache muß in der Anisotropie der Blättchen bei diesen Schwingungen gesucht werden. M. Wiedemann. 133□

Messung der thermoelektromotorischen Kräfte von nicht drahtförmigen Proben. Je. W. Pantschenko und Je. M. Strug. (Hochschulnachr. [Moskau], Eisenmetallurgie **1961**, Nr. 1, 181–83, Moskau, Stahl-Inst.; russ.) – Messung der Thermo-EMK von Proben beliebiger Form bei kontinuierlicher Erhitzung u. bei isotherm. Haltezeiten. Auch wird die Möglichkeit der Unters. von Umwandlungen, die in gehärteten Stählen beim Anlassen auftreten, durch diese Meth. nachgewiesen; bes. wird die Kinetik von in einem gehärteten Stahl auftretenden Strukturumwandlungen erörtert. Aus den kinet. Kurven der Thermo-EMK beim Anlassen von Stahl kann man die günstigste Anlaßzeit bei gegebener Temp. ermitteln. Gefunden wird auch die Unters.-Möglichkeit des isothermen Austenitzerfalls. Die Potential-Zuführungen müssen aus einem einzigen Metall (Leg.) hergestellt u. dürfen sich nicht in einem metastabilen Zustand, d. h. in einem abgeschreckten oder schnell abgekühlten Zustand befinden. H. Hochstein. 133□

Anomaler Effekt des polarisierten Lichts bei der photoelektrischen Emission der Festkörper. Pierre Hartmann. (C. R. hebd. Séances Acad. Sci. **254**, 855–57, 29/1. 1962; Dijon, Fac. des Sci.; franz.) – Vgl. Pauly u. Mitarb., C. **1962**, 15850. – Vf. zeigt, daß die photoelektr. Emission einer Photokathode aus Quarzglas dann am stärksten ist, wenn der elektr. Vektor des polarisierten Lichtes senkrecht zur Einfallsebene gerichtet ist. Das Verhältnis der Sensibilitäten der SiO_2-Photokathode $r = \varrho_\perp/\varrho_\parallel$ (Schwingungskomponente ⊥ oder ∥ zur Einfallsebene) wurde im Bereich von 2352 bis 2925 Å untersucht. Für r ergab sich der Wert 1,45 (Abweichung 8%). I. Zoll. 134◇

Bedeutung der Alterung in Bleioxid-Vidikontargets. J. E. Bigelow und K. E. Haq. (J. appl. Physics **33**, 2980–82, Okt. 1962; Milwaukee, Wis., Gen. Electr. Co.; engl.) – Der Einfl. des „Alterns" bzw. „Einbrennens" im Target eines PbO-Vidikons wird an Sandwichzellen mit aufgedampftem PbO untersucht. Mit Hilfe zerhackter Röntgenstrahlung wird festgestellt, daß die Alterung der in einem elektr. Querfeld liegenden PbO-Schicht mit einer Erhöhung der Dunkelleitfähigkeit verbunden ist. Leitfähigkeitstyp, Temp. u. Struktur des PbO beeinflussen die Alterungsgeschwindigkeit. Zur Erklärung der Erscheinung wird ein dem für ZnO ähnliches Oberflächenmodell herangezogen u. die Freisetzung von chemisorbiertem O von der Kristall-Oberfläche bei Photoneneinfall angenommen. Die schnellere Alterung bei Dotierung des PbO mit Bi ist möglicherweise auf dessen nicht vollständigen Einbau in die PbO-Kristalle zurückzuführen, wodurch es zur Ausbldg. von Donatorzuständen auf ihrer Oberfläche kommt. P. Frenzel. 134◇

Verbotene Zonen der III–V- und der Seltenerdmetall–V-Halbleiter. N. Sclar. (J. appl. Physics **33**, 2999–3002, Okt. 1962; Denville, N. J., Nuclear Corp. of America; engl.) – Ausgehend von der Beziehung zwischen der verbotenen Zone von halbleitenden intermetall. III–V-Verbb. u. den ion. u. kovalenten Atomradien ihrer Komponenten, ergibt sich eine einfache empir., von der Kristallstruktur unabhängige Meth., die Voraussagen über die Breite der verbotenen Zone anderer III–V-Verbb. sowie von halbleitenden Seltenerdmetallnitriden, -phosphiden u. -arseniden erlaubt. Die vorausgesagten Werte stimmen gut mit experimentellen Daten aus der Literatur überein. P. Frenzel. 135◇

Diffusion von Phosphor in Silicium aus dem Azeotropen von Phosphorpentoxid und Wasser. Robert P. Lothrop. (J. appl. Physics **33**, 2656, Aug. 1962; Berkeley, Calif., Univ. of California, Lawrence Radiat. Labor.; engl.) — Für die P-Dotierung großflächiger Si-Proben mit p-n-Übergangstiefen von 300—5000 Å wird die Verw. des Azeotropen mit 92,4% P_2O_5 u. 7,6% H_2O beschrieben; der Dampfdruck folgt log p = 8,7788—5,9080 (864/T) (p in Torr, T in °K). N_2 mit einer Strömungs-Geschw. von 0,5 Liter/Min. wird mit P_2O_5–H_2O vom gewünschten Druck beladen u. bei 600—800° mit den Si-Proben umgesetzt. Herbert Müller. 135◇

Nichtstationäre, mit Mehrheitsträgern verbundene Photo-EMK am p-n-Übergang. F. M. Berkowski und Ss. M. Rywkin. (Festkörperphysik [UdSSR] **4**, 376—78, Febr. 1962; Leningrad, Akad. der Wiss. der UdSSR, Phys.-techn. Joffe-Inst.; russ.) — — An *Ge*–p–n-Übergängen wird im Spektralbereich, in dem nur Mehrheitsträger vom einfallenden Licht erzeugt werden, eine nichtstationäre Photo-EMK beobachtet. Diese Erscheinung wird der Tatsache zugeschrieben, daß die Zeiten zum Potentialaufbau im Bereich der Raumladung u. im homogenen Material unterschiedlich sind. H. Roschkowski. 135◇

Vorübergehende elektrische Eigenschaften des n-leitenden Germaniums nach einem Neutronen-Impuls. H. J. Stein. (J. appl. Physics **31**, 1309—13, Aug. 1960; Albuquerque, N. Mex., Sandia Corp.; engl.) — Im Sb dotierten n-Ge werden die Entstehung, die Vergrößerung u. die Erhöhung der durch Neutronenbeschuß hervorgerufenen Abnahme der elektr. Leitfähigkeit u. der Hall-Bweglichkeit gemessen. Die Bestrahlung u. die Messungen werden bei diskreten Temp. zwischen 77 u. 308°K vorgenommen. Am ausführlichsten wird das mit Sb dotierte Ge von 5 Ohm-cm untersucht. Die experimentell beobachtete anfängliche Abnahme der Hall-Beweglichkeit wird mit Hilfe des Leerstellen-Modells von Gossick (J. appl. Physics **30**, [1959], 1214) u. Crawford (J. appl. Physics **30**, [1959], 1204) erklärt, während die anfängliche Abnahme der Leitfähigkeit als Folge einer Kombination von Leerstellen- u. Punktdefekten behandelt wird. Die Aktivierungsenergie von 0,68 eV stimmt mit der beobachteten "reording" (Wiederherstellung) überein. Die vorübergehenden Änderungen der Leitfähigkeit u. der Hall-Beweglichkeit nach einem Neutronen-Impuls werden als Änderungen des Leerstellen-Vol. betrachtet. H. Schibilla. 135□

Die Herstellung versetzungsfreier Germaniumkristalle. B. Okkerse. (Philips' techn. Rdsch. **21**, 335—40, 1959/1960; dt.) — Vf. beschreibt eine neue Ziehmeth. zur Herst. versetzungsfreier Ge-Einkristalle. Hält man über eine Länge von 20 mm den Durchmesser des wachsenden Kristalls sehr klein bei 1—2 mm, so wachsen im dünnen Teil die Versetzungen zur Oberfläche; für die Entstehung von neuen Versetzungen sind die therm. Spannungen dann zu klein. Versetzungsfreie Einkristalle enthalten allerdings noch Punktdefekte. G. M. Neumann. 135◇

Optische Eigenschaften von Halbleitern unter hydrostatischem Druck. 3. Mitt. **Germanium-Silicium-Legierungen.** William Paul und D. M. Warschauer. (Physics Chem. Solids **6**, 6—15, Juli 1958; Cambridge, Mass., Harvard Univ., Div. of Engng. and Appl. Phys.; Lexington, Mass., MIT, Lincoln Labor.; engl.) — 2. vgl. C. **1961**, 9686. — Vff. berichten über Messungen der opt. Absorptionskante von Ge–Si-Legg. bei Zimmertemp. als Funktion des hydrostat. Druckes von 1—7000 kg/cm². Die Druckabhängigkeit der Energie der Bandkante $(dE/dP)_T$ ändert sich kontinuierlich mit der Zus. der Legierung. Im Bereich von 10—20% Si erniedrigt sich das Minimum des (100) Leitungsbandes mit steigendem Si-Geh. u. wird kleiner als das (111) Minimum. G. M. Neumann. 135◇

Anlaßeffekte in aufgedampften InSb-Filmen. E. Brock Dale und Gerard Senecal. (J. appl. Physics **33**, 2526—30, Aug. 1962; Manhattan, Kans., Kansas State Univ.; engl.) — Stöchiometr. InSb-Proben werden bei 1400° u. 10^{-5} Torr aus einem Graphittiegel vollständig verdampft u. auf Glasträgern in 550—3750 Å dicken Schichten aufgefangen. Die Filme werden stufenweise bei 50—250° angelassen u. jeweils Leitfähigkeit σ u. Hall-Koeff. R bei 27° bestimmt. σ durchläuft beim Anlassen bei 130° ein Maximum, während R für Anlaß-Temp. $<$200° sehr klein ist, für höhere Temp. scharf ansteigt u. bei konst. Temp. nach mehreren Std. asymptot. einen Grenzwert erreicht. Aus elektronenmkr. Aufnahmen der Filme folgen eine kontinuierliche Struktur u. keine großen Unterschiede zwischen den Filmen vor u. nach dem Anlassen. Während mit Hilfe der Reflexionselektronenbeugung in therm. unbehandelten Filmen charakterist. Beugungsringe für InSb sowie für freies In u. Sb beobachtet werden, sind nach dem Anlassen bei Temp. $\geq$ 130° nur noch die InSb-Ringe nachweisbar. Angelassene Filme zeigen sowohl n- als auch p-Leitung. Bei Raum-Temp. sind die Ladungsträger-Konzz. $6 \cdot 10^{15}$ — $4 \cdot 10^{19}$ cm^{-3} u. die Hall-Beweglichkeiten μ 10—500 $cm^2/V \cdot s$. μ steigt mit der Temp. T (100—500°K) nach $T^{2,5}$ bis $T^{4,5}$ an, ist jedoch für die Filme extrem niedrig. Herbert Müller. 135◇

Optische Absorption und Photoleitfähigkeit in Germaniumselenid. C. R. Kannewurf und R. J. Cashman. (Physics Chem. Solids **22,** 293—98, Dez. 1961; Evanston, Ill., Northwestern Univ., Technol. Inst.; engl.) — Vff. berichten über Absorptionsmessungen an dünnen (< 0,2 mm) GeSe-Einkristallen bei 300°K. Im Wellenlängenbereich von 1,20—0,45 μ ändert sich der Absorptionskoeff. von 30 auf $1,2 \cdot 10^5$ cm^{-1}. Eine Analyse der Absorptionskante bei direkten u. indirekten Übergängen zeigt, daß die Absorptionsdaten im Bereich hoher Absorption am besten durch die Abhängigkeit der Photonenenergie mit $(h\nu - E_g)^{3,2}$ u. $E_g = 1,53$ eV wiedergegeben werden Messungen der Photoleitfähigkeit an aufgedampften GeSe-Filmen zeigen zwei Banden bei 1,51 eV u. 1,17 eV, die mit der aus den Absorptionsmessungen bestimmten Breite des verbotenen Bandes übereinstimmen. G. M. Neumann. 135◇

Aufgedampfte CdS-Filme. Paul H. Wendland. (J. opt. Soc. America **52,** 581—82, Mai 1962; Los Angeles, Calif., Electro Radiation, Inc.; engl.) — Die opt. u. elektr. Eigg. aufgedampfter CdS-Filme werden durch die Bedingungen der Verdampfung stark beeinflußt. Während bei Substrat-Temp. von ca. 50° schwarze CdS-Filme entstehen, entstehen Filme gelber Farbe bei Temp. um 100°. Dabei ist die Ursprungs-Temp. konst. bei 790° gehalten worden. Die gelben Filme zeigen die typ. CdS-Absorptionskante, alle Filme zeigen Leitfähigkeit des n-Typs. Röntgenpulveraufnahmen zeigen immer Mischungen des kub. u. hexagonalen CdS-Typs. Ähnliche Ergebnisse wurden bei Veränderung der Ursprungs- u. konst. Substrat-Temp. beobachtet. Wärmebehandlung wirkt sich je nach Wahl der Ursprungs- u. Substrattemp. stark auf die Leitfähigkeit aus. Dabei treten Faktoren bis zu 10^6 für die Abnahme u. 10^2 für die Zunahme der Leitfähigkeit verschiedener Proben auf. H. Roschkowski. 135◇

Doppelphononenvorgänge in Cadmiumsulfid. Minko Balkanski und Jean Michel Besson. (J. appl. Physics, Suppl. zu **32,** Nr. 10, 2292—97, Okt. 1961; Paris, Ecole Normale Sup. Labor. de Phys.; engl.) — Die IR-Absorptionsbanden von hexagonalem CdS werden im Temp.-Bereich bei 500°K von 15—30 μ untersucht. Die Absorptionsspitzen werden auf die Wrkg. gekoppelter Phononen im Kristallgitter zurückgeführt. Aus der Temp.-Abhängigkeit der Lage u. der Intensität der beobachteten Banden wird auf unharmon. Parameter u. Grüneisen-Konst. des Kristalles geschlossen. Die Kopplung zwischen normalen Schwingungserscheinungen wird durch das Auftreten unharmon. Kräfte erklärt, die durch die Intensität der beobachteten Spitzen begründet werden. H. Schibilla. 135□

Excitonen und Bandaufspaltung, hervorgerufen durch einachsige Spannungen in CdTe. D. G. Thomas. (J. appl. Physics, Suppl. zu **32,** Nr. 10, 2298—304, Okt. 1961; Murray Hill, N. J., Bell Telephone Labor., Inc.; engl.) — Die Deformationspotentiale der Bandstruktur von CdTe werden bei der Unters. der Verschiebung u. Aufspaltung der Excitonen-Linien durch einachsige Druckspannungen im Reflexionsspektrum bestimmt. Die Beobachtung der Druckbeanspruchung der (110)-Ebene ergibt eine Aufspaltung des Valenzbandes, die nahezu unabhängig von der Druckrichtung ist. Diese Tatsache läßt auf die Polarisations-Eigg. der Excitonen in druckbeanspruchten Kristallen schließen u. deutet darauf hin, daß sich das $M_J = \pm 1/2$-Valenzband nach „oben" u. das $M_J = \pm 3/2$-Valenzband nach „unten" bewegt. Diese Aufspaltung kann bereits durch ein Deformationspotential beschrieben werden. H. Schibilla. 135□

Herstellung und Eigenschaften von Quecksilbertellurid von definierter Reinheit. Huguette Rodot und Robert Triboulet. (C. R. hebd. Séances Acad. Sci. **254,** 852—54, 29/1. 1962; Bellevue, Seine-et-Oise, Labor. de Magn. et de Phas. du Solids; franz.) — Es wird die Herst. eines streng stöchiometr. zusammengesetzten, sehr reinen *HgTe* vom n- oder p-Typ beschrieben. Dabei ist es erforderlich, daß die

durch Schmelzen direkt aus den Elementen hergestellte Verb. unter kontrolliertem Hg-Dampfdruck wiedergeglüht wird (< 10^{-1} atm). Vff. bestimmen den Hall-Koeff. u. die Hall-Beweglichkeit während der Herstellung. Bei dem reinem Prod. (Elektronen-Konz. $1{,}4 \cdot 10^{16}$ cm^{-3}) zeigt der Hall-Koeff. in wechselnden Magnetfeldern keine merkliche Änderung. Vff. schlagen die beschriebenen Herst.-Meth. auch für andere Substanzen (Arsenide), bei denen sehr große Reinheit verlangt wird, vor.
I. Zoll. 135◇

Über leitfähige Titanoxid-Filme. S. Yamaguchi. (Nuovo Cimento [10] **11,** 876, 16/3. 1959; Tokyo, Inst. of Phys. and Chem. Res.; dt.) — Ti wurde durch Vakuumverdampfung auf eine Glasfläche niedergeschlagen u. mit ozonhaltiger Luft bei Zimmertemp. oxydiert. Die ca. 300 Å dicke Schicht liefert ein Beugungsbild von TiO_2 (Rutiltyp). Der Oxidfilm ist elektr. leitend. I. Zoll. 135◇

Feldeffekt und Photoleitung an ZnO-Einkristallen. Gerhard Heiland. (Physics Chem. Solids **6,** 155—58, Aug. 1958; Erlangen, Univ., Inst. für angew. Phys.; dt.) — Durch Einw. von atomarem H auf die Oberfläche von ZnO-Kristallen wird eine n-leitende Anreicherungsschicht erzeugt, die entstehende Oberflächenleitfähigkeit läßt sich durch O-Adsorption oder Erwärmen im Vakuum herabsetzen. Die Dichte der Ladungsträger an der Oberfläche wird durch Verw. des Feldeffekts oder Anregung mit Wechsel- bzw. Gleichlicht verändert. Nach den beiden ersten Meth. wird die Driftbeweglichkeit der Elektronen zu maximal 30 cm^2/Vs bestimmt, Messungen der Oberflächen-Photoleitung bei Bestrahlung mit Gleichlicht im Bereich der Eigenabsorption ergeben mit der Driftbeweglichkeit Werte für die Elektronendichte u. ihre Lebensdauer L. L ist unabhängig von der Gasbeladung der Oberfläche, sie sinkt von 0,5 Sek. auf $7 \cdot 10^{-4}$ Sek., wenn die Bestrahlungsstärke um 4 Größenordnungen gesteigert wird. Die experimentellen Ergebnisse werden durch die Annahme eines Haftstellenkontinuums nahe der Kante des Leitungsbandes u. für Defektelektronen an der Kante des Valenzbandes gedeutet.
H. Roschkowski. 135◇

Über Konzentration und Beweglichkeit von Elektronen in Zinkoxideinkristallen mit definierten Zusätzen. H. Rupprecht. (Physics Chem. Solids **6,** 144—54, August 1958; Erlangen, Univ. Inst., für angew. Phys.; dt.) — Vgl. vorst. Referat — Elektr. Leitfähigkeit u. Halleffekt von nach l. c. beschriebenenVerf. hergestellten ZnO-Kristallen mit Zn- bzw. In-Überschuß oder nachträglicher H_2-Behandlung wurden zwischen 65 u. 700°K gemessen. Die Ergebnisse bezüglich der Abhängigkeit der Elektronenkonz. von der Temp. lassen sich unter Annahme eines Donatorenniveaus u. einer effektiven Elektronenmasse von $m_{eff} \approx 0{,}3\, m_0$ erklären. Als Abtrennarbeiten ergeben sich damit Werte zwischen 0,06 u. 0,034 eV. Die Beweglichkeit der Ladungsträger wird bei Zimmer-Temp. durch Grundgitterstreuung bestimmt. Zu tieferen Temp. hin macht sich Streuung an ionisierten Störstellen bemerkbar. In-dotierte Kristalle zeigen wegen der hohen Störstellendichte nur eine geringe Abhängigkeit des elektr. Verh. von der Temperatur.
H. Roschkowski. 135◇

Über die Herstellung von Zinkoxideinkristallen mit definierten Zusätzen. G. Bogner und E. Mollwo. (Physics Chem. Solids **6,** 136—43, Aug. 1958; Erlangen, Univ., Inst. für angew. Phys.; dt.) — Vgl. vorst. Referat. — Beschrieben wird ein Verf. zur Darst. von ZnO-Kristallen ohne oder mit Beimengungen durch Verdampfen von Zn(+ Zusatzmetall) u. Rk. mit O_2 in einer dafür konstruierten Apparatur. Als Zusatzmetall dienten bes. Ag, Cu u. In. Verss. mit Alkalimetallen u. Al blieben erfolglos. Über Messungen der Zusatz-Konz., der Leitfähigkeit u. der IR-Absorption von mit Cu u. In dotierten ZnO-Kristallen wird kurz berichtet.
H. Roschkowski. 135◇

Piezoelektrische Streuung und Phononen-Drag in ZnO und CdS. A. R. Hutson. (J. appl. Physics, Suppl. zu **32,** Nr. 10, 2287—92, Okt. 1961; Murray Hill, N. J., Bell Telephone Labor., Inc.; engl.) — Vgl. C. **1962,** 17306. — Die piezoelektr. Streuung von Leitungselektronen durch akust. Phononen bei *ZnO* u. *CdS* u. die daraus abgeleiteten Werte für die Beweglichkeit werden behandelt. Der Beitrag des Phononen-Drag zum Seebeck-Effekt bei verschiedenen Ladungsträger-Konzz. (10^{12}—10^{18} cm^{-3}) bei ZnO wird auf den Austausch des Kristallmomentes zwischen Elektronen u. akust. Phononen nur auf Grund von piezoelektr. Wechselwrkg. zurückgeführt. Es wird eine starke piezoelektr. Phononenstreuung von den neutralen Donatorenzuständen aus gefunden. Mit einem Modell, das die beiden piezoelektr. Streuungsvorgänge u. eine effektive Elektronenmasse von über 0,32 m_0

berücksichtigt, wird der Phononen-Drag bei ZnO in seiner Zeitabhängigkeit u. in seiner Abhängigkeit von Verunreinigungen erfaßt. H. Schibilla. 135□

Optische Effekte freier Träger in SnO_2-Schichten. R. Groth, E. Kauer und P. C. v. d. Linden. (Z. Naturforsch. **17a**, 789—93, Sept. 1962; Aachen und Eindhoven, Philips Forschungslabor.; dt.) — Vff. berichten über Unterss. des Reflexionsvermögens n-leitender SnO_2-Schichten mit Trägerkonzz. zwischen $1 \cdot 10^{20}$ u. $6 \cdot 10^{20}$ cm^{-3} bis zu Wellenlängen von 12 μ. Die Ergebnisse werden unter Einbeziehung von Hall-Messungen mit der Drudeschen Theorie verglichen. Für $\lambda > 4\,\mu$ entsprechend $\omega < 1/\tau$ (ω = Lichtfrequenz, τ = mittlere Stoßzeit der Elektronen) ergab sich eine gute Übereinstimmung mit der Theorie. Im Gültigkeitsbereich der quantenmechan. Absorptionstheorien, d. h. für $\lambda < 4\,\mu$, traten Abweichungen auf, die vermutlich durch Störstellenstreuung bedingt sind. G. M. Neumann. 135□

Impuls- und Dauerphotoleitfähigkeit gefärbter Alkalihalogenide. M. Onuki und Ohkura. (Physics Chem. Solids **22**, 317—22, Dez. 1961; Osaka, Osaka City Univ., Dep. of Appl. Phys.; engl.) — Vff. berichten über Messungen der Impuls- u. Dauerphotoleitfähigkeit von gefärbtem *KBr* u. *KCl*, um Aufschluß über die Arten von Elektronenhaftstellen in gefärbten Alkalihalogeniden zu erhalten. Zur Unters. des Einfl. der Raumladungspolarisation wurden Photoimpulsströme unter verschiedenen Anregungsbedingungen beobachtet. Ferner wurde die Frequenzabhängigkeit von Photowechselströmen bei ständiger Beleuchtung untersucht. Es zeigt sich, daß man in KBr u. KCl drei verschiedene Arten von Elektronenhaftstellen unterscheiden muß; F-Zentren u. zwei noch unbekannte Zentren, von denen eins in KCl durch eine photochem. Rk. hervorgerufen wird.
G. M. Neumann. 135◇

Photoleitfähigkeit in zonengereinigtem KCl. H. Kanzaki, T. Ninomiya und K. Kido. (Physics Chem. Solids **22**, 309—15, Dez. 1961; Tokyo, Univ. of Tokyo, Inst. for Solid State Phys.; engl.) — Vff. berichten über Messungen der Photoleitfähigkeit an zonengereinigten KCl-Einkristallen, die mit verschiedenen Mengen zweiwertiger Verunreinigungen dotiert waren. Während bei der Temp. des fl. N_2 die angeregten Elektronen gleichermaßen durch F-Zentren u. Verunreinigungen eingefangen werden, findet bei — 120° nur noch eine Wechselwrkg. mit den F-Zentren statt. Vff. untersuchen ferner die Anregung im F- u. K-Band durch Licht u. die Abhängigkeit des Photostroms von Temp. u. elektr. Feldstärke. Beide Banden zeigen eine verschiedene Abhängigkeit, die Vff. damit deuten, daß sie für das angeregte Niveau bei F-Anregung eine niedrigere Energie annehmen als bei K-Anregung. G. M. Neumann. 135◇

Einfluß des Druckes auf den Widerstand von pyrolytischem Graphit. G. A. Samara und H. G. Drickamer. (J. chem. Physics **37**, 471—74, 1/8, 1962; Urbana, Ill., Univ. of Illinois, Dep. of Chem. and Chem. Engng.; engl.) — Vff. berichten über den Einfl. des Druckes auf den elektr. Widerstand von pyrolyt. Graphit der Dichte 2,18 bzw. 2,20 bei Drücken bis zu 300 kbar. Messungen in Richtung der c-Achse zeigen einen relativ hohen Widerstand, der mit steigendem Druck abnimmt u. bei hohen Drücken einen Grenzwert erreicht, der durch die stark abnehmende Kompressibilität gegeben wird. Der Widerstand in Richtung der α-Achse ist zunächst niedrig, nimmt dann aber infolge von Rekristallisationserscheinungen bei höheren Drücken zu. G. M. Neumann. 135◇

Durch die Raumladung begrenzte Ströme in einkristallinem Siliciumcarbid. V. Ozarow und R. E. Hysell. (J. appl. Physics **33**, 3013—15, Okt. 1962; Syracuse, N. Y., Gen. Electr. Co., Adv. Semiconductor Labor.; engl.) — An B-dotierten u. reinen Si-Carbid-Kristallen mit hohem spezif. Widerstand u. aufgeschmolzenen W-Kontakten wird nichtohmsches Verh. der Kennlinien beobachtet. Zur Erklärung wird die Theorie der durch die Raumladung begrenzten Ströme für den Fall von 2 Ladungsträgern herangezogen. Loch- u. Elektronenlebensdauer werden zu ca. $5 \cdot 10^{-5}$ s, ein bimol. Rekombinationsquerschnitt zu ca. $4 \cdot 10^{-19}$ cm^2 u. ein Stromverstärkungsfaktor zu ca. 10^3 brechnet. P. Frenzel. 135◇

Durch Strahlung induzierte „Buckel"-Struktur in der I—V-Charakteristik von Esaki-Dioden. C. B. Pierce, H. H. Sander und A. D. Kantz. (J. appl. Physics **33**, 3108—18, Okt. 1962; Albuquerque, N. Mex., Sandia Labor.; engl.) — Bei Bestrahlung mit 2 MeV-Elektronen wird in der I—V-Charakteristik von Esaki-Dioden eine ausgeprägte „Buckel-Struktur" im Bereich des Überschußstroms beobachtet. *Si*-Dioden zeigen Maxima bei 0,35, 0,63 u. 0,90 V (77—300 °K), *Ge*-Dioden bei 0,23 u. 0,51 (niedrige Temp.) bzw. 0,23 V (Raumtemp.), *GaAs*-Dioden bei ca. 0,4 u.

0,9 V. Die Beobachtungen werden durch Tunneln von Elektronen aus dem Leitungsband des n-Materials in tiefliegende Störniveaus des p-Materials, die bei der Bestrahlung entstehen, erklärt. Vff. erörtern die Kinetik der Ausheilung u. nehmen an, daß die Unterss. allg. eine Lokalisierung tiefliegender Störniveaus in Halbleitern ermöglichen. P. Frenzel. 135◇

Thermistoren. Die Geschichte der wärmeempfindlichen Halbleiter. 1. Mitt. R. W. Smith. (Ceram. Ind. **74**, Nr. 5, 79—81, Mai 1960; Gen. Motors Corp. AC Sparc Plug Div.; engl.) — 2. vgl. C. **1962,** 15123. — Kurze Besprechung der Halbleiter-Eigg. u. ihrer Temp.-Abhängigkeit, bes. bei Oxiden mit Spinellgitter. H. Föppl. 135□

Stabilität des durch ebene Wellen dargestellten Hartree-Fock-Grundzustands. Fumiaki Iwamoto und Katuro Sawada. (Physic. Rev. [2] **126,** 887—91, 1/5. 1962; San Diego, La Jolla, Calif., Univ. of California; engl.) — Vff. untersuchen die Bedingung dafür, daß der durch ebene Wellen dargestellte Zustand (EWZ) der niedrigste Hartree-Fock-Zustand eines großen Fermionen-Syst. mit abstoßenden Wechselwrkg. ist, u. wenden sie auf Syst. mit Wechselwrkg. vom δ-Typ, mit solchen endlicher Reichweite sowie mit weitreichenden Coulomb-Wechselwrkg. an. Es zeigt sich, daß im 2. Falle der EWZ sowohl in Bereichen hoher als auch kleiner Dichte stabil ist, jedoch bei mittleren Dichten unstabil wird. Die Stabilität bei hoher Dichte verschwindet für δ-Wechselwrkg., während die stabilen Bereiche kleiner Dichte für weitreichende Coulomb-Wechselwrkg. entfallen. Für ein Elektronengas ist der krit. Wert $r_s < 4{,}5$ (was metall. Dichten entspricht). Der Übergang zum wahren Grundzustand wird diskutiert, wobei gefolgert wird, daß dieser wahre Übergang gerade bei der krit. Hartree-Fock-Dichte auftreten sollte. D. Jörchel. 136□

Die unelastische Streuung von Elektronen an Verunreinigungen in Metallen. P. L. Taylor. (Proc. physic. Soc. **80,** 755—58, 1/9. 1962; Cambridge, Cavendish Labor.; engl.) — Vf. untersucht theoret. die Modifizierung der durch therm. Bewegung von Verunreinigungen hervorgerufenen Streuung von Leitungselektronen u. zeigt, daß eine Berücksichtigung dieses Effekts den theoret. Wert des spezif. elektr. Widerstands nicht wesentlich erhöht, was zu den Berechnungen von Koshino (Progr. theoret. Physics [Kyoto] **24,** [1960], 484 u. 1049) im Widerspruch steht. W. Sobieski. 136□

Widerstand von ferromagnetischen Metallen. 1. Mitt. **Spinwellennäherung.** A. A. Judin. (Nachr. Moskauer Univ., Ser. Math., Mechan., Astronom., Physik, Chem. **13,** Nr. 3, 81—92, 1958; Moskau, Univ., Lehrstuhl für Magnetismus; russ.) — 2. vgl. C. **1961,** 6047. — Kurze Erläuterung der bisherigen Berechnungsmeth. der Temp.-Abhängigkeit des Widerstandes bei ferromagnet. Metallen mit Weiterführung der Berechnungen bei niedrigen Temperaturen. Es wird gezeigt, daß der Widerstand additiv durch den „akust." Widerstand u. die Streuung der Leitungselektronen durch die Spinwellen zusammengesetzt wird; die Übereinstimmung der Berechnung für *Ni* ist gut. J. Tůmová. 136◇

Temperaturkoeffizient des elektrischen Widerstandes von Reinst-Rhodium. E. G. Price und B. Taylor. (Nature [London] **195,** 272—73, 21/7. 1962; London, Internat Nickel Co. (Mond), Ltd., Developm. and Res. Dep.; engl.) — Vff. zeigen, daß die Angabe des Temp.-Koeff. des elektr. Widerstandes bei Reinst-Rh ein Maß für die Reinheit des Rh ist, wie es für das Pt bereits anerkanntes Kriterium ist. Der Reinheitsgrad von Rh-Proben wurde mit dem Massenspektrographen ermittelt; der Widerstand von Proben mit nur geringen Ir-Verunreinigungen wurde am Erstarrungs- u. Verdampfungspunkt gemessen. Die Temp.-Koeff. von reinstem u. handelsüblichem Rh u. die mit dem Massenspektrographen u. durch Neutronenaktivierungsanalyse gemessenen Verunreinigungen werden tabellar. aufgeführt. Geringere Verunreinigungen an *Ir, Ru* u. *Fe* werden als Grund für den niedrigeren Temp.-Koeff. angenommen. Hohe Geh. an *Ca, Al* u. *Si* wurden auch in Reinst-Pt beobachtet. Es wird angenommen, daß diese für die Streuung der mit dem Massenspektrographen erhaltenen Werte verantwortlich sind. Ebenso war der Fe-Geh. des Rh mit dem des Reinst-Pt vergleichbar. R. Esenwein. 136◇

Hall-Effekt des flüssigen Quecksilbers. Y. Tièche. (Helv. physica Acta **33,** 963—66, 31/12. 1960; Zürich, ETH, Labor. für Festkörper-Phys.; dt.) — Die Meßergebnisse für den Hall-Koeff. des fl. Hg von Kendall u. Cusack (C. **1962,** 15490) werden mit einer anderen Meß-Meth. nach Russel u. Wahlig (C. **1954,** 1178) geprüft u. erweitert. Die Hall-Probe bekommt die Abmessungen 22 × 6 mm. Für 2 Schichtdicken ergeben sich für $B = 0{,}05$ u. $0{,}1\ \mathrm{Vs/m^2}$ u. $J = 1$ u. 3 A konst.

Hall-Koeff. $R_H = (-7{,}3 \pm 0{,}5) \cdot 10^{-11}$ m³/As. Zwischen Zimmer-Temp. u. 300° ist R_H temperaturunabhängig. Die erhaltenen Hall-Koeff. stimmen mit denen von Kendall u. Cusack überein. H. Schibilla. 136□

Elektrischer Widerstand von dünnen Kaliumfilmen bei 100 °K. D. G. Worden und G. C. Danielson. (Physics Chem. Solids **6**, 89—95, Juli 1958; Ames, Iowa, Iowa State Coll., Inst. for Atomic Res.; Dep. of Phys.; engl.) — K-Filme von 148 bis 1600 Å Stärke wurden mit Hilfe eines K-Strahls in einer Vakuumkammer bei Drücken $< 5 \cdot 10^{-8}$ Torr auf Pyrexglas abgeschieden u. ihre elektr. Widerstände bei 100 °K als Funktion der Schichtdicke bestimmt. Im Bereich von 500—1600 Å stimmen die experimentellen Werte mit der Theorie von Fuchs [1938] überein u. zeigen, daß die Streuung der Elektronen an den Filmoberflächen völlig diffus ist. Der Widerstand im Innern der Schichten beträgt 1,85 $\mu\Omega \cdot$ cm bei einer mittleren freien Weglänge von 1180 Å u. einem Elektronen/Atome-Verhältnis von 1,0. Daneben wird die Sublimationswärme von K bei 450 °K zu 21,1 kcal/Mol bestimmt.
H. Roschkowski. 136◇

Deutung experimenteller Ergebnisse, die an dünnen Wismut-Schichten erhalten wurden. Jean Le Bas und René Guérinot. (C. R. hebd. Séances Acad. Sci. **254**, 878—80, 29/1. 1962; Rouen, Mont-Saint-Aignan, Labor. de Phys. des Couches minces; franz.) — Vff. bestimmen auf theoret. Wege den Hall-Koeff. u. die magnet. Widerstandsänderung in schwachen Feldern in Abhängigkeit der Schichtdicke von dünnen Bi-Lamellen. Die Ergebnisse stimmten mit den in der Literatur für das kompakte Metall bekannten Resultaten überein. I. Zoll. 136◇

Einfluß der Streuung der Leitfähigkeitselektronen durch Spinwellen eines Ferromagnetikums auf die Temperatur des Übergangs in den supraleitenden Zustand. B. W. Karpenko. (Metallphysik u. Metallkunde [UdSSR] **10**, 794—96, Nov. 1960; Ural-Gorki-Univ.; russ.) — Der Einfl. der nichtelast. Streuung der Leitfähigkeitselektronen durch die Spinwellen eines Ferromagnetikums auf die Supraleitfähigkeit wird auf Grund des s–d-Austauschmodells in vereinfachten Hamilton-Gleichungen behandelt. Die Ergebnisse bestätigen, daß der Spinwellenaustausch zu einer Abstoßung von Elektronen mit entgegengesetzten Impulsen u. Spins nahe der Fermi-Oberfläche führt. R. K. Müller. 136□

Anisotropie der Supraleitfähigkeit von deformierten Re-Einkristallen. J. J. Hauser. (J. appl. Physics **33**, 3074—77, Okt. 1962; Murray Hill, N. J., Bell Telephone Labor., Inc.; engl.) — Re-Einkristalle mit einem Verhältnis des spezif. elektr. Widerstands $R = \varrho\,(300\,°K)/\varrho(4{,}2\,°K)$ im Bereich von 1500—2400 werden durch Zonenschmelzen hergestellt u. mechan. verformt, wobei Proben mit Gleitung vorwiegend an $(10\bar{1}0)$ in der $[1\bar{2}10]$-Gleitrichtung ausgewählt werden. Die Änderung des krit. Stromes mit dem angelegten Magnetfeld wird durch Widerstandsmessungen bestimmt. Die Proben zeigen ein anisotropes Verh. des Übergangfeldes, d. h. des Feldes, bei dem gerade noch normales Widerstands-Verh. zu beobachten ist. Die Anisotropie wird auf anisotrope Versetzungsdichten, die durch die plast. Verformung bedingt sind, zurückgeführt. P. Frenzel. 136◇

Untersuchungen zur Supraleitung von gesinterten Nb_3Sn-Präparaten. E. Saur und P. Schult. (Z. Physik **167**, 170—75, 1962; Gießen, Univ., Inst. für Angewandte Phys.; dt.) — Vff. untersuchen den Einfl. der Sinterbedingungen auf die Supraleitungseigg. u. die Struktur von Nb_3Sn-Proben. Abweichend von den Ergebnissen von Lange (Mber. dtsch. Akad. Wiss. Berlin **2**, [1960], 167), tritt das Absinken der Sprungtemp. bzw. der Anstieg der Übergangsbreite nicht schon bei Proben mit Sintertemp. (S) über 1100° sondern erst über 1300° auf (gute Übereinstimmung mit Jansen u. Wiedemann). Für Proben mit S < 900° zeigen die Ergebnisse der Vff. übereinstimmend mit denen von Lange, daß mit abnehmender S die Sprungtemp. bei entsprechend ansteigender Übergangsbreite rasch abnimmt. Bei niedrigen S ergibt sich eine Differenz zwischen den Sprungpunkten aus Widerstands- u. Induktionsmessungen, die mit steigender S zunehmend kleiner wird. Eine Erklärung ist die um die einzelnen Nb-Pulverkörner äußerst dünne Oberflächenschicht von Nb_3Sn mit hohem Sprungpunkt, die bei niedrigen S gebildet wird. Die Widerstandsmessung zeigt einen Übergang zur Supraleitung an, sobald diese dünnen Schichten durch die ganze Probe hindurch zusammenhängen, während die Induktionsmessung diese noch nicht erfassen kann. Bei Verw. feineren Nb-Pulvers, bei vollkommener Diffusion u. hohen S darf die beobachtete Differenz nicht mehr merklich sein. D. Hoene. 136□

Die klassische Theorie der Kernspin-Wechselwirkung in einem ferromagnetischen Stoff. E. Šimánek. (Czechoslov. J. Physics **11**, 711—17, 1961; Prague, Czechoslov. Acad. Sci., Inst. of Phys.; engl.) — Mit Hilfe der klass. Theorie wird die Hamilton-Gleichung für die Kernspin-Wechselwrkg. in einem Ferromagnetikum hergeleitet, wobei die Kreiselbewegung des Kernspins in die Bewegungsgleichung für die Magnetisierung eingeführt wird. Dabei wird gezeigt, daß diese Wechselwrkg. auch von der Größe u. dem Vorzeichen der Kreiselfrequenz u. der Dämpfungskonst. der ferromagnet. Resonanz abhängt. Eine Berechnung dieser Parameter macht die quantenmechan. Ableitung der Hamilton-Gleichung von Suhl (C. **1960,** 5072) exakter. Der Einfluß dieser Parameter auf die Relaxationszeit wird ermittelt. Die Theorie wird auf kub. Co angewendet. H. Fahlenbrach. 137☐

Retardierte und avancierte Greensche Funktionen in der Quantentheorie der isotropen Ferromagnetika. Pu Fu-Tscho, Ss. W. Tjablikow und T. Schiklosch. (Acta physica Acad. Sci. hung. **11,** 323—31, 1960; Moskau, W. A. Ssteklow-Mathemat. Inst. der Akad. der Wiss. der UdSSR u. Dubna, Vereinigtes Inst. für Kernforschungen; russ., Auszug: engl.) — An Hand der früher entwickelten Theorie der retardierten u. avancierten Greenschen Funktionen für die Berechnung der thermodynam. Charakteristik der isotropen Ferromagnetika wird eine allgemeinere Berechnungsmeth. aufgestellt, bei welcher keine Kenntnis der Orientierung des äußeren Magnetfeldes vorausgesetzt wird. J. Tůmová. 137☐

Quantentheorie der einachsig-anisotropen ferromagnetischen Kristalle. Ss. W. Tjablikow und T. Schiklosch. (Acta physica Acad. Sci. hung. **12,** 35—46, 1960; russ., Auszug: engl.) — Vgl. vorst. Referat. — Die Anisotropie der magnet. Eigg. ferromagnet. Kristalle wird als Folge der Anisotropie der Wechselwrkg. von Elektronen nichtaufgefüllter Elektronenschalen betrachtet; für die mathemat. Darstellungsweise der Magnetisierung in Abhängigkeit von Temp. u. äußerem Magnetfeld werden die retardierten u. avancierten Greenschen Funktionen gebraucht. Die erhaltenen Resultate sind für alle Tempp. u. äußeren Magnetfelder geeignet. J. Tůmová. 137☐

s–d-Austauschwechselwirkung und Resonanz bei ferromagnetischen Metallen. Ju. A. Isjumow und Ju. Ja. Poljak. (Metallphysik u. Metallkunde [UdSSR] **10,** 641—49, Nov. 1960; Akad. der Wiss. der UdSSR, Inst. für Metallphysik; russ.) — Für ein ferromagnet. Übergangsmetall wird die komplexe magnet. Susceptibilität als Funktion der Frequenz des äußeren Magnetfeldes berechnet. Wenn die Dimensionen der Proben kleiner sind als die Tiefe der Skinschicht u. das Wechselfeld homogen ist, dann entspricht die Absorption der Feldquanten der Entartung der Spinwellen mit Quasiimpuls = 0 u. die Austauschwechselwrkg. zwischen den Leitfähigkeitselektronen u. den Elektronen der spin-gesätt. Schichten des Metalls führt weder zu einer Verschiebung der Resonanzfrequenz noch zu einer Verbreiterung der Absorptionslinie. R. K. Müller. 137☐

Zur Theorie der Relaxationsprozesse in einem Antiferromagnetikum. M. I. Kaganow, W. M. Zukernik und I. Je. Tschupiss. (Metallphysik u. Metallkunde [UdSSR] **10,** 797—98, Nov. 1960; Akad. der Wiss. der Ukrain SSR; Physik.-techn. Inst. u. Charkow, Gorki-Univ.; russ.) — Vgl. C. **1960,** 12583. — Die Wechselwrkg. von Spinwellen in einem Antiferromagnetikum wird in Hamilton-Gleichungen behandelt, deren Komponenten der Vereinigung von 2 Spinwellen u. dem Stoß zwischen 2 Spinwellen unter Erhaltung ihrer Zahl entsprechen. Es zeigt sich, daß für die Einstellung des thermodynam. Gleichgewichts in einem Syst. von Spinwellen eine inhomogene Austauschwechselwrkg. maßgebend ist.
R. K. Müller. 137☐

Bemerkung über die elementaren Methoden der Quantenstatistik mit einer Anwendung auf die Curie-Temperatur einer Legierung. M. C. Gutzwiller. (Helv. physica Acta **34,** 514—19, 15/8. 1961; Zürich, IBM Res. Labor.; franz.) — Vf. beschreibt eine Näherungsmeth. auf der Basis von Zustandswahrscheinlichkeiten für die Berechnung der Wechselwrkg.-Energien u. der Entropie eines Syst. von N Elektronen. Die Theorie wird zur Berechnung des Ferromagnetismus von Legg. angewendet, wobei sich zeigt, daß immer Bloch-Funktionen auftreten, selbst wenn die Wechselwrkg. der Spins sehr verwickelt ist. H. Fahlenbrach. 137☐

Eine Diagramm-Technik für den antiferromagnetischen Grundzustand. M. H. Boon. (Nuovo Cimento [10] **21,** 885—922, 16/9. 1961; Geneva, Batt. Mem. Inst., Internat. Div.; engl.) — Für den Grundzustand u. die Energie von zwei- u. drei dimensionalenGittern mit einem isotropen antiferromagnet. Spin u. mit zykl. Grenzbedingungen werden Störungs-Reihenentw. durchgeführt. Dabei werden nur Gitter betrachtet, die sich in zwei einander durchdringende Untergitter aufteilen lassen. Die Meth. läßt sich auch auf den anisotropen Fall ausdehnen. Die zwei entarteten ungestörten Grundzustände sind die symm. Kombinationen von zwei gegensinnig orientierten vollständig geordneten Zuständen. Für alle betrachteten Gitter konvergieren die Störungsreihen ausreichend gut. Numer. Berechnungen der Energie werden für $S = 1/2$ u. für $S = 1$ durchgeführt. Dabei werden im allg. kleinere Energiewerte als nach älteren Berechnungen erhalten. Mit dieser Diagramm-Technik werden auch Meth. zur Berechnung der Doppelentartung des ungestörten Grundzustandes u. der scheinbaren N-Körper-Divergenzen in solchen Syst. entwickelt. H. Fahlenbrach. 137□

Kernmagnetische Abschirmung eines Wasserstoffatoms: 1. in einem elektrischen Feldgradienten und 2. in einem Käfig. A. D. Buckingham und K. P. Lawley. (Molecular Physics **3**, 219—22, Mai 1960; Oxford, Univ., Inorgan. Chem. Labor.; engl.) — Vff. leiten die Grundzustandswellenfunktion eines H-Atoms in einem elektr. Gradienten F′ ab u. berechnen die kernmagnet. Abschirmungskonst. σ; es zeigt sich, daß der F′-Beitrag zu σ verschwindet, wenn alle F′-Richtungen relativ zum angelegten Magnetfeld gleichwahrscheinlich sind. Der Einfl. einer gleichförmigen Kompression des H-Atoms auf σ, der bei hinreichend hohen Drücken vorherrscht, verursacht eine Abnahme der elektron. Polarisierbarkeit, jedoch einen Anstieg von σ. D. Jörchel. 137◇

Einige Untersuchungen der kernmagnetischen Resonanz mit Feststoffen. E. R. Andrew. (Arch. Sci. [Genève] **14 (166)**, 210—18, 1961; Bangor, Caernarvonshire, Univ. Coll. of North Wales, Dep. of Phys.; engl.) — Die Anisotropie der Spin-Gitter-Relaxationszeit bei Alkalihalogeniden, bes. die ^{19}F-Relaxationszeit in *LiF* wird beschrieben. Durch Verw. mit ^{6}Li angereicherter Kristalle wird festgestellt, daß die Anisotropie der F-Relaxationszeit aus der Anisotropie der Dipolwechselwrkg. des ^{7}Li-Kerns zu erklären ist. Weiter wird das Spektrum der kernmagnet. Resonanz sehr schnell rotierender fester Körper (z. B. *NaCl*, PCl_5) untersucht. Dabei wird gefunden, daß bei großen Rotations-Geschw. die Form des zentralen Teils des Spektrums dem ruhender Körper mit dem Feld entlang der Rotationsachse ähnelt, jedoch um den Faktor $|0{,}5\,(3\cos^3\alpha\text{-}1)|$ herabgesetzt ist, wobei α der Winkel zwischen Achse u. Richtung des angelegten magnet. Feldes ist. Ein neuer Kreuz-Relaxationseffekt wurde an PCl_5 gefunden, das mit einer Geschw. rotierte, die gleich dem Abstand zwischen den zwei Resonanzlinien des Spektrums von ^{31}P war. Eine theoret. Erklärung dafür wird gegeben. H. Roschkowski. 137◇

Ein Verfahren zur Spin-Entkopplung bei hochauflösender magnetischer Protonen-Resonanz. M. Pettig und H. J. Köhler. (Arch. Sci. [Genève] **14 (166)**, 408 bis 410, 1961; Jena, Univ., Phys. Inst.; dt.) — Beschrieben wird eine Doppelresonanz Meth. zur Spinentkopplung unter Verw. eines HF-Generators mit nachgeschalteter Amplituden-Modulationsstufe, die eine regelbare Trägerunterdrückung erlaubt. Da mehrere Modulationsfrequenzen verwendet werden können, können alle Spin–Spin-Aufspaltungen des Spektrums beseitigt werden. H. Roschkowski. 137◇

Direkte Messung der ^{17}O-Protonen–Spin–Spin-Kopplung in Wasser. J. Reuben, A. Tzalmona und David Samuel. (Proc. chem. Soc. [London] **1962**, 353, Nov.; Rehovoth, Israel, Weizmann Inst. of Sci.; engl.) — Vff. ermitteln die Spin–Spin-Kopplung der ^{17}O-Protonen in H_2O (8 Atom-% ^{17}O), indem die Austausch-Geschw. der Protonen durch Verdünnen der Probe mit Aceton vermindert wurde. Bei einer Arbeitsfrequenz von 8,13 MHz wurde dei Ableitung der ^{17}O-Absorptionslinie einer 3%ig. $H_2{}^{17}O$-Lsg. in gereinigtem Aceton aufgenommen. Entsprechend den Erwartungen ist die Linie in ein Triplett mit einem angenäherten Intensitätsverhältnis von 1:2:1 aufgespalten. Durch Zusatz einer sehr kleinen HCl-Menge verschmelzen die Maxima zu einer einzigen Linie. Die Spin–Spin-Kopplungs-Konst. beträgt $73{,}5 \pm 21$, Hz. Bedingt durch die Veränderung der H-Bindungsstruktur des H_2O durch Aceton ist das mittlere Maximum des Tripletts in aceton. Lsg. um $10{,}93 \pm 1{,}4$ ppm gegenüber der Resonanzlinie in nicht verd. W. in Richtung höherer Feldstärken verschoben. Infolge des Relaxationseffektes auf Grund des elektr. Quadrupolmomentes von ^{17}O (Spin 5/2) ist es nicht möglich, die Multiplettstruktur in der Protonenresonanz von $H_2{}^{17}O$ zu beobachten. Gerhard Schulze. 137◇

Paramagnetische Resonanz des J_2^--Zentrums in mit KJ dotiertem KCl. Etienne Boessman und Dirk Schoemaker. (J. chem. Physics **37**, 671—72, 1/8. 1962; Gent, Belgium, Labor. voor Kristallografie en Studie van de Vask Stoffen; engl.) — KCl-Kristalle wurden mit 5% KJ dotiert u. nach der Kyropoulos-Meth. aus der

Schmelze gezogen. Nach der Bestrahlung mit Röntgenstrahlen zeigen diese Kristalle bei 77° K ein schwaches elektronenparamagnet. Resonanzsignal, dessen Intensität erheblich verstärkt wird, wenn die Kristalle längere Zeit an Luft bei 600° getempert werden. Es lassen sich dann 11 Gruppen von Linien beobachten, die einer Hyperfeinwechselwrkg. eines eingefangenen Loches mit zwei J-Kernen entsprechen. Für den Fall H || [110] läßt sich das Spektrum am besten mit den Parametern g_{11} = 1922; A = 400 G u. B = 110 G wiedergeben. G. M. Neumann. 137◇

Paramagnetische Elektronenresonanz von Fe^{3+} in einem natürlichen Mg Al_2O_4-Spinell. E. Brun, H. Loeliger und F. Waldner. (Arch. Sci. [Genève] **14 (166)**, 167—69, 1961; Zürich, Univ., Phys. Inst.; dt.) — Das Spektrum einer Fe^{3+}-Verunreinigung wurde bei 300° K von 8600 bis 9800 MHz bis zu 10 Gauß gemessen. In diesem Bereich wurden alle möglichen Übergänge mit verschiedenem ΔM bei $\Theta = 0°$ außer dem rein magnet. Übergang mit $\Delta M = 3$ festgestellt, der durch die Cr^{3+}-Linie verdeckt ist. Die Kristallfeldparameter in der üblichen Hamilton-Spin-Gleichung für oktaedr. Plätze sind $G = 2{,}001 \pm 0{,}007$; $|D| = 0{,}247 \pm 0{,}001$ cm^{-1}, $|a-F| = 0{,}046 \pm 0{,}002$ cm^{-1}, $|a| = 0{,}047 \pm 0{,}004$ cm^{-1}. D u. $|a-F|$ haben entgegengesetzte Vorzeichen. H. Roschkowski. 137◇

Ferrimagnetische Resonanz mit orthogonalem und parallelem Pumpen. Robert M. White und Ernst Schlömann. (J. appl. Physics **33**, 2437—38, Aug. 1962; Stanford, Calif., Stanford Univ., W. W. Hansen Labor. of Phys.; engl.) — Es wurde die Schwelle für nichtlineare Absorption, bedingt durch das unstabile Verh. bestimmter Spinwellen, berechnet für den Fall, daß senkrecht zu einen magnet. Gleichfeld ein magnet. Wechselfeld der Frequenz ω_0 u. gleichzeitig parallel zum Gleichfeld ein Wechselfeld der Frequenz 2 ω_0 angelegt wird. Helmut Seifert. 137◇

Untersuchung des spiralförmigen Antiferromagnetismus von $MnAu_2$ durch Neutronenbeugung. André Herpin und Pierre Meriel. (J. Physique Radium **22**, 337—48, Juni 1961; Saclay, Centre d'Et. Nucl., Serv. de Phys. du Solide et de Résonance Magn.; franz.) — Vgl. C. **1962**, 15854. — Durch Neutronenbeugung ergibt sich für das antiferromagnet. $MnAu_2$ eine Schraubenzieherstruktur der magnet. Momente folgender Art: Senkrecht zur c-Achse der Kristalle sind die Mn-Atome schichtförmig angeordnet, wobei die Mn-Schichten von zwei Schichten von Au-Atomen voneinander getrennt sind. In jeder Mn-Schicht sind die magnet. Momente einander parallel, aber senkrecht zur c-Achse gerichtet. Beim Übergang von einer Mn-Schicht zur nächstbenachbarten dreht sich die Richtung der Momente um einen festen Winkel. Um die c-Achse bilden die Richtungen verschiedener Schichten eine Schraubenlinie. Beim Anlegen äußerer Magnetfelder von > 9,6 kOe ändert sich diese antiferromagnet. Struktur plötzlich. Unter Berücksichtigung der Austauschwechselwrkg. zwischen den erst- u. zweitbenachbarten Mn-Schichten gelingt eine befriedigende Erklärung des spiralförmigen Antiferromagnetismus von $MnAu_2$. H. Fahlenbrach. 137□

Beobachtung über den Mechanismus der magnetischen Hysterese in dünnen Schichten. Irena Bożena Puchalska und Robert J. Spain. (C. R. hebd. Séances Acad. Sci. **254**, 72—74, 1 Tafel, 3/1. 1962; Bellevue, Seine-et-Oise, C.N.R.S., Labor. de Rayons X; Labor. de Magn. et de Phys. du Solide.; franz.) — Vff. beschreiben eine Meth., mit der die magnet. Bereiche dünner *Pormalloy*-Schichten mit dem Elektronenmikroskop beobachtet werden können. I. Zoll. 137◇

Schachbrett-Domänenmuster von einkristallinen dünnen Eisenfilmen. H. Sato und R. W. Astrue. (J. appl. Physics **33**, 2956—57, Okt. 1962; Dearbon, Mich., Ford Motor Comp., Sci. Labor.; engl.) — Grundlegende Elementarbereichsstrukturen epitakt. gewachsener dünner Eiseneinkristallfilme werden nach dem Pulververf. von Bitter untersucht. Bei Filmen mit (001)-Orientierung treten erwartungsgemäß schachbrettartige Elementarbereiche auf, da zwei Achsen leichter Magnetisierung in der Ebene des Films liegen u. 90°-Wände über 180°-Wände vorherrschen. Bei asymm. aufgedampften Filmen tritt eine ziemlich komplizierte Domänenstruktur auf, das Schachbrettmuster wird nur nach Demagnetisierung im Wechselfeld erhalten. H. Roschkowski. 137◇

Beobachtung von ferromagnetischen Gebieten mit Hilfe von trockenem magnetischem Pulver. W. Bilenski. (Nachr. Akad. Wiss. LettSSR **1961**, Nr. 11, 63—64; Inst. für Physik der Akad. der Wiss. der Lett SSR; russ.) — Eine Beobachtungsmeth. von ferromagnet. Bezirken an Probenoberflächen unter Verw. von trockenem Eisenoxid-Pulver wird beschrieben. H. Hochstein. 137◇

Verhalten der Domänenstruktur bei der Magnetisierung. W. A. Ignatschenko, I. F. Degtjarew und Ju. W. Sacharow. (Nachr. Akad. Wiss. UdSSR, physik. Ser. **25**, 1439—44, 1 Tafel, Dez. 1961; Inst. für Phys. der Sibir. Abt. der Akad. der Wiss. der UdSSR; russ.) — Die Energie entmagnetisierender Felder wird theoret. erörtert u. es werden rechner. Angaben über die Domänenstruktur sowie über ihr Verh. im Magnetfeld gemacht. Ferner wird dieses Verh. nach der Meth. des meridionalen magnetoopt. Effektes von Kerr an Einkristallen aus Si-haltigem Fe, welche die Form von Scheiben mit einem ∅ von 15 mm u. einer Dicke von 0,3 mm besitzen, experimentell untersucht. Es wird eine nur qual. Übereinstimmung des Unters.-Ergebnisses mit der durchgeführten Berechnung erhalten u. die Gründe hierfür werden erörtert. H. Hochstein. 137□

Untersuchung der Grenzschichten zwischen den Domänen im Transformatorenstahl. M. K. Ssawtschenko und W. I. Ssinegubow. (Nachr. Akad. Wiss. UdSSR, physik. Ser. **25**, 1449—52, Dez. 1961; Inst. für Phys. der sibir. Abt. der Akad. der Wiss. der UdSSR; russ.) — Im Transformatorenstahl schwankt im Ausgangszustand die Breite der Grenzen, die auf die Ebene (110) auslaufen, von 0,4 bis 0,6 μ. Unter dem Einfl. des Magnetfeldes kann sich die Polarität der Grenzen in die reziproke umändern. Die Grenzschichten verändern ihre Form beim Anlegen magnet. Felder u. Spannungen. Die Größe dieser Veränderungen ist gering, was durch die kleinen Energiegrößen der Magnetfelder u. Spannungen im Vgl. mit den wesentlich größeren Werten der Austauschenergie u. Anisotropie, die an der Bldg. der Grenzschichten teilnehmen, erklärt werden kann. In Materialien mit geringer Anisotropie müssen die Grenzschichten weniger elast. sein. H. Hochstein. 137

Untersuchung des Einflusses der Entmagnetisierungsrichtung auf die magnetische Struktur der Kristalle von bandförmigem Siliciumeisen. W. R. Abels. (Nachr. Akad. Wiss. UdSSR, physik. Ser. **25**, 1452—55, Dez. 1961; russ.) — Die magnet. Struktur eines Bandes aus Fe mit 3—4% Si hängt nicht von der Entmagnetisierungsrichtung ab. Im Zustand $I = 0$, $H = -H_C$ ist die magnet. Struktur ähnlich derjenigen, die nach der Entmagnetisierung der Probe durch ein Wechselfeld erhalten wird, u. unterscheidet sich von der letzteren nur durch eine gewisse Unregelmäßigkeit. Die magnet. Anfangspermeabilität hängt von der Entmagnetisierungsrichtung nur wenig ab. Die zeitliche Abnahme der magnet. Permeabilität kann nicht durch ein Zurückgehen der magnet. Textur bedingt sein. H. Hochstein. 137□

Einfluß der Ultraschalleinwirkung und eines magnetischen Wechselfeldes auf die Domänenstruktur von Siliciumstahl bei der Magnetisierung. D. A. Laptei und W. Ss. Tscherkaschin. (Nachr. Akad. Wiss. UdSSR, physik. Ser. **25**, 1461—64, 2 Tafeln, Dez. 1961; Inst. für Phys. der sibir. Abt. der Akad. der Wiss. der UdSSR; russ.) — Bei der Magnetisierung eines Einkristalls aus Si-Stahl mit 3% Si in Richtung [100] führt Ultraschall-Einw. zu einer Zerkleinerung der Elementarbereichsstruktur u. zu einer Zunahme der Anzahl der Domänen etwa um das Doppelte. Es wird angenommen, daß diese Zerkleinerung mit der Verminderung der magnet. Energie der Probe zusammenhängt. Die sich hierbei bildenden Strukturen hängen nicht vom magnet. Ausgangszustand ab, sondern werden durch die Größe des Magnetfeldes bestimmt. Die Beschallung des Kristalls in den Richtungen [110] u. [111] führt zu einer komplexeren Strukturveränderung. Die Struktur, die der idealen, durch Anlegen eines Wechselfeldes mit bis auf Null abnehmender Amplitude erhaltenen Magnetisierungskurve entspricht, ist in bezug auf die Ultraschall-Einw. nicht beständig. Die durch Ultraschall-Einw. erhaltene Struktur kann durch Anlegen eines Wechselfeldes aufgehoben werden. Opt. Beobachtungen während der Beschallung zeigten, daß bei allmählicher Zunahme der Ultraschallintensität zunächst eine Versetzung einiger Grenzen u. eine gleichzeitige Verschiebung der Elementarbereiche auftritt, wobei spezif. Domänen sich zu zerteilen beginnen. Im weiteren Verlauf werden diese Erscheinungen verstärkt, u. bei maximaler Schallintensität wird das Bild der Probenoberfläche verwaschen. Mit Abnahme der Schallintensität wird allmählich die Struktur wiederhergestellt.
H. Hochstein. 137□

Über die Natur der Koerzitivkräfte der Legierungen vom Alnico-Typ. A. Ss. Jermolenko und Ja. Ss. Schur. (Nachr. Akad. Wiss. UdSSR, physik. Ser. **25**, 1479—83, Dez. 1961; Inst. für Metallphys. der Akad. der Wiss. der UdSSR; russ.) — Die Ursachen für den Unterschied der Koerzitivkräfte nach schroffer Abschrekkung von der Temp. des Einphasenbereichs u. nachfolgendem Anlassen (Behandlungsart 1) einerseits bzw. nach Abkühlung von dieser Temp. mit einer krit. Geschw. (Behandlungsart 2) andererseits werden auf dem Wege der Ermittlung der magnet.

Eigg. von Einkristallen einer Leg. der Zus.: 24(%) Co, 14 Ni, 8 Al, 3 Cu, 51 Fe untersucht. Die Gesetzmäßigkeiten des Zerfallsprozesses bei dieser Leg. sind dieselben wie bei den Legg. des Syst. Fe–Ni–Al u. der Unterschied in den Eigg. nach Behandlung entsprechend 1 bzw. 2 ist bes. deutlich ausgeprägt. Es wird eine schemat. Darstellung der Struktur der Leg. nach den beiden Behandlungsarten gegeben u. angenommen, daß die Besonderheit der Behandlung 2 darin liegt, daß eine Struktur mit gleichmäßigen Abmessungen erzielt wird, wobei die Größe der Abmessungen der Höhe der Koerzitivkraft entspricht. Bei der Behandlung 1 wird dagegen eine Struktur mit starker Streuung der Teilchengröße erhalten, wobei die gleiche Höhe der Koerzitivkraft nicht erreicht werden kann. Der Mechanismus der Strukturbldg. wird erörtert u. es wird dargelegt, daß beim Zerfall der Almico-Leg. die Diffusion sehr träge verläuft u. eine Neuverteilung der ausgeschiedenen Teilchen bzgl. ihrer Abmessungen bei niedrigen Temp. prakt. unmöglich ist. H. Hochstein. 137□

Kristall- und magnetoelastische Energie der Anisotropie und ihre Temperaturabhängigkeit in Eisen–Nickel-Einkristallen. I. M. Pusei. (Nachr. Akad. Wiss. UdSSR, physik. Ser. **25**, 1494—97, Dez. 1961; russ.) — Untersucht wird die Temp.-Abhängigkeit der Anisotropie-Konst. u. ihrer magnetoelast. Komponente bei Ni im Temp.-Bereich von 160—375°, in Invarleg. mit 36% Ni sowie in Ni–Fe-Legg. mit 80 u. 76% Ni. Hierbei zeigt sich, daß bei Legg. mit hohen Ni-Gehh. die magnetoelast. Energie positiv u. auf der Invarseite negativ ist, während die gesamte Anisotropie-Energie negativ im Ni-Bereich u. positiv im Invar-Gebiet ist. Die Elastizitätsmoduln ändern sich nur verhältnismäßig wenig mit der Temp. u. die Magnetostriktion ändert sich linear. Bei hohen Temp. ändert die Anisotropie-Konst. das Vorzeichen, sofern die Vorzeichen der Kristall- u. magnetoelast. Komponenten der Anisotropie-Energie verschieden sind. H. Hochstein. 137□

Einfluß der Intensität des Magnetfeldes bei der thermomagnetischen Behandlung auf die magnetischen Eigenschaften von kaltgewalztem elektrotechnischem Stahl. D. D. Mischin, T. I. Bytschkowa und W. A. Ssmagin. (Nachr. Akad. Wiss. UdSSR, physik. Ser. **25**, 1498—1502, Dez. 1961; russ.) — Die Hystereseschleife tetragonaler Proben nach einer thermomagnet. Behandlung (TMO) in Feldern bis 7 Oe wird um so schmaler u. rechteckiger, je größer die Intensität des Magnetfeldes ist. Bei Verstärkung des Magnetfeldes von 7 auf 70 Oe wird die Hystereseschleife dieser Proben prakt. nicht verändert. Die Hystereseschleifen di- u. trigonaler Proben nach einer TMO ändern sich im Feld von 70 Oe stark, ihre Rechteckigkeit nimmt wesentlich zu. Eine Zunahme der magnet. Induktion ΔB findet in schwachen u. mittleren Magnetfeldern statt. Die Kurven $\Delta B(H)$ besitzen im Gebiet der Felder mit maximaler Permeabilität ein Maximum. Dieser Induktionszuwachs nimmt für die tetragonalen Proben bei einer Intensitätserhöhung des Magnetfeldes bei der TMO von 0,07 auf 7 Oe zu, bei Erhöhung von 7 auf 70 Oe wird der Effekt nur wenig verändert. Im Gebiet der Felder von 1 bis 1,5 Oe findet eine Abnahme der magnet. Induktion nach einer TMO (d. h. $\Delta B < 0$) statt. Das gegenüber TMO empfindlichste magnet. Kennzeichen ist die Maximalpermeabilität, die für alle Probenarten wesentlich nach der TMO zunimmt. Die Remanenz di- u. trigonaler Proben wird nach TMO stark erhöht, während für die tetragonalen Proben dieses Kennzeichen nur unwesentlich zunimmt. Die Koerzitivkraft aller Probenarten wird nach TMO wesentlich verringert. H. Hochstein. 137□

Über die magnetische Textur von äußeren Belastungen ausgesetzten Ferromagnetika. F. N. Dunajew. (Nachr. Akad. Wiss. UdSSR, physik. Ser. **25**, 1502—07, Dez. 1961; Uraler Gorki-Univ.; russ.) — In ferromagnet. Werkstoffen, die sich unter der Einw. äußerer elast.-verformender Belastungen befinden, entsteht eine magnet. Textur. Der Charakter dieser magnet. Textur wird durch das Verhältnis der Werte der äußeren Belastungs- u. der Sättigungs-Magnetostriktion λ_s bestimmt. Durch Verss. wird nachgewiesen, daß zur Erzielung einer stark ausgeprägten „Texturdrehung" ein hohes $|\lambda_{111}/\lambda_{100}|$ Verhältnis erforderlich ist. Für eine Fe–Si-Leg. mit 3,5% Si ist dieses Verhältnis klein; $|\lambda_{111}/\lambda_{100}| \approx 0{,}1$.
H. Hochstein. 137□

Erniedrigung der Koerzitivkraft bei der Kältebehandlung von Schnelldrehstahl. Ja. I. Kagan und Ju. I. Passkal. (Metallphysik u. Metallkunde [UdSSR] **6**, Nr. 2, 364—65, 1958; russ.) — Durch Verss. wird nachgewiesen, daß die Koerzitivkraft eines Schnelldrehstahles durch Behandlung in der Kälte (— 40 bis — 183°) erniedrigt wird. Diese Abnahme der Koerzitivkraft ist um so größer, je größer die Menge des sich bildenden Martensits ist. Eine wiederholte Kältebehandlung, welche nicht zu einem zusätzlichen Austenitzerfall führt, erniedrigt nicht die Koerzitivkraft;

infolgedessen hängt die Abnahme mit dem Austenitzerfall zusammen. Sie ist von einer Verminderung der Größe der inneren Spannungen im Stahl abhängig.
H. Hochstein. 137□

Calorimetrische Bestimmung isothermer Entropieänderungen in starken Magnetfeldern bei tiefen Temperaturen. $CoSO_4 \cdot 7H_2O$. W. F. Giauque, D. N. Lyon, E. W. Hornung und T. E. Hopkins. (J. chem. Physics **37**, 1446—52, 1/10. 1962; Berkeley, Calif., Univ. of California, Dep. of Chem. and Chem. Engng., Low Temp. Labor.; engl.) — In einer ausführlich beschriebenen App. wurde die Zunahme der Entropie von pulverförmigem $CoSO_4 \cdot 7H_2O$ (I) als Funktion der isothermen Demagnetisierung von starken Magnetfeldern (H_i von 0 bis 94500 Oe.) bei tiefen Temp. (1,2° bis 4,2 °K) calorimetr. bestimmt. Die Entropie stellt im untersuchten Temp.- u. Druck-Bereich eine direkte Funktion von H_i/T dar. Es wird gezeigt, daß ein magnet. Feld von ca. 100 kOe. bei nahe 1 °K eine Entropie von R · ln 2 als obere Grenze des elektron. Syst. von I liefert. Ein irreversibler Effekt konnte nicht gefunden werden. Der Einfl. des Magnetfeldes auf die im Calorimeter befindlichen App.-Teile (Pt–W-Draht als nichtinduktiver Calorimetererhitzer, He-Gasthermometer) wird untersucht u. diskutiert. G. Gattow. 137◇

Über die Temperaturabhängigkeit der elektrischen Leitfähigkeit von binären Salzschmelzen in Verbindung mit den Phasendiagrammen. B. F. Markow und A. M. Tarassenko. (J. physik. Chem. [UdSSR] **32**, 1333—40, Juni 1958; Kiew, Akad. der Wiss. der UdSSR, Inst. für allg. u. anorg. Chem.; russ., Auszug: engl.) — Geschmolzene bin. Salzsyst. zeigen in Abhängigkeit von der Art ihres Phasendiagramms unterschiedliche Änderungen ihrer elektr. Leitfähigkeit mit der Temperatur. Die elektr. Leitfähigkeit von Schmelzen, die eine lückenlose Reihe von festen Lsgg. bilden, gehorcht der Gleichung $\log x = A - B/T$. (Syst. KCl–NaCl, KBr–NaBr, KJ–NaJ, NaBr–NaCl, AgBr–NaBr, AgBr–AgJ). Bei eutekt. Schmelzen gilt die Gleichung nur über dem F. der Komponenten. Zu dieser Gruppe gehören die Syst. $PbCl_2$–$CdCl_2$, KCl–LiCl, NaCl–RbCl, CsCl–NaCl, AgCl–$PbCl_2$, KCl–AgCl, NaCl–$CaCl_2$, AgJ–AgCl, $Cd(NO_3)_2$–$NaNO_3$. Für geschmolzene Syst., deren Eigg. zwischen Eutektikum u. fester Lsg. liegen, wird eine geringe Abweichung von der halblogarithm. Gleichung festgestellt, z. B. bei den Syst. KCl–KJ, KCl–CsCl, KBr–KJ, KNO_3–$NaNO_3$. Die spezif. Temp.-Abhängigkeit der elektr. Leitfähigkeit erklären Vff. mit dem Auftreten quasieutekt. Strukturen. H. Roschkowski. 138□

Veränderung der Überführungszahlen der Kationen in $K_2O \cdot CaO \cdot 4SiO_2$-Schmelzen. W. I. Malkin. (J. physik. Chem. [UdSSR] **32**, 838—40, April 1958; Moskau, Inst. für Metallverarbeit. u. Phys. der Metalle; russ., Auszug: engl.) — Die Überführungszahlen der K^+- u. Ca^{2+}-Ionen in der $K_2O \cdot CaO \cdot 4SiO_2$-Schmelze wurden mit Hilfe von ^{42}K u. ^{45}Ca ermittelt. Die Beweglichkeit des K^+-Ions ist 0,89 u. die des Ca^{2+} 0,10. Ein Vgl. mit den Überführungszahlen von Na^+ u. Ca^{2+} in der Schmelze $Na_2O \cdot CaO \cdot 4SiO_2$ u. von Na^+ u. K^+ in $Na_2O \cdot K_2O \cdot 4SiO_2$ führt zu dem Schluß, daß die Ionen einen gegenseitigen Einfl. auf ihre Beweglichkeit ausüben. H. Roschkowski. 138□

Über die elektrische Leitfähigkeit einiger Systeme, die Siliciumtetrachlorid, Zinntetrachlorid und Ester enthalten. Ju. N. Wolnow. (J. physik. Chem. [UdSSR] **32**, 498—505, März 1958; russ., Auszug: engl.) — Die elektr. Leitfähigkeit (L) der Lsgg. von $SiCl_4$ in Ameisensäuremethyl- bzw. -äthylester u. Essigsäureäthylester wurde bei 0 bis 40° u. bei Konzz. bis zu 12 Mol-% $SiCl_4$ gemessen. L dieser Lsgg. hängt mit der Bldg. von Komplexen zusammen, deren Stabilität mit der Polarisierung in der obigen Reihenfolge zunimmt. Die Isothermen der spezif. elektr. Leitfähigkeit der Syst. von $SnCl_4$ mit Äthylbutyrat, n-Butylacetat, Amylacetat u. Phenylacetat besitzen entsprechend der Bldg. von Komplexen wie $SnCl_4 \cdot 2R$ Minima u. Diskontinuitäten. Bei erhöhter Temp. gehen die Maxima der Isothermen ineinander über. H. Roschkowski 138□

Apparat zur automatischen Stabilisierung von Redoxpotentialen–Redoxystat. Ss. W. Gorbatschew und I. W. Kudrjaschow. (J. physik. Chem. [UdSSR] **32**, 1914—15, Aug. 1958; Moskau, Chem.-technol. Mendelejew-Inst.; russ., Auszug: engl.) H. Roschkowski. 140□

Abhängigkeit des Potentials der Kohlevergleichselektrode vom Sauerstoffgehalt in geschmolzenem Kryolith. L. N. Antipin und N. G. Tjurin. (J. physik. Chem. [UdSSR] **32**, 640—43, März 1958; Swerdlowsk, Polytechn. Kirow-Inst.; russ., Auszug: engl.) — Vgl. C. **1958**, 11442. — Messungen der Potentialdifferenzen der Zelle $C/Na_3AlF_6 + 16\% Al_2O_3/Na_3AlF_6 + n\% Al_2O_3/C$ mit einer Magnesitmembrane ergaben eine komplizierte Beziehung zwischen dem Potential einer C-Elektrode u. dem Al_2O_3-Geh. des Kryoliths. Eine ähnliche Beziehung wurde bei Potentialmessungen an einer C-Elektrode mit Bezug auf das Entladungspotential von Fluor gewonnen. Der Ohmsche Widerstand der Zelle $C/Na_3AlF_6 + n\% Al_2O_3/C$ hat ein Maximum bei n = 1. Zwischen n = 2 u. n = 10 konnte keine beträchtliche Änderung des Widerstands festgestellt werden. H. Roschkowski. 140□

Untersuchung der Eigenschaften von geschmolzenen Titanaten durch EMK-Messungen. W. I. Mussichin und O. A. Jessin. (J. physik. Chem. [UdSSR] **32,** 1372—78, Juni 1958; Swerdlowsk, Ural-Filiale der Akad. der Wiss. der UdSSR, Metallurg. Inst.; russ., Auszug: engl.) — Die EMK von ionenübergangslosen Zellen der Art Fe, Ti / Na_2O, TiO_2 / MgO / Na_2O, TiO_2 / Fe, Ti bzw. Cu, Mn / MnO, TiO_2 / MgO / MnO, TiO_2 / Cu, Mn wurden bei 1200 bzw. 1470° gemessen u. aus den gewonnenen Daten die Aktivitäten der Komponenten errechnet. Die EMK-Isothermen zeigen eine große Abweichung der Schmelzen vom Zustand idealer Lsgg. an. Unstetigkeiten in den Kurven werden der Bldg. der kongruent schm. Verbb. $Na_2O \cdot TiO_2$; $Na_2O \cdot 2TiO_2$ u. $2MnO \cdot TiO_2$ zugeschrieben. Es wird vermutet, daß während des Schmelzens die Koordinationszahl von FeTi abnimmt. H. Roschkowski. 140□

Untersuchung kathodischer Prozesse bei der Elektrolyse von reinem geschmolzenem Calcium-, Natrium- und Kaliumchlorid. L. Ssusski. (J. physik. Chem. [UdSSR] **32,** 1393—1403, Juni 1958; Krakau, Polen, metallurg. Akad.; russ., Auszug: engl.) — Zur Unters. der Bldg. von Subverbb. durch Rk. des bei der Elektrolyse entstehenden Metalls mit seinem Salz wurden die Polarisationskurven von $CaCl_2$-, NaCl- u. KCl-Schmelzen aufgenommen u. mit solchen verglichen, bei denen die Schmelzen noch kein gelöstes Metall enthielten. Zusätzlich wurden die EMK-Werte der Zellen $Ca_{(fest)}/CaCl_2/Cl_2$ u. $Na/NaCl/Cl_2$ gemessen. Es zeigt sich, daß in geschmolzenem $CaCl_2$ Ca^+-Ionen gebildet werden.
H. Roschkowski. 141□

Der Prozeß der elektrochemischen Oxydation von Uran (IV)-Salzen an der Pt-Elektrode. K. I. Rosental und W. I. Wesselowski. (J. physik. Chem. [UdSSR] **32,** 1341—47, Juni 1958; Moskau, Phys.-Chem. Karpow-Inst.; russ., Auszug: engl.) — Die anod. Oxydation von U(IV) wurde in n-$HClO_4$-Lsg., sowie bei weiteren Verss. in Ggw. von H_2O_2, HNO_2, Cr(III)-Ionen u. in Th(IV) enthaltender salpetersaurer Lsg. polarograph. untersucht. In n-$HClO_4$ ergibt sich für den UO^{2+}-Konz.-Bereich $1 \cdot 10^{-2} - 2 \cdot 10^{-4}$ m ein Halbstufenpotential $E_{1/2} = 1{,}05$ V, die Stromstärke ist der Konz. proportional. Der Einfl. der Geschw. des Potentialanlegens ist mit Oberflächenveränderungen der Pt-Elektrode verbunden. Ein möglicher Rk.-Mechanismus wird vorgeschlagen, dessen die Geschw. bestimmender Schritt die Rk. der UO^{2+}-Ionen mit elektrochem. am Pt adsorbiertem O ist.
H. Roschkowski. 141□

Untersuchung der Struktur und der magnetischen Charakteristiken von elektrolytischen Niederschlägen ferromagnetischer Metalle und Legierungen in Abhängigkeit von den Darstellungsbedingungen. 1. Mitt. **Nickel.** Ju. M. Polukarow. (J. physik. Chem. [UdSSR] **32,** 1008—15, Mai 1958; Moskau, Akad. der Wiss. der UdSSR, Phys.-Chem. Inst.; russ., Auszug: engl.) — Die Einfl. der Stromdichte, der Temp., des pH-Wertes (1,9—6,4) u. der Zugabe oberflächenakt. Verbb. (2.6- u. 2.7-Disulfonaphthalinsäure, Thioharnstoff, Allylthioharnstoff, Anilin, Ammoniumsulfat) bei der elektrolyt. Abscheidung von Ni (aus Lsgg. mit 140 g/Liter $NiSO_4$ u. 30 g/Liter H_3BO_3) auf seine strukturellen u. magnet. Eigg. (Koerzitivkraft, Restinduktion, Anfangspermeabilität u. -Magnetisierungskurve) werden ermittelt. Der Wrkg.-Mechanismus der elektrochem. auf die magnet. Faktoren wird durch Vgl. der elektronenmkr. u. Röntgendaten der Struktur des abgeschiedenen Ni mit seiner inneren Spannung u. dem H_2-Geh. zu erklären versucht. Auf die starke Abhängigkeit der magnet. Eigg. von Strukturänderungen wird hingewiesen.
H. Roschkowski. 141□

Anwendung der Radioautographie zur Untersuchung kathodischer Metallniederschläge. Ss. M. Kotschergin, G. R. Pobedimski und A. W. Leontjew. (J. physik. Chem. [UdSSR] **32,** 930—31, April 1958; Kasan, Chem.-technol. Kirow-Inst.; russ., Auszug: engl.) — Durch Zugabe von ^{110}Ag zu einem KCN–AgCN-Elektrolyten, Aufnahme der Autoradiogramme der kathod. Abscheidungen u. Auswertung ihrer opt. Dichten konnte das Wachstum der Ag-Schichten mit einer Genauigkeit von 0,1—0,01 μ bestimmt werden. H. Roschkowski. 141□

Bestimmung der Stromverteilung im Elektrolyten und an den Elektroden durch die Doppelsonden-Methode. N. P. Gnussin. (J. physik. Chem. [UdSSR] **32,** 1292 bis 1298, Juni 1958; Gomel, Inst. für Transport-Ing.; russ., Auszug: engl.) — Eine Schnellmeth. zur Messung des Stromdichtevektors im Elektrolyten u. zur Best. der Stromdichteverteilung an den Elektroden unter Verw. einer Doppelsonde wird vorgeschlagen. Sie stützt sich auf das differentielle Ohmsche Gesetz.
H. Roschkowski. 141□

Zur Theorie des Gleichrichtereffektes elektrochemischer Phasengrenzreaktionen. G. Salié. (Z. physik. Chem. [Leipzig] **221,** 222—30, 1962; Leipzig, Univ., Phys.-chem. Inst.; dt.) — Theoret. Betrachtung der Potentialabhängigkeit von schrittweisen Adsorptionsvorgängen oder Entladungen, bes. Berechnung der Gleichrichterpotentialverschiebung für unverzweigte elektrochem. Phasengrenz-Rkk. mit einem Adsorptionszwischenzustand im allg. Fall, für kleine Adsorptionsflächendichten, schnelle Adsorption sowie bei sehr großen u. sehr kleinen Frequenzen.
P. Frenzel. 142◇

Ladungsübergang bei spezifischen Adsorptionsreaktionen an Quecksilberelektroden. W. Lorenz und G. Krüger. (Z. physik. Chem. [Leipzig] **221,** 231—39, 1962; Leipzig, Univ., Phys.-chem. Inst.; dt.) — Vgl. C. **1963,** 410. — Mit Hilfe eines Kapazitätsmeß-Verf. wird die integrale Ladungsänderung l von Hg-Elektroden bei spezif. Adsorption von *Thioharnstoff* (I) bzw. J^- aus W. u. CH_3OH sowie verschiedenen Grundelektrolyten (1 m $NaClO_4$; 0,5 m K_2SO_4; 0,5 m KF; 1 m KCl) bestimmt. Die Abhängigkeit von l von experimentellen Parametern erlaubt Aussagen über den partiellen Ladungsübergangskoeff. λ. λ liegt für **I** u. J^- in der Größenordnung von 0,3 bzw. 0,2. Zwischen λ u. der quantenmechan. Bindungseigenfunktion des Aggregats Hg/Adsorbend besteht ein Zusammenhang. P. Frenzel. 142◇

Weitere Untersuchungen zum alkalischen Permanganatzerfall. R. Landsberg und R. Thiele. (Z. physik. Chem. [Leipzig] **221,** 211—21, 1962; Leuna-Merseburg, TH für Chem.; dt.) — Vgl. C. **1962,** 13670. — Unterss. mit der rotierenden Scheibenelektrode (Azobenzol–Graphit-Elektrode) zeigen, daß Katalysatoren, die die 2. Stufe (a) der alkal. Zers. von MnO_4^- beschleunigen (*Ni^{2+}, Pb^{2+}, Fe^{2+}, CrO_4^-, VO_4^{3-}, Cs^+, Rb^+*, bes. *Cu^{2+}* u. *Ag^+*), meist in geringerem Maße auch die 1. Stufe (b) katalysieren. *Zn^{2+}, Hg^{2+}, Molybdat* u. *Wolframat* beschleunigen nur a), *AsO_4^{3-}* ist ohne Einfluß. Aus den abgeschätzten Gleichgew.-Konst. der Rück-Rk. (c) werden die Konst. des vorgelagerten Gleichgewichts, die Konz. an Hydroxylradikalen in der Lsg. u. das Normalpotential des Syst. ·OH/OH- angenähert berechnet. Weiterhin wird die Aktivierungsenergie von b) bestimmt, die von a) u. c) abgeschätzt. Die berechnete stark negative Aktivierungsentropie für a) weist auf die Rk. $OH^- + \cdot OH \rightarrow H_2O_2^-$.
P. Frenzel. 142◇

A$_4$. Thermodynamik. Thermochemie

Über die Eigenschaften von Substanzen in stabilen Grenzzuständen. W. K. Ssementschenko. (Nachr. Akad. Wiss. UdSSR, Abt. chem. Wiss. **1959,** 2048—51, Nov.; Kurnakow-Inst. für allgem. u. anorgan. Chem. der Akad. der Wiss. der UdSSR; russ.) — Vf. vermutet die Existenz von begrenzt stabilen Syst., bei denen die Determinante aus den zweiten Ableitungen der thermodynam. Koordinaten $x_{i,j}$ nach den Kräften X_i, X_j gegen Null strebt. Die stabilen Grenzzustände, deren Existenz aus der ersteren Annahme abgeleitet wird, stimmen mit dem Zustand des Stoffes bei T = 0, mit den Supradiamagnetika u. mit dem Zustand bei hohen Grenzdrücken überein, wobei jedoch in allen drei Fällen die Übereinstimmung nicht als vollständig bezeichnet werden kann. G. Rudakoff. 146◇

Volumenänderung beim Mischen zweier verschieden konzentrierter Lösungen eines Elektrolyten. Akira Tsujioka. (J. chem. Soc. Japan, pure Chem. Sect. [Nippon Kagaku Zasshi] **80,** 467—70, Mai 1959; Yokohama, Keiô-Univ., Chem. Inst.; jap., Auszug: engl.) — Die Vol.-Änderung beim Mischen verschiedener NaCl- bzw. KCl-Lsgg. bei 20° wird aus den bekannten Werten der D. berechnet sowie theoret. aus der Massonschen Gleichung des scheinbaren Molvol. der Elektrolyte abgeleitet. E. Maekawa. 148

Wärmeausdehnung von H_2O- und D_2O-Einkristallen. Gerhard Dantl. (Z. Physik **166,** 115—18, 1962; Stuttgart, TH, I. Phys. Inst.; dt.) — Es wird der Wärmeausdehnungskoeff. (*AK*) von hexagonalen H_2O- u. D_2O-Einkristallen (11 mm ∅, 58 mm lang) zwischen dem F. u. 18 °K gemessen. Die Längenänderung wurde in Richtung der beiden hexagonalen Achsen mit einem Interferometer bestimmt. Im vorliegenden Fall wird auch der Vol.-AK negativ. Für H_2O u. D_2O liegt der Nullwert von AK bei 63 $\pm$ 1,5 °K; das Minimum von AK bei 36 $\pm$ 1,5 °K. I. Zoll. 148◇

Über den Ausdehnungskoeffizienten von Kupfer. Godfried Robbrecht, Étienne Jacobs und Christine Iserentant. (C. R. hebd. Séances Acad. Sci. **254,** 1960—62, 12/3. 1962; Gand, Univ., Labor. Verschaffelt; franz.) — Vff. vergleichen Meßwerte des therm. Ausdehnungs-Koeff. α für Cu mit Werten, die nach der Theorie von Grüneisen [1926] u. Laval (J. Physique Radium **22,** [1961], 737) zwischen 100 u. 800 °K berechnet werden. Herbert Müller. 148□

Helium II in Rotation. John D. Reppy, David Depatie und C. T. Lane. (Physic. Rev. Letters **5,** 541—42, 15/12. 1960; New Haven, Conn., Yale Univ., Dep. of Physics; engl.) — Eine mit fl. He gefüllte Glasröhre wird durch einen kurzen Impuls in Rotationsschwingungen versetzt. Die Abnahme der Winkelgeschwindigkeit verläuft deshalb oberhalb des λ-Punktes wesentlich anders als unterhalb. Mit diesem Befund werden Beobachtungen von Pellam (C. **1963,** 9590), die zu den gängigen Theorien in Widerspruch standen, widerlegt; sie dürften durch äußere Einflüsse zustande gekommen sein. G. Kirschstein. 149□

Die Trennung vom Stereoisomeren durch Verteilung. 1. Mitt. **Ein Beitrag zur rechnerischen Behandlung vom Gegenstromverteilungen.** H. Feltkamp. (Arch. Pharmaz. **295/67,** 489—96, Juli 1962; Tübingen, Univ.. Pharmazeut.-Chem. Inst.; dt.) — 2. vgl. C. **1962,** 14822. — Vf. untersucht die Trennwirksamkeit der Verteilung nach Bittel (gleichförmige Gegenstromverteilung, bei der an beiden Enden der Kolonne durch Aufdestillieren der austretenden Phasen u. Überführen der darin gelösten Substanz in die an dem jeweiligen Ende der Kolonne eintretende frische Phase ein Rücklauf erzeugt werden kann) u. kommt zu folgenden Ergebnissen: Das Verf. bietet eine bessere Trennleistung als einfache Gegenstrom-Verff. ohne Rücklauf, wobei die maximale Trennleistung der Leistung einer doppelstufigen Gegenstrom-App. ohne Rücklauf entsprechen kann. Eine Substanzabnahme ist hierbei nicht mehr möglich, da dann die Trennleistung wieder sinkt. Die Nachteile liegen in der experimentellen Schwierigkeit, einen kontinuierlichen Substanzrücklauf zu erzeugen (sehr viele der als Phasen verwendeten Lsgm. lassen sich nicht in einfacher Weise dest.) u. in der Notwendigkeit, zur Gewinnung des reinen zweiten Stoffes den ersten völlig abtrennen zu müssen. In der Praxis dürfte daher die Erhöhung der Trennleistung einfacher durch eine Vergrößerung der Trennstufenzahl erreicht werden, zumal die Durchführbarkeit von Verteilungen durch den Zeitaufwand u. nicht durch die wachsende Größe der App. begrenzt wird. J. Kraetsch. 150◇

Die Wirkung von sehr hohem Druck auf den Schmelzpunkt von Wismuttellurid. Donald L. Ball. (Inorg. Chem. [Washington] **1,** 805—11, Nov. 1962; Warren, Mich., Gen. Motors Corp., Res. Labor., Metallurg. Engng. Dep.; engl.) — Die Wrkg. eines Druckes bis 50 kbar auf den F. (585° bei 1 atm) von Bi_2Te_3 wurde bestimmt; bei ca. 610° u. 15 kbar existiert ein Maximum. Obwohl die Clausius-Clapeyronsche Gleichung angibt, daß bei 1 atm die Erhöhung von F. mit steigendem Druck 3,3°/kbar beträgt, fällt dieser bei Drücken über 15 kbar mit steigendem Druck bis zu einer Temp. von 535° bei 50 kbar. Diese ungewöhnliche Abhängigkeit des F. vom Druck wurde im Hinblick auf die strukturellen Veränderungen des Bi_2Te_3 beim Schmelzen (Erhöhung der Koordinationszahl, Volumenverminderung) diskutiert. G. Heller. 150◇

Der Dampfdruck von Urantetrafluorid. S. Langer und F. F. Blankenship. (J. inorg. nuclear Chem. **14,** 26—31, Juli 1960; Oak Ridge, Tenn., Oak Ridge Nat. Labor., Reactor Chem. Div.; engl.) — Der Dampfdruck von UF_4 wurde nach der Meth. von Fiock u. Rodebush (1926) zwischen 1018 u. 1130° u. Beobachtung des isothermen Kp. zwischen 1159 u. 1302° bestimmt. Aus der korr. Dampfdruckgleichung $\log p[\text{Torr}] = -(16840 \pm 44)/T - 7{,}549 \log T + (37{,}086 \pm 0{,}03)$ errechnet sich der normale Kp. zu 1729 °K, die Verdampfungswärme u. -entropie am Kp. zu 51,2 $\pm$ 0,2 kcal/Mol bzw. 29,7 Entropieeinheiten, die Schmelzwärme zu 16,1 kcal/Mol. Im Gaszustand tritt keine Assoziation auf. Die calor. Daten von ZrF_4, UF_4 u. ThF_4 werden miteinander verglichen. P. Sartori. 155◇

Messung sehr niedriger Dampfdrücke unter Verwendung radioaktiver Isotope. 2. Mitt. **Latente Sublimationswärmen von Bleitetraphenyl und Zinntetraphenyl.** A. S. Carson, R. Cooper und D. R. Stranks. (Trans. Faraday Soc. **58,** 2125—33, Nov. 1962; Leeds, Univ., School of Chem.; engl.) — 1. vgl. C. **1958,** 13431. —

Die Herst. von mit T markiertem Bleitetraphenyl (I) u. Zinntetraphenyl (II) nach zwei Meth. wird beschrieben. Mit Hilfe einer modifizierten Knudsen-Zelle (KZ) wurden die Dampfdrücke von I u. II zwischen 298° u. 315,5 °K bestimmt (6,76 · 10^{-10} bzw. 6,32 · 10^{-9} Torr bei 25°). Aus der Temp.-Abhängigkeit der Dampfdrücke folgt für die latenten Sublimationswärmen bei 25° ΔH° = 19,18 ± 0,28 kcal/Mol (I) bzw. 15,85 ± 0,3 (II). Über den Einfl. der Größe der Öffnung der KZ auf die Dampfdrücke u. Sublimationswärmen wird diskutiert. G. Gattow. 155◇

Graphische Ermittlung von Verdampfungswärmen. Rudolph J. Marcus. (Ind. Engng. Chem. **52,** 938, Nov. 1960; Menlo Park, Calif., Stanford Res. Inst., Chem. Dep.; engl.) — Wiedergabe eines Diagramms, aus dem bei Kenntnis des Kp. (von 77° bis 2500 °K) u. des Mol.-Vol. (von 0 bis 120 cm³/Mol) einer Substanz die Verdampfungswärme direkt abgelesen werden kann. G. Gattow. 155◇

Bestimmung der Dissoziationskonstanten und Bildungswärmen von Molekülen durch Flammenphotometrie. 7. Mitt. Flammenphotometrische Untersuchung des JO-Radikals. L. F. Phillips und T. M. Sugden. (Trans. Faraday Soc. **57,** 914—20, Juni 1961; Cambridge, Univ., Dep. of Phys. Chem.; engl.) — 6. vgl. C. **1961,** 6056. — Es wurden Intensitätsmessungen der (0,4)-Emissionsbande des JO-Radikals bei 5307 Å an H_2-reichen Flammen durchgeführt, welche wechselnde Anteile an H_2, O_2, N_2 sowie ca. 1% *Jod* enthielten. Die Beobachtungen der Intensitätsveränderung in Abhängigkeit von der Gasflammenzus., vom Abstand von der Rk.-Zone u. von der Temp. führen zu der Schlußfolgerung, daß das IO-Radikal therm. angeregt ist, u. daß seine Konz. viel mehr vom Gleichgewicht der Rk. J + O + M ⇌ JO + M (M = eine dritte Substanz) als von dem der Rk. J + OH ⇌ JO + M bestimmt wird. Die Dissoziationsenergie des JO-Radikals beträgt 57 ± 6 kcal bei 0°K; dieser Wert wurde aus der Änderung der Dissoziations-Konst. mit der Temp. ermittelt. In älteren Arbeiten wurden niedrigere Werte gefunden, die Ursachen hierfür werden diskutiert. Claus Fischer. 156□

Beziehungen von Dissoziationsenergien gasförmiger Moleküle und Verdampfungswärmen von Festkörpern. 1. Mitt. Homonucleare zweiatomige Moleküle. G. Verhaegen, F. E. Stafford, P. Goldfinger und M. Ackerman. (Trans. Faraday Soc. **58,** 1926—38, Okt. 1962; Brussels, Univ. Libre de Bruxelles; engl.) — Ausführliche theoret. Arbeit über Beziehungen zwischen Dissoziations- u. Gitterenergien bzw. Verdampfungswärmen u. Konfigurationsenergien der Atome bei homonuklearen zweiatomigen Moll. u. über die Berechnung der Änderung der Freien Energie der Rk. M_2(Gas) ⇌ M(Gas) + M(fest). Die entsprechenden Werte, die tabellar. u. z. T. graph. wiedergegeben sind, werden berechnet u. mit den experimentellen Daten verglichen. — 47 Literaturangaben. G. Gattow. 156◇

Thermodynamische Untersuchungen von Ammoniumhalogeniden und von einigen einwertigen Nitraten. M. F. C. Ladd und W. H. Lee. (J. inorg. nuclear Chem. **13,** 218—24, Mai 1960; London, Battersea Coll. of Technol., Chem. Dep.; engl.) — Nach einer früher ausführlich beschriebenen Meth. (C. **1960,** 1434) u. z. T. mit Hilfe des Born-Haber-Kreisprozesses wurden nachst. Gitterenergien berechnet (in kcal/Mol): NH_4F 188; NH_4Cl 157; NH_4Br 152; NH_4J 141; NH_4NO_3 144; $LiNO_3$ 194; $NaNO_3$ 173; KNO_3 157; $RbNO_3$ 148; $CsNO_3$ 144; $AgNO_3$ 190; $TlNO_3$ 159. Für die Bldg.-Enthalpien von gasförmigem NH_4^+ u. NO_3^- folgt ΔH = + 142 u. — 84 kcal/g-Ion. Unter Verw. experimenteller Daten erfolgte die Berechnung der Hydratationsenergien des NH_4^+ zu ΔH_h = — 78 u. des NO_3^- zu — 61 ± 2 kcal/g-Ion. Die Werte für die Freien Lösungswärmen sind tabelliert. G. Gattow. 156◇

Die Mischungswärmen in den binären Systemen des Quecksilbers mit Zink, Cadmium, Indium, Zinn, Blei und Wismut. Franz Eberhard Wittig und Peter Scheidt. (Naturwissenschaften **47,** 250—51, 2. Juni-H. 1960; München, Univ., Physik.-Chem. Inst.; dt.) — Die Mischungswärme von Hg mit einigen B-Metallen wurde in einem bes. Hochtemp.-Calorimeter bei Temp. zwischen 200 u. 335° bestimmt. Die durch die Funktion $\zeta = H^m/x \cdot (1 - x)$ (H^m = Mischungswärme, x = Molenbruch) gegebene Konz. der 2. Randkomponente in Atom% bei den Mischungen von Hg mit Zn, Cd, In, Tl, Sn, Pb u. Bi wird mit nach früher mitgeteilten Regeln (Wittig u. Müller, C. **1960,** 16673) zu erwartenden Werten verglichen. W. Betcke. 156□

Über einige thermodynamische Eigenschaften von Thalliumselenat. N. M. Sseliwanowa. (J. physik. Chem. [UdSSR] **32,** 1277—79, Juni 1958; Moskau, Chem.-technol. Mendelejew-Inst.; russ., Auszug: engl.) — Aus Löslichkeitsdaten wurde die

Lösungswärme von Tl_2SeO_4 in W. zu (10,30 ± 0,70) kcal/Mol u. die freie Bildungsenergie des Salzes aus der wss. Lsg. der Ionen zu — 5,95 kcal/Mol unter Normalbedingungen ermittelt. Die Bldg.-Wärme aus den Elementen u. die Änderung der Freien Energie bei dieser Rk. betragen ΔH_{298} = — 152,84 kcal/Mol bzw. ΔF_{298} = — 126,88 kcal/Mol. H. Roschkowski. 156□

Verbrennungswärme von Phosphor und Bildungsenthalpien von P_4O_{10} und H_3PO_4. W. S. Holmes. (Trans. Faraday Soc. **58,** 1916—25, Okt. 1962; Oldbury, Birmingham, Albright and Wilson Mfg. Ltd., Res. Labor.; engl.) — Die Darst. von $P_{weiß}$ (**I**) erfolgte durch doppelte Vakuumdest. im Dunkeln von handelsüblichem **I**, die von amorphem P_{rot} (**II**) durch Erhitzen von **I** in evakuierten Gefäßen auf 250° (11 Tage) mit anschließender Entfernung von noch nicht umgewandeltem **I** durch Absaugen im Hochvakuum (250°) u. die von tetragonalem oder hexagonalem P–IV (**III**) durch Erhitzen von **I** auf 600° (vgl. Roth u. Mitarbeiter, J. Amer. chem. Soc. **69** [1947], 2881). Die Verbrennungswärmen von **I**, **II** u. **III** wurden bei 25° in einem automat. adiabat. Bombencalorimeter nach zwei verschiedenen Meth. bestimmt: 710,2 ± 1,0, 703,2 ± 0,5 u. 697,7 ± 0,4 kcal/Mol P_4. Aus diesen Werten ergeben sich die Bldg.-Enthalpie von festem P_4O_{10} (**IV**) bei 25° zu $\Delta H_f°$ = —713,2 ± 1,0 kcal/Mol aus **I**, —706,2 ± 0,5 aus **II** u. —700,0 ± 0,4 aus **III**, sowie die Umwandlungswärmen **I** → **II** zu ΔH = —7,0 ± 1,1 kcal/Mol P_4 u. **I** → **III** zu —12,5 ± 1,1. Die Lsg.-Enthalpien von hexagonalem **IV** u. kristallinem H_3PO_4 (**V**) wurden in einem beschriebenen adiabat. Lsg.-Calorimeter bei 33° in 10,2 n $HClO_4$ u. z. T. in H_2O bzw. in 6 n HCl bestimmt u. die Bldg.-Enthalpien von kristallinem **V** u. fl. **V** bei 25° zu $\Delta H_f°$ = — 305,7 ± 0,3 kcal/Mol u. —302,1 ± 0,3 ermittelt. Die Schmelzwärme von **V** beträgt bei 25° +3,6 ± 0,4 kcal/Mol. G. Gattow. 156◇

Untersuchungen an Zirkoniumverbindungen niedriger Wertigkeitsstufen. 2. Mitt. **Über das Disproportionierungsgleichgewicht des Zirkoniumtribromids.** H. L. Schläfer und H. Skoludek. (Z. Elektrochem., Ber. Bunsenges. physik. Chem. **66,** 367—72, Juni 1962; Frankfurt/Main, Univ., Inst. für Phys. Chem.; dt.) — 1. vgl. C. **1963,** **4288.** — Vff. untersuchten das Disproportionierungsgleichgewicht $2\,ZrBr_{3\,fest} \rightarrow ZrBr_{4\,gasf.} + ZrBr_{2\,fest}$ mit Hilfe von Druckmessungen. Im Bereich von 320—500° läßt sich der Gleichgewichtsdruck von $ZrBr_4$ durch $\log p_{ZrBr_4}$ = — 4671/T + 8,376 ± 0,292 darstellen (p in Torr). Die Rk.-Enthalpie u. die Rk.-Entropie betragen für die mittlere Vers.-Temp. von 412° bezogen auf den Formelumsatz $\Delta H°_{685}$ = 21,2 ± 1,7 kcal u. $\Delta S°_{685}$ = 25,1 ± 2,6 Entropieeinheiten. Die im Bereich von 221—347° durchgeführten Dampfdruckmessungen von $ZrBr_4$, das durch Bromieren von Zr in analysenreiner Form gewonnen wurde, lassen sich durch $\log p_{ZrBr_4}$ = — 5941/T + 12,402 ± 0,303 darstellen. Für die mittlere Sublimationswärme u. die mittlere Sublimationsentropie findet man 27,1 ± 2,2 kcal bzw. 43,5 ± 4,0 Entropieeinheiten. J. Kraetsch. 156◇

Die Freie Energie der Bildung von Mullit. A. C. Cooper, D. A. R. Kay und J. Taylor. (Trans. Brit. ceram. Soc. **60,** 124—34, Febr. 1961; Glasgow, Royal Coll. of Sci. and Technol.; Aldermaston, AERE; engl.) — Der CO-Druck der Rk. $3\,Al_2O_3 \cdot 2\,SiO_2 + 6\,C = 3\,Al_2O_3 + 2\,SiC + 4\,CO$ wird zwischen 1400 u. 1600° gemessen. Aus den p-Werten errechnet sich ΔG = 26500 —18T (1673—1873°K). Der a_{SiO_2}-Wert für die Rk. mit festem Mullit beträgt bei 1550° 0,42. Die Freien Bildungsenergien in den Syst. *Al_2O_3–SiO_2* u. *CaO–Al_2O_3–SiO_2* werden diskutiert u. die erhaltenen Werte mit den aus früheren Arbeiten gewonnenen verglichen.
H.-G. Moslé. 156□

Optische Methoden zur Untersuchung von Flammen in turbulenten vorgemischten Gasströmen. M. D. Fox und F. J. Weinberg. (Brit. J. appl. Physics **11,** 269 bis 273, Juli 1960; London, Imp. Coll. of Sci. and Technol., Dep. of Chem. Engng.; engl.) — Drei verschiedene Verf. werden vorgeschlagen, die sich auf die starken, durch Temp.- u. Zus.-Änderungen bedingten, Unterschiede der Brechungsindices quer zur Flammenfront stützen. Die einzelnen opt. Syst. werden eingehend beschrieben. H. Roschkowski. 157◇

Messung der Brenngeschwindigkeit fester Treibstoffe. Lawrence Spenadel. (Rev. sci. Instruments **32,** 837—39, Juli 1961; Linden, N. J., Esso Res. and Engng. Co.; engl.) — Eine verbesserte App., mit der Messungen der Brenn-Geschw. von 2:1-Nitrocellulose–Nitroglycerin-Gemischen unter verschiedenen Bedingungen durchgeführt wurden, wird eingehend beschrieben. H. Roschkowski. 157◇

Reaktionen von Stickstoff bei einer Explosion. A. Ja. Apin, Ju. A. Lebedew und O. I. Nefedowa. (J. physik. Chem. [UdSSR] **32,** 819—24, April 1958; Moskau,

Akad. der Wiss. der UdSSR, Inst. für chem. Phys.; russ., Auszug: engl.) — Bei Explosionen von Mischungen von Bleiazid mit Al-, Be-, B-, Mg- u. Zr-Pulvern wird durch Rk. des entstehenden N_2 mit den Metallen eine beträchtliche zusätzliche Wärme entwickelt. Eine Explosions-Meth. zur Messung der Bildungswärme von Nitriden wird vorgeschlagen, sie ergibt folgende Werte: Be_3N_2 135 (kcal/Mol); BN 26,7; ZrN 72; AlN 57,6 u. Mg_3N_2 110,7. Al u. Be reagieren auch mit dem von sek. Explosivsstoffen bei der Explosion gebildeten N_2. Bei der Explosion von $N_2H_5N_3$ hängt die Größe der entwickelten zusätzlichen Wärme stark von den Bedingungen der Explosion ab. H. Roschkowski. 157□

Über eine Gleichung der Wärmeleitung. Jean Tavernier. (C. R. hebd. Séances Acad. Sci. **254,** 69—71, 3/1. 1962; franz.) — Vf. ersetzt die klass. Gleichung von Fourier durch eine Beziehung, in der der Wärmefluß nicht unmittelbar vom Temp.-Gradienten des jeweiligen Zustandes abhängt, sondern über ein Zwischenglied von der Zeitkonstante (Relaxation). Aus den Ergebnissen folgt, daß die Fortpflanzungsgeschw. einer sinusförmigen Temp.-Welle nicht mit der Frequenz unendlich ansteigt, wie es die Gleichung von Fourier verlangt, sondern einem Grenzwert zustrebt. Dieser entspricht der Schallgeschw. (Energietransport durch Phononen in Nichtleitern) oder einem Wert unterhalb der therm. Elektronenbeweglichkeit (Energieübertragung durch Elektronen in Wechselwrkg. mit dem Kristallgitter).. In Festkörpern liegt die Geschw.-Grenze bei 10^4 bis 10^5 cm · s^{-1}. I. Zoll. 158◇

Bipolare elektronische Wärmeleitfähigkeit in Halbmetallen. C. F. Gallo, R. C. Miller, P. H. Sutter und R. W. Ure jun. (J. appl. Physics **33,** 3144—45, Okt. 1962; Pittsburgh, Pa., Westinghouse Res. Labor.; engl.) — Theoret. wird für Halbmetalle gezeigt, daß wie in Halbleitern bei Überlappung von Leitfähigkeits- u. Valenzband ein zusätzlicher, auf bipolare Diffusion zurückzuführender Beitrag K_{eh} zur elektron. Wärmeleitfähigkeit K_E auftreten kann. Auf die Beobachtung, daß für *Bi* K_{eh} in Richtung senkrecht zur c-Achse im Temp.-Bereich von 100—300° K ebenso groß ist wie die Beiträge der einzelnen Bänder zu K_E, wird hingewiesen. Im Halbmetall überführen die Ladungsträgerpaare noch eine Energie, die gleich der Summe von 2 Transportenergien bzgl. der Fermi-Energie ist u. die, falls hinreichend groß, von Bedeutung sein kann. P. Frenzel. 158◇

Der spezifische elektrische Widerstand und die Wärmeleitfähigkeit von Plutoniummetall. Thomas A. Sandenaw und Robert B. Gibney. (Physics Chem. Solids **6,** 81—88, Juli 1958; Los Alamos, N. Mex., Univ. of California, Los Alamos Sci. Labor.; engl.) — Vff. berichten über Messungen des elektr. Widerstandes von Pu im Temp.-Bereich 26—780 °K u. der Wärmeleitfähigkeit im Temp.-Bereich 110—413° K. Aus dem Temp.-Verlauf des relativen Widerstandes R/R_{273} ergeben sich die verschiedenen Umwandlungstemp. für die Phasenübergänge $\alpha \to \beta \to \gamma \to \delta \to \delta'$. Für die Umwandlungsenthalpie des Phasenüberganges $\alpha \to \beta$ wird ein Wert von $\Delta H = 938 \pm 10$ cal/Mol angegeben. Ferner werden die Lorenz-Zahlen aus dem Wiedemann-Franzschen Gesetz berechnet. Es zeigt sich, daß sie mit steigender Temp. größer werden u. den Wert der Lorenz-Zahl für ein freies Elektronengas überschreiten. G. M. Neumann. 158◇

Wärmeleitfähigkeit von Titancarbid bei hohen Temperaturen. R. E. Taylor. (J. Amer. ceram. Soc. **44,** 525, 1/10. 1961; Canoga Park, Calif., Atomics Internat., Div. of North America Aviation, Inc.; engl.) — Vf. untersucht nach einer früher beschriebenen Meth. (vgl. Rasor, Rev. sci. Instruments **31,** [1960], 595) die Wärmeleitfähigkeit von heiß gepreßtem, zylindr., 97,3%ig. Titancarbid zwischen 500 u. 2100°. Außerdem wurde der elektr. Widerstand zwischen 0—800° gemessen u. daraus nach Wiedemann-Franz der Anteil der Elektronenleitfähigkeit berechnet. Die berechnete Lorenz-Zahl L, die bei 0° das 2,8fache des theoret. Wertes beträgt, nimmt auf einen Wert bei 800° ab, der das 1,8fache des theoret. Wertes beträgt. K. Huste. 158□

Über die Streuung von Phononen durch Spins bei tiefen Temperaturen. Experimentelles. H. M. Rosenberg und B. Sujak. (Philos. Mag. [8] **5,** 1299—1301, Dez. 1960; Oxford, Clarendon Labor.; engl.) — An reinen Kristallen aus $ZnSO_4 \cdot 7H_2O$ sowie an Mischkristallen, in denen 0,25—5,6% der Zn-Atome durch Fe ersetzt waren, wurde die Wärmeleitfähigkeit unterhalb 20 °K gemessen. Die Art der Temp.-Abhängigkeit wird durch die *Fe*-Substitution weitgehend verändert, durch eine *Mg*-Substitution dagegen nur unwesentlich. Vff. halten es für möglich, daß die einfallenden Phononen bei unelast. Streuung einen Teil ihrer Energie abgeben, der zum Übergang der Fe-Spins zwischen tiefliegenden Niveaus verbraucht wird. G. Kirschstein. 158□

Über die Streuung von Phononen durch Spins bei tiefen Temperaturen. Theoretisches. R. Orbach. (Philos. Mag. [8] **5**, 1303–07, Dez. 1960; Berkeley, Calif., Univ. of California, Dep. Phys.; engl.) — Vgl. vorst. Referat. — Die theoret. Durchrechnung des angedeuteten Prozesses zeigt, daß der Effekt größenordnungsmäßig mit dem beobachteten übereinstimmen müßte. G. Kirschstein. 158□

Elektronenaustauschkorrektur für die Dispersionsbeziehung von Phononen in Metallen. Oldwig von Roos. (Physic. Rev. [2] **124**, 71–74, 1/10. 1961; Pasadena, Calif., Jet Propulsion Labor., California Inst. of Technol.; engl.) — Vgl. Physic. Rev. [2] **120**, [1960], 1641. — Die kürzlich entwickelte statist. Theorie wird in diesem Artikel angewendet, um die Dispersionsbeziehungen von Schallwellen im Metall zu untersuchen, unter bes. Berücksichtigung der Vorgänge, die von einem Elektronenaustausch beeinflußt werden. Es ist gefunden worden, daß diese Vorgänge auf keinen Fall im Gebiet der langwelligen Grenze vernachlässigt werden können, wie bisher allgemein geglaubt wurde. Weiterhin wird gezeigt, daß die Temp.-Abhängigkeit der renormalisierten Schallfrequenzen allein bestimmt wird von der Temp.-Abhängigkeit der Elektronenverteilung nach Fermi-Dirac. M. Guerlin. 159□

A_5. Kolloidchemie. Grenzschichtforschung

Bestimmung der chemischen Zusammensetzung von feindispersen festen Phasen in vielkomponentigen Systemen nach der Methode der indifferenten Komponenten. W. F. Boiko. (J. physik. Chem. [UdSSR] **32**, 35–42, Jan. 1958; Krasnodar, Landwirtsch. Kuban-Inst.; russ., Auszug: engl.) — Vgl. C. **1959**, **14344**. — Eine Meth. zur Zeichnung von Zus.-Aggregatzustand-Eig.-Diagrammen von Syst. mit vier, fünf u. sieben Komponenten wird beschrieben. Liegt z. B. im Syst. Fe_2O_3–H_2O–NaCl–$CaCl_2$ $Fe_2O_3 \cdot H_2O$ als feste Phase vor, verursacht die Adsorption eines von mehreren zur Adsorption fähigen Stoffen die Desorption der übrigen. Diese „Meth. der indifferenten Komponente" ermöglicht es, die Zus. koll. disperser Phasen zu bestimmen; sie kann ohne spezielle Ausrüstung u. kostspielige Reagentien durchgeführt werden. H. Roschkowski. 160□

Ein röntgenamorphes Eisen(III)-hydroxid-Gel, das in kochendem Wasser peptisierbar ist. A. Krause und J. Lezuchowska. (Kolloid-Z., Z. Polymere **181**, 70–71, März 1962; Poznań, Univ., Inst. für anorg. Chem.; dt.) — Durch Kochen frisch gefällten Fe(III)-Hydroxidgels mit n-NaOH erhält man ein in heißem W. peptisierbares Polyorthohydroxid. Beim Filtrieren des zweiten Gels wird ein polydisperses Hydrosol erhalten. Der optimale pH-Wert dabei beträgt 6,7–10,5. Die mittlere Größe der positiv geladenen Teilchen ist ca. 1 μ. Es ist relativ koagulationsbeständig. H. Roschkowski. 161◇

Hydratation von Aluminiumoxidsolen. A. K. M. Trivedi, K. M. Buch und M. J. Patani. (J. Indian chem. Soc. **34**, 683–86, Sept. 1957; Ahmedabad, L. D. Arts Coll. and M. G. Sci. Inst., Chem. Dep.; engl.) — Die Hydratation (H) von Al_2O_3-Micellen kann durch Betrachtung der Verteilung von Aluminiumionen über eine semipermeable Membran ermittelt werden. Nach Einstellen des Membrangleichgew. wurde gefunden, daß pro Mol Al_2O_3 25,2 Mol W. sich in den Micellen befinden. Eine zweite Meth. zur Ermittlung der H besteht aus der Messung der Viscosität bei geringer Konz., Berechnung der H nach der Einsteinschen Gleichung u. Extrapolation der so erhaltenen Ergebnisse auf Abwesenheit von Al_2O_3. Beide Meth. bringen Ergebnisse gleicher Größenordnung. H. Roschkowski. 162□

Veränderung der kolloiden Struktur von Natriumstearatlösungen in Gegenwart von Elektrolyten und Nichtelektrolyten. N. F. Jermolenko und M. E. Modina. (Ber. Akad. Wiss. BelorussSSR **6**, 103–06, Febr. 1962; Beloruss. Lenin-Univ.; russ.) — Die Viscosität wss. Na-Stearatlsgg. nimmt bei Zugabe geringer Mengen NaCl, Na_2SO_4, Na_2CO_3, CH_3COONa (0,01–0,05 m) infolge Verringerung der Dissoziation ab, bei weiteren Zugaben nimmt sie wegen der wachsenden Struktur-Bldg. der koll. Lsg. zu. Glycerinzusatz beeinflußt die Viscosität nur wenig. J. v. Schroeder. 162◇

Extraktion kolloid-gelöster gemischter Schwermetallcyanoferrate aus ihren Hydrosolen durch Emulgierung. L. D. Skrylew, W. I. Borissichina und Ss. G.

Mokruschin. (Hochschulnachr. [Iwanowo], Chem. u. chem. Technol. **4**, Nr. 6, 968—70, 1961; Uraler polytechn. Kirow-Inst., Lehrst. für phys. u. Kolloidchem.; russ.) — Vgl. C. **1962**, 18376. — Die Ausfällung gemischter KFe- u. K_2Cu_3-Cyanoferrate aus ihren koll. Lsgg. durch Emulgierung mit CCl_4 wird durch Zusätze von Elektrolyten begünstigt, wobei der Einfl. der Valenz der Kationen ausschlaggebend ist ($Th^{4+} > Al^{3+} > Ba^{2+} > Na^+$). Aus geringe Mengen Gelatine enthaltenden Emulsionen geht die Ausfällung leichter vor sich. J. v. Schroeder. 163◇

Einfluß des Adsorbenden auf die Bildung Liesegangscher Ringe. B. V. Dhareshwar. (Current Sci. [Bangalore] **30**, 336—37, Sept. 1961; Nagpur, Temple Road, Civil Lines, Min. and Geol. Dep., Chem. Labor.; engl.) — Untersucht wird der Einfl. von gefälltem SiO_2 u. des reinen, trockenen Fällungs-Prod. auf die Bldg. period. Silberchromat-Ndd. bei der Rk. $2AgNO_3 + K_2CrO_4 \rightarrow Ag_2CrO_4 + 2KNO_3$ in einem Agar-Medium bei Temp. von ca. 8°. Für verschiedene SiO_2-Konzz. im Gel werden die Kurven $d = bn^2$ aufgenommen, wobei b den Abstands-Koeff. zwischen zwei aufeinander folgenden Ringen, d den Abstand zwischen Diffusionsfront eines Ringes u. dem Ursprung u. n die Anzahl der Ringe bedeuten. Mit steigender SiO_2-Konz. verlaufen die Kurven steiler. Dieses Verh. ist darauf zurückzuführen, daß die Teilchen des Absorbenden als Kondensationszentren für die Mol. der reagierenden Stoffe wirken. Ähnliche Ergebnisse werden bei Verw. von Ag_2CrO_4 anstatt SiO_2 erhalten. H. Roschkowski. 164◇

Über den Mechanismus des Fließens von Tonsuspensionen. Ss. Ju. Shuchowitzki. (Kolloid-J. [UdSSR] **24**, 168—73, März/April 1962; Krasnodar, Filiale des Allunions Erdgas-Forsch.-Inst.; russ., Auszug: engl.) — Beim Fließen von Tonsuspensionen durch enge Kapillaren im Gebiet von Spannungen nahe der Strukturfestigkeit der Suspension verwirklicht sich der Übergang zum Fließen mit zerstörter Struktur durch lokale Zerstörung der Struktur. In diesem Gebiet wurden folgende Arten des Fließens im engen Zwischenraum gefunden: a) Abschwächung des Flusses infolge Anwachsens von Makrostrukturen an den schmalen aufgerauhten Wänden der Kapillare, b) stationärer Fluß in der Mitte der Kapillare mit scheinbar erhöhter Viscosität, wobei die übrige Menge der Suspension in Ruhe bleibt, u. c) 3 verschiedene Arten des Fließens im die Grenzschubspannung übertreffenden Gebiet. J. v. Schroeder. 173◇

Die mathematische Analyse der Geschwindigkeitsgradientenkurve bei Sedimentation in der Ultrazentrifuge. Matatiahu Gehatia. (Kolloid-Z. **167**, 1—17, Nov. 1959; Frankfurt/Main, Univ., Inst. für Vegetative Physiol.; engl.) — Es werden exakte sowie Näherungsformeln für den Konz.-Gradienten bei Ultrazentrifugenkurven abgeleitet. Die exakten Gleichungen gestatten die Ausführung einer statist. Analyse einer Gradientenkurve u. ermöglichen die Gewinnung sauberer Ausdrücke für die Momente dieser Kurve u. für ihre Neigung. Mit Hilfe der abgeleiteten Formeln werden neue Meth. für die Ermittlung der Sedimentations-Konst. s, der Diffusionskonst. D u. indirekt des Verhältnisses s/D ausgearbeitet. Die Meth. des „maximalen Gradienten", die „Dreipunkt-Meth." u. die Meth. der Momente werden bevorzugt behandelt. Die Determinanten-Meth. führt andererseits zur Berechnung von Molgew.-Verteilungen bei polydispersen Systemen. Die neuen Ausdrücke u. Berechnungs-Meth. werden für Gradientenkurven sowohl für sektorförmige als auch für rechtwinklige Zellen abgeleitet. D. Noack. 174◇

Untersuchung von Adsorptionserscheinungen mit Kerninduktionsmethoden. Horst Winkler. (Arch. Sci. [Genève] **14(166)**, 219—43, 1961; Leipzig, Karl-Marx-Univ., Phys. Inst.; dt.) — Übersicht. 55 Literaturangaben. H. Roschkowski. 176◇

Bestimmung der Adsorptionswärmen von n-Pentan und Äther an Zeolith vom Typ 5 A mit Hilfe eines isothermen Wärmeaustausch-Calorimeters. O. M. Dzhigit, A. V. Kiselev und G. G. Muttik. (J. physic. Chem. **66**, 2127—32, Nov. 1962; Moscow, U.S.S.R., M. V. Lomonosov Univ. of Moscow, Dep. of Chem., Labor. of Adsorption and Gaschromatogr.; engl.) — Vff. entwickeln ein isothermes Calorimeter, in dem der konst. Wärmeaustausch zwischen Calorimeter-Zelle u. -Mantel mit Hilfe einer bekannten Menge elektr. Energie vorgenommen wird. Die Vers.-Ergebnisse sind auf $\pm$ 0,2% reproduzierbar. Die Adsorptionswärmen (AW) von gasförmigem n-Pentan (I) u. Ae. an Zeolith vom Typ 5A ($0,216\ Na_2O \cdot 0,764\ CaO \cdot Al_2O_3 \cdot 1,92\ SiO_2 \cdot xH_2O$) wurden zu 14 u. 27 kcal/Mol bestimmt u. mit den AW an graphitisiertem Ruß u. hydratisiertem SiO_2 verglichen. Während mit zunehmender Auffüllung der Hohlräume die AW von **I** zunimmt, vermindert sie sich bei Äther.

Die Differenz zwischen den AW von I u. Ae. ist bedingt durch die Coulombsche Wechselwrkg.-Energie der Ae.-Dipole mit den Zeolith-Kationen. Mit Ausnahme von Ae. nimmt die Adsorptionsentropie (AE) von I mit steigender adsorbierter Menge stark ab u. steigt bei Ae. u. I am Sättigungspunkt steil an. Die Abnahme der AE wird durch Adsorption von I in den Kanälen des Zeoliths gedeutet.
G. Gattow. 176◇

Gasadsorptionschromatographie. James F. Hanlan und Mark P. Freeman. (Canad. J. Chem. **37**, 1575—88, Sept. 1959; Berkeley, Calif., Univ. of California, Dep. of Chem.; engl.) — Das „Retentionsvol." in der Gasadsorptionschromatographie läßt sich in einfacher Weise mit dem Begriff des „scheinbaren Vol." in der zuerst von Halsey u. a. abgeleiteten Gleichung für die physikal. Adsorption bei hoher Temp. identifizieren. Eine beträchtliche Anzahl chromatograph. Vers.-Ergebnisse läßt sich in vernünftiger Weise auf die beiden Parameter der Theorie zurückführen. Für den die Temp.-Abhängigkeit beschreibenden Parameter ergibt sich bei einer Reihe von KW-Stoffen eine einfache Beziehung zu der Anzahl der Gerüst-C-Atome, während der die Säulenkapazität wiedergebende Parameter ein zwar unerwartetes, aber reguläres Verhalten zeigt. Es ist so eine vollständige theoret. Verb. zwischen stat. Messungen u. Gasadsorptionschromatographie hergestellt.
W. Betcke. 177◇

Präparative Dünnschichtchromatographie. C. G. Honegger. (Helv. chim. Acta **45**, 1409—15, 1/8. 1962; Basel, Schweiz, Neurol. Univ.-Klinik; dt.) — Zur Herst. der 2—5 mm dicken Schichten von Kieselgel G (I) u. Al_2O_3 G (II) muß der Wasserzusatz beim Beschichten gegenüber der normalen Dünnschichtchromatographie verändert werden (**I**: 1 : 1,57, **II**: 1 : 1,09 für eine 5 mm dicke Schicht). I kann bis zu 2% Gips als Bindemittel enthalten. Die Trennkapazität beträgt für I 5—25 mg/mm Schichtdicke. Das Verf. kann sowohl für die aufsteigende als auch für die horizontale Durchlaufchromatographie angewandt werden. Anwendungsbeispiele: a) Trennung von je 45 mg Frobenogelb GL u. Sudanrot durch aufsteigende Chromatographie mit I als Träger u. Bzl. als Laufmittel, vollständige Trennung u. 100% Ausbeute. b) Trennung von je 13,5 mg Sudanrot G u. Indophenol durch horizontale Durchlaufchromatographie mit I als Träger u. Bzl. als Laufmittel; vollständige Trennung. K. Strenge. 177◇

Die papierchromatographische Trennung und Bestimmung der Nitro- und Nichtnitro (Nitrato-)-Komplexe von Nitrosylruthenium in salpetersaurer Lösung. A. G. Wain, P. G. M. Brown und J. M. Fletcher. (J. inorg. nuclear Chem. **12**, 346—49, Febr. 1960; Harwell, Didcot, Berks., A.E.R.E.; engl.) — Untersucht wird das Trennvermögen von Methyläthyl-, Methylisobutylketon, Cyclohexanon, Diäthylcarbitol, Diäthyl-, Dibutylcellosolve (I), 20%ig. Dibutylcarbitol in I u. Tributylphosphat in CCl_4, Xylol oder Kerosin für die Nitro- u. Nitrato-Komplexe von Nitrosylruthenium in Ggw. von U. Lediglich in I sind der Penta- u. Tetranitratokomplex (R_F 0,2—0,7) von den anderen Komplexen ($R_F < 0,15$) trennbar. Die Tri-, Di-, Mononitrato-Komplexe u. der Dinitro-Komplex können untereinander durch Entw. mit Methylisopropylketon getrennt werden. Ihre R_F-Werte werden angegeben. F. M. Friedrich-Anderseck. 177□

Natur von sauren Tonen und Beziehungen von Ionenaktivitäten und Ionenverhältnissen in Gleichgewichtslösungen. Tsun Tien Chao und M. E. Harward. (Soil Sci. **93**, 246—53, April 1962; Oregon State Univ.; engl.) — An Bentonit-, Illit- u. Kaolinitproben werden die Beziehungen zwischen den ursprünglichen Tonen, ihren H-Formen u. dem Grad der Ca-Sättigung zum pH, der Ca^{2+}-Aktivität u. der Funktion pH–0,5 pCa in Gleichgew.-Lsgg. untersucht. Alle H-gesätt. Tone zeigen stark saure Eigg., die Form aller Titrationskurven hängt weniger von der Ausgangssubstanz als vom H-Sättigungsgrad ab. H.-G. Moslé. 177□

Austausch der Ionen Ag^+, Pb^{2+}, Ni^{2+}, Cu^{2+} an Bentonit. A. I. Komlew und K. P. Ssikora. (Ukrain. chem. J. **28**, 205—09, 1962; Lwow, Franko-Univ.; russ.) — Für die Adsorptionsenergie der schweren Ionen wurde am untersuchten Bentonit folgende Reihe gefunden: $Ag^+ > Pb^{2+} > Ni^{2+} > Cu^{2+}$. Die Austauschrk. von Ag^+ u. Pb^{2+} am NH_4-Bentonit (I) erfolgt nach dem Massenwirkungsgesetz. Die Austauschkonst. für Ni^{2+} u. Cu^{2+} schwanken, was durch die wechselnde Anzahl der Adsorptionsstellen am I u. Hydrolyse der Salze erklärt wird. Für Ag^+ wird eine Verringerung der Gleichgew.-Konst. bei Verringerung der Ionenstärke festgestellt.
J. v. Schroeder. 177◇

A_6. Strukturforschung

Kristallographie und andere Wissenschaften. Kathleen Lonsdale. (Rend. Seminario, Fac. Sci. Univ. Cagliari **29,** 7—25, 3 Tafeln, 1960; engl.) — Populärwissenschaftliche Vorlesung über den Anwendungsbereich moderner kristallographischer Verfahren. H. Moenke. 181□

Kristallstrukturanalyse. Kathleen Lonsdale. (Rend. Seminario, Fac. Sci. Univ. Cagliari **29,** 27—42, 1960; engl.) — Skizzierung der Durchführung einer Röntgenstrukturanalyse. H. Moenke. 181□

Apparatur zur genauen Orientierung kristallographischer Proben zum Ultrafeinschneiden. R. Phillips und J. H. Lucas. (J. sci. Instruments **39,** 23—25, Jan. 1962; Englefield Green, Egham, Surrey, Aeon Labor.; engl.) — Beschreibung der App., die nach geringfügigen Änderungen dem Ultramikrotom von Leitz angepaßt werden kann, sowie einer Laue-Rückstrahlkamera, mit deren Unterstützung kristallograph. Flächen in die Schneidebene gebracht werden können. H. Roschkowski. 181◇

Beugung an Packungsfehlern in kubisch raumzentrierten und kubisch flächenzentrierten Strukturen. C. N. J. Wagner, A. S. Tetelman und H. M. Otte. (J. appl. Physics **33,** 3080—86, Okt. 1962; New Haven, Conn., Yale Univ., Hammond Metallurg. Labor.; Baltimore, Md., RIAS; engl.) — Unter Zugrundelegung der Warren-Meringschen Meth. wurden Berechnungen der Verschiebung und Verbreiterung der Beugungsmaxima auf Pulveraufnahmen vorgenommen mit der Annahme, daß an der fehlerhaften Schicht ein Wechsel im Netzebenenabstand auftritt. Verformungs-Packungsfehler der {211}-Ebenen im kub.-raumzentrierten u. der {111}-Ebenen im kub.-flächenzentrierten Gitter sowie Abstandsabweichungen werden eingehend besprochen. Die hauptsächliche Wrkg. einer Veränderung des Netzebenenabstandes liegt in der zusätzlichen Verbreiterung und Verschiebung der Maxima, die Größe dieser Veränderungen hängt vom jeweiligen Reflex ab. Die Messungen wurden im einzelnen an drei kub.-flächenzentrierten Stoffen, Ta, Nb u. einem martensit. rostfreien Stahl durchgeführt. Bei Ta wurden keine Maximaverschiebungen beobachtet, die Verschiebungen bei Nb u. dem Stahl waren gering u. entsprachen in ihrer Richtung der Theorie, sie zeigten eine Vergrößerung des Netzebenenabstandes am Packungsfehler an. H. Roschkowski. 181◇

Eine schnelle Röntgenstrahlen-Methode zur Bestimmung der Charakteristika der Substruktur. S. Weissmann, L. A. Gorman und L. Zwell. (J. appl. Physics **33,** 3131—34, Okt. 1962; New Brunswick, N. J., Rutgers Univ.; Monroeville, Pa., United States Steel Corp. Res. Centre, Edgar C. Bain Labor. for Fund. Res.; engl.) — Die eingehend beschriebene Meth. stützt sich auf die räumliche Verfolgung der Reflektionen u. ihre Extrapolation auf die Oberfläche der Proben nach dem Verf. der kleinsten Quadrate. Oberflächen-Eigg. u. Versetzungsdichten ein- u. polykristalliner Proben können derart relativ schnell ermittelt werden. H. Roschkowski. 181◇

Zur Röntgenkleinwinkelstreuung verdünnter kolloider Systeme. 6. Mitt. **Die Berechnung der Streukurven von elliptischen Zylindern und Hohlzylindern.** P. Mittelbach und G. Porod. (Acta physica austriaca **14,** 405—39, 1961; Graz, Univ., Inst. für phys. Chem.; dt.) — 5. vgl. C. **1963, 3507**; 7. vgl. C. **1963,** 4623. — Die Berechnung der Streukurven von ellipt. Zylindern u. Hohlzylindern wird nach derselben prinzipiellen Meth. auf Grund bloßer Interferenzbetrachtungen wie bei den Parallelepipeden durchgeführt. Die für die Berechnung nötigen Querschnittsfunktionen werden bei den hohlen Kreiszylindern durch die Amplitude, bei den ellipt. Zylindern durch Mittelung über die affine Kreisfunktionen hergestellt. Alle numer. Integrationen werden mit Hilfe der Simpsonschen Formel durchgeführt, wobei eine Genauigkeit von ca. 4 Stellen gesichert ist. Das allg. Streu-Verh. der ellipt. Zylinder entspricht im wesentlichen dem der Parallelepipede. Die Hohlzylinder unterscheiden sich diesbezüglich von den Vollzylindern durch die bedeutend stärkere Ausbildung der Nebenmaxima. J. Peters. 181◇

Ergänzende licht- und elektronenmikroskopische Untersuchungen über den Habitus und die Struktur von Kristallen mit besonderer Berücksichtigung langkettiger Verbindungen. A. Keller und D. C. Bassett. (J. Roy. microscop. Soc. **79,** 243—59, 12 Tafeln, Okt. 1960; Bristol, Univ., H. H. Wills Phys. Labor.; engl.) — An Hand einer großen Anzahl von Abb. besprechen Vff. ausführlich die sich ergänzende Wrkg. von licht- u. elektronenmkr. Beobachtungen. Die allg. Grundlagen

u. Meth., speziell die Anwendung beider Meth. bei der Unters. von polymeren Verbindungen werden besprochen. C. Gottfried. 181

Fourier-Integral von der Minimalisierungsfunktion und Vorzeichen der Strukturamplitude. W. I. Ssimonow und B. W. Schtschedrin. (Kristallographie [UdSSR] **6,** 363—74, Mai/Juni 1961; Akad. der Wiss. der UdSSR, Inst. für Kristallogr. u. Moskau, Lomonossow-Univ., Rechenzentrum; russ.) — Darlegung der Grundlagen der Programmierung zur Berechnung der Buergerschen $M(\vec{r})$-Funktion u. der Auffindung der Phasenbeziehungen mittels der modifizierten Minimalisierungsfunktion (Ssimonow, Ber. Akad. Wiss. UdSSR **136,** [1961], 813). Zur Prüfung der Rechenprogramme für eine zweidimensionale Minimalisierungsfunktion wurde eine ebene Projektion der Struktur eines Silicates verwandt. F. Lenz. 181□

Potentialenergiekurven für den $X\,^1\Sigma_g^+$- und den $B\,^1\Sigma_u^+$-Zustand des Wasserstoffs. Irwin Tobias und Joseph T. Vanderslice. (J. chem. Physics **35,** 1852—55, Nov. 1961; College Park, Md., Univ. of Maryland, Inst. for Mol. Physics; engl.) — Mit Hilfe spektroskop. Daten von Herzberg u. Howe (C. **1961,** 4239) werden nach der Rydberg-Klein-Rees-Meth. (RKR) Potentialkurven für den Grundzustand ($X\,^1\Sigma_g^+$) u. den $B\,^1\Sigma_u^+$-Zustand des H_2-Mol. berechnet. Die Ergebnisse werden mit den quantentheoret. Berechnungen von Kolos u. Roothaan (Rev. mod. Physics **32,** [1960], 219) sowie Dalgarno u. Lynn (C. **1958,** 4115) verglichen. Die Übereinstimmung ist gut; so weicht die von letzteren Vff. erhaltene Wechselwrkg.-Energie für den Grundzustand im Überlappungsbereich der beiden Kurven (2,12 bis 3,28 Å) um nicht mehr als 2% von den RKR-Werten ab. Die im Niveau $v'' = 14$ des Grundzustands beobachtete Rotationsprädissoziation wird diskutiert. Es scheint, daß hier der ungewöhnliche Fall einer scharfen Spektrallinie vorliegt, die zu einem Zustand gehört, dessen Energie nur um wenige Wellenzahleinheiten unterhalb des Maximums einer Potentialbarriere liegt. A. Blaschette. 182□

Ableitung von Molekularkonstanten für den H_2-Grundzustand aus theoretischen Berechnungen. S. P. S. Porto und C. A. Lambert. (J. chem. Physics **36,** 2520—21, 1/5. 1962; Murray Hill, N. J., Bell Telephone Labor., Inc.; engl.) — Mit Hilfe der Meth. der kleinsten Quadrate werden die Mol.-Konst. für den H_2-Grundzustand aus der theoret. Potentialfunktion von Kolos u. Roothaan (Rev. mod. Physics **32,** [1960], 219) abgeleitet. R_e ergibt sich zu 0,741277 Å, ω_e zu 4410,04, B_e zu 60,8441. A. Blaschette. 182□

Nullpunktsenergie: Ein Beitrag zu den zwischenmolekularen Kräften. E. Whalley. (Trans. Faraday Soc. **54,** 1613—21, Nov. 1958; Ottawa, Nat. Res. Council, Div. of Appl. Chem.; engl.) — Beim Zusammenstoß zweier Moll. werden die Frequenzen der intramol. Schwingung u. damit auch die Nullpunktsenergien des Syst. ausgetauscht. Die Wechselwrkg.-Energie der Moll. im gebundenen Zustand wird durch diesen Austausch beeinflußt. Vf. diskutiert die Größe dieser Effekte an H-enthaltenden Substanzen wie H_2O, HF, HCO_2H u. CH_3CO_2H. Es zeigt sich, daß sowohl die inter- als auch die intramol. Nullpunktsenergie einen wesentlichen Anteil an der Wechselwrkg.-Energie haben. Vf. weist auf die Bedeutung der Nullpunktsenergie bei der Definition der Gitterenergie hin. G. M. Neumann. 182 ◇

Das Pentacyanonitrosylferrat(II)-Anion. I. Bernal und E. F. Hockings. (Proc. chem. Soc. [London] **1962,** 361, Nov.; Princeton, N. J., RCA Labor.; engl.) — Die Red. einer Lsg. von Dinatriumpentacyanonitrosylferrat in N.N-Dimethylformamid unter N_2 an einer Hg-Kathode mit Tetrabutylammoniumjodid als Leitelektrolyt führt zu einer blauen Lsg., die eine starke Elektronenspinresonanzabsorption aufweist. Daraus folgt, daß die entstandene Teilchenart paramagnet. mit einem nicht entarteten Elektronengrundzustand ist. Das Spektrum weist drei Absorptionslinien gleicher Intensität u. von etwa gleichem Abstand auf, die auf die Wechselwkrg. des ungepaarten Elektrons mit dem N-Kern im NO-Liganden zurückzuführen sind. Da alle Liganden im Anion enthalten bleiben u. die Red. ein Einelektronenvorgang ist, muß die Einführung eines Elektrons zu einer $3d^7$-Konfiguration führen, die bei C_{4v}-Symmetrie zu $(e)^4(b_2)^2(b_1)^1$ mit einem Elektronengrundzustand $^2B_1$ wird, was mit dem beobachteten Resonanzspektrum übereinstimmt. Das opt. Spektrum weist eine Absorptionsbande bei 16500 cm^{-1} ($\varepsilon = 1500$) u. möglicherweise eine zweite, nicht klar aufgelöste im Gebiet von 25000 cm^{-1} (ε ca. 5000) auf. Die Bande bei 16500 cm^{-1} wird dem Übergang $b_1\,(\sigma^*) \rightarrow e\,(\pi^*)$ zugeordnet; das Spektrum wird mit dem des isoelektron. Dithiocarbamatoeisen-Komplexes verglichen. Das ESR-Spektrum läßt erkennen, daß das ungepaarte Elektron zwischen dem Fe u. dem NO delokalisiert ist. Da die Hyperfeinaufspaltungs-Konst. des N für $[Cr(CN)_5NO)^{3-}$ ca. $^1/_3$ so groß wie die für $[Fe(CN)_5\ NO]^{3-}$ ist, hängt der Grad der Delokalisierung davon ab, ob die betreffenden Metallorbitals nichtbindend oder antibindend sind. Vff. folgern, daß diese Art der Metall-Nitrosyl-Komplexe eher als Verbb. mit Elektronen, die in verschiedenem Ausmaß delokalisiert sind, als mit geladenen Liganden aufzufassen sind.

Gerhard Schulze. 182◇

Ursprung der starken π-Bindung in $KNiF_3$. R. G. Shulman und S. Sugano. (J. chem. Physics **36**, 3496–97, 15/6. 1962; Cambridge, Univ. of Cambridge, Dep. of Theoret. Chem.; Murray Hill, N. J., Bell Telephone Labor.; engl.) — Vff. zeigen, daß die von ihnen empir. gefundenen Wellenfunktionen für den ^{19}F-Kern (Physic. Rev. Letters **7**, [1961], 157) auch auf rechner. Wege erhalten werden. Obwohl der π-Bindungsanteil in $KNiF_3$ relativ hoch ist, ist die π-Bindungsenergie beträchtlich kleiner als die der σ-Bindung. Daher müssen alle Eigg. wie die Hyperfeinstruktur von ^{19}F, die von der Wellenfunktion abhängig sind, auf einen starken π-Bindungsanteil hinweisen, während Eigg., die von der Bindungsenergie abhängen, durch die σ-Bindung stärker beeinflußt werden. Ferner zeigt sich, daß der $p\pi$-Anteil durch Kristallfeldaufspaltung der 2p–F-Orbitale in der Nachbarschaft der zwei Ni^{2+}-Atome vergrößert wird, während der $p\sigma$-Anteil durch die Beteiligung der 2s-Elektronen des F^--Ions an der σ-Bindung verkleinert wird.

G. M. Neumann. 182□

Modelle für die Wechselwirkungen in flüssigen ternären Legierungen. Etienne Bonnier, Francis Durand und Pierre-Jean Laurent. (C. R. hebd. Séances Acad. Sci. **254**, 107–09, 3/1. 1962; Grenoble, Serv. Centraux de Rech. de la S. E. C. E. M. A. E. U., Ecole Nat. Sup. d'Électrochim. et d'Electrométallurg.; Fac. des Sci., Labor. de Calcul numér.; franz.) — Vff. erweitern die Modelle von van Laar u. Guggenheim auf ternären Syst. (*Cd– Sn–Bi*; *Cd–Pb–Sn*; *Cd–Pb–Bi*).

I. Zoll. 186◇

Untersuchung über den Angriff von Glas durch Ionenbeschuß. Maurice Navez, Claude Sella und Dominique Chaperot. (C. R. hebd. Séances Acad. Sci. **254**, 240–42, 2 Tafeln, 8/1. 1962; Paris, Co. Saint-Gobain, Labor. de Rech.; Bellevue, Seine-et-Oise; C. N. R. S. Labor. de Rayons-X; franz.) — Ein Glas der Zus. 72% SiO_2; 0,5% Al_2O_3; 13% Na_2O; 11% CaO; 3% MgO wird in definierter Richtung mit aus Luft erzeugten Ionenstrahlen (4 kV) bestrahlt. (Das Strahlenbündel setzt sich aus Ionen, neutralen u. angeregten Moll. zusammen.) Die Veränderungen an der Oberfläche des Glases werden an Hand elektronenmkr. Aufnahmen verfolgt. Die verschiedenartigen Oberflächenveränderungen hängen im wesentlichen von den geometr. Bedingungen beim Beschuß ab, wie z. B. von dem Einfallswinkel des Strahlenbündels, einer Drehung der Glasprobe usw.

I. Zoll. 186◇

Untersuchung der Tieftemperatur-Ultraschallabsorption in mit schnellen Neutronen bestrahltem SiO_2-Glas. R. E. Strakna. (Physic. Rev. [2] **123**, 2020–26, 15/9. 1961; White Oak, Md., U. S. Naval Ordnance Labor.; Storrs, Conn., Univ. of Connecticut; engl.) — Die Ultraschallschwächung wurde in normalem u. neutronenbestrahltem Quarzglas von 7–50 MHz u. von 1,5–200 °K gemessen. Eine breite Schwächungskurve, die einer Strukturrelaxation mit einer Verteilung von Aktivierungsenergien zugeschrieben wird, tritt bei niedrigen Energien auf. Ein mit einer verlängerten Si–O–Si-Bindung mit zwei Gleichgew.-Lagen für das O-Atom zusammenhängender Verlust ist mit den Ergebnissen im Einklang. Derartige Defekte können für die Vorstellungen über die Struktur von Glas von Bedeutung sein. Neben Versetzungsstößen scheinen therm. Spikes für die Strahlenschädigung in SiO_2 verantwortlich zu sein. Herbert Weber. 186◇

Über den Einfluß einer thermischen Behandlung von Natriumborosilicatgläsern auf die Porenstruktur der durch Auslaugung mit Säure erhaltenen Produkte. D. P. Dobytschin und N. N. Kisselewa. (J. physik. Chem. [UdSSR] **32**, 27–34, Jan. 1958; russ., Auszug: engl.) — Vgl. C. **1958**, 5592. — Therm. Übergänge im anomalen Na-Borsilicatglas Na-7/23 wurden unterhalb der Opalescenzgrenze (730°) durch Adsorptionsunterss. der porigen Glasstruktur ermittelt. Ein krit. Temp.-Bereich wird bei 585° festgestellt. Bei dieser Temp. beginnt sich in der Verb. ein SiO_2-Gitter zu bilden, das von HCl nicht angegriffen wird. Über 590° bildet sich eine Doppelskelettstruktur, in der sich große, durch Wände getrennte SiO_2-Gittergebiete befinden. Die Opalescenz des Glases nimmt bei allen Temp. $< 730°$ kontinuierlich mit der Temp. zu. Unterhalb 585° wachsen die Radien der Poren kontinuierlich gleichmäßig, dabei dehnen sich größere Gebiete auf Kosten der kleineren aus. H. Roschkowski. 186□

Theorie des Kristallwachstums und der Grenzflächenverschiebung in kristallinem Material. John W. Cahn. (Acta metallurg. [New York] **8**, 554—62, Aug. 1960; Schenectady, N. Y., Gen. Electr. Res. Labor.; engl.) — Bei der Überprüfung der Theorie des Kristall-Wachstums (W) zeigt sich, daß neben dem W durch stufenweises Aufbauen von Flächen ein W normal zur Grenzfläche (GF) bei diffusen u. nicht singulären GF berücksichtigt werden muß. Bei Verschiebung einer GF in Normalenrichtung ohne Stufenwachstum muß die treibende Kraft einen krit. Wert überschreiten, der um so kleiner ist, je diffuser die GF ist. Auch für ausgeprägte GF sollte sich ein W in Normalenrichtung erreichen lassen. Die GF-Bewegung über eine Schraubenversetzung wird bes. diskutiert. H. Föppl. 190□

Möglichkeit der Subkornrotation während der Rekristallisation. James C. M. Li. (J. appl. Physics **33**, 2958—65, Okt. 1962; Monroeville, Pa., United States Steel Corp., Res. Center, Edgar C. Bain Labor. for Fundament. Res.; engl.) — Thermodynam. u. kinet. wird die Möglichkeit der Rotation eines Subkorns in bezug auf seine Nachbarn während der Rekristallisation untersucht. Wenn die Rotationsrichtung Kleinwinkelgrenzen vor Großwinkelgrenzen beseitigt, verdrillte u. asymm. Grenzen vor geraden u. symm. Grenzen u. Großflächengrenzen vor Kleinflächengrenzen eliminiert, ist der Prozeß energet. möglich. Da eine Rotationsrichtung zwei Freiheitsgrade besitzt, besteht eine Beziehung zwischen beiden derart, daß Richtungen, die beide Freiheitsgrade erfüllen, keine antreibende Kraft zur Rotation beitragen. Alle anderen Richtungen können Energie liefern. Kinet. ist einer der nachst. zwei Prozesse geschwindigkeitsbestimmend, die mitwirkende Bewegung von Versetzungen in der Grenze u. die mitwirkende Diffusion von Leerstellen im Gitter. Die Rotation eines Subkorns begünstigt die Beseitigung der Grenze, die den höchsten Anteil an Energie liefert u. führt zum Verschmelzen mit dem zweiten Subkorn. Die für diesen Prozeß benötigte Zeit ist qual. gleich der Geschw. für das Subkornwachstum in Al. H. Roschkowski. 190◇

Einfluß von Korngrenzen auf die Verteilung des gelösten Stoffs während fortschreitender Verfestigung. W. A. Tiller. (J. appl. Physics **33**, 3106—07, Okt. 1962; Pittsburgh, Pa., Westinghouse Res. Labor.; engl.) — Theoret. Abhandlung, in der gezeigt wird, daß eine bedeutende Korngrenzentrennung während einer fortschreitenden Verfestigung nur dann auftreten kann, wenn die Fl. über der krist. Zwischenschicht unterkühlt ist. Eine Ausdehnung der Theorie auf Zellgrenzgruben zeigt, daß steilwandige Gruben ebenfalls nur beim Überschreiten eines Unterkühlungsgrades stabil sein können. H. Roschkowski. 190◇

Methode zur Ermittlung der Qualität einer epitaktischen Aufwachsschicht aus Silicium auf einem einkristallinen Silicium-Impfling. D. M. Jackson, J. B. Newkirk und M. J. Urban. (J. appl. Physics **33**, 2301—04, Juli 1962; Ithaca, N. Y., Gen. Electr. Co., Light Military Electronics Dep., Advanced Electronics Center; engl.) — Auf {111}-Flächen von n-leitenden Si-Plättchen mit $2 \cdot 10^3$ Versetzungen/cm^3 werden durch therm. H_2-Red. von Si-Halogeniden Si-Abscheidungen erzeugt, die unterhalb einer krit. Temp. T_c aus statist. orientierten Kristalliten, oberhalb T_c dagegen aus glänzendem, epitakt. aufgewachsenen Si bestehen. Die Best. der Schichtorientierung erfolgt mit Hilfe der Glanzwinkelröntgenstreuung. Die Meth. gestattet den Nachw. statist. orientierter Si-Kristallite mit einer Äquivalentdicke $> 5\,\mu$ auf Oberflächen von einigen mm^2. Herbert Müller. 190◇

Polymorphe Phasenänderungen während des Erhitzens von dioktaedrischen Schichtsilicaten. Bengt Lindqvist. (Geol. Fören. Stockholm Förh. **84**, 224—29, März/April 1962; Uppsala, Miner.-geol. Inst.; engl.) — Beim Erhitzen gehen dioktaedr. Schichtsilikate in trioktaedr. Modifikationen über. Dies ist nur möglich, wenn die trivalenten Ionen mit der Koordinationszahl 6 über alle oktaedr. Stellungen neu verteilt werden. Jeder oktaedr. Platz wird durch $^2/_3$ Al-Atome besetzt. Auf diese Weise erhält der Pyrophyllit eine la¹c-ähnliche Struktur. Dieselben Beobachtungen wurden an hydratisiertem Glimmer, Montmorillonit u. Paragonit gemacht. F. Ensslin. 190◇

Nichtkristalline Auswachsungen aus erhitztem SiO_2. J. T. Fourie, F. H. Herbstein und R. J. Murphy. (Nature [London] **194**, 1071—72, 16/6. 1962; Pretoria, Council for Sci. and Ind. Res., Nat. Phys. Res. Labor.; engl.) — Vff. berichten über Whisker-Bldg. in Blasen bei „Vitreosil"-Quarzröhren nach längerem Erhitzen auf 1100—1200° in Luft. Röntgen-Unterss. ergaben, daß die Whiskers opt. isotrop u. nicht kristallin sind. D. Noack. 190□

Über natürliche Ätzfiguren an Quarzkörnern. Horst E. Schneider. (Ann. Univ. Saraviensis **9,** 255–57, 1960/1961; Saarbrücken, Univ. des Saarlandes, Geolog. Inst.; dt.) — Mkr. Unters. von Ätzfiguren auf Quarzkörnern aus dem Continental Terminal der Elfenbeinküste. H. Moenke. 190□

Energieniveaus im verbotenen Band isolierender Diamanten. R. R. Urlau, H. J. Logie und F. R. N. Nabarro. (Proc. physic. Soc. **78,** 256–74, 1/8. 1961; Johannesburg, South Africa, Univ. of the Witwatersrand, Dep. of Phys.; engl.) — Vff. bestimmen die Lage der Energieniveaus in den verbotenen Bändern isolierender Diamanten vom Typ I bzw. IIa durch folgende Verff.: Zählen von β-Teilchen im Dunkeln u. im elektr. Feld, Einfl. der Bestrahlung mit monochromat. Licht auf die Zählrate, Änderung der Gesamtladung des Diamanten während des Zählens, sowie durch Messung der Photoleitfähigkeit. Die Messungen zeigen, daß drei Energieniveaus 0,94, 1,6, bzw. 3,3 eV über dem Valenzband existieren. Bes. Eigg. der Niveaus werden behandelt. G. Krause. 190

Elektronenverteilung und Intensität der Röntgenstrahlreflexe beim Diamanten. H. C. Bolton und J. W. Heaton. (Proc. physic. Soc. **78,** 239–48, 1/8. 1961; Newcastle-upon-Tyne, King's Coll., Phys. Dep.; engl.) — Vers. zur Berechnung der Elektronenverteilung mit Hilfe der Thomas-Fermi-Theorie für ein Atom in einer nichtsphär. Wigner–Seitz-Zelle. Die Übereinstimmung von auf Grund der Elektronenverteilung berechneten u. experimentell bestimmten Formfaktoren ist nicht gut, jedoch kann eine Erklärung für den „fehlenden" (222)-Reflex gegeben werden. G. Krause. 190

Bewegung des Atoms einer Verunreinigung in einem eindimensionalen Gitter. Shohei Kashiwamura. (Progr. theoret. Physics [Kyoto] **26,** 568–69, Okt. 1961; Kyoto, Univ., Physics Dep.; engl.) — Für ein unendlich ausgedehntes lineares Gitter, das ein Teilchen eines anderen Isotops beliebiger Masse als Verunreinigung enthält, wird die exakte Lösung gegeben. M. Wiedemann. 190□

Von Fehlstellen herrührende Schwingungen in Ketten mit zwei Komponenten. M. D. Bacon, P. Dean und J. L. Martin. (Proc. physic. Soc. **80,** 174–89, 1/7. 1962; Teddington, Middlesex, Nat. Physic. Labor., Mathem. Div.; engl.) — Theoret. Unters. der isolierten Schwingungsarten, die von verschiedenen Fehlstellentypen in eindimensionalen schwingenden Syst. aus 2 Komponenten herrühren unter Verw. einer Modifizierung der von Montroll u. Potts (C. **1957,** 2929) vorgeschlagenen Meth. für den Fall einfacherer Fehlstellentypen. Komplizierte Fehlstellentypen lassen sich zweckmäßiger nach numer. Meth. behandeln. Es zeigt sich, daß alle Ergebnisse durch wenige allg. Regeln beschrieben werden können, die viele Informationen über die Spektren einer Vielzahl eindimensionaler Syst. liefern. Ähnliche Regeln dürften auch für dreidimensionale Fehlstellen-Gitter gelten. D. Jörchel. 190□

Die Kraft auf eine sich bewegende Versetzung. Alan N. Stroh. (Physic. Rev. [2] **128,** 55–61, 1/10. 1962; Cambridge, Mass., MIT, Labor. for Insulat. Res.; engl.) — Vf. stellt die Lagrange-Funktion auf u. diskutiert die Art der Kraft, die auf eine sich bewegende Versetzung wirkt. Ob eine Lorentz-Kraft auftritt, hängt von der Definition der Kraft ab; es wird aber gezeigt, daß diese Kraft keine physikal. Effekte ergibt. Die durch den üblichen stat. Ausdruck gegebene Kraft ($F = \sigma b$) ist unabhängig von der Bewegung der Versetzung. H. Liepack. 190◇

Packungsfehlerenergie in Silicium. E. Aerts, P. Delavignette, R. Siems und S. Amelinckx. (J. appl. Physics **33,** 3078–80, Okt. 1962; Mol, Belgium, Studiecentrum voor Kernenergie, Dep. Fys. Vaste Stof; engl.) — Ein Si-Einkristall wurde bei 1200° unter Ar um 180°/cm um die [111]-Achse verdrillt, nach Abkühlen entlang (111)-Ebenen senkrecht zur Drehachse geschnitten. Die Scheiben wurden mit $HF–HNO_3$ angeätzt. Es treten sowohl nach außen wie nach innen gerichtete Versetzungen auf. Die Packungsfehlerenergien werden zu ca. 60 bzw. 50 erg/cm^2 berechnet. H. Roschkowski. 190◇

Geschwindigkeiten und Dichten von Versetzungen in Germanium und anderen Halbleiterkristallen. A. R. Chaudhuri, J. R. Patel und L. G. Rubin. (J. appl. Physics **33,** 2736–46, Sept. 1962; Waltham, Mass., Raytheon Co., Res. Div.; engl.) — Vff. messen die mittleren Geschw. von Versetzungen in *Si*, *Ge*, *GaSb* u. *InSb* im Bereich von $10^{-6}–2 \cdot 10^{-1}$ cm/s u. finden, verglichen mit *LiF* oder *Si–Fe*-Legg., keine merkliche Abhängigkeit derselben von angelegten mechan. Belastungen. Der Einfl. der Temp. im Bereich 0,5–0,8 T_m (T_m = F.) u. die Aktivierungsenergien der Versetzungs-Geschw. werden bei verschiedenen konst. Spannungen ermittelt und ergeben ebenfalls keine funktionelle Abhängigkeit. — Der Spannungseinfl. auf die Versetzungsdichten wurde als Funktion der Orientierung, der Temp. u. der zeitlichen Belastungsänderung bestimmt, wobei sich ergab, daß selbst in ursprünglich versetzungsfreien Kristallen schon bei sehr geringen Spannungen Versetzungen entstehen können. — Der aus direkten Messungen der Ätzgrübchen u. der Versetzungs-Geschw. ermittelte Anteil der beweglichen Versetzungen ist nicht größer als 3—8%. W. Sobieski. 190◇

Versetzungsschleifen in mit Spaltprodukten beschossenem Bleijodid. Lewis T. Chadderton. (J. appl. Physics **33,** 3021—22, Okt. 1962; Cambridge, England, Cavendish Labor., Phys. and Chem. of Solids; engl.) — Elektronenmkr. Unterss. von dünnen, mit U-Spaltprodd. beschossenen PbJ_2-Kristallen ergeben, daß keine scharfen geradlinigen Spuren, sondern unregelmäßig verteilte Versetzungsschleifen, die gegen die Kristalloberfläche geneigt sind, entstehen. Die Bldg. der Schleifen wird auf die Vereinigung punktförmiger Gitterfehler hoher Beweglichkeit zurückgeführt. Diese Gitterfehler entstehen ebenfalls beim Beschuß mit Elektronen großer Intensität, wobei die bereits gebildeten Versetzungsschleifen weiter- u. evtl. zusammenwachsen. P. Frenzel. 190◇

Analytische Lösung des Problems der Mehrfachdiffusion. R. C. Wackwitz. (J. appl. Physics **33,** 2909—10, Sept. 1962; Dallas, Tex., Texas Instruments Inc., Corporate Res. and Engng.; engl.) — Der Begriff Mehrfachdiffusion beschreibt einen Prozeß, bei dem an einem halbunendlichen Festkörper mit der Anfangs-Konz. C_0 des diffundierenden Stoffes in verschiedenen Zeitintervallen $O \rightarrow t_1$, $O \rightarrow t_2 \ldots O \rightarrow t_j \ldots O \rightarrow t_n$ die Oberflächen-Konzz. $C_1, C_2 \ldots C_j \ldots C_n$ auftreten; mit jedem Zeitintervall $O < t \lesseqgtr t_j$ ist ein Diffusions-Koeff. $D = D_j$ verbunden. Die Lösung der entsprechenden Diffusionsgleichung wird unter Berücksichtigung der Diskontinuitäten in D explizit angegeben. Herbert Müller. 190◇

Isotopeneffekt in einem elektrischen Feld und Sprungfrequenzen für Diffusion in Ionenkristallen. John R. Manning. (J. appl. Physics **33,** 2145—51, Juli 1962; Washington, D. C., Nat. Bur. of Stand.; engl.) — Bei der Diffusion ionisierter Verunreinigungen in einem Ionenkristall werden von der Isotopenmasse abhängige Diffusions-Geschw. beobachtet; die Unterschiede der Diffusions-Koeff. werden als $\Delta D/D$ erhalten, darin ist D der Diffusion-Koeff. eines Isotops u. ΔD die entsprechende Differenz für zwei Isotope. Vf. leitet Beziehungen für $\Delta D/D$ bei der Diffusion in Ggw. eines elektr. Feldes ab u. zeigt, daß in diesem Fall $\Delta D/D$ mit größerer Genauigkeit als in Abwesenheit eines elektr. Feldes erhalten wird. Bei Kenntnis der Sprungfrequenzen beider Isotope können die relativen Werte der Sprungfrequenzen in der Nähe der Verunreinigung für einen Leerstellen- u. Zwischengitterplatzmechanismus aus $\Delta D/D$ u. μ/D (μ = Driftbeweglichkeit) berechnet werden. Die Anwendung der angegebenen Beziehungen auf die gleichzeitige Diffusion von ^{22}Na u. ^{24}Na in *KCl* bzw. *NaCl* wird untersucht. Herbert Müller. 190◇

Nach spektralphotometrischer Methode gemessene Diffusion von Thallium(I)-Ionen in Kaliumbromid. A. Glasner, A. Rejoan und R. Reisfeld. (Physics Chem. Solids **19,** 331—37, Mai 1961; Jerusalem, Israel, Hebrew Univ., Dep. of Inorgan. and Anal. Chem.; engl.) — KBr- u. TlCl- bzw. TlBr-Pulver wurden gemischt u. auf Temp. zwischen 141 u. 207° erhitzt. Nach bestimmten Zeiten wurden Proben entnommen u. unter Drücken bis 25000 lb. transparente Tafeln gepreßt. Nach Messungen der Spektren u. Extinktion bei der maximalen Absorptionswellenlänge wurde die Extinktion auf Tafeln von konst. Gew. (200 mg) korrigiert. Für die Diffusion von Tl^+ in KBr wurde auf diese Weise die Gleichung $D_{Tl^+} = 0{,}23 \exp(-23500/RT)\ cm^2/s$ gefunden. H. Roschkowski. 190◇

Elektronenbeugungsuntersuchung der Molekularstruktur von N-Methylaminotrimethylsilan. W. R. Roper und C. J. Wilkins. (Trans. Faraday Soc. **58,** 1686 bis 1689, Sept. 1962; Oxford, Phys. Chem. Labor.; Christchurch, N. Z., Univ. of Canterbury, Dep. of Chem.; engl.) — Die Auswertung des Elektronenbeugung an $(CH_3)_3SiNHCH_3$ ergab unter Voraussetzung von tetraedr. gebundenem C u. Si sowie der bekannten Atomabstände für CH, CN u. CSi eine Bindungslänge SiN 1,72 ± 0,03 Å u. einen Bindungswinkel SiNC 130 ± 5°. Die Bindungsverkürzung gegenüber der kovalenten Radiensumme (1,87 Å) ist auf $d\pi$-$p\pi$-Überlappung zurückzuführen. Nach Ansicht der Vff. ist a) die Bindungsverkürzung weitgehend unabhängig von der Zahl der an N gebundenen Si-Atome (SiN, Si_2N oder Si_3N), b) das Postulat von Cook u. Mills (C. **1963,** 4304), wonach der Winkel am N-Atom in SiN-Verbb. mit 1—2 Si-Atomen pro N-Atom nahezu tetraedr. sein soll, stark anzuzweifeln, da dieser Winkel bei Bindung des N-Atoms an Elektronenacceptorgruppen auch in anderen Fällen bis zu 130° aufgeweitet sein kann, c) die Strukturbestimmung des eben gebauten $[-(CH_3)_2Si-NH-]_3$ von Yokoi u. Yamasaki [1953] mit einem Winkel SiNSi 117 ± 4° (u. davon abhängig NSiN 123 ± 4°) unwahrscheinlich; hierin wird für SiNSi ca. 130° u. NSiN ca. 110° vorausgesagt. U. Wannagat. 195□

Eine Röntgenuntersuchung der Siliciumcarbid-Strukturtypen $[(33)_n34]_3R$. P. Krishna und Ajit Ram Verma. (Z. Kristallogr., Kristallgeometr., Kristallphysik, Kristallchem. **117,** 1—15, April 1962; Varanasi, India, Banares Hindu Univ., Phys. Dep.; engl.) — Die berechneten Intensitäten der Interferenzen (*1 0 · l*) von 5 Gliedern (21 R, 39 R, 57 R, 75 R u. 111 R) der SiC-Typen $[(33)_n34]_3$ R (nach Zhdanov-Ramsdell) werden miteinander verglichen. Aus der Intensitätsverteilung lassen sich für die ganze Strukturserie Merkmale ableiten, die es erlauben, höhere Glieder direkt, ohne langwierige Intensitätsrechnungen, zu identifizieren. Es wurde ein neuer Polytyp 111 R gefunden; er hat die Struktur $[(33)_5 34]_3$, die durch ausgezeichnete Übereinstimmung der beobachteten mit den berechneten Intensitäten bestätigt wird. Die Entstehung u. das Wachstum der Strukturen dieser Serie werden diskutiert. G. Ruban. 195◇

Über die Kupfersalze der ω-Aminosäure. 3. Mitt. Über die Kristallstruktur des Kupfersalzes von β-Alanin. Ken-ichi Tomita. (Bull. chem. Soc. Japan **34,** 297 bis 300, März 1961; Osaka, Univ., Naturwiss. Fak., Chem. Inst.; dt.) — 2. vgl. C. **1962,** 15159. — Das Cu-Salz des β-Alanins krist. aus wss. Lsg. mit $6H_2O$ in Form papierstreifenförmiger tiefblauer Kristalle mit D. 1,50. Dreh- u. Weißenberg-Aufnahmen ergaben monokline Symmetrie mit a = 5,46 (Å); b = 7,71; c = 18,11; β = 92°; Raumgruppe C_{2h}^5 — $P2_1/c$; Z = 2. Die Struktur wurde mit Hilfe von Elektronendichteprojektionen festgelegt. Tabelle der Atomparameter von Cu, C, O u. N. In dem Gitter haben die um das zentrale Cu-Atom koordinierten 4 Atome der 2 Alaninmoll. ($O_{(1)}^I$, $O_{(1)}^{II}$, N^I u. N^{II}) in bezug auf das zentrale Cu-Atom eine plane trans-Konfiguration; 2 O-Atome des H_2O-Mol. (O_3^I u. O_3^{II}) nehmen gleichzeitig die Spitzen eines Oktaeders ein, das zusammen mit den obigen 4 Atomen um das Cu-Atom gebildet wird. Die NH_2- u. COO-Gruppen des β-Alanins haben gauche-Konfiguration in bezug zu der Bindung αC–βC. In einem Anhang werden vorläufige kristallograph. Daten über *Kupferisoserintrihydrat*, $CuC_3H_5NO_3 \cdot 3H_2O$ gebracht: Monokline Zelle mit a = 7,06 (Å); b = 22,47; c = 15,77; β = 109°43'; Raumgruppe C_{2h}^5 — $P2_1/c$; D. 1,88; Z = 12. C. Gottfried. 195

Kristallchemie der Sulfide. 3. Mitt. AX_2-Verbindungen von Schwefel, Selen und Tellur. G. B. Boki, Ju. G. Sagalskaja und Je. A. Pobedimskaja. (Nachr. Moskauer Univ., Ser. IV] **16,** Nr. 3, 18—33, Mai/Juni 1961; Moskau, Lehrstuhl für Kristallogr. u. Kristallchem.; russ.) — 2. vgl. C. **1956,** 5759. — Literaturüberblick mit bes. Berücksichtigung der 4 Strukturtypen des CdJ_2, MoS_2, Pyrit u. Markasit. Es werden die Beziehungen zu ähnlichen Gittern (z. B. Pyrit–PdS_2/$PdSe_2$) aufgezeigt. — 66 Literaturzitate. M. Hähnert. 195□

Kristallstruktur und Dichte der Cerhydride. M. Je. Kosst und G. A. Golder. (J. anorg. Chem, [UdSSR] **4,** 1488—90, Juli 1959; russ.) — Unters. der Kristallstruktur u. Dichte der Ce-Hydride der Zus. $CeH_{0,2}$–CeH_3. Im Gebiet Ce–CeH_2 werden nur die beiden Phasen Ce u. CeH_2 gefunden. Im Gebiet CeH_2–CeH_3 wurde eine unbedeutende Erniedrigung der Gitterperiode von 5,55 auf 5,53 Å beobachtet. Eine genaue Brechung der Gitterperiode des Trihydrids wird durch eine bedeutende Verbreiterung der Linien des Debye-Diagramms erschwert. Die Dichtekurve hat ein Minimum bei Dihydrid (Ce 6,6, $CeH_{2,15}$ 5,4, CeH_3 5,55 g/cm³). Ch. Weiche. 195◇

Eine Bemerkung zur Dickenmessung von Siliciumoxidfilmen. H. M. Robertson, J. E. McNamara und R. M. Warner jun. (J. appl. Physics **33,** 2909, Sept. 1962; Phoenix, Ariz., Motorola, Semiconductor Prod. Div.; engl.) — Vff. untersuchen die interferometr. Dickenmessung von Oxidfilmen auf Si, wenn die Grenze zwischen oxidhaltiger u. freier Si-Oberfläche mit einer metall. Aufdampfschicht überzogen ist. Herbert Müller. 196◇

Spezifische Oberfläche von aufgedampftem Aluminium. James W. Swaine jun. und Robert C. Plumb. (J. appl. Physics **33,** 2378—82, Juli 1962; Worcester, Mass., Worcester Polytechn. Inst.; engl.) — Die Änderung der spez. Oberfläche von aufgedampftem Al in Abhängigkeit von der Substrat-Temp. (Substrat-Glas), der Schichtdicke u. dem Auftreffwinkel wurde experimentell ermittelt. Eine Zunahme der Substrat-Temp. von 0—100° vermindert die spezif. Oberfläche um den Faktor 9; eine Zunahme der Schichtdicke von 3000 bis 12000 Å ergibt eine Zunahme der spez. Oberfl. um den Faktor 17. Mit zunehmendem Auftreffwinkel wird sie größer um den Faktor 1,0 bis 25,2. Diskussion eines Modells, das die kristallograph. Vorzugsrichtungen von Al berücksichtigt. R. Esenwein. 196□

Wachstumsfehler in dünnen monokristallinen Metallschichten. Marcel Gillet. (C. R. hebd. Séances Acad. Sci. **254**, 75—77, 3/1. 1962; Poitiers, Fac. des Sci., Labor. de Microsc. électron.; franz.) — *Ag* und *Au* werden im Vakuum kondensiert u. in sehr dünnen Schichten epitakt. mit der (111)-Fläche parallel zur Oberfläche des Substrats orientiert. Ag wird direkt auf MoS_2 aufgedampft; Au wird auf einer dickeren Ag-Schicht (auf MoS_2) kondensiert. Durch Lösen des Ag in HNO_3 wird der Au-Film erhalten. In beiden Fällen zeigen Elektronenbeugungsaufnahmen wahllos eingestreute Punkte (Satelliten) u. schwache Diffusionslinien. Vf. deutet sie als Mikrozwillinge oder Stapelfehler in der (111)-Fläche. I. Zoll. 196◇

Gittertheoretische Behandlung einer Schraubenversetzung in Alkalimetallen. Chr. Lehmann und G. Leibfried. (Physics Chem. Solids **6**, 195—204, Aug. 1958; Göttingen, Univ., Inst. für Theoret. Phys.; dt.) — Vff. behandeln eine Schraubenversetzung in Alkalimetallen in Richtung einer Würfelkante mit gittertheoret. Methoden. Aus einem Variationsansatz für die Energie wird die Versetzungsweite ermittelt u. mit dem Peierlsschen Modell verglichen. Die Versetzungsweite σ ist im Gegensatz zum Peierlsschen Modell (σ = a/4) stark ortsveränderlich; a/5 in der stabilen, a/9 in der labilen Lage. Durch die starke Ortsabhängigkeit der Versetzungsweite wird das Ergebnis für die Peierlskraft τ stark modifiziert: $\tau = 9 \cdot 10^{-2} \cdot c_{44}$ im Peierlsschen Modell, $\tau = 4 \cdot 10^{-3} \cdot c_{44}$ nach der entsprechenden gittertheoret. Rechnung. G. M. Neumann. 197◇

Beitrag zur Untersuchung der Segregation von Verunreinigungen aus Beryllium von handelsüblicher Reinheit. Yves Adda, Noël Azam, Gérard Donze, José Mallen, Françoise Maurice und Michel Weisz. (C. R. hebd. Séances Acad. Sci. **254**, 1052—54, 5/2. 1962; C. E. A. Dép. de Métallurg.; franz.) — An Be($300 \cdot 10^{-6}$ Al; $500 \cdot 10^{-6}$ Fe; $100 \cdot 10^{-6}$ Si) wurde die Art der Ausscheidungen der Verunreinigungen während einer Wärmebehandlung zwischen 650 u. 800° beobachtet. Opt. Mikroskopie, elektronenmkr., Röntgenstrukturanalyse, Elektronenmikrosonde nach Castainq). Al verbindet sich nicht mit Be; es ist prak. unlöslich. Die Einw. von Al auf die anderen Verunreinigungen wurde an einer Al-reicheren Probe ($1500 \cdot 10^{-6}$ Al; $400 \cdot 10^{-6}$—$450 \cdot 10^{-6}$ Fe; $300 \cdot 10^{-6}$ Si) untersucht. So fand man u. a. an den Korngrenzen der Al-reichen Phase Si, aber prakt. kein Fe. Zur Vervollständigung der Ergebnisse wurde die Struktur der drei Legg. Be + 10% Al + 2% Fe (**I**); Be + 1% Fe (**II**); Be + 5% Fe (**III**) (Gew.-%) untersucht. Für eine mit Fe übersätt.-Be-Lsg. erhält man Be u. eine sog. Δ-Struktur. Δ krist. kub. innenzentriert mit a = 6,01 Å. Bei **I** findet man diese Δ-Struktur, während sie bei **II** u. **III** nicht auftritt. Es zeigt sich, daß das Fe bevorzugt in die Al-Phase diffundiert, in der es löslicher ist als in Be. I. Zoll. 197◇

Das Auftreten einer kritischen Temperatur bei der Entwicklung von Polygonisations-Unterstrukturen bei Aluminium. Pierre Lesbats und Jean Montuelle. (C. R. hebd. Séances Acad. Sci. **254**, 279—80, 8/1. 1962; franz.) — Vff. bezeichnen als krit. Temp. eine Temp., unterhalb der mit Röntgenstrahlen keine Veränderung der Unterstruktur zu beobachten ist. Die krit. Temp. ändert sich mit dem Reinheitsgrad der Al-Proben. Für 99,7; $99{,}99_5$; $99{,}999_4$%ig. Al liegen die krit. Temp. bei 420; 375; 270°. Der Polygonisations-Zustand an den Al-Einkristallen bildet sich im Laufe eines ständigen Temp.-Wechsels zwischen 2 bestimmten Temp. aus. Dabei spielt die obere Temp. eine bes. Rolle. Wird z. B. $99{,}99_5$%ig. Al mit schwankenden Temp. bis 385°, also wenig oberhalb der krit. Temp., erhitzt, dann bildet sich anfangs sehr schnell eine Polygonisationszustand aus, dessen Entwicklung nach etwa 40 Temp.-Schwankungen abgeschlossen ist. Wird erneut um 600° erhitzt, zeigt sich wieder die schnelle Entwicklung eines polygonen Zustandes. I. Zoll. 197◇

Das Schwingungsspektrum von Vanadin. D. N. Singh und W. A. Bowers. (Physic. Rev. [2] **116**, 279—80, 15/10. 1959; Chapel Hill, N. C., Univ. of North Carolina, Phys. Dep.; engl.) — Vff. berechnen ein theoret. Gitterschwingungsspektrum für Vanadin, um damit das durch die elast. inkohärente Neutronenstreuung gemessene Spektrum zu vergleichen. Das berechnete Spektrum zeigt 3 Maxima, von denen die beiden mit höherem ν bei Frequenzen liegen, die mit den Frequenzen der 2 Maxima der experimentellen Kurve übereinstimmen. Das 3. Maximum kommt im gemessenen Spektrum nicht vor. Die höchste Frequenz des berechneten Spektrums ist um ca. 15% niedriger als der gemessene Wert. G. Heller. 197◇

Der Einfluß adsorbierter Gase auf die Oberflächen-Rekristallisation von reinen Metallen. Mireille Reig-Fritz und Hubert Forestier. (C. R. hebd. Séances Acad. Sci. **254,** 872—76, 29/1. 1962; Strasbourg, Univ., Fac. des Sci., Labor. de Chim. gén.; franz.) — Vff. untersuchen den Einfl. adsorbierter Gase (durch Van der Waalssche Kräfte) auf den Beginn der Oberflächen-Rekristallisation von *Cu* u. reinem angelassenem *Fe*. Durch Röntgenstrukturaufnahmen wurde der Kristallisationsbeginn festgestellt. 99,999%ig. Cu wurde bei Temp. von 160°, 150°, 140°, 130°, 120° in *He*-, H_2-, *Ne*- u. *Ar*-Atmosphären angelassen. 99,998%ig. Fe wurde nur bei 370° in He-, Ne-, Ar- u. Kr-Atmosphäre untersucht. Der Kurvenverlauf von Fe entspricht dem des Cu. Die Ergebnisse zeigen, daß die für eine Rekristallisation notwendige Anlaßzeit mit der Verflüssigungstemp. des adsorbierten Gases ansteigt. I. Zoll. 197◇

Aktivierungsenergien für die Bildung und Wanderung von Leerstellen in Platin. A. Ascoli, M. Asdente, E. Germagnoli und A. Manara. (Physics Chem. Solids **6,** 59—64, Juli 1958; Milano, Labor. CISE; engl.) — Durch Abschrecken hervorgerufene Anstiege des Widerstandes von Pt-Drähten wurden gemessen. Eine Aktivierungsenergie für die Bldg. von Leerstellen von 1,23 eV wurde festgestellt. Die Leerstellen-Konz. am F. beträgt 10^{-4}—10^{-3}. Das Anlaßverh. wird durch Wanderung einzelner Leerstellen mit einer Aktivierungsenergie von 1,42 eV erklärt. Die Anzahl der Defektsprünge beim Anlassen beträgt 10^7 bis 10^8. H. Roschkowski. 197◇

Die Fermioberflächen der Edelmetalle. J. F. Cornwell. (Philos. Mag. [8] **6,** 727—33, Juni 1961; engl.) — Vf. berichtet über die Berechnung der Energiebandstruktur von Cu, Ag u. Au mit Hilfe einer Pseudopotentialmeth., aus der dann die Eigg. der Fermi-Oberflächen erhalten werden. Die Ergebnisse wurden mit experimentellen Beobachtungen verglichen. C. Gottfried. 197

Bestimmung von Doppelfehlerwahrscheinlichkeiten aus den Beugungsdiagrammen von kubisch-flächenzentrierten Metallen und Legierungen. J. B. Cohen und C. N. J. Wagner. (J. appl. Physics **33,** 2073—77, Juni 1962; Evanston, Ill., Northwestern Univ., Technol. Inst., Dep. of Materials Sci.; New Haven, Conn., Yale Univ., Hammond Metallurg. Labor., Dep. of Metallurgy; engl.) — Die Doppelfehler können nach zwei Meth. erkannt werden: 1. Aus dem Sinuskoeff. einer eindimensionalen Fourier-Serie, 2. aus der Überschußintensität zwischen zwei Spitzen, die in entgegengesetzten Richtungen asymm. sind, wie 111 u. 200. Der Beitrag von Doppelfehlern zur Teilchengröße erscheint jedoch nach der Fourieranalyse zu groß, wenn die Fehlermöglichkeiten nach diesen Meth. bestimmt werden. Deshalb wurde eine dritte Meth. entwickelt, die auf der Verschiebung des Schwerpunktes eines Peaks gegenüber dem Maximum beruht. Bei Verw. zweier Peaks, wie 111 u. 200, können die schwierige Wahl des Untergrundes u. Instrumentenfehler auf ein Minimum reduziert werden. Mit der neuen Meth. können möglicherweise bei der Verformung auftretende Stapelfehler aus der Verschiebung des Maximums im Vgl. zu den angelassenen Proben errechnet werden. R. Esenwein. 197□

Nitriererscheinungen bei Titan und der Titanlegierung 6 Al–4V. J. R. Cuthill, W. D. Hayes und R. E. Seebold. (J. Res. nat. Bur. Standards, A **64,** 119—25, Jan./Febr. 1960; Washington, D. C.; engl.) — Ti u. die Ti-Leg. 6Al–4V wurden bei 1800 °F im N_2 Strom nitriert. Die Dauer der Verss. betrug 4,16, 24, 48, 96 u. 168 Std., der verwendete App. wird eingehend beschrieben. Bei Ti wurde danach eine gleichfömig dicke, in ihrer Stärke linear von der Vers.-Zeit abhängige Nitridschicht beobachtet, die sich aus fünf deutlich getrennten Zonen zusammensetzte. Bei der Leg. werden neben 3 Zonen der Nitridschicht verlängerte Nitridkörner beobachtet, die im Winkel von ca. 45° in die noch nicht angegriffene Leg. hineinreichen. Dieses Kornwachstum wird mit den kub. Flächen einer bei 1800 °F auftretenden β-Phase in Zusammenhang gebracht. Offensichtlich wird ihre Bldg. durch den Al-Geh. der Leg. bes. beeinflußt. H. Roschkowski. 197◇

Der Einfluß von Zirkonium auf die innere Reibung in Niob. Patricia M. Bunn, D. G. Cummings und H. W. Leavenworth jun. (J. appl. Physics **33,** 3009—13, Okt. 1962; Middleton, Conn., Pratt and Whitney Aircraft Corp., Canel Mater. Labor.; engl.) — Der Einfl. von Zr auf die innere Reibung von Nb wird im Frequenzbereich von 0,5—10 Hz untersucht. Ein erstmalig beobachtetes Maximum wird auf die Diffusion von O in der Nähe von Zr-Atomen zurückgeführt. Der Diffusions-

Koeff. folgt hier der Beziehung D = 0,0021 exp (— 28800/RT). Das normale Nb–O-Maximum wird nicht unterhalb von ca. 0,14 Gew.-% beobachtet. Vff. schließen auf eine starke Anziehung zwischen den Zr- u. O-Atomen. Weiterhin wird die Diffusion von Zr in Nb bei 1930° untersucht (D = 1,5 · 10^{-9} cm²/s), woraus sich die Beziehung D = 0,57 exp (—87000/RT) für den gesamten Temp.-Bereich ergibt.

P. Frenzel. 197◇

Diffusion in Kobalt-Nickel-Legierungen. Ken-ichi Hirano, R. P. Agarwala, B. L. Averbach und Morris Cohen. (J. appl. Physics **33**, 3049—54, Okt. 1962; Cambridge, Mass., MIT, Dep. of Metallurgy; engl.) — Die Aktivierungsenergie Q der Selbstdiffusion von ^{60}*Co* u. ^{64}*Ni* in Co–Ni-Mischkristallen (Temp.-Bereich < 701—1297°) ist unterhalb T_c größer als oberhalb der Curie-Temp. (T_c). Es ist ΔG = Q (ferrmagnet.) — Q (paramagnet.)] $\sim$ RT_c. ΔQ nimmt mit zunehmender Ni-Konz. zu. Das Temp.-Intervall des anomalen Diffusions-Verh. um T_c entspricht < T_c etwa dem Bereich der plötzlichen Erhöhung der Sättigungsmagnetisierung, > T_c dem ausgeprägten paramagnet. Verhaltens. Vff. führen die Erhöhung von Q auf die erhöhte Bldg.-Energie einer Leerstelle im ferromagnet. Gitter zurück, wobei eine zusätzliche, durch die Wechselwrkg. eines Spins mit dem Weißschen Feld bedingte Bindungsenergie wirksam wird. Bei ca. 25 Atom-% Ni liegt ein Maximum von Q vor.

P. Frenzel. 197◇

Untersuchung der Textur des Kupfers bei der Auslaugung von $CuAl_2$ nach der Polfigur-Methode. G. Ss. Shdanow und L. M. Kefeli. (J. physik. Chem. [UdSSR] **32**, 666—69, 3 Tafeln, März 1958; russ., Auszug: engl.) — Eine Reihe von Röntgenaufnahmen wurde während der Drehung eines $CuAl_2$-Einkristalls um die [001]-Achse in Abständen von 10° hergestellt u. die Polfiguren der (111)- u. (200)-Ebenen wurden konstruiert. Die Textur des während der Auslaugung des $CuAl_2$-Kristalls mit einem Ätzmittel gebildeten Cu kann durch folgende Daten beschrieben werden: $CuAl_2$ [001], [100], [010], Cu [011], [111], [111].

H. Roschkowski. 197□

Elektrischer Widerstand und Überstruktur von $CuAu_3$. Makoto Hirabayashi. (J. physic. Soc. Japan **14**, 262—73, März 1959; Sendai, Tôhoku Univ., Res. Inst. for Iron, Steel and Other Metals; engl.) — Vf. untersucht die Bldg. einer Überstruktur der Leg. $CuAu_3$ mit 75,06 Atom-% Au mit Hilfe von elektr. Widerstandsmessungen u. durch Röntgenbeugung an einem Einkristall. Bei verschiedenen Temp. zwischen 100 u. 220° wurde die isotherme Widerstandsänderung nach Abschrecken der Probe von 450° untersucht. In den meisten Fällen wurde beobachtet, daß der spezif. Widerstand monoton mit der Dauer der Temperung ansteigt. Für die Aktivierungsenergie wurden 25 ± 2 kcal/Mol ermittelt. Bei längerem Tempern bei 162 u. 175° wurde nach anfänglichem Ansteigen des Widerstands eine schwache Abnahme beobachtet. Der Umwandlungspunkt der Verb. wurde bei 200 ± 5° ermittelt. Für verschiedene Ordnungszustände bei 100, 150 u. 180° sowie für die von 210° u. 450° abgeschreckten Proben wurden Röntgenbeugungs-Unterss. durchgeführt. Dabei wurde festgestellt, daß in Übereinstimmung mit dem steigendem Widerstand Keimbildung u. Wachstum von kleinen Antiphasen-Bezirken erfolgt u. daß die Ausbildung eines Ordnungszustandes innerhalb dieser Bezirke für die Abnahme des Widerstands verantwortlich ist. Nach dreimonatigem Tempern bei 180° u. 100° herrscht in der geordneten Leg. $CuAu_3$ eine zweidimensionale Antiphasendomänen-Überstruktur vor, wobei die lineare Ausdehnung ungefähr 11mal so groß ist, wie die flächenzentrierte kub. Elementarzelle. Um die Reflektionen des Hauptgitters wurden relativ starke diffuse Streuungen beobachtet. Vf. nimmt an, daß diese von den therm. Bewegung der Atome herrühren u. nicht durch die Gitterverzerrung infolge des Ordnungsvorganges verursacht werden. Die Ergebnisse der elektr. Widerstandsmessungen u. der Röntgen-Unterss. werden verglichen u. diskutiert.

D. Noack. 197◇

Spezifischer elektrischer Widerstand und Röntgenbeugungsuntersuchung des Systems β-AgCd–AuCd. F. Rothwarf und L. Muldawer. (J. appl. Physics **33**, 2531—38, Aug. 1962; Philadelphia, Pa., Frankford Arsenal, Temple Univ.; engl.) — Durch Schmelzen in evakuierten Glasrohren werden im tern. Syst. Ag–Au–Cd Legg. mit 0—50 (Atom-%) Ag, 0—50 Au u. 47,2—50 Cd hergestellt u. bei 300° angelassen. Die Proben werden röntgenograph. untersucht u. der spezif. elektr. Widerstand ϱ wird zwischen 4,2 u. 400°K bestimmt. Die Temp. T_0 der diffusionslosen Phasenumwandlung werden erheblich erniedrigt, wenn in AuCd das Au durch Ag substituiert wird. Geringe Au-Zusätze in AgCd erniedrigen T_0, während größere Zusätze T_0 erneut erhöhen. Offenbar verursachen die großen Au-Ionenrümpfe die beobachtete Erhöhung von T_0. In der Nähe der stöchiometr. Zus. $AgAuCd_2$ wird eine tern. Ordnung von Ag u. Au beobachtet. Durch diesen Ordnungsvorgang wird die Leg. gegenüber der Umwandlung kub.-orthorhomb. stabilisiert, die für AuCd bzw. AgCd charakterist. ist. Die kub. flächenzentrierte Elementarzelle enthält 4 Au, 4 Ag u. 8 Cd; die Struktur ist eine Anordnung der Elementarzellen von AuCd u. AgCd im NaCl-Typ u. offenbar auf Einfl. der Elektronegativitäten zurückzuführen. Die bin. Legg. zeigen einen linearen Anstieg der Restwiderstände mit Abweichung von der stöchiometr. Zus. AuCd bzw. AgCd. Der Restwiderstand der tern. Legg. besitzt die parabol. Abhängigkeit von der Zus. nach Nordheim [1931]; für gleiche Au- u. Ag-Gehh. treten jedoch ausgeprägte Einsenkungen auf, die einen tern. Ordnungsvorgang anzeigen. Aus ϱ-Messungen bei 200—850 °K folgen für $Ag_{0,6}Au_{0,4}Cd$ Ordnungsvorgänge im Ag–Au-Untergitter bei 474 °K u. bei 824 °K Ordnungsvorgänge im Cd-Untergitter. Herbert Müller. 197◇

Das System Uran–Platin. J. J. Park und D. P. Fickle. (J. Res. nat. Bur. Standards, A **64**, 107—17, Jan./Febr. 1960; Washington, D. C.; engl.) — Das Phasendiagramm des Syst. U–Pt wurde mit Hilfe metallograph., röntgenograph. u. therm. Unterss. aufgestellt. Dabei wurden vier intermetall. Verbb. festgestellt: *UPt*, peritekt. gebildet bei 961°, UPt_2, peritekt. gebildet bei 1370°, UPt_3 mit kongruentem F. bei 1700° u. UPt_5, peritekt. gebildet bei 1460°. Ein Eutektikum liegt bei 1005° u. 12 (Atom-%) Pt, ein zweites bei 1345° u. 87,5 Pt. Die maximalen Löslichkeiten betragen 4,5 (Atom-%) U in Pt bzw. 5 Pt in γ–U. Die γ–β-Umwandlungs-Temp. des U wird durch Pt auf 705° die der β–α-Umwandlung auf 589° herabgesetzt. H. Roschkowski. 197◇

Nachweis einer geordneten FeNi-Struktur durch Neutronenbestrahlung. Jean Paulevé, Daniel Dautreppe, Jean Laugier und Louis Néel. (C. R. hebd. Séances Acad. Sci. **254**, 965—68, 5/2. 1962; Grenoble, Centre d, Études nucleaires; franz.) — Bei Bestrahlung mit Neutronen unter Einwirkung eines magnet. Feldes wurde bei 50%ig. Fe–Ni eine sehr starke magnet. Anisotropie beobachtet, die von der Bldg. einer Fe–Ni-Struktur vom AuCu-Typ herrührt. Vff. verfolgen die Änderung der Anisotropieenergie in Abhängigkeit vom Neutronenfluß bei verschiedenen Temp. (30°, 200°, 300°, 370°). Die krit. Temp. für den Übergang „Ordnung—Unordnung" liegt etwa bei 330°. Es zeigt sich, daß die vom Ordnungszustand abhängige Anisotropie nicht oberhalb 330° auftritt. Weiterhin wird festgestellt, daß die entstehenden Kristallflächen merklich von der Richtung des magnet. Feldes abhängen. I. Zoll. 197◇

Isotherme Umwandlung von unterkühltem Austenit in binären Eisen–Chrom-Legierungen. M. Je. Blanter, und A. K. Maschkow. (Hochschulnachr. [Moskau], Eisenmetallurgie **1961**, Nr. 1, 160—65, Allunions-Maschinenbau-Inst. für Fernunterricht; russ.) — Der Zusatz von bis zu 9% *Cr* führt zur Hemmung des Zerfalls von unterkühltem Austenit. Eine weitere Erhöhung des Cr-Geh. bis auf 11 u. 12,6% beeinflußt die Umwandlungsgeschw. prakt. nicht. Dies hängt mit dem Einfl. des Cr auf die Lage der A_3-Temp. u. infolgedessen auf die Größe der Differenz der freien Energie der γ- u. α-Phase zusammen. Cr-Zusatz erhöht in starkem Maße die Beständigkeit des unterkühlten Austenits im oberen Temp.-Bereich nahe dem Martensitpunkt u. erniedrigt den Temp.-Bereich der Martensitumwandlung. Der Verlauf der isothermen Austenit-Martensit-Umwandlung zeigt keine eindeutige Abhängigkeit von der Zus. der bin. Fe–Cr-Legierung. Die Strukturbldg. bei der Umwandlung des unterkühlten Austenits in C-freien Fe–Cr-Legg. verläuft auf dem Wege der Diffusion mit einem körnigen Gefügeaufbau oder martensit. unter Auftreten eines nadeligen Gefüges. Die Bldg. von tropfenförmigem Ferrit geht wahrscheinlich wie folgt vor sich: Bei der Bldg. nadelförmiger Strukturen der α-Phase unterhalb der Temp. der Rekristallisationsgrenze des Austenits, jedoch über derselben Temp. für Ferritstrukturen geht ein Diffusionsprozeß der Rekristallisation der α-Phase vor sich, der zu einer Zerkleinerung der Martensitnadeln führt. Der sogenannte tropfenförmige Ferrit wird aus nadeligen Strukturen im Zusammenhang mit der Rekristallisation nach der Umwandlung erhalten, weil die Rekristallisations-Temp.-Grenze des Ferrits unter der des Austenits liegt. H. Hochstein. 197□

Untersuchung des Rekristallisationsprozesses der Legierung EI661. W. Ss. Smirnow, N. P. Ssimaschewa, N. N. Pawlow und L. T. Ssokolowa. (Hochschulnachr. [Moskau], Eisenmetallurgie **1961**, Nr. 1, 176—81; Leningrad, Polytechn. Inst.; russ.) — Durch Verw. eines auf die Probenoberfläche aufgebrachten Koordinatennetzes erfassen die aufgestellten Rekristallisationsdiagramme einen weiten Bereich von in der Praxis bei der Stauchung von Proben auftretenden Verformungen. Die Korngröße des Stahles EI 661 nimmt mit der Temp. zu. Bei 1180° wird

jedoch die Korngröße bei den krit. u. den größeren Stauchgraden verringert, es tritt eine Erhöhung der Plastizität der Leg. während der Druckbehandlung ein. Bei einer Erhöhung des Stauchgrades über 12% hinaus hängt die Korngröße nicht vom Verformungsgrad ab. Die Temp. der Rekristallisationsschwelle der Leg. hängt vom Verformungsgrad ab; bei kleinen Abnahmen in der Nähe der krit. Verformung beträgt sie etwa 1000°; sie wird bei größeren Verformungsgraden erniedrigt.
H. Hochstein. 197□

Einfluß des Charakters der Wechselwirkung von Aluminium, Stickstoff, Bor und Titan auf einige Stahleigenschaften. L. L. Pjatakowa und Ja. Je. Goldstein. (Metallphysik u. Metallkunde [UdSSR] **6**, Nr. 2, 347—53, 1958; Tscheljabinsk, Traktorenwerk, Polytechn. Inst.; russ.) — Der Einfl. von B, Al u. N auf die Eigg. von Stahl hängt von der Reihenfolge ihrer Einführung in den Stahl ab. Bei B-Zusatz zu fl., mit Al desoxydiertem Stahl bilden sich keine oder wenig Bornitride, weil der im Stahl gelöste N zu sehr beständigen Al-Nitriden abgebunden ist. Dadurch verbleibt B in fester Lsg., woraus sein Einfl. auf die Stahleigg. herrührt. Beim N-Zusatz zu oder N-Absorption von B-haltigem Strahl tritt infolge bevorzugter Bldg. von Bornitriden (Carbonitriden) eine teilweise oder vollständige Verdrängung des B aus der festen Lsg. ein. Die geringere Neigung des B-haltigen Stahles zur Überhitzung in Ggw. von Ti kann bei niedrigen Temp. durch Bremsung des Austenitkornwachstums durch Carbide u. im Gebiet hoher Temp. durch den Einfl. von Ti auf die B-Verteilung in den Grenzzonen erklärt werden. 18 Literaturangaben. H. Hochstein. 197□

Einfluß einer Überhitzung auf die Stahleigenschaften. N. N. Liptschin und Ju. A. Ssobolew. (Hochschulnachr. [Moskau], Eisenmetallurgie **1960,** Nr. 5, 135—41; Perm, Univ.; russ.) — Der Einfl. einer voraufgegangenen Überhitzung auf die mechan. Eigg. hängt von dem Leg.-Grad des Stahles, der Dicke der Ausgangsprobe, dem Verschmiedungsgrad, der Temp. bei der Druckverarbeitung, den Bedingungen der weiteren Abkühlung, der nachfolgenden Wärmbehandlung u. dergleichen ab. Der Hauptmangel eines grobkörnigen überhitzten Stahles ist die Konz.-Ungleichmäßigkeit, die Abnahme der Zähigkeit u. die Verschiebung des Kaltbrüchigkeitsbereiches. Für die Strukturverbesserung u. die Wiederherst. der Zähigkeitseigg. ist unabhängig von der Bruchart eine Homogenisierungsglühung bei einer Temp. erforderlich, die oberhalb des Phasenumwandlungsbereiches in den durch Beimengungen angereicherten Stellen liegt. Die nachfolgende Phasen-Umkristallisation (Normalisierung u. Abschreckung) gewährleistet eine Kornverfeinerung u. das Erreichen günstigerer mechan. Eigg. nach einem entsprechenden Anlassen. H. Hochstein. 197□

Der Einfluß einer Wärmebehandlung auf die Kaltbrüchigkeit von niedriggekohltem Stahl. K. F. Starodubow und Ju. S. Borkowski. (Hochschulnachr. [Moskau], Eisenmetallurgie **1961,** Nr. 1, 166—69; Dnepropetrowsk, Metallurg. Inst.; russ.) — Proben aus einem Stahl mit 0,19(%) C, 0,54 Mn, 0,27 Si, 0,018 P, 0,020 S, 0,11 Cr u. 0,06 Ni mit 20, 36 u. 55 mm ∅ bei 230 mm Länge werden in angesäuertem kaltem W. von 900° abgeschreckt u. bei verschied. Temp. angelassen. Es wird der Einfl. dieser Wärmebehandlung auf die Kaltbrüchigkeit, bes. auf die Höhe der oberen krit. Versprödungstemp. T_k ermittelt. Das Härten erhöht wesentlich die Kerbschlagzähigkeit im gesamten Unters.-Temp.-Bereich. Die obere krit. Versprödungstemp. wird auf die Seite niedrigerer Temp. um 20—60° in Abhängigkeit vom ∅ der Probe verschoben. Das Anlassen nach dem Härten bewirkt eine noch größere Erniedrigung von T_k. Diese wird bei einer Erhöhung der Anlaßtemp. auf 400—450° festgestellt. Ein Anlassen über 450°, das die Schlagzähigkeit im gesamten Unters.-Temp.-Bereich erhöht, erniedrigt dagegen nicht die obere krit. Versprödungstemperatur. Der Einfl. der Erniedrigung der Lage von T_k beim Härten wächst mit der Zunahme des Probendurchmessers. Aus einem Vgl. der Veränderung von T_k in Abhängigkeit von der Temp. des nachfolgenden Anlassens sowie vom Probendurchmesser kann man schließen, daß entweder die Strukturen die größte Zähigkeit besitzen, die aus Austenit-Zerfallsprodd. bestehen, welche sich bei Temp. von 400—450° bilden, oder die die durch Anlassen bei diesen Temp. erhalten werden, wenn die Abkühlungsgeschw. beim Abschrecken so hoch ist, daß der Austenit bei niedrigeren Temp. zerfällt. H. Hochstein. 197□

Über den Einfluß der Stahlungleichmäßigkeit hinsichtlich des elektrischen Widerstandes auf die Phasenumwandlungen bei Elektrowärmebehandlung. N. M. Rodigin. (Metallphysik u. Metallkunde [UdSSR] **6,** Nr. 2, 315—20, 1958; Inst. für Metallphys. der Ural-Zweigstelle der Akad. der Wiss. der UdSSR; russ.) — Die elektr.

Erwärmung wird mit einer normalen Erwärmung verglichen u. es werden die Besonderheiten der Erwärmung von Stahl, welcher Mikrobereiche mit ungleichmäßigen physikal. Eigg. besitzt, behandelt. Der Einfl. einer ungleichmäßigen Erwärmung auf Phasenumwandlungen im Stahl sowie die Neuverteilung der Wärme-Entw. während der Elektrowärmebehandlung werden untersucht. Hierbei zeigt sich, daß außer einer Wärme-Entw. im Innern des Gegenstandes u. hoher Erwärmungsgeschw. die Besonderheiten der Elektrowärmebehandlung in einer ungleichmäßigen Wärmeabgabe in Mikrobereichen bestehen, die einen verschiedenen spezif. elektr. Widerstand besitzen. Prakt. beginnt ein merklicher Einfl. dieses Faktors auf die Phasenumwandlungen bei einer bestimmten, von der Stahlstruktur abhängigen Erwärmungsgeschwindigkeit. Die Neuverteilung der Wärmeenergie bei der elektr. Erwärmung des Stahles hängt von der Form u. der Lage der Mikrobereiche mit dem ungleichmäßigen elektr. Widerstand ab. In Ggw. kugeliger Carbideinschlüsse im Stahl, die einen großen elektr. Widerstand haben, wird die Abgabe von Wärmeenergie im Vgl. zu einer Erwärmung des Grundmetalles mit einem geringen Widerstand geringer sein. Die Wärmeabgabe je Raumeinheit in Mikrobereichen in Art eines Netzwerks mit großem spezif. elektr. Widerstand wird größer als im Restmetall sein, das einen geringeren Widerstand besitzt. Eine ungleichmäßige elektr. Erhitzung unterschiedlicher Mikrobereiche bewirkt infolge der räumlichen Unterschiede eine Verformung u. Kristallgitterverzerrungen oder eine therm. Verfestigung. Eine ungleichmäßige Erwärmung des Metalles in der Umgebung der Carbideinschlüsse zeigt einen wesentlich geringeren Einfl. auf den Warmbehandlungsprozeß als der Haupteffekt der ungleichmäßigen Wärmeabgabe im Bereich einer einzigen Phase. Bei der Austenitbldg. tritt infolge einer örtlichen Veränderung des elektr. Widerstandes eine kontinuierliche Neuverteilung des elektr. Stroms u. der Wärmeenergie auf. Die ungleichmäßige Erwärmung infolge ungleichmäßiger Zus. u. infolge der Neuverteilung der Wärmeenergie beeinflußt die Entstehung u. Entw. des Austenitisierungsprozesses. Mit einer Zunahme der Carbidkugeln über eine bestimmte Größe hinaus kann der Einfl. der Kristallgitterverzerrung oder der inneren therm. Verfestigung auf die Entstehung von Keimen durch eine relative Abnahme der Dehnungsgrenzen kompensiert werden.

H. Hochstein. 197□

Adsorption, Diffusion und Desorption von Wasserstoff in Eisen und sehr weichem Stahl. Henri Veysseyre, Pierre Azou und Paul Bastien. (C. R. hebd. Séances Acad. Sci. **254,** 281—83, 8/1. 1962; Centre de Rech. de Phys. des métaux; franz.) — Vff. bestimmen den Diffusionskoeff. (D) von Wasserstoff in weichem Stahl bei 25°. Er diffundiert quer durch die Seitenwandung eines Rohres aus weichem Stahl. Dieses Rohr wird als Kathode geschaltet; vorher wurde es bei 900° 1 Std. geglüht. Als Anode dient spektroskop. reiner Graphit, als Elektrolyt 1 n HCl. Die Temp. des Elektrolyten wird bei $25 \pm 0,02°$ gehalten, der Druck im Rohr bei 10^{-4} Torr. Mißt man die hindurch diffundierte Gasmenge als Funktion der Zeit, dann diffundiert am Anfang des Versuchs etwa 1—2 Std. kein Wasserstoff durch das Rohr. Erst am Ende dieser Zeit steigt die hindurchdiffundierte Gasmenge entsprechend der Theorie mit der Zeit an. Es ist $27 \cdot 10^{-7}$ cm²/s $< D_{25} <$ $30 \cdot 10^{-7}$ cm²/s.

I. Zoll. 197◇

Untersuchung der beim Anlassen von Martensit entstehenden Carbide mit Hilfe der Elektronenmikroskopie und Elektronenbeugung. Tibor Baumann und René Faivre. (C. R. hebd. Séances Acad. Sci. **254,** 96—98, 3/1. 1962; franz.) — Vff. untersuchen die Bldg. von faserigem ε-Carbid u. lamellenartigem Zementit an den Korngrenzen der Zwillingskristalle in Martensit, der von 1000° abgeschreckt u. 24 Stdl lang bei 120—360° angelassen wurde. Ausgangsmaterial waren Carbonyleisen u. Zuckerkohle, die im Induktionsofen im Vakuum legiert wurden. Die Leg. enthielt 1,5% C; 0,05% Al; 0,015% N; etwa 0,015% Cr; Mn; Si. Zwischen 160 u. 200° zeigt die Elektronenbeugungsaufnahme deutlich die Faserstruktur des ε-Carbids. Zwischen 200 u. 300° treten ε-Carbid u. Zementit nebeneinander auf u. oberhalb 300° beobachtet man nur nach lamellenartigen Zementit. Vff. nehmen an, daß die ε-Carbid-Bldg. eng an die Existenz der Zwillingskristalle im Martensit gebunden ist.

I. Zoll. 197◇

Untersuchung der Löslichkeit von Kohlenstoff in Austenit durch Röntgenbeugung. Paul Gendrel, Charles Crussard und Léon Jacqué. (C. R. hebd. Séances Acad. Sci. **254,** 276—78, 8/1. 1962; franz.) — Die maximale Löslichkeit von Kohlenstoff in Austenit bei 1000° sowie der Einfl. von O_2 auf diese maximale Löslichkeit wird durch Best. der jeweiligen Gitterparameter der festen Lsgg. gemessen. Die Ergebnisse stimmen mit den, nach einer thermogravimetr. Meth. erhaltenen, überein. Die Löslichkeitsgrenze liegt für Austenit mit Sauerstoff-Konzz. von $20 \cdot 10^{-6}$ bei 1% C u. für Austenit mit $650 \cdot 10^{-6}$ bei 1,5% C (Temp. 1000°). I. Zoll. 197◇

Über die Carburierung von im Zonenschmelz-Verfahren gereinigtem Eisen mit einem Wasserstoff–Methan-Gemisch. Paul Gendrel und Léon Jacqué. (C. R. hebd. Séances Acad. Sci. **254**, 1055—57, 5/2. 1962; franz.) — Vgl. vorst. Referat. — Vff. vergleichen die Kinetik der Carburierung u. die Löslichkeit von Kohlenstoff in der γ-Phase von zwei Fe-Sorten. Einmal wurde das Fe(P) durch Behandlung in H_2 u. Schmelzen im Vakuum in üblicher Weise gereinigt, zum anderen wurde Fe (ZF) nach dem Zonenschmelz-Verf. gereinigt. Die Leg. ZF mit dem größeren Reinheitsgrad besitzt eine größere katalyt. Aktivität als P. ZF löst weniger Kohlenstoff als P, eine bekannte Eig., die mit dem Geh. an Verunreinigungen zusammenhängt. Daher werden auch bei ZF nicht so anomal hohe C-Geh. von etwa 1,4% wie bei P beobachtet. I. Zoll. 197◇

Ursachen der Bedingungen, die zur Polygonisation von zonengeschmolzenem Eisen nach Oxydation bei hoher Temperatur führen. Jacques Maldy. (C. R. hebd. Séances Acad. Sci. **254**, 272—74, 8/1. 1962; Vitry, C. N. R. S., Labor.; franz.) — Für das Auftreten der Polygonisation ist in erster Linie die Reinheit des Eisens ausschlaggebend. Bei weniger reinen Sorten tritt keine Polygonisation auf. Weiteren Einfluß haben Dauer u. Temp. bei der Oxydation sowie der Abkühlungsprozeß. I. Zoll. 197◇

Bemerkung zur vorhergehenden Arbeit. Georges Chaudron. (C. R. hebd. Séances Acad. Sci. **254**, 274—75, 8/1. 1962; Vitry, C. N. R. S., Labor.; franz.) — Die Verunreinigungen des Metalls in der Umgebung der Zwischenschichten u. der Oxydationsprozeß sind die Ursachen für die Strukturfehler dieser Zwischenzonen. I. Zoll. 197◇

Über Phasenumwandlungen bei mechanischen Prüfungen einfacher Kohlenstoffstähle. B. A. Apajew und Ju. A. Ssyssujew. (Hochschulnachr. [Moskau], Eisenmetallurgie **1960**, Nr. 5, 91—92; Gorki, phys.-techn.-Forsch.-Inst.; russ.) — Bei der mechan. Prüfung einfacher C-Stähle erfährt die Phasenzus. eine wesentliche Veränderung u. daher werden die gewöhnlich auf den Ausgangszustand bezogenen Festigkeitswerte in Wirklichkeit durch eine Struktur mit einer anderern Phasenzus., die sich am Ort des Bruches bildet, bedingt. H. Hochstein. 200□

Spannungsrelaxation bei der Martensitumwandlung des Restaustenits. W. Ja. Subow, Ss. W. Gratschew und Ja. A. Pessin. (Hochschulnachr. [Moskau], Eisenmetallurgie **1960**, Nr. 5, 115—20; Uraler Polytechn.-Inst.; russ.) — Es wird dargelegt, daß die Relaxation als gewisser selbständiger Mechanismus der Plastizitätserscheinung angesehen werden kann. Gleichzeitig ist dieser Mechanismus ein Sonderfall der Plastizitätserscheinung bei Phasenumwandlungen. Es wird angenommen, daß das Anlegen eines äußeren Spannungsfeldes zu einer elast. Gitterverformung des Restaustenits führt. Bei der martensit. Umwandlung bildet sich ein neues Kristallgitter. Es entsteht ein aus dem durch ein äußeres Kraftfeld unter Spannung versetzten Restaustenit aufs neue gebildetes Martensitgitter in solchen kristallograph. Ebenen u. erlangt dieselbe Orientierung in besonderen Körnern, bei der ein stabilerer, einem Minimum an freier Energie des Syst. entsprechender Kristallgitterzustand erreicht wird, demzufolge eine Schwächung der Spannungen (Relaxation) auftritt. Die Bldg. der martensit. Bereiche führt zu einer Neuverteilung der Spannungen zwischen den Prodd. des isotherm. Zerfalls, dem nicht umgewandelten Austenit u. dem sich aufs neue gebildeten Martensit. Der Relaxationsprozeß bei der Martensitumwandlung wird offenbar nicht infolge der Annahme der Festigkeitswerte des Stahles, sondern durch Gleitverformungen hervorgerufen. Bei dieser Umwandlung tritt ein Diffusionsprozeß nicht auf. Der augenblickliche Austenitgitterausbau in Martensit, der auf bestimmten kristallograph. Ebenen auftritt, wird von einer Verfestigung begleitet. H. Hochstein. 200□

Untersuchung des Einflusses einer vorherigen Kaltverformung auf das Kriechverhalten. G. I. Nossowa und W. M. Rosenberg. (Metallphysik u. Metallkunde [UdSSR] **6**, Nr. 2, 321—25, 1958; Zentr. Forsch.-Inst. für das Eisenhüttenwes.; russ.) — Bei relativ niedrigen Temp. (unter 600°) wird das Verh. von Fe–Ni–Cr-Mischkristallen mit 0,035 (%) C, 0,19—0,79 Mn, 40,23—41,76 Ni, 14,00—14,23 Cr, 0 oder 10 bis 20 Co, Rest Fe bei langsamer plast. Verformung hauptsächlich von der

Struktur bestimmt. Bei verhältnismäßig hohen Temp., bei denen eine Struktur erhöhter Festigkeit nicht erhalten werden kann, ist die chem. Zus. der festen Lsg. wichtig, welche die Festigkeit der Bindungen im Kristallgitter bestimmt. Die Kriechgeschw. der durch Kaltverformung verfestigten u. zuvor nicht stabilisierten Proben wird im Temp.-Bereich des Rekristallisationsablaufs stark erhöht. Bei gleichzeitiger Temp.- u. Spannungs-Einw. tritt eine Entfestigung der zuvor verformten Proben in größerem Maße auf als nur unter dem Einfl. der Temp. allein. H. Hochstein. 200□

Über die Mikroskopie der Kriechvorgänge gewisser Aluminiumlegierungen. Henry Martinod, Jean Calvet und Christiane Renon. (C. R. hebd. Séances Acad. Sci. **254,** 90—92, 3/1. 1962; Châtillon-sous-Bagneux, O. N. E. R. A.; franz.) — Die Verss. wurden an warmfesten Al-Legg. durchgeführt bei Temp. zwischen 80 u. 200° u. einer Beobachtungszeit von 1—1000 Stunden. Werden diese Legg. bei erhöhter Temp. gehärtet, dann bilden sich in der Struktur kleine Hohlräume aus. Nach dem Kriechprozeß bilden sich kleine Risse u. Spalten, die von diesen Hohlräumen ausgehen u. für den Prozeß charakterist. sind. Man hat sie sonst niemals beobachtet, selbst nicht bei Warmziehversuchen. Die Zahl der Risse hängt von den Bedingungen des Kriechprozesses ab, wie zeitliche Dauer, Geschw. des Vorganges u. Temperatur. I. Zoll. 200◇

In Torsionsschwingungen ausführenden Aluminiumstäben erzeugte Temperatur. Oscar W. Dillon jun. (J. appl. Physics **33,** 3100—05, Okt. 1962; Baltimore, Md., Johns Hopkins Univ.; engl.) — Handelsübliches Rein-Al (1100-0) wurde zwei Std. lang bei 1100° angelassen, im Ofen abgekühlt u. danach in einer einfachen App. einer Torsion unterworfen. Bei genügend langen Vers.-Zeiten traten dabei Temp. bis zu 500°F auf. Unregelmäßigkeiten in den Erwärmungskurven werden makroskop. Rißbldg. im Material zugeschrieben. Die Verss. zeigen, daß bei der mathemat. Beschreibung der Verformung von Metallen unterhalb des elast. Bereichs ein Wärmebildungsausdruck hinzugefügt werden sollte. H. Roschkowski. 200◇

Über den Mechanismus der Entstehung von Ermüdungsrissen in Metallen. W. Ss. Iwanowa. (Nachr. Akad. Wiss. UdSSR, Abt. techn. Wiss., Metallurgie Brennstoffe **1961,** Nr. 3, 77—81, Mai/Juni; Inst. für Metallurg. der Akad. der Wiss. der UdSSR; russ.) — Vgl. C. **1961,** 16027. — Auf Grund einer krit. Auswertung von 19 Literaturstellen wird festgestellt, daß das Auftreten des einen oder anderen Mechanismus der Entstehung von Dauerrissen von der Natur des zu untersuchenden Metalles u. den Unters.-Bedingungen abhängt. H. Hochstein. 200□

Reibung und Verschleiß harter Festkörper bei hohen Gleitgeschwindigkeiten. D. R. Miller. (Proc. Roy. Soc. [London], Ser. A **269,** 368—84, 4 Tafeln, 25/9. 1962; Cambridge, Univ. of Cambridge, Cavendish Labor., Phys. and Chem. of Solids; engl.) — Vf. berichtet über Reibungs- u. Verschleiß-Unterss. an Al_2O_3 (Saphir), TiO_2 (Rutil), TiC, SiC, Diamant u. SiO_2 an Metalloberflächen bei Geschw. von 700 m/s. Es zeigt sich, daß bei diesen Substanzen ein erheblicher Abrieb auftreten kann, auch wenn sie an Metallen erheblich geringerer Härte gerieben werden. Vf. nimmt an, daß dieser anomale Effekt durch die verschleißfördernde Wrkg. kleiner Teilchen aus dem harten Körper, die aus diesem herausgebrochen werden u. über die Oberfläche schleifen, verursacht wird. Beim Diamant nimmt Vf. eine teilweise therm. Transformation in amorphes C an, die den Verschleißprozeß begleitet. G. M. Neumann. 200□

A₇. Gleichgewichte. Kinetik

Additionsverbindungen zwischen Kupferkomplexen und organischen Basen. R. C. Traill. (Nature [London] **186,** 631, 21/5. 1960; Melbourne, Victoria, Royal Melbourne Techn. Coll.; engl.) — Vf. erörtert die Bindungsverhältnisse von Additions-Verbb. zwischen Cu(II)-Komplexen, wie Cu(II)-Acetylacetonat u. Pyridin u. a. organ. Basen. Die Graddonsche Deutung eines 5fach koordinierten Cu-Komplexes (C. **1962,** 2300) ist nicht die einzig mögliche u. auch nicht die wahrscheinlichste Interpretation. Aus Verss. über die katalyt. Wrkg. solcher Basen zusammen mit p-Kresol, A. u. wahrscheinlich Aceton auf die Mutarotation von Be- u. Al-Benzoylcampher, gelöst in Chlf. oder CCl_4, (vgl. Lowry u. Traill, Proc. Roy. Soc. [London], Ser. A **132,** [1931], 416 u. früher; Traill, Philos. Mag. **13,** [1932], 225) nimmt Vf. an, daß die von Graddon verwendeten Basen auf ähnliche Weise in der Lage sind, einen Teil der Chelatgruppe abzulösen. Unklar bleibt jedoch, warum nur ein Mol. der Base an das Metallatom gebunden ist. Weiterhin wird der Einfl. des Lsgm. erörtert. P. Frenzel. 223□

Verbindungen des Platins mit Äthanolamin. 3. Mitt. Ch. I. Gildengerschel. (J. anorg. Chem. [UdSSR] **3**, 1326—33, Juni 1958; russ.) — 2. vgl. C. **1961**, 17140. — Die Säuredissoziationskonst. K = $[Pt(Amin)_2XOH][H^+]/[\{Pt(Amin)_2XH_2O\}^+]$ (X = J, Cl, OH) folgender durch Hydratation der entsprechenden Nichtelektrolyte nach $[Pt(Amin)_2X_2] + H_2O \rightarrow [Pt(Amin)_2XH_2O]X$ entstandenen Aquokomplexe des Pt(II) mit Äthanolamin (Ä) wurden durch Leitfähigkeits- u. pH-Messungen bzw. durch Titration bei 25° (X = J, Cl) bzw. 18° (X = OH) bestimmt: cis-$[Pt(Ä)_2JH_2O]^+$ K = $9{,}8 \cdot 10^6$; trans-$[Pt(Ä)_2JH_2O]^+$ $2{,}6 \cdot 10^6$; trans-$[Pt(Ä)_2ClH_2O]^+$ $2{,}7 \cdot 10^{-5}$; trans-$[Pt(Ä)(NH_3)ClH_2O]^+$ $2{,}1 \cdot 10^{-5}$; trans-$[Pt(Ä)_2(OH)H_2O]^+$ $5{,}7 \cdot 10^{-6}$; trans-$[Pt(Ä)(NH_3)(OH)H_2O]^+$ $1{,}4 \cdot 10^{-6}$. Die Leitfähigkeiten der $[Pt(Amin)_2X_2]$-Lsgg. erreichen nach einiger Zeit bei den Ä-Komplexen infolge stärkeren Grades des Austausches von X gegen H_2O größere Werte u. die ermittelten Dissoziationskonst. sind größer als bei den entsprechenden NH_3-Komplexen. Die Ergebnisse werden durch den im Vgl. zu NH_3 größeren cis-Effekt von Ä erklärt. Durch potentiometr. Titration mit Lauge wurden folgende Säuredissoziationskonst. (bei 25°) der Pt(IV)-Komplexe $[Pt(Ä)_x(NH_3)_{4-x}Cl_2]Cl_2$ (x = 1—4) ermittelt: $K_{x=1} = 3{,}5 \cdot 10^{-11}$; $K_{x=2;\,trans} = 3{,}8 \cdot 10^{-11}$; $K_{x=2;\,cis} = 4{,}5 \cdot 10^{-11}$; $K_{x=3} = 9{,}1 \cdot 10^{-11}$; $K_{x=4} = 1{,}28 \cdot 10^{-10}$. Es wird angenommen, daß der cis-Effekt des Äthanolaminliganden z. T. auf dem Einfl. der OH-Gruppe des Liganden beruht. G. Winkhaus. 223◇

Die Thermodynamik der mit 2.2'-Dipyridyl und Übergangsmetallionen gebildeten Komplexe. Gordon Atkinson und John E. Bauman jun. (Inorg. Chem. [Washington] **1**, 900—04, Nov. 1962; Ann Arbor, Mich., Univ. of Michigan, Dep. of Chem.; engl.) — Vf. bestimmten potentiometr. die Bldg.-Konst. für die *Mn(II)*-, *Ni(II)*-, *Cu(II)*- u. *Zn(II)*-Komplexe des 2.2'-Dipyridyls (dipy): $M^{2+} + B \overset{k_1}{\rightleftharpoons} MB^{2+}$; $MB^{2+} + B \overset{k_2}{\rightleftharpoons} MB_2^{2+}$; $M^{2+} + 2B \overset{\beta_2}{\rightleftharpoons} MB_2^{2+}$, sowie ΔF, ΔH (calorimetr. u. potentiometr.) u. ΔS bei 25° u. einer Ionenstärke von 1 m ($NaClO_4$) zu: Mn(II): (log k_1 =) 4,06; (log k_2 =) 3,78; (log β_2 =) 7,84; (log k_3 =) 3,63; (log β_3 =) 11,47; (— ΔF_1 =) 5,53 (kcal/Mol); (— ΔF_2 =) 5,16; (— ΔF_3 =) 4,95; (— ΔH/Stufe =) 4,30 (kcal/Mol); (ΔS_1 =) 4,1 (Entropieeinheiten); (ΔS_2 =) 2,9; (ΔS_3 =) 2,2. — Ni(II): 6,80; 6,46; 13,26; 5,20; 18,46; 9,27; 8,81; 7,09; 8,03; 4,0; 2,5; — 3,3. — Cu(II): 6,94; 5,74; 12,68; —; —; 9,47; 7,83; —; 8,33; 3,8; — 1,7; —. — Zn(II): 4,89; 4,58; 9,47; 4,27; 13,74; 6,67; 6,25; 5,82; 5,27; 4,7; 3,3; 1,8. — Die aufeinanderfolgende Abnahme von ΔF während der stufenweisen Komplex-Bldg. ist hauptsächlich ein Entropieeffekt. Die Stabilität der Cu(II)-Komplexe des dipy ist niedriger als die der Komplexe des Äthylendiamins. Für den Ni(II)-Komplex wurde thermodynam. die Stabilisierungsenergie für die Rk. $[Ni(H_2O)_6]^{2+} + 3$ dipy $\rightleftharpoons [Ni(dipy)_3]^{2+} + 6\,H_2O$ zu 9,6 kcal/Mol ermittelt u. mit dem spektroskop. bestimmten Wert verglichen. P. Scharner. 223◇

Der Einfluß der Metallchelatbildung auf die Struktur von Chelidamsäure. Saswati P. Bag, Quintus Fernando und Henry Freiser. (Inorg. Chem. [Washington] **1**, 887—90, Nov. 1962; Tucson, Ariz., Univ. of Arizona, Dep. of Chem.; engl.) — Die pK-Werte von 2.6-Dicarboxy-4-hydroxypyridin (**I**, Chelidamsäure) in W. bei 25° wurde potentiometr. u. spektralphotometr. (bei 260 mμ) bestimmt: $pK_1 < 2$; pK_2 3,47 ± 0,01 (potentiometr., μ = 0,005); 3,2 ± 0,1 (spektralphotometr., μ = 0,1); pK_3 11,4 ± 0,1 (μ ca. 0,01); 10,8 ± 0,1 (μ = 0,1). Metallchelat-Bldg. verstärkt die Dissoziation an der 4-Hydroxygruppe von **I**, das Ausmaß dieses Einfl. variiert mit dem an der Chelat-Bldg. beteiligten Metallion. Der pK_a-Wert der OH-Gruppe bei den Metallchelaten von **I** nimmt in der Reihe Cu(II) < Co(II) < Zn(II) < Ni(II) < Mn(II) zu. P. Scharner. 223◇

Bildungskonstanten von Komplexen, die durch Wechselwirkung von N'-Hydroxyäthyläthylendiamin-N.N.N'-triacetatoseltenerdmetallkomplexen mit einer äquivalenten Menge Base gebildet werden. Asim K. Gupta und Jack E. Powell. (Inorg. Chem. [Washington] **1**, 955—56, Nov. 1962; Ames, Iowa, Iowa State Univ., Inst. for Atomic Res. and Dep. of Chem.; engl.) — Folgende Bldg.-Konst. log K_{RChOH} wurden für die Monohydroxo-N'-hydroxyäthyläthylendiamin-N.N.N'-triacetatoseltenerdmetallchelate bei 25° bestimmt: *Y* 4,76 ± 0,05; *La* 3,46 ± 0,03; *Pr* 3,69 ± 0,07; *Nd* 3,59 ± 0,06; *Sm* 3,70 ± 0,06; *Eu* 4,03 ± 0,03; *Gd* 3,98 ± 0,07; *Tb* 4,52 ± 0,07; *Dy* 4,88 ± 0,04; *Ho* 5,12 ± 0,04; *Er* 5,14 ± 0,05; *Tm* 5,11 ± 0,04; *Yb* 5,21 ± 0,06; *Lu* 5,13 ± 0,09. P. Scharner. 223◇

Beitrag zur Untersuchung der Löslichkeit von Calciumcarbonat. Gaston Grèzes und Michel Basset. (C. R. hebd. Séances Acad. Sci. **254**, 263—65, 8/1. 1962; Paris, Conserv. Nat. des Arts et Métiers, Labor. de Chim. Agr. et biol.; franz.) — Das Syst. $CaCO_3-CO_2-H_2O$ wird theoret. untersucht. Die Löslichkeit von $CaCO_3$, als Funktion des CO_2-Druckes aufgetragen, weist auf ein Minimum (P_0) hin. Da mit abnehmendem CO_2-Druck die Druckmessung sehr schwierig wird, konnte P_0 nicht genau bestimmt werden. Vf. bestimmt theoret. den pH-Wert bei P_0 im Syst. reines W.—Carbonat u. ermittelt so die Löslichkeitskurven bis P_0, sowie weiterhin die Löslichkeitskurve von Kalk. Wird der Schnittpunkt der Löslichkeitskurven von Carbonat u. Kalk mit P_1 bezeichnet, dann ergeben sich bei 25° folgende pH-Werte: P_0, pH 9,957; P_1 pH 12,489. I. Zoll. 224◇

Löslichkeit von amorphem Aluminiumphosphat. A. W. Taylor und E. L. Gurney. (Soil Sci. **93**, 241—45, April 1962; Wilson Dam, Ala., Tennessee Valley Authority, Div. of Chem. Dev., Fund. Res. Branch; engl.) — Amorphes Al-Phosphat wurde durch Lösen von Al-Draht in H_3PO_4, Filtrieren, Verdünnen mit W., Erhitzen auf 100° u. Zentrifugieren oder durch Filtrieren der Lsg. nach Zugabe von Aceton hergestellt. Teilchen-∅ war ca. 0,03 μ. Das amorphe Phosphat löst sich in W. inkongruent unter Bldg. einer Lsg. mit pH zwischen 2,6 u. 4. Aus den Daten geht hervor, daß sich in der Lsg. komplexe Al-Phosphat-Ionen bilden. H.-G. Moslé. 224□

Verhalten von Silberchlorid in Chloridlösungen. A. K. Loschakowa. (Nchr. Akad. Wiss. KasachSSR, Ser. Bergbau, Metallurgie, Bauwes. Baumater. **1957**, Nr. 5, 37—51; russ., Auszug: kasach.) — Die besten Lsgm. für AgCl sind Lsgg. von $FeCl_3$ u. NaCl. Ein Zusatz an CuCl u. $CuCl_2$ fördert die Auflösung von AgCl in konz. NaCl-Lsgg. Die Ggw. von $FeCl_3$ erhöht oberhalb 60° die Löslichkeit von AgCl in NaCl-Lsgg. verschiedener Konz.; $FeCl_2$ u. $PbCl_2$ sind in diesen Lsgg. ohne Einfluß. $ZnCl_2$ setzt die Konz. an AgCl in konz. NaCl-Lsgg. stark herab. G. Rudakoff. 224□

Die Löslichkeit von $Pd(NH_3)_2Cl_2$ in Elektrolytlösungen. Richard A. Reinhardt. (Inorg. Chem. [Washington] **1**, 839—42, Nov. 1962; Monterey, Calif., U.S.Nav. Postgraduate School, Dep. of Metallurgy and Chem.; engl.) — Vf. bestimmte die Löslichkeit von trans-$Pd(NH_3)_2Cl_2$ (**I**) bei 25° in Lsgg. von NH_4NO_3, NH_4Cl u. NaCl, in denen die Basenhydrolyse unterdrückt wird. Die Ergebnisse werden auf der Grundlage der Gleichgew.: **I** (fest) $\rightleftharpoons$ $Pd(NH_3)Cl_2 \cdot$ (aq) u. $Pd(NH_3)_2 \cdot Cl_2$ (aq) + $H_2O \rightleftharpoons [PdCl(H_2O)(NH_3)_2]^+ + Cl^-$ gedeutet. Die Konz. des neutralen, gelösten **I** in der gesätt. Lsg. wurde zu $9{,}5 \cdot 10^{-4}$ Mol/Liter u. die Gleichgew.-Konst. der Hydratation zu $3{,}9 \cdot 10^{-3}$ ermittelt. P. Scharner. 224◇

Anwendung eines mit hoher Geschwindigkeit arbeitenden elektronischen Rechenautomaten in der Kinetik der Diffusion. 3. Mitt. Verarmung des gelösten Stoffes in dem zylindrischen Einradikal-Einsubstanzen-Modell. Hugo Fricke und David L. Phillips. (J. chem. Physics **34**, 905—08, März 1961; Argonne, Ill., Argonne Nat. Labor., Chem. and Appl. Math. Div.; engl.) — 2. vgl. C. **1961**, 2199. — Frühere Unterss. der kinet. Eigg. eines zylindr. Einradikal–Einsubstanzen-Modells wurden durch Berücksichtigung der fortschreitenden Verdünnung des gelösten Stoffes während der Rk. erweitert. Für jeden experimentell interessanten Wert der vier dimensionslosen Parameter $E = N_0d/2\,\pi D$, $B = b^2\beta C_0/4\,D$, β/α u. D_1/D, durch die sich das Problem beschreiben läßt, kann durch Interpolation der Bruchteil der Radikalrekombinierung I_R berechnet werden. Unter Bedingungen, die von prakt. Interesse sind, ist der Einfl. der Verarmung des gelösten Stoffes auf I_R nur dann nennenswert, wenn das Verhältnis der Geschw.-Konst. der Rkk. zwischen Radikal u. gelöstem Stoff einerseits u. zwischen Radikal u. Radikal andererseits $> 0{,}1$ ist. Der Diffusions-Koeff. des gelösten Stoffes beeinflußt den Einfl. der Verarmung auf I_R nur schwach. D. Noack. 225◇

Konvektive Diffusion in Grenzschichten beim Fließen innerhalb eines Winkels. Ss. I. Anissimow und Ju. W. Chodyko. (Ber. Akad. Wiss. BelorussSSR **6**, 19—21, Jan. 1962; Inst. für Phys. der Akad. der Wiss. der BelorussSSR; russ.) — Die Geschw. einer großen Zahl heterogener chem. Rkk. wird durch die Kinetik der Diffusion bestimmt, wobei die Verteilungs-Konzz. gelöster Stoffe in Grenzschichten durch einen zu berechneten Diffusionsstrom zur Oberfläche bekannt werden. Für diesen Fall geben Vff. mathemat. Beziehungen an. W. D. Heußner. 225□

Apparat zur Untersuchung der Reaktionskinetik nach der optischen Methode. L. I. Budarin und K. Je. Prik. (Betriebs-Lab. [UdSSR] **26**, 1018—20, 1960;

Iwanowo, Chem.-technol. Inst.; russ.) — Beschreibung einer App. zur Unters. der Rk.-Kinetik nach der opt. Methode. S. Baryschnikow. 225

Mechanismus von Bildungsreaktionen mit Chemiluminescenzemission mit Sauerstoffatomen. M. A. A. Clyne und B. A. Thrush. (Proc. Roy. Soc. [London], Ser. A **269**, 404—18, 25/9. 1962; Cambridge, Dep. of Phys. Chem.; engl.) — Vff. berichten über Unterss. der Intensität der Chemiluminescenz von CO_2 bei der Rk. von CO mit O (A) sowie von NO_2 bei der Rk. von NO mit O (B) im Temp.-Bereich von 200—300°K in einem schnell strömenden System. Die Intensitäten gehorchen der Beziehung $I = I_0[O][XO]$, wobei I_0 von dem inerten Trägergas abhängig ist (O_2, N_2, Ar, Ne u. He). Aus dem Temp.-Verlauf ergaben sich folgende Beziehungen: $I_0(A) = 3 \cdot 10^6 \exp[+(1500 \pm 400)/RT]$ u. $I_0(B) = 6 \cdot 10^6 \exp[-(3700 \pm 500)/RT]$ in cm^3/Mol·s. Der Mechanismus der Rkk. verläuft über einen Dreikörperprozeß u. ein Großteil der Rk.-Prodd. wird im angeregten Zustand gebildet. Der negative Temp.-Koeff. bei der Rk. B erklärt sich aus einer Redissoziation angeregter NO_2-Moll. aus Schwingungsniveaus nahe an der Dissoziationsgrenze. Aus dem ursprünglichen Bldg.-Zustand gehen die Moll. strahlungslos in einen Zustand über, aus dem dann die Emission erfolgt, beim CO_2-Mol. muß dabei eine Energiebarriere überwunden werden, die die Aktivierungsenergie bedingt. G. M. Neumann. 225□

Die Hemmung der Knallgasreaktion durch Formaldehyd. R. R. Baldwin und D. W. Cowe. (Trans. Faraday Soc. **58**, 1768—81, Sept. 1962; Hull, Univ., Dep. of Chem.; engl.) — Vgl. C. **1962**, 10752. — Vf. berichten über die hemmende Wrkg. von HCHO auf die erste u. zweite Grenze der Knallgas-Rk. in mit KCl ausgekleideten Gefäßen bei 540°. Die Wirksamkeit verläuft umgekehrt proportional zum Molenbruch des O_2 u. hängt kaum vom Molenbruch des H_2 ab, d. h. die Abbruch-Rk. ist hauptsächlich in der Rk. H + HCHO zu sehen. Weitere Unterss. zeigen, daß die HCO-Radikale erhalten bleiben u. nicht an der Gefäßwand zerstört werden. Ferner läßt sich zeigen, daß bei der Rk. von HCO mit O_2 nicht der Rk.-Weg $HCO + O_2 \rightarrow CO_2 + OH$ eingeschlagen wird, sondern die Rkk. $HCO + O_2 \rightarrow CO + HO_2$ u. $HCO + O_2 \rightarrow HCO_3$ ablaufen. Die ermittelten Geschw.-Konst. stimmen mit bekannten Daten überein. G. M. Neumann. 225□

Wirksamkeit von Wasser als dritter Partner bei der Reaktion $H + O_2 + M$. R. R. Baldwin und C. T. Brooks. (Trans. Faraday Soc. **58**, 1782—88, Sept. 1962; engl.) — Vgl. vorst. Referat. — Die relative Wirksamkeit (m_{H_2O}) von H_2O als dritter Partner bei der Rk. $H + O_2 + M \rightarrow HO_2 + M$ wurde durch Best. des Einfl. von H_2O auf die zweite Grenze der $H_2 + O_2$-Rk. in mit KCl u. B_2O_3 ausgekleideten Gefäßen untersucht. Es zeigt sich, daß m_{H_2O} über einen Mischungsbereich von $H_2:O_2$ von 5:0 bis 1:8 unabhängig von der Gefäßoberfläche, der Temp. (460—540°) u. der Wasserdampf-Konz. (0,4—4%) konst. ist u. 6,4 ± 0,7 beträgt. G. M. Neumann. 225□

Die Rekombination von Atomen. 5. Mitt. **Jodatomrekombination in Stickstoffmonoxid.** G. Porter, Z. G. Szabó und M. G. Townsend. (Proc. Roy. Soc. [London], Ser. A **270**, 493—500, 1962; Sheffield, Univ., Dep. of Chem.; engl.) — 4. vgl. C. **1962**, 9636. — Vff. berichten über Unterss. der Rekombination von J in NO-Atmosphäre. Die Geschw.-Konst. dritter Ordnung ergibt sich zu $3 \cdot 10^{13}$ u. liegt damit wesentlich höher als in allen bisher untersuchten Systemen. Bei hohen NO-Konzz. nimmt die Rekombinationsgeschw. ab u. eine vorübergehende Absorption tritt auf, die Vff. auf *NOJ*-Moll. zurückführen. G. M. Neumann. 225◇

Lösungsmittel-Isotopie-Effekt in $H_2{}^{16}O$ und $H_2{}^{18}O$. Edward R. Thornton. (J. Amer. chem. Soc. **84**, 2474—75, 5/7. 1962; Philadelphia, Pa., Univ. of Pennsylvania, Dep. of Chem.; engl.) — Ergebnisse von Berechnungen der Gleichgew.-Konst. bei 25°, die durch den Isotopie-Effekt von ^{18}O in Rkk. mit reinem H_2O, OH^-- u. H_3O^+-Ionen sowie bei der Rk. $A(4\,H_2{}^{18}O) + 4\,H_2{}^{16}O \rightleftharpoons A(4\,H_2{}^{16}O) + 4\,H_2{}^{18}O$ auftreten [$A = F^-, Cl^-, Br^-, J^-$ (sechsfache Koordination), Li^+, Na^+, K^+, Rb^+, Cs^+]. Die Ergebnisse werden im Hinblick auf Unterss. mit reinem $H_2{}^{18}O$ diskutiert, bei denen neben einem prim. ^{18}O-Isotopie-Effekt auch der Lsgm.-Isotopie-Effekt berücksichtigt werden muß. E. Schiewer. 225□

Die Rolle der Mehrfachbindung bei Elektronenübergangsreaktionen. E. R. Nightingale jun. (J. physic. Chem. **64**, 162—63, Jan. 1960; Pittsburgh, Pa., Univ. of Pennsylvania, Dep. of Chem.; engl.) — Es wird der Einfl. von Mehrfachbindungen auf die Geschw. von Elektronenübergangs-Rkk. u. der Zusammenhang zwischen der Bindungsart der X–O-Bindung (X = Halogen) in JO_3^-, BrO_3^-, ClO_3^-, ClO_4^- u. JO_4^- u. deren Reaktivität untersucht; die interatomaren Abstände u. die

Mehrfachbindungsanteile werden nach verschiedenen Meth. berechnet. Die Abnahme der chem. Reaktionsfähigkeit in der Reihe $JO_3^- > BrO_3^- > ClO_3^-$, ClO_4^-, die mit der gegenüber der kovalenten Einfachbindung festgestellten Verkürzung der Bindungslänge parallel geht, wird mit der Zunahme des π-Bindungscharakters erklärt, wodurch die p-Orbitale des O nur noch in geringerem Maße für zwischenmol. Bindungen verfügbar sind. So ist nach Leitfähigkeits- u. Viscositätsmessungen JO_3^- im Vgl. zu den anderen XO_3^--Ionen beträchtlich stärker hydratisiert. Die Bindungsvorstellungen stehen mit den Ergebnissen der Rk. von XO_3^- mit SO_3^{2-} in saurer Lsg. u. der Red. von XO_3^- an der tropfenden Hg-Elektrode in Einklang.

F. Huber. 225□

Elektronenübergangsreaktionen von Halogenen und ihren Verbindungen. 1. Mitt. Eine kinetische Untersuchung des Gebietes der Unterbefunde bei der Bromat-Antimon(III)-Reaktion und die Bestätigung einer induzierten Oxydation durch Luft. E. Bishop, J. M. Ottaway und G. D. Short. (Analytica chim. Acta [Amsterdam] **27,** 528—40, Dez. 1962; Exeter, Devon, Univ., Washington Singer Labor.; engl.) — Bei Titration von Sb(III) mit $KBrO_3$ wurden im Gebiet der HCl-Konzz. zwischen ca. 0,3 u. 1,0 m Sb-Unterbefunde beobachtet, die auf die Oxydation von Sb(III) durch Luft-O_2 in der Induktionsperiode zurückgeführt werden konnten. Die Kinetik der Rk. zwischen BrO_3^- u. Sb(III) wurde untersucht, die Bedingungen für den quant. Ablauf der Rk. wurden ermittelt. Für die Oxydation von Sb(III) durch O_2 wird ein Mechanismus diskutiert. P. Kurzmann. 225◇

Zur pH-Abhängigkeit des Elektronenaustausches zwischen Thallium(I) und Thallium(III) in perchlorsaurer Lösung. H. J. Born, H. Vogg und G. Vogt. (Z. Elektrochem., Ber. Bunsenges. physik. Chem. **66,** 372—74, Juni 1962; München, TH, Inst. für Radiochem.; dt.) — Vgl. C. **1961,** 7147. — Vff. zeigen, daß die Abhängigkeit der Geschw. des Elektronenaustausches zwischen Tl(I) u. Tl(III) in $HClO_4$-Lsg. von der vorhandenen H^+-Konz. dadurch bewirkt wird, daß nur das Tl^{3+} zum Austausch befähigt ist. Die Hydrolyse-Prodd. sind nicht am Austausch beteiligt. Die Geschw.-Konst. für den Austausch Tl^{3+}/Tl^+ wird zu 0,12 Liter/Mol·Std. bestimmt. J. Kraetsch. 225◇

Die Kinetik der Reaktion Thallium(I)–Cer(IV) in salpetersaurer Lösung. Mary K. Dorfman und J. W. Gryder. (Inorg. Chem. [Washington] **1,** 799—805, Nov. 1962; Baltimore, Md., Johns Hopkins Univ., Dep. of Chem.; engl.) — Auf Grund der Geschw.-Daten für die Oxydation von Tl(I) durch Ce(IV) in 6,18 formalem HNO_3 bei 53,9 ± 0,1° wurde folgende Rk.-Mechanismus angenommen: $2Ce^{IV} \xrightarrow{K} (Ce^{IV})_2$; $Ce^{III} + Ce^{IV} \xrightarrow{K'} (Ce^{III}Ce^{IV})$; $Ce^{IV} + OH^- \underset{k_2}{\overset{k_1}{\rightleftharpoons}} Ce^{III} + OH$; $Tl^I + OH \underset{k_4}{\overset{k_3}{\rightleftharpoons}} Tl^{II} + OH^-$; $Tl^I + Ce^{IV} \underset{k_6}{\overset{k_5}{\rightleftharpoons}} Tl^{II} + Ce^{III}$; $Tl^{II} + Ce^{IV} \xrightarrow{k_7} Tl^{III} + Ce^{III}$ (Ce^{IV} = monomeres Ce(IV), $(Ce^{IV})_2$ = dimeres Ce(IV) u. $(Ce^{III}C^{IV})$ ein Dimeres aus einem Ce(III) u. einem Ce(IV). Durch Näherungs-Verff. wurden die Werte für die Gleichgew.-Konst. K u. K' sowie für eine Reihe spezif. Geschw.-Konst. berechnet, wobei die Rk.-Geschw. durch das Verschwinden von Ce(IV) ausgedrückt ist: $k_1 = 1{,}33 \cdot 10^{-5}$; $k_5 = 3{,}81 \cdot 10^{-4}$; $k_2/k_3 = 0{,}021$; $k_2k_4/k_3k_7 = 5{,}4 \cdot 10^{-5}$; $k_4/k_7 = 2{,}6 \cdot 10^{-3}$; $k_6/k_7 = 1{,}52 \cdot 10^{-3}$; K = 18; K' = 2; die Konzz. wurden in Mol/Liter u. die Zeit in Sek. gemessen.

G. Heller. 225◇

Anwendung der Methode der Selbstdiffusion zur Untersuchung des Bildungsmechanismus von Heteropolyverbindungen. Wikt. I. Spitzyn, F. M. Spiridonow und I. D. Kolli. (J. physik. Chem. [UdSSR] **32,** 1143—48, Mai 1958; Moskau, Lomonossow-Univ.; russ., Auszug: engl.) — Unter Verw. der radioakt. Isotopen ^{32}P u. ^{185}W wurde die Abhängigkeit des Selbstdiffusions-Koeff. vom pH-Wert in Na_2HPO_4- bzw. Na_2WO_4-Lsgg. mit den Atomverhältnissen P/W = 1 : 12 u. 1 : 6 untersucht. Die Diffusion des Phosphations wird in Ggw. von Wolframationen in saurem u. alk. Medium behindert, die Komplex-Bldg. beginnt bei pH 9—11. Die ersten Rk.-Prodd. sind anscheinend Anionen der Zus. $HPO_4^{2-} \cdot WO_4^{2-}$ oder $HPO_4^{2-} \cdot (WO_4^{2-} \cdot 2\,H_2O)$. Sie bilden sich wahrscheinlich durch Wasserstoffbrückenbindung. Das Phosphat–Wolframat-Ionenverhältnis in der Lsg. beeinflußt die Art des gebildeten Komplexes. Um zum gleichen Selbstdiffusionswert zu gelangen, muß mit steigender Wolframat-Konz. auch die Acidität ansteigen.

H. Roschkowski. 225□

Untersuchungen über die Kinetik der Oxydation von flüssigem Schwefel. 1. Mitt. Die Verdampfungsgeschwindigkeit des Schwefels in einem inerten Gasstrom. Witold

Kowalski. (Chem. stosowana **3**, 517—29, 1959; Gliwice, Politechn. Ślaska, Kat. Technol. Wielk. Przem. nieorgan.; pol.) — Die Verdampfungsgeschw. e von S im N_2-Strom bei 140—430° gehorcht der experimentell gefundenen Gleichung log e = — 1437,6/T + 3,512 · $V^{0,087}$ (T in °K, V = lineare Strömungsgeschw. des Trägergases in cm/s, e in mg/Min · cm^2). — 11 Literaturangaben. F. Urban. 225□

Die Reaktion von aktivem Stickstoff mit dem flüssigen Siloxanheptameren D_7. Joseph L. Weininger. (J. Amer. chem. Soc. **83**, 3388—90, 20/8. 1961; Schenectady, N. Y., Gen. Electr. Res. Labor.; engl.) — Die Rk. von akt. Stickstoff (**I**) mit dem fl. cycl. Siloxanheptameren D_7, $[(CH_3)_2SiO]_7$ (**II**), wird zwischen —24 u. 136° u. die mit n-Hexadecan (**III**) bei 26° quant. untersucht. Beim Durchleiten von **I** durch **II** wird dieses nur teilweise angegriffen; hinter dem Rk.-Gefäß tritt das charakterist. Nachleuchten auf; beim Angriff von N-Atomen, der an jeder Bindung von **II** erfolgen kann, entstehen die Haupt-Prodd. HCN u. NH_3 u. daneben Spuren von $(CN)_2$ u. CH_3CN; nach der massenspektrometr. Meth. werden auch siloxanhaltige Prodd. gefunden. Die N-Atome werden zu 6—15% eingebaut. **III** wird ca. 10mal so heftig angegriffen, wobei 85% der N-Atome in gasförmige Abbau-Prodd. eingebaut werden. F. Huber. 225□

Die Oxydation von Kohlenstoff durch atomaren Sauerstoff. J. D. Blackwood und F. K. McTaggart. (Austral. J. Chem. **12**, 114—21, Mai 1959; Melbourne, Chem. Res. Labor., C.S.I.R.O., Chem. Engng. Sect., Minerals Utiliz. Sect.; engl.) — Atomarer Sauerstoff (aus O_2 durch Anlegen eines hochfrequenten elektromagnet. Feldes) reagiert mit amorphem oder graphit. Kohlenstoff bei Zimmertemp. u. Drücken bis zu 10 Torr zu CO u. CO_2; CO entsteht dabei als Primärprod. der C-Oxydation, während CO_2 durch direkte Rk. von CO u. O, hauptsächlich an der C-Oberfläche, entsteht. Atomares O reagiert ferner auch mit CO_2 unter Bldg. von CO + O_2, jedoch ist die Menge des hierbei gebildeten CO gering im Vgl. zu der durch direkte C-Oxydation gebildeten. M. Schenk. 225◇

Die chemische Reaktionsfähigkeit von Urantrioxid. 1. Mitt. **Umwandlung zu U_3O_8, UO_2 und UF_4.** R. M. Dell und V. J. Wheeler. (Trans. Faraday Soc. **58**, 1950 bis 1607, Aug. 1962; Harwell, Berks., A.E.R.E., Chem. Div.; engl.) — Die Red. von UO_3 zu UO_2 mit H_2 bzw. CO verläuft als von außen nach innen fortschreitende Grenzflächen-Rkk. unter Bldg. einer intermediären $UO_{2,6}$-Phase, wobei CO leichter red. als H_2. Die Aktivierungsenergie beträgt bei Verw. von H_2 28 ± 2 u. von CO bei einer Red. von 20—60% 26 ± 2 kcal/Mol. Die Reaktionsfähigkeit von UO_2 gegenüber HF unter Bldg. von UF_4 ist eine Funktion der Oberfläche u. wird durch niedrige Red.-Temp. des UO_3 sowie durch Verunreinigungen des UO_3 mit SO_4^{2-} erhöht, da in diesen Fällen große Oberflächen entstehen. Der Verlauf der Red. von U_3O_8 (dargestellt durch Zers. von UO_3 bei Temp. > 600°) mit H_2 zu UO_2 ist von den Bedingungen, unter denen die Bldg. von U_3O_8 stattgefunden hat, abhängig; die Aktivierungsenergie zwischen 500 u. 599° beträgt für diese Rk. 31 ± 2 kcal/Mol. Die Rk.-Geschw. von UO_2 (dargestellt aus UO_3 über U_3O_8) mit HF unter Bldg. von UF_4 ist mehr von der Zers.-Temp. des UO_3 als von der Red.-Temp. des U_3O_8 abhängig. Damit überhaupt UO_2 mit HF reagieren kann, muß 1. die Oberfläche von UO_2 > 2 m^2/g sein u. 2. die Substanz eine genügende Porosität besitzen, um die bei der Bldg. von UF_4 auftretende Vol.-Vermehrung ausgleichen zu können. Weiterhin wird über Verss. bzgl. der Wechsel-Wrkg. von UO_2-Einkristallen mit HF berichtet. J. Kraetsch. 225◇

Sieben Mechanismen der Photolyse von NO_2 zwischen 3100 und 3700 Å. Hadley Ford. (Canad. J. Chem. **38**, 1780—94, Okt. 1960; California Inst. of Technol., Jet Propuls. Labor.; engl.) — Die Ergebnisse der Unterss. von Holmes u. Daniels [1934], Dickinson u. Baxter [1928], Norrish [1929], Hall („Ozone Catalysis of Isotope Exchange between Molecular Oxygen Species", Los Angeles, 1953) sowie von Ford u. Mitarb. (C. **1958**, 11746) über die photochem. Zers. des NO_2 unter sieben verschiedenen Grenzbedingungen, alle bei Wellenlängen zwischen 3100 u. 3700 Å, werden zusammengefaßt u. auf der Basis zweier Rk.-Mechanismen diskutiert, die beide quant. den experimentellen Daten entsprechen. Nach Mechanismus 1 kann das in der photochem. Prim.-Rk. entstandene atomare O mit NO_2 sowohl unter Bldg. von NO + O_2 wie unter Bldg. von angeregtem NO_3^* reagieren; das angeregte NO_3^* kann unter Bldg. von NO_2 + O zerfallen, es kann desaktiviert werden oder mit NO_2 reagieren. Nach Mechanismus 2 reagiert atomares O mit NO_2 nur unter Bldg. von angeregtem NO_3^*, das unter Bldg. von NO + O_2 zerfallen, desaktiviert werden oder mit NO_2 reagieren kann. Mechanismus 1 scheint in besserer Übereinstimmung mit den therm. Rkk. von NO_2 u. NO_3 zu stehen. Es wird angenommen, daß bei der Photolyse sowohl das lineare wie das trigonale NO_3 eine wichtige Rolle spielen. M. Schenk. 226□

Photochemische Trennung von Quecksilberisotopen. 2. Mitt. Die Reaktion von in natürlichem Quecksilberdampf photoangeregten ^{202}Hg-6($^3P_1$)-Atomen mit Wasserdampf und anderen HgO-bildenden Substraten. R. Pertel und H. E. Gunning. (Canad. J. Chem. **37,** 35—42, Jan. 1959; Chicago, Ill., Illinois Inst. of Technol., Dep. of Chem.; Edmonton, Alberta, Univ., Dep. of Chem.; engl.) — 1. vgl. C. **1957,** 9024. — Die Rk. zwischen ^{202}Hg-6($^3P_1$)-Atomen, dargestellt durch monoisotope Photoanregung in natürlichem Hg-Dampf (^{N}Hg), u. HgO-bildenden Substraten wie O_2, N_2O u. Wasserdampf, wurde in einem Strömungssyst. bei Zimmertemp. u. niedrigen Drücken (bis ca. 25 Torr) im Hinblick auf eine evtl. Anreicherung des gebildeten HgO an ^{202}Hg untersucht. Das in der Rk. von ^{202}Hg-6($^3P_1$) mit O_2 bzw. N_2O entstandene HgO enthält den normalen Anteil an ^{202}Hg in Höhe von 29,8%. Bei der Rk. mit Wasserdampf wird eine Anreicherung an ^{202}Hg im HgO auf ca. 35% gefunden; diese Anreicherung kann durch Zusatz von Butadien-(1.3) wesentlich gesteigert werden: Zusatz von 21 Mol-% Butadien bewirkt eine Anreicherung an ^{202}Hg im HgO auf 85%. Damit erweist sich die Rk. von ^{202}Hg-6($^3P_1$) mit Wasser-Butadien-Gemischen als einfache Meth. zur Darst. von ^{202}Hg aus natürlichem Hg. Die Anreicherung an ^{202}Hg im HgO zeigt, daß die prim. Wechselwrkg. zwischen ^{202}Hg-6($^3P_1$)-Atomen u. H_2O zumindest z. T. zur Bldg. von Hg-Verbb. führen muß. Vff. schlagen folgende Rk.-Mechanismen vor: a) zwei Primärprozesse: 1. ^{202}Hg-6($^3P_1$) + HOH → ^{202}HgOH + H oder 2.) → H + OH + ^{202}Hg-6($^1S_0$), wobei durch Butadien die in 2. gebildeten OH-Radikale abgefangen werden u. damit die Rk. ^{N}Hg + OH + M → ^{N}HgOH + M unterdrückt wird; b) ein Primärprozeß: 1., gefolgt von Austauschrkk. wie etwa ^{202}HgOH + ^{N}Hg → ^{N}HgOH + ^{202}Hg in der Gasphase oder an der Wand; diese würden durch Butadien gehemmt infolge Kombination mit dem quasi-freien Radikal ^{202}HgOH. Ein weiterer Primärprozeß könnte zur Bldg. von ^{202}HgH nach ^{202}Hg-6($^3P_1$) + HOH → OH + ^{202}HgH führen, jedoch dürfte dessen Lebensdauer wegen seiner geringen Bldg.-Wärme (8,5 kcal/Mol) zur Bldg. eines stabilen Prod. in der Rk. mit H_2O nicht ausreichen.
M. Schenk. 226◇

Konkurrierende Reaktionen von Tritium-Rückstoßatomen in flüssigen Mischungen. Alicja Sokolowska, Larry A. Haskin und F. S. Rowland. (J. Amer. chem. Soc. **84,** 2469—74, 5/7. 1962; Lawrence, Kans., Univ. of Kansas, Dep. of Chem.; engl.) — Lsgg. von 0,3 bis 5 g LiBr in Gemischen von 100 ml aliphat. u. aromat. Substanzen, wie Aceton, A., Anilin u. Benzoesäure, wurden mit therm. Neutronen von (1,0—1,8) · 10^{12} Neutronen/cm^2 · s während 1—12 Std. zur Unters. der Rkk. der nach ^{6}Li(n, α)^{3}H entstehenden T-Rückstoßatome bestrahlt. Die spezif. Aktivitäten der Einzelkomponenten wurden in Abhängigkeit von den Volumenbrüchen bestimmt. In Übereinstimmung mit einer erläuterten Modellvorstellung stieg die spezif. Aktivität der aromat. Komponente mit kleiner werdendem Molenbruch stets an. E. Schiewer. 226□

Chemische Wirkungen beim Rückstoß von Spaltprodukten. 5. Mitt. Der Valenzzustand von im Uranyljodat gebildeten Spaltungs-Jodisotopen. D. Hall und G. N. Walton. (J. inorg. nuclear Chem. **19,** 16—26, Sept. 1961; Harwell, Didcot, Berks., A.E.R.E.; engl.) — 4. vgl. C. **1963,** 1995. — Bei der Bestrahlung von $UO_2(JO_3)_2$ mit therm. Neutronen im Reaktor entstehen red. Formen von Jod. Die Neutronendosis wurde von 10^{11} bis ca. 10^{17} n/cm^2 variiert. Es werden verschiedene Jodisotope als Spalt-Prodd. gebildet, die in verschiedenen Verhältnissen auf die oxydierten u. red. Jodmengen verteilt sind. Die Werte für ^{131}J u. ^{133}J in red. Form sind in einem weiten Bereich vom Ausmaß der Spaltung unabhängig u. betragen 15 bzw. 18%, die Werte für ^{132}J u. ^{145}J steigen mit dem Maß der Spaltung bis 36 bzw. 68% an. Vff. diskutieren die Abhängigkeit des Valenzzustandes der entstehenden J-Spalt-Prodd. vom umgebenden Medium. H. Schroeder. 226□

Rückstoßeffekte von Spaltfragmenten auf die Oxydation von Zirkonium. W. C. Yee, G. H. Jenks und E. E. Stansbury. (J. electrochem. Soc. **109,** 198 bis 204, März 1962; Oak Ridge, Tenn., Oak Ridge Nat. Labor.; Knoxville, Tenn., Univ. of Tennessee; engl.) — Vff. untersuchten den Rückstoßeffekt von Spaltfragmenten auf die Oxydation von Zr in reinem O_2 bei 1 at u. 250°. Zr-Folien wurden einseitig einer Quelle von Spaltfragmentrückstößen, die aus einer Pulvermischung von angereichertem UO_2 (93,2% ^{235}U) mit nichtrostendem Stahl bestand, ausgesetzt. Die Kammer wurde im Reaktor mit einem therm. Neutronenfluß von maximal $8,5 \cdot 10^{11}$ $cm^{-2} \cdot s^{-1}$ bestrahlt. Die Intensität der Rückstöße an der Zr-Oberfläche wurde zu $6 \cdot 10^{8}$ Teilchen/$cm^2 \cdot s$ ermittelt; ihre mittlere Energie betrug ca. 32 MeV, entsprechend $\sim$ 40% der Anfangsenergie. Die Bestrahlungsdauer betrug 1—2 Wochen. Nach den Bestrahlungen wurden die Probenoberflächen mkr. u. elektronenmkr. untersucht. Die Oxidhaut des Zr erfährt unter dem Einfl. von Spaltfragmentrückstößen eine Phasenumwandlung. Die Oxidschicht von unbestrahlten Proben war $\sim$ 750 Å dick, die von nur neutronenbestrahlten 1500 Å u. die von Spaltfragmentrückstößen u. Neutronen bestrahlten $\sim$ 3000 Å. Dieser Effekt ist um den Faktor 10 geringer als bei Korrosions-Verss. von Zr in Uranylsulfat-Lsgg. gleicher Rückstoßintensität. E. Schiewer. 226□

Die thermische Zersetzung von bestrahltem Silberpermanganat. E. G. Prout und M. J. Sole. (J. inorg. nuclear Chem. **9**, 232—39, März 1959; Grahamstown, South Africa, Rhodes Univ.; engl.) — Die therm. Zers. von mit therm. Neutronen oder γ-Strahlen bestrahltem $AgMnO_4$ wurde im Temperaturbereich von 100—125° im Vakuum untersucht. Die Ergebnisse ähneln denen für bestrahltes $KMnO_4$. Unbestrahlte Kristalle erleiden keine physikal. Zers., sie behalten ihre äußere Kristallmorphologie bis zur vollständigen Reaktion. Bei den bestrahlten Kristallen beobachtet man in der Induktionsperiode keine Zersplitterung, mit dem Beginn der Beschleunigungsperiode beginnt eine physikal. Zers., die bis zum Beginn der Zerfallsperiode vollständig geworden ist. Der Grad der Zers. steigt mit der Bestrahlungsdauer. Die graph. Auswertung der Versuchsergebnisse erfolgt in Druck/Zeit-Diagrammen. Die Aktivierungsenergie während der Zerfallsperiode wurde mit der Prout-Tompkinschen Gleichung bestimmt, während Änderungen in der Kristallstruktur durch Weisenberg- u. Laue-Aufnahmen erkannt wurden. Der Zerfallsmechanismus ist ähnlich dem des $KMnO_4$ (C. **1963**, 2760 u. Trans. Faraday Soc, **42**, [1946], 468), in dem die durch Rekombination von Ag^+-Ionen, die durch den photoelektr. Effekt in Zwischengitterplätze verschoben wurden, freiwerdende Energie wahrscheinlich Zerfallskeime erzeugt. Diese Zerfallskeime, die vorwiegend an Verwerfungslinien entstehen, erzeugen mechan. Spannungen, die schließlich zum Bruch führen. Der Bruch wird, wie Vf. betont, fast ausschließlich durch die festen Zerfallskeime, nicht aber vom freiwerdenden Gas hervorgerufen.
B. Magerkurth. 226□

Ein Beitrag zur Untersuchung der Photolyse von ZnS- und CdS-Einkristallen. Z. Morlin. (Physica Status solidi [Berlin] **2**, 205—12, 1962; Budapest, Ung. Akad. der Wiss., Forsch.-Inst. für Techn. Phys.; dt.) — Die Zn- bzw. Cd-Ausscheidung an mit UV-Licht bestrahlten ZnS- u. CdS-Einkristallen wurde mkr. untersucht. Die ausgeschiedenen Zn- bzw. Cd-Teilchen bedecken die Oberfläche nicht gleichmäßig. Elektronenmkr. Unterss. zeigen, daß der Ausscheidungsvorgang nach kurzer Bestrahlungszeit einsetzt. Die Durchmesser der gebildeten Keime sind 10^{-4} bis 10^{-6} mm. An Hand photograph. Aufnahmen wurden Messungen zur Feststellung des quant. Verlaufs der Ausscheidung durchgeführt. Eine fortgesetzte Bestrahlung der Proben führt zu einem Aufrauhen u. später zu einem Zerbröckeln der Kristalle.
I. Zoll. 226◇

Radiolyse von kristallinen Oxalatokomplexen. Akira Sugimori und Gen-ichi Tsuchihashi. (Bull. chem. Soc. Japan **34**, 449—50, März 1961; Tokai, Ibanakiken, Japan Atomic Energy Res. Inst., Radiation Appl. Div.; engl.) — *Oxalsäure* mit u. ohne Kristallwasser (**I**), *Eisen(II)-oxalat* (**II**), *Natriumoxalat* (**III**), *Tris[oxalato]kaliumaluminat* (**IV**), *-chromat(III)* (**V**), *-cobaltat(III)* (**VI**) u. *-ferrat(III)* (**VII**) wurden bei Zimmer-Temp. mit ^{60}Co-γ-Strahlen mit einer Gesamtdosis von $1,5 \cdot 10^{8}$ r in Ggw. u. in Abwesenheit von Luft bestrahlt. Es werden die Molzahlen des entwichenen Gases, das Verhältnis CO/CO_2 u. die Zahl der abgebauten Moll. der Komplexe u. der Oxalationen angeführt. Während **II** u. **III** gegen γ-Strahlung relativ beständig sind, ist die Zers. von **I** u. **IV** recht beträchtlich, was auf den kovalenten Charakter der Oxalat-Me-Bindung (Me = Metallion oder H) zurückgeführt wird. Die im Vergleich zu **IV** stärkere Zers. bei **VI** u. **VII** wird mit der zunächst erfolgenden Red. von Fe^{3+} u. Co^{3+} zum zweiwertigen Ion erklärt. **V** ist beständiger als **VI** u. **VII**; der hohe Anteil des bei der Zers. auftretenden CO ist wahrscheinlich durch die teilweise Oxydation des Cr^{3+} zum Cr^{6+} bedingt. Claus Fischer. 226□

Anormaler Fall der Katalyse in flüssiger Phase. 1. Mitt. G. A. Bogdanow und G. L. Petrowa. (J. physik. Chem. [UdSSR] **32**, 746—55, April 1958; russ., Auszug:

engl.) — Vff. untersuchten die katalyt. Zers. von H_2O_2 in schwefelsaurer Lsg. in Ggw. von Na_2CrO_4 (I) u. $NiSO_4$ (II). Die katalyt. Wrkg. von II ist nicht proportional der II-Konz., sondern steigt mit steigender Konz. von I u. erreicht einen Grenzwert. Die Rk.-Geschw. bei 15° hängt nur wenig von den Konzz. von I u. II ab; bei 25° zeigt jedoch die Abhängigkeit der Rk.-Geschw. von der I-Konz. zwei Maxima. Der Einfl. der Temp. auf die Rk. folgt nicht der van't Hoffschen Regel. Die numer. Werte für die Aktivierungsenergie, den Häufigkeitsfaktor u. für den Temp.-Koeff. u. der Verlauf der genannten Funktionen sind anomal. H. Roschkowski. 227□

Anormaler Fall der Katalyse in flüssiger Phase. 2. Mitt. G. A. Bogdanow und G. L. Petrowa. (J. physik. Chem. [UdSSR] **32**, 1205—10, Juni 1958; russ., Auszug: engl.) — 1. vgl. vorst. Referat. — Innerhalb der Konz.-Gebietes $c_{H^+} < c_{Cr}$ ist die Geschw. der katalyt. Zers. von H_2O_2 in Ggw. von Na_2CrO_4 u. $NiSO_4$ proportional der H^+-Konz., sie fällt im Gebiet $c_{H^+} > c_{Cr}$ mit steigender H^+-Konz. jedoch stärker, als bei umgekehrter Proportionalität zu erwarten wäre. Die Bldg. von zwei Zwischenverbb. ($NiCrO_6$, $NiCrO_5$) wurde festgestellt. Die Ggw. eines in kleinen Mengen gebildeten inakt. Komplexes wurde kryoskop. u. durch Messungen der elektr. Leitfähigkeit ermittelt. H. Roschkowski. 227□

Die katalytische Oxydation von Ammoniak in nichtwäßrigen Lösungen. 2. Mitt. **Katalysatoren der 2. bis 8. Gruppe des Periodensystems von D. I. Mendelejew.** Ss. I. Papko. (J. physik. Chem. [UdSSR] **34**, 518—23, März 1960; Moskau, 2. Med. Pirogow-Inst.; russ., Auszug: engl.) — 1. vgl. J. physik. Chem. [UdSSR] **34**, [1960], 162. — Bei der Oxydation von NH_3 in CCl_4-Lsg. durch O_2 werden 35 Elemente der 2.—8. Gruppe als Katalysatoren untersucht. Die Aktivität der Oxide nimmt mit zunehmender Oxydationsstufe ab, daher ist die Aktivität der Metalle u. der niedrigeren Oxide stets größer als die der höheren Oxide. Am aktivsten sind in der 6. Gruppe Mo u. WO_2, in der 8. Gruppe Ni. Die Oxydation bei 25° zeigt, daß NH_3 in nichtwss. Lsg. schon bei niedrigen Temp. oxydiert werden kann. Die in CCl_4 unlösl. Prodd. enthalten immer NO_3^-, kein NO_2^-, meist auch Cl^-. Die Art der Herst. der Katalysatoren beeinflußt die Aktivität. R. K. Müller. 227□

Die katalytische Oxydation von Kohlenstoffmonoxid bei geringer Konzentration. S. Sourirajan und Mauro A. Accomazzo. (Canad. J. Chem. **38**, 1990—98, Okt. 1960; Los Angeles, Calif., Univ., Dep. of Engng.; engl.) — Die katalyt. Oxydation von CO wurde an CO-Luft-Gemischen mit 1000—10000 ppm CO an einem CuO-Al_2O_3(1:1)-Katalysator (Oberfläche nach BET 128 m^2/g, Porenvol. nach He–Hg-Meth. 0,56 cm^3/g, mittlerer Porenradius 87 Å) bei Temp. zwischen 120 u. 322° u. Raumgeschw. von 8000—16000/Std. untersucht. Im gesamten untersuchten Konz.-Bereich ist bei gegebener Temp. der %-Satz des oxydierten CO unabhängig von dessen Anfangskonzentration. Bei Temp. über 200° werden bei allen Raumgeschw. bis 16000 Std. mehr als 95% des CO oxydiert. Die Rk.-Geschw. ist 1. Ordnung bzgl. [CO] mit $A = 3{,}1 \cdot 10^{10}\,h^{-1}$ u. $E = 12{,}8$ kcal/Mol. Wasserdampf wirkt bei niedrigen Temp. hemmend auf die CO-Oxydation, ist aber ohne Einfl. bei Temp. oberhalb 225°, wo CO prakt. vollständig oxydiert wird. Der prakt. Nutzen des Katalysators wurde an einem mit einem Pb-haltigen Brennstoff betriebenen 6-Zylinder-Chevrolet-Motor erprobt: das CO in den Auspuffgasen (1,5—7%) konnte unter allen Bedingungen zu 99% durch katalyt. Oxydation entfernt werden, wenn die Anfangstemp. des Katalysators auf 220° u. darüber gehalten wurde; somit stellt der untersuchte, auch für die katalyt. Oxydation von KW-Stoffen wirksame Katalysator ein geeignetes Mittel zur Luftreinigung dar.
M. Schenk. 227□

Untersuchung der Austauschacidität von Aluminiumsilicatkatalysatoren. 1. Mitt. **Austauschacidität einer Aluminiumsilicatsuspension.** M. W. Eirisch (Hochschulnachr. [Iwanowo], Chem. u. chem. Technol. **4**, Nr. 6, 949—54, 1961; Kasachstaner Kirow-Univ., Lehrst. für phys. u. Kolloidchem.; russ.) — Die Austauschacidität geglühter Alumosilicatkatalysatoren kann mit genügender Genauigkeit durch konduktometr. Titration, am besten mit $Ba(OH)_2$, bestimmt werden. Bei den untersuchten Katalysatoren besteht direkte Abhängigkeit zwischen der Austauschacidität u. katalyt. Aktivität. J. v. Schroeder. 227◇

Ein Vergleich einer empirischen und einer kinetischen Gleichung zur Beschreibung eines selektiven katalytischen Vorgangs. R. J. A. M. van der Borg. (Proc., Kon. nederl. Akad. Wetensch., Ser. B **62**, 299—307, 1959; engl.)
A. Blaschette. 227◇

A_8. Präparative anorganische Chemie. Komplexverbindungen. Metallorganische Verbindungen

Einwirkung von Distickstofftetroxid und seiner thermischen Dissoziationsprodukte auf Bariumperoxid. Vasantrai Trambaklal Oza. (J. Indian chem. Soc. **33**, 875–76, 1956; Ahmedabad, Gujarat Coll., Inorg. and Phys. Chem. Labor.; engl.) — Bei der Einw. von N_2O_4 bzw. NO_2 auf BaO_2 bei 0 bis 400° verläuft in mit der Temp. zunehmendem Ausmaß die Rk. $BaO_2 + 2 NO_2 \rightarrow$ *$Ba(NO_3)_2$*. Selbst bei 400° wird kein $Ba(NO_2)_2$ gebildet. A. Blaschette. 243◇

Einwirkung von Distickstofftetroxid und Stickstoffdioxid auf Zinkcarbonat (und Zinksulfid). Vasantrai Trambaklal Oza. (J. Indian chem. Soc. **33**, 911–16, 1956; engl.) — Vgl. vorst. Referat. — In fl. N_2O_4 bei 20–25° erfolgt Rk. nach $ZnCO_3 + 4 N_2O_4 \rightarrow$ *$Zn(NO_3)_2 \cdot 2N_2O_4$* (**I**) $+ N_2O_3 + CO_2$; das viscose gelbe Prod. **I** geht bei 100° in reines *$Zn(NO_3)_2$* über. Mit gasförmigem NO_2 bei 2–100° entsteht direkt $Zn(NO_3)_2$. ZnS setzt sich mit fl. N_2O_4 bei 20° in sehr heftiger Rk. unter Bldg. von $Zn(NO_3)_2$ u. wahrscheinlich SO_2 um. A. Blaschette. 243◇

Oxydation von Schwefel durch Sauerstoff unter Druck in Gegenwart von flüssigem Ammoniak. W. G. Tronew, W. N. Tschulkow und A. L. Chrenowa. (Nachr. Akad. Wiss. UdSSR, Abt. chem. Wiss. **1959**, 2046–48, Nov.; Kurnakow-Inst. für allg. u. anorgan. Chem. der Akad. der Wiss. der UdSSR; russ.) — Vff. beschreiben die Möglichkeit der Oxydation des elementaren Schwefels mit Sauerstoff unter Druck u. in Ggw. von fl. NH_3 bei Zimmertemperatur. Es entstehen dabei S–N-Verbb., bes. wird eine Verb. der Zus. *$4SO_2 \cdot 5NH_3$* sehr schnell u. exotherm gebildet. Die erhaltenen Verbb. unterscheiden sich in der Zus. u. in ihrem Verh. von denen, die auf üblichem Wege aus SO_2 bzw. SO_3 u. NH_3 erhalten werden. G. Rudakoff. 253◇

Reduktion von Barium- und Silberpermanganat durch Selendioxid. Kundan Lal und Mohinder Singh Sohal. (J. sci. ind. Res. [New Delhi], Sect. B **19**, 162–65, Mai 1960; Hoshiarpur, Panjab Univ., Chem. Dep.; engl.) — Bei der Red. von $Ba(MnO_4)_2$ u. $AgMnO_4$ mit einer 5%ig. wss. Lsg. von SeO_2 bilden sich $MnSeO_4$, $BaSeO_4$, H_2SeO_4, $MnSeO_3$, $Mn(SeO_3)_2$ u. unlösl. Komplex-Verbb. der Zus. x (BaO, Ag_2O) · y MnO · z MnO_2. Während des Verlaufs der Rk. entfärbt sich die Lsg., $MnSeO_3$ tritt nur in der farblosen Phase auf. Kurz nach Entfärbung der Lsg. zugegebenes SeO_2 reagiert nicht weiter. H. Roschkowski. 254◇

Aminderivate des Tellurtetrachlorids. 2. Mitt. **Salze der Chlorotellur(IV)-säure mit Piperidin, Piperazin und 2-Aminopyridin.** Sarju Prasad und Bishan Lal Khandelwal. (J. Indian chem. Soc. **39**, 112–14, Febr. 1962; Varanasi, Banares Hindu Univ., Dep. of Chem.; engl.) — 1. vgl. J. Indian chem. Soc. **38**, [1961], 837. — Es wird über die Darst. von Komplexverbb. des *$TeCl_4$* der Koordinationszahl 6 mit verschiedenen sek. u. tert. Aminen u. heterocycl. Basen u. über die Darst. von *Piperidinium-*, *Piperazinium-* u. *2-Aminopyridiniumchlorotellurat(IV)* berichtet.

Versuche: Die Komplexverbb. sind amorph, in den üblichen organ. Lsgm. unlöslich u. zersetzen sich beim Erhitzen. Beim Einleiten von NH_3 in die Suspension in Bzl. scheinen sie NH_3 aufzunehmen. — *$TeCl_4 \cdot (C_6H_5NHCH_3)_2$* (**I**), F. 114° (alle FF. unter Zers.), beim Vermischen einer Lsg. von $TeCl_4$ in Bzl. u. einer Lsg. von Methylanilin in Ae.; Nd. abfiltrieren, mit Bzl. waschen u. bei Raumtemp. im Vakuum trocknen; grünlich gelb. — *$TeCl_4 \cdot (C_6H_5NHC_2H_5)_2$* (**II**), F. 118°, analog **I** aus Äthylanilin in Bzl.; grau. — *$TeCl_4 \cdot (C_6H_5NHCH_2C_6H_5)_2$*, F. 137°; analog **II** aus Benzylanilin; hellgelb. — *$TeCl_4 \cdot [C_6H_5N(C_2H_5)_2]_2$*, F. 141°, analog **II** aus Diäthylanilin; hellgelb. — *$TeCl_4 \cdot [(CH_3)_2NC_6H_4NH_2]$*, F. 126°; analog **II** aus p-Aminodimethylanilin; rot. — *$TeCl_4 \cdot [(C_2H_5)_2NC_6H_4NH_2]$*, analog **II** aus p-Aminodiäthylanilin; hygroskop., rot. — *$TeCl_4 \cdot [(C_6H_5)_2NH]_2$*, F. 128°, analog **II** aus Diphenylamin; hellgelb. — $TeCl_4 \cdot (C_9H_7N)_2$, F. 115°; analog **II** aus Chinolin; cremefarben. — *$TeCl_4 \cdot (C_5H_{11}N)_2$*, (**III**), F. 163°, analog **II** aus Piperidin; hellgelb. — *$TeCl_4 \cdot (C_6H_7 \cdot N)_2$*, F. 118°; analog **II** aus α-Picolin; gelb. — *$TeCl_4 \cdot C_{10}H_{14}N_2$*; analog **II** aus Nicotin; rot. — *$TeCl_4 \cdot C_4H_{10}N_2$* (**IV**), F. 156°, analog **I** aus Piperazin; citronengelb. — *$TeCl_4 \cdot C_5H_6N_2$* (**V**), F. 188°, analog **I** aus 2-Aminopyridin; citronengelb. — *Piperidiniumhexachlorotellurat(IV)*, $(C_5H_{11}NH)_2[TeCl_6]$ (**VI**), F. 141°, a) $TeCl_4$, konz. HCl u. Piperidin vermischen, die Lsg. auf dem Wasserbad bei 70–80° erwärmen, Nd. aus konz. HCl umkrist., b) **III** in der minimalen Menge von warmem, konz. HCl lösen u. abkühlen; glänzende, gelbe Mikrokristalle. — **VI** ist wie die beiden folgenden Verbb. stabil, krist., in den üblichen organ. Lsgm. unlösl., in Säuren unter Hydrolyse löslich. — *Piperaziniumpentachlorotellurat(IV)*, $(C_4H_{10}N_2H)[TeCl_5]$ (Zers. bei 213°, a) analog **VI** (a) aus Piperazin; b) analog **VI** (b) aus **IV**; glänzende, grüngelbe

Kristalle. — *2-Aminopyridiniumpentachlorotellurat(IV)*, $(C_5H_6N_2H)[TeCl_5]$ (Zers. bei 173°); a) analog **VI** (a) aus 2-Aminopyridin; b) analog **VI** (b) aus **V**; gelbe Nadeln. F. Huber. 255□

Gegenseitige Umwandlung von Boranen. 5. Mitt. Synthese von B-markiertem Tetraboran. Riley Schaeffer und Fred N. Tebbe. (J. Amer. chem. Soc. **84**, 3974—75, 20/10. 1962; Bloomington, Ind., Indiana Univ., Dep. of Chem.; engl.) — 4. vgl. C. **1962**, 13678. — BF_3, welches 96% ^{10}B enthält, wird mit $LiAlH_4$ zu Diboran-(^{10}B) umgesetzt. Dieses reagiert mit Na-Amalgam in Ae. zu $Na^{10}B_3H_8$, welches mit nichtmarkiertem Diboran u. HCl bei 0° zu Tetraboran (**I**) umgesetzt wird. Als Nebenprodd. entstehen HCl und höhere Borane. Die KMR-Spektren des ^{11}B von **I**, bei dem ^{11}B in 4-Stellung angereichert ist (**Ia**), u. von **I** mit je 4% ^{11}B in allen Stellungen (**Ib**), werden verglichen. Das Triplett der 2.4-BH_2-Gruppen ist bei **Ia** erheblich intensiver als bei **Ib**. Die massenspektrometr. Analyse ergab bei **Ia** 52% ^{11}B in 4-Stellung und je 4% in 1-, 2- u. 3-Stellung. B. Schmitt. 258◇

Gleichgewichtsdiagramm des Systems $CO-H_2-H_2O-C_{(\gamma\text{-}Fe)}$. A. A. Schmykow. (Hochschulnachr. [Moskau], Eisenmetallurgie **1960**, Nr. 5. 16—21; Allunions Maschinenbau-Inst. für Fernstudium; russ.) — Auf Grund neuerer Literaturangaben wird das Gleichgew.-Diagramm des Syst. aufgestellt u. besprochen. — 9 Literaturangaben. H. Hochstein. 260□

Funktionell substituierte, aromatische Silane. Roy G. Neville. (J. chem. Educat. **39**, 276—81, Juni 1962; Los Angeles, Calif., Aerospace Corp.; engl.) — Übersicht über Darst., Eigg. u. Verw. von organ. Si-Verbb. — 103 Literaturangaben. W. Wesly. 261□

Die Umsetzung von Disiloxan mit Bortrifluorid und -trichlorid. M. Onyszchuk. (Canad. J. Chem. **39**, 808—14, April 1961; Cambridge, Univ., Chem. Labor.; Montreal, McGill Univ., Inorgan. Chem. Labor.; engl.) — Die Umsetzung von Disiloxan (**I**) mit Bortrifluorid (**II**) u. Bortrichlorid (**III**) führt unter Spaltung einer Si–O-Bindung zur Bldg. von *Monohalogensilan* u. *Siloxybordihalogenid*. Während Siloxybordichlorid bei Raumtemp. beständig ist, disproportioniert Siloxybordifluorid in *Silylfluorid*, *Bortrifluorid* u. *Bortrioxid*. Der Mechanismus der Rkk. wird diskutiert. IR-Spektren werden angegeben u. gedeutet. Stabile Addukte von **I** an **II** oder **III** konnten nicht isoliert werden. Disilthian reagiert nicht mit **II**. Die Rk. von **I** mit **II** ist zur Gewinnung reinen Silylfluorids geeignet.

Versuche: *Silylfluorid*, $SiFH_3$, Kp.$_{121}$ — 112°, aus 0,85 mMol **II** u. 1,28 mMol **I** durch 12std. Stehen bei — 78° u. langsames Erwärmen auf 25°; 85% (Ausbeute); daneben *Bortrifluorid*, *Bortrioxid* u. *Siloxybordifluorid*. — *Silylchlorid*, $SiClH_3$, Kp. — 96°, durch 12std. Stehen von 1,28 mMol **I** u. 1,28 mMol **III** bei — 78°; 25%; daneben *Siloxybordichlorid* (Kp. — 112°). K. Rühlmann. 261□

Silyltriazide. W. Sundermeyer. (Angew. Chem. **74**, 875; 7/11. 1962; Leverkusen, Farbenfabr. Bayer AG, Anorg.-wiss. Labor.; dt.) — Nach $C_6H_5SiCl_3$ + $3(CH_3)_3SiNNN \rightarrow 3(CH_3)_3SiCl + C_6H_5Si(NNN)_3$ in Ggw. von Al_2Cl_6 bildet sich quant. *Phenyltriazidosilan*, eine wasserhelle, ohne Zers. sd. Fl. mit Kp.$_{0,01}$ 62,5 bis 63,5°. Bei der Rk. von CH_3SiCl_3 mit $3NaN_3$ entstehen nebeneinander *Methyldichlorazidosilan*, $CH_3SiCl_2(NNN)$, Kp. 100,5°, sowie $CH_3SiCl(NNN)_2$, Kp.$_{20}$ ca. 70°, u. $CH_3Si(NNN)_3$ (**I**), die bei einem Trennungsvers. brisant explodierten, vermutlich infolge Anreicherung an **I**. U. Wannagat. 261◇

Bildung siliciumorganischer Verbindungen. 14. Mitt. Cyclische Silicium-methylen-Verbindungen mit vier Si-Atomen. Gerhard Fritz und Günther Teichmann. (Chem. Ber. **95**, 2361—64, herausgeg. 8/10. 1962; Münster, Univ., Anorg.-Chem. Inst.; dt.) — 13. vgl. C. **1962**, 418. — Bei der Pyrolyse von 10 Liter CH_3SiCl_3 (vgl. C. **1960**, 14297) bilden sich 12 g einer weißen krist. Substanz der Zus. $[-CH_2-SiCl_2-]_4$ (**I**). Vollständige Photochlorierung gibt $Si_4Cl_8C_4H_3Cl_5$ (**II**), für das dem Kalottenmodell nach nur eine trans-Form in Frage kommt. **I** gibt bei der Methylierung $C_{12}H_{30}Si_4$ mit der Struktur **III**. Es ist dem Debye-Diagramm zufolge verschieden vom Achtring $[-(CH_3)_2Si-CH_2-]_4$ sowie $C_{11}H_{28}Si_4$, das ein Bicyclononan-Gerüst aufweist.

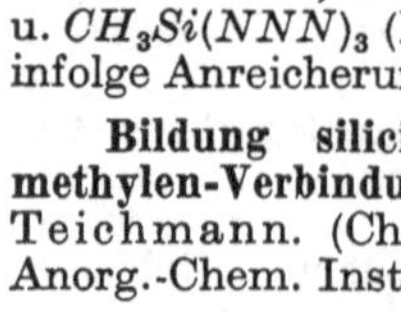

III

Versuche: *1.1.3.3.5.5.7.7-Oktachlor-1.3.5.7-tetrasilacyclooctan* (**I**), $C_4H_8Cl_8Si_4$, F. 247° (Capillare unter 1 atm N_2), Kp.$_{28}$ 175°, durch Pyrolyse von CH_3SiCl_3 bei 800° neben anderen Cyclocarbosilanen. Photochlorierung (5 g **I** in 100 ml sd. CCl_4) gibt in 30 Std. *1.1.2.2.3.3.4.5.5.6.7.7.8-*

Tridekachlor-1.3.5.7-tetrasilacyclooctan (II), $C_4H_3Cl_{13}Si_4$. — *1.1.3.3.5.5.7.7-Oktamethyl-1.3.5.7-tetrasilabicyclo-[0.3.3]-octan* (III), $C_{12}H_{30}Si_4$, F. 141°, $Kp._{760}$ 220°, durch Zutropfen von benzol. I-Lsg. zu dreifachem Überschuß von CH_3MgJ in Ae., 5 Std. Rückflußerhitzen, Abdest. des Lsgm., 12 Std. Rückflußerhitzen in Ae., 5 Std. Erhitzen des Rückstandes auf 200°, Sublimieren im Vakuum bei 100°.
H. Bürger. 261□

Bildung siliciumorganischer Verbindungen. 16. Mitt. **Metallorganische Synthese von Siliciummethylen-Verbindungen mit funktionellen Gruppen und deren Ringschluß zum $[Si(CH_3)_2CH_2]_4$.** G. Fritz und H. Burdt. (Z. anorg. allg. Chem. **314**, 35—52, Febr. 1962; dt.) — 15. vgl. C. **1962**, 17333; 14. vgl. vorst. Referat. — Der Achtring $[Si(CH_3)_2CH_2]_4$ (I) wurde durch Rk. von Na mit den Bruchstücken $(CH_3)_2Si(CH_2Cl)_2$ (II) u. $[(CH_3)_2BrSiCH_2]_2Si(CH_3)_2$ (III) gewonnen. Hierbei wurden als Vorstufen isoliert: $C_6H_5[Si(CH_3)_2CH_2]_2Cl$ (IV) aus $(CH_3)_2C_6H_5SiCH_2MgCl$ (IX) u. $ClSi(CH_3)_2CH_2Cl$ (V); durch Metallieren von IV mit Li in Ae. u. Rk. mit V $C_6H_5 \cdot [Si(CH_3)_2CH_2]_3Cl$ (VI), das sich metallieren läßt u. mit Br_2 in $Br[Si(CH_3)_2CH_2]_3Cl$ übergeht. $Br[Si(CH_3)_2CH_2]_4Cl$ (VII) bildet sich sowohl über die Li-Verb. von IV u. über VI als auch direkt u. vorteilhafter durch Rk. der Grignard-Verb. von IV mit $Br \cdot [Si(CH_3)_2CH_2]_2Cl$ (VIIa) u. in beiden Fällen Abspaltung der Phenylgruppe mit Br_2. VII ließ sich jedoch nicht in einer Wurtzschen Synthese mit Na in I überführen. III konnte aus $(CH_3)_2SiCl_2$ (X) u. IX u. anschließende Rk. mit Br_2 in geringen Ausbeuten erhalten werden. Günstiger war es, zuerst $(CH_3)_2C_6H_5SiCH_2Li$ (XI) darzustellen u. dieses mit X umzusetzen. XI bildet sich nicht direkt aus $C_6H_5(CH_3)_2SiCH_2 \cdot Cl$ u. Li, sondern nur über die mit Hilfe von IX zugängliche Hg-Verb. $[(CH_3)_2C_6H_5Si \cdot CH_2]_2Hg$ (XII), eine in organ. Lsgm. gut lösl., gegen W. unempfindliche Substanz, die beim Schütteln mit Li in 118 Std. zu XI reagiert. IX konnte mit $Cl_2Si(CH_2Cl) \cdot CH_3$ (XIII) zu $[(CH_3)_2C_6H_5SiCH_2]_2Si(CH_3)(CH_2Cl)$ (XIV) umgesetzt werden. Seine CH_2Cl-Gruppe läßt sich durch Li oder Mg nicht metallieren. Wohl reagiert es mit Br_2 zu $[(CH_3)_2BrSiCH_2]_2Si(CH_3)(CH_2Cl)$ (XV). Die Verbb. $CH_3(C_2H_5O)_2SiCH_2Cl$ (XVI) u. $(CH_3)_2(C_2H_5O)SiCH_2Cl$ (XVII) reagieren nicht mit Mg, wohl aber mit Li in Pentan. XVII gibt nach Metallierung, Rk. mit XIII u. Umsetzung mit CH_3COCl (zur Überführung der SiOR- in SiCl-Gruppen) nicht das erwartete Trisilylmethylen-Deriv., sondern nur aus CH_3COCl u. $C_2H_5O[(CH_3)_2SiCH_2]_2Cl$ (XVIII) entstandenes $Cl[Si \cdot (CH_3)_2CH_2]_2Cl$ (XIX), wobei sich XVIII aus der Li-Verb. von XVII u. XVII selbst gebildet hat. Allg. scheitert die Metallierung von XVII an der hohen Rk.-Fähigkeit der OR-Gruppe gegenüber Li. XVI bildet in Pentan, Ae. u. THF bei 20° zwar eine orangerote Li-Verb., diese reagiert jedoch, bevorzugt bei höherer Temp., mit XVI unter LiOR-Abspaltung zu $C_2H_5O[(CH_3)(C_2H_5O)SiCH_2]_2Cl$. Setzt man die Li-Verb. mit V um, so lassen sich außer vorst. Verb. zusätzlich noch $(CH_3)_2(C_2H_5O)SiCH_2Cl$, 30% $CH_3(C_2H_5O)_2SiCH_2Si(CH_3)_2CH_2Cl$ (XX) u. 12% $C_2H_5O[CH_3(C_2H_5O)SiCH_2]_2Cl$ (XXI) isolieren.

Versuche: *2.4.4-Trimethyl-2.5-dichlor-2.4-disilapentan* (XIX), $Kp._{12}$ 88—90°, durch 10std. Rk. von Li mit XVI, Zugabe von XIII, Filtration, Einengen, 24std. Rückflußerhitzen mit überschüssigem CH_3COCl; 37% (Ausbeute). — *4.4-Dimethyl-2.2-diäthoxy-5-chlor-2.4-disilapentan* (XX), $Kp._1$ 90°, u. *2.2.4-Triäthoxy-5-chlor-4-methyl-2.4-disilapentan* (XXI), $Kp._1$ 106°, beide in 9—30 bzw. 12,5—30% durch Rk. von XVI mit Li u. V. — *2.4.4-Trimethyl-2-phenyl-5-chlor-2.4-disilapentan* (IV), $Kp._{18}$ 156—159°, durch Rk. von 1 Mol IX in 500 ml Ae. mit 0,8 Mol V, 48 Std. Rückflußerhitzen, nach Abdest. des Ae. 8 Std. bei 100°, Hydrolyse; 42 ml; daneben 45 ml *Phenyltrimethylsilan*, $Kp._{18}$ 60—63°, u. 20 ml *Tetramethyl-di-[chlormethyl]-disiloxan*, $Kp._{18}$ 91—95°. — *2.4.4-Trimethyl-2-brom-5-chlor-2.4-disilapentan* (VIIa), $Kp._{20}$ 75—78°, durch Rk. von IV mit Br_2. — *Bis-[dimethylphenylsilylmethyl]-quecksilber* (XII), F. 32—34°, $Kp._1$ 180—182°, durch Rk. von IX in Ae. mit aus einem Soxhlet extrahiertem $HgCl_2$, 72 Std. Rückflußerhitzen, 1 Std. bei 70°, Hydrolyse, Extraktion mit Ae.; 71%; daneben *Phenyltrimethylsilan*. Schütteln mit überschüssigem Li u. Filtration gibt XI in Lsg.; 86%. — *2.4.4.6.6-Pentamethyl-2-phenyl-7-chlor-2.4.6-trisilaheptan* (VI), $Kp._1$ 160—161°, durch Rk. einer aus Li u. IV dargestellten Lsg. mit V; 37%. — Gibt mit Br_2 *2.4.4.6.6-Pentamethyl-2-brom-7-chlor-2.4.6-trisilaheptan*, $Kp._{20}$ 120—122; 87%. — *2.4.6-Trimethyl-2.6-diphenyl-4-chlormethyl-2.4.6-trisilaheptan* (XIV), $Kp._1$ 188—193°, durch Rk. einer äther. Lsg. von IX mit XIII, Abdest. des Ae. nach 3 Tagen, 8 Std. bei 100°, Hydrolyse; 17% neben *Phenyltrimethylsilan*. Gibt mit Br_2 in 84%ig. Ausbeute *2.4.6-Trimethyl-4-chlormethyl-2.6-dibrom-2.4.6-trisilaheptan* (XV), $Kp._1$ 87—90°. — *2.4.4.6-Tetramethyl-2.6-diphenyl-2.4.6-trisilaheptan*, $Kp._1$ 150—151°, n_D^{20} 1,5322, durch Rk. von IX in Ae. mit X während 14 Tagen; Hydrolyse; 16,9%; daneben *Phenyltrimethylsilan*.

Gibt mit Br_2 *2.4.4.6-Tetramethyl-2.6-dibrom-2.4.6-trisilaheptan* (**III**), Kp.$_{1}$ 78—79°. — *2.4.4.6.6.8.8-Heptamethyl-2-brom-9-chlor-2.4.6.8-tetrasilanonan* (**VII**), Kp.$_{1}$ 131—132°, durch Rk. einer Grignard-Lsg. von **IV** mit **VIIa**, 72 Std. bei 35°, Ae. abdest., 24 Std. bei 80°, Hydrolyse, Bromierung. — *1.1.3.3.5.5.7.7-Oktamethyl-1.3.5.7-tetrasilacyclooctan* (**I**), F. 80,5—81°, durch Zugabe einer toluol. Lsg. von 130 g **III** u. 56,5 g **II** zu Suspension von 33 g Na in Toluol während 6 Std., 3 Std. Rückflußerhitzen, Filtration, Dest., lange, weiße Kristalle; 2,3 g. H. Bürger. 261□

Bildung siliciumorganischer Verbindungen. 17. Mitt. **Zur Bildung von Siliciummethylenen bei der Pyrolyse des $Si(CH_3)_4$.** G. Fritz und J. Grobe. (Z. anorg. allg. Chem. **315**, 157—74, Mai 1962; dt.) — 16. vgl. vorst. Referat. — Bei der Pyrolyse größerer Mengen $Si(CH_3)_4$ (**I**) bei 650° u. einer Verweilzeit von 1 Min. wurden nach fraktionierter Dest. mit Hilfe chem., gaschromatograph., IR-spektroskop. u. massenspektrometr. Unterss. 45 verschiedene Verbb. erkannt, die teilweise isoliert u. mengenmäßig als Anteil am Gesamt-Rk.-Prod. erfaßt wurden. Als gasförmige Rk.-Prodd. treten hauptsächlich H_2 u. CH_4, daneben auch C_2H_6, C_2H_4. C_3H_8, C_3H_6, SiH_4, $(CH_3)_2SiH_2$ u. $(CH_3)_3SiH$ auf. Der Anteil der KW-Stoffe sinkt vom CH_4 zum C_6H_{14}, während er für die Si-haltigen Verbb. vom SiH_4 zu den höheren stark ansteigt. Erstmals werden durch Pyrolyse von **I** die Verbb. $(CH_3)_2Si–CH_2–Si(CH_3)_2–CH_2$ (**II**), *$Si_2C_7H_{16}$* (**III**), *$C_6H_5Si(CH_3)_3$* (**IV**) u. *$C_{10}H_{24}Si_4$* (**V**) in Ausbeuten von 3,2; 0,7; 5,6 u. 10,1% dargestellt. Bes. die Bldg. von **II** spricht für einen radikal. Mechanismus unter Einbeziehung des Radikals $(CH_3)_2Si^*CH_2^*$, für das eine Doppelbindung in Erwägung gezogen wird. **II** wurde schließlich durch präparative Gaschromatographie von $(CH_3)_3SiCH_2SiH(CH_3)_2$ (**VI**) abgetrennt. **III** liegt stets in geringer Menge (5%) neben viel *$(CH_3)_3SiCH_2Si(CH_3)_3$* (**VII**) vor. Es zeigt eine IR-Absorption der SiH-Gruppe, addiert 1,6 Br_2 u. wird als ringförmige Verb. angenommen. Isoliert wurden weiterhin *1.1.3.3.5.5-Hexamethyl-1.3.5-trisilacyclohexan* (**VIII**) (auch durch Methylierung von *1.3.3.5.5-Pentamethyl-1.3.5-trisilacyclohexan* bzw. *1.1.3.3.5.5-Hexachlor-1.3.5-trisilacyclohexan* zugänglich) sowie lineares *$[(CH_3)_3SiCH_2]_2Si(CH_3)_2$*. **V** läßt sich erst nach Methylierung einer H-haltigen Verb. einheitlich erhalten. Es liegt in einer urotropinähnlichen Struktur vor, in der die N-Atome durch $SiCH_3$-Gruppen ersetzt sind.

Versuche: *Tetramethylsilan* (**I**) wurde teilweise durch Rk. von $(CH_3)_3SiCl$ mit CH_3MgX, teilweise durch Aufarbeitung eines Gemisches aus der Rochow-Synth. gewonnen. — Isoliert wurden *2.2.4-Trimethyl-2.4-disilapentan* (**VI**), $C_6H_{18}Si_2$, Kp.$_{745}$ 121,2°, $n_D^{20,2}$ 1,4170. — *1.1.3.3-Tetramethyl-1.3-disilacyclobutan* (**II**), $C_6H_{16}Si_2$, Kp.$_{745}$ 122,8°, $n_D^{20,3}$ 1,4430. — *Bis-[trimethylsilyl]-methylen* (**VII**), $C_7H_{20}Si_2$, Kp.$_{745}$ 135,2°, $n_D^{19,3}$ 1,4194. — *$C_7H_{16}Si_2$* (**III**), Kp.$_{745}$ 138,5°, $n_D^{19,5}$ 1,4515. — *Phenyltrimethylsilan* (**IV**), $C_9H_{14}Si$, Kp.$_{745}$ 172,3°, $n_D^{19,7}$ 1,4911. — *1.1.3.3.5.5-Hexamethyl-1.3.5-trisilacyclohexan* (**VIII**), $C_9H_{24}Si_3$, Kp.$_{745}$ 205°, $n_D^{20,4}$ 1,4652. — *$C_{10}H_{24}Si_4$* (**V**), F. 121—122°. H. Bürger. 261□

Die Darstellung ^{32}P-markierter Phosphorbromide als Ausgangssubstanzen für Synthesen ^{32}P-markierter phosphororganischer Insekticide. W. Dedek. (Isotopentechnik **1**, 195—96, Sept. 1961; Leipzig, Inst. für angewandte Radioaktivität; dt.) — Die Synth. von *$^{32}PBr_3$*, *$^{32}POBr_3$* u. *$^{32}PSBr_3$* aus markiertem rotem Phosphor im 30 mMol-Maßstab wird beschrieben. $^{32}PBr_3$ wird durch Bromierung von rotem Phosphor in CS_2 in 80—85% Ausbeute erhalten. Analog wird $^{32}PBr_5$ erhalten, dessen Umsetzung mit abs. C_2H_5OH in CS_2 82—85% $^{32}POBr_3$ liefert. Bromierung von rotem Phosphor in CS_2 in Ggw. von Schwefel u. $AlCl_3$ gibt 57—59% $^{32}PSBr_3$. H.-G. Floss. 264□

Untersuchungen über kondensierte Phosphate. 1. Mitt. **Natriummetaphosphate und ihre Derivate mit Calcium-, Barium- und Zink-Salzen.** R. C. Mehrotra und V. S. Gupta. (J. Polymer Sci. **54**, 613—20, Okt. 1961; Gorakpur, India, Univ., Chem. Labor.; engl.) — 4. vgl. C. **1963**, 6141. — Durch einstündiges Erhitzen einer Mischung von NaH_2PO_4, CaO [oder $Ba(OH)_2 \cdot 8H_2O$ oder ZnO] u. $(NH_4)_2HPO_4$ im Mol.-Verhältnis 4:1:2 auf 700—800° wurden Deriv. mit der Formel *$[Na_4Ca(PO_3)_6]_n$*, *$[Na_4Ba(PO_3)_6]_n$* u. *$[Na_4Zn(PO_3)_6]_n$* hergestellt. Das Zahlenmittel des Molgew. dieser Derivv. wurde durch Endgruppentitration bestimmt. Die Leitfähigkeit wurde bei verschiedenen Konzz. in wss. Lsg. gemessen. Die Eigg. dieser Derivv. wurden mit denen des unter ähnlichen Bedingungen hergestellten Graham-Salzes $(NaPO_3)_n$ verglichen. F. Rochlitz. 264□

Darstellung von Lithiumdeuterid. I. A. Khan, Y. W. Gokhale und D. Sen. (J. sci. ind. Res. [New Delhi], Sect. B **19**, 166—68, Mai 1960; Trombay, Bombay,

Atomic Energy Establ., Chem. Div.; engl.) — Kristallines weißes LiD wurde durch Überleiten von D_2 über Li bei 750° gewonnen. D_2 wurde durch Elektrolyse von D_2O mit K_2SO_4 als Elektrolyt dargestellt. Die App. ist beschrieben.
H. Roschkowski. 273◇

Thermodynamische Untersuchung des Systems KCl–RbCl–H_2O bei 25° C. 1. Mitt. A. P. Ratner und L. L. Makarow. (J. physik. Chem. [UdSSR] **32,** 1809—16, Aug. 1958; Leningrad, Shdanow-Univ.; russ., Auszug: engl.) — Vgl. C. **1960,** 3801. — Das Syst. wurde im gesamten Konz.-Bereich der Komponenten auf die Zus. der vorkommenden Phasen hin untersucht u. der Dampfdruck des W. über gesätt. wss. KCl- u. RbCl-Lsgg. nach der isopiestischen Meth. ermittelt. Die Veränderungen der chem. Potentiale der Komponenten mit wechselnder Zus. des Syst. u. die Freie Bldg.-Energie für gemischte KCl–RbCl-Kristalle wurden berechnet. Bei 25° bildet sich eine lückenlose Mischkristallreihe. Zur chem. Analyse wurden die Isotope ^{86}Rb u. ^{42}K verwendet. H. Roschkowski. 276□

Untersuchung von Berylliumchromit und anderen Berylliumoxidverbindungen mit Oxiden der Zusammensetzung R_2O_3. C. E. Weir und A. van Valkenburg. (J. Res. nat. Bur. Standards, A **64,** 103—06, Jan./Febr. 1960; Washington, D. C.; engl.) — Bei Temp. bis 1550° wurden Rkk. zwischen BeO u. B_2O_3, Al_2O_3, Ga_2O_3, Y_2O_3, La_2O_3 u. Cr_2O_3 durchgeführt. Mit Sc_2O_3, In_2O_3 u. Fe_2O_3 konnte keine Verb.-Bldg. erhalten werden. Alle Verbb. wurden opt. u. röntgenograph. untersucht. Festgestellt wurden dabei die Verbb. *3BeO · B_2O_3*; *BeO · Al_2O_3*, *BeO · 3Al_2O_3*, *BeO · 2Ga_2O_3* (hexagonal indiziertes Pulverdiagramm mit a = 7,78; c = 2,98 Å), eine BeO–Y_2O_3-Verb. unbekannter Zus., *2BeO · La_2O_3* u. *BeO · Cr_2O_3*. Die letzte Verb. besitzt Halbleitercharakter. H. Roschkowski. 281◇

Umsetzung von Quecksilberhalogeniden mit Chalkogenen. 2. Mitt. Ss. Ss. Batzanow und L. I. Abaulina. (Nachr. sibir. Abt. Akad. Wiss. UdSSR **1961,** Nr. 10, 67—73; Nowosibirsk, Inst. für anorg. Chem. der sibir. Abt. der Akad. der Wiss. der UdSSR; russ.) — 1. vgl. C. **1962,** 6702. — Durch Erhitzen von Hg_2Cl_2, Hg_2Br_2 u. Hg_2J_2 mit Schwefel (250°), Selen (350°) bzw. Tellur (500°; 10—15 Std. im Rohr) wurden erhalten: $Hg_3Cl_2S_2$ (D. 6,37); $Hg_3Br_2S_2$ (D. 6,71; graues Pulver); $Hg_3J_2S_2$ (D. 6,76; gelbgrünes Pulver); $Hg_3Cl_2Se_2$ (D. 6,60; dunkelgraues Pulver); $Hg_3Br_2Se_2$ (D. 7,24; schmutziggrün); $Hg_3J_2Se_2$ (D. 7,00; dunkelbordeauxrot); $Hg_3Cl_2Te_2$ (D. 7,12; dunkelgraues Pulver); $Hg_3Br_2Te_2$ (D. 7,28; dunkelgrünes Pulver) u. $Hg_3J_2Te_2$ (D. 7,08; dunkelbordeauxrot). Der Brechungsindex sämtlicher Verbb. ist $>$ 2,0. Beim Behandeln mit Alkali gehen die entsprechenden vorst. Verbb. über in Hg_3OS_2 (D. ca. 7,5), Hg_3OSe_2 [D. 8,2 (?)] bzw. Hg_3OTe_2 (D. 8,7). Die Oxidchalkogenide lösen sich zum Unterschied von HgO u. HgS nicht in Säuren oder Königswasser. Von sämtlichen Verbb. wurden die Röntgenogramme aufgenommen.
Helmut Schäfer. 290△

Bemerkung zur Darstellung von Natriumamalgam in Kügelchenform. H. S. Isbell, H. L. Frush und N. B. Holt. (J. Res. nat. Bur. Standards, A **64,** 135—36, Jan./Febr. 1960; Washington, D. C.; engl.) — Nach Zusammengeben von Na u. Hg im N_2-Strom in einem Kolben wird das gebildete Amalgam zum Schmelzen erhitzt u. danach langsam in einen ölgefüllten Zylinder eingetropft. Unter optimalen, empir. zu ermittelnden Bedingungen bilden sich flache, kleine Amalgamkügelchen. H. Roschkowski. 291◇

Synthese und Genese von Hydrargillit. Adrien Herbillon und Marie-Claire Gastuche. (C. R. hebd. Séances Acad. Sci. **254,** 1105—07, 5/2. 1962; Héverlé-Louvain, Belgique, Labor. des Coll. et de Chim. min., I. N. E. A. C.; Inst. Agron.; franz.) — Vff. untersuchen Al-Hydroxid-Gele, die bei verschiedenen pH-Werten gefällt wurden, nach unterschiedlich langen Alterungszeiten u. verschiedenen Temperaturen. Die Röntgendiagramme zeigen bei pH 8 ein Gemisch von Hydrargillit u. Bayerit, bei pH 6,5 ein Gemisch von Bayerit u. Pseudoböhmit u. bei pH 4,6 lediglich Hydrargillit. Das Gel ist in saurer Lsg. positiv u. in alkal. Lsg. negativ geladen. Der Einfluß einer Entionisierung auf die Kristallisation von Hydrargillit wird untersucht. I. Zoll. 294◇

Über Heterosiloxane. 10. Mitt. **Anionische Heterosiloxane.** H. Schmidbaur und Max Schmidt. (Angew. Chem. **74,** 589, 7/8. 1962; Marburg/L., Univ., Anorg. Chem. Inst.; dt.) — 9. vgl. C. **1963,** 8075. — Alkalitrimethylsilanolate fällen aus CCl_4-Lsgg. von $\{[(CH_3)_3SiO]_3Me\}_2$ (Me = Al, Ga) bei 20° in exothermer Rk. die den Si- u. Ge-Tetrakis-[trimethylsilanolaten] isosteren u. analog gebauten *Alkalisalze* der Anionen $\{[(CH_3)_3SiO]_4Me\}^-$. Die *Na-* u. *K-Salze* sind in organ. Lsgm.

unlöslich, zersetzen sich oberhalb 250°; die *Li-Salze* (**A**) sind sublimierbar, dank kovalenter Bindungen in organ. Lsgm. lösl. sowie assoziiert. Das protonenmagnet. Resonanz-Spektrum zeigt für **A** mit Me = Al bei − 0,125 u. Me = Ga bei − 0,165 ppm [gegen $(CH_3)_4Si$] ein scharfes Singulett. H. Bürger. 295□

Die Struktur des Diammoniakates von Dimethylgalliumchlorid, $(CH_3)_2GaCl \cdot 2NH_3$, und des Dimethyläthylendiamingalliumchlorids. Duward F. Shriver und Robert W. Parry. (Inorg. Chem. [Washington] **1**, 835—38, Nov. 1962; Ann Arbor, Mich., Univ. of Michigan, Dep. of Chem.; engl.) — Vff. beweisen durch Elementaranalyse, Molgew.-Best., Pulveraufnahmen, therm. Zers. u. Cl^--Verdrängungs-Rkk. für die von Kraus u. Toonder erhaltene Verb. $(CH_3)_2GaCl \cdot 2NH_3$ die Struktur $[(CH_3)_2Ga(NH_3)_2]Cl$ (**I**) u. für ein neues Äthylendiamin-Analoges die Struktur $[(CH_3)_2Ga(en)]Cl$ (**II**). Die therm. Zers. von **I** verläuft unter Bldg. von $[(CH_3)_2GaNH_2]_2$ u. NH_4Cl. Die Cl^--Verdrängungs-Rk. von **I** mit KBH_4 in fl. NH_3 ergibt $[(CH_3)_2Ga(NH_3)_2]BH_4$. **II** ist in W. begrenzte Zeit unzersetzt löslich. Die Cl^--Verdrängungs-Rk. von **II** mit Ag_2SO_4 ergibt $[(CH_3)_2Ga(en)]_2SO_4$ (**III**), das mit $BaCl_2$ wieder **II** zurückbildet. Das IR-Spektrum von **III** ist das gleiche wie das von **II**, ausgenommen das Maximum des SO_4^{2-}; SO_4^{2-} ist nicht direkt an das Ga in Form einer Brückenstruktur koordiniert.

Versuche: $[(CH_3)_2Ga(NH_3)_2]Cl$ (**I**), F. 110—113°, durch Dest. von HCl in eine Lsg. einer äquimol. Menge $Ga(CH_3)_3$ in n-Hexan, Vertreiben des CH_4 u. Absorption des doppelten Äquivalents NH_3. — $[(CH_3)_2Ga(H_2NCH_2CH_2NH_2]Cl$ (**II**), F. < 130°, durch Lösen von **I** in Äthylendiamin u. Verdrängen des NH_3 oder durch Rk. von $(CH_3)_3Ga$ in Dimethyläther mit einer äquimol. Menge HCl, Abpumpen des CH_4 u. Dest. von überschüssigem Äthylendiamin in das Rk.-Gefäß. G. Heller. 295◇

Seltenerdmetalle, ihre Trennung und Verwendung. Väinö Veijola. (Suomen Kemistilehti A **35**, 165—70, 1962; finn.) — Übersicht. A. Blaschette. 303◇

Eine physikochemische Untersuchung des Äpfelsäure-Komplexes von Cer(III). M. C. Saxena und A. K. Bhattacharya. (J. sci. ind. Res. [New Delhi], Sect. B **20**, 127—28, März 1961; Saugor, Univ. of Saugor, Dep. of Chem.; engl.) — Leitfähigkeits- u. pH-Messungen bei der Rk. zwischen $C_4H_6O_5$ u. $Ce(NO_3)_3$ lassen auf die Bldg. von $[Ce(C_4H_5O_5)]^{2+}$ schließen. Die Dissoziations-Konst. für den Komplex hat bei 24° den mittleren Wert $2{,}733 \cdot 10^{-3}$. H. Roschkowski. 304◇

Zur Kenntnis der Alkalizirkonate. Hans-Albert Lehmann und Peter Erzberger. (Wiss. Z. Techn. Hochschule Chem. Leuna-Merseburg **1**, 143—49, 1958/59; Inst. für Anorg. Chem.; dt. — C. **1960**, 14302.) A. Blaschette. 322◇

Organogermaniumderivate von Cyclopentadien, Inden und Fluoren. Michel Lesbre, Pierre Mazerolles und Georges Manuel. (C. R. hebd. Séances Acad. Sci. **255**, 544—45, 16/7. 1962; Toulouse, Fac. des Sci., Labor. des Organométall.; franz.) — Alkyl- u. Arylhalogengermane wurden mit Cyclopentadienyl- (**I**), Indenyl- (**II**) bzw. Fluorenylmagnesiumbromid (**III**) umgesetzt.

Versuche: *Triäthylcyclopentadienylgerman* (**IV**), $(C_2H_5)_3GeC_5H_5$, Kp.$_{16}$ 105°, aus **I** u. $(C_2H_5)_3GeBr$ (**V**); n_D^{20} 1,5029, $D._4^{20}$ 1,0740; reagiert mit Maleinsäureanhydrid in einer Diels-Alder-Rk. zu einem krist. Prod., F. 49—50°, mit Br_2 in C_2H_5Br zu **V** u. einem polymeren Rückstand. — Analog: $(C_4H_9)_3GeC_5H_5$, Kp.$_{0,4}$ 109°, n_D^{20} 1,4942, $D._4^{20}$ 1,0115; $(C_6H_5)_3GeC_5H_5$, F. 176—177°. — *Triäthylcyclopentylgerman*, $(C_2H_5)_3GeC_5H_9$, Kp.$_{40}$ 133°, a) aus **IV** mit H_2/Raney-Ni; b) aus **V** u. Cyclopentylmagnesiumbromid; n_D^{20} 1,4756, $D._4^{20}$ 1,0343. — *Triäthylindenylgerman*, $(C_2H_5)_3GeC_9H_7$, Kp.$_4$ 161°, aus **II** u. **V**; n_D^{20} 1,5589, $D._4^{20}$ 1,1230. — Analog: $(C_6H_5)_3GeC_9H_7$, F. 126°. — $(C_6H_5)_2GeBr_2$ (**VI**), aus $(C_6H_5)_4Ge$ u. $GeBr_4$ in Ggw. von Al_2Br_6, 65% Ausbeute; Reinigung durch Umwandlung in $(C_6H_5)_2GeH_2$ mit $LiAlH_4$ u. Neubldg. durch Rk. mit Br_2; n_D^{20} 1,6394, $D._4^{20}$ 1,7779. — $(C_6H_5)_2Ge(C_9H_7)_2$, F. 144—145°, aus **VI** u. **II**. — $(C_9H_7)_4Ge$, F. 196—198° (Zers. ab 200°), aus $GeCl_4$ u. **II**. — *Triäthylfluorenylgerman*, $(C_2H_5)_3GeC_{13}H_9$, Kp.$_{0,5}$ 165°, aus **V** u. **III**. — Analog: $(C_6H_5)_3GeC_{13}H_9$, F. 214°. A. Blaschette. 326◇

Neue Reaktionen der Trialkylstannane: Addition an die Ketogruppe. Raymond Calas, Jacques Valade und Jean-Claude Pommier. (C. R. hebd. Séances Acad. Sci. **255**, 1450—52, 17/9. 1962; Bordeaux, Fac. des Sci., Labor. de Chim. org.; franz.) — Trialkylstannane addieren bei UV-Bestrahlung Ketone unter Bldg. von *sek.-Alkoxyzinn-Verbindungen*. Gleichlaufend mit der Addition ist die Hydrierung nach $2 > C = O + 2R_3SnH \rightarrow 2 > CHOH + R_3SnSnR_3$. Durch geeignete Wahl der Rk.-Bedingungen läßt sich diese jedoch in Grenzen halten.

Versuche: *Alkoxytributylzinn-Verbb.*, alle aus Tributylstannan u. Keton bei UV-Bestrahlung: *Cyclohexoxy-*, $C_{18}H_{38}OSn$, Kp.$_{0,5}$ 137°, n_D^{20} 1,4831, $D._4^{20}$ 1,110, aus Cyclohexanon; 73% (Ausbeute); *Pentoxy-(3)-*, $C_{17}H_{38}OSn$, Kp.$_1$ 119°, n_D^{20} 1,4640, $D._4^{20}$ 1,0835 aus Diäthylketon; 30%; *1-Phenyläthoxy-*, $C_{20}H_{36}OSn$, Kp.$_{0,9}$ 145°, n_D^{20} 1,5050, $D._4^{20}$ 1,1289 aus Acetophenon; 30%. H. Bürger. 327◇

Zinnorganische Photoperoxide. Neue Typen metallorganischer Peroxide. G. O. Schenck, E. Koerner von Gustorf und H. Köller. (Angew. Chem. **73**, 707 bis 708, 7/11. 1961; Mühlheim/Ruhr, MPI für Kohleforsch., Abt. Strahlenchem.; dt.) — Triphenylstannylcyclopentadien (F. 130—131°) liefert unter den Bedingungen der photosensibilisierten O_2-Übertragung bei —20° in 50%ig. Ausbeute *Triphenylstannyl-1.4-endoperoxycyclopenten-(2)*, das sich bei 0° zersetzt u. bei —20° mit $NaBH_4$, H_2/Raney-Ni oder Thioharnstoff zum stabilen *Triphenylstannyl-1.4-dihydroxycyclopenten-(2)* (F. 119—121°) reduzieren läßt. Bei der analogen Photooxydation von 1-[Triphenylstannyl]-3-methylbuten-(2) (F. 70°) wurde ein Gemisch aus *1-[Triphenylstannyl]-3-methylbuten-(3)-hydroperoxid-(2)* (I) bzw. *-3-methylbuten-(1)-hydroperoxid-(3)* meist als zersetzliches Öl, in einigen Fällen krist. vom F. 45—66° (Zers.) erhalten. Analog wird auch aus 1-[Triphenylstannyl]-2.3-dimethylbuten-(2) (F. 64—65°) ein Gemisch isomerer Hydroperoxide erhalten. **I** sowie sein 2-Methyl-Deriv. können schon bei Raum-Temp. als Starter von Radikalketten-Rkk. dienen. Im Falle der Blockpolymerisation von Acrylnitril werden zinnorgan. Reste in das Polymerisat eingebaut. L. Lamza. 327□

Synthese von Organobleiarsonaten und -arsinaten. Malcolm C. Henry. (Inorg. Chem. [Washington] **1**, 917—21, Nov. 1962; Natick, Mass., U. S. Army Quartermaster R & E Command, Pioneering Res. Div.; engl.) — Durch Rk. von Tetraphenylblei (**I**), Triphenylbleichlorid (**II**) oder Diphenylbleidichlorid (**III**) mit Natriumdimethylarsinat (**IV**) oder Methyl- (**V**), Propyl- (**VI**) u. Benzylarsonsäure (**VII**) wurden eine Reihe von Organobleiarsinaten ≡PbOAs(O)= u. Organobleiarsonaten ≡PbOAs(O)O— dargestellt. Durch Rk. der Organobleiarsonate mit Eisessig kann festgestellt werden, ob es sich bei den Rk.-Prodd. um Mono- oder Diarsonate handelt. Die IR-Spektren zeigen zwischen 770 u. 870 cm^{-1} charakterist. Pb–O–As-Banden. Verschiedene Darst.-Meth. werden in Zusammenhang mit der relativen Leichtigkeit der Spaltung der Pb–C- u. Pb–Cl-Bindungen erörtert.

Versuche: *Triphenylbleidimethylarsinat*, $C_{20}H_{21}AsO_2Pb$, durch 8std. Kochen am Rückfluß einer Lsg. von **IV**-Trihydrat u. Triphenylbleijodid in Methanol; 73% (Ausbeute). — *Diphenylchlorobleidimethylarsinat*, $C_{14}H_{16}AsClO_2Pb$, durch 8std. Kochen einer Lsg. von **III** mit dem doppelten Äquivalent **IV**-Trihydrat in Dimethylformamid; 76,9%. — *Diphenylblei-bis-[benzylarsonat]*, $C_{26}H_{26}As_2O_6Pb$, durch 16std. Kochen einer Lsg. von **II** mit dem doppelten Äquivalent **VII** in Methanol; 35%. — *Diphenylchlorobleipropylarsonat*, $C_{15}H_{18}AsClO_3Pb$, durch 12std. Kochen einer Lsg. von **II** mit **VI** in Methanol; 89%. — *Diphenylblei-bis-[allylarsonat]*, $C_{18}H_{22}As_2O_6Pb$, durch 24std. Erhitzen auf 70° einer Lsg. von **II** mit dem doppelten Äquivalent Allylarsonsäure in Pyridin; 35,4%. — *Diphenylblei-bis-[m-nitrophenylarsonat]*, $C_{24}H_{20}As_2N_2O_{10}Pb$, durch 24std. Erhitzen auf 70° einer Lsg. von **I** oder **II** mit dem doppelten Äquivalent m-Nitrophenylarsonsäure in Pyridin; blaßgelbe Kristalle; 53,8%. — *Diphenylblei-bis-[phenylarsonat] · 2 Pyridin*, $C_{34}H_{32}As_2N_2O_6Pb$, durch 18std. Erhitzen auf 80° einer Lsg. von Triphenylbleijodid mit dem doppelten Äquivalent Phenylarsonsäure in Pyridin; 32% des Dipyridinkomplexes. — *Diphenylblei-bis-[phenylarsonat]*, $C_{24}H_{22}As_2O_6Pb$, durch 1std. Kochen vorst. Verbindung. — $(C_6H_5)_2(Cl)PbOAs(O)(OH)CH_3$, $C_{13}H_{14}AsClO_3Pb$, durch 12std. Erhitzen einer Lsg. von **II** u. **V** in Pyridin auf 80—90°; weiße Platten; 88,7%. — Anhydrid vorst. Verb., $[(C_6H_5)_2(Cl)PbOAs(O)(CH_3)]_2O$, $C_{26}H_{26}As_2Cl_2O_5Pb_2$, durch $^1/_2$std. Erhitzen vorst. Verb. in Methanol. — $[(C_6H_5)_2(Cl)PbO]_2As(O)CH_3$, $C_{25}H_{23}As \cdot Cl_2O_3Pb_2$, durch Eindampfen der Pyridin-Lsg. vorvorst. Verb.; 1,49 g. — *Kettenförmiges oder cycl.* $[AsO(CH_3)–O–Pb(C_6H_5)_2O–]_n$, $(C_{13}H_{13}AsO_3Pb)_n$, durch 8std. Kochen am Rückfluß von 0,01 Mol **III** mit 0,01 Mol Dinatriummethylarsonat in Dimethylformamid; 6 g unlösl. weißes Pulver. G. Heller. 328◇

Eigenschaften der Gläser des Systems V_2O_5–P_2O_5. B. Nador. (Glas u. Keram. [UdSSR] **17**, Nr. 10, 18—21, Okt. 1960; russ.) — Inhaltlich ident. mit der C. **1960**, 17054 referierten Arbeit. J. Lehmberg. 330

Die Darstellung einer Reihe von Verbindungen mit dem Pentachloroalkoxoniobat(IV)-Anion. Rupert A. D. Wentworth und Carl H. Brubaker jun. (Inorg. Chem. [Washington] **1**, 971, Nov. 1962; East Lansing, Mich., Michigan State Univ., Kedzie Chem. Labor.; engl.) — Vff. stellten durch elektrolyt. Red. einer mit HCl

gesätt. Lsg. von $NbCl_5$ in abs. Methanol u. Zugabe einer heißen Lsg. von Pyridiniumchlorid (pyHCl) in Methanol rotbraune Kristalle von *Pyridiniumpentachloromethoxoniobat* (*IV*), $(pyH)_2[Nb(OCH_3)Cl_5]$ (**I**), her. Das IR-Spektrum u. magnet. Unterss. bestätigen die Formulierung des Anions $[Nb(OCH_3)Cl_5]^{2-}$ mit 4-wertigem Nb. **I** ist sehr luftempfindlich u. in W. u. Alkoholen unter Zers. lösl.; in Dimethylformamid wird die Lsg. von einer violetten Farbe begleitet, die schnell in Blau umschlägt. Durch Variation der organ. Base u. des Lsgm. wurde eine Reihe von Methoxo-, Äthoxo- u. Isopropoxo-Verbb. erhalten, die anders als **I** gefärbt sind.
G. Heller. 331◇

Beitrag zur Kenntnis von Molybdän(V)-Komplexen. Gilda Cavicchi Sandri und Lidia Pinca. (Atti Accad. Sci. Ferrara **34,** 1—6, 1956/57, herausgeg. 1958; Ferrara, Univ., Ist. di Chim. farm. e tossicol.; ital.) — Beschreibung eines neuen Typus von Mo(V)-Komplexen, die mit Monocarbonsäuren unter Verw. von $N_2H_4 \cdot HCl$ (I) als Red.-Mittel erhalten werden. Dargestellt wurden: $Mo_2O_5 \cdot HCOONH_4 \cdot 5H_2O$, durch Zugabe von 2,5 ml HCOOH in 20 ml W. zu 10 g $(NH_4)_2MoO_4$ in 50 ml sd. W., tropfenweise Neutralisation mit NH_3 bis pH 5 u. Versetzen mit 1,6 g **I**, Abkühlen u. Filtration der entstandenen rotbraunen Verb.; $Mo_2O_5 \cdot HCOOLi \cdot 5H_2O$; $(Mo_2O_5 \cdot HCOO)_2Ca \cdot 8H_2O$; $Mo_2O_5 \cdot CH_3COONH_4 \cdot H_2O$; $(Mo_2O_5 \cdot CH_3 \cdot COO)_2Ca \cdot H_2O$; $Mo_2O_5 \cdot C_4H_7O_2NH_4 \cdot H_2O$; $Mo_2O_5 \cdot CH_3CHOHCOONH_4$. G. Platzer. 336□

Einige Gesichtspunkte zur Stöchiometrie des $UO_{2,67}$ im Hinblick auf die Darstellung von Uranisotopenstandards und eine Neubestimmung des Uran-235-Gehaltes von natürlichem Uran. B. R. Grundy und A. N. Hamer. (J. inorg. nuclear Chem. **23,** 148—50, Dez. 1961; Capenhurst, Chester, U.K.A.E.A., Reactor Technol. Branch; engl.) — Vff. geben ein Diagramm über die Abhängigkeit der Zus. des $UO_{2,67}$ (≙ U_3O_8) von der Erhitzungstemperatur. Daraus geht hervor, daß man bei Erhitzen des Oxids auf 1000° u. anschließendem Erhitzen auf 800° für jeweils 8 Std. stets $UO_{2,67}$ der gleichen Zus. erhält mit einer Reproduzierbarkeit von $\pm 0,005\%$. Die Zus. des Oxids ist unabhängig von der Art der Herstellung. Dies wurde massenspektroskop. an ^{235}U-angereicherten u. -abgereicherten Proben festgestellt. Die Abweichungen des Molgew. des $UO_{2,67}$ waren $< 10^{-2}\%$. Der ^{235}U-Geh. in natürlichem U ergab sich in Übereinstimmung mit früheren Ermittlungen zu $0,7106 \pm 0,0003$ Gew.-%. E. Schiewer. 339□

Untersuchungen über Uran(VI)-Verbindungen mit Phthalsäure. Amar Jit Singh und N. S. Krishna Prasad. (J. sci. ind. Res. [New Delhi], Sect. B **20,** 104—08, März 1961; Trombay, Bombay, Atomic Energy Establ., Chem. Div.; engl.) — Potentiometr. u. spektralphotometr. Unterss. des Syst. U(VI)–Phthalsäure lassen die Bldg. eines lösl. Uranylphthalats sowie eines unlösl. NH_4-Salzes erkennen. Dem NH_4-Salz wird die dimere Zus. $(NH_4)_2U_2O_5[C_6H_4(COO)_2]_2$ zugeschrieben. Laue-Aufnahmen der Verb. zeigen tetragonale Symmetrie mit a = 21,06, c = 22,59 Å, D. (berechnet) 3,03, D. (experimentell) 3,01 g/cm³, Z = 20.
H. Roschkowski. 339◇

Carbonat- und Carbonat–Oxalat-Komplexverbindungen von Plutonium(IV). 1. Mitt. Kaliumcarbonatoplutonate(IV). A. D. Gelman und L. M. Saitzew. (J. anorg. Chem. [UdSSR] **3,** 1304—11, Juni 1958; russ.) — 2. vgl. C. **1963,** 3913. — Folgende Pu(IV)-Verbb. wurden dargestellt: $K_4[Pu(CO_3)_4] \cdot nH_2O$ (**I**); $K_6[Pu(CO_3)_5] \cdot (3-4)H_2O$ (**II**); $K_8[Pu(CO_3)_6] \cdot nH_2O$ (**III**) u. $K_{12}[Pu(CO_3)_8] \cdot nH_2O$ (**IV**). Die Verbb. wurden als amorphe, isotrope grüne Pulver, **II** auch krist., erhalten. Sie sind leichtlösl. in W. u. stabil. **II** erwies sich als paramagnet. ($\chi_{mol.} = 418 \cdot 10^{-6}$), entsprechend etwa 1 Bohrschen Magneton. Durch Leitfähigkeitsmessungen wurde gezeigt, daß die maximale Koordinationszahl von Pu(IV) bzgl. CO_3^{2-} 8 ist.

Versuche: *Pu-Oxalat*; aus Pu(IV)-Nitratlsg. mit krist. Oxalsäure gefällt u. mit 96%ig. A. gewaschen. — Komplexsalze: Durch Lösen von Pu-Oxalat in nach der Reihenfolge der Verbb. 15, 25, 30—40 u. 50%ig. K_2CO_3-Lsgg. bei einem Verhältnis K_2CO_3 : Pu von 5,5 : 1, 5 : 1; 4 : 1 u. 4,5 : 1, Eingießen in 75—85%ig. A., Waschen der ausfallenden zähen Masse mit 99%ig. A.; krist. **II** wird durch Eindunsten der wss. Lsg. an der Luft bei Zimmertemp. sowie unter gleichen Bedingungen aus der Lsg. des zur Darst. von **IV** verwendeten Komponentengemisches erhalten.
G. Winkhaus. 343◇

Beiträge zur Komplexchemie des Technetiums. 2. Mitt. Darstellung und Eigenschaften von Kaliumcyanotechnetat(I). K. Schwochau und W. Herr. (Z. anorg. allg. Chem. **319,** 148—58, Dez. 1962; Köln, Univ., Inst. für Kernchem.; Jülich, Kernforschungsanlage Jülich; dt.) — 1. vgl. Z. anorg. allg. Chem. **318,** [1962], 198. —

Ausführliche Mitt. der in C. **1961,** 16775 referierten Darst. von $K_5[Tc(CN)_6]$. Die Gitterkonst. a wird hier zu 12,106 ± 0,001 Å angegeben; D. 1,94 ± 0,05 (Schwebemeth.). Das IR-Spektrum von $K_5[Tc(CN)_6]$ ist sehr ähnlich dem von $K_5[Re(CN)_6]$.
Ch. Weiske. 351◇

Darstellung von zwei Perjodatokomplexen des Eisen(III). M. J. M. Campbell und C. J. Nyman. (Inorg. Chem. [Washington] **1,** 842—44, Nov. 1962; Pullman, Wash., Washington State Univ., Dep. of Chem.; engl.) — Fe(III) bildet mit $NaJO_4$ 2 den entsprechenden Co(III)-Komplexen analoge Komplexe. In saurer Lsg. entsteht durch Vermischen wss. $Fe(NO_3)_3 \cdot 9H_2O$-(I) u. $NaJO_4$-Lsgg. in Ggw. von HNO_3 bei 80° braunes $H_3[Fe_4J_3O_{24}H_{12}]$ (II), während in Ggw. überschüssiger Base (nach Vermischen von I u. $NaJO_4$ Zugabe von 10%ig. NaOH) blaßgrünes $Na_5[Fe \cdot (H_2JO_6)_2(OH)_2]$ (III) gebildet wird. III läßt sich durch Ansäuern mit 1 n H_2SO_4 in II überführen. Die magnet. Momente μ_{eff} von II bzw. III sind 4,3 ± 0,1 B. M. bzw. 5,9 ± 0,2 B. M.
P. Scharner. 354◇

Acetatoeisen(III)-Komplexe. L. Sommer und K. Pliska. (Collect. czechoslov. chem. Commun. **26,** 2754—73, 1 Tafel, Nov. 1961; Brno, Purkyně-Univ., Inst. für analyt. Chem.; dt.) — Die Zus. u. Eigg. zahlreicher Fe(III)-Acetatokomplexe (I), die sich bei der Rk. von Fe^{3+} mit CH_3COO^- (Ac^-) je nach dem pH u. der Konz. bilden, wurden in festem u. gelöstem Zustand unter Verw. von kryoskop., spektrophotometr., potentiometr., magnetochem. u. Leitfähigkeitsmessungen untersucht. Durch Vermischen der Lsgg. von $FeCl_3$ [$Fe(NO_3)_3$, $Fe(ClO_4)_3$], NaAc (LiAc) u. H_2PtCl_6 bei pH 1,5—3,5 scheidet sich bereits in der Kälte das krist. Salz $[Fe_3(OH)_2 \cdot Ac_6]_2PtCl_6 \cdot 12H_2O$ (II) aus (rotbraune bis orangefarbige, lange prismat., in Drusen zusammengewachsene Nadeln bzw. 4wandige Prismen). Die Kristalle weisen einen deutlichen Pleochroismus (Gelbgrün-Rotbraun) auf; sie sind in ≧ 2n HCl lösl., durch NH_3 bei pH 10 werden sie in $(NH_4)_2PtCl_6$ u. FeO(OH) zersetzt. Auch beim Erwärmen der II-Lsgg. auf 60° tritt Zers. ein. Die kryoskop. Best. der Molgew. von II deutet auf eine stufenweise Spaltung in wss. Lsgg. hin, die sich nicht auf einfache Dissoziation beschränkt, sondern mit fortschreitender II-Hydrolyse zunimmt. Ebenfalls sinkt stufenweise auch der elektr. Widerstand von 10^{-3} m wss. II-Lsg. gleichzeitig mit dem pH; aus dem auf die Zeit t = 0 extrapolierten pH-Wert ergibt sich die molare Leitfähigkeit 408 Ω^{-1}, was der Dissoziation von II in 3—4 Teilchen entspricht. Die beiden OH-Gruppen in II liegen nicht in freier, sondern in koordinativ gesätt. Form von Diol-Brücken vor. Aus dem Verlauf der spektrophotometr. Absorptionskurven $1,8 \cdot 10^{-4}$ bis $3,6 \cdot 10^{-3}$ m Fe^{3+}-Lsgg. mit 10 bis 2160fachem mol. Überschuß an HAc bei 340—520 nm u. pH 2—5 bzw. aus den berechneten mol. Extinktionskoeff. in charakterist. Punkten der Absorptionskurven, sowie durch die logarithm. Analyse der Kurven a = f (c_{Fe}) bei konst. Ac-Überschuß u. pH-Wert, u. der Kurven A = f (c_{Ac}) bei konst. pH wurde außer dem Komplex $[FeAc]^{2+}$ die Existenz von $[FeAc_2]^+$ nachgewiesen, für dessen scheinbare Assoziationskonst. der Wert $10^{0,5}$ berechnet wurde. Überdies ist mit der Ggw. der Teilchen $[FeOHAc]^+$ bei pH 2,6 zu rechnen. Bei höheren Fe^{3+}-Konzz. läßt sich die Bldg. eines dreikernigen I aus $[FeAc_2]^+$ u. $[FeOHAc]^+$ nicht ausschließen. Aus der spektrophotometr. Unters. der Austauschgleichgew. zwischen $[FeSCN]^{2+}$ u. I geht die wahrscheinliche Existenz des gemischten Komplexes $[FeSCNAc]^+$ hervor. Auf Grund der graph. Analyse der Extinktions-pH-Kurven von I u. Ermittlung der Gleichgew. durch potentiometr. Titration nach Calvin wurden die Bldg.-Konst. einzelner I abgeleitet. Die Zonenelektrophorese der I-Lsgg. auf Papier liefert im Einklang mit den präparativen Verss. einen Beweis für die Ggw. des dreikernigen Komplexes $[Fe_3(OH)_2Ac_6]^+$ bei pH 3,33 sowie eines elektroneutralen Komplexes bei pH 5,46, der als ein hydrolyt. Prod. der wahrscheinlichen Zus. $[Fe_3(OH)_{3+y}Ac_{6-y}]$ zu betrachten ist. Die Messungen der magnet. Susceptibilität der I-Lsgg. lassen auf die Ggw. der Micelle $[Fe(OH)_2Fe]$ u. wahrscheinlich auch $[FeAc_2Fe]$ in der Struktur des dreikernigen I schließen. — Danach entstehen in verd. Fe^{3+}-Lsgg. (10^{-4} m) lediglich einkernige I, deren Zus. vom pH u. von der Konz. der einzelnen Komponenten abhängig ist; im pH-Bereich von 1—4 bilden sich $[FeAc]^{2+}$, $[FeAc_2]^+$ u. $[Fe(OH)Ac]^+$, über pH 4 $[FeAc_3]$ bzw. hydrolyt. Prodd., ggf. unter Polymerisation der einzelnen Bruchstücke. Dreikernige I kommen bei Fe^{3+}-Konzz. > 10^{-3} m vor. Mithin ist die von Reiss bzw. Perrin beschriebene Meth. zur spektrophotometr. Fe(III)-Best. als I ohne prakt. Bedeutung, zumal die Bldg. eines bestimmten I durch die Rk.-Bedingungen weitgehend beeinflußt wird. Auch die Verw. von Achaltigen Puffern ist bei der Unters. der Gleichgew. von Fe(III)-Komplexen bei pH > 4 wegen der komplizierten Rk.-Verhältnisse ungeeignet. — Ermittelte log K-

Werte der einzelnen I: Für $[FeAc]^{2+}$: K = $[FeAc^{2+}]/[Fe^{3+}][Ac^-]$: log K = 3,38 ± 0,04 (potentiometr.) bzw. 3,2 (spektrophotometr.); $[FeAc^{2+}][H^+]/[Fe^{3+}][HAc]$: 1,38 bzw. − 1,6. Für $[FeAc_2]^+$: $[FeAc_2^+]/[FeAc^{2+}][Ac^-]$: 2,7 bzw. 2,8; $[FeAc_2^+]/[Fe^{3+}][Ac^-]^2$: 6,1 bzw. 6,5; $[FeAc_2^+][H^+]/[FeAc^{2+}][HAc]$: − 2,0 (potentiometr.). Für $[FeAc_3]$: $[FeAc_3]/[FeAc_2^+][Ac^-]$: 2,2 (spektrophotometr.); $[FeAc_3]/[Fe^{3+}][Ac^-]^3$: 8,7 bzw. 8,3: $[FeAc_3][H^+]/[FeAc_2^+][HAc]$: − 2,6 (spektrophotometr.).
K. Kámen/Prag. 354

Metallhalogenidkomplexe von o-Chinonen. 1. Mitt. **Darstellung und vorläufige Charakterisierung.** Paul J. Crowley und Helmut M. Haendler. (Inorg. Chem. [Washington] **1,** 904—09, Nov. 1962; Durham, N. H., Univ. of New Hampshire, Dep. of Chem.; engl.) — Die Komplexe lassen sich durch Rk. des wasserfreien Metallhalogenids in heißem Eisessig mit 9.10-Phenanthrenchinon (phen) oder 1.2-Chrysenchinon (chry) darstellen; an Stelle von hygroskop. Halogeniden kann das durch direkte Einw. von Br_2 auf das Metall in Methanol darstellbare wasserfreie Bromid verwendet werden. 3 Komplextypen mit einem Verhältnis Chinon : Metall von 1 : 1, 2 : 1 u. 3 : 1 wurden isoliert: *phen · $MnBr_2$*; violett; — *chry · $MnBr_2$*; schwarz; — *phen · $CoBr_2$*; schwarz; — *chry · $CoBr_2$*; schwarz; — *phen · $ZnBr_2$*; violett; — *chry · $ZnBr_2$*; schwarz; — *phen · $CdBr_2$*; braun; — *chry · $CdBr_2$*; braun; — *phen · $InBr_3$*; schwarz; — *chry · $InBr_3$*; schwarz; — *phen · $SnBr_4$*; schwarz; — *chry · $SnBr_4$*; violett; — *2 phen · $NiBr_2$*; violett; — *2 chry · $NiBr_2$*; schwarz; — *2 phen · $HgBr_2$*; rot; — *2 chry · $HgBr_2$*; rot; — *3 phen · $FeBr_3$*; braun; — *3 chry · $FeBr_3$*; schwarz; — *phen · MoO_2Br_2*; schwarz; — *phen · MoO_2Cl_2*; aus $MoCl_5$; schwarz; — *chry · MoO_2Cl_2*; violett. — Acenaphthenchinon u. 2-Nitrophenanthrenchinon bilden keine Komplexe; nur $TiCl_4$ u. $SbCl_5$ reagieren in CCl_4-Lsg. mit allen 4 Chinonen, die Komplexe sind jedoch so instabil u. hygroskop., daß sie aus dem Rk.-Gemisch nicht ohne Zers. isoliert werden konnten. Die stark farbigen Komplexe sind an trockener Luft ziemlich beständig u. in unpolaren Lsgm. wie Chlf., Bzl. u. Toluol nahezu unlösl.; durch W. oder polare Lsgm. werden sie in ihre Komponenten zersetzt. Die thermogravimetr. Unters. der Zers. von phen · $ZnBr_2$ deutet daraufhin, daß die Komponenten nicht in einem einfachen 1 : 1-Verhältnis gebunden sind; es ist vielmehr ein Zwischenprod. vorhanden, das einem Gew.-Verlust von 50% des Chinons entspricht. Der 1 : 1-Komplex kann daher vermutlich als $[Zn(phen)_2][ZnBr_4]$, die Zwischen-Verb. als $[Zn(phen)Br_2]$ oder $[Zn(phen)][ZnBr_4]$, formuliert werden. Die IR-Spektren der phen-Komplexe sind durch eine Abnahme der Frequenz der Carbonylbande des phen (1674 cm^{-1}) um 9—114 cm^{-1} u. ein Ansteigen der Intensität der aromat. Bande bei 1595 cm^{-1} charakterisiert; das phen-$SnBr_4$-Spektrum enthält nur eine Bande bei 1560 cm^{-1}, die wahrscheinlich eine Kombination der CO- u. aromat. Absorption darstellt. In phen. · MoO_2Cl_2 erscheint noch eine 3. Bande bei 1552 cm^{-1}, die im Bromid nicht vorkommt. Die magnet. Unters. ergeben, daß der Mn(II)- u. Co(II)-Komplex (phen · $MnBr_2$: (μ_{abs}) 5,84; phen · $CoBr_2$ 4,71) tetraedr., der Fe(III)- (3phen · $FeBr_3$ 5,83; 6,16; 5,94) oktaedr. u. der Ni(II)-Komplex (2 phen · $NiBr_2$ 3,22; 3,26) tetraedr. oder oktaedr. Konfiguration besitzen. Für die Komplexe wird eine vorläufige Klassifikation vorgeschlagen.
P. Scharner. 356◇

Tetranitratometallate von Mangan(II), Kobalt(II), Nickel(II) und Kupfer(II). Darel K. Straub, Russell S. Drago und John T. Donoghue. (Inorg. Chem. [Washington] **1,** 848—52, Nov. 1962; Urbana, Ill., Univ. of Illinois, Noyes Chem. Labor.; engl.) — Verbb. der allg. Form $M(NO_3)_4^{2-}$[M = Mn(II), Co(II), Ni(II), Cu(II)] wurden als Methyltriphenylarsoniumsalze u. im Falle des $Co(NO_3)_4^{2-}$ außerdem als Hexakis-[dimethylsulfoxid]-kobalt(II)-tetranitratocobaltat(II) aus Acetonitril (**I**) isoliert. Die Tetranitratocuprat(II)- u. Tetranitratoniccolat(II)-Anionen sind auf Grund ihrer elektron. Spektren u. magnet. Momente (μ_{eff}) sechsfach koordiniert, das NO_3^--Ion muß als Brücken- oder zweizähnige Chelatgruppe dienen; die Metallionen besitzen oktaedr. Struktur. Für das NO_3^-- wurden die Kristallfeldparameter Dq u. β in bezug auf Ni(II) bestimmt: Dq: H_2O (860) > NO_3^- (801) > DMSO (Dimethylsulfoxid, 773) > Cl^- (720); β: Cl^- (26%) > NO_3^- (15%) > H_2O (12%). Tetranitratocobaltat(II) besitzt tetraedr. Struktur. In den IR-Spektren der Verbb. erscheinen keine Banden, die dem freien NO_3^--Ion zugeordnet werden können; das NO_3^- ist koordinativ an das Metall gebunden.

Versuche: *Hexakis-[dimethylsulfoxid]-kobalt(II)-tetranitratocobaltat(II)*, $[Co \cdot (DMSO)_6][Co(NO_3)_4]$, aus $AgNO_3$ u. wasserfreiem $CoCl_2$ in **I** nach Zugabe von DMSO u. Ae.; tiefpurpurrote Kristalle. — *Methyltriphenylarsoniumtetranitratocobaltat(II)*, $(C_{19}H_{18}As)_2[(Co(NO_3)_4]$, aus $AgNO_3$, wasserfreiem $CoCl_2$ u. Methyltriphenylarsoniumjodid (II) in I; μ_{eff} 4,67 ± 0,04 (B. M.; bei 30°); aus Methylenchlorid–Chlf. tief purpurfarbene Kristalle. — *Methyltriphenylarsoniumtetranitratomanganat(II)*, $(C_{19}H_{18}As)_2[Mn(NO_3)_4]$, aus $AgNO_3$, wasserfreiem $MnCl_2$ u. II in I; μ_{eff} 5,76 ± 0,04; aus I Kristalle. — *Methyltriphenylarsoniumtetranitratoniccolat(II)*, $(C_{19}H_{18}As)_2[Ni(NO_3)_4]$, aus wasserfreiem $NiCl_2$, $AgNO_3$ u. II in I; μ_{eff} 3,15 ± 0,04; aus Methylenchlorid–CCl_4 grüne Kristalle. — *Methyltriphenylarsoniumtetranitratocuprat(II)*, $(C_{19}H_{18}As)_2[Cu(NO_3)_4]$, aus wasserfreiem $CuBr_2$, $AgNO_3$ u. II in I; μ_{eff} 1,93 ± 0,06; blaue Kristalle. P. Scharner. 356◇

Nichtwäßrige Koordinationsphänomene — Komplexe von Hexamethylphosphorylamid. 1. Mitt. Darstellung und Eigenschaften von tetraedrischen $Zn\{PO[N(CH_3)_2]_3\}_4^{2+}$-, $Co\{PO[N(CH_3)_2]_3\}_4^{2+}$- und $Ni\{PO[N(CH_3)_2]_3\}_4^{2+}$-Verbindungen. John T. Donoghue und Russell S. Drago. (Inorg. Chem. [Washington] **1**, 866—72, Nov. 1962; engl.) — Vgl. vorst. Referat. — Leitfähigkeits-Unterss. in Nitromethan zeigen, daß die aus Hexamethylphosphorylamid (HMPA) u. $Zn(ClO_4)_2$, $Co(ClO_4)_2$ u. $Ni(ClO_4)_2$ gebildeten 4:1-Addukte als $[M(HMPA)_4](ClO_4)_2$-Komplexe formuliert werden müssen. Nach den spektralphotometr., magnet. u. röntgenometr. Ergebnissen müssen allen 3 Kationen tetraedr. Strukturen zugeordnet werden. Für $[Co(HMPA)_4](ClO_4)_2$ wurden die Werte für die elektron. u. Ligandenfeldparameter bestimmt: ν_2 6590 cm^{-1}; ν_3 16150 cm^{-1}; Δ 3640 cm^{-1}; B^1 774 cm^{-1}; $\beta = (B^1/B^C)$ 0,800; μ 4,45 ± 0,05 B. M.; λ_1 150 ± 20 cm^{-1}. Danach steht HMPA in der spektrochem. Reihe relativ zu N_3^- u. NCO^- wie folgt: $Cl^- \sim HMPA < N_3^- < NCO^-$.

Versuche: *Tetrakis-[hexamethylphosphorylamid]-kobalt(II)-perchlorat*, $Co(ClO_4)_2 \cdot 4PO[N(CH_3)_2]_3$, durch Entwässern von $Co(ClO_4)_2 \cdot 6H_2O$ mit 2.2-Dimethoxypropan u. Zugabe von HMPA (2std. Stehen); feines blaues Pulver; 40% (Ausbeute). — *Tetrakis-[hexamethylphosphorylamid]-kobalt(II)-tetraphenylborat*, $Co[B(C_6H_5)_4]_2 \cdot 4PO[N(CH_3)_2]_3$, aus vorst. Verb. u. $NaB(C_6H_5)_4$ in Aceton; hellblau; 75%. — *Tetrakis-[hexamethylphosphorylamid]-nickel(II)-perchlorat*, $Ni(ClO_4)_2 \cdot 4PO[N(CH_3)_2]_3$, analog vorvorst. Verb.; tiefblauer, sehr zerfließlicher Feststoff; 94%. — *Tetrakis-[hexamethylphosphorylamid]-zink(II)-perchlorat*, $Zn(ClO_4)_2 \cdot 4PO[N(CH_3)_2]_3$, analog vorst. Verb.; 99%. P. Scharner. 356◇

Beschaffenheit der Kupfer–Bismuthiol-Komplexe. A. K. Majumdar und B. R. Singh. (Z. analyt. Chem. **193**, 33—34, 1963; Calcutta, Jadavpur Univ., Dep. of Inorg. and Analyt. Chem.; engl.) — Magnet. Unters. an den Cu-Komplexen des Bismuthiol II (I, 5-Mercapto-3-phenyl-1.2.4-thiadiazol-2-thion) ergaben, daß der gelblich-braune, früher als Cu(II)-Verb. angesehene Komplex der Zus. $Cu(C_8H_5N_2 \cdot S_3)_2$ nichts anderes als der Cu(I)-Komplex mit einer äquivalenten Menge des in W. unlösl. Disulfids von I ist u. die Zus. $Cu_2(SR)_2 + RSSR$ mit $R = C_8H_5N_2S_2$ besitzt. Cu^{2+} oxydiert einen Teil von I zum Disulfid, wobei es selbst zum Cu^+ red. wird, das dann in quant. Rk. den Cu(I)-Komplex bildet. Sowohl für $Cu(SR)_2$ als auch für $Cu_2(SR)_2 + RSSR$ ergibt sich ein Verhältnis von Cu: I wie 1:2. Folgende Molsusceptibilitäten wurden ermittelt: Gelblich-brauner „Cu(II)"-Komplex $-528{,}6 \cdot 10^{-6}$, gelber „Cu(I)"-Komplex $-211{,}2 \cdot 10^{-6}$, Disulfid von I $-318{,}0 \cdot 10^{-6}$ u. I (freie Säure) $-149{,}2 \cdot 10^{-6}$. Ähnliches diamagnet. Verh. wurde am Cu-Komplex mit Bismuthiol I (2,5-Dimercapto-1.3.4-thiadiazol) beobachtet. Die Unterschiede in Löslichkeit, Stabilität u. FF. zwischen den beiden Cu-Komplexen des I lassen sich auf die Ggw. des Disulfid im Cu(I)-Komplex zurückführen.
Gerhard Schulze. 358◇

Bildung von Verbindungen des Kupfer(II)-chlorids mit organischen Substanzen in alkoholischem Medium. Sarju Prasad, J. Mohan Rao und A. R. Choudhury. (J. Proc. Instn. Chemists [India] **34**, 17—21, Jan. 1962; Banaras, Hindu Univ., Chem. Labor.; engl.) — Durch Versetzen einer $CuCl_2$-Lsg. in abs. A. mit alkohol. Lsg. in Überschuß von Amiden, Aniliden oder Thioharnstoff (I) werden folgende Verbb. dargestellt: CuX_2Cl_2, X = *p-Anisidin* (II), schwarz; *Benzylamin* (III), grün, Fp.: 165°; *Diisobutylamin*, hellgrün; *p-Aminodimethylanilin*, schwarz; *2-Aminopyridin*, grün; *p-Aminobenzoesäure*, schokoladenbraun; *Formamid*, grün; *Acetanilid*, grau; *p-Aminoacetanilid*, *dunkelbraun*; $CuCl_2 \cdot X$, X = *m-Phenylendiamin* (IV), schwarz; *Hexamethylentetramin* (V), braun; u. CuX_2, HX = *o-Aminobenzoesäure*, hellgrün. Die Derivv. mit IV u. V kristallisieren mit 1 Mol Alkohol. Mit I-Derivv. (*Phenyl-*, *α-*, *β-Naphthyl-*, *o-*, *m-*, *p-Tolyl-*, *Diphenylthioharnstoff*) erhält man Verbb. des Typs *CuClX* mit Cu–S-Bindungen. Alle Verbb. sind feuchtigkeitsempfindlich, mit Ausnahme von II in A. unlöslich. Außer bei III tritt bei Erhitzen Zers. ein.
E. Gyarmati. 358◇

Spektrophotometrische Untersuchung von Rutheniumkomplexen des 1.2.3-Benzotriazols. Ray F. Wilson. (Z. anorg. allg. Chem. **318**, 233—37, 1962; Houston, Tex., Texas Southern Univ., Dep. of Chem.; engl.) — Spektrophotometr. wurden die farbigen Rk.-Prodd. (J. inorg. nuclear Chem. **15**, [1960], 255) aus 1.2.3-Benzotriazol u. Ru-Ionen untersucht (350—700 mμ) u. mit Hilfe der „mole-ratio"-Meth. gezeigt, daß nur ein rotorangefarbener Komplex mit dem Molverhältnis Benzotriazol: Ru = 4:1 u. ein grüner mit 2:1 entstehen. Der 2:1-Komplex konnte aus dem 4:1-Komplex durch Erhitzen oder längeres Stehenlassen bei Raum-Temp. erhalten werden. Beide Komplexe zeigen wenig ion. Charakter. G. Heller. 363□

Synthese und Charakterisierung einiger Diacidotetramminrhodium(III)-Verbindungen. Susan A. Johnson und Fred Basolo. (Inorg. Chem. [Washington] **1**, 925—32, Nov. 1962; Evanston, Ill., Northwestern Univ., Chem. Dep.; engl.) — Salze der komplexen Kationen $[RhCl_2A]^+$, $[RhX_2(en)_2]^+$ u. $[RhClY(en)_2]^{n+}$, [A = NH_3, Äthylendiamin(en), meso-Butylendiamin (m-bn), d,l-Butylendiamin (d,l-bn), C-Tetramethyläthylendiamin (tetrameen), β.β'.β''-Triaminoäthylamin (tren), Triäthylentetramin (trien); X = Cl^-, Br^-, J^-, NO_2^-, N_3^-; Y = SCN^-, NO_2^-, NH_3) wurden durch vorsichtige Neutralisation des Ammoniumchlorids mit KOH im sd. Rk.-Gemisch in Ggw. von Rh(III)-Salzen bzw. aus *cis*-(**I**) oder *trans*-$[RhCl_2(en)_2]\cdot NO_3$ (**II**) durch Umsetzung mit dem entsprechenden Na-Salz dargestellt. In den meisten Fällen ließen sich cis- u. trans-Isomere isolieren. Die Struktur von *cis*-$[RhCl_2(en)_2]Cl$ wurde durch Aufspaltung in die opt. Isomeren bewiesen. In allen anderen Fällen erfolgte die strukturelle Zuordnung auf Grund der sichtbaren, UV- u. IR-Spektren; die Absorptionsmaxima der trans-Komplexe im sichtbaren Bereich liegen sämtlich bei längeren Wellenlängen (405—412 mμ) als die der cis-Verbb. (352—360 mμ). Ein zusätzlicher Beweis für die Struktur des $[RhCl_2A]$-Syst. ergibt sich daraus, daß die Geschw. der Hydrolyse des trans-Isomeren nicht durch Base katalysiert wird, während das cis-Isomere in alkal. Lsg. schneller hydrolysiert wird. *Trans*-$[RhCl(NCS)(en)_2]SCN$ enthält auf Grund seines Spektrums sowie seines Verh. gegen $Hg(NO_3)_2$ wahrscheinlich eine Rh—NCS-Bindung.

Versuche: *trans-Dichlorotetramminrhodium(III)-nitratmonohydrat*, aus $RhCl_3\cdot 3H_2O$ (**III**), NH_4Cl u. $(NH_4)_2CO_3$ im W. (3 Std. auf dem Dampfbad) u. Filtration in eiskalte, konz. HNO_3, goldgelb; 13% (Ausbeute). — *trans-Dichloro-bis-[äthylendiamin]-rhodium(III)-nitrat* (**II**), durch langsame Zugabe von wss. KOH zu einer sd. Lsg. von **III** u. en·2HCl; goldgelbe Kristalle; 33%. *cis*-Isomeres (**I**), aus dem Filtrat nach 24—48 Std. bei Raum-Temp.; hellgelb. 11%. — *cis*- u. *trans*-$[RhCl_2(en)_2]\cdot Cl$, aus vorst. Nitraten nach Austausch an einem Anionenaustauscher (Dowex 1-X4, Chloridform). — $enH_2[RhCl_4(en)]_2$, aus **III** u. en·2HCl, goldbraune Kristalle. — *trans-Dichloro-bis-[meso-butylendiamin]-rhodium(III)-nitrat*, analog **II** aus m-bn·2HCl; flockiges goldgelbes Pulver; 38%. — *trans-Dichloro-bis-[d,l-butylendiamin]-rhodium(III)-nitrat*, analog **II** aus d.l-bn·2HCl; blaßgelbes Pulver; 32%. — *trans-Dichloro-bis-[tetramethyläthylendiamin]-rhodium(III)-chlorid*, analog **II** aus tetrameen·2HCl nach Abtrennung einer unlösl., goldgelben Verb. der vermutlichen Zus. $[RhCl_3(tetrameen)]$; gelbe Kristalle; 24%. — *cis*-Isomeres, wie vorst. trans-Verb. nach 10std. Kochen; 20%. — *cis-Dichloro-[β.β'.β''-triaminoäthylamin]-rhodium(III)-chlorid*, analog **II** aus tren·3HCl; hellgelbe Kristalle; 35%. Neutralisation von nur $^2/_3$ des tren·3HCl ergibt orangegelbes $[RhCl_3](trenH)Cl$. — *cis-Dichlorotriäthylentetraminrhodium(III)-chlorid*, analog **II** aus trien·4HCl; aus W.-A. flockiges, gelbes Pulver; 21%. — $[RhCl_4(trienH_2)]Cl$, aus **III** u. trien·4HCl; braune Kristalle. — *trans-Dibromo-bis-[äthylendiamin]-rhodium(III)-nitrat*, aus **II** u. NaBr in W. ($^3/_4$std. Kochen); aus H_2O–HNO_3 orangefarbene Kristalle. — *trans-Dijodo-bis-[äthylendiamin]-rhodium(III)-jodid*, aus **II** u. NaJ in W. (10 Min. Kochen); rostbraune Kristalle; 59%. — *cis-Dijodo-bis-[äthylendiamin]-rhodium(III)-jodid*, durch schnelles Lösen von **I** u. NaJ in warmem W. (40°); ziegelrotes Pulver; 35%. — *trans-Dinitro-bis-[äthylendiamin]-rhodium(III)-nitrat*, aus **II** u. 5fachem Überschuß an $NaNO_2$ in W. (ca. 1std. Kochen); Kristalle; 57%. — *cis-Dinitro-bis-[äthylendiamin]-rhodium(III)-nitrat*, wie vorst. Verb. aus **I**; nadelähnliche Kristalle; 50%. — *trans-Chloronitro-bis-[äthylendiamin]-rhodium(III)-nitrat*, wie vor vorst. Verb. mit aus 2—2,5fachem $NaNO_2$-Überschuß nach 24—48 Std. bei Raum-Temp.; blaßgelbe Kristalle; 20%. — *trans-Chloroisothiocyanato-bis-[äthylendiamin]-rhodium(III)-thiocyanat*, aus **II** u. NaSCN in W. (1std. Kochen); hellgelbe Substanz; 54%. — *cis*-$[Rh(SCN)_2(en)_2]SCN$, wie vorst. aus **I**; hellgelbe, rosettenförmige Kristalle. — *trans-Diazido-bis-[äthylendiamin]*-rhodium*(III)-chlorid*, aus **II** u. NaN_3 im W. (1std. Kochen); tiefgoldene lichtempfindliche Kristalle. — trans-$[Rh(N_3)_2(en)_2]Cl$, aus vorst. Verb. in W. mit Dowex 1-X 4; goldgelb; 48%. — *trans-Chloroammin-bis-[äthylendiamin]-rhodium(III)-nitrat*, durch 10 Min. langes Kochen von **II** in NH_4OH; aus 6 n HNO_3—A. blaßgelbes Pulver; 45%. — *cis-Chloroammin-bis-[äthylendiamin]-rhodium(III)-nitrat*, wie vorst. Verb. aus **I**; blaßgelb; 40%. — *l-cis-Dichloro-bis-[äthylendiamin]-rhodium(III)-chlorid*, durch Einfrieren von cis-$[RhCl_2(en)_2]Cl$ u. d-Ammonium-α-Bromcampher-π-sulfonat in W. im Eis-Koch-salz-Bad; $[\alpha]_{535m\mu}$ — 58° (0,4%ig. wss. Lsg.); 59%. P. Scharner. 364◇

A₉. Mineralogische und geologische Chemie

Sondierungen („logging") mit Hilfe radioaktiver Prozesse und deren zukünftige Möglichkeiten. Erwin S. Mardock. (Geophysics **25**, 883—90, Aug. 1960; Tulsa, Oklahoma; engl.) — Krit. behandelt wird ein Verf. zur Best. petrophysikal. Eigg., das darin besteht, eine Sonde („log"), die einen radioakt. Strahler enthält, in ein Bohrloch einzuführen u. an anderer Stelle der Sonde die aus dem umgebenden Material wieder austretende Strahlung zu bestimmen. Störungen der Meßmeth., z. B. durch vermischte Prozesse wie Neutron–Neutron- u. Neutron–Gamma-Effekte oder ungenaue Lokalisierung der Sonde im Bohrloch werden besprochen. Zukunftsaussichten in der Anwendung des Logging werden behandelt. J.-E. Hiller. 378□

Das luminescenzmikroskopische Verhalten von Sedimenten. W. Wetzel. (Neues Jb. Geol. Paläontol., Abh. **107**, 261—77, 3 Tafeln, April 1959; Kiel; dt.) — Zusammenfassende Darst. der Ergebnisse von Unterss. 150 verschiedener Proben von Sedimentgesteinen verschiedenster Herkunft u. verschiedensten geolog. Alters unter dem Luminescenzmikroskop. Die Luminescenzanalyse führt zu einer Gliederung der untersuchten Objekte entsprechend dem Ursprung der Leuchterscheinung in folgende Gruppen: Rkk. ausgehend von geformt erhaltenen organ. Resten, von desorganisierter organ. Substanz, von Mobilbitumen, von sedimentären Phosphaten u. von Kristall-Bldg. mit vermutlichen abnormen Beimischungen. Alle Unterss. wurden im durchfallenden Licht ausgeführt. Es schließen sich method. Anmerkungen u. eine Diskussion der Ergebnisse an. W. Betcke. 378

Geochemische Verteilungsgesetze. Knut S. Heier. (Tidsskr. Kjemi, Bergves. Metallurgi **20**, 176—83, 20/9. 1960; Oslo, Miner. Mus.; norw.) — Überblick über die Gesetzmäßigkeiten der Elementverteilung in Mineralien. — 30 Literaturzitate. R. K. Müller. 378□

Probleme der Geochemie sedimentärer Carbonatgesteine. Earl Ingerson. (Geochim. cosmochim. Acta [London] **26**, 815—47, Aug. 1962; Austin, Tex., Univ., Dep. of Geol.; engl.) — Übersicht. 145 Literaturzitate. J. Heinze. 378□

Spurenelementverteilung in sedimentären Carbonatgesteinen. D. L. Graf. (Geochim. cosmochim. Acta [London] **26**, 849—56, Aug. 1962; Urbana, Ill., Illinois State Geol. Surv.; engl.) — Vgl. C. **1962**, 64. — Die Ergebnisse der Best. von Sr, Co, Zr, U, Th, Ni, Pb u. Ga nach Literaturangaben werden diskutiert. Auf die ungenügenden Analysenzahlen wird verwiesen. J. Heinze. 378□

Kalk-Konkretionen und carbonatisch gebundenes Magnesium. E. Seibold. (Geochim. cosmochim. Acta [London] **26**, 899—09, Aug. 1962; Kiel, Univ., Geol.-Paläont. Inst.; dt.) — Kalk-Konkretionen aus dem Unteren Jura SW-Deutschlands wurden chem. u. mineralog. untersucht. Die Geh. an Ca, Mg, Fe u. CO_2 der Konkretionen u. ihrer näheren Umgebung wurden bestimmt. Die Konkretionen haben sich in einigen Metern Sedimenttiefe gebildet. In ihrer Umgebung entstand danach Dolomit, nicht dagegen in ihrem Kern. Die relative Anreicherung von $MgCO_3$ in der Umgebung kann wahrscheinlich allein durch den Mechanismus der Konkretions-Bldg. erklärt werden. J. Heinze. 378□

Magnesiumisotopenverteilung in Dolomiten. A. C. Daughtry, D. Perry und M. Williams. (Geochim. cosmochim. Acta [London] **26**, 857—66, Aug. 1962; Houston, Tex., Humble Oil & Refining Co., Prod. Res. Div.; engl.) — Aus den Isotopen-Geh. lassen sich prim. u. sek. Dolomite unterscheiden. Außerdem geben sie Hinweise auf die Richtungen von eindringenden Lösungen. J. Heinze. 378□

Der chemische Zustand des Stickstoffs in Gesteinen. F. J. Stevenson. (Geochim. cosmochim. Acta [London] **26**, 797—09, Juli 1962; Urbana, Ill., Univ. of Illinois; engl.) — Beträchtliche N-Geh. in magmat. u. sedimentären Gesteinen liegen als NH_4^+ innerhalb der Silicatgitter vor. Bei Sedimenten sind dies sek. Silicate, bei Magmatiten K-haltige prim. Minerale. Die C/N-Verhältnisse bei Sedimenten reichen von 9,4—37,2, die von C/organ. N liegen zwischen 34,8 u. 43,4. J. Heinze. 378□

Die Verteilung von Cu, Ni, Co, V und Cr in Gesteinen des magmatischen Komplexes Hindubagh, Zhob Valley, West-Pakistan. S. A. Bilgrami. (Bull. geol. Soc. America **72,** 1729—38, Dez. 1961; Hindubagh, Pakistan Chrome Mines Ltd.; engl.) — Vgl. C. **1962,** 8190. — 6 maf. bzw. ultramaf. Gesteine wurden colorimetr. u. spektrochem. vollständig analysiert. Die Verteilung der 5 Spurenelemente wird als normal beschrieben. J. Heinze. 378□

Einige Untersuchungen der Zusammensetzung von Manganknötchen unter besonderer Berücksichtigung einiger Spurenelemente. J. P. Willis und L. H. Ahrens. (Geochim. cosmochim. Acta [London] **26,** 751—64, Juli 1962; Cape Town, Univ., Dep. of Geochem.; engl.) — In 19 Proben von Mn-Knötchen wurden Fe, Si, Mg, Co, Ni, Cu, V, Mo, Ti u. Tl spektrochem. bestimmt u. einige Gesetzmäßigkeiten aufgezeigt. J. Heinze. 378□

Organische Materie in Kalken. H. M. Gehman jun. (Geochim. cosmochim. Acta [London] **26,** 885—97, Aug. 1962; Tulsa, Okla., Jersey Prod. Res. Co.; engl.) — Analysen von ca. 1400 kambr. bis spättertiären Gesteinen zeigen, daß Kalke viel weniger organ. Verbb. enthalten als Tonschiefer. Die mittleren (geometr.) Geh. sind: 0,24% bei Kalken u. 1,14% bei Tonschiefern. Dagegen sind die KW-Stoff-Geh. der organ. Substanz bei Kalken sehr viel höher. Dadurch sind die KW-Stoff-Geh. bei beiden Gesteinstypen sehr ähnlich: 98 ppm bei Kalken u. 96 ppm bei Tonschiefern. Rezente Gesteine zeigen annähernd gleiche Geh. organ. Substanz bei beiden Typen, die dem der alten Tonschiefer ähnlich sind. Es wird angenommen, daß Kalke durch diagenet. Prozesse die meisten organ. Verbb., die keine Kohlenwasserstoffe enthalten, verlieren u. der Rückstand eine Anreicherung der stabileren Kohlenwasserstoffe darstellt. J. Heinze. 378□

Chemische und mineralogische Zusammensetzung fossiler Molluskenschalen aus der Fox-Hills-Formation, Süd Dakota. Karl K. Turekian und R. L. Armstrong. (Bull. geol. Soc. America **72,** 1817—28, Dez. 1961; New Haven, Conn., Yale Univ., Dep. of Geol.; engl.) — Von einer größeren Anzahl Proben wurden die Geh. an Mg, Fe, Mn, Sr u. Ba sowie das Verhältnis Calcit/Aragonit bestimmt. Es wurden extrem große Konz.-Bereiche festgestellt. Wahrscheinlich sind zumindest zwei Veränderungen verantwortlich: Verschmelzung u. Rekristallisation, möglicherweise durch Diagenese. Weder visuelle noch mineralog. Kriterien lassen Vorhersagen über den Veränderungsgrad der ursprünglichen Schalen-Zus. zu. J. Heinze. 378□

Bestimmungen des K–Ar-Alters an Sedimenten des Mississippis und anderer Flüsse. P. M. Hurley, D. G. Brookins, W. H. Pinson, S. R. Hart und H. W. Fairbairn. (Bull. geol. Soc. America **72,** 1807—16, Dez. 1961; Cambridge, Mass., MIT; engl.) — Die Alters-Best. wurden ausgeführt, um Aussagen über den Ursprung oder die Entstehung rezenter Sedimente machen zu können. Für Silt-Material des Mississippi wurden 280, für die Tonfraktion 166 Millionen Jahre (Ma) errechnet. Dieses Alter scheint zu niedrig, kann aber durch Zumischung jüngerer Mixed–Layer–Illit-Montmorillonite aus Kreide u. Tertiär erklärt werden. Eine rotbraune Schicht aus den Bohrungen wird dem Red River zugeordnet u. zeigte 690 beim Silt u. 650 Ma bei der Tonfraktion. Basissedimente des Rappahannock River, Va., zeigten ähnliche Verhältnisse wie die Ursprungsgesteine. J. Heinze. 378□

Die Benutzung unmetamorphosierter Minerale der Gunflint-Formation zur Altersbestimmung des Animikie. P. M. Hurley, H. W. Fairbairn, W. H. Pinson jun. und J. Hower. (J. Geology **70,** 489—92, Juli 1962; engl.) — Vgl. vorst. Referat. — Das Alter der Sedimentation der Gunflint-Formation wurde nach der K–Ar- u. Rb–Sr-Meth. bestimmt. Das Material ist vorwiegend Mixed–Layer–Illit-Montmorillonit. Es wurde ein Minimalwert von 1600 Millionen Jahren (Ma) gefunden. Nach einer empir. gefundenen Korrektur läßt sich dieser Wert auf 1900 $\pm$ 200 Ma erhöhen. J. Heinze. 378□

Kieselsäurelöslichkeit, 0°—200°, und die Diagenese silicatischer Sedimente. Raymond Siever. (J. Geology **70,** 127—50, März 1962; Cambridge, Mass., Harward Univ.; engl.) — Neubest. der Löslichkeiten von amorphem SiO_2 u. Quarz bei niedrigen Temperaturen. Die metastabile Gleichgew.-Löslichkeit von amorphem SiO_2 bei 25° in aqua dest. u. Seewassermodellen beträgt 140 ppm., in synthet. Ölfeldsolen 30000—50000 ppm. Adsorption organ. Materials durch freie SiO_2-Oberflächen wird als Grund für die extrem geringe Löslichkeit von SiO_2 in Torfwässern angesehen. Die Quarzlöslichkeit (I) wurde im Bereich 125—181° in geschlossenen Bomben bestimmt. Die Resultate ergänzen die Werte von Van Lier u. Kennedey. I nähert sich unter gerichtetem Druck bei 95° dem Wert für amorphes SiO_2. Diagenet. bedingte Unterschiede im SiO_2-Geh. von Sedimenten, bes. bei der Zementation von Sandsteinen haben folgende Ursachen: Metastabilität von amorphem SiO_2, Auflösung biogenet. SiO_2, Einfl. wachsender Ionenstärke v. Grundwässern, Gleichgew. zwischen Tonmineralien mit unterschiedlichem Si/Al-Verhältnis, Wrkg. von Ton als semipermeable Membran sowie Druckeinwrkg. u. Temp.-Steigerung mit Zunahme der Deckschichtenmächtigkeit. H. Moenke. 378□

Über Amphibole des Wischnew-Berges. Je. Ss. Dobrochotowa. (Bull. Moskauer Ges. Naturforscher, geol. Abt. **66 (132)**, Nr. 2, 128, März/April 1961; russ.) — Innerhalb der Kontaktzonen der miaskit. Intrusionen des Wischnew-Berges (mittlerer Ural) werden zwei genet. unterschiedliche Amphiboltypen beobachtet. Die ersten zeigen sich bei allmählicher Veränderung der gewöhnlichen Hornblendeamphibolite u. Amphibolgneise als Magnesiohastingsit u. Magnesiokatophorit in den Exokontaktbereichen der Alkaliintrusion. Die zweiten sind an hydrothermale Metamorphosierungen, Albitisierungen u. Carbonatisierungen in Alkaligesteinen u. ihre Kontaktzonen geknüpft. M. Hähnert. 380□

Über Bertrandit aus Höhlen von Seltenmetallpegmatiten. K. I. Tschepishny und T. A. Jakowlewskaja. (Nachr. Moskauer Univ., Ser. IV **16**, Nr. 3, 41—43, Mai/Juni 1961; Moskau, Lehrstuhl für Mineralogie; russ.) — Die untersuchten Bertrandite (B.) entstammen Albitpegmatiten. B. finden sich entweder als Einschlüsse in Beryllproben oder als idiomorph ausgebildete Kristalle einer Größe von 0,1—1 mm (meist gemeinsam mit Quarz u. Muskovit in Drusen). Er ist meist tafelig nach (010) ausgebildet. Es treten auf {001}, {010}, {100}, {110}, {102}, {302}. Die Paragenesen der B. lassen vermuten, daß sich der B. während der Auslaugung des Berylls bei überschüssig vorhandenen SiO_2 u. K_2O bildete (Hydrolyse der Feldspate). M. Hähnert. 380□

Natürlicher Coesit: eine unerwartete geologische Entdeckung. E. C. T. Chao. (Foote Prints **32**, 25—32, 1960; U. S. Geol. Survey; engl.) — Natürlicher Coesit wurde im bekannten Meteorkrater in Arizona u. im Rieskessel in Bayern festgestellt. Coesit ist daher als ein wahres Mineral anzusehen. Die polymorphe Umwandlung Quarz → Coesit hat wahrscheinlich unter dem Einfl. eines Meteoreinschlags stattgefunden. C. Gottfried. 380

Phosphorite der Shoria-Berge. G. I. Spanderaschwili. (Sowjet-Geol. **5**, Nr. 5, 58—68, Mai 1962; Westsibir. Geol. Amt; russ.) — Die Phosphorite lagern in mächtigen Carbonatschichten u. bildeten sich in Geosynklinalzonen unter Flachseebedingungen. Sie sind charakterisiert durch eine carbonat. Zus., durch die Anwesenheit von authigenem Fluorit u. durch ein Fehlen terrigenen Materials. M. Hähnert. 380◇

Cuprosklodowskit, Kasolit und Schoepit vom Great Bear Lake, Nordwest-Territorien, Canada. L. I. Cowan. (Canad. Mineralogist **7**, 331—32, 1962; Toronto, Ontario, Roy. Mus., Earth Sci. Div.; engl.) — Die Minerale wurden auf Pechblenden während der ersten Jahre nach der Entdeckung der Lagerstätte gefunden u. röntgenograph. identifiziert. I. Heinze. 380□

Beitrag zur Kenntnis des Smithsonits und des Hydrozinkits. E. Callegari, G. Ogniben und S. Quareni. (Atti Mem. Accad. Patavina Sci. Lettere Arti, Mem. Cl. Sci. mat. natur. **72**, 10—20, 1960; Padova, Univ., Ist. di Miner., Petrograf. e Geochim.; ital.) — Chem.-analyt., röntgenograph., mittels DTA u. der Thermowaage wurden Smithsonit (I) von Monteponi u. Hydrozinkit (II) von Oneta untersucht. Die chem. Analyse von I lieferte folgende Werte: CaO 0,60 (Gew.-%); MgO 0,22; FeO 0,02; MnO 0,01; PbO 0,40; CdO 0,57; ZnO 63,10; CO_2 34,61; SO_3 0,09; H_2O^- 0,04; H_2O^+ 0,24; unlösl. 0,06 u. von II CaO 0,11; MgO 0,30; CuO 0,03; FeO 0,01; PbO Spuren; ZnO 72,71; CO_2 16,10; SO_3 0,08; H_2O^- 0,46; N_2O^+ 9,99; unlösl. 0,19. I enthält auf Grund der Analyse 95,0(%) $ZnCO_3$; 2,0 $Zn_5(OH)_6(CO_3)_2$; 1,2 $CaCO_3$; 0,6 $MgCO_3$; 0,6 $CdCO_3$; 0,2 $PbCO_3$ u. 0,4 $CaSO_4 \cdot 2H_2O$; II enthält 98,8% Hydrozinkit $(Zn, Mg)_5(OH)_6(CO_3)_2$. Das Pulverdiagramm von I ergab a = 4,656 Å; die Daten des Pulverdiagramms von II sind tabellar. Angegeben. Die DTA von I zeigte nur eine endotherme Rk., die langsam bei 200° beginnt u. ein Maximum bei 535° hat; II zeigte ebenfalls nur eine endotherme Rk. mit Beginn bei 230° u. Maximum bei 310°. Auf der DTA-Kurve eines Gemisches von I u. II traten die beiden

Rk. von **I** bzw. von **II** getrennt voneinander auf. Mit Hilfe der Thermowaage wurde festgestellt, daß für beide Verbb. die Zers. bei ca. 200° beginnt u. sich mit der Temp. stark steigert. Wiedergegeben ist noch die Kurve des Gewichtsverlustes eines Gemisches von 48,4% **I** u. 51,5% **II**. C. Gottfried. 380

Triphylin, Lithiophilit und assoziierte Phosphate von Belgisch-Kongo und von Ruanda. J. Thoreau und A. Safiannikoff. (Bull. Cl. Sci., Acad. roy. Belgique [5] **43**, 324—27, 1957; franz.) — Neu aufgefunden wurden in den Pegmatiten von Maniema u. von Ruanda Triphylin (**I**) u. Lithiophilit (**II**). Für **II** von Buranga (Ruanda) lieferte die chem. Analyse die Werte P_2O_5 44,45(%); FeO 18,15; MnO 28,33; CaO 0,30; Li_2O 8,6; Na_2O 0,2; K_2O Spuren, unlösl. 0,30; für **I** von Maniema P_2O_5 44,32(%); FeO 31,74; MnO 14,54; CaO 0,40; Li_2O 8,9; Na_2O 0,25; K_2O Spuren, unlösl. 0,75. Das Aussehen des **I** von Maniema ist sehr ähnlich dem des **II** von Buranga. Die Brechungsindices von **I** $\alpha = 1{,}689 \pm 0{,}001$; $\gamma = 1{,}696 \pm 0{,}001$; $2\,V = 15-20°$; opt. positiv mit starker Dispersion $r > v$. An Phosphaten treten in den Lagerstätten noch auf *Huréaulith, Strengit, Dufrenit, Heterosit, Sicklerit* u. andere. C. Gottfried. 380

Die Suria-Malableh-Gips-Anhydrit-Lagerstätte in dem früheren Protektorat Somaliland. J. W. Pallister, A. J. Warden und J. B. Allen. (Overseas Geol. Mineral Resourc. **8**, 428—37, 4 Tafeln, 1962; engl.) — Bei Suria Malableh treten ausgedehnte Gips- u. Anhydritschichten auf, die für Gips eine Mächtigkeit von 40 m u. für Anhydrit von 16 m aufweisen. Der Reinheitsgrad des Gipses beträgt 80—90% u. der des Anhydrits mehr als 90%. Die Lagerstätte enthält 10 Millionen t abbauwürdige Sulfate. F. Ensslin. 380□

Über die mineralogische Zusammensetzung der Tone der fündigen Gebiete Ssarydshaljar und Kjurowdag der Kuriner Niederung. M. B. Cheirow und E. Ch. Madatow. [Erdöl-Wirtsch. Aserbaidshan **38**, Nr. 9, 6—9, Sept. 1959; Aserbaidshan., Auszug: russ.) — Röntgenograph. Unterss. zeigen, daß die Tone der genannten fündigen Gebiete hauptsächlich Montmorrillonit und Hydroglimmer (**I**) bei Vorwiegen des ersteren darstellen. Im Gebiet Kjurowdag ist der Geh. an **I** größer als im Gebiet Ssarydshaljar. Die **I** dieser Gebiete sind sehr stark hydratisiert. Der Grad der Hydration im Geb. Ssarydhaljar ist höher, als im Gebiet Kjurowdag. In geringen Mengen begegnet man auch MgO-Mineralien vom Palygorskit-Typ und α-Kerolith aus der Serpentingruppe. Charakterist. für diese Tone ist die Anwesenheit eines dünndispersen Quarzes in der Fraktion < 0,001 mm. P. Scheer. 380◇

Neuere Daten über die Lithium und Zinn führenden Schichten von Montebras (Creuse). Guy Aubert. (C.R. somm. Séances Soc. géol. France **1962**, 27—28; 8/1; franz.) — Neben einem älteren Granit tritt ein Granulitporphyr auf, der aus Feldspaten, weißem Glimmer u. bipyramidalem Quarz besteht. Akzessor. tritt Cassiterit, Manganapatit u. Turmalin auf. In der Kontaktzone zwischen diesem u. dem Granit tritt ein Pegmatit auf, der in 3 Typen entwickelt ist, als Quarzpegmatit mit Cassiterit u. Columbit oder mit Hübnerit, als Feldspatpegmatit mit Quarz oder Cassiterit oder Lepidolith oder Topas u. als Amblygonit u. Montebrasitpegmatit. Daneben ist im Kontakt Greisen vorhanden, der 1—2% Li_2O enthält u. äußerst feinkörnig ist. Das Li-Mineral ist fein verwachsener Lepidolith. Als Verwitterungsprod. findet sich granulit. Sand, der ebenfalls Cassiterit führt u. in der keram. Industrie wegen seines hohen Feldspatgehalts ($Na_2O + K_2O > 8\%$) verwendet wird. F. Ensslin. 380□

Prospektive Kriterien für Uranlagerstätten. M. M. Konstantinow. (Atomenergie [UdSSR] **8**, 228—38, März 1960; russ.) — Geolog. Gesetzmäßigkeiten zum Auffinden von U-Vork. werden besprochen. K.-E. Seyb. 380◇

Die Muskovitmineralisation in Pegmatiten des Stanovoy-Gebietes. W. A. Machinin. (Sowjet-Geol. [UdSSR] **5**, Nr. 5, 143—46, Mai 1962; Fernost-geol. Amt; russ.) — Innerhalb der betrachteten Pegmatitzonen werden 2 Arten unterschieden: 1. feinkörnige Pegmatite (Quarz, Mikroklin, Plagioklas; weniger Biotit, Granat u. Magnetit) u. 2. Muskovitpegmatite, die sich in der Regel nur innerhalb von Diaphthoritzonen ausbildeten. M. Hähnert. 380◇

Fachgeschichte des Korridorerzkörpers, Mount Lyell, Tasmanien. J. B. Boniwell und A. M. McKenzie. (Australas. Inst. Mining Metallurgy, Proc. **1961**, Nr. 198, 281—97, Juni; engl.) — Method. geophysikal. Unters. am Cu-Erzkörper, der nördlich der silicat. Mount-Lyell-Konglomeratserie in einer Ost–West-Zone („Korridor") von Schiefern entdeckt wurde. Es wird gezeigt, daß keines der modernsten geophys. Verf. vielseitig genug ist, um den Anforderungen jeder Prospektion allein zu genügen. H. Moenke. 380□

Untersuchungen des tonigen Zwischenmittels im Hauptbuntsandstein der Nordeifel. K. Jasmund und D. Riedel. (Bull. geol. Instn. Univ. Upsala **40,** 247—57, 1961; dt.) — Es wurde das tonige Zwischenmittel eines bestimmten Horizontes im Buntsandstein der Nordeifel untersucht. An Hand röntgenograph. Aufnahmen wurden als Tonminerale Dickit u. Illit neben Muskovit nachgewiesen. Die Dickitkristalle erreichen eine Größe bis 100 μ. Bei dem Illit handelt es sich um bandförmig ausgebildete Kristalle mit einer Länge von maximal 10 μ, wie elektronenmkr. sichtbar gemacht werden konnte. H. Noack. 385

Über einen Siderit-Sandstein im Untergrund von Düsseldorf. K. Obenauer. (Neues Jb. Mineralog., Mh. **1960,** 58—69, Juni; Düsseldorf, Städt. Baustoffprüfungsanstalt; dt.) — Bei einer Bohrung in der Stadt Düsseldorf wurde ein Sideritsandstein gefunden. Das Siebprofil der erbohrten Tertiärschichten wird mitgeteilt sowie die Zus. der Sande hinsichtlich des *Glaukonit-Glimmer-* u. Restmineralgehalts. Auch die gefundenen Fossilien werden angegeben. J.-E. Hiller. 385□

Biotit- und sphenreiche Gesteine der Moine Serien von Ardnamurchan, Argyllshire. B. C. M. Butler. (Geol. Mag. **99,** 173—82, 1 Tafel, März/April 1962; Oxford, Univ. Mus., Dep. of Geol. and Miner.; engl.) — In den psammit. Gruppen der Moine Serien treten biotit- u. sphenreiche Schiefer auf. Diese ungewöhnliche Zus. kann durch detrit. Bldg. des Biotits u. Rekristallisation während einer Regionalmetamorphose erklärt werden. Der Sphen u. die selteneren Mineralien *Orthit, Granat, Zirkon* u. a. sind sicher detritisch. Außerdem dürfte eine Zufuhr von Na_2O während der stärksten Grads der Metamorphose eine Rolle gespielt haben. F. Ensslin. 385□

Über die neozoischen Magmengesteine Ungarns. B. Balkay. (Acta geol. Acad. Sci. hung. **7,** 159—62, 1961; Budapest, Eötvös Univ.; engl.) — Durch Druck u. Spannung entstanden in der festen Landkruste Wärmestauungen, welche teilweise zur Verflüssigung der Gesteine führen konnten. Durch diese Schwächung der festen Rinde wurde der neozoische Vulkanismus in Ungarn begünstigt, da dem fl. Magma durch entstandene Spalten der Weg an die Oberfläche erleichtert wurde. Die heute noch vorhandenen hohen Temp. der geotherm. Tiefenstufe sind auf die langsame Abkühlung der Silicate u. die unter den Karpathen vorhandene starke Wärmeströmung zurückzuführen. F. Ensslin. 385□

Entwicklung des mesozoischen Vulkanismus des Drocea-Gebirges. Graţian Cioflică. (Acta geol. Acad. Sci. hung. **7,** 163—67, 1961; Bukarest; dt.) — Beschreibung der Gesteine u. des ophiolith. Vulkanismus, der zu ihrer Bldg. führte. F. Ensslin. 385□

Über den petrographischen Charakter von Kiesen aus vulkanischen Gesteinen in Lagerstätten des Unterkarbons bei Zalas. Stanisław Czarniecki und Kazimierz Łydka. (Acta geol. polon. **12,** 335—39, 1962; Krakow, Pracownia Geol. Stratygrafizna Polsk. Akad. Nauk; Warszawa, Univ., Zaklad Petrog. Skal Osadowych.; pol.) — Aus den Niggli-Werten einer Kiesprobe ergibt sich die Zuordnung zur Gruppe der sauren (Rhyolith-Granit) Gesteine, im Gegensatz zur Auffassung von T. Piłatowa. J. Heinze. 385□

Über die Alkalimetasomatose in den Grauwacken südlich von Qosseir am Roten Meer (Ägypten). L. Marié. (Neues Jb. Mineralog., Mh. **1960,** 241—48, Dez.; Zagreb, Technolog. Fak. u. Geoistraživanja, Inst. für Mineralog., Petrolog. u. Lagerstättenkunde; dt.) — Im Gebiet von Ras Toronbi am Roten Meer stehen Subgrauwacken im Kontakt mit granitoiden Gesteinen, durch die sie metasomat. verändert, biotitisiert, albitisiert u. amphibolitisiert wurden. Die dabei auftretende Alkalimetasomatose wird im einzelnen verfolgt. J.-E. Hiller. 385□

Der Molybdän führende Granit vom Wankatana River, Sierra Leone. Vladi Marmo. (Overseas Geol. Mineral Resourc. **8,** 416—27, 1962; Helsinki; engl.) — In einen in metamorphe Gesteine intrudierten Granit, der Na_2O-reich war wurde K_2O, Mo u. F, zugeführt. Durch Scherzonen entstanden Risse, in denen *Molybdänglanz* u. *Fluorit* abgeschieden wurden. Durch den plast. Zustand des Magmas trat eine Wanderung des Molybdänits nach dem Kern zu ein. F. Ensslin. 385□

Röntgenuntersuchungen an indischen Bleicherden. 2. Mitt. **Fullererden von Rajasthan.** K. M. Ghouse und D. S. Datar. (J. sci. ind. Res. [New Delhi], Sect. D **20,** 159—61, April 1961; Hyderabad, Regional Res. Labor.; engl.) — 1. vgl. C. **1962,** 783. — Fullererden aus drei Fundstätten in Rajasthan (Mudh, Barmer u.

Indokabala) werden röntgenograph. nach der Pulvermeth. untersucht. Sie sind hiernach fast vollständig aus den Mineralien *Attapulgit*, *Illit*, *Kaolinit* u. Quarz zusammengesetzt. Die Tonmineralien-Zus. der drei Erden ist nahezu gleich, bis auf die Tatsache, daß der Attapulgit-Geh. in der Erde von Indokabala etwas geringer ist als in den beiden anderen. Behandlung der Erden mit 85%ig. HCl zerstört einen großen Teil der Kristallstruktur. Wärmebehandlung des mit 50%ig. HCl aktivierten Tones bei 400° ruft Entwässerung von Kaolinit hervor, jedoch keine größeren Änderungen in den Diagrammen von Illit u. Attapulgit. Bei 700° verschwinden die Illitlinien, aber das Attapulgitdiagramm bleibt auch noch oberhalb dieser Temp. bestehen. G. Ruban. 385□

Anorthosite im Staat Madras, Indien. P. R. J. Naidu. (Indian Mineralogist **1,** Nr. 2, 9—25, Juni 1960; engl.) — Die angeblichen Anorthositvork. von Sittampundi, Palni u. Madukarai werden mineralog. u. chem. untersucht. Die Ergebnisse weisen auf Umwandlung von Sedimenten durch therm. Metamorphose. Damit handelt es sich bei den untersuchten Gesteinen nicht um Anorthosite. J. Heinze. 385□

Gefügeveränderung in den Doleritgängen des Closepet-Gebietes. K. V. Suryanarayana. (Indian Mineralogist **2,** Nr. 2, 1—5, Juni 1961; Bangalore, Central Coll., Dep. of Geol.; engl.) — Im Gebiet von Closepet wird ein porphyrit. Granitstock von starken Doleritgängen durchschnitten, von denen man 3 Typen unterscheiden kann, die basalt., ophit. u. poikilit. Gepräge haben. In letzterem ist die Fülle von Zwillingsplagioklasen auffallend, weswegen für diesen Typus von poikilit. Augiten der Name *Kunurit* nach dem Fundort Kunur worgeschlagen wird. R. G. Kaiser. 385□

Quellfähige chloritische Tonmineralien aus den Carbonatgesteinen des oberen Mississippi vom Cumberlandplateau in Tennessee. M. N. A. Peterson. (Amer. Mineralogist **46,** 1245—69, Nov./Dez. 61; San Diego, Calif., Univ. of California, Dep. of Earth Sci.; engl.) — Die Mineralparagenese der Carbonatgesteine aus dem zitierten Gebiet wird durch Behandlung eines Sechskomponentensyst. $MgO–CaO–Al_2O_3–SiO_2–CO_2–H_2O$ erläutert. CO_2 u. H_2O werden als „völlig beweglich" behandelt und SiO_2-Überschuß wird vorausgesetzt. Die Zus. der quellfähigen chlorit. Mineralien liegen zwischen denen von Vermiculit u. Corrensit. Mischschichtordnung, wie im Corrensit festgestellt, tritt nur bei Chlorit-Vermiculit bei einem Verhältnis von ca. 1:1 zwischen chlorit. u. vermiculit. Schichten auf. H. Moenke. 385□

Mineralogische und petrologische Untersuchungen der Carbonatgesteine des oberen Mississippi des Cumberlandplateaus in Tennessee. M. N. A. Peterson. (J. Geology **70,** 1—30, Jan. 1962; engl.) — Vgl. vorst. Referat. — Nach einer Petrographie des Cumberland-Plateau, eines Schelfs aus dem späten Mississippian, wird eine Übersicht der Ablagerungen von Carbonaten u. ihre mineral. Zus. gegeben. Im Aufbau der einzelnen durch Verdunstung des Meerwassers entstandenen Schichten findet sich die Gibbssche Phasenregel bestätigt. R. G. Kaiser. 385□

Basalt aus einer Tiefbohrung im Lawrence County, Indiana. S. S. Greenberg und Charles J. Vitaliano. (J. Geology **70,** 482—88, 1 Tafel, Juli 1962; Bloomington, Ind., Indiana Geol. Surv. and Indiana Univ.; engl.) — Basalt aus einer Tiefe von 6650 bis 6800 ft. wurde chem., spektralanalyt. u. mineralog. untersucht. Die Ähnlichkeit der Textur, Mineralogie u. chem. Zus. läßt Altersgleichheit mit der Lava von der Keweenawan-Halbinsel, Mich. aus der Keweenawan-Formation vermuten. J. Heinze. 385□

Die chemische Zusammensetzung von Australiten. S. R. Taylor. (Geochim. cosmochim. Acta [London] **26,** 685—722, Juli 1962; Canberra, Univ., Res. School of Phys. Sci., Dep. of Geophys.; engl.) — Australite lassen sich nach ihrer Zus. am besten mit einer Mischung von 75% Schiefer u. 25% Quarz vergleichen, die Zirkon u. Calcit zusätzlich enthält. Von 17 vollständigen u. 7 partiellen Analysen dieser Gesteine werden die Werte angegeben. Diese Daten werden diskutiert u. mit Elementverteilungen in Chondriten, magmat. Gesteinen u. Sedimenten verglichen. Alle untersuchten Elemente mit Ausnahme von Fe^{3+} u. Zr zeigen eine inverse Korrelation zu SiO_2. Cu, P, Ga, Co, Ca u. Sr zeigen keine Beziehungen zu SiO_2. Die chem. Grenzbedingungen für die Entstehung von Tektiten werden angegeben. Anscheinend kommt das Muttergestein für Australite von der Erdoberfläche oder einem erdähnlichen Planeten. J. Heinze. 388□

Metamorphose in Chondriten. J. A. Wood. (Geochim. cosmochim. Acta [London] **26,** 739—49, 6 Tafeln, Juli 1962; Cambridge, Mass., Smithsonian Astrophys.

Observatory; engl.) — Mineralog. Unterss. von 4 Chondriten verschiedener therm. Rekristallisationszustände. Unmetamorphosiertes chondrit. Material besteht aus reduzierten Chondrulen (metall. Fe, Mg-Silicate) in einer oxydierten Matrix (ultrafeinkörniger Magnetit, kein metall. Fe). Vermutlich kondensierten die Chondrulen als Fl.-Tröpfchen von sich abkühlendem Solargas bei der Bldg. der Sonne. Später akkumulierten sie zu Planeten u. Asteroiden. J. Heinze. 388□

Das Verhalten von Calciumcarbonat in Meerwasser. P. E. Cloud jun. (Geochim. cosmochim. Acta [London] **26,** 867—84, Aug. 1962; Washington, D. C., U. S. Geol. Surv.; engl.) — Das scheinbare Löslichkeitsprod. (Prod. der Ionenkonz.) bei Normalbedingungen wird auf $K'_{Aragonit} = 1{,}12 \cdot 10^{-6}$ u. $K'_{Calcit} = 0{,}61 \cdot 10^{-6}$ geschätzt. Das Prod. der Ionenaktivitäten wurde zu $K_{Aragonit} = 7{,}8 \cdot 10^{-9}$ für Meerwasser bei 29° bestimmt. Fragen des Milieueinflusses werden diskutiert, auch in Hinsicht auf die Aragonit–Calcit-Umwandlung. J. Heinze. 393□

Radon- und Radiumgehalte einiger israelitischer Quellen und eine Hypothese über Untergrundreservoirs mit Solen, Öl und Gas im Rifttal. E. Mazor. (Geochim. cosmochim. Acta [London] **26,** 765—86, Juli 1962; Pasadena, Calif., California Inst. of Technol., Geol. Sci.; engl.) — Bei der Rn- u. Ra-Best. israelit. Quellen wurden einige Anomalien entdeckt. Die hohen Werte wurden in Gewässern im Jordan-Rift-Tal gefunden. Unterird. Vorräte werden vermutet. 117 Analysen werden mitgeteilt. J. Heinze. 393□

Radiochemische Untersuchungen an „Bikini-Aschen“ vom 1. März 1954. 1. Mitt. Takanobu Shiokawa, Tokuro Ozaki, Tomihisa Kambara, Masuo Yagi und Yoshiyasu Matsuoka (Res. Effects Influences Nuclear Bomb Test Explosions **1,** 545—60, 1956; Shizuoka, Univ., School of Chem.; engl.) P. Golinske. 396□

Radiochemische Untersuchungen an „Bikini-Aschen“ vom 1. März 1954. 2. Mitt. **Betrachtung über ihre Entstehung.** Takanobu Shiokawa, Tokuro Ozaki, Tomihisa Kambara, Masuo Yagi und Yoshiyasu Matsuoka. (Res. Effects Influences Nuclear Bomb Test Explosions **1,** 567—74, 1956; Shizuoka Univ., School of Chem.; engl.) — 1. vgl. vorst. Referat. P. Golinske. 396□

Radiostrontium-Fall-out von kontinuierlichen Kernversuchen. Charles I. Campbell. (Science [Washington] **124,** 894, 2/11. 1956; Vienna, Va.; engl.) — Vf. befaßt sich hauptsächlich mit den Unterss. von Libby (vgl. C. **1959,** 6211) über die obige Frage. C. Gottfried. 396

Beobachtung und Auswertung eines erhöhten Radioaktivitätsgehaltes des Fallout im April 1960. H. Bernhardt. (Atompraxis **8,** 41—47, Febr. 1962; Siegburg, Labor. des Wahnbachtalsperrenverbandes; dt.) — Im Falle eines Fallout mit erhöhter Radioaktivität kann man durch Aufnahme der Abklingkurven der fixierten Regenwasserproben bereits nach ca. einem Monat eindeutig feststellen, ob es sich bei der erhöhten Radioaktivität um kurzlebige Spalt-Prodd. einer explosionsartigen U-Kernspaltung jungen Datums oder um eine konzentrationsbedingte, von der Nd.-Menge abhäängige Aktivitätszunahme handelt. Verfolgt man die Abklingkurven über mehrere Monate, gestattet die Anwendung des t^{-1}-Gesetzes, das das Abklingen von Spaltproduktgemischen beschreibt, eine genauere Zuordnung dieser frischen Spalt-Prodd. zu der stattgefundenen U-Kernexplosion. Gerhard Schmidt. 396◇

Die laufende Überwachung der Sedimentation von „Heißen Teilchen“ aus der Atmosphäre. H. Meurers. (Atomkernenergie **5,** 416—18, Nov. 1960; Düsseldorf, Techn. Überwachungsverein Köln e. V.; dt.) — Vf. beschreibt ein Meß-Verf. zur Erfassung von heißen Teilchen. Die schwarzen Punkte der Autoradiographien von Haftfolien werden mittels Photometrie in Größenklassen eingeteilt. Die Ergebnisse von 1959 u. Anfang 1960 zeigen eine Korrelation zwischen Schwärzung der Punkte u. Gesamtradioaktivität. Gerhard Schmidt. 396◇

B. Allgemeine und theoretische organische Chemie

Identifizierung von Dihydroconiferylalkohol. E. A. Kvasnicka, R. R. McLaughlin und S. Reid. (Canad. J. Chem. **33,** 723—24, April 1955; Toronto, Univ., Dep. of Chem. Engng., Ontario Res. Found.; engl.) — Das von Granath u. Schuerch (vgl. C. **1950/54,** 7419 S) angegebene UV-Absorptionsmaximum λ_{max} = 265 mμ für *Dihydroconiferylalkohol* [*3-(3-Methoxy-4-hydroxyphenyl)-propanol-(1)*, **I**] weicht zu stark vom $\lambda_{max} = 281$ mμ des zugehörigen KW-Stoffs ab. Vff. bestimmen daher die UV-Spektren von **I** neu u. finden in A. $\lambda_{max} = 281{,}6$ mμ u. in Butanol $\lambda_{max} = 281{,}8$ mμ. P. Kahlow. B 118△

Strahlungslose Übergänge: Ein halbklassisches Modell. Martin Goûterman. (J. chem. Physics **36,** 2846—53, 1/6. 1962; Cambridge, Mass., Harvard Univ., Conant Chem. Labor.; engl.) — Vf. behandelt die strahlungslosen Übergänge eines in einem kristallinen Lsgm. eingebetteten gelösten organ. Mol. in enger Analogie zu den Strahlungsübergängen (an Stelle des mit dem Mol.-Syst. in Wechselwrkg. stehenden Photonenfeldes tritt das Phononenfeld des Lsgm.). Die Theorie erklärt die große Geschw. der strahlungslosen Übergänge, liefert die Temp.-Abhängigkeit, hat eine Grenzfrequenz für strahlungslose Übergänge, ergibt das Franck-Condon-Prinzip u. erklärt schließlich das Fehlen von Auswahlregeln. Werte für die empir. Kopplungskonst. werden abgeleitet. D. Jörchel. B 119◇

Zirkulardichroismus von Pyrromycinonen, Rhodomycinonen und Isorhodomycinonen. Hans Brockmann jun. und Maurice Legrand. (Naturwissenschaften **49,** 374, 2. Aug.-H. 1962; Göttingen, Univ., Organ.-Chem. Inst.; Paris, Centre de Recherches Roussel-Uclaf; dt.) — Durch Messung des Zirkulardichroismus verschiedener *Pyrromycinone, Rhodomycinone, Isorhodomycinone* u. ihrer Derivv. kann gezeigt werden, daß alle diese Stoffe an ihren Asymmetriezentren die gleiche abs. Konfiguration besitzen. Auf Grund dieser Messungen u. einiger chem. Befunde (Wasserabspaltungs-Rkk. bei *ζ-Pyrromycinon*, Verh. von *β* u. *γ-Rhodomycinon* bei der Perjodsäureoxydation u. Bldg. eines cycl. Isopropylidenderiv. aus *ε-Isorhodomycinontetramethyläther*) kann man für den hydroaromat. Ring A der Farbstoffe die Stereoformel **I** bzw. **Ia** (der fettgedruckte Strich ist die Verknüpfungsstelle zu Ring B) aufstellen. P. Golinske. B 119◇

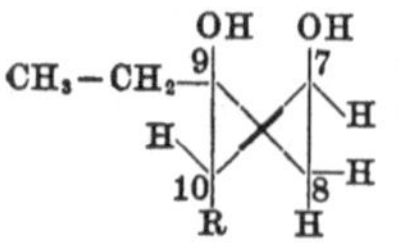

I R = $-OCOCH_3$
Ia R = $-OH$

Spektroskopische Untersuchungen an organischen Ionen. 3. Mitt. Das Infrarotspektrum und die Struktur des Thioharnstoff-Kations (Thiuronium-Ions), des S-Methylthiuronium-Ions, des Thioacetamid-Kations und des Thioacetamid-Kupfer(I)-chlorid-Komplexes. W. Kutzelnigg und R. Mecke. (Spectrochim. Acta [London] **17,** 530—44, 1961; Freiburg, Phys. chem. Inst.; dt.) — 2. vgl. C. **1962,** 12599. — Vff. geben im Bereich von 400—10000 cm^{-1} die IR-Spektren von *Thioharnstoff* (**I**), *S-Methylthiuroniumjodid* sowie vom *Chlorid, Hexachlorostannat, Perchlorat* u. *Nitrat* von **I** sowie von *Thioacetamid* (**II**), dessen *Komplex mit CuCl* (*Tetrakis-*[*thioacetamido*]*-CuCl*) u. des *Hexachlorostannats* von **II** (in Nujol) an. Aus ihren Ergebnissen folgern Vff., daß das **I**- u. **II**-Kation Sulfoniumionen sind, die durch Anlagerung eines Protons an das S-Atom gebildet werden. In einer Tabelle wird unter Zugrundelegung des C_{2v}-Modells eine Zuordnung der einzelnen Frequenzen durchgeführt. Die S–CH_3-Bindung wird dabei gesondert betrachtet. Die im IR-Spektrum auftretende Änderung bei der Salzbildung wird auf die Veränderung der π-Elektronenstruktur zurückgeführt. M. Schüle. B 120□

Strukturaufklärung organischer Verbindungen mit Hilfe der Massenspektrometrie. Gerhard Spiteller und Margot Spiteller-Friedmann. (Österr. Chemiker-Ztg. **62,** 382—92, Dez. 1961; Wien, Univ., Organ.-Chem. Inst.; dt.) — Übersicht über Aufbau u. Prinzip des Massenspektrometers, Massenspektrum, Hintergrundspektrum, Zusammenhänge zwischen Struktur u. Massenspektrum, Massenspektren von Substanzgemischen, Strukturaufklärung unbekannter Verbb. u. Unters. von Naturstoffen. — 90 Literaturangaben. P. Golinske. B 131◇

Reaktionen aliphatischer Nitroverbindungen. 44. Mitt. **Konformationsanalyse von 5-Nitro-5-alkyl-3-cyclohexyltetrahydro-1.3-oxazinen.** Daniela Gürne und Tadeusz Urbański. (Roczniki Chem. [Ann. Soc. chim. Polonorum] **34,** 881—86, 1960; pol.) — Ausführliche Mitt. der C. **1960,** 1789 referierten Arbeit. F. Urban. B 132◇

Wirkungsbereich photoelektrischer Stromträger in Anthracen. Krzystof Pigoń und Henryk Chojnacki. (Roczniki Chem. [Ann. Soc. chim. Polonorum] **34,** 1119—29, 1960; Wrocław, Politechn., Kat. Chem. fiz.; pol.) — Gereinigtes *Anthracen* (**I**) wurde in Form von Einkristallblättchen mit Licht einer Hg-Dampflampe bestrahlt, so daß der Lichtfleckdurchmesser ca. 1/20 des Elektrodenabstands betrug. Mit größer werdendem Lichtfleck tritt eine Abflachung des Maximums des Photostromes zwischen den angelegten Elektroden auf. Das Maximum des

Photostromes wird stets dann beobachtet, wenn der Lichtsonde–Anode-Abstand ca. 1/3 des Elektrodenabstands ist. Das daraus errechnete Verhältnis der Reichweite der Löcher u. Elektronen im Kristallgitter von I, w_+/w_-, beträgt 2,13 ± 0,45. Dementsprchend kann das Verhältnis τ_+/τ_-, das die Tendenz des Elektroneneinfangs darstellt, nicht groß sein. F. Urban. B 134◇

Der Einfluß von Produkten der vollständigen Hydrolyse von Novalgin auf das Oberflächenpotential und auf die Oberflächenspannung wässeriger Kaliumchloridlösungen. Janina Kruk und Janusz Pawełek. (Roczniki Chem. [Ann. Soc. chim. Polonorum] **34,** 1103—07, 1960; Kraków, Uniw. Jagiell., Kat. Chem. fiz. i Elektrochem.; PAN, Zakł. Fizykochem. Zjawisk powierzchn.; pol.) — Das elektr. Potential der Grenzfläche wss. KCl-Lsg. gegen Luft u. die Oberflächenspannung der Lsg. bei Zusatz von *Novalgin* (**I,** 0,01 mol.) ändern sich mit fortschreitender Hydrolyse von **I.** Von den Hydrolyse-Prodd. ist nur 2-Methylaminoantipyrin (**II**) oberflächenaktiv. Die Wrkg. von **II** ist jedoch geringer als die von Antipyrin. Bei pH 6,2—9,8 liegt **II** als freie, nichtdissozierte Base vor. Oberflächenspannung u. elektr. Oberflächenpotential sind in diesem Bereich am höchsten. F. Urban. B 166◇

Elektrische Potentiale und Oberflächenspannungen von Lösungen, die geringe Mengen physiologisch aktiver Substanzen enthalten. Janusz Pawełek. (Roczniki Chem. [Ann. Soc. chim. Polonorum] **34,** 1165—68, 1960; Kraków, PAN, Inst. Chem. fiz.; pol.) — Vgl. C. **1963,** 1617. — Das elektr. Potential an der Phasengrenze Fl.–Luft wurde bei wss. 0,1n KCl-Lsg. nach Zusatz kleiner Mengen *Colchicin* [$1,25 \cdot 10^{-4}-2 \cdot 10^{-3}$ (Mol/Liter)], *Progesteron* [$0,5-1,5 \cdot 10^{-5}$] u. *Santonin* [$5-4 \cdot 10^{-4}$] bei 21° nach der dynam. Ausfluß-Meth. gemessen. Das Potential nimmt, ähnlich wie die Oberflächenspannung der Lsg., mit steigender Konz. des Zusatzes am Anfang linear zu, um später in eine Kurve auszulaufen, die an die Langmuirsche Adsorptionsisotherme erinnert. Der pH-Wert hat prakt. keinen Einfl. auf das Potential, außer bei Santonin, bei dem bei pH 10 ein plötzlicher Abfall zu beobachten ist. F. Urban. B 166◇

Untersuchungen über 2-Chlor-3.5-dinitropyridin. 3. Mitt. **Über die relative Beweglichkeit des Halogenatoms.** Zofia Talik. (Roczniki Chem. [Ann. Soc. chim. Polonorum] **34,** 917—24, 1960; pol.) — 2. vgl. Roczniki Chem. [Ann. Soc. chim. Polonorum] **34,** [1960], 465. — Die Beweglichkeit des Halogenatoms in *2-Chlor-* (**I**) u. *2-Brom-3.5-dinitropyridin* (**II**) wurde mit der Beweglichkeit des Halogens in *1-Chlor-2.4-dinitrobenzol* (**III**) u. *Pikrylchlorid* (**IV**) verglichen. Die Unters. erfolgte durch Titration der Halogenionen, die durch Einw. von NH_4OH, W., CH_3OH u. A. freigesetzt worden waren. Die Beweglichkeit des Halogens ist in **II** am größten. In geringem Abstand folgen **I** u. **IV** u. schließlich in weitem Abstand **III.** F. Urban. B 182◇

Bemerkung zur Abhandlung von Effi Huber-Buser et al.: Die Strukturen der mittleren Ringverbindungen. 5. Mitt. **1.6-trans-Diaminocyclodecandihydrochlorid.** Effi Huber-Buser und J. D. Dunitz. (Helv. chim. Acta **45,** 1036, 2/5. 1962; Zürich, Eidg. Techn. Hochschule, Organ.-chem. Labor.; dt.) — Berichtigung zu der C. **1962,** 15904 referierten Arbeit der Verfasser. C. Gottfried. B 195△

Über den Mechanismus der Umlagerung von N-Nitraminen. B. A. Geller und L. N. Dubrowa. (J. allg. Chem. [UdSSR] **30(92),** 2646—47, 1960; Inst. für physikal. Chem. der Akad. der Wiss. der UkrainSSR; russ.) — Bei der gemeinsamen Umlagerung von $^{15}N_{(NO_2)}$*-N-Nitroanilin* (**I**) mit *N-Nitro-p-toluilin* (**II**) wird im gebildeten m-Nitro-p-toluidin (**III**) ^{15}N nicht fixiert. Ein intermol. Mechanismus für die Nitraminumlagerung ist somit auszuschließen. — Man löst **I** u. **II** (1:1 Mol) in Ae., vermischt bei 0° mit konz. HCl u. trennt nach einigen Std. durch Dest. mit Wasserdampf u. Oxydation von **III**-N-Acetylderiv. zu *m-Nitro-p-acetamidobenzoesäure* (F. 207—213°). Helmut Schäfer. B 225△

Isotopenaustausch von Arylmercurichloriden mit ^{203}Hg. O. A. Reutow und G. M. Osstaptschuk. (J. allg. Chem. [UdSSR] **29(91),** 1614—17, 1959; Moskau, Univ.; russ.) — Es wurde der Isotopenaustausch von *Phenyl-*, *p-Tolyl-*, *p-Chlorphenyl-*, *p-Carbäthoxyphenyl-* u. *p-Nitrophenylmercurichlorid* mit ^{203}Hg (0,28 Mol Aryl-HgCl, 1,4 Mol Hg, 50 ml Pyridin, 60°) untersucht. Der in Abhängigkeit von Rk.-Dauer u. Ausgangsverbb. erzielte Austauschgrad wird tabellar. angegeben. p-ständige elektropositive Substituenten beschleunigen, elektronegative verzögern den Austausch. Alle Verbb. reagieren schneller mit metall. Hg als die entsprechenden Diarylquecksilberverbindungen. Helmut Schäfer. B 225△

Stereochemie der Symmetrisierung von 2-Chlormercuricamphan unter der Einwirkung von Hydrazinhydrat und Natriumstannit. O. A. Reutow und Zsintschshu Lu. (J. allg. Chem. [UdSSR] **29(91)**, 1617–26, 1959; russ.) – Die Rk. von d- u. *l*-Bornylchlorid (**I**) mit Mg u. anschließend mit $HgCl_2$ liefert *2-Chlormercuricamphan* (**II**) als Diastereomerengemisch. **II** läßt sich in das beständigere (–)-**II** ($[\alpha]_D^{18}$ – 10,1 ± 1,0°) u. das weniger beständige (+)-**II** ($[\alpha]_D^{18}$ + 15,4 ± 1,2°) spalten. (+)-**II** wird durch Spuren Hydrazinhydrat (**III**) zu (–)-**II** isomerisiert. Die Einw. von **III** oder Natriumstannit (**IV**) auf (+)- u. (–)-**II** liefert (–)-*Quecksilber-2.2'-dicamphan* (**V**). **V** reagiert mit HCl oder $HgCl_2$ unter Beibehaltung der Konfiguration zu (–)-**II**.

Versuche: *l-β-Pinen*, Kp. 163–165°, man erhitzt 200 g Fichtenharz u. 35 g NaOH bis zur Bldg. einer homogenen Masse u. dest. mit Wasserdampf; n_D^{20} 1,4780; $[\alpha]_D^{18}$ – 20,1°; 10 g (Ausbeute). – *Bornylchlorid* (**I**), *l-Form*, F. 132° (A.), man leitet in 200 g vorst. Verb. bei 15–20° HCl ein u. läßt 2 Std. lang bei – 10 bis – 15° stehen; $[\alpha]_D^{18}$ – 33°; 50%; *d-Form*, F. 132°, aus α-Pinen; $[\alpha]_D^{18}$ + 18,1°; 52%. – *2-Chlormercuricamphan* (**II**), $C_{10}H_{17}ClHg$, a) F. 169–170° (A., Eisessig, Aceton; Isomerengemisch), man kocht 50 g d-**I** u. 10 g Mg in 200 ml Ae. 4 Std., gibt in 1 Std. 78 g $HgCl_2$ zu, kocht 4 Std. u. läßt über Nacht stehen; Nadeln; 20%; b) F. 158–160° (Isomerengemisch), aus *l*-**I**; $[\alpha]_D^{18}$ ca. 0°; 20%. (+)-*Form*, F. 169–170° (Aceton), durch Krist. des **II**-Gemisches aus A. u. mehrfach aus Aceton; $[\alpha]_D^{18}$ + 15,4°. (–)-*Form*, a) F. 165–166° (Aceton), aus der Mutterlauge von (+)-**II** durch Eindampfen u. Krist. der letzten Fraktionen aus Aceton; $[\alpha]_D^{18}$ – 10,1 ± 1,0°; b) F. 162–163°, man löst 0,7 g des aus (–)-**II** mit **III** dargestellten (–)-**V** in 20 ml A. u. leitet 2 Std. lang HCl ein; $[\alpha]_D^{18}$ – 10,6 ± 1,1°; 73%; c) F. 163–165°, man löst 0,35 g des aus (+) **II** mit **III** erhaltenen (–)-**V** in 20 ml A. u. leitet 2 Std. lang HCl ein; $[\alpha]_D^{18}$ – 10,9 ± 2,2°; 62%; d) F. 164–166°, aus dem aus (–)-**II** mit **IV** erhaltenen (–)-**V** in A./HCl Nadeln; $[\alpha]_D^{18}$ – 13,1 ± 2°; 50%; e) F. 166–167°, aus dem aus (+)-**II** mit **IV** erhaltenem (–)-**V** in A./HCl; $[\alpha]_D^{18}$ – 12,7 ± 1,0°; 70%; f) F. 166–167°, durch 3std. Kochen von 0,3 g (+)-**II** in 25 ml A. mit 6 Tropfen **III**; $[\alpha]_D^{18}$ – 7,2 ± 1,4°; 0,26 g; g) F. 165 bis 166°, aus 0,5 g des aus (–)-**II** mit **III** erhaltenen (–)-**V** u. 0,27 g $HgCl_2$ in 30 ml Aceton (3 Std. kochen); $[\alpha]_D^{18}$ – 9,2 ± 1,0°; 77%. – (+)-*2-Brommercuricamphan*, $C_{10}H_{17}BrHg$, F. 186–188° (Methanol), man erhitzt 0,9 g (+)-**II**, 0,2 g KOH u. 7 ml A. $^1/_2$ Std. auf dem Wasserbad, filtriert u. säuert mit konz. HBr an; $[\alpha]_D^{18}$ + 14,1 ± 0,7°; 67%. – (–)-*Quecksilber-2.2'-dicamphan* (**V**), $C_{20}H_{34}Hg$, a) F. 130 bis 135° (Zers.; A.), man löst 11 g **II**-Gemisch in sd. Aceton, verd. mit 140 ml W. u. schüttelt 3 Std. lang mit **IV** (7,3 g $SnCl_2 \cdot 2H_2O$, 200 ml W., 9,2 g NaOH); Nadeln; 30%; b) F. 145–150° (Zers.; A.), durch 1std. Erhitzen von 3 g (–)-**II**, 25 ml A., 2,5 g **III** u. 1,2 g K_2CO_3; $[\alpha]_D^{18}$ – 9,2 ± 1,0°; 50%; c) F. 143–150° (Zers.; A.), aus 1,1 g (+)-**II**, 25 ml A., 0,4 g **III** u. 0,3 g K_2CO_3 (3 Std. kochen; $[\alpha]_D^{18}$ – 7,3 ± 1,2°; 63%; d) F. 145–150° (Zers.; A.), durch 3std. Rühren von 2 g (–)-**II** in wss. Suspension in Ggw. von **IV**; 40%; e) F. 143–149° (Zers.; A.), aus (+)-**II** in W. in Ggw. von **IV**; 51%. Helmut Schäfer. B 225△

Untersuchungen auf dem Gebiet der Indolderivate. 5. Mitt. Über den Mechanismus der Reaktion von E. Fischer. N. N. Ssuworow, N. P. Ssorokina und Ju. N. Scheinker. (J. allg. Chem. [UdSSR] **28(90)**, 1090–97, 1958; Chem.-pharmaz. Ordshonikidse-Inst.; russ.) – 4. vgl. C. **1956**, 11702. – Beim Erhitzen von Methyläthylketonphenylhydrazon mit Acetanhydrid in Ggw. von p-Toluolsulfonsäure entsteht in 87%ig. Ausbeute *2-[N.N'-Diacetyl-β-phenylhydrazino]-buten-(2)* (**I**), das beim Erhitzen mit verd. Säuren oder bei der Zn-Staub-Dest. 2.3-Dimethylindol liefert. Bei der Hydrierung von **I** in Ggw. von Raney-Ni wird nur die Doppelbindung hydriert, während die Hydrierung in Ggw. von Raney-Ni + NaOH Anilin liefert. Bei der alkal. Verseifung von **I** entsteht 3-Acetylamino-2-[o-aminophenyl]-buten-(2). *Methyläthylketonmethylphenylhydrazon* gibt beim Erhitzen mit Acetanhydrid unter Bedingungen der **I**-Darst. 5-Acetyl-1.2.3-trimethylindol. Es ist somit in bestimmten Fällen möglich, bei Durchführung der Fischer-Rk. in Acetanhydrid u. alkal. Verseifung des Diacylderiv. der ungesätt. Hydrazo-Verb. die beiden zwischenprodd. der Fischer-Rk., das ungesätt. Hydrazin u. das ungesätt. Diamin in acetylierter Form zu isolieren.

Versuche: *2-[N.N'-Diacetyl-β-phenylhydrazino]-buten-(2)* (**I**), $C_{14}H_{18}N_2O_2$, F. 57–58° (n-Hexan oder abs. Ae.) aus Methyläthylketonphenylhydrazon durch Erhitzen mit Acetanhydrid in Ggw. von p-Toluolsulfonsäure u. Na-Acetat; 86,8% (Ausbeute). – *2.3-Dimethylindol*, F. 99–102°, durch Kochen von **I** mit verd. H_2SO_4; 85%. – *2-[N.N'-Diacetyl-β-phenylhydrazino]-butan*, $C_{14}H_{20}N_2O_2$, $Kp._{1,5}$ 151–155°, durch Hydrierung von **I** an Raney-Ni, 7 Std. bei 42 at/60°. – *Acetanilid*, F. 112–114°, durch Hydrierung von **I** in Ggw. von Raney-Ni u. NaOH,

2 Std. bei 6 at/80°, u. Acetylierung des Rk.-Prod.; 96%. — *3-Acetylamino-2-[o-aminophenyl]-buten-(2)*, $C_{12}H_{16}N_2O$, F. 114,5—115°, durch alkal. Verseifung von **I** in wss. oder wss.-alkoh. Lsg.; 92,5 bzw. 95%. Liefert beim Behandeln mit HCl oder beim Erhitzen *2.3-Dimethylindol*, F. 104,5—106°; 90 bzw. 84%.
K. Wittig. B 225□

Synthese und Solvolyse der 3-Tosyloxy-8-thiabicyclo-[3.2.1]-octane. R. E. Ireland und H. A. Smith. (Chem. and Ind. **1959,** 1252—53, 3/10.; Ann Arbor, Mich., Univ. of Michigan, Dep. of Chem.; engl.) — Durch Red. von 8-Thiabicyclo-[3.2.1]-octanon-(3) mit $NaBH_4$ u. Chromatographie werden *endo-* [**I**; F. 238—239°; 33% (Ausbeute)] u. *exo-8-Thiabicyclo-[3.2.1]-octanol-(3)* (F. 158—159°; 58%) erhalten u. mit p-Tosylchlorid in Chlf./Pyridin ins *endo-* (**II**) bzw. *exo-3-Tosylat* (**III**) übergeführt. Die Geschw.-Konst. ($k \cdot 10^4$) der Solvolyse in 80%ig. A. bei 77° betragen für **II, III** bzw. *trans-4-tert.-Butylcyclohexyltosylat* (Vgl. -Substanz) 1,15 ± 0,3, 0,52 ± 0,1 bzw. 2,55 ± 0,1 s^{-1}. Sowohl aus **II** wie aus **III** wird dabei in 75—80%ig. Ausbeute **I** gebildet. Die Ergebnisse werden diskutiert. L. Lamza. B 225△

Untersuchungen über die Photochemie aromatischer Halogenderivate. 3. Mitt. Jerzy Szychliński. (Roczniki Chem. [Ann. Soc. chim. Polonorum] **34,** 941—46, 1960; Gdánsk, Wyzszej Szkoly Pedagog., Kat. Chem. Fiz.; pol.) — 2. vgl. Roczniki Chem. [Ann. Soc. chim. Polonorum] **34,** [1960], 267; 1. vgl. C. **1961,** 8250. — Untersucht wurde die Photolyse von *o-Chlorbenzoesäure* (**I**) in wss. A., von *α-Chlornaphthalin* (**II**) in n-Hexan/A. u. von *Brombenzol* (**III**) ohne Lsgm. beim Durchleiten von N_2 oder NH_3. Daß die Rk. radikalartigen Charakter hat, zeigt sich bei der Photolyse von **I**, bei der die abgespaltene Menge Cl mit zunehmendem Wassergeh. des Lsgm. (Begünstigung der Radikalkombination) abnimmt. Die Photolyse von **II** wird durch höheren A.-Geh. im Lsgm. begünstigt. n-Hexan hemmt die Reaktion. Bei der Photolyse von **III** ohne Lsgm. zeigt sich, daß der Einfl. der Temp. auf die Rk. gering ist. So beträgt der Temp.-Koeff. der Rk.-Geschw. in Ggw. von NH_3 1,01 u. in Ggw. von N_2 1,16. Die Photolyse aromat. Halogenverbb. ist somit eine typ. Radikal-Rk., deren Geschw. durch den Primärschritt bestimmt wird.
F. Urban. B 226◇

Untersuchungen von Wasserstoffaustauschreaktionen in der Gasphase. 1. Mitt. Die Reaktion von Isovaleraldehyd und Äthanol. Stanisław Malinowski und Tadeusz Kobyliński. (Roczniki Chem. [Ann. Soc. chim. Polonorum] **34,** 863 bis 870, 1960; Warszawa, Politechn., Zakł. Techn. organ. I; PAN, Zakł. Synt. organ.; pol.) — Die Rk. von *Isovaleraldehyd* mit *A.* zu Acetaldehyd (**I**) u. Isoamylalkohol (**II**) wurde bei 210—400° an Cu als Katalysator durchgeführt. Bei konst. Zus. des Ausgangsgemisches (1:1,89) wird ein Maximum der **II**-Ausbeute mit 32% bei 308° erzielt. Die Dehydrierung von A. zu **I** an Cu hat bei 285° den höchsten Umsatz (75%). Es besteht außerdem ein Optimum der Zutropf-Geschw. des Ausgangsgemisches (90 g/100 Min. bei 450 ml Pumex-Cu-Katalysator). Die **II**-Ausbeute steigt mit größer werdender A.-Konz. im Gemisch, bes. im Bereich 1:1 bis 1:2 u. oberhalb 1:6. Die Aktivität des Katalysators fällt nach 20 Std. stark ab.
F. Urban. B 227◇

Über die Entmethylierung von Toluol und Xylol bei der destruktiven Hydrierung. D. M. Maiorow. (J. allg. Chem. [UdSSR] **30(92),** 230—32, 1960; russ.) — Vf. berechnet die Gleichgewichts-Konst. der destruktiven Hydrierung von *Toluol* u. *o-*, *m-*, *p-Xylol* zu Bzl. für Tempp. von 300—1000° K. Renate Richter. B 227◇

Hydrierung von Furfurol an Ni/ZnO-Katalysatoren. N. M. Popowa und D. W. Ssokolski. (Nachr. Akad. Wiss. KasachSSR, Chem. Ser. **1959,** Nr. 1, 65—70; russ.) — Es wurde der Einfl. des Lsgm. (W., 0,05 n Essigsäure, 0,1 n NaOH, A., 75%ig. Dioxan), der Temp. u. Herstellungs-Meth. des Katalysators auf die Hydrierungs-Geschw. von Furfurol an Ni/ZnO-Kontakt untersucht. Am aktivsten war ein Katalysator, der aus Ni-Acetat u. ZnO durch Zers. bei 450° u. Red. bei 350° hergestellt wurde. Die Hydrierungs-Geschw. ist am größten in W. bei 40°. Die spezif. Aktivität, bezogen auf die Ni-Menge, ist bei einem Ni-Geh. von 16,7% am größten, wenn bei 350 u. 450° red. wurde, bei einem Ni-Geh. von 23% am größten, wenn bei 250° red. wurde. Helmut Schäfer. B 227△

Kontaktumwandlungen einiger Alkylhalogenide. A. A. Balandin, A. I. Kukina, I. P. Baryschnikowa und W. N. Jermakowa. (Nachr. Akad. Wiss. UdSSR, Abt. chem. Wiss. **1960,** Nr. 7, 1162—69; Moskau, Univ.; russ.) — Es wurde die katalyt. Zers. von *Isopropylchlorid, Äthyl-, n-Propyl-, Isopropyl-, sek.-Butyl-* u. *tert.-Butylbromid* an Fe_2O_3 u. Fe_2O_3/Cr_2O_3 (1:1) bei 200—500° untersucht. Hauptreaktion ist die Bldg. der entsprechenden Olefine. Der Umwandlungsgrad der Alkylhalogenide erhöht sich stark mit steigender Temperatur. Die katalyt. Zers. wird durch Crackungen u. Bldg. von Fe-Halogeniden an der Kontaktoberfläche kompliziert. Helmut Schäfer. B 227

Basische Austauscherharze als Katalysatoren bei der Michael-Reaktion. 2. Mitt. Ernst D. Bergmann und Ruth Corett. (J. org. Chemistry **23**, 1507—10, Okt. 1958; Tel-Aviv, Israel Ministry of Defense, Sci. Dep.; engl.) — 1. vgl. C. **1957**, 2700. — Von 19 auf ihre Eignung als Katalysatoren der Michael-Rk. (M-Rk.) zwischen *Methylmethacrylat* u. *2-Nitropropan* untersuchten Basenaustauschern (BA) scheinen solche des quatern. Typs bes. wirksam zu sein; die Porosität mancher BA wirkt sich ungünstig aus. Kinet. Unterss. durch Best. des n_D^{30} u. jodometr. Titration zeigten, daß die Rk. vermutlich infolge Zers. des BA, eines irreversiblen Adsorptionsprozesses oder Ausbildung einer Deckschicht aus polymerisiertem Acceptor nach ca. 50 Tagen zum Stillstand kommt. Der Rk.-Verlauf ist innerhalb bestimmter Grenzen abhängig von der Menge des BA. Im Gegensatz zu M-Rkk. in homogener Phase wird die Ausbeute durch Temp.-Erhöhung erhöht, durch Lsgm.-Zusatz stark erniedrigt. Vff. untersuchten weiterhin durch BA katalysierte M-Rkk. von Cycloalkanonen u. aliphat. Aldehyden mit Methylvinylketon (**I**), Methylisopropenylketon (**II**) u. Acrylonitril (**III**) als Acceptoren. Da **II** wahrscheinlich infolge ster. Hinderung langsamer als **I** reagiert, erfolgt bei Verw. von **II** teilweise Selbst-Kondens. des Donators. Außerdem zeigt **II** die Tendenz, meist offenkettige Prodd. zu bilden. Während geradkettige aliphat. Aldehyde der Selbst-Kondens. unterliegen, läuft mit α-verzweigten eine M-Rk. glatt ab. Charakterist. IR-Banden einer Reihe von Rk.Prodd. sowie Rk.-Paare, die keine durch BA katalysierte M-Rk. eingehen, sind angegeben.

Versuche: *2.2.5.5-Tetrakis-[β-cyanäthyl]-cyclopentanon*, F. 176,5—177,5°, durch 8std. Kochen von Cyclopentanon (**IV**) u. **III** in A. mit Duolite A-40 (**VI**); 68% (Ausbeute). — *2-[β-Cyanäthyl]-cyclohexanon*, Kp.$_{20}$ 150—160°, a) durch 5std. Kochen von Cyclohexanon (**V**) u. **III** mit Duolite A-40 (**VI**); 30%; b) durch 9std. Kochen von **V** mit **III** in A. in Ggw. von Cockranex A. L. (**X**); 10%. — *2-[2-Methylbutanon-(3)-yl-(1)]-cyclopentanon*, $C_{10}H_{16}O_2$, Kp.$_{20}$ 85°, durch 8std. Rk. von **IV** mit **II** u. **VI** bei 75°; D_4^{15} 0,9702; n_D^{15} 1,4617; daneben *2-Cyclopentylidencyclopentanon* (Kp.$_{20}$ 115—135°; n_D^{21} 1,5130. *2.4-Dinitrophenylhydrazon*, F. 217—219°; rote Kristalle). — *2.2.6.6-Tetrakis[β-cyanäthyl]-cyclohexanon*, F. 165—166°, durch 9std. Kochen von **V** mit **III** u. **X** in A.; 35%. — *5-Oxo-5.6.7.7a-tetrahydroindan*, Kp.$_{20}$ 120—130°, durch 9std. Kochen von **IV** u. **I** mit **X** in CH_3OH; 30% (*2.4-Dinitrophenylhydrazon*, F. 150°; rote Kristalle); daneben 25% einer Verb. vom *Kp.*$_{1,5}$ *150—165°* (*2.4-Dinitrophenylhydrazon*, F. 152—154°). — *2-Oxo-$\Delta^{1,9}$-oktahydronaphthalin*, Kp.$_{0,9}$ 95—115°, durch 8std. Kochen von **V** u. **I** mit **X** in CH_3OH; 6% (*2.4-Dinitrophenylhydrazon*, F. 166°; aus Butanol rote Kristalle); daneben 15% einer *Verb. vom Kp.*$_{1,3}$ *155—160°* (*2.4-Dinitrophenylhydrazon*, F. 186—187°; rote Kristalle). — *2-[2-Methylbutanon-(3)-yl-(1)]-cyclohexanon*, $C_{11}H_{18}O_2$, Kp.$_{20}$ 83,5—85°, durch 5std. Rk. von **V** mit **II** u. **X** bei 75°; D_4^{15} 0,9737; n_D^{15} 1,4622; 50% (*2.4-Dinitrophenylhydrazon*, F. 197—198°; aus Butanol gelborangefarbene Kristalle); daneben *2-Cyclohexen-(1)-ylcyclohexanon* (Kp.$_{20}$ 155—165°; n_D^{21} 1,4983. *2.4-Dinitrophenylphenylhydrazon*, rote Kristalle). — *2-Methyl-3-oxo-1.2.3.9.10.10a-hexahydrophenanthren*, Kp.$_{0,03}$ 125—135°, durch 14std. Rk. von α-Tetralon mit **II** u. **X** bei 75°; 25%. — *2-[Indanyliden-(1)]-indanon-(1)*, F. 148, analog vorst. Verb. aus α-Hydrindon u. **II**. — *2.2-Dimethyl-4-cyanbutyraldehyd*, $C_7H_{11}NO$, Kp.$_{29}$ 133—135°, durch 10std. Rk. von Isobutyraldehyd (**VII**) mit **III** u. **X** bei 30°; D_4^{29} 0,9451; n_D^{29} 1,4322; 68%. — *2-Äthyl-2-[β-cyanäthyl]-capronaldehyd*, $C_{11}H_{19}NO$, Kp.$_{1,2}$ 114—116°, durch 22std. Rk. von 2-Äthylhexanal (**VIII**) mit **III** u. **X** bei 45°; 44%. *2.4-Dinitrophenylhydrazon*, $C_{17}H_{23}N_5O_4$, F. 110,5—111,5°; aus Isopropanol gelbe Nadeln. — *1.1-Dimethylcyclohexen-(2)-on-(4)*, $C_8H_{12}O$, Kp.$_{20}$ 72,5—73,5°, durch 8std. Kochen von **VII** mit **I** u. **X** in CH_3OH; D_4^{15} 0,9444; n_D^{14} 1,4775; 43% *2.4-Dinitrophenylhydrazon*, $C_{14}H_{16}N_4O_4$, F. 142°; aus A. orangefarbene Nadeln. — *1-Äthyl-1-butylcyclohexen-(2)-on-(4)*, $C_{12}H_{20}O$, Kp.$_{20}$ 133—135°, durch 9std. Kochen von **VIII** mit **I** u. **X** in CH_3OH; D_4^{15} 0,9313; n_D^{15} 1,4885; 40%. *2.4-Dinitrophenylhydrazon*, $C_{18}H_{24}N_4O_4$, F. 100°; aus Isopropanol orangerote Blättchen. — *2.2.4-Trimethylhexanon-(5)-al-(1)*, $C_9H_{16}O_2$, Kp.$_{25}$ 86,5°, durch 12std. Rk. von **VII** mit **II** u. bei 45°; D_4^{20} 0,9734; n_D^{20} 1,4593; 50%. *2.4-Dinitrophenylhydrazon*, gelbe Kristalle. — *1-Äthyl-1-butyl-5-methylcyclohexen-(2)-on-(4)*, Kp.$_{0,5}$ 111—112°, durch 12std. Rk. von **VIII** mit **II** u. **X** bei 55°; D_4^{20} 0,9295; n_D^{15} 1,4800; 50%. *2.4-Dinitrophenylhydrazon*, rote Kristalle.

H.-J. Jahns. B 227△

Cyclisierung von o-Nitroäthylbenzol zu Indol an Katalysatoren, die TiO_2 enthalten. K. A. Krupennikowa, P. Ss. Ibranow, Sch. Nurgoshajewa und R. Ss. Jesskasina. (Nachr. Akad. Wiss. KasachSSR, chem. Ser. **1959,** Nr. 1, 71—76; russ.) — Durch Cyclisierung von o-Nitroäthylbenzol an TiO_2 bei 600—650° wird in 10,5%ig. Ausbeute *Indol* erhalten. Zusätze von K_2O oder Cu-Salzen zum Katalysator sind prakt. ohne Einfluß. Durch Zusatz von Cr_2O_3 u. Red. im H_2-Strom lassen sich die Ausbeute an Indol u. die Beständigkeit des Katalysators erhöhen. Ausbeuten von 15,3% werden erzielt, wenn ein Katalysator aus 20% TiO_2 u. 80% Al_2O_3 verwendet wird. Helmut Schäfer. B 227△

Untersuchung des Einflusses des Wasserstoffdruckes auf die Geschwindigkeit der heterogen-katalytischen Isomerisierung von Cyclohexan. 3. Mitt. Analyse der Ursachen der Hemmung der Isomerisierung von Cyclohexan bei Erhöhung des Wasserstoffdruckes. M. G. Gonikberg und I. I. Lewitzki. (Nachr. Akad. Wiss. UdSSR, Abt. chem. Wiss. **1960,** Nr. 7, 1170—77; Zelinsky-Inst. für org. Chem. der Akad. der Wiss. der UdSSR; russ.) — 2. vgl. Nachr. Akad. Wiss. UdSSR, Abt. chem. Wiss. **1960, 996**; 1. vgl. C. **1960,** 16727. — Es wurde die Isomerisierung von Cyclohexan (**I**) zu *Methylcyclopentan* (**II**) bei 340° am techn. WS_2-Kontakt bei verschiedenen H_2- u. N_2-Partialdrucken untersucht. Die Isomerisierungsgeschw. hängt prakt. nicht vom N_2-Druck ab u. vermindert sich bei steigendem H_2-Druck. Als Grund für die Hemmung der Isomerisierung mit wachsendem H_2-Druck wird angenommen, daß **I** prim. in einer Gleichgew.-Rk. zu Cyclohexen (**III**) dehydriert wird; **III** wird über Methylcyclopenten in **II** umgewandelt. Die Bldg. von **III** ist geschwindigkeitsbestimmend u. wird durch erhöhten H_2-Druck bzw. die dadurch bedingte größere Löslichkeit des H_2 in WS_2 gehemmt. Helmut Schäfer. B 227

C. Präparative organische Chemie. Naturstoffe

Neuere Fortschritte in der Chemie von Fluorkohlenstoffen und ihren Derivaten. H. J. Emeléus. (Suomen Kemistilehti A **31,** 101—09, 1958; Cambridge, Univ.; engl.) — Vortrag. P. Golinske. 460◇

Untersuchung der isomeren Umwandlungen von Alkylnaphthalinen. 2. Mitt. Synthese von $^{14}C_{(1)}$ 1-Methylnaphthalin. N. N. Woroshzow jun. und W. A. Koptjug. (J. allg. Chem. [UdSSR] **29(91),** 1551—54, Mai 1959; Moskau, Chem.-Technol. Mendelejew-Inst.; russ.) — 1. vgl. C. **1962,** 18790. — Es wird eine mit hoher Ausbeute verlaufende Synth. von *$^{14}C_{(1)}$-1-Methylnaphthalin* aus $^{14}C_{(1)}$-1-Keto-1.2.3.4-tetrahydronaphthalin (**I**) beschrieben.

Versuche: *$^{14}C_{(1)}$-1-Methyl-1.2.3.4-tetrahydronaphthol-(1),* F. 87—87,5°, durch Zutropfen von **I** zu CH_3MgBr in Ae. bei 0—3°, 8std. Rühren, Stehen über Nacht u. Zers. mit gesätt. NH_4Cl-Lsg. bei 3°. — *$^{14}C_{(1)}$-1-Methylnaphthalin,* $Kp._{12}$ 108—110°, durch 2std. Erhitzen vorst. Verb. mit $KHSO_4$ auf 120°, Verdünnen mit W., Ausäthern, Eindampfen u. 15std. Erhitzen des erhaltenen *$^{14}C_{(1)}$-1-Methyl-3.4-dihydronaphthalins* (gelbes Öl) mit S auf 220°; n_D^{20} 1,6159; 78,8% (Ausbeute, bezogen auf **I**). *Pikrat,* $C_{17}H_{13}N_3O_7$, F. 138—139°. H.-E. Toussaint. 480◇

Reaktion von Isobutyraldehyd und 2-Äthylhexaldehyd mit Ammoniumsulfid. Reduktive Thiolierung. Herbert E. Johnson und Donald G. Crosby. (J. org. Chemistry **27,** 3692—93, Okt. 1962; South Charleston, W. Va., Union Carbide Chem. Co., Res. and Developm. Dep.; engl.) — Bei der Einw. von wss. $(NH_4)_2S$ auf Isobutyraldehyd (**I**) u. 2-Äthylhexaldehyd (**II**) werden neben den *Dialkyldi-* u. *trisulfiden* die entsprechenden *Mercaptane* erhalten. Die Mengenverhältnisse der Prodd. variieren mit der $(NH_4)_2S$-Konzentration.

Versuche: *Isobutylmercaptan,* Kp. 87°, n_D^{30} 1,4340; 45% (Ausbeute); *Diisobutyldisulfid,* $C_8H_{18}S_2$, $Kp._{0,5}$ 55°, n_D^{30} 1,4822; 18%; *Diisobutyltrisulfid,* $C_8H_{18}S_3$, $Kp._{0,3}$ 70°, n_D^{30} 1,5219; 4%; durch 3½std. Erhitzen von **I** u. $(NH_4)_2S$ in 28%ig. NH_4OH auf 150° im Autoklaven. — *2-Äthylhexylmercaptan,* $C_8H_{18}S$, $Kp._{10}$ 67°, n_D^{30} 1,4512; 23%; *Bis-[2-äthylhexyl]-disulfid,* $C_{16}H_{34}S_2$, $Kp._5$ 168°, n_D^{30} 1,4833; 55%; aus **II** analog vorst. Verbindungen. Daneben entstehen höhere Sulfide; 15%. A. Trede. 600◇

Die säurekatalysierte Zersetzung von Hydroxyäthylsulfiden. D. Welti und D. Whittaker. (J. chem. Soc. [London] **1962,** 3955—60, Okt.; Sharnbrook, Bedford, Unilever Res. Labor.; engl.) — Vgl. Davies, Oxford, J. chem. Soc. [London] **1931,** 224 u. Clarke, J. chem. Soc. [London], **101,** [1912.] 1583. — Bei der Einw. von verd. HCl auf Thiodiglykol (I) werden *2-Chloräthyl-2-hydroxyäthylsulfid* (II), wenig *1.4-Dithian* [III, $C_4H_8S_2$, F. 111° (Aceton)], *1.4-Thioxan* (V) u. *Acetaldehyd* [IV; *2.4-Dinitrophenylhydrazon*, F. 145—146° u. 165° (A.)] erhalten. Ein Bldg.-Mechanismus für diese Verbb. wird erörtert, wonach IV über 2-Hydroxyäthylvinylsulfid entstanden ist. 2.2'-Dichlordiäthylsulfid wird nicht aufgefunden, III wird auch aus I mit verd. H_2SO_4 oder $HClO_4$ gebildet. Beim Kochen von Äthyl-2-hydroxyäthylsulfid mit verd. HCl werden neben wenig *Diäthyldisulfid* vorwiegend *Äthylchlorid* u. *1.2-Bis-*[*äthylmercapto*]*-äthan* erhalten, das auch in verd. H_2SO_4 u. $HClO_4$ entsteht. 1.2-Bis-[2-hydroxyäthylmercapto]-äthan setzt sich in verd. HCl zu III u. polymerem *Äthylensulfid* (F. 167—170°) um.

Versuche: *1.2-Bis-*[*2-hydroxyäthylmercapto*]*-äthan*, $C_6H_{14}O_2S_2$, F. 59—61° (Aceton), Kp.$_2$ 100°, aus Na-Äthandithiolat-(1.2) u. Äthylenchlorhydrin. — *Äthyl-2-hydroxyäthylsulfid*, $C_4H_{10}OS$, Kp.$_{12}$ 75—76°, aus Äthanthiol u. Äthylenoxid in Methanol in Ggw. von Spuren Na. — *1.2-Bis-*[*äthylmercapto*]*-äthan*, $C_6H_{14}S_2$, Kp.$_{0,2}$ 48—50°, aus Na-Äthanthiolat u. 1.2-Dichloräthan. — *1.4-Thioxandioxid-(1.1)*, F. 131—133°, aus V u. H_2O_2 in Eisessig–HCl. — *2-Chloräthyl-2-hydroxyäthylsulfid* (II), C_4H_9ClOS, durch 8std. Kochen von I (Kp.$_6$ 140—144°) mit 10%ig. HCl; daneben III, IV u. V. — *2-Hydroxyäthylvinylsulfid*, C_4H_9OS, Kp.$_{10}$ 114°, durch Erwärmen von II in 40%ig. KOH auf 60°. A. Trede. 600◇

Eine Mannitdisulfonsäure. D. L. Ingles. (Chem. and Ind. **1959,** 1217—28, 26/9.; Homebush, New South Wales, Australia, C. S. I. R. O., Div. of Food Preservation and Transport; engl.) — Durch 3std. Kochen von 2.3; 4.5-Di-O-benzyliden-1.6-didesoxy-1.6-dijod-D-mannit mit Na_2SO_3 u. NaOH in W., Filtrieren, Eindampfen im Vakuum, Entfernung von NaJ mit Aceton, Extraktion mit 80%ig. A. u. Eindampfen werden 64%. *Di-Na-2.3-O-benzyliden-1.6-didesoxy-D-mannit-1.6-disulfonatmonohydrat* [I; $C_{13}H_{16}Na_2O_{10}S_2 \cdot H_2O$, F. 246° (Zers.); aus 90%ig. A. Nadeln] erhalten, dessen Benzylidengruppe durch Behandlung mit 2.4-Dinitrophenylhydrazin in wss. $HClO_4$ als *Benzaldehyd-2.4-dinitrophenylhydrazon* (F. 236°) abgespalten wird. Bei der Behandlung von I mit Dowex 50 (H^+-Form) u. Eindampfen im Vakuum bei 40° wird sirupöse *1.6-Didesoxy-D-mannit-1.6-disulfonsäure* [II; *Di-Na-Salz, Pentahydrat*, $C_6H_{12}Na_2O_{10}S_2 \cdot 5\,H_2O$, F. 290° (Zers.); $[\alpha]_D^{25}$ + 206,6° (c = 0,4; W); aus wss. A. Nadeln; 33,4%] gebildet. Die Ca- u. Ba-Salze von II sind wasserunlöslich. Durch Rk. von 3.5-Di-O-acetyl-6-desoxy-6-jod-1.2-O-isopropyliden-D-glucose mit Na_2SO_3 wird nur eine nichtkrist., *S-haltige Säure* [$R_{glucose}$ 0,18 (Butanol/Essigsäure) W.; 4:1:1)] erhalten. L. Lamza. 600△

Reaktionen von tert.-Butylperestern. 5. Mitt. **Reaktionen der Acyloxy-Derivate von Sulfiden.** G. Sosnovsky. (Tetrahedron [London] **18,** 903—08, Aug. 1962; Chicago, Ill., Illinois Inst. of Technol., Armour Res. Foundation; engl.) — 4. vgl. C. **1962,** 14101. — α-Benzoyloxydi-n-propylsulfid gibt bei längerem Kochen mit tert.-Butanol *Propionaldehyddi-n-propylmercaptal*; analog wird aus α-Acetoxy-di-n-butylsulfid *Butyraldehyddi-n-butylmercaptal* erhalten, während aus 2-Benzoyloxytetrahydrotiophen (I) ein *dimeres* Δ^2*-Dihydrothiophen* entsteht. Die Pyrolyse von aliphat. α-Acyloxysulfiden oder α-Acyloxytetrahydrothiophen gibt die entsprechenden *Carbonsäuren* u. *α,β-ungesättigten Sulfide.*

Versuche (alle unter N_2): *Propionaldehyddi-n-propylmercaptal*, $C_9H_{20}S_2$, Kp.$_{0,3}$ 62°, a) durch 46std. Kochen von α-Benzoyloxydi-n-propylsulfid u. tert.-Butanol neben 59,5% (Ausbeute) *Benzoesäure* (II); n_D^{25} 1,4932; 67,5%; b) aus 0,29 Mol Propionaldehyd, 0,61 Mol n-Propylmercaptan u. HCl-Gas bei Raum-Temp.; 88%. — *Butyraldehyddi-n-butylmercaptal*, $C_{12}H_{26}S_2$, Kp.$_{0,3}$ 82°, Kp.$_{0,45}$ 94—96°, a) durch Zutropfen von 0,3 Mol tert.-Butylperacetat in Bzl. zu 0,23 Mol Di-n-butylsulfid u. 0,35 mMol CuBr in Bzl. bei 80° in 4 Std. u. 215std. Erhitzen auf 80°; n_D^{25} 1,4881; 9,5 g; b) aus Butyraldehyd, n-Butylmercaptan u. HCl-Gas bei Raum-Temp. oder mit sd. Eisessig; n_D^{25} 1,4869; 77 bzw. 11%. — *Äthylvinylsulfid*, C_4H_8S, Kp.$_{757}$ 91—92°, a) neben II (84,5%) aus α-Benzoyloxydiäthylsulfid bei 140—245° (Bad-Temp.); n_D^{25} 1,4723; 45%; b) analog aus α-Acetoxydiäthylsulfid; 44%. — *2.3-Dihydrothiophen*, C_4H_6S, Kp.$_{67}$ 43°, a) neben II (ca. 100%) aus I bei 110—140°; 60%; b) analog aus 2-Acetoxytetrahydrothiophen; n_D^{24} 1,5288; 19,8%. — *Dimeres* Δ^2*-Dihydrothiophen*, $C_8H_{12}S_2$, Kp.$_{0,4}$ 98°, a) neben vorst. Verb. nach b); n_D^{25} 1,6011; 73,5%; b) neben II (80%) durch 168std. Erhitzen von I u. tert.-Butanol auf 110°; n_D^{25} 1,6005; 64%. F. Heller. 670◇

Selektive Reduktionen. 1. Mitt. **Die partielle Reduktion von tertiären Amiden mit Lithiumaluminiumhydrid. Eine neue Aldehyd-Synthese über die 1-Acylaziridine.** Herbert C. Brown und Akira Tsukamoto. (J. Amer. chem. Soc. **83,** 4549—52,

4/12. 1961; Lafayette, Ind., Purdue Univ., R. B. Wetherill Labor.; engl.) — Die Red. verschiedener N.N-Dialkylbutyramide durch $LiAlH_4$ wird untersucht u. die höchste Ausbeute an *Butyraldehyd* (**I**) bei der Red. des 1-Butyrylaziridins (**II**) erhalten, während N.N-Diisopropylbutyramid durch $LiAlH_4$ nicht red. wird. Analog **II** werden auch andere 1-Acylaziridine in z. T. ausgezeichneten Ausbeuten zu den entsprechenden *Aldehyden* reduziert. Die Resistenz der Diisopropylamidgruppe gegen $LiAlH_4$ bei 0° kann möglicherweise zum Schutz der Carboxylgruppe bei der Red. polyfunktioneller Verbb. benutzt werden.

Versuche: *Buttersäure, Dimethylamid*, $Kp._{10}$ 86,0°, aus Butyrylchlorid (**III**) u. Dimethylamin in Ae.; n_D^{20} 1,4418. Analog: *Diäthylamid*, $Kp._5$ 73—74°, n_D^{20} 1,4421. *Diisopropylamid*, $Kp._8$ 80—81°, n_D^{20} 1,4438. *N-Methylanilid*, $Kp._{17}$ 141—141,5°, n_D^{20} 1,5215. *Piperidid*, $Kp._1$ 65—66°, n_D^{20} 1,4777. *Pyrrolidid*, $C_8H_{15}NO$, $Kp._5$ 95—96°, n_D^{20} 1,4727. — *N-Butyrylpyrrol*, $C_8H_{11}NO$, $Kp._{10}$ 83—84°, aus **III** u. Pyrrol-K nach Pictet [1904]; n_D^{20} 1,4978. — *1-Butyrylaziridin* (**II**), $Kp._8$ 48—50°, durch Zutropfen von 1,0 Mol **III** zu 1,0 Mol Äthylenimin u. 1,1 Mol Triäthylamin in Bzl. bei 0°, $^1/_2$std. Rühren bei 0°, Einengen des Filtrats bei Raum-Temp. im Vakuum u. Vakuum-Dest. < 65° (Bad-Temp.); n_D^{20} 1,4422; 50% (Ausbeute). — *2-n-Propyloxazolin*, $Kp._{25}$ 54—55°, analog **II** u. Dest. > 65° (Bad-Temp.); n_D^{25} 1,4750; reagiert nicht mit $LiAlH_4$. — *N.N-Dimethylbenzamid*, F. 42—43°, nach Staudinger u. Kon [1911]. — *Formylcyclopropan* (**IV**), $Kp._{740}$ 97—100°, durch Zutropfen von 0,40 Mol Cyclopropancarbonsäurechlorid zu je 0,40 Mol Äthylenimin u. Triäthylamin in Ae. bei 0° in 1 Std., $^1/_2$std. Rühren bei 0°, Zugeben von 0,1 Mol $LiAlH_4$ in Ae. zum Filtrat bei 0° in $^1/_2$ Std., 1std. Rühren bei 0° u. Zers. mit 5nH_2SO_4; n_D^{20} 1,4302; 60%; bestimmt als 2.4-Dinitrophenylhydrazon (DNPH) 67%. — *Butyraldehyd* (**I**), a) analog **IV** mit 0,1 bzw. 0,2 Mol $LiAlH_4$; 75 bzw. 74%; b) durch Zugeben von 1 Mol $LiAlH_4$ in Ae. zu 4 Mol **II** in Ae. bei 0°, Zers. mit KNa-Tartrat u. Isolierung als *DNPH* (F. 121—122°); 88%; analog aus obenstehenden Buttersäure-N.N-dialkylamiden 25, 22, 0, 58, 33, 16 bzw. 30%. — *α-Äthylbutyraldehyd*, $Kp._{740}$ 116—119°, analog **IV**; n_D^{20} 1,4020; 69%, als DNPH 77%. — *Trimethylacetaldehyd*, $Kp._{740}$ 73—75°, analog **IV**; n_D^{20} 1,3790; 54%; als DNPH 79%, mit 0,2 Mol $LiAlH_4$ 88%. — *n-Hexanal*, analog **IV**; als DNPH 81%. — *Crotonaldehyd*, analog **IV**; als DNPH 40%. — *Benzaldehyd*, wie **I** nach b) aus N.N.-Dimethylbenzamid; 60%.

F. Heller. 670◇

Neue Citral-Synthese. Joseph Redel und Paul Raymond. (C. R. hebd. Séances Acad. Sci. **255**, 1127—29, 6/8. 1962; franz.) — 6-Methylhepten-(5)-on-(2) liefert bei der Claisen-Kondens. mit Äthylformiat hauptsächlich *7-Methylocta-dien-(1.6)-ol-(1)-on-(3)* (**I**); daneben entsteht *3-Hydroxymethylen-6-methylhepten-(5)-on-(2)* (**II**). **I** liefert mit H_2SO_4 in CH_3OH *1.1-Dimethoxy-7-methylocten-(6)-on-(3)* (**III**; $C_{11}H_{20}O_3$, $Kp._{20}$ 70—71; n_D^{20} 1,4530), während **II** unter den gleichen Bedingungen in *3-Methoxymethylen-6-methylhepten-(5)-on-(2)* übergeht, das sich von **III** leicht durch Dest. abtrennen läßt. Aus **III** entsteht mit CH_3MgBr *1.1-Dimethoxy-3.7-dimethylocten-(6)-ol-(3)* [$C_{12}H_{24}O_3$, $Kp._{0,5}$ 81—82°; n_D^{20} 1,4549; 70% (Ausbeute; bezogen auf **I**)]. Bei 3std. Erhitzen von 10 g vorst. Verb. mit 50 ml Eisessig, 50 g Na-Acetat (krist.) u. 4 ml W. auf 95°, Eingießen der Rk.-Prod. in W., Neutralisieren mit $NaHCO_3$, Ae.-Extraktion u. Eindampfen wird *Citral* (**IV**; 6,7 g Roh-Prod.) erhalten u. über die *$NaHSO_3$-Anlagerungsverb.* gereinigt; n_D^{23} 1,4870; 5,11 g. Durch gaschromatorgraph. Unters. ergibt sich, daß **IV** zu 65% aus *Geranial* u. zu 35% aus *Neral* besteht. Für **IV** ist das UV-Maximum angegeben.

H. Gleinig. 670□

Untersuchungen über die Aufspaltung des Furanringes. 4. Mitt. Lävulinsäurebildung über β-Acetylacrolein; die Bedeutung des β-Acetylacroleins für die Dische-Reaktion. Leonhard Birkofer und Rudolf Dutz. (Liebigs Ann. Chem. **657**, 94—97, 28/9. 1962; Köln, Univ., Inst. für Organ. Chem.; dt.) — 3. vgl. C. **1959**, 15666. — Durch Hydrolyse von 2.5-Dimethoxy-2.5-dihydrosilvan wird reines *β-Acetylacrolein* (**I**) erhalten. Seine Funktion als Zwischen-Prod. der durch H-Ionen katalysierten Umlagerung von Furfurylalkohol zu *Lävulinsäure* (**II**) wird durch die schnelle Umlagerung von **I** u. die unter gleichen Bedingungen nicht erfolgende Umlagerung von α-Methoxylävulinaldehyddimethylacetal zu **II** bewiesen. Die bei der Rk. von Dische-Reagens mit Furfurylalkohol u. anderen Verbb. auftretende Blaufärbung wird durch **I** verursacht. — IR-Spektrum vgl. Original.

Versuche: *β-Acetylacrolein* (**I**) $C_5H_6O_2$, $Kp._{11}$ 67—68°, durch 3tägiges Stehen von 2.5-Dimethoxy-2.5-dihydrosilvan ($Kp._{11}$ 47—49°; n_D^{20} 1,4290) mit dem doppelten Vol. W. bei Raum-Temp. u. Ausschütteln mit Ae.; $D._4^{20}$ 1,026; n_D^{20} 1,4605;

20% (Ausbeute). *Bis-2.4-dinitrophenylhydrazon* (**Ia**), Zers. bei 271°, aus Nitrobenzol/o-Xylol rote Prismen. — *Lävulinsäure* (**II**), aus 0,8 g **I** u. 0,2 cm^3 n-HCl, Verdünnen mit W. u. sofortige Titration; 51,2%. *2.4-Dinitrophenylhydrazon*, F. 201—203°, durch ¹/₄std. Kochen von **I** mit 2nHCl u. Rk. mit 2.4-Dinitrophenylhydrazin in verd. H_2SO_4; aus Äthylacetat Prismen; 72,6%. *Methylester, 2.4-Dinitrophenylhydrazon*, F. 141°, neben 14% **Ia** durch ¹/₂std. Kochen von **I**, Acetylchlorid u. verd. CH_3OH u. Rk. mit 2.4-Dinitrophenylhydrazin in verd. H_2SO_4; aus CH_3OH orangegelbe Stäbchen; 52%. F. Heller. 690◇

Amide und Ureide von 2-Alkylcrotonsäuren. M. Giani, L. Molteni und A. Trebbi. (Farmaco [Pavia], Ediz. sci. **14**, 784—94, Nov. 1959; Milano, Labor. di ric. Zambeletti; ital.) — Durch Hydrierung von Alkylacetessigestern, Dehydratisierung der *Hydroxyester* u. Verseifen werden *2-Alkylcrotonsäuren* dargestellt, deren *Amide* u. *Ureide* z. T. neuropleg. wirksam sind.

Versuche: *α-tert.-Butylacetessigsäureäthylester*, $C_{10}H_{18}O_3$, $Kp._{15}$ 100°, durch 10std. Erhitzen von Na-Acetessigester, tert.-Butylchlorid u. wenig NaJ in abs. A. im Autoklaven auf 90°; n^{22} 1,423; 86% (Ausbeute). — α-Alkyl-β-hydroxybuttersäureäthylester, durch katalyt. Hydrierung von α-Alkylacetessigsäureäthylestern an 2% Raney-Ni bei 120 at u. 100°; ca. 90%: *α-Propyl-*, $Kp._{15}$ 107°. — *α-n-Butyl-*, $Kp._7$ 102°. — *α-n-Amyl-*, $Kp._{25}$ 143—145°. — *α-[1-Methylbutyl]-*, $Kp._4$ 99—102°. — α-Alkylcrotonsäureäthylester, durch Zutropfen vorst. Hydroxyester zu $POCl_3$ in Bzl. u. 4std. Kochen; ca. 70%: *α-Propyl-*, $Kp._4$ 60—61°. — *α-n-Butyl-*, $Kp._{25}$ 95—100°. — *α-tert.-Butyl-*, $Kp._{10}$ 45—50°. — *α-n-Amyl-*, $Kp._{40}$ 100—105°. — *α-[1-Methylbutyl]-*, $Kp._5$ 80—85°. — α-Alkylcrotonsäuren: *α-tert.-Butyl-*, $C_8H_{14}O_2$, $Kp._3$ 110—115°, a) durch 4std. Kochen des Äthylesters mit 10%ig. alkohol. KOH; b) durch 1std. Kochen von α-tert.-Butyl-β-hydroxybuttersäureäthylester u. 35%ig. wss.-alkoh. KOH. — *α-[1-Methylbutyl]-*, $C_9H_{16}O_2$, $Kp._3$ 138—140°, wie vorst. nach a) u. b); 65 bzw. 75%. — α-Alkylcrotonsäurechloride, durch 2std. Kochen der α-Alkylcrotonsäuren mit $SOCl_2$: *α-Methyl-*, $Kp._{760}$ 146—148°, $Kp._{12}$ 45°. — *α-Propyl-*, $Kp._{32}$ 95—100°. — *α-Isopropyl-*, $Kp._{760}$ 166 bis 168°, $Kp._{32}$ 75—80°. — *α-n-Butyl-*, $Kp._{25}$ 92—93°. — *α-tert.-Butyl-*, $Kp._3$ 90—93°. — *α-n-Amyl-*, $Kp._{32}$ 85°. — *α-[1-Methylbutyl]-*, $Kp._{32}$ 110—115°, $Kp._{10}$ 98°. — α-Alkylcrotonsäureamide, aus den Säurechloriden u. NH_3 in abs. Ae. unter Kühlung: *α-Methyl-*, F. 76—77° (verd. A.). — *α-Äthyl-*, F. 118° (verd. A.). — *α-Propyl-*, F. 96° (W.). — *α-Isopropyl-*, F. 95° (Bzn.); 61%. — *α-n-Butyl-*, F. 107° (verd. A.). — *α-tert.-Butyl-*, F. 70—72° (Bzl./Bzn.). — *α-n-Amyl-*, F. 101—103° (verd. A.). — *α-[1-Methylbutyl]-*, F. 85—89° (Hexan). — α-Alkylcrotonoylharnstoffe, a) durch mehrstd. Erhitzen der α-Alkylcrotonsäurechloride mit überschüssigem Harnstoff auf 75° u. kurzes Kochen mit W. (Meth. **A**); b) durch Zugeben von $POCl_3$ u. überschüssigem Harnstoff zur α-Alkylcrotonsäure, ¹/₂std. Erhitzen auf dem Wasserbad u. ¹/₄std. Kochen mit W. (Meth. **B**): *α-Methyl-*, F. 168° (W.), nach **B**; 56%. — *α-Äthyl-*, F. 198° (A.), nach **B**. — *α-Propyl-*, F. 148—150° (verd. A.), nach **A**. — *α-Isopropyl-*, F. 160—161° (W.), nach **B**. — *α-n-Butyl-*, F. 162—163° (A.), nach **A**; 64,2%. — *α-tert.-Butyl-*, F. 183—185° (W.), nach **A**. — *α-n-Amyl-*, F. 143 bis 145°, (verd. A.) nach **A**. — *α-[1-Methylbutyl]-*, F. 168—169° (W.), nach **A**. F. Heller. 810◇

Struktur eines im Jasminöl (Jasminum grandiflorum L.) enthaltenen wohlriechenden Lactons. M. Winter, G. Malet, M. Pfeiffer und E. Demole. (Helv. chim. Acta **45**, 1250—55, 15/6. 1962; Genève, Firmenich & Cie., Labor. de Rech.; franz.) — Vff. identifizieren ein in der Lipoid-Fraktion von *Jasmin-Extrakten* enthaltenes Lacton auf Grund seiner Ozonisierung zu *Propionaldehyd* u. seiner katalyt. Hydrierung zu (—)-*n-δ-Decalacton*, das bei der CrO_3-Oxydation *δ-Oxocaprinsäure* liefert, als (—)-*cis-5-[Penten-(2)-yl]-δ-valerolacton* (**II**). Für **II** ist das IR-Spektrum graph. wiedergegeben.

Versuche: (—)-*cis-5-[Penten-(2)-yl]-δ-valerolacton* (**II**), $C_{10}H_{16}O_2$, $Kp._{0,3}$ 95 bis 96,5°, a) durch Dest. von 3,2 kg Rückstand von „*Jasmin-Pomade*" mit der gleichen Gew.-Menge Glycerin-Äthylenglykol (3:2) bei 220°, Verseifen des aus dem Destillat durch PAe-Extraktion isolierten Prod. mit methanol. KOH, Abtrennen der *Neutral-Prodd.* [250 g (Ausbeute)], Lösen der *sauren Fraktion* (**A**; 75 g) in 10%ig.KOH, Abtrennen von *Phenolen* (15,42 g) aus **A** durch Einleiten von CO_2 u. Ae.-Extraktion, Ansäuern der alkal. wss. Lsg., Ae.-Extraktion, Trennen von *Säuren* aus der Ae.-Lsg. durch Schütteln mit $NaHCO_3$- u. mit Soda-Lsg., Isolierung von 1,91 g *Roh-Prod.* (0,6‰; $n_D^{14,9}$ 1,4773, $D._4^{15,4}$ 0,9988, $[\alpha]_D^{16}$ —30,4°) aus der Ae.-Lsg., Reinigung über das *p-Brombenzylisothiuroniumsalz* (**I**, F. 120—120,5°; 6,5 g aus 9,2 g *Roh-*

Prod.) der **II** entsprechenden *δ-Hydroxysäure* u. Behandeln von **I** mit HCl in A.; 2,317 g aus 6,47 g **I**; b) durch Chromatographie einer aus ägypt. Jasmin erhaltenen Fraktion Kp.$_{0,05}$ 100—160° an Kieselsäure zur Abtrennung von *Jasmon* u. *Methyljasmonat* (vgl. Demole, Lederer u. Mercier, Helv. chim. Acta **45**, [1962], 675, 685.), Elution mit Bzl./Essigester (9:1), Einengen, Chromatographie des bei 0° in PAe. (Kp. 60°) lösl. Anteils an Kieselsäure, Elution mit PAe.-Äthylacetat u. Aufarbeitung in Anlehnung an a); 184 mg. — *Propionaldehyd, p-Nitrophenylhydrazon*, $C_9H_{11}N_3O_2$, F. 123—124°, durch Einleiten von O_3 in die Lsg. von **II** in CCl_4 bei 0°, Eindampfen im Vakuum u. Dest. nach Zugabe von W. in das Reagens. *2.4-Dinitrophenylhydrazon*, F. 151—152°. — *(—)-5-Hydroxy-n-decansäurelacton*, $C_{10}H_{18}O_2$, Kp.$_9$ 142—144°, durch 15 Min. lange Hydrierung von 950 mg **II** in A. an Pt; n_D^{25} 1,4544, $D._4^{25}$ 0,9690, $[\alpha]_D^{20}$ —49,7°; 0,853 g. — *δ-Oxocaprinsäure*, $C_{10}H_{18}O_3$, F. 55,5 bis 56,5° (PAe.), durch Lösen von 280 mg vorst. Verb. in verd. KOH in Ggw. von Ae., Ansäuern bei 0°, Lösen des Ae.-Rückstandes in CH_3COOH, Zusatz von CrO_3–CH_3·COOH bei 0° u. 40std. Aufbewahren bei Raum-Temp.; 260 mg.

H.-J. Kötzsch. 850◇

Synthese von cis-5-[Penten-(2)-yl]-δ-valerolacton, einem wohlriechenden Bestandteil im Jasminöl (Jasminum grandiflorum L.). E. Demole und M. Winter. (Helv. chim. Acta **45**, 1256—61, 15/6. 1962; franz.) — Vgl. vorst. Referat. — Vff. synthetisieren *rac. cis-5-[Penten-(2)-yl]-δ-valerolacton* (**I**) aus *1-Pyrrolidinocyclopenten-(1)* durch Alkylierung mit 1-Brompentin-(2) (**II**) u. Hydrolyse des Rk.-Prod. zu *2-[Pentin-(2)-yl]-cyclopentanon*, partielle Hydrierung am Lindlar-Katalysator zu *cis-2-[Penten-(2)-yl-cyclopentanon*, Red. mit $NaBH_4$ zu *cis-2-[Penten-(2)-yl]-cyclopentanol*, Bromierung zu *threo-2-[3.2-Dibrompentyl]-cyclopentanol*, CrO_3-Oxydation zu *threo-2-[2.3-Dibrompentyl]-cyclopentanon*, dessen Oxydation nach Baeyer-Villiger u. anschließende Debromierung mit Zn. Das IR-Spektrum von **I** ist graph. wiedergegeben. Es ist ident. mit demjenigem von natürlichem **I**.

Versuche: *1-Pyrrolidinocyclopenten-(1)*, Kp.$_9$ 81—83°, durch 2,5 std. Kochen äquimol. Mengen Cyclopentanon u. Pyrrolidin in Bzl. in Ggw. von p-Toluolsulfonsäure (**III**) im N_2-Strom unter Abdest. des bei der Rk. entstehenden W., Abdest. des Bzl. u. Dest. im Vakuum; n_D^{20} 1,5158; 80% (Ausbeute). — *2-[Pentin-(2)-yl]-cyclopentanon*, $C_{10}H_{14}O$, Kp.$_9$ 101°, durch Einrühren von 85,3 g **II** in die Lsg. von 159,5 g vorst. Verb. in abs. Dioxan, 2std. Kochen, Abdest. des Dioxans, 1std. Kochen des Rückstands mit W., Ae.-Extraktion, Dest. des Ae.-Rückstands, Überführung in das Semicarbazon u. dessen Zers. mit Oxalsäure; n_D^{20} 1,4757, $D._4^{20}$ 0,9492; 42,4 g. *Semicarbazon*, F. 176—177° (A.). — *cis-2-[Penten-(2)-yl]-cyclopentanon*, $C_{10}H_{16}O$, Kp.$_9$ 89—92°, durch 1std. Hydrierung vorst. Verb. am Lindlar-Katalysator in Ggw. von Chinolin in PAe. (Kp. 80—100°); n_D^{20} 1,4678, $D._4^{20}$ 0,9160; 94%. — *cis-2-[Penten-(2)-yl]-cyclopentanol*, $C_{10}H_{18}O$, Kp.$_{12}$ 100—102°, durch Eintragen von $NaBH_4$ in die methanol. Lsg. vorst. Verb. bei 0° unter Rühren Aufbewahren über Nacht bei Raum-Temp., Ansäuern mit Essigsäure, Einengen, Verdünnen mit W. u. Ae.-Extraktion; n_D^{25} 1,4738, $D._4^{23}$ 0,9154; 87%. — *threo-2-[2.3-Dibrompentyl]-cyclopentanol*, durch Zutropfen einer Lsg. von 23,6 g Br_2 in CCl_4 zu der Lsg. von 22,7 g vorst. Verb. in CCl_4 bei 0°; 46 g. — *threo-2-[2.3-Dibrompentyl]-cyclopentanon*, durch Oxydation von 46 g vorst. Verb. in Aceton mit 12,7 g CrO_3 in 33%ig. H_2SO_4 bei 0° u. 1,25std. Rk. bei 8° unter Rühren, Verdünnen mit W. u. Ae.-Extraktion; 42,4 g. — *cis-5-[Penten-(2)-yl]-δ-valerolacton* (**I**), $C_{10}H_{16}O_2$, Kp.$_{0,001}$ 72—73°, durch Zugabe von Benzopersäure u. **III** in Chlf. zu vorst. Verb. bei 0°, 6tägiges Aufbewahren bei Raum-Temp. unter Lichtausschluß, Lösen des Chlf.-Rückstandes in A., Einrühren von Zn-Staub bei Raum-Temp., $^1/_4$std. Kochen, Ae.-Extraktion der filtrierten mit W. verd. Lsg., Einengen der Ae.-Phase, 1std. Erwärmen des durch Abdest. des Ae. erhaltenen rohen **I** mit 1 n KOH auf 95°, Ae.-Extraktion, Waschen des Ae. mit 5%ig. NaOH u. W., Ansäuern der vereinigten alkal. Lsgg., Ae.-Extraktion, 1std. Erhitzen des Ae.-Rückstands bei 10 mm auf 100°, chromatograph. Absorption an Kieselsäure u. -Elution mit Bzl./Essigester (9:1); $n_D^{22,5}$ 1,4751, $D._4^{23}$ 0,9963; 26%.

H.-J. Kötzsch. 850◇

Dicarbamate und Thiolcarbamate. George DeStevens, Marylou Sklar, Halina Lukaszewski und Lloyd Witkin. (J. med. pharmac. Chem. **5**, 919—24, Sept. 1962; Summit, N. J., Ciba Pharmac. Co.; engl.) — Vgl. C. **1958**, 14309. — Vff. beschreiben die Darst. einiger *Thiolcarbamate* durch Kondens. von Äthylxanthamidaten mit Chlor- bzw. Brom-Verbb., der abgespaltene Halogenwasserstoff zersetzt die Iminoäthylestergruppe zur Amidgruppe. Die *Thiolcarbamate* sind auch durch Hydrolyse von Isothiocyanaten zugänglich. *Dicarbamate* werden aus den entsprechenden Bis-(hydroxymethyl)-Verbb. u. NaNCO erhalten.

Versuche: Thiolcarbamate, durch Zugabe von Äthylxanthamidat bzw. N-Methyl- oder N-Phenyläthylxanthamidat zur Br-, in einigen Fällen zur Cl-Verb., in A. u. 16std. Kochen: *3-Chlorpropyl-*, C_4H_8ClNOS, F. 105—107°; 36% (Ausbeute). — *4-Cyanbutyl-*, $C_6H_{10}N_2OS$, F. 85°; 34%. — *2.4-Dimethylbenzyl-*, $C_{10}H_{13}NOS$, F. 124—125°, aus der Cl-Verb.; 40%. — *Pyridyl-(2)-methyl-, Hydrochlorid*, $C_7H_8N_2OS \cdot HCl$, F. 141—143°, aus der Cl-Verb.; 33%. — *2-Carboxyäthyl-N-phenyl-*, $C_{10}H_{11}NO_3S$, F. 145—147°; 42%. — *Cinnamyl-N-methyl-*, $C_{11}H_{13}NOS$, F. 89 bis 90°, aus der Cl-Verb.; 45%. — *Cinnamyl-*, $C_{10}H_{11}NOS$, F. 174—175°, aus der Cl-Verb.; 66%. — *3-Phenylpropyl-*, $C_{10}H_{13}NOS$, F. 194—195°; 65%. — *3-Phenylpropyl-N-methyl-*, $C_{11}H_{15}NOS$, Kp.$_{0,5}$ 162—164°; 42%. — *3-Phenoxypropyl-*(**I**), $C_{10}H_{13}NO_2S$, F. 102—103°; 51%. — *3-Phenoxypropyl-N-methyl-*, $C_{11}H_{15}NO_2S$, Kp.$_{0,15}$ 178—180°; 46%. — *3-[o-Chlorphenoxy]-propyl-*, $C_{10}H_{12}ClNO_2S$, F. 90°; 45%. — *3-[o-Methoxyphenoxy]-propyl-*, $C_{11}H_{15}NO_3S$, F. 89—91°; 42%. — *3-[o-Methoxyphenoxy]-propyl-N-methyl-*, $C_{12}H_{17}NO_3S$, Kp.$_{0,15}$ 178—180°; 42%. — *3-[o-Methylphenoxy]-propyl-*, $C_{11}H_{15}NO_2S$, F. 79—80°; 38%. — *3-[p-Methoxyphenoxy]-propyl-*, $C_{11}H_{15}NO_3S$, F. 88—90°; 40%. — *3-Phenoxypropylisothiocyanat*, $C_{10}H_{11}NOS$, Kp.$_{0,2}$ 120—123°, aus 3-Phenoxypropylbromid u. $Ba(SCN)_2$ in A., 2 Std. unter Rückfluß. — **I**, aus vorst. Verb. durch 24std. Kochen in A.-W. in Ggw. von konz. HCl. — *1.3-Bis-[hydroxymethyl]-2.4-diphenylcyclobutan*, $C_{18}H_{20}O_2$, F. 100—101° (Methanol), aus 2.4-Diphenylcyclobutandicarbonsäurediäthylester-(1.3) u. $LiAlH_4$ (vgl. Blomquist u. Meinwald, J. Amer. chem. Soc. **81**, [1959], 667). — *Dicarbamate*, durch Zugabe von NaNCO zur Lsg. der Bis-[hydroxymethyl]-Verb. in Chlf. bei —5 bis +5° unter gleichzeitigem Durchleiten von HCl-Gas während 4 Std.: *1.2-Bis-[dicarbamoyloxymethyl]-3.4-diphenylcyclobutan*, $C_{20}H_{22}N_2O_4$, F. 164 bis 165° (A.). — *1.3-Bis-[dicarbamoyloxymethyl]-2.4-diphenylcyclobutan*, $C_{20}H_{22}N_2O_4$, F. 162—164° (A.-W.); 48%. — *cis-1.2-Bis-[dicarbamoyloxymethyl]-cyclohexen-(4)*, $C_{10}H_{16}N_2O_4$, F. 124—126° (Methanol-Essigester); 65%. — *N-[2-Carbamoyloxyäthyl]-N-[2-carbamoyloxy-1-methyläthyl]-p-toluolsulfonamid*, $C_{14}H_{21}N_3O_6S$, F. 152—155°; 60%. A. Trede. 880◇

Über N-Sulfonylimino-dithiokohlensäureester und N-Sulfonyldithiourethane. R. Gompper und W. Hägele. (Angew. Chem. **74**, 753, 7/10. 1962; Stuttgart, TH, Inst. für organ. Chem. u. organ.-chem. Technol.; dt.) — Bei der Umsetzung von Sulfonamiden mit CS_2 u. KOH bzw. NaOH entstehen *Di-Alkalisalze der N-Sulfonyldithioisocarbaminsäure* (*Sulfonyliminodithiocarbonate*), aus denen sowohl *N-Sulfonyldithiocarbaminsäure-S-alkylester* (**A**) als auch *Sulfonyliminodithiokohlensäure-S.S-dialkylester* (**B**) erhalten werden. In **A** u. **B** sind die Mercaptogruppen leicht nucleophil substituierbar durch Alkohole, NH_3, prim. u. sek. Amine, Diamine, Aminoalkohole, Äthylenimin, Hydrazine, Guanidin u. CH-acide Verbindungen. Durch Oxydation von **A** gelangt man zu *N.N'-Disulfonylisothiuramdisulfiden*, beim Erhitzen von **A** in inerten Lsgm. wird *Alkylmercaptan* abgespalten. A. Trede. 880◇

Reaktion von Dinatriumäthylen-bis-dithiocarbamat mit Trichlormethansulfenylchlorid. H. L. Klopping. (J. org. Chemistry **26**, 1146—52, April 1961; Welmington, Del., E. I. du Pont de Nemours & Co., Inc.; Biochem. Dep., Ind. Exp. Station; engl.) — Bei der Rk. von Di-Na-N.N'-Äthylen-bis-dithiocarbamat (**I**) mit Trichlormethansulfenylchlorid (**II**) in wss. Lsg. entsteht neben einer polymeren Substanz (PS) *N.N'-Äthylen-bis-[trithiopercarbaminsäuretrichlormethytester]* (**III**) sowie *N.N'-[Mono-* (**IV**) u. *1.2-Bis-(trichlormethylmercapto)-äthylen-bis-[trithiopercarbaminsäuretrichlormethylester]* (**V**). Die PS ähnelt Polyäthylenthiurammono- oder -disulfid. Die Herst. von **III** gelingt auch durch Rk. von N.N'-Äthylen-bis-[dithiocarbaminsäure] (**VI**) mit **II** in Hexan ohne wesentliche Polymerisation. **IV** u. **V** sind aus **III** durch Rk. mit **II** zugänglich.

Versuche: *N.N'-Äthylen-bis-[trithiopercarbaminsäuretrichlormethylester]* (**III**), $C_6H_6Cl_6N_2S_6$, F. 141—142° (Zers.), a) aus **I** in W. durch sehr langsames Zugeben von **II** unter Eiskühlung; 32% (Ausbeute); daneben 58% PS [$(C_{28}H_{42}Cl_3N_{14}S_{22})_x$, F. 131 bis 135° (Zers.)]; b) durch 2std. Zugeben von **II** u. **VI** bei 3—5°; 30%; daneben 39% einer polymeren Verb. u. 30% einer Mischung aus **IV** u. **V**; c) durch 3std. Zugeben von **II** zu **I** in Hexan; 37%; daneben 6% PS u. 57% einer Mischung aus **IV** u. **V**; d) durch 2std. Rk. von **II** u. **VI** in Hexan; 91%; daneben 2% einer polymeren Verb. u. 7% einer Mischung aus **IV** u. **V**; c) aus **I**-Hexahydrat in W. durch Behandeln mit HCl unter Eiskühlung, Zugeben von **II** u. 16std. Rk. bei Raum-Temp.; 45%; daneben 5% PS u. 50% einer Mischung aus **IV** u. **V**. — *N.N'-[Trichlormethylmercaptoäthylen]-bis-[trithiopercarbaminsäuretrichlormethylester]* (**IV**), $C_7H_5Cl_9N_2S_7$, F. 98—99°, a) aus 36 g **I** in W. durch Rkk. mit 44 ml **II** in Hexan bei 15—25° u. 3std. Rk. bei 40°; 4,1 g;

daneben 4,6 g *N.N'-[1.2-Bis-(trichlormethylmercapto)-äthylen]-bis-[trithiopercarbaminsäuretrichlormethylester]* (V), $C_8H_4Cl_{12}N_2S_8$, F. 80–84° (Hexan); b) aus 10,2 g **III** durch Rk. mit 22 ml **II**; 14,4 g; daneben **V**. R. Strufe. 880

Artefactbildung durch Veresterung von Glutaminsäure während analytischer Verfahren. Miyoshi Ikawa und Esmond E. Snell. (J. biol. Chemistry **236**, 1955 bis 1959, Juli 1961; Berkeley, Calif., Univ. of California, Dep. of Biochem.; engl.) — Verd. Lsgg. von Glutaminsäure (**I**) in 3 n HCl werden mit L-Serin (**II**), Glycerin (**III**), Ribit, Mesoinosit, D-Glucose oder D-Glucosamin erhitzt u. im Vakuumexsiccator über NaOH getrocknet. Dabei bilden sich neue, mit Ninhydrin (**IV**) reagierende Verbindungen. Asparaginsäure oder Alanin reagieren mit **II** nur wenig. **I** u. **II** geben ohne Erhitzen bei langsamem Trocknen maximale Ausbeuten. Bei Verw. eines Rotationsverdampfers sind die Ausbeuten geringer. Die Rk. von **I** u. **III** ist wenig von den Bedingungen abhängig. Zwei Verbb. wurden identifiziert: *O-[γ-L-Glutamyl]-L-serin* (**V**), F. 162–163° (korr.), a) durch 18std. Erhitzen von je 1 mMol **I** u. **II** in 10 ml 3 n HCl auf 100–105° im Einschlußrohr, Trocknen über NaOH im Vakuum, Papierchromatographie mit n-Butanol/Eisessig/W. (4:1:1) als Lsgm., Eluieren des Bereiches vom R_G 0,16, Zentrifugieren u. Ausfällen mit abs. A. 9% (Ausbeute); aus L-Pyrrolidon-(2)-carbonsäure-(5) (L-**VII**) u. **II**; 7%. — *O^1-[γ-L-Glutamyl]-glycerin* (**VI**), F. 146–147° (korr.), durch Erhitzen von 2 mMol **I** u. 20 mMol **III**, Eindampfen, Behandeln mit Aceton, Lösen des getrockneten Rückstandes in W., Chromatographie an Dowex 1-Acetat, Entw. mit 0,5 m Essigsäure, Eindampfen der ersten mit **IV** reagierenden Fraktion bei 50°, Papierchromatographie u. Eluieren der Verb. vom R_G 0,75 (Lsgm. wie oben); 16%. — **V** u. **VI** werden an Dowex 50-H^+-Säulen hydrolysiert (Entw. mit HCl), nicht an Dowex 1-Acetat (Entw. mit Essigsäure); alkal. Hydrolyse gibt **VII**. **V** u. **VI** können bei *L. mesenteroides* u. *S. faecalis* **II**, nicht aber **I** ersetzen, was auf die Bldg. von **VII** bei der Hydrolyse in vivo zurückgeführt wird.
H. Lohschelder. 950□

Über siliciumorganische Verbindungen und deren Verwendung. Hans H. Ender. (Österr. Chemiker-Ztg. **61**, 65–81. März 1960; Tonawanda, N. Y., Union Carbide Corp., Silicones Div., Tonawanda Labors.; dt.) — Vf. gibt einen Überblick über die geschichtliche Entw. der siliciumorgan. Verb. (**A**), bes. über die grundlegenden Arbeiten von Friedel, Crafts, Stock u. Kipping. Die Unterschiede in den physikal. Eigg. von C u. Si werden aufgezeigt. Die Eigg. folgender Bindungen werden ausführlicher erwähnt. Sc–C, Si=C, Si–H, Si–Si, Si–Halogen, Si–O–Si, Si–OH, Si–O–C u. Si–N. Auf grundsätzliche Darst.-Meth. wird hierbei eingegangen. Ferner beschäftigt sich Vf. mit der Herst. techn. wichtiger **A**, für die nachst. 3 Rkk. großtechn. Bedeutung haben: 1) $2RCl + S^{i} \xrightarrow{Cu} R_2SiCl_2$; 2) $CH_2{=}CH_2 + HSiX_3 \rightarrow CH_3{-}CH_2SiX_3$, $CH{\equiv}CH + HSiX_3 \rightarrow CH_2{=}CHSiX_3$; 3) $nRMgCl + SiCl_4 \rightarrow R_nSiCl_{4-n}$. Von der Gruppe der Monomeren sind folgende **A** techn. wichtig: $(CH_3)_3SiCl$ u. $(C_6H_5)_3SiCl$ (monofunktional) als Endblocker, $(CH_3)_2SiCl_2$, $(CH_3)(C_6H_5)SiCl_2$, $(CH_2{=}CH)(CH_3)SiCl_2$ (difunktional) als Grundsubstanz für *Siliconöle* u. *Elastomere*. CH_3SiCl_3, $C_6H_5SiCl_3$, $C_5H_{11}SiCl_3$, $CH_2{=}CHSiCl_3$, CH_3SiHCl_2 (trifunktional) für *Siliconharze* u. *Imprägnierungsmittel*. Die Hydrolysate werden erwähnt. Durch Alkoholyse der Chlorsilane werden *Siliconester* erhalten, deren unvollständige Hydrolyse die Darst. von *Polymeren* mit vorher best. Mol.-Gew. gestattet. Auf die jetzt bedeutungsvolle Gruppe der *Aminoalkylsilane* wird näher eingegangen. Vf. gibt hierfür 13 Rk.-Beispiele. Anschließend werden die Verw. der **A** u. ihre Eigg. ausführlicher besprochen. — 44 Literaturangaben. W. Hiller. 980□

Reaktion von Trialkylphosphaten mit Bortrichlorid. W. Gerrard und P. F. Griffey. (J. chem. Soc. [London] **1961**, 4095–98, Sept.; London, Northern Polytechnic.; engl.) — Es wird die therm. Zers. von $(RO)_3PO \cdot BCl_3$-Komplexen zwischen 20° u. 300° untersucht. (R = 2-Chlor- u. 2.2.2-Trichloräthyl (**I**), Neopentyl u. (+)-1-Methylheptyl). Außer Alkylhalogenid werden bei höheren Temp. auch *gesätt. KW-Stoffe*, *Olefine* u. *HCl* abgespalten. Ein Rk.-Mechanismus wird vorgeschlagen. Die Zers. von **I** bei 150–160° liefert ein Gemisch aus $POCl_3$, *Dichlorphosphorsäure-2.2.2-trichloräthylester*, *Tris-[2.2.2-trichloräthyl]-borat* u. *-phosphat*. Im Gegensatz zu *Tris-[n-butyl]-phosphat* (**II**) reagiert *Tris-[sek.-butyl]-phosphat* auch mit mehr als 1 Mol BCl_3, wobei in n-Pentan bei 0° *polymere KW-Stoffe* mit sek.-Butyl-Bausteinen entstehen. In Bzl. erhält man bei −20° *sek.-Butylbenzol* (Kp. 170–172°; n_D^{20} 1,4898) sowie *m-* u. *p-Dis-[sek.-butyl]-benzol* ($Kp._{16}$ 115–118°). Pyridin spaltet den **II**-BCl_3-Komplex in **II** [$C_{12}H_{27}O_4P$] u. *Pyridin-BCl_3-Komplex* [$C_5H_5BCl_3N$, F. 114–115°].

Versuche: *Tris-[(+)-1-methylheptyl]-phosphat*, $C_{24}H_{51}O_4P$, Kp.$_{0,05}$ 154°, aus (+)-Octanol-(2) u. $POBr_3$ in Ggw. von Pyridin; $[\alpha]_D^{21}$ +17,15°. — Trisalkylphosphat-BCl_3-Komplexe: —(+)-*1-methylheptyl-*, $C_{24}H_{51}BCl_3O_4P$, durch Zusammengeben der Komponenten in n-Pentan oder CH_2Cl_2 bei — 76°; fl.; spaltet schon bei 20° *2-Chloroctan* ab, bei 120° auch *Octen-(2)* u. *HCl*. — *-neopentyl-*, $C_{15}H_{33}BCl_3O_4P$, F. 91°, analog aus Tris-neopentylphosphat ($C_{15}H_{33}O_4P$, F. 93°, Kp.$_{0,5}$ 100°); Zers. bei 120 oder 180° liefert *tert.-Pentylchlorid*, *Isopentan* (**III**) u. *2-Methylbuten-(2)*; bei 300° entsteht statt **III** *Isobutan*; bei 1000° besteht der Rückstand aus *Borphosphat* u. *-2-chloräthyl-*; fl.; Zers. bei 120° u. 180° liefert *1.2-Dichloräthan*, bei 300° außerdem HCl. — *-2.2.2.-trichloräthyl-*(**I**), $C_6H_6BCl_{12}O_4P$, F. 105°; gibt nach 4std. Erhitzen auf 150—160° *Dichlorphosphorsäure-2.2.2-trichloräthylester* ($C_2H_2Cl_5O_2P$, Kp.$_{12}$ 63—66°), *Tris-[2.2.2-trichloräthyl]-borat* (Kp.$_{0,05}$ 112—115°) u. *phosphat* **I** neben $POCl_3$ u. 3 weiteren nicht identifizierten Stoffen.

M. Krüger. 980□

Phosphororganische Derivate des Schwefels und Selens. 9. Mitt. Addition von Dialkoxyphosphinylsulfenylchloriden $(RO)_2P(O)SCl$ und Alkylalkoxyphosphinylsulfenylchloriden $R(RO)P(O)SCl$ an symmetrische Olefine. Barbara Borecka, Jan Michalski und Stanisław Musierowicz. (Roczniki Chem. [Ann. Soc. chim. Polonorum] **32**, 1301—09, 1958; pol.) — C. **1959**, 10203. — 8. vgl. C. **1961**, 3292; 10. vgl. C. **1961**, 14250.

R. Strufe. 980

Darstellung von Derivaten des Trimethoxybenzols. F. Dallacker, Edith Meunier, J. Limpens und Maria Lipp. (Mh. Chem. **91**, 1077—88, 30/12. 1960; Aachen, TH, Inst. für Organ. Chem.; dt.) — Aus 3.4.5-Trimethoxybenzoesäuremethylester wurde über die *2-Nitroverb.* (**Ia**) durch Red. *2-Amino-3.4.5-trimethoxybenzoesäuremethylester* (**Ib**) erhalten. **Ib** gibt mit $N_2H_4 \cdot H_2O$ *2-Amino-3.4.5-trimethoxybenzoesäurehydrazid* (**Ic**), das beim Erhitzen mit Raney-Ni in Isopropanol (Ip.) unter NH_3-Abspaltung das *Amid* liefert. Mit Acetanhydrid u. Trifluoracetanhydrid (**V**) läßt sich **Ib** zum *Acetyl-*(**IIa**) bzw. *Trifluoracetyl-Deriv.* (**IIb**) umsetzen; mit Benzoe-(**VI**), p-Chlorbenzoe-, Phenylessig-, γ-Phenylbutter-, Brenzschleim- u. Nicotinsäurechlorid bilden sich aus **Ib** die entsprechenden *Acylaminoester-* (**A**). Durch Rk. mit $N_2H_4 \cdot H_2O$ können aus **A** die entsprechenden *2-Aryl-* oder-*Alkyl-3-amino-6.7.8-trimethoxychinazolone-(4)* dargestellt werden. **IIb** gibt dabei nur **Ic**. Die N-ständige Aminogruppe in 2-Methyl-3-amino-6.7.8-trimethoxychinazolon-(4) (**IIIa**) läßt sich mit Pyrrolaldehyd zu *3-[Pyrryl-(2)-methylenamino]-2-methyl-6.7.8-trimethoxychinazolon-(4)* kondensieren, die N-ständige Aminogruppe in 2-Phenyl-3-amino-6.7.8-trimethoxychinazolon-(4) (**IIIb**) kann mit Raney-Ni in Ip. unter Bldg. von *2-Phenyl-6.7.8-trimethoxychinazolon-(4)* als NH_3 eliminiert werden. $LiAlH_4$-Red. der 3.4.5-Trimethoxy-o-phthalsäure (**VII**) liefert *3.4.5-Trimethoxy-o-phthaldiol.* Trimethoxy-o-phthalsäureanhydrid gibt mit 100%ig. $N_2H_4 \cdot H_2O$ *5.6.7-Trimethoxy-1.4-dioxotetrahydrophthalazin.* Vic.-Trimethoxybenzol (**VIII**) ist einer direkten Chlor- oder Brommethylierung unter Bldg. der *1.5-Bis-[halogenmethyl]-2.3.4-trimethoxybenzole* (**IVa, IVb**) zugänglich. Letztere geben mit KJ die *Jodverb.* (**IVc**). **IVb** u. **IVc** bilden beim Erhitzen mit Trimethyl- u. Triäthylamin u. mit Nicotinsäureamid (**IX**) die entsprechenden *quart. Ammoniumverbb.* Rk. von **IVa** mit K-Acetat/Eisessig liefert das *Diacetat* (**IVd**), das mit NaOH oder $LiAlH_4$ in das *Diol* (**IVe**) übergeführt werden kann. Durch die Sommelet-Rk. wurde daraus der *Dialdehyd* u. durch $KMnO_4$-Oxydation die *Trimethoxyisophthalsäure* (**IVf**) erhalten. Das aus **IVf** dargestellte *Säurechlorid* (**IVg**) ergab mit NH_3 das *Diamid*, mit p-Chloranilin das *Bis-[p-chloranilid]* u. mit CH_2N_2 das *Bisdiazoketon.* — Die IR-Spektren stehen mit den erwarteten Strukturformeln in Einklang.

Versuche: *3.4.5-Trimethoxybenzoesäuremethylester*, F. 83°, Kp.$_{10}$ 166—167°, aus Gallussäure u. Dimethylsulfat in wss. NaOH bei 50—60°; 75% (Ausbeute). *2-Nitroderiv.* (**Ia**), F. 67°, aus vorst. Verb. mit HNO_3 D = 1,42) in Acetanhydrid bei — 5° u. 10—12std. Rk. bei 0°; aus PAe. gelbe Nadeln; 50%. *2-Aminoderiv.* (**Ib**), F. 40°, Kp.$_{1,5}$ 138—140°, aus **Ia** mit Raney-Ni/H_2 in Eisessig; gibt mit HCl in Ae. *Hydrochlorid* (F. 164°); 75—85%. — *2-Amino-3.4.5-trimethoxybenzoesäure, Isopropylester*, $C_{13}H_{19}NO_5$, F. 111° (IP), durch Hydrieren von **Ia** in Eisessig/Ip. (1:2); 10%. *Hydrazid* (**Ic**), $C_{10}H_{15}N_3O_4$, F. 117° (Zers.), aus **Ib** mit 100%ig. $N_2H_4 \cdot H_2$ in Ip. durch 8std. Kochen; glänzende Blättchen aus Bzl.; 82%. *Amid*, $C_{10}H_{14}N_2O_4$, F. 134, (Cyclohexan), aus **Ic** in Ip. (2‰ig. Lsg.) durch Kochen mit Raney-Ni (Meth. **A**); 77%. 2-Acylamino-3.4.5-trimethoxybenzoesäuremethylester: *Acetyl-*(**IIa**), $C_{13}H_{17}NO_6$, F. 93—94° (Ip./W.), aus **Ib** u. Acetanhydrid; 65%. — *Trifluoracetyl-*(**IIb**), $C_{13}H_{14}F_3NO_6$, F. 77—78° [Cyclohexan (Ch.)], analog mit **V**; 77%. —

-Benzoyl-(**IIc**), $C_{18}H_{19}NO_6$, F. 95° (Cyclohexan), aus **Ib** u. **VI** in Dioxan/Pyridin; 75%. — *[p-Chlorbenzoyl]-*, $C_{18}H_{18}ClNO_6$, F. 111—112° (Ip.); 60%. — *Phenylacetyl-*, $C_{19}H_{21}NO_6$, F. 100° (Cyclohexan); 91%. — *-[γ-Phenylbutyryl]-*, $C_{21}H_{25}NO_6$, F. 114°; (Cyclohexan); 90%. — *-[Furoyl-(2')-]-*, $C_{16}H_{17}NO_7$, F. 108° (Ip./W.); 66%. — *-Nicotinoyl*, Öl. — 2-Alkyl-3-amino-6.7.8-trimethoxychinazolone-(4): *-Methyl-* (**IIIa**), $C_{12}H_{15}N_3O_4$, F. 155° (Bzl.), aus **IIa** in Ip. durch 10std. Kochen mit 10fachem Überschuß $N_2H_4 \cdot H_2O$; 71%. — *-Phenyl-*(**IIIb**), $C_{17}H_{17}N_3O_4$, F. 170° (Bzl.), analog aus **IIb**; 90%. — *-[p-Chlorphenyl]-*, $C_{17}H_{16}ClN_3O_4$, F. 191° (Cyclohexan/Bzl.); 65%. — *-Benzyl-*, $C_{18}H_{19}N_3O_4$, F. 142° (Ip.); 70% .— *-[3-Phenylpropyl]-*, $C_{20}H_{23}N_3O_4$, F. 92° (Cyclohexan); 98%. — *-[Furyl-(2)]-*, $C_{15}H_{15}N_3O_5$, F. 189° (Zers.; Ip.); 77%. — *-[Pyridyl-(3')]-*, $C_{16}H_{16}N_4O_4$, F. 186° (Zers.; Ip.); 50%. — 3-*[Pyrryl-(2)-methylenamino]-2-methyl-6.7.8-trimethoxychinazolon-(4)*, $C_{17}H_{18}\cdot N_4O_4$, F. 215° (Dioxan), aus **IIa** u. Pyrrolaldehyd in Eisessig durch kurzes Erwärmen auf 100°; 63%. — *2-Phenyl-6.7.8-trimethoxychinazolon-(4)*, $C_{17}H_{16}N_2O_4$, F. 245° (Ip. oder Bzl.), aus **IIc** nach **A**; 72%. — *6.7.8-Trimethoxy-1.4-dioxo-1.2.3.4-tetrahydrophthalazin*, $C_{11}H_{12}N_2O_5$, F. 235° (Methanol/W.), aus **VII** durch 10 Min. langes Erhitzen mit Acetanhydrid zum *3.4.5-Trimethoxyphthalsäureanhydrid* [F. 140° (Bzl.); 77%] u. 3std. Kochen in abs. Dioxan mit $N_2H_4 \cdot H_2O$; 72%. — *3.4.5-Trimethoxyphthaldiol*, $C_{11}H_{16}O_5$, F. 78—79° (Diisopropyläther); aus **VII** in abs. Tetrahydrofuran (THF) durch Zutropfen zu $LiAlH_4$ in THF, 3—4std. Kochen u. 10—15std. Rk. bei Raumtemp.; 82%. — 2.3.4-Trimethoxybenzole: *1.5-Bis-[chlormethyl]-* (**IVa**), $C_{11}H_{14}Cl_2O_3$, F. 43°, Kp.$_{10}$ 167°, aus (**VIII**) u. Paraformaldehyd (**X**) in Eisessig durch 5std. HCl-Einleiten bei 35°; 45—55%. — *1.5-Bis-brommethyl]-* (**IVb**), $C_{11}H_{14}Br_2O_3$, F. 58,5°, Kp.$_4$ 165—170°; durch Zugeben von **VIII** zu **X** in 64%ig. HBr bei —5°, 1std. Rk. bei 0° u. 3—4std. Rk. bei 40°; 20—40%. — *1.5-Bis-[jodmethyl]-* (**IVc**), $C_{11}H_{14}J_2O_3$, F. 70,5° (Ip.), aus IVa u. NaJ in Aceton durch $^3/_4$std. Kochen; 56,5%. — *1.5-Bis-[acetoxymethyl]-* (**IVa**), $C_{15}H_{20}O_7$, F. 101,5° (A.), aus **IVa** u. K-Acetat-Überschuß in Eisessig durch 4—5std. Kochen. — *1.5-Bis-[hydroxymethyl]-* (**IVe**), $C_{11}H_{16}O_5$, F. 78—79 (Cyclohexan, Diisopropyläther) a) aus **IVa** durch 3std. Kochen mit wss. alkohol. KOH; 38%; b) aus **IVd** u. $LiAlH_4$ in Ae.; 73%. — 56,5%. — 2.3.4-Trimethoxy-1.5-xylylen-bis-trialkylammoniumhalogenid: *-trimethylammoniumbromid*, $C_{17}H_{32}Br_2N_2O_3$, F. 190° (Zers.; Ip.), aus **IVb** u. Trimethylamin in CH_3OH durch 4—5std. Rk. bei —40° u. 2std. Kochen (Meth. **B**); 63%. — *-triäthylammoniumbromid*, $C_{23}H_{44}Br_2N_2O_3$, F. 179° (Zers.; 50ig. A.), aus **IVb** u. Triäthylamin durch 2—3std. Kochen in Ip. (Meth. **C**); 82,8%. — *-trimethylammoniumjodid*, $C_{17}H_{32}J_2N_2O_3$, F. 183° (Zers.; 50%ig. A.), aus **IVc** nach **B**; 67%. — *-triäthylammoniumjodid*, $C_{23}H_{44}J_2N_2O_3$, 182°, (Zers.; 50%ig. A. aus **IVc** nach **C**; 68%. — 2.3.4-Trimethoxy-1.5-xylylen-bis-[3-aminoformylpyridiniumsalze]: *-bromid]*, $C_{23}H_{28}Br_2N_4O_5$, F. 180° (Zers.; 50%ig. A.), aus **IVb** u. **IX** nach **C**; 94,9%. — *-jodid]*, $C_{23}H_{26}J_2N_4O_5$, F. 125° (Zers.; 50%ig. A.), aus **IVc** nach **C**; 82%. — *4.5.6-Trimethoxy-isophthaldialdehyd*, $C_{11}H_{12}O_5$, F. 98,5° (Ae.), aus **IVa** u. Hexamethylentetramin in 50%ig. CH_3COOH durch 2std. Kochen u. 5 Min. langes Kochen mit konz. HCl; 10%. — *4.5.6-Trimethoxyisophthalsäure* (**IVf**), $C_{11}H_{12}O_7$, F. 193—194° (W.), aus **IVe** in wss. Suspension durch $KMnO_4$-Oxydation bei 50—60°; 84%. *Dichlorid* (**IVg**), F. 63°, aus 10 g **IVf** u. $SOCl_2$; 11 g [Ausbeute (roh)]. *Diamid*, $C_{11}H_{14}N_2O_5$, F. 221° (Ip.), aus **IVg** mit NH_3/CH_3OH; 93%. *Bis-[p-Chloranilid]*, $C_{23}H_{20}Cl_2N_2O_5$, F. 250° (Dioxan); aus **IVg** durch Zutropfen zu p-Chloranilin in Dioxan u. N-Methylmorpholin; 85%. — *2.3.4-Trimethoxy-1.5-xylylen-bis-diazoketon*, $C_{13}H_{12}N_4O_5$, F. 103° (Zers.), aus **IVg** u. einem 3fachen Überschuß äther. CH_2N_2; gelbe Kristalle aus Cyclohexan; 62%.

G. G. Fricke. 1060□

Bis-amide der Diphenyldisulfid-2.2'-, -3.3'- und -4.4'-disulfonsäure. F. Gialdi, R. Ponci und A. Baruffini. (Farmaco [Pavia], Ediz. sci. **14**, 751—70, Nov. 1959; Pavia, Univ., Ist. di Chim. farmaceut.; ital.) — Bei der Rk. von tetrazotiertem 2.2'-Diaminodiphenyldisulfid mit SO_2/Cu-Acetat wird statt der erwarteten Diphenyldisulfid-2.2'-disulfonsäure (**I**) in hoher Ausbeute *Benzo-1.2.3-thiadiazol* erhalten. Zur Synth. von **I** wird durch Umsetzung von o-Nitrobenzoldiazoniumchlorid mit SO_2/CuCl *2-Nitrobenzolsulfochlorid* (**IIa**) dargestellt, nach Hydrolyse die *Säure* (**II**) mit N_2H_4/Raney-Ni zu *2-Aminobenzolsulfonsäure* (**III**) red. u. diese nach Leuckart zu **I** umgesetzt. *Diphenyldisulfid-3.3'-disulfonsäure* (**IV**) wird analog **I** erhalten. Durch Sandmeyer-Rk. der Diazonium-Verb. des **III**-Anilids mit Na_2S_2 wird *3.4;5.6-Dibenzo-1.2-thiazin-1.1-dioxid* gebildet; ebenso liefert die analoge Umsetzung des **III**-n-Butylamids kein Disulfid, nur das **I**-*Bis-diäthylamid* konnte nach dieser Meth. erhalten werden. Durch Rk. des **I**-Dichlorids (**Ia**), des **IV**-Dichlorids (**IVa**) u.

des Diphenyldisulfid-4.4'-disulfochlorids mit NH_3 bzw. Aminen werden die entsprechenden *Bis-amide* dargestellt.

Versuche: *Benzo-1.2.3-thiadiazol*, $C_6H_4N_2S$, F. 36—37° (Bzn.), durch Diazotieren von 2.2'-Diaminodiphenyldisulfid in konz. H_2SO_4 bei — 5° mit $NaNO_2$ in konz. H_2SO_4, Zugeben der Lsg. zu SO_2 u. Cu-Acetat in Eisessig bei — 2° u. Dest. des Nd. mit 10%ig. NaOH; 78% (Ausbeute). — *2-Nitrobenzolsulfonsäure* (**II**), *Chlorid* (**IIa**), F. 66° (Ae./PAe.), durch Zugeben von $NaNO_2$-Lsg. zu o-Nitranilin in Eis/HCl bei — 5°, Zugeben der Lsg. zu SO_2 u. $CuCl_2$ in verd. Essigsäure bei 5° u. 2std. Stehen bei Raum-Temp.; 80%. *Diäthylamid*, $C_{10}H_{14}N_2O_4S$, F. 43°, durch Zutropfen von **IIa** in Ae. zu Diäthylamin in Ae.; aus Bzl./PAe. hellgelb. — *2-Aminobenzolsulfonsäure* (**III**), $C_6H_7NO_3S$, Zers. > 325°, a) durch 2std. Erhitzen von **IIa** u. verd. KOH auf 70°, Zugeben von 95%ig. N_2H_4 u. Raney-Ni bei 0°, 1std. Erhitzen auf 75—85° u. Ansäuern mit konz. HCl; 78%; b) wie nach a) an Pd-Kohle; 70,5%; gelbe Kristalle. *Diäthylamid*, $C_{10}H_{16}N_2O_2S$, F. 68°, durch Red. von **II**-Diäthylamid mit N_2H_4 u. Raney-Ni; aus verd. A. hellgelb; 85%. *n-Butylamid*, analog; Öl [*Hydrochlorid*, $C_{10}H_{16}N_2O_2S \cdot HCl$, F. 169—170° (Aceton/PAe.)]. *Anilid*, F. 122° (verd. A.), analog; 83%. — *Diphenyldisulfid-2.2'-disulfonsäure* (**I**), durch 15tägiges Erhitzen von **Ia** u. W. unter Druck auf 120°; Öl. *Bis-β-naphthylaminsalz*, $C_{32}H_{28}N_2O_6S_4$, F. 267—268° (Ae./PAe.). *Dichlorid* (**Ia**), $C_{12}H_8Cl_2O_4S_4$, F. 154—155°, durch Diazotieren von **III** mit $NaNO_2$ in Eis/HCl bei 3°, Neutralisieren mit NaOH, Zugeben von Na-Xanthogenat in W., 2—3std. Erwärmen auf 40—50°, Zugeben von verd. NaOH zum Filtrat, 8std. Kochen, Einengen unter Durchleiten von Luft, schwaches Ansäuern mit HCl, Eindampfen des Filtrats im Vakuum, Extrahieren mit sd. A. u. $^1/_2$std. Kochen des Extraktrückstandes mit $POCl_3$; aus Bzl./PAe. schwachgelb; 42%. *Diamid*, $C_{12}H_{12}N_2O_4S_4$, F. 243—244°, aus **Ia** u. NH_4OH in Dioxan. *Dianilid*, $C_{24}H_{20}N_2O_4S_4$, F. 202—204° (Eisessig), aus **Ia** u. Anilin in Benzol. *Bis-äthylamid*, $C_{16}H_{20}N_2O_4S_4$, F. 163—165° (A.). *Bis-diäthylamid* (**V**), $C_{20}H_{28}N_2O_4S_4$, F. 144—145° (A.), a) aus **Ia** u. Diäthylamin; b) durch Diazotieren von **III**-Diäthylamid, Rk. der Lsg. mit Na_2S_2 bei 60—70° u. 2std. Erhitzen auf 80—90°; 29%. *Bis-n-butylamid*, $C_{20}H_{28}N_2O_4S_4$, F. 161—163° (Eisessig), aus **Ia** u. n-Butylamin in Benzol. — *3.4;5.6-Dibenzo-1.2-thiazin-1.1-dioxid*, $C_{12}H_9NO_2S$, F. 196° (Bzl.), analog **V** nach b) aus dem **III**-Anilid. — *3-Aminobenzolsulfonsäure*, $C_6H_7NO_3S$, zers. sich ohne zu schm., analog **III** nach a) aus 3-Nitrobenzolsulfonsäure (**VI**); 75%. *Amid*, F. 142° (A.), analog **III** nach a) aus dem **VI**-Amid; 90%. *Anilid*, F. 129—131°, analog **III** nach a) aus dem **VI**-Anilid; 80%. *Diäthylamid*, F. 90—91° (verd. A.), analog **III** nach b) aus dem **VI**-Diäthylamid; 63%. — *Diphenyldisulfid-3.3'-disulfonsäure* (**IV**), analog **I** aus **IVa**. *Bis-β-naphthylaminsalz*, $C_{32}H_{28}N_2O_6S_4$, F. 254° (W.). *Dichlorid* (**IVa**), $C_{12}H_8Cl_2O_4S_4$, F. 93—95° (Bzl./PAe.), analog **Ia** aus 3-Aminobenzolsulfonsäure; 45%. *Diamid*, $C_{12}H_{12}N_2O_4S_4$, F. 171—173° (A./PAe.). *Dianilid*, $C_{24}H_{20}N_2O_4S_4$, F. 123—124° (Chlf./PAe.). *Bis-äthylamid*, $C_{16}H_{20}N_2O_4S_4$, F. 103—105° (Bzl./PAe.). *Bis-diäthylamid* $C_{20}H_{28}N_2O_4S_4$, F. 111 — 113°(A.). *Bis-n-butylamid*, $C_{20}H_{28}N_2O_4S_4$, F. 115—116°, aus verd. A. Schuppen. — *Diphenyldisulfid-4.4'-disulfonsäure, Dichlorid*, F. 142° (Bzl.), nach Zinke [1909]. *Diamid*, F. 260° (A.). *Dianilid*, F. 189 bis 190° (CH_3OH). *Bis-äthylamid*, $C_{16}H_{20}N_2O_4S_4$, F. 154—155° (A.). *Bis-diäthylamid*, $C_{20}H_{28}N_2O_4S_4$, F. 163—165° (A.). *Bis-n-butylamid*, $C_{20}H_{28}N_2O_4S_4$, F. 144—145° (A.).

F. Heller. 1090◇

Initialangriff des Ozons auf ungesättigte Systeme. Ozonolyse von unsymmetrischen Derivaten des 1.2-Dibenzoyläthylens. Philip S. Bailey, Shashikant B. Mainthia und Claude J. Abshire. (J. Amer. chem. Soc. **82**, 6136—42, 5/12. 1960; Austin, Tex., Univ., Dep. of Chem.; engl.) — Vff. untersuchen die Ozonisierung von unsymm. substituierten 1.2-Dibenzoyläthylenen wie *cis-1-Methoxy-1.2-dibenzoyläthylen* (**I**), *cis-1-Amino-1.2-dibenzoyläthylen* (**II**), *cis-* (**III**) u. *trans-1.2-Dibenzoylstyrol* (**IV**) u. *cis-1.2-Dibenzoylpropylen* (**V**). Über den Mechanismus der Rk. wird ausführlich diskutiert. Die Unterss. lassen keinen einheitlichen Verlauf der Ozonisierung erkennen. Die Rk. scheint jedoch in den meisten Fällen, zumindest in Ggw. von CH_3OH, über ein intermediäres 5gliedriges cycl. Prod. zu verlaufen, das zu einer *Carbonylverb.* u. zu einem *Zwitterion* aufspaltet. Letzteres wird durch Anlagerung von CH_3OH unter Bldg. einer *Hydroperoxyverb.* stabilisiert. **V** liefert, ebenso wie es bereits früher (vgl. Bailey u. Bath, C. **1958**, 2394) für das trans-Isomere festgestellt wurde, *Phenylglyoxal* (**IX**), *α-Hydroperoxyd-α-methoxypropiophenon* (**XII**) u. *Benzoesäure* (**VII**). Aus **I** u. O_3 entstehen in Ggw. von CH_3OH *Phenylglyoxylsäuremethylester*, *α-Hydroperoxy-α-methoxyacetophenon* (**VIII**) u. **VII**. Die Konstit. von **VIII** folgt u. a. aus seiner Red. zu **IX**. Die Einw. von O_3 auf **II** in

Ggw. von CH_3OH ergibt *Phenylglyoxylsäureamid* (**XVI**); das daneben erwartete **VIII** läßt sich nicht isolieren, da sich **VIII** in Ggw. von **XVI** leicht in **VII** umwandelt. Auch bei der Rk. von **III** oder **IV** mit O_3 u. CH_3OH wird keine Hydroperoxyverb. aufgefunden. Daß eine solche aber, u. zwar im wesentlichen das *α-Phenyl-α-hydroperoxy-α-methoxyacetophenon*, im Rk.-Gemisch vorgelegen haben muß, folgt aus dessen reduktiver Aufarbeitung, die zu *Benzil* (**XIV**), **VII** u. **IX** führt, wobei **IX** als *DL-Mandelsäure* (**XV**) isoliert wird. Wird das Rk.-Gemisch nicht red., sondern gekocht, so erhält man geringere Mengen **IX** bzw. **XV** u. **XIV** neben **VII** u. *Benzoesäuremethylester* (**XIII**). **VII** u. **XIII** sind dabei vermutlich durch Einw. von O_3 auf **IX** entstanden. Führt man die Ozonisierung von **III** in Abwesenheit von CH_3OH aus, so isoliert man bei reduktiver Aufarbeitung neben einer noch nicht identifizierten *Verb. F. 158°* **VII**, **XIII**, **XIV** u. **XV** u. bei der Aufarbeitung der Rk.-Prod. nach Erhitzen neben *Verb. F. 158°* ebenfalls **VII**, **XIII** u. **XIV**. Zum Vgl. wird trans-1.2-Dibenzoyläthylen (**VI**) der Ozonisierung unterworfen. *cis-Chlor-1.2-dibenzoyläthylen, 2.3-Dibrom-1.4-diphenylbuten-(2), cis-* u. *trans-1.2-Dibrom-1.2-diphenyläthylen* u. *trans-1.2-Dichlor-1.2-diphenyläthylen* werden bei der Ozonisierung unter den gleichen Bedingungen mit 45—93%ig. Ausbeute unverändert zurückerhalten.

Versuche: *meso-1.2-Dibrom-1.2-dibenzoyläthan* (**X**), F. 177—178°, aus **VI** nach Lutz [1927]. — *cis-1-Methoxy-1.2-dibenzoyläthylen* (**I**), F. 108—109°, aus **X** nach Conant u. Lutz [1925]; 83% (Ausbeute). — *cis-1-Amino-1.2-dibenzoyläthylen* (**II**), Kp. 141—142°, aus **X** nach Lutz u. Mitarbeitern (vgl. C. **1951**, I, 40); 90%. — *3-Chlor-2.5-diphenylfuran*, F. 74—75°, aus **VI** nach Lutz [1926]; 55%. — *cis-1-Chlor-1.2-dibenzoyläthylen*, F. 69—70°, durch Oxydation vorst. Verb. mit HNO_3; 62%. — *cis-1.2-Dibenzoylstyrol* (**III**), F. 129—130°, dargestellt nach Bauer u. Lutz (vgl. C. **1956**, 5780); 90%. — *trans-1.2-Dibenzoylstyrol* (**IV**), F. 126—127°, durch Isomerisierung von **III**. — *3-Methyl-2.5-diphenylfuran*, F. 59—60°, aus trans-1.2-Dibenzoylpropylen (vgl. Bailey u. Mitarbeiter, C. **1953**, 3874) durch reduktive Cyclisierung (vgl. Lutz u. McGinn, J. Amer. chem. Soc. **64**, [1942], 2585). — *cis-1.2-Dibenzoylpropylen* (**V**), F. 66—68°, durch Oxydation vorst. Verb. mit HNO_3. — *cis-1.2-Dibrom-1.2-diphenyläthylen*, F. 66—68°, u. *trans-1.2-Dibrom-1.2-diphenyläthylen*, F. 210—211°, aus 1.2-Diphenylacetylen (**XI**) nach Iljitschew (vgl. C. **1948**, E. 1821). — *trans-1.2-Dichlor-1.2-diphenyläthylen*, F. 151—152°, aus **XI** nach Iljitschew (l. c.). — *2.3-Dibrom-1.4-diphenylbuten-(2)*, F. 97—98°, aus 2.3-Dibrombuten-(2)-diol-(1.4) nach Dupont u. Mitarbeitern (vgl. **1950/54**, 6734 S). — *α-Hydroxy-α-methoxypropiophenon* (**XII**), $C_{10}H_{12}O_4$, F. 69° (Zers.; Essigester-Ligrosin), durch Ozonisierung von **V** in CH_3OH–CCl_4 bei —25° in der früher (vgl. Bailey u. Bath, l. c., u. Bailey, C. **1957**, 11874) beschriebenen Weise u. Filtrieren nach 3std. Aufbewahren bei —35°; 59%. — *1-Phenylpropandion-(1.2)*, durch Rk. von **XII** mit NaJ (vgl. Bailey u. Bath, l. c.); 50%. *Bis-semicarbazon*, $C_{11}H_{14}N_6O_2$, F. 240—241°. — *Phenylglyoxal* (**IX**), a) durch Erhitzen des Filtrates von **XII**, Schütteln nach dem Abkühlen mit Ae. u. $NaHCO_3$-Lsg., Einengen der Ae.-Lsg., Behandeln des Rückstands mit heißem W., Abfiltrieren von wenig **XIV** (*Phenylosazon*, F. 225—226°), Einengen u. Identifizierung durch 1—2std. Kochen des Rückstands mit A. u. Phenylhydrazin in Ggw. von wenig Essigsäure als **IX**-*Phenylosazon*, F. 151—155°; 57% (daneben *Benzoesäure* (**VII**), F. 121—122° (W.), durch Ansäuern der $NaHCO_3$-Lsg. u. Ae.-Extraktion; 33%); b) durch Rk. von **VIII** mit NaJ u. Identifizierung analog a); 70%. **IX** liefert bei der Ozonisierung in CH_3OH–CCl_4 bei —35°, 3std. Kochen, Eindampfen im Vakuum, Aufnehmen des Rückstands in Ae., Schütteln der Ae.-Lsg. mit Na_2CO_3-Lsg. u. Ansäuern der alkal. Lsg. **VII**; 23%; daneben **XIII**, durch Einengen der Ae.-Lsg.; 25%. **XIII** entsteht auch durch 18std. Kochen von **VII** in CH_3OH–CCl_4 (1:1); 14%. — *α-Hydroperoxy-α-methoxyacetophenon* (**VIII**), $C_9H_{10}O_4$, F. 83° (Zers.; Essigester–Ligroin), durch Ozonisierung von **I** analog **XII**; 84%. — *Phenylglyoxylsäuremethylester. 2.4-Dinitrophenylhydrazon*, F. 173—174°, durch Erwärmen des Filtrates von **VIII**, Einengen im Vakuum, Schütteln des Rückstands mit $NaHCO_3$ u. Ae., Einengen der Ae.-Lsg. u. Rk. des Rückstands mit 2.4-Dinitrophenylhydrazin in A.; 74%; daneben **VII**, durch Ansäuern der alkal. Lsg. u. Ae.-Extraktion; 11%. — *Phenylglyoxylsäureamid* (**XVI**), F. 77—78° (A.), a) durch Ozonisierung von **II** in CH_3OH–CCl_4 bei —30° u. Einengen im Vakuum nach Zugabe von weiterem CCl_4; 95%; b) analog a) jedoch Erhitzen des nach Abdest. von CH_3OH u. CCl_4 im Vakuum erhaltenen Rückstands, Behandeln nach dem Abkühlen mit $NaHCO_3$-Lsg. u. Al. u. Einengen der Ae.-Lsg.; 88% (daneben **VII**, durch Ansäuern der alkal. Lsg.; 78%); c) analog a) jedoch ohne Verw. von CCl_4, 1std. Kochen der methanol. Lsg. nach

Beendigung der O_3/O_2-Zufuhr, Einengen im Vakuum u. Aufarbeitung des Rückstands analog b); 54% (daneben **VII**; 81%). *Semicarbazon*, F. 232—233°. — *DL-Mandelsäure* (**XV**), F. 118° (Bzl.), durch Extraktion einer äther. **IX**-Lsg. mit 30%ig. NaOH; 80%. — *Benzil* (**XIV**), F. 94—95° (A.), a) durch Ozonisierung von **III** in CH_3OH–CCl_4 bei 35°, Umsetzung des Rk.-Gemisches mit NaJ in CH_3OH u. Essigsäure, Extraktion mit CCl_4, Behandeln des CCl_4-Rückstands mit Ae. u. Einengen der Ae.-Lsg.; 91% (daneben **VII**; 6%, **XV**; 59% u. unverändertes **III**; 21%); b) analog a) aus **IV**; 97%; daneben **XV**; 54%. — *Benzoesäuremethylester* (**XIII**), Kp.$_{15}$ 95—100°, a) durch Ozonisierung von 10 g **III** in 35 ml CH_3OH u. 80 ml CCl_4 bei — 35°, Verdünnen der von nichtumgesetzten **III** (2,7 g) abfiltrierten Lsg. mit 60 ml CH_3OH, 2std. Kochen, Einengen im Vakuum, Aufnehmen des Rückstands in Ae., Ausschütteln der Ae.-Lsg. mit Na_2CO_3-Lsg. (liefert beim Ansäuern **VII**; 55%) u. darauf mit 20%ig. NaOH, Abtrennen der Ae.-Lsg., Einengen u. Dest. des Rückstands; n_D^{16} 1,51780; 4,2 g (daneben **XV**, durch Neutralisation der NaOH-Lsg. mit verd. HCl, Ae.-Extraktion u. Einengen; 0,7 g; daneben **XIV**; 0,12 g); b) analog a) aus **IV**; **XIII** liefert bei der Verseifung **VII**. In einem Falle wird bei der Ozonisierung von **III** nach a) als Rk.-Prod. *Benzoesäureanhydrid* (36%) isoliert. — *3.5-Dinitrobenzoesäuremethylester*, F. 105—107°, durch Umesterung von **XIII** mit 3.5-Dinitrobenzoesäure. — *Verb. F. 158°* (A.), a) durch Ozonisierung von 5 g **III** in 100 ml CCl_4 in Abwesenheit von CH_3OH bei 0°, 3std. Kochen des Rk.-Gemisches, Einengen, Aufnehmen des Rückstands in CH_3OH, 2std. Kochen, Einengen, Aufnehmen in Ae., Schütteln der Ae.-Lsg. mit Na_2CO_3-Lsg. (liefert beim Ansäuern mit HCl **VII**; 1,35 g) u. Einengen der Ae.-Lsg.; 0,36 g (daneben unverändertes **III**; 0,84 g, **XIII**; 0,51 g u. **XIV**; 0,58 g); b) durch Ozonisierung von 10 g **III** nach a), Behandeln des Rk.-Gemisches mit NaJ, CH_3OH u. Eisessig u. Aufarbeitung analog a); 0,5 g; daneben **VII, XV, XIII** u. **XIV**. — Ähnliche Ergebnisse wie mit **III** werden bei der Ozonisierung von **VI** erhalten. G. Marquard. 1100

Isomerisierung einiger sekundärer Alkohole mit γ-ständiger Doppelbindung zu gesättigten Ketonen. Jean Colonge und Jean-Claude Brunie. (C. R. hebd. Séances Acad. Sci. **255**, 1621—22, 1/10. 1962; Lyon, Fac. des Sci., Chim. organ.; franz.) — Die durch Red. von $\gamma.\delta$-ungesätt. Ketonen (**A**) mit Na u. W. oder mit $LiAlH_4$ erhaltenen ungesätt., sek. Alkohole isomerisieren sich unter der Einw. von Polyphosphorsäure (**B**) zu folgenden, auch durch katalyt. Red. der **A** zugänglichen gesätt. Ketonen: *6-Methylheptanon-(2)*, $C_8H_{16}O$, Kp.$_{747}$ 157°, a) aus 6-Methylhepten-(5)-on-(2) (**I**) durch Red. zu *6-Methylhepten-(5)-ol-(2)* u. dessen Isomerisierung mit **B**; b) analog a) aus **I** durch katalyt. Hydrierung; $D._4^{25}$ 0,810, n_D^{25} 1,4130; 80% (Ausbeute). *Semicarbazon*, F. 155°. *Dinitrophenylhydrazon*, F. 79°. — *6-Phenylhexanon-(2)*, $C_{12}H_{16}O$, Kp.$_{13}$ 133—135°, wie vorst. aus 6-Phenylhexen-(5)-on-(2); 23%. *Semicarbazon*, F. 142°. — *6-Phenylheptanon-(2)*, $C_{13}H_{18}O$, Kp.$_{1,5}$ 113 bis 114°, aus 6-Phenylhepten-(5)-on-(2); $D._4^{25}$ 0,951, n_D^{25} 1,5012; 70%. *Semicarbazon*, F. 84°. — *6-[p-Tolyl]-heptanon-(2)*, $C_{14}H_{20}O$, Kp.$_{0,5}$ 118—119°, aus 6-[p-Tolyl]-hepten-(5)-on-(2); $D._4^{25}$ 0,945, n_D^{25} 1,504; 62%. *Semicarbazon*, F. 134°. — *6-Phenyloctanon-(2)*, $C_{14}H_{20}O$, Kp.$_{16}$ 150°, aus 6-Phenylocten-(5)-on-(2); $D._4^{25}$ 0,942, n_D^{25} 1,499; 81%. *Semicarbazon*, F. 118°. — *6.7-Diphenylheptanon-(2)*, $C_{19}H_{22}O$, F. 37°, aus 6.7-Diphenylhepten-(5)-on-(2); 80%. *Semicarbazon*, F. 96°. — *6-Phenyl-7-methyloctanon-(2)*; 81%. — Die Rk. ließ sich mit Hexen-(5)-on-(2) nicht durchführen. Gisela Schreiber. 1160◇

Einige basische Ester und Amide der 4-O-Carbäthoxysyringasäure. C. S. Tauro, G. Bramanti und G. di Paco. (Farmaco [Pavia], Ediz. sci. **14**, 801—07, Nov. 1959; Pisa, Guidotti C., Labor. ric.; ital.) — Zur Unters. ihrer pharmakolog. Wrkg. als Analoga des Reserpins werden einige *γ-Dialkylaminopropylester* u. *N-[γ-Dialkylaminopropyl]-amide* der *4-O-Carbäthoxysyringasäure* (**I**) dargestellt.

Versuche: *4-O-Carbäthoxysyringasäure* (**I**), *γ-Dimethylaminopropylester*, a) durch 2std. Kochen des **I**-Chlorids u. γ-Dimethylaminopropanol in abs. Bzl., Waschen des Hydrochlorids mit Ae. u. Zerlegen mit Na_2CO_3-Lsg.; b) durch 3std. Kochen des Na-Salzes von **I** u. γ-Dimethylaminopropylchlorid in abs. A.; Öl; zers. sich beim Erhitzen im Vakuum. *Hydrochlorid*, $C_{17}H_{26}ClNO_7$, F. 165—168° (abs. A.). *Pikrat*, $C_{23}H_{28}N_4O_{14}$, F. 148—150° (A.). *γ-Diäthylaminopropylester*, Öl; *Hydrochlorid*, $C_{19}H_{30}ClNO_7$, F. 149—150° (abs. A.); *Pikrat*, $C_{25}H_{32}N_4O_{14}$, F. 122° (A.). *γ-Pyrrolidinopropylester*, Öl; *Hydrochlorid*, $C_{19}H_{28}ClNO_7$, F. 162° (abs. A.); *Pikrat*, $C_{25}H_{30}N_4O_{14}$, F. 154° (A.). *γ-Piperidinopropylester*, Öl; *Hydrochlorid*, $C_{20}H_{30}ClNO_7$, F. 165—168° (Zers.; abs. A.); *Pikrat*, $C_{26}H_{32}N_4O_{14}$, F. 150—152° (A.). *γ-Morpholinopropylester*, Öl; *Hydrochlorid*, $C_{19}H_{28}ClNO_8$, F. 172—175° (abs. A.); *Pikrat*, $C_{25}H_{30}$-

N_4O_{15}, F. 105° (A.). *N-[γ-Dimethylaminopropyl]-amid*, $C_{17}H_{26}N_2O_6$, F. 83—85° (PAe.), durch Zutropfen von N.N-Dimethyltrimethylendiamin zum I-Chlorid in abs. Bzl., 3std. Kochen u. Zers. des mit Ae. gewaschenen Nd. mit Na_2CO_3-Lösung. *Hydrochlorid*, $C_{17}H_{27}ClN_2O_6$, F. 95—97° (abs. A.). *Pikrat*, $C_{23}H_{29}N_5O_{13}$, F. 138 bis 140° (A.). *N-[γ-Diäthylaminopropyl]-amid*, $C_{19}H_{30}N_2O_6$, F. 93° (PAe); *Hydrochlorid*, $C_{19}H_{31}ClN_2O_6$, F. 128—130° (abs. A.); *Pikrat*, $C_{25}H_{33}N_5O_{13}$, F. 92° (A.). *N-[γ-Pyrrolidinopropyl]-amid*, Öl; *Hydrochlorid*, $C_{19}H_{29}ClN_2O_6$, F. 161° (abs. A.); *Pikrat*, $C_{25}H_{31}N_5O_{13}$, F. 103—105° (A.). *N-[γ-Piperidinopropyl]-amid*, Öl; *Hydrochlorid*, $C_{20}H_{31}ClN_2O_6$, F. 101—102° (abs. A.); *Pikrat*, $C_{26}H_{33}N_5O_{13}$, F. 125—128° (A.). *N-[γ-Morpholinopropyl]-amid*, Öl; *Hydrochlorid*, $C_{19}H_{29}ClN_2O_7$, F. 186—187° (abs. A.); *Pikrat*, $C_{25}H_{31}N_5O_{14}$, F. 162° (A.). F. Heller. 1250◇

Verhalten der Opiansäure gegenüber decarboxylierenden und desalkylierenden Agentien. D. Beke und Cs. Szántay. (Acta chim. Acad. Sci. hung. **12**, 275—81, 1957; Budapest, TU, Inst. für organ. Chem.; dt. — C. **1957**, 11558.) P. Golinske. 1260◇

Synthese von 5-Bromacetyl-3-nitrobenzoesäure. I. B. Krassnow. (J. allg. Chem. [UdSSR] **32(94)**, 293—97, 1962; Hirnforschungsinst. der Akad. der med. Wiss. der UdSSR; russ.) — Ausgehend von 3.5-Dinitrobenzoesäure wurde über *3.5-Dinitrobenzoylchlorid* (**I**), *3.5-Dinitroacetophenon* (**II**), *3-Amino-5-nitroacetophenon*, *5-Acetyl-3-nitrobenzonitril* u. *5-Acetyl-3-nitrobenzoesäure* (**III**) *5-Bromacetyl-3-nitrobenzoesäure* dargestellt. Diese ist als Reagens auf Sulfhydrylgruppen in Eiweißstoffen von Interesse.

Versuche: *3.5-Dinitrobenzoylchlorid* (**I**), F. 68—68,5°, aus 212 g 3.5-Dinitrobenzoesäure u. 224 g PCl_5 bei 70—75°; ca. 100% (Ausbeute). — *3.5-Dinitroacetophenon* (**II**), F. 80—81° (A.), durch 6—7std. Erhitzen von Mg in abs. A. u. CCl_4 auf 88—92°, Zugabe von Malonsäurediäthylester u. Chlf., 2½std. Erhitzen auf 78—80°, Einengen im Vakuum, Lösen des Rückstandes in Chlf., Zugabe von **I** in Chlf. bei 25—30°, 1std. Erwärmen auf 34—36°, Zugabe von kalter 21,5%ig. H_2SO_4, Verseifen des aus der Chlf.-Schicht erhaltenen *3.5-Dinitrobenzoylmalonsäurediäthylesters* durch 7½std. Erhitzen mit W., Eisessig u. H_2SO_4 (D. 1,84) auf 122 bis 124°, Einengen u. Gießen in Eiswasser; hellgelb; 81%. — *3-Amino-5-nitroacetophenon*, F. 155—157° (W.), durch Zugabe einer Lsg. von $SnCl_2$ in abs., 33,95% HCl enthaltendem A. zur Lsg. von **II** in abs. A. bei 5—10° u. 40—50 Min. langes Erhitzen auf 73—75°; 45%. — *5-Acetyl-3-nitrobenzonitril*, $C_9H_6N_2O_3$, F. 97—98° (A.), durch vorsichtige Zugabe der nach Diazotieren von 18 g vorst. Verb. erhaltenen Lsg. zu der wss. Lsg. von 90 g $CuSO_4$ u. 108 g KCN bei 68—73° u. Extrahieren mit Ae.; 45%. — *5-Acetyl-3-nitrobenzoesäure* (**III**), $C_9H_7NO_5$, F. 174—174,5° (Eisessig), durch 4std. Kochen von 5 g vorst. Verb. mit 30 ml 50%ig. H_2SO_4; 66%. — *5-Bromacetyl-3-nitrobenzoesäure*, $C_9H_6BrNO_5$, F. 149,5—150,5° (W.), durch Zutropfen von 0,76 g Br_2 zur Lsg. von 1 g **III** in 16 ml Eisessig, Erwärmen auf 65 bis 75° u. Dest. im Vakuum; 33%. B. Celms. 1270△

Dimagnesiumplumbid als Reduktionsmittel. 1. Mitt. A. G. Kankanjan. (Nachr. Akad. Wiss. ArmenSSR, chem. Wiss. **11**, 409—14, 1958; Erewan, Univ., Lehrst. für analyt. Chem.; russ., Auszug: armen.) — 2. vgl. C. **1963**, 9286. — Nitrobenzol wird in wss., alkal. u. wss.-alkoh.-alkal. Medium durch Mg_2Pb hauptsächlich zu *Anilin* reduziert. In Methanol entsteht dagegen *Hydrazobenzol* (**I**; $C_{12}H_{12}N_2$, F. 124—126°) als Hauptprod. (bis zu 64% Ausbeute) u. nur wenig Anilin. Mg_2Pb absolutiert 96%ig. A. u. reagiert mit A. unter H_2-Entwicklung. In alkoh. Lsg. wird Nitrobenzol durch Mg_2Pb ebenfalls hauptsächlich zu **I** reduziert. G. Froelich. 1310◇

Struktur und Umwandlungen von N-Nitrotriazenen. 2. Mitt. **Methylaryl-N-nitrotriazene.** N. M. Barantschik, I. W. Gratschew und D. S. Sawelski. (Журнал Общей Химии [J. allg. Chem.] **27(89)**, 117—26, 1957; russ.) — 1. vgl. C. **1950/54**, 8956 S; 3. vgl. C. **1962**, 14825. — Durch Kondens. von N-Nitromethylamin (**I**) mit den entsprechenden Aryldiazoniumsalzen werden *3-[m-Nitro-*, *3-[p-Nitro-*, *3-[o-Nitro-*, *3-[o-Chlor-p-nitro-* u. *3-[o-Nitro-p-chlorphenyl]-1-methyl-1-nitrotriazen* erhalten. Die Verbb. zersetzen sich beim Aufbewahren. Sie kuppeln mit β-Naphthol (**II**) unter Abspaltung von **I** zu den entsprechenden *α-Arylazo-β-naphtholen*. Die Arylmethylnitrotriazene werden durch 68%ig. H_2SO_4 zu Aryldiazoniumsulfat u. **I** zersetzt.

Versuche: *N.N'-Dimethyloxamid*, F. 216—217° (A.), aus Dimethyloxalat u. wss. Methylamin nach Wallach u. Boehringer [1877]; Nadeln; 70—75% (Ausbeute). — *N.N'-Dinitro-N.N'-dimethyloxamid*, F. 123—124° (A.), man gibt zu 30 ml 98%ig. HNO_3 portionsweise 5,8 g vorst. Verb. u. rührt 1—2 Std.; ca. 98%. —

N-Nitromethylamin (I), F. 37—38° (Ae.), man gibt zu 87 g vorst. Verb. in 2 Std. unter Kühlung 260 ml 22%ig. NH_4OH, filtriert, dampft ein u. säuert unter Kühlung mit 5—10%ig. H_2SO_4 an; 85—90%. — 1-Methyl-1-nitrotriazene: *3-[m-Nitrophenyl]-*, $C_7H_7N_5O_4$, man löst 1,0 g I in wenig überschüssiger wss. NaOH, versetzt mit konz. Na-Acetat-Essigsäure (pH 6), gießt bei 20° in die 4 n Lsg. von m-Nitrobenzoldiazoniumchlorid (0,01 Mol m-Nitroanilin, 0,03 Mol HCl) u. rührt 2 Std. wobei man mit $NaHCO_3$ bei pH 6 hält; feinkristallines, schwach rosafarbenes Pulver; 87—90%. Liefert mit II in A. *α-[m-Nitrobenzolazo]-β-naphthol*, F. 194—195°. — *3-[p-Nitrophenyl]-*, $C_7H_7N_5O_4$, aus p-Nitrobenzoldiazoniumchlorid u. I bei pH 5,0—5,5 hellgelbes Pulver; ca. 70%. — *3-[o-Nitrophenyl]-*, $C_7H_7N_5O_4$, aus o-Nitrobenzoldiazoniumchlorid u. I bei pH 4,8—5,0; hellsandfarbenes Pulver; 55—60%. Mit II → *α-[o-Nitrobenzolazo]-β-naphthol*, F. 211—212°. — *3-[o-Chlor-p-nitrophenyl]-*, $C_7H_6ClN_5O_4$, aus 4-Nitro-2-chlorbenzoldiazoniumchlorid u. I bei pH 4,5—5,0; hellsandfarbenes Pulver; ca. 55%. — *3-[p-Chlor-o-nitrophenyl]-*, $C_7H_6ClN_5O_4$, aus 4-Chlor-2-nitrobenzoldiazoniumchlorid u. I bei pH 2,8—3,0; hellbraunes Pulver; ca. 30%. Helmut Schäfer. 1310△

Röntgenkonstrastmittel auf der Basis jodierter Phenoxyfettsäuren, Zimtsäuren und Hydrozimtsäuren. H. Cassebaum und K. Dierbach. (Pharmazie **16,** 389 bis 395, Aug. 1961; Magdeburg, VEB Fahlberg-List, Pharmaz. Forsch.-Abt.; dt.) — Die Synth. einiger *di-* u. *trijodierter 3-Hydroxy-*, *3-Amino-*, *3-Butyrylamino-* u. *3-Dimethylaminomethylenaminozimtsäuren-*, *hydrozimtsäuren* u. *-phenoxyfettsäuren* sowie der *N-[2.4.6-Trijod-3-hydroxyphenyl]-succinamidsäure* u. einiger Zwischen-Prodd. wird beschrieben. Die Eignung dieser Verbb. als oral applizierbare Gallenkontrastmittel wird diskutiert.

Versuche: *m-Nitrobenzaldehyd* (I), F. 57—58°, durch Nitrierung von Benzaldehyd (vgl. Avison u. Morrison C. **1951,** I, 2878), Waschen mit W. u. wiederholte Umkristallisation aus 50%ig. CH_3COOH [50—60% (Ausbeute)] oder durch Lösen des Roh-Prod. in Eisessig unter Erwärmen u. folgende Umkristallisation aus 50%ig. CH_3COOH; 50%; daneben *o-* u. *p-Nitrobenzaldehyd.* — *Nitrobenzoesäure-Gemisch*, F. 121—126°, aus dem Rückstand (180 g) der Mutterlaugen vorst. Verb. durch 10std. Kochen mit NaOH unter Durchsaugen von Luft u. Ansäuern mit HCl; 110 g. — *m-Nitrobenzoesäuremethylester*, aus 300 g vorst. Gemischs durch Veresterung u. Dest.; 80 g. — *m-Aminobenzaldehyddimethylacetal*, aus 50 g I-Dimethylacetal durch Hydrierung bei 50° in Ggw. von Raney-Ni u. nachfolgende Vakuum-Dest., Öl; 31 g. — *m-Hydroxybenzaldehyd*, F. 101—103° (Bzl.), aus 120 g vorst. Verb. durch Diazotieren u. Verkochen; 54 g. — *n-Buttersäureanhydrid*, Kp. 185 bis 205°, aus 1470 ml Buttersäure u. 800 ml $SOCl_2$ durch 10std. Erhitzen auf 175 bis 180°; 780 g. — *α-Äthyl-m-nitrozimtsäure* (II), F. 137—138°, aus 200 g I 146 g Na-Butyrat u. 420 g vorst. Verb. durch 6std. Erhitzen auf 130°; aus Methanol–W. (4:1) gelbliche Kristalle; 86 g. — *α-Äthyl-m-aminozimtsäure* (III), F. 163—164°, a) durch Hydrierung von II bei 55° in Ggw. von Raney-Ni; ~100%; b) durch Zutropfen von in verd. NH_4OH gelöster II an einer Lsg. von $FeSO_4$ in verd. HCl bei 90°. —*Dijod-α-äthyl-m-aminozimtsäure*, $C_{11}H_{11}J_2NO_2$, F. 193—194°, aus 9,5 g III u. Jod in methanol. Lsg. durch Zugabe von H_2O_2 in bestimmten Abständen; gelbliche Kristalle; 16 g. — *α-Äthyl-β-[2.4.6-trijod-3-aminophenyl]-acrylsäure*, a) nach Mien Chao u. Ping-cheng Hu (vgl. C. **1959,** 9650), doch ohne den angegebenen Wasserzusatz; b) analog vorst. Verb. aus 6 Mol Jod, 1 Mol III u. H_2O_2-Überschuß; ~50%; c) am günstigsten nach Kotula u. Rybakow (vgl. C. **1961,** 5415). — *α-Äthyl-β-[2.4.6-trijod-3-n-butyrylaminophenyl]-acrylsäure*, F. 105—120°, aus 5 g vorst. Verb. u. 25 ml Buttersäureanhydrid in Ggw. von H_2SO_4 durch 9std. Erhitzen auf dem Dampfbad u. Umkristallisation des Na-Salzes aus W.; 5,6 g. — *m-Hydroxyzimtsäure* (IV), Kp. 189—191° (W.), durch Hydrieren von m-Nitrozimtsäure in Ggw. von Raney-Ni, Diazotieren u. Verkochen. — *α-Äthyl-m-hydroxyzimtsäure* (V), F. 132—133°, aus 68 g III u. 14,8 g NaOH in 1,2 Liter W. durch Zugabe von H_2SO_4, Diazotieren u. Verkochen; 64 g (roh). — *2.4.6-Trijod-3-hydroxyzimtsäure*, $C_9H_5J_3O_3$, F. 224—225°, aus 32,8 g IV in methanol. NaOH durch Zugabe von 320 ml 2 m JCl–NaCl-Lsg., Behandeln mit $NaHSO_3$-Lsg., Ansäuern u. Umkristallisation aus Methanol/W.; 72,8 g. — *α-Äthyl-β-[2.4.6-trijod-3-hydroxyphenyl]-acrylsäure*, $C_{11}H_9J_3O_3$, F. 222—223° (Eisessig), aus 13,3 g roher V analog vorst. Verb.; ca. 20 g. — *β-[2.4.6-Trijod-3-aminophenyl]-propionsäure* (VI), F. 233° (Eisessig), durch Hydrierung von m-Nitrozimtsäure in alkal. Lsg. in Ggw. von Raney-Ni, Ansäuern u. Jodierung mit JCl in HCl; 93% (abhängig von JCl-Überschuß; bei 100%). — *2.4.6-Trijod-[dimethylaminomethylenamino]-benzol*, $C_9H_9J_3N_2$,

F. 96—98°, aus dem Hydrochlorid in CH_3OH mit wss. NaOH. *Hydrochlorid*, F. 237—239°, aus 2.4.6-Trijodanilin, Dimethylformamid (DMF) u. $POCl_3$ in Bzl. durch 3std. Kochen; 80,2%. — *2.4.6-Trijod-3-dimethylaminomethylenaminobenzoesäure, Hydrochlorid*, $C_{10}H_{10}ClJ_3N_2O_2$, F. 259—260°, analog vorst. Verb. aus 2.4.6-Trijod-3-aminobenzoesäure; 87,3%. — *β-[2.4.6-Trijod-3-dimethylaminomethylenaminophenyl]-propionsäure, Hydrochlorid*, $C_{12}H_{14}ClJ_3N_2O_2$, F. 263°, aus roher **VI**, DMF u. $POCl_3$ in o-Dichlorbenzol oder Bzl.; 93,5% (roh). *Ca-Salz*, $C_{24}H_{24} \cdot CaJ_6N_4O_4$, durch Fällen mit $CaCl_2$ in methanol. NaOH. — *γ-Brombuttersäuremethylester*, Kp. 175—190°, nach Tinker (vgl. C. **1956**, 2741). — *γ-[m-Acetylaminophenoxy]-buttersäure*, F. 152—153° (Methanol), aus 46,8 g Na in 1480 ml abs. A. durch Zugabe von 298 g m-Acetylaminophenol zu 378 g vorst. Verb. u. 20std. Erhitzen; 160—210 g. — *γ-[m-Hydroxyphenoxy]-buttersäure*, F. 94°, aus 237 g vorst. Verb. durch Auflösen in heißer 25%ig. H_2SO_4, Abkühlen, Diazotieren u. Verkochen; violettstichige Plättchen; 50—55 g. — *γ-[2.4.6-Trijod-3-hydroxyphenoxy]-buttersäure*, $C_{10}H_9J_3O_4$, F. 154°, aus 19,6 g vorst. Verb. durch Behandeln mit 2 m JCl–NaCl-Lsg. in konz. NH_4OH, Entfärben mit $NaHSO_3$ u. Ansäuern; 40 g. — *α-[Dijod-m-n-butyrylaminophenoxy]-buttersäure*, $C_{14}H_{17}J_2NO_4$, F. 141—142°, aus 11,2 g Dijod-m-butyrylaminophenol, 5 g α-Brombuttersäuremethylester, K_2CO_3 u. 160 ml Aceton durch 20std. Kochen u. 20 Min. langes Kochen des Rückstands in methanol. NaOH u. Ansäuern; 9,5 g. — *2.4.6-Trijod-3-butyrylaminophenoxyessigsäure*, $C_{12}H_{12}J_3NO_4$, F. 236—238°, aus 27,9 g 2.4.6-Trijod-3-n-butyrylaminophenol (**VII**), K_2CO_3, 5,2 g Chloressigsäuremethylester in 250 ml Aceton durch 30std. Kochen, $^1/_2$std. Kochen des Rückstands mit methanol. NaOH u. Ansäuern; 18,8 g. — *α-[2.4.6-Trijod-3-n-butyrylaminophenoxy]-propionsäure*, $C_{13}H_{14}J_3NO_4$, F. 180—182°, analog aus 27,9 g **VII**, K_2CO_3, 7,7 g α-Brompropionsäureäthylester in Aceton; 14,5—15 g. — *m-Formylaminophenol*, F. 115—116° (Bzl.), aus 18 g m-Aminophenol u. 50 ml 85%ig. HCOOH durch 3std. Kochen; 14 g (roh.) — *2.4.6-Trijod-3-formylaminophenol*, $C_7H_4J_3NO_2$, F. 232—234°, aus vorst. Verb. durch Jodieren mit JCl–NaCl-Lsg. in methanol. NaOH u. Ansäuern; Nadeln; 80—90%. — *N-[m-Hydroxyphenyl]-succinimid*, $C_{10}H_9NO_3$, F. 179—180° (Eisessig), aus 54,5 g m-Aminophenol u. 50 g Bernsteinsäureanhydrid durch Schmelzen, Erhitzen bis 260° u. Eingießen in warme CH_3COOH; 46—47 g. — *N-[2.4.6.-Trijod-3-hydroxyphenyl]-succinamidsäure*, $C_{10}H_8J_3NO_4$, F. 225° (Zers.); 70%ig. CH_3COOH), aus 9,55 g vorst. Verb. durch Jodieren mit JCl–NaCl-Lsg. in methanol. NaOH, Behandeln mit $NaHSO_3$, Ansäuern u. Gießen in W.; 22,6 g. B. Schobess. 1350□

Dichlorphosphinierung. Roger A. Baldwin, Kent A. Smitheman und Robert M. Washburn. (J. org. Chemistry **26**, 3547—49, 12/9. 1961; Whittier, Calif., Whittier Res. Labor., American Potash & Chem. Corp.; engl.) — Das Isomerenverhältnis der bei der Rk. von Äthylbenzol (**I**) bzw. Chlorbenzol (**II**) mit $PCl_3/AlCl_3$ erhaltenen *Aryldichlorphosphine* (AP) wird gaschromatograph. u. IR-spektroskop. ermittelt. Aus **I** werden *m-* u. *p-Äthylphenyldichlorphosphin* im Verhältnis 1,00/1,63 erhalten, **II** liefert neben wenig *m-*, hauptsächlich *o-* u. *p-Chlorphenyldichlorphosphin*; p-Xylol (**III**) reagiert ausschließlich unter Bldg. von *2.5-Dimethylphenyldichlorphosphin*. Die AP werden mit Methyl- bzw. n-Butyl-MgBr in *tert. Phosphine* übergeführt u. diese als *BH_3-* bzw. *BBr_3-Addukte* charakterisiert.

Versuche: *Gemisch aus m- u. p-Äthylphenyldichlorphosphin*, $Kp._1$ 91—93°, durch $2^1/_2$std. Kochen von 1,2 Mol **I**, 1,6 Mol $AlCl_3$ u. 4,8 Mol PCl_3 u. Aufarbeitung nach Buchner u. Lockhart (C. **1952**, 2496); 44,7% (Ausbeute). — *Gemisch aus m- u. p-Äthylphenyldimethylphosphin, Tribromboran-Addukt*, $C_{10}H_{15}BBr_3P$, F. 78—81° (Methanol), durch Zugabe von 1 Mol vorst. Gemisches in Ae. zu 2,2 Mol Methyl-MgBr in Ae., Aufarbeitung nach Jones u. Mitarb. (J. chem. Soc. [London] **1947**, 1446) u. Zugabe von 0,0178 Mol BBr_3 zu 0,0178 Mol des erhaltenen *Gemisches aus m- u. p-Äthylphenyldimethylphosphin* (**G.**; 89%) in PAe. unter Kühlung mit Trockeneis/Aceton; 72,4%. *Boran-Addukt*, $Kp._{0,3}$ 89—92°, durch Rk. von 0,155 Mol **G.** mit 0,174 Mol Triäthylaminboran (**V**); 99,6%. — *2.5-Dimethylphenyldichlorphosphin* (**IV**), $Kp._{18-20}$ 134—136°, aus **III**; 19,9—32,8%. — *2.5-Dimethylphenyldimethylphosphin*, $Kp._{18}$ 110—112°, aus **IV**; 71%. *Tribromboran-Addukt*, $C_{10}H_{15} \cdot BBr_3P$, F. 162,5—165°, aus 0,0449 Mol Phosphin u. 0,053 Mol BBr_3 in PAe. bei —78°; Nadeln aus Isopropanol; 86,3%. — *2.5-Dimethylphenyldi-n-butylphosphin*, $Kp._{0,2}$ 105—108°, aus **IV**; 75,5%. *Boran-Addukt*, $Kp._{0,5}$ 140—141°, durch Rk. mit **V**; 83,3%. *Tribromboran-Addukt*, $C_{16}H_{27}BBr_3P$, F. 107—109°, aus Methanol Plättchen. — *Gemisch aus o-, m- u. p-Chlorphenyldichlorphosphin*, $Kp._{17}$ 129—130°, aus **II**; 64,8%. L. Lamza. 1380△

Alkylierung von Dijodphosphor. Je. Ss. Lewtschenko, Ju. W. Piwen und A. W. Kirssanow. (J. allg. Chem. [UdSSR] **30** (**92**), 1976–81, 1960; Inst. für org. Chem. der Akad. der Wiss. der UkrainSSR; russ.) — Die Rk. von Benzyljodid (**I**) oder -chlorid u. p-Chlorbenzyljodid mit P_2J_4 oder rotem P in Ggw. von Jod, P_2J_4 oder PJ_3 liefert nach Behandeln des Rk.-Gemisches mit Na_2SO_3-Lsg. *Tribenzylphosphinoxid* (neben wenig *Dibenzylphosphinsäure*) bzw. *Tris-[p-chlorbenzyl]-phosphinoxid.* Analog reagieren Alkyljodide unter härteren Bedingungen zu *Trialkylphosphinoxiden.*

Versuche: *Tribenzylphosphinoxid,* F. 212–213° (A.), a) man kocht 0,06 Mol **I**, 0,01 Mol P_2J_4 u. 40 ml Chlorbenzol 2 Std., wäscht mit wss. Na_2SO_3-Lsg. u. fraktioniert die organ. Phase; 92% (Ausbeute); b) man erhitzt 0,01 Mol roten P, 0,02 Mol Jod u. 0,03 Mol **I** 20 Min. auf 110°; 87%. Daneben durch Ansäuern der wss. Lsg. nach a) 3%, nach b) 7% *Dibenzylphosphinsäure,* F. 189–190°. — *Tris-[p-chlorbenzyl]-phosphinoxid,* $C_{21}H_{18}Cl_3OP$, F. 183–184° (A.), man erhitzt 0,01 Mol P_2J_4 u. 0,06 Mol **II** $^1/_2$ Std. auf 120°; große Nadeln; 50%. — *Trialkylphosphinoxide:* Man erhitzt P_2J_4 u. Alkyljodid (1 : 6 Mol) einige Std. im Rohr auf 200° u. reinigt durch Behandeln mit HNO_3 oder Na_2SO_3 u. Destillieren: *Trimethyl-,* 75%. — *Triäthyl-,* 70%. — *Tri-n-propyl-,* 25%. — *Tri-n-butyl-,* 75%. — *Triisoamyl-,* 69%.

Helmut Schäfer. 1380△

Reaktionen von tert.-Butylhypochlorit. D. E. Winkler und G. W. Hearne. (J. org. Chemistry **25**, 1835, Okt. 1960; Emeryville, Calif., Shell Development Co.; engl.) — tert.-Butylhypochlorit (**II**) liefert mit Cyclohexen (**III**) oder Propylen (**IV**) in tert.-Butanol (**I**) H_2SO_4 *Bis-[2-chlorcyclohexyl]-* bzw. *Bis-[1-chlorpropyl-(2)]-sulfat.* Als Nebenprodd. entstehen wahrscheinlich *Chlor-tert.-butyläther,* z. B. *1-Chlor-2-tert.-butoxycyclohexan.* Bei Verw. von H_3PO_4 entstehen *Phosphate.*

Versuche: *tert.-Butylhypochlorit* (**II**), durch Einleiten von Cl_2 in eine Lsg. von NaOH in **I** u. W. bei 15–20°; 88% (Ausbeute). — Sulfate: *Bis-[2-chlorcyclohexyl]-,* $C_{12}H_{20}Cl_2O_4S$, F. 94° (Cyclohexan), durch Zugeben von konz. H_2SO_4, **III** u. **II** bei 25° von **I** in Bzl.; 39%; daneben 40% *1-Chlor-2-tert.-butoxycyclohexan* ($C_{10}H_{19}ClO$, Kp.$_{20}$ 86–97°). — *Bis-[1-chlorpropyl-(2)]-,* $C_6H_{12}Cl_2O_4S$, Kp.$_1$ 106–114°, analog aus **IV** bei 0–5°; 22%. — *Tris-[2-chlorcyclophexyl]-phosphat,* $C_{18}H_{30}Cl_3O_4P$, aus 85%ig. H_3PO_4 in **I** u. Bzl. durch Zusetzen von **III** und **II** bei 20–25° u. 1std. Rk. bei 40°; 34%.

G. Marquard. 1860

Synthese von 2.6-Dimethyl-Δ^1-tetrahydrobenzaldehydacetalen. I. N. Nasarow, R. I. Kruglikowa und Ss. Ja. Melnik. (J. allg. Chem. [UdSSR] **30** (**92**), 2269–74, 1960; Moskau, Inst. für chem. Feintechnol.; russ.) — 2.6-Dimethyl-Δ^3-tetrahydrobenzaldehyd (**I**) wurde mit der entsprechenden Alkoholen in Ggw. von HCl oder p-Toluolsulfonsäure (**II**) in das *Dimethyl-, Diäthyl-* u. *Di-n-butylacetal* übergeführt. Etwas höhere Ausbeuten an den Acetalen wurden bei Verw. von Tetramethoxy- (**III**) bzw. Tetraäthoxysilan (**IV**) anstelle der Alkohole erzielt. Die **I**-Acetale wurden an Pd zu *2.6-Dimethylhexahydrobenzaldehyd* (**V**)*-acetalen* hydriert; diese zu *1-Brom-2.6-dimethylhexahydrobenzaldehyd* (**VI**)*-acetalen* bromiert. Die **VI**-Acetale lieferten beim Behandeln mit KOH *2.6-Dimethyl-Δ^1-tetrahydrobenzaldehyd*(**VII**)*-acetale.* Die Dehydrobromierung von **VI**-Dimethylacetal durch Erhitzen in Ggw. von Diäthylanilin (**VIII**) lieferte dagegen *1-Methoxymethylen-2.6-dimethylcyclohexen-(2).*

Versuche: *2.6-Dimethyl-Δ^3-tetrahydrobenzaldehyd* (**I**), *Dimethylacetal,* $C_{11}H_{20}O_2$, Kp.$_{2,5}$ 74–76°, Kp.$_8$ 82–84°; D.$_{20}^{20}$ 0,939; n_D^{20} 1,4609; a) durch 3 Tage langes Stehen von 15 g **I**, 18,4 g **III**, 1 ml HCl u. 0,4 ml abs. Methanol bei 20°; 77% (Ausbeute); b) aus 20 g **I**, 80 ml abs. Methanol u. 0,75 ml HCl (3 Tage Stehen lassen); 70%. *Diäthylacetal,* Kp.$_1$ 70–71°; n_D^{20} 1,4530–1,4532; a) aus **I**, **IV** u. abs. A. in Ggw. von HCl (3 Tage); 62%; b) aus 10 g **I**, 13 g Orthoameisensäuretriäthylester u. 50 ml abs. A. in Ggw. von 1 mg **II** (oder BF_3 · Ätherat) (24 Std., 20°); 90%. *Di-n-butylacetal,* $C_{17}H_{32}O_2$, Kp.$_1$ 109–112°, man erhitzt 39 g **I**, 46 g n-Butanol, 45 ml Hexan u. 50 mg **II** 10 Std. unter Abtrennung des entstehenden W.; D.$_{20}^{20}$ 0,9038; n_D^{20} 1,4600; 81,5%. — *2.6.-Dimethylhexahydrobenzaldehyd* (**V**), *Dimethylacetal,* $C_{11}H_{22}O_2$, Kp.$_{2,5}$ 73–75°, durch Hydrierung von 20 g **I**-Dimethylacetal in 200 ml abs. Methanol an 1 g 6%ig. Pd/$BaSO_4$; D.$_{20}^{20}$ 0,9301; n_D^{20} 1,4523; 95%. Analog: *Diäthylacetal,* Kp.$_{2,6}$ 84–87°; n_D^{20} 1,4451; 98%. *Di-n-butylacetal,* $C_{17}H_{34}O_2$, Kp.$_2$ 101–102°; D.$_{20}^{20}$ 0,8936; n_D^{20} 1,4528; 97%. — *1-Brom-2.6-dimethylhexahydrobenzaldehyd* (**VI**), *Dimethylacetal,* $C_{11}H_{21}BrO_2$, Kp.$_{0,5}$ 68–70°, man gibt zu 24 g **V**-Dimethylacetal in 120 ml Chlf. unter Belichtung bei –5° 20,6 g Br_2 in 65 ml Chlf., dann 60 ml abs. Methanol u. rührt 5 Std. bei 20°; D.$_{20}^{20}$ 1,2380; n_D^{20} 1,4925; 64,5%. Analog: *Diäthylacetal,* $C_{13}H_{25}BrO_2$, Kp.$_{0,5}$ 83–85°; D.$_{20}^{20}$ 1,182; n_D^{20}

1,4820; 69%. *Di-n-butylacetal*, $C_{17}H_{33}BrO_2$, Kp.$_{0,2}$ 115—118°; $D._{20}^{20}$ 1,113; n_D^{20} 1,4822; 61%. — *2.6-Dimethyl-Δ¹-tetrahydrobenzaldehyd* (**VII**), *Dimethylacetal*, $C_{11}H_{20}O_2$, Kp.$_{1,5}$ 59—61°, durch 2std. Erhitzen von 7,2 g **VI**-Dimethylacetal u. 15 g KOH auf 110°; $D._{20}^{20}$ 0,9498; n_D^{20} 1,4641; 63%. → **VII**-*2.4-Dinitrophenylhydrazon*, F. 162,5—163,5° (A.). Analog: *Diäthylacetal*, $C_{13}H_{24}O_2$, Kp.$_{1,5}$ 70—71°; $D._{20}^{20}$ 0,9168; n_D^{20} 1,4580; 56%. *Di-n-butylacetal*, $C_{17}H_{32}O_2$, Kp.$_1$ 91—94°;D_{20}^{20} 0,9010; n_D^{20} 1,4597; 55%. — *1-Methoxymethylen-2.6-dimethylcyclohexen-(2)*, $C_{10}H_{16}O$, Kp.$_2$ 52—54°, durch 2 Min. langes Erhitzen von 7 g **VI**-Dimethylacetal u. 12,2 g **VIII** auf 220°; n_D^{20} 1,5000; 1,7 g. Helmut Schäfer. 1920△

Bildung eines Cyclopropylketons bei der Wittig-Reaktion. J. P. Freeman. (Chem. and Ind. **1959**, 1254—55, 3/10; Huntsville, Ala., Redstone Arsenal Res. Div., Rohm and Haas Comp.; engl.) — Durch Rk. von Benzalacetomesitylen mit Triphenylphosphinmethylen in Ae. u. Behandlung des Nd. mit W. wird [*2-Phenyl-3-mesitoyl*]*-propyl-triphenylphosphoniumbromid* [$C_{37}H_{36}BrOP$, F. 218—220° (Zers.; Äthylacetat)] erhalten. Bei 4std. Durchführung der Rk. in Xylol statt Ae. bei 115 bis 125° wird dagegen neben *Triphenylphosphin 2-Phenylcyclopropylmesitylketon* [**I**, Kp.$_{0,1}$ 150—155°; n_D^{20} 1,5754; 52° (Ausbeute)] gebildet. **I** entfärbt langsam Br_2 u. wird durch $AlCl_3$ unter Bldg. von *3-Phenylpropenylmesitylketon* (**II**) isomerisiert. **II** wird auch durch Rk. von Mesitylen mit 2-Phenylcyclopropancarbonsäurechlorid u. $AlCl_3$ erhalten. Der Bldg.-Mechanismus von **I** wird diskutiert.
L. Lamza. 1960△

Untersuchung über die Diphenylsynthese durch Druckreaktion aus Benzol. 1. Mitt. Der Einfluß der Reaktionsbedingungen und die Eigenschaften des abgelagerten Kohlenstoffs. Yoshinobu Hosaka und Masaaki Takehisa. (Rep. Government chem. ind. Res. Inst., Tokyo **52**, 30—34, Jan. 1957; jap., Auszug: engl. — C. **1960**, 3204.) W. Holland. 2210□

Die Kupplung von Aryl-Grignard-Reagentien an Benzylsysteme. Frank A. Vingiello, Sih-Gwan Quo und John Sheridan. (J. org. Chemistry **26**, 3202—03, 12/9. 1961; Blacksburg, Va., Virginia Polytechn. Inst., Chem. Labor.; engl.) — Durch Kupplung von Aryl-Grignard-Reagentien mit Benzylchlorid-Derivv. in Bzl. bei 73° werden *Diarylmethan*-Derivv. in Ausbeuten von 75—85% dargestellt.

Versuche: *2-Fluordiphenylmethan*, $C_{13}H_{11}F$, Kp.$_{2,3}$ 103—104°, aus 2-Fluorbenzylchlorid u. Phenyl-MgBr; n_D^{22} 1,5608; 85% (Ausbeute). — *4-Chlor-4'-methyldiphenylmethan*, $C_{14}H_{13}Cl$, Kp.$_{0,1}$ 112—114°, aus p-Tolyl-MgBr u. 4-Chlorbenzylchlorid; n_D^{27} 1,5779; 80%. — *2-*[*2-Chlorbenzyl*]*-thiophen*, $C_{11}H_9ClS$, Kp.$_1$ 113—114°, a) aus 2-Chlorbenzylchlorid (**I**) u. dem aus 2-Bromthiophen u. Mg hergestellten Grignard-Reagens bei 60°; 72%; b) durch Friedel-Crafts-Rk. aus Thiophen u. **I** in Ggw. von $ZnCl_2$; 14%; daneben 24% *2.5-Bis-*[*2-chlorbenzyl*]*-thiophen* ($C_{18}H_{14}$·Cl_2S, Kp.$_5$ 190—192°). — *α-Naphthylphenylmethan*, F. 55—56° (A.), Kp.$_{19}$ 217 bis 220°, aus 11 g Benzylchlorid u. dem aus 62 g 1-Bromnaphthalin u. Mg dargestellten Grignard-Reagens; 65%; daneben 11 g *Naphthalin* [F. 80° (A.), Kp.$_{20}$ 107—116°]. Die Ausbeuten der weiter beschriebenen Verbb. betragen für *Diphenylmethan* 100%, für das *4-Chlor-Deriv.* 75%, das *4-Methyl-Deriv.* 80%, das *4-Methoxy*-Deriv. 75%, das *2-Chlor*-Deriv. 88% u. für das *4-Chlor-4'-methoxy*-Deriv. 85%.
G. Ziebarth. 2210△

Untersuchungen über Stilbene. 38. Mitt. **1.4-Diarylbutadiene und 1.1-Diphenyl-4-arylbutadiene.** Günther Drefahl, Gerhard Plötner, Walter Hartrodt und Rolf Kühmstedt. (Chem. Ber. **93**, 1799—1809, 8/8. 1960; Jena, Univ., Inst. für Organ. Chem. u. Biochem.; dt.) — 37. vgl. C. **1963**, 104. — Die Darst. von *1.4-Diarylbutadienen* nach Kühn u. Winterstein [1928] durch Kondens. von β-Arylacroleinen mit Arylessigsäuren oder von 2 Mol eines aromat. Aldehyds mit Bernsteinsäure (**I**) in Ggw. von PbO u. Acetanhydrid oder durch Wittig-Rk. nach Schöllkopf (Angew. Chem. **71**, [1959], 260.) durch Umsetzung aromat. Aldehyde mit Triphenylcinnamylphosphoniumbromid (**II**; Friedrich u. Henning, C. **1960**, 5142) u. Li-Äthylat in abs. A. wird beschrieben. Die UV-Spektren der Verbb. werden eingehend diskutiert. Die Fluorescenz wird im festen Zustand bzw. in Xylol oder Bzl. bestimmt.

Versuche: Butadiene: *1.4-Di-p-tolyl*-(**III**), $C_{18}H_{18}$, F. 205°, durch 6std. Erhitzen von p-Toluylaldehyd, **I** u. PbO in Acetanhydrid, Sublimation bei 175 bis 180°/10^{-3} Torr u. Umkristallisieren aus Essigsäure; gelbe Blättchen; 15% (Ausbeute). *Maleinsäureanhydrid-Addukt*, $C_{22}H_{20}O_3$, F. 260—261°, durch 1,5std. Erhitzen von **III** mit der 10fachen Menge Maleinsäureanhydrid auf 140—150°; aus

Essigsäure Blättchen. — *1.4-Bis-[biphenylyl-(4)]-*, $C_{28}H_{22}$, F. 291—292°, aus Biphenyl-4-aldheyd analog **III**; aus Xylol grüngelbe Blättchen; 15%. *Maleinsäureanhydrid-Addukt*, $C_{32}H_{24}O_3$, F. 279—281°, aus Dioxan oder Nitrobenzol Nadeln. — *1.4-Bis-[4-styrylphenyl]-*, $C_{32}H_{26}$, F. 331—333°, a) aus Stilben-4-aldehyd analog **III**; aus 1-Methylnaphthalin chromgelbe Blättchen; b) durch Zugabe von 10%ig. äthanol. Glyoxal-Lsg. u. 0,2 m Li-Äthylat-Lsg. zu Triphenyl-[4-styrylbenzyl]-phosphoniumchlorid in abs. A., 2std. Stehen u. Isomerisieren mit J_2 in 1-Methylnaphthalin; 38—40%. *Maleinsäureanhydrid-Addukt*, $C_{36}H_{28}O_3$, F. 283—285° (Zers.), aus Dioxan schwachgrüne Nadeln. — *1.4-Bis-[4-phenäthinylphenyl]-*, $C_{32}H_{22}$, F. 279—280°, aus Tolan-4-aldehyd analog **III** durch 10std. Kochen; aus Xylol gelbe Nadeln; 8—10%. — *1-Phenyl-4-[4-styrylphenyl]-*, $C_{24}H_{20}$, F. 263—264°, durch Zugabe von 1-Phenyl-4-(4-formylphenyl]-butadien zu Benzyl-MgCl in abs. Ae., Stehen über Nacht u. Zers. mit Essigsäure, Eindampfen der äther. Lsg. u. 3std. Kochen mit J_2 in Xylol; aus Xylol gelbgrüne Blättchen. *Maleinsäureanhydrid-Addukt*, $C_{28}H_{22}O_3$, F. 247—248°, aus Acetanhydrid Nadeln. — *1-Phenyl-4-[4-phenäthinylphenyl]-*(**IV**), $C_{24}H_{18}$, F. 203—204°, durch 2std. Erwärmen von **II** u. Tolan-4-aldehyd in abs. A. in Ggw. von Li-Äthylat, Absaugen u. 2std. Kochen mit J_2 in Xylol; aus A. blaßgrüne Blättchen; 38—40%. — *1-Phenyl-4-[acenaphthenyl-(5)]-*, $C_{22}H_{18}$, F. 156° durch 10std. Kochen von Acenapthenyl-(5]-essigsäure u. Zimtaldehyd analog **III**; aus Essigester orangegelbe Nadeln; 30%. — *1-Phenyl-4-[fluorenyl-(2)]-*, $C_{23}H_{18}$, F. 216—217°, durch 6—8std. Kochen von Fluorenyl-(2)-essigsäure analog vorst. Verb.; aus Essigester blaßgelbe Blättchen; 28%. — *1-Phenyl-4-[anthryl-(9)]-*, $C_{24}H_{18}$, F. 152—153°, aus Anthracen-9-aldehyd u. **II** analog **IV**; aus A. orangegelbe Nadeln; 63%. — *1-Phenyl-4-[pyrenyl-(3)]-*, $C_{26}H_{18}$, F. 181—182°, aus Pyren-3-aldehyd analog **IV**; aus Essigsäure orangefarbene Nadeln; 62%. — 1.1-Diphenylbutadiene: *4-[p-tolyl]-*(**V**), $C_{23}H_{20}$, F. 116—117°, durch 6 std. Kochen von p-Tolylessigsäure u. β.β-Diphenylacrolein in Acetanhydrid in Ggw. von PbO auf 160°, Gießen in 50%ig. Essigsäure, Aufkochen u. Chromatographie in Bzl. an Al_2O_3; aus A. Spieße; 40%. — *4-[Biphenylyl-(4)]-*, $C_{28}H_{22}$, F. 142° (Eisessig), analog **V** aus Biphenylyl-(4)-essigsäure; blaugelbe Nadeln; 42%. — *4-[4-Styrylphenyl]-*, $C_{30}H_{24}$, F. 159—160°, aus 4-Styrylphenylessigsäure analog **V**; aus Essigsäure/Bzl. hellgelbgrüne Nadeln; 33%. — *4-[Naphthyl-(1)]-*, $C_{26}H_{20}$, F. 119°, aus α-Naphthylessigsäure; aus Essigester gelbe Nadelsterne; 45%. *Pikrat*, $C_{32}H_{23}N_3O_7$, F. 154—155°, aus A. hellrote Nadeln. — *4-[Naphthyl-(2)]-*, $C_{26}H_{20}$, F. 140° aus β-Naphthylessigsäure; aus Essigsäure blaßgelbe Nadeln; 40%. *Pikrat*, $C_{32}H_{23}N_3O_7$, F. 165—166°, aus Essigsester rote Prismen. — *4-[Acenaphthenyl-(5)]-*, $C_{28}H_{22}$, F. 164°, aus Acenaphthenyl-(5)-essigsäure; aus Bzn. orangegelbe Nadeln; 32%. *Pikrat*, $C_{34}H_{25}N_3O_7$, F. 173—174°, aus Essigester rote Nadeln. — *4-[Fluorenyl-(2)]-*, $C_{29}H_{22}$, F. 153°, aus Fluorenyl-(2)-essigsäure; aus Essigester hellgelbe Prismen; 32%. — *4-[Pyrenyl-(3)]-*, $C_{32}H_{22}$, F. 163°, aus Pyrenyl-(3)-essigsäure; aus Essigsäure/Bzl. tieforangerote Spieße; 32%. *Pikrat*, $C_{38}H_{25}N_3O_7$, F. 219°, aus Essigsäure tiefbraune Nadelsterne. — *1.4-Bis-[4.4-diphenylbutadienyl]-benzol*, $C_{38}H_{30}$, F. 235—237°, a) durch 4std. Kochen von p-Phenylendiessigsäure analog **V**; aus Acetanhydrid chromgelbe Nadeln; 30%; b) aus Terephthaldialdehyd u. **VI** analog **IV**; 57%. — *1.1-Diphenyl-4-biphenylenbutadien*, $C_{28}H_{20}$, F. 182°, durch Lösen von Fluoren in abs. A. in Ggw. von Na-Äthylat bei 50—60° u. Zugabe von β.β-Diphenylacrolein; aus Essigsäure gelbe Nadeln; 65%. *Pikrat*, $C_{34}H_{23}N_3O_7$, F. 196 bis 197°, aus Chlf. rote Prismen mit gelbgrünem Glanz. — *Triphenyl-[3.3-diphenylallyl]-phosphoniumbromid* (**VI**), $C_{33}H_{28}BrP$, F. 238—239°, durch 4std. Kochen von 3.3-Diphenylallylbromid u. Triphenylphosphin in Xylol; 93—95%. — *1.1.4-Triphenylbutadien*, F. 102°, aus **VI** u. Benzaldehyd analog **IV**; aus A. Nadeln; 72%. — *1.1-Diphenyl-4-[anthryl-(9)]-butadien*, $C_{30}H_{22}$, F. 150°, aus Anthracen-9-aldehyd u. **VI**; aus Bzl./A. oder Essigester chromgelbe Blättchen; 62%. *Pikrat*, $C_{36}H_{25}N_3O_7$, F. 169—170°, aus Essigester oder Essigsäure schwarze Nadeln.

W. Hampel. 2210◇

Synthese einiger α-Alkyl-3.4-dimethoxydiphenylmethane. Pierre Berçot und Raymond Quelet. (C. R. hebd. Séances Acad. Sci. **255**, 130—32, 2/7. 1962; Paris, Fac. des Sci., Labor. de Chim. organ.; franz.) — Durch Umsetzung von 3.4-Dimethoxyphenyl-MgBr (**I**) mit Acetophenon (**II**) bzw. Propiophenon (**III**) werden *3.4-Dimethoxy-α-hydroxy-α-methyldiphenylmethan* (**IV**) bzw. *3.4-Dimethoxy-α-hydroxy-α-äthyldiphenylmethan* (**V**) erhalten, die durch Dehydratisierung in die *ungesätt. Verbb.* übergeführt werden. Die bei der Kondens. von **I** mit p-Methyl-(**VI**) bzw. p-Methoxyacetophenon (**VII**) entstehenden *Carbinole* spalten schon bei der Dest. W. ab, so daß sofort *3.4-Dimethoxy-4'-methyl-gem.-diphenyläthan* (**VIII**) bzw.

3.4.4'-Trimethoxy-gem.-diphenyläthan (**IX**) erhalten werden. **IV**, **V**, **VIII** u. **IX** werden durch Hydrierung in die entsprechenden *gesätt. Verbb.* übergeführt.

Versuche: *Carbinole*, durch Zutropfen von **II** bzw. **III** in Tetrahydrofuran (THF) bei Zimmertemp. bzw. von **VI** bzw. **VII** bei 5° zu der aus 4-Bromveratrol u. Mg in THF bereiteten **I**-Lsg., 2—3std. Rk. bei 40° u. 15std. Rk. bei Zimmertemp.: *3.4-Dimethoxy-α-hydroxy-α-methyldiphenylmethan* (**IV**), $C_{16}H_{18}O_3$, Kp.$_{0,03}$ 165°, aus **I** u. **II**; 68% (Ausbeute). — *3.4-Dimethoxy-α-hydroxy-α-äthyldiphenylmethan* (**V**), $C_{17}H_{20}O_3$, Kp.$_{0,03}$ 170—172°, aus **I** u. **III**; 58%. — *3.4-Dimethoxy-gem.-diphenyläthylen*, $C_{16}H_{16}O_2$, F. 34,5°, durch Erhitzen von **IV** mit $KHSO_4$ in Benzol. — *3.4-Dimethoxy-α.α-diphenylpropen*, $C_{17}H_{18}O_2$, F. 85°, durch Erhitzen von **V** mit $KHSO_4$ in Benzol. — *3.4-Dimethoxy-4'-methyl-gem.-diphenyläthylen* (**VIII**), $C_{17}H_{18}O_2$, F. 112°, aus **I** u. **VI** u. Dest. des Carbinols. — *3.4.4'-Trimethoxy-gem.-diphenyläthylen* (**IX**), $C_{17}H_{18}O_3$, F. 113°, aus **I** u. **VII** analog **VIII**. — gem.-Diphenyläthane: *3.4.4'-Trimethoxy-*, $C_{17}H_{20}O_3$, Kp.$_{0,02}$ 165°, aus **IX** durch Hydrierung in Ggw. von Raney-Ni; n_D^{18} 1,5715, $D._{18}^{18}$ 1,12. — *3.4-Dimethoxy-4'-methyl-*, $C_{17}H_{20}O_2$, Kp.$_{0,1}$ 135° analog aus **VIII**; n_D^{18} 1,5657, $D._{18}^{18}$ 1,09. — *3.4-Dimethoxy-*, $C_{16}H_{18}O_2$, Kp.$_{0,007}$ 113°, n_D^{18} 1,5717; $D._{18}^{18}$ 1,09. — *3.4-Dimethoxy-α.α-diphenylpropan*, $C_{17}H_{20}O_2$, Kp.$_{0,007}$ 120°. K.-D. Albrecht. 2260◇

Untersuchung des durch den 1-Cyclohexylcyclohexylrest verursachten sterischen Einflusses. Micheline Charpentier. (Ann. Chimie [13] **5**, 601—44, Mai/Juni 1960; Paris, Univ., Fac. des Sci.; franz.) — 1-Cyclohexylcyclohexylmethylketon (**I**), *1-Cyclohexylxyclohexyläthylketon* (**II**) u. *1-Cyclohexylcyclohexylisoamylketon* (**III**), die durch Rk. von 1-Cyclohexylcyclohexancarbonsäure-(1)-chlorid (**XXII**) mit entsprechenden Grignard-Verbb. synthetisiert werden, bilden keine Semicarbazone. Sie werden durch alkal. Schmelze nicht zu Säuren gespalten u. bei 20° an Raney-Ni oder PtO_2 nicht hydriert. **I**, **II** u. **III** geben mit Grignard-Verbb. quant. die *BrMg-Enolate*. Die Bldg. von tert. Alkoholen wird in keinem Falle beobachtet. Nur **I** liefert ein *Oxim*. Mit rauchender HNO_3 ensteht aus **I**, **II** u. **III** *1-Cyclohexylcyclohexancarbonsäure-(1)* (**IV**). **I**, **II** u. **III** lassen sich durch $LiAlH_4$ zu den *Carbinolen* reduzieren. **I** gibt mit Br_2, nicht aber mit NaOBr, *1-Cyclohexylcyclohexylbrommethylketon* (**XXIII**). Die zum Vgl. durchgeführte Bromierung von Pinakolin (**V**), verläuft mit größerer Geschw. als diejenige von **I**. **I** läßt sich durch 4std. Kochen mit 2-Diäthylaminoäthylchlorid (**XV**) u. Na-tert.-Amylat in Toluol nicht alkylieren. Folgende Verss. einer Aminoalkylierung von **I** verliefen ebenfalls negativ: a) 20std. Kochen von **I** mit Piperidinhydrochlorid (**VI**) u. Trioxymethylen (**IX**) in Isoamylalkohol (**VII**); b) 8std. Kochen von **I** mit Bis-[piperidino]-methan in **VII**; c) 1 Monat langes Aufbewahren von **I**, $NH(CH_3)_2$ u. Formalin (**VIII**) in wss. A. bei 37°; d) 2 Monate langes Aufbewahren von **I**, **VI** u. **IX** in wss. A. u. Aioxan bei 37°; e) 2 Monate langes Aufbewahren von **I**, **VI** u. **VIII** in wss. A. bei 37°; f) analog e) unter Zusatz von Dioxan; g) 16std. Kochen von **I**, $NH(C_2H_5)_2$ u. **VIII** in Dimethylformamid (DMF). Eine Hydroxyalkylierung von **I** durch 6std. Kochen mit NaOH u. **IX** in wss. A. gelang ebenfalls nicht. *1-Cyclohexylcyclohexancarbonsäure-(1)-methylester* (**X**) bzw. — -[*2-piperidinäthylester*] (**XI**) werden durch 3std. Kochen mit methanol. KOH nur in geringem Maße, durch 3 Min. lange Einw. von konz. H_2SO_4 bei 20° zu 85% verseift. **X** liefert mit CH_3MgBr in Di-sek.-butyläther (**XII**) **I**. **XI** reagiert mit CH_3MgBr in Ae. nicht. *1-Cyclohexylcyclohexylcarbinol-p-toluolsulfonat* setzt sich durch 36std. Kochen mit Na-Malonsäurediäthylester in Bzl. nicht um. Mit NaJ erfolgt durch 65std. Kochen in Aceton nur 19%ig. Umsetzung. Das **I**-*MgBr-Enolat* gibt mit Br_2 **XXIII**, mit CO_2 *3-[1-Cyclohexylcyclohexyl]-3-oxopropionsäure* u. mit Diäthylaminoacetonitril (**XIII**) *1-[1-Cyclohexylcyclohexyl]-3-imino-4-diäthylaminobutanon-(1)*, das zu *1-[1-Cyclohexylcyclohexyl]-4-diäthylaminobutandion-(1.3)* hydrolysiert wird. Das vorst. Diketon wird durch rauchende HNO_3 in **IV** umgewandelt. **I**–MgBr-Enolat bildet mit Äthoxydiäthylaminomethan (**XIV**) *1-Cyclohexylcyclohexyl-[2-diäthylaminoäthyl]-keton* (**XVI**), mit **XV** *1-Cyclohexylcyclohexyl-[3-diäthylaminopropyl]-keton* (**XVII**) u. mit Acetaldehyd (**XVIII**) *1-[1-Cyclohexylcyclohexyl]-buten-(2)-on-(1)* (**XIX**) neben *1-[1-Cyclohexylcyclohexyl]-3-hydroxybutanon-(1)* (**XX**). Mit Isobutylbromid (**XXI**) findet weder durch 5std. Kochen in Ggw. von $MgBr_2$ in Ae. noch durch 5std. Kochen in Ggw. von $FeCl_3$ in **XII** Rk. statt. Das Hydrochlorid von **XVI** ist gegen sd. HCl beständig. Das Jodmethylat von **XVI** liefert beim Hofmannschen Abbau **I**, **VIII** u. $NH(C_2H_5)_2$. Das aus **I** u. $NaNH_2$ in sd. Toluol erhaltene **I**-*Na-Enolat* reagiert mit Br_2 zu **XXIII**, mit **XXI** zu **III**, mit **XV** zu **XVII**, mit **XVIII** zu einem Gemisch aus **XIX** u. **XX** u. mit **IX** u. $NH(C_2H_5)_2$ zu **XVI**; mit **XIV** reagiert es nicht. Auch mit **VIII** u. $NH(C_2H_5)_2$ tritt bei 16std. Kochen in **VII** keine Rk. ein, ebenso nicht mit **IX** u. $NH(C_2H_5)_2$ bei 16std. Kochen in Dioxan. Der Mechanismus der beschriebenen Rkk. wird unter bes. Berücksichtigung ster. Verhältnisse ausführlich diskutiert.

Versuche: *1-Cyclohexylcyclohexylmethylketon* (**I**), *Oxim*, $C_{14}H_{25}NO$, F. 108° (75%ig. A.; Hexan), durch 7std. Kochen von **I** (vgl. C. **1954**, 7402), $NH_2OH \cdot HCl$ u. Pyridin in A.; 45% (Ausbeute). — *1-Cyclohexylcyclohexylmethylcarbinol*, aus **I** u. $LiAlH_4$; Öl. *Phenylurethan*, $C_{21}H_{31}NO_2$, F. 98°. — *1-Cyclohexylcyclohexancarbonsäure-(1)* (**IV**), a) aus **I**, **II** oder **III** u. rauchender HNO_3; 90%; b) durch 3 Min. lange Einw. von konz. H_2SO_4 auf **X** oder **XI**; 85%. — **I**-*MgBr-Enolat*, durch $^1/_4$std. Kochen von berechneten Mengen **I** u. CH_3MgBr in Ae.; 100%. — **I**-*Na-Enolat*, durch 3tägiges Kochen von **I** u. $NaNH_2$ in Benzol. — *1-Cyclohexylcyclohexylbrommethylketon* (**XXIII**), $C_{14}H_{23}BrO$, F. 48° (A.), a) durch Eintropfen von in Chlf. gelöstem Br_2 in äther. **I**; 76%; b) durch Eintropfen von in Chlf. gelöstem Br_2 in das Gemisch von 2 g **I** u. 1 g **V** in Ae. u. wenig Eisessig; 0,13 g; daneben 0,5 g *tert.-Butylbrommethylketon* c) durch Zutropfen von Br_2 in Ae. zu **I**-MgBr-Enolat; 84%; d) durch Zutropfen von Br_2 zu **I**-Na-Enolat; 80%. — *1-Cyclohexylcyclohexyläthylketon* (**II**), $C_{15}H_{26}O$, Kp.$_{15}$ 157—160°, durch Zugabe von **XXII** in Ae. zu C_2H_5MgBr; 87%. — *1-Cyclohexylcyclohexyläthylcarbinol*, $C_{15}H_{28}O$, F. 50°, durch Red. von **II** mit $LiAlH_4$; 80%. — *1-Cyclohexylcyclohexylisoamylketon* (**III**), $C_{18}H_{32}O$, Kp.$_{12}$ 185—188°, a) analog **II** aus **XXII** u. Isoamyl–MgBr in Ae.; 88%; b) durch 15tägiges Kochen von **I**–Na-Enolat mit **XXI** in Toluol; 50%. — *1-Cyclohexylcyclohexylisoamylcarbinol*, durch Red. von **III** mit $LiAlH_4$; 85%. *Phenylurethan*, $C_{25}H_{39}NO_2$, F. 126—127° (PAe.). — *1-Cyclohexylcyclohexancarbonsäure-(1)-methylester* (**X**), $C_{14}H_{24}O_2$, Kp.$_{17}$ 150—151°, durch 1std. Kochen von **XXII**, CH_3OH u. Pyridin; 88%; liefert durch 16std. Kochen mit CH_3MgBr in **XIII**; 65%; daneben **IV**; 35%. — *1-Cyclohexylcyclohexylcarbinol-p-toluolsulfonat*, $C_{20}H_{30}O_3S$, F. 94° (Hexan), durch 48std. Aufbewahren von 1-Cyclohexylcyclohexylcarbinol u. p-Toluolsulfochlorid in Pyridin; 90%. — *3-[1-Cyclohexylcyclohexyl]-3-oxopropionsäure*, $C_{15}H_{24}O_3$, durch Zugabe von Trockeneis zu **I**–MgBr-Enolat; 50%. — *1-[1-Cyclohexylcyclohexyl]-3-imino-4-diäthylaminobutanon-(1)*, *Sulfat*, F. 178°, durch Zutropfen von 6 g **XIII** zu aus 5 g **I** dargestelltem **I**–MgBr-Enolat, 12std. Kochen u. Zers. mit Eis u. verd. H_2SO_4; 4,7 g. — *1-[1-Cyclohexylcyclohexyl]-4-diäthylaminobutandion-(1.3)*, *Hydrochlorid*, $C_{20}H_{36}ClNO_2$, F. 182°, durch $^1/_4$std. Kochen vorst. Verb. mit 10%ig. H_2SO_4, Ae.-Extraktion der alkalisierten Lsg. u. Einleiten von HCl in die äther. Lsg.; beständig gegen sd. methanol. KOH; liefert mit rauchender HNO_3 **IV**. — *1-Cyclohexylcyclohexyl-[2-diäthylaminoäthyl]-keton* (**XVI**), *Hydrochlorid*, $C_{19}H_{36}ClNO$, F. 116° (Isopropanol), a) durch Einrühren von **I**–MgBr-Enolat in äther. **XIV** u. Behandeln des als Öl erhaltenen Rk.-Prod. mit äther. HCl; 75%; b) durch 16std. Kochen von **I**–Na-Enolat, $NH(C_2H_5)_2$ u. **IX** in DMF u. Behandeln mit äther. HCl; 20%; 2,8 g *Jodmethylat* ($C_{20}H_{38}JNO$) liefern mit aus 2,4 g $AgNO_3$ gewonnenem $Ag_2ONH(C_2H_5)_2$ **VIII** u. 0,9 g **I**, das durch Red. mit $LiAlH_4$ in das *Carbinol* umgewandelt u. als *Phenylurethan* identifiziert wird. — *1-Cyclohexylcyclohexyl-[3-diäthylaminopropyl]-keton* (**XVII**), *Hydrochlorid*, $C_{20}H_{38}ClNO$, F. 220°, a) durch Zugabe von 2 Mol **XV** zu 1 Mol **I**–MgBr-Enolat; 6%; b) *freie Base*, Kp.$_1$ 120—125°, durch 6std. Kochen von 1 Mol **I**–Na-Enolat u. 1 Mol **XV** in Toluol; 40%. — *1-[1-Cyclohexylcyclohexyl]-buten-(2)-on-(1)* (**XIX**), F. 44—45°, a) durch Einrühren von **XVIII** in **I**–MgBr-Enolat, Zers. mit NH_4Cl-Lsg. u. Chromatographie an Celite (daneben *1-[1-Cyclohexylcyclohexyl]-3-hydroxybutanon-(1)* (**XX**), $C_{16}H_{28}O_2$]; b) analog a) aus **I**–Na-Enolat. — *tert.-Butyl-[2-diäthylaminoäthyl]-keton*, *Hydrochlorid*, $C_{11}H_{24}ClNO$, durch Zugabe von tert.-Butyl–MgCl zu **V** u. Eintropfen des entstandenen **V**–*MgCl-Enolats* in **XIV**; 30% W. Schreiber. 2360□

Umlagerung von Hydroxybenzilen. 1. Mitt. I. N. Ssomin und Ss. G. Kusnetzow. (J. allg. Chem. [UdSSR] **30(92)**, 220—27, 1960; Inst. für Toxikol. der Akad. der Med. Wiss. der UdSSR; russ.) — Bei der Benzilsäureumlagerung von *Hydroxy-* u. *Dihydroxybenzilen* lagern sich die o-Hydroxybenzile schneller um als die p-Isomeren. Die Demethylierung der Methoxybenzile mit Pyridinhydrochlorid verläuft in fast theoret. Ausbeute.

Versuche: Benzile: *2-Methoxy-* (**I**), F. 72,5—73° (A.), nach Otter u. Shriner [1951]; 80% (Ausbeute). — *4-Methoxy-*, F. 61,5—62,5°, durch Oxydation von 4-Methoxybenzoin mit $CuSO_4$ in wss. Pyridin. — *2.2'-Dimethoxy-*, F. 132—133°, analog. — *4.4'-Dimethoxy-*(**II**), F. 132,5—133,5°, analog. — *2-Hydroxy-*, F. 71,5—72° (A. + W.), man erhitzt **I** mit der doppelten Menge Pyridinhydrochlorid 2 Std. auf 180° u. gießt in W.; 90%. — *4-Hydroxy-*, F. 129,5—130° (Bzl.), analog bei 200°; 96%. —

2.2'-Dihydroxy-, F. 155—156° (Bzl.) bei 180°; 97%. — *4.4'-Dihydroxy-*, F. 244—246° (A.-W.), bei 200°; 98,5%. — *4-Hydroxy-4'-methoxy-*, $C_{15}H_{12}O_4$, F. 162—163° (A.-W. oder Bzl.), man kocht 43 g **II**, 430 ml Essigsäure u. 86 ml HBr (D. 1,48) 2 Std., gießt in W., filtriert, löst in verd. Lauge u. säuert an; gelb; 67,5%. — *2-Hydroxy-2'-methoxy-*, F. 125—126° (A. oder Bzl.-Hexan), analog; 90%. — Benzilsäuren a) durch 3—6std. Kochen der Hydroxybenzile (**A**) mit dem 5—8fachen Überschuß an 20—35%ig. KOH; b) durch Schmelzen von 10 g KOH, 10 g NaOH u. 7,5 ml W. mit 10 g **A** u. 10—15 Min. langes Erhitzen, zuletzt auf 150°, Lösen in W., Neutralisieren, Filtrieren, Ansäuern (Kongo) u. Extrahieren mit Ae. [Ausbeuten beziehen sich auf b)]: *4-Hydroxy-*, F. 165—166° (W.); 90,5%; mit konz. H_2SO_4 orange. — *4-Hydroxy-4'-methoxy-*, F. 153—154° (W.); 89,5%; mit konz. H_2SO_4 karmesinrot. — *4.4'-Dihydroxy-*, F. 138—140° (Ae.); 83%; mit konz. H_2SO_4 karmesinrot. — *2-Hydroxy-*, krist. nicht; 94%; mit konz. H_2SO_4 rot, in violett übergehend. *Lacton*, F. 103—104° (Bzl., A.), 2—3std. Erhitzen auf 80—105°; 100%; mit konz. H_2SO_4 violett. *Ag-Salz*, durch Lösen in 3,5—5%ig. KOH, Extrahieren mit Ae. u. Fällen mit $AgNO_3$. Gibt mit CH_3J in Ae. den *Methylester*, F. 109—110° (Ae.-Hexan; Bzl.); 92,5%; mit konz. H_2SO_4 rot. — *2-Hydroxy-2'-methoxy-*, geht beim Erhitzen in das Lacton über; 96%; mit konz. H_2SO_4 grün. *Lacton*, F. 202—203° (A.); 100%. *Methylester*, F. 138,5—139,5° (Bzl.); 90%; mit konz. H_2SO_4 grün. — *2.2'-Dihydroxy-*, krist. nicht; 92%; mit konz. H_2SO_4 blaugrün. *Lacton*, F. 129,5—130° (Bzl., W.); 100%. *Methylester*, F. 111—112° (Bzl.); 88%; mit konz. H_2SO_4 dunkelgrün. Renate Richter. 2450◇

β-**Aroylpropionsäuren.** 15. Mitt. **Darstellung und Lactonisierung von** *β*-**Aroyl-***α*- **und** *β*-**arylpropionsäuren.** F. G. Baddar und Sayad Sherif. (J. chem. Soc. [London] **1960**, 2309—12, Mai; Cairo, Ain Shams, Cairo Univ., Fac. of Sci.; engl.) — 14. vgl. J. chem. U.A.R. **3**, [1960], 47; 13. vgl. C. **1960**, 16710. — Chlorbenzol reagiert mit Phenyl- bzw. p-Methoxyphenylsuccinanhydrid (**I**) in Ggw. von $AlCl_3$ unter Bldg. von *β-[p-Chlorbenzoyl]-β-phenylpropionsäure* (**II**) bzw. zu einem Gemisch aus *β-[p-Chlorbenzoyl]-α-*(**IV**) u. *-β-p-hydroxyphenyl]-propionsäure*. Die Überführung von *β-Aroyl-α-* u. *-β-arylpropionsäuren* mit heißer Essigsäure/H_2SO_4 in *β,γ-ungesätt. γ-Lactone* wird beschrieben. Die Maxima der IR-Spektren sind angegeben.

Versuche: *β-[p-Chlorbenzoyl]-α-phenylpropionitril*, $C_{16}H_{12}ClNO$, F. 126—127° (Bzl./PAe.), durch Erwärmen von 30 g Chlorphenylstyrylketon u. wss. KCN-Lsg. in A./Essigsäure; 32 g (Ausbeute). — *β-[p-Chlorbenzoyl]-α-phenylpropionsäure*, $C_{16}H_{13}ClO_3$, F. 159—160° (A.), durch 1std. Kochen von 15 g Ester mit 10%ig. KOH; 13 g. *Methylester*, $C_{17}H_{15}ClO_3$, F. 113—114° (Bzl.), durch 6std. Kochen von 30 g vorst. Nitrils mit Methanol in Ggw. von konz. H_2SO_4; 32 g. *Äthylester, 2.4-Dinitrophenylhydrazon*, $C_{24}H_{21}ClN_4O_6$, F. 164—165°, aus Essigsäure gelbe Kristalle. — *γ-[p-Chlorphenyl]-α-phenylbuttersäure*, $C_{16}H_{15}ClO_2$, F. 82—83° (PAe.), durch Martin-Clemmensen-Red. von 5 g vorst. Säure; 4 g. — *2-Phenyl-7-chlortetralon-(1)*, $C_{16}H_{13}ClO$, F. 85—86° (PAe.), durch 1,5std. Erwärmen von 5 g vorst. Verb. mit konz. H_2SO_4/Essigsäure auf 100°; 2,5 g. *2.4-Dinitrophenylhydrazon*, $C_{22}H_{17}ClN_4O_4$, F. 229—230°, aus Essigsäure orangerote Kristalle. — *7-Chlor-1.2.3.4-tetrahydro-1-methyl-2-phenylnaphthol-(1)*, $C_{17}H_{17}ClO$· F. 139—140° (Bzl.), durch 5std. Kochen von 1,5 g vorst. Ketons mit Methyl-MgJ in Ae.; 1,5 g. — *β-[p-Chlorbenzoyl]-β-phenyl propionsäure* (**II**), $C_{16}H_{13}ClO_3$, F. 147—148° (Bzl.), durch Zugabe von Phenylsuccinanhydrid u. Chlorbenzol zu $AlCl_3$ in der Kälte u. 3std. Erwärmen auf 100°; 62%. *Methylester*, $C_{17}H_{15}ClO_3$, F. 97—98° (PAe.). — *p-Chlorbenzoesäure*, F. 239°, durch Oxydation von **II** mit CrO_3 in Essigsäure. — *p-Chlorphenyl-4-methoxystyrylketon*, $C_{16}H_{13}ClO_2$, F. 124—125°, durch 1,5std. Rühren von 15,5 g p-Chloracetophenon u. p-Anisaldehyd in verd. A. in Ggw. von NaOH bei 20—25°; aus A. citronengelbe Nadeln; 25 g. — *β-[p-Chlorbenzoyl]-α-[o-methoxyphenyl]-propionitril*, $C_{17}H_{14}ClNO_2$, F. 120—121° (A.), durch Kochen von 10 g vorst. Verb. mit wss. KCN-Lsg. in Essigsäure/A. u. Stehen über Nacht; 11 g. — *β-[p-Chlorbenzoyl]-α-[p-methoxyphenyl]-propionsäure* (**III**), $C_{17}H_{15}ClO_4$, F. 153—154° (A.), durch 2std. Kochen von 7 g Ester mit 10%ig. KOH; 5,5 g. *Methylester*, $C_{18}H_{17}ClO_4$, F. 69—70° (PAe.), durch 8std. Kochen von 12 g vorst. Verb. mit Methanol in Ggw. von konz. H_2SO_4; 12 g. *Äthylester, 2.4-Dinitrophenylhydrazon*, $C_{25}H_{23}ClN_4O_7$, F. 197—198°, durch Erwärmen der Säure oder des Äthylesters mit 2.4-Dinitrophenylhydrazin in A. in Ggw. von konz. H_2SO_4; aus Essigsäure gelbe Kristalle. — *γ-[p-Chlorphenyl]-α-[p-methoxyphenyl]-buttersäure*, $C_{17}H_{17}ClO_3$, F. 94—95° (PAe.), durch Red. von 5 g **III** nach Clemmensen; 4,5 g. — *β-[p-Chlorbenzoyl]-α-[p-hydroxyphenyl]-propionsäure* (**IV**), $C_{16}H_{13}ClO_4$, F. 154—155° (verd. A. oder Bzl.), durch 2 std. Erwärmen von 5 g **III** u. Chlorbenzol in Ggw. von $AlCl_3$ auf 100°; 4 g. — *β-[p-Chlorbenzoyl]-β-[p-hydroxyphenyl]-propionsäure*, $C_{16}H_{13}ClO_4$, F. 200—201° (verd. Essigsäure), durch 2std. Erwärmen von **I** u. Chlorbenzol in Ggw. von $AlCl_3$ auf 100°; 44%; daneben 9% **IV** u. 3% **III**. — 2-Oxo-3-phenyl-2.3-dihydrofurane, durch 1,5std. Kochen der entsprechenden β-Aroyl-α- oder -β-arylpropionsäuren mit konz. H_2SO_4 in Essigsäure, Verdünnen mit W. u. Waschen mit verd. Sodalösung: *5-Phenyl-*, F. 285° (Nitrobenzol); 90%. — *5-[p-Methylphenyl]-*, $C_{17}H_{14}O_2$, F. 265° (Xylol); 70%. — *5-[p-Chlorphenyl]-*, $C_{16}H_{11}ClO_2$, F. 245° (Zers.; Xylol); 90%. — *2-Oxo-3-[p-methoxyphenyl]-5-[p-chlorphenyl]-2.3-dihydrofuran*, $C_{17}H_{13}ClO_3$, F. 140° (A.); 80%. — 2-Oxo-4-phenyl-2.3-dihydrofurane: *5-Phenyl-*, $C_{16}H_{12}O_2$, F. 157° (A.); 90%. — *5-[p-Methylphenyl]-*, $C_{17}H_{14}O_2$, F. 133° (Bzl./PAe.); 60%. — *5-[p-Chlorphenyl]-*, $C_{16}H_{11}ClO_2$, F. 141° (Bzl./PAe.); 90%. W. Hampel. 2470◇

β-Aroylpropionsäuren. 17. Mitt. **Beweis der Struktur von β-[2-Hydroxy-p-toluyl]-propionsäure.** A. M. El-Abbady, F. G. Baddar und A. Labib. (J. chem. Soc. [London] **1960,** 3420—21, Aug.; engl.) — 16. vgl. C. **1963,** 9299; 15. vgl. vorst. Referat. — Die von Raval u. Mitarb. (J. Univ. Bombay **7,** [1938], 184) durch Umsetzung von Bernsteinsäureanhydrid mit m-Kresol in Ggw. von $AlCl_3$ erhaltene *β-[2-Hydroxy-4-toluyl]-propionsäure* (**I**) wird durch Überführen in *Methoxyterephthalsäure* bzw. *5-Methoxy-7-methyltetralon* in ihrer Struktur bewiesen.

Versuche: *β-[2-Methoxy-4-toluyl]-propionsäure* (**II**), $C_{12}H_{14}O_4$, F. 127—128°, durch 2std. Kochen von 5,1 g des Methylesters mit 3%ig. äthanol. KOH; 4,4 g (Ausbeute). *Methylester*, $C_{13}H_{16}O_4$, F. 65—66° (Bzl./Bzn.), durch 12std. Kochen von **I** (nach Awad u. Mitarbeitern, C. **1958,** 2697) mit Dimethylsulfat in Aceton in Ggw. von K_2CO_3; 83%. — *Methoxyterephthalsäure*, $C_9H_8O_5$, F. 286—288° (W.), durch 1std. Erhitzen von 1 g **II** mit $KMnO_4$ in 3%ig. KOH, Zugabe von $NaHSO_3$ u. Ansäuern mit konz. HCl; 0,6 g. — *γ-[2-Methoxy-4-tolyl]-buttersäure*, $C_{12}H_{16}O_3$, F. 54—55° (PAe.), durch 30std. Red. von 2 g **II** nach Martin-Clemmensen; 1,8 g. —*5-Methoxy-7-methyltetralon-(1)*, Kp.$_5$ 150—152°, durch 2std. Kochen vorst. Verb. mit $POCl_3$ in Tetrachloräthan, Hydrolyse mit W. u. Dampfdest.; hellgelbes Öl. *2.4-Dinitrophenylhydrazon*, $C_{18}H_{18}N_4O_5$, F. 223—224° (Essigsäure). W. Hampel. 2470◇

β-Aroylpropionsäuren. 18. Mitt. **Ihre Überführung in 4.5-Diarylfuran-2.3-dicarbonsäuren.** F. G. Baddar und Sayed Sherif. (J. chem. Soc. [London] **1961,** 707—09, Febr.; engl.) — 17. vgl. vorst. Referat. — *2-Äthoxalyl-4-hydroxy-3-phenyl-4-[p-tolyl]-*(**III**) u. *-[p-chlorphenyl]-buten-(3)-säurelacton* werden durch Umsetzung von β-Phenyl-β-[p-toluyl]- bzw. -β-[p-chlorbenzoyl]-propionsäureäthylester mit Oxalsäurediäthylester (**I**) in Ggw. von K-Äthylat erhalten. Die Verbb. werden mit H_2SO_4 zu den entsprechenden *5-Aryl-2-äthoxycarbonyl-4-phenylfuran-3-carbonsäuren* cyclisiert. Die Maxima der IR- u. UV-Spektren sind angegeben.

Versuche: *β-Phenyl-β-[p-toluyl]-propionsäure, Äthylester*, $C_{19}H_{20}O_3$, Kp.$_{0,6}$ 197—198°; n_D^{20} 1,5581; 90% (Ausbeute). *Methylester*, $C_{18}H_{18}O_3$, F. 109—110° (Bzl./PAe.). — *2-Äthoxalyl-4-hydroxy-3-phenyl-4-[p-tolyl]-buten-(3)-säurelacton* (**III**), $C_{21}H_{18}O_5$, F. 134—135°, a) durch Zugabe von 14,8 g vorst. Äthylesters u. **I** zu K-Äthylat in Ae., Stehen über Nacht u. 6std. Kochen; aus Bzl./PAe. gelbe Kristalle; 10 g; b) analog a) aus vorst. Methylester oder dem Säurelacton. — *2-Äthoxycarbonyl-4-phenyl-5-[p-tolyl]-furan-3-carbonsäure* (**II**), $C_{21}H_{18}O_5$, F. 165—166° (Bzl./PAe.), durch 1std. Erwärmen von 4 g **III** mit 80%ig. H_2SO_4 auf 50—60° u. 2std. Stehen bei Raumtemp.; 3,5 g. — *4-Phenyl-5-[p-tolyl]-furan-2.3-dicarbonsäure*, $C_{19}H_{14}O_5$, F. 230° (Zers.; Xylol), durch 1std. Erwärmen von 1 g **II** mit 10%ig. KOH u. 2std. Trocknen bei 140°/0,6 Torr; 0,8 g. *Monohydrat*, $C_{19}H_{14}O_5 \cdot H_2O$. *Diäthylester*, $C_{23} \cdot H_{22}O_5$, F. 87—88° (PAe.), durch 6std. Kochen von **II** mit abs. A. in Ggw. von konz. H_2SO_4. — *p-Toluylsäure*, F. 181°, durch 1std. Erhitzen von **II** oder vorst. Säure mit KOH aud 290—300°. — *β-[p-Chlorbenzoyl]-β-phenylpropionsäureäthylester*, $C_{18}H_{17}ClO_3$, Kp.$_5$ 205—207°; 90%. — *2-Äthoxalyl-4-hydroxy-3-phenyl-4-[p-chlorphenyl]-buten-(3)-säurelacton*, $C_{20}H_{15}ClO_5$, F. 135—136°, aus vorst. Verb. analog **III**; aus Bzl. PAe. gelbe Kristalle; 40%. — *5-[p-Chlorphenyl]-2-äthoxycarbonyl-4-phenylfuran-3-carbonsäure*, $C_{20}H_{15}ClO_5$, F. 192—193° (Bzl.), durch 2std. Stehen von 3 g vorst. Verb. mit 85%ig. H_2SO_4 u. Stehen über Nacht bei Raumtemp.; 2,5 g. — *p-Chlorbenzoesäure*, F. 239°, durch 1std. Kochen vorst. Verb. mit 10%ig. KOH. — *3-[p-Chlorphenyl]-4-hydroxy-2-[p-methoxyphenyl]-buten-(3)-säurelacton*, F. 140—141° (A.), a) durch Stehen von β-[p-Chlorbenzoyl]-α-[p-methoxyphenyl]-propionsäureäthylester u. K-Äthylat in Ae. über Nacht u. 5std. Kochen; b) durch 3std. Kochen von β-[p-Chlorbenzoyl]-α-[p-methoxyphenyl]-propionsäure mit Acetanhydrid; 100%. W. Hampel. 2470◇

Trennung und Unterscheidung der dl- und meso-Formen von 1.2-Diarylamino-1.2-diphenyläthanen. R. Jaunin und P. Courbat. (Helv. chim. Acta **43**, 2029–35, 1/12. 1960; Lausanne, Univ., Labor. de Chim. organ.; franz.) — Bei der Einw. einer Na-Suspension in Ae. auf N-Benzyliden-m-toluidin wird *1.2-Di-m-toluidino-1.2-diphenyläthan* (**I**) erhalten, das mit Dimethylformamid (DMF) als *DMF-Komplex* isoliert wird. *1.2-Bis-*[*o-*(**II**), *m-*(**IV**) bzw. *p-chloranilino*]*-1.2-diphenyläthan* (**V**) u. *1.2-Bis-*[*m-*(**VI**) bzw. *p-bromanilino*]*-1.2-diphenyläthan* (**VII**) werden durch Red. der entsprechenden Anile in äther. Lsg. mit Al-Amalgam erhalten. **V** u. **VII** werden schon in der Rk.-Lsg. in die Isomeren zerlegt. Die meso-Form beider Verbb. fällt aus, während der dl-Form in Lsg. bleibt. **III** bzw. **VI** werden als DMF-Komplexe isoliert, während **IV** auf ebengenannte Art oder besser durch fraktioniertes Umkristallisieren aus A. in seine Isomeren getrennt wird. Durch reduktive Kondens. von N-Benzyliden-p-anisidin mittels Al-Amalgam in äther. Lsg. wird *1.2-Bis-*[*p-methoxyanilino*]*-1.2-diphenyläthan* erhalten. Die meso-Form fällt aus der Rk.-Leg. aus, während die lösl. dl-Form mit verd. HCl als Hydrochlorid isoliert wird. Mit DMF ist keine Trennung möglich, da kein Komplex gebildet wird. Die meso-Form der dargestellten Verbb. wird am höheren F. erkannt. Nur im Falle von **III** liegt der F. der dl-Form höher als der F. der meso-Form. Zur Bestätigung werden dl- bzw. meso-Form ebengenannter Verb. mit H_2 in CH_3COOH in Ggw. von Pt in *dl-* bzw. *meso-1.2-Dicyclohexylamino-1.2-diphenyläthan* überführt, deren Konfiguration bekannt ist. Die meso-Form der entsprechenden Verbb. wird weiterhin daran erkannt, daß der DMF-Komplex stabil u. leicht isolierbar ist, welcher aus entsprechender Base u. DMF im Verhältnis 1 : 2 entsteht u. bei therm. Zers. wieder die Base ergibt. Außerdem werden die meso- dl-Formen der Verbb. durch die UV-Spektren charakterisiert.

Versuche (FF. korr.): *N-Benzyliden-3-bromanilin*, $C_{13}H_{10}Br N$, F. 52–52,5° (A), durch $^1/_2$std. Erhitzen von Benzaldehyd u. m-Bromanilin bei 70–80°; 90% (Ausbeute). — *1.2-Bis-*[*m-toluidino*]*-1.2-diphenyläthan* (**I**), durch Emulgieren von Na in sd. Xylol unter Rühren, Abkühlen, Zugeben von abs. Ae., 39 g N-Benzyliden-m-toluidin in abs. Ae., 6std. Kochen unter gereinigtem N_2, Abkühlen, vorsichtiges Neutralisieren durch Zutropfen von CH_3COOH unter Rühren, mehrstd. Stehen, vorsichtiges Zugeben von W., Trocknen der Ae.-Phase u. Eindampfen; 34–38 g. *meso-Form*, $C_{28}H_{28}N_2$, F. 140,5–141,5° (A.), durch Lösen von **I** in DMF unter Sieden, Abkühlen, Stehen in der Kälte, Absaugen, Waschen mit DMF, Trocknen, Lösen in sd. Essigester, Zugeben von abs. A. u. Erhalten 26–34%. *dl-Form*, $C_{28}H_{28}N_2$, F. 140–141° (A.), aus dem DMF-Filtrat der meso-Form durch Verdünnen mit W., Ansäuern mit derv. HCl u. Absaugen 26–39%. — *meso-1.2-Bis-*[*o-chloramilino*]*-1.2-diphenyläthan* (**II**), $C_{26}H_{22}Cl_2N_2$, F. 151–152° (A./Essigester), durch Lösen von N-Benzyliden-2-chloranilin in abs. Ae., Zugabe von frischem Al-Amalgam u. W. in 8 Std. unter Rühren, mehrstd. Stehen, Absaugen, Waschen mit Ae., Trocknen des Ae., Eindampfen, Behandeln mit DMF wie vorst., Extrahieren des im Ae. ungelösten Anteils mit Bzl., Eindampfen u. Vereinigen; 40–53%. *dl-Form*, $C_{26}H_{22}Cl_2N_2$, F. 160,5–161,5° (A. Essigester); 46–53%, — *meso-1.2-Dicyclohexylamino-1.2-diphenyläthan*, F. 142–143° (A.), durch Hydrieren von 400 g vorst. meso-Verb. in CH_3COOH in Ggw. von PtO_2 bei Raumtemp., Filtrieren, Neutralisieren mit verd. Na_2CO_3, Lsg. u. $^1/_2$std. Stehen bei 5°; 328 mg. — *dl-1.2-Dicyclohylamino-1.2-diphenyläthan*, F. 129–130° analog, aus 400 mg dl-Form; 285 mg. — *1.2-Bis-*[*m-chloranilino*]*-1.2-diphenyläthan* (**IV**), analog **II**. *meso-Form*, $C_{26}H_{22}Cl_2N_2$, F. 159–160° (A./Essigester), durch Extrahieren des Ae.-Extrakts mit sd. abs. A. u. Absaugen; 33–43%. *dl-Form*, $C_{26}H_{22}N_2Cl_2$, F. 140–141° (A.), aus dem A.-Filtrat der meso-Form; 40–46%. — *meso-1.2-Bis-*[*p-chloranilino*]*-1.2-diphenyläthan*, $C_{26}H_{22}Cl_2N_2$, F. 209–210° (Essigester), analog **II**, dann nach dem Absaugen u. Waschen mit Ae. Extrahieren des Ungelösten mit Bzl. u. Eindampfen; 33–40%. *dl-Form*, $C_{26}H_{22}Cl_2N_2$, F. 113,5–114,5°, aus dem Wasch-Ae. der meso-Form; 46–53%. — *meso-1.2-Bis-*[*m-bromanilino*]*-1.2-diphenyläthan* (**VI**), $C_{26}H_{22} \cdot Br_2N_2$, F. 167,5–168,5 (A./Essigester), analog **II**, jedoch Zers. des DMF-Komplexes durch 24std. Erhitzen bei 105°; 42–49%. *dl-Form*, $C_{26}H_{22}Br_2N_2$, F. 168–169° (A.); 31–37%. — *meso-1.2-Bis-*[*p-bromanilino*]*-1.2-diphenyläthan* (**VII**), $C_{26}H_{22}Br_2N_2$, F. 210,5–211,5° (Essigester), analog vorvorst. Verb.; 35%. *dl-Form*, $C_{26}H_{22} \cdot Br_2N_2$, F. 131–132° (A.); 49%. — *dl-1.2-Bis-*[*p-anisidino*]*-1.2-diphenyläthan*, $C_{28}H_{28}N_2O_2$, F. 110–111° (A.), durch Lösen von N-Benzyliden-p-anisidin in abs.

Ae., Zugabe von frischem Al-Amalgam u. W. in 8 Std. unter Rühren, mehrstd. Stehen, Absaugen, Nachwaschen mit Ae., Ausschütteln des Ae.-Filtrats mit 1n-HCl, Behandeln des ausgefallenen Hydrochlorids mit 2n-wss. NH_4OH u. Ae., Trocknen u. Eindampfen; 46—43%. *meso-Form*, $C_{28}H_{28}N_2O_2$, F. 141—142° (A. /Essigester), a) durch Bzl.-Extraktion des in Ae. unlösl. Rückstands der dl-Form u. Eindampfen; 33—36%; b) aus der verbleibenden mit n-HCl ausgeschüttelten Ae.-Lsg. der dl-Form; 7—13%. H. Knieß. 2510□

Dimagnesiumplumbid als Reduktionsmittel. 2. Mitt. A. G. Kankanjan. (Nachr. Akad. Wiss. ArmenSSR, chem. Wiss. **12,** 117—20, 1959; Erewan, Univ.; russ., Auszug: armen.) — 1. vgl. C. **1963,** 9275. — Benzophenon wird durch Mg_2Pb in wss., alkal. u. wss.-alkoh.-alkal. Medium zu *Benzhydrol* [$C_{13}H_{12}O$, F. 64—65° (Ae. 91,7% (Ausbeute) in wss.-alkoh.-alkal. Medium] reduziert. — In wss.-alkoh. Medium wird aus Michler's Keton bei 60—70° bei Red. mit Mg_2Pb *p.p'-Bis-[dimethylamino]-benzhydrol* [F. 98–100°; 75%] erhalten. G. Froelich. 2520◇

Synthese von α.β-Diphenyl-β-aminopropionsäurealkylestern aus Alkylphenylacetaten und Schiffschen Basen oder Hydramiden in Gegenwart von wasserfreiem Aluminiumchlorid. N. M. Mollow, M. W. Boshilowa und W. I. Bajewa. (C. R. Acad. bulg. Sci. **13,** 307—10, 1960; russ., Auszug: dt.) — Durch Rk. von Azomethinen mit Phenylessigsäureestern in Ggw. von $AlCl_3$ werden *α.β-Diphenyl-β-aminopropionsäureester* dargestellt.

Versuche: *α.β-Diphenyl-β-anilinopropionsäure, Methylester*, $C_{22}H_{21}NO_2$, F. 136—137,5° (A./Bzl.), zur Lsg. von 1,5 g Phenylessigsäuremethylester (**I**) u. 1,8 g Benzalanilin in 1 ml Bzl. gibt man portionsweise 0,7 g $AlCl_3$, erwämt 5—6 Min., kühlt ab u. zersetzt nach 30 Min. mit HCl (1 : 4); 52% (Ausbeute). *Butylester*, $C_{25}H_{27}NO_2$, F. 135—136° (Bzn./Bzl.); 45%. *Phenylester*, $C_{27}H_{23}NO_2$, F. 141—142° (Bzl.); 47%. *Benzylester*, $C_{28}H_{25}NO_2$, F. 149—151° (Bzn./Bzl.); 58%. — *α.β-Diphenyl-β-amino-propionsäure, Methylesterhydrochlorid*, $C_{16}H_{18}ClNO_2$, F. 226—227° (Zers.; A.), man gibt zur Lsg. von 1,5 g Hydrobenzamid (**II**) u. 1,5 g **I** in 2,5 ml Bzl. 1,3 g $AlCl_3$, erwärmt 2 Std. auf 70—75°, zersetzt mit 10 ml HCl (1 : 1) u. filtriert nach 24 Std. ; 28%. *Phenylesterhydrochlorid*, $C_{21}H_{20}ClNO_2$, F. 228—230° (Zers.; A./Ae.), analog; 48%. *Butylesterhydrochlorid*, $C_{19}H_{24}ClNO_2$, F. 223—224° (Zers.; A./Ae.); 47%. Daneben eine Verb. unbekannter Zus., F. 198—199°. *Benzylesterhydrochlorid*, $C_{22}H_{22}ClNO_2$, F. 210—212° (Zers.; A./Ae.), man gibt zu **II**, $AlCl_3$ u. Bzl. in 1 Std. bei 60° Phenylessigsäurebenzylester (**III**) u. erhitzt 1 Std. auf 60°; 20%. — Die Hydrochloride der α.β-Diphenyl-β-aminopropionsäureester geben bei 2 std. Erhitzen auf dem Wasserbad mit KCN in wss. A. *5.6-Diphenyldihydrouracil*. — *α.β-Diphenyl-β-methylaminopropionsäurebenzylesterhydrochlorid*, $C_{23}H_{24}ClNO_2$, F. 192—193° (Zers.; A./Ae.), man gibt zu 1,19 g Benzalmethylamin u. 2,3 g **III** in 1 ml Bzl. portionsweise 1,3 g $AlCl_3$, zersetzt nach 30 Min. mit HCl (1 : 1) u. läßt 24 Std. stehen; 45%. Renate Richter. 2550◇

Der unerwartete Ausgang eines Steroid-Syntheseversuchs. Richard T. Rapala, Bryan W. Roberts, William L. Truett und William S. Johnson. (J. org. Chemistry **27,** 3814—18, Nov. 1962; Madison, Wis., Univ., Dep. of Chem.; Stanford, Calif., Univ.; engl.) — Die Synth. von Equilenin wurde versucht. Durch Umsetzung von 2-Propionyl-6-methoxynaphthalin mit Ameisensäureäthylester (**I**) wird *6-Methoxy-2-[α-methylhydroxymethylenacetyl]-naphthalin* erhalten, das mit NH_2OH in *4-Methyl-5-[6-methoxynaphthal-(2)]-isoxazol* übergeführt wird. Behandlung dieser Verb. mit Na-Alkoholat liefert *α-[6-Methoxynaphthoyl-(2)]-propionitril*, das mit Bromessigsäureäthylester (**VII**) in Ggw. von NaH wahrscheinlich zu einem Gemisch von *α-[6-Methoxynaphthoyl-(2)]-α-carboxymethylpropionitril* (**VIII**) u. *β-[6-Methoxynaphthyl-(2)]-β-carbäthoxymethoxy-α-methylacrylonitril* (**IX**) reagiert, dessen Kondens. mit Bernsteinsäure (**X**)-Dimethylester (**XI**) nicht zum gewünschten 3-Carbomethoxy-4-[6-methoxynaphthyl-(1)]-5-methyl-5-carbomethoxymethylpenten-(3)-on-(1), sondern zu *3-[β-Carbomethoxyäthylcarbamoyl]-4-methyl-5-[6-methoxynaphthyl-(2)]-furan-2-carbonsäuremethylester* **II** führt. Die Struktur wird durch IR- u. Kernresonanzspektren, sowie durch Abbau-Rkk. gesichert.

Versuche (FF. korr.): *6-Methoxy-2-propionylnaphthalin*, F. 115,2—116,4°, a) durch 99std. Kochen von **V** mit 8%ig. KOH; aus PAe. Flocken; 30% (Ausbeute) [daneben 17% *6-Methoxy-β-naphthoesäure* (**XII**), F. 199—201° (95%ig. A.). *Methylester*, $C_{13}H_{12}O_3$, F. 129—130,2°, durch Veresterung von **XII**; aus PAe. Nadeln. *Äthylester*, $C_{14}H_{14}O_3$, F. 102—103,8°; aus PAe. Nadeln. *tert.-Butylester*, $C_{16}H_{18}O_3$, F. 89,5—91°, aus **XII** u. Isobutylen; aus PAe. Platten; 84%]. b) aus 2-Methoxynaphthalin, Propionylchlorid u. $AlCl_3$ in Nitrobenzol 64%. *2.4-Dinitrophenyl-*

hydrazon, $C_{20}H_{18}N_4O_5$, F. 238–239,8°; aus Chlf. rote Stäbchen. — *6-Methoxy-2-[α-methylhydroxymethylenacetyl]-naphthalin*, $C_{15}H_{14}O_3$, F. 152,1–153,7°, durch 36std. Stehen vorst. Verb. mit **I** u. CH_3ONa in Bzl.; aus abs. A. u. Essigester/PAe. gelb; 92%. — *3-Methyl-4-[6-methoxynaphthyl-(2)]-isoxazol*, $C_{15}H_{13}NO_2$, F. 122–123,2°, durch 10 Min. langes Kochen vorst. Verb. mit HN_2OH-Hydrochlorid in Eisessig u. Verdünnen mit W.; aus PAe. Platten; 96%. — *α-[6-Methoxynaphthoyl-(2)]-propionitril*, $C_{15}H_{13}NO_2$, F. 108,4–105,2, durch 64std. Rühren vorst. Verb. in abs. Bzl. mit NaH u. A. bei 23°, Verdünnen mit W. u. Aufarbeiten; aus Bzl./PAe. Blättchen; 91,5%. *2.4-Dinitrophenylhydrazon*, $C_{21}H_{17}N_5O_5$, F. 220–221,5°; aus Essigester gelbe Nadeln. — *Gemisch von α-[6-Methoxynaphthoyl-(2)]-α-carboxymethylpropionitril* (**VIII**) *u. β-[6-Methoxynaphthoyl-(2)]-β-carbäthoxymethoxy-α-methylacrylonitril* (**IX**) $C_{19}H_{19}NO_4$, Kp.$_{0,03-0,1}$ 210–230°, durch 5 Min. lange Rk. von 10 g vorst. Verb. u. NaH in abs. Bzl., Zugabe von **VII**, 3std. Kochen, Zugabe von W., Waschen mit verd. KOH u. Aufarbeiten; gelbrotes, viscoses Öl; 8,1 g; daneben a, 7 g **XII**, durch Ansäuern des KOH-Auszüge, Lösen des Nd. in Ae. Extraktion mit gesätt. $NaHCO_3$-Lsg. u. Ansäuern; durch Chromatographie von 6 g des Gemisches an Al_2O_3 werden 2 Fraktionen (2,5 bzw. 1,9 g) erhalten, die überwiegend aus **VIII** bzw. **IX** bestehen. **VIII** wird durch 2std. Kochen der 1. Fraktion in 95%ig. A. mit KOH in W., 22std. Stehen bei Raum-Temp., Eindampfen, Lösen in Bzl., Extraktion mit verd. KOH u. Ansäuern durch die Bldg. von **XII** (92%) nachgewiesen. 0,102 g der 2. Fraktion geben bei der alkal. Hydrolyse nur 0,025 g **XII**. — *3-[β-Carboxyäthylcarbamoyl]-4-methyl-5-[6-methoxynaphthyl-(2)]-furan-2-carbonsäure* (**IV**), $C_{21}H_{19}NO_7$, F. 194–196° (Zers.), a) durch 2std. Kochen von **II** mit $Ba(OH)_2 \cdot 8H_2O$ in 75%ig. A. unter N_2, Abfiltrierung u. 1 std. Erwärmen auf dem Dampfbad mit verd. HCl; bräunliche Flocken aus 95%ig. A.; 80%; b) durch Verseifen von **III**; 81%; c) durch Verseifung von **VI** mit 8%ig. KOH u. Ansäuern. *Dimethylester* (**II**), $C_{23}H_{23}NO_7$, F. 166–167°, a) durch Zutropfen von K-tert.-Butylat im tert.-Butanol zu vorst. Gemisch u. **XI**, Zusetzen von verd. HCl, Extrahieren mit Bzl. u. Chromatographie an Al_2O_3; aus Methanol Nadeln; 12% (daneben 45% **XII**-*Methylester*); b) aus **IV** u. CH_2N_2. *Diäthylester* (**III**), $C_{25}H_{27}NO_7$, F. 165 bis 166°; a) analog **II** mit **X**-Diäthylester statt **XI**; aus 85%ig. A. Fasern; 16% (daneben 33% **XII**-*Äthylester*); b) analog a) mit der an **VIII** reichen vorst. Fraktion; 0,75% (daneben 31% **XII**-Äthylester) e) analog a) mit der an **IX** reichen vorst. Fraktion; 31% (daneben 28% **XII**-*Äthylester*). — *3-[β-Carboxyäthylcarbamoyl]-4-methyl-5-[6-methoxynaphthyl-(2)]-furan*, $C_{20}H_{19}NO_5$, F. 185–187° (Zers.; verd. A.), durch 1½std. Erwärmen von **V** mit 5%ig. KOH auf dem Dampfbad, Filtrieren, Kühlen, Zusetzen zu eiskalter verd. HCl, stehen auf Eis (10 Std.), Extrahieren mit Essigester u. Ae. u. Eindampfen im Luftstrom bei Raum-Temp.; amorph aus verd. A.; 55%. — *3-Succinimido-4-methyl-5-[6-methoxynaphthyl-(2)]-furan-2-carbonsäureäthylester* (**VI**), $C_{23}H_{21}NO_6$, F. 252,5–253° (Rotfärbung), durch 1std. Erhitzen von **III** mit $KHSO_4$ u. Dest. bei 246–249°/0,2 Torr; aus Äthylenglykoldimethyläther Prismen; aus Bzl. Stäbe; 90%. — *3-Succinimino-4-methyl-5-[6-methoxynaphthyl-(2)]-furan* (**V**), $C_{20}H_{17}NO_4$, F. 228,5–230° (Zers.), durch Zers. von **IV** bei 180–215° (20 Min.) u. Dest. bei 220–260°/0,4 Torr; aus Bzl./PAe. Stäbe; 67%; b) durch Sublimieren vorvorst. Säure bei 220–260s/0,1 Torr. H. Gleinig. 2700◇

Ozonolyse von Naphthochinonen. 1. Mitt. **Ozonolyse von Naphthochinon-(1.4) in Chloroform.** Erling Bernatek. (Tetrahedron [London] **4**, 213–22, Nov. 1958; Oslo-Blindern, Norway, Univ., Kjemiske Inst.; engl.) — Während der Ozonisation von Naphthochinon-(1.4) (**I**) werden etwa 70% anomal zu *Phenylglyoxal-o-carbonsäure* (**II**) u. *CO* ozonisiert, die restlichen 30% geben das normale Ozonid *1.5-Dioxo-2.4-endoperoxy-1.2.4.5-tetrahydrobenz-[d]-oxepin* (**III**). Es wird angenommen, daß sich **III** sofort unter Wärme-Entw. u. ohne Katalyse in *o-[Formyloxycarbonyl]-phenylglyoxal* umlagert, aus dem dann durch Zers. **II** u. CO entstehen. **II** steht im Gleichgewicht mit wenig *Phthalidhydroxycarbonsäure*, was durch die Bldg. eines Gemisches aus *Phthalidcarbonsäure* u. *Phthalid* bei der Vakuumsublimation bewiesen wird. Das anomale Ozonid ist wahrscheinlich *1.5-Dioxo-2.3-epidioxy-1.3.4.5-tetrahydrobenz-[c]-oxepin*. Die Rk. des Ozonisat-Gemischs mit NaJ führt wahrscheinlich zu *o-Phenylendiglykolaldehyd* (**IV**), aus dem mit KCN, vermutlich durch eine intermediäre Benzoin-Kondens. zu *1.3.4-Trihydroxy-2-oxotetralin* u. dessen Disproportionierung, *2.3-Dihydroxy-naphthochinon-(1.4)* entsteht; 1.2.3.4-Tetrahydroxytetralin konnte nicht isoliert werden.

Versuche: *Phenylglyoxal-o-carbonsäure* (**II**), $C_9H_6O_4$, F. 120–122° (Eisessig), durch Ozonisation von **I** in $CHCl_3$ bei –5 bis –8°, Zugabe von PAe., mehrstd.

Kühlen der milchigen Suspension Abtrennen des entstandenen Sirups u. mehrtägiges Stehen unter PAe./$CHCl_3$ bei + 4°. — *2-[2-Carboxyphenyl]-chinoxalin* (?), $C_{15}H_{10}N_2O_2$, F. 277—277,5° (A.), aus **II** mit o-Phenylendiamin (**V**) in verd. HCl; Nadeln. — *Phthalonsäure* (**VI**), $C_9H_6O_5$, F. 142—143° (Ae./PAe; 1:5), durch 5std. Oxydation des Ozonisat.-Gemischs von **I** mit HNO_3 bei 100° u. fraktionierte Kristallisation; daneben *Phthalsäure* (**VII**) [F. 195° (Zers.; W.)]. — *Phthalidcarbonsäure*, $C_9H_6O_4$, F. 155—157° (Essigester/Bzn.; 1:10), durch Vakuumsublimation von **II** im Vakuum bei 130—140° (Bad) u. Behandeln mit heißem Bzn; daneben durch Eindampfen des Bzn.-Lsg. *Phthalid* [F. 69—72° (Bzn.)]. — *2-Hydroxy-3-[2-carboxyphenyl]-chinoxalin*, $C_{15}H_{10}N_2O_3$, F. 232° (verd. Essigsäure; sintert bei 225°), a) durch Kondens. von **VI** mit **V**, b) durch 15std. Kochen von Acetophenon-o-carbonsäure mit SeO_2 in Dioxan/W. u. Rk. des alkohol. Filtrats mit **V**. — *o-Phenylendiglykolaldehyd* (**IV**), $C_{10}H_{10}O_4$, F. 114—115°, durch Rk. der Ozonisat-Gemisches von 5 g **I** in Chlf. mit NaJ in Eisessig, Entfärbung des J_2 mit wss. Na_2SO_3 u. Aufarbeiten der $CHCl_3$-Schicht; sublimiert bei 0,02 Torr; aus Essigester Nadeln; 0,4 g (Ausbeute); gibt durch Rk. in heißem W. mit H_2O_2 84% **VII**. — *1.3.4-Trihydroxy-2oxo-tetralin-2.4-dinitrophenylhydrazon*, $C_{16}H_{14}N_4O_7$, F. 164° (Zers.), durch Rk. von **IV** mit 2.4-Dinitrophenylhydrazin in A./verd. HCl; rote Kristalle. — *Verb. $C_{17}H_{15}O_5N$*, F. 144—145°, durch 1/2std. Kochen von **IV** mit Phenylisocyanat u. Triäthylamin in Bzn.; Nadeln. — *2.3-Dihydroxynaphthochinon-(1.4)* (*Isonaphthazarin*), $C_{10}H_6O_4$, F. 276° (Sublimation), durch 2 Min. langes Kochen von **IV** in A. mit wss. KCN u. Ansäuern mit 2n HCl; aus Bzl. dunkelrote Kristalle. *Diacetyl-Deriv.*, $C_{14}H_{10}O_6$, F. 110° (wss. Aceton),

D. Jahnke. 2700△

Untersuchung auf dem Gebiet der Stereochemie cyclischer Verbindungen. 42. Mitt. Synthese und katalytische Hydrierung von 7-Methoxy-1.2-bis-[hydroxymethyl]-hexahydrophenanthrenen. W. M. Andrejew und W. F. Kutscherow. (Nachr. Akad. Wiss. UdSSR, Abt. chem. Wiss. **1961**, 1636—40; Zelinsky-Inst. für organ. Chem. der Akad. der Wiss. der UdSSR; russ.) — 41. vgl. C. **1962**, 13736. — Das durch Red. von cis-syn-7-Methoxy-1.2.3.9.10.10a-hexahydrophenanthren-1.2-dicarbonsäuredimethylester (**I**) mit $LiAlH_4$ zugängliche *cis-syn-7-Methoxy-1.2-bis-[hydroxymethyl]-1.2.3.9.10.10a-hexahydrophenanthren* (**II**) wird über Pd/$SrCO_3$ zu einem Gemisch aus *cis-syn-cis-7-Methoxy-1.2-bis-[hydroxymethyl]-1.2.3.4.4a.9.-10.10a-oktahydrophenanthren* (*cis-syn-cis*-**III**) u. *cis-anti-cis*-**III** hydriert, aus dem sich die erstgenannte Form durch fraktionierte Kristallisation in mäßiger Ausbeute rein isolieren ließ. Auch die katalyt. Hydrierung von cis-7-Methoxy-1.2-bis-[hydroxymethyl]-1.2.3.4.9.10-hexahydrophenanthren (**IV**) verläuft nicht stereospezif., gestattet jedoch die Isolierung von reinem *cis-anti-cis*-**III**. Nach dem Ergebnis führt die Substitution der $COOCH_3$-Gruppen in **I** u. cis-7-Methoxy-1.2.3.4.9.10-hexahydrophenanthren-1.2-dicarbonsäuremethylester (**V**) durch CH_2OH-Reste zu einem Verlust der Stereospezifizität bei der Anlagerung von H_2 an die nichtaromat. Doppelbindung.

Versuche: *cis-syn-7-Methoxy-1.2-bis-[hydroxymethyl]-1.2.3.9.10.10a-hexahydrophenanthren* (**II**), $C_{17}H_{22}O_3$, F. 155—156°, durch 1std. Kochen von **I** mit $LiAlH_4$ in Ae.-Dioxan; aus Dioxan Nadeln; 92% (Ausbeute). *Diacetat*, $C_{21}H_{26}O_5$, F. 71,5 bis 72,5°, durch 2 Min. langes Kochen von **II** mit Essigsäureanhydrid; aus Ae.-PAe. Schuppen. — *cis-7-Methoxy-1.2-bis-[hydroxymethyl]-1.2.3.4.9.10-hexahydrophenanthren* (**IV**), $C_{17}H_{22}O_3$, F. 134—135° (Essigester), analog **II** aus **V**; 85%. *Diacetat*, $C_{21}H_{26}O_5$, F. 84—85°, aus Ae.-PAe. Nadeln, a) aus **IV** u. sd. Acetylchlorid; b) durch 1/4std. Kochen von **II** mit Acetylchlorid. — *cis-syn-cis-7-Methoxy-1.2-bis-[hydroxymethyl]-1.2.3.4.4a.9.10.10a-oktahydrophenanthren* (*cis-syn-cis*-**III**), $C_{17}H_{24}O_3$, F. 120 bis 121° (Essigester-PAe.), a) durch Hydrieren von 1,1 g **II** in Dioxan über Pd/$SrCO_3$ u. fraktionierte Kristallisation des erhaltenen Isomerengemisches (F. 102—117°; 0,48 g); 0,2 g; b) durch 2 1/2std. Kochen von 5,1 g cis-syn-cis-7-Methoxy-1.2.3.4.4a.9.10.10a-oktahydrophenanthren-1.2-dicarbonsäuredimethylester (cis-syn-cis-**VI**) mit $LiAlH_4$ in Ae.-Dioxan; 3,3 g. *Diacetat*, $C_{21}H_{28}O_5$, F. 102—103° (Ae.-PAe.). — *cis-anti-cis*-**III**, $C_{17}H_{24}O_3$, F. 127—128°, aus Essigester PAe. Nadeln, a) durch Hydrieren von 2,6 g **IV** in A. über Pd/$SrCO_3$ u. fraktionierte Kristallisation; 0,22 g; b) durch 1std. Kochen von 0,76 g cis-anti-cis-**VI** mit $LiAlH_4$ in Ae.-Dioxan; 0,52 g. *Diacetat*, $C_{21}H_{28}O_5$, F. 84—85° (Ae.-PAe.). H.-E. Toussaint. 2850□

Darstellung von Spiranringsystemen durch intramolekulare Alkylierung. John H. Fassnacht und Norman A. Nelson. (J. org. Chemistry **27**, 1885—87, Mai 1962; Cambridge, Mass., MIT, Dep. of Chem.; engl.) —

Spiro-[2.5]-octen-(1)-on-(3) (**IV**) u. *Spiro-[4.5]-decen-(1)-on-(3)* werden durch intramol. Alkylierung aus *β-[2.5-Dihydro-4-methoxyphenyl]-äthanol* [bzw. *4-[2.5-Dihydro-4-methoxyphenyl]-butanol-(1)*] über *β-[4-Ketocyclohexen-(1)-yl]-äthanol* (**II**) [*4-[4-Ketocyclohexen-(1)-yl]-butanol*] u. *4-[β-Tosyloxyäthyl]-cyclohexen-(3)-on* (**III**) [*4-[4-Tosyloxybutyl]-cyclohexen-(3)-on*] dargestellt. UV- u. IR-Maxima vgl. Original.

Versuche: *β-[2.5-Dihydro-4-methoxyphenyl]-äthanol*, $C_9H_{14}O_2$, Kp.$_{0,2-0,15}$ 80°, durch 10 Min. lange Zugabe von Li-Draht zur Lsg. von β-[4-Methoxyphenyl]-äthanol (**I**) in Ae./abs. A./fl. NH_3, $^1/_2$std. Rühren, Zugabe von abs. A. u. Li, $^1/_2$std. Rühren, Verdampfen des NH_3 u. Versetzen mit W.; 72% (Ausbeute). — *β-[4-Ketocyclohexen-(1)-yl]-äthanol* (**II**), Kp.$_{0,006}$ 85—87°, durch $^3/_4$std. Rühren vorst. Verb. in Tetrahydrofuran mit wss. H_2SO_4 bei Raum-Temp.; 53% (enthält ca. 18% **I**). *2.4-Dinitrophenylhydrazon*, $C_{14}H_{16}N_4O_5$, F. 102—104,7° (abs. A.). — *4-[β-Tosyloxyäthyl]-cyclohexen-(3)-on* (**III**), durch Rk. von **II** mit Tosylchlorid in abs. Pyridin bei 0°, 24std. Stehen, Zugabe von Bzl. u. Neutralisieren mit eiskalter n-HCl; 79%. — *Spiro-[2.5]-octen-(1)-on-(3)* (**IV**), $C_8H_{10}O$, Kp.$_{1,5}$ 59°, durch 17std. Kochen von **III** in abs. Dioxan in Ggw. abs. tert.-Butanols mit NaH unter N_2 u. Zugabe von Ae. u. W.; n_D^{29} 1,5170; 29,2%. *Dinitrophenylhydrazon*, $C_{14}H_{14}N_4O_4$, F. 172—172,5° (abs. A.) . — *4-[2.5-Dihydro-4-methoxyphenyl]-butanol-(1)*, $C_{11}H_{18}O_2$, Kp.$_{0,1-0,2}$ 97 bis 99°, durch Versetzen der Lsg. von 4-[p-Methoxyphenyl]-butanol-(1) in abs. Ae. mit fl. NH_3, Zugabe von abs. A., dann rasche Zugabe von Li-Draht unter Rühren, Versetzen mit abs. A. u. NH_4OH, Eindampfen nach 1 Std. u. Versetzen mit W.; 80%. — *4-[4-Ketocyclohexen-(1)-yl]-butanol-(1)*, Kp.$_{0,03}$/$_{0,015}$ 78—115°, analog **II** aus vorst. Verb.; 79%. *2.4-Dinitrophenylhydrazon*, $C_{16}H_{20}N_4O_5$, F. 49,5 bis 51° (abs. A.). — *4-[4-Tosyloxybutyl]-cyclohexen-(3)-on*, analog **III** aus vorst. Verb.; 77%. — *Spiro-[4.5]-decen-(1)-on-(3)*, Kp.$_1$ 82—84°, analog **IV** aus vorst. Verb.; 32%. *2.4-Dinitrophenylhydrazon*, $C_{16}H_{18}N_4O_4$, F. 150—151,2° (abs. A.). — *Spiro-[4.5]-decanon-(3)*, *2.4-Dinitrophenylhydrazon*, $C_{16}H_{20}N_4O_4$, F. 161° (abs. A.), durch Hydrieren vorst. Verb. in abs. A. an 10%ig. Pd/Kohle u. Überführen in das 2.4-Dinitrophenylhydrazon. H.-J. Weigmann. 2950

Bicyclische Systeme hoher Spannung. 6. Mitt. **Reaktionen der 1.5.5-Trimethylbicyclo-[2.1.1]-hexancarbonsäure-(6) und Synthese der Bicyclo-[2.1.1]-hexyl-Analoga von Borneol und Isoborneol.** Jerrold Meinwald, Arthur Lewis und Paul G. Gassman. (J. Amer. chem. Soc. **84**, 977—83, 20/3. 1962; Ithaca, N. Y., Cornell Univ., Dep. of Chem.; engl.) — 5. vgl. Rec. Chem. Progr. **22**, [1961], 39; 4. vgl. C. **1962**, 434; 1. vgl. C. **1961**, 16818. — Durch photochem. Ringverengung von Diazocampher (**I**) entsteht als Hauptprod. (+)-*1.5.5-Trimethylbicyclo-[2.1.1]-hexan-exo-6-carbonsäure* (**II**), daneben werden *1.7.7-Trimethyltricyclo-(2.2.1.0^{3,5})-heptanon-(6)* u. *Camphersäureanhydrid* isoliert. **II** wird durch Hydrolyse des Methylesters in die *endo-Carbonsäure* (**III**) umgelagert. **II** u. **III** können zu *6-Methylen-1.5.5-trimethylbicyclo-[2.1.1]-hexan* abgebaut u. durch H_2SO_4 zu *Dihydro-β-campholenolacton* (**X**) u. *1.2.2-Trimethylbicyclo-[3.1.0]-hexan-endo-6-carbonsäure* (?) (**XI**) isomerisiert werden. Durch Rk. von **III** mit Methyl-Li wird (+)-*endo-6-Acetyl-1.5.5-trimethylbicyclo-[2.1.1]-hexan* gebildet, das durch Trifluorperessigsäure-Oxydation u. nachfolgende Red. mit $LiAlH_4$ in (+)-*1.5.5-Trimethylbicyclo-[2.1.]-hexan-endo-ol-(6)*(**XII**) übergeht. Sarett-Oxydation von **XII** ergibt *1.5.5-Trimethylbicyclo-[2.1.1]-hexanon-(6)* das durch $LiAlH_4$ zu (—)-*1.5.5-Trimethyl-[2.1.1]-hexan-exo-ol-(6)* reduziert wird. UV- u. IR-Spektren vgl. Original.

Versuche: (+)-*1.5.5-Trimethylbicyclo-[2.1.1]-hexan-exo-6-carbonsäure* (**II**), F. 100—101°, aus **I** nach Horner u. Spietschka (vgl. C. **1956,** 3815); $[\alpha]_D$ +13,8° Chlf.); 60% (Ausbeute); daneben *Isocyclenon* [F. 165—167°. *Semicarbazon*, $C_{11}H_{17}$·N_3O, F 242,5—243° (A.)] u. *Camphersäureanhydrid* [F. 220° (Pentan)]. *Methylester*, Kp.$_{18}$ 98—100°, durch Rk. von **II** mit äther. CH_2N_2; $[\alpha]_D$ +29° (A.); n_D^{28} 1,4570; 92%. *N.N-Dimethylamid* (**IV**), $C_{12}H_{21}NO$, Kp.$_1$ 86—88°, durch 18std. Rk. von **II** in abs. Bzl. mit Oxalylchlorid bei Raum-Temp., Eindampfen im Vakuum, Versetzen mit Ae. u. Durchleiten von Dimethylamin; n_D^{28} 1,4861; $[\alpha]_D$ + 22,3° (A.); 94%. — (+)-*1.5.5-Trimethylbicyclo-[2.1.1]-hexan-endo-6-carbonsäure* (**III**), $C_{10}H_{16}O_2$, F. 43—43,5, durch 2std. Kochen vorst. Methylesters mit wss.-äthanol. NaOH u. Sublimieren; $[\alpha]_D$ 68,7° (Chlf.); 86%. *Anilid*, $C_{16}H_{21}NO$, F. 128—128,5°, aus wss. A. Nadeln. *Methylester*, $C_{11}H_{18}O_2$, Kp.$_{19}$ 97—99°, durch Rk. von **III** mit äther. CH_2N_2; n_D^{28} 1,4545; $[\alpha]_D$ +64,4° (A.); 90%. *N.N-Dimethylamid* (**V**), $C_{12}H_{21}NO$, Kp.$_3$ 105—107°, analog **IV** aus **III**; n_D^{28} 1,4818; $[\alpha]_D$ + 19,7° (A.); 82%. — (+)-*exo-6-Dimethylaminomethyl-1.5.5-trimethylbicyclo-[2.1.1]-hexan* (**VI**), $C_{12}H_{23}N$, Kp.$_{18}$ 88—90°, durch Zutropfen abs. äther. **IV**-Lsg. zu $LiAlH_4$ in Ae., 12std. Rühren bei Raum-Temp., Kühlen auf 0°, Zutropfen von W. u. 2std. Rühren; n_D^{28} 1,4640; $[\alpha]_D$ + 8,7° (A.); 90%. *Pikrat*, $C_{18}H_{26}N_4O_7$, F. 132—132,5°, aus wss. A. gelbe Nadeln. — *(+)-endo-6-Dimethylaminomethyl-1.5.5-trimethylbicyclo-[2.1.1]-hexan* (**VII**), $C_{12}H_{23}N$, Kp.$_{19}$ 86—87°, analog **VI** aus **V**; n_D^{28} 1,4588; $[\alpha]_D$ + 27,6° (A.); 94%. *Pikrat*, $C_{18}H_{26}N_4O_7$, F. 126—127°, aus wss. A. gelbe Nadeln. — *exo-6-Dimethylaminomethyl-1.5.5-trimethylbicyclo-[2.1.1]-hexan-N-oxid* (**VIII**), durch Zugabe von 30%ig. H_2O_2 zur methanol. Lsg. von **VI** unter Kühlung, 12std. Rühren, Zugabe von Pt-Schwarz u. 24std. Rühren. *Pikrat*, $C_{18}H_{26}N_4O_8$, F. 136—137°, aus wss. A. gelbe Nadeln. — *endo-6-Dimethylaminomethyl-1.5.5-trimethylbicyclo-[2.1.1]-hexan-N-oxid* (**IX**), analog **VIII** aus **VII**. *Pikrat*, $C_{18}H_{26}N_4O_8$, F. 134—135°, aus wss. A. gelbe Nadeln. — *6-Methylen-1.5.5-trimethylbicyclo-[2.1.1]-hexan*, $C_{10}H_{16}$, F. 60—61°, a) durch Pyrolyse von **VIII** bei 130—135°/50 Torr u. Sublimieren; 69%; b) analog aus **IX**; 63%. — *Dihydro-β-campholenolacton* (**X**), $C_{10}H_{16}O_2$, F. 36—37°, Kp.$_2$ 94—96°, a) durch vorsichtiges Eintragen von **II** in konz. H_2SO_4, $^1/_2$std. Rühren bei 45—50°, Kühlen u. Gießen auf Eis; $[\alpha]_D$ + 3,9° (c = 1,5); 49%; daneben 19% **XI** [F. 80—81° (verd. Essigsäure u. Sublimation); $[\alpha]_D$ — 26,9° (c = 1,3; Chlf.)]; b) durch $^3/_4$std. Rühren von 60 mg **XI** mit konz. H_2SO_4 bei 45—50° u. Gießen auf Eis; 30 mg; c) analog a) aus **III**; daneben **XI**. — *β-[2.3.3-Trimethyl-2-hydroxycyclopentyl]-äthanol*, F. 145—145,5° (PAe.), durch Zutropfen abs. äther. **X**-Lsg. zu $LiAlH_4$ in Ae., 6std. Rühren bei Raum-Temp. u. Zutropfen von W.; 72%. — *1.2.2-Trimethylbicyclo-[3.1.0]-hexan-6-carbonsäuremethylester*, $C_{11}H_{18}O_2$, durch Rk. von **XI** in Ae. mit CH_2N_2; n_D^{22} 1,4608. — *1.2.2-Trimethyl-6-acetylbicyclo-[3.1.0]-hexan*, durch Zutropfen abs. äther. Methyl-Li-Lsg. zu 300 mg **XI** in Ae., 1std. Rühren u. Versetzen mit W. u. Ae.; 106 mg. *2.4-Dinitrophenylhydrazon*, $C_{17}H_{22}N_4O_4$, F. 156—157°, aus A. hellorangefarbene Nadeln. — *1-Methylbicyclo-[3.1.0]-hexan-6-carbonsäure*, $C_8H_{12}O_2$, F. 62,5—63° (Nitromethan u. Sublimieren), durch 4 Min. langes Erhitzen von 1-Methylcyclopenten mit Diazoessigsäureäthylester u. Cu-Pulver, Kühlen mit Eis. Zugabe der anderen Hälfte Diazoessigester u. 3std. Erhitzen des unreinen *Esters* (Kp.$_{15}$ 94—101°; 36%) mit wss.-methanol. KOH; 32%. — *exo-6-Acetyl-1.5.5trimethylbicyclo-[2.1.1]-hexan*, $C_{11}H_{18}O$, Kp.$_{11}$ 85—87°, durch Zugabe von wasserfreiem $CdCl_2$ zur abs. äther. Methyl-MgJ-Lsg., $^3/_4$std. Kochen, Austausch des Ae. gegen Bzl., Zugabe von wasserfreiem $FeCl_3$, Kühlen mit Eis, Zutropfen von **II**-Säurechlorid (vgl. **IV**) u. 2std. Kochen; 78% (davon $^1/_5$ nachst. *Verb.*). *Semicarbazon*, $C_{12}H_{21}N_3O$, F. 209,5—210,5° (A.). — *(+)-endo-6-Acetyl-1.5.5-trimethylbicyclo-[2.1.1]-hexan*, $C_{11}H_{18}O$, Kp.$_{12}$ 80—82°, durch 1std. Zutropfen abs. äther. Methyl-Li-Lsg. zu **III** in Ae., 1std. Rühren u. Gießen auf Eis; n_D^{28} 1,4618; $[\alpha]_D$ + 34,6° (A.); 82%. *Semicarbazon*, $C_{12}H_{21}N_3O$, F. 221—222° (A.). *2.4-Dinitrophenylhydrazon*, $C_{17}H_{22}N_4O_4$ F. 131—132° (A.), auch aus vorst. Verb. durch Rk. bei 70° zugänglich. — *(+)-1.5.5-Trimethylbicyclo-[2.1.1]-hexan-endo-ol-(6)* (**XII**), $C_9H_{16}O$, F. 121—122°, durch Zutropfen der Lsg. von Trifluorperessigsäure in CH_2Cl_2 zu 1,6 g vorst. Verb. u. wasserfreiem Na_2HPO_4 in CH_2Cl_2, 8std. Kochen, Abtrennen anorgan. Salze, Rk.-Folge wiederholen, 12std. Kochen, Abtrennen anorgan. Salze, Verdampfen, Eintropfen des abs. äther. Lsg. des rohen *Acetats* (1,83 g) zu $LiACH_4$ in abs. Ae., 8std. Rühren bei Raum-Temp., Versetzen mit W. bei 0° u. 1std. Rühren; $[\alpha]_D$ + 15,1° (A.); 73%. *p-Nitrobenzoyl-Deriv.*, $C_{16}H_{19}NO_4$, F. 98,5—99° (wss. A.). — *1.5.5-Trimethylbicyclo-[2.1.1]-hexanon-(6)*, durch Zutropfen der Lsg. von CrO_3 in abs. Pyridin zur Lsg. von **XII**, 3tägiges Rühren bei Raum-Temp. u. Versetzen mit W.; 51%. — *(—)-1.5.5-Trimethyl-bicyclo-[2.1.1]-hexan-exo-ol-(6)*, $C_9H_{16}O$, F. 124—125,5°, durch 2std. Red. vorst. Verb. in abs. Ae. mit $LiAlH_4$ bei — 5° u. Versetzen mit W.; $[\alpha]_D$ — 17,4°; 73%.

H.-J. Weigmann. 2950◇

Diels-Alder-Reaktion eines unkonjugierten Diens. E. F. Ullman. (Chem. and Ind. **1958**, Nr. 36, 1173—74, 6/9; Pearl River, N. Y., Amer. Cyanamid Comp., Res. Div.; engl.) — *Tetracyclo-[4.2.1.0^{2,9}.0^{3,7}]-nonan-4.5-dicarbonsäureanhydrid* ($C_{11}H_{10}O_3$, F. 120°); entsteht durch 5std. Erhitzen von 1.4-Endomethylencyclohexadien mit Maleinsäureanhydrid auf 205°. Strukturunterss. werden diskutiert, die Maxima des IR-, UV- u. KMR-Spektrums sind angegeben.

W. Hampel. 2950□

Fluoraden. Henry Rapoport und Gerald Smolinsky. (J. Amer. chem. Soc. **82**, 934—41, 20/2. 1960; Berkeley, Calif., Univ. of California, Dep. of Chem.; engl.) — Bei der Desaminierung von 9-o-Aminophenylfluoren (**I**) eststeht *Indeno-[1.2.3:jk]-fluoren* (*Fluoraden*, **II**). **I** wird durch Säureazid-Abbau aus *9-[o-Carboxyphenyl]*-

fluoren (IV), dargestellt, wobei außerdem *Spiro-[oxindol-3.9-fluoren]* entsteht, das durch sd. alkalisches Äthylenglykol zu I decarboxyliert wird. Durch O_2-Oxydation von II in alkal. Lsg. entsteht *12.12'-Bifluoradenyl* (III) UV-Spektren s. Original.

Versuche: *9-[o-Carboxyphenyl]-fluoren* (IV), F. 240—241° (Essigsäure), aus 9-[o-Chlorphenyl]-fluoren (VII) u. CuCN in Chinolin u. Acetonitril durch 12std. Kochen, Verseifen mit KOH in Äthylenglykol; 59% (Ausbeute). — *9-[o-Äthoxycarbonylaminophenyl]-fluoren*, $C_{22}H_{19}NO_2$, F. 110—111° (Bzl.-Methylcyclohexan 1:10), aus vorst. Verb. mit Thionylchlorid über das *Säurechlorid*, Zugabe von NaN_3 in Aceton bei 5° u. 1,5std. Kochen des *Azides* mit abs. A.; 93%. — *Spiro-[oxindol-3.9-fluoren]*, $C_{20}H_{13}NO$, F. 259—260° (Isopropanol), durch 17std. Kochen vorst. Verb. mit abs. A. in Ggw. von Na-Alkoholat; 96%. — *9-[o-Aminophenyl]-fluoren* (I), $C_{19}H_{15}N$, F. 161—162° (Sublimieren bei 100°/0,03 Torr), durch 15std. Kochen vorst. Verb. mit KOH u. Äthylenglykol in N_2-Atm.; 93%. — *Fluoraden* (II), $C_{19}H_{12}$, F. 129,8—130,3°, durch Diazotieren vorst. Verb. in Essigsäure-konz. H_2SO_4 bei 13°, Zugeben von 3n H_2SO_4 bei 3°, 0,5std. Erhitzen auf 100°, Extrahieren mit Benzol u. Chromatographieren an Al_2O_3 in Hexan; 23%; daneben durch Eluieren mit Bzl.; 69%. *9-[o-Hydroxyphenyl]-fluoren*, [$C_{19}H_{14}O$, F. 142—143°, (sublimiert bei 120°/0,05 Torr)] u. 46% *12.12'-Bifluoradenyl* [III, $C_{38}H_{22}$, F. 306—307° (Zers.; Toluol), auch a) aus II durch 90std. Rk. mit alkal. Bzl./Methanol (1:1) unter N_2; b) aus V u. Hg in Bzl. in Ggw. von Pb unter N_2; 49%]. — *12-Bromfluoraden* (V), $C_{19}H_{11}Br$, F. 193—194° (Zers., Sublimation bei 135°/0,02 Torr) durch 12std. Kochen von II in CCl_4 mit N-Bromsuccinimid unter N_2;; 75%. — *12-Methoxyfluoraden*, $C_{20}H_{14}O$, F. 149—150° sublimiert bei 90°/0,3 Torr, durch 12std. Kochen vorst. Verb. mit abs. Methanol, Chromatographie an Al_2O_3 in Bzl. u. Eluieren mit Hexan. — *12-Hydroxyfluoraden*, $C_{19}H_{12}O$, F. 160° (Zers.), sublimiert bei 110°/0,1 Torr, durch 18std. Kochen von V in Tetrahydrofuran in Ggw. von W., Chromatographieren an Al_2O_3 u. Eluieren mit Hexan-Bzl. (1:1). — *4b.5.6.7.7a.12b-Hexahydrofluoraden*, $C_{19}H_{18}$, F. 118—119°, sublimiert bei 90°/0,1 Torr; a) durch Hydrieren von II in abs. A. in Ggw. von Pd-Kohle; b) analog aus III. — *Deuteriumäthoxyd* VI) aus Äthylorthosilikat u. D_2O durch 24std. Kochen u. Destillieren mit 10% Na. — *$D_{(9)}$-9-o-Chlorphenylfluoren*, durch 12std. Kochen von VII mit VI. — *$D_{(12)}$-Fluoraden*, aus III u. VI durch 15std. Kochen. — *$T_{(12)}$-Fluoraden*, durch 16std. Kochen von II mit A., Toluol u. T_2O/W. — *9-Phenylfluoren*, F. 147—148°, durch Hydrieren von VII, Na-Acetat u. A. in Ggw. von Pd/C; sublimiert bei 80°/0,05 Torr. — *1-Phenylfluoren*, $C_{19}H_{14}$, F. 38—41°, Sublimiert bei 80°, 0,1 Torr durch Hydrieren von 35 mg 1-Phenylfluorenon in Bzl.-A. in Ggw. von Pd-Kohle, chromatographieren an Al_2O_3 u. Eluieren mit Hexan; 331 mg (Ausbeute).

W. Hampel. 2950□

Synthese von 2-Alkoxymethyl-Δ^2-imidazolinen und -Δ^2-tetrahydropyrimidinen. Horst Baganz, Lothar Domaschke, Jürgen Fock und Siegfried Rabe. (Chem. Ber. **95**, 1832—39, 16/7. 1962; Berlin, TU, Organ.-Chem. Inst.; dt.) — Die Darst. verschiedener *2-Alkoxymethyl-Δ^2-imidazoline* u. *-Δ^2-tetrahydropyrimidine* aus den entsprechenden Alkoxyessigsäureestern u. Alkoxyacetamiden sowie aus 1.1.2.2-Tetrahalogen-1.2-dialkoxyäthanen wird beschrieben. Maxima der IR-Spektren vgl. Original.

Versuche: Δ^2-Imidazoline: *2-Methoxymethyl-*, $C_5H_{10}N_2O$, Kp.$_{12}$ 108°, durch 2std. Kochen von Methoxyessigsäuremethylester u. Äthylendiamin in Methanol; n_D^{25} 1,4838, 29,8% (Ausbeute); daneben *N.N'-Bis-[methoxyacetyl]-äthylendiamin*, $C_8H_{16}N_2O_4$, F. 143° (Methanol); 28,8%. — *2-Äthoxymethyl-*, C_6H_{12}·N_2O, Kp.$_{0,5}$ 87—87,5°, analog vorst. Verb.; n_D^{25} 1,4796; 17,2%; daneben *Äthoxyessigsäure-[β-aminoäthylamid]* ($C_6H_{14}N_2O_2$, Kp.$_{0,4}$ 127,5—128°; n_D^{25} 1,4727; 22,6%) u. *N.N'-Bis-[äthoxyacetyl]-äthylendiamin* ($C_{10}H_{20}N_2O_4$, F. 123° (Essigester); 22,4%]. — *2-n-Butoxymethyl-* (I), $C_8H_{16}N_2O$, Kp.$_{0,3}$ 98°; n_D^{25} 1,4742; 41%. — *2-Diäthoxymethyl-*, $C_8H_{16}N_2O_2$, Kp.$_{0,2}$ 86—88°, Kp.$_{0,1}$ 78—79°, a) durch 48std. Kochen von Diäthoxyessigsäureäthylester (II) u. Äthylendiamin, 2std. Erhitzen des entstandenen *Diäthoxyessigsäure-[β-aminoäthylamid]* ($C_8H_{18}N_2O_3$, Kp.$_{0,2}$ 132 bis 134°; n_D^{25} 1,4638; 81%) mit CaO auf 225° u. ½std. Kochen mit abs. A.; n_D^{25} 1,4672; 72,5%; b) durch 48std. Erhitzen von II u. Äthylendiamin im Rührautoklaven auf 190° bei 170 at N_2-Druck; 44%; daneben *N.N'-Bis-[diäthoxyacetyl]-äthylendiamin* ($C_{14}H_{28}N_2O_6$, F. 162°). *Hydrochlorid*, $C_8H_{16}N_2O_2 \cdot HCl$, F. 178°; 95%. — *2-Dimethoxymethyl-*, $C_6H_{12}N_2O_2$, F. 51°, Kp.$_{0,05}$ 65—66°, analog vorst. Verb. nach b); 30,6%; daneben *Dimethoxyessigsäure-[β-aminoäthylamid]* ($C_6H_{14}N_2O_3$, Kp.$_{0,05}$ 115—118°; n_D^{25} 1,4766; 13,6%) u. *N.N'-Bis-[dimethoxyacetyl]-äthylendiamin* ($C_{10}H_{20}N_2O_6$, F. 128°). — *2-Formyl-*, *2.4-Dinitrophenylhydrazonhydro-*

chlorid, $C_{10}H_{10}N_6O_4 \cdot HCl$, F. 267°, durch 1std. Kochen vorvorst. Verb. mit 2.4-Dinitrophenylhydrazin in A. u. 20%ig. HCl; aus Methanol gelbe Kristalle. — *2-Triäthoxymethyl-*, $C_{10}H_{20}N_2O_3$, F. 64—65° (A.), a) durch 2std. Kochen von 1.1.2.2.-Tetrachlor-1.2-diäthoxyäthan u. Äthylendiamin in A.; 25,9%; b) analog a) aus 1.2-Dibrom-1.2-dichlor-1.2-diäthoxyäthan u. Äthylendiamin in A.; 40,7%. *Hydrochlorid*, $C_{10}H_{20}N_2O_3 \cdot HCl$, F. 220—222° (Zers.; W./A./Bzl.), neben nachst. Verbindung. — *1-Tosyl-2-triäthoxymethyl-*, $C_{17}H_{26}N_2O_5S$, F. 98—99° (A.), durch 1/2std. Kochen vorst. Verb. mit p-Tosylchlorid in abs. Bzl. 76%. — *Diäthoxyessigsäureäthylester* (**II**), Kp.$_{12}$ 83—85°, durch Zutropfen von α-Chlor-α-äthoxyacetylchlorid zu abs. A., Pyridin (bzw. Triäthylamin) u. Bzl. u. 2std. Kochen; n_D^{25} 1,4067; 78%. — *Bis-[Δ²-imidazolinyl-(2)]*, $C_6H_{10}N_4$, F. 294° (A.), durch 1std. Erwärmen von 1.1.2.2-Tetrachlor-1.2-bis-[äthylmercapto]-äthan u. Äthylendiamin in A. auf 50—55°; 94,5%. *Dihydrochlorid*, $C_6H_{10}N_4 \cdot 2HCl$, F. 335° (Zers.), mit wss. HCl u. A.; Nadeln. — *Bis-[Δ²-tetrahydropyrimidyl-(2)]* (**III**), $C_8H_{14}N_4$, F. 173° (Vakuumsublimation u. A.), a) durch 15std. Kochen von Trimethylendiamin u. N.N-Diäthyloxamidsäureäthylester u. Dest. bei 180—195°/2,5—3 Torr; b) durch 3std. Kochen von Rubeanwasserstoff mit Trimethylendiamin; c) analog b) durch 6std. Kochen in A.; d) durch 5std. Einleiten von Dicyan in die äther. Lsg. von 20 g Trimethylendiamin; 5,7 g. *Dihydrochlorid*, $C_8H_{14}N_4 \cdot 2HCl$, F. 325°, mit äthanol. HCl; ca. 100%. — Δ²-Tetrahydropyrimidine: *2-Äthoxymethyl-*, $C_7H_{14}N_2O$, Kp.$_{0,2}$ 76—77°, durch 12std. Kochen von Äthoxyessigsäureäthylester u. Trimethylendiamin in A.; n_D^{25} 1,4920; 60,7%. — *2-n-Butoxymethyl-*, $C_9H_{18}N_2O$, Kp.$_{0,7-0,8}$ 125—130°, Kp.$_{0,4}$ 115°, a) analog vorst. Verb.; n_D^{25} 1,4822; 63%; b) durch 55std. Kochen von n-Butoxyacetamid u. Trimethylendiamin; 59%. — *2-Diäthoxymethyl-*, $C_9H_{18}N_2O_2$, Kp.$_{0,5}$ 105°, Kp.$_{0,15}$ 88°, a) durch 12std. Kochen von **II** u. Trimethylendiamin in A.; n_D^{25} 1,4748; 67%; b) durch 70std. Kochen von Diäthoxyacetamid mit Trimethylendiamin; 60%. *Hydrochlorid*, $C_9H_{18}N_2O_2 \cdot HCl$, mit äther. HCl. — *2-Triäthoxymethyl-*, $C_{11}H_{22}N_2O_3$, F. 68° (Aceton), durch Zutropfen von Trimethylendiamin in A. zu 1.2-Dibrom-1.2-dichlor-1.2-diäthoxyäthan in A., 3std. Erwärmen auf 50° u. mehrstd. Stehen; 28,3%; daneben **III**. — *n-Butoxyessigsäure-[β-aminoäthylamid]*, $C_8H_{18}N_2O_2$, Kp.$_{0,2}$ 110°, durch 75std. Kochen von 40 g n-Butoxyacetamid u. 200 ml Äthylendiamin; n_D^{25} 1,4685; 67,2%. — *N.N'-Bis-[n-butoxyacetyl]-äthylendiamin*, $C_{14}H_{28}N_2O_4$, F. 103° (A.), a) neben **I**; 43%; b) neben vorst. Verb.; 7 g. P. Golinske. 3000◇

Notiz über die Synthese von Δ²-Imidazolinen und Δ²-Tetrahydropyrimidenen aus Orthocarbonsäureestern. Horst Baganz und Lothar Domaschke. (Chem. Ber. **95**, 1840—41, 16/7. 1962; dt.) — Vgl. vorst. Referat. — Orthocarbonsäuretrialkylester geben mit überschüssigem Äthylendiamin bzw. Propylendiamin in Ggw. kleiner Mengen des entsprechenden Hydrochlorids oder Sulfonats oder p-Tosylchlorids *Δ²-Imidazoline bzw. Δ²-Tetrahydropyrimidine*. Die Meth. gestattet beliebige Verdünnung des Rk.-Gemisches mit dem jeweiligen Amin, dessen Siedebereich die Rk.-Temp. bestimmt. Die Ausbeuten betragen 80%. Als Zwischenstufe wird ein Formimidsäureester angenommen.

Versuche: 2-Alkyl-Δ²-imidazoline, durch 3—6std. Kochen von Orthocarbonsäuretrialkylester u. dem entsprechenden Amin in Ggw. von Diaminhydrochlorid oder p-Tosylchlorid unter Abdest. des entstehenden Alkohols: *2-Methyl-*, F. 99—100°, Kp.$_{12}$ 100—110°; 75% (Ausbeute). — *2-Äthyl-*, F. 46°, Kp.$_{12}$ 103 bis 104°; 85,5%. — *2-Phenyl-*, F. 101°, Kp.$_{0,3}$ 148°; 78%. — 2-Alkyl-Δ²-tetrahydropymidine, analog vorst. Verbb.: *2-Methyl-*, F. 72°, Kp.$_{12}$ 114—116°; 81,5%. — *2-Äthyl-*, $C_6H_{12}N_2$, F. 54—55°, Kp.$_{12}$ 103—104°; sehr hygroskop.; 85,5%. — *2-Phenyl-*, $C_{10}H_{12}N_2$, F. 91°, Kp.$_{0,4}$ 150—151°; aus Hexan Nadeln; 86,5%. P. Golinske. 3000◇

Untersuchungen über das Benzofuran. 9. Mitt. **Orientierung der Acylierung von am Heteroring disubstituierten Benzofuranderivaten.** Emile Bisagni und René Royer. (Bull. Soc. chim. France **1962**, 925—32, Mai; Paris, Fondat. Curie, Inst. du Radium, Labor. de Chim. Organ.; franz.) — 8. vgl. C. **1963**, 875. — Eine Reihe substituierter *2-Aryloxybutanone-(3)* u. *α-[Aryloxy]-propiophenone* wird dargestellt u. ihre Cyclodehydratation durch $POCl_3$, Polyphosphor- u. Schwefelsäure untersucht. Die beobachtete besondere Reaktivität des $C_{(6)}$ von am Heteroring disubstituierten Benzofuranen (vgl. 5. Mitt., C. **1962**, 5283) gegenüber Acylierungsmitteln findet durch entsprechende Rkk. von 2.3-Dialkyl- u. 2-Alkyl-3-acylbenzofuranen weitere Bestätigung. 2.3-Dimethylbenzofuran (**I**) wird acetyliert, benzoyliert u. anisoyliert; 2-Methyl-3-[4-methoxyphenyl]-benzofuran (**XIII**) wird acetyliert

u. propionyliert u. die Stellung der entsprechenden Substituenten bestimmt. Die IR-Spektren für die am Benzolring äthylierten 2.3-Dimethylbenzofurane sind graph. wiedergegeben.

Versuche: *2-Formyl-3-methylbenzofuran*, $C_{10}H_8O_2$, F. 63—64°, Kp.$_{18}$ 148 bis 150°, durch 0,5std. Erhitzen von 3-Methylbenzofuran u. Dimethylformamid mit $POCl_3$ auf dem Wasserbad u. Zers. durch kurzes Kochen mit gesätt. Na-Acetat-Lsg.; aus PAe. Nadeln; 83% (Ausbeute). — *2.3-Dimethylbenzofuran* (**I**), Kp.$_{17}$ 103 bis 103,5°, a) durch 15 Min. Erhitzen vorst. Verb. mit Hydrazinhydrat in Diäthylenglykol, Zusetzen von KOH u. 20 Min. Erhitzen, Gießen in W. u. Ansäuern mit HCl; n_D^{24} 1,5543; 50%; b) durch 15 Min. Rühren von **II** in konz. H_2SO_4 bei 0—5° u. Gießen in Eiswasser; 80%; c) durch 4std. Erhitzen von **II** u. $POCl_3$ auf dem Wasserbad u. Gießen in W.; 60%. *Pikrat*, F. 89°, aus A. gelbe Nadeln. — 3-Aryloxybutanone-(2), durch 40—60std. Kochen des entsprechenden Phenols mit 3-Chlorbutanon-(2) in Ggw. von K_2CO_3 in Aceton, Eingießen in W. u. Ansäuern mit HCl: *3-Phenoxy-* (**II**), Kp.$_{20}$ 118°, $n_D^{28,5}$ 1,5038; 61%. — *3-[4-Äthylphenoxy]-* (**III**), Kp.$_{19}$ 139—140°, $n_D^{28,5}$ 1,4996; 62%. — *3-[2-Äthylphenoxy]-* (**IV**), Kp.$_{19}$ 133—134°, $n_D^{28,5}$ 1,4997; 54,5%. — *3-[3-Methoxyphenoxy]-* (**V**), Kp.$_{23}$ 157°, $n_D^{27,5}$ 1,5198; 70%. — 4-[α-(Aryloxy)-propionyl]-anisole, mit 4-[α-Chlorpropionyl]-anisol wie vorst.: *(Phenoxy)-* (**VI**), Kp.$_{18}$ 228—232°, F. 84° (A.); 77%. — *-(4-Acetylphenoxy)-* (**VII**), Kp.$_{16}$ 278—280°, F. 81—82° (A.); 71,5%. — *-(4-Propionylphenoxy)-* (**VIII**), Kp.$_{15}$ 275—280°, F. 95,5—96° (A.); 77%. — *-(2-Äthylphenoxy)-* (**IX**), Kp.$_{15}$ 233°, F. 70—71° (A.); 46%. — *-(4-Äthylphenoxy)-* (**X**), Kp.$_{16}$ 234—235°, F. 58—59° (A.); 58,5%. — *-(3-Äthylphenoxy)-* (**XI**), Kp.$_{15}$ 235—236°, F. 53—54° (A.); 50%. — *-(3-Methoxyphenoxy)-* (**XII**), F. 75,5° (A.); 69%. — 2.3-Dimethylbenzofurane, a) durch 15 Min. Rühren des entsprechenden 3-Aryloxybutanons-(2) mit konz. H_2SO_4 bei 0—5° u. Einpressen in W.; b) durch 4std. Erhitzen mit $POCl_3$ auf dem sd. Wasserbad u. Eingießen in W.; c) durch 40 Min. Erhitzen von **V** unter Rühren mit $ZnCl_2$ auf 160—170° u. Zers. mit W.: *5-Äthyl-*, Kp.$_{12}$ 128—128,5°, aus **III**; n_D^{24} 1,5437; nach a); 80%; nach b) 25%. *Pikrat*, F. 86°, aus A. orangefarbene Nadeln. — *7-Äthyl-*, Kp.$_{18}$ 125°; aus **IV** nach a); n_D^{27} 1,5423; 63%. *Pikrat*, F. 86 bis 87°, aus A. orangefarbene Nadeln. — *4- + 6-Methoxy-*, (**XVIII**), Kp.$_{13}$ 136°, aus **V**; n_D^{22} 1,5568; nach a); 88%, nach b) 78,5%, nach c) 77,5%. — 2-Methyl-3-[4-methoxyphenyl]-benzofurane a) durch 3,5std. Rühren von 80%ig. H_3PO_4 u. P_2O_5 mit den entsprechenden Anisolen bei 110—120°, Zusetzen von Ae. u. 3,5std. Erwärmen auf 80°, 2 Std. auf 105—110° oder 130°, Zers. mit W.; nach b) mit $POCl_3$ wie vorst.: *unsubstituiert* (**XIII**), Kp.$_{13}$ 206—208°, aus **VI**; $n_D^{19,5}$ 1,6220; nach d) bei 80° 90%, nach d) bei 130° 72%, nach b) 83,5%. — *5-Acetyl-*(**XIV**), F. 81—82°, nach d) bei 105—110° aus **VII**; aus A. beigefarbene Plättchen; 10%. — *5-Propionyl-* (**XV**), F. 97°, nach d) aus **VIII**; aus A. cremefarbene Nadeln; 14,5%. — *7-Äthyl-*, Kp.$_{16}$ 223°; F. 54—55°, nach b) aus **IX**; aus A. Nadeln; 70%. — *5-Äthyl-* (**XVI**), Kp.$_{14}$ 224—225°, F. 45°, nach b) aus **X**; aus A. Nadeln; 82%. — *4-Äthyl-*, F. 111—111,5° (aus verd. A. Nadeln), aus **XI** nach b) über ein *Gemisch* (Kp.$_{17}$ 225 bis 230°; 78%) mit *6-Äthyl-* (**XXIII**; F. 67°) u. Trennung durch fraktionierte Kristallisation. — *6-Methoxy-* (**XVII**), F. 83,5—84°, Kp.$_{17}$ 242—244°, aus **XII** nach b); 72%. — *6-Acetyl-2.3-dimethylbenzofuran*, $C_{12}H_{12}O_2$, F. 77,5°, Kp.$_{20}$ 184°, durch 18std. Stehenlassen von **I** mit Acetylchlorid u. $AlCl_3$ bei 15° in CS_2; aus PAe. Nadeln; 43%. *Oxim*, $C_{12}H_{13}NO_2$, F. 172—173° (A.); 95%. — *2.3-Dimethyl-6-äthylbenzofuran*, $C_{12}H_{14}O$, Kp.$_{26}$ 135°, durch 15 Min. Kochen vorst. Verb. mit Hydrazinhydrat in Diäthylenglykol, Kühlen, Zusetzen von KOH u. 0,5std. Kochen; $n_D^{23,5}$ 1,5437; 87,5%. *Pikrat*, $C_{18}H_{17}N_3O_8$, F. ~45° (Zers.), aus A. rote Plättchen. — *2.3-Dimethyl-6-aminobenzofuran*, $C_{10}H_{11}NO$, F. 54°, Kp.$_{14}$ 140°, aus dem Hydrochlorid in heißem W. u. NH_4OH u. Dest.; aus Ae. wellige Nadeln; 59,5%. *N-Acetylderiv.*, $C_{12}H_{13}NO_2$, F. 182—183°, durch 18std. Stehenlassen vorvorst. Oxims mit PCl_5 in Ae., Zers. durch Eingießen in W. u. Eindampfen; aus A. Nadeln; 69%. *Hydrochlorid*, $C_{10}H_{11}NO \cdot HCl$, F. ~ 230° (Zers.), durch 1std. Kochen von 36 g des Acetylderiv. in A. mit konz. HCl, Eindampfen u. Verdünnen mit W.; Nadeln; 31 g. — *2.3-Dimethyl-6-hydroxybenzofuran*, F. 107,5—108°, durch Lösen vorst. Amins in heißer verd. H_2SO_4, Behandeln mit $NaNO_2$ in W., 1std. Stehenlassen bei 55°, 3std. Rühren mit konz. H_2SO_4 bei Raumtemp., Eingießen des erhaltenen *Diazoniumsulfats* in H_3PO_4, Erwärmen auf 100° unter Durchleiten von Wasserdampf, nach beendeter Rk. weiteres Erhitzen, das Abdest. mit W. u. Aussalzen aus dem Destillat mit NaCl; aus Cyclohexan cremefarben; 30%. — *2.3-Dimethyl-4-hydroxybenzofuran*, $C_{10}H_{10}O_2$, F. 109—110°, a) durch 20 Min. Kochen von 95% **XVIII** mit Pyridinhydrochlorid, Eingießen von W., Ansäuern mit HCl, Lösen in

Cyclohexan u. Eindampfen; aus Cyclohexan u. PAe. Nadeln; 1 g; daneben 55 g vorst. Verb., b) durch 0,5std. Erhitzen nachst. Verb. mit S auf 240°; 60,5%. — *2.3-Dimethyl-4-oxo-4.5.6.7-tetrahydrobenzofuran*, $C_{10}H_{12}O_2$, Kp.$_{12}$ 128°, durch 3tägiges Stehenlassen von Cyclohexandion-(1.3) in wss.-methanol. KOH mit 3-Chlorbutanon-(2) bei Raumtemp., 3std. Stehenlassen mit wss. HCl u. 2std. Weichen; n_D^{19} 1,5230; 42%. —Benzofurane, durch Kochen der entsprechenden Methyläther mit Pyridinhydrochlorid, Eingießen in verd. HCl, Extrahieren mit Bzl. bzw. Rekristallisation aus A., A.–Bzl., PAe. oder Cyclohexan: *2.3-Dimethyl-6-[4-hydroxybenzoyl]-*, F. 205°, aus **XX** in 0,5 Std.; 79%. — *2-Methyl-3-[4-hydroxyphenyl]-*, Kp.$_{13}$ 220—222°, F. 73—74°, aus **XIII** in 0,5 Std.; 74,5%. — *2-Methyl-3-[4-hydroxyphenyl]-6-acetyl-*, F. 171—172°, aus **XXI** in 0,25 Std.; 20%. —*2-Methyl-3-[4-hydroxyphenyl]-6-propionyl-*, F. 148,5°, aus **XXII** in 40 Min.; 70%. —*2-Methyl-3-[4-hydroxyphenyl]-5-acetyl-*, F. 131,5—132°, aus **XIV** in 0,5 Std.; 9,5%. — *2-Methyl-3-[4-hydroxyphenyl]-5-propionyl-*, F. 217—218°, aus **XV** in 0,5 Std.; 67,5%. — *2-Methyl-3-[4-hydroxyphenyl]-5-äthyl-*, Kp.$_{15}$ 238°, aus **XVI** in 40 Min.; bernsteinfarben; 49%. — *2-Methyl-3-[4-hydroxyphenyl]-6-hydroxy-*, Kp.$_{17}$ 278°, F. 164—165°, a) aus **XVII** in 0,5 Std.; 59,5%; b) aus **XII** in 1 Std.; 60%. — *2-Methyl-3-[4-hydroxyphenyl]-5-äthyl-6-acetyl-*, F. 157—158°, aus **XXIV** in 0,5 Std.; 70%. — *2-Methyl-3-[4-hydroxyphenyl]-5.6-diäthyl-* (**XIX**, Kp.$_{20}$ 262—263°, F. 81°, aus dem Gemisch **XXV** + **XIX** in 0,5 Stunden. — *2.3-Dimethyl-6-benzoyl-*, $C_{17}H_{14}O_2$, F. 59°, Kp.$_{23}$ 284—290°, aus **I** u. Benzoylchlorid in Ggw. von $AlCl_3$ in 20 Std. in CS_2 bei 15°, aus A. Plättchen; 52%. — *2.3-Dimethyl-6-[4-methoxybenzoyl]-* (**XX**), $C_{18}H_{16}O_3$, Kp.$_{26}$ 285—288°, F. 102—103°, durch 20std. Stehenlassen von **I**, Anisoylchlorid u. $AlCl_3$ in CS_2 bei 15°; aus A. Nadeln; 69,5%. — *2-Methyl-3-[4-methoxyphenyl]-6-acetyl-* (**XXI**), $C_{18}H_{16}O_3$, Kp.$_{14}$ 250—275°, F. 121°, durch 18std. Stehenlassen von **XIII**, Acetylchlorid u. $AlCl_3$ in CS_2; aus A. gelbe Plättchen; 74%; daneben *2-[Diacetylmethyl]-3-[4-methoxyphenyl]-* ($C_{20}H_{18}O_4$, F. 128°, aus A. wellige Nadeln). *Oxim*, $C_{18}H_{17}NO_3$, F. 157° (A.). — *2-Methyl-3-[4-methoxyphenyl]-6-propionyl-* (**XXII**), $C_{19}H_{18}O_3$, Kp.$_{15}$ 267—268°, F. 116—117°, durch 18std. Stehenlassen u. 0,5std. Erwärmen auf den Wasserbad von **XIII**, Propionylchlorid u. $AlCl_3$ in CS_2; aus A. Plättchen; 60,5%. — *2-Methyl-3-[4-hydroxyphenyl]-6-äthyl-*, $C_{17}H_{16}O_2$, Kp.$_{15}$ 237—240°, F. 81° (Cyclohexan), durch 15 Min. Kochen von **XXI** mit Hydrazinhydrat in Diäthylenglykol, Zusetzen von KOH u. weiteres 0,5std. Kochen, Eingießen in W. u. Ansäuern mit HCl; 92%. *Methyläther-* (**XXIII**), F. 67°, durch 3std. Kochen mit CH_3J u. KOH in A. u. Gießen in W.; aus A. Nadeln; 92,5%. — *2-Methyl-3-[4-methoxyphenyl]-6-acetamido-*, $C_{18}H_{17}NO_3$, F. 164°, a) durch 18std. Behandeln von 61 g **XXI**-Oxim mit PCl_5 in Ae. bei 15° u. Zers. mit W.; aus A. cremefarbene Nadeln; 38,5%; daneben 8,5 g *2-Methyl-3-[4-methoxyphenyl]-6-aminobenzofuranhydrochlorid* [$C_{16}H_{15}NO_2 \cdot HCl$, F. 182—187° (Zers.), durch 1std. Kochen der alkohol. Mutterlaugen mit konz. HCl, Verdünnen mit W. u.Eindampfen oder durch 1std. Kochen der Acetyl-Verb. mit alkohol. HCl; cremefarbene Nadeln; 36%]; b) durch 10 Min. Stehenlassen des Oxims mit Polyphosphorsäure (durch 3,5std.Erhitzen von 80%ig. H_3PO_4 u. P_2O_5 auf 110—120°) bei 125°, dann bei 60°, Gießen in W. u. Eindampfen; 44%. — *2-Methyl-3-[4-methoxyphenyl]-6-amino-*, $C_{16}H_{15}NO_2$, F. 87—88° (Methanol oder Cyclohexan), aus 12,5 g Hydrochlorid in warmem W. u. NH_4OH; 8,5 g. — *2-Methyl-3-[4-methoxyphenyl]-2.3-epoxy-6-hydroxycumaran*, $C_{16}H_{14}O_4$, F. 135—136°, durch 18std. Stehenlassen von 28 g **XXI** mit Perbenzoesäure in Chlf. in Ggw. von p-Toluolsulfonsäure über ein *Gemisch* (Kp.$_{15}$ 270—280°); aus A. u. Cyclohexan gelb; 8 g; daneben 1 g *Verb.* $C_{18}H_{16}O_4$, F. 196—197° u. 10 g *Verb. von* Kp.$_{15}$ *280—282°*. — *2-Methyl-3-[4-methoxyphenyl]-2.3-epoxy-6-methoxycumaran*, $C_{17}H_{16}O_4$, F. 106°, Kp.$_{20}$ 270—275°, durch 3std. Kochen von 2,2 g vorst. Verb. mit CH_3J in alkohol. KOH; aus A. u. Methanol; 1,5 g. — *2-Methyl-3-[4-methoxyphenyl]-5-äthyl-6-acetylbenzofuran* (**XXIV**), $C_{20}H_{20}O_3$, F. 101°, durch 18std. Stehenlassen von 90 g **XVI** mit Acetylchlorid u. $AlCl_3$ in CS_2 bei 20° u. Zers. mit wss. HCl; aus A. Nadeln; 43%; daneben 1,5 g entsprechenden *Hydroxyketons*, 14,5% **XVI** zurück u. 4 g Diacetylderiv. von **XVI** ($C_{22}H_{22}O_4$, F. 131—132°; gelb), ferner 0,5 g *Verb. von F. 176—178°* (gelbe Nadeln). — *2-Methyl-3-[4-methoxyphenyl]-5.6-diäthylbenzofuran* (**XXV**), $C_{20}H_{22}O_2$, F. 41—42°, durch 15 Min. Kochen von 38 g **XXIV** mit Hydrazinhydrat in Diäthylenglykol, zusetzen von KOH u. weitere 55 Min. Kochen über ein *Gemisch* von **XXV** u. **XIX** (Kp.$_{20}$ 253°; 31 g), Behandeln mit Pyridinhydrochlorid u. 4std. Kochen von 14 g des Gemisches mit CH_3J in alkohol. KOH; aus A. Nadeln. — *Verb. vom F. 181 bis 182°*, durch 18std. Stehenlassen von 35,5 g **XXIII** mit Acetylchlorid u. $AlCl_3$ in CS_2 bei 15° über ein *Gemisch vom* Kp.$_{18}$ *250—280°*, aus A. gelbe Nadeln; 4 g;

daneben 5 g *Verb. von 119—120°* (aus A. citronengelbe Nadeln) u. 11,5 g XXIII. H. Gleinig. 3061◇

Synthesen und Konfigurationsermittlung in der Rotenoid-Reihe. 10. Mitt. **Totalsynthese des Dihydrorotenons.** Masanao Matsui und Masateru Miyano. (Proc. Japan Acad. **35,** 175—77, April 1959; Tokyo, Agriculturchem. Dep., Org. Chem. Labor.; dt.) — 8. vgl. C. **1960,** 4512; 11. vgl. C. **1960,** 4180. — Die Darst. von *Dihydroderrissäure* (**I**) durch Hoesch-Kondens. von Dihydrotubanol (**II**) mit 2-Cyanmethyl-4.5-dimethoxyphenoxyessigsäuremethylester (**III**) u. anschließende Verseifung zu **I** vollendet die Totalsynth. des *Dihydrorotenons.*

Versuche: *Dihydroderrissäure* (**I**), $C_{23}H_{26}O_8 \cdot H_2O$, F. 171° (95%ig. A.), aus 0,5 g **II, III** u. $ZnCl_2$ in abs. Ae. durch Sättigen mit HCl, 40std. Stehen bei 20°, Waschen des Öls mit Ae., 2std. Erhitzen mit W. auf 100°, Stehen über Nacht, Absaugen, Behandeln mit Essigester, Waschen der Essigesterlsg. mit $NaHCO_3$-Lsg., Eindampfen im Vakuum, Kochen des Rückstands mit 0,3%ig. methanol. NaOH (40 Min.), Gießen in W., Ansäuern mit HCl u. Essigesterextraktion; 0,2 g Ausbeute. Daneben *Derrsäure,* F. 169° (W.). S. Huneck. 3061□

Untersuchungen über die basischen Eigenschaften von Dihydroisobenzofuranolen (Hydroxyphthalanen). 2. Mitt. **3.3-Dimethyl-1-[α-naphthyl]-1-hydroxyphthalan.** Tadeusz Mazoński und Andrzej Fabrycy. (Roczniki Chem. [Ann. Soc. chim. Polonorum] **34,** 197—204, 1960; Gliwice, Katedra Technol. Chem. Organ. Politechn. Śląskiej; pol.) — 1. vgl. C. **1962,** 17025. — Das von Vff. dargestellte *3.3-Dimethyl-1-[α-naphthyl]-1-hydroxyphthalan* [*2-Hydroxy-2-[α-napthyl]-3.4-benzo-2.5-dihydrofuran,* **I**] ist eine noch stärkere Base als die entsprechende 1-Phenyl-Verbindung. **I**-Lsgg. in verd. Säuren zeigen Halochromie. Auch das feste Perchlorat ist orangegelb gefärbt. Die OH-Gruppe kann mit HCOOH red. werden. Mit Alkoholen wird sie veräthert. Sie reagiert auch mit Grignard-Verbindungen.

Versuche: *3.3-Dimethyl-1-[α-naphthyl]-1-hydroxyphthalan* (**I**), $C_{20}H_{18}O_2$, F. 135—136°, beim Eintropfen einer Lsg. von 10 g Dimethylphthalid in Ae. in eine eisgekühlte äther. Lsg. von α-Naphthyl-Mg-bromid (aus 3 g Mg u. 18 g α-Bromnaphthalin), 2std. Kochen, Zugabe von W. u. verd. HCl, Waschen der äther. Schicht mit 5%ig. NaOH, Trocknen mit wasserfreiem Na_2SO_4, Abdest. der Hauptmenge Ae. u. Fällen mit PAe., gelbe Kristalle aus Bzn.; 37,2% (Ausbeute). *2.4-Dinitrophenylhydrazon,* $C_{26}H_{22}N_4O_5$, F. 187—188°; rote Nadeln aus Äthylacetat. *Perchlorat,* F. 178° (Zers.), aus 1 g **I** u. 70%ig. äther. $HClO_4$; orangegefärbte Kristalle aus A.; 1,18 g. *$FeCl_3$-Komplexsalz,* F. 193°, mit $FeCl_3$ in 20%ig. HCl. *$SnCl_4$-Komplexsalz,* F. 167—177° (Zers.), mit $SnCl_4$ in 20%ig. HCl. *1-Äthoxy-Verb.,* $C_{22}H_{22}O_2$, F. 117—118°, aus 3 g **I** in A. unter Zusatz einiger Tropfen CH_3COOH bei gewöhnlicher Temp.; 2,8 g. — *1.1-Dimethyl-3-[α-naphthyl]-phthalan,* $C_{20}H_{18}O$, F. 113—114°, durch Umsetzung von 5 g **I** mit 100 g abs. HCOOH; Kristalle aus Methanol; 4,8 g. — *3.3-Dimethyl-1-[α-naphthyl]-1-[p-(dimethylamino)-phenyl]-phthalan* (?), $C_{28}H_{27}NO$, F. 183—184°, durch Kondens. von 3 g **I** u. 3 g N.N-Dimethylanilin in Eisessig in Ggw. von etwas konz. HCl unter 2std. Kochen, Eingießen des Gemisches in W., Neutralisieren mit Na_2CO_3, Abdest. des nichtumgesetzten Amins mit Wasserdampf u. Ausäthern des Rückstands; Kristalle aus Isopropanol/Bzl. (9 : 1); 2,6 g. — *1.1.3-Trimethyl-3-[α-naphthyl]-phthalan,* $C_{21}H_{20}O$, F. 129—130°, durch Eintragen von 7 g festem **I**-Perchlorat in eine eisgekühlte äther. Lsg. von CH_3MgBr (aus 1,5 g Mg), $^1/_2$std. Kochen, Zers. mit verd. HCl, Waschen der äther. Schicht mit einer Na_2CO_3-Lsg., Trocknen mit Na_2SO_4 u. Abdest. des Ae.; Kristalle aus A.; 100%. F. Urban. 3061□

Untersuchungen auf dem Gebiet der Chinone. 19. Mitt. **Synthese einiger N-alkylsubstituierter Indole.** A. N. Grinew, N. Je. Rodsewitsch und A. P. Terentjew. (J. allg. Chem. [UdSSR] **27 (89),** 1690—93, Juni 1957; russ.) — 18. vgl. C. **1963,** 6969. — p-Benzochinon (**I**) wurde mit β-[β-Cyanäthylamino]- u. β-[Äthylamino]-crotonsäureäthylester (**II**), α-Naphthochinon (**III**) mit **II** zu den entsprechenden Indolderivv. umgesetzt. Das in 75%ig. Ausbeute dargestellte *1-Äthyl-2-methyl-3-carbäthoxy-5-hydroxyindol* wird durch Methylierung in die gleiche Verb. übergeführt wie *2-Methyl-3-carbäthoxy-5-methoxyindol* (**IV**) durch N-Alkylierung mit C_2H_5Br. 1-[β-Cyanäthyl]-2-methyl-3-carbäthoxy-5-hydroxyindol wird über das *5-Methoxyderiv.* mit konz. NaOH in *2-Methyl-3-carboxy-5-methoxyindol* übergeführt. — Bei der Rk. von **I** mit Acetylaceton-N-methylimin (**V**) u. -äthylimin (**VI**) entstand *2-Methyl-3-acetyl-5-hydroxybenzofuran.*

Versuche: *1-Äthyl-2-methyl-3-carbäthoxy-5-hydroxyindol,* $C_{14}H_{17}NO_3$, F. 184,5° (Dioxan), aus **I** in abs. Aceton durch Zugabe von **II** unter Eiskühlung, $1^1/_2$std.

Kochen u. Stehenlassen über Nacht bei Raum-Temp.; 75% (Ausbeute). — *1-Äthyl-2-methyl-3-carbäthoxy-5-methoxyindol*, $C_{15}H_{19}NO_3$, F. 67° (Methanol), a) aus vorst. Verb., 2 n NaOH u. Dioxan durch Zugabe von $(CH_3)_2SO_4$ bei 34—40° unter N_2 u. 40 Min. langes Erwärmen; 97%; b) aus **IV**, abs. A., Na u. C_2H_5Br, 1std. Erwärmen; 19%. *Freie Säure*, $C_{13}H_{15}NO_3$, F. 171° (A.), aus dem Ester durch 2½std. Kochen mit 2 n NaOH, Filtrieren u. Ansäuern mit HCl; 53%. — *1-Äthyl-2-methyl-3-carbäthoxy-5-hydroxybenzindol*, $C_{18}H_{19}NO_3$, F. 210° (A.), aus **III** u. **II** in Aceton; 57%. — *β-[β-Cyanäthylamino]-crotonsäureäthylester*, $C_9H_{14}N_2O_2$, F. 62° (A.), aus β-Aminopropionitril u. Acetessigester unter Schütteln bei < 45°, 5std. Kochen u. Stehenlassen über Nacht; 91,5%. — *1-[β-Cyanäthyl]-2-methyl-3-carbäthoxy-5-hydroxyindol*, $C_{15}H_{16}N_2O_3$, F. 191° (A.), aus **I** u. vorst. Verb. in Dichloräthan; 48%. — *1-[β-Cyanäthyl]-2-methyl-3-carbäthoxy-5-methoxyindol*, $C_{16}H_{18}N_2O_3$, F. 135° (A.), aus vorst. Verb. in 2 n NaOH u. $(CH_3)_2SO_4$; 100%. — *2-Methyl-3-carboxy-5-methoxy-indol*, F. 207° (A.), aus vorst. Verb. u. 50%ig. NaOH, durch 50 Min. langes Erhitzen auf 270 bis 280° u. Stellen auf Kongo mit konz. HCl; 34%. — *2-Methyl-3-acetyl-5-hydroxybenzofuran*, F. 234—235° (A.), a) aus **I** u. **V** in Dichloräthan unter Eiskühlung u. 1std. Erhitzen auf dem Wasserbad; 35%; b) aus **I** u. **VI** in Dichloräthan; 32,5%. P. Rögner. 3081◇

Eine neue Klasse hochaktiver Antihistaminica. C. F. Huebner, Ellen Donoghue, Patricia Wenk, E. Sury und J. A. Nelson. (J. Amer. chem. Soc. **82**, 2077—78, 20/4. 1960; Summit, N. J.; CIBA Pharmaceutical Products Inc.; engl.) — *dl-2-{1-[2-(2-Dimethylaminoäthyl)-indenyl-(3)]-äthyl}-pyridin* zeigt die höchste Antihistaminwrkg. der bisher untersuchten substituierten Indene, dagegen hat *1-Benzyl-2-[2-dimethylaminoäthyl]-isoindolin* mäßige Antihistaminwrkg., besitzt aber vielfältige pharmakolog. Wirksamkeit.

Versuche: *dl-2-{1-[2-(2-Dimethylaminoäthyl)-indenyl-(3)]-äthyl}-pyridin*, F. 159 bis 161°, aus 2-[Dimethylaminoäthyl]-indanon-(1) (Kp.$_{1,7}$ 132°) durch Rk. mit Phenyllithium u. Äthylpyridin u. anschließende Dehydrierung. *Maleat*, $C_{24}H_{28}N_2O_4$. — *3-Benzyliden-2-[2-dimethylaminoäthyl]-phthalimidin*, F. 225—226°, aus Benzalphthalid durch Rk. mit Dimethylaminoäthylamin. *Hydrochlorid*, $C_{19}H_{20}N_2O \cdot HCl$. — *1-Benzyl-2-[2-dimethylaminoäthyl]-isoindolin*, F. 200—201°, aus vorst. Verb. durch katalyt. Hydrierung u. $LiAlH_4$-Reduktion. *Dihydrochloridsemihydrat*, $C_{19}H_{24}N_2 \cdot 2HCl \cdot 0,5\,H_2O$. W. Clauß. 3081□

Die Oxydation ungesättigter Acetale und Acylale mit Peressigsäure. Donald L. Heywood und Benjamin Phillips. (J. org. Chemistry **25**, 1699—1703, Okt. 1960; South Charleston, W. Va., Res. Dep., Union Carbide Chem. Co.; engl.) — Vff. stellen eine Reihe von *Epoxiden cycl. Acetale* von α,β-ungesättigten Aldehyden durch Epoxydierung der entsprechenden ungesättigten Dioxolane mit Peressigsäure (**I**) in Äthylacetat (**II**) dar. Unerwarteterweise werden bei der Einw. von **I** auf nichtcycl. ungesättigte u. gesättigte Acetale die entsprechenden Ester erhalten. Diese Rk. wird von H_2SO_4 katalysiert. Als Zwischenprod. könnte ein *Hemiacetalperacetat* in Frage kommen.

Versuche: 1.3-Dioxolane: *2-[1-Äthylpenten-(1)-yl]-*, $C_{10}H_{18}O_2$, Kp.$_{10}$ 86 bis 88°, durch 13std. Kochen von 2-Äthyl-3-propylacrolein u. Äthylenglykol in Bzl. in Ggw. von p-Toluolsulfonsäure (**III**) unter kontinuierlicher Abscheidung des gebildeten W. (Meth. **A**); n_D^{30} 1,4486; 71% (Ausbeute); gibt mit **I** in **II** durch 11 std. Rk. bei 40° (Meth. **B**) *2-[1.2-Epoxy-1-äthylpentyl]-1.3-dioxolan* ($C_{10}H_{18}O_3$, Kp.$_5$ 90 bis 93°; n_D^{30} 1,4426; 67%). — *2-[Propen(1)-yl]-*, $C_6H_{10}O_2$, Kp.$_{50}$ 71°, nach **A** ohne **III**; n_D^{30} 1,4380; 35%; gibt nach **B** *2-[1.2-Epoxypropyl]-1.3-dioxolan* ($C_6H_{10}O_3$, Kp.$_9$ 70 bis 73°; n_D^{30} 1,4337; 28%). — *2-[Propen-(1)-yl]-4-methyl-*, $C_7H_{12}O_2$, Kp.$_{40}$ 71—73°, nach **A** mit 0,025% p-Methoxyphenol (**IV**) als Inhibitor u. Orthophosphorsäure (**V**) als Katalysator; n_D^{30} 1,4304; 55%; gibt nach **B** *2-[1.2-Epoxypropyl]-4-methyl-1.3-dioxolan* ($C_7H_{12}O_3$, Kp.$_{15}$ 81—83°; n_D^{30} 1,4291; 46%). — *2-Isopropenyl-*, $C_6H_{10}O_2$, Kp.$_{10}$ 31°; n_D^{21} 1,4311; gibt nach **B** *2-[1.2-Epoxy-1-methyläthyl]-1.3-dioxolan*, $C_6H_{10}O_3$, Kp.$_{20}$ 78°; n_D^{30} 1,4344; 64%). — *2-[1-Äthylpenten-(1)-yl]-4-methyl-*, $C_{11}H_{20}O_2$, Kp.$_{10}$ 92—95°, analog nach **A** ohne **III**; n_D^{30} 1,4441; 41%, gibt nach **B** *2-[1.2-Epoxy-1-äthylpentyl]-4-methyl-1.3-dioxolan* ($C_{11}H_{20}O_3$, Kp.$_{0,4}$ 57—60°; n_D^{30} 1,4382; 66%). — *2-[β-Styryl]-4-methyl-*, $C_{12}H_{14}O_2$, Kp.$_2$ 109°, nach **A** mit **IV** u. **V**; n_D^{30} 1,5428; 90%; gibt nach **B** *2-[1.2-Epoxy-2-phenyläthyl]-4-methyl-1.3-dioxolan* ($C_{12}H_{14}O_3$, Kp.$_1$ 111—112°; n_D^{30} 1,5197; 45%) u. nach **B** in Ggw. von H_2SO_4 bei 4std. Stehen bei 30° *Propylenglykolmonocinnamat* ($C_{12}H_{14}O_3$, Kp.$_{1,25}$ ca. 195°; n_D^{30} 1,5483; 28%). — *Crotonsäurebutylester*, $C_8H_{14}O_2$, Kp.$_{20}$ 75—78°, durch 1std. Zugabe von **I** in **II** zu Crotonaldehyddibutylacetal (Kp.$_{10}$ 96—99°; n_D^{31} 1,4247) bei 60°; n_D^{30} 1,4286; 73%; gibt bei Verseifung *trans-Crotonsäure* (F. 69—72°). — *Buttersäureäthylester*, Kp. 118—120°, aus n-Butyraldehydiäthylacetal (Kp. 142°; n_{D30} 1,3904) nach **A** in Ggw. von H_2SO_4; n_D^{30} 1,3864; 69%. — *Benzoesäureäthylester*, $Kp._{10}$ 87—90°, analog aus Benzaldehyddiäthylacetal ($Kp._4$ 75°; n_D^{30} 1,4742) durch 20std. Stehen; n_D^{30} 1,4993; 90%. — *β-Phenyl-β-äthoxypropionsäureäthylester*, $Kp._{10}$ 122—130°, analog aus β-Phenyl-β-äthoxypropionaldehyddiäthylacetal ($Kp._6$ 127—130°; n_D^{30} 1,4721) wie vorst. durch 7std. Erwärmen auf 40—60° u. anschließend Zugabe einiger Tropfen konz. H_2SO_4; n_D^{30} 1,4866, 61%; gibt bei Verseifung *β-Phenyl-β-äthoxypropionsäure* [$C_{11}H_{14}O_3$, F. 74—75° (Ligroin), gibt mit sd. 6 n HCl *Zimtsäure* (F. 130—132°)]. — *1.1-Diacetoxy-2-äthylbuten-(2)*, $C_{10}H_{16}O_4$, $Kp._4$ 88 bis 90°, durch Zugabe von 2-Äthylcrotonaldehyd zu Acetanhydrid in Ggw. von Borsäure/Oxalsäure (1 : 1) bei 30° u. 20std. Stehen; n_D^{30} 1,4339; 75%; gibt nach **B** in 4 Std. bei 60° *1.1-Diacetoxy-2.3-epoxy-2-äthylbutan* ($C_{10}H_{16}O_5$, $Kp._3$ 95—96°; n_D^{30} 1,4289; 55%). — *1.1-Diacetoxy-2-äthylhexen-(2)*, $C_{12}H_{20}O_4$, $Kp._2$ 91—95°, analog aus 2-Äthyl-3-propylacrolein; n_D^{30} 1,4366; 75%; gibt nach **B** durch 4std. Rk. bei 60° *1.1-Diacetoxy-2.3-epoxy-2-äthylhexan* ($C_{12}H_{20}O_5$, $Kp._{1,25}$ 102—103°; n_D^{30} 1,4308; 72%). G. Winkler. 3102□

Umsetzungen von Aminosäuren mit langkettigen n-Alkylisocyanaten zu anionengrenzflächenaktiven Alkylureidocarbonsäuren (AUC). Ernst Ulsperger und Gerdy Tuchtenhagen. (Seifen–Öle–Fette–Wachse **88**, 666—71, 1962; Berlin, DAW, Inst. für Fettchem.; dt.) — Durch Rk. von aliphat. Isocyanaten mit Na-Salzen von Aminosäuren werden *Na-Salze* von *n-Alkylureidocarbonsäuren* dargestellt. Ihre Oberflächenspannung wird nach der Ringabreißmeth. von Lecomte de Nouy bei 20° bzw. 75° gemessen. Aus den Kurven Oberflächenspannung/Konz. wird die krit. Micell-Konz. (CMC) bestimmt. Durch Ansäuern der Salze mit der berechneten Menge H_2SO_4 werden die entsprechenden *n-Alkylureidocarbonsäuren* erhalten. Letztere spalten verhältnismäßig leicht W. ab unter Bldg. der entsprechenden *Hydantoine*.

Versuche: *N-Octylureidoessigsäure*, F. 154—156°, durch Ansäuern des Na-Salzes mit H_2SO_4. *Na-Salz*, F. 185—187° (Zers.), aus Octylisocyanat u. Na-Glycinat; CMC (20°) 20,18 (g/Liter). — *α-[N-Octylureido]-propionsäure*, F. 139—141°. *Na-Salz*, F. 108—110°; CMC 21,31. *Na-Salz, Tetrahydrat*, F. 51—53°. — *α-[N-Octylureido]-glutarsäure*, F. 147—149°. *Na-Salz*, Zers. > 300°; CMC (20°) 27,71. — *α-[N-Octylureido]-bernsteinsäure*, F. 107—109°, *Na-Salz*, Zers. ab 270°; CMC 26,59. — *N-[Octylaminoformyl]-L-prolin*, F. 110—112°. *Na-Salz*, CMC 29,39. — *N-[Octylaminoformyl]-L-hydroxyprolin*, F. 125—126°. *Na-Salz*, F. 177—180° (Zers.); CMC 24,67. — *N-Dodecylureidoessigsäure*, F. 152—154°. *Na-Salz*, F. 195—195° (Zers.; erweicht bei 170°). — 3-Octylhydantoine: *Unsubstituiert*, F. 90—91°. — *5-Methyl-*, F. 71—72°. — *5-[β-Carboxyäthyl]-*, F. 121—123°. — *5-Carboxymethyl-*, F. 139 bis 140°. — *Pyrrolidino-[1'.2':1.5]-*, F. 10—10,5°, $Kp._7$ 196°. — *4'-Hydroxypyrrolidino-[1'.2':1.5]-*, $Kp._7$ 240°. I. Ohme. 3122◇

Untersuchungen auf dem Gebiet der Chemie der Cyaninfarbstoffe. 15. Mitt. **Cyaninfarbstoffe, die als Substituenten Phthalimidreste enthalten.** I. K. Uschenko und L. I. Tschownik. (J. allg. Chem. [UdSSR] **30 (92)**, 2658—64, 1960; Inst. für org. Chem. der Akad. der Wiss. der UkrainSSR; russ.) — 14. vgl. C. **1961,** 5789. — Es werden *2-Äthyl-6-amino-*(**I**), *2-Methyl-6-amino-*(**II**), *2-Methyl-5-amino-*(**III**), *2-Methylmercapto-6-aminobenzthiazol* (**IV**), *2-Methyl-6-aminobenzoxazol* (**V**) u. *6-Aminochinaldin* (**VI**) synthetisiert. **I**—**VI**, 2-Methyl-5-amino-6-dimethylaminobenzthiazol (**VII**) u. 2-Aminobenzthiazol (**VIII**) werden durch Rk. mit Phthalsäureanhydrid (**IX**) in die entsprechenden *Phthalimidoverbb.* übergeführt. Die *Äthyl-p-toluolsulfonate* von *2-Methyl-6-phthalimido-*(**X**), *2-Methyl-5-phthalimido-*(**XI**) u. *2-Äthyl-6-phthalimidobenzthiazol* (**XII**) wurden mit Orthoameisenester (**XV**), Orthopropionsäureester (**XIII**) u. p-Dimethylaminobenzaldehyd (**XIV**) zu den entsprechenden *Trimethincyanin-* bzw. *Styrylfarbstoffen* kondensiert. Die Absorptionsmaxima der Farbstoffe werden mit denen der Farbstoffe verglichen, die an Stelle der Phthalimidogruppe eine Amino- oder Acetylaminogruppe tragen.

Versuche: *2-Äthyl-6-aminobenzthiazol* (**I**), $C_9H_{10}N_2S$, $Kp._{2-3}$ 182—183°, F. 72° (Toluol), man gibt zu 20,8 g 2-Äthyl-6-nitrobenzthiazol in 115 ml konz. HCl bei 55—65° in 2½—3 Std. 19,2 g Sn, rührt 3 Std. bei 65—70° u. läßt über Nacht stehen; Täfelchen; 90% (Ausbeute). *N-Acetylderiv.*, F. 138° (A.-W. 1 : 1); Prismen; 72%. — *2-Methyl-6-aminobenzthiazol* (**II**), $Kp._{2-3}$ 169—171°, F. 118—119°, aus 2-Methyl-6-nitrobenzthiazol; 95%. — *2-Methyl-5-aminobenzthiazol* (**III**), *N-Acetylderiv.*, F. 160—161° (70%ig. A.); glänzende Täfelchen; 91%. — *2-Methylmercapto-*

6-aminobenzthiazol (**IV**), Kp.$_{2-3}$ 185—187°, F. 109—110°, aus 2-Methylmercapto-6-nitrobenzthiazol durch Red. mit $SnCl_2$ in HCl; 80%. *N-Acetylderiv.*, F. 167° (A.); 75%. — *2-Methyl-6-aminobenzoxazol* (**V**), F. 146—147° (Bzl.), man kocht 2-Methyl-6-nitrobenzoxazol in 15%ig. Essigsäure 1½Std. mit Fe-Spänen; 53%. — *6-Nitrochinaldin*, F. 172—173° (A.), aus p-Nitroanilin u. Paraldehyd durch Kochen in HCl-W.-Methanol; 27%. — *6-Aminochinaldin* (**VI**), F. 190—191° (A.-W. 1 : 2), aus vorst. Verb. durch Red. mit Sn in HCl; 92%. — *2-Methyl-6-phthalimidobenzthiazol* (**X**), $C_{16}H_{10}N_2O_2S$, F. 219° (Butanol), man erhitzt **II** u. **IX** (1 : 1 Mol) auf 140—185°, dann nach dem Wiedererstarren 3—5 Min. auf 215—230°; 70%. *Äthyl-p-toluolsulfonat*, man erhitzt 2,9 g **X** u. 6 g Äthyl-p-toluolsulfonat 7 Std. auf 150—160°; 95%. — Analog aus **I**, **III**—**VIII** durch Kondens. mit **IX**: *2-Methyl-5-phthalimidobenzthiazol* (**XI**), $C_{16}H_{10}N_2O_2S$, F. 247° (Isoamylalkohol); 82%. *Äthyl-p-toluolsulfonat*; 91%. — *2-Äthyl-6-phthalimidobenzthiazol* (**XII**), $C_{17}H_{12}N_2O_2S$, F. 157° (Butanol); 77%. *Äthyl-p-toluolsulfonat*; 82%. — *2-Methylmercapto-6-phthalimidobenzthiazol*, $C_{16}H_{10}N_2O_2S_2$, F. 210° (Isoamylalkohol); 80%. *Äthyl-p-toluolsulfonat*; 75%. — *2-Methyl-6-dimethylamino-5-phthalimidobenzthiazol*, $C_{18}H_{15}N_3O_2S$, F. 214—215° (Butanol); 56%. — *2-Phthalimidobenzthiazol*, $C_{15}H_8N_2O_2S$, F. 247 bis 248° (Butanol); 75%. — *2-Methyl-6-phthalimidobenzoxazol*, $C_{16}H_{10}N_2O_3$, F. 239 bis 240° (Butanol); 60%. — *2-Methyl-6-phthalimidochinolin*, $C_{18}H_{12}N_2O_2$, F. 205—206° (Butanol); 71%. — Trimethincarbocyanine: *Bis-[3-äthyl-6-phthalimidobenzthiazol-(2)-, Jodid*, $C_{37}H_{27}JN_4O_4S_2$, F. 220—223° (A.), durch ¼std. Kochen von 0,98 g **X**, 1 g **XV** u. 6 ml Acetanhydrid; bronzeglänzende Kristalle; 568 (Absorptionsmaximum in mμ); 29%. — *Bis-[3-äthyl-6-phthalimidobenzthiazol-(2)]-9-äthyl-, Jodid*, $C_{39}H_{31}JN_4O_4S_2$, F. 215—216° (A.), aus **X** u. **XIII** durch 25 Min. langes Kochen in Acetanhydrid; dunkle Kristalle; 558; 24%. — *Bis-[3-äthyl-5-phthalimidobenzthiazol-(2)]-, Jodid*, $C_{37}H_{27}JN_4O_4S_2$, F. 229—230°, aus **XI** u. **XV**; bronzeglänzende Kristalle; 568; 34%. — *Bis-[3-äthyl-5-phthalimidobenzthiazol-(2)]-9-äthyl-, Jodid*, $C_{39}H_{31}JN_4O_4S_2$, F. 212—214°, aus **XI** u. **XIII**; schwarze Kristalle; 558; 21%. — *2-[p-Dimethylaminostyryl]-6-phthalimidobenzthiazoljodäthylat*, $C_{27}H_{24}JN_3O_2S$, F. 231 bis 233° (Zers.; A.), aus **X** u. **XIV**; dunkelrot; 538. — *2-[p-Dimethylamino-β-methylstyryl]-6-phthalimidobenzthiazoljodäthylat*, $C_{28}H_{26}JN_3O_2S$, F. 205—206° (Zers.), aus **XII** u. **XIV**; dunkelrot; 470; 23%. Helmut Schäfer. 3142△

Untersuchungen auf dem Gebiet der Chemie der Cyaninfarbstoffe. 16. Mitt. **Bis-Cyanine.** I. K. Uschenko und L. I. Tschownik. (J. allg. Chem. [UdSSR] **30 (92)**, 2665—69, 1960; russ.) — 15. vgl. vorst. Referat. — Durch Kondens. von 6-(**I**) u. 5-Amino-2-methylbenzthiazol (**II**) mit $COCl_2$, Oxalylchlorid, Malonyl-, Succinyl-, Glutaroyl- u. Adipinoylchlorid wurden die entsprechenden *N.N'-Bis-[2-methylbenzthiazolyl-(6 bzw. 5)]-* bzw. *-alkandicarbonsäureamide* dargestellt. Die Rk. ihrer *Bis-äthyl-p-toluolsulfonate* mit 2-[β-Acetanilidovinyl]-benzthiazoljodäthylat (**III**) lieferte die entsprechenden *Bis-thiacarbocyanine*. Die Dicarbonsäureamidbrücke in den Bis-thiacarbocyaninen bedingt im Vgl. mit den entsprechenden Thiacarbocyaninen ohne eine solche Brücke einen geringen bathochromen Effekt.

Versuche: N.N'-Bis-[2-methylbenzthiazolyl-(6)]-amide: Man gibt zu 2 g **I** in 40—50 ml abs. Bzl. das entsprechende Dichlorid (2 : 1 Mol) in 5 ml Bzl. u. erhitzt 3 Std. auf dem sd. Wasserbad (bzw. man leitet in **I** in Bzl. $COCl_2$ ein u. läßt 1 Tag lang stehen). Die *Bis-äthyl-p-toluolsulfonate* erhält man durch 12std. Erhitzen der Bis-benzthiazolylamide mit 2,5 Mol Äthyl-p-toluolsulfonat auf 145—150° in 80 bis 90%ig. Ausbeute. — *-harnstoff*, $C_{17}H_{14}N_4OS_2$, F. 280—281° (Butanol; seidige Nadeln; 42% (Ausbeute). — *-oxamid*, $C_{18}H_{14}N_4O_2S_2$, F. 279° (Isoamylalkohol); 56%. — *-malonamid*, $C_{19}H_{16}N_4O_2S_2$, F. 232° (Butanol); 37%. — *-succinamid*, $C_{20}H_{18}N_4O_2S_2$, F. 260° (Propanol); 72%. — *-glutaramid*, $C_{21}H_{20}N_4O_2S_2$, F. 210° (Methanol); 46%. — *-adipinamid*, $C_{22}H_{22}N_4O_2S_2$, F. 247° (Propanol); 41%. — Analog aus **II**: N.N'-Bis-[2-methylbenzthiazolyl-(5)]-amide, *-harnstoff*, $C_{17}H_{14}N_4OS_2$, F. 263° (Isoamylalkohol); Täfelchen; 44,8%. — *-oxamid*, $C_{18}H_{14}N_4O_2S_2$, F. 343° (Acetophenon); 69%. — *-malonamid*, $C_{19}H_{16}N_4O_2S_2$, F. 270° (Butanol); 33%. — *-succinamid*, $C_{20}H_{18}N_4O_2S_2$, F. 257° (Butanol); 60%. — *-glutaramid*, $C_{21}H_{20}N_4O_2S_2$, F. 227° (Butanol); 44%. — *-adipinamid*, $C_{22}H_{22}N_4O_2S_2$, F. 248° (Butanol); 65%. *Bis-jodäthylat*, $C_{26}H_{32}J_2N_4O_2S_2$, F. 256° (W.), aus dem Äthyl-p-toluolsulfonat; 81%. — N.N'-Bis-[2-{γ-[3-äthylbenzthiazol-(2)]-trimethin}-benzthiazolyl-(6)]-diamide: Man kocht die Bis-äthyl-p-toluolsulfonate vorst. Verbb. u. **III** in Pyridin 10—15 Min., fällt die Bis-jodäthylate mit heißer, wss. KJ-Lsg. u. krist. aus A. um: *-harnstoff-bis-jodäthylat*, $C_{43}H_{42}J_2N_6OS_4$, F. 242° (Zers.); 568 (Absorptionsmaximum in mμ); 40%. — *-oxamid-bis-jodäthylat*, $C_{44}H_{42}J_2N_6O_2S_4$, F. 239° (Zers.); 565; 47%. —

-*malonamid-bis-jodäthylat*, $C_{45}H_{44}J_2N_6O_2S_4$, F. 211° (Zers.); 571; 44%. — -*succinamid-bis-jodäthylat*, $C_{46}H_{46}J_2N_6O_2S_4$, F. 232° (Zers.); 566; 35%. — -*glutaramid-bis-jodäthylat*; 570. — -*adipinamid-bis-jodäthylat*, $C_{48}H_{50}J_2N_6O_2S_4$, F. 153° (Zers.); 571; 43%. — N.N'-Bis-[2-{γ-[3-äthylbenzthiazol-(2)]-trimethin}-benzthiazolyl-(5)]-di-amide: -*harnstoff-bis-jodäthylat*; 567. — -*oxamid-bis-jodäthylat*, $C_{44}H_{42}J_2N_6O_2S_4$, F. 272° (Zers.); 565; 32%. — -*malonamid-bis-jodäthylat*, $C_{45}H_{44}J_2N_6O_2S_4$, F. 194° (Zers.); 570; 34%. — -*succinamid-bis-jodäthylat*; 565. — -*glutaramid-bis-jodäthylat*, $C_{47}H_{48}J_2N_6O_2S_4$, F. 164° (Zers.); 568; 44%. — -*adipinamid-bis-jodäthylat*; 570. Helmut Schäfer. 3142△

Über eine Methode zur Darstellung ¹⁴C-markierter Flavone. Daniel Brulé und Charles Mentzer. (C. R. hebd. Séances Acad. Sci. **250**, 365—67, 11/1. 1960; Paris, Muséum d'Histoire natur.; franz.) — 2'-Hydroxy-4'.6'-dimethoxychalkon (I) gibt mit sd. verd. Essigsäure *5.7-Dimethoxyflavanon* (II), mit Pyridinhydrochlorid bei 155° *5-Hydroxy-7-methoxyflavanon* u. bei 180° *5.7-Dihydroxyflavanon*. Das 3-Brom-Deriv. (III) von II gibt bei 100° *Tectochrysin*, mit sd. Pyridin *5.7-Dimethoxyflavon* u. mit Pyridinhydrochlorid bei 180° *Chrysin*.

Versuche: *5.7-Dimethoxyflavanon* (II), $C_{17}H_{16}O_4$, F. 145° (A.), durch 6std. Kochen mit I u. verd. Essigsäure; 60% (Ausbeute). — *5-Hydroxy-7-methoxyflavanon*, $C_{16}H_{14}O_4$, durch 2std. Erhitzen von I u. Pyridinhydrochlorid auf 155°; 10%. — *5.7-Dihydroxyflavanon*, $C_{15}H_{12}O_4$, F. 201° (verd. A.), wie vorst. Verb. bei 180°; 80%. — *3-Brom-5.7-dimethoxyflavanon* (III), $C_{17}H_{15}BrO_4$, durch mehrstd. Stehen von II u. Phenyltrimethylammoniumperbromid in Tetrahydrofuran bei Raumtemp., Gießen in W. u. Extrahieren mit Chlf.; zers. sich langsam beim Stehen unter HBr-Abspaltung. — *Tectochrysin*, durch 1std. Erhitzen von III auf 100°; 20%. — *5.7-Dimethoxyflavon*, aus III in sd. Pyridin; 80%. — *5.7-Dihydroxyflavon* (*Chrysin*), aus III u. Pyridinhydrochlorid bei 180°; 60%.

F. Heller. 3211◇

Konfiguration und Konformation von 3-Bromhesperetintriacetat. Die dimorphen Formen von Hesperetintriacetat. J. H. Looker und Myron J. Holm. (J. org. Chemistry **25**, 1829—31, Okt. 1960; Lincoln, Nebr., Univ. of Nebraska, Avery Labor.; engl.) — Durch Rk. von Hesperetin mit Acetanhydrid/Pyridin wird das *Triacetyl-Deriv.* (I) dargestellt u. seine Konstit. gesichert. Das Vorliegen von Dimorphie wird durch Impf-Verss. bewiesen. Das aus I nach Zemplén u. Bognar [1943] dargestellte *3-Brom-Deriv.* besitzt wahrscheinlich 3a-Konformation. — UV- u. IR-Spektr. s. Original.

Versuche: *Hesperetin*; F. 228,5—229,2° (Isopropanol), durch 80std. Erhitzen von Hesperidin mit 1%ig. wss.-alkohol. H_2SO_4 u. Abdest. des A.; 72% (Ausbeute). *Triacetyl-Deriv.*, *Form vom F. 144°* (I), $C_{22}H_{20}O_9$, a) durch 24std. Stehen von Hesperetin mit Acetanhydrid/Pyridin bei Raum-Temp. u. fraktionierte Kristallisation des Roh-Prod. (80%) aus A.; b) durch Impfen der alkohol. Lsg. von Ia mit I. *Form vom F. 126,5—127°* (Ia), $C_{22}H_{20}O_9$, a) neben I nach a); b) durch Impfen der alkohol. Lsg. von I mit Ia. — *3a-Bromhesperetintriacetat*, aus I nach Zemplén u. Bognár (l. c.). — *Diosmetintriacetat*, F. 195—197° (CH_3OH), durch 1wöchiges Stehen vorst. Verb. mit Pyridin bei —5°, Abdampfen des Pyridins im Vakuum über H_2SO_4 u. Verreiben mit kaltem CH_3OH; 70%. F. Heller. 3211◇

β-Aroylpropionsäuren. 16. Mitt. Die Überführung von γ-Oxo-γ-xanthenyl-(2)-buttersäure in 2.3-Benzoxanthon. A. M. El-Abbady, S. Ayoub und F. G. Baddar. (J. chem. Soc. [London] **1960**, 2556—59, Juni; Cairo, U. A. R., Ain-Shams Univ.; Univ. Coll. for Girls, Fac. of Sci., Chem. Dep.; engl.) — 15. vgl. C. **1963**, 9283. — γ-[Xanthenyl-(2)]-γ-oxobuttersäure (I) wird zu *γ-[Xanthenyl-(2)]-buttersäure* (II) reduziert, die zu *3'.4'.5'.6'-Tetrahydro-3'-oxo-2.3-benzoxanthen* (III) cyclisiert wird. Durch Red. entsteht aus III *3'.4'.5'.6'-Tetrahydro-2.3-benzoxanthen* (V), das zu *2.3-Benzoxanthon* oxydiert wird. Der II-Methylester wird mit Oxalsäurediäthylester zu *γ-[Xanthenyl-(2)]-α-äthoxalylbuttersäuremethylester* kondensiert, der zu *5'.6'-Dihydro-2.3-benzoxanthen-3'.4'-dicarbonsäureanhydrid* (IV) cyclisiert wird. Aus IV entsteht durch Dehydrierung, Decarboxylierung u. Oxydation *2.3-Benzoxanthon*. Die Maxima der IR-Spektren sind angegeben.

Versuche: *γ-[Xanthenyl-(2)]-γ-oxobuttersäure* (I), $C_{17}H_{14}O_4$, F. 210—212° (Bzl./A.), durch 4std. Stehen von Bernsteinsäureanhydrid, Xanthen u. $AlCl_3$ in Tetrachloräthylen bei Raumtemp.; 96% (Ausbeute). *Methylester*, $C_{18}H_{16}O_4$, F. 113 bis 114° (Bzn.), durch 15std. Kochen von I mit Dimethylsulfat in Aceton in Ggw. von K_2CO_3; 86%. — *Xanthon-2-carbonsäure*, $C_{14}H_8O_4$, F. 303—304° (A.), durch 1std. Oxydation von 2,5 g I mit $KMnO_4$ in 10%ig. KOH bei 100°; 1,9 g. *Methyl-*

ester, $C_{15}H_{10}O_4$, F. 217—218° (Bzl.) ,analog aus dem **I**-Methylester. — *γ-[Xanthonyl-(2)]-γ-oxobuttersäure*, $C_{17}H_{12}O_5$, F. 195—197° (Essigsäure), a) durch 0,5std. Zugabe von $KMnO_4$ zu **I** in verd. Aceton; 93%; b) durch 0,75std. Kochen des Methylesters mit 5%ig. äthanol. KOH; 100%. *Methylester*, $C_{18}H_{14}O_5$, F. 124—125° (Bzl./Bzn.), a) durch Methylieren der Säure; 93%; b) durch Oxydation von 2 g **I**-Methylester mit $KMnO_4$ in verd. Aceton; 0,7 g; daneben 0,5 g vorst. Säure. *Methylester-2.4-dinitrophenylhydrazon*, $C_{24}H_{18}N_4O_8$, F. 241—242°, aus Essigsäure rote Kristalle. — *β-[4-Hydroxy-3-(o-hydroxybenzoyl)-benzoyl]-propionsäure*, $C_{17}H_{14}O_6$, F. 148—149°, durch 0,75std. Kochen vorst. Methylesters mit 10%ig. NaOH; aus Bzl. grüngelbe Nadeln. — *γ-[Xanthenyl-(2)]-buttersäure* (**II**), $C_{17}H_{16}O_3$, F. 143—144° (Bzl./PAe.), durch 30std. Kochen von 15 g **I** mit Zn-Amalgam in Xylol in Ggw. von wss. HCl; 11 g. *Methylester*, $C_{18}H_{18}O_3$, F. 49—50° (PAe.), mit CH_2N_2; 95%. — 3'.4'.5'.6'-Tetrahydro-2.3-benzoxanthene: *3'-Oxo-* (**III**), $C_{17}H_{14}O_2$, F. 163—164° (A.), durch 0,5std. Stehen von **II** mit PCl_5 in Bzl. bei Raumtemp., Kühlen, Zugabe von $SnCl_4$ in Bzl. u. 1,5std. Rühren bei 5—10°; 59%. *2.4-Dinitrophenylhydrazon*, $C_{23}H_{18}N_4O_5$, F. 360°, aus Dioxan rote Kristalle. — *3'-Hydroxy-*, $C_{17}H_{16}O_2$, F. 149—150°, durch 0,25std. Kochen von $LiAlH_4$ in abs. Ae., Zugabe zu **III** u. 3std. Stehen bei Raumtemp.; aus wss. Methanol hellgelbe Nadeln. — *Unsubstituiert* (**V**), $C_{17}H_{16}O$, F. 133° (A.), durch 30std. Red. von **III** nach Martin–Clemmensen in sd. Bzl. u. Sublimation bei 230—240° in CO_2-atm.oder 200°/20 Torr; 85%. — *5'.6'-Dihydro-2.3-benzoxanthen-3'.4'-dicarbonsäureanhydrid* (**IV**), $C_{19}H_{12}O_4$, F. 242—243°, durch Zugabe von Oxalsäurediäthylester zu K-Äthylat in abs. Ae., 0,5std. Zugabe von 13 g **II**-Methylester in Ae., 18std. Stehen bei Raumtemp., Zers. mit Eis/verd. H_2SO_4, 2std. Stehen, Extrahieren mit Ae., Eindampfen, 1std. Erhitzen mit 70%ig. H_2SO_4 auf 100°, Zugabe von Eis, Stehen über Nacht, Extrahieren mit $NaHCO_3$-Lsg., Ansäuern, Absaugen, Lösen in heißer 10%ig. NaOH, Ansäuern, Filtrieren, 1std. Kochen mit Acetylchlorid u. Eindampfen im Vakuum; aus Essigsäure/Acetanhydrid (3:1) orangegelbe Nadeln; 2,5 g. — *2.3-Benzoxanthen-3'.4'-dicarbonsäureanhydrid*, $C_{19}H_{10}O_4$, F. 228—230°, durch 1std. Erhitzen von 0,5 g **IV** u. 0,1 g Pd/Kohle in sd. 1-Methylnaphthalinbad; aus Acetanhydrid dunkelgelbe Kristalle; 0,35 g. — *2.3-Benzoxanthen*, durch 3std. Erhitzen von **V** analog vorst. Verb.; 31%. — *2.3-Benzoxanthon*, F. 198—201°, a) durch 0,5std. Stehen von 0,03 g vorst. Verb. mit $KMnO_4$ in verd. Aceton u. Erwärmen auf 50°; aus Essigsäure grüngelbe Nadeln; 0,03 g; b) durch 4std. Kochen von 0,3 g 2.3-Benzoxanthen-3'.4'-dicarbonsäure mit Cu-Bronze in Chinolin, Aufarbeiten u. Oxydation mit $KMnO_4$.

W. Hampel. 3211◇

Sulfonsäurederivate von Pyridin und 2.6-Lutidin und die entsprechenden N-Oxide. Russell F. Evans und Herbert C. Brown. (J. org. Chemistry **27**, 1329 bis 1336, 12/4. 1962; Lafayette, Ind., Purdue-Univ., Richard B. Wetherill Labor.; engl.) — Die drei isomeren *Pyridinsulfonsäuren* werden dargestellt u. durch die *S-Benzylisothioharnstoff-Derivv.* charakterisiert. Ihre Na-Salze sind durch Oxydation mit H_2O_2-Eisessig leicht in die entspr. *N-Oxide* überführbar. Wss. Na-Sulfit ersetzt in 2-, 3- u. 4-Chlorpyridin-1-oxid durch Rk. im Bombenrohr das Halogen durch die SO_3Na-Gruppe, 2- (**III**) u. 4-Chlorpyridin (**IX**) reagieren teilweise, 3-Chlorpyridin (**VIII**) nicht. Die *2.6-Lutidin-4-sulfonsäure* läßt sich entspr. aus dem 4-Brom-Deriv. (**X**) herstellen. Die Sulfonierung von 2.6-Lutidin (**XI**) u. dem entspr. N-Oxid führt zur *3-Sulfonsäure*. Die IR-Maxima sind im Original angegeben.

Versuche: (FF. korr.): *2-Mercaptopyridin*, F. 127,5—129°, durch 20std. Erhitzen 2-Brompyridin mit wss.-alkohol. KHS im Bombenrohr auf 160—170°; aus Bzl. gelbe Platten; 97% (Ausbeute). — *Pyridin-2-sulfonsäure*, $C_5H_5NO_3S$, F. 251—252° (A.), a) durch 1/2std. Oxydation vorst. Verb. mit Salpetersäure (D. 1,42) bei 100°; 86%; b) durch 12std. Rk. von 2-Chlorpyridin (**III**) mit wss./alkohol. Na_2SO_3 bei 185° im Bombenrohr, Eindampfen im Vakuum, Extraktion des Rückstandes mit A., Eindampfen u. Filtrieren in W. über Nalcite HCR (Meth. **A**); 7%; c) analog **A** durch 16std. Erhitzen nachst. Verb. mit wss. Na_2SO_3 im Bombenrohr auf 150°; 23%; daneben das *N-Oxid*. *N-Oxid*, $C_5H_5NO_4S$, F. 237 bis 239° (Methanol), durch längeres Erhitzen des Na-Sulfonats mit 30%ig. H_2O_2/Eisessig auf 70—80° u. Ansäuern mit konz. HCl (Meth. **B**); 44%. *S-Benzylisothiuroniumsalz*, $C_{13}H_{15}N_3O_3S_2$, F. 118,5—119° (Isopropanol), durch Lösen des Na-Sulfonats u. S-Benzylisothiuroniumchlorid in wenig W., Ansäuern mit verd. HCl u. Kühlen (Meth. **C**). — *2-Chlorpyridin-1-oxid*, $Kp._{20}$ 40—50°, aus **III** u. 30%ig. H_2O_2 in Eisessig durch 12std. Rk. bei 70—80°; 65%. *Pikrat*, $C_{11}H_7ClN_4O_8$, F. 105 bis 106°. — *Pyridin-3-sulfonsäure*, $C_5H_5NO_3S$, F. 358—360°, aus dem Na-Salz nach **A**; aus wss. A. Nadeln; 92%. *N-Oxid*, F. 238—243° (Methanol), a) nach **B**;

40%; e) aus nachst. Verb. u. wss./alkohol. Na_2SO_3 durch 10std. Erhitzen auf 143° im Bombenrohr; c) durch 22std. Sulfonierung von Pyridin-1-oxid (**V**) mit rauchender H_2SO_4 (21% SO_3) bei 220°; 63%; daneben wenig *Pyridin-2-* u. *-4-sulfonsäure-N-oxid. S-Benzylisothiuroniumsalz*, $C_{13}H_{15}N_3O_3S_2$, F. 120—122° (Isopropanol), nach **C**. — *3-Chlorpyridin-1-oxid*, C_5H_4ClNO, F. 59—60° (Ae.), aus **VIII** u. 30%ig. H_2O_2 in Eisessig durch 3std. Erhitzen auf 70—80°; 99%. *Pikrat*, $C_{11}H_7ClN_4O_8$, F. 137 bis 139°. — *N-Pyridyl-(4)-pyridiniumchlorid, Hydrochlorid* (**I**), aus $SOCl_2$ u. Pyridin; 58%. *Dipikrat*, $C_{22}H_{14}N_8O_{14}$, F. 174—175°; aus A. gelbe Platten. — *4-Hydroxypyridin* (**IV**), F. 147—149° (A.), Kp.$_3$ 216—227°, aus **I** durch Kochen mit W., Alkalisieren, Einengen im Vakuum, Einstellen mit konz. HCl auf pH 5—6, Eindampfen u. Extrahieren mit A.; 69%. — *4-Mercaptopyridin*, C_5H_5NS, F. 156—186°, aus **IV** u. P_2S_5 durch Kochen in Pyridin. — *Pyridin-4-sulfonsäure*, $C_5H_5NO_3S$, F. 317—318°, a) durch 1$^1/_2$std. Oxydation vorst. Verb. mit 30%ig. H_2O_2 in neutraler Lsg. bei 100°; Nadeln aus A.; 75%; b) durch 12std. Kochen von Na_2SO_3 u. **I** in W. unter N_2; 70%; c) durch 9std. Rk. von **IV** mit $NaHSO_3$ im Bombenrohr bei 150°; 3%; d) durch 12std. Erhitzen von 5 g **IX** mit wss./alkohol. Na_2SO_3 im Bombenrohr auf 144° u. Aufarbeitung nach **A**; 2,1 g. *N-Oxid*, $C_5H_5NO_4S$, F. 307—309° (Zers.; verd. A.), a) aus nachst. Verb. u. Na_2SO_3 durch 12std. Kochen in W. unter N_2; 56%; b) nach **B**; 40%. *S-Benzylisothiuroniumsalz*, $C_{13}H_{15}N_3O_3S_2$, F. 149—151° (verd. A.), nach **C**. — *4-Chlorpyridin-1-oxid*, durch Nitrieren von **V** u. 24std. Kochen des erhaltenen *4-Nitropyridin-1-oxids* (66%) mit konz. HCl; gibt durch 1std. Rk. mit Fe in heißem Eisessig *4-Chlorpyridin* (**IX**; instabil). — *2.6-Lutidin-1-oxid* (**VII**), aus 2.6-Lutidin (**XI**); *Pikrat*, $C_{13}H_{12}N_4O_8$, F. 124—125°. — *4-Chlor-2.6-lutidin* (**VI**), Kp.$_{41}$ 87,5—88°, aus 54 g **VII** durch Rk. mit 120 g, $POCl_3$ in Tetrachloräthan u. anschließendes 3std. Kochen; 11,2 g. *Pikrat*, $C_{13}H_{11}ClN_4O_7$, F. 160,5—162°. — *4-Mercapto-2.6-lutidin*, F. 221—231° (Zers.), aus vorst. Verb. u. KHS durch 7std. Erhitzen im Bombenrohr auf 150°; aus A., gelbe Nadeln; 91%. — *2.6-Lutidin-4-sulfonsäure*, $C_7H_9NO_3S$, F. > 350° (verd. A.), a) aus vorst. Verb. durch Oxydation mit 30%ig. H_2O_2, 55%; b) durch $^1/_2$std. Kochen vorst. Verb. in W. mit HNO_3 (D. 1,42); 97%; c) aus **X** u. Na_2SO_3 in W./A. durch 10std. Erhitzen im Bombenrohr auf 190°; 94%. *S-Benzylisothiuroniumsalz*, $C_{15}H_{19}N_3O_3S_2$, F. 150,5—151,5° (Isopropanol), nach **C**. *N-Oxid*, $C_7H_9NO_4S$, F. > 350° (Methanol), nach **B** aus 4,7 g Säure; 0,3 g. — *4-Amino-2.6-lutidin* (**II**), $C_7H_{10}N_2$, F. 188—190° (Aceton), sublimiert bei 150°/3 Torr, durch Zugabe von Na zu fl. NH_3 unter Zugabe von $Fe(NO_3)_3$, Eindunsten, Zugabe von Dimethylanilin u. 7$^1/_4$std. Kochen mit **XI**; 13%. — *4-Brom2.6-lutidin* (**X**), aus **II** durch Einw. von Brom/HBr u. $NaNO_2$ in der Kälte; 89%. *Pikrat*, $C_{13}H_{11}BrN_4O_7 \cdot {}^1/_2\ C_2H_6O$, F. 183,5—185°; aus A. gelbe Nadeln. — *3.3'-Sulfonyl-bis-[4-amino-2.6-lutidin]*, $C_{14}H_{18}N_4O_2S$, F. > 350°, durch 4$^1/_2$std. Sulfonierung von 5 g **II** mit 21%ig. Oleum bei 162°; 5,6 g. — *4-Hydroxy-2.6-lutidin-3-sulfonsäure*, $C_7H_9NO_4S$, F. 290—295 (Zers.; Methanol), durch Sulfonierung von **VI** mit 21%ig. Oleum. — *2.6-Lutidin-3-sulfonsäure-1-oxid*, $C_7H_9NO_4S$, F. 281 bis 283° (Zers.; Methanol), durch Sulfonierung von **VII** mit 21%ig. Oleum; 44%. — *2.6-Lutidin-3-sulfonsäure*, $C_7H_9NO_3S$, F. > 350°, a) durch katalyt. Hydrierung vorst. Verb. in Eisessig/Acetanhydrid an Pd-Kohle bei 31 lbs/sq. in., Verdünnen mit W. u. Eindampfen; b) durch 24std. Sulfonierung von **XI** mit 21%ig. Oleum in Ggw. von $HgSO_4$ bei 215°; aus wss. Methanol Nadeln; 43%.

G. Ziebarth. 3231◇

Synthetische schmerzstillende Mittel. 33. Mitt. **1.3.5-Trimethylpiperidon-(4) und einige seiner Derivate.** O. I. Ssorokin. (Nachr. Akad. Wiss. UdSSR, Abt. chem. Wiss. **1961,** 460—66. März; Zelinsky-Inst. für org. Chem. der Akad. der Wiss. der UdSSR; russ.) — 32. vgl. Nasarow, C. **1962,** 8978. — Aus Diisopropylketon (**I**) wurde *α.α'-Dibromdiisopropylketon* (**II**), aus diesem durch Dehydrobromierung *Diisopropenylketon* (**III**) dargestellt. **III** wurde mit Methylamin (**IV**) zu *1.3.5-Trimethylpiperidon-(4)* (**V**) cyclisiert, aus dem mit Phenyl-Li (**VI**) *1.3.5-Trimethyl-4-phenylpiperidol-(4)* (**VII**) erhalten wurde. Von **VII** wurden die *α-*, *β-* u. *γ-Form*, deren *Hydrochloride* u. *Propionathydrochloride* isoliert. *γ*-**VII**-Propionathydrochlorid hat die gleiche analget. Wirksamkeit wie Promedol, die übrigen Isomeren sind inaktiv.

Versuche: *α.α'-Dibromdiisopropylketon* (**II**), Kp.$_{15}$ 92—95°, man gibt zu 282 g **I** u. 3,1 g rotem P bei 65—79° langsam 816 g Br_2 u. erhitzt 1 Std. auf 95°; n_D^{20} 1,5058; 80,2% (Ausbeute). — *Diisopropenylketon* (**III**), $C_7H_{10}O$, Kp.$_{110}$ 72—73°, man erhitzt 539 g **II**, 65 g LiBr u. 800 ml Diäthylanilin bei 110 mm bis zum Einsetzen der Rk. (ca. 145°) u. erhitzt danach noch auf 150°; D^{20}_4 0,8710; n_D^{20} 1,4484; 64,5%. *2.4-Dinitrophenylhydrazon*, $C_{13}H_{14}N_4O_4$, F. 200—200,5° (A.); rote Prismen. Hydrierung von **III** an PtO_2 in Methanol liefert *Diisopropylketon* (**I**; *2.4-Dinitrophenylhydrazon*, F. 94,5—95,5°). — *1.3.5-Trimethylpiperidon-(4)* (**V**), $Kp._9$ 64—67°, aus dem Hydrochlorid; n_D^{20} 1,4536. *Hydrochlorid*, $C_8H_{16}ClNO$, F. 219—220° (Äthylacetat-A.), man vermischt 110 g **III** mit 35 ml Methanol u. 120 ml 37%ig. wss. **IV** bei 40°, erhitzt 1 Std. auf 50°, engt ein, säuert mit 115 ml konz. HCl an, dampft ein u. extrahiert mit Aceton–Methanol; 66,5%. Aus der Mutterlauge durch Alkalisieren u. Extrahieren mit Ae. → **V**; 23,8%. — *1.3.5-Trimethyl-4-phenylpiperidol-(4)* (**VII**), $C_{14}H_{21}NO$, *α-Form*, F. 131,5—132° (Bzl.–Ae., Ae.), Nadeln; *β-Form*, F. 121—121,5° (Bzn.); γ-Form, F. 134,5—135° (Bzn.). *Hydrochloride*, *α-Form*, F. 222—222,5°(Methanol-Äthylacetat); *β-Form*, F. 236,5—237° (Methanol-Äthylacetat); *γ-Form*, F. 244—245° (Methanol–Äthylacetat); a) man gibt zu **VI** (8,4 g Li, 93,5 g Brombenzol, 280 ml Ae.) in 1 Std. bei 6—8° 35,5 g **V**-Hydrochlorid, kocht am nächsten Tag 1 Std., gibt 50 ml Bzl. zu u. zers. mit 150 ml W.; aus der Bzl.–Ae.-Phase erhält man durch teilweises Eindampfen 35 g α-**VII**; durch Eindampfen der restlichen Mutterlauge, Lösen in Dioxan u. Fällen mit HCl 1,7 g β–**VII**-Hydrochlorid; b) man gibt zu 42,8 g **V** in 45 ml Ae. langsam **VI** (6 g Li, 45 ml Brombenzol, 240 ml Ae.), hydrolysiert mit 150 ml W. u. dampft einen Teil des Ae. ab; 32,1 g α-**VII**; durch weiteres Eindampfen → 16,7 g vom F. 105—112°, die nach Überführen in das Hydrochlorid durch Auslesen 1,65 g α-**VII**-Hydrochlorid u. 2,7 g γ–**VII**-Hydrochlorid geben. *Propionathydrochloride*, $C_{17}H_{26}ClNO_2$, *α-Form*, F. 181—182° (Äthylacetat–Methanol), man erhitzt 15 g α–**VII**, 20 ml Pyridin u. 20 ml Propionylchlorid (**VIII**) 6 Std. auf 142°, dampft ein, behandelt mit Soda-Lsg. u. Ae. u. überführt das α–**VII**-*Propionat* ($Kp._{0,02}$ 140—143°; 91,8%) in das Hydrochlorid. *β-Form*, F. 171—171,5° (Äthylacetat–Methanol), man mischt 2 g β–**VII**, 6 ml Dichloräthan u. 3 ml **VIII**, erhitzt 5 Min. auf 50° u. läßt 3 Tage lang nach Zugabe von Ae. stehen; 89,5%. *γ-Form*, F. 183—184° (Äthylacetat–Methanol), man erhitzt 1 g γ–**VII**, 1,5 ml Dichloräthan u. 1,5 ml **VIII** 20 Min. auf 50° u. läßt nach Zugabe von Ae. 3 Tage lang stehen; 1,0 g. Helmut Schäfer. 3231△

Die Synthese von 2.4-Dihydroxychinolin-Derivaten durch Cyclisierung von Malonmonoarylsäuren und Malonmonoarylamiden. C. M. Mehta und G. H. Patel. (J. sci. ind. Res. [New Delhi], Sect. B **18,** 391—92, Sept. 1959; Baroda, M. S. Univ. of Baroda, Fac. of Sci., Chem. Dep.; engl.) — Vff. beschreiben die Darst. von *2.4-Dihydroxychinolin-Derivv.* (**A**) durch Cyclisierung von Malonsäuremonoarylamiden (**I**) u. Malonsäure-N-monoaryldiamiden (**II**) mit Polyphosphorsäure bei 140° (Aryl = Phenyl; Tolyl u. a. im Original nicht genannte Reste). Aus **I** wird in Diphenyläther an Stelle des Cyclisierungs-Prod. infolge Decarboxylierung das entsprechende *N-Acetylarylamin* erhalten. Die Ausbeute an **A** aus **I** ist quant., aus **II** gering. D. Jahnke. 3231△

Pyridindenderivate. 4. Mitt. **Alkylierte Pyridindene.** John T. Plati und Wilhelm Wenner. (J. org. Chemistry **25,** 1130—33, Juli 1960; Nutley, N. J., Hoffmann-LaRoche, Inc.; engl.) — 3. vgl. C. **1958,** 3308. — *Crotonophenon* (**I**) u. *Methylamin* (**II**) reagieren zu *β-Methylaminobutyrophenonhydrochlorid*, das durch Alkalieinw. *1.2.6-Trimethyl-3-benzoyl-4-hydroxy-4-phenylpiperidin* (**IV**) ergibt. W.-Abspaltung u. partielle Red. führt zu *1.2.3-Trimethyl-9-phenyl-2.3.4.9-tetrahydro-1H-pyridinden* (**V**). Durch Rk. von CH_3MgJ mit 1-Methyl-3-benzoyl-4-phenyl-4-hydroxypiperidin (**VI**) wird *α-Methyl-α-[1-methyl-4-hydroxy-4-phenylpiperidyl-(3)]-benzylalkohol* (**VII**) u. durch W.-Abspaltung aus **VII** *2.9-Dimethyl-9-phenyl-2.3.4.9-tetrahydro-1H-pyridinden* (**VIII**) erhalten. Vff. vergleichen die Antihistaminwrkg. der Verbb., maximale Wrkg. zeigt sich bei einer Doppelbindung im Heteroring. Die UV-Spektren von **V** u. **VIII** sind im Diagramm angegeben.

Versuche: *β-Methylaminobutyrophenonhydrochlorid*, $C_{11}H_{15}NO \cdot HCl$, F. 152 bis 154°, durch Zugabe von 29,2 g **I** zu 6,8 g **II** · HCl u. 6,0 g Na-Methylat in CH_3OH, 4std. Stehen bei 35° u. Zugabe von konz. HCl; umkristallisiert aus Essigester; 10,2 g (Ausbeute). — *1.2.6-Trimethyl-3-benzoyl-4-hydroxy-4-phenylpiperidin* (**IV**), $C_{21}H_{25}NO_2$, F. 103—105°, durch 20 Min. lange Zugabe von 383 g **I** zu 89,8 g **II** · HCl u. 79,2 g Na-Methylat in CH_3OH, 13 tägiges Stehen, Ansäuern mit konz. HCl, Filtrieren, Dest., Digerieren mit sd. Essigester, Dest. u. Zugabe von NaOH u. W.; umkristallisiert aus n-Heptan; 133 g. *Hydrobromid*, F. 186—187° (A.), durch Lösen von **IV** in Ae. u. Einleiten von HBr. — *1.2.3-Trimethyl-9-phenyl-2.3-dihydro-1H-pyridindenhydrobromid* (**III**), $C_{21}H_{21}N \cdot HBr$, F. 198—201° (A.), 13 g **IV** u. 50 ml HBr (48%) werden 6 Std. u. 40 Min. gekocht, in W. eingerührt u. nach 2 Tagen dekantiert; 4,2 g. — *Gemisch* aus *1.2.3-Trimethyl-9-phenyl-2.3.4.4a-tetrahydro-* u. *1.2.3-Trimethyl-9-phenyl-2.3.4.9-tetrahydro-1H-pyridindenhydrobromid*, $C_{21}H_{23}N \cdot HBr$,

F. 226—232° (Aceton), aus 7,4 g **III** durch 3¼std. Hydrieren in A. an Raney-Ni unter 52 lbs./sq. in.; 4,6 g. — *1.2.3-Trimethyl-9-phenyl-2.3.4.9-tetrahydro-1H-pyridinden* (**V**), $C_{21}H_{23}N$, F. 101—103° (A.), aus 28 g **III** durch 2½std. Hydrieren an Raney-Ni in A. bei 49 lbs./sq. in., Isolieren als *Thiocyanatsalz* (F. 186—189°; 9,9 g) u. 3tägiges Stehen von 7,9 g Thiocyanatsalz in A. u. 6%ig. NaOH; 5,7 g (Rohausbeute). — *α-Methyl-α-[1-methyl-4-hydroxy-4-phenylpiperidyl-(3)]-benzylalkohol* (**VII**), $C_{20}H_{25}\cdot NO_2$, F. 197—198° zu *Methylmagnesiumjodid* (aus 129 g Methyljodid u. 22,1 g Mg) werden in 30 Min. 128 g **VI** gegeben, 3std. Kochen u. Stehen über Nacht; 16 g. — *2.9-Dimethyl-9-phenyl-2.3.4.9-tetrahydro-1H-pyridinden* (**VIII**), *Hydrobromid*, $C_{20}H_{22}NBr$, F. 246—248° (A.), 10,4 g **VII** u. 40 ml 48%ig. HBr werden 1¼ Std. auf 137—140° erhitzt; 7,73 g (Rohausbeute). B. Lücke. 3231◇

Synthese von Calycanin. Teinosuke Kobayashi und Ryoji Kikumoto. (Tetrahedron [London] **18**, 813—14, Juli 1962; Mejiro, Tokyo, Gakushuin-Univ., Dep. of Chem.; engl.) — *Calycanin* (**I**, *Chinolino-[4'.3':3.4]-chinolin*), das Abbauprod. des Alkaloids Calycanthin, wurde durch Erhitzen von *o-Aminoacetophenon* (**II**) u. *o-Nitrophenylbrenztraubensäure* (**III**) in Ggw. von wasserfreiem $ZnCl_2$ synthetisiert.

Versuche: *Chinolino-[4'.3':3.4]-chinolin* (**I**), $C_{16}H_{10}N_2$, F. 308°, a) durch 3std. Erhitzen von 1,3 g **II**, 2,1 g **III** u. 3 g $ZnCl_2$ in 30 ml trocknem Toluol auf 140 bis 155° unter Rühren; 1,7 g (Ausbeute); b) analog a) aus 0,1 g *3-[o-Nitrophenyl]-lepidin-2-carbonsäure* u. 1 g $ZnCl_2$, Dest. u. Abtrennen von *o-Nitrophenyllepidin* (**IV**) durch Umkristallisieren aus A.; 0,06 g; farblose Nadeln aus Pyridin. *Dihydrochlorid*, $C_{16}H_{12}Cl_2N_2$, F. oberhalb 350°, aus **I** mit heißer verd. HCl, lange gelbe Nadeln. — *3-[o-Nitrophenyl]-lepidin-2-carbonsäure*, $C_{17}H_{12}N_2O_4$, F. 160°, durch 3std. Erhitzen von 1,3 g **II** u. 2,1 g **III** in Bzl. auf 100° Zufügen von 4 g $ZnCl_2$, weiteres 4std. Erhitzen, Einengen, Lösen in NaOH, Filtrieren u. Ansäuern; Prismen aus verd. Essigsäure; 0,5 g. Decarboxylierung bei 5 Torr → **IV**. — *Chinolinochinolincarbonsäure*, $C_{17}H_{10}N_2O_2$, F. 150° (Zers.), durch Eindampfen des Filtrats vorst. Verb., Aufnehmen in etwas W. u. Stehen bei Zimmer-Temp.; Nadeln aus verd. Essigsäure; 0,1 g. Decarboxylierung durch Dest. → **I**.

Karlheinz Gröbe. 3231□

Isomere des Perhydro-9b-boraphenalens. G. Rotermund und R. Köster. (Angew. Chem. **74**, 329, 7/5. 1962; Mühlheim/Ruhr, Max-Planck-Inst. für Kohlenforsch.; dt.) — Hydroborierung von all-trans-Cyclododecatrien-(1.5.9) mit N-Triäthylborazan (**IV**) bzw. Äthyldiboran liefert *all-cis-Perhydro-9b-boraphenalen* (**I**, $C_{12}H_{21}B$, $Kp._{10}$ 115°, $D._4^{35}$ 0,9357, n_D^{35} 1,5100). **I** entsteht auch bei der Pyrolyse von Bortricyclododecyl. Durch therm. Isomerisierung von **I** bei 200° in Ggw. von Trialkylamin u. H_2 entsteht *cis-cis-trans-Perhydro-9b-boraphenalen* (**II**, $C_{12}H_{21}B$, $Kp._{10}$ 113,5°, F. 31°, $D._4^{35}$ 0,9220, n_D^{35} 1,5029). Aus trans-trans-cis-Cyclododecatrien-(1.5.9) u. **IV** entsteht unter 200° *13-Boratricyclo-[6.4.1.0^{4,13}]-tridecan* (**III**, $C_{12}H_{21}B$, $Kp._{10}$ 113°, $D._4^{35}$ 0,9219, n_D^{35} 1,5058) in 30—40%ig. Ausbeute. **III** isomerisiert sich bei ca. 200° zu **I**. **II** reagiert mit H_2 unter Druck nur langsam, während sich **I** wie ein Bortrialkyl verhält. **III** wird durch partielle Acetolyse u. Oxydation mit H_2O_2 in 3 *Cyclododecandiole* über geführt, die als *Diacetate* gaschromatograph. getrennt wurden. A. Gude. 3241□

Bicyclische Orthoester durch direkte Veresterung. Roderick A. Barnes, Gerald Doyle und Joseph A. Hoffman. (J. org. Chemistry **27**, 90—93, 18/1. 1962; New Brunswick, N. J., State Univ., Rutgers, School of Chem.; engl.) — Bei Verss., aus *2-[Hydroxymethyl]-2-methylpropandiol-(1.3)* (**I**) u. Benzotrichlorid einen bicycl. Orthoester herzustellen, wird lediglich *α.α.α'.α'-Tetrachlordibenzyl* erhalten. Rkk. von **I** mit verschiedenen in α-Stellung di- oder trihalogenierten Carbonsäuren führen jedoch direkt zu Orthoestern, die das Ringsyst. des *2.6.7-Trioxabicyclo-[2.2.2]-octan* enthalten. Auch mit 3.5-Dinitrobenzoesäure wird ein solcher bicycl. Orthoester erhalten. Schwächere Säuren wie Benzoesäure, Capronsäure u. Monochloressigsäure liefern keine entsprechenden Verbindungen. Vgl. zwischen den Dissoziations-Konst. der Säuren u. den Ausbeuten an Orthoester lassen vermuten, daß zwischen diesen Größen eine direkte Beziehung besteht. Vff. führen die Unterschiede im Verhalten von stärkeren u. schwächeren Säuren auf Unterschiede der Rk.-Geschw. zurück, da die Bldg. von Orthoestern der Säuren RCOOH im Falle stark elektronenaffiner Gruppen R durch induktive Effekte erleichtert sein dürfte. Dafür sprechen auch Ergebnisse, die bei der Red. von *4-Methyl-1-[trichlormethyl]-2.6.7-trioxabicyclo-[2.2.2]-octan* (**II**) zu *1.4-Dimethyl-2.6.7-trioxabicyclo-[2.2.2]-octan* erhalten wurden. Letztere Verb., bei der eine Stabilisierung durch induktive Effekte entfällt, zieht an der Luft sehr leicht W. an u. zeigt dann im IR-Spektrum Carbonyl- u. Hydroxylbanden, während die anderen Orthoester wesentlich stabiler sind. Mit Glycerin u. Säuren durchgeführte Rkk. führten nicht zu den erwarteten 2.6.7-Trioxabicyclo-[2.2.1]-heptanen.

Versuche: *α.α.α'.α'-Tetrachlordibenzyl*, $C_{14}H_{10}Cl_4$ (Bzl./Ligroin), F. 159 bis 160°, a) aus I, Benzotrichlorid u. Triäthylamin in Dioxan durch 48std. Kochen; 25% (Ausbeute); b) aus I, Benzotrichlorid u. Ag_2CO_3 analog vorstehend. — *4-Methyl-1-[trifluormethyl]-2.6.7-trioxabicyclo-[2.2.2]-octan*, $C_7H_9F_3O_3$ (Hexan), F. 144 bis 145°, durch Erhitzen von I, Trifluoressigsäure u. einigen Tropfen H_2SO_4 auf 100° u. Sublimation (ca. 48 Std.); 51%. — *4-Methyl-1-[trichlormethyl]-2.6.7-trioxabicyclo-[2.2.2]-octan* (II), $C_7H_9Cl_3O_3$ (Bzl.), F. 218—221° (geschlossenes Röhrchen), aus Trichloressigsäure u. I durch 12—15 Std. Kochen mit p-Toluolsulfonsäure in Xylol unter Entfernen des entstehenden W. durch azeotrope Dest.; 41%. —Die folgenden 2.6.7-Trioxabicyclo-[2.2.2]-octane werden in gleicher Weise hergestellt: *1-[Dichlormethyl]-4-methyl-*, $C_7H_{10}Cl_2O_3$ (Bzl.), F. 138—139°, aus Dichloressigsäure u. I; 40%. — *1-[1'.1'-Dichloräthyl]-4-methyl-*, $C_8H_{12}Cl_2O_3$, F. 151—153°, aus 2.2-Dichlorpropionsäure u. I; 29%; absorbiert etwas Wasser. — *1-[3'.5'-Dinitrophenyl]-4-methyl-*, $C_{12}H_{12}N_2O_7$, F. 224—225°, aus 3.5-Dinitrobenzoesäure u. I; 4%; daneben *Verb. vom F. 109—112°*; gelbe Kristalle. — *1.4-Dimethyl-*, $C_7H_{12}O_3$, F. 85—90°, durch Red. von II in alkohol. KOH bei Raum-Temp. mit Raney-Ni u. H_2 bei 50 lbs./sq. in., nach 3 Tagen Zugabe von $MgSO_4$, Filtrieren, Zugabe von Bzl., Dest. u. Sublimation des Rückstandes; Verb. absorbiert an der Luft schnell W. unter Bldg. einer Fl., die Hydroxyl- u. Carbonylgruppen besitzt. — *2-[Hydroxymethyl]-2-methylpropandiol-(1.3)-dinicotinat*, $C_{17}H_{18}N_2O_5$, F. 119—120°, aus Nicotinsäure u. I nach mehrstd. Abkühlen. — *Verb. vom Kp.₃ 125—135°*, aus Glycerin u. Trichloressigsäure; kein Orthoester, da starke Hydroxyl- u. Carbonylbanden im IR-Spektrum. J. Graefe. 3252□

Ein Beitrag zur Dialkylaminoalkylierung N–H- und C–H-azider Verbindungen. Wolfgang Voigtländer. (Chem. Techn. **11**, 323—24, Juni 1959; Radebeul, VEB Chem. Werke, Forschungsabt.; dt.) — Die Dialkylaminoalkylierung N–H- bzw. C–H-azider Verbb. verläuft bes. gut in indifferenten Lsgm. (Toluol, Bzl., bes. Xylol) in Ggw. von Alkalicarbonat (bes. K_2CO_3). Das Verf. ist auch zur Dialkylaminoalkylierung O–H-azider Verbb. zur Darst. bas. Ester bzw. bas. Äther anwendbar.

Versuche: *N-[β-Diäthylaminoäthyl]-phthalimid*, F. 43—45°, durch 3std. Kochen von Phthalimid, β-Diäthylaminoäthylchlorid u. K_2CO_3 in Xylol unter Rühren. — *N-[β-Piperidinoäthyl]-5-phenyl-5-äthylbarbitursäurehydrochlorid*, F. 266 bis 268°, durch Rk. von 5-Phenyl-5-äthylbarbitursäure, β-Piperidinoäthylchlorid u. K_2CO_3 in Xylol. — *Phenyl-[β-piperidinoäthyl]-malonsäuredibutylester*, $Kp._{0,001-0,01}$ 190—200°, durch Rk. von Phenylmalonsäuredibutylester, β-Piperidinoäthylchlorid u. K_2CO_3 in Xylol. — *β-Diäthylaminoäthylacetessigsäureäthylester*, $Kp._2$ 111—115°, durch Rk. von Acetessigsäureäthylester, β-Diäthylaminoäthylchlorid u. K_2CO_3 in Xylol. Gottfried Schreiber. 3272◇

Die nichtenzymatische Zersetzung von 5-Methylbarbitursäure. Basil Doumas und H. G. Biggs. (J. biol. Chemistry **237**, 2306—10, Juli 1962; Memphis, Tenn., Univ., Sect. of Clin. Chem., Div. of Med. Labors.; engl.) — *5-Methylbarbitursäure* (I) zersetzt sich in wss. Lsgg. bei pH 7,15 u. Raum-Temp. über *5-Hydroxy-5-methylbarbitursäure* (II) zu *Methyltartronsäuremonoureid* (III). Erhitzen von III-Lsg. in organ. Lsgm. liefert *Lactoylharnstoff*. Einw. kalten Alkalis auf III führt zu einer unbekannten Säure (2-Carboxylactoylcarbaminsäure?). Die biol. Bedeutung von II u. III beim oxydativen Thyminabbau, wobei I eine Zwischenstufe bildet, bleibt unbekannt. 5-Brom-5-methylbarbitursäure erleidet in neutraler Lsg. Zers., wahrscheinlich unter Bldg. von acycl. Brommethylmalonylharnstoff. — *5-Methylbarbitursäure* (I), F. 203° (W.), durch Lösen des Na-Salzes in wenig sd. W. u. Ansäuern mit konz. HCl auf pH 1,5; 90% (Ausbeute). *Na-Salz*, durch Kondens. von Harnstoff u. Methylmalonsäurediäthylester in Ggw. von C_2H_5ONa, Waschen des Prod. mit abs. A. u. Umkristallisieren aus sd. W.; 60%. — *5-Hydroxy-5-methylbarbitursäure* (II), F. 228—230°, durch Rühren von I in 3%ig. H_2O_2; ca. 100%. — *Brommethylmalonsäure*, F. 122—124°, durch Rk. von Methylmalonsäure (aus dem Diäthylester durch alkal. Hydrolyse) mit 1 Val Br_2 in W., Eindampfen im Vakuum bei 80°, Lösen in Aceton, Zugabe von Toluol u. Stehen über Nacht bei —10°; 50%. — *Methyltartronsäure*, F. 142° (Zers.), a) durch 36std. Rühren vorst. Verb. mit frisch dargestelltem Ag_2O, Filtrieren, Ansäuern mit HCl, Filtrieren, Eindampfen, Extraktion mit Ae., Einengen u. Fällen mit Toluol; 65%; b) durch 10 Min. langes Kochen von **III** mit 2 n HCl; daneben *Harnstoff*; c) durch 10 Min. langes Kochen von **III** mit 10%ig. NaOH; daneben NH_3; d) durch alkal. Hydrolyse von **II**; daneben NH_3. *Ureid* (**III**), $C_5H_8N_2O_5$, F. 148—149° (Zers.), a) durch 48std. Rühren von **I** in 0,1 m Phosphatpuffer bei pH 7,15, Ansäuern mit HCl bis pH 2, Eindampfen im Vakuum bei 80°, Extraktion mit CH_3OH bei Raum-Temp. u. Einengen; b) durch ca. 36std. Stehen von 2 g **II** in KOH bei pH 7,15 bei 38°, Ansäuern mit konz. HCl bis pH 1,7, Eindampfen bei Raum-Temp., Extraktion mit Aceton, Eindampfen bei 30°, Lösen in heißem CH_3OH, Filtrieren, Zugabe von Toluol u. Stehen über Nacht bei —10°; 1,6 g. — *Lactoylharnstoff*, $C_4H_8N_2O_3$, F. 142—143° (Essigester), a) durch 48std. Extraktion von **III** im Soxhlet-App. u. Eindampfen. Wird durch sd. 2 n HCl in *Milchsäure* u. *Harnstoff* gespalten. Karl Maier. 3272□

Über die katalytische Hydrierung von Pyrazincarbonsäuren. Vorl. Mitt. E. Felder, S. Maffei, S. Pietra und D. Pitrè. (Chimia [Aarau, Schweiz] **13**, 263—64, 15/8. 1959; Pavia, Univ., Inst. für allg. Chem.; Mailand, Bracco Ind. Chim., Forsch. Abt.; dt.) — Enthalten in der C. **1961**, 15015 referierten Arbeit.
H.-J. Weigmann. 3272◇

Vinylisocyanurate. Darstellung von Alkenylisocyanuraten durch Trimerisierung oder Cotrimerisierung von Isocyanaten. Eric C. Juenge und William C. Francis. (J. org. Chemistry **26**, 3334—37, 12/9. 1961; Merriam, Kans., Spencer Chem. Co., Res. and Developm. Div.; engl.) — Durch Trimerisierung von Vinylisocyanat (**III**; Kp. 40—43°) wird *Isocyanursäuretrivinylester* (**IV**) dargestellt. Cotrimerisierung von **III** oder Allylisocyanat (**V**) mit Alkylisocyanaten führt zu den entsprechenden *asymm. Isocyanuraten.* Die Rk. wird durch Triäthylamin (**I**) u. Triäthylphosphin (**II**) katalysiert, wobei nur **II** beim weniger reaktiven Allyl-Deriv. u. bei der Cotrimerisierung mit Alkyl-Derivv. wirksam ist. Die IR-Maxima sind angegeben.

Versuche: Isocyanursäurealkylester: *-trivinyl-*(**IV**), $C_9H_9N_3O_3$, F. 32 bis 34°, $Kp._{0,17}$ 114—116°, durch 2std. Rk. von **III** bei Raum-Temp. in Ggw. von **I** oder **II** unter N_2 u. Dest. in Ggw. von Polymerisationsinhibitoren; 55,4% (Ausbeute). — *-allyldiäthyl-*, $C_{10}H_{15}N_3O_3$, durch Cotrimerisierung von **V** mit 1/2 Mol Äthylisocyanat in Ggw. von **II** unter N_2 durch 1std. Kochen u. Fraktionieren bei 0,25—0,30 Torr; n_D^{26} 1,4910; 20%; daneben 35% *Isocyanursäurediallyläthylester* ($C_{11}H_{15}N_3O_3$; n_D^{26} 1,5013), 22% *Isocyanursäuretriallylester* ($C_{12}H_{15}N_3O_3$) u. 6% *Isocyanursäuretriäthylester* [F. 92—94° (A.)]. — *-butyldivinyl-*, $C_{11}H_{15}N_3O_3$, durch Cotrimerisierung von Butylisocyanat (**VI**) mit 1/2 Mol **III** durch 5std. Kochen in Ggw. von **II** unter N_2 u. Fraktionieren bei 0,32—0,39 Torr; n_D^{27} 1,5136; 48%; daneben 11% *Isocyanursäuredibutylvinylester*, (**VII**; $C_{13}H_{21}N_3O_3$), 19% *Isocyanursäuretributylester* (**VIII**; $C_{15}H_{27}N_3O_3$) u. 16% **IV**; b) durch Rühren von **VI** mit **III** in Ggw. von **II** bei —45 bis —50°, Erwärmen auf Raum-Temp., 4std. Erhitzen auf 100° u. Fraktionieren im Vakuum; 45%; daneben 50% **VIII** u. 5% **VII**. — *-triphenyl-* (**IX**), F. 280—281°, durch mehrstd. Rk. von 3,45 g **III** mit 11,91 g Phenylisocyanat (**X**) in Ggw. von 1,49 g **II**, Lösen in Chlf., Kühlen auf —40° u. Filtrieren; 5,70 g; daneben durch Eindampfen der Chlf.-Lsg. u. Chromatographie in Chlf./CCl_4 (1:1) an Al_2O_3 1 g *Isocyanursäuredivinylphenylester* [**XI**; $C_{13}H_{11}N_3O_3$, F. 116—117° (Ae.)]. — *-divinyläthyl-*(?), durch 5std. Kochen von **III** u. $^1/_2$ Mol Äthylisocyanat in Bzl. in Ggw. von **II**; 57%; daneben 43% **IV**. — *1.3-Diphenyl-1.3-diazacyclobutandion-(2.4)*, $C_{14}H_{10}N_2O_2$, F. 185—186°, a) aus **X** in Ggw. von **II**; b) aus 10,21 g **X** u. 3,0 g **III** in Ggw. von 0,27 g **II** in der Kälte u. Kristallisation des Rk.-Gemisches aus Chlf.; Plättchen; 0,5 g; daneben durch Kühlen der Chlf.-Mutterlauge auf —60° 5,0 g **IX** u. Eindampfen der Chlf.-Lsg. 2,0 g **XI**. G. Ziebarth. 3313△

Neue Triazinderivate als orale diuretische Agentien. M. H. Shah, M. Y. Mhasalkar und C. V. Deliwala. (J. sci. ind. Res. [New Delhi], Sect. C **19**, 282—84, Nov. 1960; Bombay, Haffkine Inst., Dep. of Chemotherapy; engl.) — Eine Reihe substituierter symm.-Triazine wird dargestellt u. an Ratten hinsichtlich der diuret. Aktivität getestet. Die Ergebnisse zeigen, daß die Einführung eines Cl-Atoms in die m-Stellung des Phenylradikals gegenüber einem p-substituierten Deriv. eine Steigerung der diuret. Aktivität bewirkt. Substitution in o-Stellung des Phenylrings oder Substitution des Cl-Atoms in m- oder p-Stellung durch andere Gruppen verringert die diuret. Wrkg. der Verbindungen.

Versuche: 2-Amino-symm.-triazine: *4-[o-Chloranilino]-*, F. 148—150°, durch $^3/_4$std. Kochen von o-Chlorphenylbiguanidhydrochlorid u. HCOOH, Kühlen, Verdünnen mit W., Alkalisieren, Filtrieren u. Umkristallisieren aus A.; 91% (Aus-

beute). — *4-Amino-*, F. 232°, analog vorst. Verbindung. — *4-[p-Chloranilino]-*, F. 231 bis 232°. — *4-[m-Chloranilino]-*, *Hydrochlorid*, F. 249—250°; 70%. — *4-[2.5-Dichloranilino]-*, F. 177—178°; 56%. — *4-[3.5-Dichloranilino]-*, *Hydrochlorid*, F. 236 bis 238°; 52%. — *4-[2-Methyl-5-chloranilino]-*, F. 179—180°; 67%. — *4-[2-Methyl-4-chloranilino]-*, F. 207—208°; 88%. — *4-[2-Methoxy-5-chloranilino]-*, F. 169—171°; 73%. — *4-[p-Toluidino]-*, *Hydrochlorid*, F. 269—270°. — *4-[m-Toluidino]-*, *Hydrochlorid*, F. 258—260°; 68%. — *4-[o-Toluidino]-*, F. 163—164°; 38%. — *4-[2.6-Dimethylanilino]-*, F. 207—208°; 79%. — *4-[p-Anisidino]-*, F. 242°. — *4-[o-Anisidino]-*, F. 180°; 60%. — *4-[4-Acetamidoanilino]-*, F. 269—270°; 62%. — *4-[p-Sulfoanilino]-*, F. > 300°; 58%. — *4-[p-Aminosulfonylanilino]-*, F. 268°.
P. Golinske. 3313◇

Die Darstellung von Chlormethyl-Derivaten des Bors durch die Diazomethanmethode. H. S. Turner. (Chem. and Ind. **1958**, 1405, 25/10.; Teddington, Middlesex, D. S. I. R., National Chem. Labor.; engl.) — Durch Zugabe von Trichlorborazol zu überschüssigem Diazomethan (I) in Ae. bei — 65° entsteht in 60%ig. Ausbeute *Tris-B-[chlormethyl]-borazin* [$C_3H_9B_3Cl_3N_3$, F. 177—178° (Bzn.; Chlf.), sublimiert bei 125°/0,01 Torr]. Der Mechanismus dieser Rk. sowie der der Bldg. von Polymethylenen aus BF_3 u. I wird kurz besprochen. Die IR-Maxima sind angegeben.
D. Jahnke. 3354△

Über Acetate von Pentosen. Acetylierung durch Schwefelsäure-Katalyse. G. Zemplén und I. Döry. (Acta chim. Acad. Sci. hung. **12**, 141—47, 1957; Budapest, TU, Inst. für organ. Chem.; dt. — C. **1958**, 2724.) P. Golinske. 3400◇

Synthese von 2.3-Di-O-methyl-D-arabinose und von 3.4-Di-O-methyl-D-lyxit. J. P. Verheijden und P. J. Stoffyn. (Bull. Soc. chim. belges **68**, 699—704, Nov./Dez. 1959; Belgien, Univ. Brüssel, Labor. für organ. Chem.; franz.) — Die Synthese von *2.3-Di-O-methyl-D-arabinose* (**I**) u. die Red. von **I** zu *2.3-Di-O-methyl-D-arabit* (**VI**), das mit 3.4-Di-O-methyl-D-lyxit identisch ist, wird beschrieben. D-Arabinosediäthylmercaptal (**VII**) wird durch selektive Tosylierung in 5-Stellung mit p-Toluolsulfonylchlorid (**II**) in Pyridin (**III**) in *5-O-Tosyl-D-arabinosediäthylmercaptal* (**IV**) übergeführt. **IV** bildet in A. in Ggw. von $HgCl_2$ u. HgO *Äthyl-5-O-tosyl-D-arabinofuranosid*, das mit CH_3J und Ag_2O *Äthyl-2.3-di-O-methyl-5-O-tosyl-D-arabinofuranosid* (**V**) liefert. **V** wird mit Na-Amalgam in Methanol in *Äthyl-2.3-di-O-methyl-D-arabinofuranosid* u. anschließend durch saure Verseifung in **I** übergeführt. **I** wird katalyt. hydriert oder in geringer Ausbeute mit $NaBH_4$ zu **VI** reduziert. Die Struktur von **I** wird durch HJO_4-Oxydation zu *Formaldehyd* bewiesen. Beim Abbau von 3.4-Di-O-methyl-D-glucosamin mit 2%ig. wss. Ninhydrin-Lsg. u. 4% **III** entsteht im Gegensatz zu Hexosamin eine Substanz, die sich beim Chromatographieren wie **I** verhält.

Versuche: *5-O-Tosyl-D-arabinosediäthylmercaptal* (**IV**), F. 67—68° (Bzl.-Hexan), durch 1std. Stehen von **VII** u. **II** in **III** bei —10°, 24 Std. bei 4° u. 24 Std. bei 20°; 88% (Ausbeute). — *Äthyl-5-O-tosyl-D-arabinofuranosid*, $C_{14}H_{20}O_7S$, F. 118 bis 118,5° (Chlf.), durch 12std. Rühren von **IV** mit $HgCl_2$ und HgO in abs. A., Filtrieren u. Fällen der Hg-Salze mit H_2S; 65%; $[\alpha]_D^{20}$ — 20°. — *Äthyl-2.3-di-O-methyl-5-O-tosyl-D-arabinofuranosid* (**V**), $C_{16}H_{24}O_7S$, durch ½std. Zugeben von Ag_2O zu vorst. Verb. u. CH_3J, 3std. Kochen, Verdünnen mit Aceton, Filtrieren, Vakuumeindampfen, zweimaliges Wiederholen der Methylierung, Chromatographieren an SiO_2 u. Eluieren mit Bzl.-Ae.; $[\alpha]_D^{20}$ — 72,6°; 96%. — *Äthyl-2.3-di-O-methyl-D-arabinofuranosid*, $C_9H_{18}O_5$, durch 16std. Schütteln von **V** in Methanol-W. mit 4%ig. Na-Amalgam, Neutralisieren mit CO_2, Verdünnen mit Methanol, Filtrieren, Vakuumeindampfen u. Extrahieren des Rückstandes mit Chlf.; $[\alpha]_D^{20}$ — 150° (c = 1,1; Methanol); 57%. — *2.3-Di-O-methyl-D-arabinose* (**I**), $C_7H_{14}O_5$, F. 82—83°, durch 3std. Erhitzen vorst. Verb. in 0,14 n H_2SO_4 auf 100°, Neutralisieren mit $BaCO_3$, Filtrieren, Vakuumeindampfen des Filtrates u. Chromatographieren an SiO_2, $[\alpha]_D^{20}$ von — 85° bis — 100°; 93%. *Anilid*, $C_{13}H_{19}NO_4$, F. 139 bis 140° (A.-Hexan), durch 5std. Kochen von 150 mg **I** mit Anilin in abs. A. im Dunkeln u. Chromatographieren an SiO_2; $[\alpha]^{20}$ von — 143° bis — 40° (c = 1; Chlf.); 169 mg. — *2.3-Di-O-methyl-D-arabit* (**VI**) oder *3.4-Di-O-methyl-D-lyxit*, $C_7H_{16}O_5$, F. 56—57 (Aceton/Ae.), a) durch 16std. Hydrieren von **I** in W. in Ggw. von Raney-Ni bei 120° u. 100 at., Filtrieren, Eindampfen u. Chromatographieren an SiO_2; 95%; b) durch Zusetzen von $NaBH_4$ zu **I** in W., ½std. Stehen bei 0°, 2 Std. bei 20°, Ansäuern mit CH_3COOH, Behandeln mit Permutit 50 (H^+-Form) u. Deacidit 551 (OH^--Form); $[\alpha]_D^{21}$ + 8° (c = 3, A.); 60%. G. Marquard. 3400

Glykosylbromide aus Äthylthioglykosiden. 2. Mitt. Friedrich Weygand und Heinz Ziemann. (Liebigs Ann. Chem. **657**, 179—98, 28/9. 1962; München, Techn. Hochsch., Org.-Chem. Inst.; dt.) — 1. vgl. C. **1959**, 5809. — Durch Spaltung von Äthyl-1-thioglykosiden mit Brom werden *Glykosylbromide* synthetisiert. Der Austausch der Äthylmercaptogruppe gegen Brom kann verlaufen a) unter Inversion, b) unter Inversion zusammen mit einer Umlagerung in das stabilere Isomere, c) ohne Inversion u. d) unter Beteiligung einer benachbarten Acetoxygruppe. Die Rk. wird durch Messung der opt. Drehung bei 578 mμ verfolgt. Dabei ergibt sich eine Zeitabhängigkeit der ermittelten k-Werte, aber keine lineare Beziehung zwischen den Logarithmen der Konzz. oder den reziproken Konzz. u. der Rk.-Zeit. Die Thioglykoside werden nach verschiedenen Meth. synthetisiert. *Methyl-β-D-glucopyranosid* wird aus Äthyl-1-thio-α-D-glucopyranosid u. *Methyl-α-D-glucopyranosid* aus Äthyl-1-thio-β-D-glucopyranosid mit Brom in Methanol dargestellt.

Versuche: *3.4.6-Tri-O-acetyl-1.2-[O-äthylorthoacetyl]-α-D-glucose*, F. 96 bis 97° (Diisopropyläther), durch Einrühren von Acetobrom-β-D-glucose in abs. Ae., abs. A. u. abs. Pyridin, 1std. Rühren, Stehen über Nacht u. Eindampfen; $[\alpha]_D^{24}$ + 30,5° (c = 1; Chlf.); 62% (Ausbeute). — *2.3.5.6-Tetra-O-acetyl-β-D-glucofuranosylbromid*, durch Zugeben von Br_2 in abs. PAe. zu Äthyl-1-thio-2.3.5.6-tetra-O-acetyl-α-D-glucosid in abs. Ae. unter Eiskühlung innerhalb 10 Min., ½std. Rühren bei Raumtemp., Einengen, Versetzen mit PAe. u. Einengen; $[\alpha]_{578}^{20}$ — 57°. — *3.5.6-Tri-O-acetyl-1.2-[O-äthylorthoacetyl]-α-D-glucofuranose*, $C_{16}H_{24}O_{10}$, F. 90° (A.), durch 3std. Rk. vorst. Verb. in abs. Ae. mit abs. Pyridin in abs. A., Filtrieren, Einengen, Schütteln mit Ae. u. W. u. Einengen des Ae.; $[\alpha]_D^{24}$ + 27° (c = 1; Chlf.); 54% (bez. auf vorst. Verb.). — *Äthyl-1-thio-2.3.4.6-tetra-O-acetyl-β-D-mannopyranosid*, F. 160—161° (Isopropanol), durch Rk. von Penta-O-acetyl-β-D-mannopyranose mit Äthylmercaptan u. $ZnCl_2$ nach Lemieux u. Brice (C. **1959**, 12812), Eindampfen, Schütteln mit Ae. u. Einengen; $[\alpha]_D^{21}$ — 65° (c = 2; Chlf.); 14%. — *Äthyl-1-thio-2.3.4.6-tetra-O-acetyl-α-D-mannopyranosid*, F. 103—106° (Diisopropyläther), aus vorst. äther. Mutterlauge; $[\alpha]_D^{21}$ + 95° (c = 2; Chlf.); 32%. — *Acetobrom-α-D-mannose*, F. 60—61°, durch Versetzen vorst. Verb. in abs. Ae. mit Br_2 bei 30°, Eindampfen, Dest. bei 60° (Bad)/0,2 Torr, Lösen des Rückstandes in abs. Ae. u. Versetzen mit PAe.; $[\alpha]_D^{23}$ + 132° (c = 2,8; Chlf.); 58%. — *3.4.6-Tri-O-acetyl-1.2-[O-methylorthoacetyl]-β-D-mannose*, F. 103—105°, aus vorst. Verb.; $[\alpha]_D^{23}$ + 132° (c = 2,8; Chlf.). — *Äthyl-1-thio-2.3.4.6-tetra-O-benzyl-α-D-glucopyranosid* (**III**), $C_{36}H_{40}O_5S$, F. 91° (Ligroin), durch Zugeben von pulv. KOH u. Äthyl-1-thio-2.3.4.6-tetra-O-acetyl-α-D-glucosid zu Benzylchlorid bei 90° innerhalb 40 Min., 6std. Rühren im N_2-Strom bei 110—120°, Abkühlen, Versetzen mit Toluol, Schütteln mit W., Extrahieren der wss. Phase mit Bzl., Eindampfen der org. Phasen u. Versetzen mit A.; $[\alpha]_D^{22}$ + 108° (c = 2,4; Chlf.); $[\alpha]_D^{26}$ + 142° (c = 2,5; Ae.); 59%. — *Äthyl-1-thio-2.3.4.6-tetra-O-benzyl-β-D-glucopyranosid*, $C_{36}H_{40}O_5S$, F. 94° (Ligroin); aus Äthyl-1-thio-2.3.4.6-tetra-O-acetyl-β-D-glucopyranosid (**IV**); $[\alpha]_D^{24}$ + 4,7° (c = 2; Chlf.); $[\alpha]_D^{26}$ + 7,0° (c = 2,5; Ae.); 63%. — *2.3.4.6-Tetra-O-benzyl-α-D-glucopyranosylbromid* (**I**), durch Zutropfen von Br_2 in abs. PAe. zu vorst. bzw. vorvorst. Verb. in abs. Ae., 1std. Rühren, Eindampfen u. Dest. bei 50° (Bad)/0,2 Torr; hellgelber Sirup; $[\alpha]_{578}^{20}$ + 151°. — *Benzyl-2.3.4.6-tetra-O-benzyl-β-D-glucopyranosid*, $C_{41}H_{42}O_6$, F. 85° (Ligroin), durch 3std. Rk. von **I** mit Benzylalkohol u. Ag_2CO_3 in abs. Ae.; $[\alpha]_D^{22}$ — 10,2° (c = 1,7; Chlf.); 79%. — *Methyl-2.3.4.6-tetra-O-benzyl-β-D-glucopyranosid*, $C_{35}H_{38}O_6$, F. 72° (Methanol); a) durch 12std. Rk. von **I** mit CH_3OH, Ag_2CO_3 u. Drierite in abs. Ae.; $[\alpha]_D^{27}$ + 12,6° (c = 2,7; Chlf.); 72%; b) durch Benzylierung von **II** mit Benzylchlorid u. KOH; $[\alpha]_D^{26}$ + 12,0° (c = 2,3; Chlf.); 72%. — *Äthyl-2.3.4.6-tetra-O-benzyl-β-D-glucopyranosid*, $C_{36}H_{40}O_6$, F. 96—97° (A.), a) durch Rk. von **I** mit abs. A. u. Ag_2CO_3 in abs. Ae.; $[\alpha]_D^{23}$ + 9,2° (c = 2,3; Chlf.); 67%; b) durch Versetzen von **III** in abs. Ae. u. abs. A. mit Br_2, nach 1 Min. mit Ag_2CO_3 u. 12std. Rühren; $[\alpha]_D^{25}$ + 9,2° (c = 3; Chlf.); 50%; c) durch Entacetylierung u. Benzylierung von Äthyl-2.3.4.6-tetra-O-acetyl-β-D-glucosid mit Benzylchlorid u. KOH; $[\alpha]_D^{29}$ + 9,3° (c = 2,4; Chlf.); 81%. — *Äthyl-2.3.4.6-tetra-O-acetyl-β-D-glucopyranosid*, F. 106—107°, durch Hydrierung vorst. Verb. über Pd-Schwarz in Eisessig, Eindampfen u. Acetylieren mit Acetanhydrid in Pyridin; $[\alpha]_D^{24}$ — 22,7° (c = 2; Chlf.); 73%. — *2.3.4.6-Tetra-O-benzyl-α-D-glucose*, $C_{34}H_{36}O_6$, F. 151° (Diisopropyläther); a) durch ½std. Rk. von **I** mit Ag_2CO_3 u. $AgNO_3$ in Aceton u. wenig W.; $[\alpha]_D^{25}$ + 21° (c = 2,8; Chlf.); 55%; b) durch 5std. Rk. vorvorst. Verb. in 2 n HCl/Eisessig bei 80° u. Stehen im Eisschrank; $[\alpha]_D^{25}$ + 48,6° (c = 1; abs. Pyridin; keine Mutarotation); $[\alpha]_D^{25}$ + 48,3° (nach 5 Min.) → 41,5° (Endwert nach 48 Std.; c = 4,5;

Pyridin/W. 10 : 1); 74%. — *Äthyl-1-thio-2.3.4.6-tetra-O-benzoyl-α-D-glucopyranosid* (**V**), $C_{36}H_{32}O_9S$, F. 135° (Toluol/PAe.), durch 48std. Rk. von Äthyl-1-thio-α-D-glucopyranosid mit Benzoylchlorid in Pyridin im Eisschrank u. Eingießen in W.; $[\alpha]_D^{25}$ +104° (c = 2; Chlf.); 85%. — *Äthyl-1-thio-2.3.4.6-tetra-O-benzoyl-β-D-glucopyranosid*, $C_{36}H_{32}O_9S$, F. 108—109° (Ae./PAe.), durch 48std. Rk. von **IV** in Methanol mit Na bei Raum-Temp., Eindampfen, Lösen in Pyridin u. 48std. Rk. mit Benzoylchlorid bei 0°; $[\alpha]_D^{25}$ +27° (c = 1,8; Chlf.); 75%. — *2.3.4.6-Tetra-O-benzoyl-α-D-glucopyranosylbromid* (*α-Benzobromglucose*), F. 127—128° (Ae./PAe.); a) durch Zutropfen von Br_2 in abs. PAe. zu vorst. Verb.; Einengen nach 30 Min., Dest. bei 60—70° (Bad)/0,2 Torr, Lösen des Rückstandes in abs. Ae. u. Versetzen mit PAe.; 88%; b) aus **V** in Dioxan/Ae.; $[\alpha]_D^{26}$ +122° (c = 2; Chlf.); 67%. — *Methyl-2.3.4.6-tetra-O-benzoyl-β-D-glucosid*, F. 159—160°, aus vorst. Verb. nach Ness u. Mitarbeitern (C. **1951**, I, 194); $[\alpha]_D^{24}$ +29,2° (c = 1,5; Chlf.); 80%. — *Äthyl-1-thio-3.4.6-tri-O-acetyl-β-D-glucopyranosid*, $C_{14}H_{22}O_8S$, F. 99—100°, durch Umsetzen von 2-O-[Trichloracetyl]-3.4.6-tri-O-acetyl-β-D-glucopyranosylchlorid zur 3.4.6-Tri-O-acetyl-1.2-anhydro-α-D-glucopyranose (Brigl-Anhydrid) nach Gladding u. Purves (J. Amer. chem. Soc. **66**, [1944], 153), Lösen des Sirups in Äthylmercaptan, 1täg. Rühren mit wasserfreiem $ZnCl_2$, 3täg. Stehen, Eindampfen, Lösen in Chlf., Waschen mit W., Trocknen u. Eindampfen; Nadeln aus Diisopropyläther; $[\alpha]_D^{22}$ −11° (c = 1,74, Chlf.); 40%. — *Äthyl-1-thio-2.3.4.6-tetra-O-acetyl-β-D-glucopyranosid* (**IV**), F. 80°, durch Acetylierung vorst. Verb. mit Acetanhydrid in Pyridin. — *3.4.6-Tri-O-acetyl-α-D-glucopyranosylbromid*, $C_{12}H_{17}\cdot BrO_8$, F. 93—94° (Ae.), durch Zutropfen von Br_2 in abs. Ae. zu vorvorst. Verb. in abs. Ae. unter Eiskühlung innerhalb 3 Min. u. Zugeben von PAe. nach 30 Min.; $[\alpha]_D^{25}$ +199,5° (c = 1,3; Chlf.). Die Substanz zersetzt sich in 1—2 Tagen. — *Methyl-2.3.4.6-tetra-O-acetyl-β-D-glucopyranosid* (**II**), F. 102—103° (A./PAe.), durch 24std. Rühren vorst. Verb. mit Ag_2CO_3 u. Drierite in abs. CH_3OH, Filtrieren, Behandeln mit Kohle, Eindampfen u. Acetylieren mit Acetanhydrid in Pyridin; $[\alpha]_D^{22}$ −17,7° (c = 2,6; Chlf.); 68%. — *Methyl-α-D-glucopyranosid*, durch Versetzen von 1,12 g Äthylthio-β-D-glucopyranosid in a) 50 ml CH_3OH, b) 4 ml CH_3OH + 30 ml abs. Dioxan, c) 1 ml CH_3OH + 20 ml Dioxan mit Br_2, Zugeben von überschüssigem Ag_2CO_3 u. Drierite, 12—15std. Rühren bei Raum-Temp., Behandeln mit Kohle u. Eindampfen, FF. 164° (a), 160° (b), 138—141° (c); (CH_3OH/Ae.); $[\alpha]_D^{20}$ +157° (a), +156,5° (b), +136° (c; W.); 89% (a), 35% (b), 12% (c). — *Methyl-β-D-glucopyranosid*, aus 1,12 g Äthylthio-α-D-glucopyranosid in a) 50 ml CH_3OH, b) 20 ml CH_3OH; FF. 107—110° (a), 102—105° (b; n-Propanol); $[\alpha]_D^{20}$ −32,2° (a; c = 1,5; W.); 82% (a); 77% (b). — *Methyl-2.3.4.6-tetra-O-acetyl-D-glucopyranosid*, F. 79—89° (Isopropanol), durch Versetzen von Äthyl-1-thio-3.4.6-tri-O-acetyl-β-D-glucopyranosid in CH_3OH mit Br_2, nach 1 Min. mit Ag_2CO_3 u. Drierite, 15std. Rühren, Eindampfen, 2täg. Acetylierung mit Acetanhydrid in Pyridin, Verrühren mit Eiswasser, Extrahieren mit Chlf., Waschen des Chlf. u. Eindampfen; $[\alpha]_D^{24}$ +106° (c = 2; Chlf.), entsprechend 83,5% α- u. 16,5% β-Glucosid; 66%. E. Schraven. 3400◇

Auron-Glykoside. 1. Mitt. **Synthese des Sulfureins.** G. Zemplén, L. Mester und L. Pallos. (Acta chim. Acad. Sci. hung. **12**, 259—63, 1957; Budapest, TU, Inst. für organ. Chem.; dt. — C. **1958**, 2725.) P. Golinske. 3450◇

Natürlich vorkommende Zuckerester von Phenolcarbonsäuren. Leonhard Birkofer, Christelmargot Kaiser, Werner Nouvertné und Ursula Thomas. (Z. Naturforsch. **16b**, 249—51, April 1961; Köln, Univ., Chem. Inst.; dt.) — In den Früchten der Gartenerdbeere, in Blüten von Levkojen (*Matthiola incana*), von Stechapfel (*Datura stramonium*) u. des Trompetenbaumes (*Catalpa bignonioides*) wurde *1-[p-Cumaroyl]-β-D-glucose* (**I**) nachgewiesen. In *Matthiola*-Blüten fanden Vff. außerdem *1-Feruloyl-β-D-glucose* (**II**) u. in denen von *Datura 1-Kaffeyl-β-D-glucose* (**III**) u. **II**. Fraktionierung eines Blütenextraktes von *Catalpa* an einer Polyamidsäule gab krist. *1-O-[p-Hydroxybenzoyl]-β-D-glucose*. Eine weitere Zone des Blütenextraktes erwies sich als *Ester aus Kaffeesäure, Glucose* u. *Rhamnose*, die genaue Bindung ist noch ungeklärt. Die synth. dargestellten **I, II** u. **III** zeigen fluorescenzanalyt. u. papierchromatograph. gute Übereinstimmung mit den natürlichen Produkten. —

Versuche: *1-O-[p-Hydroxybenzoyl]-β-D-glucose*, $C_{13}H_{16}O_8$, F. 232°, 700 g Blütenblätter von *Catalpa big.* wurden mit Methanol-Aceton (9:1) bedeckt u. bei 0° 4—6 Wochen aufgewahrt, der Auszug im Vakuum bei 25° eingedampft, mit 80° warmem W. digeriert u. nach Ausschütteln mit Chlf. u. PAe. an einer Perlonsäule mit W. unter Zusatz steigender Mengen Methanol entwickelt; Nadeln aus W.; 200 mg (Ausbeute). *Pentaacetylderiv.*, $C_{23}H_{26}O_{13}$, F. 169°; $[\alpha]_D^{20}$ −35,11° (Essigester). — *1-[Acetyl-p-cumaroyl]-2.3.4.6-tetra-O-acetyl-β-D-glucose* (**Ia**), $C_{25}H_{28}O_{13}$, F. 167—168°, aus Acetyl-p-cumarsäurechlorid u. 2.3.4.6-Tetra-O-acetyl-β-D-glucose (**IV**) in Chlf./Pyridin durch 2tägige Rk. bei Raumtemp.; Nadeln aus A.; $[\alpha]_D^{20}$ −2,23° (Essigester); 73%. — *1-[Acetylferuloyl]-2.3.4.6-tetra-O-acetyl-β-D-glucose* (**IIa**), $C_{26}H_{30}O_{14}$, F. 127—128°, analog aus Acetylferulasäurechlorid u. **IV**; Nadeln aus A.; $[\alpha]_D^{21}$ −159° (Essigester); 65%. — *1-[Diacetylkaffeyl]-2.3.4.6-tetra-O-acetyl-β-D-glucose* (**IIIa**), $C_{27}H_{30}O_{15}$, F. 106° (Sintern), analog aus **IV** u. Diacetylkaffeesäurechlorid; Nadeln aus A.; $[\alpha]_D^{20}$ −2,15° (Essigester); 78%. — *1-[p-Cumaroyl]-β-D-glucose* (**I**), $C_{15}H_{18}O_8$, F. 212° (Zers.), durch Versetzen von 7,5 g **Ia** unter N_2 mit NH_3-gesätt. A. u. 2—3std. Durchleiten von NH_3; Blättchen aus W.; $[\alpha]_D^{20}$ −7,95° (W./Methanol 1:1) 0,21 g. — *1-Feruloyl-β-D-glucose* (**II**), *Hydrat*, $C_{16}H_{20}O_9H_2O$, F. 123—126° (Zers.) analog aus **IIa**; aus A. Prismen; $[\alpha]_D^{22}$ −13,93° (W.). — *1-Kaffeyl-β-D-glucose* (**III**), analog aus **IIIa**. H. Nürnberger. 3450□

Untersuchungen über die Komponenten von Rhizoma nupharis. 10. Mitt. **Die Struktur von Desoxynupharidin.** Yoshio Arata und Tsutomu Ōhashi. (J. pharmac. Soc. Japan [Yakugakuzasshi] **77,** 236—37, 25/3. 1957; Kanazawa Univ., Pharmacol. Inst.; jap., Auszug: engl.) — 9. vgl. C. **1963,** 6967. — Für *Hexahydrodesoxynupharidin* (**I**) wird die Struktur *1-[Tetrahydrofuryl-(3)]-4-[5-methylpiperidyl-(2)]-pentan* vorgeschlagen. Sowohl O_3- als auch $KMnO_4$-Oxydation von Des-N-methylapotetrahydrodesoxynupharidin (**II**) u. Apotetrahydrodesoxynupharidinmethohydroxid führt zu *d-α-Methylbuttersäure*. Da katalyt. Hydrieren von Desoxynupharidin (**III**) beim Erhitzen sowohl *Tetrahydrodesoxynupharidin* (**IV**) als auch **I** gibt. wobei der Furanring in **III** zum Hydrofuranring unter Bldg. eines opt.-akt. asymm. C hydriert wird, wird für **IV** die Struktur *1.7-Dimethyl-4-[tetrahydrofuryl-(3)]-chinolizidin* u. für **III** die Struktur *1.7-Dimethyl-4-[furyl-(3)]-chinolizidin* vorgeschlagen. *Nupharidin* ist dann **III**-*N-Oxid.*

Versuche: *d-α-Methylbuttersäure*, $Kp._{23}$ 93—95°, aus a) 0,6 g **II** in Chlf. durch Ozonisieren; b) 8 g Apotetrahydrodesoxynupharidinjodmethylat in 600 cm³ W. durch Schütteln mit $2 Ag_2O$ u. Zutropfen von $KMnO_4$. *Anilid*, F. 105—106 (PAe).; $[\alpha]_D^{10}$ +15,4°. F. Mossner. 3500

Synthese von DL-Desoxynupharidin. Takeo Kaneko, Ichiro Kawasaki und Tadashi Okamoto. (Chem. and Ind. **1959,** 1191, 19/9.; Osaka, Osaka Univ., Fac. of Sci., Dep. of Chem.; engl.) — Für *Desoxynupharidin*, ein Alkaloid aus den Wurzeln von *Nuphar japonica* DC wird die Konstit. *1.6-Dimethyl-4-[furyl-(3)]-4a-azadekalin* bewiesen. Die IR-Maxima sind angegeben.

Versuche: *2-[1.3-Dihydroxypropyl-(2)]-5-methylpyridin*, $C_9H_{13}NO_2$, $Kp._1$ 139°, durch Rk. von 2.5-Dimethylpyridin mit HCHO bei 160°; 30% (Ausbeute). — *2-[1-Acetoxypropen-(2)-yl-(2)]-5-methylpyridin*, $C_{11}H_{13}NO_2$, $Kp._{0,05}$ 103—105°, durch Rk. vorst. Verb. mit Acetanhydrid; 80%. — *2-[1.1-Dicarbäthoxybuten-(3)-yl-(3)]-5-methylpyridin*, $C_{16}H_{21}NO_4$, $Kp._{0,001}$ 143—145°, durch Rk. vorst. Verb. mit NaH/Malonester; 60%. — *1.6-Dimethyl-3-carbäthoxy-4-keto-4a-azadekalin*, $C_{14}H_{23}NO_3$, $Kp._{0,01}$ 125—130°, durch Hydrierung vorst. Verb. an PtO_2; 75%. — *2-[1-Carbäthoxybutyl-(3)]-5-methylpiperidin*, $C_{13}H_{25}NO_2$, $Kp._{0,005}$ 100°, durch Rk. vorst. Verb. mit konz. HCl oder alkohol. HCl; 60%. — *1-[Furoyl-(3)]-2-[1-carbäthoxybutyl-(3)]-5-methylpiperidin*, $C_{18}H_{27}NO_4$, $Kp._{0,001}$ 161—164°, durch Rk. vorst. Verb. mit Furan-3-carbonsäurechlorid/K_2CO_3; 72%. — *1.6-Dimethyl-4-[furyl-(3)]-4a-aza-Δ³-oktalin*, $Kp._{0,001}$ 82—85°, durch trockene Dest. vorst. Verb. mit Na_2CO_3; gelbes Öl; 70%. — *DL-Desoxynupharidin*, $Kp._{0,001}$ 77—79°, durch Hydrierung vorst. Verb. an Pd-Kohle; 80%. *Perchlorat*, $C_{15}H_{23}NO \cdot HClO_4$, F. 192—194°. L. Lamza. 3500△

Untersuchungen über die Alkaloide der Menispermaceen. 149. Mitt. **Die Alkaloide von Cyclea insularis (Makino) Diels.** 12. Mitt. **Die Struktur von Isochondodendrin.** Masao Tomita und Tōru Kikuchi. (J. pharmac. Soc. Japan [Yakugakuzasshi] **77,** 238—40, 25/3. 1957; Kyoto Univ., Med. Fac., Pharmacol. Inst.; jap.; Auszug: engl.) — 148. vgl. J. pharmac. Soc. Japan [Yakugakuzasshi] **77,** [1957], 195; 142. vgl. C. **1961,** 9042; 143. vgl. C. **1961,** 7587; 11. vgl. J. pharmac. Soc. Japan [Yakugakuzasshi] **77,** [1957], 79. — Bei der von Faltis u. Mitarbeitern [1941] vorgeschlagenen Formel für *Isochondodendrin* (**I**) wurde die Stellung der beiden

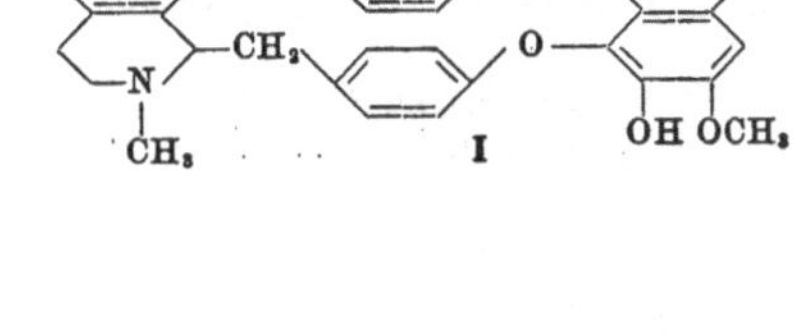

I

phenol. OH-Gruppen lediglich aus der Biosynth. des Alkaloids gefolgert; ein schlüssiger Beweis fehlte. Bei der Spaltungs-Rk. von I-O.O-diäthyläther mit Na in fl. NH_3 wird *l-1-[4-Hydroxybenzyl]-2-methyl-6-methoxy-7-äthoxy-1.2.3.4-tetrahydroisochinolin* erhalten u. damit die Stellung der beiden phenol. OH-Gruppen in I u. die Formel von Faltis u. Mitarbeitern (l. c.) bestätigt.

Versuche: *O.O-Diäthylisochondodendrin*, $C_{40}H_{46}N_2O_6$, F. 215—217° (Aceton), aus 2,5 g I in Chlf./CH_3OH u. Diazoäthan/Äther durch 2tägiges Stehen; $[\alpha]_D^{11}$ —11,8° (c = 0,5065; Chlf.); 1,7 g (Ausbeute). *Dipikrat*, $C_{40}H_{46}N_2O_6 \cdot 2C_6H_3N_3O_7$, F. 208—210° (Zers.; Aceton); 0,13 g. — *l-1-[4-Hydroxybenzyl]-2-methyl-6-methoxy-7-äthoxy-1.2.3.4-tetrahydroisochinolin*, $C_{20}H_{25}NO_3$, F. 132—133° (Aceton-Ae.), aus 500 cm³ NH_3, 1,20 g vorst. Verb., 100 cm³ Toluol/Ae. (1 : 3) u. Na; $[\alpha]_D^{12}$ —105,6° (c = 0,428; Chlf.). *Oxalat*, F. 211—212,5° (Zers.); 0,17 g. *O-Äthyläther* [*Oxalat*, $C_{22}H_{29}NO_3 \cdot (COOH)_2$, F. 177—178° (Zers.; A.)]. *Methjodid* u. *O.O-Diäthylmagnocurarinmethin*, $C_{23}H_{31}NO_3$, F. 78—79° (PAe.) durch Hofmann-Abbau aus der vorst. Verbindung. — *d-O.O-Diäthyl-N-methylcoclaurinoxalat*, $C_{22}H_{29}NO_3 \cdot (COOH)_2$, F. 176 bis 178° (Zers.; A.), aus 0,15 g d-N-Methylcoclaurin in CH_3OH/Ae. u. Diazoäthan/Ae. durch 2tägiges Stehen; $[\alpha]_D^{11}$ +112,9° (c = 0,4427; 50%ig. CH_3OH); 0,16 g.

F. Mossner. 3500

Untersuchungen über die Alkaloide der Menispermaceen. 150. Mitt. **Die Alkaloide von Stephania japonica Miers.** 4. Mitt. **Die Struktur der neuen quartären Base Steponin.** 1. Mitt. Masao Tomita, Yasuo Watanabe und Mikiyoshi Fuse. (J. pharmac. Soc. Japan [Yakugakuzasshi] **77**, 274—77, 25/3. 1957; jap., Auszug: engl.) — 149. vgl. vorst. Ref.; 3. vgl. J. pharmac. Soc. Japan [Yakugakuzasshi] **76**, [1956], 856. — Bei Unterss. über quart. Basen in *Stephania japonica* Miers (japan. Name „Hasunoha-Kazura") wird eine neue *Base* $C_{20}H_{24}NO_4^+$, *Steponin* (I) genannt, isoliert, die 2 phenol. OH- u. 1 N-Methylgruppe besitzt. Ihr Chlorid gibt mit $FeCl_3$ eine schwachgrüne, mit Gibbs-Reagens eine tiefblaue Farbreaktion. I u. das von Tomita u. Kikuchi isolierte *Cyclanolin* (II) sind äußerst ähnlich, doch sind die IR-Spektren der Chloride nicht identisch. Da jedoch die IR-Spektren ihrer O.O-Dimethylmethine völlig ident. sind, wird angenommen, daß I das Stereoisomere in bezug auf die N-Methylgruppe von II oder das Stellungsisomere in bezug auf die 2 CH_3O- u. 2 phenol. OH-Gruppen am Tetrahydroprotoberberin-Skelett ist.

Versuche: *Steponinchloridhydrat*, $C_{20}H_{24}ClNO_4 \cdot H_2O$, F. 235° (Zers., A. oder A.-Isopropanol), aus dem NH_4-Reineckat des Methylalkoholextrakts von Wurzeln u. Stengeln von *Stephania japonica* Miers; $[\alpha]_D^{21}$ —129,89° (c = 0,462; W.). — *Steponinjodidhydrat*, $C_{20}H_{24}JNO_4 \cdot H_2O$, F. 177—178° (Zers., W.), durch Behandlung vorst. Verb. mit KJ; $[\alpha]_D^{26}$ —115,9° (c = 0,277; 50%ig. A.). — *O.O-Dimethylsteponinjodidhemihydrat*, $C_{22}H_{28}JNO_4 \cdot {}^1/_2H_2O$, F. 215° ($CH_3OH$); aus 0,487 g vorst. Verb., 0,23 g Na, 9 cm³ 80%ig. CH_3OH u. 5 cm³ CH_3J durch 1std. Erhitzen; $[\alpha]_D^{20}$ —80,80° (c = 0,234; 50%ig. A.). — *O.O-Dimethylsteponinmethin* (*Anhydromethyltetrahydropalmatin-B*), $C_{22}H_{27}NO_4$, F. 116° (Ae.), aus 0,3 g vorst. Verb. in 5 cm³ CH_3OH in 5 g KOH in 12 cm³ W. durch 2std. Erhitzen; $[\alpha]_D^{23}$ ±0° (c = 0,130; CH_3OH); 0,05 g.

F. Mossner. 3500

Untersuchungen über die Alkaloide der Menispermaceen. 151. Mitt. **Die Alkaloide von Stephania japonica Miers.** 5. Mitt. **Die Struktur von Steponin.** 2. Mitt. Yasuo Watanabe. (J. pharmac. Soc. Japan [Yakugakuzasshi] **77**, 278—81, 25/3. 1957; jap., Auszug: engl.) — 150. bzw. 4. bzw. 1. vgl. vorst. Referat. — *Steponin* (I) aus *Stephania japonica* Miers u. *Cyclanolin* (II) aus *Cyclea insularis* (Makino) Diels besitzen sehr ähnliche Eigg.; sie u. ihre Derivv. werden vergleichend geprüft. Aus der Identität der IR-Spektren der Jodide, Methine u. u. N-Desmethylbasen der O.O-Dimethylderivv. beider Basen folgt, daß I eine Base vom L-α-N-Methyltetrahydroprotoberberintyp u. ein Isomeres von II ist. Zur Festlegung der Stellung der Substituenten (2 CH_3O- u. 2 OH-Gruppen) in I werden sein O.O-Diäthyljodid u. die O.O-Diäthyl-N-desmethylbase (IV) mit $KMnO_4$ oxydiert. Das Jodid liefert dabei *4-Methoxy-5-äthoxyphthalsäure* u. *3-Äthoxy-4-methoxyphthalsäure*, während IV *6-Äthoxy-7-methoxy-1.2.3.4-tetrahydroisochinolinon-(1)* gibt.

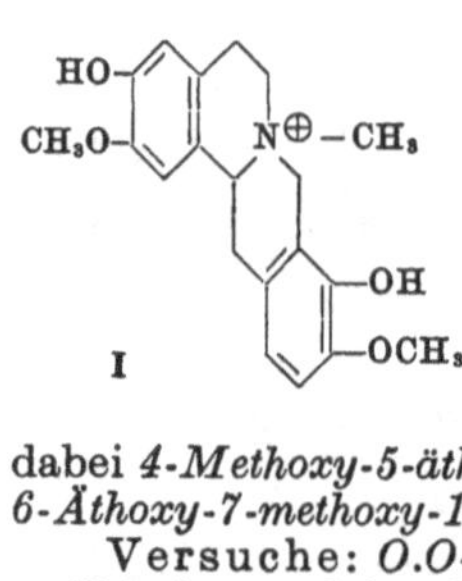

I

Versuche: *O.O-Dimethyl-N-desmethylsteponin*, $C_{21}H_{25}NO_4$, F. 137—138° (Ae. u. PAe.), aus 0,1 g O.O-Dimethylsteponinjodid durch Erhitzen auf 210—270° bei

0,09—0,1 Torr, Lösen in H_2SO_4 u. Ausäthern; $[\alpha]_D^{27}$ —279,1°. — *O.O-Diäthylsteponinjodid* (**III**), $C_{24}H_{32}JNO_4$, F. 225°, aus 0,51 g Na in 60 cm³ 80%ig. A., 0,48 g Steponinjodid u. 1,56 g C_2H_5J durch 10std. Erhitzen. — *O.O-Diäthylsteponinchlorid*, aus 1 g vorst. Verb. in 20 cm³ CH_3OH, 10 cm³ W. u. 2,67 g AgCl. — *4-Methoxy-5-äthoxyphthalsäure*, durch Oxydation vorst. Verb. mit 1%ig. $KMnO_4$-Lösung. *Äthylimid*, F. 199—200° (CH_3OH). — *3-Äthoxy-4-methoxyphthalsäure*, aus der Mutterlauge vorst. Verbindung. *Äthylimid*, F. 82—83°. — *O.O-Diäthyl-N-desmethylsteponin* (**IV**), *Hydrochlorid*, $C_{23}H_{29}NO_4 \cdot HCl$, F. 247—248° (Vakuum), aus **III**; $[\alpha]_D^{28}$ — 255,5° (c = 0,338; 50%ig. A.). — *6-Äthoxy-7-methoxy-1.2.3.4-tetrahydroisochinolinon-(1)*, F. 168—169°, durch Oxydation der vorst. Verb. mit 1%ig. $KMnO_4$.
F. Mossner. 3500

Synthese von N-Methylderivaten des Tetrahydroprotoberberins und verwandten Verbindungen. Chiaki Tani und Kenichi Ishibashi. (J. pharmac. Soc. Japan [Yakugakuzasshi] **77**, 324—25, 25/3. 1957; Kōbe, Pharmaz. Hochsch. für Frauen; jap., Auszug: engl.) — Da die N-Methylderivv. von Tetrahydroberberin hypotensive Wrkg. besitzen, werden Tetrahydroprotoberberin (mit dem gleichen Ringskelett) u. verwandte Verbb. zum Vgl. der hypotensiven Wrkg. dargestellt. Im einzelnen werden die *N-Methylderivv.* von *1.2.3.4.6.7-Hexahydro-11bH-benzo-[a]-chinolizin*, *Chinolizidin* u. *1.3.4.6.11.11a-Hexahydro-2H-benzo-[b]-chinolizin* dargestellt.

Versuche: *N-Methyltetrahydroprotoberberinthiocyanat*, $C_{19}H_{20}N_2S$, α-Form F. 149—150°, β-Form F. 170—171°, aus der α- u. β-Form von N-Methyltetrahydroprotoberberinjodid. — *1.2.3.4.6.7-Hexahydro-11bH-benzo-[a]-chinolizin*, Kp.$_3$ 106 bis 107°, durch Hydrieren von 6.7-Dihydrobenzo-[a]-chinoliziniumchlorid in 0,4 g CH_3OH in Ggw. von 0,2 g CH_3COONa u. Raney-Ni. *Pikrat*, F. 148—149°. *Hydrochlorid*, F. 224—226°. *Methojodid*, F. 179—180°. *Methothiocyanathydrat*, $C_{15}H_{10}N_2S \cdot H_2O$, F. 63—64° ($CH_3OH$/Ae.). — *Chinolizidin*, durch katalyt. (0,3 g Raney-Ni) Hydrieren von Tetrahydrochinoliziniumchlorid in CH_3OH in Ggw. von 0,17 g CH_3COONa; 0,2 g (Ausbeute). *Pikrat*, F. 197—198°. *Methojodid*, F. 310—311° (Zers.). *Methothiocyanat*, $C_{11}H_{20}N_2S$, F. 70—73° (CH_3OH/Essigester). — *1.3.4.6.11.11a-Hexahydro-2H-benzo-[b]-chinolizin*, Kp.$_{0,5}$ 103—105°, aus 0,5 g 2-Benzylpiperidin in 0,2 g HCOOH durch 1,5std. Erhitzen auf 200—205°, Zugabe von 15 cm³ Tetralin u. 4 g P_2O_5 u. Bzl.-Extraktion; 0,2 g. *Pikrat*, $C_{19}H_{20}N_4O_7$, F. 160—161° (A.). *Hydrochlorid*, $C_{13}H_{17}N \cdot HCl$, F. 255—256° (CH_3OH/Essigester). *Methojodid*, $C_{13}H_{17}N \cdot CH_3J$, α-Form F. 281—282° (Zers.), β-Form F. 210—211°. — *Methothiocyanat*, $C_{15}H_{20}N_2S$, α-Form F. 134—135°, β-Form F. 172—173°.
F. Mossner. 3500

Untersuchungen über die Alkaloide der Berberidaceen. 15. Mitt. Alkaloide von Epimedium cremeum Nakai et F. Maekawa. Masao Tomita und Hisashi Ishii. (J. pharmac. Soc. Japan [Yakugakuzasshi] **77**, 319—20, 25/3. 1957; Kyōto Univ., Med. Fak., Pharmakol. Inst.; jap., Auszug: engl.) — 14. vgl. J. pharmac. Soc. Japan [Yakugakuzasshi] **77**, [1957], 213. — Aus Wurzeln u. Stengeln von *Epimedium cremeum* Nakai et F. Maekawa wird *Magnoflorin* als *Styphnat*, $C_{20}H_{24}NO_4 \cdot C_6H_2N_3O_8$, F. 233° (Zers.; Aceton) extrahiert, das durch Behandeln mit HCl u. KJ in *Magnoflorinjodid*, $C_{20}H_{24}JNO_4$, F. 249° (Zers.), $[\alpha]_D^8$ +204,4° (c = 0,1431; CH_3OH) übergeführt wird. Ferner wird *Des-O-methylicariin*, F. 251° (Zers.), nachgewiesen.
F. Mossner. 3500

Ein neues quarternäres Aporphin aus Fagara tinguassoiba Hoehne. N. V. Riggs, L. Antonaccio und Léo Marion. (Canad. J. Chem. **39**, 1330—35, Juni 1961; Ottawa, Nat. Res. Council, Div. of Pure Chem. and Rio de Janeiro, Inst. Nacional de tehnolog.; engl.) — Aus *Fagara tinguassoiba Hoehne* (**F**) wird durch Extraktion mit A. ein neues Alkaloid gewonnen, das als *Pikrat* abgeschieden wird. Dabei handelt es sich um das *6-Hydroxy-2.3.5-trimethoxy-N.N-dimethylaporphiniumpikrat*, das durch Methylierung in ein Deriv. des *Glaucins* übergeführt wird. Die Maxima der IR- u. UV-Spektren sind angegeben.

Versuche: *6-Hydroxy-2.3.5-trimethoxy-N-methylaporphiniumpikrat*, $C_{27}H_{28}N_4O_{11}$, F. 146—151°, durch Extrahieren von **F**-Rinde mit A., Einengen, Ansäuern mit wss. HCl gegen Kongorot, Waschen mit Ae., Zugabe von verd. NaOH, Extrahieren mit Chlf., Fällen mit $HgCl_2$, Absaugen u. 20std. Trocknen bei 80°/0,5 Torr; aus wss. Aceton gelbe Prismen. *Äthylat*, $C_{27}H_{28}N_4O_{11} \cdot C_2H_5OH$, F. 118 bis 124°; aus A. gelbe Nadeln. *Hydroxid*, $C_{21}H_{27}NO_5$, F. 120° (Zers.), durch Chromatographie vorst. Verb. in Aceton/Methanol an Amberlite IRA 400 (OH). *Jodid*

(II), $C_{21}H_{26}JNO_4$, F. 226—229° (Zers.), durch Zugabe des Eluates zu HJ in Methanol; aus Aceton/Methanol/Ae. Blättchen. *Chlorid* (I), $C_{21}H_{26}ClNO_4$, F. 215 bis 219° (Zers.), durch Zugabe der Eluate zu verd. HCl; aus Methanol/Aceton Nadeln; $[\alpha]_D^{25}$ +30,2° (c = 2,16; W.). — *6-Acetoxy-2.3.5-trimethoxy-N-methylaporphiniumchlorid*, $C_{23}H_{28}ClNO_5$, F. 234—238°, durch 1std. Erwärmen von **I** mit Acetanhydrid/Pyridin; aus Methanol/Aceton/Ae. Prismen. — *2.3.5.6-Tetramethoxy-N-methylaporphiniumjodid*, F. 216—217°, durch 24std. Stehen von **II** mit äther. CH_2N_2-Lsg. in Methanol in der Kälte; aus Methanol/Ae. Nadeln. — *3.4.6.7-Tetramethoxy-1-vinylphenanthren* (**III**), $C_{20}H_{20}O_4$, F. 141—143°, durch 18std. Stehen von 1 g **I** in Methanol mit überschüssigen CH_2N_2 in Ae. u. Eindampfen, 1std. Erhitzen mit 10%ig. wss. NaOH/Methanol auf 100°, Extrahieren mit Ae., 1std. Erhitzen des Rückstandes auf 100°, Extrahieren mit Ae., Eindampfen der äther. Extrakte; aus Methanol Platten; 234 mg (Ausbeute). — *3.4.6.7-Tetramethoxyphenanthren-1-carbonsäure*, F. 220—223° (Bzl./Hexan), durch Oxydation von **III** mit $KMnO_4$ in Aceton. — *6-Äthoxy-2.3.5-trimethoxy-N-methylaporphiniumjodid*, $C_{23}H_{30}JNO_4$, F. 216—220° (Zers.), durch 24std. Stehen einer alkohol. Lsg. von **II** in Äthanol mit Diazoäthan in Ae. in der Kälte; aus Methanol/Ae. Nadeln. — *3-Äthoxy-4.6.7-trimethoxy-1-vinylphenanthren* (**IV**), $C_{21}H_{22}O_4$, F. 106 bis 108°, aus vorst. Verb. analog **III**; aus Ae. Blättchen; daneben *Trimethylamin* als Pikrat, F. 214—216°; aus Äthylacetat/Ae. gelbe Nadeln. — *3-Äthoxy-4.6.7-trimethoxyphenanthren-1-carbonsäure*, $C_{20}H_{20}O_6$, F. 196—198°, durch Oxydation von **IV** mit $KMnO_4$ in Aceton, isoliert durch Addition von W. u. SO_2, Extraktion mit Ae., nach Waschen mit wss. NaOH Chromatographie an Silicagel; aus wss. Aceton Nadeln. W. Hampel. 3500◇

Eine Flavopereirin-Synthese. 1. Mitt. Ernest Wenkert und J. Kilzer. (J. org. Chemistry **27**, 2283—84, 1962; Ames, Iowa, Iowa State Univ., Dep. of Chem.; engl.) — Durch Dehydrierung von N-{β-[Indolyl-(3)]-äthyl}-piperidin (**I**) an Pd-Kohle bei 300° werden *Desäthylflavopereirin* (**II**) u. dessen *Tetrahydro-Deriv.* (**IIa**) u. analog aus N-{β-[Indolyl-(3)]-äthyl}-3-äthylpiperidin (**III**) *Flavopereirin*, dessen *Tetrahydro-Deriv.* u. *Tetrahydroisoflavopereirin* erhalten.

Versuche: *Desäthylflavopereirin* (**II**), durch Sättigen von 500 mg **I** in CH_3OH mit HCl-Gas, vorsichtiges Zugeben von 1 g Pd-Kohle, Eindampfen im Vakuum, Erhitzen auf 295—305° unter N_2 für 20 Min., Extrahieren mit CH_3OH/Eisessig, Eindampfen im Vakuum, Alkalisieren mit NaOH, Extrahieren mit Chlf. u. Verteilungschromatographie der Acetate in Chlf. an 1%ig. Essigsäure auf Cellulosepulver u. Eluieren mit Chlf./Butanol (5 : 2). *Chlorid*, F. 291—296°, durch Zugeben von HCl zu einem Teil des Eluats u. Fällen mit Ae.; lange Nadeln; 11 mg (Ausbeute). *Pikrat*, F. 250—252° (abs. A.), aus dem anderen Teil des Eluats durch Eindampfen im Vakuum u. Rk. mit Pikrinsäure in abs. CH_3OH; 21 mg. — *Tetrahydrodesäthylflavopereirin* (**IIa**) neben **II** aus den ersten Eluatfraktionen. *Perchlorat*, $C_{15}H_{14}N_2 \cdot HClO_4$, F. 242—246°, a) aus **IIa**; 48 mg; b) aus **IIa**-Hydrobromid (F. 278 bis 281°); aus verd. A. cremefarben. — *Flavopereirin*, analog **II** aus **III** (F. 112 bis 113,5°). *Perchlorat*, F. 323—327° (W.); 3 mg. — *Tetrahydroflavopereirin*, neben vorst. Verbindung. *Perchlorat*, F. 219—222° (abs. A.); 31 mg. — *Tetrahydroisoflavopereirin*, neben vorst. Verbindung. *Perchlorat*, F. 246—252° (Isopropanol/Diisopropyläther); 9 mg. F. Heller. 3500◇

Iboga-Alkaloide. Maurice-Marie Janot. (Croat. chem. Acta **29**, 195—200, 30/12. 1957; Paris, Univ., Fac. de Pharmac.; franz.) — Übersicht. — 24 Literaturangaben. P. Golinske. 3500◇

Wechselbeziehung zwischen chemischer Konstitution und reserpinähnlicher Aktivität. 2. Mitt. Synthese des Rescinnamin-Analogons aus Rauwolscin. S. K. Talapatra und A. Chatterjee. (J. sci. ind. Res. [New Delhi], Sect. B **18**, 129—32, Juli 1959; Calcutta, Univ., Coll. of Sci., Dep. of Chem.; engl.) — 1. vgl. C. **1957**, 11594. — Zusätzlich zu der C. **1962**, 7906, referierten Arbeit wird die Darst. folgender Verbb. beschrieben: *O-Trimethylgallussäure*, F. 167°, durch portionsweise Zugabe von 200 g $(CH_3)_2SO_4$ zu 42 g Gallussäure u. 83 g wasserfreiem K_2CO_3 in 580 ml W. unter Rühren bei < 60°, 2std. Kochen mit 50 ml 7%ig. wss. K_2CO_3-Lsg. u. Ansäuern; 38 g (Ausbeute). — *3.4.5-Trimethoxybenzoesäureanilid*, $C_{16}H_{17}NO_4$, F. 136—137°, durch 1std. Kochen von 27 g vorst. Verb. mit 20 g $SOCl_2$, Eindampfen bei 80—90° im Vakuum u. bei 70—80°/10 Torr (1 Std.), Zugabe von abs. Chlf. u. portionsweise Zugabe von 24 g Anilin (1 Std.) unter Eiskühlung, 1std. Kochen u. Extrahieren mit 1%ig. HCl; aus wss. Methanol Tafeln; 33 g. — *3.4.5-Trimethoxy-*

benzaldehyd, F. 74°, Kp.$_1$ 147—148°, durch 1std. Erhitzen von 30 g vorst. Verb. in Tetrachloräthan mit 24 g PCl_5 auf 150°, Einengen, Zugabe der bei 0° mit HCl gesätt. Lsg. von 90 g $SnCl_2$ in abs. Ae., mehrstd. Stehen in der Kälte, 2std. Kochen des erhaltenen orangegelben Nd. mit konz. HCl/Eisessig/W., Verdünnen mit W. u. Ausäthern; 14 g. — *3.4.5-Trimethoxyzimtsäure* (I), $C_{12}H_{14}O_5$, F. 124°, durch 12std. Erhitzen von 12 g vorst. Verb. mit 7 g Malonsäure, 24 ml Pyridin u. 0,2 ml Piperidin auf 100°, Einengen u. Gießen in 6 n HCl unter Eiskühlung; aus verd. A. Nadeln; 11 g. — *3.4.5-Trimethoxycinnamoylrauwolscin*, $C_{33}H_{38}N_2O_7$, F. 252° (Zers.), durch 5tägiges Stehen der Lsg. von 0,5 g Rauwolscin mit I-Chlorid (aus 1,7 g I u. 3 ml $SOCl_2$) mit 15 ml als Pyridin bei Raum-Temp. unter N_2, Chromatographie an Al_2O_3 u. Elution mit Bzl.; aus Methanol u. Bzl. Nadeln; 0,2 g. K. Zieloff. 3500

Solanum-Alkaloide. 20. Mitt. **Konstitution und Stereochemie von Solanocapsin.** Klaus Schreiber und Helmut Ripperger. (Liebigs Ann. Chem. **655**, 114—35, 31/7. 1962; Mühlhausen/Thür., Dtsch. Akad. der Landwirtschaftswissensch. zu Berlin, Forschungsstelle; dt.) — 19. vgl. Z. Naturforsch. **17b**, [1962], 217. — Für *Solanocapsin* (I) wird auf Grund von Abbauverss. die Konst. des *(22R.23S.25R)-3β-Amino-22.26-imino-16β.23-oxido-5α-cholestan-23-ols* vorgeschlagen. I gibt mit Salicylaldehyd das *N^3-[2-Hydroxybenzyliden]-Deriv.* (**Ia**), dessen *N^{22}-Acetyl-Deriv.* (**Ib**) partiell zum I-*N^{22}-Acetyl-Deriv.* (**Ic**) hydrolysiert wird. Entaminierung von **Ic** mit HNO_2 zum *N-Acetyl-Deriv.* (**IIa**) des *(22R.23S.25R)-22.26-Imino-16β.23-oxido-5α-cholestan-3β.23-diols* (**II**), Acetylierung von **IIa** zum *$O^3.N^{22}$-Diacetyl-Deriv.* (**IIb**), Dehydratisieren von **IIb** zum *Δ^{22}-Olefin* u. Oxydation der ungesätt. Verb. mit CrO_3/Pyridin führt zu *(25R)-N.O-Diacetyl-22.26-imino-16β.23-oxido-22.23-seco-5α-cholestan-3β-ol-22.23-dion*, das durch Hydrolyse mit HCl u. Acetylierung *3β-Acetoxy-16β-hydroxy-5α-22.23-bisnorcholansäurelacton* (**III**; *Acetyltigogeninlacton*) liefert. **III** wird auch durch Dehydratisieren des I-*$N^3.N^{22}$-Diacetyl-Deriv.* (**Id**) zur *Δ^{22}-Verb.* (**IV**), deren Oxydation zum *22.23-Seco-22.23-diketon*, dessen Hydrolyse zu *R-(—)-4-Amino-3-methylbuttersäure* (**V**) u. *3β-Amino-16β-hydroxy-5α-22.23-bisnorcholansäurelacton* (**VI**) u. Entaminierung von **VI** mit HNO_2 erhalten. Durch Rk. von I mit HNO_2 nach Barger u. Fraenkel-Conrat (J. chem. Soc. [London] **1936**, 1537) wird das II-*N-Nitroso-Deriv.* (**IIc**) erhalten. Das von Barger (l. c.) beschriebene ungesätt. „Nitrososolanocapsin" ist wahrscheinlich das aus **IIc** durch Dehydratisierung gebildete *Δ^{22}-Olefin* u. die daraus durch $KMnO_4$-Oxydation erhaltene Verb. $C_{26}H_{42}N_2O_4$ wahrscheinlich das entsprechende *22.23-Seco-3.22.23-triketon $C_{27}H_{40}N_2O_5$*. Das von Schlittler u. Uehlinger C. **1953**, 3888 beschriebene „Nitrososolanocapsin" $C_{27}H_{42}N_2O_3 \cdot C_2H_5OH$ ist vermutlich das *Äthylketal* von **IIc**. Die Hemiketalstruktur von I u. damit die Stellung der OH-Gruppe am $C_{(23)}$ wird durch die Bldg. des *Äthylketals* des I-*Dihydrochlorids* sowie die Beständigkeit des I-Dihydrochlorids gegenüber Sn/HCl oder katalyt. Hydrierung sowie von Trimethylsolanocapsin (**VII**)-dihydrochlorid gegenüber $NaBH_4$ gesichert. Die R-Konfiguration von I am $C_{(25)}$ ergibt sich aus der Bldg. von **V** beim Abbau zu **VI**; die Konfiguration am $C_{(22)}$ u. $C_{(23)}$ wird durch die leichte Dehydratisierung von **Id** u. **IIb**, die Rückbildung von I bei der Rk. von **IV** mit wss.-alkohol. HCl u. die analoge Rk.-Folge bei **VII** wahrscheinlich gemacht. Die Konfiguration am $C_{(3)}$ ergibt sich aus der Bldg. eines I-*Digitonids* u. der Unters. der Molrotation. Die mögliche Biogenese von I wird besprochen. — UV- u. IR-Spektren vgl. Original.

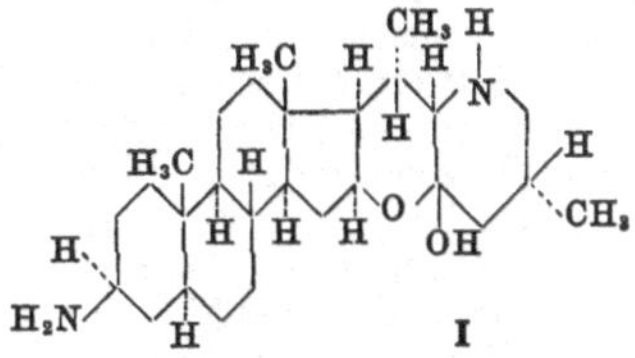
I

Versuche: (FF. korr.; opt. Drehung in Pyridin): *Solanocapsin* (I), *Digitonid*, $C_{83}H_{138}N_2O_{31}$, F. 251°, aus I u. Digitonin in 90%ig. Alkohol. *N^{22}-Acetyl-Deriv.* (**Ic**), $C_{29}H_{48}N_2O_3$, F. 233—234°, durch 72std. Stehen von **Ib** u. wss.-alkohol. HCl bei Raum-Temp., Einengen im Vakuum u. Alkalisieren mit verd. KOH; $[\alpha]_D^{23}$ —33,7° (c = 1,59); aus A. Nadeln; 61% (Ausbeute); R_F 0,35 (Äthylacetat/Pyridin/W., 3 : 1 : 3). *N^3-Acetyl-Deriv.*, $C_{29}H_{48}N_2O_3$, F. 234—236°, durch 24std. Kochen von **IV** mit wss.-alkohol. HCl unter Ar, Einengen im Vakuum u. Kristallisation aus A./NH_4OH; $[\alpha]_D^{26}$ +21,2° (c = 0,80); 21%; R_F 0,72. *$N^3.N^{22}$-Diacetyl-Deriv.* (**Id**), $C_{31}H_{50}N_2O_4$, F. 281—283° (Chlf./Aceton), aus I u. Acetanhydrid/Pyridin bei Raum-Temp. (2 Tage); $[\alpha]_D^{22}$ —38,6° (c = 1,31); 96%. *N^3-[2-Hydroxybenzyliden]-Deriv.* (**Ia**), F. 238—240° (Chlf./CH_3OH), aus dem Filtrat des N^3-Acetyl-Deriv. u. Salicylaldehyd; $[\alpha]_D^{25}$ +35,3° (c = 1,02); 19%. *N^3-[2-Hydroxybenzyliden]-N^{22}-acetyl-Deriv.* (**Ib**), $C_{36}H_{52}N_2O_4$, F. 224° (A.), durch 50std. Stehen von **Ia** u. Acetanhydrid/

Pyridin bei Raum-Temp.; $[\alpha]_D^{22}$ + 15,4° (c = 0,52); 70%. *N*^{22}-*Nitroso-Deriv.*, $C_{27}H_{45}N_3O_3$, F. 200°, aus dem Acetat-Hydrat u. NH_4OH in A.; Plättchen des *Monohydrats*, die bei 60° im Hochvakuum getrocknet wurden; $[\alpha]_D^{24}$ + 182° (c = 1,06). *Acetat-Hydrat* der *N*^{22}-*Nitroso-Verb.*, $C_{27}H_{45}N_3O_3 \cdot CH_3COOH \cdot H_2O$, F. 263° (abs. A.), durch Zugeben von $NaNO_2$ zu **I** in A./Eisessig, 15std. Stehen, Fällen mit W. u. Trocknen im Hochvakuum; 20%. — *(22R.23S.25R)-22.26-Imino-16β.23-oxido-5α-cholestan-3β.23-diol* (**II**), *N-Acetyl-Deriv.* (**IIa**), $C_{29}H_{47}NO_4$, F. 286 bis 288°, durch Zugeben von $NaNO_2$ zu **Ic** in 50%ig. Essigsäure u. 5std. Stehen bei Raumt-Temp.; $[\alpha]_D^{22}$ − 28,4° (c = 0,77); aus abs. A. Nadeln; 70%. *O*^{3}.*N*^{22}-*Diacetyl-Deriv.* (**IIb**), $C_{31}H_{49}NO_5$, F. 174—176° (Aceton), durch 15std. Stehen von **IIa** u. Acetanhydrid/Pyridin; $[\alpha]_D^{22}$ − 39,4° (c = 1,16); 72%. *N-Nitroso-Deriv.* (**IIc**), $C_{27}H_{44}N_2O_4$, F. 208° (A.), durch Zugeben von $NaNO_2$ zu **I** in 50%ig. Essigsäure, 15std. Stehen, Extrahieren mit Chlf., 1std. Kochen des Extraktrückstandes mit 5%ig. methanol. KOH, Extrahieren mit Chlf. u. Chromatographie in Bzl./Chlf. an Al_2O_3; $[\alpha]_D^{25}$ + 167°; 50%. — *(25R)-N*^{3}.*N*^{22}-*Diacetyl-3β-amino-22.26-imino-16β.23-oxido-Δ*^{22}-*5α-cholesten* (**IV**), $C_{31}H_{48}N_2O_3$, F. 178—181°, durch 2std. Kochen von **Id** u. Eisessig u. Chromatographie in Bzl./Chlf. an Al_2O_3; $[\alpha]_D^{19}$ + 3,7° (c = 1,36); aus Aceton/W. Platten; 58%. — *(25R)-N*^{3}.*N*^{22}-*Diacetyl-3β-amino-22.26-imino-16β.23-oxido-22.23-seco-5α-cholestan-22.23-dion*, $C_{31}H_{48}N_2O_5$, F. 276—278°, durch Dehydratisieren von **Id** mit sd. Eisessig, Zugeben von CrO_3 zur Lsg. von **IV** in 90%ig. Essigsäure u. $1^1/_2$std. Stehen; $[\alpha]_D^{22}$ + 0,9° (c = 1,09); aus CH_3OH Nadeln; 42%. — *3β-Amino-16β-hydroxy-5α-22.23-bisnorcholansäurelacton* (**VI**), F. 217—218°, aus dem Hydrochlorid u. verd. NH_4OH in A.; $[\alpha]_D^{24}$ − 45,5° (c = 1,11). *Hydrochlorid*, $C_{22}H_{36}ClNO_2$, F. 325° (abs. A.), durch 24std. Kochen vorst. Verb. mit wss.-alkohol. HCl, Einengen im Vakuum, Extrahieren mit heißem W., Fällen des Extraktes mit NH_4OH u. Rk. des Nd. mit HCl-Gas in A./Ae.; 25%. *Pikrat*, $C_{28}H_{38}N_4O_9$, F. 256 bis 259° (Zers.), aus A./Ae. Nadeln. *N-Acetyl-Deriv.*, $C_{24}H_{37}NO_3$, F. 301° (Sublimation ab 250°), durch 15std. Stehen von 23 mg **VI** u. Acetanhydrid/Pyridin bei Raum-Temp.; $[\alpha]_D^{20}$ − 53,0° (c = 1,01); aus Aceton Säulen; 11 mg. — *(25R)-N.O-Diacetyl-22.26-imino-16β.23-oxido-22.23-seco-5α-cholestan-3β-ol-22.23-dion*, $C_{31}H_{47}NO_6$, F. 278 bis 280°, durch 2std. Kochen von **IIb** mit Eisessig, Zutropfen zu CrO_3 in 90%ig. Essigsäure, 1std. Stehen, Zugeben von Na_2SO_3 u. Gießen in W.; $[\alpha]_D^{22}$ + 3,9° (c = 1,41); aus CH_3OH Säulen; 30%. — *3β-Acetoxy-16β-hydroxy-5α-22.23-bisnorcholansäurelacton* (**III**); *Acetyltigogeninlacton*), F. 219—220°, a) durch 48std. Kochen vorst. Verb. mit wss.-alkohol. HCl, Einengen im Vakuum, Lösen in W., Extrahieren mit Ae., 15std. Stehen des Extrakrückstandes mit Acetanhydrid/Pyridin u. Chromatographie in Bzl. an Al_2O_3; 48%; b) durch 5std. Stehen von **VI**-Hydrochlorid u. $NaNO_2$ in 50%ig. Essigsäure, Gießen in W., Ausschütteln mit Ae. u. weitere Rk. wie nach a); $[\alpha]_D^{23}$ − 47,0° (c = 0,75; Chlf.); aus CH_3OH Nadeln; 34%. — *(22R.23S.25R)-3β-Amino-22.26-imino-23-äthoxy-16β.23-oxido-5α-cholestan-dihydrochlorid* (*Solanocapsinäthylketaldihydrochlorid*), $C_{29}H_{52}Cl_2N_2O_2$, verkohlt bei 280°, durch 15std. Stehen von **I** mit abs. alkohol. HCl u. Fällen mit abs. Ae.; Nadeln. — *(22R.23S.25R)-N*^{3}.*N*^{3}.*N*^{22}-*Trimethyl-3β-amino-22.26-imino-16β.23-oxido 5α-cholestan-23-ol* (**VII**; *N.N.N'-Trimethylsolanocapsin*), $C_{30}H_{52}N_2O_2$, F. 222—224°, a) aus **I**, 40%ig. CH_2O-Lsg. u. 80%ig. HCOOH nach Schlittler u. Uehlinger (l. c.); 48%; b) durch 24std. Kochen nachst. Verb. mit wss.-alkohol. HCl, Zugeben von verd. NH_4OH, Extrahieren mit Ae. u. Chromatographie in Bzl. an Al_2O_3; $[\alpha]_D^{22}$ + 53,5° (c = 1,16); aus abs. CH_3OH Nadeln; 40%; R_F 0,31. *Dihydrochlorid*, $C_{30}H_{54}Cl_2N_2O_2$, F. 286—289° (Sublimation ab 260°), aus **VII** in alkohol. HCl durch Zugeben von Äther. — *(25R)-N*^{3}.*N*^{3}.*N*^{22}-*Trimethyl-3β-amino-22.26-imino-16β.23-oxido-Δ*^{22}-*5α-cholesten*, $C_{30}H_{50}N_2O$, F. 155—156°, durch 7tätiges Stehen von **VII**, $ZnCl_2$, Eisessig u. Acetanhydrid bei Raum-Temp., Zugeben von W., 1std. Stehen, Zugeben von verd. NH_4OH u. Chromatographie des Nd. in Bzl. an Al_2O_3; $[\alpha]_D^{23}$ − 30,0° (c = 1,08); aus Aceton Plättchen; 54%. R_F 0,45. — *(25R)-N*^{26}-*Acetyl-N*^{3}.*N*^{3}.*N*^{26}-*trimethyl-3β.26-diamino-16β.23-oxido-5α.23ξ-cholestan-22-on* (?), $C_{32}H_{54} \cdot N_2O_3$, F. 282—284°, neben vorst. Verb. durch Eluieren mit Ae.; $[\alpha]_D^{23}$ − 62,7° (c = 0,79); aus Aceton Nadeln; 10%. — *RS-4-Amino-3-methylbuttersäure* (**Va**), $C_5H_{11}NO_2$, F. 193° (CH_3OH/Ae.), durch Zugeben von 3-Methylglutarsäureanhydrid zu konz. NH_4OH, $1^1/_2$std. Erwärmen auf dem Wasserbad, Zugeben von verd. NaOH, Einengen im Vakuum bei 50°, Eintragen in NaOBr-Lsg. bei 0°, 1std. Stehen bei 0°, 2std. Erhitzen auf 70—75°, Zugeben von Na_2SO_3, Ansäuern mit konz. HCl, Eindampfen im Vakuum, Auskochen mit A., 5std. Kochen des Extraktrückstandes mit 20%ig. HCl, Abdest. der HCl im Vakuum u. Filtrieren über Dowex-50 (H-Form); 47%. *N-Acetyl-Deriv.*, $C_7H_{13}NO_3$, F. 90—92° (Äthylacetat), durch Zugeben von

Acetanhydrid zu **Va** in 2 n NaOH, Filtrieren über Dowex-50 u. Eindampfen im Vakuum; 87%. — *RS-Methylbernsteinsäure*, $C_5H_8O_4$, F. 110° (Ae./PAe.), durch 4std. Stehen von **Va** u. $NaNO_2$ in 25%ig. Essigsäure, Zugeben von $NaHCO_3$ bis pH 8, Extrahieren mit Ae., kurzes Kochen des Extraktrückstandes mit 8%ig. NaOH, Zugeben von $KMnO_4$, 5std. Stehen, Ansäuern des Filtrats mit H_2SO_4 u. Extrahieren mit Ae.; 13%. — *R-(—)-4-Amino-3-methylbuttersäure* (**V**), $C_5H_{11}NO_2$, F. 186—188°, durch Eindampfen des bei der Darst. des **VI**-Hydrochlorids nach Fällen von **VI** mit NH_4OH erhaltenen Filtrats im Vakuum, Auskochen mit abs. A., Adsorption des Extraktrückstandes in W. an Dowex-50 (H-Form) u. Eluieren mit 2,5%ig. NH_4OH; $[\alpha]_D^{25}$ — 9,4° (c = 1,20; W.); aus abs. A. Würfel; 23%. *N-Acetyl-Deriv.*, F. 82—83° (Äthylacetat), wie das **Va**-Acetyl-Deriv.; $[\alpha]_D^{25}$ + 3,4° (c = 1,37; abs. A.); 44%. — *R-(+)-Methylbernsteinsäure*, F. 112—114°, analog vorvorst. Verb. aus **V**; $[\alpha]_D^{19}$ + 16,2° (c = 1,12; abs. A.); 12%. F. Heller. 3500◇

Solanum-Alkaloide. 21. Mitt. **Stereoisomere 3-Aminosolanidane und ihre Umsetzung mit salpetriger Säure.** Klaus Schreiber und Helmut Ripperger. (Liebigs Ann. Chem. **655**, 136—48, 31/7. 1962; dt.) — 20. vgl. vorst. Referat. — Durch CrO_3-Oxydation von 5α-Solanidan-3β-ol (**I**) wird *5α-Solanidan-3-on* (**II**) dargestellt, dessen *Oxim* (**IIa**) mit Na/Butanol ebenso wie mit H_2/Pt in Eisessig nur *3β-Amino-5α-solanidan* (**III**) liefert. Das aus Δ^4-Solaniden-3-on durch katalyt. Hydrierung u. Rk. mit NH_2OH gewonnene *5β-Solanidan-3-on*(**IV**)*-oxim* (**IVa**) gibt dagegen bei der Hydrierung an Pt in Eisessig *3β-Amino-5β-solanidan* (**V**), bei der Red. mit Na in Butanol *3α-Amino-5β-solanidan* (**VI**). Bei der Rk. mit HNO_2 liefert **III** 50% **I**, 10% *5α-Solanidan-3α-ol* (**VII**) u. 8% *5α-Solaniden-(2)*, aus **V** werden 6% *5β-Solanidan-3β-ol* (**VIII**) u. 60% *5β-Solaniden-(3)* (**IX**), aus **VI** 42% *5β-Solanidan-3α-ol* (**X**), 8% **VIII** u. 5% **IX** erhalten. Die Ergebnisse bestätigen die durch Unterss. an analogen Aminosteroiden festgestellte Bldg. äquatorialer Alkohole aus äquatorialen Aminen u. die überwiegende Bldg. von Eliminierungs-Prodd. neben wenig axialem Alkohol aus den axialen 3β-Aminen. Die Erhaltung der Konfiguration macht die Existenz eines Carbeniumions als Zwischen-Prod. bei der Desaminierung der 3-Aminosteroide mit HNO_2 unwahrscheinlich. — IR-Spektren vgl. Original.

Versuche: (FF. korr.): *5α-Solanidan-3-on* (**II**), F. 212—214°, durch 2std. Erhitzen von **I** u. CrO_3 in 80%ig. Essigsäure auf dem Wasserbad; $[\alpha]_D^{22}$ + 47,5° (c = 0,81; Chlf.); aus Aceton/W. Plättchen; 70% (Ausbeute). *Oxim* (**IIa**), $C_{27}H_{44}$ · N_2O, F. 201—202°, durch 4std. Kochen von **II**, NH_2OH · HCl u. Pyridin in A.; $[\alpha]_D^{22}$ + 28,0° (c = 1,00; Chlf.); 83%. — *5β-Solanidan-3-on* (**IV**), $C_{27}H_{43}NO$, F. 165 bis 166°, a) durch 4std. Hydrieren von Δ^4- Solaniden-3-on an Pd/$CaCO_3$ in Pyridin bei Raum-Temp. u. Normaldruck; 85%; b) durch 6std. Hydrieren an platiniertem Raney-Ni in A. u. 4std. Erhitzen des Gemisches von **VIII** u. **X** mit CrO_3 in 80%ig. Essigsäure auf dem Wasserbad; $[\alpha]_D^{22}$ + 38,1° (c = 0,5; Chlf.); aus Aceton/W. Plättchen; 50%. *Oxim* (**IVa**), $C_{27}H_{44}N_2O$, F. 211—213°, analog **IIa** aus **IV**; $[\alpha]_D^{20}$ + 53,7° (c = 1,12; Chlf.); aus A. Nadeln; 76%. — *3β-Amino-5α-solanidan* (**III**), $C_{27}H_{46}N_2$, F. 179—181°, a) durch Red. von **IIa** mit Na/Butanol, Isolierung als *N-[2-Hydroxybenzyliden]-Deriv.*, Hydrolyse mit 2n HCl bei 90° (1 Std.), Extrahieren des Salicylaldehyds mit Ae. u. Alkalisieren mit verd. NH_4OH; 68%; b) durch Hydrieren von **IIa** am Pt-Katalysator in Eisessig u. weiter wie nach a); $[\alpha]_D^{25}$ + 27,3° (c = 0,26; Pyridin); aus A. Nadeln; 58%; R_F 0,47 (Äthylacetat/Pyridin/W., 3 : 1 : 3), 0,68 (Äthylacetat/Eisessig/W., 3 : 1 : 3, organ. Phase + 15% 85%ig. A.), 0,82 (Butanol/ Pyridin/W., 4 : 1 : 5). *N-[2-Hydroxybenzyliden]-Deriv.*, $C_{34}H_{50}N_2O$, F. 231—233°, durch kurzes Kochen der Komponenten in abs. A.; $[\alpha]_D^{25}$ + 42,7° (c = 0,73; Pyridin); aus Chlf./A. gelbe Plättchen; 72%. *N-Acetyl-Deriv.*, $C_{29}H_{48}N_2O$, F. 246° (Aceton), durch 15std. Stehen von **III** u. Acetanhydrid/Pyridin u. Chromatographie in Bzl. an Al_2O_3; $[\alpha]_D^{21}$ + 15,3° (c = 1,60; Pyridin); 84%. — *3β-Amino-5β-solanidan* (**V**), $C_{27}H_{46}N_2$, F. 185—187°, analog **III** nach b) aus **IVa**; $[\alpha]_D^{25}$ + 29,4° (c = 1,53; Pyridin); aus verd. A. Nadeln; 70%; R_F 0,52; 0,68; 0,75. *N-[2-Hydroxybenzyliden]-Deriv.*, $C_{34}H_{50}N_2O$, F. 222°, aus den Komponenten in sd. abs. A.; $[\alpha]_D^{24}$ + 53,9° (c = 0,91; Pyridin); aus Chlf./A. Stäbchen; 64%. *N-Acetyl-Deriv.*, $C_{29}H_{48}N_2O$, F. 208—210° (Aceton), analog dem **III**-Acetyl-Deriv.; $[\alpha]_D^{21}$ + 27,3° (c = 0,77; Pyridin); 90%. — *3α-Amino-5β-solanidan* (**VI**), $C_{27}H_{46}N_2$, F. 158—160°, analog **III** nach a) aus **IVa**; $[\alpha]_D^{21}$ + 36,2° (c = 0,69; Pyridin); aus verd. A. Nadeln; 66%; R_F 0,50; 0,75; 0,82. *N-[2-Hydroxybenzyliden]-Deriv.*, $C_{34}H_{50}N_2O$, F. 237°, aus den Komponenten in sd. abs. A.; $[\alpha]_D^{24}$ + 35,2° (c = 0,84; Pyridin); aus Chlf./A. Nadeln; 80%. *N-Acetyl-Deriv.*, $C_{29}H_{48}N_2O$, F. 229—231° (Aceton), analog dem **III**-Acetyl-Deriv.; $[\alpha]_D^{21}$ + 58,4° (c = 0,72; Pyridin); 75%. — *5α-Solanidan-3β-ol* (**I**),

F. 216—218° (Chlf./Aceton), durch 15std. Stehen von **III** u. $NaNO_2$ in 50%ig. Essigsäure, Zugeben von NH_4OH, Extrahieren mit Ae., 15std. Stehen des Extraktrückstandes mit 5%ig. methanol. KOH bei Raum-Temp., Zugeben von W., Einengen im Vakuum, Extrahieren mit Ae., Chromatographie in Bzl. an Al_2O_3, Eluieren von *5α-Solaniden-(2)* {F. 167—168° (Aceton); $[\alpha]_D^{24}$ + 64° (c = 1,05; Chlf.); 8%} mit Bzl./PAe. (1 : 1), Eluieren von **I** u. **VII** mit Bzl./CH_3OH u. Fällen von **I** als *Digitonid* aus A.; $[\alpha]_D^{24}$ + 28,2° (c = 1,78; Chlf.); 50%. *O-Acetyl-Deriv.*, F. 194 bis 196°; $[\alpha]_D^{26}$ + 15,3° (c = 2,82; Chlf.); aus Aceton Nadeln. — *5α-Solanidan-3α-ol* (**VII**), F. 215—217°, aus dem Filtrat des **I**-Digitonids; $[\alpha]_D^{24}$ + 29,0° (c = 0,62; Chlf.); aus Chlf./Aceton Nadeln; 10%. *O-Acetyl-Deriv.*, F. 175—176°; $[\alpha]_D^{26}$ + 30,2° (c = 1,18; Chlf.); aus CH_3OH Nadeln. — *5β-Solanidan-3α-ol* (**X**), $C_{27}H_{45}NO$, F. 185—187°, neben **VIII** u. **IX** analog **I** durch Rk. von **VI** u. HNO_2; $[\alpha]_D^{22}$ + 36,1° (c = 1,04; Chlf.); aus Chlf./Aceton Nadeln; 42%. *O-Acetyl-Deriv.*, F. 161—163° (Aceton); $[\alpha]_D^{26}$ + 53,7° (c = 0,79; Chlf.). — *5β-Solanidan-3β-ol* (**VIII**), F. 214 bis 215°, neben **IX** u. **X**; $[\alpha]_D^{24}$ + 28,5° (c = 0,58; Chlf.); aus Chlf./Aceton Nadeln; 6 bzw. 8%. *O-Acetyl-Deriv.*, F. 144—145° (CH_2OH); $[\alpha]_D^{26}$ + 28,6° (c = 1,10; Chlf.). — *5β-Solaniden-(3)* (**IX**), F. 151—153°, a) neben **X**; 5%; b) neben **VIII** analog **I** aus **V** u. HNO_2; $[\alpha]_D^{24}$ + 29,6° (c = 1,12; Chlf.); aus Aceton Nadeln; 60%.
F. Heller. 3500◇

Die Monomethyläther von Isoamylphloroglucin und die Struktur von Xanthohumol. M. Vandewalle und M. Verzele. (Bull. Soc. chim. belges **68**, 711—15, Nov./Dez. 1959; Ghent, Univ., Labor. of Organ. Chem.; engl.) — Zum Beweis der Struktur von Xanthohumol **I**(**II**) werden *2-Isoamylphloroglucin-5-methyläther*(**I**) aus Isoamylphloroglucin (**IV**) durch Methylieren mit CH_2N_2 u. *2-Isoamylphloroglucin-1-methyläther* (**II**) aus 2.6-Dihydroxy-3-[γ.γ-dimethylallyl]-4-methoxybenzoesäuremethylester durch Hydrieren u. Decarboxylieren dargestellt. **I** ist identisch mit dem beim Abbau von **III** durch alkal. Hydrolyse erhaltenen Prod., **III** ist *3'-[3-Methylbuten-(2)-yl]-2'.4.4'-trihydroxy-6'-methoxychalkon.*

Versuche: *Phlorisovalerophenon*, F. 144—145° (W.), durch Zugeben von Phloroglucin zu $AlCl_3$ u. Isovalerylchlorid in Nitrobenzol, 1std. Rühren bei 80° u. Stehen über Nacht; 25% (Ausbeute). — *Isoamylphloroglucin* (**IV**), F. 125—126° (Bzl), durch 8std. Kochen vorst. Verb. in A. mit HCl in Ggw. von Zn-Amalgam; 45%. *5-Methyläther* (**I**), F. 99° (Isooctan), durch 2tägiges Stehen von **IV** in A. mit CH_2N_2 bei 0°, Chromatographieren an Silicagel u. Eluieren mit Bzl.; 23%. **I**-*Nitroso-Deriv.*, $C_{12}H_{17}NO_4$, durch 4std. Stehen von 112 mg **I** in A./Essigsäure u. 120 mg $NaNO_2$ in W. bei — 5° u. 12 Std. bei Raum-Temp.; 80 mg. — *2.6-Dihydroxy-3-[γ.γ-dimethylallyl]-4-methoxybenzoesäuremethylester*, $C_{14}H_{18}O_5$, F. 73—74° (Methanol/W.), durch 12std. Stehen von 4-Carbomethoxyphloroglucin-1-methyläther in A., Na in Methanol u. Isopenten-(2)-ylbromid bei 0°, Zers. mit HCl u. Chromatographieren an Silicagel; 62%. — *2.6-Dihydroxy-3-isoamyl-4-methoxybenzoesäuremethylester*, durch 6 Min. langes Hydrieren vorst. Verb. an Pt/Kohle in Methanol u. Chromatographieren in Bzl. an Silicagel; 77%. — *2-Isoamylphloroglucin-1-methyläther* (**II**), $C_{12}H_{18}O_3$, F. 89—91 (Isooctan), durch 2std. Kochen vorst. Verb. in Methanol mit 15%ig. NaOH; 64%. G. Marquard. 3550

Über die Synthese von Xanthohumol und Isoxanthohumol. M. Vandewalle. (Bull. Soc. chim. belges **70**, 163—67, März/April 1961; Ghent, Univ., Labor. of Org. Chem.; engl.) — Die vom Vf. früher (vgl. vorst. Ref.) vorgeschlagene Struktur des Xanthohumols (**I**) wird durch Synth. von *Xanthohumoldimethyläther* u. *Dihydroisoxanthohumol*, die auch aus **I** zugänglich sind, bestätigt.

Versuche: *2.4.6-Trihydroxy-3-[3-methylbuten-(2)-yl]-acetophenon* (**II**), F. 173 bis 174° (Methanol/W.); durch langsames Zugeben von 3-Methylbuten-(2)-ylbromid zu Phloracetophenon u. KOH in W. unter Rühren, Ansäuern mit HCl nach 20std. Rühren, Zugaben von Methanol, Extraktion mit Bzl., 10malige Extraktion der benzol. Lsg. mit gesätt. $KHCO_3$-Lsg. in Methanol/W. u. Ansäuern mit HCl; 29% (Ausbeute). *6-Methyläther*, F. 169—170° (Methanol/W.), durch Rk. von **II** mit CH_2N_2 in Ae., 24std. Stehen u. Isolieren durch Craig-Verteilung; 18,7%; daneben 19,5% des *4.6-Dimethyläthers* [**III**, F. 113° (Methanol)]. — *Xanthohumoldimethyläther*, F. 132° (A./W.), durch Rk. von **III** mit p-Methoxybenzaldehyd in A. u. KOH, mehrstd. Stehen bei Raumtemp. u. Gießen in verd. HCl bei 0°; 44%. — *4-[O-Carbäthoxy]-dihydroxanthohumol*, F. 164° (Methanol/W.), durch Rk. von 2-Isopentyl-5-methoxyresorcin, $AlCl_3$ u. 4-[Äthylcarbonato]-cinnamoylchlorid in Nitrobenzol, 2täg. Stehen bei Raumtemp. u. Chromatographieren an Silicagel in Bzl./Ae.; 40%. — *Dihydroisoxanthohumol*, F. 171—173°, durch 3täg. Rk. vorst. Verb. mit 1 n KOH bei Raumtemp.; 71%. *Hydrat*, F. 121—123° (A./W.). Gottfried Schreiber. 3550□

Anthocyanine und ihre Zuckerkomponenten. J. B. Harborne. (Fortschr. Chem. org. Naturstoffe [Wien] **20,** 165—99, 1962; Hertford, England; engl.) — Übersicht über natürliche Vork., Isolierung, Identifizierung, Verteilung u. Eigg. von Anthocyaninen, ihre Biosynth. u. ihre Beziehung zu den Pflanzenfarben. — 105 Literaturangaben (bis 1961). P. Golinske. 3550◇

Isolierung von (+)-δ-Cadinol aus dem Harz von Pinus sibirica R. Mayr und seine Identität mit Torreol und Sesquigeol. W. A. Pentegowa, O. Motl und W. Gerout. (Ber. Akad. Wiss. UdSSR **138,** 850—51, 1/6. 1961; Inst. für org. Chem. u. Biochem. der Tschechoslowak. Akad. der Wiss.; Chem.-Metallurg. Inst. der Sibir. Abt. der Akad. der Wiss. der UdSSR; russ.) — Aus dem Harz von *Pinus Sibirica* R. Mayr wurde der Sesquiterpenalkohol *(+)-δ-Cadinol* (**I**) isoliert. **I** liefert mit HCl ein *Cadinendihydrochlorid*, das mit OsO_4 zu *Cadinan-1.4.10-triol* oxydiert wird. **I** ist der opt. Antipode von (—)-δ-Cadinol (IR-Spektren stimmen überein) u. ist wahrscheinlich mit Torreol (Nisida, 1940) u. Sesquigeol (Sebe, 1940) identisch. — *(+)-δ-Cadinol* (**I**), F. 141° (PAe. u. Sublimation), man behandelt 120 g des Harzes mit 1%ig. wss. NaOH, extrahiert mit Ae., chromatographiert die äther. Lsg. an 1,5 kg Al_2O_3 u. eluiert mit PAe. unter anschließender Zugabe von Bzl. u. A.; $[\alpha]_D^{20}$ + 118,4° (A.); 450 mg. — *(+)-Cadinendihydrochlorid*, F. 118° (Äthylacetat), durch Einleiten von HCl in 300 mg **I** in 5 ml Ae.; $[\alpha]_D^{20}$ + 38,6° (Chlf.). — *Cadinan-1.4.10-triol*, $C_{15}H_{28}O_3$, F. 157° (PAe.-Bzl.), durch 2 Tage langes Stehen von 50 mg vorst. Verb., 62 mg OsO_4, 8 ml Ae. u. 0,3 ml Pyridin. Helmut Schäfer. 3600□

Isolierung und Struktur von Coronopilin, einem neuen Sesquiterpenlacton. Werner Herz und Gregor Högenauer. (J. org. Chemistry **26,** 5011—13, 27/12. 1961; Tallahassee, Fla., State Univ., Dep. of Chem.; engl.) — Vgl. Tetrahedron Letters [London] **1961,** 82. — Vff. isolierten aus *Ambrosia psilostachya DC. var. coronopifolia (T. u. G.) Farw.* (**a**) u. *A. artemisiifolia L.* (**b**) *Coronopilin* (**I**), das sich nach dem IR- u. dem NMR-Spetrum, der Hydrierung zu *Dihydroisoparthenin* u. der Ozonisierung zu CH_2O u. *Dihydronorparthenon* als *1.2-Dihydroparthenin* (*5-Vinyl-4.8a-dihydroxy-3a.8-dimethyl-3-oxodekahydroazulen-5¹-carbonsäure-γ-lacton* erwies. Aus *A. artemisiifolia L. var. eliator*, *A. trifida L.* u. *A. bidentata Michx.* konnten keine krist. Sesquiterpene isoliert werden. Aus 2 Proben von *Parthenium incanum* H. B. K. (**c**) verschiedener Herkunft konnte nur einmal Ambrosin, das andere Mal nur **I** extrahiert werden.

Versuche: *Coronopilin* (**I**), $C_{15}H_{20}O_4$, F. 178—180° (Aceton/Diisopropyläther), a) durch Chlf.-Extraktion gepulverter Blätter u. Stengel von **a**, Eindampfen, Stehen über Nacht in wss.-äthanol. Pb-Acetat-Lsg., Filtrieren, Einengen, Chlf.-Extraktion u. Chromatographie an Al_2O_3 mit Bzl./Chlf.; $[\alpha]_D^{24}$ — 35,3° (c = 3,42; A.); $[\alpha]_D^{22}$ — 5,7° (c = 5,1; Chlf.); 1,25% (Ausbeute); b) aus **b** analog a); 0,16%; c) aus **c** (aus Texas) analog a); 0,35%. *Pyrazolino-Deriv.*, $C_{16}H_{22}N_2O_4$, F. 150—151° (Zers., Äthylacetat, Aceton/Diisopropyläther), durch 4täg. Stehen in Ae. mit überschüssigem CH_2N_2. — *Ambrosin*, $C_{15}H_{18}O_3$, F. 145—146°, aus 1420 g **c** (aus Arizona) analog vorst. Verb.; Nadeln aus Bzl./Ligroin; $[\alpha]_D^{20}$ — 15,4° (c = 0,925; Chlf.); 0,15 g. — *Dihydroisoparthenin*, F. 200—202° (Aceton/PAe.; der C. **1961,** 2284 wiedergegebene F.142—144° ist unrichtig), aus 1 g **I** durch Hydrierung in A. an Pd/Kohle; 0,43 g. — *Dihydronorparthenon*, $C_{14}H_{18}O_5$, F. 235° (Zers., Aceton/PAe.), a) aus 0,3 g **I** in Chlf. durch 2std. Ozonisierung bei — 78° u. Dampf-Dest. (→ CH_2O als *Dimedon-Deriv.*; $[\alpha]_D^{24}$ — 29,5° (c 1,97; Chlf.); 40 mg) u. Eindampfen; 0,11 g; b) aus 0,5 g Norparthenon durch Hydrierung an 5%ig. Pd/Kohle; 330 mg. H.-J. Kötzsch. 3600□

Die Chemie der Triterpene und verwandter Verbindungen. 40. Mitt. Endgültige Klärung der Stereochemie von Hydroxyhopanon. G. V. Baddeley, T. G. Halsall und E. R. H. Jones. (J. chem. Soc. [London] **1961,** 3891—93, Sept.; Oxford, Univ. Dyson Perrins Labor.; engl.) — 39. vgl. J. chem. Soc. [London] **1961,** 2725. — Beim Hydroxyhopanon wurde am $C_{(21)}$ α-Konfiguration nachgewiesen. Dehydratisierung von Hydroxyhopan ergab ein *Gemisch von Hopen a* u. *Hopen b*. Nach Oxydation des Gemisches konnte *Hopen-b-glykol* isoliert werden, das durch Alkoholabspaltung in ein *Norketon* (**I**) übergeführt wurde. Dessen Umlagerung in ein stabileres *Norketon* (**II**) gelang im sauren Medium. Die Behandlung von **I** mit Methyl-MgJ ergab *Hydroxy-*

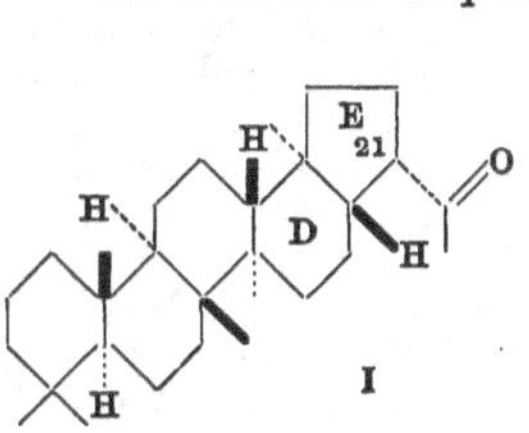

I

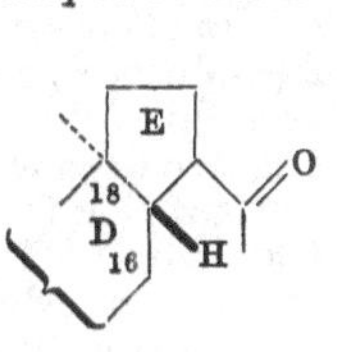

II

hopan, die von **II** einen isomeren Alkohol. **II** muß die stabilere Form besitzen. Die Seitenkette in 21-Stellung wird nicht mehr durch die $C_{(16)}$-Methylgruppe u. das axial gebundene H am $C_{(18)}$ behindert. Infolgedessen hat das zunächst entstehende **I** am $C_{(21)}$ α-Konfiguration, u. damit auch das Hydroxyhopan u. das Hydroxyhopanon.

Versuche: *Hopen-b-glykol*, $C_{30}H_{52}O_2$, F. 239—245°, aus dem Hopengemisch mit OsO_4 u. Pyridin in Ae. unter Rückfluß; Plättchen aus Methanol–Aceton; $[\alpha]_D + 32°$. — *Hopen-a-glykol*, $C_{30}H_{52}O_2$, F. 272—281°, wie vorst. Verb.; $[\alpha]_D + 30°$. — *Norhopanon* **I**, $C_{29}H_{48}O$, F. 218°, aus Hopen-b-glykol mit Bleitetraacetat in Bzl. bei 20°; Prismen aus Aceton; $[\alpha]_D + 83°$. — *Hydroxyhopan*, F. 254—256°, aus **I** mit CH_3MgJ in Ae.; Plättchen aus Aceton/Methanol; $[\alpha]_D + 44°$. — *Norhopanon* **II**, $C_{29}H_{48}O$, F. 230—231,5°, aus **I** durch Erhitzen mit A. u. H_2SO_4 am Rückfluß; Plättchen aus A.; $[\alpha]_D - 40°$. — *Alkohol* $C_{30}H_{52}O \cdot {}^1/_2 CH_3OH$, F. 225—227°, aus **II** mit CH_3MgJ; Nadeln aus Aceton/Methanol; $[\alpha]_D + 19°$. *Acetylderiv.*, $C_{32}H_{54}O_2$, F. 202—205°, aus dem Alkohol mit Acetylchlorid in Dimethylanilin; Nadeln aus Essigester/Methanol; $[\alpha]_D + 30°$. — *Acetoxyhopan*, $C_{32}H_{54}O_2$, F. 183—184°, wie vorst. Acetylderiv.; Prismen aus Essigester/Methanol; $[\alpha]_D + 35°$. Christa Thierig. 3600☐

Untersuchungen über Nimbin. H. N. Khastgir, P. Sengupta und S. K. Sengupta. (Chem. and Ind. **1959,** 1194—95, 19/9.; Calcutta, East India Pharm. Works Ltd.; engl.) — Vff. widerrufen ihre Ansicht, wonach zwei der noch ungeklärten drei O-Atome von *Nimbin* ($C_{29}H_{36}O_9$) auf eine weitere Acetoxygruppe entfallen sollten (vgl. C. **1962,** 16331.) u. bestätigen jetzt die Meinung von Narasimhan (vgl. C. **1962,** 1618; C. **1960,** 15408), wonach eine weitere Carbomethoxygruppe vorliegt. Durch Vgl. der IR-Spektren wird gezeigt, daß das aus Nimbsäure [**II**; F. 184—185°; $[\alpha]_D + 157°$ (Pyridin)] erhaltene *Methylnimbat* mit Methylnimbinat ident. ist u. im Gegensatz zu **II** eine Bande bei 1230 cm^{-1} besitzt, die auf die Carbomethoxygruppen zurückgeführt wird. Außerdem besitzt die durch Hydrolyse von Dihydronimbin erhaltene *Dihydrosäure* $C_{25}H_{32}O_8$ [F. 191 bis 195°; $[\alpha]_D + 229°$ (Pyridin)] zwei freie Carboxylgruppen. Durch alkal. Abbau von **II** wird im Gegensatz zu Narasimham nicht Nimbinsäure, sondern ein Säuregemisch erhalten, das durch Veresterung u. Chromatographie *Ester B* [**III**; $C_{22}H_{28}O_5$ ($C_{21}H_{26}O_5$), F. 153—154°] u. *Ester C* [**IV**; $C_{22}H_{28}O_5$ ($C_{21}H_{26}O_5$), F. 158—160°] liefert. Ein äquimol. Gemisch aus **III** u. **IV** wird auch durch Behandlung von **III**, **IV** oder des dritten (vgl. l. c.) beschriebenen isomeren Esters (**I**) mit methanol. KOH u. anschließende Veresterung erhalten. **III** u. **IV** besitzen ein α,β-ungesätt. Keton-Syst. u. sind am $C_{(\gamma)}$ (zum Keton) epimer. Bei analoger Behandlung epimerisieren Dihydroester B [F. 137—139°, $[\alpha]_D + 176°$ (Chlf.)] u. Dihydroester C [F. 150 bis 151°, $[\alpha]_D + 197°$ (Chlf.)], in denen die konjugierte Doppelbindung hydriert ist, nicht. Durch Red. von **III**, **IV** oder **I** mit $LiAlH_4$ u. anschließende Dehydrierung mit Se wird *1.2.4-Trimethylnaphthalin* (*Trinitrobenzolat*, $C_{19}H_{17}N_3O_6$, F. 154—156°) erhalten. L. Lamza. 3650△

Untersuchungen zur Totalsynthese von Steroiden und ihren Analoga. 3. Mitt. **Additionsprodukte von trans-2-Alkoxyaryl-5-oxocyclopentanessigsäuren.** Leland J. Chinn, Edward A. Brown, Richard A. Mikulec und Robert B. Garland. (J. org. Chemistry **27,** 1733—41, Mai 1962; Chicago, Ill., G. D. Searle & Co., Div. of Chem. Res.; engl.) — 2. vgl. J. org. Chemistry **26,** [1961], 3910. — Die Red. von trans-2-[p-Methoxyphenyl]-(**I**), -2-[m-Äthoxyphenyl]-(**II**) bzw. -2-[6-Methoxynaphthyl-(2)]-5-oxocyclopentanessigsäure (trans-**III**) mit $NaBH_4$ führt überwiegend zu den *trans-anti-2-Aryl-5-hydroxycyclopentanessigsäuren* (**A**); daneben werden die *trans-syn-2-Aryl-5-hydroxycyclopentanessigsäurelactone* (**B**) gebildet. Daß die **A** stabiler als die **B** sind, zeigt sich auch in der teilweisen Isomerisierung des so erhaltenen *trans-syn-2-[6-Methoxynaphthyl-(2)]-5-hydroxycyclopentanessigsäure* (syn-**IV**) *-Lactons* (trans-**V**) durch C_2H_5ONa bei 200° zu *anti*-**IV**; die analoge Behandlung von cis-**V**, das zusammen mit *cis-2-[6-Methoxynaphthyl-(2)]-cyclopentanessigsäuremethylester* in geringer Ausbeute neben **III**-*Methylester* bei der Hydrierung von 2-[6-Methoxynaphthyl-(2)]-5-oxocyclopenten-1-essigsäuremethylester (**VI**) in Ggw. von Pd/Kohle in CH_3OH u. Behandeln des Rk.-Gemisches mit verd. CH_3ONa-Lsg. erhalten wurde, führt ebenfalls zu einem Gleichgewicht mit anti-**IV**. Der mögliche Verlauf der Isomerisierungen wird erörtert. Bei Grignard- oder Reformatski-Rkk. von **I**, **II** bzw. **III** ist der Anteil an **A**-Deriv. größer als bei der $NaBH_4$-Red.; da die so erhaltene *trans-anti-2-[6-Methoxynaphthyl-(2)]-5-hydroxy-5-methylcyclopentanessigsäure* (anti-**VII**) durch verd. H_2SO_4 bei Raum-Temp. vollständig zu *syn*-**VII**-*Lacton* isomerisiert wird, ist auch hier offenbar das **B**-Deriv. das stabilere. Die

Konfiguration der **B** wird aus der Bevorzugung der cis-Verknüpfung von fünfgliedrigen Ringen u. der Annahme, daß der Arylrest sich nicht epimerisiert, geschlossen. Aus den Estern von **A** bzw. **B** u. ihrer Derivv. werden mit $LiAlH_4$ isomere *Diole* erhalten. *anti*-**IV**-Methylester gibt dabei *trans-anti-β-2-[6-Methoxynaphthyl-(2)]-5-hydroxycyclopentanäthanol*, das offenbar mit dem von Bentley (C. **1956**, 13403) aus einem **III**-Äthylester nicht näher bezeichneter Konfiguration mit $LiAlH_4$ erhaltenen Diol ident. ist; dagegen haben die durch Rk. von *anti*-**VII**-Methylester oder von *syn*-**VII**-Lacton mit CH_3MgBr dargestellten isomeren Diole [*trans-anti*-(**VIII**) bzw. *-syn-β-{2-[6-Methoxynaphthyl-(2)]-5-hydroxy-5-methyl-cyclopentyl}-α.α-dimethyläthanol* (**IX**)] erheblich höhere FF. als das von Bentley (l. c.) durch Rk. von **III** mit CH_3MgJ erhaltene Produkt. trans-**III**-Methylester reagiert mit CH_3MgBr ebenfalls zu **IX**; **VIII** wurde hierbei nicht isoliert. trans-syn-2-[p-Methoxyphenyl]-5-äthinyl-5-hydroxycyclopentanessigsäure (syn-**X**)-Lacton (**XI**) wird durch $NaBH_4$ zu *trans-syn-β-{2-[p-Methoxyphenyl]-5-äthinyl-5-hydroxycyclopentyl}-äthanol* (syn-**XII**) red.; bei der $LiAlH_4$-Red. von **XI** wird daneben *trans-syn-β-{2-[p-Methoxyphenyl]-5-hydroxy-5-vinylcyclopentyl}-äthanol* gebildet, das auch durch Hydrieren von **XI** zum *Vinyl-Analogon* (**XIV**) u. dessen $LiAlH_4$-Red. erhalten wird. *anti*-**XII** entsteht durch $LiAlH_4$-Red. des Acetyl-Deriv. (**XIII**) von anti-**X**-Methylester.

Versuche: *3-[Furyl-(2)]-m-äthoxyacrylophenon*, $C_{15}H_{14}O_3$, Kp.$_{0,25}$ 163—165°, aus m-Äthoxyacetophenon u. Furfurol nach Robinson [1938]; 83% (Ausbeute). — *4.7-Dioxo-7-[m-äthoxyphenyl]-heptansäure*, $C_{15}H_{18}O_5$, F. 86,5—87°, durch Säurespaltung vorst. Verb.; aus Essigester/Cyclohexan bräunliche Nadeln; 54%. — *2-[m-Äthoxyphenyl]-5-oxo-cyclopenten-1-essigsäure*, $C_{15}H_{16}O_4$, F. 96—97°, durch Cyclisieren vorst. Verb.; aus Ae./CCl_4 hellbraune Prismen; 100%. — *trans-2-[m-Äthoxyphenyl]-5-oxocyclopentanessigsäure* (**II**), $C_{15}H_{18}O_4$, F. 88,5—90°, aus vorst. Verb. in verd. KOH durch Hydrieren über 5%ig. Pd/Kohle; aus CCl_4/Cyclohexan bräunliche Prismen; 90%. — *trans-2-[6-Methoxynaphthyl-(2)]-5-oxocyclopentanessigsäure (trans-**III**)-Methylester*, F. 106—107° (Aceton/Hexan), aus **VI** in Methanol durch Hydrieren über 5%ig. Pd/Kohle bei 2,5 at u. 70°, Kühlen auf 0—5°, Zusetzen von CH_3ONa in CH_3OH; 84%; daneben 0,2% *cis-2-[6-Methoxynaphthyl-(2)]-cyclopentanessigsäuremethylester*, $C_{19}H_{22}O_3$, F. 80,4—81,2° (Hexan), u. 4% *cis-syn-2-[6-Methoxynaphthyl-(2)]-5-hydroxycyclopentanessigsäurelacton* (cis-**V**), $C_{18}H_{18}O_3$, F. 143—144° (Methanol), aus den Mutterlaugen durch Chromatographie an Silicagel. — S-Hydroxycyclopentanessigsäuren: *2-[p-Methoxyphenyl]-*, *trans-anti-Form* (anti-**XV**), F. 83,5—84,5°, durch Zugabe von $NaBH_4$ zu **I** in 5%ig. NaOH, 15—18std. Rühren bei Raum-Temp., Zers. mit Eisessig, Ansäuern mit 12 n HCl, Extraktion mit Ae. oder Essigester, Waschen mit W., Extraktion mit 5%ig. $NaHCO_3$-Lsg. u. Ansäuern mit 6 n HCl; 75%; daneben 19% *syn-**XV**-Lacton*, F. 140—140,5°, durch Aufarbeiten der organ. Phase. — Analog: *2-m-Äthoxyphenyl-*, *trans-anti-Form*, $C_{15}H_{20}O_4$, F. 96—97°; 60%. *trans-syn-Form, Lacton*, Kp.$_{0,1}$ 170°, Öl; 6%. — *2-[6-Methoxynaphthyl-(2)]-*, *trans-anti-Form*, (anti-**IV**), $C_{18}H_{20}O_4$, F. 141—143° (Ae./Pentan), a) analog anti-**XV**; 61%; b) durch Zugabe von syn-**IV**-Lacton zu C_2H_5ONa in abs. A., Eindampfen im Vakuum, 16std. Erhitzen auf 200° ± 5° unter Luftabschluß, Verdünnen mit W., Ansäuern mit 1,7 n HCl, Kühlen, Abfiltrieren, Lösen in Ae., Waschen mit W., Extraktion mit 5%ig. $NaHCO_3$-Lsg., Ansäuern mit 6 n HCl u. Chromatographie des Nd. an Silicagel; 18%; c) analog b) aus cis-**V**; 12%. *syn-**IV**-Lacton* (= trans-**V**), $C_{18}H_{18}O_3$, F. 178—182°. — *2-[p-Methoxyphenyl]-5-äthinyl-*, *trans-anti-Form* (*anti*-**X**), durch Sättigen von abs. Tetrahydrofuran (THF) mit C_2H_2 unter Rühren, Zutropfen von 1 m C_2H_5MgBr in THF unter Einleiten von C_2H_2, Zutropfen von **I** in THF unter C_2H_2-Zufuhr, 2std. Durchleiten von C_2H_2, 15std. Erwärmen bis auf Raum-Temp., Einengen im Vakuum, Lösen in 7 n H_2SO_4, Ausäthern, Waschen des Extrakts mit W., Extrahieren mit 5%ig. $NaHCO_3$-Lsg., Ansäuern mit 12 n HCl, Extraktion mit Ae., Aufarbeiten u. Chromatographie an Silicagel; viscoses Öl; 34%; (daneben *syn-**X**-Lacton* (**XI**), $C_{16}H_{16}O_3$, F. 69—70°, aus polareren Chromatographiefraktionen u. durch Aufarbeiten der mit $NaHCO_3$-Lsg. extrahierten äther. Lsg. u. Chromatographie an Silicagel; hellgelbe Tafeln aus Ae./Pentan; 36%). *Methylesteracetat*, (**XIII**), $C_{19}H_{22}O_5$, F. 121,5—124°, durch Zugabe von CH_2N_2 in kaltem Ae. zu anti-**X** in kaltem Ae., 2½std. Stehen bei 5°, Eindampfen (→ *anti-**X**-Methylester*, gelbes Öl), 4täg. Stehen in Pyridin/Acetanhydrid bei 60°, Gießen in Eis/W. u. Reiben; aus Ae./Pentan Rhomben; 74%. — *trans-syn-2-[p-Methoxyphenyl]-5-vinyl-*, *Lacton* (**XIV**), durch Hydrieren von **XI** in 95%ig. A. in Ggw. von Pyridin u. 5%ig. Pd/$CaCO_3$; gelbbraunes, viscoses Öl. — *2-[6-Methoxynaphthyl(2)]-5-äthinyl-*, *trans-anti-Form*, $C_{20}H_{20}O_4$, F. 133—135°, analog anti-**X** aus trans-**III**; Täfelchen; 34%; daneben das *trans-syn-Lacton*, $C_{20}H_{18}O_3$, F. 92,5—94,5° (Ae./Pentan). — *2-[p-Methoxyphenyl]-5-methyl-, trans-anti-Form*, $C_{15}H_{20}O_4$, F. 125,5—126,5°, durch Zutropfen von 0,72 m äther. CH_3MgBr-Lsg. zu **I** in abs. Ae., 2½std. Rühren bei Raum-Temp., Zers. mit W. u. 1,7 n HCl, Waschen der äther. Phase mit 1,7 n HCl u. W., Extraktion mit 5%ig. $NaHCO_3$-Lsg., Ansäuern mit 6 n HCl, Extraktion mit Ae., Aufarbeiten u. Chromatographie an Silicagel; Täfelchen; 28%; daneben das *trans-syn-Lacton*, $C_{15}H_{18}O_3$, F. 58,5—60° (Ae./Pentan), aus der mit $NaHCO_3$-Lsg. extrahierten Ae.-Phase u. aus den weniger polaren Fraktionen der Chromatographie; 35%. — *2-[6-Methoxynaphthyl-(2)]-5-methyl-, trans-anti-Form* (anti-**VII**), $C_{19}H_{22}O_4$, F. 157—158,5°, durch Zutropfen von trans-**III** in THF zu 3 m CH_3MgBr in sd. Ae./THF, Zugabe von THF, Abdampfen des Ae., 1std. Kochen, Zers. mit W., Zugeben von 1,7 n HCl bis pH 8, Eindampfen im Vakuum, Ansäuern mit 1,7 n HCl, Zugabe von Ae., Filtrieren, Waschen der äther. Phase mit W., Extrahieren mit 5%ig. $NaHCO_3$-Lsg., Ansäuern mit 6 n HCl u. Chromatographie des Nd. an Silicagel; Täfelchen aus Essigester/Hexan; 6%. *syn*-**VII**-*Lacton*, $C_{19}H_{20}O_3$, F. 135—136° (Essigester/Hexan), a) neben anti-**VII** durch Lösen des nach Zugabe von 1,7 n HCl u. Ae. abfiltrierten Nd. in CH_3OH, Zugabe von 6 n HCl, 2½std. Stehen bei Raum-Temp. u. Abfiltrieren, durch Verdünnen des Filtrats mit W., Extraktion mit Essigester, Waschen mit W., 5%ig. $NaHCO_3$-Lsg., W. u. gesätt. NaCl-Lsg., Eindampfen u. Kristallisation aus Ae./Pentan, durch Aufarbeiten der mit 5%ig. $NaHCO_3$-Lsg. extrahierten äther. Phase sowie aus den weniger polaren Fraktionen der Chromatographie; 32%; b) durch 1std. Stehen von anti-**VII** in THF mit 36 n H_2SO_4 bei Raum-Temp. u. Gießen in W.; 83%. — *2-[p-Methoxyphenyl]-5-äthyl-, trans-anti-Form*, analog vorvorst. Verb. mit C_2H_5MgBr statt CH_3MgBr; viscoses Öl; 11%; daneben das *trans-syn-Lacton*, viscoses Öl; 55%. — *2-[6-Methoxynaphthyl-(2)]-5-carbomethoxymethyl-, trans-anti-Form, Methylester*, $C_{22}H_{26}O_6$, F. 142—143°, durch 11std. Kochen u. Rühren von trans-**III**-Methylester, Bromessigsäuremethylester, abs. Ae., abs. Bzl. u. mit 7 n HCl aktivierten Zn-Granula in Ggw. von J_2, 11std. Stehen bei Raum-Temp., Ansäuern mit Eisessig, Abdekantieren von Zn, Verdünnen mit Ae., Aufarbeiten u. Chromatographie an Silicagel; aus Ae. Stäbe; 18%; daneben das *trans-syn-Lacton*, $C_{21}H_{22}O_5$, F. 101,5—102,5°(CH_3OH); 46%. —*β*-5-Hydroxycyclopentanäthanole: *2-[p-Methoxyphenyl]-, trans-syn-Form*, $C_{14}H_{20}O_3$, F. 100,5 bis 102°, durch Red. von syn-**XV**-Lacton mit $LiAlH_4$ in sd. Ae. oder Ae./THF. *trans-anti-Form*, F. 75—77,5°, durch Methylieren von anti-**XV** mit CH_2N_2 u. $LiAlH_4$-Red. des Methylesters in Ae. mit $LiAlH_4$. — Analog: *2-[m-Äthoxyphenyl]-, trans-syn-Form*, $C_{15}H_{22}O_3$, F. 101—101,5°. *trans-anti-Form*, F. 88—89°. — *2-[6-Methoxynaphthyl-(2)]-, trans-syn-Form*, $C_{18}H_{22}O_3$, F. 105—108°. *trans-anti-Form*, F. 135 bis 137°. *cis-syn-Form*, F. 171—172° (Bzl.), durch $LiAlH_4$-Red. von cis-**V** in THF/Ae.; 85%. — *2-[p-Methoxyphenyl]-5-methyl-, trans-syn-Form*, $C_{15}H_{22}O_3$, F. 94,5—95°. *trans-anti-Form*, F. 120—124,5°. — *2-[p-Methoxyphenyl]-5-äthyl-, trans-syn-Form*, $C_{16}H_{24}O_3$, F. 87,5—88°. *trans-anti-Form*, F. 49—55°. — *2-[p-Methoxyphenyl]-5-vinyl-, trans-syn-Form*, $C_{16}H_{22}O_3$, F. 86—87°, aus **XIV**. — *2-[p-Methoxyphenyl]-5-äthinyl-, trans-syn-Form* (syn-**XII**), $C_{16}H_{20}O_3$, F. 82,5—83,5°, a) durch $LiAlH_4$-Red. von **XI** (→ Gemisch mit 85% vorst. Verb., F. 69,5—80°); b) durch Zugabe von $NaBH_4$ zu **XI** in Isopropanol, 15std. Rühren bei Raum-Temp., Zers. mit Eisessig, W. u. 1,7 n HCl, Einengen im Vakuum, Extraktion mit Ae., Aufarbeiten u. Chromatographie an Silicagel; Nadeln u. Stäbe; 52%. *anti*-**XII**, F. 97,5—99,5°, durch $LiAlH_4$-Red. von **XIII** in abs. Ae.; aus Ae./Pentan Tafeln; 76%. — *2-[6-Methoxynaphthyl-(2)]-5.α.α-trimethyl-, trans-anti-Form* (**VIII**), $C_{21}H_{28}O_3$, F. 170—171°, durch Zugabe von anti-**VII**-Methylester in abs. Ae. zu einer sd. 3 m äther. CH_3MgBr-Lsg., 3std. Kochen, Zers. mit W. u. 1,7 n HCl u. Aufarbeiten der organ. Phase; Stäbe aus Ae.; 68%. *trans-syn-Form* (**IX**), F. 169—171° (Aceton/Pentan), a) analog aus syn-**VII**-Lacton in 5 Std.; aus Aceton/Pentan Rhomben; 84%; b) analog aus trans-**III**-Methylester; 51%; c) neben anti-**VII**; 3%. — IR- u. UV-Maxima einiger Verbb. sind angeführt. H. Gleinig. 3700◇

Untersuchungen zur Totalsynthese von Steroiden und ihren Analoga. 4. Mitt. **Nichtsteroide mineralcorticoide Antagonisten.** Leland J. Chinn. (J. org. Chemistry **27**, 1741—44, Mai 1962; engl.) — 3. vgl. vorst. Referat. — Die Synth. von *trans-anti-2-[2-Oxo-3-hydroxy-, -3-fluor- u. -3-chlorpropyl]-* bzw. *-2-[2-Oxopropyl]-3-[6-methoxynaphthyl-(2)]-cyclopentanol* aus trans-anti-2-[6-Methoxynaphthyl-(2)]-5-hydroxycyclopentanessigsäure (**I**; vgl. vorst. Ref.) sind beschrieben. Die dargestellten Verbb., bes. die beiden ersten, wirkten im Rattentest als Cortexonantagonisten.

Versuche: *trans-anti-2-[6-Methoxynaphthyl-(2)]-5-acetoxycyclopentanessigsäure*, $C_{20}H_{22}O_5$, F. 153—154°, durch 17std. Rk. von I, Pyridin u. Acetanhydrid bei Raum-Temp. u. Zusetzen von W. bis zur Trübung; aus Aceton/Bzl./Hexan Stäbe; 89% (Ausbeute). *Chlorid*, F. 111,5—115°, durch 2 Min. lange Rk. der Säure mit Oxalylchlorid auf dem Dampfbad u. Stehen bei Raum-Temp. (2 Std.); aus abs. Bzl./Hexan Platten. — trans-anti-3-[6-Methoxynaphthyl-(2)]-cyclopentanole: *2-[2-Oxo-3-diazopropyl]-*, *Acetat*, F. 93—98° (Zers.; Sintern bei 90°), aus vorst. Chlorid in Bzl. durch Zusetzen zu CH_2N_2 in Ae. u. 2std. Rk. bei 5°. — *2-[2-Oxo-3-hydroxypropyl]-*, $C_{19}H_{22}O_4$, F. 130—131°, durch 2¹/₄std. Kochen des Diacetats mit 95%ig. A., W. u. 12n HCl unter N_2, Zusetzen von Pyridin, Eindampfen, Verdünnen mit W. u. Sättigen mit NaCl bei 5°; aus Aceton/Ae. Platten; 91%. *Diacetat*, $C_{23}H_{26}O_6$, F. 94,5—98,5° (Ae./Pentan), a) durch 5 Min. langes Kochen vorst. Acetats in Eisessig, Eindampfen im Vakuum, Kühlen auf 5° u. Chromatographie an Silicagel mit Bzl./Essigester; 67%; b) durch Reacetylieren des Diols; 92%. — *2-[2-Oxo-3-chlorpropyl]-*, $C_{19}H_{21}ClO_3$, F. 84—87°, analog vorst. Verb. sowie Chromatographie an Silicagel mit Bzl./Essigester; aus Ae./Pentan Plättchen; 65%. *Acetat*, F. 96—104,5° (Ae./Pentan), durch Rk. vorvorst. Acetats in Dioxan mit 12 n HCl auf dem Dampfbad (1 Min.), Verdünnen mit W. u. Stehen bei 5°; 89%. — *2-[2-Oxo-3-fluorpropyl]-*, $C_{19}H_{21}FO_3$, F. 106,5—107°, analog vorvorst. Verb.; aus Ae./Pentan Nadeln; 70%. *Acetat*, $C_{21}H_{23}FO_4$, F. 109,5—113°, durch 1¹/₄std. Kochen vorst. Acetats u. NaJ in Aceton, Eindampfen, Extrahieren mit Essigester/W., Aufarbeiten der organ. Phase, 16std. Kochen in CH_3CN mit AgF, Filtrieren, Eindampfen, Lösen in Essigester, Aufarbeiten u. Chromatographie an Silicagel mit Bzl./Essigester; aus Ae./Pentan Plättchen; 22%. — *2-[2-Oxopropyl]-*, $C_{19}H_{22}O_3$, F. 89,5—92,5°, analog drittvorst. Verb.; aus Ae./Pentan Platten; 82%. *Acetat*, $C_{21}H_{24}O_4$, F. 96,5—99,5° (Ae./Pentan), durch 1¹/₂std. Kochen vorvorst. Acetats mit NaJ in Aceton, Eindampfen im Vakuum, 1std. Rühren mit Eisessig bei Raum-Temp., Gießen in $NaHCO_3/Na_2S_2O_3$-Lsg. u. Extrahieren mit Chlf.; 77%. — UV-Maxima der Verbb. sind angeführt. H. Gleinig. 3700◇

Die Kontraktion des Ringes A in 5α-Cholestanderivaten. B. Fuchs und H. J. E. Loewenthal. (Tetrahedron [London] **11**, 199—209, Okt. 1960; Haifa, Israel Inst. Technol.; engl.) — Durch Abbau wird die Struktur von *3β-Methoxycarboxyl-A-nor-5α-cholestan-2-on* (**I**) bewiesen. Die Stereochemie dieser Verb. u. verwandter A-substituierter A-Nor-5α-cholestane wird diskutiert. Ausgehend vom Δ^1-5α-Cholesten-3-on wird *A-Nor-5α-cholestan-1-on* synthetisiert.

Versuche (opt. Drehungen in Chlf.; UV- u. IR-Banden sind angegeben): *3β-Methoxycarbonyl-A-nor-5α-cholestan-2-on* (**I**), $C_{28}H_{46}O_3$, FF. 110—111° u. 121 bis 122° (CH_3OH), aus 6 g 2.3-Seco-5α-cholestan-2.3-disäuredimethylester (F. 63 bis 64°) u. K-tert.-Butylat in Bzl. durch 14std. Kochen; Nadeln; $[\alpha]_D$ + 109° (c = 0,69); gibt beim Kochen mit Essigsäure/HCl *A-Nor-5α-cholestan-2-on*, F. 105° (CH_3OH), $[\alpha]_D$ + 143° (c = 1); 4,5 g (Ausbeute). — *3β-Methoxycarbonyl-A-nor-5α-cholestan-2α-ol* (**V**), $C_{28}H_{48}O_3$, F. 125,5—126° (CH_3OH), aus 3 g **I** u. $NaBH_4$ in CH_3OH/Tetrahydrofuran bei 0° durch 4std. Rk. bei Raumtemp. u. Al_2O_3-Chromatographie; Nadeln; $[\alpha]_D$ +14° (c = 1); 2 g. *Acetat*, $C_{30}H_{50}O_4$, F. 89—90° (CH_3OH); $[\alpha]_D$ +29° (c = 1,30). — *2β-Chlor-3β-methoxycarbonyl-A-nor-5α-cholestan*, $C_{28}H_{47}ClO_2$, F. 125 bis 126° (CH_3OH), aus 1,15 g vorst. Verb. u. $POCl_3$ in Pyridin bei 0° u. mehrstd. Stehen bei Zimmertemp.; Nadeln; $[\alpha]_D$ —23° (c = 1); 0,9 g. — *A-Nor-Δ^2-5α-cholesten-3-carbonsäure* (**II**), $C_{27}H_{44}O_2$, F. 257—259°, a) aus 10 g vorst. Verb. u. 20%ig. methanol. KOH durch 6std. Kochen; $[\alpha]_D$ + 78° (c = 0,3); 7,8 g; *Methylester*, $C_{28}H_{46}O_2$, F. 112—113° (CH_3OH), Nadeln; $[\alpha]_D$ + 31,5° (c = 1,05); b) aus **V** u. p-Toluolsulfochlorid in Pyridin durch mehrstd. Stehen bei Zimmertemp., Rk. mit K in tert.-Butanol u. 2std. Kochen. — *3-Methoxycarbonyl-A-nor-Δ^3-cholesten*, $C_{28}H_{46}O_2$, F. 84—84,5° (Methanol), durch 5std. Hydrierung von **II**-Methylester an Pd-Kohle in CH_3OH/Ae. oder Essigester bei Raumtemp.; $[\alpha]_D$ + 66 (c = 1,79). — *A-Nor-5β-cholestan-3-on*, F. 79—80° (korr.) (Methanol), durch Säureazidabbau von **II**; $[\alpha]_D$ + 131° (c = 1,1); Nadeln; *2.4-Dinitrophenylhydrazon*, $C_{32}H_{48}N_4O_4$, F. 162—164° (Essigester/A.). — *2.4-Seco-5α-cholestan-2.4-disäure*, $C_{26}H_{44}O_4$, F. 221 bis 223° (Chlf.), durch Ozonolyse von **II** in Essigester/ Eisessig bei — 15° und Rk. mit 30%ig. H_2O_2 und Stehen über Nacht bei Raumtemp.; *Dimethylester*, $C_{28}H_{48}O_4$, $Kp._{0,001}$ 145—150°, $[\alpha]_D$ + 9° (c = 1). — *3β-Methoxycarbonyl-2.2-äthylendimercapto-A-nor-5α-cholestan*, $C_{30}H_{50}O_2S_2$, F. 121—122° (CH_3OH), aus **I** u. Äthandithiol in Ggw. von $ZnCl_2$ u. Na_2SO_4, durch Stehen über Nacht u. Al_2O_3-Chromatographie; Nadeln. — *A-Nor-5α-cholestan-3β-carbonsäuremethylester*, $C_{28}H_{48}O_2$, F. 78,5—79°

(CH_3OH), aus vorst. Verb. u. Raney-Ni in Dioxan/CH_3OH durch 4std. Kochen; Blättchen; $[\alpha]_D$ 0° (c = 1,76); gibt bei der alkal. Hydrolyse *A-Nor-5α-cholestan-3β-carbonsäure* [$C_{27}H_{46}O_2$, F. 170° (Pentan)]. — *2-Isopropoxymethylen-5α-cholestan-3-on*, $C_{31}H_{52}O_2$, F. 162—164° (Cyclohexan/Isopropanol), aus 2-Hydroxymethylen-5α-cholestan-3-on [F. 180—182°; $[\alpha]_D$ + 50° (c = 1)] u. Isopropyljodid in Butanon-(2) in Ggw. von K_2CO_3 durch 18std. Kochen. — *2-Formyl-Δ²-5α-cholesten*, F. 130 bis 132° (CH_3OH), aus 1 g vorst. Verb. u. $NaBH_4$ in Ae./CH_3OH durch 3std. Rk. bei Zimmertemp.; Nadeln; $[\alpha]_D$ +57° (c = 1); 0,35 g. — *2-Hydroxymethyl-Δ²-5α-cholesten*, $C_{28}H_{48}O$, F. 140—142°, aus vorst. Verb. u. $NaBH_4$ in Ae./CH_3OH durch 4std. Rk.; Nadeln; $[\alpha]_D$ + 63° (c = 0,5). *Acetat* (**III**), $C_{30}H_{50}O_2$, F. 82—83° (CH_3OH). — *2α-Methyl-5α-cholestan-3-on*, F. 120—122,5°, a) aus 2-Hydroxymethylen-5α-cholestan-3-on u. CH_3J in Aceton in Ggw. von K_2CO_3; b) durch Methylierung von 5α-Cholestan-3-on mit CH_3J über das *Enamin*. — *2α-Methyl-5α-cholestan-3β-ol*, F. 136—137°, aus vorst. Verb. u. $LiAlH_4$ in Ae. — *2-Methyl-Δ²-5α-cholesten* (**VI**), $C_{28}H_{48}$, F. 100—101° (Ae./CH_3OH), aus vorst. Verb. u. p-Toluolsulfochlorid in Pyridin bei Zimmertemp. u. 2std. Kochen des *p-Toluolsulfonates* (F. 152—153°) mit 2.4.6-Trimethylpyridin unter N_2; Nadeln; $[\alpha]_D$ + 68° (c = 1). — *2-Methyl-2.3-dioxo-2.3-seco-5α-cholestan-bis-2.4-dinitrophenylhydrazon*, $C_{40}H_{56}N_8O_8$, F. 203 bis 204° (Zers., Essigester/A.), aus **VI** beim Ozonisieren in CH_2Cl_2 bei — 15°, Red. mit Zn/Eisessig u. Rk. mit 2.4-Dinitrophenylhydrazin. — *1-Acetyl-A-nor-Δ¹-5α-cholesten(?)*, $C_{28}H_{46}O$, F. 127—130°, aus vorst. freiem Ketonaldehyd durch Chromatographie an Al_2O_3 mit Bzl./CH_2Cl_2; *2.4-Dinitrophenylhydrazon*, $C_{34}H_{50}N_4O_4$, F. 198—200° (Zers., Essigester/A.). — Epimeres von *2-Acetoxy-2ξ.3ξ-dihydroxy-5α-cholestan*, $C_{29}H_{50}O_4$, F. 130—133°; a) durch Ozonolyse aus **III** in Essigester bei Raumtemp.; b) aus **III** mit OsO_4 in Dioxan bei Raumtemp., daneben *epimereverb. vom F. 166°* (Methanol). — *Δ¹-5α-Cholesten-3-on*, F. 99—100°, aus 2-Brom-5α-cholestan-3-on u. LiCl/Li_2CO_3 in Dimethylformamid; $[\alpha]_D$ +57°. — *1.3-Seco-5α-cholestan-1.3-disäure*, $C_{26}H_{44}O_4$, F. 227—230° (Ae./Hexan), aus vorst. Verb. durch 1std. Ozonisieren in Methylenchlorid/Essigester/Eisessig bei Zimmertemp., Zugabe von 30%ig. H_2O_2, Stehenlassen über Nacht, Isolierung des sauren Prod., Sättigen mit HCl in CH_3OH bei 0° u. Verseifung des *Monomethylesters* (**IV**) mit 20%ig. wss.-alkohol. KOH. *Dimethylester*, $C_{28}H_{48}O_4$, F. 57—58° (CH_3OH), aus **IV** u. äther. CH_2N_2; $[\alpha]_D$ + 29° (c = 10,7). — *1.3-Seco-5α-cholestan-1-säuremethylester-3-säure*, $C_{27}H_{46}O_4$, aus vorst. Dimethylester u. methanol. NaOH durch 3std. Kochen. *S-Benzylisothiouroniumsalz*, $C_{35}H_{56}N_2O_4S$, F. 140—141° (Nitromethan). — *1.2-Seco-5α-cholestan-1.2-disäuredimethylester*, $C_{29}H_{50}O_4$, F. 60° (CH_3OH), aus **IV** u. $SOCl_2$ in Pyridin durch ½std. Rk. bei Zimmertemp., 10 Min. lange Rk. bei 40°, Rk. mit CH_2N_2 in Bzl./Ae. zum *Diazoketon*, 1std. Kochen mit Ag-Benzoat in CH_3OH in Ggw. von Triäthylamin u. Al_2O_3-Chromatographie; $[\alpha]_D$ 0° (c = 0,4). — *2α-Methoxycarbonyl-A-nor-5α-cholestan-1-on*, $C_{28}H_{46}O_3$, F. 121,5—122,5° (CH_3OH), aus vorst. Verb. u. K-tert.-Butylat in Bzl. durch 12std. Kochen; $[\alpha]_D$ —4° (c = 0,4). — *A-Nor-5α-cholestan-1-on*, $C_{26}H_{44}O$, F. 84—85° (CH_3OH), aus vorst. Verb. u. Eisessig/HCl durch 1std. Kochen u. Al_2O_3-Chromatographie; Nadeln; $[\alpha]_D$ + 16° (c = 0,81). *2.4-Dinitrophenylhydrazon*, $C_{32}H_{48}N_4O_4$, F. 130—131° (A.). — *A-Nor-5α-cholestan*, $C_{26}H_{46}$, F. 85,5—86° (Ae./CH_3OH), aus vorst. Verb. u. 85%ig. Hydrazinhydrat in Äthylenglykol durch 1std. Kochen, Zugabe von KOH, 3std. Kochen, Extrahieren mit Pentan und Chromatographieren an Al_2O_3; $[\alpha]_D$ + 20,6° (c = 2,62).

Walter Simon. 3700

Steroide und Waldensche Umkehrung. 42. Mitt. **5α-Cholestan-4-on und einige seiner Derivate.** C. W. Shoppee, M. E. H. Howden, R. W. Killick und G. H. R. Summers. (J. chem. Soc. [London] **1959**, 630—36, Febr.; Swansea, Univ. Coll., Dep. of Organ. Chem., Univ. Sydney; engl.) — 41. vgl. C. **1963**, 7362; 43. vgl. C. **1961**, 5450. — Die Oxydation von Δ⁴-Cholesten mit Benzopersäure führt zum *4α.5α-Epoxycholestan* [**I**; F. 100—101° (A.); $[\alpha]_D$ + 80° (c = 1,1; Chlf.)]. Das *4β.5β-Epoxycholestan* (**II**) kann bequem durch Behandlung von 5α-Cholestan-4β.5α-dioldiacetat mit heißer alkohol. KOH gewonnen werden. Beide Epoxyde erleiden mit elektrophilen Reagentien, wie BF_3 oder $FeCl_3$, eine Pinakolinumlagerung zum entsprechechenden Keton. *5α-* (**III**) bzw. *5β-Cholestan-4-on* (**IV**) sind durch Behandlung mit Säuren, Alkalien oder Al_2O_3 leicht zu isomerisieren. Die Monobromierung der Epimeren **III** u. **IV** führt zum gleichen *5-Brom-5α-cholestan-4-on* (**VI**), das in Ggw. von 50%ig. HBr zum *3α-Brom-5α-cholestan-4-on* (**VII**) isomerisiert werden kann. **VII** wird auch aus 5-Hydroxy-5α-cholestan-4-on (**VIII**; F. 159°) mit HBr gewonnen. Das *5-Chlor-5α-cholestan-4-on* (**IX**) läßt sich nicht zum 3α-Isomeren umlagern. Red. von **VI** mit $NaBH_4$ führt hauptsächlich zu nicht kristallinem *5α-Brom-*

cholestan-4α-ol. Red. von **IX** ergibt **III** u. *5α-Cholestan-4β-ol.* Dibromierung von **III** ergibt *3α.5α-Dibrom-5α-cholestan-4-on.* Die IR- u. UV-Absorptionsspektren der Verbb. wurden aufgenommen. Die Rk.-Mechanismen werden diskutiert.

Versuche: *5α-Cholestan-5-ol,* $C_{27}H_{48}O$, F. 106—108° (W.–Aceton), durch 3std. Red. von **I** mit $LiAlH_4$ in sd. Dioxan; $[\alpha]_D$ + 12° (c = 1,8; Chlf.); 68% (Ausbeute). — *3β-Bromcholestan-5α-ol,* $C_{27}H_{47}BrO$, F. 108°; durch 2std. Rk. von 246 mg **I** in Eisessig/wenig Ae. mit 2% HBr in Essigsäure bei 20° u. Gießen in $NaHCO_3$-Lsg.; 270 mg; zersetzt sich bei Kristallisation aus A. oder Aceton. — *4β.5β-Epoxycholestan* (**II**), $C_{27}H_{46}O$, F. 60—62° (Ae.–Methanol), durch 2½std. Kochen von 5α-Cholestan-4β.5α-dioldiacetat (F. 157—158°) in alkohol. KOH; $[\alpha]_D$ + 3,5° (c = 1,45). — *5β-Cholestan-5-ol,* F. 82—84° (Methanol), durch ½std. Kochen von 200 mg **II** mit $LiAlH_4$ in Ae.; $[\alpha]_D$ + 35° (c = 0,9; Chlf.); 180 mg (Ausbeute). — *5-Brom-5α-cholestan-4β-ol* (**V**), $C_{27}H_{47}BrO$, F. 104—106° (Aceton), durch 2std. Rk. von **II** in Essigsäure/wenig Ae. mit 2% HBr bei 20°; $[\alpha]_D$ + 40° (c = 0,8; Chlf.). — *5β-Cholestan-4-on* (**IV**), F. 109° (Aceton), durch kurze Behandlung von 300 mg **I** (getrocknet durch azeotrope Dest. mit Bzl. bei 10 mm) in Bzl. mit BF_3-Ätherat bei 20° u. Zugabe von kalter $NaHCO_3$-Lsg.; $[\alpha]_D$ + 40° (c = 1,0; Chlf.); 150 mg. — *5α-Cholestan-4-on* (**III**), F. 96—98° (Aceton); a) durch kurze Behandlung von 100 mg **I** in Bzl. mit BF_3-Ätherat; 60 mg; b) durch ½std. Kochen von 3 g **IV** mit $NaOCH_3$ in Methanol u. Einengen im Vakuum; 1,3 g. — *5-Brom-5α-cholestan-4-on* (**VI**), $C_{27}H_{45}BrO$, F. 143—145°, 144—147° (A.), a) durch ½std. Rk. von 250 mg **III** in Essigsäure mit Br_2 u. wenig HBr in Eisessig bei 20°; $[\alpha]_D$ + 66° (c = 1,6; Chlf.); 100 mg (Ausbeute); daneben eine *polymorphe Form* von **VI** [F. 125—128° (A.), $[\alpha]_D$ + 60° (c = 1,1; Chlf.); auch durch 3std. Oxydation von **V** mit 2% CrO_3 in Eisessig bei 20°]; b) durch tropfenweises Versetzen einer Lsg. von 5-Brom-5β-cholestan-4-on in Essigsäure mit einer Lsg. von Br_2; 520 mg geben durch Red. mit $NaBH_4$ in 98%ig. Methanol bei 20° 132 mg **III**. — *3α-Brom-5α-cholestan-4-on* (**VII**), $C_{27}H_{45}BrO$, F. 117—119° (Aceton); a) durch 40std. Behandeln von **VI** mit 50%ig. HBr in Eisessig bei 20°, Addition von W. u. Ausschütteln mit Ae.; $[\alpha]_D$ — 78° (c = 0,8; Chlf.); b) durch 2std. Einleiten von trockenem HBr in eine Lsg. von 500 mg **VIII** in Chlf. bei 20°; 95 mg. — *3α.5α-Dibrom-5α-cholestan-4-on,* $C_{27}H_{44}Br_2O$, F. 154 bis 155° (Zers.; Aceton); durch 2std. Behandlung von 300 mg **III** in Eisessig mit Br_2 in Ggw. von wenig HBr bei 20° u. Zugabe von wenig W.; 124 mg. — *5-Chlor-5α-cholestan-4-on* (**IX**), $C_{27}H_{45}ClO$, F. 136—138° (Aceton), durch 1std. Einleiten von HCl in eine Lsg. von 990 mg **VIII** in Chlf.; $[\alpha]_D$ + 105° (c = 1,3; Chlf.); 711 mg; 800 mg geben durch Red. mit $NaBH_4$ nach Chromatographie an Al_2O_3, 93 mg **IX**, 518 mg **III** u. 195 mg *5α-Cholestan-4β-ol* (F. 132°).

Hans-Dieter Jacobi. 3700△

Untersuchungen über Steroide. 15. Mitt. Synthese von 4.4-Dimethylcholecalciferol und seine Umwandlung in das 10-Isosteroid. Eiji Ohki. (Chem. pharmac. Bull. [Tokyo] **8**, 46—50, Jan. 1960; Tokyo, Univ., Inst. Appl. Microbiol.; engl.) — 14. vgl. Chem. pharmac. Bull. [Tokyo] **7**, [1959], 522. — *4.4-Dimethylcholecalciferol* (**I**) wird durch UV-Bestrahlung von 4.4-Dimethyl-7-dehydrocholesterin (**II**) dargestellt. Durch Pyrolyse geht **I** in *4.4-Dimethyl-$\Delta^{5.7}$-10-isocholestadien-3β-ol* über. Für die beschriebenen Verbb. sind die UV-Maxima angegeben.

Versuche ($[\alpha]_D$ in Chlf.): *9.10-Seco-4.4-dimethyl-$\Delta^{5.7.10,19}$-cholestatrien-3β-ol* (*4.4-Dimethylcholecalciferol*; **I**), $C_{29}H_{48}O$, F. 71—73° (CH_3OH; Prismen), durch 4std. UV-Bestrahlung von 7,5 g **II** (vgl. Gautschi u. Bloch, C. **1960**, 9224) in Ae./Bzl. (10:1), Überführung in das *2.4-Dinitrobenzoylderiv.* (**III**) [$C_{36}H_{50}N_2O_6$, F. 144—146° (Ae./Aceton; gelbe Nadeln), $[\alpha]_D^{10}$ + 115,5° (c = 2,2); 2,1 g (Ausbeute); daneben ein isomeres *2.4-Dinitrobenzoylderiv.* (**IV**), $C_{36}H_{50}N_2O_6$, F. 122 bis 126° (Prismen); $[\alpha]_D^{15}$ + 90,9° (c = 2,9)] u. dessen Hydrolyse durch ½std. Rühren mit wss.-methanol. NaOH bei Raum-Temp.; $[\alpha]_D^{10}$ + 23,7° (c = 1); 0,92 g. — **IV** liefert bei der Verseifung einen *Alkohol* $[\alpha]_D^{14}$ + 21,1° (c = 3,7). 0,5 g **IV** gehen bei 20std. Kochen in Bzl. im N_2-Strom in **III** über; 0,22 g. — *4.4-Dimethyl-$\Delta^{5.7}$-10-isocholestadien-3β-ol* (**VI**), $C_{29}H_{48}O$, F. 72—74° (CH_3OH); Prismen, durch 7st. Erhitzen von 1,89 g **I** im geschlossenen Rohr unter N_2 auf 195—200°, Umsetzung des Rk.-Prod. mit Pyridin–Acetanhydrid bei Raum-Temp., Aufbewahren des in A. gelösten Nd. zur Kristallisation, Abfiltrieren des ausgeschiedenen *Acetats* [**V**; $C_{31}H_{50}O_2$, F. 71—73° (A.; Plättchen); $[\alpha]_D^{16}$ + 543,7° (c = 1,7); 1,197 g], u. Verseifung mit 5%ig. äthanol. KOH; $[\alpha]_D^{10}$ + 533,3° (c = 0,6). — *4.4-Dimethyl-$\Delta^{5.7.9,11}$-cholestatrien-3β-ol,* $C_{29}H_{46}O \cdot {}^1/_4 H_2O$, F. 128—130° ($CH_3OH$), durch 24std. Rühren von 0,4 g **II**-Acetat [F. 142—145°; $[\alpha]_D^{15}$ — 100,7° (c = 3,7)] mit Hg-

Acetat in Chlf. u. Essigsäure bei Raum-Temp., Isolierung des *Acetates* [$C_{31}H_{48}O_2$, F. 159—160° (Aceton); $[\alpha]_D^{10}$ —72,5° (c = 3,1); 0,12 g] u. dessen Verseifung mit 5%ig. methanol. KOH; $[\alpha]_D^{10}$ —156,5° (c = 1,7). — *3β-Acetoxy-4.4-dimethyl-$\Delta^{5.7.9,11}$-10-isocholestatrien*, $C_{31}H_{48}O_2$, F. 131—133° (CH_3OH; Prismen), durch 7tägiges Rühren von 0,2 g **V** mit Hg-Acetat in Chlf. u. Essigsäure bei Raum-Temp.; $[\alpha]_D^{7}$ —42,6° (c = 1,3); 0,088 g. Der durch Verseifung mit 5%ig. KOH in A. erhältliche *Alkohol* krist. nicht. — *4.4-Dimethyl-$\Delta^{5.7}$-10-isocholestadien-3-on*, $C_{29}H_{46}O$, F. 89—91° (CH_3OH; Prismen), a) durch Lösen von 0,242 g **VI** in 40 ml Toluol u. 6 ml Cyclohexanon, Abdest. von 10 ml, Zugabe von 0,3 g Al-Isopropylat in Toluol, 4std. Kochen, Ae.-Extraktion des mit Wasserdampf nicht flüchtigen Anteils u. chromatograph. Reinigung des Ae.-Rückstands an Al_2O_3; $[\alpha]_D^{11}$ +493,2° (c = 0,6); 0,158 g; b) durch Einrühren von 0,25 g **VI** in Pyridin zu CrO_3 in Pyridin bei 0°, 24std. Aufbewahren bei Raum-Temp., Filtration der mit Ae. verd. Lsg., Zugabe von W., Ae.-Extraktion u. Einengen der neutral gewaschenen Ae.-Lsg.; 0,12 g. — *4.4-Dimethyl-$\Delta^{5.7}$-10-isocholestadien-3α-ol*, $C_{29}H_{48}O \cdot {}^1/_4H_2O$, F. 95—98° ($CH_3OH$; Prismen), a) durch 2std. Kochen vorst. Verb. mit $LiAlH_4$ in Ae.; $[\alpha]_D^{10}$ +606,0° (c = 0,8); b) durch Red. vorst. Verb. mit Na in sd. A. *Acetat*, $C_{31}H_{50}O_2$, F. 97—98° (CH_3OH/A.; Prismen). Walter Simon. 3700

Chemische Untersuchung von Melodinus monogynus Roxb. 2. Mitt. **Identifizierung von Monogynol A und Monogynol B.** S. K. Chatterjee, Nitya Anand und M. L. Dhar. (J. sci. ind. Res. [New Delhi], Sect. B **18,** 262—63, Juni 1959; Lucknow, Central Drug Res. Inst.; engl.) — 1. vgl. J. sci ind. Res. [New Delhi] Sect. B **13,** [1954], 546. — *Monogynol A* [**I**, $C_{30}H_{52}O_2$, F. 232°; $[\alpha]_D^{18}$ + 24° (Chlf.)] ist *Lupan-3.20-diol*. **I** liefert bei der Sublimation im Hochvakuum (160—166°/10^{-4} Torr) *Lupeol* (**II**), durch Acetylierung **II**-*Acetat*. *Monogynol B* ($C_{30}H_{50}O$) wurde an Hand von IR-Spektrum, F. u. Misch-F. als **II** identifiziert. K. Zieloff. 3700△

Die Struktur von Serratamolid. Harry H. Wasserman, Janis J. Keggi und James E. McKeon. (J. Amer. chem. Soc. **84,** 2978—82, 5/8. 1962; New Haven, Conn., Yale Univ., Sterling Chem. Labor.; engl.) — *Serratamolid* (**I**) wurde neben Prodigiosin aus Kulturen von Serratia marcescens (S. m.) Stamm HY-3 sowie den Mutanten SM 9-3-3 u. P-1 isoliert u. als *cycl. Peptid aus 2 Moll. O-L-Seryl-D-3-hydroxydecansäure* erkannt. Für diese Struktur sprechen neben der Analyse, der Molgewichts-Best., der Kuhn—Roth-Best., dem IR- u. dem UV-Spektrum folgende Rkk.: Milde Hydrolyse mit 1 n NaOH gibt *Serratamsäure* (**II**; vgl. Cartwright, C. **1948,** 7090); drast. Hydrolyse mit konz. HCl führt zu *L-Serin* (**III**) u. *D-3-Hydroxydecansäure* (**IV**). Die Spaltung des durch Rk. des Di-O-Mesyl-Deriv. von **I** mit LiBr dargestellten *Dibromanalogons* (**V**) u. die Hydrierung des erhaltenen Prod. mit konz. HCl liefert neben **IV**-Methylester nur *L-Alanin* (**VI**). Verss., vom *Ditosylat* von **I** über das *Dijodanalogon* zu **V** zu gelangen, waren wegen der geringen Stabilität der Dijod-Verb. erfolglos. Die Hydrolyse des *Diacetyl-Deriv.* von **I** mit Alkalien gibt nur **II**. Dagegen läßt sich das *Di-O-tetrahydropyranyl-Deriv.* (**VII**) von **I** mit Basen überhaupt nicht hydrolysieren; in Ggw. von Säure kondensiert **VII** sich wieder zu **I**. **I** wirkt gegen einige Mikroorganismen antibiotisch.

Versuche: *O-[N-(O-L-Seryl-D-3-hydroxydecanoyl)-L-seryl]-D-3-hydroxydecansäure-μ-lactam* (**I**; *Serratamolid*), $C_{26}H_{46}N_2O_8$, F. 159—160°, a) durch 72std. Schütteln einer fl. Kultur von S. m. 9-3-3 in einem 1% Glycerin u. 0,5% Pepton enthaltenden Medium, Extraktion mit CH_2Cl_2, Waschen mit 1 n HCl, 1 n NaOH u. W., Eindampfen im Vakuum, Extraktion mit sd. A., Filtrieren der heißen Lsg. mit Norite, Kühlen, Filtrieren, Einengen, Filtrieren u. 2tägiges Stehen bei —5°; Nadeln aus abs. A.; $[\alpha]_D^{25}$ +4,82° (c = 2,5; A.), +7,85 (c = 2,3; Chlf.); b) durch 24—36std. Schütteln einer auf 2%ig. Agar-Medium gewachsenen Kultur von S. m. P-1, 9-3-3 oder HY-3- in einem 0,5% Pepton u. 1% Glycerin enthaltenden Medium, 3tägiges Wachstum bei Raumtemp., Extraktion der Bakterien mit Aceton, Einengen, Verdünnen mit W., Extraktion mit Ae., Eindampfen u. Waschen mit warmem Hexan; c) durch $^1/_2$std. Erhitzen von **VII** mit A./1 n HCl auf dem Wasserbad, Verdünnen mit W. u. Stehen über Nacht im Kühlschrank; 94%. *Diacetat*, $C_{30}H_{50}N_2O_{10}$, F. 222,5—223° (Zers.); aus abs. A. Nadeln; 77%. *Bis-tritylather*, $C_{64}H_{74}N_2O_8$, F. 186—187,5° (A.), durch 3tägiges Stehen von **I** u. Tritylchlorid in abs. Pyridin bei Raumtemp., Gießen in kaltes W., Extraktion mit Ae., Waschen mit W. u. gesätt. NaCl-Lsg., Trocknen, Eindampfen mit Florisil u. Chromatographie an Florisil; 80% (Ausbeute). *Bis-tetrahydropyranyläther* (**VII**), $C_{36}H_{62}N_2O_{10}$, F. 146 bis 148°, durch Zugabe von konz. HCl zu **I** in Dihydropyran, Einengen im Vakuum, Lösen in Methylcyclohexan u. Chromatographie an Al_2O_3; Nadeln aus Aceton/W.;

23%. *Ditosylat*, $C_{40}H_{58}N_2O_{12}S_2$, F. ca. 150° (Zers.; Aceton/Hexan), durch 3tägiges Stehen von **I** u. Toluolsulfonylchlorid in Pyridin bei 0°, Zutropfen von W. u. Gießen in Eis/W.; 83%. *Dimesylat*, F. 125,5—127° (Zers.), durch Zutropfen von Methansulfonylchlorid zu **I** in abs. Pyridin unter Kühlung, 3std. Rk. bei 0°, Zutropfen in W. u. Gießen in Eis/W.; 87,5%. — *Serratamsäure* (**II**), F. 137—138° (W.), a) durch Lösen von **I** in 1 n NaOH in Ggw. von etwas Aceton, Kühlen u. Ansäuern mit kalter, verd. HCl; 88%; b) durch 1/2std. Erhitzen von **I**-Diacetat mit 1 n NaOH u. A. auf dem Dampfbad, Kühlen, Ansäuern mit verd. HCl u. Ausäthern. — *D-3-Hydroxydecansäure* (**IV**), *Äthylester*, a) durch 2std. Erhitzen von **I** u. konz. HCl auf dem Dampfbad, Verdünnen mit W., Extraktion mit Ae., Waschen mit W., Eindampfen im N_2-Strom auf dem Dampfbad, Zugabe von 2 n NaOH, 1/2std. Erhitzen auf dem Dampfbad, Kühlen, Ansäuern mit verd. HCl, Extraktion mit Ae., Waschen, Rk. mit Diazoäthan in Ae., Eindampfen im N_2-Strom u. Gaschromatographie; b) aus Octanal u. Bromessigsäureäthylester/Zn. *Methylester*, durch Hydrieren von **V** in CH_3OH in Ggw. von 1 n NaOH u. Pd, Filtrieren, Eindampfen mit HCl im N_2-Strom, 2std. Erhitzen mit konz. HCl auf dem Dampfbad, Ausäthern, Eindampfen, 1/2std. Erwärmen mit 2 n NaOH auf dem Wasserbad, Kühlen, Ansäuern mit verd. HCl, Extraktion mit Ae., Waschen mit W. u. gesätt. NaCl-Lsg., Rk. mit überschüssigem äther. CH_2N_2, Einengen im N_2-Strom auf dem Wasserbad u. Gaschromatographie. — *L-Serin* (**III**), a) durch 1 1/2std. Erhitzen von **I** mit konz. HCl auf dem Dampfbad, Verdünnen, Puffern u. Austauscher-Chromatographie; 91% (Identifizierung auch durch Papierchromatographie). — *Dibromdidesoxyserratamolid* (**V**; „*Bromserratamolid*"), $C_{26}H_{44}Br_2N_2O_6$, Zers. bei 170—193°, durch 3std. Kochen von **I**-Dimesylat mit überschüssigem LiBr in abs. Methyläthylketon, Einengen im Vakuum auf dem Dampfbad u. Zugabe von kaltem W.; Nadeln aus Methyläthylketon; 93%. — *L-Alanin* (**VI**), durch Hydrieren von **V** in A. in Ggw. von 1 n KOH u. Pd, Filtrieren, Eindampfen mit wenig konz. HCl auf dem Wasserbad, 1 1/2std. Erhitzen mit konz. HCl auf dem Wasserbad, Verdünnen mit dest. W., Puffern u. Gaschromatographie; 67,2%; daneben 2,6% **III**.
P. Schwerdtfeger. 3900◇

Partialsynthese von gemischten Acyl-L-α-lecithinen. G. H. de Haas und L. L. M. van Deenen. (Tetrahedron Letters [London] **1960,** Nr. 22, 7—11, Okt.; Utrecht, State Univ., Labor. of Organ. Chem.; engl.) — Durch Entacylierung von Eierlecithin mit $LiAlH_4$ wird *L-α-Glycerylphosphorylcholin* erhalten, das in opt. reines *L-α-Dioleoyllecithin* [**I**, $[\alpha]_D^{20}$ 6,0° (c = 9,0; Chlf.)] übergeführt werden kann. Wenn die Entacylierung mit $HgCl_2$ vorgenommen wird, wird nur ein opt. uneinheitliches Prod. erhalten. Durch *Lecithinase A*, die nur die L-Form u. nicht die D-Form angreift, kann die in α-Stellung sitzende Säure abgespalten werden, so daß man über das entspr. *Lysolecithin* in beiden Fällen zu opt. einheitlichen *L-α-Lecithinen* mit verschiedenen Fettsäurekomponenten kommen kann. Durch Einw. von *Schlangengiftlecithinase A* auf **I** entsteht *γ-Oleoyl-L-α-lysolecithin* [**II**, F. 240°; $[\alpha]_D^{20}$ —3,2° (c = 12,0; Chlf./A.; 5:1); 90—95% (Ausbeute). *$CdCl_2$-Addukt* $(C_{26}H_{54}\cdot NO_8P)_2$ $(CdCl_2)_3$,]. Durch Acylierung von **II** in freier Form oder als $CdCl_2$-Addukt wird *γ-Oleoyl-β-stearoyl-L-α-lecithin* [**III**, F. 233—235°; $[\alpha]_D^{20}$ +6,0° (c = 10,0; Chlf.); 43%] erhalten. **II** läßt sich durch Hydrierung an Adams-Pt in abs. A. in *γ-Stearoyl-L-α-lysolecithin* [F. 235—237°; $[\alpha]_D^{20}$ —3,0° (c = 5,0; Chlf/Methanol; 1:1); 96%] überführen, dessen *$CdCl_2$-Addukt* $(C_{26}H_{56}NO_8P)_2(CdCl_2)_3$ mit Oleoylchlorid in die entspr. *Oleoyl-Verb.* [$C_{44}H_{88}NO_9P$; F. 237°; $[\alpha]_D^{20}$ + 6,2° (c = 10,0; Chlf.)] übergeht. Die synthetisierten Lecithine werden durch Chromatographie an Silicalgel gereinigt u. aus Chlf./Aceton umkristallisiert. Die Stellung der Fettsäuren wird durch Hydrolyse mit *Lecithinase A* bewiesen. G. Ziebarth. 3950△

Prototypen der Quebracho-Tannine. D. G. Roux. (Chem. and Ind. **1958,** 161—62, 8/2.; Grahamstown, South Africa, Rhodes Univ., Leather Ind. Res. Inst.; engl.) — Vf. erhielt in hohen Ausbeuten (2% des trockenen Holzes bzw. 10% des Extraktes) eine monomere Substanz catechinähnlicher Struktur aus dem Holz von *Schinopsis quebracho-colorado*, die er durch nachst. Rkk. sowie Unters. der physikal. Eigg. als *Leukofisetinidin* [**I**; $C_{15}H_{14}O_6$, F. 130° (Rötung)] identifizierte. **I** bildet ein nicht krist. *Pentaacetyl-Deriv.*, einen *Trimethyläther* (**II**; F. 135°, Methylierung mit Diazomethan), u. einen *Diacetyltrimethyläther* (F. 102—104°, durch Acetylierung von **II**). Die Alkalischmelze von **I** führt zu *β-Resorcylsäure* u. *Protocatechusäure*, beim Erhitzen mit 3 n HCl in Isopropanol unter Druck nach Pigman u. Mitarbeitern (Tappi, **36,** [1953], 4.) entsteht in 15—20%ig. Ausbeute *Fisetinidinchlorid*. Wie das Verh. vorst. Verbb., opt. Rotation, IR-Spektrum u. mol. Extinktions-Koeff. des Polyphenols zeigt, hat **I** ähnliche Eigg. wie das durch Hydrierung von Dihydrofisetin erhaltene 7.3'.4'-Trihydroxyflavandiol-(3.4), ist aber nicht ident. mit ihm. D. Jahnke. 3950△

Chemische Synthese von Nucleosiden. T. L. V. Ulbricht. (Angew. Chem. **74,** 767—72, 21/10. 1962; London, Twyford Labor.; dt.) — Übersicht über Synth. von *Ribonucleosiden* u. *Desoxynucleosiden*, Stereochem. der Nucleosidsynth. u. spezielle synthet. Methoden. — 47 Literaturangaben. P. Golinske. 3950◇

Nucleoside. 15. Mitt. Synthese von 1-β-D-Lyxofuranosylcytosin durch Schwefelung eines Anhydronucleosids. Naishun C. Yung und Jack J. Fox. (J. org. Chemistry **27,** 1477—79, 12/4. 1962; New York, N. Y., Cornell Univ., Med. Coll., Sloan Kettering Inst. for Cancer Res., Div. of Nucleoprotein Chem.; engl.) — 12. vgl. J. Amer. chem. Soc. **83,** [1961], 4066; 11. vgl. C. **1960,** 15068. — *2.2'-Anhydro-1-[3-O-mesyl-5-O-benzoyl-β-D-arabinosyl]-uracil* (**III**) läßt sich mit P_2S_5 in das entsprechende *4-Thiouracil* verwandeln. Dieses kann mit Säure durch Spaltung der 2.2'-Sauerstoffbrücke u. Abspalten der Mesylgruppe in *1-[5-O-Benzoyl-β-D-lyxofuranosyl]-4-thiouracil* (**I**) übergeführt werden. **I** gibt mit alkohol. NH_3 *1-β-D-Lyxofuranosylcytosin* (**II**) u. mit Alkali *1-β-D-Lyxofuranosyl-4-thiouracil.* Das UV-Spektrum von **II** ähnelt dem der 1-β-D-Aldopentosylcytosine. Mit HNO_2 kann **II** in das bekannte *1-β-D-Lyxofuranosyluracil* übergeführt werden. Die UV-Spektren der Verbb. sind angegeben.

Versuche: *2.2'-Anhydro-1-[3-O-mesyl-5-O-benzoyl-β-D-arabinosyl]-4-thiouracil,* $C_{17}H_{16}N_2O_7S_2$, F. 206—207°, aus 14 g **III** durch Zugeben zu einer sd. Lsg. von 0,1 Mol P_2S_5 in abs. Pyridin, 30 Min. Kochen, Einengen, Zugabe von 2 Liter W., Rühren u. Filtrieren; aus 50%igem A. gelbe Nadeln, $[\alpha]_D^{25}$ — 6° [c = 0,30; Dimethylformamid (DMF)]; 12,5 g (Ausbeute). — *1-(5-O-Benzoyl-β-D-lyxofuranosyl)-4-thiouracil* (**I**), $C_{16}H_{16}N_2O_6S$, F. 169—171°, aus 5 g vorst. Verb. durch 16std. Kochen mit Methansulfonsäure in 50%ig. A. u. Einengen; aus 25%ig. A. gelbe Nadeln, $[\alpha]_D^{25}$ + 127° (c = 0,30; DMF); 4,1 g. — *1-β-D-Lyxofuranosyl-4-thiouracil,* $C_9H_{12}N_2O_5S$, F. 198° (Zers.; A.), aus 1,5 g **I** durch 1std. Schütteln in wss.-äthanol. NaOH, Neutralisieren mit Essigsäure, Eindampfen, Lösen in W., Behandeln mit Dowex-50 (H^+-Form), Extrahieren mit Chlf. u. Eindampfen; $[\alpha]_D^{22°}$ + 71° (c = 0,16; DMF). — *1-β-D-Lyxofuranosylcytosin* (**II**), *Pikrat,* $C_{15}H_{16}N_6O_{12}$, F. 208—209° (85%ig. A.), aus 1,4 g **I** durch 12std. Erhitzen in alkohol. NH_3 im Rohr auf 100°, Kühlen, Eindampfen, Verteilen zwischen W. u. Chlf., Eindampfen der wss. Phase, Lösen in wss. A. u. Zugabe einer gesätt. alkohol. Pikrinsäurelsg.; 1,34 g. *Hydrochlorid,* $C_9H_{13}N_3O_5 \cdot HCl$, F. 174—192° (Zers.; A.), aus dem Pikrat durch Behandeln mit Dowex-1 (Cl^--Form) u. Eindampfen des Filtrats; $[\alpha]_D^{22°}$ + 11° (c = 2,0; W.). — *1-β-D-Lyxofuranosyluracil,* F. 202,5—203,5°, aus 0,28 g vorst. Hydrochlorids durch 12std. Stehen mit einem Überschuß verd. HCl u. $NaNO_2$ bei 40°, Filtrieren über Dowex-50 (H^+-Form), Eluieren mit W., Einengen u. mehrfaches Behandeln mit A.; 0,12 g. — *1-[5-O-Benzoyl-2.3.O-isopropyliden-β-D-lyxofuranosyl]-4-thiouracil,* $C_{19}H_{20}N_2O_6S$, F. 199—201°, aus 0,1 g **I** durch ½std. Stehen in Aceton in Ggw. von p-Toluolsulfonsäure bei Zimmer-Temp. u. Einengen; aus abs. A. gelbe Rosetten; 80 mg. G. Seltmann. 3950□

D. Makromolekulare Chemie

Zustandsgleichung für monomolekulare Schichten aus linearen Hochpolymeren. J. Llopis und J. A. Subirana. (J. Polymer Sci. **60,** 113—20, 1962; Madrid, Inst. de Química Física Rocasolano; engl.) — Eine Zustandsgleichung für monomol. Schichten aus linearen Hochpolymeren wird angegeben. Es wird gezeigt, daß, entsprechend dem Grenzflächenkonz.-Bereich der monomol. Schicht, verschiedene theoret. Ansätze in Betracht kommen. Für hohe Verdünnung wird eine Theorie vorgeschlagen, die der Theorie polymerer Lsgg. ähnlich ist. Eine ideale Temp., T = Θ, wird definiert, bei der der zweite Virial-Koeff. verschwindet. Das Verh. der monomol. Schichten bei höheren Konzz. kann auf Grund energet. Wechselwrkg. erklärt werden. Unter diesen Bedingungen wird die Konfigurationsentropie der Ketten vernachlässigbar. Die Schwierigkeiten, die sich bei der Aufstellung einer Theorie für niedrigere Temp. als Θ ergeben, werden diskutiert. H. Czech. 4000◇

Strukturelle Umwandlungen in orientierten kristallinen und amorphen Polymeren im Gebiet der Erweichungstemperaturen. W. I. Sselichowa, G. Ss. Markowa und W. A. Kargin. (Hochmolekulare Verbind. [UdSSR] **1,** 1236—41,

Aug. 1959; Physik.-chem. Karpow-Inst.; russ., Auszug: engl.) — Es wurden die Röntgenogramme von hochorientierten amorphen Polymeren (*Polyacrylonitril, Cellulosepropionatmethacrylat*) bei Temp. von 20° bis weit über die Erweichungstemp. u. von synthetischen orientierten Kautschuksorten bei 20° u. nach Abkühlen mit fl. N_2 aufgenommen. Die Verteilungskurven der Kettenbereiche wurden aus den Orientierungswinkeln berechnet. Bei den amorphen Polymeren finden im Bereich der Erweichungs-Tempp. keine Strukturumwandlungen statt. Der Vgl. von amorphen u. kristallinen Strukturen bei der Erweichungs-Temp. zeigt, daß nur Phasenumwandlungen spontan zu einem hohen Ordnungsgrad führen.
Helmut Schäfer. 4000△

Vergleichende Untersuchung hochorientierter kristalliner und amorpher Polymerer. W. I. Sselichowa, G. Ss. Markowa und W. A. Kargin. (Hochmolekulare Verbind. [UdSSR] **1,** 1214—26, Aug. 1959; Physik.-Chem. Karpow-Inst.; russ., Auszug: engl.). — Für die Röntgenstruktur-Unters. von krist. Polymeren unter- u. oberhalb des F. der Kristalle wurde eine neue Meth. ausgearbeitet. Die Röntgenogramme von hochorientierten γ-bestrahlten Polymeren (*Polyäthylen, Guttapercha, Copolymeres* aus *Tetrafluoräthylen* u. *Vinylidenfluorid*) wurden bei Temp. von 20° bis oberhalb des F. aufgenommen, ebenfalls die Röntgenogramme von *Polyäthylenterephthalat*-Fasern in verschiedenen Phasenzuständen. Für die Polymeren in krist. u. amorphem bzw. geschmolzenem Zustand wurden die Verteilungskurven der krist. Bereiche bzw. der Bereiche der Ketten aus den Orientierungswinkeln berechnet. Phasenumwandlungen bedingen eine Änderung des Ordnungsgrades im polymeren System. Eine hohe Ordnung stellt sich beim Phasenübergang (Krist.) spontan ein. Helmut Schäfer. 4000△

Über die Kristallisation von nativen und synthetischen Polymeren. Bengt G. Rånby. (Svensk kem. Tidskr. **69,** 61—83, 1957; Uppsala; schwed.)
H. Czech. 4000◇

Moderne Vorstellungen über die Gelbildung in Lösungen von Polymeren und über die Struktur der Gele. Ju. Ss. Lipatow und N. F. Proschljakowa. (Fortschr. Chem. [UdSSR] **30,** 517—31, April 1961; Physikal.-Chem. Karpow-Inst.; russ.) — Überblick über den Mechanismus u. die Thermodynamik der Gelbildung u. über die Beziehung zwischen der Struktur u. den mechan. Eigg. der Gele. — 71 Literaturangaben. G. Froelich. 4000◇

Über die Kinetik des mechanischen Abbaus von Polymeren. B. W. Pawlow. (Hochmolekulare Verbind. [UdSSR] **1,** 1227—35, Aug. 1959; Labor. für anisotrope Strukturen der Akad. der Wiss. der UdSSR; russ., Auszug: engl.) — Die Kinetik des mechan. Abbaus von Polymeren wurde vom Standpunkt der Disproportionierung der gebildeten Radikale untersucht. Es wurde eine Gleichung erhalten, die den Depolymerisationsgrad mit der Geschw. des Mol.-Abbaues verbindet. Die Gleichung wird auf den Abbau von Polymeren beim Durchleiten durch Kapillaren unter hoher Schub-Geschw. u. bei Einw. von Ultraschall angewendet. Mit Hilfe der Gleichung kann man von der zeitlichen Abhängigkeit des Abbaus zu einer qual. Beziehung zwischen Abbau-Geschw. u. Länge der Moll. gelangen.
Helmut Schäfer. 4000△

Stereospezifische Katalyse und isotaktische Polymere. Giulio Natta. (Chim. e Ind. [Milano] **38,** 751—65, 1956; ital.) — Ident. mit der C. **1957,** 1691 referierten Arbeit. H. Czech. 4000◇

Konformation, Ausmaße und Dipolmomente syndyotaktischer Makromoleküle. T. M. Birstein und O. B. Ptitzyn. (Hochmolekulare Verbind. [UdSSR] **2,** 628—29, April 1960; russ., Auszug: engl.) — Für syndyotakt. Makromoll. vom Typ $(\text{-CH}_2\text{-CHR-})_n$ wird eine Rotationsisomerentheorie der Dimensionen u. Dipolmomente entwickelt, die die Beziehung zwischen den Konformationen benachbarter monomerer Einheiten berücksichtigt. Eine Analyse der ster. Wechselwrkgg. ergibt, daß die „linke" Konformation der Monomereneinheit dieselbe Energie wie die trans-Konformation aufweist, daß aber die nachfolgende „linke" Konformation der benachbarten Monomereneinheiten verboten ist. Aus dieser Annahme ergeben sich die Größen u. die Dipolmomente der Makromoll. übereinstimmend mit den Versuchswerten. R. K. Müller. 4010□

Polymerisation von Olefinen mit komplexen Katalysatoren. 1. Mitt. **Über die Reaktion von Alkylaluminiumchloriden und Triäthylaluminium mit Titantetrachlorid.** A. G. Posamantir, A. A. Korotkow und I. Ss. Lischanski. (Hochmolekulare Verbind. [UdSSR] **1,** 1207—13, Aug. 1959; Ochtinsk, chem. Kombinat;

Inst. für hochmol. Verbb. der Akad. der Wiss. der UdSSR; russ., Auszug: engl.) — Es wurde die Kinetik der Red. von $TiCl_4$ zu $TiCl_3$ durch Äthylaluminiumdichlorid (I), Diäthylaluminiumchlorid (II) u. Triäthylaluminium (III) bei 20—80° u. verschiedenem Komponentenverhältnis ohne Lsgm. u. in Bzn. untersucht. Die Red. zu Ti^{3+} erfolgt nicht unter vollständigem Verbrauch der zur Verfügung stehenden Äthylgruppen gemäß: $AlX_2C_2H_5 + TiCl_4 \rightarrow AlX_2Cl + TiCl_3 + C_2H_5\cdot$, sondern es stellt sich ein Gleichgewicht ein. Die Rk.-Geschw. erhöht sich u. das Gleichgewicht verschiebt sich zugunsten von Ti^{3+} in der Reihenfolge **I** < **II** << **III** u. mit zunehmender Temperatur. Die Unterschiede verringern sich mit zunehmender Temp., u. bei 80° werden bei etwa gleicher Geschw. der Red. durch **I**, **II** u. **III** bei einem Verhältnis Äthyl: $TiCl_4$ = 2 fast 100% $TiCl_4$ zu $TiCl_3$, bezogen auf die Äthylgruppen, reduziert. Die Verhältnisse zeigen die Bldg. von Komplexen an, deren Zus. von Art u. Verhältnis der Komponenten u. der Temp. bestimmt wird.

Helmut Schäfer. 4010△

Metallorganische Komplexverbindungen — Katalysatoren der Polymerisation von Olefinen. A. W. Toptschijew, B. A. Krenzel und L. L. Stotzkaja. (Fortschr. Chem. [UdSSR] **30**, 462—92, April 1961; Inst. für Erdöl-Synthesen der Akad. der Wiss. der UdSSR; russ.) — Überblick über die Verw. metallorgan. Komplexverbb. — bes. des Ti u. Al — bei der Polymerisation von Olefinen sowie ihr Verhalten während der Polymerisation. — 80 Literaturangaben.

G. Froelich. 4010◇

Untersuchung von Radikalen, die bei der Belichtung von Polyäthylen mit schnellen Elektronen entstehen, mit Hilfe der paramagnetischen Elektronenresonanz. A. T. Koritzki, Ju. N. Molin, W. N. Schamschew, N. Ja. Buben und W. W. Wojewodski. (Hochmolekulare Verbind. [UdSSR] **1**, 1182—93, Aug. 1959; Inst. für chem. Phys. der Akad. der Wiss. der UdSSR; russ., Auszug: engl.) — Es wurden Bldg., Umwandlung u. Kinetik der Anreicherung von freien Radikalen bei verschiedenen Temp. beim Bestrahlen von *Polyäthylen* (I) mit schnellen Elektronen untersucht. Es bilden sich Radikale vom Alkyl- u. Allyltyp, die unterschiedlich beständig sind u. nach verschiedenen Mechanismen rekombinieren. Die Beständigkeit der Alkylradikale erhöht sich mit dem Kristallinitätsgrad von **I**, was mit verminderten freien Mol.-Bewegungen in den krist. Proben erklärt wird. Die Rekombination der beim Bestrahlen gebildeten Radikale spielt bei der Vernetzung von **I** eine wesentliche Rolle. Helmut Schäfer. 4010△

Über die Kristallisation von Molekülen mit CH_2-Hauptkette durch Kondensation aus der Dampfphase. G. R. Lampe und K.-H. Hellwege. (J. Polymer Sci. **57**, 415—20, 1962; Darmstadt, Dt. Kunststoff-Inst.; engl.) — Im Hochvakuum werden dünne Schichten von *n-Paraffinen* u. von Abbauprodd. von *Polyäthylen* auf tief gekühlten Steinsalzplatten kondensiert. Die Schichten sind bei einer Kondens.-Temp. von —170° amorph. An Hand der Aufspaltung der IR-Absorptionsbande bei 725 cm^{-1} wird eine teilweise Kristallisation der Schicht mit steigender Temp. beobachtet. Dabei ist eine vollständige Auftrennung der beobachteten Absorptionsbande in ein Dublett für den kristallinen Anteil u. ein Singulett für den amorphen Anteil nicht möglich. Es existieren Zwischenzustände, deren Absorptionsspektrum weder das des vollständig amorphen noch das des vollständig kristallinen Materials ist. Der Anteil des Materials in diesen Zwischenzuständen beträgt bei der tiefsten Temp. etwa 30% u. geht bei Raumtemp. auf Null bei n-Paraffinen u. auf wenige % bei techn. Polyäthylenen. Nach derselben Meth. kann Epitaxie u. Texturorientierung bei höheren Temp. nachgewiesen werden. — Diskussionsbemerkungen.

H. Czech. 4010◇

Polymerisation von Äthylen am kombinierten Katalysator α-$TiCl_3$–AlR_3 in Gegenwart von verschiedenen Monomeren. 1. Mitt. Einfluß verschiedener Monomeren auf die Polymerisation von Äthylen. L. M. Lanowskaja, A. R. Gantmacher und Ss. Ss. Medwedew. (Hochmolekulare Verbind. [UdSSR] **2**, 1391 bis 1397, 1960; Physik.-Chem. Karpow-Inst.; russ., Auszug: engl.) — Die Polymerisation von *Äthylen* in Octan an α-$TiCl_3$ + Triisobutyl-Al wird bei 25° in Ggw. verschiedener Zusätze untersucht. Diese Zusätze setzen alle die Polymerisations-Geschw. (PG) herab, ohne aber eine Änderung des Molgew. des erhaltenen Polyäthylens zu bewirken. Bzgl. des hemmenden Einfl. auf die PG besteht die Reihenfolge: *Butadien, Isopren* > *Styrol* > *Isobutylen* > *α-Methylstyrol.* Die kleinste PG wird in Ggw. von Dien-KW-Stoffen festgestellt. R. K. Müller. 4010◇

Einige Untersuchungen auf dem Gebiet der Polymerisation von Äthylen in Gegenwart von komplexen metallorganischen Katalysatoren. Je. P. Tepenitzyna,

M. I. Farberow, A. M. Kutin und G. Ss. Lewskaja. (Hochmolekulare Verbind. [UdSSR] 1, 1148—58, Aug. 1959; Jaroslawl, Technol. Inst.; russ., Auszug: engl.) — Bei der Rk. der Komponenten des Ziegler-Katalysators steigt der Red.-Grad des $TiCl_4$ durch Triäthylaluminium (I) bei kurzzeitiger Rk.-Dauer u. bei 20° proportional dem Verhältnis I:$TiCl_4$ an u. läßt sich bis zu einem Verhältnis von 1 durch die Gleichung: I + $TiCl_4$ → Diäthylaluminiumchlorid (II) + $TiCl_3$ + C_2H_5 · beschreiben. Bei längerer Rk.-Dauer, höherer Temp. u. I-Konz. geht die Red. durch Rk. des $Ti^{3+}/^{4+}$ mit I oder II über Ti^{3+} hinaus. Viscosität u. Molgew. des am Ziegler-Katalysator erhaltenen *Polyäthylens* (III) steigen mit zunehmender Ti^{3+}-Konz. u. zunehmendem I:$TiCl_4$-Verhältnis an. Der F. von III erhöht sich zuerst mit zunehmendem I:$TiCl_4$-Verhältnis u. ändert sich oberhalb 1 nur wenig; umgekehrt sinkt die Ausbeute an III ab. Äthylen wurde in Isooctan polymerisiert. Die Best. der Aktivität der I-Lsgg. erfolgte durch Titrieren von I in Xylol mit Chinolin oder durch Permanganat-Oxydation des Ti^{3+}. — Die Darst. von I, II u. *Diäthylaluminiumhydrid* wird beschrieben. Helmut Schäfer. 4010△

Einfluß der Dichte von Polytrifluorchloräthylen auf die dielektrischen Verluste. G. P. Michailow, B. I. Ssashin und W. Ss. Pressnjakowa. (Kolloid-J. [UdSSR] **20,** 461—64, 1958; Leningrad, Polytechn. Kalinin-Inst.; russ., Auszug: engl.) — In den Kurven für die Abhängigkeit der dielektr. Verluste tgδ von 4 verschiedenen *Polytrifluoräthylen* (I)-Proben mit den ϱ (Dichte)-Werten 2,0886, 2,1200, 2,1465 u. 2,1645 g/cm³ von der Temp. bei 80 kHz tritt bei allen 4 Proben bei 78° ein Maximum auf. Mit steigendem ϱ nimmt tgδ der Hochfrequenzrelaxation ab, bes. stark im Gebiet des Maximums. Aus der Abhängigkeit des tg δ_m im Maximagebiet von ϱ u. vom Geh. an amorpher Phase geht hervor, daß tg δ_m mit steigendem ϱ ständig abnimmt. Die dielektr. Verluste der Hochfrequenzrelaxation sind annähernd proportional dem Geh. an amorpher Phase. Hieraus ist zu schließen, daß die Verluste der Hochfrequenzrelaxation von I durch Prozesse in der amorphen Phase bedingt sind. Der Grad der Kristallinität von I läßt sich danach durch Best. der dielektr. Verluste feststellen. O. Lebtag. 4010□

Elektronenmikroskopische Untersuchung des Mechanismus des Sinterns von Polytetrafluoräthylen (Fluoroplast-4). W. A. Kargin, A. A. Gorina und T. A. Koretzkaja. (Hochmolekulare Verbind. [UdSSR] 1, 1143—47, Aug. 1959; Forschungsinst. für Plastmassen; russ., Auszug: engl.) — Elektronenmkr. wurde das therm. Verhalten von pulverförmigen u. aus Suspensionen abgeschiedenen *Polytetrafluoräthylen* (I) Proben bei 370—450° untersucht. In diesem Temp.-Bereich schmelzen die Polymeren nicht u. die Teilchen fließen nicht zu einer einheitlichen Masse zusammen. Der Kontakt zwischen den Teilen erhöht sich ebenfalls nicht. Das Verhalten von I wird verständlich, wenn man für I eine Struktur aus makromol. Ketten annimmt, die zu Paketen aggregiert sind. Diese vereinigen sich zu sek. größeren Aggregaten. Helmut Schäfer. 4010△

Über die Beziehung zwischen Intrinsicviscosität und Molgewicht bei Copolymeren aus Vinylchlorid und Acrylonitril. Giovanni Prati. (Ann. Chimica **47,** 40—50, 1957; Milano; ital.) H. Czech. 4010◇

Die Stabilität von Polyvinylchlorid in Gegenwart von Nitriersäure. Zoltán Wolkóber. (J. Polymer Sci. **58,** 1311—23, 1962; Budapest, Res.-Inst. for the Plastic Ind.; engl.) — Bei Einw. von H_2SO_4 oder Chlorsulfonsäure wird *Polyvinylchlorid* (I) unter gleichzeitiger Bldg. von SO_2, HCl u. CO_2 in ein vernetztes, in organ. Lsgm. unlösl. u. als Ionenaustauscher verwendbares Prod. umgewandelt. Die Rk.-Geschw. hängt von der spezif. Oberfläche des I, der Temp. u. der Konz. der H_2SO_4 ab. Durch Erhitzen von I mit 100%ig. H_2SO_4, der bis zu 10% HNO_3 zugesetzt sind, auf 175° werden die thermoplast. Eigg. u. die Löslichkeit nicht beeinflußt, das Mol-Gew. wird herabgesetzt. Bei höheren Temp. wird I langsam oxydiert. Die hohe Stabilität von I gegen Nitriersäure zeigt, daß die Abreißrk. an einem Punkt oder an zwei Punkten der individuellen I-Molekel startet u. diese Rk. über das ganze Makromol. abläuft. Der starke Stabilisierungseffekt von HNO_3 kann der Tatsache zugeschrieben werden, daß diese mit der am Beginn der Zers. gebildeten Doppelbindung mit einer höheren Geschw. reagiert, als der Kettenrk. der HCl-Abspaltung entspricht. H. Czech. 4010◇

Die Änderung der spektralen und Halbleiter-Eigenschaften von Polyvinylidenchlorid durch UV-Licht bestimmter Wellenlängen. Gerald Oster, Gisela K. Oster und Marian Kryszewski. (J. Polymer Sci. **57,** 937—47, 1962; Brooklyn, N. Y., Polytechn. Inst. of Brooklyn; engl.) — Bei Bestrahlung eines *Polyvinyliden-*

chlorid-Polyvinylchlorid-Copolymeren (*Saran*) mit Licht der Wellenlänge 254 mμ entsteht eine Substanz mit einem Absorptionsmaximum bei 285 mμ u. einem Absorptionsschwanz, der bis in das sichtbare Gebiet reicht. Bestrahlte Proben zeigen eine weitere Absorptionszunahme bei Erhitzen auf 100°, während nicht bestrahlte Proben von einer solchen Erwärmung unbeeeinflußt bleiben. Die Bestrahlung mit Licht von 254 mμ erzeugt eine Vernetzung, die beim Erwärmen weiter zunimmt. Andererseits vernichtet die Erwärmung die bei bestrahltem Material auftretende Carr-Price-Reaktion. Die Erwärmung vernichtet auch das Elektronenspinresonanzsignal des bestrahlten Materials. Bestrahlte Filme sind Photoleiter; diese Eig. wird jedoch beim Erwärmen aufgehoben. Die bei 254 mμ erzeugte Verb. wird bei Bestrahlung mit Licht von 365 mμ zersetzt; die Zers.-Prodd. sind jedoch in beiden Fällen verschieden u. zeigen eine Abhängigkeit von der Ggw. von O_2. — Diskussionsbemerkungen. H. Czech. 4010◇

Morphologie von Polypropylensphärolithen. Masakazu Inoue. (J. Polymer Sci. **60,** 81—89, 1962; Nagoya, Japan, Toyo Rayon Co., Ltd., Plastics Div., Plastics Labor.; engl.) — Dendrit. *Polypropylensphärolithe* wurden in ihren Einzelheiten mit dem opt. Mikroskop untersucht. Dendrite wachsen u. bilden verdrehte Sphärolithe, deren Drehungssinn in Uhrzeigerrichtung gegen die Wachstumsfront liegt. Dendrite können kleine Sphärolithe an ihrer Spitze inhibieren; diese scheinen Elementareinheiten der Dendrite zu sein u. auf jedem Dendritenzweig befinden sich viele Knoten. Bei der Kristallisation an einer freien Oberfläche wandern die unterkühlten, kristallisationsfähigen Polymermoll. an die Wachstumsfront u. die gebildeten Sphärolithe besitzen ovale Struktur. Die Dicke des Ovals ist größer als die der ursprünglichen Filme. Über die radiale Wachstumsgeschw. von Dendriten wird diskutiert. H. Czech. 4010◇

Thermooxydative Zersetzung von Polypropylen. 3. Mitt. **Vergleichende Untersuchung der Wirksamkeit einiger Antioxydantien.** Ju. A. Schljapnikow, W. B. Miller, M. B. Neiman, Je. Ss. Torssujewa und B. A. Gromow. (Hochmolekulare Verbind. [UdSSR] **2,** 1409—12, 1960; Akad. der Wiss. der UdSSR, Inst. für chem. Physik; russ., Auszug: engl.) — 2. vgl. C. **1963,** 2097. — Durch Messung der Induktionsperiode bei der Oxydation von *Polypropylen* unter Standardbedingungen (140°, 300 Torr O_2, Inhibitor-Konz. 0,01 bzw. 0,003 Mol/kg) wird die Wrkg. nachst. Zusatzstoffe als Inhibitor der thermooxydativen Zers. untersucht: Cyclohexylbenzol, Thioharnstoff, 2.4-Dinitrophenylhydrazin, 2.5-Di-tert.-butylhydrochinon, Diphenylamin (**I**), Benzidin, Phosphorigsäure-tris-[nonylphenylester], 2.4.6-Tri-tert.-butylphenol, Hydrochinonmonobenzyläther, 2.5-Di-tert.-butyl-4-methylphenol, Propylgallat (**II**), Neozon D (**III**, Phenyl-β-naphthylamin), Diphenyl-p-phenylendiamin (**IV**). Die Induktionsperiode beträgt bei **I** (0,003 Mol/kg) 250, bei **III** 380, bei **II** 800, bei **IV** 3000 Min. (ohne Zusatz 18 Min.). R. K. Müller. 4010◇

Die Kristallinität von festen Hochpolymeren. 1. Mitt. **Die Kristallinität von Polyvinylalkohol-Filmen.** Hiroyuki Tadokoro, Syûzô Seki und Isamu Nitta. (Bull. chem. Soc. Japan **28,** 559—64, 1955; Osaka; engl.) H. Czech. 4010◇

Darstellung von Polyäthylenoxiden durch Polymerisation von Äthylenoxid. M. Ch. Glusman, B. I. Daschewskaja und W. M. Bodnja. (Hochmolekulare Verbind. [UdSSR] **2,** 1832—38, Dez. 1960; Charkow, Chem.-pharmaz. Forsch.-Inst.; russ., Auszug: engl.) — *Polyäthylenoxid* (**I**) wird durch Einleiten von Äthylenoxid (**II**) in auf 40—42° gehaltene KOH im Autoklaven erhalten, wobei in den ersten 20—25 Std. die Temp. nicht ansteigt (2—3 at Druck), während anschließend Temp. u. Druck auf 120—150° bzw. 15—20 at steigen. Ein anderes Verf. der Darst. von **I** besteht im Durchleiten von **II** durch eine Lsg. von KOH (oder NaOH) in Äthylenglykol (**III**), wobei der Temp.-Anstieg (Anfangs-Temp. 80°) von der Alkali-Konz. u. dem Verhältnis **II**:**III** abhängt, u. die Polymerisations-Geschw. bei optimalen Alkalimengen (2,5—5%) ein Maximum erreicht. Mit zunehmender Kettenlänge nimmt der exotherme Charakter der Rk. ab. Das Molgew. beträgt im Mittel 2000—3500, kann aber auch 4000 erreichen. Die Rk. kann in jedem Stadium unterbrochen u. wieder eingeleitet werden. R. K. Müller. 4010□

Synthese einiger Epoxidharze. W. D. Jassnopolski und A. A. Medshidow. (Hochmolekulare Verbind. [UdSSR] **3,** 3—6, 1961; Inst. für petrochem. Prozesse der Akad. der Wiss. der AserbaidshanSSR; russ., Auszug: engl.) — Durch Kondens. von Epichlorhydrin (**I**) mit Phenolen u. Aminen in wss. NaOH werden *Epoxidharze* dargestellt, die in Abhängigkeit von der Struktur der Ausgangsverbb. schmelzbar oder unschmelzbar u. teilweise faserbildend sind. Aus **I** mit *Hydrochinon*:

faserbildendes Polymeres, F. 130—150°; mit *Resorcin*: nichtschm., unlösl. Polymeres; mit *Phloroglucin*: nichtschm., unlösl. Polymeres; mit *Anilin*: faserbildendes Polymeres; mit *α-Naphthylamin*: lösl., spröde Fäden bildendes Polymeres, F. 97 bis 99°; mit *p-Phenylendiamin*: nichtschm., unlösl. Polymeres; mit *Anthranilsäure*: lösl. Pulver, F. 83°; mit *Naphthionsäure*: lösl. Fasern, die beim Erhitzen unlösl. u. nichtschm. werden; mit *Thiobenzamid*: harziger Stoff u. Gemisch vom F. 84—85° (enthält hauptsächlich *N.N-Bis-[2.3-oxidopropyl-(1)]-thiobenzamid*); mit *Hydrazin*: zähes, unlösl. Harz. Helmut Schäfer. 4010△

Polyacrylate. W. W. Korschak und Ss. W. Winogradowa. (Fortschr. Chem. [UdSSR] **30**, 421—61, April 1961, Inst. für Metallorgan. Verbb. der Akad der Wiss. der UdSSR; russ.) — Allg. Überblick über Darst.-Methoden, chem. u. physikal. Eigg. von *Polyacrylaten*. — 76 Literaturangaben. G. Froelich. 4010◇

Die mikroskopische Struktur eines starren Polyurethanschaums. Ruth Giuffria. (J. Polymer Sci. **60**, 91—98, 1962; Louisville, Ky., General Elektric Co., Major Appliance Labor.; engl.) — Eine mkr. Unters. eines starren *Polyurethanschaumes* führt zur Beschreibung der Grundzelle als eines unregelmäßigen Polyeders, dessen Kanten die „Rippen" in der Struktur des Schaumes bilden. Die Blasbedingungen u. die Lage in der Polymerenmasse beeinflussen die Gestalt der Zelle. In der Bewegungsrichtung der Schaummasse findet eine Dehnung der Zellen statt. H. Czech. 4010◇

Über die Wirkung von Ultraschallwellen auf synthetische Polymere (ANID G-669). I. Je. Elpiner und N. I. Pyschkina. (Hochmolekulare Verbind. [UdSSR] **2**, 607—13, April 1960; Akad. der Wiss. der UdSSR, Inst. für biol. Physik; russ., Auszug: engl.) — Das durch Polykondens. von Hexamethylendiamin mit Adipin- u. Azelainsäure u. Caprolactam erhaltene *Polyamid Anid G-669* (**I**) wird in alkohol. Lsg. der Einw. von Ultraschall (750 kHz, 15 W/cm^2) unterworfen. Dabei tritt bei Sättigung der Lsg. mit Luft, H_2, He oder Ar keine Depolymerisation ein, ebenso nicht bei Sättigung einer Lsg. in A. + W. (3:1) mit Luft, He oder Ar. In Ggw. von H_2 nimmt jedoch in wss.-alkohol. Lsg. das Molgew. zu, die spezif. Viscosität ab u. die Kompressibilität der **I**-Moll. zu, woraus auf eine Verzweigung infolge der Einw. von Ultraschall geschlossen wird, die durch Aktivierung der H_2- u. der Wassermoll. zu erklären ist. R. K. Müller. 4010□

Über die Bestimmung viscosimetrischer Daten von in m-Kresol–Toluol-Gemischen gelöstem Nylon 66. Giovanni Prati. (Ann. Chimica **47**, 51—57, 1957; Milano; ital.) — H. Czech. 4010◇

Kondensationsharze aus Bisphenol A und Furfurol. Elia Pasquariello und Giuseppina Leonardi. (Ann. Chimica **47**, 713—21, 1957; Roma; ital.) — H. Czech. 4010◇

Verfahren zur Darstellung eines neuen Harzes „Ecra". A. P. Antykow. (J. angew. Chem. [UdSSR] **33**, 2371—73. Okt. 1960; russ.) — Löst man in 600 ml dest. W. nacheinander 298 (g) NH_4SCN (oder 317 NaSCN), 450 ε-Caprolactam u. 153 $ZnCl_2$ u. gibt dann in 2—3 Min. 130 ml HCl (D. 1,19) bei 20° zu, so kann nach 10—15 Min. als untere Schicht ein farbloses viscoses Harz „*Ecra*" (**I**) abgezogen werden (Ausbeute 85,0%), D.^{20} 1,273—1,280, lösl. in A. u. Methanol, wenig lösl. in Di- u. Trichloräthan. Die empir. Formel von **I** ist $C_{21}H_{37}Cl_3N_6O_3S_3Zn$, das Molgew. 680—689. Durch Behandlung von **I** mit wss. Alkali- oder Soda-Lsg. entsteht ein festes, neutrales, Zn-freies, in W. lösl. Harz mit Pilzgeruch. **I** kann als Ausgangsstoff für die Herst. von Polyrhodanid-Epoxid-Kautschuk u. copolymeren Harzen dienen. Verss. zur Copolymerisation mit *Methylmethacrylat* u. mit *Styrol* werden beschrieben. R. K. Müller. 4010□

Über die Beziehungen zwischen der Struktur und der Polymerisationsfähigkeit substituierter Styrole. 2. Mitt. Polymerisation tri- und tetrasubstituierter Halogenmethylstyrole. A. F. Dokukina und M. M. Koton. (Hochmolekulare Verbind. [UdSSR] **1**, 1129—32, Aug. 1959; Leningrad, Polytechn. Inst.; russ., Auszug: engl.) — 1. vgl. C. **1957**, 2223. — *2-Chlor-3.4-dimethylstyrol* [Kp.$_{3-4}$ 89—91°; D.$_4^{20}$ 1,0795; n_D^{20} 1,5634; μ 1,84 D], *2-Chlor-3.5-dimethylstyrol* [Kp.$_1$ 83—84°; D.$_4^{20}$ 1,0713; n_D^{20} 1,5600; μ 1,68 D], *4-Chlor-2.5-dimethylstyrol* [Kp.$_1$ 64°; D.$_4^{20}$ 1,0730; n_D^{20} 1,5603; μ 1,55 D] u. *2.3-Dichlor-4.5-dimethylstyrol* [Kp.$_1$ 97—102°; D.$_4^{20}$ 1,2234; n_D^{20} 1,5805; μ 2,22 D] wurden dargestellt u. der Polymerisation in Substanz bei 80, 100 u. 120° unterworfen. Die charakterist. Viscosität der erhaltenen Polymeren nimmt in der vorst. Reihenfolge ab. Die Neigung der Monomeren zur

Polymerisation bzw. die Polymerisationsgeschw. werden durch die Einführung der Methylgruppen, noch stärker durch Cl-Atome in Styrol erhöht.

Helmut Schäfer. 4010△

Copolymerisation von Styrol mit Vinylacetat und mit Methylmethacrylat. Momotaro Suzuki, Hajime Miyama und Shiro Fujimoto. (J. Polymer Sci. **37**, 533—40, 1959; Yokosuka, Japan, Defense Acad., Dep. of Chem.; engl.) — Die Geschw. der Copolymerisation von *Styrol* (**I**) mit *Vinylacetat* (**II**) u. von **I** mit *Methylmethacrylat* (**III**) werden bei verschiedenen Mischungsverhältnissen der beiden Monomeren nach der Thermistormeth. gemessen. Im **I**/**II**-Syst. bedingt der große Unterschied der Reaktivitätsverhältnisse RV der beiden Monomeren eine so große Fehlergrenze für die Φ-Werte in der Gleichung von Walling (vgl. F. M. Lewis u. C. Walling, J. Amer. chem. Soc. **71**, [1949] 747), daß keine wesentlichen Regelmäßigkeiten in der Abhängigkeit der Φ-Werte vom Mischungsverhältnis festgestellt werden können. Im **III**/**I**-Syst. dagegen, in dem der Unterschied der beiden RV nicht so groß ist, können die Φ-Werte mit größerer Genauigkeit bestimmt werden, u. die Theorie von Arlman (vgl. C. **1956,** 10021) kann auf diese Weise angewendet werden. Es ergibt sich, daß im **III**/**I**-Syst. (bei 24°) die Abbruchskonst. für ungleichartige Radikale größer als die für gleichartige Radikale ist. Die Geschw.-Konst. für die normale Abbruchsrk. der Vernetzung ist ungefähr dreimal so groß wie die der Abbruchsrk. der Vernetzung in Anwesenheit einer der Endgruppe benachbarten Einheit.

H. Czech. 4010◇

Zur Phosphorylierung unlöslicher Polymerer. Je. B. Trosstjanskaja, Sjan-Shao Lu, A. Ss. Tewlina und I. P. Lossew. (Hochmolekulare Verbind. [UdSSR] **3,** 41—45, 1961; Moskau, chem.-technol. Mendelejew-Inst.; russ., Auszug: engl.) — Durch Quellen eines granulierten, unlösl. Copolymeren aus Styrol u. Divinylbenzol in 4 Mol PCl_3 (je Struktureinheit Styrol) bis zum Quellungsmaximum (180%), Versetzen mit 2 Mol $AlCl_3$, 10std. Erhitzen auf 70—75° u. Hydrolysieren mit W. wird ein *phosphonyliertes Styrol-Divinylbenzol-Copolymerisat* [mit $-P(OH)_2$-Gruppen in den Bzl.-Kernen] erhalten. Der Phosphorylierungsgrad beträgt 93%, der P-Geh. 17,1%, die Säurezahl 5,5 mg Val/g, die Quellbarkeit in W., 0,3 n HCl bzw. 0,3 n NaOH 20, 40 bzw. 160%. Die Oxydation mit 25%ig. HNO_3 (8 Std., 60°) liefert ein *phosphonyliertes Copolymerisat* [mit $-P(:O)(OH)_2$-Gruppen], das als *Ionit SF-1* bezeichnet wird. Die Rk. von chlormethyliertem Styrol-Divinylbenzol-Copolymerisat mit PCl_3 u. $AlCl_3$ u. anschließende Hydrolyse gibt ein Copolymeres, das sowohl Phosphonigsäure- als auch Phosphonsäuregruppen enthält (11,95% P, Phosphorylierungsgrad 79%, Säurezahl 6,2 mg Val/g, Quellbarkeit in 0,3 n HCl u. 0,3 n NaOH 45 bzw. 110%). Die Phosphonigsäuregruppen im Copolymeren lassen sich mit HNO_3 zu Phsophonsäuregruppen oxydieren, wobei ein neuer Ionenaustauscher mit höherer Quellbarkeit entsteht (*Ionit SF-2*). Äußere Form u. Unlöslichkeit der Copolymeren bleiben bei der Phosphorylierung u. Oxydation erhalten. Die scheinbaren Dissoziationskonst. betragen: SF-1: $pK_1 = 3,4$ u. $pK_2 = 7,2$; SF-2: $pK_1 = 4,9$ u. $pK_2 = 8,0$.

Helmut Schäfer. 4010△

Vernetzung von Teflon und anderen polymeren Stoffen durch lokalisierte Einwirkung von Neutronenstrahlung. I. M. Barkalow, W. I. Goldanski, B. G. Dsantijew und Je. W. Jegorow. (Hochmolekulare Verbind. [UdSSR] **2,** 1801 bis 1804, Dez. 1960; Akad. der Wiss. der UdSSR, Inst. für chem. Physik; russ., Auszug: engl.) — Die Polymerenpaare *Teflon* (**I**)–*Polystyrol* (**II**), **I**–*Polymethylmethacrylat* (**III**), **II**–**III**, *Polyäthylen* (**IV**)–**II** u. **IV**–**III** werden durch Eintauchen in Lsgg. von B_2O_3 oder einer Li-Verb. mit einer Oberflächenschicht versehen, in der therm. Neutronen die Rk. $^{10}B(n, \alpha)^7Li$ bewirken. Dadurch wird eine lokalisierte Strahlungsvernetzung ermöglicht. Die Vernetzungsprodd. zeigen im Falle **I**–**II** Zerreißfestigkeiten bis zu 120 kg/cm², bei den anderen Paaren noch höhere. Die Wirksamkeit des Verf. wird durch den Lokalisierungs-Koeff., das Verhältnis der Dosis in der Oberfläche zu derjenigen im Vol., gekennzeichnet. Der Mechanismus der Rk. wird erörtert. Mit **II**-Filmen als Unterlage kann auch eine Dreischichtenvernetzung von **IV** u. **I** miteinander oder mit anderen Polymeren u. Nichtpolymeren erzielt werden.

R. K. Müller. 4010□

Copolymerisation von Dipenten mit Acrylonitril. A. M. Roshkow, Ss. R. Rafikow und I. G. Anutschina. (Nachr. sibir. Abt. Akad. Wiss. UdSSR **1959,** Nr. 5, 48—54; Chem.-metallurg. Inst. der Sibir. Abt. der Akad. der Wiss. der UdSSR; russ.) — Die Copolymerisation von *Dipenten* (**I**, Kp. 177—178°, $D._4^{20}$ 0,8490, n_D^{20} 1,4746) u. *Acrylonitril* (**II**, Kp. 77—77,5°, $D._4^{20}$ 0,8054, n_D^{20} 1,3918) in zugeschmolzenen Ampullen in Ggw. von 0,5% Azodiisobutyronitril (**III**) oder Dibenzoylperoxid (**IV**) wird bei 100 ± 1° untersucht. Mit 20—48% **I** werden in 60 Std. in Ggw. von **III** 100% mehr Polymeres als mit **IV** erhalten. Die Polymerisations-Geschw. (PG) nimmt mit steigender **I**-Menge im Ausgangsgemisch ab: **II** ohne **I** liefert in 15 Min. 47,1% Polymeres, Gemische von **II** mit 30 (70, 90)% **I** in 200 Std. 48,7 (25,6, 2,9)%, mit 30% **I** in 24 Std. 32%. Mit der Zeit nimmt die PG ab. Das Polymere enthält mehr **II** als das Monomerengemisch; die Differenz nimmt mit steigender **I**-Menge zu. Bei 60° verlaufen die PG-Kurven flacher. Mit steigendem **II**-Geh. nimmt die Löslichkeit der Copolymeren in Aceton, Nitrobenzol, Pyridin u. Chlf. ab; Copolymere mit 86% **II** sind prakt. unlöslich. R. K. Müller. 4010◇

Untersuchung einiger physikalisch-chemischer Eigenschaften des Kationits KU-2 mittels Infrarotspektroskopie. N. A. Slowochotowa, W. A. Nikaschina und M. M. Ssenjawin. (J. physik. Chem. [UdSSR] **35**, 2387—88, Okt. 1961; Akad. der Wiss. der UdSSR, Inst. für Geochem. u. anal. Chem.; russ.) — IR-Spektrum von *Kationit KU-2* (**I**) (KBr-Preßling) im Bereich 4000—700 [cm^{-1}]. Die SO_3H-Gruppen befinden sich am Bzl.-Ring in o- (Bande 1100—1000) oder p-Stellung (1260—1140) zur Methylengruppe. Die Banden der ν(OH) u. OH-Deformationsschwingungen bei 3500 bzw. 1680 zeigen in Übereinstimmung mit der Elementaranalyse, daß an jede SO_3H-Gruppe ein Mol. Hydrat-W. über H-Brüchen gebunden ist. Nach der Intensität der Bande 1605 (Phenylring) kann der Geh. an *Divinylbenzol* in **I** bestimmt u. damit der Vernetzungsgrad von **I** abgeschätzt werden. U.-L. Rau. 4010□

Eine einführende Beschreibung der mechanischen Eigenschaften von Siliconharzen. J. R. McLoughlin. (Nat. Acad. Sci. — Nat. Res. Council, Publ. Nr. **396**, 28—33, 1956; Waterford, N. Y.; engl.) H. Czech. 4010◇

Kettenübertragung bei der anionischen Polykondensation von Oktamethylcyclotetrasiloxan. M. Kučera und M. Jelínek. (Hochmolekulare Verbind. [UdSSR] **2**, 1860—69, Dez. 1960; Brno, Výzk. úst. makromol. chem.; russ., Auszug: engl.) — Es werden die Faktoren untersucht, die das Molgew. von durch anion. Polymerisation erhaltenem *Polydimethylsiloxan* (**I**) bestimmen. Der Polymerisationsgrad (P_n) von **I** ist eine Funktion der Konz. C des Katalysators KOH u. der Kettenübertragungsmittel (KÜM) (Hexamethyldisiloxan, Benzylalkohol, Diphenylamin) u. der Fähigkeit der Endgruppen der Makromoll., mit anderen Endgruppen der Kette zu kondensieren, die Polymerisations-Temp. ist von geringerem Einfluß. Es gilt die empir. Gleichung $P_n = (58{,}2/C^{3/4}) + 170$. Die Kettenübertragungs-Konst. der KÜM betragen in vorst. Reihenfolge 0,018, 0,26 bzw. 1. Als Lsgm. werden Methanol u. Toluol verwendet. R. K. Müller. 4010□

Spröder Bruch von Polymeren im hochelastischen Zustand. G. A. Patrikejew, B. G. Gussarow und W. I. Konoplew. (Hochmolekulare Verbind. [UdSSR] **2**, 1438—39, 1960; russ., Auszug: engl.) — Die Zerreißfestigkeit von Proben von *Naturkautschuk* wird durch Einschnitte geschwächt. Sie nimmt bei — 20 ± 5° u. einer Zieh-Geschw. von 0,7 m/s noch weiter ab. Diese Erscheinung wird darauf zurückgeführt, daß durch die an der Einschnittspitze erheblich erhöhte Deformations-Geschw. der Glaspunkt steigt u. dadurch schon bei — 20° spröder Bruch eintritt. R. K. Müller. 4030◇

Einfluß von Metalloxiden auf die strukturellen Umwandlungen kautschukähnlicher Fluor-Copolymerer unter Einwirkung von ionisierenden Strahlen von hohen Temperaturen. A. Ss. Nowikow, W. L. Karpow, F. A. Galil-Ogly, N. A. Slowochotowa und T. N. Djumajewa. (Hochmolekulare Verbind. [UdSSR] **2**, 1761—67, Dez. 1960; Forsch.-Inst. für Gummiind., Physik.-chem. Karpow-Inst.; russ., Auszug: engl.) — 100—120 μ dünne Filme des F- u. Cl-haltigen *Copolymeren SFK-32* werden in Ggw. von CaO oder MgO ionisierenden Strahlen aus ^{60}Co (Aktivität = 21000 g-Äquivalente Ra, 0,54 · 10^6 r/s, Dosen 3—8 · 10^6 r) ausgesetzt. Die chem. Veränderungen werden IR-spektroskop. untersucht (400 bis 1300 cm^{-1}). Im Gegensatz zur Bestrahlung ohne Metalloxide entstehen mehrere konjugierte Doppelbindungen in der –CH=CCl-Kette u. es treten OH-Gruppen u. HF_2^--Ionen auf. Diese Veränderungen entsprechen denjenigen, die beim Erhitzen unter Druck auf 200° eintreten. Dagegen entstehen keine flüchtigen Prodd. wie bei der Bestrahlung ohne Metalloxide. Die für HF_2^- charakterist. Banden lassen auf die Möglichkeit der Bldg. von $Ca(HF_2)_2$ schließen. Vermutlich wirken die Metalloxide als Acceptoren für HF, HCl, F_2, Cl_2 u. H_2. R. K. Müller. 4030□

Untersuchung der Reaktionsfähigkeit von Verbindungen, die als Modellsubstanzen für die Grundtypen synthetischen Kautschuks dienen, gegenüber freien

Radikalen. 1. Mitt. **Reaktion mit dem tert.-Butoxyradikal.** A. L. Klebanski und W. F. Wossik. (Hochmolekulare Verbind. [UdSSR] **1**, 1242—45, Aug. 1959; Allunions-Forschungsinst. für synth. Kautschuk; russ., Auszug: engl.) — Es wurden *2.7-Dichloroctadien-(2.6)* [**I**; $C_8H_{12}Cl_2$, $Kp._{100}$ 78°, aus 1.3-Dichlorbuten-(2) über *1-Jod-3-chlorbuten-(2)* durch Grignard-Rk.; $D._4^{20}$ 1,0566; n_D^{20} 1,4830] u. *2.6-Dichloroctadien-(2.6)* [**II**; $C_8H_{12}Cl_2$, $Kp._{10}$ 73°, aus 2.6.8-Trichloroctadien-(2.6) mit H_2 an Raney-Ni; $D._4^{20}$ 1,0108; n_D^{20} 1,4680] dargestellt. **I**, **II**, *2.6-Dimethyloctadien-(2.6)* (**III**) u. *5-Methylheptadien-(2.6)* (**IV**) wurden als Modellsubstanzen für Polychloropren, Polyisopren u. Polybutadien der Rk. mit dem tert.-Butoxyradikal $(CH_3)_3CO\cdot$ (**I–IV** u. Di-tert.-butylperoxid $7^1/_2$ Std. auf 135° im Rohr erhitzen) unterworfen. Aus dem IR-spektroskop. festgestellten Verhältnis des bei der Rk. gebildeten *Trimethylcarbinols* aus Aceton folgt, daß die Rk.-Fähigkeit in der Reihe **III** > **IV** > **I** > **II** abnimmt. Helmut Schäfer. 4030△

Untersuchung der Reaktionsfähigkeit von Verbindungen, die als Modellsubstanzen für die Grundtypen synthetischen Kautschuks dienen, gegenüber freien Radikalen. 2. Mitt. **Reaktion mit Diphenylpikrylhydrazyl.** A. L. Klebanski und W. F. Wossik. (Hochmolekulare Verbind. [UdSSR] **1**, 1246—48, Aug. 1959; russ., Auszug: engl.) — 1. vgl. vorst. Referat. — Als Modellsubstanzen für Polychloropren, -isopren u. -butadien wurden *2.7-Dichloroctadien-(2.6)* (**I**), *2.6-Dichloroctadien-(2.6)* (**II**), *2.6-Dimethyloctadien-(2.6)* (**III**) u. *3-Methylheptadien-(1.5)* (**IV**) der Rk. mit Diphenylpikrylhydrazyl (**V**) in Bzl. bei 60, 100 u. 120° unterworfen. Aus der photocolorimetr. festgestellten zeitlichen Abnahme der **V**-Konz. (Kurven) folgt, daß die Rk.-Fähigkeit in der Reihenfolge **III** > **IV** > **I** > **II** abnimmt. Die Rk.-Fähigkeit gegenüber **V** nimmt in der Reihe Polybutadien > Polyisopren (beide 85% 1.4–1.4-Glieder) > Polychloropren ab. In Ggw. von S erhaltenes Polychloropren ist wieder aktiver, was durch Rk. von **V** mit Polysulfidbindungen erklärt wird. Helmut Schäfer. 4030△

Über den Mechanismus der katalytischen Polymerisation von Dimethylpolysiloxanen cyclischer Struktur. 1. Mitt. W. N. Gruber und L. Ss. Muchina. (Hochmolekulare Verbind. [UdSSR] **1**, 1194—99, Aug. 1959; Allunions-Forschungsinst. für synth. Kautschuk; russ., Auszug: engl.) — Der katalyt. Polymerisation von cycl. *Dimethylpolysiloxanen* zu Hochpolymeren bei der Einw. saurer Katalysatoren [konz. H_2SO_4, $FeCl_3$, $Al_2(SO_4)_3\cdot2H_2O$] liegt ein Redoxvorgang zugrunde, an dem sich die höheren u. niederen Oxydationsstufen des Fe bzw. S beteiligen u. in dessem Verlauf die linearen Dimethylpolysiloxanketten wachsen. Wenn die Bedingungen für die Oxydation der reduzierten Form des Katalysators günstig sind, erhöht sich die Polymerisationsgeschw. beträchtlich. So kann die Polymerisation bei Spülen mit Luft in Ggw. von $FeCl_3$ oder konz. H_2SO_4–$Al_2(SO_4)_3$ bei 20° ausgeführt werden. Beim Spülen mit Argon unterbleibt die Polymerisation in Ggw. von $FeCl_3$ oder $Al_2(SO_4)_3$. Der von Patnode u. Wilcock [1946] vorgeschlagene Mechanismus stimmt mit den tatsächlichen Verhältnissen nicht überein. Helmut Schäfer. 4030△

Über den Mechanismus der katalytischen Polymerisation von Dimethylpolysiloxanen cyclischer Struktur. 2. Mitt. W. N. Gruber und L. Ss. Muchina. (Hochmolekulare Verbind. [UdSSR] **3**, 84—88, Jan. 1961; russ., Auszug: engl.) — 1. vgl. vorst. Referat. — Die Linearpolymerisation von Gemischen cycl. Dimethylpolysiloxane in Ggw. von konz. H_2SO_4 u. $Al_2(SO_4)_3\cdot2H_2O$ wird beschleunigt durch Zusätze von Metallsalzen wechselnder Wertigkeit (Cu-, Fe-, Mn-Sulfat, $KMnO_4$, $Fe(OH)_3$, Fe-Naphthenat) u. verzögert bzw. unterdrückt durch Glycerin, A. oder enge Gefäße. Die Besonderheiten der Polymerisation machen es wahrscheinlich, daß der zugrunde liegende Redox-Vorgang Kettencharakter trägt. Die erhaltenen *Siloxankautschuke* haben Molgew. von 310000—680000. Die physikal-chem. Eigg. werden tabellar. angegeben. Helmut Schäfer. 4030△

Über den Mechanismus der katalytischen Polymerisation von Dimethylpolysiloxanen cyclischer Struktur. 3. Mitt. W. N. Gruber, K. W. Nelsson, N. W. Koslowa, T. A. Michailowa und L. Ss. Muchina. (Hochmolekulare Verbind. [UdSSR] **3**, 89—92, Jan. 1961; russ., Auszug: engl.) — 2. vgl. vorst. Referat. — Bei der Polymerisation cycl. *Dimethylpolysiloxane* in Ggw. konz. H_2SO_4 sind im Rk.-Gemisch ständig H_2SO_3 u. H_2SO_5 vorhanden. Sie entstehen durch kontinuierliche Regenerierung bei dem unter Beteiligung von H_2SO_4 vor sich gehenden Redoxprozessen. Im Laufe der Polymerisation vermindert sich die H_2SO_3-Menge u. reichert sich H_2SO_5 an. IR-analyt. wurde der direkte Zusammenhang zwischen der

H_2SO_5-Anreicherung u. der Menge der Dimethylpolysiloxane linearer Struktur festgestellt. Helmut Schäfer. 4030△

Untersuchung der Packungsdichte einiger natürlicher Holocellulosen. W. I. Scharkow, W. P. Lewanowa und I. Ss. Artemjewa. (J. angew. Chem. [UdSSR] **34,** 2508—15, Nov. 1961; Forschungsinst. für die Hydrolysen- u. Sulfitalkoholind.; russ.) — *Holocellulosen* (**I**) von Kiefer, Birke, Espe u. Erle wurden der Äthanolyse unterzogen, u. die Dichte der mehr oder weniger von *Hemicellulosen* (**II**) befreiten *Cellulose* (**III**) wurde bestimmt. Birken-**I** besitzt die geringste Dichte, es folgen Espe, Erle u. Kiefer. Im Maße der Entfernung der **II** steigt die Dichte des unlösl. Rückstandes anfangs schnell an, um dann langsam abzufallen, wobei Espe u. Erle das dichteste, fast reine **III**-Präp. geben, während das Birkenpräp. die geringste Dichte aufweist. Pflanzliche Gewebe höheren Alters geben dichtere **I** als jüngeres Material. Letzteres ist gar nicht oder nur schwach orientiert, was sich auch durch röntgenograph. Unterss. bestätigen ließ. M. Ulmann. 4050□

Struktur der Cellulose II (mercerisiert). Thérèse Petitpas, Michel Oberlin und Jacques Méring. (Mém. Serv. chim. État **41,** 73—77, 1956/1957; franz.) — Vgl. auch C. **1957,** 7053 u. C. **1959,** 499. H. Czech. 4050◇

Über die seitliche Anordnung der Celluloseketten in trockner Ramie. Michel Oberlin und Jacques Méring. (Mém. Serv. chim. État **41,** 67—69, 1956/1957; franz.) H. Czech. 4050◇

Über die Verteilung der vorwiegend kristallinen Bereiche in einer Cellulose (Ramie). Michel Oberlin und Jacques Méring. (Mém. Serv. chim. État **41,** 71—72, 1956/1957; franz.) H. Czech. 4050◇

Über die Fraktionierung von Cellulose. L. Ss. Bolotnikowa, Ss. N. Danilow und T. I. Ssamssonowa. (J. angew. Chem. [UdSSR] **34,** 2578—79, Nov. 1961; russ.) — Aus einer 0,5—0,7%ig. Lsg. von *Cellulose* (**I**) in einer wss. Lsg. des Cd-Äthylendiaminkomplexes, enthaltend 25,1% Äthylendiamin u. 5,65% Cd, läßt sich **I** mit einer 25—50%ig. Glycerinlsg. fraktioniert ausfällen. M. Ulmann. 4050□

Die Bestimmung von Hexosaminen in Verbindung mit der Elektrophorese von Stärke. Otto W. Neuhaus und Marcia Letzring. (Analytic. Chem. **29,** 1230—33, 1957; Detroit, Mich.; engl.) H. Czech. 4050◇

Über die spezifische Polykondensation von Estern der Aminosäuren. W. W. Patrikejew, T. D. Kosarenko und A. A. Balandin. (Nachr. Akad. Wiss. UdSSR, Abt. chem. Wiss. **1962,** 170—71, Jan.; Zelinsky-Inst. für org. Chem. der Akad. der Wiss. der UdSSR; russ.) — Der Verbrauch von dl-Alaninmethyl- u. -äthylester unter Bldg. von *3.6-Dimethyl-2.5-diketopiperazin* (**I**) u. *Polypeptiden* (**II**) des Alanins (Ester u. Silicagel im Verhältnis 1 : 1 bei 37° inkubieren) wird durch Silicagel sehr stark beschleunigt. Das Verhältnis **I** : **II** hängt von der Oberfläche des Silicagels ab. Bei der Herst. des Silicagel-Präp. in Ggw. von wss. **I,** aqua dest., wss. Alanylglycylglycin u. wss. Casein (Silicagel mit den wss. Lsgg. eindampfen, mit Perhydrol behandeln u. trocknen) betrug das Verhältnis von **I** : **II** entsprechend 96,5 : 3,5; 96 : 4; 86 : 14 bzw. 50 : 50. Helmut Schäfer. 4070△

Die Wechselwirkung von Gelatine mit oberflächenaktiven Ionen. Kunio Tamaki und Bun-ichi Tamamushi. (Bull. chem. Soc. Japan **28,** 555—59, 1955; Tokyo; engl.) H. Czech. 4070◇

Untersuchungen über den isoionischen und über den isoelektrischen Punkt von sauer gewonnenen Gelatinen aus unlöslichem und mit Citrat extrahiertem Kollagen. D. S. Jackson und A. Neuberger. (Biochim. biophysica Acta [Amsterdam] **26,** 638—39, 1957; Manchester; London; engl.) H. Czech. 4070◇

Über Molekulargröße, -gestalt und -gewicht von Knorpelmucoprotein. Giorgio Bernardi. (Biochim. biophysica Acta [Amsterdam] **26,** 47—52, 1957; Strasbourg (France); engl.) — Ident. mit der C. **1958,** 1028 referierten Arbeit. H. Czech. 4070◇

Isolierung und Charakterisierung des Polysaccharidkomplexes aus dem Eialbumin. Je. D. Kawersnewa und De-fan Zi. (Biochemie [UdSSR] **26,** 782—86, Sept/Okt. 1961; Moskau, Zelinsky-Inst. für organ. Chemie der Akad. der Wiss. der UdSSR; russ., Auszug: franz.) — Das aus *Eialbumin* (**I**) durch Hydrolyse mit Pepsin u. Pankreatin gewonnene *Glykopeptid* (**II**) wurde 8—10 Std. mit Hydrazin auf 100—105° erhitzt. Es wurden desacetylierte *Polysaccharide* (**III**) erhalten, die keine Aminosäuren enthielten u. mit den **III** von **II** ident. waren. Durch Elektrophorese auf Cellulose wurden **IIIa** u. **IIIb** erhalten, die sich durch das Verhältnis Hexose-Glucosamin unterschieden (5 : 3 bzw. 5 : 2). Im ursprünglichen **II** betrug dieses Verhältnis 5 : 3. **IIIa** ist demnach die unveränderte Komponente von **II**; **IIIb** ist durch Spaltung von **II** unter Verlust von Glucosamin entstanden. Es wurde eine unbekannte Polyhydroxyl-Verb. festgestellt, die eine positive Rk. nach Elson u. Morgan sowie mit $AgNO_3$ gibt. Aus dem Verlauf der langsamen Hydrolyse von **II** durch Säuren geht hervor, daß die freie Mannose vor dem Glucosamin auftritt. Die unbekannte Verb. wird bei langem Erhitzen mit 1,0 u. 1,5nH_2SO_4 zerstört. Sie gibt keine Kohlenhydrat-Rk. u. ist wahrscheinlich ein Zerfallsprod. einer unbeständigen N-haltigen Verb. von **I**. O. Lebtag. 4070△

Elektronenmikroskopie der unbestrahlten und bestrahlten Desoxyribonucleinsäure. N. A. Kisselew und N. W. Nikolajewa. (Биохимия [Biochemie] **26**, 956—60, Sept./Okt. 1961; Moskau, Akad. der Wiss. der UdSSR, Inst. für Kristallographie u. Inst. für chem. Physik; russ., Auszug: engl.) — Die elektronenmkr. Unters. der *Desoxyribonucleinsäure* (**I**) aus der Leber u. Milz der Ratte ergab, daß in der nicht bestrahlten **I** lange Moll. von etwa 20 Å Dicke u. deren Verflechtungen vorliegen. In einem Präp. werden außerdem Knäuel u. Fäden beobachtet, deren Dicke der der einzelnen entknäuelten Polynucleotidkette ähnlich ist. Die Bestrahlung der möglichst wenig denaturierten u. abgebauten Präpp. mit 60000, 150000 u. 330000 r verursacht sowohl Abbau der Moll. unter Beibehaltung der Zweifadenstruktur als auch Knäuel-Bldg. (Denaturierung), wobei bei Abnahme der Dosierung vorwiegend eine Abschwächung der Denaturierung beobachtet wird. O. Lebtag. 4090△

Apparat zur Untersuchung der statischen Reibung von Polymeren. B. W. Derjagin, W. P. Lasarew und Ju. P. Toporow. (Betriebs-Lab. [UdSSR] **26**, 1020—21, 1960; Inst. für phys. Chem. der Akad. der Wiss. der UdSSR; russ.) — Beschreibung einer App. zur Unters. der stat. Reibung von Polymeren (**I**). Die App. ermöglicht den stat. Reibungskoeff. von **I** bei spezif. Druckbelastungen von 300—600 kg/cm² zu bestimmen. S. Baryschnikow. 4090

Verringerung der Schädigung der Moleküle der Desoxyribonucleinsäure unter Strahleneinwirkung bei Gegenwart von Propylgallat. N. W. Nikolajewa, K. Je. Krugljakowa, N. A. Kisselew, B. K. Wainstein und N. M. Emanuel. (Ber. Akad. Wiss. UdSSR **142**, 713—15, 21/1. 1962; russ.) — Durch Unters. der Grundviscosität η der aus der Rattenmilz gewonnenen *Desoxyribonucleinsäure* (**I**) wird gezeigt, daß bei der Röntgenbestrahlung der **I** mit 66000 r 50% der **I**-Moll. Schädigungen erleiden; bei 168000 r sind es 75%, bei 336000 r fast 100%. Aus dem Verlauf der η-Kurve geht hervor, daß bei der Bestrahlung mit 336000 r sofort eine sehr heftige Depolymerisation der **I** einsetzt, die bei Zugabe von *Propylgallat* (**II**) stark herabgesetzt wird. Nach der Bestrahlung zerfallen die **I**-Moll., wie die Ergebnisse der Elektronenmikroskopie zeigen, in viele kurze Bruchstücke u. bilden Knäuel (Denaturierung). Bei der Bestrahlung in Ggw. von **II** beobachtet man neben den kleinen Bruchstücken viele größere oder kleinere Mol.-Aggregate, die sich von den nativen **I**-Moll. unterscheiden. Ob diese Aggregate stark geschädigte, jedoch nicht zerfallene **I**-Moll. oder Aggregate der Bruchstücke sind, läßt sich noch nicht entscheiden. O. Lebtag. 4090△

Ist Borsäureanhydrid ein Polymeres? G. M. Bartenew und A. Ss. Jeremejewa. (Hochmolekulare Verbind. [UdSSR] **2**, 1845—49, Dez. 1960; Moskau, Glasinst.; russ., Auszug: engl.) — Der Glaspunkt T_g von B_2O_3 liegt bei 260°. In erweichtem Zustand befindet sich glasiges B_2O_3 unterhalb der Fließgrenze (FG) in hochelast. Zustand wie die organ. Polymeren. Oberhalb der FG zeigt B_2O_3 Newtonsches viscoses Fließen. Daraus wird geschlossen, daß glasiges B_2O_3 ein lineares anorgan. Polymeres mit relativ kurzen Ketten ist, womit auch die relativ niedrige FG u. der enge Temp.-Bereich der Hochelastizität zu erklären ist sowie auch die Ähnlichkeit der rheolog. Kurven des B_2O_3 mit denjenigen von dispersen Systemen. Die Aktivierungsenergie des viscosen Fließens wird offenbar durch Kräfte zwischen den Ketten-Moll. bestimmt; sie beträgt bei B_2O_3 40, bei SiO_2 als räumlichem Polymerem 180 kcal/Mol. R. K. Müller. 4090□

E. Biologische Chemie. Physiologie. Medizin

E_1. Allgemeine Biologie und Biochemie

Das spezifische Volumen von trockenem Protein. A. S. Brill, J. S. Olin und B. M. Siegel. (J. Cell Biol. **13**, 249—51, Mai 1962; Ithaca, N. Y., Cornell Univ., Labor. of Electron Microscopy; engl.) — Mittels eines mit He-Gas als Fluidum gefüllten Pyknometers wurde das spezif. Vol. trockner Pulver von *Proteinen* gemessen u. folgende Werte erhalten in cm^3/g *Lysozym*: 0,75; *Ovalbumin* 0,74; *Rinderserumalbumin* 0,73 u. *Rinderfibrinogen* 0,73. Die Werte liegen etwa 1,4% höher als die an Lösungen bestimmten, wenn die letzteren nicht für die Elektrostriction korrigiert wurden. M. Wiedemann. 4100□

Stärkegel-Elektrophorese von Rattenserumproteinen. E. Espinosa. (Biochim. biophysica Acta [Amsterdam] **48,** 445—51, 15/4. 1961; London, Mill Hill, Nat. Inst. for Med. Res.; engl.) — Vf. untersucht ausführlich die Korrelation der verschiedenen Komponenten der Rattenserumproteine (I), die entweder durch Stärkegel-Elektrophorese (SE) oder durch die klass. Papier-Elektrophorese (PE) erhalten werden. Dazu werden die durch PE isolierten I-Fraktionen anschließend auf Stärke elektrophoresiert u. umgekehrt. Das unterschiedliche Verh. im Vgl. zu den entsprechenden menschlichen Fraktionen wird herausgestellt. Weiter werden die durch DEAE-Cellulosesäulen-Chromatographie isolierten I-Fraktionen durch PE u. SE identifiziert. 5 Abb. von Elektropherogrammen.
P. Teichgräber. 4100□

Die Charakterisierung von Proteinen durch Elektrodialyse in Stärkegelen. John G. Pierce und Charles A. Free. (Biochim. biophysica Acta [Amsterdam] **48,** 436—44, 15/4. 1961; Los Angeles, Calif., Univ. of California, Med. Center, Dep. of Physiol. Chem.; engl.) — Vff. beschreiben eine Mikro-Meth. zur Elektrodialyse von *Proteinen* (**I**) in Stärkegelen, in welche Membranen (M) quer zur Wanderungsrichtung der **I** eingebracht sind. Eine abgestufte Porösität der M zur Unters. von **I** im Molgew.-Bereich 10000 bis 100000 wird durch Behandlung von Dialysierschläuchen (Visking Corp.) mit wechselnden Mengen $ZnCl_2$ erreicht. Gelgröße 25 × 7,5 × 0,7 cm, M-Größe 0,9 × 0,7 cm, aufgetragene **I**-Menge 0,5 mg in 50 μl, 30 mA u. 6—13 V/cm Gel, 1—6 Std. bei 4°. Es werden für folgende **I** die initiale u. maximale Passage in % $ZnCl_2$ zur M-Herst. (Elektrodialyse bei saurem bzw. bas. pH) angegeben (Molgew.): *Insulin, Cytochrom c* (12000), *Ribonuclease* (13900), *Lysozym* (14000), *Chymotrypsinogen* (25000), *Chymotrypsin* (24500), *Prolactin* (24200), *Trypsin* (20000), *Trypsinogen* (20000), *Thyrotropin, luteinisierendes Hormon, Hämoglobin, β-Lactoglobulin* (35000), *Ovalbumin* (45000) u. *Serumalbumin* (68000). Die Meth. ist sowohl zur annähernden Best. des Molgew. als auch zur Unters. der Homogenität u. des Assoziations-Dissoziationsverhältnisses geeignet. P. Teichgräber. 4100□

Ultraschnelle Fluorescenzmarkierung von Proteinen. H. Rinderknecht. (Nature [London] **193,** 167—68, 13/1. 1962; Los Angeles, Calif., Calif. Corp. for Biochem. Res.; engl.) — Die in Experientia [Basel] **16,** [1960], 430 vom Vf. beschriebene Meth. wurde durch Verw. von Sephadex G 25-Austauscher zur Trennung von Fluorescenzfarbstoff u. markiertem *Protein* auf weniger als 30 Min. Vers.-Zeit verkürzt. K. Heyns. 4100□

Die Sulfolipide. Irving H. Goldberg. (J. Lipid Res. **2,** 103—09, April 1961; Chicago, Univ. of Chicago, Deps. of Med. and Biochem.; engl.) — Übersicht. Hirnsulfatide, Cerebrosidsulfat (Sulfatid), Sulfolipide in Pflanzen u. Tuberkelbakterien. — 76 Literaturangaben. K. Maier. 4100□

Ein selbstregistrierendes elektronisches Osmometer zur schnellen direkten Messung von kolloidosmotischem Druck in kleinen Proben. A. Tybjaerg Hansen. (Acta physiol. scand. **53,** 197—213, Nov./Dez. 1961; New York, Rockefeller Inst., Labor. of Biophysic; engl.) — Beschreibung des App. u. des Verf., das für Plasma- u. Serumproben von 0,02—0,1 ml geeignet ist, 15 Messungen pro Std. zuläßt u. handelsübliche Cellulose-Membranen verwendet. Auf die Verw. des App. zur Unters. des Reflektionskoeff. von permiierenden Partikeln u. zur Prüfung von Membranen wird hingewiesen. M. Metze. 4102□

Strontium-90 in der Milch in den Jahren 1957—1960 und dessen Beziehungen zum nuclearen Fallout. Vilém Santholzer und Jaroslav Nosek. (Jaderná Energie **6,** 217—21, 1960; Hradec Králové, Katedra chem. a fys. lékař. fakulty Karlovy univ.; tschech., Auszug: engl., russ. u. dt.) — Die systemat. Verfolgung des ^{90}Sr in der Milch wurde durch monatliche Veraschung von 200 Litern, Separierung des Sr auf $SrCO_3$- u. $Y(OH)_3$-Träger u. Best. der Aktivität auf Al-Schalen (⌀ 3 cm) mittels GM-Zählrohr mit Glimmer-Fenster durchgeführt. Der geringste Wert (von ca. 1 Sr-Einheit im Januar 1957) stieg bis auf 12 Sr-Einheiten im Dezember 1958 u. fiel bis September 1959 wieder auf den ursprünglichen Wert zurück. Gleicherweise ging die Aktivität des Fallout vom Maximalwert im Dezember 1958 (8,9 · 10^{-9} c) bis Anfang 1960 auf 1% dieses Maximalwertes herab. Die vorübergehende Einstellung der Nuclearexplosionen zeichnet sich sehr deutlich ab. J. Tumova. 4102☐

Gemeinsame Präcipitation von Mitochondrien und Chloroplasten. Rachel M. Leech und R. J. Ellis. (Nature [London] **190,** 790—792, 27/5. 1961; London, Imperial Coll. of Sci. and Technology, Agricult. Res. Council Unit of Plant Physiol., Dep. of Bot.; engl.) — Es scheint unmöglich, Chloroplastenfraktionen durch Zentrifugieren u. Waschen absolut frei von Mitochondrien zu erhalten. Die Verunreinigung gereinigter Chloroplasten wurde an der Höhe der *Transaminase* (**I**)-Aktivität gemessen. Sie steigt im Kontroll-Vers. parallel zum Mitochondriengehalt. BeimWaschen der Chlorplastensedimente nimmt die **I**-Aktivität merklich ab, verschwindet aber nicht völlig. Gleichzeitig können mkr. noch Mitochondrien nachgewiesen werden. U. Mothes. 4150☐

Die Hemmung der Feulgen-Reaktion durch Ionen. Rose E. Cerroni und R. J. Neff. (Exp. Cell Res. **16,** 465—70, Febr. 1959; Nashville, Tenn., Vanderbild Univ., Biolog. Dep.; dt.) — Ggw. von Uranyl- oder Fe^{3+}-Ionen im Kulturmedium der Bodenamöbe *Acanthamoeba* sp. machte die Kerne Feulgen-negativ, u. Fe^{3+}-Ionen verringerten stark die Feulgen-Färbung von *Tetrahymena pyriformis*. Die Hemmung der Färbbarkeit durch Fe war bei *Acanthamoeba* mittels Cysteins aufhebbar. Eine ähnliche Hemmwrkg. trat bei Einw. der gleichen Ionen vor oder nach Säurehydrolyse fixierter *Acanthamoeba*- oder *Tetrahymena*-Zellen, nicht aber nach Färbung mit Schiffs Reagens, ein. Ein Hemmungsmechanismus wird diskutiert (Katalyse der Oxydation von Protein-SH zu –S–S– durch Fe zu einer für Leukofuchsin undurchlässigen Barriere). Proteolytische Verdauung von *Acanthamoeba*-Zellen steigerte die Färbbarkeit der Kerne nach Feulgen. K. Maier. 4150☐

Über die Anwendung von Polystyrol in der histologischen Technik. R. D. Stern und W. D. Arutjunow. (Arch. Pathol. [UdSSR] **23,** Nr. 6, 81—82, 1961; Burdenko-Militärspital, Patholog.-Anatom. Abt.; russ.) — In der Praxis der histolog. Unterss. hat sich die 25%ig. Lsg. von *Polystyrol* (**I**), angesetzt mit Xylol, unter Anwendung eines Deckglases oder Röntgenfilme bewährt. Als Plastifikator eignen sich Dioctylsebacinat, Dioctylphthalat u. Bis-[2-äthylhexyl]-phenylphosphat. Nicht geeignet sind Dibutylphthalat u. Tributylphosphat. Das **I**-Präp. trocknet innerhalb 30—40 Min. u. bleibt dann unverändert. Auf 100 ml 25%ig. **I**-Lsg. sind 5 ml Plastifikator zugegeben. O. Lebtag. 4150△

Über die spektrophotometrische Bestimmung der Nucleinsäuren in den Nervengeweben. W. K. Lutzenko und M. Sch. Promysslow. (Ukrain. biochem. J. **34,** 617—20, 1962; Burdenko-Forschungs-Inst. für Neurochirurgie der Akad. der med. Wiss. der UkrainSSR; russ., Auszug: engl.) — Aus dem Vgl. der Meth. von Logan u. Mitarbeitern (1952) bzw. von Tsanev u. Markov (vgl. **1962,** 1636) zur spektrophotometr. Best. der *Ribonucleinsäure* (**I**) u. *Desoxyribonucleinsäure* (**II**) im Nervengewebe wird geschlossen, daß die 2. Meth. den Vorteil bietet, daß **I** u. **II** direkt u. unabhängig voneinander bestimmt werden können, daß der Einfl. der Fremdstoffe eliminiert wird u. daß statt Trichloressigsäuer $HClO_4$ angewandt werden kann. O. Lebtag. 4150△

Nucleinsäureisolierung aus dem Gehirn nach der Phenolmethode. W. I. Kotscherga und E. B. Skwirska. (Ukrain. biochem. J. **34,** 40—46, 1962; Kiew, Inst. für Biochem. der Akad. der Wiss. der UkrainSSR; ukrain., Auszug: engl.) — In Verss. mit Kaninchenhirn wird festgestellt, daß Gefrierenlassen des Gehirns die Zerlegung der *Ribonucleinsäure* (**I**) nach der Phenolmeth. u. die Ausbeute der Fraktionen verbessert. Aus dem Kaninchenhirn lassen sich folgende **I**-Fraktionen erhalten: niedermol., in W. unlösl. **I**, die durch 1,5 m. NaCl-Lsg. nicht gefällt wird, hochmol., in W. lösl. durch 1,5 m. NaCl-Lsg. fällbare **I** u. die nach der Phenol-Behandlung noch an das Eiweiß gebundene **I**. Im Unterschied zur **I** aus der Kaninchenleber enthält die **I** aus dem Gehirn bei allen pH-Werten des Phenols in der in 1,5 m. NaCl-Lsg. lösl. Fraktion immer etwas *Desoxyribonucleinsäure* (**II**). Dies berechtigt zur Annahme, daß die **II** im Gehirn der Tiere nicht einheitlich ist. Optimal für die **I**-Isolierung aus dem Gehirn ist der pH des Phenols **4,8—4,9.** O. Lebtag. 4150△

Über die Möglichkeit eines Nachweises der Nucleoproteide der Zelle am Sektionsmaterial (Niere). W. Ss. Chonelidse und A. L. Posdnjakow. (Arch. Pathol. [UdSSR] **23,** Nr. 1, 29—33, 1961; Zentral-Inst. für Ärztefortbildung, Lehrstuhl für patholog. Anatomie; russ., Auszug: engl.) — Es wird gezeigt, daß mit Hilfe der Luminescenz ein Nachw. der *Nucleoproteide* (**I**) im Sektionsmaterial möglich ist. 4—5 Monate langes Fixieren des Materials in 10% ig. Formalin-Lsg. ist ohne Einfl. auf die Luminescenzanalyse. Ein Zeitraum von 5—42 Std. vom Eintritt des Todes bis zur Unters. ist ohne Bedeutung, sofern Merkmale einer Autolyse der Leiche fehlen. Als Konservierungsmittel eignet sich Polystyrol (**II**). Dibutylphthalat als Plastifikator ist ohne Einfl. auf die Fluorescenz des Präparates. Bei Verwendung von Deckgläsern ist ein Plastifikatorzusatz zu **II** nicht erforderlich. Die Werte für den **I**-Geh. sind bei Fluorochromierung oder den histochem. Meth. nach Brachet u. Feulgen gleich. Bei geringem **I**-Geh. ist die Best. nach Brachet oder Feulgen zu bevorzugen. O. Lebtag. 4150△

Die Kinetik der Ribonucleinsäure- und Proteinbildung bei Salmonella typhimurium während des Übergangs zwischen verschiedenen Stadien des Wachstumsgleichgewichts. Niels Ole Kjeldgaard. (Biochim. biophysica Acta [Amsterdam] **49**, 64—76, 29. April 1961; Copenhagen, Univ., Inst. of Microbiol.; engl.) — Bei Übertragung von *S. typhi-murium* (Wildtyp) aus einem Glucose-NH_3-Salzmedium in Nährbouillon bei 37° nimmt die Geschw. der *Ribonucleinsäure* (**I**)-Synth. während der ersten 30 Min. in den Bakterien stark zu. Vermutlich beruht die zweiphasige Form der Kurve der **I**-Bldg. vorwiegend auf einer beschleunigten Synth. ribosomaler Partikel. Unter Bedingungen des Fließgleichgewichts des Wachstums besteht zwischen Zellgeh. an Ribosomen u. Geschw. der *Protein* (**II**)-Synth. eine konstante Beziehung. Bei einem solchen Übertragungsvers. ist die Geschw. der **II**-Synth. anfänglich klein, erreicht aber ca. 20 Min. nach Wechsel des Nährmediums die für Bouillonlsg. charakterist. Geschwindigkeit. Die Werte für die **II**-Synth. stimmen gut mit dem angenommenen Verlauf der Ribosomenbldg. u. der Proportionalitätskonstanten zwischen Ribosomenpartikelgeh. u. Geschw. der **II**-Synth. unter Fließgleichgewichtsbedingungen gut überein. K. Maier. 4150□

Die Rolle des Nucleolus bei der Ribonucleinsäure- und Proteinsynthese. 1. Mitt. **Der Einbau von Cytidin in normale und nucleolär inaktivierte HeLazellen.** R. P. Perry, A. Hell und M. Errera. (Biochim. biophysica Acta [Amsterdam] **49**, 47—57, 29. April 1961; Bruxelles, Univ. Libre, Labor. de Biophys. et de Radiobiol.; engl.) — Nucleoli in Gewebekultur wachsender HeLazellen wurden selektiv mit einem UV-Mikrostrahl bestrahlt u. anschließend der Einbau von *^{3}H-Cytidin* (**I**) in die *Ribonucleinsäure* (**II**) von Nucleolus, extranucleolären Nucleusteilen u. Cytoplasma autoradiographisch untersucht. Der Vgl. mit Zellen, die normale Nucleoli enthielten, zeigte, daß ca. $^2/_3$ des cytoplasmat. Einbaus direkt vom Nucleolus abhängen, aber $< ^1/_3$ des Einbaus in extranucleoläre Teile des Nucleus nucleolusabhängig ist. Diese Befunde sprechen zusammen mit quant. kinet. Unterss. des **I**-Einbaus stark für die Hypothese, daß ein großer **II**-Anteil des Cytoplasmas im Nucleolus synthetisiert wird. K. Maier. 4150□

Die Rolle des Nucleolus bei der Ribonucleinsäure- und Proteinsynthese. 2. Mitt. **Der Aminosäureeinbau in normale und nucleolär inaktivierte HeLazellen.** M. Errera A. Hell und R. P. Perry. (Biochim. biophysica Acta [Amsterdam] **49**, 58—63, 29. April 1961; engl.) — 1. vgl. vorst. Referat. — Der kinet. Verlauf des Aminosäure (**I**)-Einbaus in die verschiedenen Teile wachsender HeLa-Zellen zeigt, daß der Vorgang in Nucleolus, restlichem Kernteil u. Cytoplasma mit vergleichbarer Geschw. verläuft. Zwischen Nucleotid- u. **I**-Aufnahme scheint demnach hier kein direkter Zusammenhang zu bestehen. Bei Bestrahlung des Nucleolus mit einem UV-Mikrostrahl einer Dosis, die den Cytidineinbau fast völlig hemmt, wird eine teilweise Wrkg. (30% Hemmung) auf den **I**-Einbau erst nach 6 Std. Inkubationsdauer sichtbar. Unter diesen Bedingungen erfolgt keine Änderung des **I**-Einbaus in den übrigen Kern, jedoch besteht ein 30%ig. Abfall der **I**-Aufnahme in das Cytoplasma, d. h. es liegt eine gewisse Kontrolle des cytoplasmatischen Proteinstoffwechsels von seiten des Nucleolus vor. K. Maier. 4150□

Elektrophoretischer Vergleich von Nucleus- und Nucleolusproteinen. 2. Mitt. **Rattenpankreas.** C. Poort. (Biochim. biophysica Acta [Amsterdam] **51**, 236—40, 5/8. 1961; Utrecht, Univ., Fac. of Med., Dep. of Histol.; engl.) — 1. vgl. **C. 1961**, 16130. — Nuclei u. Nucleoli wurden aus Rattenpankreas isoliert u. hintereinander mit 0,14 m u. 1 m NaCl u. 0,1 n NaOH extrahiert. Zur Isolierung der Nucleoli von sehr kleinen Mengen von Nuclei u. ihrer Extraktion wird eine App. beschrieben. Elektrophorese der 0,14 m NaCl- bzw. 0,1 n NaOH-Extrakte zeigte zwischen Nucleolus- u. Nucleus-*Proteinen* Unterschiede. Die Befunde an Rinderpankreas werden damit gestützt. W. Damerau. 4150◇

Zur Frage der außerordentlichen genetischen Bedeutung der Ribonucleinsäure. N. I. Feiginsson. (Agrobiologie [UdSSR] **1962**, 454—71, Mai/Juni 1962; Moskau, Lomonossow-Univ.; russ.) — Übersicht an Hand der Literatur. — 138 Literaturangaben. O. Lebtag. 4150△

Ein elektrischer Dichroismus von Lösungen der Desoxyribonucleinsäure. G. A. Dworkin. (Доклады Академии Наук СССР [Ber. Akad. Wiss. UdSSR] **135**, 739—42, 21/11. 1960; Akad. der Wiss. der UdSSR, Inst. für biolog. Physik; russ.) — Unter bestimmten Bedingungen wird bei Lsgg. von *Desoxyribonucleinsäure* (DNS) im elektr. Feld ein Dichroismus festgestellt. Vf. beschreibt die App. (Kerr-Zelle, opt. Syst., elektr. Impulsgenerator, Kathodenoszillograph, Photoverstärker) zur Messung des elektr. Dichroismus einer DNS-Lösung. Die Verss. werden mit einer 0,001%igen DNS-Lsg. in 0,01 n NaCl-Lsg. durchgeführt. Der Dichroismus wird in Abhängigkeit von Konz., Ionenstärke μ, pH u. Temp. untersucht. Konz.-Änderungen von 0,001—0,005% haben nur einen geringen Einfl. auf das dichroit. Verh., eine Erhöhung von μ von 0,01 auf 0,1 sowie eine Verringerung des pH-Wertes führen zur Abnahme des Dichroismus. Bei einer auf 90° erhitzten DNS-Lsg. wird eine sprunghafte, irreversible Veränderung des dichroit. Verh. beobachtet (Denaturierung). Es werden auf Grund der Unterss. des Dichroismus der DNS-Lsg. Rückschlüsse auf den Bau des Makromoleküls gemacht. H.-P. Pietsch. 4150□

Die intracelluläre Verteilung und Verschiedenheit von Ribonucleinsäure in Oocyten des Seesterns. Jan-Erik Edström, Wolfgang Grampp und Norberto Schor. (J. biophysic. biochem. Cytol. **11**, 549—57, Dez. 1961; Gothenburg, Schweden, Univ., Dep. of Histol.; engl.) — An Untereinheiten von Oocyten des Seesterns *Asterias rubens*, welche mittels Mikrozerteilung aus fixierten Schnitten gewonnen waren, wurden Geh. u. Zus. der Ribonucleinsäure (RNS) mit ultrachem. Meth. bestimmt. Während des Wachstums der Oocyten ändern sich die quant. Verhältnisse der RNS in Nucleolus, Nucleoplasma u. Cytoplasma. Diese Änderungen gehen in Nucleolus u. Cytoplasma kontinuierlich vonstatten u. hängen mit der Größe der Zelle zusammen, während die RNS des Nucleoplasmas starke Schwankungen zwischen verschiedenen Zellen aufweist, welche von der Zellgröße unabhängig sind. Die RNS der verschiedenen Zellteile ist, wie Purin-Pyrimidin-Analysen zeigten, signifikant voneinander verschieden. Allerdings sind RNS von Cytoplasma u. Nucleolus nahe miteinander verwandt, der einzige Unterschied besteht in einem höheren *Guanin* (**I**)- *Uracil* (**II**)-Quotienten für RNS des Nucleolus. Beide RNS-Typen zeigen ein Überwiegen von **I** u. *Cytosin* (**III**) über *Adenin* (**IV**) u. **II**, während RNS des Nucleoplasmas von den beiden andern Komponenten abweicht u. höhere Konzentrationen von **IV** u. **II** gegenüber **I** u. **III** zeigt. Diese RNS weist eine gewisse Ähnlichkeit mit dem allg. Typ tier. *Desoxyribonucleinsäure* auf. — Die Befunde unterstützen die Ansicht, daß der beständige Anteil der Ribosomen-RNS vom Nucleolus stammt, während der unbeständige Anteil („*messenger-RNS*“) seinen Ursprung im Nucleoplasma hat. W. Albrecht. 4150□

Chemische Wechselwirkung von ^{35}S-6-Mercaptopurin und Ribonucleinsäuren. Hans J. Hansen und Samuel B. Nadler. (Proc. Soc. exp. Biol. Med. **107**, 324—26, Juni 1961; New Orleans, La., Touro Infirmary, Dep. of Biochem. Res., and Tulane School of Med., Dep. of Med.; engl.) — *6-Mercaptopurin* (**I**) verbindet sich in vitro wie in vivo (Rattenleber) mit *Ribonucleinsäure* (**II**). Die Bindung wird nach Verss. mit Hefe-**II** durch Cu^{2+}, Cu^{+} u. Fe^{2+} erhöht. Der Komplex aus **I** u. **II** ist unter den Bedingungen der **II**-Isolierung stabil. K. Maier. 4150□

Die Adeninnucleotide in den Spermatozoiden von Bock, Eber und Hengst. W. I. Shiwkow. (Ukrain. biochem. J. **34**, 86—94, 1962; Sofia, Inst. für vergleichende Pathol. der Haustiere der Bulgar. Akad. der Wiss.; russ., Auszug: engl.) — Mit Hilfe der Papierchromatographie wird nachgewiesen, daß in 10^9 Spermatozoiden der P-Geh. in Form von *Adenosintriphosphorsäure* (**I**) u. *Adenosindiphosphorsäure* (**II**) beim Bock 10,4, beim Eber 4,9, beim Hengst 3,3 γ erreicht. Das mol. Verhältnis von **I** u. **II** beträgt in den Spermatozoiden des Bocks 1,15. Während der Inkubation der Spermatozoiden des Hengstes mit u. ohne KCN verschwinden **I** u. **II** fast völlig; die Beweglichkeit der Spermazellen nimmt ab, bes. bei Anwendung von KCN. In den Spermatozoiden von Eber u. Bock bleibt der **I**-Geh. hoch; die Beweglichkeit der Spermazellen bleibt fast unverändert. Die Spermatozoiden einiger Ejakulate von Eber u. Bock verlieren trotz hohen **I**-Geh. weitgehend ihre Beweglichkeit. O. Lebtag. 4150△

Die intracelluläre Verteilung von Spurenelementen in Lebergewebe. Carl Edwards, Kenneth B. Olson, George Heggen und Joseph Glenn. (Proc.

Soc. exp. Biol. Med. **107,** 94—97, Mai 1961; Albany, N. Y., Albany Med. Coll., Dep. of Med. and Biochem.; Saratoga Springs, N. Y., Saratoga Springs Commission Res. Labor.; engl.) — Es wurde die Verteilung von *Fe, Zn, Cu, Mo, Mn* u. *Cr* in Lebergewebe (Kerne, Mitochondrien, Mikrosomen, Überstand) von 5 Gruppen normaler Ratten spektrographisch bestimmt. Transplantation von Walker-Rattencarcinosarkom 256 änderte Gesamtgeh. u. Verteilung der Spurenmetalle nicht. Ag, Co, Ni, Pb, Sn, Ti u. V waren nicht in nachweisbaren Mengen vorhanden. In 2 Proben menschlichen Lebergewebes wurde die Verteilung der Spurenmetalle nach Fraktionierung untersucht. K. Maier. 4150□

SH-Verbindungen bei der Zellteilung. 2. Mitt. **Die Wirkung von Mercaptoäthanol auf den Zellteilungsmechanismus in Seeigeleiern.** D. Mazia und A. G. Zimmerman, (Exp. Cell Res. **15,** 138—53, Aug. 1958; Berkeley, Univ. of Calif., Dep. of Zool.; engl.) — 1. vgl. Exp. Cell Res. **14,** [1958], 486. — Der Einfl. von *Mercaptoäthanol* (**I**) auf die Zellteilung wird am isolierten Teilungsmechanismus (Spindel–Aster–Chromosom-Komplex) von Seeigeleiern (*Strongylocentrotus purpuratus*) untersucht u. festgestellt, daß **I** in Konz. von 0,075 m die Teilung reversilbel blockiert. Wenn **I** kurz nach der Metaphase zugesetzt wird, findet die nachfolgende Teilung noch statt, aber die nächste wird blockiert. Die mkr. Unters. der Zellen zeigt eine starke Desorientierung der Struktur. Daraus kann man schließen, daß **I** den Teilungsmechanismus nicht einfach zeitweise „lähmt", sondern die Zellstruktur, wenn auch reversibel, wesentlich verändert. U. Baumann. 4150

Durch Verbindungen mit östrogener Aktivität hervorgerufene Quellung von Mitochondrien. L. S. Dietrich, M. J. Friedland und R. C. Cefalu. (Proc. Soc. exp. Biol. Med. **107,** 168—70, Mai 1961; Miami, Fla., Univ. of Miami, School of Med., Dep. of Biochem.; engl.) — 4—8 · 10^{-5} m *Diäthylstilböstrol* (**I**), *Hexaöstrol* u. *Dienöstrol* riefen eine erhebliche Quellung isolierter Rattenlebermitochondrien hervor. *Östradiol* u. *Phloretin* (8 · 10^{-5} m) waren unwirksam. Unter den Versuchsbedingungen verhinderten Adenosintriphosphat, Mg^{2+} oder Versene die von **I** ausgelöste mitochondriale Schwellung nicht. K. Maier. 4150□

Die physikalisch-chemischen Besonderheiten der Blutserumproteine von Kaninchen mit Brown-Pearce-Carcinom. W. P. Korotkorutschko und G. P. Fedorowa. (Ukrain. biochem. J. **34,** 23—31, 1962; Kiew, Inst. für Biochemie der Akad. der Wiss. der UkrainSSR; ukrain., Auszug: engl.) — Vgl. C. **1961,** 12120. — Im Blutserum von Kaninchen (a) mit Brown-Pearce-Carcinom kommt ein unlösl. Eiweiß vor, das zu 80% aus *Globulinen* (darunter 50% γ-Form) u. zu 20% aus *Albuminen* besteht. Im nativen Blutserum von a beobachtet man im Vgl. zur Norm eine Abnahme der Zahl der SH-Gruppen, sowohl auf 100 ml Blutserum wie auf 1 g Eiweiß bezogen. In der Norm bleibt die Zahl der SH-Gruppen bei der Fällung mit HNO_3 die gleiche wie im nativen Serum; bei a nimmt sie hierbei zu. Dies gilt bes. für das unlösl. Eiweiß. Die Viscositäten der Seren u. einzelnen Eiweißfraktionen zeigen keine Unterschiede. Die opt. Drehung des nativen Serums ist bei a stärker als in der Norm. Die durch HNO_3 gefällten Proteine von a u. der Norm zeigen die gleiche opt. Drehung. Die opt. Drehung der unlösl. Proteine ist stärker als bei den Proteinen des nativen Serums u. bei den durch HNO_3 gefällten Proteinen. Vff. nehmen an, daß die Veränderungen der Zahl der SH-Gruppen u. der opt. Drehung des unlösl. Proteins nicht nur auf der strukturchem. Veränderung als Folge der Abscheidung beruht, sondern auf den Eigg. dieses Eiweißes des nativen Serums. O. Lebtag. 4160△

Radiophosphoraufnahme durch Blasentumoren. Ein vorläufiger Bericht. Paul L. Bunce. (J. Urology **85,** 286—90, März 1961; Chapel Hill, N. C., Univ. of N. C., School of Med., N. C. Memor. Hosp., Dep. of Surg.; engl.) — In Unterss. an Patienten wird gezeigt, daß die Aufnahme von ^{32}P in einen Blasentumor im gleichen Ausmaß erfolgt wie die in ein Blasenpapillom. Im Vgl. zu normaler Schleimhaut ist der ^{32}P-Geh. im Tumor u. Papillom erhöht. Wie die Unterss. erkennen lassen, bestehen zwischen den verschiedenen normalen Blasenschleimhäuten Unterschiede hinsichtlich des ^{32}P-Gehaltes. Bei Anwesenheit eines Oberflächentumors enthält die normale Schleimhaut einen ^{32}P-Geh. unter 5 Impulse pro Min./mg, bei Vorliegen eines Tieftumors solche von mehr als 8 Impulse pro Min./mg. R. Reiss. 4160□

Serum-Enzym-Veränderungen bei Krebs. H. Albaum, W. Antopol, B. Kabakow, S. Slapikoff, G. Blinick, L. Sussman und L. Ginzburg. (Proc. Soc. exp. Biol. Med. **108,** 569—72, Dez. 1961; New York, N. Y.; Beth Israel Hosp., Levy Labor.; Brooklyn Coll., Biolog. Res. Labor.; engl.) — Im Serum von Patienten mit folgenden Erkrankungen: Hernien, gutartige Tumoren, Cholecystitis, Krebs des weiblichen Fortpflanzungssystems, Magenkrebs, Darmkrebs u. im Serum gesunder Personen wurden Enzym-Aktivitäten bestimmt. Die Aktivitäten von *Hexokinase*, *Kreatinkinase*, *Glycerinaldehydphosphatdehydrogenase*, *α-Glycerophosphatdehydrogenase-Triosephosphatisomerase* (kombiniert bestimmt) im Serum der Patienten sind vernachlässigbar klein u. wurden deshalb nicht ausgewertet. Die Aktivitäten von *Milchsäuredehydrogenase*, *Glutamat-Pyruvat-Transaminase*, *Glutamat-Oxalacetat-Transaminase*, *Äpfelsäuredehydrogenase*, *Aldolase*, *Enolase*, *Pyruvatkinase* u. *Myokinase* sind tabellar. angegeben. Für die verschiedenen Gruppen von Patienten ergaben sich typ. Enzymverteilungsmuster. Die Muster der verschiedenen malignen Krankheitsgruppen unterscheiden sich sowohl untereinander als auch von der Gruppe der nicht-malignen Erkrankungen. Trotzdem gibt es in jeder Gruppe Patienten, in deren Serum die Aktivitäten einzelner Enzyme vom typ. Verteilungsmuster der Gruppe abweichen.

S. Dittmann-Mitzscherlich. 4160□

Begrenzende Faktoren für die Glykogen-Speicherung in Tumoren. Vijai N. Nigam, Helen L. MacDonald und A. Cantero. (Cancer Res. **22**, 131—38, Febr. 1962; Montreal, Canada, Notre Dame Hosp. and Univ. de Montreal, Montreal Cancer Inst., Res. Labor.; engl.) — An 5 verschiedenen Tumoren wurde die *Glykogen* (**I**)-Synth. durch Best. der einzelnen essentiellen Enzyme untersucht. Die Unterss. zeigen, daß Leber u. Muskel von Novikoff-Hepatom-Ratten 7 Tage nach Transplantation den Hauptanteil an **I** verloren haben. Auch der *Oligosaccharid*-Geh. fällt bei den Tumortieren. Die für die **I**-Synth. notwendigen Enzym-Syst. sind anscheinend defekt. *Phosphoglucomutase*, *Glykogensynthetase* u. *Uridindiphosphatglucosephosphorylase* (außer beim Melanom) sind vermindert vorhanden. Der **I**-Abbau durch Phosphorylase verläuft anscheinend normal. Die Aktivitäten für die *Adenosintriphosphat*- u. *Uridintriphosphat*-regenerierenden Enzyme — bes. Pyruvatkinase u. Nucleosiddiphosphokinase — sind denen der normalen Gewebe vergleichbar. *Uridindiphosphatglucosedehydrogenase* fehlt, daher wird Uridindiphosphatglucose nicht in Uridindiphosphatglucuronsäure umgewandelt.

M. Metze. 4160□

Materialien zur Histochemie des Glykogens in den Geschwülsten der menschlichen Milchdrüse. U. A. Gabunija. (Arch. Pathol. [UdSSR] **23**, Nr. 6, 23—31, 1961; Tbilissi, Med. Inst., Lehrstuhl für patholog. Anatomie; russ., Auszug: engl.) — Die Unterss. ergaben, daß die Herde von Mastopathie, Fibroadenom u. Krebs der Milchdrüse im Gegensatz zum normalen Gewebe in der Regel *Glykogen* (**I**) enthalten. In den parenchymatösen Elementen der Brustgeschwulst findet sich vorwiegend **I**; im Stroma treten andere Polysaccharid (**II**)-Komplexe auf. **I** findet sich im Stroma nur bei Krebs. Mit zunehmender Bösartigkeit der Geschwulst nimmt der Geh. an **I** zu, der Geh. an **II**-Komplexen ab. Der **I**-Geh. ist kennzeichnend sowohl für den Grad der Differenzierung der Geschwulstzellen wie für die Geschw. ihres Wachstums. **I** nimmt in den Geschwulstzellen im nekrobiot. Zustand ab u. verschwindet in den nekrotisierten Zellen völlig. Der histochem. Nachw. des **I** ermöglicht einen sicheren Nachw. der Anfangsformen der Metastase des Brustkrebses zu einer Zeit, da nach den üblichen Meth. der Gewebefärbung dies noch nicht möglich ist.

O. Lebtag. 4160△

Thyreotropin in transplantablen Hypophysen-Tumoren in Mäusen. Peter G. Condliffe und Robert W. Bates. (Acta endocrinol. [Copenhagen], Suppl. Nr. **51**, 263, 1960; Bethesda, Md., National Inst. of Health, National Inst. of Arthritis and Metabolic; engl.) H. Herper. 4160□

Untersuchung der 17-Ketosteroide im Plasma in 51 Fällen von Mammacarcinom. H. Bénard, J. S. Bourdin, R.-T. Saracino und A. Seeman. (Ann. d'Endocrinol. **23**, 525—32, Sept./Okt. 1962; Paris, Acad. Nat. de Méd., Labor. de Rech.; Saint-Cloud, S.-et-O., Centre René Huguenin de Lutte contre le Cancer; franz.) — Bei Patientinnen mit Mammacarcinom war der Geh. der 17-Ketosteroide im Plasma höher als bei Normalpersonen, aber der Unterschied war nur bei Frauen in der Menopause oder bei kastrierten statist. signifikant. Es scheint, daß durch das Carcinom vor allem der ursprünglich niedrige Androgen-Geh. erhöht wird.

K. Zingraf. 4160◇

Weitere immunologische Untersuchungen mit Nucleoproteid-Extrakten aus Benzpyren-Sarkomen. P. de Gregorio. (Boll. Ist. sieroterap. milanese **38**, 494—97, Nov./Dez. 1958; Torino, Univ., Ist. di Patol. gen.; ital.) — Die Unterss. wurden mit durch Benzpyren ausgelösten Sarkomen weißer Ratten durchgeführt. Meerschweinchen wurden mit *Desoxyribo-* u. *Ribonucleoproteid*-Extrakten aus Tumoren sensibilisiert. Mit derartigen Extrakten aus Tumoren konnte dann eine vollständige Desensibilisierung erzielt werden, mit solchen Extrakten aus Leber u. Muskel blieb dagegen die Neigung zum anaphylakt. Schock bei nachträglicher Injektion von Nucleoproteid-Extrakten aus Tumoren bestehen. Der Tumor scheint also ein Antigen zu enthalten, das dem normalen Gewebe fehlt.

M. Wiedemann. 4160□

Die Verteilung cancerogener Dosen von ^{89}Sr im Skelett von Ratten und Mäusen. Malcolm Vye, Gloria E. Zander-Principati und Joseph F. Kuzma. (Lab. Invest. **10**, 514—18, Mai/Juni 1961; Milwaukee, Wis., Marquette Univ., School of Med., Dep. of Pathol.; engl.) — Cancerogene Dosen von ^{89}*Sr* verteilten sich nach intraperitonealer Injektion bei ♀ Mäusen (2,5 μc/g) u. ♀ Ratten (0,5 μc/g) ungleichmäßig im Skelett u. verschieden bei beiden Arten. Die meisten Tumoren (osteogene Sarkome) entwickelten sich in den langen Knochen u. zwar in nicht vorausberechenbarer Weise auf der Grundlage der durchschnittlichen Konz. in individuellen Knochen. Die Rolle von „Sr-redistribution", hohen u. niedrigen Konzz. in einem Knochen, Stoffwechselverschiedenheiten in einzelnen Knochenarten u. geometr. Konfiguration bes. Knochen wurden nicht untersucht.

U. Tausendfreund. 4160□

Metall-Carcinogenese. 1. Mitt. **Beobachtungen über die Carcinogenität von Raffineriestaub, Kobaltoxid u. kolloidalem Thoriumdioxid** J. P. W. Gilman und G. M. Ruckerbauer. (Cancer Res. **22**, 152—57, Febr. 1962; Guelph, Ontario, Ontario Veterinary Coll., Div. of Histol.; engl.) — Die lokale Tumorerzeugung wurde an Ratten u. Mäusen durch i. m. Injektionen mit *Metallstaub* (**I**) von Nickelraffinerien, *Kobaltoxid* u. *Thorotrast* (**II**; koll. Thoriumdioxid) untersucht. **I** u. CoO waren hoch cancerogen (45—50%iges Auftreten lokaler Tumoren), das letzte jedoch nicht bei Mäusen. **II** zeigte kaum cancerogenes Verhalten. M. Metze. 4160□

Metall-Carcinogenese. 2. Mitt. **Untersuchungen über die carcinogene Aktivität von Kobalt-, Kupfer-, Eisen- und Nickelverbindungen.** J. P. W. Gilman. (Cancer Res. **22**, 158—62, Febr. 1962; engl.) — 1. vgl. vorst. Referat. — I.m. Injektionen von Ni_2S_3, *NiO*, *CoS* u. *CoO* riefen an Ratten Tumorbldg. hervor, dabei waren die beiden Sulfide wirkungsvoller als die Oxide. An Mäusen zeigte CoO keine cancerogene Aktivität, bei den übrigen Verbb. zeigten sich die Mäuse weniger empfänglich als Ratten; auch die Verstärkung der Metallwrkg. durch das Sulfid konnte nicht beobachtet werden. Nickelsulfat, sowie die Sulfide u. Oxide von Eisen u. Kupfer zeigten unter den Versuchsbedingungen keinerlei Cancerogenität. Die Ergebnisse zeigen, daß anscheinend Ni_2S_3 der cancerogene Bestandteil von Metallstaub ist.

M. Metze. 4160

Erhöhung der Empfänglichkeit für maligne Tumoren bei der Maus nach Ribonucleinsäuregaben. Joseph Huppert, Fanny Lacour, Jean Lacour und Jacques Harel. (C.R. hebd. Séances Acad. Sci. **252**, 1876—78, 20/3. 1961; Inst. Gustave Roussy et Inst. Pasteur; franz.) — Nach wiederholter intraperitonealer Injektion von 50—250 μg *Ribonucleinsäure* (RNS) zeigten Mäuse eine gesteigerte Empfänglichkeit für maligne Tumoren, bes. für Leukämien u. Sarkome. RNS aus embryonalem Mäusegewebe hatte den gleichen Effekt wie RNS aus normalem menschlichen Gewebe oder aus malignen Tumoren von Mäusen oder Menschen.

K. Thielmann. 4160□

Chemische Konstitution und carcinogene Wirkung bei Nitrosaminen. H. Druckrey, R. Preussmann, D. Schmähl und M. Müller. (Naturwissenschaften **48**, 134—35, 1. März-H. 1961; Freiburg/Br., Labor. d. chir. Univ.-Klinik; dt.) — *Diäthyl-*, *Di-n-propyl-*, *Di-n-butyl-*, *Di-n-amylnitrosamin*, *Nitrosomorpholin* u. *Nitrosopiperidin* erzeugen bei täglicher oraler Gabe in Dosierungen von 1/10 bis 1/40 der DL_{50} der betreffenden Substanz an Ratten in hoher Ausbeute Lebercarcinome. *Nitrosomorpholin* ist ein bes. schnell wirkendes Carcinogen, während *Nitrosopiperidin* neben Lebercarcinomen auch Plattenepithelcarcinome der Speiseröhre erzeugt. *N,N-Bis-[2-hydroxyäthyl]-nitrosamin* ist ebenfalls ein Lebercarcinogen, jedoch ist die erforderliche Dosis 200fach höher als bei Diäthylnitrosamin. *Diisopropylnitrosamin* ist im Vgl. zur n-Verb. ebenfalls weniger stark wirksam. Die Vers. mit *N.N-Dinitrosopiperazin*, mit *Dibenzyl-*, *Phenylmethyl-*, *Diphenylnitrosamin* u. *Nitrosophenylhydroxylamin* (*NH_4-Salz, Kupferron*) sind noch nicht abgeschlossen und bei hohen Dosierungen bisher negativ. *Dimethylnitramin* erzeugte neben cyst. Leberveränderungen einige Nierentumoren, *N.N-Dimethylhydrazin* erwies sich bei sehr hoher Dosierung aber noch nicht abgeschlossenem Versuch als bisher negativ. Zum Wirkmechanismus der Nitrosamine wird angenommen, daß diese nach Abspaltung einer Alkylgruppe in vivo in Diazoalkane verwandelt werden, die als Alkylierungsmittel das eigentliche carcinogene Agens darstellen. R. Preußmann. 4160□

Beziehungen zwischen Hepatocarcinogenese und präcancerösem Abfall der 5-Hydroxytryptophandecarboxylase-Aktivität. Donald E. Kizer. (Cancer Res. **22,** 196—201, Febr. 1962; Ardmore, Okla., Samuel Roberts Noble Foundation, Inc., Biochem. Div.; engl.) — Ratten wurden mit den *2-,2'-, 3'-* u. *4'-Methyl*-Derivv. u. dem *4'-F*-Deriv. des *4-[Dimethylamino]-azobenzols* (**I**) gefüttert u. die *5-Hydroxytryptophandecarboxylase* (**II**)-Aktivität der Leber gemessen. Zur Verzögerung oder Verhütung der Hepatocancerogenese wurden verschiedene Bedingungen gewählt (Abwandlung der Molekülkonfiguration des Azofarbstoffs, Hypophysektomie, Simultanverabreichung von Äthionin oder Methionin). Es sollte festgestellt werden, ob der präcanceröse **II**-Abfall in der Leber mit anschließenden atroph. Veränderungen, die der Hepatocarcinogenese vorangehen, zusammenhängt. Die Ergebnisse deuten daraufhin, daß, wenn ein solcher Zusammenhang besteht, der **I**-Abfall zwar einen notwendigen aber nicht hinreichenden Faktor bei der malignen Transformation darstellt. M. Metze. 4160□

Tierexperimentelle Untersuchungen zur Frage der Therapie von Lungentumoren mit Hilfe radioaktiver Gold-Kohle-Suspensionen. Helmut Ernst, Eduard Iglauer, Helmut Kronschwitz und Ernst Spode. (Strahlentherapie **107,** 382—89, Nov. 1958; Berlin, D.A.W., Inst. f. Med. u. Biol., Arbeitsbereich Angew. Isotopenforsch. u. Klinik; dt.) — Unters. an Hunden über die Anwendbarkeit der Methode. H.-G. Floß. 4160□

Beobachtungen über die Verwendung von Diisopropylfluorphosphat bei Brustcarcinom. Louis J. Vorhaus. (Cancer Res. **19,** 283—84, Juli 1959; New York, N. Y., Cornell Univ., Coll. of Med., Dep. of Med.; engl.) — Bei Frauen mit Mammacarcinomen zeigte sich, daß eine längere Behandlung mit täglichen Dosen von 0,5—3,0 mg *Diisopropylfluorphosphat* die *Cholinesterase* des carcinomatösen Gewebes nicht genügend hemmt, um den klin. Verlauf der Erkrankung zu beeinflussen. G. Kimmerle. 4160

Die Wirkung von tritiummarkiertem Thymidin auf das Wachstum des Ehrlich-Ascitestumors in vivo. Hermann Lisco, Edwin T. Nishimura, Renato Baserga und Walter E. Kisieleski. (Lab. Invest. **10,** 435—43, 1961; Argonne, Ill., Argonne Nat. Labor., Div. of Biol. and Med. Res.; Chicago, Ill., Northwestern Med. School, Dep. of Pathol.; engl.) — Vgl. C. **1962,** **13063.** — Durch mehrere Injektionen von *^{3}H-Thymidin* (**I**), die bei Mäusen mit Ehrlich-Ascitestumor zur Markierung aller Tumorzellen führen, wird das Wachstum der Tumoren deutlich vermindert. Zwar verhält sich der Grad der Verminderung proportional zur Menge **I** (0,1—10 μg/g), beträgt jedoch auch bei der höchsten Dosierung nicht mehr als 43%. **I** läßt sich auf Grund der hier ermittelten Wrkg. zur Unters. direkter Wrkg. der Bestrahlung auf Zellen verwenden. U. Tausendfreund. 4160□

Wirkung von Cytoxan auf intracerebral beziehungsweise subkutan inokulierte Lymphoidleukämie L 1210 bei der Maus. Michael A. Chirigos, Stewart R. Humphreys und Abraham Goldin. (Cancer Res. **22,** 187—95, Febr. 1962; Bethesda, Md., Nat. Cancer Inst., Labor. of Chem. Pharmacol.; engl.) — *Cytoxan* (*N.N-Bis-[β-chloräthyl]-phosphorsäure-N'.O-propylenesterdiamid*; Mead Johnson u. Co.) ist bei intracerebral inokulierter Mäuseleukämie L 1210 weniger antitumorwirksam als bei subkutan inokulierter. M. Metze. 4160□

Einbau des ^{14}C-Sarkolysins in die Eiweißfraktionen von Cytoplasma und Kern des Geschwulst- und normalen Gewebes. M. A. Nowikowa. (Fragen med. Chem. [UdSSR] **6,** 625—30, Nov./Dez. 1960; Moskau, Akad. der med. Wiss. der UdSSR, Inst. für exp. u. klin. Onkolog., Labor. für experimentelle Chemotherap.; russ., Auszug: engl.) — In Verss. mit Ratten zeigte sich, daß das Verhältnis des N-Geh. im Cytoplasma zum N-Geh. im Zellkern im Sarkom 45 (a) im Mittel 16 beträgt, in der gegenüber *Sarkolysin* (**I**) resistenten Variante (b) 8, in der Leber der befallenen Tiere 31. Von den N-Verbb. des Kerns entfallen auf die Nucleoproteide 61% in a, 56% in b u. 65% in c, auf Rest-Eiweiß 21% in a, 21% in b u. 5% in c, auf saures Eiweiß 18% in a, 23% in b u. 30% in c. Nach Zufuhr von **I** (markiert mit ^{14}C) ist eine Aktivität in den Proteinen des Cytoplasmas u. des Kerns sowie in allen Eiweißfraktionen des Kern feststellbar. In a beobachtet man die höchste Aktivität in den Nucleoproteiden des Kerns; es folgen saures Eiweiß, dann Resteiweiß. In c nimmt die Aktivität in der Reihe saures Eiweiß-Resteiweiß-Nucleoproteid ab. Nach der Aktivität der Nucleoproteide nimmt b eine Zwischenstellung ein. O. Lebtag. 4160△

Untersuchungen über die Resistenz gegenüber 5-Fluoruracil. 1. Mitt. Enzyme des Uracil-Stoffwechselweges während der Resistenzentwicklung. Peter Reichard, Ola Sköld, George Klein, László Révész und Per-Henrik Magnusson. (Cancer Res. **22,** 235—43, Febr. 1962; Stockholm, Karolinska Inst., Dep. of Chem. I and Dep. of Tumor Biol.; engl.) — Unterss. an 4 verschiedenen *5-Fluoruracil*(**I**)-resistenten Tumorlinien zeigten ein Absinken der *Uridinkinase* (**II**)-Aktivität nach der 10. Tumorpassage. Nach der 20. Passage betrug der **II**-Wert nur 5—15% des Ausgangswertes. Nach 25—30 Passagen waren die **I**-resistenten Linien kreuzresistent gegenüber 5-Fluoruridin u. 5-Fluordesoxyuridin. 2 Tumorlinien waren **I**-resistent nach der 8. bzw. 9. Passage, ohne daß die **II**-Aktivität sank. Vermutlicherweise ist der **II**-Abfall nur ein Faktor bei der **I**-Resistenz, die anderen Faktoren müssen schon bei der frühen **I**-Resistenz wirksam sein. M. Metze. 4160□

Intracelluläre Verteilung von $^{14}C_{(2)}$-5-Bis-[2-chloräthyl]-aminouracil in den Geweben von Tumorratten. Paul Byvoet und Harris Busch. (Cancer Res. **22,** 249—53, Febr. 1962; Houston, Texas, Baylor Univ. Coll. of Med., Dep. of Biochem. and Pharmacol.; engl.) — Ratten mit Walker-Carcinom 256 erhielten intraperitoneale Injektionen von *$^{14}C_{(2)}$-5-Bis-[2-chloräthyl]-aminouracil* (**I**). Die **I**-Verteilung in den intracellulären Fraktionen der Gewebe (am meisten **I** war in der nuclearen Ribonucleinsäure [RNS] gespeichert, weniger in der Desoxyribonucleinsäure) deutet daraufhin, daß **I** den Aminosäure-Einbau in Nuclear-Proteine behindert, indem es sich mit den „templates" der Protein-Synth. verbindet, bes. mit nuclearer RNS. M. Metze. 4160□

Verteilung und Schicksal von Bromdesoxyuridin und Bromdesoxycytidin in Maus und Ratte. Joseph P. Kriss und László Révész. (Cancer Res. **22,** 254—65, Febr. 1962; Stanford, Calif., Stanford Univ., School of Med., Dep. of Med. and Radiol.; engl.) — *Bromdesoxyuridin* (**I**) u. *Bromdesoxycytidin* (**II**) wurden in der Ratte in vivo verschieden schnell abgebaut, **I** schneller als **II**. Beim **I**-Abbau wurden Bromuracil u. Bromid-Ion gebildet; ein Teil des verabreichten **I** blieb unverändert u. wurde in Desoxyribonucleinsäure (DNS) verschiedener Gewebe eingebaut, ähnlich wie Thymidin. Beim **II**-Abbau wurden weder Bromcytosin noch Bromuracil gefunden. Der **II**-Einbau in DNS verschiedener Organe erfolgt anders als der von **I**. M. Metze. 4160□

Der Einfluß von Desoxyadenosin-N¹-oxid auf die Nucleinsäure-Synthese von Ascites-Tumorzellen in vitro. Sune Frederiksen und Hans Klenow. (Cancer Res. **22,** 125—30, Febr. 1962; Copenhagen, Fibiger Labor.; engl.) — Die Hemmung der *Desoxyribonucleinsäure(DNS)*-Synth. in Ehrlich-Ascitestumorzellen durch *Desoxyadenosin-N¹-oxid* (**I**) kann durch gleichzeitigen Zusatz von *Desoxyguanosin* oder von *Adenosindesaminase* verhindert werden. (Unterss. in vitro des *^{32}P-Orthophosphat*-Einbaus in Ribonucleinsäure u. DNS). Vermutlicherweise wird **I** im Stoffwechsel zu *Desoxyadenosin* reduziert, das wiederum teils zu Desoxyadenosintriphosphat u. teils zu Desoxyinosin umgewandelt wird. Der Hemmungsmechanismus von **I** bei der DNS-Synth. wird diskutiert. M. Metze. 4160□

Wirkung einiger Aldehyde auf den Einbau markierter Aminosäuren in die Proteine von Neoplasmazellen. E. Ciaranfi. (Arch. Scienze med. **113,** 266—74, April/Mai 1962; Milano, Univ., Ist. di Patol. Generale; ital.) — In Yoshida-Asciteshepatomzellen hemmte *DL-Glyceraldehyd* (**I**) die Glykolyse zu 95% u. verringerte in einer Konz. von 10 mm unter aeroben Bedingungen in Ggw. von Glucose den O_2-Verbrauch um 15%; *DL-α-Methylglyceraldehyd* (**II**) u. *DL-β-Methylglyceraldehyd* (**III**) hatten keinen Einfluß. Der Einbau von $^{14}C_{(1)}$-Leucin in die Proteine der Zellen wurden durch **I** um 70% u. durch **III** um ca. 50% herabgesetzt, durch **II** dagegen nicht verändert. K. Zingraf. 4160□

Quantitative Untersuchungen der Wirkungen von Stickstofflost-Analogen und anderen alkylierenden Stoffen auf Ascitestumoren bei Mäusen. Hugh J. Creech, Evelyn Breuninger, Reed F. Hankwitz jun., Germaine Polsky und Mary Lou Wilson. (Cancer Res. **20,** 471—94, Aug. 1960; Philadelphia, Pa., Inst. of Cancer Res.; engl.) — Der Einfl. von 140 *Stickstofflost-Analogen* u. anderen alkylierenden Verbb. auf die Überlebenszeit von Mäusen mit 3 verschiedenen Ascitestumorarten wird untersucht. Der größte Teil dieser Verbb. war dabei wirksam. G. Kimmerle. 4160

Chemotherapeutische Bewertung von verschiedenen Stoffen auf transplantierte Mäusetumoren. David West. (Cancer Res. **19**, 281—82, Juli 1959; New York, N. Y.; engl.) — Bei Albinomäusen mit transplantiertem Carcinom 63 u. Sarkoma X 180 zeigten *Na-Formaldehydsulfoxylat, Bacterium coli*-Filtrat, *Hydrochinon, Cobratoxin, Formalin, Methylenblau, KCN, Zephiranchlorid, Trypsin* u. *Rinderthymusextrakt* keinen Effekt. G. Kimmerle. 4160

Die Wirkung einiger Polymethylenpolyamine auf das Wachstum eines transplantablen Tumors. Komei Miyaki, Makoto Hayashi, Takehisa Chiba und Kashio Nasu. (Chem. pharmac. Bull. [Tokyo] **8**, 933, Okt. 1960; Ohkupa, Narashino, Chiba-ken, Univ. of Chiba, Inst. of Food Chem.; engl.) — Während das Wachstum eines festen Ehrlich-Tumors in vitro von *Putrescinhydrochlorid, Cadaverinhydrochlorid, Spermidinphosphat* u. *Sperminphosphat* (I) nicht beeinflußt wurde, hemmten diese Polyamine, am stärksten I, in 10^{-4} m Konz. Yoshida-Sarkom. K. Maier. 4160□

Chemotherapeutische Untersuchungen an transplantierten Mäusetumoren. Frederic A. French und B. L. Freedlander. (Cancer Res. **20**, 505—38, Aug. 1960; San Francisco, Calif., Mount Zion Hosp. and Med. Center, Res. Labor.; engl.) — Bei Albinomäusen werden die Wrkg. von Guanylhydrazonen, Guanidinen, Thiosemicarbazonen, Thioharnstoffen, Semicarbazonen, Carbamaten, Harnstoffen, Hydrazonen, Oximen, Aminen, Amiden, Aminosäuren u. ihren Derivv., Vitaminen, Vitaminanalogen, Vitaminantagonisten, Metaboliten, Kohlenhydraten u. ihren Derivv., N-Heterocyclen, Azoverbb., Aromaten, Carbocyclen, Carbonyl- u. Polycarbonyl-Verbb., Naturprodd., anorgan. Verbb. u. verschiedenen Stoffen (insgesamt 387 Verbb.) auf die Überlebenszeit nach Implantation von Leukämie-Tumor L-1210, Adenocarcinom 755 oder Sarkom 180 untersucht. G. Kimmerle. 4160

Chemotherapeutische Untersuchungen an kürzlich isolierten Transplantaten von Mäusemammatumoren. Elizabeth M. Cranston und Raymond N. Bieter. (Cancer Res. **19**, 1—14, April 1959; Minneapolis, Minn., Univ. of Minnesota Med. School, Dep. of Pharmacol.; engl.) — Der Einfl. von Aminosäurederivv., Azoverbb., Carbamiden, Imidazolen, Piperazinen, Purinen, Pyrazolen, Pyridazinen, Pyrimidinen, Stilbenen, Thiazolen, Thioxanthenen u. anderen Verbb. (insgesamt 112 Verbb.) auf das Wachstum von implantierten spontan entstandenen Mammatumoren von Mäusen wurde untersucht. G. Kimmerle. 4160

Kombinations-Chemotherapie: Behandlung von Ascites-Neoplasmen mit Purin, Aminosäure und Vitamin-Analogen. Alan C. Sartorelli, Paul F. Kruse jun., Barbara A. Booth und Earl J. Schoolar jun. (Cancer Res. **20**, 495—503, Aug. 1960; Ardmore, Okl., Samuel Roberts Noble Found., Biomed. Div.; engl.) — Bei Ascites-Tumoren von Mäusen wird in vivo die Wrkg. verschiedener *Purin-, Aminosäure-* u. *Vitamin-Analogen* (45 Substanzen) einzeln u. in Kombination geprüft. Durch die Kombinationsbehandlung wurden die Wrkg. der einzelnen Stoffe nicht wesentlich verstärkt. G. Kimmerle. 4160

Strukturaktivitätsbeziehungen und Kreuzresistenz, die bei der Bewertung von Purinanalogen gegen experimentelle Neoplasmen beobachtet wurden. H. E. Skipper, J. A. Montgomery, J. R. Thomson und F. M. Schaberl jun. (Cancer Res. **19**, 287—308, Juli 1959; Birmingham, Ala., Southern Res. Inst., Kettering-Meyer Labor.; engl.) — Vgl. C. **1960**, 17145. — Der Einfl. von 128 Purinanalogen auf das Wachstum von Adenocarcinom 755 bei Albinomäusen wird berichtet. Es wird bei diesen Verbb. auch die Kreuzresistenz einer 6-Mercaptopurin-resistenten Abart des Adenocarcinomes 755 beobachtet. G. Kimmerle. 4160

Chemotherapeutische Untersuchungen mit Disulfonamid-Derivaten von Fluoren. Mary F. Argus und Judith F. Kane. (Cancer Res. **19**, 285—86, Juli 1959; Gainesville, Univ. of Florida, Cancer Res. Labor.; engl.) — Keinen Einfl. auf ein transplantiertes keratinisierendes squamöses Magencarcinom bei Albinomäusen hatten die mehrmaligen Applikationen von *2.7-Bis-[benzolsulfonamido]-fluoren* u. von *2.7-Bis-[naphthalin-2-sulfonamido]-fluoren*. G. Kimmerle. 4160

Screening Ergebnisse der Krebs-Chemotherapie der National Service Center Screening Laboratories. 1. Mitt. Joseph Leiter und Marvin A. Schneiderman. (Cancer Res. **19**, 31—279, April 1959; Bethesda, Md., Nat. Inst. of Health, Nat. Cancer Inst.; engl.) — Am Sarkom 180, Mamma-Adenocarcinom 755 u. Leukämietumor L-1210 werden bei Albinomäusen in vivo die chemotherapeut. Wrkgg. von 1293 Verbb. der verschiedensten Struktur geprüft. G. Kimmerle. 4160

Screening-Ergebnisse der Krebs-Chemotherapie der National Service Center Screening Laboratories. 2. Mitt. Joseph Leiter, Isidore Wodinsky und Anne R. Bourke. (Cancer Res. **19,** 309—408, Juli 1959; engl.) — 1. vgl. vorst. Referat. — Bei Albinomäusen werden die Wrkg. von 979 verschiedenartiger Verbb. auf die Überlebenszeit u. das Tumorwachstum von implantiertem Leukämietumor L-1210, Adenocarcinom 755 oder Sarkom 180 untersucht. G. Kimmerle. 4160

Screening-Ergebnisse der Krebs-Chemotherapie der National Service Center Screening Laboratories. 4. Mitt. Joseph Leiter, I. Wodinsky, A. R. Bourke und Marvin A. Schneiderman. (Cancer Res. **20,** 539—684, Aug. 1960; engl.) — 2. vgl. vorst. Referat. — Bei Albinomäusen, denen Sarkom 180, Mammaadenocarcinom oder ascit. Leukämietumor L-1210 transplantiert worden waren, werden die chemotherapeut. Wrkg. von 1901 Verbb. untersucht. G. Kimmerle. 4160

E_2. Enzymologie. Gärung

Beziehung zwischen Natrium-Transport und Sauerstoff-Verbrauch im isolierten Nierengewebe. Ulrik V. Lassen und Hørn Hess Thaysen. (Biochim. biophysica Acta [Amsterdam] **47,** 616—18, 4/3. 1961; Copenhagen, Univ., Inst. of Biol. Chem.; Med. Dep. A Rigshosp.; engl.) — Verss. an Kaninchen-Nierenschnitten stützten die Hypothese, nach der die Hauptmenge des verbrauchten O_2 für die akt. Na-Rückresorption verwendet wird. B. Görlich. 4210□

· **Desoxyribonucleasen und Desoxyribonuclease-Inhibitor von hämatopoetischem Gewebe: Der Einfluß von Bestrahlung.** N. B. Kurnick, Barbara W. Massey und Georgianna Sandeen. (Ann. New York Acad. Sci. **75,** 61—70, 13/10. 1958; Los Angeles, Calif., Univ. of California, Dep. of Med.; Long Beach, Calif., Veterans Administration Hosp.; engl.) — Verss. zur Überprüfung der Hypothese, nach der durch Bestrahlung ein *Inhibitor* (**II**) der *Desoxyribonuclease* (**I**) inaktiviert wird, was dann eine Autolyse ermöglicht, wurden unter Gesamtbestrahlung von Albinomäusen mit 780 r (entsprechend DL_{100} in 20 Tagen bei dem verwendeten Stamm) durchgeführt. Saure **I** wird in Milz, Leber, Thymus u. kernhaltigen Knochenmarkzellen durch die Bestrahlung stark erhöht. Der Effekt tritt (außer bei Knochenmark) nach 24 Std. auf u. bleibt während der Dauer des Überlebens erhalten. Vff. schließen, daß die zu prüfende Hypothese die wahrscheinlichste Erklärung der Erscheinungen bietet, obgleich **II** noch nicht aufgefunden wurde. A. Hesse. 4210□

Enzymatische Aktivität bei Virusinfektionen. 2. Mitt. **Insbesondere: Phosphatase- und Nucleosidase-Aktivität.** Hideo Nagai, Shunzo Konishi und Tatsuru Hamada. (Ann. Paediatrici jap. **4,** 103—13, Sept./Okt. 1958; Kyoto, Univ., Dep. of Pediatrics; engl.) — Während Vff. früher (1. Vgl. Nagai, Konishi, Nagaumi, Hamada, Ann. Paediatrici jap. **3** [1957], 939) bereits über das Verh. von *Cholinesterase, Glutaminase, Asparaginase, Dehydrogenase* u. *Xanthinoxydase* im Gehirn von mit Viren infizierter Mäusen berichtet haben, untersuchen sie jetzt die Wrkg. von Adenosintriphosphat (ATP) spaltenden Enzymen u. von einigen Nucleosidasen im Gehirn von Mäusen, die mit neurotropen Viren, nämlich japan. *B-Encephalitisvirus-(EV), Tollwutvirus (TV)* u. *Poliomyelitisvirus-(PV)* infiziert waren. *Mg^{2+}-aktivierte Adenosintriphosphatase*: Kurz nach Infektion mit EV u. mit TV wurde eine leichte Abnahme beobachtet, die bei EV ca 96 Std. anhielt, während bei TV bald der Normalwert wieder hergestellt wurde; bei PV wurde erst nach 96 Std. eine Zunahme um ca. 10% gefunden. *Ca^{2+}-aktivierte Adenosintriphosphatase*: Zeigte bei allen Virusinfektionen eine Tendenz zur Abnahme, die bei EV u. TV 20—30% u. bei PV in bis zu 27 Std. ca. 20—25% betrug, dann aber nach 96 Std. bei PV zu einer Zunahme von 18% führte. *Anorgan. Pyrophosphatase*: Bei allen 3 Viren erfolgte ein Anstieg von 20—80%, wobei schon berücksichtigt ist, daß die Kontrollproben Abnahmen von ca. 40% zeigten. *Alkal. Phosphatase*: Bei EV wurde keine Abnahme gefunden; bei TV u. PV zeigte sich erst nach 96 Std. 15 bzw. 20% Zunahme. *Saure Phosphatase*: Bei allen Viren zeigte sich eine Tendenz zu einer geringfügigen Zunahme. *5-Nucleosidase*: Zeigte mit EV keine ausgeprägte Änderung, mit TV eine geringe Zunahme u. baldige Rückkehr zum Normalwert, bei PV in 96 Std. eine Abnahme von 20%. *Adenosinnucleosidase*: Zeigte bei EV u. TV Zunahme um 90% bzw. 70%, die nach 96 Std. auf ca. 30% bzw. 30% zurückging; bei PV wurde in der gesamten Zeit keine Änderung beobachtet. *Guanosinnucleosidase*: Zeigte bei allen Viren erst 48—96 Std. nach der Inokulation eine Zunahme von 20 —40%. — *Inosinnucleosidase*: EV u. TV führten in 24, 48, 72 bzw.

96 Std. zu 20, 30, 50 bzw. 80% Zunahme; PV führte erst nach 72 bzw. 96 Std. zu 20% bzw. 50% Zunahme. *Uridinnucleosidase*: Zeigte mit EV zunächst 25% Abnahme, dann in 72 bzw. 96 Std. ca. 30% bzw. 40% Zunahme; TV führte erst nach einiger Zeit zu 20% Zunahme, während bei PV zunächst 30% Abnahme u. später 15—20% Zunahme gefunden wurde. A. Hesse. 4210□

Über die enzymatische Bildung und Isolierung der Polyphosphate von Adenindesoxyribosiden. Hans Klenow und Eleanor Lichtler. (Biochim. biophysica Acta [Amsterdam] **23,** 6—12, Jan. 1957; Copenhagen, Univ., Inst. for Cytophysiol.; engl.) — Vff. weisen aus einem Desoxyadenosinmono (**I**)- bzw. Desoxyguanosinmonophosphat enthaltenden ATP-Extrakt von Markknochen u. dem Muskel des Kaninchens auf papierchromatograph. Wege (zweidimensionale Meth., Elutionsmittel: A., Ammoniumacetat nach Paladini u. Leloir, Sprühmittel nach Plesner) zwei Verbb. von geringerer Beweglichkeit als **I** nach. Durch säulenchromatograph. Isolierung u. Charakterisierung der Verbb. werden sie als Desoxyadenosindi- u. Desoxyadenosintriphosphat identifiziert. Die enzymat. Bldg. erfolgt gemäß der Gleichung: Adenosintriphosphat + **I** $\rightleftharpoons$ Adenosindiphosphat + Desoxyadenosindiphosphat, 2 Adenosindiphosphat $\rightleftharpoons$ Adenosintriphosphat + Adenosinmonophosphat, 2 Desoxyadenosindiphosphat $\rightleftharpoons$ **I** + Desoxyadenosintriphosphat. A. Täufel. 4210□

Der Ort der 2.4-Dinitrophenolwirkung auf die oxydative Phosphorylierung. P. Borst und E. C. Slater. (Biochim. biophysica Acta [Amsterdam] **48,** 362—79, 1/4. 1961; Amsterdam, Univ., Labor. of Physiol. Chem.; engl.) — Die Fähigkeit von *Dinitrophenol* (**I**), anorganisches Phosphat (**II**), das normalerweise zur Atmung in Mitochondrienpräpp. benötigt wird, ersetzen zu können, wurde bei frischen Rattenlebermitochondrien, deren endogenes anorgan. **II** durch Vorinkubation mit Substrat u. einem **II**-Acceptorsystem erschöpft war, untersucht. Die Verwertbarkeit wurde durch Vgl. der Oxydationsgeschw. in Ggw. von **I** allein u. von **I** + **II** bestimmt. Beide Geschw. waren für die Substrate Citrat (in Ggw. von Malonat), L-Prolin, Succinat, DL-β-Hydroxybutyrat u. Malat gleich, während für α-Ketoglutarat, L-Glutamat u. Citrat **II** nur partiell durch **I** ersetzbar war. Demnach wird die Vorstellung, daß **I** bei der Funktion der Atmungskette in Mitochondrienpräpp. **II** ersetzen kann, ausnahmslos bestätigt. Die Befunde sprechen weiter für die Annahme, daß **I** eine Zwischenstufe der oxydativen Phosphorylierung spaltet, die kein durch Verestern von anorgan. **II** gebildetes **II** enthält. K. Maier. 4210□

Veränderungen im Phosphorstoffwechsel des Gastrocnemiusmuskels beim Altern weißer Ratten. Morris Rockstein und Karl F. Brandt. (Proc. Soc. exp. Biol. Med. **107,** 377—80, Juni 1961; New York City, New York Univ., Med. Center, Dep. of Physiol.; engl.) — Die Unters. der Veränderungen des Adeninnucleotidentphosphorylierenden Systems im Gastrocnemiusmuskel alternder Rattenmännchen ergab einen ausgeprägten Abfall der Mg-aktivierten Adenosintriphosphatase (**I**)-Aktivität von jungen zu sehr alten Tieren (Sprague-, Dawley- u. CFN-Stamm). Bei beiden Stämmen änderten sich jedoch Actomyosin (pH 9)-**I**- u. ATP-Geh. beim Altern nicht signifikant. Die Bedeutung des **I** bei der Energieversorgung der Skelettmuskelkontraktion u. die mögliche Bedeutung für die Physiologie des Alterns wird besprochen. **I** bildet ein festes, reproduzierbares Kriterium für das Altern der Skelettmuskelfunktion. K. Maier. 4210□

Formiatoxydation durch besondere Präparate höherer Pflanzen. Mendel Mazelis. (Plant Physiol. **35,** 386—91, Mai 1960; Albany, Calif., Western Regional Res. Labor.; engl.) — Das Präparieren des Formiatoxydations-Syst. aus höheren Pflanzen wird beschrieben. Es hat bei pH 7,0 ein scharf ausgeprägtes Optimum. Die Oxydation von *Formiat* (**I**) zu CO_2 war nur während der ersten 30 Min. linear von der Zeit abhängig. *KCN* u. *Na-Azid* waren bei einer Konz. von 10^{-3} m sehr starke Inhibitoren. *Semicarbazid* u. *Hydroxylamin* inhibierten die Rk. bei 10^{-3} m um 50%. *8-Hydroxychinolin* stimulierte in derselben Konz. die Rk. auf 125%. Wurde das Syst. für 5 Min. unter N_2 gehalten, so sank die **I**-Oxydation auf 60—70%. *Adenosinmono-*, *-di-*(**II**), *-triphosphat*, *Adenin* u. *Adenosin* hemmten ebenfalls die **I**-Oxydation. Sehr starke Hemmung zeigte Zusatz von *Phosphoenolbrenztraubensäurecarboxylase* u. *-carboxykinase* (**III**) u. *Phosphorglycerinsäure*. Stärkste Hemmung zeigte Zusatz von **II** u. **III**. Das **I**-Oxydations-Syst. ist in *Digitonin* löslich. Es wurde in Kohlblättern, Erbsensamen, Spinatblättern, Radieswurzeln, Blumenkohlblumen, Rübenwurzeln u. Kürbis gefunden. W. Hiller. 4210□

Die Metallkomponente von D-α-Hydroxysäuredehydrogenase ist durch Chelatbildner nicht abdissoziierbar. Terenzio Cremona und Thomas P. Singer.

(Nature [London] **194**, 836—38, 2/6. 1962; Detroit, Henry Ford Hosp., Edsel B. Ford Inst. for Med. Res.; engl.) — Vff. (vgl. Biochim. biophysica Acta [Amsterdam] **57**, [1962], 412) bringen neue experimentelle Unterlagen zur Stütze ihrer Ansicht, daß die Hemmung der *D-α-Hydroxymilchsäuredehydrogenase* durch Chelatbildner auf Bldg. eines Haloenzym-Chelatkomplexes beruht u. nicht, wie Iwatsubo u. Curdel (Biochem. biophysic. Res. Communs. **6**, [1961], 385) meinen, auf einer Entfernung der Metallkomponente. A. Hesse. 4210□

Methode der Reinigung und Kristallisation und einige Eigenschaften der Glucoseoxydase von Penicillium vitale Pidopl. et Bilai. M. F. Guly und R. G. Degtjar. (Ukrain. biochim. J. **34**, 137—45, 1962; Kiew, Inst. für Biochemie der Akad. der Wiss. der UkrainSSR; ukrain., Auszug: engl.) — Die ausführlich beschriebene Meth. zur Isolierung u. Reinigung der *Glucoseoxydase* (**I**) aus der Kultur-Fl. von *Penicillium vitale* beruht auf der **I**-Adsorption von Al_2O_3 beim pH 6,5—7,0. Hierbei wird das Al_2O_3 in Abständen von 15 Min. bei ständigem Umrühren in Dosen von 12,5 g (insgesamt 50 g) zu 1 Liter Fl. zugesetzt. Eine Belüftung der Fl. wird hierbei vermieden. Das gewonnene **I**-Präp. enthält keine Katalase u. a. Fermente, wird durch Ca^{2+}, Mn^{2+} u. NH_4^+ aktiviert u. kann in der geschlossenen Ampulle monatelang ohne Aktivitätsverlust aufbewahrt werden. Das Präp. ist gegenüber Glucose hochspezif. u. eignet sich für deren fermentative Bestimmung.
O. Lebtag. 4210△

Über die Gegenwart verschiedener Histidin-decarboxylierende Enzyme in Säugergeweben. P. O. Ganrot, A. M. Rosengren und E. Rosengren. (Experientia [Basel] **17**, 263—64, 15/6. 1961; Lund, Univ., Dep. of Pharmacol.; engl.) — Säugergewebe enthalten, wie Unterss. mit Präpp. aus Kaninchennierenrinde oder fötaler Rattenleber ergaben, mindestens 2 verschiedene *Histidin-decarboxylierende Enzyme*. Eines scheint unter physiol. Verhältnissen für die Histaminbldg. ohne Bedeutung zu sein u. ist wahrscheinlich mit Dopadecarboxylase identisch. Das andere findet sich in Mastzellen u. wachsenden Geweben. K. Maier. 4210□

Über die Hemmungsart der Hirn-Glutaminsäuredecarboxylase und die Bildung von Pyridoxalhydrazon durch Isonicotinsäurehydrazid. Taeko Hado. (Nagoya med. J. **5**, 203—09, Dez. 1959; Nagoya City Univ. Med. School, Dep. of Pharmacol.; engl.) — Die Michaelis-Menten-Konst. der *Glutaminsäuredecarboxylase* (**I**) von Mäusegehirn beträgt $6{,}3 \times 10^{-3}$ Mol. Die **I**-Hemmung durch *Isonicotinsäurehydrazid* (**II**) nimmt in vitro durch Zugabe von *Pyridoxalphosphat* erheblich ab. Die **I**-Hemmung durch **II** war mit dem Substrat kompetitiv. In der Rk.-Mischung von **II** mit **III** wurde ein Absorptionsband entdeckt, das mit dem von *Pyridoxalhydrazon* übereinstimmt. G. Kimmerle. 4210

Ein Versuch zum Nachweis der Trennung von F-Actin von Myosin durch die Einwirkung von ATP. Haruhiko Noda und Koşçak Maruyama. (J. Biochemistry [Tokyo] **48**, 723—32, Nov. 1960; Tokyo, Univ. of Tokyo, Fac. of Sci., Dep. of Biophysics and Biochem.; Coll. of General Educ., Biol. Inst.; engl.) — Aus dem beim Zentrifugieren (100000 *g*) einer *Myosin B* (**I**)-Lsg. (aus Kaninchenskelettmuskel, 0,6 m KCl) in Ggw. von *Adenosintriphosphat* (**II**) erhaltenen Sediment wurde ein Faserprotein extrahiert, das die für *F-Actin* (**III**) zu erwartenden Eigg. aufwies. Aus der Strömungsdoppelbrechung ergab sich eine Moleküllänge von 1—3 μ, die mit der von **I** gut übereinstimmte. Die Aminosäurezus. entsprach der des direkt aus Muskel nach Straub erhaltenen Actins. Bei Kombination von **III** aus **I** mit *Myosin A* resultierte rekonstituiertes *Actomyosin*, das sich in Eigg. u. Rk. mit **II** (Strömungsdoppelbrechung, Lichtstreuung, Superpräcipitation) ganz wie **I** verhielt.
K. Maier. 4210□

Die Bindung von p-Chlormercuribenzoat durch Myosin. Darcy Gilmour und Martin Gellert. (Arch. Biochem. Biophysics **93**, 605—16, Juni 1961; Hanover, New Hampshire, Dartmouth Med. School, Dep. of Biochem.; engl.) — Kaninchen-*Myosin* (**I**) bindet rasch 3—4 Mol *p-Chlormercuribenzoat* (**II**)/10^5 g Protein. Weitere Bindung bis maximal 7—8 Mol findet allmählich mit abnehmender Geschw. statt. Die Rk.-Geschw. steigt mit der **I**- u. **II**-Konz. an. Bindung von 3—4 Mol **II**/10^5 g Protein beschleunigt die *Adenosintriphosphatase*- u. hemmt die *Inosintriphosphatase*-(**III**)-Aktivität. Diese Effekte sind ausgeprägter, wenn die **I**–**II**-Rk. bei hoher **I**-Konz. (~ 1mg/ml) erfolgt. Nach einer solchen Behandlung sind die Enzymgeschw. zeitlich nicht konstant. In Ggw. von Substrat werden die Änderungen beschleunigt u. deuten auf eine **II**-Umgruppierung am Protein nach der Anfangsrk. hin. 48std. **I**-Behandlung mit **II** verhindert diese Komplikationen teilweise, u. es ergibt zwischen **III** u. **II**-Titer eine lineare Beziehung. Die Aufhebung der **II**-Bindung durch Glutathion wurde untersucht. Die Befunde werden durch ein Modell doppelter Substratverknüpfung mit dem Enzym gedeutet. K. Maier. 4210☐

Einfluß von Konservierungsmitteln auf Häminenzyme. 2. Mitt. **Untersuchungen über eine Korrelation zwischen dem Konservierungseffekt organischer Säuren und ihrer Katalasehemmung.** Hans Lück. (Z. Lebensmittel-Unters. u. -Forsch. **111**, 190–98, 1960; München, Dtsch. Forschungsanst. f. Lebensmittelchemie; dt.) — 1. vgl. C. **1961**, 12875. — Bei statist. Vgl. der Hemmung von *Katalase* (**I**) durch 0,02 m Säure bei pH 4,5 u. der Hemmung des Wachstums von Bakterien (Hemmkonz. von *Escherichia coli* (*E. c.*) u. *Streptococcus lactis* (*S. l.*) bei pH 5,2) wurde bei 28 organ. Säuren eine mittelstarke negative Korrelation gefunden (*E. c.*: r — 0,58; *S. l.*: r — 0,56). Trotz der bestehenden Korrelation ist die **I**-Hemmung wahrscheinlich nicht für die Wachstumshemmung verantwortlich, da die Korrelation nicht in nennenswertem Umfang vom **I**-Geh. der Zellen abhängt (**I**-Geh. von *S. l.* nur 10% der von *E. c.*). — Die absolute Hemmkonz. für das Wachstum von *S. l.* ist dagegen doppelt so hoch wie die für *E. c.* — Es wird die Reihenfolge der Wrkg. der Säuren mitgeteilt (Monobromessigsäure stärkste, Bernsteinsäure schwächste Wrkg.). A. Hesse. 4210◇

Die Nucleopeptide als mögliche Zwischenprodukte der Biosynthese von Proteinen und Nucleinsäuren. O. P. Tschepinoga. (Ukrain. biochem. J. **34**, 146–57, 1962; Kiew, Inst. für Biochemie der Akad. der Wiss. der UkrainSSR; russ., Auszug: engl.) — Übersicht an Hand der Literatur. — 55 Literaturangaben. O. Lebtag. 4210△

Untersuchungen über die Hemmung von 3.4-Dihydrophenyläthylamin (Dopamin)-β-oxydase in vitro. M. Goldstein und J. F. Contrera. (Experientia [Basel] **17**, 267, 15/6. 1961; New York, New York Univ., Coll. of Med., Dep. of Psychiatry and Neurol.; engl.) — Die enzymat. in vitro-Umwandlung von *Dopamin* in *Norepinephrin* durch *Dopamin-β-oxydase* (**I**) wird von prim. Phenyläthylaminen, wie p-Hydroxyphenyläthylamin, β-Phenyläthylamin (**II**), Amphetamin, 3.4-Dihydroxyphenyläthylamin, 3-Methoxy-4-hydroxyphenyläthylamin (**III**), u. Phenylpropylamine wie 2-Phenylcyclopropylamin, sowie durch Pentobarbital gehemmt. Sek. Amine sind weniger wirksam. Homarylamin u. Imipramin (Tofranil) hemmen ebenfalls **I. II, III** u. p-Hydroxyamphetamin sind **I**-Substrate, die in die entsprechenden β-Hydroxyverbb. umgewandelt werden. K. Maier. 4210☐

Die Aktivität einiger Fermente der Glykogenolyse in verschiedenen Muskeln von erwachsenen Kaninchen und Embryonen. P. D. Dwornikowa und T. M. Petschenowa. (Ukrain. biochem. J. **34**, 118–29, 1962; Kiew, Inst. für Biochemie der Akad. der Wiss. der UkrainSSR; ukrain., Auszug: engl.) — Der Kaninchen-Vers. ergab, daß die Aktivitäten der *Phosphoglucomutase* (**I**) u. der *Phosphofructokinase*(**II**) stark, die Aktivitäten von *Aldolase* (**III**) u. *Enolase* (**IV**) wenig verschieden sind. Am höchsten ist die Aktivität von **I, II, III** u. **IV** im Rückenmuskel. Im Herz-, Diaphragma- u. Oberschenkelmuskel beträgt die Aktivität nur 20–44% des Wertes im Rückenmuskel. Die Fermente treten in den Skelettmuskeln nicht gleichzeitig auf. **I, II, III** u. **IV** sind schon in den ersten Lebenstagen vorhanden. Die *Phosphorylase* fehlt in den ersten 14 Tagen. Die Aktivität der *Hexokinase* ist mit 145 γ P je 1 mg Eiweiß beim Neugeborenen ziemlich hoch u. nimmt bis 70 γ am 10.–12. Tag ab. Die Muskeln der Embryonen u. neugeborenen Tiere enthalten 0,7–1% Glykogen. Vff. nehmen an, daß die Synth. des Glykogens in den Muskeln durch die Transketolase unter Teilnahme der Uridinphosphoglucose bewirkt wird. O. Lebtag. 4210△

Bedingungen für die Hemmung des Tricarbonsäurecyclus durch Fluoracetat in Rattenlebermitochondrien. E. M. Gal und R. E. Smith. (Proc. Soc. exp. Biol. Med. **103**, 401–04, Febr. 1960; Los Angeles, Univ. of California Med. School, Dep. of Pharmacol. and Physiol.; Sepulveda, Calif., V. A. Hosp.; engl.) — In vivo- u. in vitro-Unterss. an hungernden u. gefütterten ♂ u. ♀ Ratten ergaben folgendes: In Ggw. von Fumarat reagieren Rattenlebermitochondrien auf eine *Fluoracetat* (**I**) — Vergiftung mit *Citrat* (**II**) — Akkumulierung unabhängig vom Geschlecht der Tiere. Nach Fluorcitrat-Vergiftung ist bei fastenden Tieren die **II**-Ansammlung geringer. Die Atmungshemmung durch 0,1 bis 0,2 mm Fluorcitrat setzt in den ersten 15 Min. ein, die durch **I** erst nach 20–30 Minuten. *Testosteron* beeinflußte die **I**-Wrkg. nicht, *Progesteron*-(**III**) kehrte sie um, aber nur bei ♂ Tieren. Wenn **III** mit **I** kombiniert wird, hemmt es die Atmung. Bestrahlung erhöht die **II**-Akkumulierung in Lebermitochondrien ♂ Ratten nicht wesentlich. M. Metze. 4210☐

Enzymuntersuchungen an Leukocyten. Richard Wagner und Rose Sparaco. (Ann. New York Acad. Sci. **75**, 16—21, 13/10. 1958; Boston, Mass., Boston Floating Hosp., Res. Labor.; Tufts Univ., School of Med., Dep. of Pediatrics; engl.) — Früher (Wagner, Meyerriecks, Sparaco [1956]) war entgegen der Meinung von Warburg (1911) gezeigt worden, daß die Oxydationen im Blut nicht vornehmlich in den in größerer Zahl vorhandenen Blutplättchen erfolgen, sondern daß die endogene O_2-Aufnahme in Leukocyten (Pferd) mindestens 45mal höher als in Blutplättchen ist. Ein weiterer wesentlicher Unterschied zwischen Leukocyten u. Leber (welche viele enzymat. Besonderheiten gemeinsam haben) liegt in der Tatsache, daß das hauptsächliche Substrat für O_2-Aufnahme in der Leber *Succinat* (**I**), in den Leukocyten dagegen *α-Glycerophosphat* (**II**) ist. — Bei Leukocyten, die gegen dest. W. dialysiert waren, ist nach der Dialyse der O_2-Verbrauch fast auf Null herabgesunken; nach Zusatz von **II** oder **I** kann der O_2-Verbrauch wiederhergestellt werden. Zusatz des Dialysates führt aber nicht zu Regeneration der *Glycerophosphatdehydrogenase* (**III**). — In dialysierten leukäm. Leukocyten wird die **III**-Wrkg. nicht durch Zusatz von *Cytochrom c* (**IV**) zum Rk.-Gemisch erhöht. Zusatz von **IV** ohne **II** erhöht nicht die O_2-Aufnahme. Hieraus kann aber nicht geschlossen werden, daß die **III**-Aktivität in leukäm. Leukocyten in geringerer Menge vorliegt; der Mangel kann auch durch Fehlen weiterer an der O_2-Aufnahme beteiligter Enzyme liegen. Auch kann das Verh. der leukäm. Leukocyten auf einer Differenz in der **IV**-Konz. in den Zellen oder das Ergebnis von Unterschieden auf der Extrahierbarkeit von **IV** beruhen. A. Hesse. 4210□

Enzymatische Synthese von δ-Aminolävulinsäure. David Shemin und Goro Kikuchi. (Ann. New York Acad. Sci. **75**, 122—28, 13/10. 1958; New York, N. Y., Columbia Univ., Coll. of Physicians and Surg., Dep. of Biochem.; engl.) — Teilchenfreie Extrakte aus *Rhodopseudomonas sphäroides* u. *Rhodospirillum rubrum* sind befähigt, die Synth. von *δ-Aminolävulinsäure* (**I**) aus *Bernsteinsäure* (**II**) u. *Glykokoll* (**III**) in Ggw. der Cofaktoren Coenzym A (CoA), Adenosintriphosphat (ATP) u. Pyridoxal (**IV**)-phosphat sowie Mg^{2+} oder aus Succinylcoenzym A (**V**) u. Glykokoll bei Ggw. von **IV**-Phosphat zu katalysieren. Diese Rkk. verlaufen in zwei Stufen: Aktivierung von **II** durch CoA u. ATP; danach Kondens. von „akt.“ **II** mit einem **IV**-Deriv. von **III**. Die Extrakte enthalten ein Mg^{2+} erforderndes aktivierendes System. Das „aktive“ **II** scheint mit **V** ident. zu sein; **V** kondensiert sich mit einem aus **III** u. **IV**-Phosphat gebildetem stabilisiertem Carbanion, das entweder durch Verlust eines Protons oder durch Verlust von CO_2 entsteht. Bei Verss. mit $^{14}C_{(1)}$-**III** geht die Bldg. von $^{14}CO_2$ parallel mit der Bldg. von **I**. A. Hesse. 4210□

Untersuchungen über den Mechanismus der Fructose-Produktion der menschlichen Placenta. D. D. Hagerman, J. Roux und C. A. Villee. (J. Physiology **146**, 98—104, 23/4. 1959; Boston, Mass., Boston Lying-in Hosp.; Harvard Med. School, Dep. of Biol. Chem.; engl.) — Gesamthomogenate von Geburtsplacenten von Frauen erzeugen *Fructose* (**I**), wenn sie in vitro mit Fructose-6-phosphat, Glucose-6-phosphat oder Sorbit u. Diphosphopyridinnucleotid inkubiert werden. Menschliche Placenta enthält eine Ketoreduktase, aber nicht Aldosereduktase oder Sorbit, so daß die **I**-Produktion nicht mit einer Kombination der Wrkg. dieser beiden Enzyme erklärt werden kann. Die Placenta enthält ebenfalls keine Fructose-6-phosphatase. Es scheint, daß in der menschlichen Placenta die Produktion von **I** durch eine nicht spezif. alkal. Phosphatase stattfindet. G. Kimmerle. 4210

Untersuchungen über milchzuckerspaltende Enzyme. 8. Mitt. **Der Einfluß des Kationen-Milieus auf die Aktivität der β-Galaktosidase von E. coli ML 309.** Kurt Wallenfels, O. P. Malhotra und Danica Dabich. (Biochem. Z. **333**, 377—94, 1960; Freiburg i. Br., Univ., Chem. Labor.; dt., Auszug: engl.) — 7. vgl. Biochem. Z. **333**, [1960], 209. — Bei weiterer Unters. der Einw. von *β-Galaktosidase* (**I**) aus *E. coli ML 309* auf *o-Nitrophenyl-β-D-galaktosid* (**II**) wurden für die aktivierende u. hemmende Wrkg. von Alkaliionen (**III**) unter Abänderung von **II**-, H^+- u. **III**-Konz. sowie der Einw.-Zeit u. der Temp. folgende Ergebnisse erhalten. *Na^+* ist der beste Aktivator; seine Wrkg. hängt stark von den anderen Rk.-Bedingungen ab: sie nimmt mit steigender Temp. (5—40°) u. fallendem pH (9,0—5,0) u. mit abnehmender **II**-Konz. zu; NaCl, NaF, Na_2SO_4 u. $NaOCOCH_3$ haben bei gleicher Normalität gleiche Wrkg.; die optimale Konz. für Aktivierung der **II**-Hydrolyse liegt bei 0,03 m NaCl. — *K^+* u. *NH_4^+* haben wesentlich geringere aktivierende Wrkg.; ihre optimalen Konzz. liegen (bei sehr flachem Verlauf der Kurven) bei 0,002 m KCl bzw. 0,005 m NH_4Cl. Die Geschw. der Aktivierungs-Rk. ist je nach dem Substrat verschieden, bei p-Nitrophenyl-β-D-galaktosid geringer als bei **II**, in D_2O kleiner als in H_2O. —

Der Einfl. des pH auf die Werte von K_m u. von V_{max} bei der **II**-Hydrolyse spricht für die Beteiligung von 2 dissozierbaren Gruppen mit *pK*-Werten von 6,7 bzw. 9,0 bei 20°. NaCl u. KCl verschieben die *pK*-Werte dieser Gruppe ebenso wie das pH-Optimum um ca. eine pH-Einheit nach der sauren Seite. Imidazol- u. SH-Gruppen werden als die beteiligten funktionellen Gruppen angenommen. — Die Hydrolyse von *Lactose* wird durch K^+ wesentlich stärker aktiviert als durch Na^+. Die pH-V_{max}-Kurve zeigt in Abwesenheit von Alkali u. in Ggw. von K^+ zwei Maxima, in Ggw. von Na^+ nur ein Maximum. — Die Hydrolyse von *o-Nitrophenyl-α-L-arabinosid*, das mit 56% der bei **II** beobachteten Geschw. gespalten wird, erfährt die stärkste (8fache) Aktivierung durch Na^+ (einziges Optimum in Ggw. von Na bei pH 6,25, also wesentlich saurer als bei **II**); die pH-Kurven haben in Ggw. von KCl u. in Abwesenheit von Alkaliionen ein zweites Maximum bei pH 8,0. — Die Hydrolyse von *p-Nitrophenyl-β-D-galaktosid* wird durch KCl stärker als durch NaCl aktiviert; es findet sich ein einziges Maximum der pH-Aktivitätskurve bei Abwesenheit u. bei Ggw. von Alkaliionen. — NaCl erhöht in allen untersuchten Fällen die **I**-Substrat-Affinität u. führt zu eingipfligen pH-V_{max}-Kurven. — Eine Erklärung für das durch Einbeziehung anderer Substrate als **II** in die Unters. komplizierter gewordene Bild der Abhängigkeit von V_{max} der Hydrolyse vom pH des Rk.-Mediums kann bisher nicht gegeben werden. — In einem Anhang werden noch zusammenfassend die Ergebnisse von notwendigen Vorarbeiten mitgeteilt, die die Herst. des Tris-CH_3COOH-Puffers sowie die Messung der Extinktionskoeff. von *o-Nitrophenol* u. *p-Nitrophenol* bei verschiedenen Temp. u. verschiedenem pH betreffen. A. Hesse. 4210□

Untersuchungen über milchzuckerspaltende Enzyme. 11. Mitt. Die Reaktion von 2.4-Dinitrofluorbenzol mit β-Galaktosidase von E. coli, Modellversuche mit Insulin und Ribonuclease. Kurt Wallenfels und Alfred Arens. (Biochem. Z. **333**, 395 bis 429, 1960; dt., Auszug: engl.) — 10. vgl. C. **1961**, 11757; 8. vgl. vorst. Referat. — Vff. nehmen an, daß die Geschw. der Wrkg. von *β-Galaktosidase* (**I**) aus *E. coli* durch Bldg. einer Galaktosyl-**I**-Verb. bestimmt ist, welche das Prod. einer nucleophilen Verdrängungs-Rk. am anomeren C-Atom des Galaktosides ist. Zur Feststellung der für eine solche Substitution bei **I** in Betracht kommenden funktionellen Gruppen erfolgt Unters. der **I** unter Dinitrophenylierung (DNP-Meth.) nach Sanger (1945) unter Verw. von 1-Fluor-2.4-dinitrobenzol (**II**), das mit endständigen NH_2-Gruppen, SH-Gruppen von Cystein, ε-NH_2-Gruppen von Lysin, phenol. OH-Gruppen von Tyrosin u. Imidazolgruppen von Histidin reagiert. Die bisher nicht bekannte Kinetik der Dinitrophenylierung wird zunächst in Modell-Verss. an *Glycin* (**III**), *Insulin* (krist. bzw. Zn-frei) (**IV**) u. *Ribonuclease* (**V**) studiert. Hierzu wird die auf 40° ± 0,1° erwärmte Lsg. mittels 0,1 n KOH auf pH 8,40 eingestellt u. das verflüssigte **II** unter so heftigem Rühren zugesetzt, daß **II** in kleinste Tröpfchen zerteilt u. die Lsg. an **II** gesätt. erhalten wird; während 250 Min. wird durch automat. unterbrochene Zugabe von 0,1 n KOH das pH konstant auf 8,40 gehalten. Aus der registrierten Alkaliaufnahmekurve erhält man nach Abzug des durch Rk. von **II** mit W. (Hydrolyse unter Bldg. von Dinitrophenol) bedingten Alkaliverbrauches den Gesamtalkaliverbrauch, welcher der Rk. des Proteins mit **II** entspricht. Die Rk. folgt unter den angewendeten Bedingungen der 1. Ordnung u. zerfällt in zwei Abschnitte von verschiedener Geschw., von denen der erste sich der Dinitrophenylierung der Imidazolreste zuordnen läßt, während die übrigen funktionellen Gruppen mit größerer, aber gleicher Geschw. reagieren. — Die Rk. mit **III** dient zugleich zur Eichung der Apparatur. Bei **IV** u. **V** ergibt sich allg. gute Übereinstimmung zwischen Gesamtalkaliverbrauch u. einem aus den bekannten pK_{int}-Werten berechneten Wert; jedoch muß bei krist. **I** angenommen werden, daß eine Imidazolgruppe pro Mol. (Mol.-Gew. 5733,5) durch Koordination mit Zn blockiert ist. — Der Gesamtalkaliverbrauch bei Rk. von **I** bzw. von mit Perameisensäure oxydierter **I** mit **II** stimmt ebenfalls mit dem erwarteten Verbrauch überein, wenn die bei **IV** ermittelten Verbrauchswerte der einzelnen funktionellen Gruppen zur Berechnung benutzt werden; das bedeutet, daß alle gegenüber **II** reaktionsfähigen Gruppen in Rk. treten. Hinsichtlich der Geschw. verhält sich **I** wie **IV** u. **V**. — Die Best. der NH_2-endständigen NH_2-Gruppen durch Säurehydrolyse des DNP-Proteins u. Papierchromatographie der in Ae. lösl. DNP-Aminosäuren nach Sanger ergab 4 *Threonin*-Reste u. 2 *Glutaminsäure*-Reste je Mol./Mol.-Gew. 750000). A. Hesse. 4210□

Regulierung der induzierten β-Galaktosidase-Synthese bei Escherichia coli. G. Dénes. (Acta physiol. Acad. Sci. hung. **20**, 207—16, 1961; Budapest, Med. Univ., Inst. of Med. Chem.; engl.) — *E. coli*-Kulturen können *β-Galaktosidase* (**I**) nach Induktion durch *Isopropylthio-β-D-galaktosid* (**II**) synthetisieren, u. zwar schneller als mit dem natürlichen Aktivator *Lactose* (**III**) u. unabhängig davon, welche C-Quelle geboten wird. Der **II**-Effekt wird durch **III** u. dessen Stoffwechselprodd. *Glucose* u. etwas weniger durch *Galaktose* gehemmt. M. Metze. 4210☐

Einfluß von Lactose und Thiogalaktosidase auf die Vermehrung von β-Galaktosidase-konstitutiven Mutanten von Escherichia coli. G. Dénes. (Acta physiol. Acad. Sci. hung. **20**, 217—27, 1961; Budapest, Med. Univ.; engl.) — Vgl. auch vorst. Referat. — *Lactose* (I) hemmt die Vermehrung von *β-Galaktosidase*-konstitutiven *Escherichia coli*-Mutanten. Bei Zugabe sehr kleiner Konzz. ($5 \cdot 10^{-4}$ m) der I-Metaboliten (Glucose oder Galaktose) wird die Wachstumshemmung reduziert. Hohe Konzz. hemmen ebenfalls. *Thiogalaktoside* kehren den wachstumshemmenden I-Effekt um. M. Metze. 4210☐

Regulierung der konstitutiven β-Galaktosidase-Synthese bei Escherichia coli. G. Dénes. (Acta physiol. Acad. Sci. hung. **20**, 229—35, 1961; Budapest; engl.) — Vgl. vorst. Referate. — *Lactose* (**I**) — das Substrat für *β-Galaktosidase* (**II**) — hemmt die Synthese von konstitutiver **II**; *Isopropylthio-β-D-galaktosid* u. *Thiophenyl-β-D-galaktosid*, die keine **II**-Substrate sind, beeinflussen die **II**-Synth. nicht u. stören auch nicht die durch **I** hervorgerufene Hemmung der konstitutiven **II**. Vermutlicherweise hemmt **I** nicht selbst, sondern über seine Metaboliten *Glucose* (**III**) u. *Galaktose* (**IV**). **III** hemmt die **II**-Synth. unabhängig von seiner Konz., **IV** hemmt konzentrationsabhängig. Zusammenfassend ist festzustellen, daß **III** die Synth. von induzierbarer u. konstitutiver **II** hemmt, **III** hemmt aber nicht das Wachstum von wilden u. nicht von konstitutiven Mutanten der Escherichia coli-Stämme. **I** u. **IV** induzieren die Synth. von induzierbarer **II**, beeinflussen aber nicht das Wachstum von Wildstämmen. **I** u. **IV** hemmen die Synth. von konstitutiver **II** u. hemmen gleichzeitig das Wachstum der mutanten Zelle, obwohl sie „Galaktose-positiv" sind. Vf. nimmt an, daß dieses Phänomen seine Erklärung nicht im **II**-System, sondern im **IV**-Stoffwechsel (Leloir-Stoffwechselweg) findet. M. Metze. 4210☐

Untersuchungen über Bakterien-Amylase. 5. Mitt. **Chemische Veränderung von Bakterien-Amylase und Kupplung von Takaamylase A mit p-Sulfobenzoldiazoniumchlorid.** (J. Biochemistry [Tokyo] **48**, 790—802, Dez. 1960; Osaka, Osaka Univ., Fac. of Sci., Labor of Biochem.; engl.) — 4. vgl. C. **1962**, 168. — *Bakterien-Amylase* (**I**) wurde dinitrophenyliert mittels *Fluordinitrobenzol* u. *Dinitrobenzolsulfonat*, wobei ihre Aktivität während der Rk. verfolgt wurde. Es wurde angenommen, daß einige ε-Aminogruppen von Lysinresten in **I** nicht wichtig seien für die **I**-Aktivität. **I** wurde ferner mit *p-Phenylazobenzoylchlorid* behandelt. Es zeigte sich, daß die **I** Aktivität während dieser Behandlung weniger abnimmt, als die von *Takaamylase A* (**II**). Wenn **I** u. **II** mit diazotierter Sulfanilsäure bei pH 8,0 ca. 3,5 Std. lang gekuppelt werden im Verhältnis Amylase/Reagens 1 : 30, waren die α-Amylase-Aktivitäten beider Enzyme verschwunden; dabei wurde festgestellt, daß die *α-Phenylmaltosidase*-Aktivität der veränderten **II** auf das ca. 1,5fache angestiegen war. Aus dem Absorptionsspektrum der Azo-**I** u. aus den Folin- u. p-Dimethylaminobenzaldehyd-Best. der, aus dem proteolyt. Abbau isolierten Azo-Peptide der modifizierten **I** wurde angenommen, daß die Azogruppe in einen einzelnen Tyrosinrest des **I**-Mol. eingeführt wurde u. daß saure Aminosäuren, Serin, Glycin u. Threonin in der Nähe von Tyrosin lokalisiert sind. Die Bedeutung des Azo-Peptides in Bezug auf die Aktivierung des Enzyms wurde besprochen. H. Aman. 4210☐

Antihyaluronidase und Antistreptolysin O in den Seren von Kranken mit akuter Nephritis. I. M. Ljampert und N. T. Jareschko. (Журнал Микробиологии, Эпидемиологии и Иммунобиологии [J. Mikrobiol., Epidemiol. Immunbiol.] **32**, Nr. 11, 12—21, Nov. 1961; Moskau, 1. Med. Ssetschenow-Inst.; Gamaleja-Inst. für Epidemiolog. u. Mikrobiolog. der Akad. der med. Wiss. der UdSSR; russ., Auszug: engl.) — Von 77 untersuchten Kranken mit akuter Nephritis war der Titer des *Antistreptolysins O* bei 90,6% im Mittel auf 1236 E., der Titer der *Antihyaluronidase* bei 58,1% im Mittel auf 705 E. (normal 50—500 bzw. 50—300 E.) in den ersten Tagen der Erkrankung, entsprechend den klin. Symptomen, erhöht u. war ein charakterist. diagnost. Kriterium für die Schwere des Krankheitsverlaufes. I. v. Kloch-Kornitz. 4210☐

Die „Feedback"-Steuerung enzymatischer Synthesen durch Cystein und dessen Derivate während des Wachstums von Proteus morganii. S. Bourgeois, J. M. Wiame und H. Lelouchier-Dagnelie. (Arch. int. Physiol. Biochim. **67**, 504—05, Juni 1959; Bruxelles, Inst. de Rech. du C.E.R.I.A., et Univ., Labor. de Microbiol.; engl.)

— Zusatz von *Aminosäuren* (**I**) in Form von Nährbouillon, Caseinhydrolysat oder eines Gemisches der Casein-aufbauenden 19 reinen **I** zu Minimalkulturmedium von *Proteusmorganii* macht die Bakterien zu augenblicklichem Wachstum unfähig, das erstnach 12—48 Std. wieder einsetzt. Zusatz von *Methionin* (**II**), *Cystein* (**III**), *Homocystein* u. *Cystathionin* reduziert die Latenzphase auf 2 Std. (beruht auf der Bldg. der für die **II**- u. **III**-Biosynth. erforderlichen Enzyme, die bei Züchtung in komplexer Nährlsg. den Zellen fehlen). **II** u. **III** steuern hiernach die Bldg. der für die eigene Synth. erforderlichen Enzyme („Feedback"). K. Maier. 4210☐

Veränderungen des Leucinaminopeptidase-Gehalts der Rattenniere nach der Geburt. Väinö K. Hopsu und S. Ruponen. (Acta physiol. scand. **54**, 111—15, Febr. 1962; Turku, Finland, Univ., Dep. of Anatomy; engl.) — Histochem. u. quant. Unterss. der *Leucinaminopeptidase* (**I**) in der Rattenleber während der individuellen Entw. des Tieres ergaben folgendes: **I** ist hauptsächlich in der juxtamedullären Zone der Nierenrinde lokalisiert (im Fötus nur in einigen Tubulusgruppen) u. steigt nach der Geburt stark an (im Fötus $^1/_{10}$ vom Geh. adulter Tiere), so daß nach der ersten Woche 80% des Geh. adulter Tiere erreicht sind. **I** scheint weniger mit der Wachstumsgeschw. der Niere als viel mehr mit der Nierenfunktion in Beziehung zu stehen. M. Metze. 4210☐

Biosynthese von Valin und Isoleucin. 4. Mitt. **α-Hydroxy-β-ketosäurereduktoisomerase von Salmonella.** F. B. Armstrong und R. P. Wagner. (J. biol. Chemistry **236**, 2027—32, Juli 1961; Austin, Texas, Univ. of Texas, Dep. of Zool.; engl.) — 3. vgl. C. **1961**, 5125; 5. vgl. C. **1963**, 1716. — Vff. beschreiben die Reinigung von *α-Hydroxy-β-ketosäurereduktoisomerase* von *Salmonella typhi-murium* durch Fällungen u. anschließende Cellulose-Säulentrennung. Dieses Enzym katalysiert, wahrscheinlich in einer Einstufenrk., die Umwandlung von α-Hydroxy-β-ketosäuren zu den entsprechenden α.β-Dihydroxysäuren, Vorstufen in der Valin- u. Isoleucin-Biosynthese. Für die Enzym-Aktivität erwiesen sich nur Magnesiumionen u. red. Triphosphopyridinnucleotid als Cofaktoren, während β-Mercaptoäthanol zur Stabilisierung des Enzyms, das bei pH 7,5 sein pH-Optimum besitzt, erforderlich ist. Die daneben unter bestimmten Bedingungen auftretende α-Keto-β-hydroxysäurereduktase wird in ihrer Beziehung zur Reduktoisomerase diskutiert.
K. Heyns. 4210☐

Transaminaseaktivität in Suspensionen von Leberparenchymzellen. Keith S. Henley, Hugh S. Wiggins, H. Marvin Pollard und Esther Dullaert. (Ann. New York Acad. Sci. **75**, 270—78, 13/10. 1958; Ann Arbor, Mich., Univ. Hosp., Dep. of Internal Med., Sect. of Gastroenterology; engl.) — Es zeigte sich, daß *Glutaminsäure-Brenztraubensäuretransaminase* (**I**), die ein empfindlicherer Indicator für Leberschäden ist als die *Glutaminsäure-Oxalessigsäuretransaminase* (**II**), unter bestimmten Bedingungen aus Leberzellen u. Leberschnitten leichter als **II** oder Protein abgegeben wird. Dies kann bei pH 9 in Ggw. von Phosphat oder $NaHCO_3$, nicht aber in Ggw. von Alanin gezeigt werden. A. Hesse. 4210☐

Über das Vorkommen eines proteolytischen Enzyms und eines Trypsin-Inhibitors in Kuhmilch. 3. Mitt. **Beziehung zwischen Protease und Trypsin-Inhibitor.** Friedrich Kiermeier und Günther Semper. (Z. Lebensmittel-Unters. u. Forsch. **111**, 483—93, 18/3. 1960; Weihenstephan, Süddeutsche Vers.-Anstalt f. Milchwirtschaft, Chem. u. Physikal. Inst.; dt.) — 2. vgl. C. **1961**, 17614. — Bei Fraktionieren von Magermilch mit $(NH_4)_2SO_4$ konnte eine Fraktion erhalten werden, in der das *Trypsin* (**I**) (gemessen in μg gebildetes Tyrosin) von „0,9 μγ" auf „8,8 μγ" angereichert war, während gleichzeitig die Menge des **I**-*Inhibitors* (**II**) von 88,2% (gehemmte **I**) auf 11,9% vermindert war. Die Hauptmenge des **II** findet sich im Filtrat dieses Caseinniederschlages. Eine vollständige Trennung von **I** u. **II** gelang nicht. Noch geringere Erfolge hinsichtlich dieser Trennung wurden bei Fällungen mit Aceton u. Trichloressigsäure, Inaktivierung von **II** mittels Gallensäuren, durch erhöhte Tempp., durch Ausäthern u. Ausfrieren u. mittels Adsorptionsmitteln erzielt. — Die geringe Verdaulichkeit von roher Milch gegenüber ungekochter Milch wird auf Ggw. des gegen höhere Tempp. empfindlichen **I** zurückgeführt.
A. Hesse. 4210◇

Untersuchungen über die bei enzymatischem Abbau von Rinderserum-Albumin, Ribonuclease und Trypsin gebildeten Zwischenprodukte. Max Schlamowitz, Linn U. Peterson und Frank C. Wissler. (Arch. Biochem. Biophysics **92**, 58—68, Jan. 1961; Buffalo, N. Y., Roswell Park Memorial Inst., Dep. of Biochem. Res. and of Biophysics; engl.) — Die Verteilung der Bruchstücke, die beim enzymat. Abbau von Rinderserum-*Albumin* gebildet werden, sind durch analyt.

Unterss. mit der Ultrazentrifuge u. durch Fraktionierung mit Trichloressigsäure-Lsgg. in Harnstoff untersucht worden. Es konnten Zwischenprodd. mit Molgew. von 69000 bis 5000 gefunden werden; kleinere Bruchstücke sind nicht berücksichtigt worden. Die Größe der Bruchstücke nahm kontinuierlich mit der Rk.-Dauer ab. Die Spaltung von Peptidbindungen, wahrscheinlich an den Disulfid-Brücken, wird gezeigt. Eine Beziehung zwischen Verlust an enzymat. Aktivität u. Bldg. trichloressigsäurelösl. Prodd. wird für *Ribonuclease* u. *Trypsin*, die mit Pepsin abgebaut werden, gezeigt. Die Ergebnisse werden im Zusammenhang mit einem Proteolyse-Schema diskutiert. K. Heyns. 4210□

Protease-Unterdrückung in Bacillus megatherium KM. J. Chaloupka und P. Křečková. (Biochem. biophysic. Res. Commun. **8**, 120—24, 19/6. 1962; Prag, ČSSR, Dep. of Gen. Microbiology, Microbiolog. Inst. Czechoslow. Acad. of Sci.; engl.) — Es wurde der Frage nachgegangen, inwiefern Aminosäuren als Abbauprodd. der *Protease* (**I**) der Synth. der **I** in den Zellen des *Bacillus megatherium* (*B. M.*) entgegenwirken. B. M. wurde auf dem synth. Substrat C/G gezüchtet u. produzierte extra- u. intracellulär erhebliche Mengen an **I**. Ein Zusatz von $5 \cdot 10^{-3}$ m $CaCl_2$ schützte **I** vor Inaktivieren u. 100 mg Chloramphenicol/ml verhinderte eine weitere Synth. von **I**. Durch Zusatz von 2% Casaminosäure zum Medium wurde die Bldg. von **I** unterbunden. Da der größere Anteil an **I** extracellulär auftrat, d. h. in das Gärmedium abgesondert wurde, konnte die Unterdrückung der **I**-Bldg. an dem niedrigen **I**-Spiegel des Gärmediums erkannt werden. Dagegen ermittelte man, daß die intracelluläre Synth. der **I** durch Aminosäuren nicht unterdrückt wurde. Hieraus konnte gefolgert werden, daß die **I**-Synth. intra- und extracellulär durch verschiedene Mechanismen gesteuert wird. L. Macher. 4210□

Das Fehlen der Lipämie-Clearingfactor-Lipase im menschlichen Fettgewebe. H. Engelberg. (J. Lipid Res. **2**, 169—71, April 1961; Los Angeles, Calif., Cedars of Lebanon Hosp., Div. of Lab.; engl.) — *Clearingfactor-Lipase*(**I**)-Aktivität fand sich reichlich in Hühnerfettgewebeextrakten. In 7 von 9 Proben chirurgisch entfernten menschlichen Fettgewebes war keine **I**-Aktivität enthalten. Die beiden restlichen wiesen geringe lipolyt. Wirksamkeit auf. K. Maier. 4210□

Einfluß von Tetrazoliumsalzen auf die Pseudocholinesterase beim Menschen. George H. Fried und William Antopol. (Proc. Soc. exp. Biol. Med. **103**, 389 bis 391, Febr. 1960; New York City, Beth Israel Hosp., Joseph and Helen Yeamans Levy Fn.; engl.) — Die Anticholinesterase-Aktivität folgender 6 Tetrazoliumsalze wurde manometr. am Humanserum getestet: *Triphenyltetrazoliumchlorid*, *2-[p-Jodphenyl]-3-[p-nitrophenyl]-5-phenyltetrazoliumchlorid*, *Neotetrazolium*, *Tetrazoliumblau*, *Nitroneotetrazolium* u. *Nitro-Deriv.* von *Tetrazoliumblau*. Die ersten beiden sind Mono-(**I**), die letzten 4 sind Ditetrazoliumsalze (**II**). Alle 6 Verbb. hemmen Human-*Pseudocholinesterase*, **II** mehr als **I**. Vff. führen es auf die größere Anzahl von tert. Aminogruppen in **II** zurück. M. Metze. 4210□

Coenzym Q. 16. Mitt. **Bestimmung des Coenzym Q_{10}-Gehaltes von Luzerne.** Robert E. Erickson, Donald E. Wolf und Karl Folkers. (J. of Nutrit. **71**, 101—104, Mai 1960; Rahway, N. J.; Merck, Sharp, and Dohme Res. Labor.; engl.) — 14. Mitt. vgl. J. Org. Chem. **25**, 1053 (1960). — Frische Luzerne wurde verseift, das Unverseifbare durch Extraktion entfernt u. durch Chromatographie gereinigt. *Coenzym Q_{10}* (**I**) wurde durch Papierchromatographie identifiziert u. spektrophotometr. bestimmt. Handelsübliches Luzernenmehl wurde direkt mit *Skellysolve B* extrahiert. Im Extrakt wurde ebenfalls der **I**-Geh. bestimmt. Durch die Verss. wurde bestätigt, daß in Luzerne neben *Plastochinon* auch **I** vorkommt. In den untersuchten Proben betrugen die Geh.: 28 mg **I**/kg Mehl; 3,4 mg **I**/kg frische Luzerne. Unter Berücksichtigung des W.-Geh. der frischen Pflanzen folgt aus diesen Werten, daß bei Herst. des Mehls u. Lagerung der **I**-Geh. voll erhalten bleibt.
S. Dittmann-Mitzscherlich. 4210□

Acetataufnahme in Δ^5- und Δ^4-3β-Hydroxy- und 3-Ketosteroiden durch menschliche fetale Nebennieren-Schnitte. Eric Bloch und Kurt Benirschke. (Acta endocrinol. [Copenhagen], Suppl. Nr. **51**, 691, 1960; New York, Yeshiva Univ., Albert Einstein Coll. of Med., Biochemistry and Dep. of Obstetrics and Gynecol.; Boston, Harvard Med. School, Dep. of Pathol.; engl.) H. Herper. 4210□

Coeruloplasmin bei Lebererkrankung, eine diagnostische Falle. J. M. Walshe und Joy Briggs. (Lancet **1962** (**II**), 263—65, 11/8; Cambridge, Univ., Dep. of Exper. Med.; engl.) — Bei tödlicher Hepatitis oder bei chron. Hepatitis des Kindes wurden *Coeruloplasmin*(**I**)-Spiegel im Blut in demjenigen Bereich gefunden, wie er von Wilsonscher Erkrankung her bekannt ist. Ein derart erniedrigter **I**-Spiegel bei Kindern oder jungen Erwachsenen mit schweren Lebererkrankungen kann deshalb nicht mehr länger als diagnost. Hinweis auf eine Wilson-Erkrankung gedeutet werden. U. Tausendfreund. 4210◇

Pinguinain: Vergleich von Pinguinain aus Cuba und Puerto Rico sowie des Hitzeverhaltens. R. A. Messing. (Experientia [Basel] **17,** 167—68, 15/4. 1961; Somerville, N. J., Ethicon Inc., Res. Div., Biochem. Dep.; engl.) — Vgl. C. **1962,** 173. — *Pinguinain*(**I**)-Präpp. aus 2 verschiedenen Bromelia-**I**-Früchten enthielten die gleiche Zahl elektrophoret. Eiweißkomponenten ähnlicher Laufgeschw. (verschiedene Ionenstärken u. pH-Puffer-Bedingungen). Die enzymat. Aktivität von **I**-Lsgg. fiel bei > 50° stark ab. Das 20 Min.-Temp.-Optimum der Roh-**I**-Azocollrk. lag bei ca. 60° (G_{10}-Werte: 30—40°, 2,40; 40—50°, 1,66; 50—60°, 1,40). K. Maier. 4210□

Zur Biosynthese der Terpene. 10. Mitt. **Synthese von γ.γ-Dimethylallylpyrophosphat und Geranylpyrophosphat.** Hermann Eggerer. (Chem. Ber. **94,** 174 bis 185, 1961; München, Max-Planck-Inst. für Zellchemie; dt.) — 9. vgl. C. **1961,** 875. — *γ.γ-Dimethylallylpyrophosphat* (**I**) wird wie folgt hergestellt: Bei Red. von *Dimethylacrylsäure* mit $LiAlH_4$ entsteht *Dimethylallylalkohol*, dieser wird dann in *3-Methyl-2.3-dibrombutanol* übergeführt u. zum Phosphorsäureester umgesetzt. Brom wird bei 0° mit Na-Amalgam unter Bldg. von *γ.γ-Dimethylallylphosphat* (**II**; säurelabil) abgespalten. Das Na-Salz von **II** wird mit Dicyclohexylcarbodiimid u. NH_3 in *Phosphorsäure-[γ.γ-dimethylallylester]-amid* umgewandelt. Daraus entsteht mit H_3PO_4 **I**. — *Geranylpyrophosphat* (**III**) wird auf folgendem Weg hergestellt: *Tetrabromgeraniol* wird mit $POCl_3$ phosphoryliert, *Tetrabromgeranylphosphat* wird in *Geranylphosphat* umgewandelt, dieses in das Amid umgewandelt, daraus analog vorst. Präp. **III** mit H_3PO_4 hergestellt. — **I** ist mit der aus *Δ^3-Isopentenylpyrophosphat* (**IV**) enzymat. gebildeten Substanz ident. (gleiches papierelektrophoret. Verh., Freiwerden von Pyrophosphorsäure beim Ansäuern). Aus **IV** u. **III** bildet sich *Squalen* (**V**). Die saure Hydrolyse der Allylphosphate verläuft rasch u. unter Allylumlagerung. Die Dibrom-Verbb. sind dagegen nicht säurelabil (analyt. Trennungsmeth.). **III** ist (als stärker polare Verb.) leichter verseifbar als Geranylphosphat. Gegen n/100 NaOH von 100° sind die Allylpyrophosphate beständig. Aus den Ergebnissen wird gefolgert, daß bei der Hydrolyse die C–O-Bindung gelöst wird.

Versuche (Meth. der Phosphatanalyse u. der papierelektrophoret. Trennung der Phosphate sowie der Messung der Verseifungsgeschw. der Allylphosphate durch Phosphatbest. u. durch enzymat. Einbau von $^{14}C_{(1)}$-**IV** mit **III** in **V** s. Original): *Dimethylallylalkohol*, Kp. 139—140°, Dimethylacrylsäure in abs. Tetrahydrofuran (**VI**) wird mit $LiAlH_4$ in **VI** versetzt, $^1/_2$ Std. rückflußgekocht u. bei 0° hydrolysiert, Nachred. mit wss. KBH_4-Lsg., 13,5 g Ausbeute; *Phenylurethan*, F. (PAe.) 64 bis 65°, Kp. 140°. — *2.3-Dibrom-3-methylbutanol*, F. 35—38°, zu der Lsg. von vorst. Verb. in abs. Chlf. wird bei —10° innerhalb 15 Min. Br_2-Lsg. gegeben, aus PAe. farblose Nadeln, 10,1 g Ausbeute. — *2.3-Dibrom-3-methylbutylphosphat* (*Bis-[cyclohexylammonium]-Salz*), $C_5H_{11}Br_2O_4P \cdot C_{12}H_{26}N_2$, F. 148—155° (Zers.), die Lsg. von 2,46 g vorst. Verb. + 4,55 g abs. Triäthylamin in 10 ml abs. Chlf. wird innerhalb 15 Min. unter Feuchtigkeitsausschluß u. Rühren mit 4,6 g $POCl_3$ in 5 ml abs. Chlf. versetzt, nach weiteren 10 Min. bei —50° u. 5std. Rühren bei Zimmertemp. wird auf 50 g Eis getropft, nach Isolierung u. Ansäuern mit Cyclohexylamin neutralisiert, krist. aus wss. Aceton, 3 g Ausbeute. — *γ.γ-Dimethylallylphosphat* (*Di-Na-Salz*), $C_5H_9O_4PNa_2 \cdot 10H_2O$, die Suspension von 2,63 g vorst. Verb. in 40 ml W. wird bei 0° unter Rühren u. Einleiten von CO_2 allmählich mit 69 g 2%ig. Na-Amalgam versetzt, Blättchen aus W.-Aceton, Sintern bei 100°, Zers. bei 200°, verwittert beim Trocknen im Vakuum u. ist dann hygroskop., Ag-Salz in W. schwerlösl., Li-Salz w.-lösl., mit A. fällbar. — *γ.γ-Dimethylallylphosphorsäure, Ba-Salz*, $C_5H_9O_4PBa$, aus 1,56 g vorst. Verb. in 10 ml W. mit 6 ml 1 m Ba-Acetat, aus wss. A. silbrigglänzende Blättchen, zerfallen beim Trocknen im Vakuum zu 1,2 g voluminösen Pulvers, F. > 250°. — *Phosphorsäure-[γ.γ-dimethylallylester]-amid* (*Dicyclohexylguanidinium-Salz*), $C_5H_{12}NO_3P \cdot C_{13}H_{25}N_3$, F. 162—163°, 302 mg vorst. Verb., in W. mit $(NH_4)_2SO_4$ in das NH_4-Salz umgewandelt, werden in 1,6 ml W. mit 0,33 ml 25%ig. NH_3, 1,03 g Dicyclohexylcarbodiimid (**VII**) u. 10 ml tert.-Butylalkohol (**VIII**) 10 Std. im Druckgefäß auf 80° gehalten u. noch einige Std. bei Zimmertemp. aufbewahrt, krist. beim Anreiben mit Aceton, Blättchen aus **VI**, 235 mg Ausbeute. — *γ.γ-Dimethylallylpyrophosphat*, die Lsg. von 389 mg vorst.

Verb., 1,15 g 85%ig. H_3PO_4, 3 ml o-Chlorphenol u. 4 ml Pyridin wird 4 Tage bei Zimmertemp. aufbewahrt, mit konz. NH_3 bei 0° schwach alkal. gemacht u. mit Aceton auf 100 ml aufgefüllt, als Ba-Salz isoliert, mit etwa $BaCO_3$ u. fast 20% γ.γ-Dimethylallylphosphat verunreinigt, 165 mg Ausbeute. — *Tetrabromgeraniol*, F. 65—68°, über die $CaCl_2$-Verb. gereinigtes u. dest. Geraniol (Kp.$_{12}$ 110—112°) wird in Lsg. (4,62 g in 20 ml Chlf.) mit der Lsg. von 9,6 g Br_2 in 10 ml abs. Chlf. innerhalb 15 Min. bei — 10° versetzt, krist. aus Ae.-PAe. in Nadeln, 6,1 g Ausbeute. — *Tetrabromgeranylphosphat*, $C_{10}H_{19}Br_4O_4P \cdot C_{12}H_{26}N_2$ (*Bis-[cyclohexylammonium]-Salz*), F. 131—132°, die Lsg. von 4,74 g vorst. Verb. + 4,55 g abs. Triäthylamin in 10 ml abs. Chlf. wird innerhalb 15 Min. unter Feuchtigkeitsausschluß u. Rühren mit der Lsg. von 4,6 g $POCl_3$ in 5 ml abs. Chlf. versetzt, w.-gesätt. Lsg. in Essigester wird mit Cyclohexylamin neutralisiert, Nadeln aus Lsg. in Essigester beim Sättigen mit W., 4,3 g Ausbeute. — *Geranylphosphorsaures Na*, $C_{10}H_{17}O_4PNa_2$, 3,76 g vorst. Verb. werden in 100 ml Methanol bei 0° unter Rühren u. Einleiten von CO_2 mit 128 g 2%ig. Na-Amalgam versetzt, Blättchen aus W.-Aceton, 1,5 bis 1,6 g Ausbeute, Ba- u. Ca-Salz aus wss. Lsg. amorph, Li-Salz krist. gefällt. — *Geranylphosphorsaures Ag*, $C_{10}H_{17}O_4PAg_2$, in die Lsg. von 1,38 g vorst. Verb. in 30 ml W. werden 2 ml 5n $AgNO_3$-Lsg. eingetropft, 1,42 g Ausbeute. — *Phosphorsäuregeranylesteramid (Na-Salz)*, $C_{10}H_{19}NO_3PNa \cdot H_2O$, 466 mg vorst. Verb. werden mit 118 mg NH_4Cl in das NH_4-Salz umgewandelt, die Lsg. in 2,1 ml W. mit 0,33 ml 25%ig. NH_3, 1,03 g **VII** u. 10 ml **VIII** wie oben beschrieben umgesetzt, Blättchen aus 90%ig. A.-Aceton. — *Geranylpyrophosphat, (Triammonium-Salz)*, $C_{10}H_{20}O_7P_2 \cdot 3NH_3$, F. 120°, das rohe Bis-[cyclohexylammonium]-Salz vorst. Ansatzes wird mit 1,15 g 85%ig. H_3PO_4, 3 ml o-Chlorphenol u. 4 ml Pyridin 4 Tage bei Zimmertemp. aufbewahrt, mit konz. NH_3 bei 0° schwach alkal. gemacht, mit Aceton auf 100 ml aufgefüllt u. mehrfach aus Methanol-Aceton bzw. W.-Methanol (1 : 10) umkrist., Blättchen aus schwach ammoniakal. W.-Aceton, 72 mg Ausbeute.

S. Dittmann-Mitzscherlich. 4210□

Zur Biosynthese der Terpene. 12. Mitt. **Die Synthese der DL-5-Phosphomevalonsäure.** Kasper Kirschner und Feodor Lynen. (Chem. Ber. **94**, 1595 bis 1606, 1/6. 1961; München, Univ., Chem. Labor.; Max-Planck-Inst. für Zellchem., Inst. für Biochem.; dt.) — 10. vgl. vorst. Ref., — 11. vgl. C. **1962**, 10136. — Das wasserfreie Triäthylammoniumsalz von *DL-Mevalonsäure* wurde in Pyridin/Chlf. mit $POCl_3$ umgesetzt, anorgan. Pyrophosphat hydrolysiert, PO_4^{3-} abgetrennt, dadurch in 11%ig. Ausbeute ein kompliziertes Gemisch verschiedener Phosphorsäureester erhalten. Das Gemisch wurde an Dowex-1 getrennt u. papierelektrophoret. analysiert. *DL-5-Phosphomevalonsäure* (**I**) wurde in einer Gesamtausbeute von ca. 1% erhalten. Daneben entstanden *Phosphorsäure-bis-[mevalonyl-(5)]-ester* u. *5-Hydroxy-3-methyl-Δ^2-pentensäure-5-phosphat.* Die Konstit. von **I** wurde gesichert durch: Titrationskurve (Vgl. mit Hydrolysenkonst. anderer phosphorylierter Hydroxysäuren). **I** ist relativ stabil gegenüber Säuren u. Laugen, **I** bildet keine Hydroxamsäure mit Hydroxylamin, **I** ist unempfindlich gegenüber neutraler $KMnO_4$-Lsg., **I** ist ident. mit dem Prod. der enzymat. Phosphorylierung von Mevalonsäure. Im **I**-Kinase-Test hat die synthet. Verb. als Racemat nur 50% der Aktivität der enzymat. hergestellten **I**. Auch die vollständige Abspaltbarkeit des Phosphatrestes aus **I** wurde mit Prostataphosphatase nachgewiesen.

Versuche (Meth. der Isolierung u. der chem. u. biochem. Identifizierung der Rk.-Prodd. s. Original): *Tris-[cyclohexylammonium]-DL-5-phosphorylmevalonat*, $(C_6H_{14}N)_3 \cdot C_6H_{10}O_7P$, F. 152—154°, 20,6 g rohe Mevalonsäure 20 Min. mit 344 ml 0,46n $Ba(OH_2)$ auf 50° erwärmt, abgekühlte Lsg. mit 32,4 g Triäthylamin versetzt, nach Abtrennen des Ba u. W. 25 g zähfl. Öl, Mevalolacton-haltig (hydroxamsäureprobe), 31 g dieses Öls, in 120 ml abs. Pyridin gelöst, innerhalb 20 Min. bei — 5° zu Lsg. von 22,8 g $POCl_3$ in 240 ml abs. Pyridin u. 150 ml abs. Chlf. unter Rühren getropft, 1 Std. bei 0°, 30 Min. bei Raumtemp. gerührt. Nach Rk. mit Cyclohexylamin u. Aufarbeitung entstehen lange feine Nadeln aus Butanol-W. (1 : 15) unter Zusatz von ca. 1 Vol. Ae., 470 mg Ausbeute. — *Bis-[cyclohexylammonium]-DL-5-phosphorylmevalonat*, $(C_6H_{14}N)_2 \cdot C_6H_{10}O_7P$, F. 145 bis 147°, bei mehrmaliger Umkristallisation von vorst. Präp. aus W.-Butanol-Ae. in Abwesenheit von Cyclohexylamin. — *Dibenzyläthylendiammonium-DL-mevalonat*, F. 124—126°, nach C. H. Hoffman, A. F. Wagner, A. N. Wilson, E. Walton, C. H. Shunk, D. E. Wolf, F. W. Holly u. K. Folkers: C. **1957**, 10446. S. Dittmann-Mitzscherlich. 4210□

E_3. Mikrobiologie. Bakteriologie. Immunologie

Nährboden für die Tularämiemikrobe auf der Grundlage des sowjetischen Hydrolysates von Aminopeptid-2. 2. Mitt. A. Ss. Leibenson und S. F. Lutschschewa. (Журнал Микробиологии, Эпидемиологии и Иммунобиологии [J. Mikrobiol., Epidemiol., Immunobiol.] **32**, Nr. 11, 120—27, Nov. 1961; Sanit.- Epidemiol. Gebietsstadion für Ostkasachstan; russ., Auszug: engl.) — 1. Vgl. J. Mikrobiol., Epidemiol., Immunobiol. [UdSSR], **31**, [1960] Nr. 12, 102. — Die Intensität des Wachstums von Tularämiebakterien aus Mäuseorganen war auf Spezialnährboden mit sowjet. *Aminopeptid-2-Hydrolysat* (50—70%) bei vereinfachter Herst. des Nährbodens u. gleicher Virulenz der Bakterien stärker als auf Eigelbnährboden u. wurde durch Zusatz von 1% *Adenosintriphosphorsäure* u. bes. von 10, 5 oder 1% defibriniertem Kaninchenblut erhöht. I. v. Kloch-Kornitz. 4310□

Wachstumreaktionen von Aerobacter aerogenes auf Ammoniumionen in Gegenwart anderer Kationen. John O. Harris. (Proc. Soil. Sci. Soc. America **22**, 519—20, Nov./Dez. 1958; Manhattan, Kansas Agric. Exp. Stat., Dep. of Bacteriol.; engl.) — Die in einem einfachen Nährsubstrat durchgeführten Wachstums-Verss. mit *Aerobacter aerogenes* ergaben, daß durch zu hohe Konzz. von verschiedenen Kationen (Mg, Hg, Na, H) verursachte Wachstumshemmungen nicht darauf zurückzuführen waren, daß diese Kationen die Aufnahme der an sich schon in einer zu niedrigen Konz. in der Ggw. vorliegenden NH_4-Ionen noch verschlechtern würden. Dieser fehlende Antagonismus läßt vermuten, daß der erste Schritt der NH_4-Aufnahme kein einfacher Basenaustauschvorgang sein kann, sondern in einer spezif. Bindung an bestimmte organ. Strukturen im Zellwandcytoplasma besteht.
Wilfried Werner. 4310□

Peptide und bakterielles Wachstum. 10. Mitt. **Verhältnis von Aufnahme und Hydrolyse zur Ausnutzung von d-Alanin-Peptiden beim Wachstum von Streptococcus faecalis.** Hayato Kihara, Miyoshi Ikawa und Esmond E. Snell. (J. biol. Chemistry **236**, 172—76, Jan. 1961; Berkeley, Calif., Univ. of Calif, Dep. of Biochem.; engl.) — Vff. untersuchten den Einfl. von *d-Alanin* (**I**) u. **I**-Peptiden in Abwesenheit von Vitamin B_6 auf das Wachstum von *Streptococcus faecalis.* Sie stellten *d-Alanyl-l-alanin* (**II**), *l-Alanyl-d-alanin* (**III**) u. *d-Alanyl-d-alanin* (**IV**) durch Kondens. der entsprechenden N-Phthaloylalanine mit **I** oder l-Alanin (**V**) her u. trennten die verschiedenen Peptide nach Abspaltung des Phthalsäureesters durch Hydrazin an Austauschersäulen. $[[\alpha]_D^{25}$ **II** $-72{,}1°$ (0,9%), **III** $+71{,}5°$ (2,5%), **IV** $+20{,}7°$ (2,8%)$]$ **I, II, III, IV** u. d-Alanylglycin (**VI**) wurden mit Tritium markiert u. durch Papierchromatographie u. Kristallisation gereinigt. (Angaben über Ausbeute u. Aktivität). Es war keine Racemisierung der gereinigten Verbb. zu beobachten. Für die Unterss. wurde ein durch **I** wachstumsaktivierter Stamm von Streptococcus faecalis sowie peptidasereiche zellfreie Extrakte verwendet. Die Wachstumsverss. wurden mit einem **I**- u. Vitamin B_6-freien Nährmedium durchgeführt, das neben den erforderlichen Aminosäuren (**VII**) eine für den Eiweißaufbau ausreichende Menge **V** enthielt. Das Bakterienwachstum wurde durch photometr. Messung bei 650 mμ bestimmt. Zur Ermittlung der Peptidasenaktivität wurden die Nährlsgg. mit **I**-Peptiden bei pH 8,25 bebrütet. Das freigesetzte **I** wurde durch zugeführte d-Aminosäureoxydase in Brenztraubensäure umgewandelt, die colorimetr. als 2.4-Dinitrophenylhydrazon gegen mitlaufende Blindverss. quant. bestimmt wurde. Unterschiedliche Ergebnisse zeigten Vergleichsunterss. in bezug auf wachstumsstimulierende Eigg., Hydrolyse u. Aufnahme von **I**-Peptiden. Die Wachstumsbeschleunigung durch **II** u. **VI** war etwa dreifach größer als die durch **I**, jedoch wurde mit **VI** nicht das maximale Wachstum erreicht wie mit **I** u. **II**. **III, IV** u. d-Alanylglycylglycin besaßen keine wachstumsbeschleunigenden Eigenschaften. Die aufgenommenen Mengen der markierten **I**-Peptide aus einer Salz-Glucose-Lsg. in Abwesenheit von **VII** durch ruhende Zellen von Streptococcus feacalis nahmen ab in der Reihenfolge **I** > **III** > **II** > **VI** > **IV**. Das Ausmaß der Absorption der einzelnen markierten **I**-Peptide aus dem Wachstumsmedium wurde hingegen durch die Ggw. von **VII** geändert, und zwar änderte sich die Reihenfolge wie nachstehend angegeben: **II** > **III** > **IV** > **I** > **IV**. Durch freie oder an Zellen gebundene Peptidasen wurden nur die wachstumsbeschleunigenden **I**-Peptide **II** u. **VI** hydrolysiert. Die Ergebnisse bestätigen die Ansicht, daß Peptide, die als alleinige Quelle für essentielle **VII** beim Wachstum dienen sollen, zunächst durch die Zellen hydrolysiert werden müssen. Ob die wachstumsstimulierende Wrkg. der **I**-Peptide größer, gleich oder kleiner ist als die der freivorliegenden beschränkten **VII** hängt davon ab, ob

durch die beiden voneinander unabhängigen Prozesse der Absorption und Hydrolyse die begrenzenden VII in einer Menge gebildet werden, die größer, gleich oder kleiner ist als diejenige, die vom Medium resorbiert werden kann.
S. Hothorn. 4310□

Die chemische Struktur eines tuberkulinaktiven Peptids. 1. Mitt. Isolierung von β-Alanin als N-endständiger Rest des aktiven Peptids. Isaku Kasuya und Akira Hagitani. (J. Biochemistry [Tokyo] **42,** 805—16, Nov. 1955; Tokio, St. Pauls Univ., Dep. of Organ. Chem.; 2nd Nat. Hosp., Labor., of Tuberculosis; engl.) — Aus menschlichen Tuberkelbacillen konnte ein *tuberkulinakt. bas. Peptid* durch Fällung mit Phosphorwolframsäure oder Adsorption an Kaolin gewonnen werden. Das Peptid enthält eine S–S-Bindung. Hydrolyse mit Ameisensäure. — H_2O_2 ergibt mehrere Bruchstücke, die durch zweidimensionale Papierchromatographie getrennt werden konnten. Die kleinste, noch akt. Einheit besteht aus *β-Alanin* (**I**), *Glutaminsäure, Glykokoll* u. *Cysteinsäure.* **I** ist dabei N-endständig. U. Baumann. 4315

Die peripheren Strukturen Gram-negativer Bakterien. 1. Mitt. Zellwandprotein und die Wirkung eines lytischen Enzymsystems einer marinen Pseudomonas-Species. A. D. Brown. (Biochim. biophysica Acta [Amsterdam] **48,** 352—61, 1/4. 1961; Cronulla, Sydney, C.S.I.R.O. Marine Lab.; engl.) — Die Zellwandfraktion einer marinen *Pseudomonas*-Species enthält 2 verschiedene *Protein* (**I**)-Komponenten, eine „labile", das Substrat eines lyt., in der Zellwandfraktion enthaltenen Enzymsystems, u. eine „resistente" **I**-Komponente. Die labile Komponente ist offensichtlich im äußeren Teil einer Doppelmembranstruktur enthalten u. umfaßt, je nach Nährmedium, 0—50% der gesamten Zellwandfraktion. Das resistente **I** beträgt, unabhängig vom Kulturmedium, ca. 25% des acetolysierten Zellwandrückstands. Das vom lyt. System abgespaltene lösl. Material enthält neben **I**-Abbauprodd. *Hexosamin-* u. *Muramsäure*-Verbb., während *Diaminopimelinsäure* ausschließlich im unlösl. Rückstand vorkam. K. Maier. 4315□

Analyse des Verhaltens industrieller Mikroorganismen gegenüber Sauerstoff. 2. Mitt. **Die Atmung gasförmigen und gelösten Sauerstoffs durch Aspergillus oryzae bei Züchtung in Oberflächen- und Submerskultur.** Gyōzō Terui und Noriyuki Konno. (Technol. Rep. Osaka Univ. **10,** 889—903, Okt. 1960; Osaka, Univ., Dep. of Fermentation Technol.; engl.) — 1. vgl. Technol. Rep. Osaka Univ. **10,** [1960], 527. — Die Unters. des Atmungsverhaltens von *A. oryzae* gegenüber gasförmigem u. gelöstem O_2 bei Verw. von Zellen aus Oberflächen- u. aus Submerskulturen (Sf- u. Sm-Zellen) ergab in letzteren spezif. O_2-Adaptationsgeschwindigkeiten, die nach der Formel der 1. Mitt. ermittelt werden können. Sf-Zellen weisen einen extrem hohen K_m-Wert für gelösten u. einen relativ niedrigen $K_{m'}$-Wert (0,01 atm) für gasförmigen O_2 auf, während Sm-Zellen einen sehr kleinen K_m- u. einen relativ großen $K_{m'}$-Wert (0,06 atm) zeigen. Dieser Unterschied macht sich bereits in der Vorkeimungsphase (geschwollene Spreu) bemerkbar. Die Atmungsgeschwindigkeiten nehmen stark ab, wenn Sf-Zellen submers weitergeführt werden u. gelösten O_2 verwerten, oder wenn Sm-Zellen in Kontakt mit gasförmigen O_2 kommen u. diesen verwerten. Diese Typunterschiede sind auch bei zellfreien Extrakten aus Sm- u. Sf-Zellen zu beobachten. Erstere enthalten viel mehr Cytochromoxydase u. Cytochrom c sowie weniger Katalase u. Flavine als Sf-Zellen. K. Maier. 4320◇

Kohlendioxid-Fixierungssysteme in auf einfachem chemisch definierten Medium gewachsenen Mycobacterium phlei. T. Myoda und C. H. Werkman. (Iowa State J. Sci. **35,** 463—71, 15/5. 1961; Ames Iowa State Univ. of Sci. and Technol., Dep. of Bact.; engl.) — Vgl. C. **1961,** 17609. — Unterss. über die CO_2-Fixierungssyst. im zellfreien Extrakt von *Mycobacterium phlei,* das in einer Lsg. von 1,0 (g) NH_4Cl, 6,5 $Na_2HPO_4 \cdot 12H_2O$, 1,0 KH_2PO_4, 0,02 $MgSO_4 \cdot 7H_2O$, 5,0 Tween 80, 0,5 (mg) $CaCl_2$, 0,5 $FeCl_3 \cdot 6H_2O$ in 1 Liter W. gewachsen ist, zeigen, daß der Extrakt dieselben Enzymsyst. (E. S.) wie solche Extrakte enthält, die in modifiziertem Dubos-Medium gezüchtet worden sind. Diese E. S. sind ein nucleotidunabhängiges Syst., ähnlich wie Phosphoenolbrenztraubensäurecarboxylase, u. ein nucleotidabhängiges Syst., ähnlich wie Oxalessigsäurecarboxylase. Eine synerget. Beziehung zwischen zugesetztem *Biotin* u. *red. Glutathion* (**I**) wird aufgezeigt. Die Beteiligung von SH-Gruppen an beiden Syst. wird mittels des SH-bindenden p-Chlormercuribenzoats gezeigt. Diese Inhibierung wird durch Zusatz von red. **I** rückgängig gemacht. Avidinzusätze beeinflussen das nucleotidunabhängige Syst. nicht, wogegen eine leichte Inhibierung beim nucleotidabhängigen Syst. auftritt. W. Wesly. 4320□

Die Biosynthese von ^{75}Se-Selenomethionin und ^{75}Se-Selenocystin. Monte Blau. (Biochim. biophysica Acta [Amsterdam] **49,** 389—90, 13/5. 1961; Buffalo, Roswell

Park Memorial Inst., Dep. of Nuclear Med.; engl.) — *^{75}Se-Selenomethionin* (I) u. *^{75}Se-Selenocystin* (II) wurden durch Inkubation (Rührkultur) von $H_2{}^{75}SeO_3$ mit *Saccharomyces cerevisiae*, Hydrolyse u. Ionenaustauschfraktionierung (Dowex-50-X8) erhalten. Der *^{75}Se*-Einbau in die Zellen hört bei ca. 50% auf; die Ausbeute kann durch anschließenden Glucosezusatz um weitere 25% gesteigert werden. Die Gesamtaminosäureausbeute beträgt ca. 20—40% (bezogen auf ^{75}Se), wobei das I/II-Verhältnis zwischen 3 : 1 und 1 : 3 schwankt. ^{75}Se-I wird in Proteine eingebaut u. besitzt dem Methionin sehr ähnliche biolog. Eigenschaften. K. Maier. 4320□

Synthesen von Isobutanol und von Amylalkoholen durch die Hefe in Anaerobiose auf Kosten von Alanin. Jacques Baraud, Louis Genevois und Madeleine Lafon. (C.R. hebd. Séances Acad. Sci. **253,** 562—63, 17/7. 1961; Bordeaux, Fac. des Sci., Labor. de Chim. biol.; franz.) — *$^{14}C_{(1,2,3)}$-Alanin* (I) wurde in Ggw. eines großen Zuckerüberschusses der anaeroben Gärung durch *Saccharomyces ellipsoideus* Nr. 19e 1 unterworfen u. folgende (markierte) Rk.-Prodd. wurden aufgefunden: *A.* (Bezugseinheit), *CO_2* (8% mehr), *Essig-* u. *Bernsteinsäure* (13fache Aktivität pro C-Atom), *Isobutanol* (84fach), *höhere Fettsäuren* (C_6 bis C_{18}, 100fach), *2-Methyl-* u. *3-Methylbutanol* (238fach). Vff. berechnen, daß nur 70% des I in A. u. CO_2 übergeht. H. Lohschelder. 4320□

Mikrobiologische Umwandlungen von Steroiden. Aromatisierung von Ring A, Spaltung von Ring D und Oxydation der Seitenkette einiger 19-Norsteroide. C. Gual, R. I. Dorfman und S. R. Stitch. (Biochim. biophysica Acta [Amsterdam] **49,** 387—89, 13/5. 1961; Mexico D. F., Inst. Nac. de la Nutric., Dep. of Biochem.; Shrewsbury, Mass., Worcester Found. for Exp. Biol.; engl.) — Inkubation von 150 mg 19-Nortestosteron mit *Bacillus sphaericus* (A.T.C.C. Nr. 7055) gab 105 mg *3-Hydroxy-1.3.5(10)-östratrien-17-on* (I), F. 262—264°, $[\alpha]_D^{22}$ + 162° (Dioxan) u. sehr wenig *19-Nor-4-androsten-3.17-dion* (II), F. 162—166°. Inkubation von 50 mg *19-Norprogesteron* (III) mit *Streptomyces lavendulae* (A.T.C.C. Nr. 8664) gab als Hauptprod. 10 mg *17β-Acetyl-1.3.5(10)-östratrien-3-ol*, F. 242—244°, 8 mg II u. 1,5 mg *17α-Oxa-17-oxo-D-homo-1.3.5(10)-östratrien-3-ol*, F. 338—339° (*Acetat*, F. 148 bis 151°). In Spuren wurden I, III u. *1.3.5(10)-Östratrien-3.17β-diol* identifiziert. K. Maier. 4320□

Wirkung von substituierten Pyrimidinen auf das Wachstum und die Biosynthese von Mikroorganismen. D. B. McNair Scott, T. L. V. Ulbricht, M. L. Rogers, E. Chu und C. Rose. (Cancer Res. **19,** 15—30, April 1959; Univ. of Pennsylvania, School of Med., Dep. of Physiol. and Pediatrics, and Dep. of Chem.; engl.) — Der Einfl. von 78 substituierten *Pyrimidin*-Verbb. auf das Wachstum u. die Biosynth. von *Escherichia coli B* u. *Lactobacillus casei ATCC 7469* wurde untersucht. G. Kimmerle. 4330

Fluorphenylalanin als ein systemisches Fungicid. O. M. van Andel. (Nature [London] **194,** 790, 26/5. 1962; Wageningen, Agric. Univ., Labor. of Phytopathol.; engl.) — DL-*p*- (I) u. DL-*m-Fluorphenylalanin* (II) schützen Gurkensämlinge in Konzz. von 0,0050 u. 0,0025 m gegen *Cladosporium cucumerinum* (a) u. *Colletotrichum lagenarium.* DL-*o-Fluorphenylalanin* (III) ist phytotox. u. weniger fungicid wirksam. Am Plattentest zeigten I u. II ihre bedeutend größere fungicide Wrkg. gegen a, *Glomerella cingulata* u. *Aspergillus niger* als III. Die Fluorphenylalanine sind Antimetaboliten von Phenylalanin, die somit das Wachstum der Pilze hemmen. Bei Kartoffeln war III gegen den Befall mit *Phytophthora infestans, Ph. cactorum* u. *Phythium debaryanum* wirksamer als I u. II. G. Kimmerle. 4330

Bakterielle wachstumshemmende Wirkung einiger Phloroglucinderivate. Veronica Sundman und Jacobus Sundman. (Acta pathol. microbiol. scand. **53,** 345—55, 1961; Helsinki, Medica Ltd., Res. Labor.; engl.) — Es wurde die bakteriostat. Aktivität von 24 Phloroglucinderivv. gegenüber *Staphylococcus aureus* nephelometrisch untersucht (pH 7,8, 50% Hemmung durch μg/ml): *Aspidin*, F. 123°, 0,3; *Desaspidinol*, F. 152—154°, 2,6; *Paraaspidin*, F. 123—124°, 3,0; *Filixsäure*, F. 180—181°, 3,4; *Methylen-bis-desaspidinol*, F. 191—192°, 3,6; *Methylen-bis-aspidinol*, F. 4,8, F. 190—191°; *Flavaspidsäure*, F. 156°, 4,9; *Aspidinol*, F. 142—143°, 5,4; *Desaspidin*, F. 152—154°, 18; *Methylen-bis-phlorobutyrophenon*, F. 220—225° (Zers.), 54; *Phloropyron*, F. 111—112°, 62; *ψ-Aspidin*, F. 158—159°, 76; *o-Desaspidinol*, F. 133—134°, 90; *Albaspidin*, F. 148—150°, 100; *Phlorobutyrophenon*, F. 186°, 100; *Desbutyrophloropyron*, F. 161—163°, > 150° (bei 150 μg/ml < 60%); *3-Butyrylfilicinsäure*, F. 98°, > 150; *6-Propyl-2.3-dihydropyrandion-(2.4)*, F. 93—94°, ≫ 150 (bei 150 μg/ml > 70%); *Methylen-bis-[6-propyl-2.3-dihydropyran-*

dion-(2.4)], F. 67—69°, ⩾ 150; *Filicinsäure*, F. 215—220° (Zers.), inaktiv (150 µg/ml); *Phloroglucin, Methyl-, Dimethyl-, Methylen-bis-phloroglucin*, inaktiv.
K. Maier. 4330□

Empfindlichkeit der pathogenen Staphylokokken gegenüber einigen Antibioticis und ihren Kombinationen. L. A. Gamaleja. (Antibiotika [UdSSR] **7**, 1035—38, Nov. 1962; Allunions Forschungs-Inst. für Antibiotica, Abt. für exp. Therapie; russ., Auszug: engl.) — Die Unters. der Empfindlichkeit von 37 Stämmen der pathogenen Staphylokokken gegenüber *Oleandomycin* (**I**), *Tetracyclin* (**II**), *Erythromycin* (**III**), *Novobiocin* (**IV**), **I** + **II**, **III** + **II** u. **IV** + **II** ergab, daß die Empfindlichkeit gegenüber der Kombination größer ist als gegenüber jeder Komponente. Bei der Passage der empfindlichen Stämme nimmt die Resistenz am raschesten gegenüber **I**, **III** u. **IV** zu, weniger rasch gegenüber **II** u. wenig gegenüber **I** + **II**, **III** + **II** u. **IV** + **II**. Bei den gegenüber **I** u. **III** adaptierten Stämmen beobachtet man eine völlige gekreuzte Resistenz. Die Empfindlichkeit dieser Stämme gegenüber **I** + **II**, **III** + **II**, **II**, **IV** u. **IV** + **II** bleibt unverändert. O. Lebtag. 4340△

Schnellmethoden zur Bestimmung der Empfindlichkeit der Mikroorganismen gegenüber Antibioticis und ihre vergleichende Bewertung. O. W. Wlassowa. (Antibiotika [UdSSR] **7**, 1029—33, Nov. 1962; Zentral-Inst. für Ärztefortbildung, Lehrstuhl für Mikrobiol.; russ., Auszug: engl.) — An 85 Stämmen von Staphylococcus u. 79 Stämmen der Bakterien der Darmgruppe wurde die Empfindlichkeit gegenüber *Penicillin, Erythromycin, Streptomycin, Tetracyclin* u. *Lävomycetin* nach den üblichen Meth. der Serienverdünnung u. nach den Schnellmeth. unter Anwendung von 2.6-Dichlorphenolindophenol, Triphenyltetrazolchlorid, Citratblut oder $K_3Fe(CN)_6$ u. $NH_4Fe(SO_4)_2 \cdot 12\,H_2O$ untersucht u. festgestellt, daß die Schnellmeth. zu den gleichen Ergebnissen führen wie die üblichen Methoden.
O. Lebtag. 4340△

Die höchst schwache Chemoluminescenz der Antibiotica in Lipiden. A. I. Shurawlew. (Antibiotika [UdSSR] **7**, 1023—24; Nov. 1962; russ., Auszug: engl.) — Das Zahlenmaterial über die Intensität der Chemoluminescenz des Syst. Oleinsäure–Tetracyclin bzw. Penicillin zeigt, daß das Maximum des Ausleuchtens, ebenso wie bei den übrigen Bioantioxydantien, im grünen Gebiet des sichtbaren Spektrums liegt. Die Intensität des Ausleuchtens in Ggw. von Penicillin nimmt mit der Zeit zu, bedingt durch dessen Cooxydation während der Kettenreaktion. Die sofort nach Zusatz des Antibioticums auftretende Chemoluminescenz ist gegeben durch die Rk.: $R^{\cdot} + AO$ (Antioxydans) $\rightarrow RH + A^{\cdot} + h\lambda$, wo $A^{\cdot}$ ein inaktives freies Radikal des AO bedeutet. O. Lebtag. 4340△

Über die Hemmung der Resistenz von Staphylokokken gegenüber Erythromycin. T. M. Bass. (Antibiotika [UdSSR] **7**, 1038—42, Nov. 1962; Kiew, Inst. für Epidemiol. u. Mikrobiol.; russ.) — In Verss. mit 3 Stämmen von *Staphylococcus aureus* wurden die Kulturen in Abständen von 24 oder 48 Std. Passagen in Bouillon mit allmählich steigender Konz. an *Erythromycin* (**I**) auf Nährböden mit **I** allein oder mit Zusatz von subbakteriostat. Mengen *Chlortetracyclin* (**II**), *Streptomycin* (**III**), *Lävomycetin* (**IV**), *Colimycin* (**V**), *Penicillin* (**VI**) oder *Furacilin* (**VII**) unterworfen. Es zeigte sich, daß die Ggw. von **II**, **IV**, **V**, **VI** oder **III**, seltener die Ggw. von III, in der Regel hemmend auf die Ausbildung einer Resistenz gegenüber **I** wirkt. In einigen Fällen, bes. in Ggw. von **III**, wird dagegen eine Beschleunigung der Resistenzausbildung beobachtet. Die Verss. zeigen, daß nicht alle Kombinationen von **I** mit anderen Antibioticis die Entw. der **I**-resistenten Varianten der pathogenen Staphylokokken hemmen. O. Lebtag. 4340△

Fettsäuren aus Lipoiden von Streptomycin-resistenten Tuberkelbakterien. S. Chandrasekhar, A. J. H. DeMonte und T. A. V. Subramanian. (Indian J. med. Res. **46**, 643—47, Sept. 1958; Delhi, Vallabhbhai Patel Chest Inst.; engl.) — Durch spektrophotometr. Messung von Zellextrakten wurde gefunden, daß gegen 1 bis 100 µg *Streptomycin*/ml resistente Stämme von *Mycobacterium tuberculosis H 37 RV* einen höheren Geh. an Gesamtlipoiden, Gesamtfettsäuren u. $\alpha.\beta$-ungesätt. Fettsäuren u. einen niedrigeren Geh. an C_{27}-Phthiensäure hatten, als der Ausgangsstamm. F. Radler. 4340□

Resistenz von Staphylococcus aureus- und Micrococcus-Stämmen gegenüber dem Antibioticum Tetain. Jerzy Borowski. (Antibiotics and Chemotherapy **10**, 661—66, Nov. 1960; Gdańsk, Med. Acad., Dep. of Microbiol.; engl.) — Insgesamt 1356 *Staphylococcus* (Staph.)- u. *Micrococcus*-Stämme wurden auf Empfindlichkeit gegenüber dem 1952 isolierten, in der Therapie noch nicht verwendeten Antibioticum *Tetain* (**I** von *Bacillus pumilus*) geprüft. Nach dem Grad ihrer Empfindlichkeit wurden die Stämme in 4 Gruppen („resistent", „gering empfindlich", „empfindlich", „sehr empfindlich") eingeteilt. Die *Koagulase* (**II**)-negativen Staph.-Stämme zeigten untereinander die größten Unterschiede in ihrer Empfindlichkeit gegenüber **I**, bei ihnen war der %-Satz der **I**-resistenten Stämme, aber auch der gegenüber **I** empfindlichen Stämme relativ hoch. Die **I**-Empfindlichkeit der **II**-positiven Stämme von Staph. aureus war sehr einheitlich, 93,8% entfielen auf die weniger empfindlichen Stämme; von den resistenten Stämmen (3,7%) gehörte der überwiegende Teil zur Phagengruppe III. Diese sind möglicherweise genet. weniger stabil.

W. Knöbel. 4340□

Zur Verwertung von Monosacchariden durch saprophytische Neisserien. Ulrich Berger. (Arch. Hyg. Bakteriol. **145,** 190—95, Mai 1961; Hamburg, Univ.-Klinik f. Zahn-, Mund- u. Kieferkrankh.; dt.) — Es wird über die Vergärung von *Monosacchariden* (**I**) durch 195 Stämme oraler, saprophyt. Neisserien (*N. sicca* 91, *N. perflava* 81, *N. flava* 9 u. *N. subflava* 14) berichtet. Auf Lingelheim-Platten als optimalem Nährboden erwiesen sich 65% der Stämme als glucoseschwach (fast $^1/_3$ davon negativ) u. 39% als fructoseschwach ($^1/_{10}$ davon negativ). Wegen dieser Inkonstanz u. Variabilität der Vergärung von **I** wird vorgeschlagen, zur Artendifferenzierung von saprophyt. Neisserien nur noch die Disaccharide *Maltose* u. *Saccharose* herauszuziehen, deren Vergärung konst. Merkmale besitzt.

H. Aman. 4350□

Einfluß von proteolytischen Enzymen auf die Agglutination von Lipopolysaccharid-modifizierten Erythrocyten durch Bakterien-Antikörper. E. Neter, E. Cohen, O. Westphal und O. Lüderitz. (J. Immunology **82,** 85—93, Febr. 1959; Buffalo, N. Y., Univ. of Buffalo, School of Med., Dep. of Bacteriol. and Pediatr.; Children's Hosp.; Roswell Park Memorial Inst.; Freiburg i. Br., Wander-Forschungsinst.; engl.) — Vgl. C. **1959,** 8930. — Vergleichende Unterss. an Kaltblütern (Axolotl, Alligator, Kaiman) u. Warmblütern (Mensch, Schaf) zeigten, daß Erythrocyten nach Behandlung mit enterobakteriellem Antigen (Lipopolysaccharid; **I**) durch das homologe Bakterienantiserum nur bei Warmblütern zur Agglutination gebracht werden, bei Kaltblütern jedoch nur nach Behandlung mit *Trypsin, Chymotrypsin, Protease, Ficin* u. *Papain*. Bei Warmblütern haben diese Enzyme keinen Einfl. auf die Agglutinationsreaktion. Die Ergebnisse führen zu der Annahme, daß Erythrocyten von Kaltblütern an ihrer Oberfläche in Nähe der **I**-Receptoren ein Protein oder ein proteinähnliches Material besitzen, das die lokale Orientierung der Antikörper u. die nachfolgende Agglutinierung stört. Gewisse proteolyt. Enzyme verändern dieses Protein oder entfernen es. M. Metze. 4370□

Hochempfindliche Methode der Registrierung der Präcipitation der Eiweißantigene nach dem Typ der Papierchromatographie. W. D. Ssawwe und G. Ss. Uschakow. (Журнал Микробиологии, Эпидемиологии и Иммунобиологии [J. Mikrobiol., Epidemiol. Immunobiol.] **33,** Nr. 10, 15—20, Okt. 1962; russ., Auszug: engl.) — Es wird eine techn. einfache papierchromatograph. Unters.-Meth. der Präcipitations-Rk. von Antigenen u. Seren beschrieben, die bei gleichzeitiger Fraktionierung von spezif. Präcipitaten u. nicht reakt. Mischkomponenten schneller u. 20—40mal empfindlicher ist als die Ringpräcipitation.

I. v. Kloch-Kornitz. 4370□

Schnellmethode zur Gewinnung von Antikörpern, die mit Fluorescenzfarbstoff markiert sind. P. K. Tabakow, Je. W. Tschibrikowa, I. I. Schurkina und Je. I. Welner. (Журнал Микробиологии, Эпидемиологии и Иммунобиологии [J. Mikrobiol., Epidemiol. Immunobiol.] **33,** Nr. 10, 26—30, Okt. 1962; Saratow, Wiss. Allunions-Inst. „Mikrob"; russ., Auszug: engl.) — Es wird eine neue Meth. zur Ausfällung von *Euglobulinen* (**I**; Antikörpern) aus Anticholera- u. Antipestserum durch dest. W. (1 : 15 bei 1—2°) u. ihre Markierung mit Hilfe von *Thioisocyanat* beschrieben, bei der sich die Behandlungszeit gegenüber der Meth. nach Coons u. Kaplan von 3—4 Wochen auf 3—4 Tage verkürzt, ohne Spezialeinrichtungen zu erfordern. Die **I** stehen nach ihrer elektrophoret. Zus. den *γ-Globulinen* nahe. I. v. Kloch-Kornitz. 4370□

Die Wirkung einiger Polymerer auf das Influenza-Virus. Kari Penttinen. (Ann. Med. exp. Biol. fenn. **35,** 331—34, 1957; engl.) — Es wird gezeigt, daß *Polyphloretinphosphat* u. die *Verb. PK 11* ebenso wie *Polyphloroglucinphosphat* die Vermehrung des Influenza-Virus im Hühnerei hemmen, wenn sie vor der Infektion injiziert wurden, daß sie ferner in vitro ebenso die Inaktivierung des Virus-Hämagglutinations-Inhibitors Eiklar durch das aktive Virus stören.

W. Zillig. 4374□

Einige Eigenschaften der Desoxyribonucleinsäure des Phagen Alpha. S. Cordes, H. T. Epstein und J. Marmur. (Nature [London] **191**, 1097—98. 9/9. 1961; Waltham, Mass., Brandeis Univ., Dep. of Biochem. and Biol.; engl.) — Die *Desoxyribonucleinsäure* (DNS) des Phagen α, der auf seinem Wirt *Bacillus megatherium* Stamm Paris gewachsen ist, besteht aus einem Doppelstrang. Die DNS wurde schonend mit der Phenolmeth. gewonnen u. hatte einen Sedimentationskoeff. von 40 S. Wärmebehandlung der DNS in 0,15 m NaCl-Lsg. mit 0,015 m Na-Citrat ergab ein Maximum der Absorptionszunahme bei 86,5°. Bei der therm. Denaturierung bilden sich zwei denaturierte Einheiten mit unterschiedlichen Banden verschiedener Dichte in einem CsCl-Gradienten. Die möglichen Gründe für diese Erscheinung werden diskutiert. L. Laschet. 4374□

Untersuchung der Stickstoffverbindungen der Algen. G. P Sserenkow und M. W. Pachomowa. (Nachr. Moskauer Univ., Ser. VI **15**, Nr. 6, 15—25, Nov./Dez. 1960; Moskau, Univ., Lehrstuhl für Biochemie der Pflanzen; russ.) — Bei *Euglena gracilis, Scenedesmus quadricauda, Sc. Acuminatus, Ankistrodesmus, Lagercheimia ciliata, Hydrodictyon reticulatum, Cysstoseira barbara* u. *Aphanizomenon flos-aquae* wurden die N-Formen, die Aminosäure-Zus. der Proteine u. die Nucleinsäuren untersucht. Danach zeigt sich innerhalb der Protokokkengruppe eine deutliche Artspezifität der *Desoxyribonucleinsäure* (**I**). Die **I** gehört jedoch immer zum gleichen Guanin-Cytosin-Typ. Auch bei Euglena u. Cystoseira gehört die **I** immer zum gleichen Guanin-Typ. Bei der blaugrünen Alge unterscheidet sich die Artspezifität der **I** von der bei den Protokokken. Hier gehört die **I** zum Adenin-Thymin-Typ. Die Ribonucleinsäure aller untersuchten Algenarten enthält ca. 30% Guanylsäure u. gehört deshalb zum gleichen Guanin-Cytosin-Typ. O. Lebtag. 4380△

E_4. Pflanzenchemie. Pflanzenphysiologie. Pflanzenpathologie

Wirkung von Cyanid und ionisierender Strahlung auf die Wurzeln von Vicia faba. Lorna J. Lilly. (Exp. Cell Res. **14**, 257—67, April 1958; Sheffield, Univ., Dep. of Genetics; engl.) — Das Wachstum u. die cytolog. Struktur der Keimwurzel von *Vicia faba* wurden nach 30 Min. Behandlung mit KCN ($5 \cdot 10^{-4}$ m, pH 7; a) Röntgenstrahlen (300—600 r; b) u. α-Strahlen (c) untersucht. a allein hemmt vor allem bei hoher O_2-Spannung Wachstum u. Mitose. Die Zahl anomaler Anaphase-Stadien nimmt zu. Die Wachstumshemmung u. anomale Zellteilung werden durch gleichzeitige Behandlung mit a + b noch gesteigert, sofern die Kulturlsg. mit N_2 durchspült wird. Im O_2-Strom erhöht a nicht die b-Schäden. Auf die Wrkg. von c hat a keinen Einfluß. U. Mothes. 4404□

Die Zusammensetzung der Luzerne auf Böden verschiedener geologischer Herkunft. M. Anke, K. Sasum, U. Oll und B. Graupe. (Arch. Tierernähr. **12**, 93 bis 108, 1/5. 1962; Jena, Friedrich-Schiller-Univ., Inst. für Tierernährung u. Inst. für Acker- u. Pflanzenbau.; dt.) — Die Geh. von Luzerne, die von den in Thüringen verbreitetsten Verwitterungsböden stammen, an Ca, Mg, P, K, Na, Mn, Zn, Cu, Co, B, Fe u. Mo werden ermittelt. W. Wesly. 4410◇

Die taxonomische Bedeutung von Oberflächenlipiden der Pflanzen. S. Jean Purdy und E. V. Truter. (Nature [London] **190**, 554—55. 6/5. 1961; Leeds, Univ., Textile Chem. Labor.; engl.) — Die Oberflächen-*Lipoide* (**I**) von Pflanzenblättern wurde 10 Sek. mit Ae. extrahiert u. an SiO_2 auf Glasplatten chromatographiert (Bzl., Bzl. + 5% CH_3OH, Bzl. + 10% CH_3OH; Markierung mittels $SbCl_3$ in Chlf. bzw. gesätt. wss. $FeCl_3$ u. anschließend Na_3 MoO_4 u. Erhitzen auf 200°, 10 Min.). 10 Monocotyledonen u. 14 Dicotyledonenspecies gaben charakterist. **I**-Chromatogramme von verschiedenen Blättern, die sich mit den Alter der Pflanzen nicht änderten. **I** können, auch wenn in der Konstit. unbekannt, als taxonom. Hilfsmittel dienen. K. Maier. 4420□

Über die Pigmente von Sparteum junceum. A. Spada und R. Cameroni. (Atti Soc. Naturalisti Matematici Modena **87/88**, 53—61, 1956/1957; Modena, Univ., Ist. di Chim. farmac.; ital.) — Im benzol. Extrakt der Blütenblätter des gemeinen Ginsters (*Sparteum junceum*) konnten *α-Carotin* sowie in geringen Mengen *β-Carotin, α-Carotinoxid, Xanthophyll* u. dessen *Epoxid* (**I**) nachgewiesen werden; ferner wurden *Flavoxanthin* u. *Chrysanthemaxanthin* gefunden, die jedoch trotz der angewendeten milden Bedingungen evtl. bei der Aufarbeitung aus **I** entstanden sind. Die mit Bzl. erschöpfend extrahierten Blüten geben durch Extraktion mit Methanol ein citronengelbes *Flavonolglucosid*, dessen Hydrolyse (2std.

Kochen mit 2%ig. H_2SO_4) zu *Glucose* [*Osazon*, F. 204—205° (wss. A.)] u. *Quercetin* [*3.5.7.3'.4'-Pentahydroxyflavon*, $C_{15}H_{10}O_7$, F. 305°, aus wss. A. gelbe Nadeln. *Pentaacetat*, F. 195—196°, aus wss. A. Nadeln. *Pentamethyläther*, F. 150—151°, aus Methanol Nadeln] führt. H.-E. Toussaint. 4420□

Isolierung der Chlorogensäure aus den Körnern der Sonnenblume. Jacqueline Sechet-Sirat. (Bull. Soc. Pharmacie Bordeaux **99**, 108—10, 1960; Bordeaux, Fac. de Méd. et de Pharm., Labor. de Chim. biol. et méd.; franz.) — Mittels PAe., Methanol u. Ae.-Extraktion wird aus den Körnern von Sonnenblumen *Chlorogensäure* isoliert. Diese wird dann chromatograph. u. elektrophoret. identifiziert. G. Kimmerle. 4420

Hämagglutinine in Extrakten von israelitischen Pflanzen. 2. Mitt. **Die chemische Natur der aktiven Substanz aus Datura metel.** U. Bachrach, D. Berechyahu und J. Gurevitch. (J. Immunology **82**, 116—19, Febr. 1959; Jerusalem, Israel, Hebrew Univ. Hadassah Med. School; Hadassah Univ. Hosp.; engl.) — 1. vgl. C. **1958**, 2802. — In *Datura metel* wurde das *hämagglutinierende Prinzip* (**I**) als *Globulin*, ähnlich dem γ-Globulin mittels $(NH_4)_2SO_4$-Präcipitation u. Papierelektrophorese erkannt. **I** wird nicht wie andere Proteine aus dem Pflanzensamenextrakt durch Trypsin oder Papain gespalten. Eine einfache Reinigungsmeth. für das akt. Protein wird vorgeschlagen. M. Metze. 4420□

Über das Tee-Tannin in grünem Tee. Michiyo Tsujimura. (Proc. Japan Acad. **36**, 506—08, Okt. 1960; Tokyo, Zissen Women's Coll.; engl.) — Das aus grünem Tee gewonnene *Tannin* [1 Std. mit 16% W. enthaltendem Äthylacetat (**I**) bei 60° extrahieren, Abdampfrückstand mit W. extrahieren, mit 2 bis 3 Tropfen neutraler Pb-Acetatlsg. versetzen, filtrieren, Filtrat mit 10%ig. H_2SO_4 versetzen, Filtrat unter Schütteln mit **I** extrahieren] erweist sich bei der papierchromatograph. Unters. als Gemisch von *l-Epicatechin*, F. 237—238°, $[\alpha]_D^{25} = -0{,}69°$, *l-Epigallocatechin*, F. 218°, $[\alpha]_D^{18} = -67{,}5°$. *l-Epigallocatechingallat*, F. 253°, $[\alpha]_D^{23} = -177{,}5°$ u. *l-Epigallocatechingallat*, F. 248—249°, $[\alpha]_D^{18} = -173°$. W. Wesly. 4420□

Bemerkung über ein mögliches Dihydrofuro-[3.2:b]-furan aus Chrysanthemum vulgare Bernh. Erling Guddal. (Acta chem. scand. **15**, 689—91, 1961; Trondheim, Norges TH, Inst. for organ. kjemi; engl.) — Aus dem Acetonextrakt der Wurzeln (1,5 kg) von *Chrysanthemum vulgare Bernh.* werden durch Chromatographie an inakt. Al_2O_3, Gegenstromverteilung u. fraktionierte Kristallisation 32 mg einer *Verb.* $C_{14}H_{14}O_2$ (**I**) isoliert. **I** zeigt an der Luft F. 80—84° (Zers.), in der evakuierten Capillare F. 64,5—66°, $[\alpha]_D^{20}$ —15,3° (c = 0,2; Chlf.) u. nimmt an $Pd/BaSO_4$ 6 Mol H_2, an inaktiviertem Pd-Katalysator 4 Mol H_2 auf. **I** reagiert mit CH_3MgJ in sd. Bzl., jedoch nicht bei Raum-Temperatur. Auf Grund der UV- u. IR-Spektren sowie der Farb-Rkk. von **I** u. dessen Umwandlungsprodd. wird für **I** die Konstit. als *2-[Hexin-(1)-en-(3)-yl-(1)]-5-äthyliden-2.5-dihydrofuro-[3.2:b]-furan* angenommen. F. Heller. 4420□

Sesquiterpene aus Cedrusarten. J. B.-Son Bredenberg und H. Erdtman. (Acta chem. scand. **15**, 685—86, 1961; Stockholm, Kungl. TH, Organisk-kemiska inst.; engl.) — Aus dem Holz von *Cedrus atlantica* u. *C. libani* werden α-(**I**) u. *β-Himachalen* (**II**) isoliert, deren Konst. trotz der hohen Reinheit (gaschromatograph. 96 bzw. 99%) z. T. erheblich von den von Rao, Dev u. Guha (C. **1955**, 10873); ermittelten Werten abweichen. **I** u. **II** geben bei der Se-Dehydrierung ein Gemisch aromat. Verbb., „*Ar I*" (**III**), „*Ar II*" (**IV**) u. „*Ar III*" (**V**), von denen **IV** durch direkten Vgl. als *Dihydro-ar-curcumen* identifiziert wurde. Ozonisation des Gemisches u. Oxydation der Ozonide gibt u. a. *2.2.6.-Trimethylpimelinsäure*, Oxydation eines **III**–**IV**-Gemisches mit HNO_3 gibt *Terephthalsäure* (aus **IV**) u. *Isophthalsäure*, während aus **V** *3.3-Dimethylphthalid-5-carbonsäure* u. *Trimellitsäureanhydrid* gebildet werden. Der Abbau u. die Unters. der Spektren machen für **I** die Konstit. als *2-Methylen-6.6.9-trimethyl-*Δ^{8}*-bicyclo-[5.4.0]-undecen*, für **II** als *2.6.6.9-Tetramethyl-*$\Delta^{1.8}$*-bicyclo-[5.4.0]-undecadien*, für **III** als *2-[p-Tolyl]-2-methylheptan* u. für **V** als *2.6.6.9-Tetramethyl-*$\Delta^{1.7.8.10}$*-bicyclo-[5.4.0]-undecatrien* wahrscheinlich.

Versuche: *α-Himachalen* (**I**), $Kp._{15}$ 133°, $D._4^{20}$ 0,9160, n_D^{25} 1,5073, $[\alpha]_D^{20}$ —198° (c = 2; Chlf.). — *β-Himaschalen* (**II**), $Kp._{15}$ 138—139°, $D._4^{20}$ 0,9244, n_D^{25} 1,5113, $[\alpha]_D^{20}$ +204° (c = 4; Chlf.). — *Himachalendihydrochlorid*, F. 115—117° (Zers., bei schnellem Erhitzen), aus **I** oder **II** u. HCl/Eisessig; $[\alpha]_D^{20}$ —9° (c = 5; Chlf.; sofort nach dem Auflösen), +13° (nach 1 Std.), +31° (nach 15 Std.). — *Himachalenmonohydrochlorid*, F. 55—57°, durch Kristallisation vorst. Verb. aus CH_3OH; $[\alpha]_D^{20}$ +106° (c = 3; Chlf.); enthält eine exocycl. Doppelbindung. —

2.2.6-Trimethylpimelinsäure, F. 65—70°, durch Dehydrieren von I oder II mit Se, Ozonolyse des KW-Stoff-Gemisches (1,1 g) u. Oxydation mit alkal. H_2O_2; 26 mg (Ausbeute). *Cyclohexylaminsalz*, F. 140—142°. — „*Verb. Ar III*" (V), $C_{15}H_{22}$, Kp.$_{14}$ 135—136°, durch Fraktionieren des aromat. KW-Stoff-Gemisches; D_4^{20} 9212, n_D^{25} 1,5295. Gibt mit 30%ig. HNO_3 bei 170° *3.3-Dimethylphthalid-5-carbonsäure* (F. 264—266°) u. *Trimellitsäureanhydrid* (F. 161—163°). — *2.6.6-Trimethyl-$\Delta^{1,7,8,10}$-bicyclo-[5.4.0]-undecatrien-9-carbonsäure* (?), $C_{15}H_{20}O_2$, F. 135—137°, durch Oxydation des aromat. KW-Stoff-Gemisches mit CrO_3 u. Chromatographie der Säuren an Silicagel; 30%; die Neutralanteile enthielten kein V.

F. Heller. 4420□

Die Zusammensetzung der sich entwickelnden ersten Wand in Zellen der Wurzelspitze bei Zwiebeln. 1. Mitt. **Quantitative Analysen.** William A. Jensen und Mary Ashton. (Plant Physiol. **35,** 313—23, Mai 1960; Berkeley, Univ. of California, Dep. of Bot.; engl.) — Die Zellen der Wurzelkappe enthalten viel *Cellulose* u. lösl. nicht celluloseähnliche *Polysaccharide*, mittlere Mengen an H_2O-lösl. *Hexosen* u. *Pentosen* u. *Pektin*, geringe Mengen an *Protopektin*, *Hemicellulose* u. unlösl. nicht celluloseartigen *Polysacchariden*. Die Apikalzellen hatten geringe Gehalte an allen untersuchten Kohlenhydraten. Trat die Zelle in ein Übergangsstadium ein, nahmen die Geh. pro Zelle zu, auf die Flächeneinheit bezogen nahm jedoch nur der *Pektin*-Geh. zu. Wurde das Dickenwachstum eingestellt, so erfolgte Zunahme an *Cellulose*, *Pektin*, lösl. nicht celluloseartigen *Hexose-Polysacchariden* u. unlösl. nicht celluloseartigen *Polysacchariden*. Während des Längenwachstums nahmen alle Stoffe im Verhältnis zur Wachstumsintensität zu.

W. Hiller. 4420□

Bestandteile von Lagerstroemia Flos-reginae Retz. D. P. Carew und T. F. Chin. (Nature [London] **190,** 1108—09, 17/6. 1961; Iowa City, State Univ. of Iowa, Coll. of Pharm.; engl.) In *Lagerstroemia Flos-reginae Retz* (Blättern) konnten keine *Alkaloide*, *Glykoside*, *Steroide* u. *Flavonole* nachgewiesen werden. In einem wss. Extrakt wurden durch Papierchromatographie *Alanin*, *Isoleucin*, *α-Aminobuttersäure* u. in größerer Menge *Methionin* gefunden. Eine hypoglykäm. aktive Substanz wurde nicht gefunden. G. Ziebarth. 4420△

Über die Stabilität der Ascorbinsäure in schwarzen Johannisbeeren beeinflussende Faktoren. Versuche über den enzymatischen und nichtenzymatischen Abbau von Ascorbinsäure. Taina Kuusi. (Valtion tekn. Tutkimuslaitos, Sarja IV [State Inst. techn. Res., Ser. IV] **1961,** Nr. 34, 1—19; engl.) — Bei Unterss. über die Stabilität der *Ascorbinsäure* (I) im Saft der Schwarzen Johannisbeere wird festgestellt, daß bei pH 3 u. bei pH 6 die I nichtenzymat. oxydiert wird. Salzextrakte enthalten Substanzen, die die Oxydation der I inhibieren, diese Wrkg. bleibt auch nach dem Erhitzen erhalten. Die durch Cu katalysierte I-Oxydation ist sowohl in getrübten als auch in geklärten Säften inhibiert, so daß der wirksame Faktor nicht in der Trübung liegen kann. Versetzen mit Hefe führt zu I-Verlusten. Der Einfl. der Hefe auf die Stabilisierungssubstanz ist dagegen variabel. G. Ziebarth. 4425△

Eine neue Reaktion von Aldosen mit primären Aminen und ihre Bedeutung für nichtenzymatische Bräunungsreaktionen. E. F. L. J. Anet. (Chem. and Ind. **1958,** 1438—39, 1/11; Homebush, Australia, C.S.J.R.O., Div. of Food Preservation and Transport; engl.) — Glycin reagiert mit *D-Glucose* (III) unter Bldg. von *N-[Carboxymethyl]-1-amino-1-desoxy-D-fructose* (I; *D-Fructoseglycin*), das mit weiterem III *N.N-Bis-[D-arabino-3.4.5.6-tetrahydroxy-2-oxohexyl]-glycin* (II; *Di-D-fructoseglycin*) bildet. II wird in wss. Lsg. unter Bldg. von I zersetzt; die Rk.-Geschw. nimmt mit steigender Temp. zu u. ist bei pH 5,5 maximal. Das 2. Zers.-Prod. ist weder III, Fruktose noch 5-Hydroxymethylfurfural (IV); es wird jedoch durch 1std. Kochen mit 0,03 n Essigsäure teilweise in IV übergeführt. Der Vf. führt die Bldg. komplizierter brauner Verbb. bei der Rk. zwischen reduzierenden Zucker u. Aminen (Maillard-Rk.) auf die Bldg. II-analoger Diketoseamine u. deren Zers. in reaktionsfähige ungesätt. Carbonylverbb. u. Ketoseamide zurück, die dann unter Beteiligung der Amine aldolartig kondensieren sollen. Die von Anet u. Reynolds (vgl. C. **1959,** 11756) im Extrakt bräunender Früchte gefundenen u. als Verb. F 1a u. F 4a beschriebenen Verbb. sind vermutlich *Di-N-D-fructoseasparaginsäure* bzw. *-asparagin*.

Versuche: *Di-D-fructoseglycin* (II), F. 111,5—112°, a) durch 12 Min. langes Erhitzen von Na-Glycinat mit überschüssigem III oder D-Mannose (V) auf 100°; 20% (Ausbeute); b) analog aus dem Na-Salz von III oder dem Na-Salz von V u. I in 6—7 Min.; $(\alpha)_D^{25}$ —78°; 40%. L. Lamza. 4450△

Die Verminderung der Respiration, Ionenaufnahme und Ionenzurückhaltung bei mit Ribonuclease und Äthylendiamintetraessigsäure behandeltem Wurzelgewebe. J. B. Hanson. (Plant Physiol. **35**, 372—79, Mai 1960; Urbana, Univ. of Ill., Dep. of Agron.; engl.) — *Ribonuclease* (I) u. *Äthylendiamintetraessigsäure* (II) erhöhen kurz nach der Anwendung die Respiration der Wurzeln. Nach 2 Std. erfolgt Depression unter den Normalwert, I ist hierbei weniger wirksam als II. Hohe Konzz. von KCl verursachen ähnliche Wirkungen. I u. II verursachen gleiche Änderungen des Nucleotidgehaltes. Geringe Ca^{++}-Geh. wirken der I entgegen in bezug auf Respiration u. Nucleotidgehalt. Die diffundierbaren Nucleotide stiegen nach Behandlung mit I u. II an, was auf eine Veränderung der Permeabilität der Zellmembran hindeutet. Die Streckungszone der Wurzeln zeigte den größten Verlust an lösl. Nucleotiden u. Polynucleotiden u. der Atmung durch Behandlung mit II. Diese Zone zeigte auch die größte Aktivität der I. Die Phosphatakkumulation wurde am stärksten im Meristem gehemmt. I scheint an der Ionenakkumulation u. oxydativen Phosphorylierung akt. beteiligt zu sein. 2wertige Ionen schützen I vor Degradation durch endogene Enzyme, 1wertige Ionen fördern diese Degradation.

W. Hiller. 4450□

Produkte der Orthophosphatabsorption durch Gerstenwurzeln. Patricia C. Jackson und C. E. Hagen. (Plant Physiol. **35**, 326—32, Mai 1960; Beltsville, Md., U.S. Dep. of Agricult., Agricult. Res. Serv.; engl.) — 80—95% des gesamten von den Gerstenwurzeln aufgenommenen *Orthophosphats* (I) findet sich nach papierchromatograph. Trennung in 5 Fraktionen wieder. Die Ergebnisse bei einer Vers.-Dauer von 15 Sek. u. 2 Std. waren gleich. Von den 5 Fraktionen konnten 3 als *Uridindiphosphatglucose* (II), *Glucose-1-phosphat* (III) u. I identifiziert werden. P geht von II u. III in die nicht identifizierte Fraktion II u. in I über. Im Gegensatz zu den Blättern fand sich I in den Wurzeln nicht im Adenosindi- u. -triphosphat.

W. Hiller. 4450□

Die Wirkung von Isonicotinoylhydrazid auf den Kohlenstoffcyclus bei der Photosynthese. G. G. Pritchard, C. P. Whitttingham und Wendy J. Griffin. (Nature [London] **190**, 553—54, 6/5. 1961; London, Univ., Queen Mary Coll., Dep. of Bot.; engl.) — 10^{-2} u. 10^{-3} m *Isonicotinoylhydrazid* (I; Transaminaseinhibitor) beeinflußte die Gesamt-^{14}C-Fixierung von *Chlorella pyrenoidosa*-Kulturen (mit Luft + 0,1% $^{14}CO_2$ durchströmt), sowie die Verteilung zwischen A.-lösl. (L) u. A.-unlösl. Fraktion nur wenig. Die Gesamtaufnahme u. L wurden etwas gesteigert. Der ^{14}C-Einbau in Zuckerphosphate (II), Phosphoglycerinsäure (III), Phosphoenolbrenztraubensäure, Asparaginsäure, Äpfelsäure, Fumarsäure u. Alanin wird durch I erheblich vermindert, der Einbau in Saccharose bei niedriger Konz. aktiviert, bei höherer etwas gehemmt. 10^{-2} m I aktiviert den Einbau in Glykolsäure u. Glycin ca. 5—8fach (ca. 80% des L-^{14}C). Der Einbau in Serin wird etwa wie derjenige in II, III usw. gehemmt. I unterscheidet sich in seiner Wrkg. auf den photosynth. C-Cyclus von Azaserin. Die Befunde bilden keinen Hinweis für eine spezif. I-Hemmung der Transaminasen, sondern deuten auf einen anderen Wirkungsort hin.

K. Maier. 4460□

Über die Biogenese von organischen Nitroderivaten und Propenylbenzolen. Otto Richard Gottlieb, Mauro Taveira Magalhães und Walter B. Mors. (An. Acad. brasil. Ci. **33**, 301—03, 1961; Rio de Janeiro, Inst. de Quim. Agric.; engl.) — Verschiedene Beobachtungen sprechen dafür, daß *Phenylalanin* die gemeinsame biogenet. Vorstufe von *Propenylbenzolen* u. *1-Nitro-2-phenyläthan* ist. Die Bldg. organ. Nitroderivv. in Pflanzen läßt sich völlig durch Ggw. eines zur Oxydation der NH_2-Gruppe von Aminosäuren zu einer NO_2-Gruppe fähigen Enzyms erklären. K. Maier. 4460□

Der Stoffwechsel von aromatischen Verbindungen in höheren Pflanzen. 3. Mitt. **Die β-Glucoside von o-Cumar-, Cumarin- und Melilotsäure.** T. Kosuge und Eric E. Conn. (J. biol. Chemistry **236**, 1617—21, Juni 1961; Davis, Calif., Univ. of California, Dep. of Biochem. and Biophysics; engl.) — 1. vgl. C. **1960**, 2243. — Durch Extrahieren eines Acetonpulvers von *Melilotus alba* mit Phosphatpuffer, Zentrifugieren, fraktioniertes Fällen des Überstehenden mit Aceton u. $(NH_2)_2SO_4$ u. Chromatographie an Carboxymethylcellulose wird eine *β-Glucosidase* (I) isoliert, welche ein pH-Optimum bei pH 5,25 besitzt u. durch $CuSO_4$, $HgCl_2$, δ-D-Gluconolacton, nicht jedoch durch $NiCl_2$, $MnCl_2$, $ZnCl_2$, $CoCl_2$ oder $BaCl_2$ inhibiert wird. Die *β-Glucosidase*-Aktivität beträgt in *M. officinalis* das Doppelte wie in *M. alba*, in der cumarinfreien Varietät *M. alba* var. *Cumino* nur die Hälfte, während die Aktivität in *Trifolium pratense* nur sehr niedrig u. die Substratspezifität im Gegensatz zu **I** nur gering ist. 12 Std. nach der Zugabe von $^{14}C_{(2)}$-*Cumarin* (**II**) zu Schößlingen von *M. alba* werden im isolierten **II** nur noch 0,5% der Aktivität gefunden; 12% in der *Melilotsäure* (**III**) u. 59% im **III**-*β-Glucosid* (**IIIa**), nach Zugabe von $^{14}C_{(2)}$-**III**-*β-Glucosid* enthält die isolierte **III** 9%, **IIIa** 43%, **II** 0% der Aktivität, nach Zugabe von $^{14}C_{(2)}$-*Cumarsäure-β-glucosid* (**IV**) enthält das isolierte **II** 0,6% u. **IV** 59% der Aktivität. F. Heller. 4460□

Die Biogenese von Hyoscin in Datura stramonium L. A. Romeike und G. Fodor. (Tetrahedron Letters [London] **1960**, Nr. 22, 1—4, Okt.; Gatersleben, Inst. für Kulturpflanzenforschung der DAdW zu Berlin; Budapest, Acad., Stereochem. Labor.; engl.) — Junge Pflanzen von *Datura stramonium L.* werden in einem Nährmedium gezogen, das ^{14}C-*Methylhyoscyamin* (**I**, aus Nortropin durch Methylierung mit ^{14}C-Methyljodid, Acylierung mit S-Acetyltropoylchlorid u. anschließende milde Entacetylierung) enthält. Durch Papierchromatographie u. quant. Best. der Radioaktivität wird festgestellt, daß **I** völlig in *Hyoscin* übergeführt ist, wobei wahrscheinlich im Rk.-Verlauf ein *Alkaloid V*, möglicherweise 6-Hydroxyhyoscyamin, beteiligt ist. G. Ziebarth. 4460△

Über den Kalium-Magnesium-Antagonismus bei Mais und Sonnenblumen. K. Scharrer und K. Mengel. (Z. Pflanzenernähr., Düng., Bodenkunde **83** (**128**), 149—62, Dez. 1958; Gießen, Justus-Liebig-Univ., Agrikulturchem. Inst.; dt.) — Eine steigende *K*-Düngung bewirkt eine verminderte *Mg*-Aufnahme, die einen echten physiolog. Antagonismus der beiden Elemente darstellt. Unabhängig von diesem Antagonismus hat die Sonnenblume ein weitaus besseres Aneignungsvermögen für *Mg* als Mais. Für *K* trifft das Gegenteil zu.
P. Gregorzewski. 4470□

Die unterschiedliche Aufnahme von 2.4-Dichlorphenoxyessigsäure und ihres Octylesters durch Wurzeln und Teile der Koleoptile von Maissämlingen. D. James Morre und B. J. Rogers. (Plant Physiol. **35**, 324—25, Mai 1960; Lafayette, Ind., Purdue Univ.; engl.) — *2.4-Dichlorphenoxyessigsäure* (**I**)-*octylester* wird von intakten Wurzeln von Maissämlingen in 5mal höheren Dosen als **I** aufgenommen. Die Koleoptile hingegen nimmt **I** in doppelt so hohen Dosen wie **I**-*octylester* auf.
W. Hiller. 4485□

Eine Methode zur Isolierung von Miröstrol aus Pueraria mirifica. H. E. H. Jones und G. S. Pope. (J. Endocrinology **22**, 303—12, Juni 1961; engl.) — Vgl. C. **1962**, 9403. — Die gepulverten Wurzeln von *Pueraria mirifica* wurden dreimal mit kochendem Methanol extrahiert, die zur Trockne gebrachten Extrakte mit Methanol gerührt, vom Ungelösten abfiltriert u. das Filtrat im Vakuum getrocknet. Der Rückstand wurde in Methanol gelöst, Ae. zugesetzt u. der über Nacht gebildete viscose Gummi abgetrennt. Die Prozedur wurde mehrmals wiederholt u. der Rückstand in Toluol/Äthylacetat/Methanol/W. (1,5:1:1,25; 1,25) gelöst. Aus der unteren Phase wurde das Methanol abdest. u. der Rückstand mit Äthylacetat extrahiert. Die östrogenhaltigen Extrakte wurden an Celite chromatographiert. Die Ausbeute (50%) beträgt 20 mg *Miröstrol* (**I**)/kg getrocknete Wurzeln. **I** konnte durch F., UV- u. IR-Spektrum u. durch sein papierchromatograph. Verh. charakterisiert werden. Die östrogene Aktivität von **I** wurde im Uterusgewichtstest an der infantilen Maus geprüft. Das Red.-Prod. von **I** mit Na-Borhydrid u. der 3-Methyläther von **I** besitzen eine hohe Östrogenaktivität. Vff. fanden Anhaltspunkte für das Vork. weiterer Östrogene in *P. mirifica*. Der Östrogen-Geh. der verschiedenen Teile der Pflanze wurde näher untersucht. L. Laschet. 4485□

E₅. Tierchemie. Tierphysiologie. Tierpathologie

Über die Existenz von Untereinheiten im Molekül von Ferritin. Raymond Saddi, Georges Schapira und Jean-Claude Dreyfus. (Bull. Soc. Chim. biol. **43**, 409—13, 1961; Paris, Hôp. des Enfants-Malades, Labor. de Rech. de Biochim. Méd.; franz.) — *Ferritin* (**I**) u. *Apoferritin* (**II**) vom Pferd werden nach Denaturierung durch Erhitzen auf 100° in 1% NH_4HCO_3-Puffer durch *Trypsin* hydrolysiert u. die erhaltenen Prodd. durch Papierelektrophorese getrennt. **I** u. **II** ergeben dieselben Resultate, u. zwar werden 15 statt der 600 theoret. errechneten Spaltstücke gefunden, von denen nur 1 Peptid *Tryptophan* enthält. Es existieren also ca. 30 Untereinheiten vom Molgew. 15600. G. Ziebarth. 4520□

Elektrophorese von Myoglobinen. Einfluß einer Nervendurchtrennung. Renée Laurent, Jean-Claude Dreyfus und Georges Schapira. (Bull. Soc. Chim. biol. **43**, 415—22, 1961; Paris, Hôp. des Enfants Malades, Labor. de Rech. de Biochim. Méd.; franz.) — Durch Elektrophorese an Stärkegel von wss. Muskelextrakten mit geringer Ionenstärke werden bei Ratten, Meerschweinchen, Mäusen u. Kaninchen verschiedene *Myoglobine* (**I**) nachgewiesen. Nach Durchtrennung von Nerven oder Sehnen wird die Verteilung der **I** im Körper verändert, die schneller bei der Elektrophorese laufenden werden angereichert u. die langsamer laufenden in ihrer Konz. verringert. Bei Ratten ist diese Erscheinung am deutlichsten ausgeprägt. G. Ziebarth. 4520□

Elektrophorese von durch Lösungen mit geringer Ionenstärke extrahierbaren Muskelproteinen. Einfluß der Durchtrennung von Nerven. Renée Laurent, Jean-Claude Dreyfus und Georges Schapira. (Bull. Soc. Chim. biol. **43**, 423—28, 1961; Paris, Hôp. des Enfants Malades, Labor. de Rech. de Biochim. Méd.; franz.) — Vgl. vorst. Referat. — Durch Elektrophorese an Stärkegel von Muskelextrakten mit geringer Ionenstärke bei Ratten, Kaninchen u. Meerschweinchen wird festgestellt, daß in durch Nervendurchtrennung atrophierten Muskeln andere *Proteine* vorherrschen als in normalen, bes. wird die Konz. der bei der Elektrophorese langsamer laufenden Proteine vermindert während die der schneller laufenden vermehrt wird. G. Ziebarth. 4520□

Elektrophorese der in schwach ionisierten Flüssigkeiten löslichen Muskelproteine. Normale und myopathische Mäuse. Georges Schapira und Jean-Claude Dreyfus. (C. R. Séances Soc. Biol. Filiales **152**, 1705—07, 1958; herausgeg. 31/3. 1959; Hôp. des Enfants Malades, Labor. de Rech. de Biochim. Méd.; franz.) — Die (in Stärkegel ausgeführte) Elektrophorese der mit verd. Salzlsg. extrahierbaren Muskel-*Proteine* normaler Mäuse ergibt ein charakterist. Elektropherogramm (Abb.); es unterscheidet sich deutlich vom Elektropherogramm von Mäusen mit erblicher Muskeldystrophie. W. Wesly. 4520◇

Art des Aminozuckers in β-Chitin. N. E. Dweltz und Nitya Anand. (Biochim. Biophysica Acta [Amsterdam] **50**, 357, 24/6. 1961; Madras, Univ. of Madras, Dep. of Physics, and Lucknow, Central Drug Res. Inst.; engl.) — Aus *Loligo* isoliertes *β-Chitin* (**I**), das durch Behandlung mit verd. HCl bei Raumtemp. gereinigt worden war, gab bei der Hydrolyse (konz. HCl, 2—3 Std., ca. 100°) wie α-Chitin *Glucosamin*, während Galaktosamin in keiner der beiden Formen vorhanden war. K. Maier. 4520□

Aminoglykolipide und Glykoproteine aus menschl ichem Gehirn. 1. Mitt. **Quantitative Fraktionierung von Gehirn-Glykolipiden durch Kieselsäurechromatographie.** Samuel Bogoch und Louis A. Faillace. (Nature [London] **190**, 150—52, 8/4. 1961; Boston, Mass., Harvard Med. School, Dep. of Psych., Neurochem. Res. Labor.; engl.) — Vff. beschreiben ein chromatograph. Verf. zur quant. Trennung von *Glykolipiden* u. *Phospholipiden* in Gehirnextrakten unter Verw. von Kieselsäure als stationärer Phase u. $CHCl_3$, $CHCl_3$-Methanol-Gemischen verschiedener Konz. u. Methanol als Eluierungsmittel. Insgesamt werden **14** Fraktionen erhalten. Zur Herst. des Extraktes wird der Nd. eines bei 4° gehaltenen methanol. Gehirnextraktes zwischen $CHCl_3$-Methanol u. W. verteilt, wobei die untere Phase zur Chromatographie verwendet wird. Die obere Phase enthält die „Rohganglioside" (vgl. nachst. Referat). Hinsichtlich Trockensubstanz-, N-, Hexose- u. P-Geh. werden die eingesetzten Mengen nach der Chromatographie quant. wiedergefunden. Aus den unterschiedlichen N-, Hexose- u. P-Geh. der einzelnen Fraktionen geht hervor, daß jeder Fraktion eine andere Zus. zukommt. R. Reiss. 4520□

Aminoglykolipide und Glykoproteine aus menschlichem Gehirn. 2. Mitt. **Extraktion von Aminoglykolipiden aus menschlichem Gehirn mit heißem Methanol.** Samuel Bogoch, Peter C. Belval und Dorothy Winer. (Nature [London] **190**, 152—53, 8/4. 1961; engl.) — 1. vgl. vorst. Referat. — Zur Ermittlung der Zus. der *Aminoglykolipide* bestimmen Vff. in den „Rohgangliosiden" nach Abtrennung des dialysierbaren Anteils den Geh. an Trockensubstanz, *N*, *Neuraminsäure* (**I**), *Hexosamin* (**II**), *Hexose* (**III**) u. *Aminosäuren*. Bei der Unters. von 36 menschlichen Gehirnen wurden folgende Werte gefunden: *Rohganglioside* 2,20 mg/g Gesamtgewebe (in Substanz nigra); bzw. 2,10 mg/g (in Substanz alba); **I** 248,3 μg/g bzw. 66,0 μg/g; **II**: 143,1 μg/g, bzw. 48,0 μg/g; **III**: 247,9 μg/g, bzw. 179 μg/g u. N: 1,54%, bzw. 2,2%. Die Werte weisen von Gehirn zu Gehirn relativ große Schwankungen auf. Nach Hydrolyse u. Papierchromatographie wurden folgende Aminosäuren nachgewiesen: Serin, Glycin, Glutaminsäure, Asparaginsäure, Cystein, Arginin, Alanin, Isoleucin, Leucin u. Lysin. Die Freisetzung erfolgt bei den einzelnen Aminosäuren zu verschiedenen Hydrolysezeiten. Die Unterss. beweisen, daß es sich bei den Gehirngangliosiden nur um eine Gruppe der unter dem Namen Aminoglykolipide zusammengefaßten chemisch nahe verwandten Verbb. handelt. R. Reiss. 4520□

Aminoglykolipide und Glykoproteine aus menschlichem Gehirn. 3. Mitt. Quantitative Trennung und Bestimmung von Gehirnglykoproteinen, Neuraminsäure, Hexosamin und Hexosen mit Hilfe einer Gesamtgewebe-Emulsionsfraktionierung. Samuel Bogoch. (Nature [London] **190,** 153—55, 8/4. 1961; engl.) — 2. vgl. vorst. Referat. — Beschreibung einer Meth. zur Auftrennung der Gehirn-Glykoproteine in 9 verschiedene Fraktionen. Hierbei wird die Gehirnmasse mit W. emulgiert u. zentrifugiert. Die überstehende Emulsion wird mit steigenden Mengen *Methanol* (**I**) versetzt, wobei jedesmal ein Nd. auftritt, der abzentrifugiert wird. Diese Ndd. stellen die einzelnen Fraktionen dar. Der Geh. an *P*, *N*, *Neuraminsäure* (**II**) *Hexose* u. *Hexosamin* ist von Fraktion zu Fraktion verschieden. Eine weitere Unterteilung der Fraktionen durch Dialyse u. Verteilung zwischen $CHCl_3$–I u. W. ist möglich. Die Unterss. zeigen u. a., daß der größte Teil **II** nicht Teil der Ganglioside sondern anderer Aminoglykolipide u. Glykoproteine ist. R. Reiss. 4520□

Cerebroside (ein Überblick). A. K. Chaudhuri. (J. Proc. Instn. Chemists (India) **32,** 73—78, März 1960; Calcutta, Antigen Production Unit.; engl.) — Übersicht: Chemie der Cerebroside (Phrenosin, Erasin, Oxynervon, Nervon), Isolierung, biolog. Eigg.; etwas ausführlicher wird auf *Strandin* (**I**) eingegangen. **I** erscheint bei elektrophoret. Unterss. homogen, bei chromatograph. Unterss. zeigt reinstes **I** 8 Komponenten. Kurze Bemerkungen über Ganglioside u. Erythroside. — 36 Literaturangaben. W. Hiller. 4520□

Akute Haltungsveränderungen bei der Aldosteron- und Elektrolyt-Ausscheidung beim Menschen. A. H. Gowenlock, J. N. Mills und S. Thomas. (J. Physiology **146,** 133—41, 23/4. 1959; Manchester, Univ., Dep. of Med. and Physiol.; engl.) — Bei stehenden Personen wird mehr *Aldosteron* durch den Urin ausgeschieden als bei Liegenden. Die Na- u. K-Ausscheidung wird beim Stehen erhöht. Diese Veränderungen werden in mögliche Beziehung zu Volumenreceptoren in der oberen Körperhälfte gebracht. G. Kimmerle. 4550

Über die Bedeutung und Bestimmung der an Gewebe gebundenen sessilen Antikörper. L. Kesztyüs. (Acta physiol. Acad. Sci. hung. **19,** 155—67, 1961; Debrecen, Med. Univ., Pathophysiolog. Inst.; dt.) — Beschreibung zweier quant. Bestimmungsmeth. für die an Gewebe gebundenen sog. sessilen *Antikörper* (**I**): a) die Landsteiner-Halbansche Haptenhemmungsrk. [^{131}*J-Jodovalbumin* (**II**) Antigen u. *Dijodtyrosin*-Hapten], angewandt bei Leberhomogenaten von **II**-immunisierten Kaninchen, b) Immunisierung von Geflügel mit Kaninchenmuskel-*Phosphorylase* (**III**) u. Best. der **III**-Hemmwrkg. der bei 56° inaktivierten Organhomogenate der immunisierten Tiere. M. Metze. 4551□

Immunochemische Untersuchung des enzymatischen Abbaus von Humanserum-Albumin. Eine Analyse der Antigenstruktur eines Proteinmoleküls. Claude Lapresle, Marie Kaminski und Charles E. Tanner. (J. Immunology **82,** 94—102, Febr. 1959; Paris, Inst. Pasteur, Serv. de Chimie microbienne; franz.) — Humanserum-*Albumin* (**I**) wurde mit verschiedenen Enzymen gespalten. Es ergaben sich 2 Typen von antigenen Bestimmungsgruppen im **I**-Molekül, die abhängig vom verwendeten Enzym auftraten. *Trypsin* ergab keine antigenen Spaltprodd., *Chymotrypsin* (**II**; pH 8) spaltete **I** in zwei getrennt präcipitierende Bruchstücke. Ebenso wirkte Kaninchenmilzektrakt, dessen wirksames Enzym als *Kathepsin A* demonstriert wurde. **II** spaltete bei pH 4,5 **I** in drei Spaltstücke; *Pepsin* ergab auch 3 Prodd., die aber mit denen nach **II**-Spaltung (pH 4,5) nicht ident. waren. M. Metze. 4551□

Die Darstellung von Fluoresceinisocyanat für die Fluorescenzmikroskopie. L. Colobert, G. Demont und B. Domanski. (C. R. Séances Soc. Biol. Filiales **153,** 1029—31, 20/10. 1959; Lyon, Serv. de Santé des Armées, Sect. Techn. de Rech. et d'Études, Labor. de Bactériol.; franz.) — Es werden Modifikationen der Synth. von Coons u. Kaplan [1950] für *Aminofluorescein* (**I**)-*isocyanat*, welches zum Nachw. von *Antikörpern* in der Fluorescenzmikroskopie dient, beschrieben: Hydrierung von Nitrofluorescein in alkohol. Lsg. unter Verw. von 5%igem Pt-Katalysator nach Baker, Verdünnen mit W., Abdestillieren von A. im Vakuum, Reinigung durch Kochen in 2 n HCl (gute Reinigung von Isomer **I**, kein Einfl. auf Isomer II) erhöht die Ausbeute von **I**. Das Isocyanat bildet sich bei Behandlung von **I** mit Phosgen in Toluol in Aceton-Lösung. Reinheitsprüfung mittels Papierchromatographie. K. Zingraf. 4551□

Einbau des ^{14}C-Glycins in das Eiweiß der Zähne und Knochen von Katzen in der postnatalen Ontogenese. R. P. Podoroshna und W. M. Konowetz. (Ukrain. biochem. J. **34,** 70—80, 1962; Odessa, Ukrain. Forschungsinst. für Stomatologie; ukrain., Auszug: engl.) — An 22 Katzen im Alter von 14 Tagen (a; noch keine Milchzähne), 1 Monat (b; Milchzähne), 3 Monaten (c; Milchzähne) bzw. an erwachsenen Katzen einige Monate bzw. Jahre nach Ausfall der Milchzähne (d bzw. e) wurde der Einbau von *^{14}C-Glycin* (I) in die Proteine der Zähne u. verschiedener Knochen des Kiefers untersucht. Mit zunehmendem Alter nimmt danach der I-Einbau in das Zahngewebe stark ab. Der I-Einbau in die Milchzähne von a ist 1,3 mal stärker als der I-Einbau in die im Zahnfleisch noch verbleibenden Zähne. Bei e ist die Radioaktivität der Proteine 2,4 mal geringer als bei d, 6 mal geringer als bei c u. fast 20 mal geringer als bei b. Der I-Einbau in den Kieferknochen ist bei a 2,3 mal höher als bei c, 4,5 mal stärker als bei d u. 12 mal stärker als bei e. Der I-Einbau in die Röhrenknochen ist bei a 3 mal höher als bei c, 13 mal höher als bei d u. e. Bemerkenswert ist die stärkere Abnahme des I-Einbaues in die Proteine der Zähne im Vgl. zum Einbau in die Knochen. O. Lebtag. 4552△

Spaltprodukte und die Milchkuh. 4. Mitt. Der Stoffwechsel von ^{131}J nach einmaliger und wiederholter Gabe. R. J. Garner und H. G. Jones. (J. agric. Sci. **55,** 387—90, Dez. 1960; Compton, Berkshire, A.R.C. Field Station; engl.) — 3. vgl. C. **1961,** 17253. — Nach einmaliger u. mehrmaliger Verabreichung von *^{131}J* bei Milchkühen wurden geringfügige Unterschiede in der ^{131}J-Konz. in Plasma, Harn, Milch u. Schilddrüse beobachtet, deren Bedeutung jedoch zweifelhaft ist.
K. Zingraf. 4555□

Der Desoxyribonucleinsäuregehalt der Kerne der periovocytären Zellen der „Granulosa" beim weiblichen Kaninchen. D. Vandekerckhove. (Ann. d'Endocrinol. **23,** 599—601, Sept./Okt. 1962; Gand, Univ., Labor d'Anat. humaine et d'Anat. comp.; franz.) — Beim pseudo-schwangeren Kaninchen bewirkt *Progesteron* eine Abnahme, *Östradiol* eine Zunahme des *Desoxyribonucleinsäure*-Geh. in den Kernen der Gelbkörperzellen. Diese Schwankungen sind von Veränderungen im Vol. der Zellkerne begleitet. K. Zingraf. 4559◇

Vergleichende Untersuchung der Wirkung der natürlichen und nichtnatürlichen Östrogene auf den Glykogengehalt der Organe. L. M. Makarewitsch-Galperin. (Ukrain. biochem. J. 34, 108—17, 1962; Charkow, Ukrain. Inst. für exp. Endokrinologie; ukrain., Auszug: engl.) — In Verss. mit Mäusen, Ratten, Kaninchen, Meerschweinchen, Fröschen u. Tauben wurde die Wrkg. von *Östron* (I) u. *Synöstrol* (II) auf den *Glykogen* (III)-Geh. in Leber u. Gebärmutter sowie auf das Gew. dieser Organe untersucht u. nachgewiesen, daß bei ovariektomierten Mäusen, bei Kaninchen u. Ratten beiderlei Geschlechtes (intakt u. kastriert) u. bei Fröschen I u. II den III-Geh. in der Leber erhöhen. Bes. wirksam ist I. Bei allen untersuchten Tieren (mit Ausnahme des Meerschweinchens) wird das Gew. der Leber durch I, noch stärker durch II, erhöht. Das Gew. der Gebärmutter wird durch I u. II gleich stark erhöht. Der III-Spiegel im Herzmuskel wird bei Kaninchen (intakten u. kastrierten Männchen) durch I u. II gleich stark erhöht. Nur bei ovariektomierten Weibchen wirkt II stärker als I. O. Lebtag. 4559△

Einfluß von Östradiol und Progesteron auf die extracoronare Blutversorgung des Rattenherzens. J. Zweens. (Cardiologia [Basel] **40,** 17—23, 1962; Groningen, Niederlande, State Univ., Dep. of Anatomy and Embryol.; engl.) — Wie schon früher festgestellt wurde (Cardiologia [Basel] **37,** [1960], 12), beeinflußt Schwangerschaft die extracoronare Blutversorgung (Vergrößerung des Durchmessers der Anastomose um 60—70%). Die Ergebnisse dieser Arbeit zeigen, daß Hormonverabreichung (25 µg *Äthinylöstradiol* bzw./+ 10 mg *Progesteron*) die Wrkg. der Schwangerschaft auf die extracoronare Blutversorgung völlig imitiert (vorübergehender, vom Hormonspiegel des Blutes abhängiger Effekt). M. Metze. 4559□

Über den Einfluß der Androgene auf die Befruchtungsprozesse und den Verlauf der Trächtigkeit bei einigen Tieren (experimentelle Untersuchung). 1. Mitt. W. G. Butomo. (Geburtshilfe u. Gynäkol. [UdSSR] 36, Nr. 5, 3—9, Sept./Okt. 1960; Militärmed. Kirow-Akad., Gynäkolog. Klinik Nr. 2; russ., Auszug: engl.) — Die tägliche Injektion von *Testosteronpropionat* (I) 14 Tage lang in der Gesamtmenge von 78—266 mg führte bei Kaninchenweibchen im Laufe von 7—10 Tagen zur Ablehnung des Deckens. Bei späterem Decken war das Gew. der neugeborenen Tiere normal. Bei täglicher I-Zufuhr 9—18 Tage lang in der Gesamtmenge von 125—460 mg zu verschiedenen Zeiten der Trächtigkeit trat mit wenigen Ausnahmen eine Unterbrechung der Trächtigkeit ein. In den Eierstöcken dieser Tiere zeigte sich eine Rückbldg. der gelben Körper. Hohe Zufuhren von **I** (400 mg u. mehr) verursachten bei trächtigen u. nichtträchtigen Kaninchen so starke Veränderungen der äußeren Geschlechtsmerkmale, daß sie Ähnlichkeit mit den männlichen Geschlechtsorganen hatten. O. Lebtag. 4559△

Endokrine Kontrolle des Eisenstoffwechsels. 16. Mitt. **Reziproke Wirkung von Cortison und Sexualhormonen beim kastrierten weiblichen Kaninchen.** J. Lederer. (Ann. d'Endocrinol. **23,** 563—68, Sept./Okt. 1962; Louvain, Univ., Clin. Méd., Centre de Rech. Endocrinol.; franz.) — 15. vgl. Bolletino e atti della Società italiana di endocrinologia **10,** [1962], 44. — *Cortison* (**I**) allein veränderte den Fe-Geh. im Blut des kastrierten ♀ Kaninchens nicht. **I** in Kombination mit *Testosteronpropionat* bewirkte dagegen eine rasche, deutliche Abnahme u. in Kombination mit *Follikulin* eine allmähliche, mäßige Abnahme von Fe im Blut. K. Zingraf. 4559◇

Einfluß von Testosteron auf die Mitoseaktivität der Vagina, des Rectums und der Haut bei der Ratte. Louis Darcis. (Ann. d'Endocrinol. **23,** 545—55, Sept./Okt. 1962; Liège, Univ., Centre Anticancéreux; franz.) — *Testosteron* erhöhte den Mitosenindex der Vagina, des Rectums u. der Epidermis von ♀ Ratten. Diese Wrkg. wird nicht durch die Keimdrüsen, die Schilddrüse oder die Nebennieren vermittelt. K. Zingraf. 4559◇

Myotrophe und androgene Aktivitäten von dem neuen heterocyclischen Steroid Androstanazol. Gordon O. Potts, Arthur L. Beyler und David F. Burnham. (Proc. Soc. exp. Biol. Med. **103,** 383—84, Febr. 1960; Rensselaer, N. Y., Sterling-Winthrop Res. Inst.; engl.) — An unreifen ♂ Ratten (kastriert) zeigte *Androstanazol* (*17β-Hydroxy-17α-methylandrostano-*[*3.2:c*]*-pyrazol*; **I**) $^1/_7$ der myotropen (anabol. Wirksamkeit) Aktivität von *Testosteronpropionat* (**II**) u. $^1/_{33}$ der androgenen **II**-Aktivität, wenn beide Substanzen subkutan verabreicht wurden. Bei oraler Gabe war **I** 2 mal so myotrop wie *Methyltestosteron* (**III**) u. $^1/_3$ so androgen wie **III**. **I** ist also unabhängig von der Verabreichungsweise mehr anabol. als androgen. M. Metze. 4559□

Die Steroide als Faktoren des Eiweißaufbaus. G. Sala. (Arch. Stud. Fisiopatol. Clin. Ricambio **22,** 308—22, Mai/Juni 1958; Milano, Univ., Clin. Med.; ital.) — Unterss. über den Einfl. von *Testosteron* u. *4-Chlortestosteron* auf die Muskulatur, das Wachstum des Gesamtkörpers u. einzelner Organe u. Gewebe, die N-Bilanz, die Ausscheidung von P u. K, die N-Stoffwechselreserve, die Protein-Synth. u. den Einbau markierter Aminosäuren in Gewebeproteine in vitro u. auf verschiedene Enzym-Syst. bestätigen die anabolisierende Wrkg. der Hormone auf den Eiweißstoffwechsel. — 53 Literaturangaben. K. Zingraf. 4559□

Biosynthese von Δ^{16}-Androsten-3α-ol. Shlomo Burstein und Ralph I. Dorfman. (Acta endocrinol. [Copenhagen], Suppl. Nr. **51,** 689, 1960; Shrewsbury, Mass., Worcester Found. for Exp. Biol.; engl.) H. Herper. 4559□

Ein Schnellverfahren zum Verfolgen von Steroidumwandlungen. Henry R. Roberts und Roberts S. Robison. (Nature [London] **194,** 88—89, 7/4. 1962; New Brunswick, N. J., Squibb Inst. for Med. Res.; engl.) — Die durch *Corynebacterium simplex* in aerober Submerskultur rasch verlaufende (ca. 1 Std.) Δ^1-Dehydrogenierung von 12α-Fluor-11β-hydroxytestosteron zu *1-Dehydro-12α-fluor-11β-hydroxytestosteron* (**I**) ist durch Horizontalpapierchromatographie unter Entw. bei 60° mit einem Toluol–Propylenglykol-System (1:1, toluolreiche Phase, 22°) in 60 Min. feststell- u. verfolgbar, während bei Raumtemp. 16—40 Std. erforderlich sind. Die Lokalisierung erfolgt mit Zn-Silikat im UV-Licht. Bei längerer Inkubation entsteht aus **I** allmählich *1-Dehydro-12α-fluor-11β-hydroxyandrostendion.* K. Maier. 4559□

Reinigung von hypophysärem Gonadotropin aus dem Harn gesunder Männer. A. Albert, Joan Kobi, John Leiferman und Ione Derner. (J. clin. Endocrinol. Metabolism **21,** 1—20, Jan. 1961; Rochester, Minn., Mayo Clin. and Mayo Found.; engl.) — Aus dem Harn gesunder Männer wurden die *Gonadotropine* an Kaolin (5 g/Liter Harn) adsorbiert, mit NH_4OH eluiert u. mit Aceton gefällt; der Nd. wird mit 10%ig. Ammoniumacetat in 70%ig. A. extrahiert, die Verunreinigungen werden an Diäthylaminoäthylcellulose adsorbiert, wodurch eine 50fache Reinigung erzielt wird. Das so gewonnene Präp. besitzt in biolog. Testverff. die gleichen Eigg. wie das nur durch Adsorption an Kaolin gewonnene Ausgangsmaterial. U. Laschet. 4560□

Herstellung eines homogenen urinären Gonadotropin-Präparats durch Elektrophorese. Roland Bourrillon und René Got. (Acta endocrinol. [Copenhagen], Suppl. Nr. **51,** 201, 1960; Paris, Fac. de Méd., Labor. de Chim. Biol.; franz.) H. Herper. 4560□

Rascher Nachweis von Choriongonadotropin im Harn. Masaru Kameya. (Amer. J. clin. Pathol. **28,** 161—64, Aug. 1957; Decatur, Ill., Decatur and Macon County Hosp.,; engl., Auszug: Interlingua) — *Choriongonadotropin* („*Schwangerschaftsharnhormon*") wird nach Reinhart, Caplan, Shinowara (Amer. J. clin. Pathol. **21,** [1951], 624) bestimmt, wobei Vf. Extraktion mit Butanon-(2) anstelle von Aceton vorschlägt. A. Hesse. 4560□

Neue Beobachtungen über Gonadotropin des Serums trächtiger Stuten. Roland Bourrillon und René Got. (Acta endocrinol. [Copenhagen], Suppl. Nr. **51,** 683, 1960; Paris, Fac. de Méd., Labor. de Chim. Biol.; franz.) — H. Herper. 4560□

Verschwinden der Plasma-Radioaktivität nach Injektion mit ^{3}H- oder ^{131}J-markiertem Arginin-Vasopressin. Lawrence Silver, Irving L. Schwartz, Conrad T. O. Fong, Albert F. Debons und Lewis K. Dahl. (J. appl. Physiol. **16,** 1097—99, Nov. 1961; Upton, Long Island, N. Y., Brookhaven National Labor., Med. Res. Center; engl.) — Tritiiertes u. jodiertes *Arginin-Vasopressin* (**I**) wurde Menschen u. Hunden i. v. verabreicht. Beim Hund betrug die Halbwertszeit für das Verschwinden der Radioaktivität aus dem Plasma von 3,5 bis 7 Min. nach der ^{131}J-**I**-Gabe u. von 4—5 Min. nach der 3H-**I**-Gabe. Beim Menschen gab es bei ^{131}J-**I**-Verabreichung eine schnelle Komponente, deren Halbwertszeit 0,3—2 Min. betrug u. eine langsame mit den Werten 1,6—6,5 Minuten. ^{3}H-**I** gab nur eine Komponente mit den Werten 2,3—5,5 Minuten. M. Metze. 4560□

Die Freisetzung von Oxytocin in nichtanästhesierten lactierenden Ratten. Ranjit Roy Chaudhury. (Acta endocrinol. [Copenhagen], Suppl. Nr. **51,** 123, 1960; New Delhi, All India Inst. of Med. Sci.; engl.) H. Herper. 4560□

Anwendung von Pituitrin bei einigen Störungen der Lactation bei Frauen nach der Geburt. I. A. Mashbitz. (Geburtshilfe u. Gynäkol. [UdSSR] 34, Nr. 1, 50 bis 53, Jan./Febr. 1961; Inst. für Geburtshilfe u. Gynäkol. der Akad. der med. Wiss. der UdSSR; Inst. für Evolut.-Physiol. der Akad. der Wiss. der UdSSR; russ., Auszug: engl.) — Bei 58 Wöchnerinnen war die subkutane Zufuhr von 0,5 ml *Pituitrin* (**I**; 1,5 E) oder 0,3 ml *Oxytocin* (**II**; 1 E) unmittelbar vor dem Anlegen des Kindes von Erfolg, wenn die Zufuhr 2 mal hintereinander erfolgte. Bei Störungen des Herzgefäß-Syst. ist die Anwendung von **I** kontraindiziert. In diesem Fall ist **II** oder ein ihm ähnliches Präp. anzuwenden. O. Lebtag. 4560△

Reaktion von Mucopolysaccharid aus Extraocularmuskel, Skelettmuskel und Thyreoidea auf Thyreoid-stimulierendes Hormon. Alfred J. Bollet, Ralph F. Knopf und William H. Beierwaltes. (Acta endocrinol. [Copenhagen], Suppl. Nr. **51,** 271, 1960; Charlottesville, Va., Univ. of Virginia, Med. School; Ann Arbor, Mich., Univ. of Michigan, Med. School.; engl.) H. Herper. 4560□

Bildungs- und Abgabe-Geschwindigkeit von Hypophysen-Follikelstimulierendem und Thyreotropem Hormon in der Ratte. Alexander N. Contopoulos. (Acta endocrinol. [Copenhagen], Suppl. Nr. **51,** 295, 1960; San Francisco, Calif., Univ. of California, School of Med., Dep. of Anatomy; engl.) H. Herper. 4560□

Elektrophoretisches Verhalten von Melanocyten-stimulierenden Hypophysen-Aktivitäten aus Vertebraten. Anton C. J. Burgers. (Acta endocrinol. [Copenhagen], Suppl. Nr. **51,** 329—30, 1960; Berkeley, Calif., Univ. of Calif., Hormon Res. Labor.; engl.) H. Herper. 4560□

Die Rolle des Hypothalamus-Neurohormons bei der Sekretion von Adrenocorticotropem Hormon. Alvin Brodish. (Acta endocrinol. [Copenhagen], Suppl. Nr. **51,** 35—36, 1960; Yale, U. S. A., Yale Univ., School of Med., Dep. of Physiol.; engl.) H. Herper. 4560□

Wirkung von Wachstumshormon auf die Fettsäure-Oxydation beim Menschen. Josiah Brown. (Acta endocrinol. [Copenhagen], Suppl. Nr. **51,** 257, 1960; Los Angeles, Calif., Univ., Dep. of Med.; engl.) H. Herper. 4560□

Die Dynamik der Nebennierenrindenfunktion unter Adrenocorticotropem Hormon und Corticosteroiden. Jürgen R. Bierich und Dieter Schönberg. (Acta endocrinol. [Copenhagen], Suppl. Nr. **51,** 345, 1960; Hamburg-Eppendorf, Univ.-Kinderklinik; dt.) H. Herper. 4560□

Durch ACTH hervorgerufene Geweberetention von Cortisol und Metaboliten: als extraadrenaler Effekt. David L. Berliner, Nancy Keller und Thomas F. Dougherty. (Endocrinology **68,** 621, April 1961; Salt Lake City, Utah, Univ. of Utah, Coll. of Med., Dep. of Anat., Div. of Radiobiol.; engl.) — Exogen zugeführtes u. endogen gebildetes *ACTH* bewirkt Retention von *Cortisol* (**I**) u. reinen Metaboliten in Blut, Niere, Thymus u. Leber adrenalektomierter Mäuse. Exogenes *ACTH* hemmt die Konjugation corticoider Metabolite. Nach $^{14}C_{(4)}$-**I** wurden in der Leber normaler u. adrenalektomierter Mäuse (*ACTH*-behandelt u. unbehandelt) die markierten Metabolite *Tetrahydrocortisol*, *Tetrahydrocortison*, Reichsteins *Substanz E*, das entsprechende 20 α-Epimere, Reichsteins *Substanz U* u. *Cortison* gefunden. Daneben waren noch einige sehr stark polare Verbb., wahrscheinlich vom Cortol- u. Cortolontyp oder 6 β-Hydroxyverbb. nachweisbar.
K. Maier. 4560□

Die Wirkung von chirurgischem Trauma, adrenocorticotropem Hormon und Nebennierenrindenhormon auf Elektrolyte, Wasserbalance und Glucoseneubildung in männlichen Küken. Keith I. Brown, Dorothy J. Brown und R. K. Meyer. (Amer. J. Physiol. **192,** 43—50, Jan. 1958; Madison, Wis., Univ. of Wisconsin, Dep. of Zool.; engl.) — 10 Wochen alte Hähne erhielten *adrenocorticotropes Hormon* (**I**) *Desoxycorticosteronacetat* (**II**) u. *Cortisonacetat* (**III**). Durch einen operativen Eingriff war es möglich, den Urin frei von Faeces zu sammeln. **I**, **II** u. **III** wurden täglich injiziert. Nach **I**-Behandlung traten Polyurie, Polydipsie, *Na*- u. *K*-Retention ein; nach **II** traten Polyurie u. verringerte Ausscheidung von Na, K im Harn, nicht jedoch in den Faeces, ein, der Na- u. K-Geh. im Serum wurde nicht verändert. **I** hypophysektomierten Tieren gegeben, verursachte Verminderung des Gew. u. verstärkte Ausscheidung von Harnsäure u. Gesamt-N. **III** erzeugte bei Hähnen stärkere Ausscheidung von Na, K u. Harnsäure im Harn. Na u. K in den Faeces waren unverändert. Die Serumgeh. von Harnsäure, Na u. K wurden nicht verändert. Der Glykogengeh. der Leber war 9 Std. nach der letzten **III**-Injektion stark erhöht, nach 24 Std. zeigte er normale Werte. W. Hiller. 4561□

Untersuchungen über die ultraviolett-absorbierenden Lipide aus der isolierten Ratten-Nebenniere. Marion K. Birmingham und Pamela J. Ward. (Acta endocrinol. [Copenagen], Suppl. Nr. **51,** 429—30, 1960; Montreal, McGill Univ., Allan Memorial Inst. of Psychiatry; engl.) H. Herper. 4561□

Einfluß von Brenzcatechinaminen auf die arterielle Sauerstoffspannung beim anästhesierten Hund. Ferdinand Kreuzer (J. appl. Physiol. **16,** 1043—46, Nov. 1961; Hanover, N. H., Dartmouth Med. School, Dep. of Physiol.; engl.) — *Adrenalin* (**I**) bzw. *Noradrenalin* (**II**) wurden Hunden i. v. injiziert. Je nach der Dosishöhe ergaben sich mit beiden Substanzen 2 Typen von Rkk.; die erste zeigte sich bei hohen Dosen in drei Phasen (Anstieg auf 10—20 mm Hg → 100 mm → 15—30 mm), die zweite bei niedrigen u. war einphasig. (Anstieg auf 10 bis 70 mm Hg.) M. Metze. 4561□

Die durch die intravenöse Injektion von Adrenalin bedingten Veränderungen der Blutkonzentrationen von Adrenalin, Noradrenalin und einem dritten Amin bei Katzen. Mary F. Lockett. (J. Physiology **146,** 15P—16P, 23/4. 1959; London, Chelsea Coll. of Sci. and Technol., Dep. of Physiol.; engl.) — Nach i. v. Injektion von *Adrenalin* (**I**) bei Katzen findet man dieses im Blut nur während den ersten $^2/_3$ des pressor. Effektes. Eine *Isoprenalin*-ähnliche Substanz (*3. Amin*; **II**) findet sich während der letzten Hälfte des pressor. **I**-Effektes im Blut u. ist auch während der depressor. Phase von **I** nachweisbar. Weder *Cocain* noch *Rogitin* verhinderten das Auftreten von **II** nach der **I**-Injektion. Es scheint, daß **II** ein Metabolit von **I** ist, der jedoch eine physiolog. Funktion haben kann. G. Kimmerle. 4561

Untersuchung der Urinausscheidung von Aldosteron bei Fettleibigkeit. J. Chabot, M. Albeaux-Fernet, I. D. Romani und M. M. Gelinet. (Acta endocrinol. [Copenhagen], Suppl. Nr. **51,** 163; 1960; Paris, Hopital Laennec, Coll. de Med., Clin. Endocrin.; franz.). H. Herper. 4561□

Die Sekretion von Corticosteron und Aldosteron durch die nach Ausschälung regenerierte Rattennebennierenrinde. M. P. Brogi und C. Pellegrino. (J. Physiology **146,** 165—78, 23/4. 1959; Pisa, Univ., Ist. di Patologia generale; ital.) — Die Sekretion von *Corticosteron* (**I**) u. *Aldosteron* (**II**) durch regenerierende Rattennebennierenrinden ist stark vermindert. Dabei ist die Sekretion von **II** mehr angegriffen als die von **I**. G. Kimmerle. 4561

Der Wert von Plasma-17-Hydroxycorticosteroid-Bestimmungen bei schweren Infektionen. Johs. Bøc, K. F. Støa und H. H. Bassøe. (Acta endocrinol. [Copenhagen], Suppl. Nr. **51**, 1069, 1960; Bergen, Norway, Univ. of Bergen, School of Med., Med. Dep. B; Endocrinol. Res. Labor.; engl.) H. Herper. 4561□

Einfluß von Thyroxin, Thyreotropem Hormon und Cortison auf die Phosphoraufnahme durch den Thymus. S. M. Milcou und R. Holban. (Ann. d'Endocrinol. **23**, 539—44, Sept./Okt. 1962; Bucarest, Inst. d'Endocrinol. „Pr/C. I. Parhon"; franz.) — Bei Albinoratten bewirkte *Thyroxin* eine Gewichtszunahme des Thymus u. verringerte die Aufnahme von P durch diesen. *Cortison* verringerte die P-Aufnahme ebenfalls, beeinflußte das Gew. der Drüse dagegen nicht. Durch Thyreoidektomie u. Anwendung von *Thyreotropem Hormon* bei den so behandelten Tieren wurde die P-Aufnahme durch den Thymus gesteigert. K. Zingraf. 4562◇

Die Nierenausscheidung von l-Tyrosin und seinen Derivaten. K. C. Huang (unter Assistenz von K. B. Moore). (J. Pharmacol. exp. Therapeut. **134**, 257—65, Dez. 1961; Louisville, Ky., School of Med., Dep. of Pharmacol.; engl.) — In den Verss. wird der Ausscheidungsmechanismus von mono- u. di-substituierten l-Tyrosin-Derivaten untersucht. Durch eine spezielle Infusion wurde die Ausscheidung der Niere an narkotisierten Hunden konstant gehalten. Dabei wurden folgende Verbb. geprüft: *^{14}C-l-Tyrosin*, *^{131}J-3-Jod-l-tyrosin*, *3-Amino-*, *o-Methyl-*, *3.5-Dichlor-*, *3.5-Dibrom-*, *3.5-Dinitro-* u. *3.5-Dijod-o-methyl-l-tyrosin*. Dabei zeigt sich, daß alle monosubstituierten Verbb., wie l-Tyrosin, aus den Tubuli rückresorbiert werden. Mit Hilfe der „stop flow"-Technik fanden Vff., daß die disubstituierten Verbb., die tubulär sezerniert werden, in den proximalen Tubuli zur Ausscheidung gelangen. P. Lange. 4562□

Behandlung der Thyreotoxikosen mit radioaktivem Jod in Kombination mit Metothyrin und Mercazolil. W. M. Udod. (Клиническая Медицина (Klin. Med. [UdSSR] **40(43)**, Nr. 6, 86—90, Juni 1962; russ., Auszug: engl.) — Bei 102 Kranken mit Thyreotoxikose verschiedener Schwere führte einmalige Applikation von radioakt. J_2 (2—11 mc) zur klin. Besserung bzw. bei 40 Kranken zur Heilung. Wenn sich die Absorptionskurve des J, die ein gutes Kriterium für den Grad der Heilung ist, trotz klin. Besserung nicht senkte, wurde zusätzliche Therapie mit *Metothyrin* oder *Mercazolil* angewandt. Autoradiograph. Unterss. von Operationsmaterial zeigten ungleichmäßige Verteilung des J im Parenchym der Schilddrüse. Anhäufung des J wurde nur bei geringen Dosen u. geringem Heilerfolg beobachtet.
I. v. Kloch-Kornitz. 4562◇

Über die Anwendung von ^{131}J bei der Behandlung von Kranken mit schwerer Form der Thyreotoxikose. W. G. Spessiwzewa. (Хирургия [Chirurgie] **37**, Nr. 5, 106—12, Mai 1961; Moskau, 1. Ssetschenow-Inst., Therapeut. Fakultäts-Klinik; russ., Auszug: engl.) — Bei 50 Kranken mit schwerer Thyreotoxikose, die sich durch schwere Herz- u. Kreislaufinsuffizienz im inoperablen Zustand befanden, führte Therapie mit *^{131}J* (6—26 mc) zur klin. Besserung u. teilweisen Rückbldg. des Kropfes, so daß Arbeitsfähigkeit bzw. operabler Zustand erlangt wurde.
I. v. Kloch-Kornitz. 4562□

Präoperative Behandlung der Thyreotoxikose mit antithyreoidalen Medikamenten und Thyroxin. Gösta Bergfelt, Jan-Gustaf Ljunggren und Kersti Hedberg. (J. clin. Endocrinol. Metabolism **21**, 72—79, Jan. 1961; Göteborg, Sahlgrenska Sjukhuset, Dep. of Surg. 1, Dep. of Pathol. 2, and Stockholm, Nobel Med. Inst., Biochem. Dep.; engl.) — Präoperative Behandlung mit Thyreostaticis [*1-Methyl-2-mercaptoimidazol* (**I**; *Thacapzol*, Kabi)] bei Thyreotoxikose vermindert die zirkulierenden Schilddrüsenhormone u. stimuliert die Thyreotropin(TSH)-Sekretion, wodurch es zur Schilddrüsenhypertrophie kommt. Gleichzeitige Gabe von *Thyroxin* (**II**) vermindert die Steigerung der TSH-Sekretion u. damit auch die Schilddrüsenhypertrophie u. erhält die Euthyreose vor der Operation. Histolog. Bilder dokumentieren den Funktionszustand der Schilddrüse nach alleiniger Behandlung mit *KJ*, mit **I** + KJ u. mit **I** + **II**. Bei kombinierter **I** + **II**-Zufuhr war die Anzahl der postoperativen Rkk. am niedrigsten. U. Laschet. 4562□

Die photometrische Bestimmung von 3.5.3'-Trijodthyronin in wäßriger Lösung durch Diazoreaktion und Indoreaktion. G. Barac. (Arch. int. Physiol. **67**, 502—03, Juni 1959; Liège, Univ., Inst. de Chim. et de Policlin. méd.; franz.) — Zur Best. von *3.3'.5-Trijodthyronin* (**I**) kann die Diazo-Rk. (Kupplung mit diazotierter Sulfanilsäure in Na_2CO_3-alkal. Lsg. u. Messung der Rotfärbung im Pulfrichphotometer, Filter S 50; Empfindlichkeitsgrenze 12 mg **I**/Liter bzw. 1 mg nach Eindampfen u. Aufnahme in 20 ml W.) dienen. **I** gibt wie Thyroxin u. Thyronin mit 2.4-Dichlorchinonchlorimid eine Blaufärbung, während Alanin, Phenylalanin u. Tyrosin diese Rk. nicht zeigen. Die Rk. ist zur I-Best. geeignet (Filter S 66; Grenze: 25 mg/ Liter bzw. weniger nach Konzentrierung). K. Maier. 4562□

Nebenschilddrüsen-Wirkung auf die Nieren-Calcium-Ausscheidung bei Vögeln. G. Dale Buchanan. (Acta endocrinol. [Copenhagen], Suppl. Nr. **51**, 497—98, 1960; Memphis, Tenn., Univ. of Tennessee, Med. Units; engl.) H. Herper. 4563□

Eine Untersuchung der Wirkung von Nebenschilddrüsenhormon auf den Mucopolysaccharidstoffwechsel. Ernest Hausmann. (Endocrinology **68**, 722—23, April 1961; Buffalo, N. Y., Univ. of Buffalo, School of Dent. and School of Med., Dep. of Pharmacol.; engl.) — Es wird eine Berechnung für Serum-Ca u. deren theoret. Grundlage angegeben, die darauf hindeutet, daß die nach Zufuhr von *Nebenschilddrüsenextrakt* bei Ratten beobachtete Zunahme der *Serummucoproteine* nicht auf Resorption von Knochensubstanz beruht. K. Maier. 4563□

Untersuchungen über die außensekretorische Tätigkeit der Bauchspeicheldrüse bei Hühnern. Nitscho Ivanov und Radi Gotev. (Arch. Tierernähr. **12**, 65—73, 1/5. 1962; Sofia, Zootechn. Fak.; dt.) — Mit Hilfe einer Pankreaskanüle wird Pankreassaft (PS) von Hühnern untersucht. Futteraufnahme erhöht die Sekretion u. Fermentaktivität der PS. Die Stärke der PS-Absonderung hängt von der Häufigkeit der Futteraufnahme ab. Die sekretor. Tätigkeit der Bauchspeicheldrüse wird von Futterart u. -menge bestimmt. Nachts ist die PS-Absonderung geringer, kann aber durch künstliche Beleuchtung gesteigert werden. Die Fermentaktivität bleibt dabei unverändert. W. Wesly. 4564◇

Anwendung von Sulfanilamidpräparaten als Insulinersatz bei durch Lungentuberkulose kompliziertem Diabetes. L. I. Wilnjanski und N. K. Masslennikowa. (Klin. Med. [UdSSR] **40(43)**, Nr. 7, 74—78, Juli 1962; Charkow, Ukrain. Wiss. Tuberkulose-Inst.; russ., Auszug: engl.) — Bei 20 Kranken wurde *Bucarbon* (**I**) zur Therapie des Diabetes mellitus bei gleichzeitiger Lungentuberkulose als Substitut oder zur Verringerung der Injektionen des *Insulins* mit gutem Erfolg angewandt. Die Wrkg. des **I** war vom Grad der diabet. Stoffwechselstörungen, nicht von der Phase der Tuberkulose abhängig. I. v. Kloch-Kornitz. 4564□

Die Wirkung einer Insulininjektion auf den Aminostickstoffgehalt der freien und proteingebundenen Aminosäuren im Skelettmuskel des Fisches. Ophicephalus striatus (Bloch). B. Seshadri. (Current Sci. **28**, 121—22, März 1959; Annamalainagar, Annamolai Univ., Dep. of Zool. und Marine Biol.; engl.) — Die Fische erhielten 5 Einheiten *Insulin.* $^1/_2$—$2^1/_2$ Std. nach der Applikation wurden die Skelettmuskeln auf den Geh. an freien u. gebundenen Aminosäuren untersucht. Die proteingebundenen Aminosäuren steigen nach der Injektion an, erreichen nach $1^1/_2$ Std. ein Maximum (2facher Geh.) u. kehren nach $2^1/_2$ Std. auf den Ausgangswert zurück. Die freien Aminosäuren zeigen eine genau gegenläufige Tendenz. Sie durchlaufen nach $1^1/_2$ Std. ein Minimum (halber Geh.) u. erreichen nach $2^1/_2$ Std. den Ausgangswert wieder. W. Hiller. 4564□

Die Wirkung von Insulinantiserum auf die Insulinaktivität von Serum und Serumproteinfraktionen. K. W. Taylor und P. J. Randle. (J. Endocrinology **19**, 221—31, Dez. 1959; Cambridge, Univ., Dep. of Biochem., Addenbrooke's Hosp.; engl.) — Normales *Rinderserum* oder *Serum von Diabetikern* unter Rinder-*Insulin*-(**I**)-Behandlung, sowie langsam wandernde *Albumin-*, *β-* u. *γ-Globulin*-Fraktionen des normalen Rinderserums u. langsam wandernde *Albumin-* α_2-, *β-* u. *γ-Globulin*-Fraktionen des Serums behandelter Diabetiker (gewonnen durch Zonenelektrophorese an behandelten Cellulosesäulen) regen die in vitro-Aufnahme von *Glucose* (**II**) durch isoliertes Rattenzwerchfell an. Durch rascher wandernde *Albumin*-Fraktionen der genannten Seren wird die **II**-Aufnahme nicht gefördert. Die Wrkg. des Serums u. der obigen Serumproteinfraktionen ist in Ggw. von Meerschweinchen-*Antiserum* gegenüber **I** vermindert oder aufgehoben. Es wird angenommen, daß die stimulierende Wrkg. von Serum u. Proteinfraktionen auf die **II**-Aufnahme durch zirkulierendes **I** bedingt ist. — *Corticotropin* (ACTH), *Prolactin, normales* Meerschweinchenserum u. ein rohes *Albumin*-Präp. aus dem Serum hypophysektomierter Ratten potenzieren die Wrkg. von **I** auf die **II**-Aufnahme. U. Tausendfreund. 4564◇

Messung der Serum-Insulin-Aktivität mit epididymalem Ratten-Fettgewebe in vitro. R. E. Humbel. (Experientia [Basel] **15**, 256—58, 15/7. 1959; Zürich, Univ., Med. Klinik; dt.) — Es wird eine techn. Modifikation zur Messung der Serum-

Insulin-Aktivität mit Hilfe der Glucoseaufnahme vom epididymalen Rattenfettgewebe in vitro beschrieben. Vf. hält diese Meth. gegenüber der Zwerchfellmuskelmeth. für zuverlässiger, konstanter u. relativ spezifischer. R. Illhardt. 4564□

Wirkung von Insulin auf den Gehalt des Harnes gesunder Menschen an 17-Hydroxycorticoiden. M. Sendrail, P. Meriel und C. Blum. (C. R. Séances Soc. Biol. Filiales **152,** 1817—19, 1958, herausgeg. 31/3. 1959; Toulouse, Univ., Fac. de Méd., Labor. de Méd. Exp. u. Clinique Méd. du Centre Hosp.; franz.) — Gesunden Menschen i. m. verabreichtes *Insulin* erhöht den Geh. des Harnes an *17-Hydroxycorticoiden.* W. Wesly. 4564◇

Alloxandiabetes und die direkte Wirkung von Insulin auf den Stoffwechsel von isolierter perfundierter Rattenleber. David E. Haft und Leon L. Miller. (Amer. J. Physiol. **192,** 33—42, Jan. 1958; Rochester, N. Y., Univ. of Rochester, School of Med. and Dent., Dep. of Rad. Biol. and Biochem.; engl.) — Leber von normalen u. alloxandiabet. Ratten wurde 4 Std. mit Rattenblut, das $^{14}C_{(1)}$*-Acetat* enthielt, übergossen. Die Leber der diabet. Tiere zeigte verminderte Lipogenese von Acetat, verstärkte Ureogenese u. verstärkten Einbau von Acetat in Kohlenhydrate. Wurde in das Blut *Insulin* gegeben, so zeigte die Lipogenese der diabet. Tiere wieder normale Werte, die Glucoseneubldg. aus Acetat u. Ketonbldg. wurde vermindert. W. Hiller. 4564□

Untersuchungen der chemischen Eigenschaften des Alloxans in vitro im Hinblick auf deren mögliche Beziehungen zu der diabetogenen Wirkung dieser Substanz. Léon Binet, Pierre Binet und George Wellers. (Ann. pharmac. franç. **16,** 482—94, Juli/Aug. 1958; Paris, Labor. Physiol. Fac. de Med.; franz.) — Vff. stellten fest, daß *Alloxan* (I) in einer neutralen, gepufferten Lsg., die weder α-*Aminosäuren* noch *Thioalkohole* oder *komplexbildende Metalle* enthält, mehr oder weniger schnell u. vollständig zu Alloxansäure hydrolysiert wird, in Abhängigkeit vom pH-Wert, der Stärke des Puffers, der Temp. u. der eingeführten **I**-Menge. In Ggw. von α-Aminosäuren findet die Hydrolyse unter denselben Bedingungen nicht statt, sondern die Strecker-Rk., es bildet sich Purpursäure. Diese jedoch bleibt aus, wenn sich in der Lsg. außerdem ein Thioalkohol befindet, der bevorzugt durch **I** zum Disulfid oxydiert wird. Ist die Sulfhydrylgruppe mit einem Polypeptid verknüpft, bilden sich stattdessen Additions-Produkte. Co^{2+}, Ni^{2+}, Cu^{2+} bilden mit **I** bei pH 7,5 Chelate, wenn man durch vorsichtige Neutralisation die Hydrolyse verhindert. Die Rkk., die sich bei der Einführung von **I** in ein biolog. Syst. abspielen, sind demnach abhängig von der Menge des eingesetzten **I,** vom pH-Wert, sowie der Stärke des Puffers u. von der Ggw. von Thioalkoholen, α-Aminosäuren u. komplexbildenden Metallen. K. Heyns. 4564□

Die Beziehung zwischen der Störung des oxydativen Tricarbonsäurecyclus im tierischen Organismus und der Entstehung einer Hyperglykämie von diabetesähnlichem Charakter. G. Ch. Matzuka. (Ukrain. biochem. J. **34,** 130—36, 1962; Kiew, Inst. für Biochemie der Akad. der Wiss. der UkrainSSR; ukrain., Auszug: engl.) — In Verss. mit Kaninchen wurde die Möglichkeit einer diabetesähnlichen Störung durch Hemmung oder Blockierung der Rkk. des oxydativen Tricarbonsäurecyclus untersucht. Danach wird durch NH_4Cl u. *F-Acetat,* etwas weniger durch *Malonsäure,* eine starke Hyperglykämie hervorgerufen. Dies beruht auf einer Verstärkung der Synth. von Glucose u. nicht auf dem Zerfall von Reservepolysacchariden. Dies wird dadurch bestätigt, daß der Einbau von ^{14}C-Acetat in die Glucose des Blutes wesentlich stärker ist als in der Kontrolle. O. Lebtag. 4564△

Diabetische und antidiabetische Wirkung des Triamcinolons und Dexamethasons. J. M. de Corral Saleta, J. C. Penhos und A. F. Cardeza. (C. R. Séances Soc. Biol. Filiales **154,** 2371—72, 1960, herausgeg. 31/5. 1961; Mendoza, Argentine, Fac. de Méd. Inst.; franz.) — Unterss. der diabet. Wrkg. des *Triamcinolons* (*Δ^1-9α-fluor-16α.17-dihydroxycorticosteron*; **I**) u. *Dexamethasons* (*Δ^1-9α-fluor-16-methyl-17-hydroxycorticosteron*; **II**) am Hund, dessen Pankreas zu 84—86% entfernt wurde. Die Dosierung von **I,** 0,01 mg/kg/Tag, läßt keine Wrkg. erkennen, 0,1 mg erhöht den Blutzuckerspiegel von 160 auf 178 mg pro 100 ml in 3—4 Tagen, während **II** (in gleicher Dosierung) die Werte bis auf 259 mg pro 100 ml steigen läßt. Man übertrug dieses Verh. auf in gleicher Weise behandelte Kröten (*Bufo arenarum Hensel*). **II** wirkt stets intensiver als **I.** H. Jacobi. 4564□

Beweis für energieerfordernde Prozesse bei der Histaminfreisetzung und Mastzellen-Degranulierung im Rattengewebe nach Verbindung 48/80. Bertil Diamant und Börje Uvnäs. (Acta physiol. scand. **53,** 315—29, Nov./Dez. 1961; Stockholm, Karolinska Inst., Dep. of Pharmacol.; engl.) — In Rattengewebe wurde *Histamin*(I)-Freisetzung u. Mastzellendegranulierung experimentell durch Verb. 48/80 in vitro erzeugt. Durch Inhibitoren der oxydativen Phosphorylierung sowie durch Anoxie wurden beide Prozesse blockiert. Vorbehandlung mit *Glucose* unterbrach diese Hemmung. Aus den Ergebnissen kann geschlossen werden, daß die I-Freisetzung u. die Mastzellendegranulierung Energie verbrauchen, die wahrscheinlich aus dem Glucose-Stoffwechsel stammt. M. Metze. 4569□

Der Einfluß von Amizil auf den Serotoningehalt in einigen Abschnitten des Katzenhirns. N. T. Starych. (Bull. exp. Biol. Med. [UdSSR] **54**(**27**), Nr. 10, 76 bis 78, Okt. 1962; Leningrad, Inst. für Toxikol. der Akad. der med. Wiss. der UdSSR, Labor. für Pathophysiol.; russ., Auszug: engl.) — In Verss. mit Katzen, die einen *Serotonin* (**I**)-Geh. von 2,1 γ/g im Hypothalamus u. von 1,3 γ/g im Thalamus aufwiesen, bewirkte die Zufuhr von 100 mg Iprazid/kg in beiden Fällen eine Zunahme des **I**-Geh. um ca. 85%. Wurde subkutan *Amizil* (**II**) in der Dosis 1 mg/kg zugeführt, so ergab sich im Vgl. zur Kontrolle keine statist. einwandfreie Zunahme von **I**. Durch 10 mg/**II** kg wurde der **I**-Geh. im Thalamus um 40%, im Hypothalamus um 27% erhöht. O. Lebtag. 4569△

Die Wirkung von 5-Hydroxytryptamin, 5-Hydroxytryptophan und Reserpin auf die Peristaltik von anästhesierten Meerschweinchen. Edith Bülbring und A. Crema. (J. Physiology **146**, 29—53, 23/4. 1959; Oxford, Univ., Dep. of Pharmacol.; engl.) — Nur bei intraarterieller Injektion regt *5-Hydroxytryptamin* (**I**) die Darmperistaltik von Meerschweinchen an. Wird **I** in das Darmlumen gebracht, so ist es wirkungslos. *5-Hydroxytryptophan* (**II**) wirkt in beiden Verabreichungsarten. **II** bewirkt dabei eine starke Freisetzung von **I** aus dem Gewebe. Durch *Reserpin*-Injektionen wird die Darmschleimhaut von **I** entleert. *Isoniazid* verhinderte die Decarboxylierung von **I** nicht. **I** steuert somit den Peristaltikreflex. G. Kimmerle. 4569

Die Freisetzung von 5-Hydroxytryptamin in Beziehung zum auf die Darmschleimhaut ausgeübten Druck. Edith Bülbring und A. Crema. (J. Physiology **146**, 18—28, 23/4. 1959; Oxford, Univ., Dep. of Pharmacol.; engl.) — Bei Meerschweinchen wird in vivo gezeigt, daß durch eine Druckerhöhung im Darmlumen *5-Hydroxytryptamin* (**I**) in stark vermehrtem Maße freigesetzt wird. Auf diesen Effekt haben *Hexamethonium* u. *Atropin* keinen Einfluß. Die **I**-Freisetzung ist also ein Resultat des Druckes auf die Darmschleimhaut. G. Kimmerle. 4569

Dopamin im Zentralnervensystem und seine Beziehung zum Parkinson-Syndrom des Menschen. O. Hornykiewicz. (Dtsch. med. Wschr. **87**, 1807—10, 7/9. 1962; Wien, Univ., Pharmakolog. Inst.; dt.) — Übersicht. — 39 Literaturangaben. P. Gregorzewski. 4569◇

Der Acetylcholingehalt in der gespannten Darmwand. M. Ikeda, T. Hayama, N. Chujyo und A. Hoshi. (Amer. J. Physiol. **192**, 27—29, Jan. 1958; Chiba, Univ. of Chiba, Fac. of Pharm.; Tokyo, Univ. of Tokyo, Fac. of Agric., Labor. of Vet. Pharmacol.; engl.) — Die röhrenförmigen Darmsegmente wurden einmal im normalen entspannten Zustand, zum anderen im gespannten Zustand untersucht, indem die Röhrensegmente über einen Glasstab gespannt wurden. Der *Acetylcholin*(**I**)-Geh. war bei den gespannten Segmenten geringer, er betrug im Mittel 80% im Vgl. zu den ungespannten. Vorherige Inkubation mit *Eserinsulfat* ($2 \cdot 10^{-5}$ g/ml) bewirkte einen höheren **I**-Geh. der gespannten Segmente (ca. 95%). Bei längerer Inkubationszeit mit Eserinsulfat (30 Min.) steigt der **I**-Geh. der gespannten Darmsegmente über den der nicht gespannten (128%). Die gespannte Darmwand zeigt höheren *K*-Verlust, Inkubation mit Eserinsulfat verringert den Verlust. Hierbei sind nur Inkubationszeiten über 5 Min. wirksam. W. Hiller. 4569□

Eine cerebrale Decarboxylase für 5-Hydroxytryptophan beim Menschen. William Sacks. (J. appl. Physiol. **16**, 1050—54, Nov. 1961; Orangeburg, N. Y., Rockland State Hosp.; engl.) — Beschreibung einer Meth. zur in vivo-Unters. von Gehirn-Stoffwechsel u. deren Anwendung. Mit dieser Meth. wurde geringe oder fast gar keine Decarboxylierung von *5-Hydroxytryptophan* (**I**) im Gehirn festgestellt. I. v. Injektionen von ^{14}C-DL-**I** zeigten keine signifikanten Veränderungen des venös-arteriellen $^{14}CO_2$ weder bei Normalen noch bei Geisteskranken. Die $^{14}CO_2$-Spiegel des arteriellen Blutes zeigten, daß **I** schneller durch andere Körpergewebe decarboxyliert wird als durch das Gehirn. M. Metze. 4569□

Der Einfluß von Kobalt-Ionen auf die Hämoglobin-Biosynthese durch Kaninchen-Reticulocyten in vitro. Leif Eriksen, Nora Eriksen und Synnöve

Haavaldsen. (Acta physiol. scand. **53,** 300—07, Nov./Dez. 1961; Oslo, Univ. Inst. for Med. Biochem. and Physiol.; engl.) — Vgl. auch vorst. Referat. — In vitro-Unterss. an Reticulocyten-reichem Blut von anäm. Kaninchen zeigten, daß Co^{2+}-Ionen (10^{-3} m) die *Häm*-Bldg. hemmen, während die Bldg. von *Globin* unbeeinflußt bleibt. Vff. vermuten, daß dieses Verh. auf eine Hemmung von tetrapyrrol. Zwischenprodd. bei der Häm.-Synth. zurückgeführt werden kann, während die Umwandlung der 8 Carbonsäuren-enthaltenden Zwischenprodukte durch schrittweise Decarboxylierung u. endlich Dehydrogenierung sowie der Eiseneinbau unbeeinflußt bleiben. Es ist trotzdem nicht ausgeschlossen, daß Co^{2+} eine direkte Stimulation auf die Erythropoietinbldg. ausübt. M. Metze. 4572□

In vivo-Einbau von ^{59}Fe in Nichthämeisen und Hämoglobin von Erythrocyten. Iens Falbe-Hansen und Kari Lothe. (Acta physiol. scand. **54,** 97—104, Febr. 1962; Copenhagen, Finsen Labor.; engl.) — ♀ Kaninchen (gleiches Alter) erhielten i. v. ^{59}*Fe*-Injektionen (10 μc bzw. 40 μc). 1—3 Std. nach Verabreichung überwog die spezif. Aktivität von *Nichthäm-Fe*(**I**), nach 5 Std. überwog das *Hämoglobin-Fe*. Es ist anzunehmen, daß **I** ein Stoffwechselzwischenprod. auf dem Wege von Transferrin → Hämoglobin darstellt. Die Elektrophorese von Erythrocyten-„ghosts“ ergab zwei nichtradioakt. Fraktionen, von denen eine dem Ferritin in seiner elektrophoret. Wanderungsgeschw. ähnelt. Eine dritte Fraktion ist radioakt. u. besitzt kein chem. meßbares Fe. 5 Std. nach Verabreichung getötete Tiere haben diese Fraktion nicht mehr. Vff. nehmen an, daß diese Fraktion eine kurzlebige Zwischenstufe im Fe-Transport-Syst. der Erythrocyten darstellt. M. Metze. 4572□

Gleichgewichtsverteilung von Radioxenon im Gewebe. Xenon-Hämoglobin-Assoziationskurve. Hadley L. Conn jun. (J. appl. Physiol. **16,** 1065—70, Nov. 1961; Philadelphia, Pa., Univ. of Pennsylvania, School of Med., Dep. of Med.; Upton New York, Brookhaven Nat. Labor, Med. Res. Center; engl.) — An Hunden wurde die Gleichgewichtsverteilung von *Radioxenon* (**I**) in verschiedenen Organen u. Geweben mit in vivo- u. in vitro-Meth. untersucht. Für Mensch u. Hund wurden **I**-Assoziationskurven für *Hämoglobin* (**II**) u. *Methämoglobin* bestimmt. Die **I**-Aufnahme im Blut (bes. mittels der **I**-**II**-Affinität) war größer als im W. oder in den meisten anderen Körpergeweben (außer Fett u. Hirn). Bei der Verw. von **I** für die Inertgas-Diffusions-Meth. muß diesem Umstand Rechnung getragen werden u. eine Korrektur für die **II**-Konz. vorgenommen werden. M. Metze. 4572□

Über das sogenannte freie Erythrocyten-Protoporphyrin und dessen mögliche Rolle bei der Hämoglobinbildung. Leif Eriksen. (Acta physiol. scand. **53,** 288 bis 299, Nov./Dez. 1961; Oslo, Univ., Inst. for Med. Biochem. and Physiol., Dep. of Physiol.; engl.) — In anäm. gemachten Kaninchen (durch Phenylhydrazin-Injektionen) wurde die Rolle des sog. *freien Erythrocyten-Protoporphyrins* (**I**) bei der Hämoglobinbldg. u. seine Beziehung zur Reticulocytenzahl (Rz.) untersucht. Die Ergebnisse sprechen dafür, daß der **I**-Geh. nicht direkt zu der Rz. in Beziehung steht u. daß der Hauptpool von **I** normalerweise nicht für die *Häm*-Bldg. aufgebraucht wird. Es ist trotzdem anzunehmen, daß **I** ein normales Zwischenprod. bei der Hämbldg. darstellt. M. Metze. 4572□

Die Darstellung von Hämin aus kleinen Blutmengen (0,1—0,2 ml). Arne Forssberg und Bernhard Tribukait. (Acta physiol. scand. **54,** 147—51, Febr. 1962; Stockholm, Karolinska Inst.; Karolinska Sjukhuset, Klin.-Physiol. Abt.; dt.) — Zur Erleichterung biochem. Unterss. von *Hämin* (**I**) an kleinen Tieren wurde die Eisessig–Aceton-Meth. modifiziert u. mit ihr **I**-Kristalle erhalten, die zur ^{14}C–**I**-Unterss. in 0,1—0,2 ml Blut ausreichen. M. Metze. 4572□

Bestimmung der Lebenszeit der nach akuter Blutung gebildeten Rattenerythrocyten (^{14}C-Hämin). Arne Forssberg und Bernhard Tribukait. (Acta physiol. scand. **54,** 152—58, Febr. 1962; dt.) — Vgl. vorst. Referat. — Durch Blutung anäm. gemachte Ratten zeigten eine Erythrocytenlebenszeit von 55 Tagen, ähnlich der normaler Tiere. 3 Tage nach der Blutung — zum Zeitpunkt maximal einsetzender *Hämin* (**I**)-Synth. — erhielten die Tiere $^{14}C_{(2)}$-*Glycin* injiziert u. die **I**-Aktivität wurde nach der in vorst. Ref. beschriebenen Meth. bestimmt. Die anäm. Tiere zeigten eine **I**-Aktivität von 0,4—0,5% (Kontrollen 0,2—0,3%) während 40 Tagen nach Injektion. M. Metze. 4572□

Hämichrom- und Hämochrombildung mit Anserin, Carnosin und verwandten Verbindungen. H. S. Olcott und A. Lukton. (Arch. Biochem. Biophysics **93,** 666—69, Juni 1961; Berkeley, Calif., Univ. of California, Dep. of Food Science and

Technol., Inst. of Marine Resources; Garden City, Long Island, N. Y., Adolphi Coll., Chem. Dep.; engl.) — Imidazolverbb. (I) bilden in Boratpufferlsg., pH 8,5, mit Hämin [in der Reihenfolge: *Histidin* (**II**), *Carnosin* (**III**), *1-Methylhistidin* (**IV**), *Anserin* (**V**), *Histidylhistidin* (**VI**), *Imidazol* (**VII**) zunehmend] *Hämichrome. Hämochrome* entstehen (in ansteigender Menge) aus **II**, **III**, *Histamin*, **VII**, **V**, **IV**, **VI**. Unter den Versuchsbedingungen bildete Nicotinamid (**VIII**) kein Hämichrom, sondern bei niedrigeren Konzz. als andere **I** ein Hämochrom. Mit Myoglobin u. Imidazolaminosäuren oder -peptiden fand keine Hämichrom- oder Hämochrombldg. statt. **VII** bildete nach Denaturierung ein Hämichrom, **VIII** ein Hämochrom.

K. Maier. 4572□

Einfluß von Citrat auf ultrafiltrierbare und ionische Calcium-Konzentrationen im Serum. N. A. Peterson und J. M. Crismon. (J. appl. Physiol. **16**, 1103—08, Nov. 1961; Stanford, Calif., Stanford Univ., Dep. of Physiol.; engl.) — Die Unterss. wurden an Rinder-*Serumalbumin* durchgeführt u. theoret. Gleichungen für die Voraussage betreff der Total-*Calcium*-Fraktion, die ultrafiltrierbar u. ionisiert ist, abgeleitet. M. Metze. 4572□

Untersuchungen an Pyronderivaten. 6. Mitt. Über die Reaktion zwischen Dehydracetsäure und verschiedenen Ammoniumsalzen in Lösung. Sadao Iguchi, Kazuhito Hisatsune, Shigeru Goto, Eiko Futagami, Hiroshi Miyake und Junzo Iida. (Chem. pharmac. Bull. [Tokyo] **8**, 1—4, Jan. 1960; Kyushu, Univ., Jac. of Med., Pharm. Inst. and First Dep. of Surgery; engl.) — 5. vgl. J. Pharmac. Soc. Japan **79**, [1959], 1235, 4. vgl. C. **1962**, 8976. — *Dehydracetsäure* (**I**) u. ihr Natriumsalz (**I**-Na) kondensieren mit NH_3 u. NH_4^+-Salzen in wss. Lsg. unter sehr milden Bedingungen (37°) zu *3-[1-Iminoäthyl]-4-hydroxy-6-methyl-α-pyron* (**I**-Imid). Das Rk.-Prod. wurde durch Papierchromatographie nachgewiesen. Für die Rk. sind die NH_4^+-Ionen verantwortlich zu machen. Wegen der geringen Giftigkeit der **I** läßt sich ihr Einfl. auf den NH_3-Geh. des Blutes im tier. Organismus untersuchen. Wenn Hunden mit erhöhtem NH_3-Geh. im Blut eine **I**-Na-Lsg. injiziert wird, kann eine Abnahme des NH_3-Geh. beobachtet werden, außerdem läßt sich **I**-Imid im Blut nachweisen. Es wird vermutet, daß im lebenden Organismus eine ähnliche Kondens. wie oben stattfindet.

Versuche: *3-[1-Iminoäthyl]-4-hydroxy-6-methyl-2-pyron* (**I**-Imid) F. 206—207° je ein Val. von 10 verschiedenen Ammoniumsalzen mit 5%ig. **I**-Na-Lsg. bei 37°, 168 Std. im Brutschrank aufbewahrt, 20% (Ausbeute) Papierchromatographie: 0,02 cm^3 Probe auf Toyo Roshi No 50 getüpfelt, 16 Std. bei 15—18° entwickelt mit Butanol, Essigsäure, W. (4:1:5), mit Dragendorff's Reagens besprüht, R_F 0,82 — 0,83 Nachweisgrenze 10 γ. Nachweis von **I**-Imid im Urin: Urin sofort mit gleichem Vol. Chlf. extrahiert. Extrakt im Vakuum bei $< 40°$ auf $^1/_{100}$ eingeengt, dann Papierchromatographie. A. Zschunke. 4572◇

Einfluß von Natriumthiosulfat auf die Reduktionsfähigkeit von Humanerythrocyten in vivo. Howard S. Schwartz, Baruch Landau und Louis J. Soffer. (Proc. Soc. exp. Biol. Med. **103**, 375—78, Febr. 1960; New York City, Mount Sinai Hosp., Endocrine Labor. and Dep.; engl.) — Nach i. v. Injektion von $Na_2S_2O_3$ zeigte sich bei Erythrocyten von Frauen ein mehr als doppelt so hoher Reduktions-Index (Verlust an Reduktions-Kapazität pro Min/Gesamtmenge an $Na_2S_2O_3$) wie bei Männern (87 bzw. 34). M. Metze. 4573□

Untersuchungen über das Plasma-Eisen in der Ratte. 1. Mitt. Untersuchungen in vitro über die Eisenbindung. Ruth F. Itzhaki. (Arch. Biochem. Biophysics **92**, 69—73, Jan. 1961; London, Royal Cancer Hosp., Inst. of Cancer Res., Phys. Dep.; engl.) — Die Bindung des Eisens an Protein im Rattenplasma ist untersucht worden unter Benutzung von ^{59}Fe. Papierelektrophoret. Unterss. ergaben, daß das Eisen nur an *β-Globulin* gebunden war. In der Albumin-Fraktion ist kein Eisen festgestellt worden. Der Eisen-Protein-Komplex ist weder durch 22%ig. Na_2SO_4-Lsg., noch durch 42%ig. Na_2SO_3-Lsg. gefällt worden. Dagegen konnte durch 60%ig. Sättigung des Plasmas mit Ammonsulfat-Lsg. die Fällung erreicht werden. Die Bindung des Eisens an das Protein erreichte oberhalb pH 6,4 ein Maximum u. fiel unterhalb dieses Wertes rasch ab. K. Heyns. 4574□

Untersuchungen über das Plasma-Eisen in der Ratte. 2. Mitt. Plasma-Eisen-Konzentration und Eisen-Bindungskapazität. Ruth F. Itzhaki und E. H. Belcher. (Arch. Biochem. Biophysics **92**, 74—80, Jan. 1961; engl.) — 1. vgl. vorst. Referat. — Die Eisen-Konzz. im Plasma dreier Rattenarten sind bestimmt worden. Die Mittelwerte der Eisen-Konz. zeigten nur geringfügige Unterschiede zwischen den verschiedenen Rattenarten. Ähnliche Werte wurden in zwei Rattengruppen gefunden, die mit Nahrung verschiedenen Eisengeh. gefüttert waren. Es konnte keine Beziehung zwischen Körpergew. u. der Plasma-Eisen-Konz. gefunden werden. Die Eisen-Bindungs-Kapazität des Rattenplasmas einer Rattenart ist mit zwei unabhängigen Meth. bestimmt worden. Die Übereinstimmung war zufriedenstellend. Röntgenbestrahlung bewirkte ein Ansteigen der Plasma-Eisen-Konzentration.

K. Heyns. 4574□

Untersuchung der Serumproteine nach der Methode der Papierelektrophorese bei Kranken mit endemischem Kropf und Echinococcose. I. K. Achunbajew und Ju. A. Woloch. (Хирургия [Chirurgie] **37,** Nr. 5, 79—81, Mai 1961; Akad. der Wiss. der Kirgis. SSR, Inst. für Grenzmed., Labor. für endem. Erkrankungen; russ.) — Elektrophoret. Unterss. des Blutserums zeigten bei Kranken mit endem. Kropf (a) je nach Schwere der Thyreotoxikose (b) Verringerung des Geh. an *Gesamteiweiß* bis auf 3,3 g%, *Albumin* (**I**) bis auf 32%, Vermehrung der α_1-*Globuline* (**II**) bis auf 9,5%, α_2-**II** bis auf 16,1% u. der γ-**II** bis auf 25,7%, Verminderung des **I/II**-Koeff. bis auf 0,5. Bei Echinococcose war das Proteinogramm wie bei b mittleren Grades verändert, bei a ohne b u. chron. Appendicitis normal.

I. v. Kloch-Kornitz. 4574□

Über die Eigenschaften von γ- und β-Globulin. O. P. Ssilin, N. W. Klenina und R. Ju. Poprawka. (Ukrain. biochem. J. **34,** 3—9, 1962; Charkow, Forschungsinst. für experim. Tierheilkunde; ukrain., Auszug: engl.) — Die Unterss. ergaben, daß die β- u. γ-*Globuline* (**I**) des Rinderblutserums sich durch das Verhältnis der Diamin- u. Dicarbonsäuren u. durch den Charakter der anomalen Viscosität voneinander unterscheiden. Das β-**I** enthält weniger Arginin u. Asparaginsäure u. mehr Lysin u. Glutaminsäure als γ-**I**. Die Viscosität von β-**I** nimmt mit fallendem Druck stärker ab als die von γ-**I**. Hieraus ist zu schließen, daß die Moll. von β-**I** langgestreckter sind als die von γ-**I**.

O. Lebtag. 4574△

Fällung von γ-Globulinen durch ein Zink und Na-Salicylat enthaltendes Reagenz. Natur des Niederschlages. Einfluß von Flockungsinhibitoren in Funktion zur Ionenstärke. Jacques Badin und Fernande Schmitt. (Bull. Soc. Chim. biol. **43,** 387—408, 1961; Paris, Centre d'Explor. Fonct. de la Seine; franz.) — Durch eine Lsg. von $ZnSO_4$ vom pH 7,3, die bei Ggw. von *Na-Salicylat* stabil ist (R = Zn[mM]/μ [Salicylat] = 4,5/0,25) erfolgt bei 20° bei Zusammenbringung von 40 Teilen des Reagenzes mit 1 Teil Serum Fällung der γ-*Globuline*, des β-*Lipoproteins* u. des *Fibrinogens*. Wenn das Serum durch Zugabe von $CaCl_2$-Lsg. u. Dextransulfat vorher von seinen Lipiden befreit wird, läßt sich mit dem Zn-Reagenz reines γ-*Globulin* fällen, das nur geringe Mengen anderer Serumproteine enthält, wie durch Papier- u. Stärkeelektrophorese, durch Immunelektrophorese u. Ultrazentrifugieren nachgewiesen wird, werden mit γ-*Globulin* ausgefällt. Diese aus heparinisiertem Plasma lassen sich mit Hilfe dieser Meth. nur mit *Fibrinogen* verunreinigte γ-*Globuline* gewinnen. Das Reagenz ist auch bei starker Verdünnung bis 1 : 40 noch wirksam, nur die Empfindlichkeit gegenüber Inhibitoren nimmt zu. Inhibitor-Wrkg. haben vor allem *Histidin* u. *Cystein*, was den Schluß nahelegt, daß das *Zn* bei der Fällung mit den entsprechenden Gruppen des γ-*Globulins* reagiert. Durch Zusatz dieser Aminosäuren zum Nd. kann eine Auflösung erfolgen. Die Bindung des *Zn* an das *Protein* ist also weniger fest als die an die Aminosäuren. Beim Vgl. von γ-*Globulinen*, entweder durch das Zn-Reagenz oder durch Elektrophorese isoliert, ergibt sich bei 84 Seren mit einem γ-*Globulin*-Geh. von 5—60 mg/ml der Korrelationsquotient nach Fischer zu r = 0,82.

G. Ziebarth. 4574□

Die Lipoproteide des Blutes bei Leberschädigungen. N. L. Popowa. (Klin. Med. [UdSSR] **40(43),** Nr. 2, 71—75, Febr. 1962; Duschanbek, Med. Inst., Lehrstuhl für fak. Therapie; russ., Auszug: engl.) — Bei Kranken mit epidem. (a) bzw. heliotroper Hepatitis (b) oder chron. Leberschädigungen (c) war der Geh. des Blutes an β-*Lipoproteiden* (**I**) im Mittel bis auf 89,4, 83,9 bzw. 79,8% erhöht, der Geh. an α-**I** im Mittel bis auf 10,6, 16,1 bzw. 20,2%, entsprechend der Schwere der Erkrankung, verringert u. normalisierte sich mit zunehmender Heilung teilweise später als die klin. Symptome. Belastung mit *Vitamin* B_2 (30—200 mg) führte bei a leichten u. mittleren Grades zu geringer Vermehrung der α-**I** u. geringer Verminderung der β-**I**, bei a schweren Grades, b u. c zur Verringerung der α-**I** u. Vermehrung der β-**I**, Belastung mit *Vitamin* B_6 (25—400 mg täglich) bei a zu teilweiser Vermehrung der α- u. β-**I** oder bei längerer Anwendung zu Verminderung der α-**I**.

I. v. Kloch-Kornitz. 4574□

Die Wechselwirkung eines nichtionischen Detergents mit Protein. 1. Mitt. Physikalische Eigenschaften des Protein-Detergent-Komplexes. Robert M. Dowben

und Walter R. Koehler. (Arch. Biochem. Biophysics **93,** 496—500, Juni 1961; Chicago, Ill., Northwestern Univ. Coll., Dep. of Med.; Veterans Administration Res. Hospital, Med. Res. Labs.; engl.) — Zusatz des nichtion. Detergents *Triton X-100* (*p-[1.1.3.3-Tetramethylbutyl]-phenylpolyoxyäthylenäthanol*, **I**) zu Lsgg. von *Rinderplasmaalbumin* (**II**) bewirkte eine kleine, signifikante Zunahme der Grenzviscosität [η] u. eine Abnahme der elektrophoret. Beweglichkeit. Die spezif. opt. Drehung von **II**, *Ribonuclease* (**III**) u. oxydierter **III** blieb bei **I**-Zusatz unverändert. Die Zahl der reaktiven SH-Gruppen von **II** u. Muskelaldolase war in **I**-Ggw. unverändert. Die Befunde sprechen für keine größere Strukturänderung im Protein, deuten aber auf Zunahme des Hydratisierungsgrades in Ggw. von **I** hin.
K. Maier. 4574□

Die Wechselwirkung eines nichtionischen Detergents mit Protein. 2. Mitt. **Wirkung auf einen Rinderplasmaalbumin-Azomercuri-Komplex.** Walter R. Koehler und Robert M. Dowben. (Arch. Biochem. Biophysics **93,** 501—07, Juni 1961; Chicago, Ill., Northwestern Univ., Dep. of Med.; engl.) — 1. vgl. vorst. Referat. — Die Titrationskurve von *Rinder-plasmaalbumin* (**I**) zeigt in Ggw. von *Triton X-100* (**II**) eine geringe Verschiebung der Aciditätskonstanten der COOH-Gruppen nach höheren Werten. pK_a der Dimethylaminogruppe einer mit **I** verbundenen Azoquecksilberverb., *p-Dimethylaminoazobenzolazophenylmercuriacetat*, wird durch **II**-Zusatz zum Lsgm. erniedrigt. Diese Änderung ist von einer Blauverschiebung des Farbstoffabsorptionsmaximums begleitet. Die Verschiebung ähnelt derjenigen, die bei Übertragung solcher Farbstoffe aus wss. in ein nichtwss. Lösungsm. beobachtet wird. Weiterer Zusatz von 8 m Harnstoff macht die Änderungen von pK_a u. Absorptionsspektrum des **I**-Farbstoffkomplexes teilweise rückgängig. Die Befunde stehen mit der Ansicht in Einklang, daß **II** mit **I** in Wechselwrkg. tritt, wobei die Hülle des **I**-umgebenden Strukturwassers verstärkt u. vergrößert wird. K. Maier. 4574□

Fällung eines Makroglobulins mit Heparin. G. Bolognesi, L. Pignataro, G. F. Marinoni und O. Rizza. (Boll. Soc. ital. Biol. sperim. **38,** 226—27, 15/3. 1962; Rom, Univ., Ist. di Clin. Med. Gener. e Terap. Med.; ital.) — Die Unterss. wurden an 1 ml des Serums eines Patienten mit Gammaplasmacytom mit der Makrofraktion (11,050 μg/ml) durchgeführt, dem 1000 Einheiten *Heparin* zugesetzt wurden (7692 μg). Nach 24std. Inkubation fiel ein Nd. aus, u. der Überstand wurde immunelektrophoret. untersucht. Das Immunserum wird durch Inokulieren von Kaninchen mit der durch W. gefällten Makrofraktion erhalten. Im Serum in toto des Patienten wird die patholog. Makroglobulin-Fraktion als deutliche Bande nachgewiesen; im Überstand ist kein Streifen der Fällung nachweisbar; Serum normaler Personen reagiert nicht mit dem Anti-Makroglobulin-Immunserum.
F. Kren. 4574□

Spaltung des Fibrinogens durch Trypsin. Ju. P. Melnitschuk. (Ukrain. biochem. J. **34,** 580—89, 1962; Kiew, Biochem. Inst. der Akad. der Wiss. der UkrainSSR; ukrain., Auszug: engl.) — Die Unters. der Hydrolyse von bovinem *Fibrinogen* (**I**) durch *Trypsin* (**II**) ergab, daß im **I**-Mol. von den 337 vorhandenen Peptidbindungen nur 82 für die hydrolyt. Wrkg. des **II** zugänglich sind. Diese Bindungen werden bei der Inkubation beim pH 8 u. Zimmertemp. innerhalb der 1. Std. gespalten. Die **I**-Spaltung durch **II** erfolgt nach 2 Rkk. 1. Ordnung: rasche u. langsame Rk. mit den Geschwindigkeits-Konst. 0,18 bzw. 0,033. Die Konst. der bei der Hydrolyse frei werdenden Gruppen beträgt 7,66, entsprechend der α-Aminogruppe. Das Aufhören der Proteolyse nach 1 Std. beruht nicht auf der Inaktivierung von **II**, sondern auf der geringen Rk.-Fähigkeit vieler Peptidgruppen. Als Prod. der Proteolyse treten im wesentlichen hochmol. Bruchstücke auf, die Eiweißnatur aufweisen. Bei der Dialyse gehen sie nicht durch die Cellophanmembran. Sie koagulieren beim Erhitzen u. werden durch $(NH_4)_2SO_4$ gefällt. Elektrophoret. lassen sich 2 Komponenten nachweisen. O. Lebtag. 4574△

Der Fibrinogengehalt des Blutes bei Menstruationen und Schwangerschaft. A. N. Pomasskina. (Geburtshilfe u. Gynäkol. [UdSSR] **36,** Nr. 5, 14—16, Sept./Okt. 1960; Krasnojarsk, Med. Inst., Lehrstuhl für Biochemie; russ., Auszug: engl.) — Die Unterss. an 25 Frauen u. jungen Mädchen im Alter von 12—13 Jahren ergaben, daß der *Fibrinogen* (**I**)-Geh. des Blutes während des Geschlechtscyclus, bei der Menstruation u. während der Geschlechtsreifung mit 0,14—0,16% normal ist. Aus Unterss. an 57 Frauen in verschiedenen Stadien der Schwangerschaft geht hervor, daß in den ersten 2—3 Monaten der Schwangerschaft der **I**-Geh. des Blutes etwas erhöht ist (bis zu 0,22%). Im 7—8. Monat der Schwangerschaft erreicht der

I-Geh. des Blutes 0,25—0,30%, bei der Geburt ca. 0,35%. 1 Monat nach der Geburt ist der I-Geh. wieder normal. Die Verss. an Katzen u. Kaninchen ergaben, daß bei gesunden nichtträchtigen Tieren der I-Geh. des Blutes 0,14—0,18% beträgt. Bei Katzen beobachtet man während der Trächtigkeit u. in den ersten Tagen nach der Geburt eine Zunahme von I. Bei Kaninchen ist der I-Geh. des Blutes unmittelbar nach der Geburt nicht erhöht. O. Lebtag. 4574△

Nachweis der N-endständigen Aminosäuren des Prothrombins verschiedener Tiere. K. I. Kotkowa, N. M. Orlowska, A. L. Lossjewa und S. Fabri. (Ukrain. biochem. J. **34**, 604—07, 1962; Kiew, Inst. für Biochemie der Akad. der Wiss. der UkrainSSR; ukrain., Auszug: engl.) — Nach der Meth. von Edman in der Modifikation von Fraenkel-Conrat (vgl. C. **1954**, 10018) wurden die N-endständigen Aminosäuren des *Prothrombins* (I) von Rind, Schwein, Pferd, Ente, Schaf u. Truthahn untersucht. Es wurde festgestellt, daß die so gewonnenen I-Präpp. als N-endständige Aminogruppe nur Alanin enthalten. Hierin sehen Vff. einen Beweis für die Reinheit der I-Präpp. u. für die gleiche Struktur des I, unabhängig von der untersuchten Tierart. O. Lebtag. 4574△

Die Umwandlung von Fibrin in Desmofibrin. K. Buluk, T. Januszko und J. Olbromski. (Nature [London] **191**, 1093—94, 9/9. 1961; Bialystok, Poland, School of Med., Dep. of General and Exp. Pathol.; engl.) — Es wurde die Umwandlung des *Fibrin* (I)-Monomeren über nicht stabilisiertes I-Polymer in *Desmofibrin* (II), das stabilisierte I-Polymer, untersucht. Aus Oxalatplasma wurde mit Citratthrombin ein *Fibrinstabilisierungsfaktor* (FSF)-freies I als Substrat hergestellt u. weiter gereinigt. Harnstoff-Lsg. u. Chloressigsäure lösl. I-Polymer entsteht durch Verdünnen mit Palitzschpuffer (pH 7,6). Die Polymerisationsgeschw. hängt von der Salzkonz. ab. Die Eigg. des I-Polymeren änderten sich auch nach Zugabe von Thrombin u. Ca^{2+}-Ionen nicht. Zur Bldg. von II ist neben Thrombin u. Ca^{2+} FSF erforderlich. Zur näheren Unters. der Rk. wurde FSF in Ggw. von Ca^{2+} mit 3 verschiedenen Thrombinkonzz. bei pH 7,6 inkubiert, in bestimmten Zeitintervallen den 3 Mischungen Proben entnommen, mit I-Monomer gemischt u. die Konz. des jeweils gebildeten II bestimmt (als Tyrosinäquivalent). Stabilisierungszeit u. Konz. des in bestimmter Zeit gebildeten II sind proportional der Konz. des zugesetzten FSF. Vff. nehmen an, daß die II-Bldg. durch folgende Rkk. zustande kommt: 1. Fibrinogen + Thrombin → Fibrin, 1a. FSF + Thrombin + Ca^{2+} → akt. FSF; 2. Fibrin + akt. FSF + Ca^{2+}(?) → II. P. Walsmann. 4574□

Demonstration eines auf Fibrinolysine zurückzuführenden autoimmunologischen Präcipitins durch Papierelektrophorese. Marion I. Cooper und J. R. Sykes. (Nature [London] **191**, 1212, 16/9. 1961; Worthing, Sussex, Worthing Hosp.; engl.) — Das Blut einer an Prostata-Krebs erkrankten Versuchsperson (Vp) zeichnete sich durch einen hohen Geh. an *Fibrinolysin* aus. Bei papierelektrophoret. Überwanderung des fibrinolysinhaltigen Serums durch Plasma einer gesunden Vp. mit normalem Fibrinogengeh. konnte ein dünner Streifen eines autoimmunolog. Präcipitins gefunden werden. Der Streifen liegt an der Stelle der Serum-γ-Globulinfraktion. Vff. nehmen an, daß es sich um ein autoimmunologisches Fibrinolysat handelt. P. Walsmann. 4574□

Immunologische Charakterisierung der fibrinolytischen und antifibrinolytischen Fraktion des normalen menschlichen Plasmas. G. Bonito, O. Rizza, C. Miraldi und G. Bolognesi. (Boll. Soc. ital. Biol. sperim. **38**, 231—34, 15/3. 1962; Rom, Univ., Ist. di Clin. Med. Gener. e Terap. Med.; ital.) — Die Unterss. werden nach der immunoelektrophoret. Mikrometh. in Agar durchgeführt. Die fibrinolyt. Fraktion zeigt 2 deutliche Banden, u. zwar vom γ- u. *β-Globulin*-Typ. Das Anti-Albumin-Serum des Menschen ergab in dieser Fraktion keine Anwesenheit von Albumin. Die antifibrinolyt. Fraktion reagiert mit dem Antialbumin-Immunserum mit einer Diffusionsbande; sie enthält *Albumine* u. γ-Globuline. Die Unterss. bestätigen dadurch die schon durch Papierelektrophorese bewiesene unterschiedliche Natur der Proteinfraktionen. F. Kren. 4574□

Nichtantikoagulierende Verbindungen mit Clearing-Wirkung auf lipämisches Plasma. 2. Mitt. **Oxydiertes Heparin.** A. Gallo. (Ital. J. Biochem. **10**, 353—60, Nov./Dez. 1961; Milano, Soc. An. Farmac. Italia, Labor. Ric. Chim.; engl.) — Um bei *Heparin* (I) die Antikoagulations-Wrkg. zu mindern, wurde I durch verschiedene Meth. bei 25° oxydiert: (a) mit H_2O_2 im neutralen Medium, (b) mit H_2O_2 bei pH 4 in Ggw. von $FeSO_4$ oder V_2O_5, (c) mit H_2O_2 bei pH 10, (d) mit HNO_3. Die antikoagulierende Aktivität wurde bei a auf 15—20 (I. E./mg) u. bei b, c, d auf ca. 5 gegenüber 90 bei nichtbehandeltem I gesenkt. Chromatograph., physikochem. (UV, IR) u. analyt. (N- u. S-Geh.) Unters. des oxydierten I ließ keine bedeutenden Unterschiede zu unbehandeltem I erkennen, obwohl die antikoagulierende Wrkg. weitgehend vermindert war. Clearing- u. antimitot. Wrkg. blieben andererseits erhalten. Vf. nimmt daher an, daß die antikoagulierende Wrkg. nicht nur von den Sulfamsäure- u. Sulfonsäuregruppen von I, sondern auch von dessen ster. Konfiguration abhängt. W. Damerau. 4574◇

Nichtantikoagulierende Verbindungen mit Clearing-Wirkung auf lipämisches Plasma. 3. Mitt. **Depolymerisierte Dextranphosphorsäureester.** A. Gallo. (Ital. J. Biochem. **10,** 361–67, Nov./Dez. 1961; engl.) — 2. vgl. vorst. Referat. — Nach Depolymerisation von *Dextran* (I) durch Erhitzen (140–200°) oder Hydrolyse mit 0,1 n HCl wurde I in *Dextranphosphorsäureester* (II) überführt. Die Clearing-Wrkg. von II im Hundeplasma nach i. v. u. i. m. Injektion wurde in Abhängigkeit von Molgew. u. Zeit bestimmt. Verglichen wurden II aus I mit dem Molgew. 8000 bzw. 80000. Mit sinkendem Molgew. wurde eine Verminderung der absoluten Clearing-Wrkg. u. eine Verkürzung der Aktivitätsdauer festgestellt. W. Damerau. 4574◇

Nichtantikoagulierende Verbindungen mit Clearing-Wirkung auf lipaemisches Plasma. 4. Mitt. **Bernsteinsäure-, Sulfobernsteinsäure-, Phosphobernsteinsäureester von Dextran und von Pektin.** A. Gallo. (Ital. J. Biochem. **10,** 368–73, Nov./Dez. 1961; engl.) — 3. vgl. vorst. Referat. — Vf. stellte aus *Dextran* u. *Polygalakturonsäure* die entsprechenden *Bernsteinsäureester* (**III**) u. *Maleinsäureester* (**IV**) u. über die **IV** die *Phosphobernsteinsäureester* (**V**) u. *Sulfobernsteinsäureester* (**VI**) her. **V** u. **VI** zeigten weder antikoagulierende Wrkg. noch Clearing-Wirkung. Dagegen war bei **III** eine gewisse Clearing-Wrkg. festzustellen. Zur Best. der **VI** wird ein neues Chromatographierverf. angegeben.

Versuche: *Dextranbernsteinsäureester* (**I**): Darst. aus 5 g *Dextran* (**II**), gelöst in 50 ml Formamid, u. 45 ml Pyridin u. 30 g *Bernsteinsäureanhydrid* bei 40°. Die Lsg. wird in Ä. gegossen u. **I** mit A. gefällt. *Dextranmaleinsäureester* (**VII**): aus 5 g **II** in 10 ml Formamid u. 8 g Maleinsäureanhydrid bei 40° unter Zusatz von Pyridin. Nach 25 Std. Rk.-Zeit wird in A. gegossen, der **VII**-Nd. mit A./Ae. gewaschen u. durch Dialyse gereinigt. *Dextransulfobernsteinsäureester* (**VIII**): aus 0,65 g $NaHSO_3$ in 20 ml W. u. 2 g **VII** nach 15std. Erhitzen auf 50°. Danach Neutralisation, Dialyse gegen W. u. Fällung mit Äthanol. Chromatograph. Best. von **VIII**: Tränken des trockenen Chromatogramms mit 1%ig. Pb–Acetat-Lsg., vorsichtiges Waschen mit fließendem W., danach gegen H_2S-Dämpfe halten. Die schwarzen Stellen geben danach die Lage von **VIII** an. *Dextranphosphobernsteinsäure* (**IX**): 5 g $SOCl_2$ u. 10 g Phosphobernsteinsäure werden bei – 10° gemischt u. dann langsam über 5 Std. auf 50° gebracht, weitere 5 Std. bei dieser Temp. u. nochmals 2 Std. bei 50° u. Vakuum gehalten. Unter Kühlung Zusatz von 200 ml Pyridin u. 5 g **II** u. langsames Erhitzen auf 50°. Nach Neutralisation wird **IX** mit A. gefällt. *Bernsteinsäure-*, *Sulfobernsteinsäure-* u. *Phosphobernsteinsäureester* der *Polygalakturonsäure*: Darst. entsprechend den **II**-Estern. W. Damerau. 4574◇

Nichtantikoagulierende Verbindungen mit Clearing-Wirkung auf lipämisches Plasma. 5. Mitt. **Phosphor- und Schwefelsäureester von Lactose. Phosphor- und Schwefelsäureester von katalytisch polymerisierter Lactose.** A. Gallo. (Ital. J. Biochem. **10,** 374–86, Nov./Dez. 1961; engl.) — 4. vgl. vorst. Referat. — Vf. stellte von *Lactose* u. katalyt. polymerisierter *Polylactose* Schwefelsäure- u. Phosphorsäureester dar. *Lactosephosphorsäureester* (**I**) zeigte bei lipäm. Plasma (nach i. v. Injektion im Kaninchen) Clearing-Wrkg., die etwa der Wrkg. von *Heparin* entspricht. *Polylactosephosphorsäureester* (**II**) zeigte antimitot. Wirkung. Bei *Polylactoseschwefelsäureester* (**III**) wurden gute antikoagulierende Eigg. u. sehr geringe Toxizität gefunden. Die Struktur der Ester wurde untersucht.

Versuche: *Lactosephosphorsäureester* (**I**): Darst. aus 5 g getrockneter Lactose u. 40 ml Pyridin unter Zusatz einer gekühlten Lsg. von 6,7 ml $POCl_3$ in 60 ml Pyridin. Danach 15std. Erwärmen auf 40°. Der **I**-Nd. wird mit Pyridin u. A. gewaschen. Reinigung über das Na-Salz u. Dialyse. *Polylactosephosphorsäureester* (**II**) Darst. entsprechend **I**. W. Damerau. 4574◇

Das Polyglukin als Hämostasemittel. A. A. From, N. Ja. Lagutina und A. A. Lipatz. (Хирургия [Chirurgie] **37,** Nr. 5, 70–75; Mai 1961; Zentr. Inst. für Hämatolog. u. Bluttransfusion; russ.) — Transfusion von 150–250 cm^3 *Polyglukin* (**I**; tropfenweise) hatte, infolge Verringerung des freien Heparins u. der Vermehrung des Serotonins im Blut, hämostat. Wrkg. bei hämorrhag. Lebererkrankungen (Werlhofsche Erkrankung, Hämophilie, hämorrhag. Thrombocytämie) u. bei postoperativen Blutungen u. Störungen der Hämodynamik, indem es die Blutgerinnungszeit verkürzte, ohne die anderen Blutgerinnungskomponenten u. die Zahl der Thrombocyten wesentlich zu beeinflussen.

I. v. Kloch-Kornitz. 4576□

Wirkung des Polyglukins auf das Herz und die Hämodynamik bei plethorischer Transfusion und bei starkem Blutverlust. I. B. Gurewitsch und W. B. Kosiner. (Arch. Pathol. [UdSSR] 24, Nr. 2, 42—49, 1962; Zentral-Inst. für Hämatol. u. Blutübertragung des Gesundheitsminist. der UdSSR, Pathophysiol. Labor. u. Röntgen-Abt.; russ., Auszug: engl.) — In Verss. mit 5 Hunden verursachte die plethor. Zufuhr von 20 ml *Polyglukin* (I)/kg eine rasch vorübergehende geringe Erhöhung des arteriellen Blutdruckes u. der Geschw. des Blutstromes u. die Entw. einer Anämie als Folge der Vol.-Zunahme des Plasmas. In 12 von 16 Fällen einer Anwendung von I nach starkem Blutverlust trat Normalisierung der Hämodynamik, des Herzumfanges u. der Kontraktionsfunktion des Myocards ein. In einzelnen Fällen beobachtet man nach Blutverlust u. **I**-Zufuhr eine Herzinsuffizienz. Diese Insuffizienz ließ sich im Röntgenogramm zu einem Zeitpunkt feststellen, da die Hämodynamik kompensiert u. das Befinden des Tieres durchaus befriedigend war.

O. Lebtag. 4576△

Differenzierung des Harnproteins in Albumin und Globuline auf Grund des Tryptophan-Gehaltes. Carl Heinz Brieskorn und Wilhelm Reiners. (Arch. Pharmaz. **294/66,** 174—76, Okt. 1961; Würzburg, Univ., Inst. für Pharmazie u. Lebensmittelchemie; dt.) — Bei der Albuminurie können neben den *Albuminen* auch *Globuline* im Harn vorkommen. Aus diagnost. Gründen ist es notwendig, über das Verhältnis Albumine zu Globuline etwas auszusagen. Es wird auf Grund des verschiedenen Geh. an Tryptophan dieser Proteine (Tryptophangeh. in g% Albumin 0,2, α-Globulin 1,9, β-Globulin 2,0, γ-Globulin 2,3) eine Differenzierungsmeth. des Harnproteins in Albumin u. Globulin erarbeitet. G. Kimmerle. 4577

Ausscheidung der Brenzcatechinamine mit dem Harn bei Nierenschädigungen. W. W. Menschikow. (Klin. Med. [UdSSR] **40(43),** Nr. 2, 94—98, Febr. 1962; Moskau, 1. Med. Ssetschenow-Inst.; Therapeut. Inst. der Akad. der med. Wiss. der UdSSR; russ., Auszug: engl.) — Fluorometr. Best. des Geh. an *freiem Adrenalin* (**I**) u. *Noradrenalin* (**II**) im Urin u. Unterss. des Geh. an Rest-N (**III**), *Kreatinin* u. *Indican* im Blut, sowie des Filtrations- (FV) u. Rückresorptionsvermögens der Nieren zeigten, daß die Ausscheidung des **I** u. **II** (normal 7 bzw. 25,039 mg täglich) vom Geh. an **III** u. dem FV abhängig ist. Bei Nierenerkrankungen verschiedener Art mit normalem Geh. an **III** betragen **I** u. **II** im Mittel 6,504 bzw. 21,279 mg, bei erhöhtem Geh. an **III** u. verminderter FV 1 mg u. weniger.

I. v. Kloch-Kornitz. 4577□

Zur Beurteilung der Funktion der Nebennierenrinde bei Hypertonie nach der Ausscheidung von 17-Ketosteroiden mit dem Harn. B. P. Woltschkow. (Klin. Med. [UdSSR] **40(43),** Nr. 5, 77—85, Mai 1962, Moskau, Zentr. Burdenko-Militärhospital; russ.) — Die Ausscheidung der *17-Ketosteroide* mit dem Harn, die bei 100 Kranken mit Hypertonie untersucht wurde, war vom Lebensalter u. der Dauer u. Schwere der Erkrankung abhängig u. größtenteils verringert. Die funktionellen Veränderungen der Nebennierenrinde sind sekundär.

I. v. Kloch-Kornitz. 4577□

Untersuchung der Ausscheidung von Steroiden im Harn bei einem Fall von kongenitaler Nebennierenhyperplasie infolge von 21- u. 11β-Hydroxylasenmangel. H. J. Ernould, J. Buret und Demey-Ponsart. (Ann. d'Endocrinol. **23,** 569—76, Sept./Okt. 1962; Liège, Univ., Labor. de Chim. Méd., Hôp. des Anglais.; franz.) — Bericht über einen Fall von Pseudohermaphroditismus infolge kongenitaler Hyperplasie der Nebennieren, welche durch vollständiges Fehlen der 21-Hydroxylase, teilweise Blockierung der *11β-Hydroxylase*(**I**)-Wrkg. auf die von 5α- u. 5β-Androstan stammenden Steroide u. vollständige Blockierung der **I**-Wrkg. auf die Derivv. von 5α- u. 5β-Pregnan verursacht ist. Es fehlen 11-Ketopregnantriol u. Tetrahydro-11-desoxycortisol im Harn. Die *17-Ketosteroide* (**II**) im Harn bestehen zu 62% aus *Androsteron* u. *Ätiocholanolon* u. zu 15% aus 11-oxydiertem **II**.

K. Zingraf. 4577◇

Synergistische Wirkung von Pneumokokken und Leukocyten auf den Glucose-Abfall in der Cerebrospinalflüssigkeit. Robert G. Petersdorf, David R. Swarner und Manuel Garcia. (Proc. Soc. exp. Biol. Med. **103,** 380—82, Febr. 1960; Baltimore, Md., Johns Hopkins School of Med., Dep. of Med.; engl.) — Der *Glucose-*

Geh. in der Cerebrospinalfl. wurde durch Leukocyten u. Pneumokokken (bei 37°) zusammen mehr gesenkt als bei Ggw. von nur einem der beiden Inkubationspartner. M. Metze. 4578□

Änderungen des Säure-Base-Gleichgewichts in Blut und Cerebrospinalflüssigkeit während veränderter Atmung. C. R. Merwarth und H. O. Sieker. (J. appl. physiol. **16,** 1016—18, Nov. 1961; Durham, N. C., Duke Univ. Med. Center, Dep. of Med.; engl.) — Unterss. an Hunden zeigten, daß das Hirngewebe als starker Puffer wirkt, der während veränderter Atmungsbedingungen CO_2 adsorbiert oder freigibt. Die Ergebnisse verweisen darauf, daß Best. von pH, p_{CO_2} u. CO_2-Geh. im arteriellen Blut nicht genau die Verhältnisse in Cerebrospinalfl. oder Gehirn während Hypo- bzw. Hyperventilation widerspiegeln. M. Metze. 4578□

Die gonadotrope Aktivität von Blutserum, Harn und Fruchtwasser bei schwangeren Frauen. A. B. Gillersson und Je. K. Wotjakowa. (Geburtshilfe u. Gynäkol. [UdSSR] **36,** Nr. 5, 16—19, Sept./Okt. 1960; Omsk, Med. Kalinin-Inst., Lehrstuhl für Geburtshilfe u. Gynäkologie; russ., Auszug: engl.) — Bei 670 Frauen wurde zu verschiedenen Zeiten der Schwangerschaft (6.—40. Woche) der Froschtest nach Galli-Mainini durchgeführt u. festgestellt, daß die Spermatozoid-Rk. des Blutserums während der gesamten Schwangerschaft positiv bleibt. In den meisten Fällen tritt die positive Rk. 30—60 Min. nach Zufuhr von 0,5—1,0 ml Blutserum ein. Der Gonadotropintiter nimmt mit fortschreitender Schwangerschaft ab. In den Spätstadien der Schwangerschaft tritt die Spermatozoid-Rk. im Harn erst nach 2 Std. ein. Am Ende der Schwangerschaft wird die Rk. negativ. Die Fruchtwässer geben bis zur 38. Woche der Schwangerschaft nach 60—120 Min. eine positive Reaktion. Kurz vor der Geburt wird die Rk. negativ. Die gonadotrope Aktivität des Blutserums ist höher als die des Fruchtwassers. O. Lebtag. 4583△

Einfluß von Phytinsäure auf die Zinkverwertung. B. L. O'Dell und J. E. Savage. (Proc. Soc. exp. Biol. Med. **103,** 304—06, Febr. 1960; Columbia, Univ. of Missouri, Dep. of Agric. Chem. and Poultry Husbandry; engl.) — Fütterungsverss. an Hühnchen ergaben folgendes: *Zn* aus isoliertem Sojaprotein ist weniger verwertbar als Zn aus Casein. Zn in einem Casein-*Phytinsäure* (**I**)-Komplex, der eine **I**-Menge, vergleichbar der im isolierten Sojaprotein, enthält, ist ebenfalls weniger verwertbar als Zn aus unbehandeltem Casein. Zusatz von Ca-Phytat zu einer Diät vom Casein-Gelatine-Typ beeinflußt die Zn-Verwertbarkeit nicht. M. Metze. 4585□

Hemmung der Reaktion zwischen Aminosäuren und Zuckern. L. R. Overby, R. L. Frederickson und D. V. Frost. (J. of Nutrit. **69,** 318—22, Nov. 1959; North Chicago, Ill., Abbott Labor., Res. Div., Nutrition Res. Dep.; engl.) — Die Braunfärbung bei der Rk. zwischen *Glucose* (**I**) u. *Fibrinhydrolysat* (**II**) tritt schneller auf als bei der Rk. zwischen *Fructose* (**III**) u. **II**. Im Gemisch mit *Glykokoll* (**IV**) reagiert jedoch **III** schneller. Wirksamster Hemmstoff dieser Farbstoff-bildenden Rk. zwischen **I** oder **III** mit **II** ist *Na-Formaldehydsulfoxylat* (**V**), es folgen *K-Metabisulfit* (**VI**) u. *Na-Hydrosulfit* (**VII**). Bei der Rk. der Zucker mit **IV** nimmt die Wirksamkeit der Hemmstoffe in der Reihenfolge **VI, VII, V** ab. Eine Lsg. von **III** mit **II** verliert ihren Nährwert bei Lagerung langsamer als die Lsg. von **I** mit **II**. Obwohl **III**-Lsg. im allg. Erhitzen im Autoklaven übersteht, wird ihr Nährwert dadurch (30 Min. bei 121°) jedoch herabgesetzt. R. Timmler. 4585□

Ausnützung einer Kost mit Phenylalaninmangel oder mit D-Phenylalanin durch die unterernährte Ratte. P. De Gasquet, R. Lowy und F. Decloitre. (Nutrit. et Dieta [Basel] **4,** 107—21, 1962; Paris, Inst. Nat. d'Hyg. et École Prat. des Hautes-Ét., Labor. de Nutr. Humaine; franz.) — Normale Ratten zeigten bei *Phenylalanin*(**I**)-Mangel im Futter Appetitverlust, Wachstumsstillstand u. Abnahme der N-Bilanz; bei unterernährten Tieren war das Wachstum nur verringert u. die N-Retention war beträchtlich. D-**I** wird von den Tieren genauso gut verwertet wie L-**I**. Unterernährte Tiere verwerten D-**I** besser als Normaltiere. K. Zingraf. 4585◇

Untersuchungen über den Stoffwechsel an hochleistenden Kühen während der Trockenperiode und Lactation. 1. Mitt. **Proteinstoffwechsel.** B. Piatkowski. (Arch. Tierernähr. **12,** 75—92, 1/5. 1962; Dummerstorf bei Rostock, Dtsch. Akad. der Landwirtschaftswiss., Inst. für Tierzuchtforsch.; dt.) — Langfristige Stoffwechsel-Verss. an Kühen während der Lactation u. Gravidität zeigen in den letzten 60 Tagen der Gravidität einen N-Ansatz. Die N-Retention steigert sich von der 8. bis zur letzten Woche vor dem Kalben von 23 auf 52 g. Der zusätzliche, tägliche

Bedarf an verdaulichem Roheiweiß steigt von 254 auf 574 g. In den ersten 100 Lactationstagen beträgt die Verwertung des für die Produktion verfügbaren N 53 bis 59%; später fällt sie. W. Wesly. 4585◇

Einfluß der Nahrungsproteinqualität auf die Veränderung von Serumproteinen u. -Lipoproteinen bei der Ratte. E. S. Erwin. (Proc. Soc. exp. Biol. Med. **103**, 396—98, Febr. 1960; Tuscon, Univ. of Arizona, Dep. of Animal Science; engl.) — ♂ u. ♀ Ratten wurden mit den *Proteinen Casein, Lactalbumin, Gluten* u. *Zein* gefüttert u. deren Einfl. auf *Serumproteine* (**I**) u. *-Lipoproteine* (**II**) vergleichsweise untersucht. Fast alle **I**- u. **II**-Fraktionen waren geschlechtsabhängig. Die **I**-Fraktionen wurden durch die Proteinqualität nicht merklich in ihrer Zus. beeinflußt, aber statist. Änderungen waren doch signifikant. Die **II**-Fraktionen wurden durch die Proteinqualität merklich beeinflußt. M. Metze. 4585□

Der Einfluß verschiedener vegetabiler Fette auf die Plasmalipidkonzentrationen und auf die Aortenatheromatose von Cholesterin-gefütterten bzw. mit Diäthylstilböstrolimplantaten versehenen Hähnen. David M. Tennent, Mary E. Zanetti, Henry Siegel, Günther W. Kuron und Walther H. Ott. (J. of Nutrit. **69**, 283 bis 288, Nov. 1959; Rahway, N. J., Merck Inst. for Therap. Res.; engl.) — Unter einer Diät mit 8,2% *vegetabilen Fetten* u. 2% *Cholesterin* zeigten sich bei Hähnen deutliche Zusammenhänge zwischen der Verteilung der *Plasmalipide* und der verfütterten Fettart. Die *Plasmacholesterin*-Konz. war umgekehrt proportional dem %-Satz der mehrfach ungesätt. Fettsäuren im Futter; die Phospholipide des Plasmas waren umgekehrt proportional der Gesamtzahl der ungesätt. Bindungen (JZ.). Die atheromatösen Aortenveränderungen zeigten keine eindeutige Abhängigkeit von der Art der verfütterten Fette. Da das in den Verss. verwendete Baumwollsamenöl erhebliche Atheromatosen bewirkte u. eine hohe Lipidkonz. herbeiführte, erscheint es Vff. möglich, daß die Wrkg. eines Nahrungsfettes auf die Plasmalipide nicht nur von der Zus. der Fettsäuren in diesem Fett abhängt, sondern auch von noch unbekannten anderen Substanzen in diesem Fett. Die durch *Diäthylstilböstrol* stark erhöhten Plasmalipid-Konzz. zeigten unter dem Einfl. der verschiedenen Nahrungsfette keine wesentliche Veränderung. R. Timmler. 4585□

Nahrungsfett, Eiweiß und Cholesterin. 1. Mitt. **Veränderungen bei ausgewachsenen Schweinen.** Richard H. Barnes, Eva Kwong, Grace Fiala, M. Rechcigl, Ruth N. Lutz und J. K. Loosli. (J. of Nutrit. **69**, 261—68, Nov. 1959; Ithaca, N. Y., Cornell Univ., Graduate School of Nutrition and Dep. of Animal Husbandry and Food and Nutrition; engl.) — Vgl. C. **1963**, 5102. — Vff. untersuchten die Beeinflussung des *Cholesterins* (**I**) im Serum von Schweinen unter einer Diät, die etwa der menschlichen Nahrung entsprach u. unter synthet. Diäten mit verschiedenen Fetten u. Proteinen. Bei beiden Diättypen führten Fettzulagen zu einer Erhöhung der **I**-Konz., bes. bei Fetten mit gesätt. Fettsäuren. Die im Typus der menschlichen Nahrung entsprechende Diät führte zu eindeutig höheren **I**-Konzentrationen. Red. der Proteinzufuhr auf 5% veränderte die **I**-Konz. nicht, längere Verabreichung einer Protein-freien Diät erhöhte die **I**-Konz. im Serum. Bei Diät mit Maisöl war die Konz. der *α-Lipoproteine* geringer als die der *β-Lipoproteine*, entspricht also den beim Menschen gemachten Erfahrungen.
R. Timmler. 4585□

Nahrungsfett, Eiweiß und Cholesterin. 2. Mitt. **Veränderungen bei jungen Schweinen.** Richard H. Barnes, Eva Kwong, Wilson Pond, Robert Lowry und J. K. Loosli. (J. of Nutrit. **69**, 269—73, Nov. 1959; engl.) — 1. vgl. vorst. Referat. — Junge Schweine wurden 36 Wochen mit verschiedenen Diäten (hoher oder geringer Protein- bzw. Fett-Geh.) ernährt u. die Auswirkungen auf die Konz. des *Cholesterins* (**I**) im Serum untersucht. Höchste **I**-Konz. zeigten Tiere unter Protein-armer u. Fett-reicher Diät, das Maximum wurde nach 8 Wochen erreicht. Der Abfall auf die Normwerte älterer Tiere wurde hier auch sehr verzögert erreicht. In der gleichen Tiergruppe wurden Veränderungen beobachtet, die denen des Kwashiorkor beim Menschen entsprechen. Niedrigste **I**-Konz. zeigten Tiere unter Protein-reicher u. Fett-armer Diät. Normalisierung der Werte erfolgte hier wie bei den übrigen Gruppen relativ rasch. In der Gewichtskurve zeigten die Tiere mit Protein-reicher Diät u. Fettmangel bzw. hoher Fettmenge keine signifikanten Unterschiede gegeneinander. R. Timmler. 4585□

Einfluß von Cholsäure und Hyodesoxycholsäure auf den Stoffwechsel von exogenem Cholesterin bei der Maus. William T. Beher, Gizella D. Baker und William L. Anthony. (Proc. Soc. exp. Biol Med. **103**, 385—87, Febr. 1960; Detroit, Mich., Henry Ford Hosp.; engl.) — Fütterungsverss. an der ♀ Maus ergaben folgendes: Zusatz von 1% *Cholesterin* (I) zu I-freier Diät änderte nicht die I-Spiegel in Leber u. Rumpf; 1% I + 0,5% *Cholsäure* (II) zur Diät erhöhte beide I-Spiegel stark; *Hyodesoxycholsäure* kehrte die II-Wrkg. um u. verhinderte die I-Erhöhung. M. Metze. 4585☐

Wirkung eines Komplexes von Aminosäuren bei der experimentellen Atherogenese des Kaninchens. V. Rulli. (Boll. Soc. ital. Biol. sperim. **38**, 201—04, 15/3. 1962; Rom, Ospedali Riuniti, Reparto di Cardiol.; ital.) — Kaninchen erhalten je 100 g Futter 1 g *Cholesterin* u. intramuskulär 36 Tage lang alle 2 Tage eine 1%ige Lsg. aus *Alanin, Glykokoll, Isoleucin, Valin* u. *Serin*. Der Aminosäurekomplex verursacht bei den Tieren eine Hemmung der Zunahme des Cholesterins (nach 36 Tagen 209 mg% gegenüber 347 mg% bei den Kontrollen) u. der β-Lipoproteine. F. Kren. 4585☐

Die Wirkung von β-Sitosterin auf die Serumcholesterinkonzentration bei der Ratte. Narindar Nath und A. E. Harper. (Amer. J. Physiol. **197**, 102—04, Juli 1959; Madison, Wis.; Univ. of Wisconsin, Dep. of Biochem.; engl.) — Erhielten Ratten, die eine *Cholesterin* (I)- bzw. I + *Cholsäure*-enthaltende Diät bekamen, *β-Sitosterin* (II), so war die Akkumulation von I in Leber u. Serum vermindert. Maisöl u. II haben additive Wirkungen. Die Red. der Serum-I-Konz. durch 1% Maisöl ist die gleiche wie die durch 0,5% Maisöl u. 0,2% II bei einer 1% I-enthaltenden Diät. *Calciferol* u. *Coenzym Q* hatten keine Wrkg. auf den Blut-I-Geh., Calciferol erhöhte den I-Geh. der Leber. Serumlipidphosphor zeigte in allen Fällen dieselbe Tendenz wie der Geh. des Serum-I. Zwischen Nahrungsverbrauch u. Serum-I-Konz. bestand keine Beziehung. W. Hiller. 4585☐

Untersuchungen über die Beziehungen zwischen Cholin und Vitamin B_{12} bei Ratten mit ernährungsbedingten Ödemen mittels ^{60}Co-markiertem Vitamin B_{12}. H. E. Sauberlich. (J. of Nutrit. **69**, 309—17, Nov. 1959; Auburn, Ala., Alabama Polytechnic Inst., Agricult. Exp. Stat., Dep. of Animal Husbandry and Nutr.; engl.) — Bei Fütterung einer Protein-armen u. *Cholin-* (I), *Vitamin-B_{12}* (II)- u. *Folacin* (III)-freien Diät an Ratten treten nach etwa 22 Wochen Ödeme, Ascites, Pleuraergüsse u. cirrhot. Leberveränderungen auf. Durch Zusatz von I oder Betain oder II oder einer Kombination von I, II u. III kann diese Ödembildung verhindert werden. Wurde beim Auftreten der Ödeme ^{60}Co-markiertes II subkutan injiziert (0,96 μg; 0,81 μC), retinierten die Tiere etwa 75% der applizierten Aktivität (gemessen 65 Std. nach der Injektion). Höchste Aktivität zeigte die Niere, es folgten Leber, Pankreas, Herz, Lunge u. Milz; die übrigen Organe zeigten wesentlich geringere Aktivitäten. War der Mangeldiät I zugesetzt worden, so ließ sich eine verminderte Aktivitätsretention nachweisen, während durch Zusatz von II oder II u. III oder I, II u. III die Aktivitätsretention der Niere erhöht, die der anderen Organe aber deutlich verringert war. Bei Messung 17 Tage nach der II-Injektion war die im Dünndarm gemessene Aktivität deutlich, die der Niere gering abgesunken, die Aktivität in Leber u. Pankreas aber deutlich erhöht. R. Timmler. 4585☐

Untersuchungen über einen noch nicht identifizierten, wahrscheinlich organischen Wachstumsfaktor für Küken. Richard Dam, A. B. Morrison und L. C. Norris. (J. of Nutrit. **69**, 277—82, Nov. 1959; Ithaca, N. Y., Cornell Univ., Dep. of Poultry Husbandry and Graduate School of Nutrition; engl.) — Die Gewichtszunahme von Küken wird verstärkt, wenn zu einem sonst ausreichend zusammengesetzten Futter Zusätze verfüttert werden, die einen vermutlich organ. Wachstumsfaktor enthalten. Der eine dieser Faktoren ist in Leberextrakt (Liver fraction No. 1, Wilson & Co, Chicago, Ill.) enthalten, scheint Zn in großem Umfang ersetzen zu können oder es zu einer besseren Ausnutzung zu bringen. Einer oder mehrere andere Wachstumsfaktoren, enthalten in einer Mischung aus getrockneter Molke, Fisch-Prod. u. anderen Trockenstoffen (Distillers dried solubles, Distillers Co., Ltd., London) verstärken auch bei ausreichender Zn-Aufnahme die Gewichtszunahme der Tiere. R. Timmler. 4585☐

Vitamine und Eiweißaufbau. Nicola Dioguardi und Gian Carlo Secchi. (Arch. Stud. Fisiopatol. Clin. Ricambio **22**, 323—43, Mai/Juni 1958; Milano, Univ., Ist. die Clin. Med. e Terap. Med.; ital.) — Übersicht mit einigen eigenen Unterss., bes. über die Rolle der *Vitamine* beim Aufbau von Eiweißketten u. bei der Erhaltung der Eiweiß-Moll. im Zellbereich. Bei Mangelzuständen hängt die Erhaltung von Mol.-Aggregaten mit verschiedenen chem. Eigg. von der Erhaltung des Bestandteils mit dem raschesten Umsatz im Bereich des Komplexes selbst ab. — 155 Literaturangaben. K. Zingraf. 4587☐

Über den Einfluß des Mangans auf den Bedarf der Tiere an Vitamin B_1. S. Sh. Gude. (Fragen d. Ernähr. [UdSSR] **21,** Nr. 6, 49—52, Nov./Dez. 1962; Ternopol, Med. Inst., Lehrstuhl für Biochemie; russ., Auszug: engl.) — In Verss. an 40 weißen Ratten, die 1 Monat lang eine Nahrung ohne Geh. an *Vitamin B_1* (**I**) u. danach eine solche mit Zusatz von 100 γ **I** täglich (A), 0,2 mg *$MnCl_2$* täglich (B), 100 γ **I** + 0,2 g $MnCl_2$ (C) oder weiter die **I**-freie Nahrung erhielten (Kontrolle), betrug die tägliche Ausscheidung von Brenztraubensäure (**II**) mit dem Harn nach 10 Tagen 80% (bezogen auf den Wert vor der Heilbehandlung) bei A, 95% bei B, 53% bei C, 114% in der Kontrolle, nach 30 Tagen 35 bzw. 62 bzw. 37 bzw. 130%. Die Ausscheidung von **I** mit dem Harn wurde durch Mn herabgesetzt: nach 10 Tagen 100% bei A, 62% bei C, nach 30 Tagen 350% bei A u. 310 % bei C. Die Zunahme des Körpergew. war bei B u. C größer als bei A. O. Lebtag. 4587△

Einfluß des 2.4-Dinitrophenols auf den Eintritt des Thiamins in die Kaninchenleber und seine Umwandlung. A. O. Rybina. (Ukrain. biochem. J. **34,** 47—55, 1962; Kiew, Akad. der Wiss. der UkrainSSR, Inst. für Biochemie; ukrain., Auszug: engl.) — In Verss. mit Kaninchen wurden die Umwandlungen des in die Leber eintretenden *^{35}S-Thiamins* (**I**) bei 4std. Einw. von *2.4-Dinitrophenol* (**II**) bei dessen 2maliger Zufuhr von je 25 mg/kg untersucht u. festgestellt, daß bei der Intoxikation durch **II** bei deutlicher Hyperthermie der Leber der **I**-Geh. der Leber abnimmt, bedingt durch die Abnahme der phosphorylierten Fraktionen. Diese Abnahme hängt vor allem mit der Abnahme der Radioaktivität des *Thiamintriphosphorsäureesters* (**III**) zusammen. Die Radioaktivität des **III** nimmt in allen Verss. ab. Die Veränderungen des *Thiaminphosphorsäureesters* (**IV**) sind weniger stark ausgeprägt. Es kann angenommen werden, daß bei der Unterdrückung der oxydativen Phosphorylierung durch **II** das Syst. der **III**-Synth. relativ beständig ist. **II** wirkt auf die verschiedenen Gewebe verschieden ein. Im Unterschied zur Leber ist der **I**-Geh. im Skelettmuskel, in der grauen Hirnsubstanz u. im Nebennierengewebe stark erhöht. O. Lebtag. 4587△

Die Wirkung eines Thiamindefizites und einer nachfolgenden Thiamininjektion auf Gesamtleberlipide, Phospholipide, Plasmalogen und Cholesterin der Ratte. J. N. Williams jun. und Carl E. Anderson. (J. of Nutrit. **69,** 229—34, Nov. 1959; Chapel Hill, N. C., Univ. of North Carolina, School of Med., Dep. of Biochem. and Nutrit.; engl.) — Vff. untersuchten die Konz.-Änderungen der *Gesamtleberlipide* (**I**), *Phospholipide* (**II**), des *Plasmalogen* (**III**) u. des *Cholesterin* (**IV**) bei jungen Ratten mit synthet., *Thiamin* (**V**)-Mangeldiät. Das Körper-Gew. der **V**-Mangeltiere zeigte gegenüber den Kontrollen (gleiche Diät, nur **V**-haltig) keinen Anstieg. Die **I**-Konz. bei den Kontrollen stieg im Vers.-Zeitraum (50 Tage) gering an, die bei den **V**-Mangeltieren fiel kontinuierlich ab. Die **II**-Konz. wurde durch den **V**-Mangel nicht wesentlich beeinflußt, die **III**-Konz. bei den **V**-Mangeltieren zeigte dagegen deutliche Tendenz zur Erhöhung. Die **IV**-Konz. lag bei den **V**-Mangeltieren deutlich höher. Nach einer intraperitonealen Injektion von 1 mg **V** am Ende der Vers.-Dauer zeigten die Konzz. von **I, II, III** u. **IV** Veränderungen, die deutlich die Tendenz zur Normalisierung der Werte erkennen ließen. R. Timmler. 4587□

Einige Merkmale des Nicotinsäureumsatzes bei der Behandlung von Schwangeren mit Frühtoxikose. W. F. Gorwat. (Geburtshilfe u. Gynäkol. [UdSSR] **34,** Nr. 1, 57—61, Jan./Febr. 1961; Lwow, Forschungs-Inst. für Mutter- u. Kinderschutz; russ., Auszug: engl.) — Die Unterss. über die Versorgung des Organismus mit *Nicotinsäure* (**I**), durchgeführt an 62 schwangeren Frauen mit Frühtoxikose u. 27 Frauen mit normalem Verlauf der 1. Hälfte der Schwangerschaft, ergaben, daß bei Frühtoxikose der **I**-Umsatz stark gestört ist. Dies zeigt sich in einem verminderten Geh. an **I**-Abkömmlingen. Eine Normalisierung des **I**-Umsatzes u. Besserung des Gesamtzustandes wird erzielt, wenn bei leichter Toxikose 3mal täglich je 50 ml **I** peroral, bei schwerem Erbrechen i.v. 1—2mal täglich je 30—50 γ **I** in Form der 1%ig. Lsg. verabreicht werden. Bei schwerer Toxikose werden außer **I** subkutan oder i.v. Glucose u. isoton. NaCl-Lsg. verabreicht. Bei Toxikose, begleitet von deutlicher Leberinsuffizienz, ist die genannte **I**-Dosis ohne merklichen Einfl. auf den **I**-Umsatz u. den Zustand der Patientin. O. Lebtag. 4587△

Über den Mechanismus der Wirkung von p-Aminobenzoesäure auf den Organismus. 1. Mitt. **Einfluß der Zufuhr von p-Aminobenzoesäure auf den Gasumsatz und die Körpertemperatur.** Ju. F. Udalow. (Bull. exp. Biol. Med. [UdSSR] **54** (27), Nr. 10, 82—85, Okt. 1962; russ., Auszug: engl.) — In Verss. mit weißen Ratten bewirkte die Zufuhr von *p-Aminobenzoesäure* (**I**) beim Aufenthalt in normaler Luft eine Abnahme des O_2-Verbrauches von 498 (Kontrolle) auf 415 ml/h, bei Einatmen eines Gemisches mit 5% O_2 eine Abnahme von 437 auf 387 ml/h. Die Körpertemp. wurde bei parenteraler **I**-Zufuhr im Mittel um 1,2°, bei **I**-Beifütterung um 0,8 gesenkt. Bei gleichzeitiger Zufuhr von **I** u. Thyreoidin wurde nur in 2 Fällen eine Abnahme der Körpertemp. beobachtet, in den übrigen Fällen keine Veränderung oder eine Erhöhung. Im Vers. mit gesunden Personen im Alter von 21—40 Jahren bewirkte die Zufuhr von 200 mg **I** täglich oder 3mal täglich je 200 mg **I** nach 3—10 Tagen eine Senkung des Grundumsatzes. Bei Verabreichung von 0,5 bzw. 1 g **I** war der Gasumsatz des menschlichen Organismus herabgesetzt. Der Mechanismus der **I**-Wrkg. auf den Gasumsatz ist noch ungeklärt. O. Lebtag. 4587△

Einfluß der durch Isoniazid hervorgerufenen B_6-Avitaminose auf die Harnstoffbildung aus einigen L- und D-Aminsosäuren im Organismus der Maus. Je. W. Ssidorowa. (Fragen med. Chem. [UdSSR] **6**, 590—97, Nov./Dez. 1960; Moskau, Akad. der med. Wiss. der UdSSR, Inst. für biolog. u. med. Chemie, Labor für Stoffwechsel der N-Verbb.; russ., Auszug: engl.) — In Verss. mit Mäusen mit B_6-Avitaminose nach Isoniazid wurde nach beiderseitiger Nephrektomie u. intraperitonealer Zufuhr von 0,36 mMol Aminosäure je Tier die Synth. von *Harnstoff* (**I**) u. der Geh. an N-Verbb. im Organismus bestimmt. Sowohl bei den Vers.-Tieren wie in der Kontrolle (nur Nephrektomie) wurde die **I**-Synth. durch *L-Asparaginsäure* (**II**), *L-Glutamin* (**III**) u. *L-Glutaminsäure* (**IV**) stark erhöht, am stärksten durch **III**. Mangel an Vitamin B_6 ist ohne Einfl. auf die Umwandlung von **II, III** u. **IV** in **I**. *L-Histidin* (**V**) erhöht die **I**-Synth. nur in der Kontrolle. Dies beruht vermutlich darauf, daß die α-Aminogruppe des **V** in vivo hauptsächlich durch Umaminierung u. nicht durch direkte Desaminierung des **V** dissimiliert wird. Durch *D-Alanin* (**VI**) wird die **I**-Synth. in der Kontrolle u. bei B_6-Avitaminose erhöht, jedoch weniger als durch **II** u. **IV**. Mangel an Vitamin B_6 ist ohne Einfl. auf die **I**-Synth. aus **VI**. *L-Alanin* stimuliert die **I**-Synth. stark, bes. in der Kontrolle. Die *α-Methylasparaginsäure* wird im Organismus der Maus nicht desaminiert, nicht in **I** umgewandelt. O. Lebtag. 4587△

Wirkungen des Pyridoxins auf die experimentelle Hypercholesterinämie beim Kaninchen. V. Rulli. (Boll. Soc. ital. Biol. sperim. **38**, 195—98, 15/3. 1962; Rom, Ospedali Riuniti, Reparto di Cardiol; ital.) — 10 Kaninchen erhielten neben einem 1 g *Cholesterin* je 100 g enthaltenden Futter i. m. jeden 2. Tag 6 Wochen lang 20 mg *Pyridoxin* (**I**) intramuskulär. **I** übt keinen Einfl. auf die experimentelle Hypercholesterinämie aus. F. Kren. 4587□

Vitamin B_6-Phosphonsäuren. Raymond Bennett, Alfred Burger und W. W. Umbreit. (J. med. pharmac. Chem. **1**, 213—21, Juni 1959; New Brunswick, N. J., Rutgers Univ., Dep. of Bacteriol.; engl.) — Vff. beschreiben die Synth. von *5-Desoxypyridoxin-5-phosphonsäure, 5-Desoxypyridoxamin-5-* u. *4.5-Didesoxypyridoxin-5-phosphonsäurediisopropylester* u. *5-Desoxypyridoxin-5-phosphonsäure-4-methyläther*. Als Ausgangsprod. dient *O.O'*-Isopropylidenpyridoxin, das bei Behandlung mit Thionylchlorid in Bzl. *O.O'-Isopropyliden-5-chlormethyl-3-hydroxy-2-methylpyridyl-(4)-methanolhydrochlorid* liefert. Die letzte Verb. läßt sich mit Hilfe der Rk. von Michaelis-Arbuson (Kondens. mit *Triisopropylphosphit*) in *O.O'-Isopropyliden-3-hydroxy-4-hydroxymethyl-2-methylpyridyl-(5)-methylphosphonsäurediisopropylesterhydrochlorid* überführen, das durch partielle Säurehydrolyse in *3-Hydroxy-4-hydroxymethyl-2-methylpyridyl-(5)-methylphosphonsäurediisopropylesterhydrochlorid* (**I**) u. durch vollständige Säurespaltung in *3-Hydroxy-4-hydroxymethyl-2-methylpyridyl-(5)-methylphosphonsäurehydrochlorid* umgewandelt wird. Weitere Verbb. werden aus 4-Chlormethyl-3-hydroxy-2-methylpyridyl-(5)-methylphosphonsäurediisopropylester (**II**) gewonnen, das bei der Rk. von **I** mit Thionylchlorid anfällt. Hydrierung von **II** ergibt *2.4-Dimethyl-3-hydroxypyridyl-(5)-methylphosphonsäurediisopropylesterhydrochlorid*; Behandlung von **II** mit $NaOCH_3$ liefert *3-Hydroxy-4-methoxymethyl-2-methylpyridyl-(5)-methylphosphonsäurediisopropylesterhydrochlorid*. Die Synth. des Pyridoxaminderiv. *4-Aminomethyl-3-hydroxy-2-methylpyridyl-(5)-methylphosphonsäurediisopropylesterdihydrochlorid* erfolgt durch eine 2stufige Rk. nach Suter durch Behandlung von **II** mit Benzhydrylamin u. nachfolgende katalyt. Hydrierung der gebildeten 4-Benzhydrylaminomethyl-Verbindung. Sämtliche vorst. dargestellten Phosphonsäuren besitzen bei Testung mit einem zellfreien Transaminasepräp. (aus Rinderherz) keine Pyridoxalphosphataktivität u. sind auf das Enzymsystem ohne Einwirkung.

Versuche: *O.O'-Isopropyliden-5-chlormethyl-3-hydroxy-2-methylpyridyl-(4)-methanolhydrochlorid*, F. 187° (Zers.), 69% (Ausbeute). — *O.O'-Isopropyliden-3-hydroxy-4-hydroxymethyl-2-methylpyridyl-(5)-methylphosphonsäurediisopropylester-*

hydrochlorid, $C_{17}H_{29}ClNO_5P$, F. 133—134°, 61%, Kristalle aus Tetrahydrofuran. — *3-Hydroxy-4-hydroxymethyl-2-methylpyridyl-(5)-methylphosphonsäurediisopropylesterhydrochlorid*, $C_{14}H_{25}ClNO_5P$, F. 187,5—188° (Zers.), 86%, Platten aus A.-Äthylacetat. — *3-Hydroxy-4-hydroxymethyl-2-methylpyridyl-(5)-methylphosphonsäurehydrochlorid*, $C_8H_{13}ClNO_5P$, F. 194—195°, 65%, Kristalle aus A.-Äthylacetat. — *4-Chlormethyl-3-hydroxy-2-methyl-5-pyridyl-(5)-methylphosphonsäurediisopropylesterhydrochlorid*, $C_{14}H_{24}Cl_2NO_4P$, F. 172—173° (Zers.), 79%; Nadeln aus A.-Ae.-Äthylacetat. — *2.4-Dimethyl-3-hydroxypyridyl-(5)-methylphosphonsäurediisopropylesterhydrochlorid*, $C_{14}H_{25}ClNO_4P$, F. 170,5—171,5°; 68%; Prismen aus Chlf.-Äthylacetat. — *3-Hydroxy-4-methoxymethyl-2-methylpyridyl-(5)-methylphosphonsäurediisopropylesterhydrochlorid*, $C_{15}H_{27}ClNO_5P$, F. 137—138°, 34%, Kristalle aus Tetrahydrofuran-Ae. — *4-Benzhydrylaminomethyl-3-hydroxy-2-methylpyridyl-(5)-methylphosphonsäurediisopropylester*, $C_{27}H_{35}N_2O_4P$, F. 174—175,5°, 62%, Kristalle aus Ae. — *4-Aminomethyl-3-hydroxy-2-methylpyridyl-(5)-methylphosphonsäurediisopropylesterhydrochlorid*, $C_{14}H_{27}Cl_2N_2O_4P$, F. 186° (Zers.), 62%; Pulver aus A.-Äthylacetat. P. Fahrnlaender. 4587□

Kobalt und Vitamin B_{12} in der Ernährung der Wiederkäuer: Ein Rückblick. S. E. Smith, J. K. Loosli. (J. Dairy Sci. **40,** 1215—27, Okt. 1957; Ithaca, N. Y., Cornell Univ., Dep. of Animal Husbandry; engl.) — Unter Hinweis auf die bisherigen Kenntnisse über die Physiologie von *Co* u. *Vitamin B_{12}* beschäftigten sich die Vff. unter Bezugnahme auf die Wiederkäuerernährung mit den Ausfallerscheinungen bei Co-Mangel, mit der Co-Vitamin-B_{12}-Beziehung, mit dem Vitamin-B_{12}-Geh. der Gewebe, mit den Mindestgaben an Co sowie mit der Toxizität hoher Co-Gaben. — 77 Literaturangaben. A. Täufel. 4587□

Colorimetrische Bestimmung geringer Mengen Kobalt. Anwendung auf die Kobaltbestimmung in Lebergeweben und -extrakten. Ange Denis Ronchese und Madeleine Mermod. (C. R. hebd. Séances Acad. Sci. **249,** 2421—22, 30/11. 1959; franz.) — Bei der colorimetr. Best. kleiner *Co*-Mengen mit *β-Nitroso-α-naphthol* (**I**) stört die auftretende Mischfarbe des *Co*-Komplexes mit überschüssigem **I**. Die gefärbte Chlf.-Lsg. wird daher zuerst mit einer alkal. Pufferlsg. (100 Voll. gesätt. wss. $NaHCO_3$-Lsg. + 120 Voll. n Na_2CO_3-Lsg.) ausgeschüttelt, die den Reagenzüberschuß aufnimmt. Dann wird mit einer sauren Pufferlsg. (60 Voll. 10%ig. Lsg. von krist. Na-Acetat + 40 Voll. n HCl) ausgeschüttelt, wobei Fremdfärbungen verschwinden. Das Chlf. ist dann nur noch durch den Co-Komplex gefärbt. In dieser Form lassen sich mit dem Verf. noch 0,1 γ Co in 0,5 ml Chlf. bestimmen. Bei Anwendung der Meth. auf Co-Best. in biol. Präpp. werden 0,5—10 g Trockensubstanz bis zur weißen Asche verascht u. die Asche mit 1—2 ml $HClO_4$ abgeraucht. Ph. Fresenius. 4587□

Einige Experimente mit dem intrinsic factor. N. G. Heatley, M. A. Sheikh und K. B. Taylor. (Biochem. J. **76,** 342—49, Aug. 1960; Oxford, Univ., Sir William Dunn School of Pathol. u. Radcliffe Infirmary, Nuffield Dep. of Med.; engl.) — Chromatograph. Fraktionierung von Magenschleimhautkonzentraten von Schweinen ergibt ähnliche Ergebnisse wie die Unters. von Pylorussekret von Schweinen u. von menschlichem Magensaft. Die akt. Fraktion kann auf diese Weise sehr rein gewonnen werden. Dieses Endprod. ist bei Patienten mit perniciöser Anämie in einer Dosis von ca. 30 μg wirksam. G. Kimmerle. 4587

Histochemische Darstellung von Ascorbinsäure im Locus coeruleus des Säugetiergehirns. Nobuo Shimizu, Tomokazu Matsunami und Satoko Onishi. (Nature [London] **186,** 479—80, 7/5. 1960; Osaka-shi, Osaka Univ. Med. School, Dep. of Anatomy; engl.) — Mit der Silberimprägnierungsmeth. von Girnoud u. Leblond wird demonstriert, daß sich im Locus coeruleus des Gehirns von Mäusen u. Ratten größere Mengen *Ascorbinsäure* (**I**) befinden. Dieses ist ebenfalls im Nucleus paraventricularis u. Nucleus supraopticus des Hypothalamus der Fall. Weniger **I** wurde bei Mäusen im dorsalen Kern des Nervus vagus u. der Area postrema gefunden. Meerschweinchen haben wesentlich weniger **I** im Gehirn als Ratten u. Mäuse. Bei skorbut. Meerschweinchen ist überhaupt keine **I** im Hirn mehr nachweisbar. G. Kimmerle. 4587

Histochemischer Ascorbinsäuregehalt in den normalen Hirnhäuten und im Plexus. Ss. Ss. Kassabjan. (Arch. Pathol. [UdSSR] **22,** Nr. 10, 50—53, 1960; Dagestan. Med. Inst., Lehrstuhl für pathol. Anatomie; russ., Auszug: engl.) — Untersucht wurde die Hirnhaut u. der Gefäßplexus von 3—8 Monate alten Embryonen, von Kindern unter 2 Jahren u. von Erwachsenen auf den Geh. an *Ascorbinsäure* (**I**), wobei die Probenahme 2—6 Std. nach Austreibung der Frucht oder nach dem Tod erfolgte. Es zeigte sich, daß die Leptomeninx in der embryonalen Periode viel **I** enthält. Mit fortschreitender Entw. der Hirnhaut u. fortschreitender Differenzierung der Zellstrukturen nimmt der **I**-Geh. zu. Vom 5. Monat an tritt **I** auch in der weichen Hirnhaut an der Grenze zur Gliamembran auf. Der Gefäßplexus der Seitenventrikel des Gehirns enthält beim 3—4 Monate alten Embryo etwas **I**. Vom 6. Monat an tritt **I** in großen Mengen im Stroma auf. Bei Kindern u. Erwachsenen beobachtet man einen hohen **I**-Geh. im Stroma u. im chorioiden Epithel. O. Lebtag. 4587△

Die jahreszeitlichen Veränderungen des Ascorbinsäuregehaltes in der Kartoffel des Krimgebietes. I. N. Kalssada und I. Ss. Ssewerinow. (Fragen d. Ernähr. [UdSSR] **21**, Nr. 6, 78—79, Nov./Dez. 1962; Simferopol, Med. Inst., Lehrstuhl für Hygiene; russ.) — In den Kartoffelsorten Lorch, Jubel u. Uljanowka wurde der Geh. an *Ascorbinsäure* (**I**) im Laufe eines Jahres bestimmt. Am niedrigsten war der **I**-Geh. in den Monaten Mai–Juni (7,98—11,79 mg-%; Sorte Jubel nicht gemessen), am höchsten im August mit 20,31—27,28 mg-%. Von August bis Dezember war der **I**-Geh. ziemlich konstant, nahm dann bis Mai ab. Am **I**-reichsten war die Sorte Jubel, wo der **I**-Geh. bis zu 36,45 mg-% erreichte. O. Lebtag. 4587△

Schutzwirkung der Ascorbinsäure bei Vitaminmangel. Thérèse Terroine. (Nutritio et Dieta [Basel] **4**, 148—55, 1962; Bellevue, S.-et-O., Centre Nat. de la Rech. Sci., Centre de Rech. sur la Nutr.; franz.) — Übersicht. — 31 Literaturangaben. K. Zingraf. 4587◇

Einbau des ^{35}S-Methionins in die Proteine der Gewebe und des Blutserums von Ratten mit A-Avitaminose bei eiweißarmer Diät. A. A. Duscheiko. (Ukrain. biochem. J. **34**, 65—69, 1962; Kiew, Akad. der Wiss. der UkrainSSR, Inst. für Biochemie; ukrain., Auszug: engl.) — Ratten erhielten im Laufe 1 Monats eine vollwertige Diät mit oder ohne Zusatz von *Vitamin A* (**I**), danach 2 Monate lang in der 1. Gruppe weiterhin vollwertige (a) oder eiweißarme Diät (b). Die Tiere der 2. Gruppe erhielten in dieser Zeit eine eiweißarme Diät unter Zusatz von **I** (c) bzw. ohne **I** (d). Es zeigte sich, daß nach 1 Monat in den Gruppen c u. d das Körpergew. um 26% geringer ist als bei a u. b. Im Laufe der nächsten 2 Monate nimmt das Körpergewicht nur bei a zu. Die Radioaktivität der Proteine nach Zufuhr von Radiomethionin (**II**) nimmt, mit Ausnahme von Herzgewebe, im Vgl. zu a in b, c u. d stark zu (Leber, Niere, Blutserum). Die Ggw. von **I** ist ohne Einfl. auf den Einbau von **II**. Durch **I** wird die Abnahme des Körpergew. bei eiweißarmer Diät verzögert. O. Lebtag. 4587△

Vereinfachte biologische Bestimmungsmethode für Vitamin D. A. A. Lapina. (Fragen d. Ernähr. [UdSSR] **21**, Nr. 6, 62—64, Nov./Dez. 1962; Moskau, Forschungsinst. für Vitaminol. der Gesundheitsminist. der UdSSR; russ., Auszug: engl.) — In Verss. mit Ratten wird festgestellt, daß bei täglicher Zufuhr die minimale prophylakt. Dosis (Verhinderung der Rachitis in mindestens 80% der Fälle) von *Vitamin D_2* (**I**) 1 IE beträgt. Wird **I** im Laufe von 10 Tagen nur 1mal verabreicht, so beträgt die minimale prophylakt. Dosis 30 IE bzw. 3 IE, bezogen auf 1 Tag des Versuches. Vff. schlägt vor, den biolog. **I**-Test durch einmalige Verabreichung von **I** auf 10 Tage abzukürzen. O. Lebtag. 4587△

Nahrungs-Vitamin-K-Erfordernisse bei der Ratte. M. S. Mameesh und B. Connor Johnson. (Proc. Soc. exp. Biol. Med. **103**, 378—80, Febr. 1960; Urbana, Univ. of Illinois, Div. of Animal Nutrit.; engl.) — Vgl. C. **1961**, **1273**. — Der *Vitamin-K*-Bedarf bei wachsenden ♂ nichtkoprophag. Ratten wurde mit 0,1 μg/g Nahrung bestimmt. Diese Menge reicht aus zur Aufrechterhaltung eines normalen Prothrombin-Spiegels im Plasma u. für das Wachstum des Tieres. M. Metze. 4587□

Intestinale Resorption von Glycylglycin. H. Newey und D. H. Smyth. (J. Physiology **146**, 11P—12P, 23/4. 1959; Sheffield, Univ., Dep. of Physiol; engl.) — In vitro- u. in vivo-Verss. an Rattendärmen zeigten, daß *Glycylglycin* durch die extracellulären Peptidasen nur zu einem geringen Teil hydrolysiert werden. Der größte Teil des Peptids kann also ungespalten durch die Darmwand dringen. Dann erfolgt intracellulär die Hydrolyse. G. Kimmerle. 4594

Die Eiweißresorption im Hühnerdarm in Abhängigkeit von der Wasserstoffionenkonzentration im Darm und dem Kohlendioxidgehalt des Blutes. Nitscho Ivanov und Ceko Ivanov. (Arch. Tierernähr. **12**, 109—18, 1/5. 1962; Sofia, Zootechn. Fak.; dt.) — An Hühnern ausgeführte Unterss. über die Eiweißhydrolysat(EH)-Resorption zeigen, daß bei optimaler Rk. im Dünndarm (pH = 6,8) 66% des perfundierten EH resorbiert werden. Bei Senkung des pH des EH auf 4,0

u. 2,6 vermindert sich die Resorption auf 58,2 u. 51,6% des eingeführten EH. Bei pH = 8 u. 10 beträgt die EH-Resorption 59,0 u. 49,2% der eingeführten Menge. Eine Veränderung des Carbonatpufferspiegels im Blut hemmt die Resorption.

W. Wesly. 4594◇

Magnesiumstoffwechsel bei Kaninchen durch Verwendung von ^{28}Mg als Tracer. Jerry K. Aikawa, Eloise L. Rhoades, Dale R. Harms und Jacqueline Z. Reardon. (Amer. J. Physiol. **197,** 99—101, Juli 1959; Denver, Colo., Univ. of Colorado School of Med., Dep. of Med.; engl.) — Nach Injektion von größeren Dosen als 2 mVal/kg Körpergew. trat schneller Tod ein. Die Akkumulation des *Mg* in den Knochen begann innerhalb von 2 Std. Von den untersuchten Geweben zeigten Haut u. Muskeln die geringsten Geh., Niere, Nebenniere, Leber u. Lymphknoten zeigten mittlere u. Knochen sehr hohe ^{28}Mg-Gehalte. Nach 18 Std. war bei den meisten Geweben der Gleichgewichtszustand erreicht. Die Mg-Ausscheidung stieg während des Hungerns der Tiere auf über das Doppelte. W. Hiller. 4596□

Der Umsatz der Spurenelemente bei der Botkinschen Krankheit. L. Ss. Bondarew. (Klin. Med. [UdSSR] **40 (43),** Nr. 2, 66—71, Febr. 1962; Donezk, Med. Inst., Lehrstuhl für Infektionskrankh. u. Lehrstuhl für Biochem.; russ., Auszug: engl.) — Die emissionsspektralanalyt. Best. der Mikroelemente im Blut bei 109 Kranken mit Botkinscher Erkrankung leichten bis schweren Grades ergab, bes. bei Ausbruch der Erkrankung eine Vermehrung des Geh. an *Cu* bis zu 0,04%, vermehrten, normalen oder (bes. bei tox. Erscheinungen) verminderten Geh. an *Mn* u. uncharakterist. teilweise Vermehrung des Geh. an *Al, Ti* u. *Si* (normal 0,001—0,011; 0,00064—0,0032; 0,049—0,02; 0,006—0,019% der Blutasche). Normalisierung mit zunehmender Heilung. Starke Erhöhung des Geh. an Cu, Al, Ti u. Si waren mit starker Verminderung oder Fehlen des Geh. an *Stercobilin* in den Fäces verbunden. In der Leber war der Geh. an Cu, Mn, Si u. Ti erhöht.

I. v. Kloch-Kornitz. 4596□

Kohlenhydratstoffwechsel in Ratten mit akuter Urämie. Nancy G. Boucot, Warren R. Guild und John P. Merrill. (Amer. J. Physiol. **192,** 30—32, Jan. 1958; Boston, Mass., Peter Bent Brigham Hosp. and Harvard Med. School, Dep. of Med.; engl.) — Bei Ratten wurde operativ Urämie erzeugt. Die Tiere zeigten gegenüber den Kontrollen einen 10mal höheren Geh. des Blutes an Harnstoff-*N*. Die Geh. an *Blutzucker* u. *Leberglykogen* zeigten keine Unterschiede. Die *Restglucose* im Magen betrug bei den normalen bzw. uräm. Tieren 0,57 bzw. 6,8% u. im Darm 0,084 bzw. 0,84%, d. h. daß in der Glucoseresorption kaum Unterschiede bestehen.

W. Hiller. 4596□

Blut-Glucose-Stoffwechsel beim Menschen während der Muskelarbeit. G. A. Reichard, Bela Issekutz jun., Philip Kimbel, Richard C. Putnam, Norman J. Hochella und Sidney Weinhouse. (J. appl. Physiol. **16,** 1001, Nov. 1961; Philadelphia, Pa., Lankenau-Hosp.; Inst. f. Cancer Res.; Albert Einstein Med. Center; engl.) — Unterss. am Fahrrad-Ergometer ergaben einen erhöhten *Glucose*-„Turnover" während der Arbeit. M. Metze. 4596□

Stoffwechselprodukte von Mevalonsäure im Harn: Beweis dafür, daß Mevalonsäure kein Vorläufer von Isovalthin ist. Lemuel D. Wright und William P. Hollander. (Proc. Soc. exp. Biol. Med. **108,** 600—03, Dez. 1961; Ithaca, N. Y., Cornell Univ., Grad. School of Nutr.; Boston, Mass., Massachusetts Memor. Hosp.; engl.) — Synthet. *S-[Isopropylcarboxymethyl]-cystein* (*Isovalthin*; **I**) wurde dem Harn von Patienten mit Hypercholesterinämie, welche i.v. $^{14}C_{(2)}$-*Mevalonsäure* erhalten hatten, zugesetzt. Das aus dem Harn wiedergewonnene **I** zeigte keine Radioaktivität. K. Zingraf. 4596□

Die Wirkung von Nicotinsäure und verwandten Verbindungen auf den Einbau von Mevalonsäure in Cholesterin. Wilbert Gamble und Lemuel D. Wright. (Proc. Soc. exp. Biol. Med. **107,** 160—62, Mai 1961; Ithaca, N. Y., Corwell Univ., Graduate School of Nutrition.; engl.) — Vgl. vorst. Ref. — *Nicotinsäure* (**I**) u. verwandte Verbb. (0,1—5 mg/ml), wie *Isonicostinsäure, -hydrazid, Pyridin-3-sulfonsäure, Trigonellin, 6-Hydroxynicotinsäure, Kynurensäure,* haben auf die Umwandlung von *Mevalonsäure* in Unverseifbares durch Rattenleberhomogenate keinen signifikanten Einfluß. Der Acetat(**II**)-Einbau in unverseifbares Material (vorwiegend Cholesterin) nimmt mit steigenden Mengen **I** ab. 1 mg **I**/ml vermindert die Biosynth. um 34%. Der Ort der **I**-Wrkg. scheint zwischen **II** u. **I** zu liegen.

K. Maier. 4596□

Verkades ω-Oxydation der Fettsäuren. Karl Bernhard. (Chem. Weekbl. **57,** 367, 8/7. 1961; Basel, Univ., Physiolog.-chem. Inst. u. Schweizer. Vitamin-Inst.;

dt.) — Zusammenfassung der Arbeiten Verkades über den durch ω-Oxydation u. bilaterale β-Oxydation verlaufenden biolog. Fettsäureabbau (Methyloxydation körperfremder Verbb.), der dem Körper als Auswegrk. neben der normalen β-Oxydation von Fetten zur Verfügung zu stehen scheint, wie neuere Unterss. über eine für ω-Oxofettsäuren spezif. Nicotinamidadenindinucleotid-abhängige Dehydrase aus Herz u. Schweinenieren (vgl. Mitz u. Heinrikson, C. **1961,** 17981) zeigen. G. Kirsten. 4596□

Leberlipide als Quelle für embolisches Fett. Guy Owens, Joseph E. Sokal (unter techn. Mitarbeit v. Kornel Gerszi und Mary S. Northington). (J. appl. Physiol. **16,** 1100—02, Nov. 1961; Buffalo, N. Y., Roswell Park Memorial Inst.; engl.) — In Ratten wurden experimentell Fettlebern erzeugt (12 Tage lange Fütterung mit hoch fetthaltiger, Cholin-freier Diät). Solche Fettlebern (a) u. Lebern von normalernährten Tieren (b) wurden isoliert, für 4 Std. perfundiert u. Gefrierschnitte angefertigt. Nicht perfundierte Lebern von Diättieren dienten als Kontrollen (c). In c fanden sich starke intracelluläre Lipid-Konzz., aber keine Fett-Emboli, bei b war keine signifikante Akkumulation von embol. Fett zu beobachten, bei a fanden sich schwere Emboli. M. Metze. 4596□

Sauerstoffaufnahme während der ersten Minuten schwerer Muskelarbeit. Per-Olof Åstrand und Bengt Saltin. (J. appl. Physiol. **16,** 971—76, Nov. 1961; Stockholm, Kungliga Gymnastika Central Inst., Dep. of Physiol.; engl.) — Es wurde die Veränderung der *Sauerstoff*-Aufnahme, der Pulsschlaggeschw., der Lungenatmung u. des Blut-*Milchsäure*-Geh. bei schwerer Muskelarbeit mit Hilfe des Fahrrad-Ergometers bestimmt. Die Kurven zeigen in den 4 Unterss. einen Anstieg. M. Metze. 4596□

Kohlendioxid-Transport in anästhesierten Hunden während einer Carboanhydrase-Hemmung. Stephen M. Cain und Arthur B. Otis. (J. appl. Physiol. **16,** 1023—28, Nov. 1961; Durham, N. C., Duke Univ. Med. Center, Dep. of Med.; engl.) — Verabreichung von *Acetazolamid* (**I**; Carboanhydrasehemmer) an Hunde mit Thorakotomie hatte eine Steigerung der Atmung zur Folge (nach 30 Min. doppelt so stark wie bei Kontrollen), venöses P_{CO_2} stieg an, alveoläres P_{CO_2} sank. Vor **I**-Gabe stammten 19% des Lungen-CO_2-Ausstoßes aus gelöstem CO_2, 26% aus Carbaminoverbb. u. 55% aus Bicarbonat. Nach **I**-Gabe stammen 45% aus gelöstem CO_2, 38% aus Carbaminoverbb. u. 17% aus Bicarbonat. M. Metze. 4596□

Dynamik des Ketonkörpergehaltes in den Muskeln, der Leber und im Blut in der Ruheperiode nach Muskeltätigkeit. L. G. Leschkewitsch. (Ukrain. biochem. J. **34,** 543—50, 1962; Leningrad, Forschungs-Inst. für Körperkultur, Sektor Biochemie; russ., Auszug: engl.) — Vgl. C. **1962,** 8694. — In Verss. mit weißen Ratten mit (A) u. ohne Körpertraining (B) durch jeweils 5std. Schwimmen im Laufe von 1,5 Monaten wurde der Geh. des Blutes, der Leber u. der Muskeln an *Ketonkörpern* (**I**) u. *Milchsäure* (**II**) vor u. zu verschiedenen Zeiten nach dem Schwimmen untersucht. Danach nimmt der **I**-Geh. nach beendeter Muskeltätigkeit um so stärker zu, je länger diese Tätigkeit dauerte. Der höchste **I**-Geh. während der Ruhepause fällt mit dem geringsten **II**-Geh. u. mit der geringsten Hypolactacidämie zusammen. Der **II**-Geh. kehrt während der Ruhepause rascher zur Norm zurück als der Geh. an **I**. Bei A ist die Zunahme des **I**-Geh. während der Ruhepause geringer als bei B. Die Rückkehr zur Norm erfolgt bei A rascher als bei B. O. Lebtag. 4597△

Einfluß der Muskeltätigkeit auf die Wechselwirkung zwischen den Thiolgruppen des Myosins und der Adenosintriphosphorsäure. N. N. Jakowlew und A. F. Krassnowa. (Ukrain. biochem. J. **34,** 95—103, 1962; Leningrad, Forschungsinst. für Körperkultur; russ., Auszug: engl.) — Das aus weißen Ratten gewonnene *Myosin* (**I**) enthält mindestens 3 verschiedene SH-Gruppen: schwach reagierend (a); frei, *Adenosintriphosphorsäure* (**II**) bindend (b); frei, **II** nicht bindend (c). Im Ratten-Vers. wird der Geh. an b + c bei Muskeltätigkeit (15,60 bzw. 300 Min. langes Schwimmen oder 30 Min. langes Aufhängen) verändert, jedoch nicht immer parallel zur Veränderung der Aktivität der Adenosintriphosphatase (**III**). Der **I**-Geh. an b verläuft immer parallel zur Änderung der **III**-Aktivität. Bei einer nicht zur Erschöpfung führenden Muskeltätigkeit erfolgt Zunahme, bei erschöpfender Tätigkeit eine Abnahme der beiden Werte. Die Rk. zwischen den SH-Gruppen u. **II** zeigt eine strenge Abhängigkeit von deren mol. Konzz. u. erfolgt im stöchiometr. Verhältnis. Zwischen den a, b u. c des **I** sind gegenseitige Übergänge möglich. Dies ist als eine biochem. Anpassung aufzufassen. O. Lebtag. 4597△

Wasser, Neutralfett und Feststoffe im Fettgewebe. Andrew A. Pandazi, Jack K. Herrington und Donald P. Schlueter. (Proc. Soc. exp. Biol. Med. **103**, 394—96, Febr. 1960; Milwaukee, Marquette Univ. School of Med., Dep. of Physiol.; engl.) — Ratten wurden erniedrigten Tempp. (4—8°) ausgesetzt u. die Beziehungen zwischen W., Neutralfett u. Feststoffen (trockenes, entfettetes Gewebe) im perirenalen Fettgewebe bestimmt. W. u. Feststoffe verändern sich proportional u. beide verändern sich umgekehrt proptorional zum Neutralfettbetrag. Es wird angenommen, daß das W. in den Feststoffen des Fettgewebes lokalisiert ist u. nicht direkt mit dem Neutralfett verbunden ist. M. Metze. 4597□

Die Fermentsynthese des Glucosamins im Gehirn bei Hyperoxie. S. G. Bronowitzkaja und S. Ss. Gerschenowitsch. (Ukrain. biochem. J. **34**, 81—85, 1962; Rostow am Don, Univ., Lehrstuhl für Biochemie; russ., Auszug: engl.) —In Verss. mit Kaninchen wurde der Geh. an *Glucosamin* (I) in der grauen Hirnsubstanz nach einem Aufenthalt in der Druckkammer von 6 at bzw. bei normalen Druckverhältnissen (Kontrolle) untersucht. Danach wird der I-Geh. der Hirnrinde bei der O_2-Intoxikation nicht erhöht: 142,7 mg-% (bezogen auf Frischgewebe) gegenüber 135,4 mg-% in der Kontrolle. In der Hirnrinde vollzieht sich eine fermentative I-Synth. aus Glucose-6-phosphat u. Glutamin. In der Kontrolle schwankt diese I-Synth. zwischen 0,049 u. 0,179 μ Mol u. beträgt im Mittel 0,106 μ Mol, in der Druckkammer zwischen 0,045 u. 0,123 bzw. 0,080 μ Mol. Ein O_2-Druck von 6 at hemmt demnach die Aktivität des Aminoaustranspherase-Syst. um 24%. Diese Hemmung ist wahrscheinlich mit verantwortlich für die Störung der Ausnutzung von I u. NH_3 bei der O_2-Intoxikation. O. Lebtag. 4598△

Die Glykogenfraktionen in den verschiedenen Bereichen des Zentralnervensystems. B. I. Chaikina. (Ukrain. biochem. J. **34**, 104—07, 1962; Kiew, Inst. für Biochemie der Akad. der Wiss. der UkrainSSR; ukrain., Auszug: engl.) — In den Hirnhemisphären, im Kleinhirn, Mittelhirn, verlängerten Mark u. Rückenmark der Katze wurde der Geh. an folgenden Fraktionen des *Glykogens* (I) untersucht: freies I (Ia); an Eiweiß gebundenes I (Ib); an Lipide gebundenes I (Ic). Danach ist der Geh. an Ia, Ib u. Ic in den Bereichen mit hoher funktioneller Aktivität (Hemisphären, Kleinhirn) höher als in den übrigen Bereichen. Das Verhältnis von Ia, Ib u. Ic ist in den Bereichen des Zentralnerven-Syst. verschieden. So beträgt das Verhältnis Ib/Ia in den Hemisphären 1 : 1, im Kleinhirn 8 : 1,7, im Mittelhirn 1 : 1, im verlängerten Mark 5 : 1,3. O. Lebtag. 4598△

Die Fraktionierung der löslichen Proteine des Gehirns. N. M. Poljakowa und W. K. Lischko. (Ukrain. biochem. J. **34**, 10—22, 1962; Kiew, Inst. für Biochemie der Akad. der Wiss. der UkrainSSR; ukrain., Auszug: engl.) — Es zeigte sich, daß die mit $(NH_4)_2SO_4$ (I) bei der Sättigung 0,3 u. 0,4 aussalzbaren *Proteine* (II) des Gehirns bei der Elektrophorese am Filterpapier stark adsorbiert werden u. sich nur schwer in die Fraktionen trennen lassen. Die bei höherer I-Sättigung (0,5 u. höher) aussalzbaren II lassen sich viel leichter trennen. Bei der Elektrophorese auf Agar verbleiben die schwer trennbaren II-Fraktionen am Auftragungsort. Ihre Menge beträgt bei der Sättigung 0,2—0,3 bzw. 0,3—0,4 66,5 bzw. 55,3%. Die II des Ausgangsextraktes lassen sich bei der Elektrophorese auf Agar in 12 Fraktionen trennen, die ausgesalzenen u. gegen dest. W. dialysierten II in 16 Fraktionen. Dies zeigt, daß während der Dialyse gegen W. jene II ausfallen u. entfernt werden, welche die Trennung in Fraktionen erschweren. O. Lebtag. 4598△

E_6. Pharmakologie. Therapie. Toxikologie. Hygiene.

Histochemische Untersuchung der oxydierenden Fermente im Lungengewebe bei der durch eingebaute radioaktive Stoffe verursachten Strahlenkrankheit. A. Je. Iwanow und N. N. Kurschakowa. (Arch. Pathol. [UdSSR] **23**, Nr. 6, 31—38, 1961; russ., Auszug: engl.) — Vgl. C. **1961**, 3063. — Die Unterss. über die Aktivitäten von *Succindehydrase* (I) u. *Cytochromoxydase* (II) in der Lunge des Kaninchens bei deren Schädigung durch ^{210}*Po* u. ^{90}*Sr* ergaben, daß 6—24 Std. nach der Bestrahlung mit ^{210}Po sowohl I wie II aktiviert werden, während nach ^{90}Sr in den ersten Std. die Aktivität von I vermindert, die von II erhöht wird. Nach 24 Std. ist auch die Aktivität von I erhöht ist. Im Gegensatz zur Röntgenschädigung tritt nach ^{210}Po u. ^{90}Sr nach 3—10 Tagen eine Abnahme der I-Aktivität ein, während die Aktivität von II noch bleibt. Abnahme der I-Aktivität tritt nach ^{210}Po nach 3 Tagen, bei ^{90}Sr-Schädigung nach 5 Tagen ein. Gegen Ende der Beobachtung (15—20 Tage) liegen die Aktivitäten von I u. II sowohl nach ^{210}Po wie nach ^{90}Sr weit unter der Norm. Die unterschiedliche Wrkg. der Röntgenbestrahlung u. der Behandlung mit ^{210}Po bzw. ^{90}Sr wird gedeutet. O. Lebtag. 4601 △

Die polarographische Aktivität der Blutserumproteine bei akuter Strahlenkrankheit und prophylaktischer Zufuhr von Propylgallat. W. A. Baraboi und Ss. A. Berstein. (Ukrain. biochem. J. **34**, 32—39, 1962; Kiew, Inst. für Physiol. der Akad. der Wiss. der UkrainSSR, Labor. für Biophysik; ukrain., Auszug: engl.) — In Verss. an weißen Ratten wird festgestellt, daß bei akuter Strahlenkrankheit die polarograph. Aktivität der *Serumproteine* (**I**) in den ersten Std. nach der Bestrahlung stark abnimmt, danach kurze Zeit zunimmt u. dann wieder bis zum Tod des Tieres abnimmt. Durch eine prophylakt. Zufuhr von *Propylgallat* (**II**) wird die Hemmung der Aktivität zunächst verstärkt; nach dem Anstieg der Aktivität tritt jedoch keine weitere Abnahme ein, sondern eine Normalisierung 8 Tage nach der Bestrahlung. Die Verstärkung der hemmenden Strahlen-Wrkg. auf die polarograph. **I**-Aktivität durch **II** beruht auf 2 Prozessen: **I**-Inaktivierung durch die Strahlen u. umkehrbare Blockade der akt. Gruppen. Durch **II** werden die akt. Gruppen von **I** in strahlenresistentere Formen umgewandelt. O. Lebtag. 4601 △

Megaphen-Vorbehandlung und strahleninduzierte Mutationsrate bei Drosophila melanogaster. H. Lüers. (Atompraxis **5**, 288—90, 1959; Berlin, Freie Univ., Inst. f. Genetik; dt.) — *Drosophila melanogaster* wurden mit 100 kV Röntgenstrahlen bestrahlt. Bestrahlungsbedingungen: Filter 1,7 mm Al, FOA 15 cm, Dosisleistung 440 r/min, Gesamtdosis 1500, 2000 oder 3000 r. Kurz vor der Bestrahlung wurde bei einem Teil der Tiere *Megaphen* (**I**)-Lsg. abdominal injiziert. Die mit der Muller-γ-Meth. ermittelten Raten der induzierten Mutationen erwiesen sich als unbeeinflußt von der **I**-Gabe, obwohl dieser Stoff in bezug auf somat. Schäden strahlenschutzwirksam ist. W. Reusse. 4601 □

Erhöhung der Resistenz gegen die Strahlenkrankheit bei vorheriger Zufuhr von Tetracyclinen. A. M. Dumowa. (Antibiotika [UdSSR] **7**, 997—1000, Nov. 1962; Leningrad, Forschungs-Inst. für Antibiotica, Labor. für Physiol. u. Pharmakol.; russ., Auszug: engl.) — In Verss. mit 235 weißen Ratten wurde per os *Hydroxytetracyclin* (**I**) oder *Tetracyclin* (**II**) 15—18 Tage lang 2mal täglich zugeführt u. 18 Std. bzw. 3 Tage nach der letzten **I**- oder **II**-Zufuhr eine Röntgenbestrahlung mit 700 r vorgenommen. Es zeigte sich, daß in der Kontrolle die Zahl der letalen Fälle 84,4% beträgt. Bei vorheriger Zufuhr von **I** erreicht sie 55,8 bzw. 16,6% bei Bestrahlung nach 18 Std. bzw. 3 Tagen. Bei Anwendung von **II** beträgt die Zahl der letalen Fälle 32,1 bzw. 12,6%. Die mittlere Lebensdauer beträgt in der Kontrolle 10,5, mit **I** 18,9, mit **II** 13,5 Tage. O. Lebtag. 4601 △

Erste Erfahrungen mit einem neuen wasserlöslichen Kontrastmittel zur Hysterosalpingographie. Vorl. Mitt. Hans-Peter Giercke und Günther Pfeifer. (Dtsch. Gesundheitswes. **15**, 719—22, April 1960; Univ.-Frauenkl. der Charité Berlin) — Es wurden die Ergebnisse der Hysterosalpingographie mit einem wss. Kontrastmittel (*Falitrast S*; VEB Fahlberg-List, Magdeburg; 50%ige Lsg. des *Diäthylamindiäthanolaminsalzes* der *3.5-Dijodpyridon-(4)-N-essigsäure* in Aqua dest. unter Zugabe von etwa 1,8% Carboxymethylcellulose als Viscositätsträger) denen ines öligen Kontrastmittels (*Jodipin*) gegenübergestellt. R. Sauerbrey. 4601 □

Der biologische Mechanismus der Wirkung von Ionen in der Luft. 1. Mitt. **5 Hydroxytryptamin als ein endogener Überträger der Wirkung positiver Ionen der Luft auf die Trachea von Säugetieren.** Albert P. Krueger und Richard F. Smith. (J. gen. Physiol. **43**, 533—40, Jan. 1960; Berkeley, Calif., Univ., Dep. of Bacteriol. and Naval Biol. Labor.; engl.) — 2. vgl. C. **1962**, 18530. — I.v. Injektion von *5-Hydroxytryptamin* (**I**) bei Ratten oder Meerschweinchen zeigt Wrkg. wie *positive Ionen* (**II**) in der Luft auf die Trachea. Es kommt zu Verminderung der Ziliarbewegung, Kontraktion der Trachea, gesteigerter Rk. auf Traumen der Trachealmucosa, Vasokonstriktion der Gefäße der Trachea u. gesteigerter Atemfrequenz. Diese Wrkg. ist durch *negative Ionen* (**III**) in der Luft aufhebbar. *Iproniacid* bewirkt ähnliche Effekte wie **I**, jedoch ist die Wrkg. durch **III** nicht aufhebbar. *Reserpin* bewirkt die gleiche Veränderung wie **III**. Es wird vermutet, daß die Wrkg. von **II** durch eine Freisetzung von **I** zustande kommt u. die Wrkg. von **III** auf einer schnelleren Spaltung von **I** beruht. L. Lachhein. 4606 □

Einfluß des Fettgehalts der Diät auf die Toxizität und die Leberschäden durch Natriumfluorid. C. Faenzi. (Boll. Soc. ital. Biol. sperim. **38**, 191—95, 15/3. 1962; Rom, Ist. G. Eastman, Labor. di Ricer. Sperim.; ital.) — Ratten wurden neben einer Diät mit unterschiedlichem Zusatz von Fetten täglich mit 5—30 mg *NaF* per os

bzw. 10 u. 20 mg/kg subcutan behandelt u. im Leberhomogenat *Lipase* u. *Phosphatase* bzw. im Blut *Cholesterin* bestimmt. Die fette Kost mit u. ohne Cholesterin induziert eine erhebliche Zunahme der Toxizität von NaF. Die Aktivitäten der Lipase u. Phosphatase werden durch NaF herabgesetzt. Der Geh. des Cholesterins im Blut erhöht sich durch NaF gegenüber der Norm um 20—30%.
F. Kren. 4606□

Hypothalamusschädigungen durch Goldthioglucose und Freisetzung von adrenocorticotropen Hormon. Robert A. Liebelt, Wayne Dear und Roger Guillemin. (Proc. Soc. exp. Biol. Med. **108,** 377—80, Nov. 1961; Houston, Tex., Baylor Univ., Coll. of Med., Dep. of Anat. and Physiol.; engl.) — In den ersten Tagen nach Injektion von *Goldthioglucose* (I) wurden bei CBA-Mäusen im Ruhezustand höhere *Corticosteron*-Konzz. im Plasma nachgewiesen als bei den Kontrollen; diese stiegen unter Stress bei ♀, nicht jedoch bei ♂ Tieren noch weiter an. I hemmte nicht die normalerweise mit dem Stress verbundene Freisetzung von adrenocorticotropem Hormon. K. Zingraf. 4606□

Einfluß von Tetrachlorkohlenstoff auf die Freisetzung von freien Fettsäuren durch Ratten-Fettgewebe. Michael C. Schotz und Richard O. Recknagel. (Proc. Soc. exp. Biol. Med. **103,** 398—400, Febr. 1960; Cleveland, Western Res. Univ. School of Med., Dep. of Physiol. Cleveland Clinic.; engl.) — Ratten erhielten *Tetrachlorkohlenstoff* (I; durch Magenschlauch) u. danach *Adrenalin* (II; subkutan; 1 oder 0,1 mg/kg Gew.), Kontrollen erhielten 0,1 ml Erdnußöl. Die durch II hervorgerufene Erhöhung der Freisetzung von *freien Fettsäuren* aus Fettgewebe wurde durch I nicht beeinflußt. M. Metze. 4607□

Die gesetzmäßigen Beziehungen zwischen Alkoholkonzentration, Zeit und klinisch feststellbarer Trunkenheit. J. Gerchow und V. Sachs. (Dtsch. Z. ges. gerichtl. Med. **51,** 32—46, 1961; Kiel, Univ., Inst. für gerichtliche u. soziale Med.; dt.) — Unter allen Alkoholisierten mit gleichem Blut-A.-Geh. nimmt der Anteil der klin. eindeutig Trunkenen um rund 47% ab, wenn der log der Zeit nach Trink-Ende um 1 größer wird, u. unter allen zur gleichen Zeit nach Beendigung des Trinkens Untersuchten nimmt der Anteil der klin. eindeutig Trunkenen um rund 25% zu, wenn die Konz. um 1 größer wird. Reine Konz.-Abhängigkeit der Anteile klin. Trunkener besteht offenbar nur in der ersten Zeit nach Beendigung des Trinkens, welche der resorptiven Phase des Alkoholgeschehens entspricht. In der postresorptiven Phase ist der Zeit-Einfl. beträchtlich u. überwiegt den der Konzentration.
G. Kimmerle. 4607

Histologische und histochemische Veränderungen im Hypophysenvorderlappen von Mus rattus albinus bei chronischer Benzolvergiftung. A. Iannaccone und G. Bartolini. (Sperimentale **112,** 104—11, März/April 1962; Firenze, Univ., Ist. di Med. del Lavoro , Centro Studi sulle Mal. Prof. sotto il patronato dell'I.N.A.I.L.; Ist. di Istol. ed Embriol. Generale; ital.) — Bei Albinoratten, denen täglich 0,5 cm³ *Benzol*/kg subkutan injiziert wurden, wurden folgende Veränderungen im Hypophysenvorderlappen beobachtet: Hyperaktivität der acidophilen Zellen, welche adrenocorticotropes, somatotropes und luteotropes Hormon sezernieren, gefolgt von partiellem Funktionsausfall; anfangs Hyperaktivität der β-Zellen, welche thyreotropes Hormon erzeugen, jedoch Normalisierung etwa am 30. Tag; Unterfunktion der Gonadotropin-bildenden δ-Zellen. K. Zingraf. 4607□

Beobachtungen über die Ultrastruktur des Hypophysenvorderlappens von Ratten mit chronischer Benzolvergiftung. A. Iannaccone und G. Cicchella. (Sperimentale **112,** 112—23, März/April 1962; Firenze, Univ., Ist. di Med. del Lavoro, Centro Studi sulle Mal. Prof. sotto il patronato dell'I.N.A.I.L.; Ist. di Istol. ed Embriol. Generale; ital.) — Vgl. vorst. Ref. — Bei der elektronenmkr. Unters. des Hypophysenvorderlappens von Albinoratten, denen 50 Tage lang 0,5 cm³ *Benzol*/kg täglich subkutan verabreicht wurden, ergab sich eine Degranulation des größten Teils der acidophilen Zellen, normales Aussehen der β-Zellen, erhöhte Dichte der Matrix der Mitochondrien u. Bldg. von großen Vacuolen im Cytoplasma der δ-Zellen, die mit zahlreichen feinen, dicht gepackten Bläschen gefüllt sind. Im Verlauf der Vergiftung tritt eine Zunahme der Sekretion einfacher Protein-Hormone aus den acidophilen Zellen u. eine Verringerung der gonadotropen Hormone aus den δ-Zellen ein. K. Zingraf. 4607□

Die konvulsive Wirkung von Hydraziden: Beziehung zu Pyridoxin. Harry L. Williams und James A. Bain. (Int. Rev. Neurobiol. **3,** 319—48, 1961; Atlanta, Ga., Emory Univ., Div. of Basic Health Sci., Dep. of Pharmacol.; engl.) —

Übersicht. Allgemeine pharmakolog. Rkk. auf *Hydrazide* (**I**), neurophysiolog. Aspekte der **I**-Wrkg., Biochemie der **I**-Wrkg., neuropatholog. u. klin. Aspekte. — 149 Literaturangaben. K. Maier. 4607□

Wirkung des pH und einiger Arzneimittel auf die Bindung von [131]J-Trijodthyronin durch die Erythrocyten in vitro. Moulai Benmiloud. (Ann. d'Endocrinol. **23**, 533—38, Sept./Okt. 1962; St. Louis, Mo., Univ. de Saint-Louis, Éc. de Méd., Dép. de Méd. int.; franz.) — Das ^{131}*J-Trijodthyronin*-Bindevermögen der Erythrocyten in vitro wurde durch Veränderung des pH von 7 auf 8 verringert u. durch *Phenylbutazon* u. *Natriumsalicylat* erhöht. *Tetracyclin, Hydrocortison, Chlorothiazid* (**I**), *Harnstoff, Warfarin* (**II**), *Phenylindandion* (**III**), *Östron* (**IV**), *Testosteron* u. *Diphenhydramin* (**V**) waren prakt. unwirksam. Dagegen erhöhten Kombinationen von **V** mit **IV** u. **III** oder mit **II** u. **I** das Bindevermögen ebenfalls. K. Zingraf. 4607◇

Über die pharmakologische Aktivität der β-Aminoketone. A. N. Kudrin, A. N. Kosst, I. A. Jakowlewa und W. W. Jerschow. (Pharmakol. u. Toxikol. [UdSSR] **25**, 372—78, Mai/Juni 1962; Rjasan, Med. Pawlow-Inst., Lehrstuhl für Pharmakol.; Moskau, Lomonossow-Univ.; russ.) — Übersicht an Hand der Literatur. —27 Literaturangaben. O. Lebtag. 4607△

Die Bedeutung der Nitrofurane in der Geburtshilfe und Gynäkologie. R. L. Schub. (Geburtshilfe u. Gynäkol. [UdSSR] **36**, Nr. 5, 9—13, Sept./Okt. 1960; Riga, Med. Inst., Lehrstuhl für Geburtshilfe u. Gynäkologie; russ., Auszug: engl.) — An 494 Frauen wurde die Wrkg. der Nitrofurane während u. nach der Geburt u. während der Lactation untersucht. Die prophylakt. Zufuhr von je 10 ml *Furacilin* (**I**) in der Verdünnung 1:4200 2mal täglich 6—7 Tage lang nach der Geburt fördert den Heilprozeß bei Verletzungen während der Geburt. **I** u. *Furazidin* (**II**) vermindern die Zahl der Komplikation während der Geburt u. nach derselben. **I, II** u. *Furazolidon* (**III**) verbessern die Mikroflora der Vagina u. der Brustwarze. **III** ist ein wirksames trichomonacides Mittel. **I, II** u. **III** wirken prophylakt. gegenüber Infektionen während u. nach der Geburt u. bei Aborten. O. Lebtag. 4607△

Die Depression der spinalen Neuronen durch γ-Aminobuttersäure und β-Alanin. D. R. Curtis, J. W. Phillis und J. C. Watkins. (J. Physiology **146**, 185—203, 23/4. 1959; Canberra, Australian National Univ., Dep. of Physiol.; engl.) — Nach iontophoret. Applikation von *γ-Aminobuttersäure* u. *β-Alanin* auf die äußere Membran von spinalen Katzenneuronen kommt es zu einer Depression des Neuronenpotentials. G. Kimmerle. 4607

γ-Aminobuttersäure. Zirkulatorische und respiratorische Effekte bei verschiedenen Arten; Wiederuntersuchung der Anti-Strychnin-Wirkung bei Mäusen. K. A. C. Elliott und F. Hobbiger. (J. Physiology **146**, 70—84, 23/4. 1959; Montreal, Donner Labor. of Exp. Neurochem., Neurolog. Inst.; McGill Univ., Dep. of Neurol. and Neurosurgery; engl.) — *γ-Aminobuttersäure* (**I**) bewirkt bei Kaninchen, Hunden u. meist auch bei Katzen eine Senkung des Blutdrucks. Dieser Effekt trat schnell ein u. die Wrkg. war nur kurz. In höheren Dosen kam es zu Desensitivierung. Bei Hunden kam es neben der Hypotension zu einer Bradykardie. Die Wrkg. von **I** ist Atropin-resistent. Verss. mit intrazisternal injiziertem **I** zeigen, daß die i.v. Wrkg. von **I** nicht auf einem Effekt am Hirnstamm beruht. Auch in Narkose kommt es durch **I** zu einer Hypotension. Beim wachen Menschen bewirken 50—100 mg **I** eine vorübergehende Hypotension mit nachfolgender Tachykardie. Bei Kaninchen u. meist bei Katzen stimuliert **I** die Atmung, bei Hunden wird sie depressiv beeinflußt. Ein Antagonismus von **I** gegen letale *Strychnin*-Gaben konnte bei Mäusen nicht festgestellt werden. G. Kimmerle. 4607

Über einige substituierte Tryptamine und deren pharmakologische Eigenschaften. Marc Julia, Jean Igolen, Martine Félix und Joseph Jacob. (C. R. hebd. Séances Acad. Sci. **250**, 1741—43, 29/2. 1960; Paris, Inst. Pasteur, Service de Chim. thérapeutique; franz.) — Aus aromat. sek. Aminen u. γ-Brom-β-ketosäureestern wurden Indolyl-(3)-essigester hergestellt u. die Seitenkette in den Äthylaminrest umgewandelt. Die pharmakolog. Eigg. der substituierten *Tryptamine*, bes. die antagonist. Wrkg. gegenüber *Serotonin* (**I**) wurden untersucht. Synthetisierte 5-Methoxytryptamine (F. der Hydrochloride): *1-Benzyl-*, $C_{18}H_{20}N_2O$, F. 156 bis 159°, DL_{50} (Maus, mg/kg, subkutan) 200, **I**-antagonistische Wrkg. beim Hunde, DJ_{50} (mg/kg i. v.) > 4 (50%ig. Hemmung des von **I** hervorgerufenen Blutdrucks). — *1-Benzyl-2-methyl-*, $C_{19}H_{22}N_2O$, F. 229—231°, 300, 4. — *1-Benzyl-6-methoxy-*, $C_{19}H_{22}N_2O_2$, hygroskopisch, 300, > 8. — *1-[4-Methoxybenzyl]-*, $C_{19}H_{22}N_2O_2$, F. 162

bis 164°, 200, >4. — *1-Benzyl-α-methyl-*, $C_{19}H_{22}N_2O$, F. 168—173°; 200, 4—8. — *1-Benzyl-α.α'-dimethyl-*, $C_{20}H_{24}N_2O$, F. 228—232°, —, 4—8. — *1-[4-Methoxybenzyl]-6-methoxy-*, $C_{20}H_{24}N_2O_3$, hygroskopisch, 600, >8. — *1-Benzyl-2.α-dimethyl-*, $C_{20}H_{24}N_2O$, F. 178—180°, 150, 4—8. — *1-β-Phenyläthyl-*, $C_{19}H_{22}N_2O$, F. 136 bis 138°, 300, >8. — *1-γ-Phenylpropyl-*, $C_{20}H_{24}N_2O$, F. 124—126°, >800, —. — *1-Benzyl-N.N-dimethyl-*, $C_{20}H_{24}N_2O$, F. 189—191°, 150, 1—4. — *1-Benzyl-6-methoxy-N.N-dimethyl-*, $C_{21}H_{26}N_2O_2$, hygroskopisch, 150, >4. — *1-[4-Methoxybenzyl]-N.N-dimethyl-*, $C_{21}H_{26}N_2O_2$, F. 174—176°, 200, 1—4. — *1-Benzyl-2.α-dimethyl-N.N-dimethyl-*, $C_{22}H_{28}N_2O$, F. 193—194°, 200, 2. — *1-β-Phenyläthyl-N.N-dimethyl-*, $C_{21}H_{26}N_2O$, F. 122—124°, 400, 4. — *1-γ-Phenylpropyl-N.N-dimethyl-*, $C_{22}H_{28}N_2O$, F. 143—145°, 200, 4. — *1-Benzyl-N.N-diäthyl-*, $C_{22}H_{28}N_2O$, F. 135°, 150, 1—4. — *1-Benzyl-2.α-dimethyl-N.N-diäthyl-*, $C_{24}H_{32}N_2O$, F. 167—169°, 100, 1—2. — *1-[p-Methoxybenzyl]-N-benzyl-N-methyl-*, $C_{27}H_{30}N_2O_2$, F. 159—160°. — 2—4. — *1-Benzyl-3-[β-piperidinoäthyl]-5-methoxyindol*, $C_{23}H_{28}N_2O$, F. 202—204°, 200, 2. — *1-[p-Methoxybenzyl]-3-[β-morpholinoäthyl]-5-methoxyindol*, $C_{23}H_{28}N_2O_3$, F. 180—183°, 300, 2—4. K. Maier. 4607□

Beziehung zwischen Struktur und Wirkung in der Reihe der Coffeinanaloga und Synthese der Antifeine (Heilmittel einer neuen Klasse). N. B. Winogradowa und N. W. Chromow-Borissow. (Pharmakol. u. Toxikol. [UdSSR] **25**, 259—65, Mai/Juni 1962; Inst. für exp. Med. der Akad. der med. Wiss. der UdSSR; russ., Auszug: engl.) — Auf Grund der Literaturübersicht wird festgestellt, daß die ähnlich wie Coffein gebauten Abkömmlinge mit gesprengtem Pyrimidinring u. erhalten gebliebenem Imidazolring auf das Zentralnerven-Syst. wirken, während die Abkömmlinge mit intaktem Pyrimidinring u. gesprengtem Imidazolring keine merkliche physiolog. Wrkg. zeigen. Die Ggw. eines Alkylrestes R' in Stellung 1 des Imidazolringes wirkt hemmend auf die Rindentätigkeit u. stimulierend auf die subcorticale Tätigkeit. Diese Wrkg. zeigen die Verbb. mit R' = C_2H_5, C_3H_7 u. bes. C_3H_5. Sie sind wertvolle Analeptica der Atmungswege. Die Ggw. von H am N-Atom in Stellung 1 des Imidazolringes führt zu einer Stimulierung der Hirnrindentätigkeit bei geringen Dosen u. zu einer sedativen Wrkg. bei großen Dosen. Ggw. eines Substituenten in Stellung 2 des Imidazolringes vermindert die physiolog. Aktivität der Verb.: Abnahme der sedativen Wrkg. auf die Hirnrinde u. Verschwinden der stimulierenden Wrkg. auf die subcorticalen Zentren. — 34 Literaturangaben. O. Lebtag. 4607△

Grundlegende Untersuchungen über Insekticide. 3. Mitt. Weitere Untersuchungen über den Temperatureinfluß auf die Toxizität von Insekticiden. Hem Singh Pruthi und M. L. Jerath. (Proc. nat. Inst. Sci. India, Part B **27**, 1—5, 26/2. 1961. Chandigarh, Punjab Univ., I.C.A.R.'s Scheme of Fundamental Res. on Insecticides; engl.) — Die insekticide Wrkg. versprühter Emulsionen, die *Parathion* (**I**), *Dieldrin* (**II**) oder *Endrin* (**III**) enthielten, wurde an *Chrotogonus trachypterus* in Abhängigkeit von der Temp. in den Aufbewahrungsgefäßen untersucht. Wurde die Temp. nach dem Versprühen von 20° auf 30° erhöht, vergrößerte sich die Mortalitätsrate bei **I** von 27,2 auf 88,7%, bei **II** von 22,2 auf 65,7% u. bei **III** von 24,4 auf 49,9%. Verss. mit **III**-Spray an *Ch. trachypterus* u. *Dysdercus cingulatus* zeigten, daß auch eine Temp.-Erhöhung über 20° hinaus vor dem Versprühen eine Vergrößerung der Mortalitätsrate bewirkte. H.-D. Schlabitz. 4607□

Speicherung und Ausscheidung von DDT bei ausgehungerten Ratten. William E. Dale, Thomas B. Gaines und Wayland J. Hayes jun. (Toxicol. appl. Pharmacol. **4**, 89—106, Jan. 1962; Atlanta, Ga., U.S. Dep. of Health, Educ. and Welfare, Public Health Serv., Technology Sect., Technol. Branch.; engl.) — ♂ u. ♀ Ratten wurden untersucht nach Zugabe von 200 ppm *DDT* unter Nahrungsentzug. 200 oder 400 ppm an *DDT* führten zur Irritibilität, 600 ppm rufen Tremor hervor. Die Verss. erstrecken sich über einen Zeitraum bis zu 140 Tagen (10 Tage Hungern). Angewandt wurde ferner *DDE* (*1.1-Dichlor-2.2-bis-[p-chlorphenyl]-äthylen*). Der Insekticidgeh. wurde in den verschiedenen Organen, im Plasma u. Urin gemessen. Die Mobilisierung des Körperfettes während des Hungerns verursachte eine größere Konz. von DDT-Prodd. bei vermehrter Ausscheidung. DDT zeigt sich im Urin als *DDA* (*2.2-Bis-[p-chlorphenyl]-essigsaures Salz*). (Rot-Färbung; Meth. nach Schechter-Haller.) H. Jacobi. 4607□

Bemerkungen zur Toxizität des Zephirols. W. Arnold. (Dtsch. Z. ges. gerichtl. Med. **51**, 609—15, 1961; Leipzig, Univ., Inst. für Gerichtliche Med. und Kriminalistik; dt.) — Eine Überprüfung von *Zephirol*-(**I**)-Lsgg. der Produktionschargen 1948 u. 1956 an Meerschweinchen sowie im Froschvers. nach Claude-Bernard ergab, daß I aus 1948 eine deutliche Curare-Wrkg. aufweist, die dem I aus 1956 fast völlig fehlt. Dieser Unterschied beruht anscheinend darauf, daß das I-Mol. 1948 einen anderen Aufbau des Alkylradikals u. der übrigen Seitenketten besitzt. Die baktericiden Eigg. von I bleiben jedoch unverändert. G. Kimmerle. 4607

Vergleich der Wirkung von Phlorrhizin und Phloretin-2-galaktosid auf die renal-tubuläre Rückresorption von Glucose beim Hund. Donald F. Diedrich. (Biochem. biophysica Acta [Amsterdam] **47**, 618—20, 4/3. 1961; Rochester, N. Y., Univ. of Rochester, Dep. of Physiol.; engl.) — *Phlorrhizin* (*Phloretin-2'-glucosid*) (**I**) verursacht bei Hunden, vermutlich durch Hemmung der renal-tubulären Glucose-(**II**)-Resorption, Glykosurie. Vergleichende Verss. mit **I** u. *Phloretin-2'-galaktosid* (**III**), die in konst. i. v. **II**-Infusion an Hunde verabreicht wurden, zeigten nach Ermittlung der maximalen tubulären Rückresorptionskapazität der **II**, daß **III** bedeutend schwächer wirksam ist als **I** (17—27% Hemmung bei **III** gegenüber 84—96% bei **I**) bzw. daß die Wrkg. von **I** durch die Konstit. bedingt ist. B. Görlich. 4608□

Einfluß eines für Ratten antifötalen Kaninchenserums auf die Gewichtszunahme junger Ratten. G. C. Velley und M. Rostin. (C. R. Séances Soc. Biol. Filiales **152**, 1660—63, 1958, herausgeg. 31/3. 1959; Paris, Sorbonne, Labor. de Physiol. générale et Centre de Rech. de Cytophysiol.; franz.) — Unterss. über die Einw. eines für Ratten antifötalen Kaninchenserums auf die Geschw. der Vernarbung von Hautwunden bei Ratten zeigen, daß die für die Vernarbung wirksamen Dosen dieses Serums die Gew.-Zunahme junger Ratten beschleunigen. W. Wesly. 4609◇

Untersuchungen über den Stoffwechsel von Isonicotinsäurehydrazid bei experimentellem Leberschaden. D. Siegel und H. Iwainsky. (Arzneimittel-Forsch. **9**, 439—40, Juli 1959; Berlin-Buch, Tuberkulose-Forschungsinst.; dt.) — Vgl. auch C. **1960**, 16126. — Die Ausscheidung von *Isonicotinsäurehydrazid* (**I**) u. dessen Stoffwechsel-Prodd. mit dem Urin experimentell lebergeschädigter Mäuse, Meerschweinchen u. Kaninchen unterscheidet sich nicht signifikant von der Ausscheidung intakter Tiere. P. Gregorzewski. 4610□

Zur Wirkung der Glutaminsäure auf den Stoffwechsel des Isonicotinsäurehydrazids. Z. Šimáně. (Arzneimittel-Forsch. **9**, 441, Juli 1959; Prag-Bulovka, Tuberkulose-Forschungsinst.; dt.) — Vgl. auch vorst. Referat. — Bei gleichzeitiger Verabreichung von *Isonicotinsäurehydrazid* (**I**, 10 mg/kg) u. *Glutaminsäure* (100 mg/kg) an 16 Tuberkulosekranke ist bei 10 Patienten die **I**-Ausscheidung um 83% erhöht, während die Ausscheidung von *Acetyl*-**I** bei 13 Kranken um 41% absinkt. P. Gregorzewski. 4610□

Vergleichende Untersuchung der Toxizität der Antibiotica an verschiedenen Testobjekten. L. M. Jakobsson. (Antibiotika [UdSSR] **7**, 1007—11, Nov. 1962; Tarassewitsch-Inst. für Prüfung von med.-biolog. Präpp.; russ., Auszug: engl.) — Durch vergleichende Unters. der akuten Toxizität von *Benzylpenicillin* (Na- bzw. K-Salz), *Dihydrostreptomycin*, *Streptomycinsulfat* (**III**) u. *$CaCl_2$-Komplex von Streptomycin* gegenüber Mäusen, 10 Tage alten Hühnerembryonen u. Fibroblastengeweben des Huhns wird festgestellt, daß alle 3 Testobjekte brauchbar sind. Eine genaue Best. der akuten Toxizität aus der Überlebensrate der Maus ist nur möglich, wenn die untersuchten Lsgg. streng isoton. sind. O. Lebtag. 4611△

Untersuchungen über die Darmresorption von oralen Antibioticis. Kiyohito Shibata, Minoru Hirayama, Jiro Yura, Mineko Ishizaki und Yukio Tanaka. (Nagoya med. J. **5**, 175—87, Dez. 1959; Nagoya City Univ. Med. School, Ist. Dep. of Surgery; engl.) — Verschiedene Typen von *Tetracyclin*(**I**)-Präpp. u. *Phenoxymethylpenicillin* (**II**) wurden Personen oral vearbreicht u. dann die Menge der durch den Darmtrakt resorbierten Antibiotica bestimmt. Mit **I**-Phosphat-Mischung, **I**-Phosphat-Komplex u. **I**-Glucosamin werden bei oraler Applikation höhere Blutspiegel erreicht als mit **I**-Hydrochlorid. Die Resorption dieser Antibiotica wird durch Nahrungsaufnahme verschlechtert. **II** wird vom Magen, aber hauptsächlich vom Dünndarm resorbiert. Während des Durchganges von **I** durch die Leber wird **I** meist in der Galle ausgeschieden oder inaktiviert. Wird jedoch Glucosamin zu **I** gegeben, so ist die **I**-Ausscheidung durch die Galle erheblich vermindert, während der Übertritt von **I** aus der Leber in das periphere Blut nicht beeinflußt ist. Anscheinend wird dadurch die Acetylierung von **I** durch die Leber gehemmt. Bei Peritonitis, paralyt. Ileus u. Laparotomie ist die Resorption von **I** u. **II** durch den Darmtrakt vermindert. In diesen Fällen müssen die Antibioticis parenteral verabreicht werden. Durch Spinalanästhesie wird der Resorptionsvorgang nicht beeinflußt. Die Resorption von **II** wird nach Gaben von *Vagostigmin* stark gehemmt. G. Kimmerle. 4611

Über die therapeutische Wirksamkeit des Hydroxytetracyclins bei intramuskulärer Zufuhr und des Cyanophytins bei experimenteller Bruceloseinfektion. L. W. Jarowoi und A. M. Poljakowa. (Antibiotika [UdSSR] **7**, 989—96, Nov. 1962; Stawropol, Med. Inst., Lehrstuhl für Infektionskrankheiten; Forschungs-Inst. für Kaukasien u. Transkaukasien; russ., Auszug: engl.) — In Verss. mit weißen Mäusen, die mit Brucella melitensis infiziert wurden, bewirkte die subkutane Zufuhr von *Hydroxytetracyclin* (**I**) eine Abschwächung der pathohistolog. Veränderungen in den inneren Organen, bes. in der Lunge. Am stärksten ist der therapeut. Effekt von **I** bei Durchführung von 3—4 Kuren in Abständen von 4—7 Tagen zwischen 1. u. 2. Kur, 10 Tagen u. 15—30 Tagen zwischen 2. u. 3. bzw. 3. u. 4. Kur. Trotz der frühen Anwendung von **I** am 2. Tag nach der Infektion entwickelt sich der Infektionsprozeß, begleitet von Bakteriämie. Die bakteriostat. Wrkg. des *Cyanophytins* ist viel schwächer als die des **I**. Selbst bei 3—4 Kuren mit **I** kann keine Verhinderung der Generalisierung der Infektion garantiert werden.
O. Lebtag. 4611△

Demethylchlortetracyclin. E. Gill. (Dtsch. med. Wschr. **87**, 1353—56, 29/6. 1962; Heidelberg; dt.) — Übersicht. — 45 Literaturangaben.
P. Gregorzewski. 4611◇

Einfluß der Lidase auf die Antibioticakonzentration im Blut bei experimenteller Infektion. G. M. Belenkaja. (Antibiotika [UdSSR] **7**, 985—89, Nov. 1962; Zentral-Inst. für Traumatol. u. Orthopädie des Gesundheitsminist. der UdSSR; russ., Auszug: engl.) — Durch einmalige Zufuhr von *Monomycin* (**I**) in Kombination mit *Lidase* (**II**) wird die **I**-Konz. im Blut von Kaninchen erhöht, bes. bei hoher **I**-Dosis u. 30 Min. nach der Zufuhr. Bei einmaliger subcutaner Zufuhr von *Penicillin* (**III**) u. **II** wird die **II**–**I**-Konz. im Blut auf das 2—3fache erhöht. Verss. über den Einfl. von **II** auf die antibakterielle Wrkg. von **I** u. **III** auf Staphylococcus Nr. 209 u. Darmstäbchen M-17 zeigen, daß ein Zusatz von **II** weder stimulierend noch hemmend wirkt. Einmalige Zufuhr von 10000 E **III** u. 50 E **II** führt bei Kaninchen mit experimentellen eitrigen Wunden zu keiner Erhöhung der **III**-Konzentration. Die Zufuhr von **II** ohne gleichzeitige Zufuhr von **I** oder **III** führt bei infektiöser Entzündung zu einer Vermehrung der Mikroben im Organismus u. zu einer Komplizierung der Infektionsprozesse. O. Lebtag. 4611△

Dimethoxyphenylpenicillin, ein neues gegenüber Penicillase resistentes Penicillinderivat. Anonym. (Antibiotics and Chemotherapy **11**, 537—54, Sept. 1961; engl.) — Es wird über die Wrkg. von *Dimethoxyphenylpenicillin* (**I**), eines gegenüber *Penicillase* weitgehend resistenten Penicillin-Deriv., berichtet. Im Vgl. zum Benzylpenicillin wird **I** durch Staphylococcus-*Penicillase* um ein Vielfaches weniger hydrolysiert, wobei die Hydrolyse in der Zeiteinheit mit der Länge der Einwirkungsdauer des Enzyms abnimmt. Die Aktivität von **I** wird durch gleichzeitige Gabe von Streptomycin oder Chloramphenicol nicht gesteigert. **I** hat sich in der Klinik bei Infektionen bewährt, bei denen die Staphylokokken gegenüber Penicillin G resistent geworden sind. M. Lorenz. 4611□

Der Einfluß von Neomycin-Bacitracin-Nasensalbe auf die Übertragung von Staphylokokken in einem Krankenhaus. Mark H. Lepper, Harry F. Dowling und George G. Jackson. (J. Lab. clin. Med. **56**, 921, Dez. 1960; Chicago, Ill.; engl.) — Durch Anwendung einer *Neomycin*- u. *Bacitracin*-enthaltenden Nasensalbe konnte die Anzahl der Neuinfektionen mit Staphylokokken um 50% verringert werden. Dabei nahm unter den vom Personal isolierten Stämmen die Anzahl der gegen Penicillin u. Tetracyclin empfindlichen Stämme zu. U. Eberhardt. 4611□

Einfluß der Stereoisomeren von Cycloserin auf die Bildung und Umwandlung der freien p-Aminobuttersäure im Hirngewebe. R. K. Lednewa und Je. D. Wyschepan. (Bull. exp. Biol. Med. [UdSSR] **54(27)**, Nr. 10, 67—69, Okt. 1962; Moskau, Inst. für Pharmakol. u. Chemotherapie der Akad. der med. Wiss. der UdSSR, Abt. für exp. Chemotherapie; russ., Auszug: engl.) — Beim pH 7,5 wurde der Einfl. von D.L- u. L-*Cycloserin* (**I**) auf die Bldg. von *γ-Aminobuttersäure* (**II**) während der Decarboxylierung von *Glutaminsäure* (**III**) u. auf das Verschwinden von **II** während der Umaminierung von *α-Ketoglutarsäure* (**IV**) im Hirngewebe der Ratte untersucht u. nachgewiesen, daß die 10^{-5} m Lsg. von DL-**I** die Bldg. von **II** u. deren Verschwinden viel stärker unterdrückt als D-**I**: 40 bzw. 9%ige Hemmung der Decarboxylierung von **III** u. 45%ige bzw. keine Unterdrückung der Umaminierung von

IV. Die Ergebnisse werden in ihrer Bedeutung für die Anwendung großer Dosen von Isoniazid diskutiert. O. Lebtag. 4611△

Resistenz der pathogenen Darmstäbchen gegenüber den Antibioticis und Norsulfazol. K. A. Achundowa. (Antibiotika [UdSSR] **7**, 1033—35, Nov. 1962; Tallin, Forschungs-Inst. für Epidemiol., Mikrobiol. u. Hygiene; russ., Auszug: engl.) — Die Unters. der Antibiotica-Empfindlichkeit von 121 Stämmen des pathogenen E. coli ergab, daß die stärkste bakteriostat. Wrkg. das *Mycerin* (**I**) zeigt. Etwas weniger wirksam ist *Colimycin* (**II**). **I** u. **II** sind schon in der Konz. 0,2—3,2 E/ml wirksam. Hochempfindlich gegenüber **I** sind 67% der Stämme, gegenüber **II** 35%. *Streptomycin* (**III**) hemmt das Wachstum in 35% der Fälle bei der Konz. 0,2—0,9 E/ml, 32% bei 1,4—15 E/ml; 35% der Stämme sind gegenüber **III** völlig stabil. Durch *Chlortetracyclin* (**IV**) u. *Hydroxytetracyclin* (**V**) werden je 54% der Stämme unterdrückt. **IV** ist jedoch schon bei 0,3—2,3 E/ml wirksam, **V** erst bei 1,0—1,8 E/ml. Gegenüber *Lävomycetin* (**VI**) sind 56% der Stämme völlig beständig. **VI** ist bei 0,8—9,4 E/ml wirksam. Die geringste bakteriostat. Wrkg. zeigt das *Norsulfazol* (**VII**). 86% der Stämme sind gegenüber **VII** beständig. Die restlichen 14% werden erst bei 28—37% **VII** gehemmt. Eine ausgesprochene bakterieide Wrkg. zeigen **I**, **II** u. **III**. Bei Konzz., die im Organismus erzeugt werden können, werden durch **I** u. **II** alle Stämme abgetötet, durch **III** 63%. **IV**, **V**, **VI** u. **VII** zeigen eine bakterieide Wrkg. erst bei Konzz., die im Organismus nicht erzeugt werden können. O. Lebtag. 4611△

Toxischer Leberschaden bei der Maus nach längerer Aufnahme höherer Griseofulvin-Dosen. L. L. Barich, J. Schwarz, D. J. Barich und M. G. Horowitz. (Antibiotics and Chemotherapy **11**, 566—71, Sept. 1961; Cincinnati, Ohio, Univ., Coll. of Med., Dep. of Dermat., Jewish Hosp.; engl.) — Erhalten ♂ Ratten mit ihrem Futter eine *Griseofulvin* (**I**)-Menge, die ungefähr einer Aufnahme von 1000—1500 mg/kg/Tag entspricht, dann kommt es innerhalb von 82 Tagen u. a. zu einer fortschreitenden Lebernekrose. Parallel dazu steigen die Werte der *Glutaminsäure-Oxalessigsäure-* u. der *Glutaminsäure-Brenztraubensäure-Transaminase* im Serum an. 10—15 mg/kg/Tag verursachen keine Leberschäden. M. Lorenz. 4611□

Antigeschwulstwirkung und Toxizität des Antibioticums M-770. L. Je. Goldberg, W. A. Ljaschenko, M. Ss. Stanisslawskaja, W. Ss. Muraweisskaja, W. Je. Kremer, Ss. T. Filippossjan und G. N. Lepeschkina. (Antibiotika [UdSSR] **7**, 971—75, Nov. 1962; Inst. für Auffindung neuer Antibiotica der Akad. der med. Wiss. der UdSSR, Labor. für exper. Erforschung der Eigg. neuer Antibiotica; russ., Auszug: engl.) — Die DL_{100} von *Antibioticum M-770* (**I**) beträgt für die Maus 500 mg/kg. Bei täglicher subcutaner Zufuhr von 10—20 mg/kg **I** beobachtet man in Verss. mit Mäusen mit transplantablen Geschwülsten eine heilende Wirkung. Die subkutane Anwendung von **I** ist jedoch nicht zu empfehlen, da an der Einstichstelle umfangreiche Infiltrate auftreten. Bei peroraler **I**-Zufuhr in der Dosis 30 oder 40 mg/kg tritt Schädigung der Niere, Leber, Milz u. Fundusdrüsen des Magens ein. Bes. stark sind die Schädigungen der Niere. Durch 40 mg/kg **I** wird der Lipid (**II**)-Geh. der Leber auf 39,0% (bezogen auf Trockensubstanz) erhöht, wenn die Unters. 24 Std. nach beendeter **I**-Zufuhr (5 Tage lang) erfolgt. Erfolgt die Unters. erst nach 14 Tagen, so ist der **II**-Geh. der Leber mit 18,8% normal. Bei gleichzeitiger Zufuhr von **I** u. Methionin beträgt der **II**-Geh. der Leber nach 24 Std. 28,2%. Die Zahl der letalen Fälle wird durch diese Kombination im Vgl. zu **I** allein nicht herabgesetzt. Im Vers. mit Ratten liegt der Blut-Geh. an Rest-N nach 5tägiger peroraler **I**-Zufuhr innerhalb der oberen Grenze der Norm. Die klin. Anwendung von **I** ist demnach nicht zu empfehlen. O. Lebtag. 4611△

Die Wirkung verschiedener Rauwolfia-Alkaloide auf den Adrenalingehalt der Nebenniere des Kaninchens. G. Kroneberg und H. J. Schümann. (Arzneimittel-Forsch. **9**, 442, Juli 1959; Frankfurt/M., Univ., Pharmakol. Inst.; dt.) — *Reserpin*, *Deserpidin*, *Rescinnamin* u. *Methylreserpat* bewirken beim Kaninchen eine Verarmung des Nebennierenmarks an *Adrenalin*. *Serpentin*, *Ajmalin*, *Ajmalicin* u. *Yohimbin* sind unwirksam. P. Gregorzewski. 4620□

Einfluß von Chlorpromazin und D-Lysergsäurediäthylamid auf das sexuelle Verhalten von Rattenmännchen. Eric Gillett. (Proc. Soc. exp. Biol. Med. **103**, 392—94, Febr. 1960; Yale Univ. School of Med., Dep. of Psychiatry; engl.) — Zur Unters. des Einfl. psychotroper Heilmittel auf das sexuelle Verh. wurde *Chlorpromazin* (**I**; 2,5 mg/kg) u. *D-Lysergsäurediäthylamid* (**II**; 200 bzw. 130 γ/kg) Ratten injiziert. **I** (5 Min. vor der Unters. verabreicht) vermindert die Zahl der Kopulationen bis zur Ejakulation. Die Kopulationsgeschw. wurde durch **I** nur im ersten

Vers. gesenkt. **II** senkte die Anzahl der Kopulationen ebenfalls, verhinderte jedoch nach mehreren (11. u. 13.) Verss. ganz die Kopulation. M. Metze. 4620□

Über den Einfluß von Aminazin auf die Blutgerinnung und auf den Arteriendruck. I. E. Akopow und G. W. Kotschetkow. (Bull. exp. Biol. Med. [UdSSR] **54**(27), Nr. 10, 78—81, Okt. 1962; Kuban. Med. Inst., Lehrstuhl für Pharmakol.; russ., Auszug: engl.) — Bei 10 Hunden, denen i. v. 1 ml 2,5%ig. Lsg. von *Aminazin* (**I**) zugeführt wurde, beobachtete man eine deutliche Abnahme des Arteriendruckes. **I** wirkte stimulierend auf die Blutgerinnung. Bei 6 Tieren trat diese Wrkg. jedoch erst ein, nachdem 15 Min. nach der **I**-Zufuhr eine Verzögerung der Blutgerinnung stattgefunden hatte. Die Toleranz des Blutplasmas gegenüber Heparin wurde durch **I** erhöht. Der Blutgeh. an Ac-Globulin u. Proconvertin wurde durch **I** nicht verändert. O. Lebtag. 4620△

Änderung der Synthese von Glucose und ihrer Verwertung durch den Rattenorganismus unter der Einwirkung von Aminazin. R. W. Tschagowetz und Z. M. Schtutman. (Ukrain. biochem. J. **34**, 56—64, 1962; Kiew, Inst. für Biochemie der Akad. der Wiss. der UkrainSSR; ukrain., Auszug: engl.) — Im Rattenvers. wurde nach 2—3 Std. subcutaner Zufuhr von 25 mg/kg *Aminazin* (**I**) $CH_3{}^{14}COONa$ (**II**) in der Dosis von 0,05 mc zugeführt u. festgestellt, daß 2—3 Std. nach der **I**-Zufuhr der Blutgeh. an *Glucose* (**III**) gegenüber der Kontrolle um 34% erhöht ist. In der Leber ist der Geh. an Glykogen stark vermindert. Die Radioaktivität der **III** nimmt in Blut u. Leber der Kontrolle während der gesamten Vers.-Dauer (25—210 Min.) ab. Im Gehirn läßt sich 25 Min. nach der **II**-Zufuhr eine **III**-Radioaktivität nicht mit Sicherheit nachweisen. Diese erreicht nach 90 Min. einen relativ hohen Wert u. nimmt dann stark ab. Bei den Tieren mit **I**-Hypothermie tritt das Maximum der **III**-Radioaktivität in der Leber u. im Blut 90 Min. nach der Zufuhr von **II** ein. Der Ausgangswert ist geringer, der Endwert höher als bei der Kontrolle. Unter der Einw. von **I** bleibt die Radioaktivität von **III** im Hirngewebe während der Vers.-Dauer wesentlich höher als in der Kontrolle. Aus den Ergebnissen ist zu schließen, daß durch **I** nicht nur der Eintritt von **II** in das Gewebe u. damit die Synth. von **III** vermindert wird, sondern auch die weitere Ausnützung von **III** herabgesetzt wird. O. Lebtag. 4620△

Der Stoffwechsel von Sulfinpyrazon (Anturan) und anderen Thioanalogen des Phenylbutazons beim Menschen. Peter G. Dayton, Leonardo E. Sicam, Miguel Landrau und J. J. Burns. (J. Pharmacol. exp. Therapeut. **132**, 287—90, Juni 1961; New York, New York Univ., Res. Serv., Goldwater Memorial Hosp.; Bethesda, Md., Nat. Heart Inst., Lab. of Chem. Pharmacol.; engl.) — *G-25671* (**I**), ein Thioätheranaloges von *Phenylbutazon* wird beim Menschen in das Sulfoxyd, „*Sulfinpyrazon*" (**II**), übergeführt. Aus Harn isoliertes **II** war optisch aktiv, $[\alpha]_D^{24}$ + 11,0° (Chlf., c 0,45), + 5,0° (A., c 0,45); *d*-**II**, $[\alpha]_D^{25}$ + 109° (Chlf., c 0,5), + 67° (A., c 2,0); *l*-**II**, $[\alpha]_D^{26}$ — 105° (Chlf., c 0,5), $[\alpha]_D^{23}$ — 64° (A., c 2,0). Im Organismus findet, wie die Isolierung von *d*-**II** nach *d*-**II**-Zufuhr (i.v.) zeigte, keine merkliche Racemisierung statt.

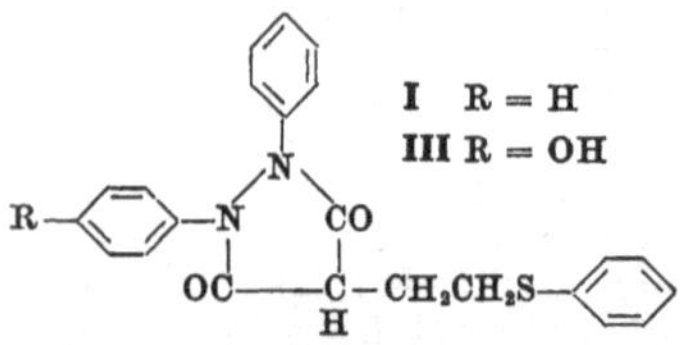

Das durch Einführen einer p—OH-Gruppe in einen Benzolkern von **I** erhaltene Deriv. *G-33378* (**III**) wird im Organismus nach Zufuhr i.v. u. oral überraschend langsam abgebaut, so daß eine **I**-*Hydroxylierung* zu **III** beim Menschen keine wesentliche Stoffwechselrk. darstellt. Das entsprechende **II**-Hydroxylierungsprod., *Hydroxysulfinpyrazon*, *G-32642* wird im Körper aus **II** gebildet (Isolierung) u. rasch weiter umgewandelt. Es hat wie **II** starke Harnsäureausscheidende Wirkung. Das **II** entsprechende *Sulfon*, *G-31442*, verschwand nach i.v.-Zufuhr ähnlich rasch aus dem Plasma wie **II**. K. Maier. 4620□

Die Wechselwirkungen von Trimethaphan (Arfonad), Suxamethonium u. Cholinesterasehemmer bei der Ratte. W. Curtis Pearcy und Elisabeth S. Wittenstein. (Brit. J. Anaesthesia **32**, 156—09, April 1960; Denver, Col., Univ. of Colorado Med. Centre, Div. of Anesthesiol.; engl.) — Die Wrkg. von *Trimetaphan* (*Arfonad*, **I**) auf die Dauer der Lähmung durch *Suxamethonium* (**II**) wurde bei Ratten untersucht. Bei einem Teil der Tiere wurde dabei durch **I** eine Verlängerung der **II**-Paralyse beobachtet. Nach Blockierung der *Pseudocholinesterase* mit Tri-m-toluylphosphat bei Ratten bestand kein Einfl. auf die Wrkg. von **I** auf den Abfall u. die Dauer des Abfalles des Blutdrucks. Bei hohen **I**-Dosen (25 mg/kg) entstand eine kurze Apnoe, die derjenigen von Muskelrelaxantien ähnelte. G. Kimmerle. 4620

Chemie und Pharmakologie von ZNS-Depressantien, die mit δ-[4-Hydroxy-4-phenylpiperidino]-butyrophenon verwandt sind. 1. Mitt. Synthese und Versuchsdaten an Mäusen. Paul A. J. Janssen, Corn. van de Westeringh, Anton H. M. Jageneau, Paul J. A. Demoen, Bert K. F. Hermans, Georges H. P. van Daele, Karel H. L. Schellekens, Cyriel A. M. van der Eycken und Carlos J. E. Niemegeers. (J. med. pharmac. Chem. **1**, 281—97, Juni 1959; Bearse (Belg.), Pharm., anal. and chem. Dep. of Res. Labor. Dr. C. Janssen; engl.) — Vff. bestimmen die pharmakolog. Eigg. verschiedener Butyrophenon (**I**)-Derivv., u. zwar von δ-[*4-Hydroxy-4'-fluor-4-phenylpiperidino*], u. den Analogen *-4'-chlor-*, — *4'-methyl* —, δ-[*4-Hydroxy-4-phenylpiperidino*]*-4-fluor-*, δ-[*4-Hydroxy-4'-fluor-4-phenylpiperidino*]*-4-fluor-*, — *4'-chlor-* u. *-4'-methyl-* an der weißen Maus. Zur Auswertung gelangen die Inhibition des Aufrichtereflexes (a), Einw. auf die hypnot. Wrkg. von Pentobarbital (b), Heißplattenmeth. (c) u. Bewegungsaktivität auf der rotierenden Scheibe (d). Die Ergebnisse werden mit 20 bekannten, auf das Zentralnervensyst. depressiv wirkenden Verbb. (9 Derivv. des Phenothiazins, 4 Narkotica, 2 Hypnotica, 3 parasympatholyt. wirksame Verbb. [*Atropin*, *Meprobamat* (**II**) u. *Hydroxyzin* (**III**)] verglichen. Sämtliche **I**-Derivv. potenzieren b in geringer Dosierung (0,09—0,5 mg/kg), die 4 Fluorderivv. sind 2,3—3,3mal stärker wirksam als die 4 nicht substituierten Verbb., von denen sie sich ableiten. Parasubstitution am (mit dem Pyridinkern verbundenen) -C_6H_5-Ring mit F, Cl oder CH_3 steigert die Wirksamkeit um 50, 100 u. 150%. In Mengen von 0,53—3,4 mg/kg inhibieren **I** die nach c registrierten Reflexe. Die mit F, Cl oder CH_3 substituierten Verbb. erhöhen die Wirkungsdauer in der Reihenfolge Cl > CH_3 > F > H. Dosen von 0,4—8,8 mg/kg hemmen auch die auf d eintretenden koordinierten Bewegungen, während a erst durch relativ hohe Zufuhren (1,5—20) unterbunden wird. In sämtlichen Fällen besitzen die mit F substituierten **I** die stärkste Wirksamkeit. Im Gegensatz zu *Scopolamin Benactyzin* u. morphinähnlichen Analgeticis zeigen **I**-Derivv. keine mydriat. Wrkg., sind aber nach c u. d im Vgl. mit Phenothiazinen, **II** u. **III** stärker wirksam als nach a. Die **I** verhalten sich in qual. Hinsicht ähnlich wie *Chlorpromazin* u. andere Phenothiazine (*Acetopromazin, Trifluopromazin, Perphenazin, Thiopropazat, Prochlorperazin, Promazin*) u. weisen wie diese in niedrigen Dosen sedative Wrkgg. auf.

Versuche: *δ-Chlorbutyrophenon* (**IV**), $C_{10}H_{11}ClO$ Kp.$_5$ 134—137°; n_D^{20} 1,541, aus 4-Chlorbutyrylchlorid in Bzl. u. $AlCl_3$, 80% (Ausbeute) — *δ-Chlor-4-fluorbutyrophenon*, $C_{10}H_{10}ClFO$ Kp.$_6$ 136—142°; n_D^{20} 1,523, aus Fluorbenzol, 80—95%; *4-Phenyl-1.2.3.6-tetrahydropyridin*, $C_{11}H_{13}N$, Kp.$_1$ 97—112°, n_D^{25} 1,586; aus α-Methylstyrol, NH_4Cl u. HCHO, 46—50%; *Hydrochlorid* F. 199—202°. Substituierte 4-Phenyl-1.2.3.6-tetrahydropyridine: (**V**) *4'-Fluor-*, $C_{11}H_{12}FN$, Kp.$_4$ 139—141°; *4'-Chlor-*, $C_{11}H_{12}ClN$, Kp.$_8$ 167—170°; *4'-Methyl-*, $C_{12}H_{15}N$, Kp.$_{10}$ 162—170°; *4-Brom-4-phenylpiperidinhydrobromid* (**VI**) $C_{11}H_{14}BrN \cdot HBr$, F. 209,5—210,5°; aus **V** in Eissig u. HBr-Gas, 65—70%, Kristalle aus Aceton-Isopropanol. — 4-Brom-4-phenylpiperidinhydrobromide: — *4'-fluor-*, $C_{11}H_{13}BrFN \cdot HBr$; F. 143—144°; — *4'-chlor-*, $C_{11}H_{13}BrClN \cdot HBr$; F. 213—215°; — *4'-methyl-*, $C_{12}H_{16}BrN \cdot HBr$, F. 190 bis 192°; — *4-Phenylpiperidin-4-ol* (**VII**), $C_{11}H_{15}NO$, F. 159—160° aus **VI** durch Behandlung mit wss. NaOH, 78%, Kristalle aus Toluol — Substituierte 4-Phenylpiperidin-4-ole: *4'-Fluor-*, $C_{11}H_{14}FNO$, F. 116,4—117,6°; *4'-Chlor-*, $C_{11}H_{14}ClNO$, F. 134,4—136°; *4'-Methyl-*, $C_{12}H_{17}NO$, F. 136—137°. — δ-[*4-Hydroxy-4-phenylpiperidino*]*-butyrophenon*, $C_{21}H_{25}NO_2$, F. 129,4—130,6°, aus **IV** u. **VII** u. KJ in Toluol im geschlossenen Gefäß bei 100—110°, 70%; Kristalle aus Diisopropyläther. *Hydrochlorid*: $C_{21}H_{25}NO_2 \cdot HCl$, F. 182—184°; δ-[4-Hydroxy-4-phenylpiperidino]-butyrophenone: — *4'-fluor-*, $C_{21}H_{24}FNO_2$, F. 117,4—118,6°; *Hydrochlorid*: F. 188—190°; — *4'-chlor-*, $C_{21}H_{24}ClNO_2$, F. 128,2—130,2°; *Hydrochlorid* F. 216,5—218°; — *4'-methyl-*, $C_{22}H_{27}NO_2$; F. 101,0—102,5°; *Hydrochlorid*: F. 179,6 bis 181,5°; δ-[*4-Hydroxy-4-phenylpiperidino*]*-4-fluorbutyrophenon*, $C_{21}H_{24}FNO_2$; F. 135,6—136,2° *Hydrochlorid*: F. 204,5—205,5°; *-4'-fluor-*, $C_{21}H_{23}F_2NO_2$; F. 120—121°; *Hydrochlorid*: F. 201,0—203,5°; —, *4'-chlor-*, $C_{21}H_{23}ClFNO_2$; F. 148,0—149,4°; *Hydrochlorid*: F. 226,0—227,5°; — *4'-methyl-*, $C_{22}H_{26}FNO_2$; F. 118,0—119,5°; *Hydrochlorid*: F. 212—213°. P. Fahrnlaender. 4620□

Die Wirkung von verschiedenen Arzneimitteln auf die Mikrovibration. Shoichi Terazawa, Shigeo Inoue und Nobuo Hayashida. (Fukuoka Acta med. [Fukuoka-Igaku-Zassi] **51**, 416—22, April 1960; Kurume, Kurume Univ., School of Med., Dep. of Physiol.; jap., Auszug: engl.) — Die Wrkg. von zentralnervösen Stimulantien auf Depressiva auf das EEG u. die Mikrovibration wird bei Katzen untersucht. Die langsame u. die schnelle Welle im EEG, die Erhöhung u. Verringerung der Amplitude der Mikrovibration wird sowohl bei Verabreichung von Stimulantien (*Metrazol*, *Ritalin*) als auch von Depressiva (*Ravanal*, *Phenbarbital*, *Nembutal*, *Diphenylhydantoin*, *Tridione*, *Mephenesin*, *Xylocain*, *Diamox*, *Chlorpromazin*) beobachtet. Somit zeigt die Mikrovibration den Prozeß der Reizung u. Hemmung des ZNS an. G. Kimmerle. 4622

Ein Bericht über die Mortalität und Morbidität nach 9107 hypotensiven Anästhetica. G. E. Hale Enderby. (Brit. J. Anaesthesia **33**, 109—13, Febr. 1961; East Grinstead, Queen Victoria Hosp.; engl.) — Von 9107 Fällen, in denen hypotensiv wirksame Anästetica verwendet worden waren, war es in 9 Fällen zum Tode gekommen. Als Ursache dieser Todesfälle wurden Atmungsstörungen, Luftembolie, Nebenniereninsuffizienz u. hypoglykäm. Schock gefunden. G. Kimmerle. 4627

Wirkung der Inaktivierung der Esterase auf die Neurotoxizität und die DL_{50} von Procain bei der Maus. C. Faenzi. (Boll. Soc. ital. Biol. sperim. **38**, 189—91, 15/3. 1962; Rom, Univ., Ist. di Farmacol.; ital.) — Die Unterss. werden an Mäusen durchgeführt, die intraperitoneal *Procainhydrochlorid* (**I**) erhalten u. täglich 6 Wochen lang oral mit 75 mg/kg NaF bzw. jeden 2. Tag 6 Wochen lang mit 25—250 mg/kg *Morphinsulfat* subkutan vorbehandelt wurden. Während bei den Kontrolltieren die DL_{50} von **I** 124 mg/kg betrug, waren es nach NaF 90,1 u. nach Morphin 104,8 mg/kg. Die neurotox. Wrkg. von **I** wird durch NaF stärker potenziert als durch Morphin. F. Kren. 4627□

Die kürzlich eingeführten rasch wirksamen Barbiturate; ein Überblick und eine kritische Betrachtung in Hinsicht auf Thiopenton. David W. Barron und John W. Dundee. (Brit. J. Anaesthesia **33**, 81—91, Febr. 1961; Belfast, Queen's Univ. of Belfast, Dep. of Anaesthetics and South Belfast Hosp. Group; engl.) — Überblick über die Pharmakologie der neueren i. v. wirksamen Barbiturate. *Buthaliton*, *Methitural*, *1-Methyl-5-allyl-5'-isobutylthiobarbitursäure* (B 82) u. *1-Methyl-5-äthyl-5'-sek. butylthiobarbitursäure* (B 137) werden in ihrer Wrkg. mit *Thiopenton* (**I**) verglichen. Keine dieser Verbb. bewirkt eine ebenso gute Anästhesie wie **I**. *Inactin* besitzt gleiche anästhet. Wrkg. wie **I**. Nur *Methohexital* besitzt eine größere anästhet. Wrkg. als **I**, es hat auch eine geringere hypotensive Wrkg. als **I** u. einen geringer lokal reizenden Effekt, dagegen größere exzitator. Effekte u. größere Atmungsbeeinflussung als **I**. Diese Effekte werden durch Opiate vermindert, durch Phenothiazine aber verstärkt. — 70 Literaturangaben. G. Kimmerle. 4627

Fehlen einer Beziehung zwischen elektroencephalographischen Effekten und Plasmakonzentrationen bei Thiopenton. Leonard Brand, Valentino D. B. Mazzia, Alan Van Poznak, J. J. Burns und Lester C. Mark. (Brit. J. Anaesthesia **33**, 92—96, Febr. 1961; New York City, Columbia-Presbyterian and New York-Cornell Med. Center, Dep. of Anaestesiol.; N. Y. U. Res. Serv., Goldwater Memorial Hosp.; Bethesda, Md., Nat. Heart Inst., Labor of Chem. Pharmacol.; engl.) — Unterss. beim Menschen zeigen, daß eine Beziehung zwischen den Plasma-Konzz. von *Thiopenton* u. den elektroenzephalograph. Effekten nicht besteht.
G. Kimmerle. 4627

Eine modifizierte Methode zur Bestimmung von Halothane und anderen Halogen-enthaltenden Anästhetica. J. Burns und G. A. Snow. (Brit. J. Anaesthesia **33**, 102—03, Febr. 1961; Macclesfield, Cheshire, Imperial Chem. Industries Ltd., engl.) — *Halothane* u. andere Halogen-enthaltende Narkotica können gut in Körper-Fll. u. -geweben durch Red. mit suspendiertem Na u. nephelometr. Messung des freigesetzten Halogens bestimmt werden. G. Kimmerle. 4627

Ein neues intravenöses Anästheticum-G 29505. Mark Swerdlow. (Brit. J. Anaesthesia **33**, 104—08, Febr. 1961; Manchester, Salford Hosp. Group; engl.) — Bei 117 Patienten erwies sich *2-Methoxy-4-allylphenoxyessigsäurediäthylamid* (**I**, G-29505) bei i. v. Injektion für Operationen von kurzer Dauer als sehr brauchbar. Zusammen mit N_2O gibt **I** auch bei längerdauernden Operationen eine gute Narkose. **I** wird auch in der Zahnheilkunde empfohlen. G. Kimmerle. 4627

Die Natur des neuromuskulären Blocks nach Neomycin. D. Elmqvist und J.-O. Josefsson. (Acta physiol. scand. **54**, 105—10, Febr. 1962; Lund, Sweden, Univ., Dep. of Pharmacol; engl.) — Der Einfl. von *Neomycin* (**I**) auf die Endplattensensibilität gegenüber der depolarisierenden Wrkg. von Acetylcholin wurde am denervierten Rattendiaphragma- u. Froschsartoriusmuskel untersucht. Der **I**-Block deruht auf einer Red. der Amplitude des Endplattenpotentials. **I** vermindert auch bie Transmittermenge, die von motor. Nerven freigesetzt wird.
M. Metze. 4628□

Antikonvulsive Wirkung des Dilantin-Natriums nach intravenöser Verabreichung an Mäuse. Charles R. Ensor, Barbara Bohner und Graham Chen. (Proc. Soc. exp. Biol. Med. **100**, 133—35, Jan. 1959; Detroit, Mich., Parke, Davis & Co.; engl.) — *Dilantin-Natrium* (**I**, *Diphenylhydantoin-Na*) 15 mg/kg i.v. an Mäuse verabreicht, zeigt antikonvulsive Wrkg. gegenüber Elektroschock. Die Schutzwrkg. erreicht 30 Min. nach Injektion ihr Maximum, dauert 1,5 Std. u. fällt dann langsam ab. P. Gregorzewski. 4628□

3-Methyl-6-[N.N-diäthylaminomethyl]-flavon — ein neues Relaxans der glatten Muskulatur. I. Setnikar, M. T. Ravasi und P. DaRe. (Arzneimittel-Forsch. **9**, 693—96, Nov. 1959; Milano, Recordati Labor. Farmacol. S. p. A., Res. Dep.; engl.) — Vff. beschreiben die pharmakolog. Eigg. des *3-Methyl-6-[N.N-diäthylaminomethyl]-flavonhydrochlorids* [(**I**) Rec 7-0052], eines neuen Relaxans der glatten Muskulatur mit papaverinähnl. Wrkg. Im Vgl. mit *Papaverin* (**II**) hat **I** einen höheren spasmolyt. u. einen ausgeprägten Antihistamineffekt. Die spasmolyt. Wrkg. an der glatten Muskulatur ist auch in vivo nachweisbar. Die normale Darmperistaltik scheint durch **I** weniger beeinflußt zu werden als durch **II**. Die peripher-gefäßerweiternde Wrkg. von **I** ist 20mal geringer als die von **II**, die coronarerweiternde Wrkg. ist nur ca. 3,5fach geringer. **I** beeinflußt das vegetative Nervensyst. nicht. A. Gude. 4628□

Über die Bindung von Herzglykosiden an Skelettmuskel-Myosin des Kalbes. Hansjürg Schaer. (Cardiologia [Basel] **40**, 48—60, 1962; Zürich, Univ., Pharmakol. Inst.; dt.) — Mittels Ausgleichsdialyse wurde die Bindung von verschiedenen herzakt. *Glykosiden* (*Strophosid*, *Lanatosid A* u. *C*) an reines Kalbsskelettmuskel-*Myosin* (**I**) untersucht (Glykosid [**II**]-Konzz. von 1—10 μg/ml; **II**-Best. mit Baljet-Rk.) Lanatosid A wurde am stärksten gebunden, Strophosid schwächer, Lanatosid C am schwächsten. Ein Mol. **I** verbindet sich mit einem Mol. **II** entsprechend einer Rezeptorenzahl des **I**-Mol. von 1 für die untersuchten **II**. M. Metze. 4630□

Die Wirkung von Hypertensin und Pituitrin auf die bioelektrische Aktivität des Gehirns von Tieren. S. W. Rutzai. (Bull. exp. Biol. Med. [UdSSR] **54(27)**, Nr. 10, 85—89, Okt. 1962; Moskau, Inst. für normale u. patholog. Physiol. der Akad. der med. Wiss. der UdSSR; russ., Auszug: engl.) — Bei Katzen, denen zuvor i.v. 0,1 mg/kg Tubocurarin oder 0,2 mg/kg Myorelaxin zugeführt wurde, bewirkt die i.v. Zufuhr von 0,08—2 γ/kg *Hypertensin* (**I**) oder 0,6—0,8 E./kg *Pituitrin* (**II**) im Elektroencephalogramm das Auftreten von spindelförmigen Impulsen der Frequenz 5—9 Hz mit hoher Amplitude. Diese Veränderungen sind begleitet von einer Erhöhung des Blutdruckes. Bei Katzen in Urethannarkose (1 g/kg) bewirken die gleichen Dosen von **I** u. **II** keine Veränderungen des Elektroencephalogramms. Der Blutdruck wird durch **I** u. **II** auch hier erhöht. O. Lebtag. 4630△

Die Anwendung von Gastripon bei Magen-Darmerkrankungen. G. N. Karapetjan und A. M. Wetscher. (Klin. Med. [UdSSR] **39(42)**, Nr. 7, 56—58, Juli 1961; Moskau, Med. Ssetschenow-Inst., Lenin-Abt., Propädeut. therapeut. Klinik; russ., Auszug: engl.) — *Gastripon* (**I**; *N-p-Phenylbenzylatropinbromid*, 5—10 mg, 3mal täglich, 10—20 Tage) führte bei 50 Kranken mit Ulcus duodeni oder ventriculi, chron. Cholecystitis, chron. Gastritis oder chron. Colitis zur Verringerung der Schmerzen, des arteriellen Blutdruckes u. Besserung des Befindens. Ohne die Acidität des Magensaftes zu verringern u. starke Neben-Rkk. hervorzurufen, hatte **I** geringere Heilwrkg. als *Atropin*. I. v. Kloch-Kornitz. 4645□

Beurteilung der Darmtätigkeit mit Hilfe von Fermentkennzahlen bei Erkrankungen des Verdauungstraktes. Ss. Ja. Michlin. (Klin. Med. [UdSSR] **39(42)** Nr. 7, 61—67, Juli 1961; Akad. der Med. Wiss. der UdSSR, Inst. für Ernährung, Labor. für Physiolog. der Verdauung; russ., Auszug: engl.) — Der Geh. an *Enterokinase* (**I**) u. *alkal. Phosphatase* (**II**) im Faeces (normal 20 bzw. 450 E./g) war bei Kranken mit akuter oder chron. Dysenterie bis auf 6800 bzw. 4500, in resistenten Fällen bis auf 1500 bzw. 3000, bei chron. Entzündungsprozessen des Darmes, je nach Schwere der Erkrankung, im Mittel bis auf 2480 bzw. 3000 u. bei Lebensmittelintoxikation u. Erkrankungen des Magendarmtraktes (MDT) alimentärer Herkunft erhöht u. normalisierte sich mit der Heilung. Im Duodenalsaft war der Geh. an **I**, *Trypsin*, *Amylase* u. *Lipase* bei chron. Colitis verringert. Bei Sprue war der Geh. an **I** in den Faeces nicht vermehrt oder normalisierte sich sehr schnell, im Duodenalsaft verringert. Bei Botkinscher Erkrankung u. Diabetes mellitus war der Geh. an **I** bei 50 bzw. 33%, an **II** bei 20 bzw. 50% der Kranken in den Faeces erhöht, ohne Störungen im MDT hervorzurufen, im Duodenalsaft verringert. Antibiotica in therapeut. Dosen führten durch Wrkg. auf die Mikroflora des Colons ebenfalls zur Vermehrung des Geh. an **I** u. **II** in den Faeces. Die Best. der Fermente ist ein gutes Kriterium für den funktionellen Zustand des MDT.

I. v. Kloch-Kornitz. 4645□

Pharmakologische Wirkungen eines Carboxyvinylpolymers als Mengenlaxans. R. L. Cahen, E. Growkinsky und G. Leeson. (Arch. int. Pharmacodynam. Thérap. **114,** 258—81, 1/4. 1958; Hillside, N. J., Bristol Myers Comp., Res. Labor. of Bristol-Myers Prod. Div.; engl.) — Ein *Carboxyvinylpolymer* besitzt eine sehr geringe akute Toxizität u. zeigte bei langdauernder Anwendung im Tiervers. keine Nebenwirkungen. Als Laxans ist es 10mal wirksamer als Methylcellulose oder Metamucil u. steigert den Fl.-Geh. der Faeces. K. Zingraf 4647□

Wolframbefund an den Nieren nach Selbstmord und einige Befunde bei Tieren nach Wolframapplikation. J. Štêpán und E. Fridrich. (Dtsch. Z. ges. gerichtl. Med. **51,** 7—11, 1961; Pilsen, Univ., Inst. für Med. Chemie u. VUOS, Rybitvi; dt.) — Bei einem Schamottearbeiter traten vor seinem Tode durch Selbstmord neurolog. Symptome auf. Bei ihm wurde W in den Nieren nachgewiesen. Verss. an Meerschweinchen zeigten nach Applikation von metall. W u. Na_2WO_4 die Möglichkeit, daß W in einigen Fällen biochem. Schäden im Nervengewebe verursachen kann.

G. Kimmerle. 4675

Über eine Vergiftung mit Natriumchlorat. G. Vitte, P. Mesnard und G. Devaux. (Bull. Soc. Pharmac. Bordeaux **99,** 88—90, 1960; Bordeaux, Labor. de Pharmacie et Labor. de Chimie; franz.) — Es wird über eine tödliche *Na-Chlorat* (**I**)-Vergiftung nach Einnahme von ca. 90 g durch einen jungen Mann berichtet. In den Körper-Fll. ließ sich **I** mittels des Reagens von Bougault bestimmen.

G. Kimmerle. 4675

Die Wirkung einiger Chemikalien auf die Tetraäthylblei-Vergiftung. Takeo Tsukamoto, Yasuko Inoue und Hisashi Otsuka. (Fukuoka Acta med. [Fukuoka-Igaku-Zassi] **51, 408**—**15,** April **1960**; Fukuoka, Kyushu Univ., Fac. of Med., Pharmaceut. Inst. and Dep. of Pathol.; jap., Auszug: engl.) — Bei der *Tetraäthylblei*-Vergiftung von Mäusen hatten *NINSEI*, *L-Cystein* (**I**), *Na-EDTA*, *DL-Methionin*, *BAL* u. *Merthio-*B_{12} eine entgiftende Wirkung. **I** war dabei am wirksamsten. G. Kimmerle. 4675

Chemisch-toxikologische Erinnerungen. Hans Kaiser. (Arch. Pharmaz. **294**/66, 169—74, Okt. 1961; Stuttgart; dt.) — Es wird über einige in der Praxis des Autoren vorgekommene Vergiftungsfälle mit *Pyramidon*, *$KMnO_4$*, *Luminal*, *Veronal*, *Cantharidin*, *Nitrobenzol* berichtet. G. Kimmerle. 4675

Plötzlicher Todeseintritt bei Schlafmittelvergiftungen. W. Arnold. (Dtsch. Z. ges. gerichtl. Med. **51,** 616—23, 1961; Leipzig, Univ., Inst. für Gerichtliche Med. u. Kriminalistik; dt.) — Es wird über 3 plötzliche Todesfälle etwa innerhalb 1 Std. nach suicidaler Einnahme großer Mengen von *Kalypnon* (*Äthylcrotylbarbitursäure*) berichtet. Der rasche Tod kam durch Lähmung lebenswichtiger Teile des Zentralnervensystems (Atem- u. Kreislaufzentrum) zustande. In einem Falle ist auf Grund des hohen Barbituratspiegels im Myocard neben der zentralen Atemlähmung auch an ein akutes Herzversagen in Folge Lähmung der Reizleitungszentren zu denken.

G. Kimmerle. 4675

Akute Vergiftung durch Barbamyl. S. N. Bulyshenkowa und I. I. Tschiglinzewa. (Klin. Med. [UdSSR] **40(43),** Nr. 7, 104—05, Juli 1962; Ufa, 8. Klin. Krankenhaus; russ.) — Es wird ein Fall von akuter *Barbamyl*-Vergiftung (9 g/40 kg) beschrieben, der durch Injektion von *Strychnin* (5 cm³ 0,1%ig. Lsg. 2—5std. insgesamt 0,2 g) neben der Injektion von *Campher*, *Coffein*, *Lobelin*, *Adrenalin*, isoton. NaCl u. *Glucose* geheilt wurde. I. v. Kloch-Kornitz. 4675□

Experimentelle Untersuchungen zur Frage der Toxizität einiger Stabilisatoren in Kunststoffen aus Polyvinylchlorid. O. R. Klimmer und I. U. Nebel. (Arzneimittel-Forsch. **10,** 44—48, Jan. 1960; Bonn, Univ., Pharmakol. Inst., Toxikol. Abt., Troisdorf, Dynamit A.G.; dt.) — Es wurde in analyt. u. toxikolog. Verss. das Verh. einiger prakt. wichtiger Kunststoffstabilisatoren untersucht. Die verwendeten Stabilisatoren für PVC-Materialien waren: *S-haltige organ. Dibutyl-Zinn-Verb.* (*17 M*, Deutsche Advance Production GmbH), *dibas. Bleiphosphit*, *Cadmiumstearat*, *2-Phenylindol*, *Strontiumstearat*, *organ. Dibutyl-Zinn-Verb.* (*52*, Deutsche Advance Production GmbH), *Di-n-octyl-zinn-Verb.* (*N 720*, Deutsche Advance Production GmbH) u. *S-haltige organ. Di-n-octyl-zinn-Verb.* (*17 M O*, Deutsche Advance Production GmbH). Aus PVC-Folien ohne Weichmachergeh. werden durch fettfreie Extraktionsmittel nur geringe

Mengen Stabilisatoren herausgelöst. Die extrahierten Stabilisatormengen erhöhen sich im gleichen Maße wie bei den Lsgm. der pH-Wert abnimmt u. die fettlösenden Eigg. zunehmen. Bei PVC-Folien mit Weichmachergeh. wurden die Stabilisatoren in wesentlich größerem Maße herausgelöst, u. zwar findet sich im Wein die 50—75fache Menge, im Olivenöl die 23fache Menge von 17 M. Die akute orale DL_{50} in mg/kg beträgt bei Ratten: 17 M: 500—600; „52": 800—900; *Di-n-butyl-Zinndichlorid*: 100; *Di-n-butyl-Zinndilaurat*: 175; 17 M 0: 1900—2000; N 720: 5000—6000; *Di-n-octyl-Zinndilaurat*: > 6000; *dibas. Bleiphosphit*: > 6000; *dibas. Bleistearat*: > 6000; *2-Phenylindol*: > 6000. Bei einem subakuten Fütterungsvers. mit täglichen Dosen von 5 ppm. N 720 über 4 Monate kam es bei 24 ♂ Albinoratten zu keinen erkennbaren Vergiftungserscheinungen. In gleicher Weise wurden tägliche Gaben von 5000 ppm *2-Phenylindol* über 2 Monate von ♂ Ratten symptomlos vertragen. Ratten, die PVC-Pulver als ölige Suspension (3 ppm Bleistearat + 2 ppm 2-Phenylindol/Ratte/Tag bzw. nur 3 ppm 2-Phenylindol/Ratte/Tag) über 7 Monate oral erhielten, zeigten ebenfalls während des Vers. ein normales Befinden. Diese Ergebnisse werden auf die schlechte Resorbierbarkeit dieser Stoffe im Magen-Darm-Kanal infolge ihrer weitgehenden Unlöslichkeit zurückgeführt. G. Kimmerle. 4675

F. Pharmazeutische Chemie. Desinfektion

In der Pharmazie verwendete Radioisotope. 4. Mitt. Meßinstrumente für ionisierte Strahlungen. Eine Übersicht. Buchardt Bloch. (Dansk Tidsskr. Farmaci **36**, 81—92, Mai 1962; Copenhagen, Royal Veterin. Agric. Coll., Isotope Labor.; dän.) — 3. vgl. Dansk. Tidsskr. Farmaci **36**, [1962], 21. J. Lehmberg. 4758◇

Maschinelle Methode zur Herstellung von Tablettengranulaten. Beurteilung von Granulaten und Tabletten. J. J. Oxlund. (Arch. Pharmac. og Chem. **68(118)**, 335—46, 8/4. 1961; København, Gentofte apotek; dän.) — In einer Mischmaschine werden die Bestandteile von Tabletten gemischt u. befeuchtet, die Körner werden ohne vorheriges Sieben getrocknet, die Agglomerate durch ein Sieb in einem Rüttelkörner zerkleinert. 10 Min. Mischen mit einem Rührhaken genügen zur Herst. eines einheitlichen Gemisches, das sich gut tablettieren läßt. Die Eigg. der Tabletten u. ihre Schwankungen werden an Beispielen tabellar. mitgeteilt. R. K. Müller. 4766◇

Über den Einfluß der Düngung und der Erntezeit auf den Gesamtglykosidgehalt und das Verhältnis der Glykosidzusammensetzung bei wolligem Fingerhut (Digitalis lanata Ehrh.) W. Neczýpor. (Pharmazie **17**, 480—82, Aug. 1962; Radebeul, VEB Arzneimittelwerk Dresden, Forschungsabt.; dt.) — An Pflanzen des wolligen Fingerhutes (*Digitalis lanata Ehrh.*) wurde in Gefäß-Verss. der Einfl. der Düngung u. der Erntezeit auf den Gesamtglykosid-Geh. u. das Verhältnis der Glykosid-Zus. untersucht. Im Rosettenstadium weisen die Pflanzen ein von der Düngung mit N, P, K u. B sowie von der Erntezeit unabhängiges, sehr wenig variierendes Glykosidkomponentenverhältnis auf. Zur Blütezeit wurde eine Verschiebung der Glykosidrelation zugunsten der Digoxigeninglykoside festgestellt. Von der Dünger-Art und -Menge wird der Gesamtcardenolidgeh. nicht sichtbar beeinflußt. B. Tschiersch. 4782□

Vorkommen von Ursolsäure in den Blättern von Funtumia latifolia Stapf. Takeyoshi Takahashi. (Ann. pharmac. franç. **19**, 520—22, Juli/Aug. 1961; Paris, Univ., Fac. de Pharm., Labor. de Pharm. galén.; franz.) — Aus den Blättern von *Funtumia latifolia Stapf.* konnte neben den Stereoidalkaloiden *Funtumin* u. *Funtumidin* auch *Ursolsäure*, $C_{30}H_{48}O_3 \cdot {}^1/_2 C_2H_5OH$, F. 264°, $C_{30}H_{48}O_3$, F. 283°, $[\alpha]_D + 68°$ (c = 0,5; Chlf.) isoliert u. als solche sowie als *Acetat*, F. 288—290°, $[\alpha]_D + 69°$ (c = 0,8; Chlf.) u. als *Methylester*, F. 170—171°, $[\alpha]_D + 66°$ (c = 0,8; Chlf.) identifiziert werden. F. v. Gizycki. 4782◇

Phytochemische Untersuchung einer Rubiacea, Galium triflorum. Robert P. Knott und Rob S. McCutcheon. (J. pharmac. Sci. **50**, 963—65, Nov. 1961; Corvallis, Oregon State Coll., School of Pharm.; engl.) — Die chem. u. histolog. Unters. von pulverisiertem *Galium triflorum*, Meth. der Isolierung des Asperulosids, seine physikal. u. chem. Eigg. u. die pharmakolog. Prüfung werden beschrieben. — 16 Literaturangaben. U. Drehmann. 4782◇

Herstellung und Wirkung eines diuretischen Präparates aus trockenen Zwiebelschalen (Allium cepa L.). Feliks Kaczmarek, Zdzisław Kowaleski, Jerzy Lutomski und Tadeusz Wrociński. (Biul. Inst. Roślin leczniczych **7**, 157—66, 1961; Poznań; pol.) — Durch zweifache Extraktion von lufttrockenen Zwiebelschalen mit CH_3OH werden 4,24% eines Flavongemisches (F. 71—75°) erhalten. Die Ausbeute beträgt bei Verw. von W. zur Extraktion nur 0,24%. Die Schalen enthalten im Ganzen 6,74 (%) Flavone, davon 4,81 *Quercetin* (**I**), 1,13 *Spireosid* u. 0,80 Flavon A + B. **I** (F. 314—316°) fällt nach Abtrennen des Flavongemisches aus dem Extrakt beim Einengen aus. Die Trennung der Extraktkomponenten wurde chromatograph. mit n-Butanol-CH_3COOH-W. (4:1:5) vorgenommen, die Best. erfolgte colorimetr. mit Hilfe der Farb-Rk. mit diazotierter p-Aminobenzoesäure. Der isolierte Flavon-Komplex zeigt im Tiervers. an Hunden diuret. Wrkg., die etwa 10mal schwächer ist, als die von „Esidrex". F. Urban. 4782◇

Mohn — Arzneipflanze seit mehr als zweitausend Jahren. Eine Übersicht unter besonderer Berücksichtigung der Forschungen zur Verteilung, Physiologie und Biosynthese der Alkaloide in Papaver somniferum L. sowie der Versuche zur Ertrags- und Alkaloidsteigerung durch züchterische und sonstige Maßnahmen. 1. Mitt. S. Pfeifer. (Pharmazie **17**, 467—79, Aug. 1962; Berlin, Humboldt-Univ., Pharmaz. Inst.; dt.) — Übersicht u. Diskussion, bes. der unterschiedlichen Ergebnisse zur Physiologie der Mohnalkaloide. M. Luckner. 4782□

Untersuchungen über die Alkaloide der oberirdischen Organe von Veratrum album L. 6. Mitt. **Anatomische und histochemische Untersuchungen.** R. Jaspersen-Schib und H. Flück. (Pharmac. Acta Helvetiae **36**, 667—81, Dez. 1961; Beil. zu Schweiz. Apotheker-Ztg.; Zürich, Eidgen. T.H., Pharm. Inst., Pharmakogn. Abt.; dt.) — 5. vgl. C. **1962**, 17133. F. v. Gizycki. 4782◇

Vergleich und Bewertung des Krautes von Herniaria glabra L. und Herniaria hirsuta L. Stefania Czyszewska und Jan Kozłowski. (Biul. Inst. Roślin leczniczych **7**, 175—81, 1961; Poznań; pol.) — Der Anbau der *Herniaria*-Arten bereitet unter den klimat. Bedingungen, die in Polen herrschen, keine Schwierigkeiten. Die Ernte des Krautes soll vor der Fruchtreife erfolgen. Der hämolyt. Index ist bei *Herniaria glabra L.* höher als bei *Herniaria hirsuta L.* — 24 Literaturangaben. F. Urban. 4782◇

Untersuchung über den Kationenaustauscheigenschaften von säureaktiviertem Bentonit. 1. Mitt. **Wirkungen von Strukturveränderung, pH und Ionisierungsgrad auf die Austauschgeschwindigkeiten einer Reihe von β-Phenyläthylaminen.** Earl W. Seugling jun. und Earl P. Guth. (J. pharmac. Sci. **50**, 929—36, Nov. 1961; Columbus, Ohio State Univ., Coll. of Pharm.; engl.) — Durch Variation der Durchlaufzeit, der Teilchengröße des Austauschers, der Struktur der Amine, des pH u. des Ionisierungsgrades wurden die Austausch-Geschw. (AG) u. die Adsorption einiger *β-Phenyläthylamine* bestimmt. Die AG nimmt zu mit der Alkylierung der Amino-Gruppe u. nimmt ab mit sinkendem pH-Wert. U. Drehmann. 4786◇

Ein Bericht über die oxydative Zersetzung von neutralisiertem Carbopol. T. W. Schwarz und Gerhard Levy. (J. Amer. pharmac. Assoc., sci. Edit. **47**, 442—43, Juni 1958; San Francisco, Calif., Univ., School of Pharm.; engl.) — Neutralisiertes *Carbopol 934* (**I**), ein hydrophiles Koll. von hoher Verdickungskraft, wird oxydativ zersetzt, wenn es dem Licht ausgesetzt wird. Das neutralisierende Agens (KOH, NaOH, NH_4OH u. Triäthanolamin) hat keinen signifikanten Einfluß auf die Viscositätsabnahme von **I**. Die Stabilisationsmittel Butylhydroxyanisol, Monothioglycerin, Thioharnstoff, A., Glycerin u. Propylenglykol hatten keinen Einfl. auf die Viskositätsabnahme. Durch EDTA konnte trotz Lichteinw. die Viskositätsabnahme verhindert werden, woraus eine schwermetallkatalysierte Zers. abgeleitet werden kann. S. Erbe. 4786□

Beiträge zur Löslichkeitsvermittlung durch Tweens. 2. Mitt. **Solubilisation ätherischer Öle und Ölbestandteile.** I. Éllö. (Pharmazie **17**, 444—46, Aug. 1962; Budapest, Staatl. Inst. für Pharmazie; dt.) — 1. vgl. C. **1962**, 12383. Die Solubilisationsfähigkeit (SF) von Tween 20, 40, 60, 80 für Oleum Anisi, Oleum Foeniculi, Anethol, Oleum Aurantii corticis, Oleum Caryophylli, Oleum Chamomillae, Oleum Cinnamomi cassiae, Oleum Geranii, Oleum Menthae piperitae, Menthol, Oleum Thymi, Thymol, Campher, CCl_4, Chlf., Bzl., Toluol, Xylol u. Nitrobenzol wird untersucht. Für die meisten Stoffe besitzt Tween 20 die höchste SF, doch kann die auf Grund der HLB-Werte denkbare Klassifizierung der untersuchten Tweens betreffs des Solubilisierungsvermögens demselben Stoff gegenüber in der Reihe Tween 20, 40, 80, 60 nicht bestätigt werden. Die zur Solubilisation erforderliche Menge der amphiphilen Verb. ist nicht in jedem Fall mit derjenigen des zu solubilisierenden Stoffes proportional. Zwischen der Solubilisierbarkeit u. der Grenzflächenspannung der untersuchten Stoffe gegenüber W. besteht kein Zusammenhang.
H. Preisler. 4786□

Pharmazeutisch-technologische Untersuchungen an Dextranen. 1. Mitt. Über die Verwendung von Dextranen in Salben. Fritz Müller. (Pharmaz. Ind. **24,** 275—77, Juni 1962; Kiel, Univ., Pharm. Inst.; dt.) — Die ausführliche experimentelle Arbeit untersucht die Eigg. von *Dextranen* in Salben. So ist der Einsatz bei filmbildenden Schleimsalben in Verbindung mit Traganth oder Carbopol 934 möglich, in Emulsionssalben wird die wss. Phase verdickt, in Kombination mit einigen Stoffen (Glycerin, Traganth, Carbopol u. Aerosil) erhöht Dextran die Viscosität. Reine Dextran-Lsgg. bleiben immer fl. u. sind nicht als Salbengrundlage verwendbar. U. Förster. 4792□

Die Bildung und Struktur des Eisensalzes des Benzylpenicillin-Procains, aufgeklärt durch Infrarotspektroskopie. Herman A. Szymanski und Nicholas Panzica. (J. Amer. pharmac. Assoc., sci. Edit. **47,** 443—45, Juni 1958; Buffalo, N. Y., Canisius Coll., Chem. Dep.; engl.) — Das *Fe*-Salz des *Benzylpenicillin-Procains* (**I**) wurde nach verschiedenen Meth. hergestellt: bei einem Fe-Geh. von 4,3% beträgt die antibiot. Aktivität 105%, F. 140—144°. Die antibiot. Aktivität geht mit einer hohen Absorption bei 5,6 μ einher. Von den bei monosubstituierten Amiden normalerweise vorhandenen Banden bei 6,0 u. 6,6 μ fehlt die 6,6 μ-Bande vermutlich durch Ausbldg. einer H-Brücke zwischen der NH-Gruppe u. dem Carbonylsauerstoff des Procains. Die Nichtexistenz der 6,6 μ-Bande zeigt, daß die H-Brücke durch die Bldg. des Fe-Komplexes nicht gestört wurde. Die Doppelbande bei 4,0 μ deutet auf eine Sekundärbindung des Eisens vom Typ $(R{-}NH_2)_3{-}Fe$ hin. S. Erbe. 4810□

Bestrahlungsbehandlung. 1. Mitt. Sterilisation von medizinischen und pharmazeutischen Produkten. D. B. Powell und B. A. Bridges. (Res. appl. in Ind. **13,** 151—57, April 1960; Berks., Isotope Res. Div. (A. E. R. E.), Wantage Radiat. Labor.; engl.) — Diskussion der letalen Wrkg. ionisierender Strahlungen auf den Mikroorganismus u. Anwendung dieses Effektes bei der Sterilisation. Gerh. Schmidt. 4832◇

Über die Gehaltsbestimmung metallhaltiger Salben. G. Lukas. (Österr. Apotheker-Ztg. **16,** 673—77, 3/11. 1962; Graz, Univ., Inst. org. u. pharm. Chem., Abt. f. galen. Pharm.; dt.) — Überblick über Meth. der Metall-Best. in arzneilich gebrauchten Salben, bes. den vom ÖAB. 9 aufgeführten 7 Salben mit Hg, Pb und Zn. — 25 Literaturhinweise. F. O. W. Meyer. 4880◇

Über die komplexometrische Titration pharmazeutisch wichtiger Blei- und Zinkverbindungen einschließlich Salbenpräparate. Bernhard Schmitz. (Dtsch. Apotheker-Ztg. **101,** 1673—77, 28/12. 1961; Frankfurt a. M., Fa. Andreae-Noris, Zahn AG, Zentral-Labor.; dt.) — Vf. beschreibt ein Verf. zur komplexometr. Titration von Pb u. Zn in Arzneipräpp. mit EDTA u. Methylthymolblau (**I**) als Indicator. Von diesem neuen Indicator, der einen brillanten Farbumschlag von Blau nach Citronengelb zeigt, werden pro 150—200 ml Titrier-Lsg. 100 mg einer Verreibung mit KNO_3 (1:100) eingesetzt. **I** ist gegen Oxydationsmittel wie H_2O_2 u. HNO_3 weitgehend unempfindlich. Die Titrationen erfolgen in mit Hexamethylentetramin gepufferten Lsgg. bei pH 5,6—6,0 (Pb) bzw. pH 5,7—6,2 (Zn). Zahlreiche Beleganalysen von 9 Pb- u. 8 Zn-Präparaten. Winfried Krüger. 4880◇

Nachweis von 2-Alkoxyphenolen in Vanillin und Äthylvanillin. Jens G. Hald. (Dansk Tidsskr. Farmaci **35,** 73—77, 1961; København, A/S. Meco-Dumex, analyse- og kontrollabor.; dän.) — Eine Verunreinigung von 0,01% der von der Herst. evtl. verbliebenen 2-Alkoxyphenole beeinträchtigt den Geschmack von Vanillin (**I**) u. Äthylvanillin (**II**). Ihr Nachw. kann auf Grund der Orange- bis Rotfärbung der Lsg. in 74%ig. H_2SO_4 erfolgen. Bei 20 Min. Stehen einer Lsg. von 50 mg **I**(**II**) in 3,0 ml 74%ig. H_2SO_4 darf die Färbung nicht stärker werden als die einer Vgl.-Lsg. von 2,5 (4,0) ml $CoCl_2$-Lsg. + 47,5 (46,0) ml $FeCl_3$-Lsg.; bei stärkerer Färbung enthält das Präp. 0,005% Alkoxyphenol. Eine Rotfärbung entwickelt sich auch bei Ggw. von 1-Propenyl-3-methoxy-4-hydroxybenzol (Vanitrope). R. K. Müller. 4880◇

Vergleichende Bestimmungen einiger quartärer Ammoniumhydroxide als Maßlösungen im wasserfreien Medium. Melanie Rink und Monika Riemhofer. (Dtsch. Apotheker-Ztg. **101,** 1600—02, 14/12. 1961; Bonn, Univ., Pharmazeut. Inst.; dt.) — Vff. prüften die Eignung quart. Ammoniumhydroxide (Benzyltrimethyl-, Cetyltrimethyl-, Tetra-n-butyl-, Tetraäthyl-[**I**] u. Tetramethyl-[**II**]) zur potentiometr. Titration sauer reagierender Verbb. in wasserfreien Lösungsmitteln. Als Modellsäuren dienten $HClO_4$, Salicyl-, Benzoe- u. Camphersäure (**III**). Dabei zeigte stets **II** den ausgeprägtesten Potentialsprung. Dieser ist jedoch auch von der Art des Lsgm. abhängig. Am geeignetsten erwiesen sich Methylisobutyl- (**IV**), sowie Methyläthylketon (V), ferner Isopropanol u. A.-Bzl. (1:10). Die beiden Dissoziationsstufen von **III** ließen sich mit **I** oder **II** in **IV**, bzw. mit **II** in **V** am besten erfassen. Winfried Krüger. 4880◇

Über die Indicatoren zur Titration sauer reagierender Verbindungen im wasserfreien Medium mit Tetramethylammoniumhydroxid. Melanie Rink und Monika Riemhofer. (Pharmaz. Ztg. verein. Apotheker-Ztg. **107**, 462–64, 5/4. 1962; dt.) — Vff. untersuchten die Anwendbarkeit einer Reihe von Farbindicatoren für die Titration saurer organ. Verbb. (Benzoe-, Salicyl- u. Camphersäure) in wasserfreiem Medium (abs. A., Methyläthyl-, Methylisobutylketon, abs. Bzl.) mit Tetramethylammoniumhydroxid. Die jeweils geeigneten Indicatoren sind auf 6 Titrationsdiagrammen angegeben. Winfried Krüger. 4880◇

Nitritometrische Bestimmung mit „innerem" Indicator von Procainamidhydrochlorid (Pronestyl), Butoform (Skuroform), Sulfacetamid-Natriumsalz und Sulfadimidin (Sulfamethazin). R. Vasiliev, Ana Cosmin, Margareta Mangu und Ileana Burnea. (Pharmazie **17**, 437–40, Aug. 1962; Bukarest; dt.) — Zur Best. von *Procainamidhydrochlorid, Butoform, Sulfacetamid-Natriumsalz* u. *Sulfadimidin* wird eine nitritometr. Meth. beschrieben, die im Prinzip auf der Diazotierung der aromat. Aminogruppe in salzsaurem Milieu in Ggw. von KBr u. unter Verw. von Orange IV (Tropaeolin 00) oder Metanilgelb als „innerem" Indicator beruht. Die Titration erfolgt mit einer 0,1 m Na-Nitrit-Lsg., bis der Indicator von violett nach farblos oder in schwach gelblich umschlägt. Temp.-Erhöhung bis zu 30° beeinflußt die Ergebnisse nicht wesentlich. Die Abweichung der Meth., hervorgerufen durch den Nitritverbrauch am Äquivalenzpunkt für den Farbumschlag des Indicators ermitteln Vff. potentiometr. zu $5{,}5 \cdot 10^{-2}\%$. Auf die Vorteile der Meth. gegenüber denjenigen mit Jodstärkepapier als externem Indicator wird hingewiesen. — 17 Literaturangaben. H. Preisler. 4880□

Gleichzeitige gaschromatographische Bestimmung der α-, β-, γ-, δ- und ε-Isomeren von Hexachlorcyclohexan (HCH). W. Esselborn und K. G. Krebs. (Pharmaz. Ztg. verein. Apotheker-Ztg. **107**, 464–65, 5/4. 1962; Darmstadt, E. Merck AG, Kontroll-Labor.; dt.) — Die gaschromatograph. HCH-Best. stieß bisher wegen der Zersetzlichkeit des insecticid wirksamen γ-Isomeren bei höheren Temp, auf Schwierigkeiten. Vff. gelang jedoch die Trennung u. quant. Best. der α-, β-, γ-, δ- u. ε-Isomeren an einer 1 m langen Kieselgursäule (0,2–0,3 mm Korngröße) mit Apiezonfett L u. Polyäthylenglykol 20000 als stationärer Phase u. He als Schleppgas bei 180–200° innerhalb 20–30 Minuten. Die Probenmenge beträgt 20 μl einer 5%ig. HCH-Lsg. in Aceton. Die Werte sind ausgezeichnet reproduzierbar u. decken sich befriedigend mit dünnschicht- u. säulenchromatograph. Ergebnissen. Winfried Krüger. 4880◇

Untersuchungen über die Azulenverbindungen der Achillea-Arten. 1. Mitt. **Mikrochemische Untersuchungsmethoden.** P. Tétényi, E. Thyihák, I. Máthé und J. Sváb. (Pharmazie **17**, 463–66, Aug. 1962; Budapest, Inst. f. Heilpflanzenforsch.; dt.) — Vff. berichten über Meth. zum Nachw. der *Proazulene* von *Achillea millefolium:* Colorimetrie nach Anfärben mit EP-Reagens nach Stahl; Nachw. der Proazulene direkt in den Drüsenhaaren durch Orthophosphorsäure, Na-Methylat u. EP-Reagens oder Bromdampf; Papier- u. Dünnschichtchromatographie. M. Luckner. 4880□

Farbreaktionen einiger Pyridinderivate. J. Vachek. (Pharmazie **17**, 440–42, Aug. 1962; Prag, Forschungs-Inst. für Pharm. u. Biochemie; dt.) — Nach einer abgeänderten Meth. von Zincke u. König [1904] wurden Bedingungen für die photometr. Best. von Pyridin-Derivv. untersucht. Allg. ließ sich feststellen, daß Pyridin-Derivv., die keinen Substituenten am Ring-N u. in α-Stellung des Ringes besitzen, eine Farb-Rk. nach Asmus u. Kurandt [1956] ergeben. Bei Anwesenheit freier Carboxylgruppen in β- oder γ-Stellung ist zur Farb-Bldg. eine Erhöhung der Temp. bzw. eine Verdreifachung der Menge des KCN erforderlich. Die Farb-Bldg. wird durch Polymethin-Verbb. hervorgerufen, die eine quant. spektrophotometr. oder photometr. Best. erlauben. H. Kala. 4880□

Anwendung der Spektralphotometrie auf die Analyse von Arzneimitteln. 1. Mitt. **Theorie für die Analyse binärer Gemische.** M. Pernarowski, A. M. Knevel und J. E. Christian. (J. pharmac. Sci. **50**, 943–45, Nov. 1961; West Lafayette, Ind., Purdue Univ., School of Pharm.; engl.) — Theoret. Überlegungen mit Ableitung einiger Gleichungen, die auf die Analyse binärer Arzneimittelgemische angewendet werden können. U. Drehmann. 4880◇

Anwendung der Spektralphotometrie auf die Analyse von Arzneimitteln. 2. Mitt. **Praktische Aussichten für die Analyse binärer Gemische.** M. Pernarowski, A. M. Knevel und J. E. Christian. (J. pharmac. Sci. **50**, 946—53, Nov. 1961; engl.) — 1. vgl. vorst. Referat. — Theoret. Überlegungen über die Vorteile der Spektralphotometrie binärer Gemische. Die Meth. vereinfacht u. beschleunigt zahlreiche Analysen pharmazeut. wichtiger Produkte. U. Drehmann. 4880◇

Anwendung der Spektralphotometrie auf die Analyse von Arzneimitteln. 3. Mitt. **Gleichzeitige Bestimmung von Aminophyllin und Phenobarbital.** F. Yokoyama und M. Pernarowski. (J. pharmac. Sci. **50**, 953—57, Nov. 1961; Ottawa, Canada, Dep. of Nat. Health and Welfare, Food and Drug Direct., Pharm. Chem. Sect.; engl.) — 2. vgl. vorst. Referat. — Vff. beschreiben eine einfache, schnelle u. genaue Meth. zur gleichzeitigen spektralphotometr. Best. von *Aminophyllin* (I) oder *Theophyllin* u. *Phenobarbital* (II) in einer Arzneimittelzubereitung. II-Lsgg. in Boratpuffer von pH 9,5 hatten ein Absorptionsmaximum bei 240 mμ u. I-Lsgg. im gleichen Puffer bei 274,5 mμ. Der Isoabsorptionspunkt 0,001%ig. Lsgg. beider Verbb. lag bei 252,5 mμ. Der Absorptionsindex bei dieser Wellenlänge wurde zu 23,6 $\pm$ 1,0 bestimmt. U. Drehmann. 4880◇

Die Bestimmung von Piperazin in pharmazeutischen Präparaten mit Hilfe einer Verbindung des Typs „farbgebende Säure-Stickstoffbase". C. Pfeiffer und M. Hasselmann. (Chim. analytique [4] **43**, 321—24, Juli 1961; Strasbourg, Fac. de Pharm., Labor. de Chim. anal.; franz.) — Vff. beschreiben eine Meth., um *Piperazin* nach Extraktion in chloroform. Lsg. als gefärbte Verb. mit Erythrosin photometr. zu bestimmen. Die vor allem durch die unvollständige Extraktion entstehenden Fehler der Best. liegen zwischen 1 u. 5%. Ohne große Änderungen läßt sich die Meth. auf die Best. auch anderer Basen, bes. von Alkaloiden, anwenden. Ist das betreffende Alkaloid in W. prakt. unlösl., kann die Genauigkeit noch beträchtlich gesteigert werden. B. Krebs. 4880□

Quantitative Bestimmung der Glykoside der Blätter des roten Fingerhutes nach chromatographischer Trennung unter Verwendung von 3.5-Dinitrobenzoesäure. Elżbieta Balcar. (Biul. Inst. Roślin leczniczych **7**, 167—74, 1961; Poznań; pol.) — Die mit kaltem W. extrahierten Glykoside des roten Fingerhutes wurden papierchromatograph. mit p-Xylol + Methyläthylketon, gesätt. mit Formamid (1:1), getrennt. Die Best. erfolgte nach dem Auswaschen der Flecken colorimetr. mit 3.5-Dinitrobenzoesäure (I). Die Ergebnisse für *Digitoxin* (II), *Gitaloxin* u. *Gitoxin* wurden auf II umgerechnet, da diese Glykoside mit I ähnliche Extinktionskoeff. zeigen. Der Fehler bei der Best., der durch einen Glykosidverlust bei der Chromatographie (ca. 10%) verursacht wird, läßt sich durch Aufnahme einer Vgl.-Kurve für II im Konz.-Bereich 50—400 μg kompensieren. F. Urban. 4880◇

Photometrische Mikrobestimmung von Papaverin in reinen Lösungen und Arzneien. J. Zarnack und S. Pfeifer. (Pharmazie **17**, 431—36, Aug. 1962; Berlin-Weißensee; dt.) — Ein einfaches Verf. zur photometr. Mikro-Best. von *Papaverin* u. *Papaverinhydrochlorid* im Bereich von 0,08—0,5 mg wird beschrieben. Die Lsg. des Alkaloids oder seines Salzes wird auf dem Wasserbad zur Trockne eingeengt, nach Zusatz von 5 ml Reagens (0,1%ig. Lsg. von $Ce(SO_4)_2 \cdot 4H_2O$ in 60%ig. H_3PO_4) 10 Min. im sd. Wasserbad erwärmt u. danach 1 Min. unter fließendem W. abgekühlt. Nach 10 Min. wird die Extinktion der gelben Lsg. in 0,5-cm-Küvetten bei 400 nm gegen die auf gleiche Weise behandelte Reagens-Lsg. gemessen. Eine Reihe von Opiumalkaloiden stört die Rk., *Atropin* u. *Scopolamin* stören nicht. Für Rezepturen werden Trennungsgänge beschrieben; von *Amidopyrin* wird *Papaverin* papierchromatograph. getrennt. — 32 Literaturangaben. G. Zessin. 4880□

Mutterkornalkaloide. 24. Mitt. **Papierchromatographie der Lysergsäurecycloalkylamide und N-Methylergolinyl-N'-cycloalkylharnstoffe.** K. Macek und S. Vaněček. (Pharmazie **17**, 442—44, Aug. 1962; Prag, Forschungsinst. Pharm. u. Biochemie; dt.) — Es wird das papierchromatograph. Verh. von 28 durch Partialsynth. dargestellter *Cycloalkylamiden* der *Lysergsäure*, der *Isolysergsäure* u. der *Dihydrolysergsäure* sowie von 17 *N-Methylergolinyl-* bzw. *N-Methylergolenyl-N'-cycloalkylharnstoffen* untersucht. Die verwendeten Lsgm.-Syst. u. die R_F-Werte aller untersuchten Verbb. sind in Tabellen aufgeführt. M. Luckner. 4880□

Direkte Bestimmung von Nicotinamid in Multivitamin-Präparaten. O. Pelletier und J. A. Campbell. (J. pharmac. Sci. **50**, 926—28, Nov. 1961; Ottawa, Ontario, Canada, Dep. of Nat. Health and Welfare, Food and Drug Labor.; engl.)

— Vff. beschreiben eine quant. gut reproduzierbare Best.-Meth. für Nicotinamid in 0,3%ig. KH_2PO_4-Lsg. mit BrCN u. Barbitursäure. Die entstehende Purpurrotfärbung hat eine Maximalabsorption bei 550 mμ. U. Drehmann. 4880◇

Über die Wertbestimmung der Schleimdrogen. Jovan Petričić und Mira Porges. (Farmac. Glasnik **16**, 411—19, Dez. 1960; Zagreb, Zav. za ispit. i kontr. lijekova; kroat.) — Der Quellungsfaktor ist zur Wert-Best. von Schleimdrogen ungeeignet, da er sich bei vielen Drogen nicht bestimmen läßt, weil diese, auch nach Zugabe von Aceton, ganz oder teilweise auf der Wasseroberfläche schwimmen. Vff. schlagen vor, statt dessen die Viscosität der Drogenextrakte mit dem Viscosimeter von Ostwald zu bestimmen u. als Viscositätszahl $\frac{100 \cdot \left(\frac{t_1}{t_0} - 1\right)}{p}$ anzugeben, wobei t_1 u. t_0 die Durchflußzeiten des Extrakts bzw. des W. u. p die Menge der Droge in 100 ml bedeuten. Zur Wertbest. von Schleimdrogen werden Minimalwerte für die Viscositätszahl u. Maximalwerte für den Geh. an Asche u. W. vorgeschlagen. S. Beckmann. 4880◇

Eine vereinfachte in vitro-Methode zur Auswertung von Arzneimittelwirkungen auf die proteolytische Aktivität von Magensaft. C. Milani, A. Fiameni und A. De Bernardi. (J. pharmac. Sci. **50**, 960—62, Nov. 1961; Mailand, Dompé Farmaceutici S.p.A.; engl.) — Eine neue quant. „in vitro"-Best.-Meth. der proteolyt. Aktivität von Magensaft, in Ggw. von Arzneimitteln wird beschrieben. — 24 Literaturangaben. U. Drehmann. 4880◇

Ciba Ltd. (Erfinder: Jean Druey, Paul Schmidt, Kurt Eichenberger und Max Wilhelm), **Herstellung von 2-Methylbutyl-(3)-hydrazin.** Man kondensiert Hydrazin mit 2-Methylbutanon-(3) u. red. das Kondens.-Prod. unter Druck mit PtO als Katalysator. — *Pharmaceuticum.* (**Aust. P. 231667** vom 21/11. 1958, ausg. 26/1. 1961. Schwz. Prior. 28/3. u. 25/6. 1958.) K. Demmler. 4807

Temmler-Werke Vereinigte Chemische Fabriken (Erfinder: Jandrik Schutte), **Herstellung von α-Dialkylaminopropiophenonen.** Man erhitzt α-Brompropiophenon mit Diäthylamin (I) auf dem Wasserbad, trennt das ausgefallene I-Hydrobromid ab, schüttelt das Filtrat mit wss. HCl aus, macht die Lsg. alkal., extrahiert mit Ae. u. fraktioniert durch Dest. *α-Diäthylaminopropiophenon*, $Kp._6$ 140°, dessen *Hydrochlorid*, F. 168°. Analog: *α-Dimethyl-*, *α-Dipropyl-*, *α-Äthylpropylaminopropiophenon.* — *Appetitzügler.* (**Aust. P. 232031** vom 25/3. 1958, ausg. 16/2. 1961. Belg. Prior. 17/4. 1957.) C. Lüttgen. 4807

Merck & Co., Inc. (Erfinder: Theodore August Jacob und Frederick Albert Kuehl), **Entzündungs-widriges Arzneimittel,** gek. durch den Geh. eines Säureamids, der allg. Formel $ROCH_2CH_2NHR'$, in der R H oder einen Acylrest u. R' H, einen Alkyl- oder Acylrest bedeuten, wobei jedoch R u. R' nicht gleichzeitig H sein können, bes. *N-[2-Hydroxyäthyl]-acetamid, -lauramid, -oleamid, -palmitamid* u. *-salicylamid* sowie deren Hydrochloride. (**Aust. P. 232034** vom 8/5. 1958, ausg. 16/2. 1961. A. Prior. 28/5. 1957.) C. Lüttgen. 4807

Farbwerke Hoechst Akt.-Ges., vormals Meister Lucius & Brüning, Frankfurt/M., **Herstellung narkotisch wirksamer Verbindungen** der allg. Formel I

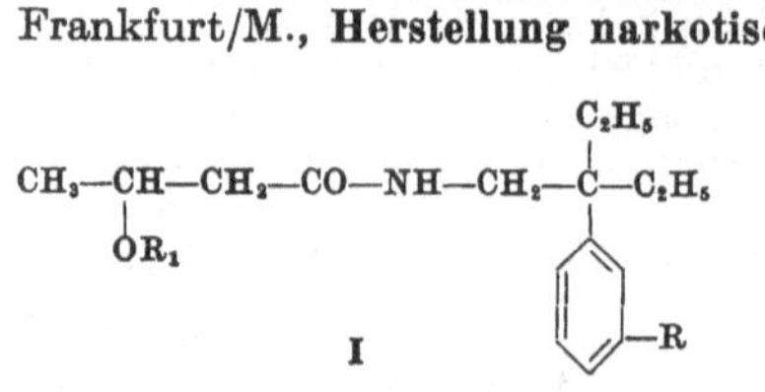

I

(R = Methoxy oder Äthoxy; R_1 = Rest einer ggf. substituierten aliphat. Dicarbonsäure mit 3—8 C-Atomen). — Man erwärmt z. B. 2-Äthyl-2-[m-methoxyphenyl]-butylamin in Bzl. mit Diketen 1/2 Std. auf 70° u. behandelt das entstandene Acetylessigsäure[2-(m-methoxyphenyl)-2-äthylbutylamid] in Methanol mit $NaBH_4$ → *β-Hydroxybuttersäure-[2-(m-methoxyphenyl)-2-äthylbutylamid]*, gelbes Öl. Hieraus entsteht beim Erwärmen mit Bernsteinsäureanhydrid u. Pyridin auf dem Dampfbad *β-Succinoxybuttersäure-[2-(methoxyphenyl)-2-äthylbutylamid]*, F. 86 bis 87°. (**Niederl. P. 99743** vom 25/11. 1958, ausg. 15/11. 1961. D. Prior. 30/11. 1957 u. 4/10. 1958.) F. Böhm. 4807

Upjohn Co. (Erfinder: Merrill Eugene Speeter), Kalamazoo, Mich., V. St. A., **Herstellung von 1-substituierten 3-[β-Amino-α-hydroxyäthyl]-indolen,** deren Salzen u. quart. NH_4-Verbb., dad gek., daß man Indolyl-(3)-glyoxylsäureamide der allg. Formel I, in der R_1 einen Alkyl-, Aryl- oder Aralkylrest, R_2 = H, einen niederen Alkylrest, einen Aryl- oder Aralkylrest, R_3 einen niederen Alkyl-, einen Aryl-, Aralkyl-, niederen Alkoxy-, einen Aryloxy-, Benzyloxy- oder Acyloxyrest, eine Carboxyl- niedere Carbalkoxy-, Cyan- oder Dialkylaminogruppe, ein Halogenatom oder einen ankondensierten Arylenrest, n = 0—4 u. Z eine Aminogruppe oder den Rest eines prim. oder sek. Amins bedeuten, mit $LiAlH_4$ red. u. die erhaltenen Basen ggf. mit Säuren oder quaternierenden Mitteln behandelt. — Aus 1-Methyl-indolyl-(3)-glyoxylsäuremethylamid in Tetrahydrofuran u. $LiAlH_4$ durch Kochen unter Rückfluß → *1-Methyl-3-[β-methylamino-α-hydroxyäthyl]-indol*, F. 138—140°; *1-Methyl-3-[β-morpholino-α-hydroxyäthyl]-indol*, F. 99—110°; aus 1-Methyl-indolyl-(3)-glyoxylsäurebenzylamid → *1-Methyl-3-[β-benzylamino-α-hydroxyäthyl]-indol*, F. 111—113°. *1-Äthyl-3-[β-dimethylamino-α-hydroxyäthyl]-indol*, F. 82—83°, *Salz der Brenztraubensäure*, F. 116°, *der Trichloressigsäure*, F. 92—95,5°, *Hydrochlorid*, F. 108,5—111° (Zers.), — *Methobromid*, F. 178—185°; *1-Methyl-3-[β-dibenzylamino-α-hydroxyäthyl]-indol*, F. 120,5—122°. *1-Methyl-3-[β-dimethylamino-α-hydroxyäthyl]-indol*, F. 94—95°; *1-Hexadecyl-3-[β-dimethylamino-α-hydroxyäthyl]-indol*, F. 48—49,5°; *1-Methyl-3-[β-isopropylamino-α-hydroxyäthyl]-indol*, F. 114,5—115,5°; aus 1-Methyl-2-phenyl-indolyl-(3)-glyoxylsäurepiperidid → *1-Methyl-2-phenyl-3-[β-piperidino-α-hydroxyäthyl]-indol*, F. 154,5—156°. — *Arzneimittel* mit hypotensiver u. diuret. Wrkg.; außerdem Zwischenprodd. z. B. zur Herst. von Fluorsilicaten. — (**D. A. S. 1117124** Kl. 12p vom 31/3. 1956, ausg. 16/11. 1961. A. Prior. 11/4. 1955.) W. Heyer. 4807

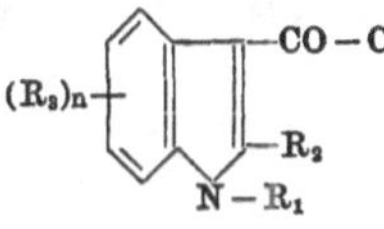

I

Beecham Research Laboratories Ltd. (Erfinder: Minoo Dossabhoy Mehta und Robert Michael Quinton), **Herstellung basischer Ester** der allg. Formel **I** u. deren Säureadditions- u. quart. Salze (Ph = Phenylrest, R = CH_3 oder C_2H_5, n = 1 oder 2). Man gibt eine methanol. Lsg. von Na-Methylat [aus 0,6 (g) Na u. 15 ml CH_3OH(**II**)] tropfenweise zu einer sd. Lsg. von 33,7 Methylphenylcyclohexylglykolat u. 23,4 1-Methyl-2-hydroxymethylpyrrolidin (**IV**) in 400 ml Heptan (**III**) u. trennt das **II** in einem Dean u. Stark-App. ab. Wenn nach 4 Std. kein **II** sich mehr abtrennt, wird das **III** im Vakuum abdest., der Rückstand in Ae. gelöst, die Lsg. mit W. gewaschen u. mit 5 n HCl extrahiert. Aus der sauren Lsg. krist. 35,5 *Hydrochlorid des [1-Methylpyrrolidyl-(2)-methyl]-α-phenyl-α-cyclohexylglykolat* (**V**), F. 181—196°, das mit heißem A. in die schwerlösl. α-Form, F. 220—222°, u. die leichtlösl. β-Form, F. 199—201°, zerlegt werden kann. Nach einer anderen Meth. gibt man 5 **IV** in 10 ml trockenem Butanon (**VI**) zu einer Lsg. von 13 Phenylcyclohexylchloracetylchlorid in 20 ml **VI**, kocht 1 Std. unter Rückfluß, dest. das **VI** ab, löst den Rückstand in W. u. extrahiert mit Ae., erhitzt den Ae.-Extrakt 1 Std. auf 85° u. trennt nach dem Abkühlen das **V**-Hydrochlorid ab. Man kann **V**-Hydrochlorid auch herstellen durch 24std. Kochen von 13,8 Phenylcyclohexylglykolsäure u. 8,6 1-Methyl-2-chlormethylpyrrolidin in 15 ml trockenem Propanol. Aus dem Hydrochlorid durch Zusatz von NaOH, Extrahieren der freien **V** mit Ae., Trocknen, Eindampfen, Lösen in Aceton, Zusatz von CH_3Br, 15 Min. Erhitzen auf dem Dampfbad u. Abkühlen → **V**-*Methobromid*, F. 176—180°, α-Form, F. 185—186°, u. β-Form, F. 199,5—201°. Analog mit Dimethylsulfat → **V**-*Methylmethosulfat*, F. 118—119°, u. mit CH_3J → **V**-*Methojodid*, F. 179—180°. Analog: [*1-Äthylpyrrolidyl-(2)-methyl*]-*α-phenyl-α-cyclohexylglykolat* (**VII**), $Kp._{0,15}$, 160—165°, n_D^{20} 1,5250, **VII**-*Hydrochlorid*, F. 214—215°, **VII**-*Äthobromid*, F. 210 bis 212° u. *2-[1-Methylpyrrolidyl-(2)]-äthyl]-α-phenyl-α-cyclohexylglykolat*, $Kp._{0,1}$ 160°, n_D^{20} 1,5261, u. -*Hydrochlorid*, F. 175—176°. — *Pharmazeutica*. (**Aust. P. 232237** vom 7/11. 1958, ausg. 23/2. 1961. E. Prior. 28/11. 1957.) C. Lüttgen. 4807

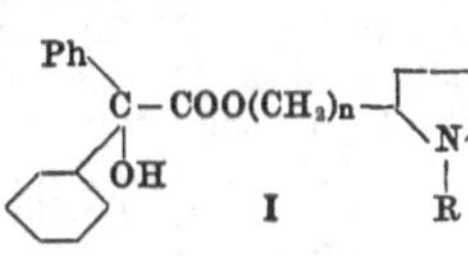

I

Dr. Karl Thomae G. m. b. H. (Erfinder: August Kottler und Ernst Seeger), Biberach/Riß, **Herstellung von tertiären cyclischen Aminen** der allg. Formeln I u. II, in denen Hal = Halogenatom u. Y einen geraden oder verzweigten Alkylrest bedeuten, deren Salzen u. quart. NH_4-Verbb., dad. gek., daß man entweder a) ein Carbonsäurenitril der Formel **III** oder **IV** mit einem Halogenbenzyl-Mg-Halogenid in Ggw. eines organ. Lsgm. umsetzt, oder b) auf ein Nitril der Formel **V** oder **VI** ein Alkyl-Mg-Halogenid in Ggw. eines organ. Lsgm. einwirken läßt, oder c) ein Halogenbenzylalkylketon mit Pyrrolidin oder Piperidin in Ggw. von naszierendem oder katalyt. erregtem H oder von HCOOH oder einem Formiat reduktiv aminiert, oder d) auf ein prim. Amin der Formel **VII** ein 1.4-Dihalogenbutan oder 1.5-Dihalogenpentan einwirken läßt u. ggf. das erhaltene tert. Amin mit einer Säure oder einem quaternierenden Mittel behandelt. — Aus α-Piperidinovaleronitril u. der Grignard-Verb. aus p-Chlorbenzylchlorid u. Mg → *1-[p-Chlorphenyl]-2-piperidinopentan*(**VIII**), Kp.$_{0,2}$ 124°, *Hydrochlorid*, F. 178—179°; *1-[p-Chlorphenyl]-2-pyrrolidinopentan*(**IX**), Kp.$_{0,5}$ 123°; *Hydrochlorid*, F. 126—128°; *1-[p-Chlorphenyl]-2-pyrrolidino-4-methylpentan*, Kp.$_{0,4}$ 120—121°, *Hydrochlorid*, F. 165—166°; *1-[p-Chlor-*

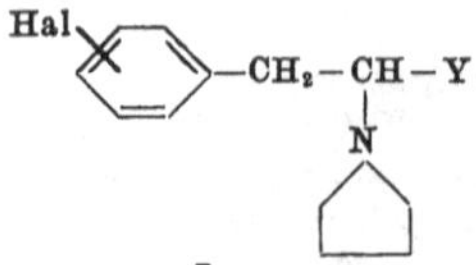

I und

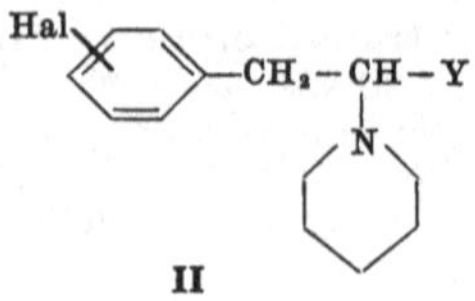

II

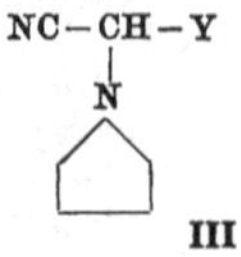

III

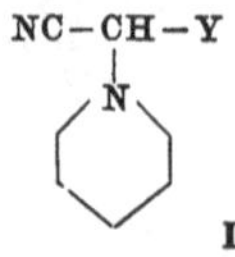

IV

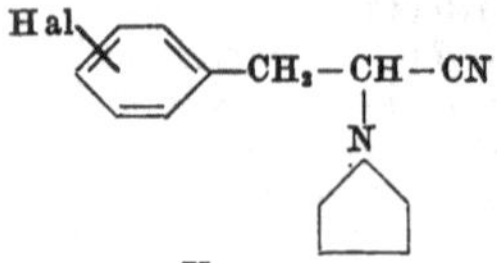

V

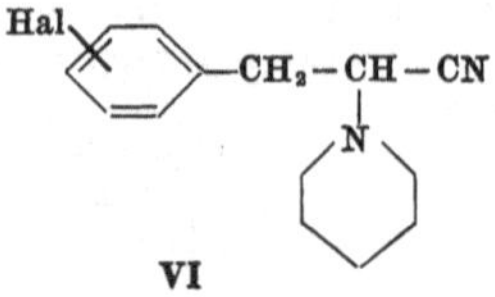

VI

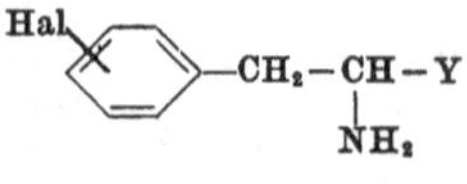

VII

phenyl]-2-pyrrolidino-3-methylbutan, Kp.$_{0,4}$ 115—116°, *Hydrochlorid*, F. 195°; *1-[p-Chlorphenyl]-2-pyrrolidinohexan*, Kp.$_{0,5}$ 130°, *Hydrochlorid*, F. 114—116°; das entsprechende *-octan*, Kp.$_{0,4}$ 138°, *Citrat*, F. 117—118°, *-propan*, Kp.$_{0,6}$ 125—126°, *Hydrochlorid*, F. 200—201°; *1-[o-Chlorphenyl]-2-piperidinopentan*, Kp.$_{0,15}$ 122°, *Hydrochlorid*, F. 168—170°; aus [p-Chlorbenzyl]-äthylketon u. Pyrrolidin u. red. mit H in Ggw. von Pt-oxid als Katalysator → *1-[p-Chlorphenyl]-2-pyrrolidinobutan*, Kp.$_{0,6}$ 122°, *Hydrochlorid*, F. 141°; analog **VIII**; aus Pyrrolidin, wasserfreier HCOOH, [p-Chlorbenzyl]-propylketon u. $MgCl_2$ → **IX**; aus 1-[p-Chlorphenyl]-2-aminopentan u. 1,5-dibrompentan → **VIII**; aus α-Pyrrolidinovaleronitril u. Grignard-Lsg. aus Mg u. o-Chlorbenzylchlorid → *1-[o-Chlorphenyl]-2-pyrrolidinopentan*, Kp.$_{0,25}$ 112°; aus 2-[p-Chlorphenyl]-1-pyrrolidinopropionitril u. Grignard-Lsg. aus Mg u. Propylbromid → **IX**. — *Blutdrucksteigernde Mittel mit stimulierenden Eigenschaften.* (**D. A. S. 1116670** Kl. 12p vom 10/1. 1958, ausg. 9/11. 1961.) W. Heyer. 4807

Maurice Jeanson, Paris, Frankreich, **Herstellung von Isochinolinphthaliden** der allg. Formel **I**, worin R_1, R_2 u. R_3 gleiche oder verschiedene Alkylreste sind u. X = H, NO_2 oder NH_2 ist, dad. gek., daß man ein Phthalid der allg. Formel

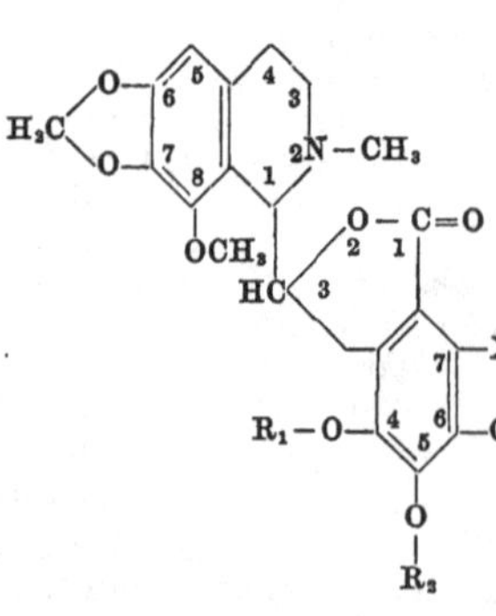

I

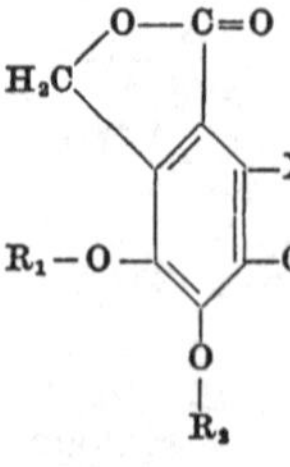

II

II, hergestellt durch Kondens. der entsprechenden Trialkoxybenzoesäure mit CH_2O in Ggw. von HCl u. Einführen einer NO_2-Gruppe in 7-Stellung, die durch Red. in die NH_2-Gruppe u. daraus über das Diazonium-Deriv. nach Sandmeyer-Gattermann in ein H-Atom übergeführt werden kann, in Ggw. eines inerten Lsgm. wie A. u. einem Dehydratationsmittel wie Na_2CO_3 oder Na_2SO_4 unter Rückfluß mit

Cotarnin = 2-Methyl-6.7-methylendioxy-8-methoxy-1.2.3.4-tetrahydroisochinolin kondensiert. *2-Methyl-6.7-methylendioxy-8-methoxy-1-[4'.5'.6'-trimethoxy-7'-nitrophthalidyl-(3')]-1.2.3.4-tetrahydroisochinolin*, F. 192°; die entsprechende *-1-[4'.5'.6'-trimethoxy-7'-aminophthalidyl-(3')]-Verb.* F. 193° u. *-1-[4'-5'.6'-trimethoxyphthalidyl-(3')]-Verb.* F. 187°. — *Inhibitor für Histidindecarboxylase.* (**E. P. 873935** vom 5/8. 1959, ausg. 2/8. 1961.) W. Heyer. 4807

Abbott Laboratories, North Chicago, übert. von: John L. Schmidt, Highland Park, Ill., V. St. A., **Mittel zur Behandlung der Herz-Arrhythmie,** enthaltend als Wirkstoff Verbb. der *1-[2-Diäthylaminoäthyl]-5-äthyl-5-phenylbarbitursäure*, bes. das *Hydrochlorid.* (**A. P. 2995491** vom 12/7. 1957, ausg. 8/8. 1961.) W. Heyer. 4807

Ciba Akt.-Ges., Basel (Erfinder: Jean Druey, Riehen, Paul Schmidt, Therwil, Kurt Eichenberger und Max Wilhelm, Basel), Schweiz, **Herstellung von Pyrazolo-[3.4:d]-pyrimidinen.** 3-Aminopyrazol-4-carbonsäuren der allg. Formel I oder ihre funktionellen Derivv. werden mit $(COOH)_2$ oder mit funktionellen Derivv. von $(COOH)_2$ oder Kohlensäure in der Weise umgesetzt, daß mindestens eine der COOH-Gruppen funktionell so abgewandelt wird, daß sie eine unsubstituierte NH_2-Gruppe enthält. Die so erhaltenen Pyrazolo-[3.4:d]-pyrimidine (**II**) werden an einer darin in 4- oder 6-Stellung vorhandenen OH-Gruppe alkyliert oder chloriert, oder diese werden durch freie NH_2- oder Mercaptogruppen ersetzt. Weiterhin können die Mercaptogruppen alkyliert u./oder 4- u./oder 6-Mercapto- (oder Alkylmercapto-)-[3.4:d]-pyrimidine in die in 5- u./oder 7-Stellung alkylierten 4- u./oder 6 Thionoderivv. umgewandelt werden. In allen Fällen können Salze hergestellt werden. Man erhält Endprodd. der allg. Formel **III**. Hierbei ist R_1 ein Alkyl-, Alkenyl-, Hydroxyalkyl- oder Cycloalkylrest, R_2 ist ein H-Atom oder eine Alkylgruppe; R_3 ist ein Halogenatom, eine Alkoxygruppe, eine freie oder alkylierte Mercaptogruppe, eine freie oder ggf. durch Alkyl-, Cycloalkyl-, Alkenyl-, Hydroxyalkyl- oder Aminoalkylreste mono- oder disubstituierte NH_2-Gruppe, oder eine Alkyleniminogruppe, die ggf. noch weitere Heteroreste enthält. R_4 ist ein H- oder Halogenatom, eine NH_2-, Alkoxy- oder Mercaptogruppe. Außerdem kann man nach diesen Rkk. die 5-/u./oder 7-Alkyl-, Hydroxyalkyl- u. Aminoalkylderivv. von I erhalten. — Beispiele: *2-Isopropyl-4-hydroxy-***II**, F. 229 bis 230° aus A.; *2-Isopropyl-4-mercapto-***II**, F. 237—239° aus A.; *2-Isopropyl-4-thiono-5-methyl-4.5-dihydro-***II**, F. 178—180° aus A.; *2-Isopropyl-4-methylmercapto-***II**, F. 78—79° aus Isopropyläther; *2-Isopropyl-4-dimethylamino-***II**, F. 138—140° aus Isopropyläther, *2-Isopropyl-4-amino-***II**, F. 236—237° aus A. + Ae.; *2-Methyl-4-hydroxy-***II**, F. 193° aus W.; *2-Methyl-4-mercapto-***II**, F. >350°; *2.4-Dimethylmercapto-***II**, F. 172—173° aus A.; *2.5-Dimethyl-4-mercapto-4.5-dihydro-***II**, F. 263—265°; *2-Methyl-4-propylamino-***II**, F. 133° aus PAe. + Methylenchlorid, *Hydrochlorid*, F.: 244—246°; *2-Methyl-4-amino-***II**, F. > 350°. Herst. einiger Zwischenprodukte. — Verw. zur Herst. von *pharmazeut. Präpp.* mit *diuret.* u. *coronaerweiternder* Wirkung. (**D. A. S. 1106331** Kl. 12p vom 9/5. 1959, ausg. 10/6. 1961. Schwz. Prior. 30/5. u. 13/6. 1958, 22/1. u. 3/4. 1959). A. Kalix. 4807

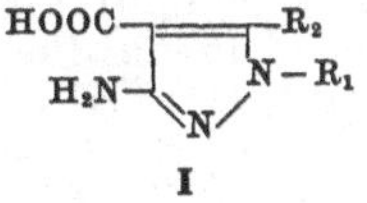

I

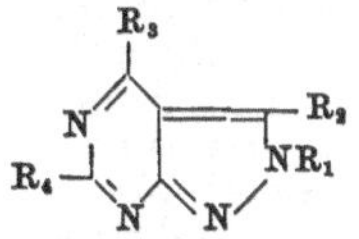

III

Parke, Davis & Co., Detroit (Erfinder: Robert Ford Parcell, St. Clair Shores), Mich., V. St. A., **4-Phenylpiperazinoalkylcarbaminsäureester** der Formel **I**, in der R einen Alkoxy-, Alkenyloxy- oder Alkylmercaptorest mit 1 bis 5 C-Atomen, n eine ganze Zahl von 2 bis 6 u. R_1 einen Alkylrest mit 1 bis 4 C-Atomen bedeutet, sowie deren Salze erhält man dadurch, daß man 4-Phenylpiperazinoalkylamine der

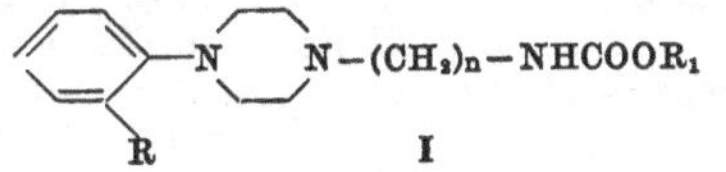

I

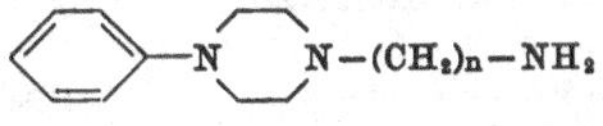

II

Formel **II** mit Chlorameisensäureestern der Formel $ClCOOR_1$ umsetzt. — Folgende Ester wurden hergestellt: *N-[3-(4'-o-Propylmercaptophenyl)-piperazino)-propyl]-carbaminsäureäthyl-, Monohydrochlorid*; F. 145—147°. Ausbeute: 70%. *N-[3-(4-o-Propylmercaptophenylpiperazino)-propyl]-carbaminsäurepropyl-, Hydrochlorid*, F. 140 bis 142°; *N-[3-(4-o-Propylmercaptophenylpiperazino)-propyl]-carbaminsäuremethyl-*,

Hydrochlorid, F. 132—134°; *N-[4-(4-o-Propylmercaptophenylpiperazino)-butyl]-carbaminsäureäthyl-, Hydrochlorid*, F. 153—155°; *N-[4-(4-o-Propylmercaptophenylpiperazino)-butyl]-carbaminsäurepropyl-, Hydrochlorid*; F. 146—148°; *N-[5-(4-o-Propylmercaptophenylpiperazino)-pentyl]-carbaminsäureäthyl-, Hydrochlorid*, F. 108—110°. *N-[5-(4-o-Propylmercaptophenylpiperazino)-pentyl]-carbaminsäurepropyl-, Hydrochlorid*, F. 107,5—108,5. *N-[5-(4-o-Propoxyphenylpiperazino)-pentyl]-carbaminsäuremethyl-, Hydrochlorid*, F. 106—107°. *N-[5-(4-o-Propoxyphenylpiperazino)-pentyl]-carbaminsäureäthyl-, Hydrochlorid*, F. 102—104°. *N-[5-(4-o-Propylmercaptophenylpiperazino)-pentyl]-carbaminsäuremethyl-, Hydrochlorid*, F. 123—125°. *4-[5-(4-o-Allylmercaptophenylpiperazino)-pentyl]-carbaminsäuremethyl-, Hydrochlorid*, F. 135—137°. *Blutdruck senkende Mittel.* (**D. A. S. 1099542** Kl. 12p vom 22/10. 1957, ausg. 16/2. 1961. A. Prior. 22/10. 1956.) F. Obermeier. 4807

G. D. Searle & Co., Chicago, Ill., V. St. A., übert. von: Luis E. Miramontes, Mexico, Mexico, **3β-Acetoxy-16α-brom-Δ^5-pregnen-20-on (I)**, F. 158—159,5°; $[\alpha]_D$ —9,5°, erhält man z. B. durch Anlagerung von HBr an 3β-Acetoxy-$\Delta^{5,16}$-pregnadien-20-on (**II**) in Dichlormethan. — Alternativ kann man anstelle von **II** das aus dem Pseudodiosgeninabbau stammende 3β-Acetoxy-16β-[γ-methyl-δ-acetoxypentanoyloxy]-Δ^5-pregnen-20-on als Ausgangsverb. einsetzen. — **I** + wss. KOH in Dioxan → *3β-Hydroxy-$\Delta^{5,16}$-pregnadien-20-on*, F. 208—214°. — Ferner läßt sich **I** durch Epoxydation mit H_2O_2-NaOH u. Reacetylierung überführen → *3β-Acetoxy-16α.17α-epoxy-Δ^5-pregnen-20-on*, F. 155—158°. — Durch Debromierung mit Zn-Eisessig in Methanol-Dichlormethan erhält man → *3β-Acetoxy-Δ^5-pregnen-20-on*, F. 145—147°. — *Zwischenprodd.* zur Herst. von *Heilmitteln.* (**A. P. 3004967** vom 25/3. 1959, ausg. 17/10. 1961.) U. Sievers. 4809

G. D. Searle & Co., Chicago, übert. von: Walter R. Benn, Deerfield, Ill., V. St. A., **16α-Äthinyl-Δ^4-pregnen-3.20-dion (I)**, F. 130—131,5° u. 161—163°, erhält man durch Rk. von 3β-Acetoxy-$\Delta^{5,16}$-pregnadien-20-on in Tetrahydrofuran mit C_2H_2 in Ggw. von CH_3MgBr u. anschließende Reacetylierung → *3β-Acetoxy-16α-äthinyl-Δ^5-pregnen-20-on*, F. 114—115,5°; $[\alpha]_D$ —11°, welches sich durch Verseifung mit methanol. K_2CO_3 überführen läßt → *16α-Äthinyl-3β-hydroxy-Δ^5-pregnen-20-on*, F. 163—165,5°; $[\alpha]_D$ —10°; daraus durch Oppenauer-Oxydation → **I**. — *Heilmittel.* (**A. P. 3009926** vom 11/10. 1960, ausg. 21/11. 1961.) U. Sievers. 4809

Smith, Kline & French Laboratories, Philadelphia, übert. von: James F. Kerwin, Broomall, und Manfred E. Wolff, Elkins Park, Pa., V. St. A., **Stereoid-17.18-lactone.** Man setzt z. B. 3-Hydroxyconanin (**I**) in Bzl. mit CH_3J um → **I**-*Methojodid*, F. 256—262°; $[\alpha]_D^{25}$ 27,5°, welches durch Adsorption an Amberlite IRA-400 (**II**) quaternisiert. Das Methanol-Eluat läßt sich durch Erhitzen auf 180° unter vermindertem Druck überführen → *3β-Hydroxy-18-dimethylamino-Δ^{20}-allopregnen*, F. 156—157°; $[\alpha]_D^{25}$ 29°; *Methojodid*, F. 146,5° (Zers.); $[\alpha]_D^{25}$ 28,7°, welches sich durch Rk. an **II** überführen läßt → *3β-Hydroxy-18-trimethylammonium-Δ^{20}-allopregnenhydroxid*, F. 215°; daraus durch Oxydation mit $KMnO_4$ in W. → *18-Dimethylamino-3β-hydroxy-17β-androstancarbonsäuremethylester*, der sich in Dimethylformamid mit 10%ig. NaOH lactonisieren läßt. → *3β.18-Dihydroxy-17β-androstancarbonsäure-γ-lacton.* — Analog: *3-Ketoconanin-methojodid*, F. 284—289°; $[\alpha]_D^{25}$ 65,2°. — Die Herst. weiterer 17-Androstan- oder Ätiocholancarbonsäure-γ-lactone wird, jedoch ohne Angabe von physikal. Daten, beschrieben. — *Heilmittel* sowie Zwischenprodd. zu deren Herstellung. (**A. P. 3004965** vom 7/8. 1959, ausg. 17/10. 1961.) U. Sievers. 4809

Merck & Co., Inc., Rahway, übert. von: Frank A. Cutler, Metuchen, N. J., V. St. A., **$\Delta^{4.9,11}$-Pregnadien-17α-ol-3.20-dion (Ia)**, F. 207—214,5°, erhält man durch Rk. von $\Delta^{4.9,11}$-Pregnadien-17a.21-diol-3.20-dion (**I**) mit Methansulfonylchlorid in Ggw. von Pyridin → **I**-*21-Methansulfonat*, F. 189,5—191,5°, welches sich durch Rk. mit NaJ in Aceton überführen läßt → *21-Jod-$\Delta^{4.9,11}$-pregnadien-17α-ol-3.20-dion*, Zers. 142—149°; daraus durch Red. mit Zn-Staub u. Essigsäure → **Ia**. — *Heilmittel* sowie Zwischenprodd. zu deren Herstellung. (**A. P. 3009935** vom 29/10. 1954, ausg. 21/11. 1961.) U. Sievers. 4809

Merck & Co., Inc., Rahway, übert. von: Glen E. Arth, Cranford, Roger E. Beyler, Westfield, und Lewis H. Sarett, Princeton, N. J., V. St. A., **6α.16α-Dimethylprednison, -prednisolon, deren 21-Acetate und 9α-Fluorverbindungen.** Man setzt z. B. 16α-Methyl-Δ^4-pregnen-17α.21-diol-3.11.20-trion mit Formaldehyd in Chlf. u. in Ggw. von wss. HCl um → *17α.20; 20.21-Bis-methylendioxy-16α-methyl-Δ^4-pregnen-3.11-dion*, welches durch Rk. mit Äthylenglykol in sein 3-Äthylenketal übergeführt wird; daraus durch Oxydation mit Perbenzoesäure, Spaltung des 5.6-Epoxids mit Ameisensäure u. Rk. des Gemisches der 6- u. 5-Formyloxyverbb. mit methanol. KOH → *17α.20; 20.21-Bis-methylendioxy-16α-methylallopregnan-3.6.11-trion.* Hieraus erhält man nach erneuter Ketalisierung der 3-Oxogruppe, Rk. mit CH_3MgJ u. Dehydratisierung mit $SOCl_2$ in Pyridin → *3-Äthylendioxy-17α.20; 20.21-bis-methylendioxy-6.16α-dimethyl-*Δ^5*-pregnen-11-on,* welches sich nach Ketalspaltung mit p-Toluolsulfonsäure, Abspaltung der Schutzgruppen in der Seitenkette mit 50%ig. Essigsäure, Acetylierung der 21-Hydroxygruppe u. 1-Dehydrierung mit SeO_2 überführen läßt → *6α.16α-Dimethyl-*$\Delta^{1.4}$*-pregnadien-17α.21-diol.-3.11.20-trion-21-acetat.* — Zur Herst. des 11β-Hydroxyanalogen wird 3-Äthylendioxy-17α. 20; 20.21-bis-methylendioxy-6.16 α-dimethyl-Δ^5-pregnen-11-on mit $LiAlH_4$ in Ae. red.; sodann werden die Schutzgruppen abgespalten, die 21-Hydroxygruppe acetyliert u. die 1,2-Stellung mit SeO_2 dehydriert → *6α.16α-Dimethyl-*$\Delta^{1.4}$*-pregnadien-11β.17α.21-triol-3.20-dion-21-acetat.* — Ausgehend vom *17α*.20; 20.21-Bis-methylendioxy-6α.16α-dimethyl-Δ^4-pregnen-11β-ol-3-on kann man schließlich auf üblichem Wege über die 9,11-Dehydroverb. eine 9α-ständige Fluorgruppe einführen u. das erhaltene 6α.16*α-Dimethyl-9α-fluor-*Δ^4*-pregnen-11β.17α.21-triol-3.20-dion* auf mikrobiolog. Wege, z. B. mit einer Kultur von *Mycobacterium smegmatis,* unter aeroben u. submersen Bedingungen dehydrieren → *6α.16α-Dimethyl-9α-fluor-*$\Delta^{1.4}$*-pregnadien-11β.17α.21-triol-3.20-dion.* — *Heilmittel* sowie Zwischenprodd. zu deren Herstellung. (**A. P. 3004994** vom 16/9. 1957, ausg. 17/10. 1961.) U. Sievers. 4809

Olin Mathieson Chemical Corp., New York, N. Y., übert. von: Josef E. Herz und Josef Fried, New Brunswick, N. J., V. St. A., **9α-Halogen-21-desoxysteroide der Pregnanreihe** erhält man durch Rk. einer entsprechenden 21-Hydroxyverb. mit einem organ. Sulfonylhalogenid, Austausch der Sulfonyloxygruppe gegen J durch Rk. mit NaJ in Aceton u. Red. des 21-ständigen J-Atoms in üblicher Weise. — Man setzt z. B. 9α-Fluorhydrocortison (I) mit Methansulfonylchlorid in Ggw. von Pyridin um → I-*21-Mesylat,* F. 226—227° (Zers.); $[\alpha]_D^{23}$ 129°, welches sich durch Rk. mit NaJ in Aceton überführen läßt → *9α-Fluor-21-jod-*Δ^4*-pregnen-11β.17α-diol-3.20-dion.* F. ca. 300° (Zers.); $[\alpha]_D^{23}$ 129°; daraus durch Rk. mit $NaHSO_3$ in Dioxan → *9α-Fluor-11β.17α-dihydroxyprogesteron,* F. 275—277°. — Analog: *9α-Fluorcortison-21-mesylat,* F. 236—239° (Zers.); $[\alpha]_D^{23}$ 134°. — *9α-Fluor-*$\Delta^{1.4}$*-pregnadien-11β.17α.21-triol-3.20-dion-21-mesylat,* F. 218—219° (Zers.). — *9α-Fluor-*$\Delta^{4.6}$*-pregnadien-11β.17α.21-triol-3.20-dion-21-mesylat,* F. 237—238° (Zers.); $[\alpha]_D^{23}$ 94°. — *9α-Fluor-21-jod-*Δ^4*-pregnen-17α-ol-3.11.20-trion,* F. ca. 300° (Zers.); $[\alpha]_D^{23}$ 128°. — *9α-Fluor-21-jod-*$\Delta^{1.4}$*-pregnadien-11β.17α-diol-3.20-dion,* F. 180—195° (Zers.). — *9α-Fluor-21-jod-*$\Delta^{4.6}$*-pregnadien-11β.17α-diol-3.20-dion,* F. 225° (Zers.); $[\alpha]_D^{23}$ 110°. — *9α-Fluor-*$\Delta^{1.4}$*-pregnadien-11β.17α-diol-3.20-dion,* F. 313—315° (Zers.); $[\alpha]_D^{23}$ 47°. — *9α-Fluor-*$\Delta^{4.6}$*-pregnadien-11β.17α-diol-3.20-dion,* F. 294—296° (Zers.); $[\alpha]_D^{23}$ 112°. — *Heilmittel* sowie Zwischenprodd. zu deren Herstellung. (**A. P. 3000915** vom 17/6. 1955, ausg. 19/9. 1961.) U. Sievers. 4809

G. D. Searle & Co., Chigago, übert. von: Raymond E. Counsell und Paul D. Klimstra, Skokie, Ill., V. St. A., **2-Halogen-**Δ^1**-androsten-3.17-dione** erhält man durch Rk. eines entsprechenden 1α,2α-Epoxids mit dem gewünschten Halogenwasserstoff. — Man setzt z. B. 1α.2α-Epoxy-5α-androstan-3.17-dion in Aceton mit 48%ig. HBr um → *2α-Brom-5α-*Δ^1*-androsten-3.17-dion,* F. 179,5—180,5°; $[\alpha]_D$ 94°. — Analog: *2-Chlor-5α-Δ-androsten-3.17-dion,* F. 146—148°; $[\alpha]_D$ 117°. — Die entsprechende 2-Fluorverb. wird dagegen folgendermaßen hergestellt: Man setzt 3β-[p-Toluolsulfonyloxy]-5α-androstan-17-on mit Kollidin um → *5α-*Δ^1*-Androsten-17-on,* F. 103—105°; $[\alpha]_D$ 163°, welches sich mit Perbenzoesäure epoxydieren läßt → *2α.3α-Epoxy-5α-androstan-17-on,* F. 123—126°; $[\alpha]_D$ 104°; daraus durch Spaltung mit HF in Tetrahydrofuran → *2β-Fluor-3α-hydroxy-5α-androstan-17-on,* F. 184—185°; $[\alpha]_D$ 97°, welches sich mit CrO_3 in Aceton oxydieren läßt → *2β-Fluor-5α-androstan-3.17-dion,* F. 142—143°; $[\alpha]_D$ 123°; daraus durch Rk. mit HBr in Eisessig → *2α-Fluor-5α-androstan-3.17-dion,* F. 203—205°, welches sich mit Br_2 in Ggw. von HBr u. Eisessig u. anschließende Dehydrobromierung des erhaltenen *2β-Brom-2α-fluor-5α-androstan-3.17-dions* überführen läßt → *2-Fluor-5α-*Δ^1*-androsten-3.17-dion,* F. 188—190°; $[\alpha]_D$ 122°. — *Heilmittel.* (**A. P. 2980710** vom 1/7. 1960, ausg. 18/4. 1961.) U. Sievers. 4809

G. D. Searle & Co., Chicago, übert. von: Leonhard N. Nysted, Highland Park, Ill., V. St. A., **17β-Aminoalkanamidoverbindungen der Androstanreihe.** Man setzt z. B. 17β-Δ^5-Aminoandrosten-3β-ol mit Chloressigsäureanhydrid in Bzl. um → *3β-Chloracetoxy-17β-chloracetylamino-*Δ^5*-androsten,* F. 232—235°, welches sich durch Rk. mit Diäthylamin (I) in Bzl. überführen läßt → *3β-Diäthylaminoacetoxy-17β-diäthylaminoacetamido-Δ⁵-androsten*, F. 100—102°; daraus durch Hydrolyse mit methanol. NaOH → *17β-Diäthylaminoacetamido-Δ^5-androsten-3β-ol*, F. 188 bis 191°, welches sich nach Oppenauer dehydrieren läßt → *17β-Diäthylaminoacetamido-Δ^4-androsten-3-on*. — Analog: 3β-Acetoxy-5α-androstan-17β-amin + $ClCH_2CO_2Cl$ → *3β-Acetoxy-17β-chloracetamido-5α-androstan*, F. 221—223°; daraus durch Rk. mit **I** → *3β-Acetoxy-17β-diäthylaminoacetamido-5α-androstan*-(**II**), *Hydrochlorid*, F. 242—257°. — **II** läßt sich mit methanol. NaOH zur freien 3β-Hydroxyverb. verseifen; daraus durch Oxydation mit CrO_3 in Essigsäure → *17β-Diäthylaminoacetamido-5α-androstan-3-on*, F. 129—132°. — Analog: *3β-Morpholinoacetoxy-17β-morpholinoacetamido-Δ^5-androsten*, F. 188—191°. — *17β-Morpholinoacetamido-Δ^5-androsten-3β-ol*, F. 211—214°. — *17β-Morpholinoacetamido-Δ^4-androsten-3-on*, F. 143—146°. — *Heilmittel*. (**A. P. 3001988** vom 19/7. 1960, ausg. 26/9. 1961.)

U. Sievers. 4809

Upjohn Co., Kalamazoo, Mich., V. St. A. (Erfinder: John Claude Babcock und Arnold Charles Ott), **11α.17α-Dimethylandrostan-11β.17β-diol (I)**, F. 149 bis 150,5°; $[\alpha]_D^{25}$ —6°, erhält man durch Red. von 11-Ketoprogesteron-3-benzylthioenoläther mit Raney-Ni in Aceton → *11.20-Diketo-$\Delta^{3.5}$-pregnadien*, F. 141—143°, welches sich katalyt. mit H_2/Pd-Kohle in Äthylacetat hydrieren läßt → *Allopregnan-11.20-dion*, F. 139,5—141°; daraus durch Seitenkettenabbau mit Acetanhydrid in Ggw. von p-Toluolsulfonsäure u. nachfolgende Ozonisierung → *Androstan-11.17-dion*, F. 129—129,5°, welches sich durch Grignardierung mit CH_3MgBr überführen läßt → **I**. — *Heilmittel*. (**E. P. 878733** vom 16/9. 1959, ausg. 4/10. 1961.)

U. Sievers. 4809

Schering Corp., Bloomfield, übert. von: David H. Gould, Leonia, Hans Reimann, Bloomfield, und Lawrence F. Finckenor, Lynhurst, N. J., V. St. A., **9α.11β-Halogensteroide der Androstan- oder Pregnanreihe** erhält man durch Rk. einer entsprechenden 9,11-Dehydroverb. mit einem Halogenierungsmittel. — Man setzt z. B. $\Delta^{1.4.9,11}$-Pregnatrien-17α.21-diol-3.20-dion-21-acetat in Eisessig-Tetrahydrofuran mit LiCl, N-Bromacetamid u. HCl (Gas) um → *9α-Brom-11β-chlor-$\Delta^{1.4}$-pregnadien-17α.21-diol-3.20-dion-21-acetat*, F. 190—195° (Zers.); $[\alpha]_D^{20}$ 172°. — Analog: *9α.11β-Dichlor-$\Delta^{1.4}$-pregnadien-17α.21-diol-3.20-dion-21-acetat*, F. 246 bis 253° (Zers.); $[\alpha]_D^{25}$ 162°; *freier Alkohol*, F. 238—241° (Zers.) $[\alpha]_D^{20}$ 134°. — *9α.11β-Dibrom-$\Delta^{1.4}$-pregnadien-17α.21-diol-3.20-dion-21-acetat*, F. 142—146° (Zers.); $[\alpha]_D$ 185°. — *9α.11β-Dichlor-$\Delta^{1.4}$-androstadien-3.17-dion*, F. 227—231° (Zers.); $[\alpha]_D$ 178°. — *9α-Brom-11β-fluor-$\Delta^{1.4}$-androstadien-3.17-dion*, F. 194—196° (Zers.); $[\alpha]_D$ 118°. — *9α.11β-Dichlor-$\Delta^{1.4}$-androstadien-17β-ol-3-on-17-propionat*, F. 170—173°; $[\alpha]_D$ 105°. — *9α-Brom-11β-chlor-$\Delta^{1.4}$-androstadien-17β-ol-3-on-17-propionat*, F. 128 bis 130° (Zers.); $[\alpha]_D$ 112°. — *9α-Brom-11β-fluor-$\Delta^{1.4}$-androstadien-17β-ol-3-on-17-propionat*, F. 160—162°; $[\alpha]_D$ 64°. — *9α.11β-Dichlor-17α-hydroxyprogesteron-17-acetat*, F. 224—233° (Zers.); $[\alpha]_D$ 129°. — *9α-Brom-11β-chlor-17α-hydroxyprogesteron-17-acetat*, F. 124—129° (Zers.); $[\alpha]_D$ 142°. — *9α.11β-Dichlor-17α-hydroxy-$\Delta^{1.4}$-pregnadien-3.-20-dion-17-acetat*, F. 230—235° (Zers.); $[\alpha]_D$ 129°. — *9α.11β-Dichlorprogesteron*, F. 174—177° (Zers.); $[\alpha]_D$ 243°. — *Heilmittel* sowie Zwischenprodd. zu deren Herstellung. (**A. P. 3009938** vom 1/6. 1959, ausg. 21/11. 1961.)

U. Sievers. 4809

Schering Akt.-Ges., Berlin, **Herstellung von Derivaten von *17α*-Hydroxyprogesteronestern mit verstärkter progestativer Wirkung.** Man führt in 17α-Hydroxyprogesteronestern aliphat. Carbonsäuren, bes. solcher mit 1—7 C-Atomen, in 1- u. 6-Stellung zusätzliche Doppelbindungen ein, z. B. indem man 17α-Hydroxyprogesteron-17-acetat in Dioxan zu *2.6-Dibrom-17α-hydroxyprogesteron-17-acetat*, F. 142°, bromiert u. dieses unter N_2 mit Kollidin kocht → *17α-Hydroxy-$\Delta^{1.4.6}$-pregnatrien-3.20-dion-17-acetat*, F. 192—192,5°. Analog: *2.6β-Dibrom-17α-hydroxyprogesteron-17α-capronat*, F. 113—116°. (Zers.) bzw. *2.6α-Dibrom-17α-hydroxyprogesteron-17α-capronat*, F. 165—166° → *17α-Hydroxy-$\Delta^{1.4.6}$-pregnatrien-3.20-dion-17-capronat*, F. 100—103°. — Oder man kocht 17α-Hydroxyprogesteron mit Chloranil in n-Amylalkohol → *17α-Hydroxy$\Delta^{1.4.6}$-pregnatrien-3.20-dion*, F. 237—243° → *$\Delta^{1.6}$-17α-Hydroxyprogesteron-17-acetat*, F. 197—198°. — *$\Delta^{1.6}$-17α-Hydroxyprogesteron-17-formiat*, F. 193—194°. (**Niederl. P. 100025** vom 17/12. 1958, ausg. 15/12. 1961. D. Prior. 18/12. 1957.)

F. Böhm. 4809

E. Merck Akt.-Ges., Darmstadt, **Herstellung ungesättigter 6-Fluor-, 6-Chlor- oder 6-Brom-Ketosteroide** der allg. Formel I [R_1 = 0, H/H oder H/OR_3 (α oder β); R_2 = α-OR_4/β-R_5 oder α-H/β-Acetyl; R_3 = H oder Acetyl; R_4 =

H oder Acyl mit <10 C-Atomen; R_5 = Acetyl oder -$COCH_2OR_4$; X = F, Cl oder Br; in 1.2-Stellung kann sich eine weitere Doppelbindung befinden]. Man setzt ein entsprechendes 3-Ketosteroid durch Behandlung mit einer Persäure u. dann mit Halogenwasserstoff in ein 6-Halogen-7-hydroxysteroid um u. läßt hierauf ein Dehydratisierungsmittel einwirken. — Durch Einw. von Monoperphthalsäure in Chlf. bei Raumtemp. werden z. B. zunächst folgende Verbb. gewonnen: *6α.7α-Epoxycortison-21-acetat*, F. 267—269°; *6α.7α-Epoxycortisol-21-acetat*, F. 267—270°; *6α.7α-Epoxyprednison-21-acetat*, F. 266—270°; *6α.7α-Epoxy-17α-acetoxyprogesteron*, F. 253—255°; *6α.7α-Epoxyprednisolon-21-acetat*, F. 254—260; *6α.7α-Epoxyprogesteron*, F. 178—180°; *6α.7α-Epoxy-Reichsteins-Stoff-S-21-acetat*, F. 235 bis 238°; *6α.7α-Epoxy-11-epicortisol-11.21-diacetat*, F. 208—210°; *6α.7α-Epoxy-11-epicortisol-11-tosylat-21-acetat*; *6α.7α-Epoxycortisoltriacetat*; *6α.7α-Epoxyprednisolontriacetat*. Hieraus erhält man mit H_2F_2 in Tetrahydrofuran/Chlf. (2:1) bei —60°: *6β-Fluor-7α-hydroxycortison-21-acetat*, F. 253—261°; *6β-Fluor-7α-hydroxyprednison-21-acetat*, F. 285—288°; *6β-Fluor-7α-hydroxyprogesteron*, F. 219—222°; *6β-Fluor-7α-hydroxy-17α-acetoxyprogesteron*, F. 198—200°; *6β-Fluor-7α-hydroxy-Reichsteins-Stoff-S-21-acetat*, F. 248—249°; *6β-Fluor-7α-hydroxy-11-epicortisol-11.21-diacetat*; *6β-Fluor-7α-hydroxy-11-epicortisol-11-tosylat-21-acetat*; *6β-Fluor-7α-hydroxycortisol-11β.17α.21-triacetat*; *6β-Fluor-7α-hydroxyprednisolon-11β.17α.21-triacetat*. Einw. von HBr in Eisessig bei Raum-Temp. u. nachfolgende Verseifung mit wss. $NaHCO_3$-Lsg. bzw. auf mikrobiolog. Weg oder Kochen mit p-Toluolsulfonsäure in Toluol ergibt: *6-Fluor-6-dehydrocortison*, F. 215—217°, *21-Acetat*, F. 230 bis 232°; *6-Fluor-6-dehydroprednison*, F. 214—216°, *21-Acetat*, F. 239—241°; *6-Fluor-6-dehydroprogesteron*, F. 208—209°; *6-Fluor-6-dehydro-17α-acetoxyprogesteron*, F. 235—236°; *6-Fluor-6-dehydro-Reichsteins-Stoff-S*, F. 202—204°, *21-Acetat*, F. 197—200°; *6-Fluor-6-dehydro-11-epicortisol*, F. 222—224°, *11.21-Diacetat*, F. 240—243°; *6-Fluor-6-dehydro-11-epicortisol-11-tosylat-21-acetat*, F. 163 bis 166°; *6-Fluor-6-dehydrocortisol*, F. 212—214°; *6-Fluor-6-dehydroprednisolon*, F. 213—216°. — *Heilmittel*. (**Niederl. P. 99765** vom 29/4. 1959, ausg. 15/11. 1961. D. Prior. 29/4. 1958.)
F. Böhm. 4809

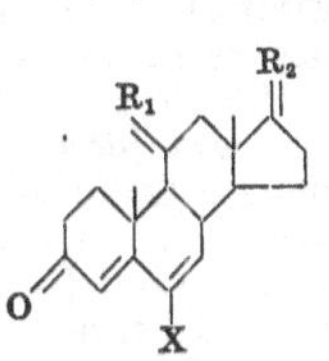
I

Laboratoires Français de Chimiothérapie, Paris, Frankreich, **Herstellung von Δ^1-Dehydrocortison oder dessen Estern.** Man entzieht 17α-Hydroxy-2.4.21-tribrompregnan-3.11.20-trion durch Einw. eines Li-Halogenids (z. B. LiCl) in Dimethylformamid oder durch Einw. von Dinitrophenylhydrazin Br u. verseift das gebildete *21-Brom-17α-hydroxy-$\Delta^{1.4}$-pregnadien-3.11.20-trion*, F. 250 bis 252 (Zers.), zu *Δ^1-Dehydrocortison* (I) bzw. acyliert zu einem I-Ester, z. B. I-*Acetat*, FF. 224 u. 236°. (**Niederl. P. 100040** vom 7/4. 1956, ausg. 15/12. 1961. F. Prior. 15/4. 1955.) F. Böhm. 4809

Merck & Co., Inc., Rahway, übert. von: Arthur A. Patchett, Metuchen, N. J., V. St. A., **3-Äthylendioxy-22-formyl-oder-alkoxyoxalyl-20-Δ^5-spiroxen-21-one** erhält man durch Rk. der entsprechenden 22-Methylenverbb. mit einem Ester der Ameisen- oder Oxalsäure in Ggw. von NaH. — Man setzt z. B. 3-Äthylendioxy-20-Δ^5-spiroxen-21-on mit Dimethyloxalat in Ggw. von NaH bei 40° um → *3-Äthylendioxy-22-methoxyoxalyl-20-Δ^5-spiroxen-21-on*. — Analog: *3-Äthylendioxy-22-formyl-20-Δ^5-spiroxen-21-on*. — *Heilmittel*. (**A. P. 3008960** vom 31/1. 1961, ausg. 14/11. 1961.) U. Sievers. 4809

G. D. Searle & Co., Chicago, übert. von: Raymond E. Counsell, Evanston, Ill., V. St. A., **17β-Hydroxy-Δ^1-östren-3-onverbindungen.** Man acetyliert z. B. 17β-Hydroxy-5α.10β-östran-3-on (I) mit Acetanhydrid in Pyridin → I-*17-Acetat*, F. 104—106°, welches sich durch Rk. mit Br_2 in Eisessig überführen läßt → *2-Brom-17β-acetoxyöstran-3-on*; daraus durch Dehydrobromierung mit Kollidin → *17β-Acetoxy-5α.10β-Δ^1-östren-3-on*, F. 133,5—135,5°; $[\alpha]_D$ 117°. — Analog: *17β-Acetoxy-5β.10β-Δ^1-östren-3-on*, F. 117—118,5°; *freier Alkohol*, F. 140—142°. — *17α-Methyl-17β-Δ^1-hydroxyöstren-3-on*, F. 141—142,5°; $[\alpha]_D$ 87°. — *17α-Äthyl-17β-hydroxy-5α.10β-Δ^1-östren-3-on*, F. 170—173°; $[\alpha]_D$ 42,4°. — *Heilmittel*. (**A. P. 3007947** vom 29/12. 1959, ausg. 7/11. 1961.) U. Sievers. 4809

G. D. Searle & Co., Chicago, übert. von: David A. Tyner, Glenview, Ill., V. St. A., **3-Methoxy-16-methyl-$\Delta^{1.3.5,10}$-östratrien-17-on,** F. 95—96°; $[\alpha]_D$ 149°, erhält man durch Rk. von Östronmethyläther mit Dimethylaminhydrochlorid u. Paraformaldehyd in 3-Methylbutanol-(1) → *3-Methoxy-16-methylen-$\Delta^{1.3.5,10}$-östra-*

trien-17-on, F. 129—132°; $[\alpha]_D$ 113°, u. anschließende katalyt. Hydrierung in Ggw. von Pd-Kohle. — *Heilmittel.* (**A. P. 3007946** vom 6/11. 1958, ausg. 7/11. 1961.) U. Sievers. 4809

Eastman Kodak Co., übert. von: Max H. Stern, Rochester, N. Y., V. St. A., **Polyäthylenglykolester von Phytosterindicarbonsäureestern** erhält man z. B. durch Veresterung von Soja-Sterinen mit Bernsteinsäureanhydrid in Ggw. von Pyridin u. anschließende Veresterung des erhaltenen sauren Bernsteinsäureesters mit einem Polyäthylenglykol (Mol.-Gew. ca. 1000) in Toluol u. in Ggw. von H_2SO_4. — *Wasserlösl. Heilmittel.* (**A. P. 3004043** vom 9/10. 1959, ausg. 10/10. 1961.) U. Sievers. 4809

Chas. Pfizer & Co., Inc. (Erfinder: Edward George Martin), Brooklyn, N. Y., V. St. A., **Antibioticum-Präparat**, dad. gek., daß man eine wss. Lsg. von Hydroxytetracyclin, Tetracyclin oder Chlortetracyclin mit einem Reinheitsgrad von mindestens 95% als Säureadditionssalz an einen nichttox. sulfonierten Kationenaustauscher nach Typ „Dowex-50", „Amberlite IR 120" oder „Chempro C-25" adsorbiert. *Oral anwendbar* u. *ohne bitteren Geschmack.* (**E. P. 877282** vom 1/6.1959, ausg. 13/9. 1961.) W. Heyer. 4811

American Cyanamid Co., New York, N. Y., V. St. A., **Gewinnung von Tetracyclin oder Bromtetracyclin** durch Kultur von Streptomyces aureofaciens in einem Nährmedium, das möglichst frei von Cl-Ionen ist, bzw. dem Br-Ionen zugesetzt sind, u. das pro Liter 30—100 g Stärke u. 5—60 g eines fetten Öls, bes. Schmalzöl, Maisöl, Baumwollöl oder Erdnußöl enthält, u. Abtrennen des gebildeten Antibioticums nach üblichen Methoden. (**Ind. P. 66547** vom 28/1. 1959, ausg. 4/5. 1961. Can. Prior. 21/11. 1958.) C. Lüttgen. 4811

Chas. Pfizer & Co., Inc., New York, übert. von: James D. Duerr, Bayside, und Basil A. Pappas, Brooklyn, N. Y., V. St. A., **Herstellung von Arzneimitteln.** Um *Tetracycline* (I) von ihrem bitteren Geschmack zu befreien u. sie gleichzeitig zu stabilisieren, behandelt man eine wss. Lsg. derselben mit einem pH-Wert von 0,5 bis 2 mit 4 bis 7%, berechnet auf **I**, eines Na-, K- oder Li-Salzes einer anion. Verb. aus der Gruppe: Fettsäuren mit 10 bis 24 C-Atomen, Sulfonsäuremonoester eines Fettalkohols mit 10 bis 24 C-Atomen oder N-Alkanolamide der genannten Fettsäuren, in denen die Alkanolgruppe 2 bis 4 C-Atome besitzt, filtriert von dem entstehenden Nd. (Verunreinigungen) ab, stellt auf pH 3 bis 5 ein u. gewinnt das **I** aus der Lösung. (**A. P. 2988569** vom 28/11. 1958, ausg. 13/6. 1961.) K. Koebke. 4811

Upjohn Co., Kalamazoo, übert. von: Robert F. Carper, Pavilion Township, David H. Gregg und Carl J. Lintner, Kalamazoo, Mich., V. St. A., **Arzneimittel.** Ein stabiles Breitband-Antibioticum zur Applikation per os, bestehend aus ca. 50(%) freier *Tetracyclinbase* u. *Novobiocin-Ca-Säure*, 25 bis 80 Zukker, 0,5 bis 2 Sorbitantrioleat, 1 bis 25 eines Alkalimetall-Hexametaphosphats u. Geschmackskorrigentien. Das Gemisch wird mit W. granuliert u. getrocknet. Vor dem Einnehmen mischt man die Granula mit Wasser. (**A. P. 2994639** vom 16/12. 1958, ausg. 1/8. 1961.) K. Koebke. 4811

Glaxo Laboratories Ltd. (Erfinder: Alexander Harper Campbell), Greenford, Middlesex, England, **Antibioticum-Präparat,** enthaltend *Lagosin* zusammen mit *Penicillin*, *Chloramphenicol*, *Erythromycin*, *Streptomycin*, *Dihydrostreptomycin*, *Neomycin*, *Gramicidin* u./oder *Bacitracin.* (**E. P. 884713** vom 22/5. 1959, ausg. 13/12. 1961.) W. Heyer. 4811

S. Maw, Son & Sons Ltd., Barnet, England (Erfinder: Ronald Maxwell Savage), **Gewinnung von antihaemophilem Globulin** aus Schweineblut. Um das Gelieren während der Steriltration zu vermeiden, entfernt man die Blutblättchen, bes. vor oder unmittelbar nach der Abtrennung des Prothrombins oder des Faktors VII durch Filtration mittels Klärfilter. (**E. P. 865423** vom 11/10. 1957, ausg. 19/4. 1961.) K. Koebke. 4813

N. V. Tervalon Mij. voor Voedingsmiddelen op Wetenschappelijke Basis, Utrecht, Niederlande, **Arzneimittel** zur Behandlung von Darmträgheit, enthaltend als Wirkstoff Lactulose in einem festen oder fl. Träger. (**E. P. 865595** vom 7/3. 1957, ausg. 19/4. 1961. Niederl. Prior. 10/3. 1956.) K. Koebke. 4815

Chas. Pfizer & Co., Inc., Brooklyn, N. Y., V. St. A., **Tabletten oder Kapseln zur oralen Behandlung von Diabetes,** enthaltend 5—600 mg *N-[p-Chlorbenzolsulfonyl]-N'-propylharnstoff* u. ein inertes Verdünnungsmittel, bes. Lactose. (**Ind. P. 65243** vom 15/9. 1958, ausg. 7/10. 1960.) C. Lüttgen. 4815

Clinical Products Ltd., Slough, England (Erfinder: William Herbert Linnell, Stephen Paul Rety und Herbert Timmington), **Arzneimittel**, Arzneistoffe (Ephedrin, Dexamphetamin, Amylobarbiton, Antihistaminica, Morphin, Codein, Hyoscyamin, p-Aminosalicylsäure), die an Anionen- bzw. Kationenaustauscher (Polystyrol- oder Methacrylsäureharze mit sauren oder bas. Gruppen) adsorbiert sind, werden in fl. Trägern suspendiert oder dispergiert, die prakt. frei von Ionen u. ionisierbaren Stoffen sind (Öl/W.-Emulsion, wss. Lsg. von Glycerin u. wasserlösl. Celluloseester). Die Zubereitungen erleichtern die Einnahme per os. (**E. P. 869149** vom 16/9. 1958, ausg. 31/5. 1961.) K. Koebke. 4815

Clinical Products Ltd., Slough, Buckinghamshire, England (Erfinder: Stephen Paul Rety, Wilfred Herbert Linnell, Herbert Timmington und Henry Stowar Burton), **Herstellung von Arzneimitteln.** Um Präpp. vom Morphin-Typ mit langsamer u. gleichmäßiger Abgabe der Wirkstoffe im Magendarmkanal zu erhalten, setzt man die Wirkstoffe (Methadon, Pethidin, Codein, Dihydrocodein, Morphin, Dihydromorphinon, Äthylmorphin, Normorphin, Diacetylmorphin, Methyldihydromorphin, Laevorphanol), ggf. in Form ihrer Hydrochloride, in wss. oder alkohol. oder aceton. Lsg. mit einem saure Gruppen enthaltenden Kationenaustauscherharz (sulfonsäuregruppenhaltiges, mit Divinylbenzol vernetztes Polystyrol oder mit Divinylbenzol vernetzte Polyacrylsäure) um. (**E. P. 862242** vom 23/9. 1958, ausg. 8/3. 1961.) K. Koebke. 4815

Ciba Pharmaceutical Products, Inc., übert. von: Leon Lachman, Summit, N. J., und Louis Malspeis, New York, N. Y., V. St. A., **Stimulans,** enthaltend als Wirkstoff in einem pharmazeut. Träger 0,1—10(%), bes. 0,2, des *b-Racemats u. die b_1-Antipode des Äthyl-α-phenyl-α-piperidyl-(2)-acetathydrochlorids,* F. 215—216°. (**A. P. 2986494** vom 17/11. 1958, ausg. 30/5. 1961.) W. Heyer. 4815

William Bryant Rawls, New York, N. Y., V. St. A., **Arzneimittel** zur Behandlung von Muskelkrämpfen. Es enthält als Wirkstoff ein Gemisch von 3 (Teilen) *Aminophyllin* auf 2 bis 10 *Chinin.* Die Mittel werden per os verabreicht. (**A. P. 2985558** vom 27/2. 1959, ausg. 23/5. 1961.) K. Koebke. 4815

Arthur Ernest Wilder Smith, Genf, Schweiz, **Arzneimittel.** Die pharmakolog. Wrkg. von Barbituraten wird verbessert durch die gleichzeitige Verabreichung von Verbb. der Formel **I**, worin R_1 u. R_2 Alkylgruppen oder eine KW-stoffkette darstellen, die zusammen mit dem N einen heterocycl. Ring, bes. Pyrrolin- oder Pyrrolidinring bilden, u. X für ROOC- steht, wobei R ein Alkylrest oder, wenn R_1 u. R_2 einen Ring bilden, auch H oder Halogen u. der Phenylring A durch Halogenatome substituiert sein kann, oder von Salzen dieser Verbb. mit nicht tox. Anionen. Die Barbituratwirkung wird verbessert durch Verkürzung der Latenzzeit, Erhöhung der pharmakolog. Aktivität u. Verminderung der Toxicität. — N-[β-Pyrrolidino]-butyryl-p-aminobenzoesäureäthylester; β-Pyrrolidino-buttersäure-2.4-dichloranilid; weitere Beispiele. (**E. P. 869369** vom 7/10. 1957, ausg. 31/5. 1961.) K. Koebke. 4815

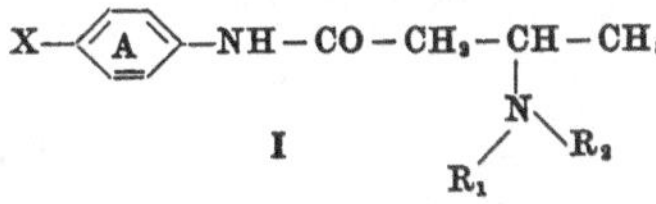

I

Commercial Solvents Corp. (Erfinder: Adolf Rosenberg), New York, N. Y., V. St. A., **Herstellung eines haltbaren Vitaminpräparates** in Form eines Granulates, dad. gek., daß man die fettlösl. Vitamine, wie Vitamin A u. D, in eine Schmelze von Fetten einträgt, die einen F. von 45—95° besitzen, z. B. hydrierte vegetabil. oder tier. Fette, Paraffinwachse oder Mono- bzw. Diglyceride von hochschmelzenden Fettsäuren, u. die Schmelze, ggf. nach Zusatz von bas. Proteinen u. Kohlehydraten, dann granuliert. (**E. P. 887813** vom 12/3. 1958, ausg. 24/1. 1962.) W. Heyer. 4815

Reckitt & Sons Ltd., Sydney, Norman Herbert Stothart und Geoffrey Charles Beecroft, Hull, England, **Desinfektionslösungen** für veterinärmedizin. Zwecke u. für allg. Desinfektion auf der Basis von bactericiden Phenolen können durch einen Zusatz von an sich nicht wirksamen Sequestriermitteln (**I**) gegen *Pseudononas aeruginosa* ebenso wirksam gemacht werden, wie gegen andere Bakterien. Die Mittel enthalten 0,5(%) bis 5 Phenolderiv., 2 bis 10 **I** (Äthylendiamintetraessigsäure, Diaminocyclohexantetraessigsäure, N-Hydroxyäthyläthylendiamintriessigsäure, 1.2-Propylendiamintetraessigsäure), Triäthanolamin oder Monoäthanolamin im Überschuß über die zur Neutralisation von **I** nötige Menge u. eine Seife oder einen Emulgator. (**E. P. 858030** vom 16/4. 1958, ausg. 4/1. 1961.) K. Koebke. 4833

Minnesota Mining & Mfg. Co., St. Paul, Minn. (Erfinder: William Sheffield, Hudson, Wis., und George van Dyke Tiers, St. Paul, Minn.), V. St. A., **Sechsgliedrige, cyclische, organische Verbindungen** der allg. Formel **I** (A = substituiertes oder nicht substituiertes, mehrwertiges Atom der 4., 5. oder 6. Gruppe des Period. Syst. u. dessen Atom-Gew. < 33 ist; X u. Y = Bruchstücke eines Kettenübertragungsmittels, vgl. P. J. Flory [1953] u. Gregg u. Mayo [1953] erhält man durch Rk. eines $\Delta^{1.6}$-Heptadiens der allg. Formel $CH_2=CH-CH_2-A-CH_2-CH=CH_2$ mit einem Kettenübertragungsmittel der allg. Formel X—Y in Ggw. eines freie Radikale bildenden Anspringmittels (Bogenlicht, Benzoylperoxid, Azo-bis-isobuttersäurenitril, Di-tert.-butylperoxid), ggf. in Ggw. eines Lsgm. (Bzl., Toluol, Hexan, Heptan) bei 0—200, bes. 50—150°. — Aus 0,1 Mol $\Delta^{1.6}$-Heptadien u. 0,3 Mol SO_2ClF in Ggw. von 0,5 g Azo-bis-isobuttersäurenitril im Glasdruckrohr bei 65° nach 14std. Schütteln → 16,65 g *1-Chlor-3-[fluorsulfonylmethyl]-cyclohexan*, $Kp._{1,25}$ 105°; n_D^{25} 1,4707; (Ausbeute) 78%. — Diallyläther + SO_2ClF → *3-Chlor-5-[fluorsulfonylmethyl]-tetrahydropyran*, aus Methylcyclohexan-Bzl. u. Sublimieren F. 82—84°; 33%. — Diallyläther + $BrCCl_3$ → *3-Brom-5-[β.β.β-trichloräthyl]-tetrahydropyran*, $Kp._{1,5}$ 125—130°; n_D^{25} 1,5319; 55%. — Diallyläther + CCl_4 unter Bestrahlung mit UV-Licht (2200—4000 Å) → *3-Chlor-5-[β.β.β-trichloräthyl]-tetrahydropyran*, $Kp._{1,75}$ 116—118°; n_D^{25} 1,5135. — Diallyläthylmalonat, $Kp._{0,75}$ 78°, + $BrCCl_3$ → *1-Brom-3-[β.β.β-trichloräthyl]-5-bis-[carboxyäthyl]-cyclohexan*, $Kp._{0,4}$ 165°; n_D^{25} 1,5031; 77%. Dimethylhydrogenphosphit → *1-Bis-[carboxyäthyl]-3-[dimethylphosphinomethyl]-cyclohexan*, 53%. — Dimethylallylsilan, $Kp._{163}$ 87°, + $BrCCl_3$ → *1.1-Dimethyl-3-brom-5-[β.β.β-trichloräthyl]-silacyclohexan*, 49%. — Diallylsulfid + $BrCCl_3$ → *3-Brom-5-[β.β.β-trichloräthyl]-thiacyclohexan*, $Kp._{5,25}$ 110°. — Diallylsulfid + Butylmercaptan → *3-[2-Thiahexyl]-thiacyclohexan*, $Kp._{0,5}$ 97—100°; n_D^{25} 1,4991. Ferner können umgesetzt werden: Diallylsulfoxid, -phosphonate, -malonsäureester, Diallylsilane u. -amine mit Chlf., CBr_4, Methylenchlorid, Äthylendichlorid, -dibromid, Benzyl-, Benzalchlorid, Benzotrichlorid, Chlorbenzol, n-Dodecyl-, tert.-Butylmercaptan, Äthylthioglykolat, SO_2Cl_2, Diäthyl-, Dibutyl-, Diphenyl-, Ditoluylhydrogenphosphit, Trichlor-, Tribrom-, Trijodessigsäure, Propion-, Butyr- u. Benzaldehyd. — *Baktericide, Fungicide, Algicide, Desinfektionsmittel*, bes. gegen *Micrococcus pyogenes aureus, Aspergillus niger, Euglena gracilis, Chlamydomonas eugametos*. — Tabelle. (**D. A. S. 1098942** Kl. 12o vom 29/9. 1958, ausg. 9/2. 1961. A. Prior. 30/9. 1957.) G. Krauß. 4833

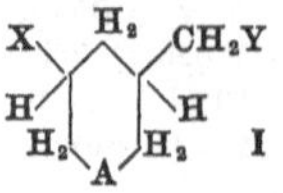

I

G. Analyse. Laboratorium

Ein neues Mehrzweckgerät zur Durchführung organisch-chemischer Operationen. M. Gentschew, H. Regler und L. Bock. (Z. Chem. **2**, 87, 1962; Sofia, Med. Hochsch., Chem. Inst., Jena, VEB Jenaer Glaswerk Schott & Gen.; dt.) — Beschreibung der Glasapparatur. W. Hein. 5010◇

Vorrichtung zum Zuschmelzen von Capillaren. M. H. Mueller, L. H. Hardy und K. T. Miller. (Rev. sci. Instruments **29**, 253—54, März 1958; Lemont, Ill., Argonne Nat. Labor.; engl.) — Beschreibung einer Vorr. (Abb.) zum Einspannen u. Zuschmelzen von Glas- u. Quarzcapillaren (Verw. bei Röntgenunters.). W. Wesly. 5010□

Vorrichtung zum Füllen von Mikroröhrchen mit giftigen Reagenzien. John T. Stock, M. A. Fill und R. G. Bjork. (J. chem. Educat. **38**, 524—25, Okt. 1961; Storrs, Conn., Univ. of Connecticut; engl.) — Beschreibung eines an die Wasserstrahlpumpe anzuschließenden Glas-Syst., in dem Röhrchen mit leicht flüchtigen, giftigen Reagentien gefüllt werden können. W. Betcke. 5010□

Eine einfache Pipette zum Überführen kleiner Mengen Quecksilber. D. C. Cornish. (Lab. Pract. **10**, 486, Juli 1961; Chislehurst, Kent, Brit. Sci. Instrument Res. Assoc., Dep. of Chem.; engl.) — Das durch eine Capillarspitze eingesaugte Hg gelangt in ein Reservoir mit tiefer gelegenem Boden, so daß es beim Handhaben nicht verschütett werden kann. W. Betcke. 5014◇

Eine Schnellmethode zur Füllung von Quecksilbermanometern. Edward J. Spanier. (J. chem. Educat. **37**, 233, Mai 1960, Philadelphia, Pa., La Salle Coll.; engl.) — Benötigt werden: eine Saugflasche mit durchbohrtem Stopfen u. gebogenem Glasrohr. Ch. Weiske. 5016◇

Abhängigkeit zwischen Widerstand und Temperatur von Platin bei niedrigen Temperaturen und ihr Einfluß auf die Präzisionsthermometrie. G. C. Lowenthal und A. F. A. Harper. (Brit. J. appl. Physics **11**, 205—08, Mai 1960; Sydney, S.C.I.R.O., Div. of Phys.; engl.) — Ergebnisse von Widerstands (R)-Messungen an Pt in Abhängigkeit von der Temp. (T) u. der Reinheit zeigen, daß die Ungenauigkeiten der Callendar-Van Drusen-Gleichung durch das Auftreten eines Wendepunktes der R–T-Kurve in der Nähe von 86°K erklärt werden können. Eine befriedigende Interpolationsformel für Temp.-Messungen erhält man unter Berücksichtigung der Tatsache, daß dR/dT für Pt nur über ca. 26 °K mit dessen Reinheit zu-, darunter jedoch abnimmt. Vff. schlagen vor, den normalen Kp. von Ne bei 27,07 °K als Fixpunkt einzuführen. Sofern dieser Punkt genügend reproduzierbar ist, könnte die Internationale Temp.-Skala mit Hilfe der einfachen Cragoe-Funktion zunächst bis zu einem Knick am Tripelpunkt von O_2 (54,36 °K) sowie unter Berücksichtigung der Reinheit des Pt weiter bis ca. 27 °K, d. h. insgesamt auf den Bereich von 90—27 °K, ausgedehnt werden. Die untere Grenze für die Pt-Widerstandsthermometrie liegt bei ca. 10 °K, da hier dR/dT prakt. zu klein wird. P. Frenzel. 5016□

Der heutige Stand der Physik der niedrigen Drucke. Libor Pátý. (Československ. Časopis Fysiku **10**, 380—91, 1960; Praha, Katedra elektroniky a vakuové fys. Karlovy univ.; tschech.) — Übersicht u. Bewertung der Meth. zur Gewinnung u. Messung von niedrigen Drucken auf Grund der Literatur. J. Tůmová. 5016□

Zur Messung kleiner Differenzdrucke bei Atmosphärendruck. J. Gieleßen und W. Schmatz. (Z. Instrumentenkunde **70**, 179—83; Aug. 1962; Braunschweig, Phys.-techn. Bundesanstalt; dt.) — Ein Tauchglockenmanometer hoher Genauigkeit (± 0,01 mm Wassersäule) für Differenzdrücke bis 150 mm Wassersäule wird beschrieben u. über Vgl.-Verss. mit anderen käuflichen Geräten berichtet. H. Roschkowski. 5016□

Ein neuer Extraktionsapparat für Flüssigkeiten für die Metallanalyse. H. Guyer. (Chimia [Zürich] **13**, 163—64, 15/5. 1959; Schaffhausen, G. Fischer, A. G., Chem. Labor.; dt.) — Beschreibung eines Extraktionsapp. bes. zur Extraktion aus wss. Lsg. mit org. Lsgm. mit herausnehmbarem Einsatz für die Lsg. u. Kühlmantel. W. Betcke. 5034◇

Eine hochwirksame Vakuumfraktionieranlage im Laboratoriumsmaßstab. A. A. Mohajer. (J. Instn. Petroleum **47**, 212—18, Juni 1961; British Nylon Spinners Ltd.; engl.) — Für die Reinigung der verschiedenen Zwischen- u. End-Prodd. aus der Synth. von hochmol. Naphthen-KW-Stoffen wurde eine Vakuumfraktionieranlage konstruiert. Es wurden Stedman-Füllkörper eines modifizierten Labor.-Typs verwendet. Eine geeignete automat. bzw. manuelle Regelung sorgt für eine hochempfindliche Kontrolle des Druckes, des Siedeverlaufes u. der adiabat. Bedingungen. Für die Wirksamkeit der Kolonne wurden bei abs. Drucken von 50 u. 10 mm Hg 62,7 theoret. Böden bei 1,85 cm Trennstufenhöhe bzw. 35,4 theoret. Böden bei 3,27 cm Trennstufenhöhe gefunden. Das Druckabfall–Siedeverlauf-Diagramm kann zur Auswahl des optimalen Siedeverlaufs dienen. E. Igney. 5038□

Ein Kontrollgerät zur Aufrechterhaltung einer konstanten Verdampfungsgeschwindigkeit bei der fraktionierten Destillation. Edwin C. Kuehner und Robert T. Leslie. (Analytic. Chem. **34**, 1155—57, Aug. 1962; Washington, D. C., Nat. Bur. of Stand.; engl.) — Mit Hilfe der Widerstandsänderungen von Thermistoren wird die Geschw. des Dampfes u. die Menge des Rücklaufes kontrolliert u. eine konst. Verdampfung durch Regelung der elektr. Heizung erzielt. Zur Demonstration der Wirksamkeit dieser App. werden die Wirkungsgrade von Rektifikationssäulen bei kontrollierter u. unkontrollierter Verdampfung verglichen. J. Peters. 5038□

Kritische Untersuchungen zum Gebrauch von Cyclohexanol als Lösungsmittel bei der kryoskopischen Mikrobestimmung von Molekulargewichten. Sarah Ehrlich-Rogozinsky und Nicholas D. Cheronis. (Microchem. J. [New York] **5**, 595—600, Dez. 1961; Brooklyn, N. Y., Brooklyn Coll., Dep. of Chem.; engl.); — Vff. untersuchten die Eignung von Cyclohexanol (I) zur [kryoskop.] Molgew.-Bestimmung. I mit F. bei 24—25° und einer molaren Gefrierpunktsdepression von 42,9 hat Vorteile gegenüber dem gebräuchlichen Campher. Die Fixierung von F. bei 24,2—24,4° erfolgt durch Rückflußkondens. des hygroskop. I mit wasserfreiem, $CaCl_2$. Beschreibung der Apparatur. U. Schmidt. 5044

Eine empfindliche differentielle ebullioskopische Methode. F. Trowell, H. G. Taylor und W. J. Brown. (Analyst **87**, 677—83, Aug. 1962; Aldermaston, Berks.,

U. K. Atomic Energy Authority, Atomic Weapons Res. Establ.; engl.) — Zur ebullioskop. Molgew.-Best. nach einer differentiellen Meth. wurden zwei Ebulliometer nach Heitler u. eine hochempfindliche Wechselstrommeßbrücke (Schaltskizze) verwendet. Bei Molgew. < 500 beträgt der Fehler ± 0,77 Rel.-% im 95% Vertrauensbereich. P. Kurzmann. 5044□

Ein leicht zusammenzustellender Luft-Thermostat mit Rühreinrichtung für eine Anzahl flüssiger Proben. I. Bergman. (Lab. Pract. **10,** 484—85, Juli 1961; Sheffield, Ministry of Power, Saf. in Mines Res. Establ.; engl.) — In einem Holzkasten wird mit Hilfe eines Haar-Föns u. eines Tischventilators in Verb. mit einem Kontaktthermometer mit Kontroll-Relais u. einem kaltwasserdurchströmten Behälter zur Wärmeabfuhr eine Thermostateneinrichtung montiert, die für einige magnetgerührte, fl. Proben eine Temp.-Konstanz von ±0,1° über mehrere Wochen gewährleistet. W. Betcke. 5046◇

Einfacher Kristallschneidapparat mit einem feuchten Faden. Charles N. Fallier jun. (Rev. sci. Instruments **32,** 342—44, März 1961; Bayside, N. Y., Gen., Telephone and Elektron. Labor.; engl.) — Vf. beschreibt einen einfachen App. zum automat. Schneiden von wasserlösl. Kristallen. Als Fadenmaterial wird merzerisierte Baumwolle oder Seide verwendet. C. Gottfried. 5048

Elektrisch geheizte Wasserstoffkanone. Steven Georgiev. (Rev. sci. Instruments **31,** 349, März 1960; Everett, Mass., Avco-Everett Res. Labor.; engl.) — Es werden die charakterist. Daten der Kanone angegeben. Das Gas muß frei von Verunreinigungen sein, u. die elektr. Energie muß dem Treibgas in ganz kurzer Zeit zugeführt werden. Kugelförmige Nylon-Projektile konnten bis auf 25000 ft/s beschleunigt werden. I. Zoll. 5048◇

Laboratoriums-Durchflußapparatur zur Untersuchung heterogener katalytischer Reaktionen in der Gasphase. Vladimír Medonos, Vlastimil Růžička und Pavel Špaček. (Chem. Listy **55,** 1304—07, Nov. 1961; Praha, Vys. škola chem. techn., Kat. organ. technol.; tschech.) — Die aus Glas hergestellte Durchfluß-App. zur Unters. von Hydrierungskatalysatoren ermöglicht eine sehr intensive Kühlung der Rk.-Zone; es wurden 2 Varianten, die eine für leichtsd., die andere für schwersd. Stoffe entwickelt. M. Ryba/Prag. 5048

Methoden zur Analyse von Verunreinigungen in Festkörpern. F. Trendelenburg. (J. sci. ind. Res. [New Delhi], Sect. A **19,** 542—49, Nov. 1960; Erlangen, Siemens-Schuckert-Werke, Forsch.-Labor.; engl.) — Vortrag über neuere Meth. zur Best. von Verunreinigungen in Halbleitern: Spektralanalyse, Flammenphotometrie, Massenspektrometrie, Gaschromatographie, Colorimetrie, Polarographie, Aktivierungsanalyse sowie Anwendung radioakt. „Tracer". Angabe der Empfindlichkeiten der einzelnen Methoden. D. Hoene. 5050□

Reinheitsbestimmung durch thermische Analyse. W. M. Smit. (Z. Elektrochem., Ber. Bunsenges. physik. Chem. **66,** 779—87, Nov. 1962; Utrecht, Niederlande, Inst. for Phys. Chem.; engl.) — Überblick (Vgl. der therm. Analyse mit anderen Verff. zur Reinheitsbest., Theorie des Verf., Möglichkeiten u. Grenzen des Verf.). — 23 Literaturangaben. Ch. Weiske. 5052◇

Differentialthermoanalyse. J. A. Schedling. (Radex-Rdsch. **1959,** 600—11; Wien; dt.) — Überblick (Prinzip, histor. Entw.; qual. u. quant. DTA; App.; Anwendungsgebiete). — 31 Literaturhinweise. Ch. Weiske. 5052◇

Ein neues Gerät zur gleichzeitigen Differentialthermoanalyse und Bestimmung der entwickelten Gase. Wesley W. Wendlandt. (Analytica chim. Acta [Amsterdam] **27,** 309—14, Okt. 1962; Lubbock, Tex., Texas Technol. Coll., Dep. of Chem.; engl.) — Es wird ein Gerät beschrieben, das gleichzeitig mit der DTA-Kurve die Kurve der Gas-Entw. aufnimmt. Die DTA wird in einem He-Gasstrom durchgeführt; der Gasstrom passiert dann eine Wärmeleitfähigkeitszelle mit Thermistoren. Die Gase können danach zur Analyse aufgefangen werden. P. Kurzmann. 5052◇

Strömungsultramikroskop mit automatischer Zählung der Aerosolteilchen. B. W. Derjagin, W. W. Tschurakow und G. Ja. Wlassenko. (Коллоидный журнал [Kolloid-J.] **23,** 234—37, März/April 1961; Akad. der Wiss. UdSSR, Inst. für phys. Chem., Labor. für Oberflächenerscheinungen; russ.; Auszug: engl.) — Vff. entwickeln nach dem Prinzip des Strömungsultramikroskops eine App. zur automat. Zählung von Aerosolteilchen, die eine exakte Best. von $10-10^7$ Teilchen/ml ohne Verdünnung gestattet. Es ist möglich, Teilchendurchmesser von 10^{-5} bis

$20 \cdot 10^{-4}$ cm zu erfassen. Die registrierten Teilchen können je nach Größe in 5 Fraktionen eingeteilt werden. Für eine Messung werden 7—12 min benötigt.
H.-P. Pietsch. 5052□

Messung der Transmission des Kontrastes durch Mikroskopobjektive unter den Anwendungsbedingungen. Henri Thiry. (Bull. Soc. roy. Sci. Liège **30,** 300—09, 1961; Liège, Univ.; franz.) — Vf. beschreibt eine Meth. zur Messung der Kontrasttransmissionsfunktion durch Mikroskopobjektive, die darin besteht, daß man den Modul dieser Funktion durch Photographie der Interferenzstreifen eines Lloydschen Spiegels vor u. nach Durchgang durch das zu untersuchende Objektiv bestimmt. C. Gottfried. 5056

Methode zur Herstellung von Dünnschliffen von feinkörnigem Material. J. S. Kahn, Neal Houlding und Art Regoli. (J. Amer. ceram. Soc. **45,** 50, 1/1. 1962; Livermore, Calif., Univ. of California, Lawrence Radiat. Labor., Chem. Div., Ceramic Group; engl.) · C. Gottfried. 5058

Herstellung und Gebrauch polierter Dünnschliffe. G. C. Amstutz. (Amer. Mineralogist **45,** 1114—16, Sept./Okt. 1960; Rolla, Miss., Missouri School of Mines and Metallurg.; engl.) J.-E. Hiller. 5058□

Vorrichtung für die automatische Belastung der Probe bei der Messung der Mikrohärte. W. M. Glasow und W. A. Borissow. (Betriebs-Lab. **26,** 1420—22, 1960; Baikow-Inst. für Metallurg. der Akad. der Wiss. der UdSSR; russ.) — Vorr. zur automat. Belastung der Proben bei der Mikrohärtemessung, die ein gleichmäßiges Niedergehen oder Heben der Diamantpyramide in einer bestimmten Zeit bei der Be- oder Entlastung des Probekörpers gewährleistet. Anwendung auf die Messung der Mikrohärse von reinem Al. H. Hochstein. 5060□

Ein neuer Träger für die präparative Elektrophorese. H. J. Müller-Eberhard. (Scand. J. clin. Lab. Invest. **12,** 33—37, 1960; Uppsala, Univ. hospital, Dep. of Clin. Chem.; engl.) — Als Trägermaterial für die präparative Zonenelektrophorese wird ein Copolymer aus Polyvinylchlorid u. Polyvinylacetat (Pevikon C-870) verwendet. Seine elektroosmot. u. adsorptiven Eigg. (bzgl. Proteine) u. die Spreitung der wandernden Zone sowie die Trennung von Serumglykoproteinen u. Sacchariden bzw. von Hyaluronsäure, Chondroitinschwefelsäure u. Galaktose werden untersucht. 94—98% der eingesetzten Proteine werden zurückerhalten, der Fl.-Geh. beträgt ca. 50%. Elektroosmot. Erscheinungen sind zu vernachlässigen.
P. Frenzel. 5062□

Elektrophorese an porösem Glas. H. L. MacDonell. (Analytic. Chem. **33,** 1554—55, Okt. 1961; Corning, N. Y., Corning Glas Works, Res. Labor.; engl.) — Vf. beschreibt die Verw. von porösem Glas als Trägermaterial an Stelle von Papier bei der Elektrophorese. Die Arbeitsbedingungen zur Trennung von Aminosäuren, wasserlösl. Tinten u. Nahrungsmittelfarbstoffen werden kurz umrissen. Die Trennergebnisse dieser Meth. werden denen der Chromatographie am gleichen Material gegenübergestellt. W. Hein. 5062□

Hochspannungs-Papierelektrophorese. D. Gross. (Lab. Pract. **10,** 622—27, Sept. 1961; Keston, Kent, Tate & Lyle Ltd., Res. Labor.; engl.) — Es wird die Theorie der Papierelektrophorese sowie ein Gerät zur prakt. Durchführung elektrophoret. Unterss. behandelt. Bes. wird über Vgl.-Unterss. mit niedrigem (7 V/cm) u. hohem (100 V/cm) Gradienten berichtet. Bei hohem Gradienten können infolge Vermeidung von Diffusionseffekten kompaktere Bilder u. bessere Trennungen erzielt werden. W. Reusse. 5062□

Hochspannungs-Papierelektrophorese einiger anorganischer Anionen. D. Gross. (Chem. and Ind. **1957,** 1597, 7/12; Keston, Kent, Tate and Lyle Res. Labor.; engl.) — Die auf Cl^- bezogenen relativen Wanderungsgeschw. von Br^-, J^-, F^-, ClO_4^-, ClO_3^-, NO_2^-, NO_3^-, S^{2-}, SO_3^{2-}, SO_4^{2-}, $S_2O_3^{2-}$, $S_2O_5^{2-}$, $S_2O_8^{2-}$, PO_4^{3-}, BrO_3^-, JO_3^-, SCN^-, $Fe(CN)_6^{3-}$ u. $Fe(CN)_6^{4-}$ u. die Ionenbeweglichkeiten bei 18 u. z. T. 25° bei der Elektrophorese auf Whatman-Papier Nr. 3 MM mit 0,1 n $(NH_4)_2CO_3$ als Fließmittel, 100 V/cm u. 13 nA/cm wurden ermittelt u. tabellar. zusammengestellt.
H. Roschkowski. 5062□

Ablösbare Hilfsblätter zur leichten Erkennung der Bänder auf einem Elektrophoresepapierblatt. Huo-Ping Pan. (Analytic. Chem. **34,** 1356, Sept. 1962; Gainesville, Fla., Univ. of Florida, Dep. of Food Technol. and Nutrition; engl.) — Auf die gewünschte Stelle des Elektrophoresepapierblattes wird vor oder während der Elektrophorese eine kleineres, mit Elektrolyt-Lsg. durchfeuchtetes Filtrierpapierblatt gelegt. Die Spuren werden auf diesem Hilfsblatt mitgezeichnet u.

können nach seiner Ablösung sichtbar gemacht u. lokalisiert werden, ohne daß der Elektrophoresevorgang unterbrochen zu werden braucht. W. Betcke. 5062□

„Fenster"-getreue Flecken bei Papierelektrophorese und Chromatographie. Juliusz Popowicz. (J. Chromatogr. [Amsterdam] **7**, 271—72, Febr. 1962; Bialystock, Poland, Med. Acad., Dep. of Gen. Chem.; engl.) — Beschreibung einer Meth. zur Probenaufgabe auf Elektropherogramme und Chromatogramme. Runde Papierflecken (3—5 mm ∅) werden mit der Probenlsg. getränkt u. getrocknet. Diese trockenen Probenflecken werden dann in den im Papier ausgesparten Startlöchern fixiert u. die Trennoperation durchgeführt. Das Verf. ergibt schärfere u. kreisförmigere Flecken als bei normaler Probenaufgabe. M. Finke. 5062□

Neutrale optische Dämpfer. Phillip A. Newman und Ralph Binder. (Rev. sci. Instruments **32**, 351. März 1961; Fort Monmouth, N. J., U. S. Army Signal Res. and Dev. Labor.; engl.) — Vff. beschreiben zwei opt. Dämpfer, von denen der eine aus zwei in einem Rahmen parallel angeordneten Netzen aus rostfreien Stahl (300 mesh) besteht, deren quadrat. Öffnungen etwa 40 μ betragen. Durch Neigen des Rahmens gegenüber dem Licht kann man jede gewünschte Dämpfung erhalten. Der Dämpfungsfaktor dieses Doppelnetzes beträgt nahezu 0,1. Der andere Dämpfer bestand aus einem 300-mesh-Netz u. einem zweiten gröberen Netz. Das 300-mesh-Netz gab bei leichtem Neigen einen Dämpfungsfaktor von 0,30. Das grobere Netz hatte ohne Neigung einen Dämpfungsfaktor von 0,60, während beide Netze zusammen einen Faktor von 0,18 hatten. C. Gottfried. 5063

Genau orientierte ADP-Kristall-Platten und -Linsen für elektro-optische Verschlüsse. S. I. Slawson und J. W. Davisson. (Rep. NRL Progr. **1961**, 1—10, Mai 1961; Washington, D. C., U. S. Naval Res. Labor., Crystals Branch, Solid State Div.; engl.) — Beschreibung der Herst. -und Prüfmeth. für Platten u. Linsen mit genauer opt. Orientierung aus $NH_4H_2PO_4$. H.-J. Eichhoff. 5063□

Polymere Materialien mit verschiedenen physikalisch-mechanischen Kennzahlen für die Untersuchung von Spannungen nach optischen Methoden. N. A. Schtschegolewskaja, D. N. Ossokina, M. W. Gsowski und Ss. I. Ssokolow. (Hochschulnachr. [Iwanowo], Chem. u. chem. Technol. **3**, Nr. 1, 172—75, 1960; Moskau, Inst. für Chem. Maschinenbau, Lehrstuhl für physik. Chem.; russ.) — Vff. untersuchten nach der optischen Meth. die Spannungen von Polymermaterialien mit verschiedenen mechan. u. physikal. Kennzahlen u. Copolymerisaten von ungesätt. Polyesterharzen mit Styrol u. Epoxydharzen. Die Gewinnung von photoelast. Materialien hoher opt. Aktivität u. breiter Bereiche des Elektrizitätsmoduls kann durch Copolymerisation ungesätt. Polyester u. Styrol erreicht werden, wie auch die Gewinnung von photoplast. Material hoher opt. Aktivität (4000 bis 1000 Brewster) mit sehr verschiedenen physikal. u. mechan. Eigg. aus Epoxid- u. Glyptalharzen. K. Wekua. 5063□

Teflon- und Sapphir-Zelle für optische Absorptionsmessungen unter hohem Druck. Stanley J. Gill und Ward D. Rummel. (Rev. sci. Instruments **32**, 752, Juni 1961; Boulder, Colo., Univ. of Colorado, Dep. of Chem.; engl.) — Beschreibung einer Absorptionszelle in Form einer Druckbombe mit zylindr. Sapphir-Fenstern von 1/2 in. Dicke, in die zur Isolierung der Probe-Lsg. vom Druck-Öl eine Teflon-Zelle eingesetzt wird. W. Betcke. 5063◇

Entwurf und Konstruktion einer axialen Mehrfachreflektions-Absorptionszelle. J. Overend, J. H. Schachtschneider, R. W. Rinehart und B. Crawford jun. (Spectrochim. Acta [London] **1959**, 448—53, Juli; Minneapolis, Minn., Univ., School of Chem.; engl.) — Beschreibung einer Mehrfachreflektions-Zelle (Länge des opt. Syst. 2 m) von relativ kleinem Vol. u. bes. Eignung zur Unters. von Gasen unter hohem Druck. W. Betcke. 5063□

Einfluß der Überlagerung der Absorptionsspektren der zu bestimmenden und einer störenden Komponente auf die Absorptionsspektralanalyse. A. O. Ssall. (Optik u. Spektroskopie [UdSSR] **10**, 806—08, Juni 1961; russ.) — Vf. entwickelt ein Schema zur Best. des Anteils eines 2. Stoffes an der Absorption des spektroskop. zu analysierenden Stoffes. U.-L. Rau. 5063□

Messung der Absorption. Josef Kantůrek. (Českoslov. Časopis Fysiku **10**, 219—22, 1960; Praha, Ústav techn. fys. Českoslov. akad. věd; tschech., Auszug: russ., engl.) — Eine App. zur Best. des Absorptionsspektrums von mittels Röntgenstrahlen gefärbten Kristallen bei konst. Temp. besteht aus einer Lichtquelle (Niedervoltlampe oder H_2-Entladungsröhre), zwei in Serie geschalteten Monochromatoren u. einer Photoröhre mit Gleichstromverstärker. Gemessen wird mit einem Galvanometer. Verläßlich werden Änderungen des Absorptionskoeff. von 0,005 cm^{-1} gemessen, 0,001 cm^{-1} geschätzt. J. Tůmová. 5063□

Absorptions- und Emissionsmethoden der Röntgenmikroanalyse. P. Duncumb. (Rév. univ. Mines, Métallurgie, Mécan., Trav. publ., Sci. Arts appl. Ind. [9] **17 (104)**, 240—46, April 1961; Hinxton Hall, Cambridge, Tube Investm. Res. Labor.; engl.) — An Hand einiger Beispiele wird die Projektionsmikroradiographie sowie die Absorptions-, Fluorescenz- u. Emissionsmikroanalyse besprochen. C. Gottfried. 5063

Anwendung der Röntgenstrahlanregung durch die durch radioaktive Quellen emittierten Strahlungen auf die chemische Analyse. G. Seibel, J. Y. Le Traon und P. Martinelli. (Rév. univ. Mines, Métallurgie, Mécan., Trav. publ., Sci. Arts appl. Ind. [9] **17 (104)**, 260—75, April 1961; Inst. de Rech. de la Sidér., Serv. Métallograph. Spéciale; Saclay, Centre d'Ét. Nucl., Serv. d'Applications des Radioéléments; franz.) — Vff. beschreiben eine Meth., bei der die Probe mit β-, γ- oder Röntgenstrahlen einer radioakt. Quelle bestrahlt wird. Die durch die Probe in Richtung des Detektors zurückgestreute Strahlung enthält die charakterist. Röntgenstrahlen der Elemente, die die Probe enthält, ferner ein kontinuierliches Spektrum der Röntgenstrahlung u. schließlich bei eingestrahlter β-Strahlung zurückgestreute Elektronen. Die Röntgenstrahlung wird durch einen Proportionalzähler aufgefangen. Ein elektron. Spektrometer, das an den Proportionalzähler gekoppelt ist, trennt die Impulsspektren gemäß ihren Amplituden. Jedem charakterist. Röntgenstrahl gegebener Energie entspricht ein Maximum, dessen Höhe u. Breite von dem Proportionalzähler abhängt. Als Anwendungsbeispiel wird die Analyse von Bohrkernen aus dem elsäss. Eisenerzgebiet auf Fe, SiO_2, CaO u, MgO beschrieben. C. Gottfried. 5063

Eine Korrektur der Röntgenwellenlängenbestimmung mittels Spektrograph mit ebenem Kristall. A. N. Vishnoi und B. K. Agarwal. (Naturwissenschaften **49,** 178, 2. April-H. 1962; Allahabad, Univ., Phys. Dep.; engl.) — Die (wenn auch nur geringe) Abweichung ψ der Photoplatte eines Einkristallspektrographs von der Senkrechten verursacht eine Verfälschung, deren Korrektur Vff. nach Best. der App.-Konst. ψ (aus einer Linie mit bekannter Wellenlänge) in einer diesbzgl. abgeleiteten Gleichung angeben. G. Ruban. 5063□

Ungewöhnliche Matrixeffekte in der Röntgenfluorescenzspektrometrie. L. S. Birks und D. L. Harris. (Analytic. Chem. **34,** 943—45, März 1962; Washington, D. C., US Naval Res. Labor.; Nye, Mont., Amer. Chrome Co.; engl.) — Vff. diskutieren die Möglichkeit, daß die Röntgenfluorescenzintensität eines chem. Elementes A mit wachsender Konz. von A bei der Unters. eines Syst. mit mehreren Komponenten abnimmt. Dieser Fall tritt auf, wenn ein Element B vorliegt, das einen hohen Absorptions-Koeff. für die Strahlung des Elementes A hat u. dessen Konz. schneller wächst als die des Elementes A. Bei Fe u. Cr in dem Syst. Chromit-Olivin ist dieser Fall realisiert. Mit steigender Fe-Konz. von 8—17% nimmt die Fe-K_α-Intensität gleichmäßig ab. Für nichthomogene Syst. treffen vorst. Folgerungen nicht zu, so daß Berechnungen relativer Intensitäten für solche Syst. noch nicht möglich sind. Harro Zimmer. 5063□

Theoretische Untersuchung der Röntgenfluorescenzbestimmung von Spuren schwerer Elemente in einer leichten Matrix. Anwendung auf Gesteine und Böden. Z. H. Kalman und L. Heller. (Analytic. Chem. **34,** 946—51, Juli 1962; Jerusalem, Hebrew Univ., Dep. of Phys. und Geol. Survey of Isarel; engl.) — Es werden die theoret. Grundlagen der Röntgenfluorescenz-Best. von Spuren-Konzz. an Zn, Cu, Ni, Cr u. V in Ggw. von Elementen mit der Ordnungszahl 6—20 diskutiert. Eine strenge mathemat. Lösung ergibt eine Beziehung zwischen der Strahlungsintensität am Fluorescenzmaximum, der der gestreuten Strahlung bei einer vorgegebenen Wellenlänge in der Nachbarschaft des Fluorescenzmaximums u. der Konz. des zu bestimmenden Elementes, wobei die Matrix-Zus. ohne Einfl. ist. Es werden Eichkurven für Zn, Cu, Ni, Cr u. V für einen weiten Anwendungsbereich gegeben u. die Anwendung des Verf. bei der Unters. von Silicatmineralien beschrieben. Die Analysendauer beträgt für die Best. der 5 Elemente ca. 30 Minuten. Harro Zimmer. 5063□

Elementaranalyse durch Röntgenfluorescenz. A. Hans. (Rev. gén. Electronique **1960,** Nr. 167, 29—33, 15. Okt.; Ind. chim. belge **25,** 353—58, April 1960; Liège, C.N.R.M.; franz.) — Übersicht über Prinzip u. Anwendungen der Methode. A. Blaschette. 5063□

Aus der Mikroradiographie, speziell im Pflanzenbereich, hergeleitete Aussichten und Bilanz der technischen Röntgenmikroskopie. J. Salmon. (Bull. Microscopie appl. [2] **11,** 17—67, 13 Tafeln, April 1961; Paris, Fac. des Sci., Labor. de Biol. végétale I; franz.) — Überblick über den Anwendungsbereich der Röntgenmikroskopie in den verschiedensten Wissenschaftsbereichen. Die apparative Ausrüstung wird genau beschrieben. — 80 Literaturangaben. C. Gottfried. 5063

Eine Untersuchung über die Emmissionsspektren von Arsen, Antimon und Wismut in der Reaktionszone von Acetylen-Sauerstoff-Flammen. John A. Dean und William J. Carmes. (Analyst **87,** 743—47, Sept. 1962; Knoxville, Tenn., Univ. of Tennessee, Dep. of Chem.; engl.) — As, Sb u. Bi (gelöst in organ. Lsgm.) emittieren eine Anzahl starker Linien in der Rk.-Zone einer C_2H_2/O_2-Flamme. Die Wellenlängen der Linien u. die Empfindlichkeit für die stärkeren Linien werden zusammen mit dem Konz.-Bereich tabellar. mitgeteilt. Die Empfindlichkeit beträgt für As bei 235,0 nm 2,2 (μg/ml), für Sb bei 252,8 nm 1,0 u. für Bi bei 223,1 nm 6,4. Die optimalen Arbeitsbedingungen u. die Störungen durch andere Elemente werden untersucht. Durch Benutzung einer Lichtführung (vgl. folgendes Ref.) wird die Beobachtung der Rk.-Zone erleichtert u. das Verhältnis Signal : Untergrund verbessert. J. Peters. 5063◇

Verwendung einer Lichtführung in der Flammenspektralphotometrie. William J. Carnes und John A. Dean. (Analyst **87,** 748—50, Sept. 1962; engl.) — Vgl. vorst. Referat. — Vff. beschreiben eine Lichtführung, die aus einer polierten Al-Röhre leicht hergestellt werden kann. Sie eignet sich zur Unters. der verschiedenen Flammenregionen, bes. der Rk.-Zone einer C_2H_2/O_2-Flamme. Das Verhältnis Signal : Untergrund wird verbessert u. die Signalstärke fast verdoppelt. J. Peters. 5063◇

Spektrophotometrie von Salzschmelzen. 1. Mitt. **Öfen für das Cary-Spektrophotometer-Modell.14.** John R. Morrey und Anthon W. Madsen. (Rev. sci. Instruments **32,** 799—801, Juli 1961; Richland, Wash., Hanford Labor. Operat.; engl.) — Öfen für Temp. bis 800° werden beschrieben, die leicht in ein Standardgerät gesetzt werden können. J. Heinze. 5063□

Über einige Fragen der photoelektrischen Photometrie. G. Pinto. (Atti Mem. Accad. Patavina Sci. Lettere Arti, Mem. Cl. Sci. mat. natur. **72,** 71—84, 1960; Asiago, Oss. Astrofis.; ital.) C. Gottfried. 5064

Ein Zusatzgerät zur direkten Registrierung von Intensitätskurven mit dem Mikrophotometer. J. Richter. (Z. Astrophysik **48,** 159—62, 1959; Kiel, Univ., Inst. f. Exper. Phys.; dt.) — Vf. beschreibt eine App., die zusammen mit einem Mikrophotometer Schwärzungswerte photograph. Platten automat. in Intensitätswerte umsetzt. C. Gottfried. 5064

Einige theoretische Betrachtungen zur analytischen Chemie. 7. Mitt. **Der Einfluß der Absolutkonzentration auf die Parameter der Redoxtitrimetrie.** E. Bishop. (Analytica chim. Acta [Amsterdam] **27,** 253—61, Sept. 1962; Exeter, Devon, Univ., Washington Singer Labor.; engl.) — 6. vgl. C. **1962,** 15705. — Der Einfl. der abs. Konz. bei Redoxtitrationen wird theoret. behandelt. Vff. unterscheidet drei Arten von Redox-Rkk.: symm., homogene u. inhomogene Reaktionen. Es wird gezeigt, daß bei symm. u. homogenen Rkk. die Verdünnung ohne Einfl. auf das Ergebnis ist. Für inhomogene Rkk. sinkt das abs. Potential mit der Verdünnung, obgleich die relative Potentialänderung des Mittelpunktes der Titrationskurve beispielsweise sich asymptot. einem Maximum nähert. Neue Ableitungen für das Potential am Äquivalenzpunkt u. für einen Ausdruck für die Vollständigkeit symm. u. homogener Rkk. bestätigen die klass. Formeln u. zeigen ihre Unabhängigkeit von der Verdünnung. Für inhomogene Rkk. werden Berechnungs-Meth. für die Vollständigkeit u. die Potentiale am Äquivalenzpunkt vorgeschlagen. Gerhard Schulze. 5066□

Inverse Polarographie und Voltammetrie. Neue Verfahren zur Spurenanalyse. Rolf Neeb. (Angew. Chem. **74,** 203—13, 21/3. 1962; Mainz, Univ., Inst. für anorg. Chem. u. Kernchem.; dt.) — Überblick. Nach elektrolyt. Anreicherung an der Arbeitselektrode findet anschließend unter Stromumkehrung der elektrochem. Bestimmungsvorgang statt. Es lassen sich noch Analysen im Nanogrammbereich durchführen. Beschreibung der Grundlagen, der Elektroden, der Best., der analyt. Anwendung u. der Störungen. — 61 Literaturhinweise. Ch. Weiske. 5066□

Zur Entwicklung einer Oberflächenpolarographie. A. Braunwalder, A. Grubenmann und F. Hügli. (Chimia [Aarau, Schweiz] **15,** 461, 15/9. 1961; Winterthur, Technikum, Abt. für Chem.; dt.) — Zum Nachw. kleinster Substanzmengen dient die Oberflächenpolarographie. Man befeuchtet ein unter einer angeschliffenen Capillare liegendes Filtrierpapier mit der zu untersuchenden Lsg. u. nimmt an der über das Papier verteilten Elektrolytphase das Polarogramm auf, während Hg durch die Capillarelektrode strömt. Der Hg-Vorrat über dem einen Capillarenschenkel stellt die eine Elektrode dar. Als Gegenelektrode dient eine AgCl–Ag-Unterlage oder eine Hg_2Cl_2-Elektrode. W. Wesly. 5066□

Untersuchung polarographischer katalytischer Stufen, mit besonderer Rücksicht auf die Wirkung von Tetraäthylammoniumsalzen. Ernö Pungor und György Farsang. (Acta chim. Acad. Sci. hung. **27**, 175—82, 1961; Budapest, L. Eötvös Univ., Inst. für Anorg. u. Analyt. Chem.; dt.) — Es wird die Rolle der Lsg.-Zus., als eine der dem polarograph. Strom bestimmenden Faktoren untersucht. Als Unters.-Objekte dienten Methylenblau, Vitamin B_1 u. Nicotinsäureamid, deren katalyt. H-Stufen in Abhängigkeit von verschiedenen Faktoren, Substrat u. Puffer-Konz. untersucht wurden. Dazu gehört ferner der Zusatz fremder Elektrolyte, wie KBr u. Tetraäthylammoniumbromid (**I**). Dabei zeigte sich, daß die Erhöhung des Salzkonz. zur Verminderung der katalyt. Stufe führt. Es wird ferner am Beispiel des **I** durch eine quant. Formulierung bewiesen, daß auch die Verschiebung des pH-Wertes auf der Elektrodenoberfläche zum sauren Gebiet berücksichtigt werden muß. W. Hampel. 5066□

Phänomene polarographischer Maxima. 1. Mitt. **Einfluß der Elektrodenform und der Capillargröße.** F. Willeboordse. (J. electroanalyt. Chem. [Amsterdam] **2**, 408—18, Sept. /Okt. 1961; Rijswijk, Netherlands, Technol. Labor. fo Nat. Defense Res. Organis. T.N.O.; engl.) — Das polarograph. O_2-Maximum ist, unabhängig von der Tropfgeschw., am besten ausgeprägt in 0,0007 n HCl oder 0,0026 n KCl-Lsg., also bei einer spezif. Leitfähigkeit von $2 \cdot 5 \times 10_4^{-}\ \Omega^{-1}\ cm^{-1}$. Es wurden außer den üblichen geraden Capillaren auch U-förmige u. bajonettförmige mit u. ohne geschliffenen Enden verwendet. Daß langsame Tropfenfolge die Bldg. scharfer Maxima begünstigt, wurde auch für die letzten beiden Capillarformen bestätigt. Die Höhe der Maxima ist von der Tropf- u. Durchflußgeschw. sowie von der Weite der Ausflußöffnung abhängig, da diese einen Einfl. auf die Wirbelbldg. hat. Bei Variierung der Größe der Ausflußöffnung wurde die Durchflußmenge durch Vorschalten einer Verengerung oder einer Hilfs-Capillare gesteuert. W. Stross. 5066□

Automatisches polarographisches Konzentratometer. Ss. B. Zfassman, I. Je. Brykssin und B. Ss. Bruk. (Betriebs-Lab. [UdSSR] **24**, 1409—14, 1958; russ.) — Beschreibung der Konstruktion u. Arbeitsweise eines automat. polarograph. Konzentratometers. S. Baryschnikow. 5066

Polarometer als visuelles Pulspolarometer. B. Ja. Kaplan und E. N. Ulanowski. (Betriebs-Lab. [UdSSR] **24**, 1414—16, 1958; Verwaltung für Geol. der Zentralbezirke.) — Beschreibung der Konstruktion u. Arbeitweise eines visuellen Pulspolarometers. S. Baryschnikow. 5066

Ein modifiziertes Kalousek-Gefäß, František Štráfelda. (Chem. Listy **55**, 1470—71, Dez. 1961; Praha, Vys. škola chem. techn., Odd. instrumentál. analysy; tschech.) — Das polarograph. Gefäß nach Kalousek wurde so modifiziert, daß der tote Raum im Verbindungsarm zwischen der Bezugselektrode u. dem eigentlichen Gefäß gut ausgespült werden kann. M. Ryba/Prag. 5066

Über die Analyse von NO_2, NOCl und Cl_2 in Gasgemischen. F. Wolf und K.-H. Schier. (Z. Chem. **1**, 216—17, 1961; Wolfen, Kr. Bitterfeld, VEB Farbenfabrik Wolfen, Anorg.-wissen. Labor. dt.) — Das Verf. beruht auf der Umsetzung von NOCl bzw. NO_2 mit H_2SO_4 zu $NO \cdot HSO_4$ der geringen Löslichkeit von Cl_2 in H_2SO_4 u. liefert, befriedigende Ergebnisse. Hierzu wird das NO_2, NOCl u. Cl_2 enthaltende Gasgemisch nacheinander durch zwei mit 90%ig. H_2SO_4 u. eine mit 10%ig. KJ-Lsg. beschickte Waschflaschen geleitet. Nach Überführen der Lsgg. in Meßkolben u. Auffüllen wird Cl_2 durch Rücktitration des überschüssigen KJ mit $Na_2S_2O_3$ bestimmt, während in der schwefelsauren Lsg. mit dem Nitrometer nach Lunge der Gesamt-N u. durch Titration mit 0,1 n $KMnO_4$ der 3wertige N bestimmt werden. Der NO_2-Geh. ergibt sich aus der doppelten Differenz von Gesamt-N u. 3wertigem N. F.-M. Friedrich-Anderseck. 5086□

Getrennte Bestimmung von Schwefeldioxid und Stickstoffoxiden bei der Herstellung der Säure nach dem Turmverfahren. N. Ja. Ugnjatschew und T. W. Oleinik. (Chem. Ind. [UdSSR] **1961**, 577—80, Aug.; russ.) — Ein Teil des SO_2, NO_2 u. NO enthaltenden Abgases der H_2SO_4-Fabrikation wird in 3%ig. H_2O_2

eingeleitet, die Gesamtacidität A der entstandenen Lsg. bestimmt, nach Zusatz von $BaCl_2$ im Überschuß durch konduktometr. Titration des $BaCl_2$-Überschusses die aus dem SO_2 entstandene H_2SO_4 ermittelt u. das danach errechnete SO_2 von A abgezogen, woraus sich NO + NO_2 ergibt. Ein anderer Teil des Gases wird durch ein Gemisch von 10 ml 10%ig. Harnstoff (I)-Lsg., 20 ml 1n $K_2Cr_2O_7$-Lsg. u. 10 ml 20%ig. H_2SO_4 geleitet, wobei SO_2 durch $K_2Cr_2O_7$ zu H_2SO_4 oxidiert wird (jodometr. Rücktitration des $K_2Cr_2O_7$-Überschusses), während NO_2 in Ggw. von **I** zu N_2 u. CO_2 zersetzt wird. Das Restgas wird in 3%ig. H_2O_2 eingeleitet u. die aus NO entstandene HNO_3 mit NaOH titriert. R. K. Müller. 5086□

Bestimmung von Schwefeldioxid in verunreinigter Luft. Modifizierung der jodometrischen Methode von Marston-Wells-Thomas-Ellis. Osvaldo Ramirez Torres. (Rev. Soc. quím. México **4**, 201–06, Nov./Dez. 1960; San Juan, Puerto Rico, Admin. de Fomento Econom. de Puerto Rico, Dep. de Invest. Ind.; span.) — Es werden Proben von Abgasen chem. Betriebe in Abhängigkeit vom Abstand der Schornsteine untersucht. In Modifikation oben genannter Meth. wird bei Adsorption des SO_2 im Durchströmungsverf. durch eine KJ/J_2-Stärkelsg. die J_2-Lsg. entsprechend dem Verbrauch zugegeben, um ein Entweichen von Jod mit dem Gasstrom zu verhindern, das auch bei den verwandten Konzz. von 0,005 n KJ_3 noch merkbar ist. K. Huste. 5088◇

Direkt-Anwendung der Gaschromatographie auf atmosphärische Verunreinigungen. Thomas Bellar, John E. Sigsby, Clarence A. Clemons und A. P. Altshuller. (Analytic. Chem. **34**, 763–65, Juni 1962; Cincinnati, Ohio, R. A. Taft Sanitary Engng. Center, Div. of Air Pollut.; engl.) — Es wird ein Verf. zur Best. von niedermol. KW-Stoffen (Gaschromatographie unter Verw. eines Flammenionisationsdetektors) beschrieben, das die Best. von C_2H_6, C_2H_4, C_3H_8, C_2H_2, C_4H_{10} u. a. ohne vorherige Anreicherung gestattet. Die Erfassungsgrenze für die C-ärmeren KW-Stoffe ist 0,001 ppm. Möglichkeiten für Modifikationen der App., bes. für Routineanalysen, werden erörtert. W. Betcke. 5088◇

a) Elemente und organische Verbindungen

Polarographische Bestimmung von Al in Fe–V-, Fe–Zr-, Fe–Ti-Legierungen. Shizuya Maekawa und Yoshio Yoneyama. (Nippon Kinzoku Gakkai-Si [J. Japan Inst. Metals] **25**, 651–54, 1961; jap., Auszug: engl.) — Zur polarograph. Best. von 0,05–4% Al in Fe–V-, Fe–Zr- u. Fe–Ti-Legg. extrahiert man Re, Ti, Zr u. V als Cupferrate unter Verw. eines Bzl.-Al-Gemisches, zersetzt die organ. Stoffe in der wss. Schicht mit HNO_3 u. $HClO_4$ u, ermittelt Al nach dem von Willard u. Dean (C. **1951**, I, 3397) angegebenen Verfahren. Aus Ni- u. Cr-reichen Proben müssen diese Elemente durch Elektrolyse mit Hg-Kathoden entfernt werden. W. Wesly. G 294□

Schnelle photometrische Bestimmung von Aluminium im Stahl. Vjera Radonic. (Kem. u Ind. [Zagreb] **9**, 131–32, Mai 1960; Mikšić, Željezara Boris Kidrić; kroat.) — In einem 100-ml-Meßkolben werden 0,2 g Stahl in 10 ml 3 n HNO_3 gelöst, mit einem kleinen Überschuß 2%ig. $KMnO_4$-Lsg. 2–3 Min. lang gekocht, der $KMnO_4$-Überschuß mit 10%ig. KNO_2-Lsg. bis zur Entfärbung (+ 2 Tropfen Überschuß) unter Kochen entfernt, nach Abkühlen aufgefüllt, 5 ml der Lsg. in einem 25 ml-Meßkolben mit 5 ml 1%ig. Ascorbinsäure-Lsg. (zur Maskierung von Fe u. a. Elementen) u. 2 ml 0,1%ig. Eriochromcyanin R-Lsg. versetzt, nach 1–2 Min. mit Acetatpuffer-Lsg. (pH 5,7) aufgefüllt u. mit Grünfilter (535 nm) photometriert. Die Auswertung erfolgt mit einer Eichkurve. Die Meth. ist für Stähle mit Al-Geh. bis 0,1% anwendbar, ihre Genauigkeit beträgt $\pm$ 0,002%. R. K. Müller. G 294□

Bestimmung von Cer in Gußeisen durch Titration mit Hydrochinonlösung. A. A. Amschejewa und D. W. Besugly. (J. analyt. Chem. [UdSSR] **16**, 683–87, Nov./Dez. 1961; Charkow, Polytechn. Inst. u. Transportmaschinenbaufabrik „Malyschew"; russ., Auszug: engl.) — Zur Ce-Best. in Gußeisen wird das Ce mit NaF abgetrennt u. nach einer Schnellmeth. mit 0,005 n Hydrochinon-Lsg. titriert. Die Auswertung der Vers.-Ergebnisse nach mathemat.-statist. Meth. zeigt, daß kein systemat. Fehler auftritt u. das Verf. mit einer hohen Genauigkeit arbeitet. Dauer der Ce-Best. 5–6 Stunden. H.-P. Pietsch. G 304□

Bestimmung von Cer in mittel- bis hochlegierten Stählen. A. A. Fedorow und F. A. Oserskaja. (Betriebs-Lab. [UdSSR] **27**, 139–40, 1961; Zentrales Bardin-Forsch.-Inst. für Eisenmetallurgie; russ.) — Zur Best. von Ce in Stählen neben den übrigen Legierungsbestandteilen wird die Probe in H_2F_2 unter Zusatz von H_2O_2 gelöst, das Ce als Fluorid gefällt (als Kollektor dient CaF_2) u. durch Rk. mit Citrat + H_2O_2 im alkal. in die gelbe Komplexverb. $Na_5[Ce^{IV}(C_6H_5O_7)_3]$ (**I**) überführt. Das Koagulieren von **I** wird durch Zusatz von H_3BO_3 oder Glycerin mit Trilon B verhütet. Die gelbe Lsg. wird photocolorimetr. oder spektrometr. ausgewertet. Bei Verw. der spektrometr. Meth. muß der CeF_3-Nd. bei 450—500° geglüht werden. Die Vers.-Durchführung wird im einzelnen beschrieben. Die mittlere Abweichung bei 3 Parallelbest. war bei einem Ce-Geh. von 0,01—0,03% < 0,005%, bei 0,03 bis 0,06% < 0,007 u. bei 0,06—0,1% < 0,009%. H.-P. Pietsch. G 304□

Untersuchungen über analytische Methoden für Spurenelemente in Metallen unter Verwendung von radioaktiven Isotopen. 1. Mitt. **Bestimmung von Zirkonium in Stahl.** Hiroshi Amano. (Sci. Rep. Res. Inst. Tôhoku Univ., Ser. A **11**, 296—303, Aug. 1959; engl. — C. **1959**, 10677.) E. Klever. G 322◇

Die Bestimmung von Vanadin in hochlegierten Stählen durch Isotopenverdünnung. G. Leliaert, J. Hoste und J. Eeckhaut. (Talanta [London] **1**, 369—73, Nov. 1958; Ghent, Belgium, Univ., Labor. of Anal. Chem.; engl.) — V wird nach Oxydation zu V^{5+} amperometr. gegen Fe^{2+} titriert. Cr wird als CrO_2Cl_2 ausgetrieben, das an unlösl. WO_3 adsorbierte V wird radiometr. erfaßt. Zur Analyse werden 0,1—1 g Stahl in 30 ml konz. HCl gelöst, die Lsg. wird nach Zusatz von 20 ml HNO_3 zur Trockne eingedampft, HCl u. HNO_3 werden durch Abrauchen mit 30 ml $HClO_4$ vertrieben, u. Lsg. + Nd. in einem Pt-Tiegel mit 4 ml HF u. einer geeigneten Menge trägerfreiem ^{48}V versetzt. Nach dem Austreiben von SiF_4 wird mit 20 ml W. verd., filtriert, u. die Lsg. bis zum Rauchen abgedampft. Durch die kochende Lsg. wird nach Zusatz von 20 ml $HClO_4$ zur Austreibung von CrO_2Cl_2 10 Min. lang HCl geleitet. HCl wird ausgekocht, die Lsg. auf 50 ml verd. u. mit einigen Tropfen 1%ig. $FeSO_4$-Lsg. in 2%ig. H_2SO_4 reduziert. Nach Zusatz eines geringen Überschusses an 0,05 n $KMnO_4$-Lsg. u. Zerstörung des überschüssigen $KMnO_4$ nach 5 Min. mit 2—3 Tropfen 2%ig. $NaNO_2$-Lsg. + 500 mg Harnstoff wird amperometr. gegen 0,025—0,25 n Fe^{2+}-Lsg. titriert. Der V-Geh. der Lsg. u. des Nd. wird radiometr. gemessen. Das an WO_3 (gefällt mit β-Naphthochinolin u. $HClO_4/H_2O_2$) adsorbierte V wurde bei verschiedenen V/W-Verhältnissen bestimmt. Seine Menge beträgt bei V/W < 0,01 ca. 7—10%, sie nimmt in Ggw. von Mo stark ab u. überschreitet bei Mo/W = 1 nicht 1%. W. Betcke. G 330□

Untersuchungen über analytische Methoden für Spurenelemente in Metallen unter Verwendung von radioaktiven Isotopen. 2. Mitt. **Bestimmung von Niob und Tantal in Stahl.** Hiroshi Amano. (Sci. Rep. Res. Inst. Tôhoku Univ., Ser. A **11**, 304—11, Aug. 1959; engl. — C. **1960**, 3329.) E. Klever. G 332◇

Spektrophotometrische Bestimmung kleiner Mengen Wismut in Eisen und Stahl. Tomio Chiba. (Japan Analyst **10**, 980—84, Sept. 1961; Fuji Iron and Steel Co. Ltd., Kamashi-Works, Res. Labor.; jap.) — Die Bi-haltige Fe-Probe wird in einer Mischung aus 20 ml HNO_3 (1 : 1) u. 15 ml 60%ig. $HClO_4$ bis zur Entw. weißer Dämpfe abgeraucht. Nach dem Verdünnen auf 150 ml wird die Lsg. mit 5 ml 5%ig. $MnSO_4$-Lsg. u. 3 ml 3%ig. $KMnO_4$-Lsg. versetzt u. gekocht. Der ausfallende Nd. (MnO_2 + mitgerissenes Bi^{3+}) wird in 25 ml verd. (1 : 2) H_2SO_4 gelöst, die Lsg. wird mit 1 ml 30%ig. H_2O_2 gekocht u. auf 50 ml aufgefüllt; 25 ml werden mit 2 ml 10%ig. KJ-Lsg. u. 10 ml 25%ig. NaH_2PO_2-Lsg. versetzt u. mit 10 ml Isoamylalkohol ausgeschüttelt. Die Absorption der organ. Phase, die das Bi^{3+} als komplexes Jodid enthält, wird bei 450 mμ bestimmt. W. Betcke. G 334□

Die maßanalytische Bestimmung von Chrom im Stahl neben größeren Manganmengen. S. Spauszus und H.-J. Weigel. (Neue Hütte **7**, 46, Jan. 1962; Magdeburg, Dt. Amt für Material- u. Warenprüfung, Metallchem.; dt.) — Durch Verss. mit der üblichen Meth. nach Kelley u. Mitarbeitern wird nachgewiesen, daß bei der maßanalyt. Cr-Best. in Stählen mit Mn-Geh. über 0,5% bei Ggw. von konz. H_3PO_5 ein Ansteigen der potentiometr. ermittelten Cr-Werte auftritt, was sich bes. bei geringen Cr-Geh. deutlich auswirkt. Es wird empfohlen, bei solchen Stählen auf das vorgesehene Lösen mit Mischsäure zu verzichten u. nur 60 ml H_2SO_4 (1 + 5) zu verwenden. Nach dem Oxydieren mit HNO_3 wird bis eben zum Rauchen der H_2SO_4 eingeengt, wobei keine Salze ausfallen dürfen. Nach dem Verdünnen mit W. wird mit Peroxodisulfat u. $AgNO_3$ oxydiert u. wie üblich weiterverfahren. H. Hochstein. G 335□

Photometrische Titration von Cr in Sonderstählen. Kozo Momoki und Kimiko Sodeyama. (Japan Analyst **10**, 1400—02, Dez. 1961; jap.) — Es wurde in saurer

Lsg. mit Ammoniumpersulfat zu CrO_4^{2-} oxydiert, ein definierter Überschuß an $(NH_4)_2Fe(SO_4)_2$ hinzugeben u. überschüssiges Fe^{2+} photometr. mit $KMnO_4$ titriert. H. Roschkowski. G 335□

Die Bestimmung von Wolfram in hochlegierten Stählen durch Isotopenverdünnung. G. Leliaert, J. Hoste und Z. Eeckhaut. (Recueil Trav. chim. Pays-Bas **79,** 557—66, Juni 1960; Ghent, Univ., Inst. of Analyt. Chem.; engl.) — Vff. beschreiben ein Isotopenverdünnungs-Verf. mit ^{185}Wolfram. Zur W-Best. in Mo–V–W-Stählen wird ohne weitere Trennung aus HNO_3–H_2O_2-Lsg. gefällt u. W mit Hydrochinon spektrophotometr. bei 460 nm bestimmt. Zur Überprüfung der gefundenen Werte wird der Rückstand radiometr. untersucht. Bei Stählen, die Nb, Ta u. Ti enthalten, ist vor der spektrophotometr. Best. eine Trennung nach der Magnesia-Meth. erforderlich. Untersucht wurden NBS-Stähle. F.-M. Friedrich-Anderseck. G 337□

Analyse komplizierter Systeme durch die Methode der β-Strahlenreflexion. Ss. N. Krjukow, B. Ss. Bokstein, T. I. Degalzewa und A. A. Shuchowitzki. (Betriebs-Lab. [UdSSR] **24,** 1305—08, 1958; Moskau, Stalin-Stahl-Inst.; russ.) — Bogdanow u. Funke (vgl. C. **1956,** 5650) haben ein Verf. zur Best. einer schweren Komponente in Syst. mit leichten Elementen entwickelt, bei dem man die β-Strahlenreflexion mißt. Nach diesem Verf. untersuchten Vff. Gemische von Fe, W u. Mo, wobei als β-Strahler ein Gleichgew.-Gemisch von ^{90}Sr u. ^{90}Y angewandt wurde. Verwendet man ein dickes Al-Filter, so erhält man aus der gemessenen Reflexion η_1 das mittlere Molgew. des Prüfgemisches, mit einem dünnen (0,15 mm) Filter die Reflexion η_2, aus der der Molgeh. an Fe abgelesen werden kann. Aus beiden Kurvenbildern (für η_1 u. η_2) sowie aus 2 Gleichungen für die gesuchten Molanteile ermittelt man den Komponentengeh. des Syst. Fe–Mo–W mit einer Genauigkeit bis zu 0,5%. — Die Best. des Fe-Geh. in Erzen wurde durch Messungen in der üblichen Ionisationskammer durchgeführt. Für diese Best. werden 2 bes. Kurvenbilder gegeben. Hier zeigt η_2 allein nicht mehr den Fe-Geh. an, da bei Unterschied zweier Proben um 2,5% Fe die Reflexion bereits die gleiche ist. Bei noch geringerem Unterschied im Fe-Geh. versagt die Best., da Zus. u. Struktur der Proben unterschiedlich sind. Das gilt jedoch nur für hohen Fe-Geh. Bei geringem Fe-Geh. (maximal 0,6%) läßt sich auch hier eine Best. ausführen, u. zwar mit einem mittleren quadrat. Fehler von ~ 0,3% Fe. A. v. Wilpert. G 354□

Erfahrungen beim Einsatz der direktanzeigenden Spektralanalyse in der Graugießerei. Walter Hartung. (Giesserei **48,** 579—86, 21/9. 1961; Ludwigshafen, Halberg-Maschinenbau u. Gießerei, Werk Halbergerhütte GmbH.; dt.) — Für die spektrochem. Best. von *Si*, *Mn* u. *Cr* in Gußeisen wird ein Prismenspektral-App. mittlerer Dispersion verwendet, bei dem zur direktanzeigenden Analyse ein Adapter mit 4 Sekundärelektronenvervielfachern u. 1 Lichtelektrometer angeschlossen ist. Nach Beschreibung der Geräte u. ihrer Aufgaben werden die Voraussetzungen für ein Analysenprogramm besprochen. Um reproduzierbare Ergebnisse u. die notwendige Analysengenauigkeit zu erhalten, mußte eine besondere Probenform geschossen werden. Die speziellen Abfunkbedingungen werden erörtert. Für die Praxis der Gußeisenanalyse werden Eichkurven aufgestellt, wobei auch Besonderheiten der Erschmelzungsart berücksichtigt sind. H. Hochstein. G 354□

Die Benützung des Gesamtkohlenstoffgehalts im Stahl für die quantitative Phasenanalyse. P. Lukáš. (Českoslov. Časopis Fysiku **11,** 213—25, 1961; Brno, Labor. pro studium vlastností kovů Českoslov. akad. věd.; tschech.) — Für die quant. Best. von Austenit (A.) u. Martensit (M.) in Stählen bei der Phasenanalyse wird die Messung der integrierten Intensitäten der Beugungslinien benützt. Ist jedoch Carbid anwesend (Fe_3C-Zementit, oder $Fe_{2,4}C$–ε) u. soll dieses bestimmt werden, so müssen aus den Linienbreiten u. ihrem Abstand die Geh. an C im A. u. M. ermittelt werden; die Bestimmung von C im Carbid ist wegen der geringen Carbidmenge unmöglich. Aus dem Gesamtkohlenstoffgeh. u. den Geh. an C in A. u. M. wird die Carbidberechnung durchgeführt. Genauigkeit: beim Gesamtgeh. an A. 10%, an Zementit 10—15%, an ε 10—25%. J. Tůmová. G 354□

Über die Bestimmung von Graphitkohlenstoff in Gußeisen. F. Marion und R. Faivre. (Chim. analytique [4] **42,** 355—59, Juli 1960; Lille, Fac. des Sci.; Nancy, Fac. des Sci.; franz.) — Die Trennung von freiem u. gebundenem C nach der klass. Meth. (Oxydation des carbid. C mit HNO_3, Verbrennung des Graphits im Elektroofen) ist mit vielen schlecht faßbaren Fehlerquellen behaftet u. gibt keine eindeutig reproduzierbaren Resultate. — Die vorgeschlagene neue Meth. beruht auf einer selektiven Redoxrk. des gebundenen C bei 650—700° mit einem Gemisch von H_2

u. H_2O-Dampf (10%). Unter diesen Bedingungen wird Zementit-Kohlenstoff vollständig in Form von KW-Stoffen (bes. Methan) eliminiert, während Graphit nicht angegriffen wird. Dies wird bestätigt durch kinet. Unterss. des Entkohlungsvorgangs an verschiedenen Roheisensorten u. reinem Zementit. G. Hédo. G 354□

Die mikrochemische Bestimmung des Kohlenstoffes in isolierten Gefügebestandteilen. Hanns Malissa, Marta Storek und Reinhold Gattringer. (Arch. Eisenhüttenwes. **32,** 525—28, Aug. 1961; Wien, TH, Inst. für anal. Chem. u. Kapfenberg, Gebr. Böhler & Co., A. G.; dt.) — Zur mikrochem. C-Best. in isolierten Gefügebestandteilen sind (zumindest bei den Stählen C110W1, 90MnV8, 115CrV3, „ähnlich X40MnCr18") sowohl das volumetr. als auch das konduktometr. Verf. geeignet. Das gewichtsanalyt. Verf. gibt zwar noch brauchbare Ergebnisse, die aber zu große Varianz aufweisen. Es gibt keine Verbrennungstemp., die für alle Carbide, bes. im Hinblick auf die Unters. des Glührückstandes, geeignet wäre. Für die Best. des C ohne Berücksichtigung des Rückstandes ist eine Temp. von 1300° für alle bisher untersuchten Carbide prakt. hinreichend. Die statist. Auswertung der C-Best. unter Verwendung von verschied. Eichgut zeigte, daß das volumetr. u. das konduktometr. Verf. bei Verw. von einwandfreien Eichstoffen so gut wie gleichwertig sind. H. Hochstein. G 354□

Stickstoffbestimmung in Stählen. J. Llop Llop. (Inst. Hierro Acero **13,** 532 bis 535, Mai 1960; Altos Hornos de Cataluña, S.A.; span.) — Der in legierten u. C-Stählen in Form von Nitriden enthaltende N wird beim Angriff durch H_2SO_4 zu NH_3 red.; aus dem entstehenden $(NH_4)_2SO_4$ wird nach Zugabe von Weinsäure u. NaOH durch Durchblasen von Wasserdampf NH_3 ausgetrieben u. in n/200 H_2SO_4 aufgefangen. Der verbleibende H_2SO_4-Überschuß in der Vorlage wird durch Titration mit n/40 NaOH bestimmt u. danach der N-Geh. des Stahles berechnet. Auf Grund der N-Best. kann das Altern von Stahl verfolgt werden. Die Meth. gestattet eine erhebliche Verkürzung der Analysendauer (von 2—8 Std. auf ca. 20 Min.). R. K. Müller. G 354□

Messung der thermo-elektromotorischen Kraft in Gußeisen und ihre Anwendung zur Schnellbestimmung von Silicium. Masao Ibaraki, Koichi Sugimoto und Nobuo Fukudome. (Mem. Inst. sci. ind. Res., Osaka Univ. **18,** 139, 1961; engl.) — Die Thermo-EMK in Gußeisen (Berührung von 2 Cu-Elektroden, von denen eine 90° höher als die andere erhitzt wird) weist eine lineare Beziehung zum Si-Geh. der Probe auf u. ist in Weißguß höher als in Grauguß. Mit Hilfe eines tragbaren Gerätes zur Best. der Thermo-EMK läßt sich der Si-Geh. mit einem Fehler von ca. 0,05% in ca. 7 Min. an Hand von Eichkurven bestimmen. W. Wesly. G 354□

Photometrische und titrimetrische Bestimmung von Tellur in Stahl. W. I. Muraschowa. (J. analyt. Chem. [UdSSR] **17,** 80—83, Jan./Febr. 1962; Sswerdlowsk, Uraler Polytechn. Kirow-Inst.; russ., Auszug: engl.) — Verw. von H_2TeJ_6 zur photometr. Cu. titrimetr. Best. von Te in Stahl. Die Absorptionsmaxima liegen bei 285 u. 333 nm, daher wird mit einem blauen Filter gemessen. Es stören Oxydationsmittel wie Fe^{3+}, Cu^{2+} oder SeO_3^{2-}, sowie Bi^{3+}, welches mit J^- den farbigen Komplex $[BiJ_4]^-$ bildet. Die Oxydationsmittel oxydieren das Jodid zu elementarem Jod. Te läßt sich von den Oxydationsmitteln mit Ausnahme des SeO_3^{2-} mit $SnCl_2$ abtrennen. Bei der titrimetr. Best. wird mit Thiosulfat titriert. E. Asmus. G 354□

Schnellbestimmung von Kupfer und Blei in Stahl und Gußeisen. H. A. Nicolas. (Chim. analytique [4] **41,** 23, Jan. 1959; Sidelor-Micheville, Labor. Central; franz.) — Vf. beschreibt 2 Meth., um in Stahl- u. Gußeisenproben auf elektrolyt. Wege entweder Cu allein oder Cu u. Pb gemeinsam zu bestimmen. Die Meth. sind üblichen Meth. an Genauigkeit nicht unterlegen; sie sind schneller durchzuführen. B. Krebs. G 358□

Methode zur Schnellbestimmung von Kupfer und Blei in Stählen und Gußeisen. Jean Verhun. (Chim. analytique [4] **41,** 332, Aug. 1959; C.I.M.A.; franz.) — Vf. beschreibt eine einfache u. schnelle Best.-Meth. für Cu u. Pb in Stählen u. Gußeisen, die sich für Serienmessungen eignet. Bei Gußeisen wird Fe aus der in HNO_3 gelösten Probe als $Fe(OH)_3$ gefällt u. im salpetersauren Filtrat Cu elektrolyt. bestimmt. Aus den schwach sauren Lsgg. von Stahl werden Cu u. Pb mit $Na_2S_2O_3$ als Sulfide gefällt u. nach der Wiederauflösung des Nd. in HNO_3 durch Elektrolyse getrennt. H. Fries. G 358□

Photometrische Bestimmung kleiner Kupfergehalte in Eisen und Stahl mit Biscyclohexanonoxalyldihydrazon (BCO). Siegfried Meyer und Othmar G. Koch. (Arch. Eisenhüttenwes. **32,** 67—70, Febr. 1961; Neunkirchen (Saar), Neunkirchener

Eisenwerk AG.; dt.) — Beschrieben wird ein Verf. zur photometr. Best. kleiner Cu-Geh. im Bereich von 0,001—0,2% Cu in Fe u. Stahl. Das Fe wird durch NH_3-Fällung abgetrennt u. im Filtrat das Cu mit Bis-cyclohexanon-oxalyldihydrazon photometr. bestimmt. Für Geh. im Bereich von 0,01—0,2% Cu betragen Standardabweichung (s) ± 0,001% Cu u. Varianz (V) 1,7%, im Bereich von 0,001—0,02% Cu s = ± 0,00015% Cu u. V = 2,3%. Eine Best. kann in 30 Min. durchgeführt werden. H. Hochstein. G 358□

Quantitative, gebietsweise Modalanalyse von granitischen Komplexen. E. H. Timothy Whitten. (Bull. geol. Soc. America **72,** 1331—59, Sept. 1961; Evanston, Ill., Northwestern Univ., Dep. Geol.; engl.) — Zur Best. der Änderung der durchschnittl. Zus. eines Granitkomplexes werden die Probleme der Probenahme beschrieben. Eine gute Durchschnittsprobe aus verschiedenen Tiefen je 0,5 Quadratmeile gibt bei großen Komplexen ein übersichtliches Bild über den Trend der chem. Zusammensetzung. Die Menge der zu nehmenden Proben ist neben der Größe auch von der Einheitlichkeit des Gesteinskörpers abhängig. Durchschnittsproben erhöhen die Sicherheit der Aussage gegenüber Stichproben. F. Ensslin. G 5290□

Analysen kleiner Proben von Monaziten mit einem Gammascintillations-Spektrometer. G. H. M. Couwenberg, C. L. D. Kooy und A. A. Korvezee. (Recueil Trav. chim. Pays-Bas **79,** 895—909, Aug. 1960; Delft, TU, Labor. of Phys. Chem.; engl.) — Mit Hilfe eines γ-Scintillationsspektrometers werden Th u. U nebeneinander in Monazit (50 mg-Proben mit 0,14—0,43% U u. 3,02—8,57% Th) u. U in U-Erzen bestimmt. Als Standardsubstanzen dienen UO_2-Acetat, $Th(NO_3)_4$, Torbernit u. Sinkep-Monazit, deren γ-Spektren im Bereich bis 0,3 bzw. 0,7 MeV aufgenommen werden. Der Analysenfehler beträgt bei einem U-Geh. von 0,05% ca. 10%, bei 4% U ca. 2,5%. In Ggw. von Ra-Elementen ist die Meth. nicht anwendbar. W. Betcke. 5292◇

b) Organische Verbindungen

Molekularsiebe in der organischen Chemie. P. Löwenberg. (J. appl. Chem. **9,** 417—20, Aug. 1959; Pôrto Alegre, Univ. do Rio Grande do Sul, Escola de Engenharia, Inst. de Quím.; engl.) — Aus Bindungsabständen, -winkeln u. van der Waalsschen Radien werden die krit. Mol.-Dimensionen (Å) für W. (3,2), Äthylen (4,1), Methan (4,2), J_2 (4,3), Methanol (4,4), Äthan (4,4), Acetaldehyd (4,4), A. (4,7), Propylen (5,0), Cyclopropan (4,9), Propan u. n-Paraffine (5,1), Essigsäure (5,1), Ae. (5,1), Isobutan (5,9) u. Bzl. (6,5) berechnet. Da Molekularsieb 4 A bzw. 5 A Verbb. bis zu einer Größe von 4,7 Å bzw. 5,6 Å adsorbiert, kann daraus leicht die Einsatzmöglichkeit abgelesen werden. Zum Beispiel lassen sich Ae. u. Essigsäure durch Schütteln mit Molekularsieb 4 A entwässern, oder Gemische aus 90% Ae. u. 10% A. bzw. 98% Bzl. u. 2% Methanol (**I**) beim Durchlaufen von Molekularsieb 4 A- bzw. 5 A-Säulen von A. bzw. **I** reinigen. Durch Schütteln in der Wärme mit Molekularsieb 5 A, Waschen mit Bzl., Trocknen u. Schütteln mit W. läßt sich aus einem fl. Gemisch gesätt. KW-Stoffe eine Fl. mit einem Siedebereich von 215 bis 255° (n-$C_{12}H_{26}$, n-$C_{13}H_{28}$, n-$C_{14}H_{30}$) abtrennen. Dagegen scheiterten Verss., Acetanilid aus Eisessig u. Anilin, DDT aus Chloralhydrat u. Chlorbenzol sowie Salicylsäureisopentylester (unter Zusatz von Amberlite IR-120; H^+-Form) aus den Komponenten mit Hilfe der synthet. Zeolithe (zur Adsorption des bei der Kondens. entstehenden W.) darzustellen. Weiterhin können die Molekularsiebe als Reagensträger verwendet werden. Aus einer Lsg. in Bzl. bzw. CCl_4 werden z. B. J_2 bzw. Br_2 adsorbiert u. durch W. wieder freigesetzt. Ein nach Behandeln mit Acetaldehyd u. Waschen mit Bzl. getrocknetes Molekularsieb 5 A entfärbt eine wss. $KMnO_4$-Lsg. oder ergibt mit einer gesätt. p-Benzochinolinlsg. eine farblose Lsg., in der Chinolin nachgewiesen werden kann. W. Hein. 5350◇

Über eine halbautomatische mikrogravimetrische Schnellmethode zur Bestimmung von Kohlenstoff in organischen Verbindungen. 32. Mitt. Über quantitative organische Analyse. Miroslav Večeřa. (Mikrochim. Acta [Wien] **1962,** 891—95; Pardubice-Rybitvi, ČSSR, VUOS, Mikroanalyt. Labor.; dt.) — 30. vgl. C. **1963,** 3348. — Eine einfache gravimetr. Schnell-Meth. zur C-Best. wird beschrieben. Der Absorptions-App. für CO_2 befindet sich im Wägeraum, ist durch eine Capillare direkt mit der Verbrennungs-App. verbunden u. wird nach deren Spülung, ohne abgewischt zu werden, sogleich gewogen. Die Gesamtdauer der Best. beträgt 10 Minuten. Die Genauigkeit ist die gleiche wie bei anderen üblichen Methoden. J. Peters. 5352□

Halbautomatische mikrogasvolumetrische Schnellbestimmung des Stickstoffs in organischen Substanzen unter Verwendung von Co_3O_4 als Oxydationskatalysator. 33. Mitt. **Über quantitative organische Analyse.** Miroslav Večeřa. (Mikrochim. Acta [Wien] **1962,** 896—912; dt.) — 32. vgl. vorst. Referat. — Vf. beschreibt eine Meth. zur gasanalyt. Best. von N. Als Oxydationsfüllung u. als O_2-Quelle wird Co_3O_4 verwendet. Mit kleinen Abänderungen kann die App. nach Pregl verwendet werden. Bei Serien-Best. können 5—6 Proben in 1 Std. analysiert werden. Die Meth. ist anwendbar auf feste u. fl. Stoffe. Die Genauigkeit u. Verläßlichkeit kommt der Meth. von Zimmermann (Mikrochem. verein. Mikrochim. Acta **31,** [1943], 42) gleich. Die Gleichgew.-Konst. der bei der Best. ablaufenden Rkk. werden berechnet u. daraus die Vorteile der verwendeten Rohrfüllung abgeleitet.'

J. Peters. 5352□

Stickstoffbestimmung in organischen Verbindungen ohne Destillation. 1. Mitt. **Bestimmung des ammoniakalischen Stickstoffs in organischen Verbindungen.** Muhammad Ashraf, M. K. Bhatty und R. A. Shah. (Pakistan J. sci. ind. Res. **3,** 1—3, Jan. 1960; Lahore, Univ. of Panjab, Dep. of Pharm.; Lahore, Pakistan Council of Sci. and Ind. Res., West Regional Labor.; Karachi, Pakistan Council of Sci. and Ind. Res., Central Labor., Chem. Res. Div.; engl.) — 2. vgl. C. **1963,** 4084. — Zur Vermeidung der Dest. bei der Makrobest. des ammoniakal. N in organ. Verbb. nach der Kjeldahl-Meth. wird die Substanz zusammen mit K_2SO_4 u. $HgSO_4$ in H_2SO_4 gelöst. Nach Neutralisieren wird das gebildete $(NH_4)_2SO_4$ in Ggw. von KBr mit einem Hypochloritüberschuß behandelt. Dann wird ein Überschuß an 0,1nAs(III)-Lsg. zugesetzt u. gegen Bordeaux-Indicator mit 0,2nNaOCl-Lsg. zurücktitriert.

W. Hein. 5352◇

Dumas-Mikrobestimmung von Stickstoff. Wolfgang J. Kirsten. (Analytic. Chem. **29,** 1084—89, Juli 1957; Uppsala, Sweden, Univ., Inst. of Med. Chem.; engl.) — Beschreibung eines Verf. u. einer App. zur Mikrobest. von N_2 nach Dumas auf der Grundlage der pyrolyt. Zers. der Probe bei 1150° in CO_2 u. der Verbrennung der gebildeten Gase über NiO. Eine Best. erfordert 15 Minuten. Der mittlere Fehler beträgt 0,037%.

W. Betcke. 5352□

Eine systematische Untersuchung zur Schwefelbestimmung in organischen Substanzen nach der Kolbenmethode von W. Schöniger. H. Malissa und L. Machherndl. (Mikrochim. Acta [Wien] **1962,** 1089—94; Wien, TH, Inst. für analyt. Chem. u. Mikrochem.; dt.) — Die Kolben-Meth. nach Schöniger zu S-Best. in organ. Substanzen wird anhand folgender Verbb. erprobt: 2-Nitroso-1-naphthol-4-sulfonsäure, Diphenylthiocarbazid, Diphenylthicarbazon, 1-Amino-2-naphthol-4-sulfonsäure, p-Tolylphenylsulfon, 1-Aminonaphthalin-4-sulfonsäure, 2.4-Dinitrothiocyanatobenzol, S-Benzylthiuroniumchlorid, Sufanilsäure, Benzolsulfhydroxamsäure, Thiobarbitursäure, L(—)-Cystin, Sulfonal, Thiosemicarbazid, 2-Mercaptobenzothiazol, Thioharnstoff, Rhodanin, Rubeanwasserstoff. Die Ergebnisse werden statist. ausgewertet. Es wird versucht, einen Zusammenhang zwischen Standardabweichung, S-Geh. u. Bindungsart des S zu finden. Es kann jedoch kein wesentlicher Zusammenhang bei den untersuchten Substanzen gefunden werden. Abschließend wird für die Kolben-Meth. an sich die Gesamtstandardabweichung für verschiedene Verbb. mit 10—55% S berechnet. Für 68,3%ig. Sicherheit beträgt die Standardabweichung ±0,076%, für 99,73%ig. Sicherheit ±0,23%.

J. Peters. 5352◇

Eine neue maßanalytische Methode zur Mikrobestimmung von Arsen in organischen Substanzen. R. Püschel und Z. Štefanac. (Mikrochim. Acta [Wien] **1962,** 1108—14, Graz, Univ., Med.-chem. Inst. u. Pregl-Labor.; dt.) — Das bei der Verbrennung nach Schöniger gebildete As_2O_3 wird durch H_2O_2 in alkal. Lsg. zum AsO_4^{3-} oxydiert. Dieses wird direkt mit Pb^{2+}-Maß-Lsg. gegen Pyridyl-(2-azo-4)-resorcin oder 7-(4-Sulfo-1-naphthylazo)-8-hydroxychinolin-5-sulfonsäure titriert. Das Verf. ist auch bei S- u. halogenhaltigen Verbb. anwendbar; P dagegen stört. Die Standardabweichung beträgt ±0,22% As.

J. Peters. 5352◇

Chelometrische Arsenbestimmung und ihre Anwendung auf die Mikro-Elementaranalyse. Z. Štefanac. (Mikrochim. Acta [Wien] **1962,** 1114—20; dt.) — Vgl. vorst. Referat. — Mikromengen AsO_3^{3-} u./oder AsO_4^{3-} werden mit $AgNO_3$ gefällt. Der Nd. wird in $[Ni(CN)_4]^{2-}$-Lsg. gelöst u. das freigesetzte Ni^{2+} mit EDTA gegen Murexid titriert. Cl^-, Br^-, J^- u. PO_4^{3-} stören. Nach dieser Meth. wurde As in organ. Substanzen im Anschluß an eine Schöniger-Verbrennung bestimmt.

J. Peters. 5352◇

Photometrische Bestimmung geringer Butadienmengen. Ju. W. Zechanskaja und Je. W. Muschkina. (J. analyt. Chem. [UdSSR] **16,** 96—99, Jan./Febr. 1961; Moskau, Forsch.- u. Projektierungs-Inst. der Stickstoffind. u. organ. Syntheseprodukte; russ., Auszug: engl.) — Butadien reagiert mit diazotiertem p-Nitroanilinhydrochlorid unter Bldg. einer farbigen Verb., die zur photometr. Best. kleiner Butadien-Mengen herangezogen werden kann. Diese von Bogdanow, Kolobichin u. Isakowa [Analyse von Divinylprodd. aus Butan, 1959] angegebene Meth. wird überprüft u. etwas modifiziert. Fehler der Einzelbest. ±7%.
E. Asmus. G 520□

Über die Bestimmung der Zusammensetzung von Mischungen aus Isopropylalkohol und Wasser. 1. Mitt. **Modifizierung der refraktometrischen Methode für alkoholreiche Gemische.** A. Mata Arjona und C. Barthelemi González. (An. Real Soc. españ. Física Quím., Ser. B **57,** 559—62, Juli/Aug. 1961; Madrid, Univ., Dep. de Quím. Inorg. del C. S. de I. C., Secc. de Catálisis, Fac. de Cienc.; span.) — Zur Best. des Isopropanol(**I**)-Geh. wss. Gemische mit $>70\%$ **I** wird die Probe mit einem bekannten Vol. W. verd. u. mit der erhaltenen Refraktion aus einer Eichkurve sofort der **I**-Geh. abgelesen. Der relative Fehler beträgt 0,5—1,5%.
K. Huste. G 560□

Die Reaktionen von Molybdatokieselsäure mit organischen Verbindungen. John H. Billman, Donald B. Borders und John A. Buehler. (Proc. Indiana Acad. Sci. **65,** 68—72, 1956; Indiana, Univ., Hondo AFB, Tex. and Anderson Coll.; engl.) — $H_4[Si(Mo_{12}O_{40})]\cdot xH_2O$ (**I**) wird als spezif. Reagens (Blaufärbung) auf aliphat. *Aldehyde*, bei denen ein H-Atom an das α-C-Atom gebunden ist, verwendet.
I. Zoll. G 660◇

Polarographische Bestimmung von Crotonaldehyd in Vinylacetat. Shiro Usami. (Japan Analyst **10,** 1102—05, Okt. 1961; Toyame Plant, Kurashihi Raon Co., Ltd.; jap., Auszug: engl.) — In 50 Vol.-%ig. wss. methanol. Lsg. ergibt sich bei pH 3 (McIlvaine-Puffer) eine deutliche Red.-Stufe. Die Einfl. der Elektrolytzus., pH, Temp. u. die Zeit, die zur Verdrängung von gelöstem O_2 durch N_2 benötigt wird, werden untersucht. Vinylacetat, Essigsäure, Acetaldehyd u. Aceton stören die schnelle u. einfache Best. nicht. W. Hein. G 660◇

Auswahl einer stationären Phase für die Analyse von Fettsäuren mit Hilfe der Verteilungs-Gaschromatographie. S. R. Lipsky und R. A. Landowne. (Ann. New York Acad. Sci. **72,** 666—74, 20/3. 1959; New Haven, Conn., Yale Univ., School of Med., Dep. of Internal Med.; engl.) — Zur gaschromatograph. Trennung der Methylester gesätt. u. ungesätt. C_{12}–C_{26}-Fettsäuren eignet sich als Trennfl. am besten ein Bernsteinsäurepolyester des Diäthylenglykols auf Celite 545 (60 bis 80mesh; imprägniert bei 203°). Säulenlänge 6 ft., Säulentemp. 200°; He-Durchflußgeschw. 186 ml/min; Trenndauer 38 min. W. Hein. G 810◇

Einige Schwierigkeiten bei der gaschromatographischen Analyse. André Prévot. (Bull. Soc. chim. France **1962,** 667—71, März; Paris, Inst. des Corps Gras; franz.) — Vf. diskutiert die method. u. stofflichen Schwierigkeiten der gaschromatograph. Unters. von *Fettsäuren*. Die Trennung erfolgt am besten über die leichtflüchtigen Methylester. E. Lück. G 810□

Verteilungs-gaschromatographische Analyse höherer Fettsäuren und Fettsäuremethylester. R. K. Beerthuis, G. Dijkstra, J. G. Keppler und J. H. Recourt. (Ann. New York Acid. Sci. **72,** 616—32, 20/3. 1959; Vlaardingen, Netherlands, Unilever Res. Labor.; engl.) — Hochtemp.-gaschromatograph. Best. geradzahliger freier C_{12}–C_{22}-Fettsäuren. Nachw. der einzelnen Säuren durch Verbrennung bei 1000° an CuO u. katharometr. Messung des entstandenen CO_2 bei Raumtemperatur. — Trennung der gesätt. u. ungesätt. C_{12}–C_{30}-Fettsäuremethylester aus Pflanzenölen. Nachw. — auch in Verb. mit der Verbrennungsmeth. — durch eine Gaselichtewaage. — Gaschromatograph. Unters. der Rk.-Prod. nach der alkal. Isomerisation der natürlichen Linolensäure. W. Hein. G 810◇

Neuere Fortschritte in der gaschromatographischen Trennung der Fettsäuremethylester. C. H. Orr und J. E. Callen. (Ann. New York Acad. Sci. **72,** 649—65, 20/3. 1959; Cincinnati, Ohio, Procter & Gamble Co., Miami Valley Labor.; engl.) — Zur gaschromatograph. Trennung der Methylester gesätt. u. ungesätt. C_8–C_{22}-Fettsäuren u. tier. Lipide eignet sich als Trennfl. am besten Reoplex 400 auf Celite 545 (60—80 mesh). Säulenlänge 120 cm; Säulentemp. 202°; He-Durchflußgeschw. 262 ml/min; Trenndauer 35—65 min. W. Hein. G 810◇

Thermometrische Schnellmethode zur Bestimmung von Essigsäureanhydrid. E. Angelescu und N. Bărbulescu. (An. Univ. „C. J. Parhon“ Bucureşti, Ser.

Ştiinţ. Naturii 6, Nr. 13, 93—100, 1957; Labor. de chim. org.; rum., Auszug: franz.) — Vff. gehen von dem Verf. von Richmond u. Eggleston zur Best. von *Essigsäureanhydrid* (I) aus, vereinfachen es u. steigern seine Empfindlichkeit. Die Meth. beruht auf der Wärmemessung, die bei der Acetylierung von Anilin mittels I entwickelt wird. In einem großen, mit seitlichem Stutzen, Rührer u. Thermometer mit 0,1° Einteilung versehenen Reagenzglas werden 10 ml einer 20%ig. Lsg. von Anilin in Toluol eingefüllt u.mit 1 ml der zu untersuchenden Lsg. versetzt, sobald sich das therm. Gleichgew. eingestellt hat. Dann wird die Temp. t_1 gemessen u. die durch I hervorgerufene Temp.-Erhöhung t daraus berechnet, indem man die durch Zugabe von 1 ml Essigsäure zur Anilin-Lsg. bewirkte Temp.-Erhöhung t_2 abzieht: $t = t_1 - t_2$. Nach der Formel $C\% = K \cdot t$ wird nun der %-Geh. an I berechnet, wobei K eine Konst. ist, die bei der Eichung der App. mit reinem I oder mit synthet. Gemischen aus I u. Essigsäure bestimmt wird. Die Meth. ist schnell, recht genau u. für Reihen-Unterss. geeignet. Sie ist anwendbar zur Best. von reinem I oder von I in Gemischen mit Essigsäure in jedem Verhältnis. E. Doms. G 810□

Ein Reagens zum Nachweis von Acrylnitril im kleinen Maßstab. W. O. Sykes. (Analyst 87, 383—85, Mai 1962; London, Charing Cross Hosp. Med. School, Dep. of Biochem.; engl.) — Als Reagens dient 1.2.3.4.7.8-Hexahydro-7-methyl-8-oxo-4.7-phenanthrolin (I), das mit Acrylnitril 4-(2-Cyanäthyl)-1.2.3.4.7.8-hexahydro-7-methyl-8-oxo-4.7-phenanthrolin (II) bildet. Die Trennung von I u. II erfolgt papierchromatographisch. Der Fleck von II ist durch seine intensiv gelbe Färbung, seine intensive Fluorescenz in UV-Licht u. Rotfärbung mit HNO_2 erkennbar. Obwohl nur geringe Anteile der theoret. Ausbeuten an II isoliert werden, ist der Nachw. so empfindlich, daß Acrylnitril in wenigen μl Lsg. noch in Konzz. von ca. 0,1% nachweisbar ist. Als Katalysator dient CuCl. Als Lsgm. dienen Eisessig, W., Methanol, Isopropylalkohol oder andere organ. Flüssigkeiten. Die Nachw.-Empfindlichkeit hängt von dem Lsgm. ab. Als störende Verbb. kommen $\alpha.\beta$-ungesätt. Verbb., Alkylhalogenide Epoxide in Frage, die alle I in ein tert. Amin überführen. Jedoch wurden beträchtlich wandernde Flecke bei der Papierchromatographie nur bei Diäthylmaleinsäureester u. Äthylbromessigsäureester erhalten. Durch weitere Chromatographie könnte auch diese Störung beseitigt werden. Epoxide reagieren vermutlich mit Eisessig. Acrylamid, Äthylacrylsäureester, Äthylzimtsäureester, Äthylcrotonsäureester, Methylmethacrylsäureester, Chloracetamid, β-Chlorpropionnitril, Äthylbromid u. Äthyl-β-chlorpropionsäureester stören nicht, da sie keine beträchtlich wandernden Flecke verursachen. P. Kurzmann. G 810□

Die Analyse von Gemischen von Dicarbonsäuren nach der Methode der Verteilungschromatographie auf Silikagel. L. Ja. Pobul, A. Ss. Fomina und S. A. Degterewa. (Chem. Technol. Brennstoffe Öle [UdSSR] 6, Nr. 10, 55—59, Okt. 1961; Inst. für Chem. der Akad. der Wiss. der EstnSSR; russ.) — Die apparative Vorbereitung (Auswahl des Silikagels, Vorbereitung der Kolonnen) sowie die Durchführung der Analyse *der Dicarbonsäuren* u. die Best. der Verteilungsfähigkeit des Silikagels werden ausführlich beschrieben. H. V. Adolphi. G 820□

Titration von Oxalsäure mit Cer(IV)-sulfat in HCl, $HClO_4$ und HNO_3 bei Verwendung von Nitroferroin als Indicator. K. Bhaskara Rao. (Z. analyt. Chem. 184, 171—76, 1961; Ottawa, Dep. of Mines and Techn. Surveys, Mines Branch; engl.) — Vf. untersucht die Verw. von 5-Nitro-1.10-phenanthrolin (Nitroferroin) als Indicator bei der Titration von $(COOH)_2$ mit $Ce(SO_4)_2$-Lsg. u. vergleicht die Indicator-Eig. mit derjenigen des 1.10-Phenanthrolins. Weder höhere Temp. noch Katalysator-Zusatz sind bei Verw. von Nitroferroin erforderlich; SO_4^{2-} stören nicht u. die Ergebnisse in HCl-, $HClO_4^-$ oder HNO_3-Lsg. sind befriedigend.
K. Ohls. G 820□

Die Bestimmung von Thioäpfelsäure. A. I. Busev und Chzhan Fan. (Talanta [London] 8, 470—72, Juli 1961; Moscow, USSR, Dep. of Chem., M. V. Lomonosov State Univ.; engl.) — 2 Best.-Verff. für *Thioäpfelsäure* (*Mercaptobernsteinsäure*) a) durch potentiometr. Titration mit NaOH u. b) durch J_2-Zusatz in stark alkal. Medium u. Rücktitration des unverbrauchten J_2 mit $Na_2S_2O_3$-Lsg. nach dem Ansäuern sind angegeben. U. Uhlich. G 850□

Anwendung der Nickelreaktion und thermische Isomerisation von α-Ketosäurehydrazonen bei ihrer chromatographischen Analyse. A. M. Tokushige und E. S. Cook. (Nature [London] 191, 797—98, 19/8. 1961; Cambridge, Mass., MIT, Dep. of Biol., Div. of Biochem. u. Cincinnati, Ohio, Inst. Divi Thomae, Div. of Chem. and Biochem.; engl.) — Die von Katsuki u. Mitarbeiter (C. 1958, 10464) beschriebene Ni-Rk. mit cis-Isomeren von α-Ketosäure-2.4-dinitrophenylhydrazonen kann zur

Unters. von therm. Isomerisationen papierchromatograph. genutzt werden. Nach Chromatographie von *Brenztraubensäurehydrazonen* im Dunklen auf Whatman-Nr. 1-Papier mit einem tert. Amylalkohol–A.–Wasser-Gemisch (5 : 1 : 4) wird mit einer Lsg. von 5% $NiCl_2$ in 70%ig. wss. A. u. anschließend mit 0,3% Zn in wss. A. besprüht. Nach Erhitzen auf 100° werden nur die cis-Isomeren angefärbt. Die Flecken der entsprechenden Hydrazone von *Glyoxyl-*, *Phenylglyoxyl-*, *Phenylbrenztrauben-* u. *p-Hydroxyphenylbrenztraubensäure* sind brauchbar. Nach der Meth. können Hydrazone von Tumorglycolyseprodd. chromatograph. getrennt u. anschließend die cis- u. trans-Isomeren durch therm. Isomerisation nachgewiesen werden. G. Krien. G 870□

Untersuchung der Trennung des Ammoniaks und der Methylamine durch Verteilungschromatographie in der Gasphase im Hinblick auf ihre quantitative Bestimmung. Jean Issoire und Lysiane Chaput. (Chim. analytique [4] **43,** 313 bis 320, Juli 1961; franz.) — Für die gaschromatographische Trennung der Methylamine u. des Ammoniaks wird eine Anzahl von Substanzen auf ihre Eignung als stationäre Phase untersucht. Am besten eignet sich Diäthanolamin, Laurylalkohol u. NaJ (72%, 18%, 10%). Schwierigkeiten, die bei der Best. durch die Asymmetrie der Banden entstehen, werden eingehend diskutiert u. zu ihrer Unterdrückung geeignete Maßnahmen vorgeschlagen. Die Meth. ist auch zur Best. von Spuren geeignet. B. Krebs. G 910□

Über die Bestimmung von Triäthylentetramin. S. Görög und M. T. Beck. (Acta Univ. Szegediensis, Acta physica chem. **3,** 91—94, 1957; Szeged, Univ., Inst. of Inorgan. and Analyt. Chem.; engl.) — *Triäthylentetramin* (**I**) bildet mit Cu^{2+} einen stabilen, farbigen 1 : 1-Komplex, dessen Absorption bei 590 nm (= λ_{max}) das Beersche Gesetz gut befolgt, so daß diese Rk. eine spektrometr. **I**-Best. ermöglicht. Ebenso läßt sich **I** colorimetr. gegen 0,01 m $CuSO_4$-Lsg. titrieren. **I** katalysiert die Zers. von H_2O_2, wobei die katalyt. Aktivität infolge Oxydation des **I** rasch nachläßt. Die Oxydation von **I** durch $KMnO_4$ wurde jodometr. untersucht. Der $KMnO_4$-Verbrauch erwies sich als der **I**-Konz. proportional. W. Betcke. G 910◇

Kombinationsmethode von Papierelektrophorese und Papierchromatographie zur Bestimmung von Aminosäuren. Werner Matthias. (J. Chromatogr. [Amsterdam] **2,** 434—36, Juli 1959; Quedlinburg, Dt. Akad. der Landwirtschaftswiss., Inst. für Pflanzenzüchtung.; dt.) — Ein Aminosäuregemisch wird zuerst papierelektrophoret. (Puffer: Pyridin/Eisessig/W. 3 : 10 : 500) in neutrale, bas. u. saure Komponenten nach der Keilstreifen-Meth. (vgl. Matthias, C. **1955,** 654) getrennt. Nach Zertrennung des Streifens werden die elektrophoret. beweglichen Verbb. erneut elektrophoret. aufgetrennt, während die immobilen neutralen Verbb. papierchromatograph., z. B. mit Butanol/Eisessig/W. (4 : 1 : 1) untersucht werden. E. Moisar. G 950□

Mikrobestimmung von Cystein und Cystin in Proteinen. John Goa. (Acta chem. scand. **15,** 853—55, 1961; Gothenburg, Sweden, Dep. of Med. Biochem.; engl.) — Eine Mikrobest.-Meth. für Cystein (**I**) u. Cystin (**II**) in Proteinen wird beschrieben. Durch Hydrazinolyse wird S aus **I** u. **II** in H_2S umgewandelt, der als koll. Bi_2S_3 colorimetr. bei 400 nm gemessen wird. Mengen von 20—200 μg **I** u. **II** können so bestimmt werden. Methionin u. $(NH_4)_2SO_4$ stören nicht. K. Heyns. G 950□

Eine einfache qualitative Veraschungs-Mikroprobe auf Organosilicium- und andere organometallische Verbindungen. Leonard Spialter und Manuel Ballester. (Analytic. Chem. **34,** 1183—84, Aug. 1962; Wright-Patterson AFB, Ohio, Aeronaut. Res. Labor.; engl.) — Organosilicium-Verbb. werden zur qual. Vorunters. erst im Mantel einer Bunsen-Flamme u. dann in der Flammenspitze verascht. Aus der Form des Abbrennens sowie der Farbe u. Verteilung der Ndd. lassen sich Rückschlüsse auf die Zus. ziehen. Als Träger dient ein durch eine Borosilicatglas-Capillare gezogener Pt-Draht, der am Ende zu einem Haken umgebogen ist u. in einem dicken Glasrohr als Halterung steckt. W. Betcke. G 980□

Farbreaktionen von siliciumorganischen Verbindungen und ihre Anwendung zur photometrischen Analyse. A. P. Kreschkow und W. A. Bork. (Hochschulnachr. [Iwanowo], Chem. u. chem. Technol. **3,** 410—15, 1960; Moskau, Chem.-Technol. Mendelejew-Inst., Lehrst. für analyt. Chem.; russ.) — Es werden einige Farbrk. mit siliciumorgan. Verbb. durchgeführt u. photometr. untersucht. Die dabei entwickelten Analysenmeth. beruhen auf der leichten Hydrolysierbarkeit, begleitet von einer intermol. Kondens., Rk.-fähigkeit einiger an das Si-Atom gebundener Gruppen u. Beständigkeit der SiC-Bindung dieser Verbindungen. — Best. der Phenoxygruppe in Si-organ. Verbb.: Hydrolyt. Abspaltung als Phenol, Zusatz von Br- bzw. Cl-W gibt in Anwesenheit von NH_3 Blaufärbung. — Best. von Alkoholen in Methoxy- u. Äthoxysilanen: a) Best. mit Fe-thiocyanat (I): Zusatz von 0,1 g trockenem I zu 5 ml Lsg.; nach 40 Min. zentrifugieren. b) Best. mit Methylviolett (II): Zusatz von 0,1 g trockenem II zu 10 ml Lsg.; nach 20 Min. zentrifugieren. — Best. von Phenolen in Phenoxysilanen: a) mit $FeCl_3$: Lsgg. mit dest. W. in der Kälte extrahieren, zum Extrakt 10%ig. $FeCl_3$-Lsg. hinzufügen. b) mit Cu-Amminkomplex: Verf. wie a). — Best. der Äthoxygruppe: mit gesätt. NaOH-Lsg. hydrolysieren, etwas Bzl. zugeben, A. abdestillieren u. mit Bzl. auf 5 ml auffüllen; nach Trocknen über wasserfreiem $CuSO_4$ Zugabe von 0,05 g Methylenblau; nach 10 Min. zentrifugieren. — Best. von Trimethylchlorsilan in Ggw. anderer Methylchlorsilane: mit P_2O_5 10 Min. lang erwärmen u. den entstandenen Phosphorsäure-trimethylsilylester mit Bzl. extrahieren; Extrakt 5 Min. lang mit 1 ml gesätt. $(NH_4)_2MoO_4$-Lsg. u. 5 Tr. konz. H_2SO_4 erwärmen, nach Abkühlen 5 Tr. 5 n H_2SO_4 u. 0,5 ml 5%ig. $SnCl_2$-Lsg. zufügen, mit 2 n H_2SO_4 auffüllen. Analog lassen sich Hexaäthyl- u. Hexamethyldisiloxan bestimmen. — Best. von Trichlorsilan: 10 Tr. 5%ig. essigsaure $(NH_4)_2MoO_4$-Lsg. u. 4 ml 2 n Essigsäure zu ca. 2—8 mg geben, zentrifugieren, mit W. auf 50 ml auffüllen. — Best. von $SiCl_4$ in Alkoxysilanen: alkohol. I-Lsg. zugeben, durch $SiCl_4$ tritt Entfärbung ein. Mit Bzl. auf 4 ml auffüllen. — In allen Fällen wird anschließend photometriert. Die Erfahrungsgrenzen aller Rk. liegen bei 1 mg u. darunter. G. Engelhardt. G 980□

Gaschromatographische Trennung der Äthylchlorsilane. J. Joklík. (Collect. czechoslov. chem. Commun. **26,** 2079—80, Aug. 1961; Prag, Tschechoslow. Akad. der Wiss., Inst. für theoret. Grundlagen der chem. Techn.; dt.) — Vf. beschreibt eine quant. chromatograph. Meth. zur Analyse von Äthylchlorsilanen. Die Trennung erfolgte an Ziegelsplit (∅ 0,2—0,3 mm) mit 10% Methylsiliconöl bei 90°. Trägergas war N_2, Durchflußgeschw. 74,5 ml/min. Die mit einem Wärmeleitfähigkeits-Detektor gemessenen relativen Retentions-Voll. betragen für *Äthylchlorid* 0,06, *Trichlorsilan* 0,10, *Tetrachlorsilan* 0,17, *Äthyldichlorsilan* 0,25, *Äthyltrichlorsilan* 0,46, *Diäthylchlorsilan* 0,46, *Diäthyldichlorsilan* 1,00, *Triäthylchlorsilan* 1,63 u. *Tetraäthylsilan* 1,92. Die quant. Best. der Komponenten erfolgte durch Messung der Bandenhöhe. K. Setínek/Prag. G 980

Bestimmung von γ-Cyanpropyltrichlorsilan in Methyl-(γ-cyanpropyl)-dichlorsilan. Philip J. Launer und Alfred S. Crouse. (Appl. Spectroscopy **15,** 118, 1961; Gen. Electric Co., Waterford, N. Y., Silicon Prod. Dep.; engl.) — Unter Beachtung der beträchtlichen Hydrolysegeschw. können 0—2% *γ-Cyanpropyltrichlorsilan* ($C_4H_6Cl_3NSi$) in Methyl-(γ-cyanpropyl)-dichlorsilan IR-spektrometr. durch Extinktionsmessung bei 16,78 μ (CsBr-Prisma, Lsgm. CS_2, Schichtdicke 0,970 mm, Spaltbreite 0,900 mm, Extinktionskoeff. 34,0) mit einem Fehler von ± 0,1% bestimmt werden. U. Uhlich. G 980□

Anwendung der Hammett-Gleichung als mögliche Hilfe bei der Festlegung einer NO_2-Deformationsfrequenz in aromatischen Nitroverbindungen. Ursula Uhlich und Günter Kresze. (Z. analyt. Chem. **182,** 81—84, 1961; Berlin, TU, Organ. Chem. Inst.; dt.) — Vff. zeigen, daß bei substituierten Nitrobenzolen im IR-Spektrum zwischen 600 u. 700 cm^{-1} Banden auftreten, deren Lage eindeutig von den polaren Effekten (σ-Werten) der Zweitsubstituenten am Benzolkern abhängig ist. Dies erlaubt eine Zuordnung der beobachteten Bande zu einer Deformationsschwingung der Nitrogruppe. Es werden Frequenzen, σ-Werte u. Extinktionskoeff. folgender Verbb. angegeben: p-Nitroanilin, p-Nitrodimethylanilin, p-Nitrophenylmethyläther, p-Nitrotoluol, m-Nitroanilin, Nitrobenzol, m-Nitrophenol, p-Nitrobenzylchlorid, p-Nitrobenzaldehyd, p-Chlornitrobenzol, p-Bromnitrobenzol, m-Nitrophenylmethyläther, m-Nitrophenylmethylketon, m-Nitrobenzaldehyd, m-Nitrobenzoesäure, m-Bromnitrobenzol, m-Dinitrobenzol. H. Nentwig. G 1010□

Einfluß von Dodecyltrimethylammoniumchlorid auf die Halbstufenpotentiale aromatischer Nitroverbindungen. Donald J. Pietrzyk und L. B. Rogers. (Analytic. Chem. **34,** 936—39, Juli 1962; Cambridge, Mass., MJT, Dep. of Chem. and Labor. for Nucl. Sci.; engl.) — Die polarograph. Red. von Nitrobenzol, p-Nitrophenol, p-Chlornitrobenzol u. Methyl-p-nitrobenzoat wurde in Ggw. des stark oberflächenakt. Dodecyltrimethylammoniumchlorids (I) untersucht. In saurer Lsg. werden beide Stufen in Richtung kathod. Potentiale verschoben, wobei die Verschiebung der 2. Stufe 600 mV oder mehr beträgt, während in alkal. Lsg. entgegengesetzte

Verschiebungen beobachtet werden. Man erhält durch Zusatz von **I** teilweise besser auswertbare Stufen u. die Möglichkeit der Simultan-Best. von Nitro-Verbb., deren Stufen sich im normalen Polarogramm überlagern. Harro Zimmer. G 1010□

Die Bestimmung von Phenol und kinetische Untersuchungen über die Monobromierung von Phenol durch pulsierende Coulometrie. Gary S. Kozak und Quintus Fernando. (Analytica chim. Acta [Amsterdam] **26,** 541—47, Juni 1962; Pittsburgh, Pa., Univ., Dep. of Chem.; engl.) — Vff. beschreiben eine Meth. zur Best. von Phenol mit Hilfe von Br_2, das im Rk.-Gemisch elektrolyt. durch konst. Stromimpulse erzeugt wird. Lsgg. mit einem Phenol-Geh. von $10^4 - 7 \cdot 10^{-6}$ m können mit einer Genauigkeit von 1% bestimmt werden. Durch die aufgenommene Stromkurve läßt sich der Verlauf der Bromierungs-Rk. verfolgen. Die Geschw.-Konst. der Rk.: $C_6H_5OH + Br_2 \rightarrow BrC_6H_4OH + H^+ + Br^-$ wird zu $1{,}6 \cdot 10^5$ Liter/Mol · s ermittelt. J. Peters. G 1060□

Papierchromatographie von Mischungen phenolischer Verbindungen. P. Colombo, D. Corbetta, A. Pirotta und G. Ruffini. (J. Chromatogr. [Amsterdam] **6,** 467—74, Dez. 1961; Milan, Italy, Cartiera Vita Mayer & Co., Res. Div.; engl.) — Meth. zur Papierchromatographie alkohol. Lsgg. von Phenolen u. Phenolderivv. mit der wss. Phase einer Mischung von n-Butanol — 2%ig. wss. NH_4OH. Von den untersuchten Papieren (Whatman Nr. 1, 7, 20, 54) erwies sich Nr. 7 als am besten geeignet. Es wurde 15 Std. absteigend bei 20 ± 2° gearbeitet. Entwickelt wurde durch Auswertung unter UV-Licht nach Anwendung des Mäule-Testes (Cl_2-Dampf u. Sprühen mit Na_2SO_3-Lsg.) oder durch Sprühen mit diazotierter Sulfanilsäure, Räuchern mit NH_3 u. Sprühen mit diazotiertem p-Nitroanilin. Für 34 phenol. Verbb. sind R_F-Werte u. Farbrkk. tabellar. zusammengestellt. M. Finke. G 1060□

Capillarmethode der Kresolbestimmung. E. Angelescu und J. Davidescu. (Rev. Chim. [Bucarest] **3,** Nr. 1, 101—18, 1958; rum., Auszug: dt.) — Capillarmeth. zur Schnellbest. von *o-*, *m-* bzw. *p-Kresol* (**I**) in wss. > 1,2%ig. **I**-Lösungen. Die Titration der zu untersuchenden **I**-Lsgg. mit 0,1 n NaOH erfolgt bei 20°; die Messung der Oberflächenspannung während der Titration wird mit Hilfe des Stalagmometers von Traube durchgeführt. Die Fehlergrenze der Meth. beträgt ≦ 0,8%. S. Baryschnikow. G 1060△

Quantitative Bestimmung von o-, m- und p-Kresolen nach Infrarotabsorptionsspektren. N. A. Tschumajewski. (Betriebs-Lab. [UdSSR] **26,** 957—59, 1960, Akad. der Wiss. der UdSSR, Inst. für elementorg. Verbindungen; russ.) — Als analyt. Banden zur quant. Analyse von Gemischen der 3 Kresole (als 5%ig. CS_2-Lsgg.) werden die nicht ebenen Schwingungen der aromat. CH-Gruppen gewählt: *o-Kresol*-756, *m*-778, *p*-816 cm^{-1}. Die Best. erfolgt mittels Eichkurven nach einem graph. Näherungsverfahren. Die Meth. ist zur raschen Analyse größerer Serien geeignet, der mögliche Fehler beträgt 2%. U.-L. Rau. G 1060□

Bestimmung aromatischer Aldehyde durch Spektrophotometrie im nahen Infrarot. R. M. Powers, J. L. Harper und Han Tai. (Analytic. Chem. **32,** 1287—89, Sept. 1960; Decatur, Ill., A.E. Staley Manufacturing Co.; engl.) — Im nahen IR besitzen die aromat. Aldehyde (**I**) 3 Banden, von denen die bei 1,25 μ (v.w.) in Ggw. anderer C = O-Verbb. für die **I** charakterist. ist, die bei 2,25 μ (S.) wesentlich durch CH_3-, CH_2- u. möglicherweise durch =CH-Gruppen, die bei 2,21 μ (S.) lediglich durch endständige Epoxid- u. Cyclopropylgruppen gestört wird. Die quant. Auswertung der letzten Bande, die durch Kombination der ν (CH) u. ν (C=O) der –CH=O-Gruppierung zustande kommt (Spektrenvergleich Benzaldehyd (**II**) u. Deuteroverb.), gestattet die Best. (in CCl_4) von **II** in Ggw. von Acetophenon bzw. Benzophenon mit bis zu 7,7 bzw. 3,3% Fehler. Ebenso gelingt die Best. von o-/p- sowie o-/m-Nitrobenzaldehydmischungen. Folgende Verbb. wurden untersucht (in Klammern Analysenwellenlänge in μ): **II** (2,210), *2-Chlor-5-hydroxy-* (2,215), *2-Hydroxy-* (2,216), *2-Methoxy-* (2,196), *4-Methoxy-* (2,215), *3-Methyl-* (2,224), *4-Methyl-*(2,211), *2-Nitro-*(2,176), *3-Nitro-*(2,203), *4-Nitrobenzaldehyd* (2,203), *2.2'-Biphenylaldehyd* (2,201), *Piperonal* (2,215), *1-Naphthaldehyd* (2,203). Die ε-Werte der betreffenden Banden sind angegeben. U. Uhlich. G 1110□

Trennung und Bestimmung der Bestandteile einer Mischung aus Phenylbenzoat, Benzoesäure und Diphenyl in benzolischer Lösung. T. C. Jain. (J. sci. ind. Res. [New Delhi], Sect. B **18,** 174, April 1959; Raipur, Coll. of Sci., Chem. Dep.; engl.) — Vff. beschreiben die Trennung u. Best. von *Phenylbenzoat* (**I**), *Benzoesäure* (**II**) u.

Diphenyl (**III**) bei sehr geringen Konzz. ($10^{-5}-10^{-7}$ mol) wie sie bei der Zers. von *Benzoylperoxid* (**IV**) in Bzl. (**V**) auftreten. Die Verbb. **I**, **III** u. **IV** konnten aus einer 5%ig. Mischung Hexan-Ae. chromatograph. über eine Säule aus Silicagel getrennt werden. **II** mußte durch Ausschütteln mit 0,1 n Na_2CO_3-Lsg. abgetrennt werden. **V** u. **III** treten gemeinsam aus der Säule aus u. werden durch Extraktion mit fl. Paraffin getrennt. Die Identifizierung der Komponenten erfolgte durch UV-Spektroskopie. W. Fester. G 1210□

Bestimmung von Cyclopropylamiden nach einer modifizierten Quecksilber(II)-acetat-Methode. James G. Theivagt. (Analytic. Chem. **33**, 1391—93, Sept. 1961; North Chicago, Ill., Abbott Labor., Anal. Res. Dep.; engl.) — Cyclopropylamide reagieren bei normaler oder erhöhter Temp. in methanol. Lsg. unter Ringöffnung quant. nach $Hg(OCOCH_3)_2$ + $RCONHCH{-}CH_2{-}CH_2$ (Ring) → $RCONHC(OCH_3)CH_2CH_2 \cdot HgOCOCH_3$ + CH_3COOH. Die Essigsäure kann nach Zusatz von NaBr alkalimetr. titriert werden. Die Meth. liefert gute Werte für *N-Cyclopropylbenzamid*, *4-Amino-N-cyclopropyl-3.5-dichlorbenzamid*, *N-Cyclopropyl-3.4.5-trimethoxybenzamid*, *4-Brom-N-cyclopropylbenzamid*, *4-Chlor-N-cyclopropylbenzamid*, *N-Cyclopropyl-2.3.4.5.6-pentachlorbenzamid* (**I**), *N-Cyclopropyl-4-[trifluormethyl]-benzamid*, *N-Cyclopropylcyclopropancarboxamid*, *N-Cyclopropylisonicotinamid* (**II**), *N-Cyclopropyl-3-methylencyclobutancarboxamid* (**III**), *N-Cyclopropyl-2-furamid*, *N.N'-Bis-[cyclopropyl]-phthalamid* (**IV**), *N-Cyclopropyl-3.4.5-trimethoxyzimtsäureamid* (**V**), *N-Cyclopropyl-3.5-dichlor-4-äthoxybenzamid*, *N-Cyclopropylphenylcarbamat*, *N.N'-Bis-[cyclopropyl]-2-methyl-2-n-propyl-1.3-propandioldicarbamat* (**VI**), *N-Benzyl-N-cyclopropylurethan* (**VII**), *1-Cyclopropyl-3-o-tolylharnstoff*, *1.3-Bis-[cyclopropyl]harnstoff* (**VIII**), *1-Cyclopropyl-3-[p-toluolsulfonyl]-harnstoff* (**IX**). Schwer reagierende Derivv. wie **I**, **II** u. **VII** werden während 30 Min. in der methanol. Lsg. am Rückfluß erhitzt. Mit **V** wurde die Methoxymercurierung bei — 10° in 30 Min. durchgeführt, da bei 20° auch die olefin. Doppelbindung reagiert. Bei **III** werden die Methylen- u. die Cyclopropylgruppe, bei **IV**, **VI** u. **VIII** beide Cyclopropylgruppen erfaßt. **IX** besitzt in Nachbarschaft zur Sulfonylgruppe eine saure NH-Gruppe, deren funktionelle Acidität in einer gesonderten Titration bestimmt werden muß. Nachst. Verbb. reagieren unter analogen Bedingungen nicht mit Hg(II)-acetat (**X** nur in geringem Ausmaß): *4-Amino-3.5-dichlorbenzamid*, *4-Amino-3.5-dichlorbenzoesäure*, *4-Amino-3.5-dichlor-N-isopropylbenzamid*, *4-Amino-N-cyclopentyl-3.5-dichlorbenzamid*, *4-Amino-N-cyclobutyl-3.5-dichlorbenzamid*, *4-Amino-N-[cyclopropylmethyl]-3.5-dichlorbenzamid*, *4-Amino-N-cyclopropyl-3.5-dichlor-N-hydroxyäthylbenzamid*, *4-Amino-N-benzyl-N-cyclopropyl-3.5-dichlorbenzamid*, *N-Allyl-4-amino-3.5-dichlorbenzamid* (**X**), *Cyclopropylketon*, *Cyclopropylketoxim*. A. Blaschette. G 2080□

Neue Farbtests für die größeren mehrkernigen aromatischen Kohlenwasserstoffe. Eugene Sawicki und Roger Barry. (Talanta [London] **2**, 128—34, März 1959; Cincinnati, Ohio, U. S. Dep. of Health, Educ. and Welfare, Publ. Health Serv., Robert A. Taft San. Engng. Center; engl.) — Es wird gezeigt, daß Piperonal (**I**) im **I**/PCl_5-Test auf aromat. Verbb. durch eine Reihe anderer Aldehyde ersetzt werden kann. Als spezif. Reagentien auf mehrkernige KW-Stoffe eignen sich aber nur 9-Anthraldehyd (**II**) u. 3-Nitro-4-dimethylaminobenzaldehyd (**III**). PCl_5 läßt sich durch Trifluoracetanhydrid (**IV**) ersetzen. Die Reagentien werden durch Kochen von 125 mg **II** + 250 mg PCl_5 in 20 ml Chlf. bzw. von 50 mg **III** + 500 mg PCl_5 in 20 ml o-Dichlorbenzol u. Auffüllen auf 25 ml hergestellt. Zur spektrometr. Analyse wird 1 ml der Probe-Lsg. in Chlf. entweder mit 1 ml der Reagens-Lsg. u. 0,5 ml $POCl_3$ oder mit 1 ml 2%ig. **II**-Lsg. in Chlf. + 0,1 ml **IV** versetzt u. mit Trifluoressigsäure auf 10 ml aufgefüllt. Die Absorptionsmaxima sind für Acenaphthen, Pyren, Benzopyren, 3-Methylcholanthren, Anthracen, Benzo(g, h, i)perylen, Anthanthren u. Perylen angegeben. Sie liegen bei Verw. des **II**-Reagens im IR zwischen 790 u. 965 mμ, bei Verw. von **III** zwischen 618 u. 860 mμ. W. Betcke. G 2600□

Untersuchungen auf dem Gebiet der Synthese, Trennung und Analyse von Pyridinbasen. 2. Mitt. Schnellmethode zur Bestimmung von 3-Methylpyridin und 2.6-Dimethylpyridin bei ihrer gleichzeitigen Anwesenheit. Ju. I. Tschumakow. (Med. Ind. UdSSR **13**, Nr. 1, 14—17, Jan. 1959; Chem.-pharmazeut. Werk „Akrichin"; russ.) — 1. vgl. C. **1959**, 15937. — Durch Chromatographieren von Gemischen aus *3-Methyl-*(**I**) u. *2.6-Dimethylpyridin* (**II**) an Papier, das mit $CuCl_2$ getränkt ist, läßt sich aus der Größe der Flecke (**I** blau, **II** lila) das relative Verhältnis von **I** u. **II** mit einer Genauigkeit von 2—5% ermitteln. Helmut Schäfer. G 3231△

c) Bestandteile von Pflanzen und Tieren

Einflüsse anorganischer Oxide, Sulfide, Chloride und Säurechloride auf die Metachromasie und andere Färbe-Eigenschaften. B. H. Landing und H. E. Wilson. (Stain Technol. **34,** 273—77, Sept. 1959; Cincinnati, Ohio, Children's Hosp., Div. of Pathol. and Pediatrics, and Res. Found.; Univ. of Cincinnati, Coll. of Med., Dep. of Pathol. and Pediatrics; engl.) — Die Fähigkeit von $POCl_3$, $PSCl_3$, PCl_3, P_2O_5, P_2S_5, P_4S_3, P_4S_7, PCl_5, Sb_2O_5, As_2O_5, BiOCl, $SeOCl_2$, SO_2Cl_2, Sb_2S_5, $VOCl_2$, $SiCl_4$ u. CrO_2Cl_2, bei Färbungen mit Toluidinblau (**I**), Wolframatophosphorsäure-Hämatoxylin (**II**), Leukofuchsin (**III**) u. Dihydrodinaphthyldisulfid (**IV**) die Farbtiefe zu verbessern, wurde untersucht. Bei 8 Verbb. wurde auch der Einfl. auf die Alcianblau-8GN- u. die Luxoltiefblau-Färbung getestet. Dabei ließ man die anorgan. Verbb. als 1,5%ig. Lsgg. in Pyridin oder 2.2.4-Trimethylpentan vor der Färbung 3 Std. lang bei 60° auf die Mikroschnitte einwirken. Der Effekt von **I** in Bezug auf bestimmte Gewebeteile war bei 13, der von **II** bei 16, von **III** bei 9 u. von **IV** bei 16 dieser Verbb. positiv. Die Ergebnisse sprechen für die Möglichkeit des Nachw. von Gewebebesonderheiten durch induzierte metachromat. Basophilie u. Leukofuchsin-Positivität. W. Betcke. 5661☐

Alkalische Phosphatase in Leukozyten mit Hilfe einer Azo-Farbstoff-Methode. Benito Monis und Alexander M. Rutenburg. (Stain Technol. **34,** 339—42, Nov. 1959; Boston, Mass., Beth Israel Hosp., Yamins Labor. for Surg. Res. and Dep. of Surg.; Harvard Med. School; engl.) — Zur Sichtbarmachung der Aktivität der alkal. Phosphatase im Cytoplasma der Leukozyten von Menschen, Ratten u. Kaninchen wird das luftgetrocknete Blut-Präp. mit Naphthol-AS-Phosphat in gepufferter Lsg. (pH 9,1) u. mit Tiefblau BBN (**I**) als Diazokomponente versetzt. Das durch enzymat. Hydrolyse in Freiheit gesetzte Naphthol AS kuppelt mit **I** unter Bldg. des dunkelblauen, unlösl. Farbstoffs, der sich an den akt. Stellen absetzt. Fixierung in 10%ig. Neutral-Formalin beeinträchtigt die Aktivität nicht, bei 1 Min. langem Kochen in W. geht sie verloren. W. Betcke. 5661☐

Beitrag zur experimentellen Bestimmung von Metallspuren in biologischen Stoffen durch Aktivierungsanalyse mit thermischen Neutronen. J. Pijck. (Verh. Kon. vlaamse Acad. Wetensch., Letteren schone Kunsten België, Kl. Wetensch. **23,** Nr. 67, 1—187, 1961; fläm.) — Unterss. über den Verlust von Spuren Sb, As, Cr, Co, Au, Fe, Cu, Hg, Pb, Mn, Mo, V, Ag u. Zn in biolog. Stoffen bei deren Zers. zeigen, daß die Veraschung zu verwerfen ist, weil selbst bei 500—550° viele der Metalle größtenteils verloren gehen. Die Zers. mit HNO_3–H_2SO_4–$HClO_4$ (3:1:1) führt zur Rückgewinnung der Elemente außer Sb, As, Au, Fe u. Hg, zu deren Rückgewinnung ein Rückflußkühler nötig ist. Störende Rkk. sind ^{64}Zn (n, p)^{64}Cu, ^{54}Fe(n, α)^{51}Cr u. ^{58}Ni(n, p)^{58}Co. Die Störung beträgt bei Bestrahlung im BR 1 bei einem Neutronenfluß von $5 \cdot 10^{11}$ n/cm² s $< 1\%$. Spuren Cu, Zr, Zn u. Cs werden in Blutserum durch Neutronenaktivierunganalyse bestimmt. Die Genauigkeit u. Reproduzierbarkeit betragen 25—250 μg. W. Wesly. 5664☐

Chelometrische Titration von Calcium und Magnesium in Pflanzengewebe. Verfahren zur Eliminierung störender Ionen. R. M. Carlson und C. M. Johnson. (J. agric. Food Chem. **9,** 460—63, Nov./Dez. 1961; Berkeley, Calif., Univ. of California, Dep. of Soils and Plant Nutrit.; engl.) — Zur Abtrennung der bei der chelometr. Ca- u. Mg-Best. in Pflanzengeweben störenden Ionen Al^{3+}, Cu^{2+}, Fe^{3+}, Mn^{2+}, Zn^{2+} u. PO_4^{3-} werden die Cyclohexandiamintetraessigsäurechelate der Schwermetalle gebildet, die als Anionen gemeinsam mit PO_4^{3-} von einem Anionenaustauscher gebunden werden. W. Wesly. 5664☐

d) Medizinische und toxikologische Analyse

Klinische Chemie. Anonym. (Analytic. Chem. **34,** 23A—34A, Aug. 1962; engl.) — Bericht über die Bedeutung der quant. Analyse in der klin. Chemie unter bes. Berücksichtigung der Arbeiten von van Slyke. Gerhard Schulze. 5725☐

Die Diaphorasemethode zur Blutalkoholbestimmung. G. Machata. (Dtsch. Z. ges. gerichtl. Med. **51,** 447—50, 25/7. 1961; Wien, Univ., Inst. für gerichtl. Med.; dt.) — Blut bzw. Serum wird mit 0,1%ig. NH_4OH, 0,85%ig. NaCl-Lsg. bzw. Boratpuffer (pH 9,3) 1:100 verdünnt. Davon werden 0,1 ml zu 3 ml des Reagentienansatzes [1 mg ADH, 1 mg DPN, 0,5 mg Diaphorase (aus Clostridium kluyveri oder Schweineherzen) u. soviel Dichlorphenolindophenol, daß die Extinktion bei 1 cm Schichtdicke ca. 0,5 beträgt] gegeben. Nach Durchmischung wird die Extinktions-

abnahme bei 600 mμ gegen eine Vgl.-Lsg. (reines W.) in einem Doppelstrahlspektrophotometer registrierend verfolgt. Nach ca. 2 Min. wird der Minimalwert erreicht. Die Schwächung der Farbintensität ist proportional dem A.-Gehalt. Eine Enteiweißung ist nicht erforderlich; Hämoglobin stört die Best. nicht. Trotz der techn. Vorteile der Meth. ist sie, nach Ansicht des Vf., infolge ihrer geringen Genauigkeit nicht dazu geeignet, die übliche ADH-Meth. zu ersetzen.
P. Schwerdtfeger. 5762□

Über die Verwendung von Polyviol an Stelle von Stärkelösung bei der titrimetrischen Blutalkoholbestimmung. F. J. Jakob. (Dtsch. Z. ges. gerichtl. Med. **51**, 453—54, 25/7. 1961; Würzburg, Inst. für gerichtl. u. soz. Med.; dt.) — Polyviol MO5/14 (**I**; Wacker AG, Burghausen/Salzach), ein Polyvinylalkohol, der in 10%ig. wss. Lsg. in stark saurem Milieu mit J eine kräftig rote Färbung gibt, kann bei der titrimetr. Blutalkoholbest. nach Widmark vorteilhaft anstelle der üblichen Stärkelsg. unter sonst gleichen Arbeitsbedingungen verwendet werden. Die 10%ig. wss. **I**-Lsg. ist prakt. unbegrenzt haltbar u. bleibt während der jodometr. Titration stets klar, wodurch der scharfe Umschlagspunkt von rot nach farblos auch von relativ farbuntüchtigen Personen in reproduzierbarer Weise erkannt werden kann. Während bei Verw. von Stärkelsg. der mittlere Fehler zwischen 2 oder 3 Analysen 0,03—0,04‰ (bezogen auf die abs. Blutalkoholwerte) betrug, konnte er durch Verw. von **I** auf 0,01 red. werden. P. Schwerdtfeger. 5762□

Mikrobestimmung des Alkohols im Blut. A. I. Krassnowa, Ju. I. Wischnjak und Sch. K. Kamolow. (Laboratoriumswesen [UdSSR] **8**, Nr. 9, 52—55, Sept. 1962; Inst. für Psychiatrie der Akad. der med. Wiss. der UdSSR, Biochem. Labor.; russ.) — Vff. beschreiben eine Modifizierung der A.-Best. im Blut nach Plesso (1932). S. Baryschnikow. 5762

Vergleichbare Untersuchungen zwischen Serum- und Gewebssaftalkohol. V. Sachs und E. Steigleder. (Dtsch. Z. ges. gerichtl. Med. **52**, 595—604, 1962; Kiel, Univ., Inst. für gerichtliche Med. u. Hygiene-Inst.; dt.) — Die Unters. zeigte, daß die Verteilung des Alkohols zwischen Blut u. Gewebsflüssigkeit bei oraler Alkoholzufuhr außerordentlich schnell vor sich geht u. prakt. sowohl in der resorptiven als auch in der postresorptiven Phase des Alkoholstoffwechsels der Blutalkoholgehalt den Gewebsalkohol zutreffend wiedergibt. E. Klever. 5762□

H. Angewandte Chemie

H_1. Allgemeine chemische Technologie

Verfahrensdynamik. K. L. Butcher. (Brit. chem. Engng. **7**, 28—35, Jan. 1962; Leeds, Univ., Houldsworth School of Appl. Sci.; engl.) — Übersicht über die mathemat. Behandlung der Grundlagen der Verfahrensdynamik sowie eine Unters. ihrer Anwendung auf die chem. Verfahrenstechnik. — 37 Literaturangaben.
G. Bauer. 5800◇

Endliche Differenz-Umformungen für die Anwendung auf schrittweise Prozesse. P. G. Murdoch. (A. I. Ch. E. Journal **7**, 526—29, Sept. 1961; Midland, Mich., Dow Chem. Co.; engl.) — Es wird mathemat. gezeigt, daß die Meth. der schrittweisen (stage by stage) Behandlung von Problemen durch die Meth. der Endlichen-Differenz-Umformung (finite-difference tranforms), die analog den Laplace-Umformungen ist, ersetzt werden kann. G. Gattow. 5800□

Zwei-Phasen-Strömung in senkrechten Rohren. D. J. Nicklin, J. O. Wilkes und J. F. Davidson. (Trans. Instn. chem. Engr. **40**, 61—68, Febr. 1962; Univ. of Cambridge, Dep. of chem. Engng.; engl.) — Vff. untersuchen in einer Vers.-App. mit einem Rohr von $\varnothing = 1$ Zoll das Strömungs-Verh. von Gas-Fl.-Gemischen. Beim Aufwärtsströmen in ruhender Fl. haben die sich ausbildenden langen Gasblasen in Übereinstimmung mit den Arbeiten von Dumitrescu, Davies u. Taylor eine Geschw. von $\mu_0 = 0{,}35\,(gD)^{1/2}$ (g = Erdbeschleunigung, D = Rohrdurchmesser). Bei strömender Fl. im Gebiet Re > 8000 haben die Gasblasen eine abs. Geschw. von $\mu_s = 1{,}2\,\mu_L + 0{,}35\,(gD)^{1/2}$ (μ_L = Geschw. der Fl.). In einer stetigen Zwei-Phasen-Strömung haben die Gasblasen die Geschw. $\mu_s = 1{,}2\left(\frac{G}{A} + \frac{L}{A}\right) + 0{,}35\,(gD)^{1/2}$ (G = Gasdurchsatz, L = Fl.-Durchsatz, A = Querschnitt). Aus dieser Gleichung u. dem Zusammenhang $\mu_s = \frac{G}{\varepsilon A}$ ergibt sich eine wichtige Beziehung zu dem Leer-Vol. ε. I. Vieweg. 5800◇

Über das konstante Fließen einer nicht-Newtonschen Flüssigkeit in Zylinderrohren. Robert S. Schechter. (A. I. Ch. E. Journal **7,** 445—48, Sept. 1961; Austin, Tex., Univ. of Texas; engl.) — Es wird das Fließen einer Fl. in zylindr. Rohren mit Hilfe eines Variationsprinzips, das aus Beziehungen der Minimumentropie entwickelt wurde, theoret. behandelt. Dieses Prinzip wird auf das Fließen in Rohren mit rechteckigem Querschnitt u. zwischen zwei Platten angewendet, unter Verw. der Meth. von Ritz u. Galerkin werden die Geschw.-Profile (GP) berechnet. Aus den GP konnte der Zusammenhang zwischen dem Reibungsfaktor u. der Reynolds-Zahl abgeleitet werden. G. Gattow. 5800□

Strömungsuntersuchungen mit radioaktiven Indicatoren in natürlichem Maßstab. Emil Skjelbred. (Tekn. Ukebl. **108,** 489—93, 25/5. 1961; norw.) — Beispiele für die Verteilung der Aufenthaltszeiten von Stoffen in kontinuierlichen industriellen Prozessen, die Wirksamkeit von Mischvorr. u. kontinuierliches Mischen werden gegeben. Strömungsverhältnisse in Flußläufen, die Verteilung von Verunreinigungen u. Abwässern können gemessen werden. Zur Best. von Durchflußmengen dienen die Geschw.-Meth., die Isotopenverdünnungsmeth. u. die Impulssummenmethode. W. Knoch. 5800□

Einige Beispiele geschweißter Chemieapparaturen. I. Class. (Schweißen u. Schneiden **14,** 230—36, Juni 1962; Ludwigshafen/Rhein; dt.) — Beschrieben werden geschweißte Chemie-App. aus Fe, Stahl, Cu, Ni, Al, Ag, Ti, Ta u. Kunststoffen. F. Vier. 5802□

Schweißen plattierter Stahlbleche im chemischen Apparate- und Behälterbau. R. Köcher. (Schweissen u. Schneiden **14,** 237—41, Juni 1962; Düren; dt.) — Überblick. F. Vier. 5802□

Der Einfluß einiger Variabler auf die Leistung von Hydrozyklonen. F. J. Fontein, J. G. van Kooy und H. A. Leniger. (Brit. chem. Engng. **7,** 410—21, Juni 1962; engl.) — Auf die Kapazität (a) von Hydrozyklonen (HZ) wirken folgende Variable ein: 1. App.-Dimensionen, 2. Viscosität des Mediums, 3. Druckgefälle (Δp), 4. Austragungsprozentsatz, 5. Beschaffenheit der Innenwand, 6. Festteilchen-Konzentration. Q ist von der Größe des HZ sowie vom ∅ der Eintritts-, Austrag- u. Überlauföffnung abhängig. Mit größerem Konuswinkel sinkt Q. Mit Erhöhung der Viscosität des Mediums vergrößert sich Q zunächst und wird bei Erreichen eines bestimmten Viscositätswertes prakt. konstant. Zwischen Δp u. Q wurde für den verwendeten Typ die Beziehung $Q \sim (\Delta p)^{0.47}$ gefunden. Der Widerstand des HZ wird durch den Durchsatzkoeff. α charakterisiert. Eine Formel zur Berechnung von α ist angegeben. Q hat bei einer Austragsmenge von 10% ein Minimum. Aufrauhung der Innenwand führt zur Steigerung von Q. Für Teilchen mit einem Spezif. Gew. > 1 wächst Q mit der Steigerung der Teilchengröße und mit der Konz. der Festteilchen in der Suspension. HZ lassen sich als Eindicker verwenden. Als Maßzahl für die Wirksamkeit wird die Klärungszahl (Kl. Z.) definiert: $\text{Kl. Z.} = \frac{\text{Aufgabe-Konz.} - \text{Überlauf-Konz.}}{\text{Aufgabe-Konz.}} \cdot 100\%$. Die Einfl. verschiedener Variabler auf die Kl.Z. wurden an geschlossenen HZ bei Einsatz von Stärkesuspensionen untersucht. Die Kl.Z. steigt mit höherem Δp zunächst steil an u. nähert sich dann asymptot. 100, wobei die Art der Festteilchen eine Rolle spielt. Eine Erhöhung der Austrags-Konz. ist von einem Absinken der Kl. Z. begleitet. Mit einer Steigerung der Viscosität durch Erhöhung der Aufgabe-Konz. geht die Kl. Z. zurück. Temp.-Steigerung bedingt eine Verbesserung der Kl. Z.; bei steigendem Austragsprozentsatz durchläuft die Kl. Z.-Kurve ein Maximum, dessen Lage durch Teilchengröße, Konz., Temp., Apparatedimensionen u. rückwirkendem Druck des geschlossenen Syst. beeinflußt wird. Eine Klassierung von Festteilchen läßt sich mit HZ. am besten bei niedrigen Austrags-% durchführen. Unter bestimmten Bedingungen ist auch eine Klassierung auf Grund von Formunterschieden möglich. Es scheint, daß für ein bestimmtes HZ-Modell ein Wert der Reynolds-Zahl existiert, bei dem unter sonst gleichen Bedingungen die Größe d_{50} (= Partikelgröße, für die der Klärungseffekt 50% beträgt) ein Minimum hat. Hieraus sind optimale Reynolds-Zahl und wirkungsvollster HZ-∅ graph. bestimmbar. Aus den Unters.-Ergebnissen werden Schlüsse auf die Arbeitsweise von HZ gezogen. S. Arnhold. 5802□

Werkstoffe für den Bau chemischer Anlagen. F. Molyneux. (Chem. Process Engng. atomic Wld. **43,** 123—29, März 1962; Birkenhead Coll. of Technol., Dep. of chem. Engng.; engl.) — Handelsnamen, Zusammensetzung, chem. u. mechan. Eigg. vieler rostfreier Stähle, die chem. Beständigkeit gebräuchlicher

Kunststoffe gegen verschiedene Chemikalien bei Zimmertemp. sowie die zulässigen Beanspruchungen, Drücke u. Temp. für 5 cm Rohre aus Metallen, Kunststoffen u. anderen Materialien werden zusammenfassend in 6 Tabellen behandelt.
F. Zeidler. 5804□

Die Beständigkeit legierter Stähle in geschmolzenem Zinn. F. L. Edelman, W. W. Pokrowski, L. I. Tuschinski und A. I. Dautowa. (Известия Академии Наук СССР (Москва), Черная Металлургия [Hochschulnachr. (Moskau), Eisenmetallurgie] **5**, Nr. 2, 123—24, 1962; Nowosibirsk, Elektrotechn. Inst.; russ.) — Als Werkstoff zur Herst. von App. für fl. Sn werden anstelle nichtrostender Stähle *Fe–Al*-Legg. mit 16,11, 25,76 u. 29,36% Al infolge ihrer besseren Beständigkeit vorgeschlagen. S. Eckert. 5804□

Ein Prüfverfahren zur Beurteilung von Korrosionswirkungen an Behältern aus glasfaserverstärkten Kunststoffen. Günter Niederstadt. (Kunststoffe **52**, 181 bis 183, April 1962; Braunschweig, Dt. Forsch.-Anstalt für Luft- u. Raumfahrt e. V.; dt.) — Vf. schlägt ein neues Prüfverf. vor. Als Maß für die Gebrauchsdauer von Behältern bei Korrosionseinw. eignet sich die Steifigkeit E · I (E = Elastizitätsmodul des Werkstoffes, I = Trägheitsmoment). E fällt ab, wenn die Verstärkung korrodiert u. dadurch der Elastizitätsmodul sinkt u. beim Anlösen der Bindemittel u. bei örtlichen Auswaschungen. Die Prüfung wird an verkleinerten Modellbehältern mit gleichem Aufbau vorgenommen, von denen nach Füllung mit bes. aggressiven Fll. Kreisringe am oberen Rand in bestimmten Zeitabschnitten abgeschnitten werden. Die Steifigkeit wird aus der Last-Deformationskurve des Ringes nach Prüfung in der Zugfestigkeitsprüfmaschine berechnet. Der Steifigkeitsabfall scheint in mehreren Stufen zu verlaufen. Zunächst ist eine Elastizitätsmodulerniedrigung infolge Eindringens der Fl. in das Laminat festzustellen, während später die Anlösung des Bindemittels beginnt. H. Sandner. 5804□

Pyrolytischer Graphit und seine Anwendung. F. Baratta. (ARS Journal **32**, 83—86, Jan. 1962; Boston, Mass., High Temp. Materials, Inc.; engl.) — Beschreibung der Eigg. u. Verw. von pyrolyt. Graphit, bes. für Düsen (von Raketen).
W. Wesly. 5804□

Zirkonium und Zirkoniumlegierungen als Konstruktions- und Canningwerkstoffe im Schiffsreaktorbau. L. Bangert. (Atomwirtschaft **5**, 408—11, Sept. 1960; Hanau, W. C. Heraeus G.m.b.H.; dt.) — Übersicht über Gewinnung, Eigg., Bearbeitung u. Verw. von Zr u. Zr-Legg. im Schiffs-Kernreaktorbau.
W. Wesly. 5804□

Organische Wärmeübertragungsmittel. J. Szymkowiak. (Chem. Process Engng. atomic Wld. **43**, 403—04, Aug. 1962; Leverkusen, Ingenieurabtlg. d. Farbenfabriken Bayer A. G.; engl.) — Wärmeübertragungsmittel werden industriell vielfach dort verwendet, wo die direkte Erwärmung durch Feuer unmöglich ist, sei es wegen der Feuersgefahr oder der Empfindlichkeit der Prodd. gegen örtliche Überhitzung. Wärme kann auch bei höheren Temp. durch organ. Mittel übertragen werden. Die Eigg. solcher Mittel werden erörtert u. ihre Verw. in der chem. Industrie angegeben. F. Zeidler. 5814□

Neue Ansichten über Wärmeübergang. T. R. Bott. (Brit. chem. Engng. **7**, 18—27, Jan. 1962; Birmingham, Univ.; engl.) — Es werden die Wärmeübertragungserscheinungen bei der Luft- u. Filmkühlung, in Fest-Flüssig-Syst. sowie der Einfl. der chem. Rk. auf den Wärmeübergang behandelt. Vf. beendet die Übersicht mit einer Behandlung mechan. Wärmeübertragungseffekte, z. B. beim der mechan. Durchwirbelung u. bei den durch Ultraschall erzeugten Schwingungen in den fl. Medium. — 148 Literaturangaben. G. Bauer. 5816◇

Die Wirkung der Dampfbewegung auf die Wärmeübertragung. A. Ramachandram und K. Screenivasan. (Chem. Process Engng. atomic Wld. **43**, 390 bis 395, Aug. 1962; Bangalori, Indian Inst. of Sci., Dep. of mech. Engng.; engl.) — Es wird die Wrkg. der Dampfbewegung auf die Wärmeübertragung von einem in W. eingetauchten elektr. geheizten Pt-Draht untersucht. Die Dampfbewegung wird durch einen Strom von Luftblasen aus einem Rohr mit 11 Löchern verschiedenen Durchmessers erzeugt. Das Ausmaß der Bewegung hängt ab: a) vom Durchmesser der Löcher, b) der Menge der eingepreßten Luft, c) vom Abstand des Pt-Drahtes vom perforierten Rohr. Ohne Dampfbewegung stimmen die erhaltenen Daten ziemlich genau mit denen nach McAdams überein. Bei Bewegung sind die Wärmeübertragungskoeff. 5mal höher als bei freier Konvektion.
F. Zeidler. 5816□

Wärmeübertragung in Wirbelschichtbehältern. G. A. Donnadieu. (Génie chim. 88, 1–9, Juli 1962; franz.) — Vf. untersucht die Abkühlung eines Pulvers von bestimmter Korngröße in einem relativ flachen Wirbelschichtbehälter. An allg. Ausführungen über die Wärmeeigg. von fluidisierten Stoffen schließen sich Rechenoperationen an, die das Problem allg. u. unter vereinfachten Verhältnissen behandeln. Die Lösungen werden angegeben. Auf das Beispiel der Kühlung von Milchpulver wird die Rechnung angewandt. W. Renker. 5816☐

Eine automatische Mischanlage. R. J. Carter. (Chem. Process Engng. incorp. Atomic Wld. **43**, 120–22, März 1962; I.C.I., Heavy org. chem. Div.; engl.) F. Zeidler. 5822☐

Fortschritte in der Herstellung und Anwendung von Ionenaustausch-Membranen. N. Krishnaswamy. (J. sci. ind. Res. [New Delhi], Sect. A **20**, 256–65, Mai 1961; Poona, Nat. Chem. Labor.; engl.) — Fortschrittsbericht (1958–1960). — 154 Schrifttumshinweise. W. Wesly. 5826☐

Die Wirkung der elektrischen Spannung auf die Austauschkapazität einiger granulierter Kationenaustauscher (H^+). M. Zapan, M. Constantinescu und E. Vrăbiescu. (Rev. Chim. [Bucureşti] **11**, 318–24, Juni 1960; rum.) — Durch Gleichstrom- u. Wechselstromspannung (Vers. zwischen 0–20 V) wird die Austauschkapazität der gekörnten Sulfocarbonkationenaustauscher um 15–100% im Vgl. zur Austauschkapazität ohne Spannung erhöht, u. zwar in Abhängigkeit von Durchflußmenge und Spannung. H. Guischard. 5826☐

Die Herstellung von Ionenaustauschern in Perlform. Richard Chromeček und František Lešek. (Chem. Průmysl **11** (**36**), 608–12, Nov. 1961; Ústí n. L., Spolek pro chemickou a hutní výrobu; Pardubice, Výzkumný ústav syntet. pryskyřic a laků; tschech.) — Es wurden die Grenzbedingungen der Bldg. von stark saurem *Phenol-Naphthalinperlkatex FN* in einem inerten Medium von chlorierten Lsgm. bei 55–60° untersucht. Als Rohstoffe wurden Naphthalin-2-sulfonsäure, Naphthalin-1-sulfonsäure sowie Naphthalin-1.5-, 2.6- u. 2.7-disulfonsäure, Phenolsulfonsäure, H_2SO_4 u. 30%ig. techn. CH_2O verwendet. Es wurden die Grenzen zwischen der Perl- u. Blockkondens. festgestellt. Dispersionsmedium: symm. Tetrachloräthan u. o-Dichlorbenzol, aber nicht Chlorbenzol oder Perchloräthylen. Die untere Grenze der Viscosität des Dispersionsmedium liegt bei η 60° = 0,63 bis 0,69 cP. J. Schneider. 5826☐

Optimale Filtrationszyklen. A. H. P. Skelland. (Chem. Process Engng. incorp. Atomic Wld. **43**, 78–80, Febr. 1962; Chikago, Ill., Dep. of Chem. Engng., Inst. of Technol.; engl.) — Vf. gibt eine mathemat. Ableitung bekannt, mit der es möglich ist, die beste Ausnutzung von Filtern in bezug auf die Zeit u. Vol. zu ermitteln. F. Rosendahl. 5830△

Filtrieren von feinen Aerosolen mit Tuch. F. H. H. Valentin. (Brit. chem. Engng. **7**, 268–71, April 1962; Stevenage, Herts., Warren Spring Labor.; engl.) — Die Verss. wurden mit einem Aerosol aus NH_4Cl von 1,0 μ durchgeführt, um die Beziehungen zwischen Textileigg., Wrkg. u. Druck festzustellen. Es wurden zahlreiche baumwollene, wollene, Terylene- u. Glasgewebe herangezogen. Die chem. Eigg. der Gewebe hatten keinen Einfl. auf die Wrkg., doch konnte der physikal. Zustand der verschiedenen Gewebe für die Filterwrkg. verantwortlich gemacht werden. Kein Gewebe war bes. für einen bestimmten Zweck geeignet. Die Herst. des Vers.-Aerosols wird bekanntgegeben. F. Rosendahl. 5830☐

Filter. B. W. Burt. (Manufact. Chemist **32**, 411–15, Sept. 1961; London, Chelsea Coll. of Sci. and Technol.; engl.) — Vf. behandelt kurz die Theorie der Filtration u. gibt einen Überblick über Filtrations-Verff. u. -Geräte im halbtechn. u. Labor.-Maßstab. G. Gattow. 5830☐

Filtertücher für kontinuierliche Filter. J. O. Bornefalk. (Tekn. Tidskr. **90**, 833–36, 9/9. 1960; schwed.) — Zusammenfassung von Tucheigg., Struktur u. Herst.-Verf. verschiedener Filtermaterialien. Anwendungsbeispiele für Dreh-, Scheiben- u. Bandfilter, horizontale u. schnellaufende Filter sowie Magnettrommel-Drehfilter. W. Knoch. 5830☐

Adsorptionskinetik eines nichtfließenden Systems mit nichtlinearer Gleichgewichtsbeziehung. Chi Tien. (A. I. Ch. E. Journal **7**, 410–12, Sept. 1961; Windsor, Ontario, Assumption Univ. of Windsor, Essex Coll.; engl.) — Vf. untersucht theoret. die Adsorptionskinetik eines nichtfließenden Syst. mit nichtlinearer Gleichgew.-Beziehung unter Vernachlässigung des Einfl. der fl. Phase u. zeigt, daß das Konz.-Verhältnis eine Funktion von 2 dimensionslosen Größen ist. Es werden Über-

legungen zum Problem der Konvergenz in Verbindung mit der numer. Berechnung angestellt, die entsprechenden Werte sind tabellar. wiedergegeben.
G. Gattow. 5848□

Widerstand der Flüssigkeits- und der Gasphase bei Absorptionsprozessen auf Glocken- und Siebböden. M. Ch. Kischinewski und L. A. Motschalowa. (Журнал Прикладной Химии [J. angew. Chem.] **32,** 2428—36, Nov. 1959; Astrachan, Techn. Inst. für Fischind. u. -wirtsch., Labor. für physikal. u. allg. Chem.; russ.) — Der auf die Vol.-Einheit des Gas-Fl.-Stromes bezogene Stoffübertragungs-Koeff. $k_g a$ (kg-Mol/h · m²) wird in der Hauptsache durch die Gas-Geschw. w (m/s) über den ganzen Kolonnenquerschnitt bestimmt, nicht durch konstruktive Besonderheiten des Bodens oder den Koeff. der Gasfüllung. Mit zunehmendem Fl.-Durchsatz nimmt $k_g a$ etwas zu. Bei $w > 0{,}5$ ist $k_g a$ ca. 50000. Der auf die Bodenflächeneinheit bezogene Stoffübertragungs-Koeff. $k_g a z$ wird nicht eindeutig durch w bestimmt, da daneben auch der Fl.-Durchsatz u. die Überlaufhöhe eine Rolle spielen. Bei wenig lösl. Gasen ist in Bodenkolonnen optimal $w < 0{,}5$ zu wählen. Auch für den Stoffübertragungs-Koeff. $k_g a$ in der Gasphase ist, soweit er auf die Vol.-Einheit des Gas-Fl.-Stromes bezogen wird, w bestimmend (bei $w = 0-2$ gilt $k_g a = 2600$ w); bei Beziehung auf die Bodenfläche ($k_g a z$) nimmt er mit steigendem w zu, wodurch es möglich wird, auch bei hoher Gasbelastung einen guten Bodenwirkungsgrad aufrechtzuerhalten. Die Intensität der Stoffübertragung ist bei Glocken- u. Siebböden etwa gleich. R. K. Müller. 5848□

Über neue Gasliftkonstruktionen als Reaktions- und Absorptionsapparaturen. 1. Mitt. **Abhängigkeit des hydraulischen Widerstandes von Gasliften von den Arbeitsbedingungen.** M. L. Warlamow, G. A. Manakin und Ja. I. Starosselski. (J. angew. Chem. [UdSSR] **32,** 2436—43, Nov. 1959; russ.) — Gaslift-App. mit verschiedenen Durchmessern u. Längen der Liftrohre, verschiedenen Zahlen der Arbeitsgänge u. Querschnittsformen ermöglichen eine Änderung des Gas- u. Fl. Durchsatzes innerhalb weiter Grenzen, unabhängig voneinander u. ein Arbeiten mit hohen linearen Gas-Geschw. bei ziemlich niedrigem hydraul. Widerstand im Vgl. mit der üblichen Konstruktion. Für die vorgeschlagenen App. wird der optimale Gasdurchsatz bestimmt, bei dem ein minimaler hydraul. Widerstand u. hoher Absorptions-Geschw.-Koeff. erreicht wird. Bei gleichem äquivalentem Querschnitt kann man mit einem flachparallelen Gaslift hohe Leistung u. Intensität erzielen.
R. K. Müller. 5848□

Über neue Gasliftkonstruktionen als Reaktions- und Absorptionsapparaturen. 2. Mitt. **Untersuchung des Absorptionsprozesses von Stickstoffoxiden durch Sodalösungen in Gaslift-Apparaturen.** M. L. Warlamow, G. A. Manakin und Ja. I. Starosselski. (J. angew. Chem. [UdSSR] **32,** 2443—48, Nov. 1959; russ.) — 1. vgl. vorst. Referat. — Durch entsprechende Wahl der Querschnittsform u. -größe des Steigrohrs im Gaslift kann man eine wesentliche Intensivierung der Absorption von N-Oxiden in Soda-Lsgg. erreichen. Die Neukonstruktion ist von bes. Interesse für die Reinigung der Abgase von HNO_3- u. H_2SO_4-Fabriken, bes. bei Überdruck. R. K. Müller. 5848□

Gasabsorption aus großen aufsteigenden Blasen. M. H. I. Baird und J. F. Davidson. (Chem. Engng. Sci. **17,** 87—93, Febr. 1962; Cambridge, Univ., Dep. of Chem. Engng.; engl.) — Die Stoffübergangszahlen für die Absorption von CO_2 aus Blasen (vol.-äquivalenter Kugeldurchmesser 0,8—4,2 cm) in W. wurden experimentell bestimmt. Die in Leitungswasser beobachteten Werte lagen ca. 50% höher (verstärkte Absorption auf der unregelmäßigen Blasenrückseite, zu verhindern durch n-Hexanol-Zugabe), nach Zusatz von Detergentien („Lissapol") ca. 50% niedriger (stagnierende Schicht an der Blasenfront) als theoret. für Blasen mit kugelförmigem Oberteil berechnete Werte. Bei großen Blasen (äquivalenter Durchmesser > 2,5 cm) wurde die Absorptions-Geschw. (infolge einer Konz.-Zunahme im Totwassergebiet) zeitabhängig. W. Herfurt. 5848□

Energetische Vorgänge bei der Adsorption und Desorption von Wasserdampf an Oxid- und Metallpulvern. B. Frisch. (Ber. dtsch. keram. Ges. e. V. **39,** 96—105, Febr. 1962; Saarbrücken, Univ. d. Saarlandes, Inst. Werkstofftechnologie u. allgem. Hüttenkunde; dt.) — In einem Hochvakuumdifferentialcalorimeter eigener Bauart wurde die Absorptionswärme von stufenweise zugeführtem Wasserdampf an α-Al_2O_3 mit bekannter, nach der BET-Meth. bestimmter Oberfläche, ermittelt; desgleichen wurde die Desorptionswärme desselben Präparates durch Abpumpen des W. erfaßt. Die Differenz beider Größen wurde als die irreversible Adsorption von H_2O angesehen. Die Verss. wurden an unbehandeltem u. feingemahlenem α-Al_2O_3 der Fraktion $< 3\ \mu m$, an ausgeheizten Pulvern bei 17 bis 30° u. zum Vgl. an W-Pulver vorgenommen. Die sich hieraus ergebende Abhängigkeit der Adsorptionsenthalpie vom Gleichgew.-Druck des H_2O ließ den Einfl. der Oberflächenaktivität erkennen, die Differenz zwischen Ad- u. Desorptionswärme die physikal. adsorbierte Wassermenge, ohne daß eine Chemisorption sichergestellt werden konnte. R. Kaiser. 5848□

Austauschadsorption des Kaliumions aus Lösungen von saurem weinsaurem Kalium an Kationite. A. T. March und Ju. Ss. Charin. (Известия Высших Учебных Заведений (Краснодар), Пищевая Технология [Hochschulnachr. (Krasnodar), Nahrungsmittel-Technol.] **1961,** Nr. 5, 20—27; Odessa, Technolog. Inst. für Lebensmittel- u. Kälteind., Lehrstuhl für Biochem. u. Mikrobiologie; russ.) — Es wurde eine Meth. zur Berechnung der stat. Kapazität der Kationite SBS, KU-1, KU-2 u. KB-4P-2 vorgeschlagen. Die Kinetik der Austauschadsorption von K-Ionen aus wss. Lsg. von saurem K-Tartrat wird berechnet. Die berechneten Mengen des K-Ions werden mit den experimentell gefundenen verglichen. S. Baryschnikow. 5848

Herstellung eines Polyamidsorbenten. W. I. Litwinenko, N. P. Makssjutina und D. G. Kolessnikow. (Медицинская Промышленность СССР [Med. Ind. UdSSR] **16,** Nr. 3, 40—43, März 1962; Charkow, Chem.-Pharmazeut. Forsch.-Inst.; russ.) — Es werden 2 Meth. zur Herst. eines Polyamidosorbenten aus Capron(**I**)-Abfällen bei der Herst. von **I**-Fasern u. -Geweben beschrieben. Die Herst. des Sorbens aus **I**-Lsgg. in HCl bzw. CH_3CO_2H erfolgt durch ihre Neutralisation bzw. Abkühlung. Die Ausbeuten betragen 90 bzw. 95%. Das hergestellte Prod. ist für die Reinigung u. Trennung pflanzlicher Flavonoid- u. Anthrachinonverbb. bes. geeignet. S. Baryschnikow. 5848

Elektrostatische Reinigung von natürlichem, unter Hochdruck ausströmendem Kohlendioxid. Albert Hersiczky und Aladár Bendes. (Erjedésipari Kutatóintézet Közleményei [Mitt. Inst. Gär.-Ind.] **1959,** 53—56; Budapest; ung.) — Die Reinigung von mit W. u. Ölspuren verunreinigten, aus der Erde unter Hochdruck ausströmendem CO_2 mit Aktivkohle führte nicht zum Ziel. Verss. zur elektrostat. Reinigung mit 30000—50000 V Gleichspannung gaben gute Ergebnisse. Der unangenehme Geruch des Gases verschwand, an der negativen Elektrode (Drahtnetz) schieden sich Öl u. W. ab. Nach entsprechender Abänderung des Verf. wurde die Reinigung im Betrieb vorgenommen. J. Plank. 5850□

Neue Solemischungen und neue Erkenntnisse über Solekühlung. Bohumil Slunéčko. (Průmysl Potravin **10,** 369—73, Juli 1959; Neratovice, Spolana, n. p., záv. Velvary; tschech.) — Alte u. neue Sole-Zus. mit *Glykolen* u. *Glycal*, einer Entw. des „Forsch.-Inst. für Öle u. Fette" in Außig/Elbe sowie Korrosionsprobleme werden behandelt. E. Rotter. 5858□

Diffusion und diffusionsbestimmte Reaktionen bei vollentwickelter turbulenter Rohrströmung. E. S. C. Meyerink und S. K. Friedlander. (Chem. Engng. Sci. **17,** 121—35, Febr. 1962; Baltimore, Md., U.S.A.; Dep. of Chem. Engng., The John Hopkins Univ.; engl.) — Die Stoffübergangs-Geschw. von Benzoesäure, Zimtsäure u. Aspirin von der Rohrwand in turbulent strömendes W. u. wss. NaOH wurden gemessen. Die zu Hohlzylindern gepreßten Substanzen wurden dabei vom Lsgm. durchflossen, ihr Gew.-Verlust nach beendetem Vers. festgestellt. Für den Fall einer der Auflösung folgenden chem. Rk. wurde eine Beziehung aufgestellt, die die Vers.-Ergebnisse befriedigend wiedergibt. W. Herfurt. 5862□

Diffusionsmessungen in Flüssigkeiten mittels der Gouy-Methode. W. J. Thomas und I. A. Furzer. (Chem. Engng. Sci. **17,** 115—20, Febr. 1962; London, Chem. Engng. Dep., Battersea Coll. of Technol.; engl.) — Auf interferometr. Wege wurden die Diffusions-Koeff. von Mono-, Di- u. Triäthanolamin in wss. Lsg. bestimmt. Die Temp.-Abhängigkeit der Koeff. sowie der Viscosität wurde untersucht, die Übereinstimmung mit der Stoke-Einsteinschen Beziehung geprüft. W. Herfurt. 5862□

Stoffübergang von einer Gitterpackung auf einen Luftstrom. P. V. Danckwerts und C. Anolick. (Trans. Instn. chem. Engr. **40,** 203—13, 1962; London; Imp. Coll., Dep. of Chem. Engng.; engl.) — Die Verdampfung von Naphthalinüberzügen auf Gitterleisten aus Glas oder Perspex von verschiedenen rechteckigen Formen im Windkanal wird mit einer Zeitrafferkamera verfolgt. Dadurch können örtlich Massenübergangskoeff. (MÜK) abgeschätzt werden; MÜK erlauben, das Verh. u. die Wirksamkeit verschiedener Leistenformen u. -anordnungen zu vergleichen. Die Vers.-Technik ist nicht bes. genau u. noch verbesserungsfähig. Es wird ein Vorschlag für die Best. des durchschnittlichen MÜK, von der Gasseite her, gemacht. Abgestumpfte, mit dem dünnen Ende in den Luftstrom ragende Keilleisten können sich unter Umständen günstiger als rechteckige Leisten verhalten; bei jeder Verbesserung des Massenübergangs muß aber an die Möglichkeit höherer Druckverluste gedacht werden. M. Hagedorn. 5864□

Modelldarstellung der Chemosorptionsprozesse in Gegenstrom-Füllkörperkolonnen. N. A. Goldberg und W. I. Kutscherjawy. (Доклады Академии Наук СССР [Ber. Akad. Wiss. UdSSR] **142,** 1134—36, 12/2. 1962; Forsch.- u. Projekt.-Inst. der Stickstoffind. u. organ. Syntheseprodd.; russ.) — Ableitung einer Gleichung für das Verhältnis der Füllkörperhöhen des Modells u. der Original-App. für Prozesse, bei welchen Fl. u. Gas im Gegenstrom am Füllkörper vorbeistreichen. W.-D. Heußner. 5864□

Modelldarstellung von Chemosorptionsprozessen. N. A. Goldberg und W. I. Kutscherjawy. (Химическая Промышленность [Chem. Ind.] **1961,** 630—36, Sept.; russ.) — Vgl. Журнал Прикладной Химии [J. angew. Chem.] **34,** [1961] 794. — Auf Grund von Unterss. über die Hydrodynamik des Zweiphasenstroms u. der Stoffübertragung in Kolonnen mit Raschig-Ringen u. Fenske-Einsatz werden die Bedingungen u. die Methodik der Modell-Darst. von techn. Chemosorptionsprozessen entwickelt u. auf die Absorption von CO_2 durch K_2CO_3-Lsg., SO_2 durch $(NH_4)_2SO_3$-Lsg. u. Cl_2 durch $Ca(OH)_2$ angewandt. Die kinet. Gesetzmäßigkeiten der im Modell dargestellten Prozesse werden erörtert. R. K. Müller. 5864□

Neue Fortschritte auf dem Gebiet der Kristallisation. J. W. Mullin. (Brit. chem. Engng. **7,** 12—17, Jan. 1962; London, Univ. College, Ramsay Memorial Labors.; engl.) — Nach kurzer Einleitung über Keimbldg. u. Kristallwachstum Überblick über neuere Kristallisierungsverff. in der industriellen Praxis. — 82 Literaturangaben. G. Bauer. 5868◇

Trockner für klebrige, körnige Stoffe. Aksel Lydersen. (Tekn. Ukebl. **108,** 529—31, 8/6. 1961; Alvik, Norw., A/S Bjølvefossen; norw.) — Ein einfacher Trockner zum künstlichen Trocknen von Tang wird beschrieben. Der gemahlene Rohtang wird in 2 Kammern (180 kg/h) durch einen Gasstrom (400°) bei einer durchschnittlichen Aufenthaltszeit von 1 Min. getrocknet. In den kon. Kammern werden die verklumpten Körner durch Zusammenprall mit trockenen Teilchen zerschlagen. W. Knoch. 5874□

Kontroll- und Regel-Einrichtungen für verschiedene Verfahren. Fred D. Marton. (Instruments Control Syst. **32,** 241—43, Febr. 1959; Instrum. Publishing Co.; engl.) — Folgende Kontroll- bzw. Regel-Einrichtungen werden in ihrem Aufbau u. in ihrer Arbeitsweise beschrieben: 1. Temp.-Überwachung der Zuleitung u. Lagerung von geschmolzenem Glas bis 2100°F zur Erreichung einheitlicher Viscosität. Prinzip: pneumat. unter Einsatz von Pt/Pt-Rh Thermoelementen. 2. Einfache Überwachung der Speisewasser-Zuführung. Prinzip: Anwendung von Druckluft als Kontrollmedium. 3. Dreifache Speisewasserkontrolle für gasgefeuerten Dampfkessel hinsichtlich Stand im Behälter, Dampf- u. Speisewasserfluß. Prinzip: Anwendung von Relais. 4. Regelung u. Kontrolle des Energieverbrauches im Lichtbogen. Prinzip: hydraulisch. 5. Temp.-Regelung (innerhalb 3°F) in Zylindern von Maschinen für die Bearbeitung von Kettengarnen. Prinzip: pneumatisch. 6. Überwachung der o-Xylol-Konz. bei der Fraktionierung von Xylol. Prinzip: Refraktometr. Best. eines kontinuierlichen Fl.-Stromes während der Fraktionierung. H. Strauch. 5888□

Über wissenschaftliche Probleme auf dem Gebiete der Radioisotopentechnik. N. N. Schumilowski. (Известия Академии Наук СССР, Отделение Технических Наук, Энергетика и Автоматика [Nachr. Akad. Wiss. UdSSR, Abt. techn. Wiss., Energet. Automatisier.] **1962,** Nr. 2, 9—17, März/April; russ.) — Übersicht (automat. Kontrolle technolog. Parameter, automat. Analyse der Zus. eines komplexen Mediums, z. B. durch Streuung, Absorption, Aktivierungsanalyse, Neutroneneinfang u. a.). M. Wiedemann. 5888□

Anwendung radiochemischer Methoden auf die Bestimmung von in der Kern-Reaktortechnik wichtigen Wirkungsquerschnitten. T. A. Eastwood, A. P. Baerg, C. B. Bigham, F. Brown, M. J. Cabell, W. E. Grummitt, J. C. Roy, L. P. Roy und R. P. Schuman. (Progr. nuclear Energy, Ser. **I**, Vol. **3,** 55—73, 1959; Chalk River, Ontario, Atom.-Energy of Canada Ltd.; engl.) — Die Messung von Neutroneneinfangsquerschnitten mittels der Aktivierungs-Meth. wird beschrieben.

Es wurden erhalten (Werte in Barn): *effektive Querschnitte*: ^{88}Rb (1,0 ± 0,3), ^{89}Sr (0,42 ± 0,04), ^{130}I (18 ± 3), ^{133}Cs (29,8 ± 1,2), ^{134}Cs (137 ± 12), ^{140}Ba (12 bis 20), ^{143}Pr (124—14); *Einfangsquerschnitte* therm. Neutronen u. *Resonanzintegrale*: ^{129}I (27 ± 2, 0,6 eV bis ∞ 36 ± 4), ^{135}Cs (10,3 ± 0,5, 0,6 eV bis ∞ 62 ± 2), ^{233}Pa (20 ± 4, 0,6 eV bis ∞ 470 ± 90), ^{236}U (5,5 ± 0,3, 0,6 eV bis ∞ 257 ± 22). Die Spaltquerschnitte der Nuclide ^{238}Pu, ^{240}Pu u. ^{242}Pu für Neutronen (2200 m/s) wurden ebenfalls bestimmt (17,1 ± 0,4, 0,030 ± 0,045 bzw. 0,0 ± 0,2 Barn). — 28 Literaturzitate. H. Schroeder. 5894□

Salzschmelzen in der Kerntechnik. Arnold Lundén. (Tekn. Tidskr. **91**, 1005—08, 6/10. 1961; schwed.) — Fl. Kernbrennstoffe vermindern die Aufbereitungskosten; gasförmige Spaltprodd. entweichen kontinuierlich; hohe negative Temp.-Koeff. des Reaktors, Regelung ohne Stäbe durch Zufuhr bzw. Wegnahme von fl. Brennstoff sind weitere Vorteile. Geeignet sind Fluoridschmelzen. Die Wärmeüberführungseigg. sind mit denen von W. vergleichbar. Ein Brutreaktor mit *LiF*–BeF_2-Schmelze wird geplant. Die Aufarbeitung bestimmter Kernbrennstoffe (*U–Zr*-Legg.) ist mit Fluoridschmelzen möglich, das Endprod. UF_6 kann durch Diffusion angereichert werden. Metall- oder Salzschmelzen dienen als Extraktionsmittel für Spaltprodd., der Brennstoff braucht nicht gelöst zu werden. *Mg, Zn, Ag, Fluoride* u. *Chloride* kommen in Frage. Die Extraktionskolonnen werden von unten nach oben beschickt. W. Knoch. 5894□

Der NORA-Reaktor. V. O. Eriksen, Odd Bryhni und Kåre Storvik. (Tekn. Ukebl. **108**, 466—74, 25/5. 1961; Inst. för Atomenergi, Kjeller, Norw.; norw.) — In Ergänzung zum Halden-Reaktor wurde in Kjeller ein Nullenergie-Reaktor errichtet. Untersucht werden: Form u. Anordnung von Brennstoffelementen, Kühlmittel, Moderatoren, Vol.-Verhältnisse, Neutronenökonomie. Der Reaktor arbeitet mit 2—3 W Leistung u. Temp. zwischen 20 u. 90°, er enthält Al-gekapselte Uranstäbe, D_2O als Moderator, Graphitreflektor, Cd-Stäbe zum Regeln u. als Sicherheitsstäbe. Die Konstruktion des Gebäudes, des Reaktors, des Reflektors, der Regelanlage, des Wassersyst., Instrumentierung, Meßeinrichtungen, Strahlenschutzgesichtspunkte, Sicherheitssyst. u. der Kontrollraum werden beschrieben. W. Knoch. 5894□

Behandlung bestrahlter Kernbrennstoffe — die Aufbereitungsanlage in Kjeller. B. Gaudernack, K. P. Lindland, K. M. Neset, T. Nordgård, G. Selloeg, P. Svendsås und W. Walrave. (Tekn. Ukebl. **108**, 475—84, 25/5. 1961; Inst. för Atomenergi, Kjeller, Norw.; norw.) — Vff. geben Übersicht über verschiedene Aufbereitungsmethoden. Die halbtechn. Anlage in Kjeller wurde 1 Jahr probegefahren. Vorgesehen ist die Aufarbeitung von bestrahlten U-Stäben nach 100 Tagen Abklingzeit, d. h. ca. 15 Cγ/kg, ca. 30 C β/kg u. 150—200 mg Pu/kg. Die Anlage enthält Einrichtungen für mechan. Entkapselung, Auflösung des U, Flüssig-Flüssig-Extraktion, Konzentrierung u. Lagerung der Endprodukte. Verff. für die Abwasser- u. Abfallbeseitigung werden ausgearbeitet. Die Extraktion mit TBP geschieht in 3 pulsierenden Kolonnen in der üblichen Art u. Weise: Extraktion von U u. Pu (3m HNO_3), Red. u. Rückextraktion von Pu (0,5 m HNO_3, Fe(**II**), Rückextraktion von U (0,01 m HNO_3); Pu wird über Anionenaustauscher gereinigt u. konzentriert. Transportprobleme, Probeentnahmevorr. u. a. Konstruktionsmerkmale werden beschrieben. W. Knoch. 5894□

Austausch des Tanks im Kjeller-Reaktor JEEP. K. Øfjord und T. Nielsen. (Tekn. Ukebl. **108**, 485—88, 25/5. 1961; Inst. för Atomenergi, Kjeller, Norw.; norw.) — Die für den Austausch des Reaktortanks wegen Leckstellen notwendige Planung u. Ausführung der Arbeiten werden beschrieben. Der Tank war 9 Jahre in Betrieb (3,5 mm Al-Wandstärke). Unter geeigneten Schutzmaßnahmen wurden die Brennstäbe u. Abschirmvorr. ausgebaut u. transportiert, alle Rohrverbindungen zum Tank gelöst u. der Tank transportiert u. gelagert. Die während der 6monatigen Arbeit durchschnittlich erreichte Strahlendosis für das beteiligte Personal war 1,1 rem, maximal 1,65 rem. W. Knoch. 5894□

Dynamik der chemischen Reaktoren. Ole Andreas Solheim. (Tidsskr. Kjemi, Bergves. Metallurgi **20**, 5—13, 30/1. 1960; Bergen, Chr. Michelsens Inst.; norw.) — Bei den chem. Reaktoren mit kontinuierlicher Strömung werden 3 Typen unterschieden: 1. Reaktoren mit einem Rührtank; 2. Reaktoren mit einer Kette von Rührtanks in Serienschaltung; 3. Rohrreaktoren. Für die Berechnung der Überführungsfunktionen werden Gleichungen entwickelt u. durch Diagramme erläutert. Die Rk. ist isotherm. u. von 1. Ordnung. In Zahlenbeispielen wird die Dynamik der verschiedenen Typen behandelt. R. K. Müller. 5896□

Hauptgesetzmäßigkeiten der Oxydation von Koks auf der Oberfläche eines kugelförmigen Alumosilicatkatalysators. Ss. W. Adelsson und A. Ja. Saitowa, (Химия и Технология Топлив и Масел [Chem. Technol. Brennstoffe Öle] **7**, Nr. 1, 25—31, Jan. 1962; russ.) — Der Regenerationsvorgang eines Katalysators wird vom reaktionskinet. Standpunkt aus untersucht. Auf Grund zahlreicher angeführter Vers.-Ergebnisse werden die Rk.-Geschw.-Konst. für die einzelnen Abschnitte des Rk.-Vorganges ermittelt u. darauf die Gesamtdauer der Rk. berechnet. Die gefundene Gleichung beschreibt die prakt. Verhältnisse gut u. kann zur Vorausberechnung von industriellen Regeneratoren verwendet werden.
H. V. Adolphi. 5904□

Über das Farbstoff-Gas-Fließbett-Verfahren. I. Teoreanu. (Rev. Chim. [Bucureşti] **11**, 691—94, Dez. 1960; rum.) — Eine Gleichung des Feststoff-Gas-Fließbett für mittlere Gasgeschw. wird aufgestellt u. der Vermischungsgrad der Wirbelschicht bestimmt. Die Berechnungsmeth. des Ungleichförmigkeitsgrades wird für das angenommene Geschw.-Gebiet dargelegt. H. Guischard. 5904□

Über den Wärme- oder Massenübergang bei Flüssig-fest-Fließbetten. E. Ruckenstein und I. Teoreanu. (Rev. Chim. [Bucureşti] **11**, 137—43, März 1960; rum.) — Vgl. Rev. Chim. [Bucureşti] **5**, [1960], 259. — Für eine homogene Wirbelschicht schlägt Vf. folgende Gleichungen vor: $Nu = 0{,}926\ Re^{0,30}\ Pr^{1/3}\ Ar^{0,17}$; $Re\ Ar^{-0,4} < 2{,}15$ u. $Nu = 0{,}043\ Re^{-1}\ Pr^{1/3}\ Ar^{0,69}$; $Re\ Ar^{-0,4} > 2{,}15$.
H. Guischard. 5904□

Gegenwärtiger Stand der Anwendung des Wirbelbettes in der Technik. R. J. Priestley. (Chem. Engng. **69**, Nr. 14, 125—32, 9/7. 1962; Dorr-Oliver, Inc.; engl.) — Darst. über die Anwendung der Wirbelbettechnik in verschiedenen Industriezweigen (Trocknen, Calcinieren, Pelletisieren usw.). F. Rosendahl. 5904

Beschichten mit Kunststoff im Wirbelbett. Raymond K. Levan. (Chem. Engng. **69**, Nr. 14, 170—72, 174, 9/7. 1962; The Polymer Corp.; engl.) — Die Technik der Beschichtung von Metallen u. App. aus Metall mit aufgewirbelten Kunststoffen wird beschrieben. F. Rosendahl. 5904

Eignung verschiedener wasserdichter Auskleidungsstoffe zur Verpackung von Harnstoffsäcken. S. Varma. (J. sci. ind. Res. [New Delhi], Sect. D **20**, 44—46, Jan. 1961; Sindri, Sindri Fertilizers and Chem., Ltd., Technol. Dep.; engl.) — Von mehreren, zur Auskleidung von Harnstoff (**I**) enthaltenden Säcken verwendete Futterstoffen verdient bzgl. Wasserundurchlässigkeit u. mechan. Festigkeit nach 4monatiger Lagerung mindestens 0,002 in. dichtes Polyäthylenfutter, das auf Jute geheftet ist, den Vorzug. Solche Säcke gewähren Schutz gegen Zusammenbacken des **I**. W. Wesly. 5906□

General Electric Co. Ltd., London, England (Erfinder: Herbert Lawrence Rivington), **Dichtmachen von Graphitkörpern** gegen den Durchgang von Gasen, bes. für *Verw. in Kernreaktoren*. Die Graphitkörper werden evakuiert mit Furfurol oder einem Gemisch aus 95(%) Furfurol u. 5 Furfurylalkohol, evtl. noch unter Zusatz von Celluloseacetat oder Alkylcellulose, unter Druck imprägniert. Durch allmähliche Steigerung der Temp. wird zunächst eine Polymerisation, dann eine Verkokung u. bei ca. 2800° Graphitierung dieser neugebildeten, die ursprünglichen Poren ausfüllenden Kohle erreicht. Die Gasdurchlässigkeit kann so bis auf $^1/_{1000000}$ bei gleichzeitiger Verbesserung der Festigkeit der Körper gesenkt werden. (**E. P. 873607** vom 23/6. 1958, ausg. 26/7. 1961.) G. Frikell. 5895

English Electric Co. Ltd., London, England (Erfinder: John Graham Swinton Biram), **Oberflächenschutz von Graphitkörpern gegen Oxydation bei hohen Temperaturen,** z. B. für Graphit-Moderatoren in *Kernreaktoren*. Im ersten Arbeitsgang wird, z. B. durch Flammspritzen, Tauchen oder Anstreichen, eine Si-Schicht auf die Graphitoberfläche aufgebracht u. diese in der zweiten Verf.-Stufe z. B. mittels eines elektr. Flammenbogens geschmolzen, wobei eine Rk. unter Bldg. von SiC eintritt. (**E. P. 866818** vom 23/5. 1958, ausg. 3/5. 1961.)
G. Frikell. 5895

Chemical Construction Corp., New York, N. Y., V. St. A., **Durchführung exothermer Reaktionen bei hohen Drucken u. Temperaturen.** Die Gase werden in einem am Mantel des Reaktors anliegenden Ringraum abwärts geführt, anschließend durch einen Wärmeaustauscher aufwärts, durchströmen dann in Rohren wärmeaustauschend das Katalysatorbett ohne Berührung mit dem Katalysator, werden in einem Raum unterhalb des Katalysatorbettes gesammelt, durch ein

Zentralrohr im Innern des Reaktors wieder nach oben geführt und treten schließlich in das Katalysatorbett ein. Die heißen umgesetzten Gase verlassen den Reaktor entweder direkt durch den eingebauten Wärmeaustauscher oder auf dem Umweg über einen zweiten, außerhalb angeordneten Wärmeaustauscher. 2 Abbildungen. (**E. P. 862410** vom 9/7. 1959, ausg. 8/3. 1961. A. Prior. 21/7. 1958.) H. Roos. 5903

W. W. Patrikejew und B. Ss. Gurenkow, **Auswaschen strukturierter Hydrogele.** Alumino-Kieselgele für katalyt. Zwecke werden von Alkalien u. Erdalkalien durch Behandlung mit dem Kationenaustauscher SBS oder MSF befreit. (**UdSSR. P. 121783** vom 24/12. 1957.) L. Großner. 5905

Standard Oil Co., Chicago, Ill., übert. von: Ralph J. Bertolacini, Chesterton, Ind., V. St. A., **Herstellung einer Tonerde mit großer Oberfläche,** die bes. als *Trägerstoff für Katalysatoren*, bes. Pt, geeignet ist, durch Bestrahlen von Tonerdehydrat mit γ-Strahlen einer Dosis von wenigstens 10^2 rad, anschließendes Trocknen u. Calcinieren. (**A. P. 2983690** vom 29/4. 1958, ausg. 9/5. 1961.) H. Nebelsiek. 5905

H_3. Elektrotechnik

Brennstoffzellen. R. G. H. Watson. (Ind. Chemist **37,** 3—10, Jan. 1961; engl.) — Überblick. — 22 Schrifttumhinweise. F. Rosendahl. 5970△

Untersuchungen über die Verwendung der aktivierten Kohlenstoffanode bei der Elektrolyse von Natriumchloridlösungen. 2. Mitt. Strom- und Potentialfeld in der Adsorptionspulverelektrode. Jan Wojtowicz. (Przemysł chem. **40,** 688—94, Dez. 1961; Warszawa, Katedra Chemii Fizycznej Politechniki; pol.) — 1. vgl. Przemysł chem. **40,** [1961] 556. — Struktur (Korngröße, Schichtdicke), die elektr. u. elektrochem. Eigg. der Adsorptionspulverelektrode wurden untersucht. Es wird eine Gleichung für die nichtstationäre Stromverteilung u. das Potential in der Elektrode angegeben, sowie eine Gleichung für den Ladungsausgleich in der Elektrode nach der Elektrolyse. Die theoret. Resultate wurden mit den experimentellen Ergebnissen verglichen. J. Schneider. 5992□

Einfluß des Graphitmaterials auf den Wasserstoffgehalt im elektrolytischen Chlor. Ludwik Wasilewski, Witold Gnot und Stanisław Swatek. (Przemysł chem. **40,** 681—84, Dez. 1961; Gliwice, Katedra Elektrochemii Technicznej i Elektrometalurgii Politechniki Śląskiej i Inst. Chemii Nieorganicznej; pol.) — Die Ggw. von Graphit in der Salz-Lsg. verursacht eine Zunahme des H_2-Geh. im Cl_2 bei Korngrößen über 0,25 mm, proportional dem Graphit-Gehalt. Körner $< 0{,}10$ mm haben keinen Einfl. auf die H_2-Entwicklung. Der schädliche Einfl. des Graphit wird durch die Ggw. von Mg^{2+}-Ionen erhöht, dagegen haben Ca^{2+}-Ionen fast keinen Einfluß. Bei maximal 10 g $CaCl_2$/l übersteigt der H_2-Geh. den Wert von 2% nicht. J. Schneider. 5992□

Elektrochemische Herstellung von Chlor und Kupfer unter Verwendung von Pulverelektroden. Witold Tomassi und Helena Jankowska. (Przemysł chem. **40,** 679—80, Dez. 1961; Warszawa, Katedra Chemii Fizycznej Politechniki Warszawskiej; pol.) — 1. vgl. Przemysł chem. **40,** [1961], 624. — Es wird die kontinuierliche Elektrolyse bei konst. Kathodenstromdichte von 100 A/m² beschrieben. Als Elektrode wurden C-Pulver (Korngröße $< 0{,}2$ mm) verwendet. Bei 0,2 u. 1,0 A u. 0,75 oder 1,25 V $\pm$ 0,05 V wurde eine 100%ig. Ausbeute von Cu erreicht. J. Schneider. 5992□

General Electric Co., Schenectady (Erfinder: Eric Mauritz Pell, New York), N. Y., V. St. A., **Halbleiteranordnung** mit einem in Flußrichtung vorgespannten einkristallinen pin-Halbleiterkörper. Die Intrinsic-Zone ist durch 2 hintereinander liegende Aushöhlungen verengt, die mit je einer Zone vom einen u. vom anderen Leitfähigkeitstyp versehen sind, auf denen je eine Kontaktelektrode zur Steuerung angebracht ist. Jeweils die p- bzw. die n-Zone des anliegenden pi- bzw. ni-Übergangs ist vom entgegengesetzten Leitfähigkeitstyp wie die in der Aushöhlung vorgesehene, der Steuerelektrode vorgelagerte Zone, so daß beide Steuerelektroden über den anliegenden pi- bzw. ni-Übergang in Sperrichtung vorgespannt werden können. (**D. A. S. 1098613** Kl. 21g vom 14/5. 1959, ausg. 2/2. 1961. **F. P. 1224539** vom 15/5. 1959, ausg. 24/6. 1960. Beide A. Prior. 15/5. 1958.) H. Kessel. 5953

Joachim Immanuel Franke, Paris, Frankreich, **Unipolarer Transistor** mit plattenförmigem Halbleiterkörper u. mindestens 3 einander umschließenden Elektroden auf dessen einer Oberfläche. Die Zonenfolge des Halbleiterkörpers ist n^+ np bzw. p^+ pn. Auf der n^+- bzw. p^+-Zone sind die beiden Elektroden angebracht, zwischen denen eine oder mehrere in sich geschlossene, bis zum n^+n- bzw. p^+p-Übergang reichende Vertiefungen liegen. In diesen ist je eine nichtohmsche Steuerelektrode angebracht. (**D. A. S. 1099646** Kl. 21g vom 17/8. 1959, ausg. 16/2. 1961. **A. P. 2952804** vom 26/8. 1959, ausg. 13/9. 1960. Beide F. Prior. 29/8. 1958. **F. P. 1210880** vom 29/8. 1958, ausg. 11/3. 1960.) H. Kessel. 5953

Shockley Transistor Corp., Palo Alto (Erfinder: William Shockley, Los Altos), Calif., V. St. A., **Flächentransistor** mit 3 Zonen von abwechselndem Leitfähigkeitstyp. Eine Oberflächenseite der plattenförmigen mittleren Zone trägt Rippen. Auf dieser Seite ist eine die Rippen ausfüllende u. abdeckende, auf der entgegengesetzten Seite eine Zone entgegengesetzten Leitfähigkeitstyps aufgebracht. Die beiden zusätzlichen äußeren Zonen sind mindestens über u. unter den Rippen mit ohmschen Elektroden bedeckt; an der mittleren Zone ist eine weitere Elektrode angebracht. (**D. A. S. 1097571** Kl. 21g vom 13/4. 1959, ausg. 19/1. 1961. **F. P. 1227508** vom 17/4. 1959, ausg. 22/8. 1960.) H. Kessel. 5953

Minister of Aviation, London, England (Erfinder: Ronald Clive Shelley), **Herstellung einer verglasten Masse für dielektrische Zwecke.** Ein Gemisch aus gepulverten Silicaten wird so hoch erhitzt, daß die Silicate mit Ausnahme des hitzebeständigsten schmelzen. Die Masse wird nach dem Abkühlen gemahlen, verformt u. durch Erhitzen verfestigt. — Z. B. wird eine pulverförmige Mischung aus 40 (Teilen) $K_2O \cdot 3Al_2O_3 \cdot 6SiO_2$, 60 $PbO \cdot SiO_2$, $15B_2O_3 \cdot SiO_2$ u. $10SiO_2$ auf 800° erhitzt u. nach dem Erkalten gemahlen. Das Erzeugnis dient als Ausgangstoff bei der Herst. dielektr. Formlinge. (**E. P. 867589** vom 7/3. 1958, ausg. 10/5. 1961.) Hans Hoffmann. 5957

N. V. Philips' Gloeilampenfabrieken, Eindhoven (Erfinder: Hendrikus Johan Lodewijk Trap, Allst-Waalre), Niederlande, **Herstellung eines als Dielectrikum, insbesondere für Kondensatoren, geeigneten Silicatglases.** Man schmilzt eine Mischung, die ein Glas der Zus. 36—44 (Mol.-%) SiO_2, 4—7 PbO, 6—9 K_2O, 45—54 CaO + SrO + BaO ergibt. Der Geh. an einem der genannten Erdalkalioxide allein soll hierbei 6—10 betragen. Beimengungen von Li_2O, Na_2O, MgO, ZnO, Sb_2O_3, Al_2O_3, B_2O_3 u. P_2O_5 sollen nach Möglichkeit vermieden werden. (**Niederl. P. 100849** vom 27/6. 1959, ausg. 15/3. 1962.) F. Böhm. 5957

Commissariat à l'Énergie Atomique, Paris, Frankreich, **Herstellung dichter Formkörper aus Berylliumoxid,** z. B. von Ziegeln, die nach Zusatz von B oder Cd-Verbb. zur Absorption von Neutronen geeignet sind. Zur Erzielung eines dichten, rissefreien Gefüges wird zu $Be(OH)_3$, das zum größten Teil in der β-Form vorliegt, vor oder nach seiner Calcinierung soviel Mineralsäure oder ein Be-Salz davon zugesetzt, daß mehr als 1% Säure-Ionen im Gemisch vorhanden sind. Das calcinierte Prod. wird nach Zusatz von z. B. BC, B_2O_3 oder CdO bei 1300—1500° in einer Graphitform 2 Std. lang unter einem Druck von ca. 150 kg/cm² gesintert. (**E. P. 884577** vom 25/7. 1958, ausg. 13/12. 1961. F. Prior. 6/9. 1957.) G. Frikell. 5957

B. F. Goodrich Co., New York, N. Y., übert. von: James B. Haehn, Lorain, und Robert J. Ettinger, Cleveland, Ohio, V. St. A., **Plastische Masse mit stabilen elektrischen Eigenschaften,** gek. durch ein nicht gummihaltiges Olefinpolymerisat, in dem 0,3—10% eines fein verteilten Si-Monoxidpigments mit einer durchschnittlichen Zus. $(SiO_2)_x \cdot (Si)_y$ (x u. y = ganze Zahlen) enthalten sind. Es werden, bes. feste, Polyäthylenharze mit faserigem Si-Monoxidpigment mit 60 bis 300 m² Oberfläche/g, erhalten durch Kondens. von SiO-Gas in Ggw. eines Amins oder eines H_2-abgebenden Gases, verwendet. *Elektr. Isolierungen* für Drähte u. Kabel. — Mengenbeispiele, Festigkeitstabellen. (**A. P. 2959563** vom 20/7. 1956, ausg. 8/11. 1960. **E. P. 858130** vom 10/7. 1957, ausg. 4/1. 1961. A. Prior. 20/7. 1956.) G. Vogel. 5957

Koninklijke Zwavelzuurfabrieken v/h Ketjen N. V., Amsterdam, Niederlande, **Herstellung von Resolen,** die unter Mitverw. von Fasermaterial zur Erzeugung von *elektr. Isolationsmaterial* geeignet sind. Man läßt ein Xylol–CH_2O-Kondensat mit einem Molgew. von mindestens 400 in Ggw. eines sauren Katalysators mit so viel Phenol reagieren, daß bei der nachfolgenden Umsetzung mit CH_2O in Ggw. eines alkal. Katalysators ein Resol mit 50—70% Phenol-Geh. entsteht. Die einzelnen Verf.-Stufen werden nach an sich bekannten Methoden durchgeführt. (**Niederl. P. 99719** vom 15/4. 1958, ausg. 15/11. 1961.) F. Böhm. 5957

Bell Telephone Laboratories, Inc., New York, N. Y., übert. von: Walter L. Hawkins, Montclair, Vincent L. Lanza, Summit, und Field H. Winslow, Springdale, N. J., V. St. A., **Gegen Oxydation stabile Polymere aus α-olefinischen Kohlenwasserstoffen,** dad. gek., daß sie nach A. P. 2967845 aus im wesentlichen gesätt. Polymerisaten von Äthylen, Propylen, Butylen-(1), 3-Methylbutylen-(1), 4-Methylamylen-(1), 4.4-Dimethylamylen-(1), Dodecylen-(1), 3-Methylamylen-(1) oder Mischpolymerisaten dieser Olefine, 0,5—5% (auf die Masse bezogen) Ruß einer maximalen Größe von 1000 Å u. einem Thioäther bestehen, der 2 Benzolringe enthält, von denen mindestens einer durch eine — CH_2-Gruppe an das S-Atom gebunden ist, wobei die Zahl der C-Atome in jeder Hälfte des Thioäther-Mol. einschließlich der Substituenten 30 beträgt. Als Thioäther (Stabilisiermittel) dienen bes. Benzylphenylsulfid oder Dibenzylsulfid. Nach A. P. 2967846 verwendet man an Stelle vorst. Tioäther eine Verb. der allg. Formel: Ar-S-Ar' (Ar u. Ar' = Kondens. Benzolkerne, von denen jeder mindestens einen OH- oder sek. Aminrest enthält u. die Zahl der C-Atome in jeder Hälfte der Verb. 30 beträgt. Als Stabilisiermittel dienen bes. Di-(β-naphthol)-sulfid oder Di-(N-Phenyl-β-naphthylamin)-sulfid bzw. nach A. P. 2967847 eine Verb., die mindestens eine Einheit der allg. Formel: S-R-S-R' enthält (R u. R' = Alkylrest mit 4—30 C-Atomen, bes. Dodecylsulfid bzw. nach A. P. 2967848 eine Verb. der allg. Formel: $R\text{-}(SH)_x$ (R = Alkylrest mit 6—30 C-Atomen; x = ganze Zahl bis 2), bes. Dodecylmercaptan oder 1.10-Decamethylendithiol bzw. nach A. P. 2967849 eine Verb. der allg. Formel R-SH (R = Ringverb. mit maximal 30 C-Atomen), einschließlich der Substituenten, bes. Thio-β-naphthol, Isomere von Toluylthiol, 2-Mercaptobenzoxazol, 2-Mercaptobenzthiazol bzw. nach A. P. 2967850 eine Verb. der allg. Formel: R-S-S-R' (R u. R' = Ringverbb. wie R nach A. P. 2967849), bes. Diphenyldisulfid, Diacetaniliddisulfid, N.N'-Dimorpholindisulfid, Benzthiazoldisulfid oder Dithiohydrochinon. Die Menge des Stabilisiermittels beträgt jeweils 0,01—5% der Gesamtmasse. *Herst. von prim. Drahtisolierungen,* Kabelhüllen usw. — Kurven. (**A. PP. 2967845, 2967846, 2967847, 2967848, 2967849 u. 2967850** vom 29/11. 1956, ausg. 10/1. 1961.) G. Vogel. 5957

Cabot Corp., Boston, Mass., V. St. A., **Warmpreßmasse** besteht aus einem im wesentlichen gesätt. Polymeren, das sich von einem olefin. KW-Stoff ableitet, dem auf 1 (Gewichtsteil) 0,25—1,5 Ruß, geringe Mengen eines Vernetzungsmittels, wie tert. Butylperbenzoat sowie ein Metalloxid, wie MgO, ZnO, zugesetzt sind. — Beispiel: 100 (Gewichtsteile) Polyäthylen, 100 Ruß, 3,5 tert. Butylperbenzoat, 5 MgO. Härtung 10 Min. bei 350° F. Die Masse ist für *elektr. Isolierzwecke* geeignet. (**E. P. 873159** vom 4/2. 1959, ausg. 19/7. 1961. A. Prior. 6/2. 1958.) F. Markhoff. 5957

Československá Socialistická Republika (Erfinder: Jozef Prokeš, Viliam Pallo und Eva Veisova, Preßburg), Tschechoslowakei, **Aufbereitung von Mineralölen aus paraffinischen Erdölen für die Herstellung von Imprägnierungsmitteln auf Basis Mineralöl und Kolophonium für Elektroisolationszwecke** durch Vermischen des raffinierten Destillats (**I**) mit an naphtenaromat. KW-Stoffen (**II**) reichen Anteilen, wobei das resultierende Öl wenigstens 35—55 (%) Naphten- u. 12—22 aromat. Kohlenstoff enthält. Vermischt man **I** mit einem minimalen Gehalt an 60—85 **II**, so daß es nach der Raffination wenigstens 60 naphtenaromat. C enthält, so führt dies zu einem Endprod. mit wenigstens 35—55 Naphten- u. 12—20. aromat. Kohlenstoff. (**Tschech. P. 99934** vom 30/1. 1960, ausg. 15/6. 1961.) L. Macher. 5957

Westinghouse Electric Corp., East Pittsburgh (Erfinder: William D. Johnston, Pittsburgh), Pa., V. St. A., **Thermoelektrische Einrichtung mit wenigstens einem Paar von Thermoelementschenkeln,** dad. gek., daß der n-leitende Schenkel aus einem Material der Formel $A_xB_{1-x}TiO_3$ u. der andere Schenkel des Thermoelementes aus einem p-leitenden Glied besteht u. beide auf je einer Seite miteinander elektr. verbunden sind, wobei A wenigstens eines der Elemente Y, La, Ce, Pr, Nd, Pm, Sm, Eu, Gd, Tb, Dy, Ho, Er, Tm, Yb oder Lu mit einer dreifach positiven Wertigkeit u. B wenigstens eines der Elemente Ca, Sr, Pb oder Ba mit einer zweifach positiven Wertigkeit darstellt u. x zwischen 0,001 u. 0,2 bemessen ist. (**D. A. S. 1130022** Kl. 21b vom 30/4. 1960, ausg. 24/5. 1962. A. Prior. 10/6. 1959.) F. Laaß. 5971

Minnesota Mining & Mfg. Co., St. Paul, Minn. (Erfinder: Russel Edgar Fredrick, White Bear Lake, Minn., und Clarence Robert Manser, Appleton, Wis.), V. St. A., **Thermoelement bzw. Peltierelement,** bei dem der positive Schenkel aus einer Leg. mit einem Geh. von 69,9—72,0 Gew.-% Te, Rest im wesentlichen Mn besteht, dad. gek., daß die Leg. nicht mehr als 1 Mol-% Na oder Li als positiven Promotorbestandteil enthält. (**D. A. S. 1129196** Kl. 21b vom 11/2. 1959, ausg. 10/5. 1962. A. Prior. 14/2. 1958.) F. Laaß. 5971

Philips Electrical Industries Ltd., London, England, **Luminescenzmaterial,** bestehend aus mit Pb aktiviertem Germanat der Formel $2MO \cdot 1M^1O \cdot 2GeO_2:xPb$, worin M Ba u./oder Sr u. M^1 Zn u./oder Mg u. x einen Wert zwischen 10^{-3} u. 10^{-1} bedeuten. Z. B. wird ein Gemisch aus 77 (g) $BaCO_3$, 8 MgO, 0,7 MgF_2 u. 42 GeO_2 mit 40 ml einer 0,1 n Lsg. von $Pb(NO_3)_2$ versetzt, getrocknet u. 2 Std. in Luft bei 1100° geglüht. (**E. P. 868950** vom 17/3. 1960, ausg. 25/5. 1961. Niederl. Prior. 20/3. 1959.) K. Demmler. 5975

Philips Electrical Industries Ltd., London, England, **Leuchtstoff,** bestehend aus dem β-Orthophosphat des Ca oder des Ca u. Sr, in dem das Mol-Verhältnis von Ca:Sr wenigstens 1:99 beträgt u. der mit 0,1—10 Mol.-% Sn (II) aktiviert ist, wobei ein Teil des Ca u./oder Sr durch Zn ersetzt ist u. der Quotient der Zn-Atome u. der Summe der Ca- u. Sr-Atome zwischen 0,02 u. 0,50 liegt. Als Aktivator kann noch 0,1—5 Mol.-% Mn (II), bezogen auf Sn(II), zugegen sein. Beispiel eines bei 1000—1100° zu glühenden Ansatzes: 7,38 (g) $SrCO_3$, 0,50 $CaCO_3$, 5,55 $(NH_4)_2HPO_4$, 0,055 SnO, 0,81 ZnO. (**E. P. 863615** vom 1/7. 1957, ausg. 22/3. 1961. Niederl. Prior. 4/7. 1956.) K. Demmler. 5975

Mullard Ltd., London, England (Erfinder: Siegfried Rothschild), **Leuchtschirm.** Der Schirm besitzt 2 verschiedene Leuchtschichten. Die 1. Schicht besitzt eine solche Leuchtmasse, daß die von der erregenden Strahlung in ihr ausgelöste Luminescenzstrahlung proportional zur erregenden Strahlung ist. Die 2. Schicht enthält eine Leuchtmasse, deren Luminescenzstrahlung superlinear zu der betreffenden erregenden Strahlung ist. Die 1. Schicht enthält mit Pb aktiviertes Ba-Silicat, die 2. Schicht mit Ag u. Ni aktiviertes CdS. (**E. P. 881472** vom 9/4. 1957, ausg. 1/11. 1961.) E. Fuchs. 5975

N. V. Philips' Gloeilampenfabrieken (Erfinder: Hein Koelmans, Ameling Siepko Emmens, Willem Lambertus Wanmaker und Anna Petronella Maria Cox), Eindhoven, Niederlande, **Leuchtstoff für Gasentladungslampen** enthält ein mit 0,1—10 Mol.-% Sn(II) aktiviertes β-Orthophosphat von Ca u./oder Sr, bei einem Mol.-Verhältnis zwischen 100:0 u. 1:99, wobei soviel Ca u./oder Sr durch Zn ersetzt ist, daß $0,02 < Zn/Ca + Sr < 0,50$. (**D. A. S. 1124150** Kl. 21f vom 29/6. 1957, ausg. 22/2. 1962. **F. P. 1178619** vom 2/7. 1957, ausg. 13/5. 1959. **Belg. P. 558935** vom 3/7. 1957, ausg. 8/4. 1960. Alle Niederl. Prior. 4/7. 1956.) H. Kessel. 5975

General Electric Co., Schenectady, N. Y. (Erfinder: Dimitrios Mandamadiotis Speros, Painesville, Ohio), V. St. A., **Kathode für Gas- oder Dampfentladungslampen.** Die Emissionsmasse hat die Zus. $a\,BaO \cdot RO_2 \cdot b\,Ba$, wo RO_2 ein hitzebeständiges Metalloxid ist, das transparente Sublimations-Prodd. liefert, u. $a = 1-2\beta/1+\beta$, $b = 2\beta/1+\beta$, $0,05 < \beta < 0,5$, bes. $0,15 < \beta < 0,30$, wenn das Ausgangsgemisch die Zus. $BaO + RO_2 + \beta R$ hat. (**D. A. S. 1130070** Kl. 21f vom 10/12. 1960, ausg. 24/5. 1962. A. Prior. 17/12. 1959.) H. Kessel. 5975

Československá Socialistická Republika, Tschechoslowakei (Erfinder: Kurt Richter und Klaus Tümmel, Berlin), **Getter aus Titan, Zirkonium, Vanadin, Niob und gegebenenfalls Aluminium** für die *Gasabsorption* in *elektr. Entladungsröhren* in Form von Legg. oder Mischungen; dad. gek., daß metall. V oder/u. Nb ohne oder mit Zusatz von Al in Mengen von 3—25% im Getter vorhanden ist; dieser wird einmal oder wiederholt bei niedriger Temp. hydriert oder dehydriert. Es können auch Mg, Erdalkalimetalle, Zn oder Cd zulegiert oder zugemischt werden. (**Tschech. P. 98723** vom 22/6. 1957, ausg. 15/2. 1961. D. Prior. 23/6. 1956.) L. Macher. 5975

Egyesült Izzólampa és Villamossági R. T. (Erfinder: Béla Kerkes und György Vaszily), Budapest, Ungarn, **Gitterelektrode für Elektronenröhren.** Zur Herst. wird ein hochschmelzender Draht (z. B. aus Mo) unter Schutzgas durch eine Schmelze gezogen, die aus Al mit 5—60% Mg besteht. (**D. A. S. 1122181** Kl. 21g vom 21/10. 1959, ausg. 18/1. 1962. **Oe. P. 214533** vom 16/7. 1959, ausg. 10/4. 1961. Beide Ung. Prior. 24/10. 1958.) H. Kessel. 5975

Eitel-McCullough, Inc., Bruno, übert. von: James R. Welch, South San Francisco, und Paul D. Williams, Menlo Park, Calif., V. St. A., **Verbinden von Metall und Keramik.** Zur Herst. einer vakuumdichten Verbindung, bes. *für Elektronenröhren*, wird auf den Keramikkörper ein Gemisch aus 1—25 (Gew.-%) Ti, 10—40 Mn u. als Rest Mo oder W. in Pulverform aufgebracht u. in reduzierendem Feuer gesintert. Über diese Zwischenschicht wird die Verbindung mit Metallen wie bekannt durchgeführt. (**A. P. 2996401** vom 30/9. 1955, ausg. 15/8. 1961.) G. Frikell. 5975

Peter A. Denes, Milwaukee, Wis., V. St. A., **Herstellung dünnwandiger Keramikkörper,** bes. aus *Ferriten*, für *elektr. Kondensatoren* oder Speicherkerne. Um eine Wandstärke bis zu ca. 0,05—0,25 mm zu erzielen, wird die Form vor dem Eintauchen in den Schlicker zu einem Teil mit einer Schicht aus in der Wärme leicht erweichbarem Material, z. B. Wachs, überzogen. Der Schlicker, zu dessen Herst. mehrere Fll. mit verschiedenen Dampfdrücken benutzt werden, wird nach dem Trocknen zu einem festen Keramiküberzug aufgeteilt u. unter nochmaligem Erwärmen von der Form abgezogen u. gebrannt. Die Zus. des Schlickers ist z. B.: 90 (Teile) $BaTiO_3$, 8 $CaZrO_3$, 2 $BaZrO_3$, 8 Celluloseacetat, 1 Dibutylphthalat, 70 Aceton, 30 Butylacetat u. 40 Keton-Lösungsmittel. (**D. A. S. 1117030** Kl. 80b vom 23/4. 1959, ausg. 9/11. 1961. A. Prior. 24/4. 1958.) G. Frikell. 5983

Albiswerk Zürich Akt.-Ges., Zürich (Erfinder: Werner Rappaport, Ober-Uster) Schweiz, **Verkleben zweier ineinander passender Teile,** von denen der eine aus Kunststoff u. der andere aus einem Material mit unterschiedlichem Wärmeausdehnungskoeff. besteht. Ein Klebstoff, der die Eig. besitzt, Kunststoff aufzulösen u. nach dem Trocknen elast. zu bleiben, wird angewendet u. derart angebracht, daß er den Kunststoffanteil an der Stoßstelle auflöst u. nach dem Trocknen ein elast. Bindeglied zur Aufnahme der Druckspannungen bildet. Beispiel: Verkleben einer an ihrem Umfang zu zentrierenden Kunststoffmembran im Gehäuse eines *elektroakust. Wandlers.* (**Schwz. P. 356553** vom 24/12. 1957, ausg. 13/10. 1961.) H. Raeithel. 5985

Commissariat à l'Énergie Atomique, Paris (Erfinder: Marius Chemla, Maisons-Alfort), Frankreich, **Regeln einer Elektrolysevorrichtung mit Gegenströmung, z. B. einer Isotopenanreicherungsanlage.** Das Metall, z. B. Li, das aus dem geschmolzenen Salzbad, z. B. aus LiBr mit etwas KBr als Flußmittel sich an der Kathode abgesetzt hat, wird unter Zufuhr eines zum Bad u. zum Metall passenden Stoffes, z. B. Br_2, wieder in den Ionenzustand übergeführt. Der Elektrolysestrom wird von der Auflösung des Metalls an der Kathode abhängig gemacht. Dazu dient eine Einrichtung, die eine Bezugselektrode u. ein auf die Potentialdifferenz der Kette Kathode–Elektrolyt–Bezugselektrode ansprechendes Meßgerät aufweist, welches über geeignete Relais den Elektrolysestrom einschalten, verändern oder unterbrechen kann. — Zeichnungen. (**D. A. S. 1125890** Kl. 12h vom 4/4. 1960, ausg. 22/3. 1962. F. Prior. 3/4. 1959.) F. Laaß. 5993

H_4. Wasser. Abwasser

Verhalten von gechlortem Wasser gegenüber Kunststoff-Rohrverbindungen in Trinkwasserleitungen. Adelheid Schwartz und W. Schwartz. (Kunststoffe **52,** 137—38, März 1962; Wasserwerk Börssum, Krs. Wolfenbüttel, Labor für Mikrobiologie des Wassers; dt.) — Der Chlorschwund in Trinkwasserleitungen aus Kunststoffrohren u. Messingverbindungsstücken ist auf die Metallteile zurückzuführen. H. Drechsel. 6024☐

Ursachen und Wesen der Dampfkesselkorrosion. H. E. Hömig. (Schlägel u. Eisen **1962,** 93—97, Febr.; Essen; dt.) — Im Kessel spielt heute nur die Dampfspaltungskorrosion ($3 Fe + 4 H_2O = Fe_3O_4 + 4 H_2$) eine Rolle. O_2-Korrosion tritt im allg. nur als Stillstandsangriff auf. Angriffe durch reines O_2-freies W. führen nur bei relativ niedrigen Temp. zur Werkstoffzerstörung, spielen aber wegen der Verunreinigung des Speisewassers mit Fe eine Rolle, was man durch pH-Steigerung bekämpft. Hierzu dienen NH_3 u. N_2H_4; NaOH u. KOH sind heute im Kesselwasser oft unerwünscht. Die Auffassung, daß Alkalien zur Korrosionsverhütung im Kesselwasser unentbehrlich seien, ist widerlegt. W. Wesly. 6030☐

Wasserwirtschaft in der Papierfabrik. Vladimír Sklenář und Miroslav Pikhart. (Vodní Hospodárstvi **1960,** 426—30, Okt. Česká Kamenice, Severočeské

papirny; tschech.) — Übersicht über die Wasserversorgung der verschiedenen Abteilungen einer Papierfabrik u. die zweckmäßige Wasserführung.
R. K. Müller. 6036□

Entwicklungstendenzen der Wasser- und Abwasserwirtschaft in den Zuckerfabriken der Deutschen Bundesrepublik. Kazimierz Skalski. (Gaz. Cukrownicza **63,** 177—79, Juni 1961; pol.) — Übersicht. F. Urban. 6036□

Der heutige Stand der Zuckerfabriksabwasserreinigung. Jaroslav Bulíček. (Listy Cukrovarnické **76,** 7—10, 15/1. 1960; tschech.) — Überblick.
E. Rotter. 6036□

Untersuchungen über die Kompostierung von städtischem Müll. Irena Obuchowska, Teodora Chomiuk, Maria Marciszewska-Szoplik, Danuta Miłkowska. (Gaz, Woda Techn. sanit. **35,** 347—50, Sept. 1961; Warszawa, PZH, Zakł. Hig. komun.; pol.) — Die Zers. von kompostiertem städt. Müll verläuft im ersten Stadium sehr schnell. Im Endstadium, das nach 6—7 Monaten erreicht ist, ändert sich die Zus. noch kaum. Der Coli-Faktor u. die Zahl der Ascaris-Eier nehmen in diesem Zeitraum bedeutend ab. F. Urban. 6040◇

Kapillartrocknung für Müll-Klärschlammgemische — Ein neuer Weg für Siedlungsabfälle. Fritz Caspari. (Städtehygiene **13,** 145—48, Aug. 1962; dt.) — Das Verf. zur Verwertung von Müll u. Klärschlamm besteht darin, schonend zerkleinerten Stadtmüll mit teilw. entwässertem Klärschlamm zu vermischen, das Gemisch durch Pressen in Formstücke auf etwa $^1/_3$ seines Vol. zu komprimieren u. einer spontan einsetzenden Verpilzung auszusetzen. Diese Verpilzung erfolgt unter Erwärmung auf ca. 70°, wobei ohne Geruchsentw. pathogene Keime u. Wurmeier abgetötet werden. Bei Trocknung tritt vollständige Entwässerung, jedoch keine Volumänderung ein. Das Verf. liefert die konz. verrottete Substanz in Form unbegrenzt lagerbarer Stapelware (Heizwert 1700—2000 Cal). Durch Befeuchten mit W. können die „trockenstarren" Preßlinge wiederbelebt u. zur aeroben Humifizierung von Böden verwendet werden. M. Bittmann. 6040□

Reinigung von Abwässern aus Mineralölraffinerien. Zdeněk Kittner. (Vodní Hospodářstvi **1960,** **431**—32, Okt.; Brno; tschech.) — Die Abwässer werden nach Abkühlung mit Fällungsmitteln (FM) behandelt. Als FM werden untersucht: 800 u. 1000 (mg/Liter) $AlCl_3$, 800 u. 1000 $FeClSO_4 \cdot 6\,H_2O$, 1000 u. 1500 Cl_2 + $FeSO_4$. Die geringste Oxydierbarkeit (351 bzw. 328 mg O_2/Liter) wird mit 1000 $AlCl_3$ u. 1500 Cl_2 + $FeSO_4$ erzielt. Die so behandelten Abwässer sind schwach gelbgrün u. geruchlos u. enthalten keine Trübungen. Neben den FM wird 1000 bzw. 700 CaO zugesetzt; pH-Wert nach Zugabe des FM 2,0 bzw. 2,3. Als Sonderfall wird die Entfernung von chem. Verunreinigungen behandelt. R. K. Müller. 6042□

Experimentelle Grundlagen für den Bau der Abfallaufbereitungsanlage im Hotlabor des EIR in Würenlingen. 1. Mitt. **Behandlung schwach aktiver Abfälle.** H. R. von Gunten. (Neue Techn. [Zürich] **4,** Nr. 7—8, 395—403, Aug. 1962; Würenlingen, Eidgen. Inst. f. Reaktorforschung; dt.) — Vf. beschreibt Unterss. für die Projektierung der Aufbereitungsanlage für schwach akt. fl. Abfälle, die a) chem. Behandlung u. b) Ionenaustausch umfassen soll. Der Einfl. der Fällungsbedingungen auf die Calciumphosphat-Eisenhydroxid-Fällung wird an Hand von Dekontaminationsfaktoren dargestellt. Schwierig ist die Filtration der Ndd. u. ihre Trocknung. Sie lassen sich durch Kieselguranschwemmfilter filtrieren u. durch Zentrifugieren trocknen, die dabei erzielbare Volumenverminderung ist unbefriedigend. In Verbindung mit der Fällung ist Vermiculit als Austauschermaterial für ^{137}Cs u. ^{90}Sr geeignet, seine Austauschereigg. variieren je nach Herkunft. Nach Überführung in die Na-Form hatte japan. Vermiculit die beste Austauschfähigkeit; bei pH $>$ 3 war sie pH-unabhängig; für verd. Lsgg. ($\leqq$ 4 ppm Cs oder Sr) konnten Durchbruchskapazitäten $\gg$ 1000 Kolonnenvolumen erreicht werden. 6 Abb., 7 Tabellen. M. Bittmann. 6042□

Über Versuche zur Reinigung und Verwertung von Phenoldünnwässern. Alfred Rieche. (Wiss. Z. Friedrich-Schiller-Univ. Jena/Thür., math.-naturwiss. Reihe **9,** 39—43, 1959/60; Berlin-Adlershof, Dtsch. Akad. der Wiss., Inst. für organ. Chem.; dt.) — Phenolhaltige Abwässer der Braunkohlenindustrie werden nach dem Phenosolvan-Verf. vom größten Teil der Phenole befreit. Zur Beseitigung der restlichen Phenole u. der Fettsäuren dient Kohlenstaub oder Asche. (Asche-Luft-Verfahren). Die anfallenden Dünnwässer werden biolog. im Turmtropfkörpern u. Belebtschlammbecken gereinigt. Entphenolte Schwelwässer werden zur Futtereiweißerzeugung mittels Mikroorganismen verwendet. — 12 Schrifttumhinweise.
W. Wesly. 6044

Bemerkungen zur Herabsetzung des BSB und zu den Sauerstoffbedingungen auf der Grundlage der Untersuchungen kleiner Flüsse in der Ebene. Tadeusz Sędzikowski. (Gaz, Woda Techn. sanit. **35**, 334—38, Sept. 1961; pol.) — Die Fähigkeit kleiner Flüsse in der Ebene zur Selbstreinigung ist größer, als solche verd. Abwässer im Labor.-Versuch. Frische, wenig mineralisierte Abwässer werden am leichtesten gereinigt. Die Abnahme des biolog. O_2-Bedarfs (BSB) entlang dem Flußlauf ist nicht gleichmäßig, sie entspricht nicht einer monomol. Reaktion. Die Best. des BSB wird fehlerhaft, wenn O_2-freie, also tote Abwässer in den Fluß geleitet werden. Die Unterss. sind in den ersten 8—10 Std. nach dem Einleiten durchzuführen, da die Belüftung u. die Abnahme des BSB sehr schnell verlaufen. — 20 Literaturangaben. F. Urban. 6044◇

Die Qualität des Wassers der Weichsel bei den Kilometern 4 und 15 im Jahr 1958. Stefan Godzik, Bolesław Kotulski und Jadwiga Sachajdak. (Gaz, Woda Techn. sanit. **35**, 350—52, Sept. 1961; Oświęcim, Zakłady Chem.; pol.) — Die Verunreinigung der Weichsel, kenntlich an dem hohen Geh. an organ. Substanzen u. dem hohen biolog. O_2-Bedarf (4—56 mg O_2/Liter) stammen von den Abwässern der Stadt u. des chem. Werkes in Auschwitz. Die Änderungen in der Zus. zwischen km 4 u. 15 zeugen von einer vorschriftsmäßigen Abwasserbehandlung im Werk. Das Auftreten von Kieselalgen bei dem hohen Fe-Geh. des Wassers (0,1 bis 10 mg/Liter) wird hier erstmalig beobachtet. F. Urban. 6054◇

Die Radioaktivität des Außenmediums in der Gegend von Groß-Warschau und Świerk. W. Hermanowicz, W. Dożańska, J. Kelus, K. Kosiński, J. Łuczak, M. Marciszewska-Szoplik, L. Obuchowska, C. Sikorowska. (Gaz, Woda Techn. sanit. **35**, 340—47, Sept. 1961; Warszawa, PZH, Zakł. Hig. komun.; pol.) — Die Radioaktivität des Weichselwassers bei Warschau schwankte 1959 zwischen 3,9 u. 23 pC/Liter. Eine Beziehung zwischen dem sanitären Zustand des Flusses u. der Aktivität besteht nicht. Das Oberflächenwasser hat nur eine geringe Radioaktivität (0,7—8,7 pC/Liter). Grundwasser aus 4—8 m Tiefe enthält mehr K u. ist stärker radioaktiv. Die in den Fluß geleiteten Abwässer sind auch bei Swierk, dem Standort eines Kernforschungsinstituts, nicht aktiv. Dagegen ist der Grundschlamm der Oberflächengewässer stark radioaktiv. Der Uferboden der Weichsel enthält in der oberen Schicht (2,5 cm) 40—4100 mC/kg, die darauf wachsenden Pflanzen 440 bis 71000 pC/kg Trockenmasse. F. Urban. 6054◇

Eine kurze Beschreibung der vom Geological Survey of Great Britain verwendeten Wasserstandsmessungsapparaturen. T. K. Tate. (Water and Water Engng. **65**, 434—37, Okt. 1961; South Kensington, London, Geol. Survey; engl.) — Beschreibung transportabler, elektr. arbeitender App. u. kontinuierlicher automat. Anzeiger. — 4 Abb., 1 Literaturangabe. R. F. Haar. 6056□

Die Messung von Grundwasserspiegeln. D. A. Gray. (Water and Water Engng. **65**, 431—34, Okt. 1961; South Kensington, London, Geol. Survey; engl.) — Abriß über Möglichkeiten der Messung des Grundwasserstandes mit Hilfe verschiedener mechan. u. elektr. Meth. in diskontinuierlicher oder kontinuierlich automat. registrierender Arbeitsweise. — 1 Abb., 15 Literaturangaben. R. F. Haar. 6056□

Anwendung der Ultrafiltration für die Wasseranalyse. Dobromil Pihert. (Vodní Hospodářství **1960**, 440—42, Okt.; Praha, VŠCHT; tschech.) — Übersicht: App.; Kontrolle der Porengröße; Spezialultrafilter für die Wasseranalyse; Vorbereitung der Ultrafilter; Möglichkeiten der Entw. neuer Ultrafiltertypen. — 13 Literaturangaben. R. K. Müller. 6056□

Die Messung und Registrierung von gelöstem Sauerstoff in Kesselspeisewasser. G. Burkert. (Teknillisen Kemian Aikakauslehti **19**, 198—201, 1/4. 1962; Genf; finn.) — Beschreibung eines registrierenden Gerätes (Schmea) zur Best. von O_2 in Kesselspeisewasser, das auf der Rk. $O_2 + 4\,NO + 2\,H_2O = 4\,HNO_2$ beruht u. die durch die Rk. bewirkte Leitfähigkeitsänderung mißt. W. Wesly. 6056◇

Meßeinrichtungen und Meßvorgänge im Abwasserwesen. A. Montens. (Arch. techn. Messen ind. Meßtechn. **1960**, 237—40, Nov.; dt.) — Übersicht über Geräte u. Verff. zur Best. von Wasser-Geschw. u. -Menge, pH-Wert, Temp., Geh. an Salz, Schlamm, O_2, CN^- u. radioakt. Stoffen im Abwasser. — 10 Schrifttumhinweise. W. Wesly. 6056□

Das Oxymeter. Ein Gerät zur laufenden Registrierung des in Seewasser gelösten Sauerstoffs. Ernst Føyn. (Tidsskr. Kjemi, Bergves. Metallurgi **20**, 109—10, 1960; Oslo, Univ., Inst. of Marine Biol.; norweg.) — Wiedergabe der für den O_2-Geh. des

Seewassers mit dem von Føyn (Fiskeridir. Skr. Havundersøk. **11,** [1955] No. 3) beschriebenen Gerät laufend aufgenommenen Kurven. W. Wesly. 6056□

Chemische und chemisch-physikalische Untersuchungen des Mineralwassers „Casa Mulattiera" in Vicofertile (Parma). R. Andrisano, L. Amoretti und G. C. Artusi. (Chimica [Milano] **37,** 336—39, 1961; ital.) — Vff. teilen die Ergebnisse ihrer analyt. Unterss. mit. Sie klassifizieren das W. nach seiner Zus. u. seinen Eigg. als brom-jodhaltiges Salzwasser, geeignet für Kaltwasserbäder. B. Franz. 6058□

Wasseranalyse und ihre Interpretation. Gilbert Baetslé. (Fermentatio [Gand] **1962,** 24—35; franz.) — Allg. Betrachtung der Meth. u. Auswertung der Analysenergebnisse. G. Hofer. 6060□

Über das Grundwasser entlang dem Chiba, Chiba Prefecture. Kenji Takai. (J. College Arts Sci., Chiba Univ., nat. Sci. Ser. **3,** 81—86, Nov. 1959; Geologic. Inst.; jap., Auszug: engl.) — Vf. führte Unterss. des Grundwassers entlang dem Miyako River, Chiba, durch u. bestimmte den Geh. an Ca, Mg u. Cl, den pH, die Temp. u. den spezif. Widerstand. Die Ergebnisse sind tabelliert. H. Schroeder. 6060◇

Teerbestimmung in Abwässern. Lubomír Mazel. (Vodní Hospodářství **1960,** 436—39, Okt.; Brno; tschech.) — Die verschiedenen Verff. der Teer-Best. in Abwässern werden vergleichend untersucht. Neben der Wäge-Meth., der Viscositätsmessung, der Trübungsmessung u. der photocolorimetr. Best. wird bes. die Extraktion mit Ae. empfohlen. R. K. Müller. 6060◇

Bestimmung von Detergentien in Wässern. Otakar Růžička und Zdeněk Šico. (Vodní Hospodářství **1960,** **442,** Okt.; Gottwaldov, Výzk. úst. synt. kaučuku; tschech.) — Nach dem bekannten Verf. der Best. von anionakt. Detergentien vom Sulfonattyp mittels Methylenblau (Extinktionsmessung) können auch bisher nicht untersuchte Detergentien auf der Basis von sulfoniertem Napthalin wie Neokal u. Kortamol bestimmt werden. R. K. Müller. 6068□

H_5. Anorganische Industrie

Eine Versuchsanlage zur Herstellung von Fluorverbindungen aus Abgasen der Superphosphatindustrie. Seppo Wilska. (Suomen Kemistilehti **A 32,** 6—10, 1959; Helsinki, Rikkihappo-ja superfosfaatitehtaat oy; finn.) — Für eine finn. Superphosphatfabrik wurde eine Vers.-Anlage zur Gewinnung von F-Verbb. aus den Abgasen entwickelt. Die Abgase werden zuerst von SiO_2 u. anderen festen Stoffen befreit, dann mit NH_3 behandelt, wobei sich NH_4HF_2 bildet, das mit Na-Aluminat synthet. Kryolith liefert. Als Nebenprod. wird akt. SiO_2 gewonnen. M. Beckmann. H 246□

Eine Methode zur Trennung des bei der hydrochemischen Verarbeitung von Nephelingestein anfallenden basischen Calcium-Niederschlages. M. G. Manweljan, A. G. Ssajadjan, A. A. Abramjan, D. A. Mikaeljan, F. G. Mossinjan und E. Je. Kapanzjan. (Nichteisenmetalle [UdSSR] **35,** Nr. 4, 46—49, April 1962; russ.) — Die Lauge aus dem sich während der Behandlung von Ushursker Nephelingestein nach dem Verf. von Ponomarew u. Ssashin bildenden Autoklaven-Nd. kann man durch Carbonisation unter Verw. einer Soda-Lsg. mit einer Konz. von 40—100 g/Liter $Na_2O_{Carb.}$ an Stelle von W. regenerieren. Hierbei beträgt die gesamte Extrahierung der Lauge nach dem fünften Auswaschen im Mittel 90—93%. Im Falle der Verw. einer Soda-Lsg. mit einer Konz. bis zu 70 g/Liter Na_2O geht der Hauptlaugenanteil des Autoklaven-Nd. (in Grenzen von 70—85%) in das Filtrat u. in die ersten Waschwässer über. Die Konz. der erhaltenen Filtrate wird im Vgl. zu den Anfangs-Soda-Lsgg. bis auf 54—62 g/Liter Na_2O erhöht. Bei Verw. einer Soda-Lsg. mit einer Konz. von 70 g/Liter $Na_2O_{Carb.}$ u. darüber werden verhältnismäßig hinsichtlich des Laugengeh. erniedrigte Filtrate erhalten, d. h. die Laugen der Lsg. werden durch den Schlamm festgehalten. Der Laugengeh. in diesen Filtraten schwankt in den Grenzen von 60—75 g/Liter Na_2O. Die ersten Waschwässer enthalten in allen Fällen 38—12 g/Liter Na_2O. Der SiO_2-Geh. in den Filtraten u. Waschwässern beträgt beispielsweise 0,18 g/Liter u. überschreitet 4 g/Liter nicht. Die nach der Regeneration erhaltenen Schlämme haben sehr niedrige Laugengehh. u. sind ein homogenes Gemisch aus $CaCO_3$ u. amorphem SiO_2. Der Schlamm enthält auch in Form von Beimengungen dunkle Komponenten, die bei der Weiterverarbeitung von Nephelingestein in ihn übergehen. Die Zers. des Autoklaven-Nd. durch CO_2 in der Soda-Lsg. wird erörtert. Hinsichtlich der Zus. eignet sich der Schlamm zur Herst. von Zement. H. Hochstein. H 283□

Untersuchung des Chlorierungsprozesses von Loparit-Konzentraten. A. Ss. Berengard, I. Je. Wilkomirski, W. A. Koshemjakin, T. Ss. Ssedych und O. I. Jerochina. (Nichteisenmetalle [UdSSR] **35,** Nr. 3, 56—61, April 1962; russ.) — Die Meth. der „trockenen" Kondens. der Chloride von Ta u. Nb ist in bezug auf die apparativen Ausbldg. bedeutend einfacher als die der „nassen" Kondens., da beim ersten Verf. die Trennung der Chloridpulpe u. die damit bedingte komplizierte App. entfällt. Es wird die Verw. eines Cl_2–Luft-Gemisches mit bis zu 35% Luft bei der Chlorierung von Loparit-Konzentrat geprüft, u. die Möglichkeit der Senkung des C-Geh. in den Koksbriketten von 18—20 auf 12—13% aufgezeigt. Die hierdurch bedingten Vorzüge des trockenen Verf. werden besprochen.

H. Hochstein. H 331□

Universal Oil Products Co. (Erfinder: Armand John de Rosset), **Konzentrieren von Wasserstoff.** Man leitet das H_2-haltige Gas unter erhöhtem Druck u. erhöhter Temp. in eine Diffusionszone, die durch H_2-durchlässige Membranen aus Metallen der VIII. Gruppe des Period. Syst. unterteilt ist. Man erhält zwei Teilströme, deren einer mit H_2 angereichert ist. Durch Wiederholen des Verf. oder durch Verwendung mehrerer Diffusionszonen läßt sich die Konz. des H_2 erheblich steigern. — Zeichnung. (**Aust. P. 230833** vom 25/2. 1958, ausg. 17/11. 1960.)

C. Lüttgen. H 238

British Oxygen Co. Ltd., London (Erfinder: John Walter Armond, Worcester Park, Surrey), England, **Lagerung einer flüssigen Ozon-Sauerstoff-Mischung.** Die Mischung wird auf einer nicht wesentlich über —183° liegenden Temp. in einem in ein Bad von fl. O_2 eingesetzten Behälter gehalten. Die durch Verdampfen von O_2 entstehende O_3-Anreicherung der Mischung wird laufend geprüft u. notwendigenfalls wird fl. O_2 als Ersatz für den verdampften O_2 in den Behälter aus dem Bad unter Rühren eingeführt. — Vorr., Zeichnung. (**D. A. S. 1125960** Kl. 17g vom 24/2. 1959, ausg. 22/3. 1962. E. Prior. 24/2. 1958.)

H. Jaß. H 239

Union Carbide Corp., übert. von: Gerhard A. Cook, Clarence, N. Y., V. St. A., **Stabile homogene Ozonlösungen,** bestehend aus fl. O_2 mit 24—40 (Gew.-%) fl. O_3 u. 1—15 fl. Ar u. ggf. einem F enthaltenden perhalogenierten Methan der Formel CCl_aF_b ($a = 0-2$, $b = 2-4$). (**A. P. 3008902** vom 19/11. 1956, ausg. 14/11. 1961.) K. Demmler. H 239

Československá Socialistická Republika (Erfinder: Rudolf Kubička, Vladimir Kořínek und Zdeněk Kvapil, Litvinov), Tschechoslowakei, **Auswaschen von Ammoniak aus Gasgemischen,** die H_2S, CO_2, CO u. H_2 enthalten, durch chlorierte Phenole, am besten mit Monochlorphenolen (ausgenommen p-Chlorphenol) oder im Gemisch mit nichtchlorierten Phenolen, wobei Temp. bis 90° zur Anwendung kommen. Mit 75 (%) Monochlorkresol u. 25 Kresol konnte der Gehalt von 7 g NH_3/Nm^3 auf weniger als 0,1 g NH_3/Nm^3 ausgewaschen werden. Durch Abdest. des NH_3 aus einer 92,6 g NH_3/l enthaltenden Waschfl. konnte diese regeneriert werden. Der Dest.-Rückstand enthielt maximal 21,2 g NH_3/l. (**Tschech. P. 97544** vom 14/7. 1959, ausg. 15/12. 1960.) L. Macher. H 243

Československá Socialistická Republika (Erfinder: Stanislav Veselý, Prag), Tschechoslowakei, **Herstellung von Salpetersäure** durch Absorption von NO_2 aus nitrosen Gasen der katalyt. NH_3-Verbrennung. Vor der eigentlichen NO_2-Absorption wird die Oxydation des NO in zwei Stufen durchgeführt: In die erste Stufe wird aus der Absorptionsphase HNO_3 eingeführt, die höher konz. ist als dies dem chem. Gleichgewicht des in der ersten Oxydationsphase enthaltenen NO entspricht. Aus der zugeführten HNO_3 wird die ganze, zur Bldg. des sauren Kondensates erforderliche Menge an NO_2 entnommen; die aus der ersten Stufe stammende, verd. HNO_3 wird in die Absorptionsstufe an der Stelle zurückgeführt, an der die vorhandene Konz. der HNO_3 der Konz. der zurückgeführten entspricht. — Abb. erläutert die prakt. Durchführung. (**Tschech. P. 97581** vom 29/7. 1959, ausg. 15/12. 1960.) L. Macher. H 243

E. I. du Pont de Nemours & Co., übert. von: Guy B. Alexander und Ralph K. Iler, Wilmington, Del., V.St.A., **Feinteiligeanorganische Verbindung mit organophilen und hydrophilen Eigenschaften** durch Behandeln der Verb. (SiO_2, Fe-

Oxid, TiO_2, synth. Mg-Silicat, Talk) bei pH 7—10,7 u. 60—140° C unter Rühren in wss. Medium mit einer wasserlösl. Organo-Si-Verb. der Formel $(R)(Z)_2Si(OY)$, worin R = KW-Stoff-Rest mit 1—8 C-Atomen, Y = H oder einwertiges Kation einer starken Base, Z = R oder CY ist u. die Gesamtzahl der C-Atome aus R + Z + Z nicht über 20 beträgt. Man erhält Prodd. mit einer Oberfläche von 1—900 m^2/g. (**A. P. 2886460** vom 14/9. 1954, ausg. 12/5. 1959.) H. Roos. H 261

Farbenfabriken Bayer Akt.-Ges., Leverkusen, übert. von: Dieter Goerrig, Lohmar/Siegkreis, **Herstellung von Calciumhydrid,** dad. gek., daß man CaC_2 in einem inerten Lsgm. in Ggw. katalyt. Mengen N_2, S, J_2, NH_3, HJ, H_2S, HgJ_2, CaJ_2, MgJ_2, Na_2S, CaS oder Na bei 200—1200°, bes. 500—1100°, u. 1—1000 at., bes. 10—500 at., mit H_2 umsetzt. (**Can. P. 554595** vom 12/7. 1955, ausg. 18/3. 1958. D. Prior. 12/7. 1954.) S. Böttcher. H 283

Council of Scientific & Industrial Research, Neu-Delhi (Erfinder: Veeraragaoa Araoamuthan und Rangachari Srinivasan, Karaikudi), Indien, **Gewinnung von Zink und Schwefel aus sulfidischen Zinkerzen.** Man behandelt die fein zerkleinerten Erze mit $FeCl_3$-Lsg., trennt die entstandene $ZnCl_2$-Lsg. ab u. elektrolysiert diese. Aus den Erzrückständen wird das *S* in bekannter Weise gewonnen. (**Ind. P. 62292** vom 10/11. 1957, ausg. 11/5. 1960.) C. Lüttgen. H 288

Magyar Állam (Erfinder: Stephan Magyarosy und Dénes Bartók), Budapest, Ungarn, **Reinigung von Aluminatlaugen** erfolgt durch Behandeln der konz. Aluminatlauge bei 50—110° mit festem NaOH u. Abscheiden der Verunreinigungen durch Filtration. (**Ung. P. 144152** vom 6/2. 1956, ausg. 1/8. 1958.) G. König. H 294

British Titan Products Co. Ltd. (Erfinder: Arthur Wallace Evans und Cyril Shore), **Gewinnung von wäßrigen Lösungen mineralsaurer Zirkoniumsalze aus Zirkon.** Das Rohmaterial (65% ZrO_2, 35% SiO_2). Wird in gepulverter Form von 2 bis 25 μ Ø mit einer alkal. Erdalkali- oder Mg-Verb., bes. mit Na_2CO_3 u. $CaCO_3$ in einem Verhältnis $Na_2O:CaO:ZrSiO_4$ wie 1:1:1 geröstet u. dann mit wss., H_2SO_4 im Überschuß enthaltender H_2SO_4-Lsg. ausgelaugt. Zweckmäßig verwendet man 80—98%ig. H_2SO_4 zum Lösen von ZrO_2 u. verd. dann mit W., so daß die wss. Lsg. 25—90 g Zr als ZrO_2 je Liter enthält. (**Aust. P. 224798** vom 11/4. 1958, ausg. 19/11. 1959. E. Prior. 18/4. 1957 u. 14/3. 1958.) H. Möllering. H 322

Union Carbide Corp., übert. von: John E. Wyman, Topsfield, Mass., V. St. A., **Herstellung von Divanadindodekacarbonyl** durch Rk. einer Bis-(aromat. KW-Stoff)-Verb. [Bis-(benzol)-V, Bis(alkyl- oder -alkylen — oder -aryl- oder -alkarylsubstituierte Benzol)-V-Verbb.] mit CO bei 55—120, bes. 70—80°, u. > 15, bes. 500—900 lbs./sq.in. in einem inerten organ. Lsgm., z. B. Toluol. (**A. P. 2998301** vom 16/10. 1959, ausg. 29/8. 1961.) K. Demmler. H 330

Atomic Energy of Canada Ltd., Ottawa, Ontario, Canada, übert. von: Allan R. Gibson, London, England, **Herstellung von Metallchloriden,** z. B. den *Chloriden* von *Be, Ce, Nb, Th, Ti* u. *U*, dad. gek., daß man die Metalloxide in einer Chloridschmelze in Ggw. eines Sulfids eines mehrwertigen Metalls (Erdalkalisulfide) chloriert. (**Can. P. 555330** vom 22/3. 1955, ausg. 1/4. 1958. E. Prior. 24/3. 1954.) S. Böttcher. H 339

United Kingdom Atomic Energy Authority, übert. von: David A. Collins und John S. Nairn, London, England, **Herstellung von UF_4,** dad. gek., daß man 1 (Mol) UF_6 u. 2,5—3,7 CCl_4 auf 150° vorwärmt, die Dämpfe mischt u. auf 270—350° erhitzt. (**Can. P. 555483** vom 25/6. 1957, ausg. 1/4. 1958. E. Prior. 28/6. 1956.) S. Böttcher. H 339

Atomic Energy of Canada Ltd., Ottawa, Ontario, Canada, übert. von: Homer F. Priest, New York, N. Y., V. St. A., **Herstellung von Uranhexafluorid,** dad. gek., daß man UO_3 mit wss. HF umsetzt, zur Trockne eindampft, das entstandene UO_2F_2 bei ca. 300° entwässert u. das wasserfreie Salz mit F_2 bei ca. 350° zu UF_6 umsetzt. (**Can. P. 554609** vom 10/1. 1944, ausg. 18/3. 1958. A. Prior. 22/1. 1943.) S. Böttcher. H 339

Atomic Energy of Canada Ltd., Ottawa, Ontario, Canada, übert. von: Beppino J. Fontana, Berkeley, Calif., V. St. A., **Abtrennung von Uran** aus Substanzen, die viel $Th(NO_3)_4$ u. wenig $U(NO_3)_4$ enthalten, dad. gek., daß man eine wss. Lsg., in der das Gew.-Verhältnis von $Th(NO_3)_4$: W. ca. 1 beträgt, mit Ae. extrahiert. — ^{233}U erhält man, indem man eine Substanz aus Th-Hydroxiden u. hydratisierten Th-Sulfaten mit Neutronen bestrahlt, das bestrahlte Prod. mit

HNO_3 behandelt u. die Nitrate wie vorst. beschrieben trennt. — Diagramm. (**Can. P. 554610** vom 1/4. 1944, ausg. 18/3. 1958. A. Prior. 27/4. 1943.) S. Böttcher. H 339

Atomic Energy of Canada Ltd., Ottawa, Ontario, Canada, übert. von: Norman C. Beese, Verona, N. J., V. St. A., **Reinigung von Uran,** dad. gek., daß man B-haltiges metall. U bei 400—800° oxydiert u. das oxydierte Prod. auf ca. 1200° erhitzt, wobei die B-Verunreinigungen entweichen. — Diagramme. (**Can. P. 554613** vom 25/6. 1945, ausg. 18/3. 1958. A. Prior. 7/7. 1944.) S. Böttcher. H 339

Atomic Energy of Canada Ltd., Ottawa, Ontario, Canada, übert. von: Ernest C. Evers, Providence, und Charles J. Carignan, Cranston, R. I., V. St. A., **Herstellung von Uranchloriden,** dad. gek., daß man ein Uranoxid in Ggw. von UCl_5 unter Rühren bei 80—200° mit CCl_4 umsetzt: *UCl_5* aus UO_3; *UCl_4* aus U_3O_8. (**Can. P. 554616** vom 12/10. 1945, ausg. 18/3. 1958.) S. Böttcher. H 339

Atomic Energy of Canada Ltd., Ottawa, Ontario, Canada, übert. von: Louis Spiegler, Woodbury, N. J., V. St. A., **Gewinnung von UO_2SO_4-Lösungen** aus einer Schlacke, wie sie bei der Herst. von metall. U durch Red. von UF_4 mit Mg unter Verw. von Kalk- u. Dolomit-Zuschlägen anfällt, dad. gek., daß man die zerkleinerte Schlacke bei 600—1000° röstet, das Röstgut mahlt, mit H_2SO_4 versetzt, auf 200—300° erwärmt, die Sulfate in W. digeriert u. $U(SO_4)_2$ durch Oxydation in *UO_2SO_4* überführt. (**Can. P. 554617** vom 20/10. 1945, ausg. 18/3. 1958. A. Prior. 20/10. 1944.) S. Böttcher. H 339

Atomic Energy of Canada Ltd., Ottawa, Ontario, Canada, übert. von: Louis Spiegler, Woodbury, N. J., V. St. A., **Kristallisation von Uranperoxid,** dad. gek., daß man eine Mg u. F enthaltende UO_2SO_4-Lsg., die $^1/_2$—16% UO_2SO_4 u. 0,4—1 Mol H_3BO_3 je Mol UO_2SO_4 enthält, bei pH 2—4 u. 65° mit so viel Peroxyd versetzt, daß *UO_4* ausfällt. (**Can. P. 554618** vom 4/1. 1946, ausg. 18/3. 1958. A. Prior. 6/1. 1945.) S. Böttcher. H 339

Atomic Energy of Canada Ltd., Ottawa, Ontario, Canada, übert. von: Louis Spiegler, Woodbury, N. J. V. St. A., **Kristallisation von Uranperoxid** mit geringem F-Geh., dad. gek., daß man 3—16%ig. UO_2SO_4-Lsgg., die 1—2,5 Mol $(NH_4)_2SO_4$ je Mol UO_2SO_4 enthalten, bei pH 2—4 u. 30—65° mit so viel H_2O_2 versetzt, daß *UO_4* ausfällt. (**Can. P. 554619** vom 8/3. 1946, ausg. 18/3. 1958. A. Prior. 15/3. 1945.) S. Böttcher. H 339

Atomic Energy of Canada Ltd., Ottawa, Ontario, Canada, übert. von: Antoine M. Gaudin, Newtonville, Mass., und Reinhardt Schuhmann jun., Lafayette, Ind., V. St. A., **Extraktion von Uran** aus seinen Mineralien, die Metatorbernit (**I**) oder Magnesit (**II**) enthalten. Im ersten Fall erhitzt man auf 110—200°, wobei **I** in ein niederes Hydrat übergeht, im anderen Fall trennt man **II** durch Flotation u. calciniert es; dann schließt man mit H_2SO_4 u. $Fe_2(SO_4)_3$ auf u. neutralisiert mit deren calcinierten **I**. — Schemat. Zeichnung. (**Can. P. 554620** vom 16/11. 1950, ausg. 18/3. 1958. A. Prior. 30/11. 1949.) S. Böttcher. H 339

Atomic Energy of Canada Ltd., Ottawa, Ontario, Canada, übert. von: David Kaufman, Winchester, Mass., und Sara E. Bailey, Metuchen, N. J., V. St. A., **Gewinnung von Uran** aus Mineralien. Man red. eine schwefelsaure Aufschlußlauge, die neben wenig U viele Silicate, Fe-, Al- u. Erdalkalisalze enthält, bei pH 1—1,5 mit Fe, setzt ein wasserlösl. Phosphat zu u. überführt die entstandenen U-Phosphate durch Rk. mit Alkalihydroxiden in *$U(OH)_4$*. (**Can. P. 554621** vom 17/7. 1951, ausg. 18/3. 1958. A. Prior. 21/12. 1950.) S. Böttcher. H 339

European Research Associates Soc. An., Brüssel, Belgien (Erfinder: Karl Walter Hubel), **Herstellung von organischen Metallverbindungen** der allg. Formel $M_x(N)_4(R'C_2R'')_z$, sowie M im Metall, N eine Carbonylgruppe, R' u. R'' H oder eine evtl. substituierte organ. Gruppe u. C_2 eine direkte C-an-C-Bindung bedeuten, durch Rk. von Metallcarbonylen oder deren Derivv. in nichtwss. neutralem Medium mit einer Acetylenverb. der allg. Formel $R'C \equiv CR''$. — Man kocht 2,5 g $Fe(CO)_4$, 3,3 ml Phenylacetylen, 0,75 Liter PAe; Kp. 60—70° u. 0,1 Liter Bzl. $1^3/_4$ Std., läßt abkühlen u. trennt das Rk.-Prod. ab, das chromatograph. getrennt wird. *$Fe(CO)_4 \cdot (C_6H_5C_2H)_5$*, F. 242° (Zers.), *$Fe(CO)_4 \cdot (C_6H_5C_2H)_3$*, F. 148—150° bzw. 162—165° (Zers.), sowie eine vermutlich isomere Form mit dem F. 154—155° (Zers.); *$Fe_2(CO)_6\ (C_6H_5C_2H)_2$*, F. 180° (Zers.); *$Fe(CO)_3(C_6H_5C_2H)_4$*, F. 225—235°, (Zers.); *$Fe(CO)_4 \cdot (C_6H_5C_2H)_2$*, F. 228° (Zers.) u. *$Fe_2(CO)_6(C_6H_5C_2H)_3$*, F. 178° (Zers.). — Analog: *$Fe_2(CO)_6 \cdot (C_6H_5C_2C_6H_5)$*, F. 146°; *$Fe_2(CO)_6(C_6H_5C_2C_6H_5)_2$*,

F. 200° (Zers.); *$Fe_3(CO)_8 \cdot (C_6H_5C_2C_6H_5)_2$*, F. 210° (Zers.); *$Fe_2(CO)_7 \cdot (C_6H_5C_2C_6H_5)_2$*; *$Fe(CO)_4 \cdot (C_6H_5C_2C_6H_5)_2$*, F. 177—180° (Zers.); *$Fe_2(CO)_6 \cdot (ClC_6H_4C_2C_6H_4Cl)_2$*, F. 130° bzw. 185° (Zers.); *$Fe_2(CO)_7 \cdot (ClC_6H_4C_2C_6H_4Cl)_2$*. — *Stabilisatoren* für langkettige *KW-Stoff-Polymere* oder *Öle* für elektr. Kondensatoren, zur Herst. von *Spiegelbelägen, Zusatz* zu *Hochleistungsbrennstoffen*. (**Aust. P. 229362** vom 16/1. 1958, ausg. 11/8. 1960. E. Prior. 18/1., 16/5. u. 25/10. 1957. **Ind. P. 62809** vom 4/1. 1958, ausg. 3/5. 1960.) C. Lüttgen. H 354

H_6. Silicatchemie. Baustoffe

Über Dekorationsverfahren zur Unterscheidung glasiger und kristalliner Medien. Walther Skatulla. (Silikattechnik **13,** 19—24, 1962; Jena, VEB Jenaer Glaswerk Schott & Gen.; dt.) — Das Golddekorationsverf. wird abgewandelt u. stark erweitert u. ein sehr empfindliches, elektronenmkr. Präparationsverf. entwickelt, das eine einwandfreie Aussage über den kristallinen Charakter einer Inhomogenität im Glas gestattet. G. Bauer. 6188□

Keimbildung und Kristallwachstum in Gläsern. Will Kleber. (Silikattechnik **13,** 5—10, Jan. 1962; Berlin, Humboldt-Univ., Mineralog.-Petrograph. Inst.; dt.) — Überblick über neuere Vorstellungen über die Kristallisationsprozesse im Zusammenhang mit der Entglasung. Ferner wird auf die große prakt. Bedeutung der vitrokeram. Werkstoffe hingewiesen. — 23 Literaturangaben. G. Bauer. 6200□

Versuche über die Schlagfestigkeit von zylindrischen keramischen Stäben. A. Dinsdale, A. J. Moulson und W. T. Wilkinson. (Trans. Brit. ceram. Soc. **61,** 259—75, Mai 1962; British Ceram. Res. Assoc.; engl.) — Die Schlagfestigkeit von Proben wurde gemessen u. mit dem Bruch- u. Young-Modul des Materials verglichen sowie die Abhängigkeit der Schlagfestigkeit vom Verhältnis Länge/Durchmesser des Probekörpers bestimmt. Durch Anwendung der Theorie von Herk wurde diese Abhängigkeit in Beziehung zu der auf Grund von lokalen Eindrücken der Proben u. des Schlägers an der Kontaktstelle aufgenommenen Energie gesetzt. H. Noack. 6206

Kristallchemische Betrachtung der Bildsamkeit. F. Schwarz. (Épitöanyag [Baumaterial] **14,** 51—54, Febr. 1962; ung.) — Theoret. Erörterung auf Grund der Ionenradien, Koordinationszahlen u. Polarisation. Die Plastizität von Ton, Fullererde, Trass, Zement u. Kalk ist dem ln(H^+) proportional. I. Náray-Szabó. 6208

Theoretische und experimentelle Untersuchungen über die Metallisierung von Braunglasuren. Gotthold Walter. (Silikattechnik **13,** 10—19, Jan. 1962; Jena-Burgau, Inst. f. Wärmetechn. u. Automatisierung der Silikathüttenind. [WTI]; dt.) — Aus der Unters. des als „Metallisierung" bezeichneten Glasurfehlers bei der Produktion von braunglasierten Elektroporzellankörpern ging hervor, daß es sich nicht um „metall. Beläge", sondern um den Spinell *$MnAl_3O_4$* handelt. Die Fehlerentw. wird auf unverglühte oder niedrig verglühte Braunfarbkörper, bei denen die Oxide nicht als Spinelle vorliegen u. auch auf solche, die einen über die stöchiometr. Verhältnisse hinausgehenden Manganoxidgeh. aufwiesen, zurückgeführt. Die Entstehung der Metallisierung hängt nur von den Kühlbedingungen ab. Sie läßt sich auf ein Minimum einschränken, wenn 1. die Braunfärbkörper bis zur Spinellbildungstemp. verglüht werden, 2. die Braunfarbkörper stöchiometr. so zusammengesetzt wurden, daß ein freies Manganoxid übrigbleibt. Bereits metallisierte Großkörper können durch einen 2. Brand von der Metallisierung befreit werden. G. Bauer. 6212□

Anwendung statistischer Methoden auf Probleme der praktischen Bentonituntersuchung. Karl-Ernst Granitzki und Josef Teufel. (Tonind.-Ztg. keram. Rdsch. **86,** 245—51, 25/5. 1962; Duisburg-Großenbaum, Gelsenkirchen, Vers.-Anstalt der Rheinstahl-Eisenwerke Gelsenkirchen AG.; dt.) — Die bekannten Prüf-Verff. (Gründruckfestigkeit, Rückstand über 0,02 mm u. Viscosität) werden hinsichtlich der Beurteilung von Bentoniten unter Verw. elementarer statist. Meth. überprüft. Neue Unters.-Verf. zur Erweiterung der klass. Formsandprüfung werden beschrieben. H. Noack. 6216

Die Wasserbindung an Tonen und ihre Bedeutung für die Festigkeit des Gießereiformsandes. Dietmar Boenisch. (Tonind.-Ztg. keram. Rdsch. **86,** 237—45, 25/5. 1962; Aachen; dt.) — Grün-, Warm- u. Naßfestigkeiten von Formsanden werden hauptsächlich durch Mineralbestand, Ionenbelegung u. Menge des Bindetones sowie durch Feuchtigkeit u. Temp. des Formsandes bestimmt. Auf Grund ausführlicher Theorien wird die Größe der Festigkeiten mit einer unterschiedlich

starken Wasserbindung (Oberflächenbindung über Schichtwasser oder Brückenbindung über Hydratwasser) an Tonteilchen u. adsorbierten Kationen erklärt.
H. Noack. 6216

Zur Frage der Blähung von Ton. I. Ja. Piwen. (Строительные Материалы [Baumaterialien] **5,** Nr. 4, 29—30, April 1957; russ.) — Zur Klärung der Blähung von Ton beim Brennen zu *Keramsit* in Ggw. von 2% Kohle als Gasbildner werden Verss. mit Ton von verschied. Herkunft angestellt. Bei einer relativ niedrigen Temp. (400—450°) werden die im Ton enthaltenen organ. Stoffe verbrannt. Eine weitere Erhöhung der Temp. auf 700—900° führt zur Dissoziation von Carbonaten. Die Verbrennung u. die Dissoziation haben die Bldg. erheblicher Mengen von Poren, die mit Ofengas gefüllt sind, zur Folge. Bei noch weiterer Erhöhung der Temp. bildet sich eine genügende Menge an fl. Phase, die die Poren einschließt. Mit Herabsetzung der Viscosität der fl. Phase findet Wärmeausdehnung von Gasen in den Poren statt, was das Blähen des Materials verursacht. K. Wekua. 6216

Der Einfluß von Zusätzen von Erdölprodukten auf das Blähvermögen von Tongesteinen. Ss. I. Michalkowitsch. (Строительные Материалы [Baumaterialien] **5,** Nr. 4, 30—31, April 1959; russ.) — Der Einfl. von *Kerosin, Solaröl* u. *Paraffin* auf das Blähvermögen von Tongesteinen bei der Herst. von *Keramsit* wird untersucht. In die Proben von 8—10 cm^3 aus verschiedenem Ton mit u. ohne Bläheigg. wird Solaröl eingeführt. Sie werden im Trockenschrank allmählich von 30—40° bis 100—110° getrocknet, dann im Muffelofen 10—20 Min. bis 600—700° erhitzt, worauf das Brennen bei 1180—1280° erfolgt. Es hat sich bei allen Verss. gezeigt, daß der Zusatz von Erdölprodd. eine Vergrößerung des Bläh-Koeff. beim Ton mit u. ohne Blähvermögen zur Folge hat. Die Zunahme des Koeff. ist beim Ton mit Blähvermögen größer. Aber auch bei manchem Ton ohne Bläheigg. erreichte der Koeff. 7—10. Die Zusatzmenge des Erdölprod. beträgt bei allen Verss. 1—2%.
K. Wekua. 6216

Herstellung von Magnesiumoxid auf Grund der Solvay-Sodafabrikation und seine Aufbereitung zu feuerfesten Stoffen auf Magnesiumoxidbasis. S. Solacolu und A. Szabó. (Épitöanyag [Baumaterial] **14,** 59—64. Febr. 1962; ung.) — Gebrannter Dolomit wird mit NH_4Cl-Lsg. behandelt, die gebildete $Mg(OH)_2$-Suspension dekantiert, filtriert, gewaschen, mit CO_2 in $Mg(HCO_3)_2$ bzw. bas. Mg-Carbonat übergeführt, welches nach Calcinieren ca. 1,3% Verunreinigungen enthält. Ungemahlenes MgO wird mit feingemahlenem Chromeisenstein bzw. Bauxit gemischt u. Ilmenit bzw. Bauxit als Mineralisator zugegeben. Hierdurch vergrößern sich bei hoher Temp. die Abmessungen der entstandenen Periklaskristalle (MgO). Die Herstellung von Chrommagnesitziegeln wurde gelöst sowie ihre Eigg. erörtert.
I. Náray-Szabó. 6218

Feuerbeständige Betone für hohe Temperaturen mit Metaphosphorsäurebindemittel. R. Bárta und S. Procházka. (Stavivo **39,** 282—83, Aug. 1961; Praha; tschech.) — Die Ergebnisse der Entw. eines feuerbeständigen Stoffes für hohe Temp. unter Verw. von Phosphorsäure als Bindemittel an Stelle keram. Bindemittel werden gegeben. J. Noack. 6218□

Ausdruck für den Porositätseffekt auf den Elastizitätsmodul von polykristallinen Feuerfeststoffen, besonders Aluminiumoxid. R. M. Spriggs. (J. Amer. ceram. Soc. **44,** 628—29, 1/12. 1961; Wilmington, Mass., Res. and Advance Dev. Div.; engl.) — Vf. stellt einen neuen mathemat. Ausdruck für die Berechnung des Elastizitätsmoduls E poröser Körper aus dem E_0 nichtporöser polykristalliner Körper gemäß $E = E_0 \cdot e^{-bP}$ (vgl. J. K. Mackenzie, C. **1951,** II. 2428, ferner E. Ryschkewitch u. W. Duckworth, C. **1955, 4187**) zur Diskussion. Hierin ist P der Porositätsgrad, b eine Konst. in Abhängigkeit von der Herst.-Art des zu untersuchenden Körpers. Für polykristalline Tonerde wird E_0 nach verschiedenen Autoren mit $58{,}53 \cdot 10^6$ bis $60{,}08 \cdot 10^6$ lbs./sq. in. angegeben. Nach der obigen Formel errechnete E-Werte differieren nur wenig gegen die experimentell gefundenen. R. Kaiser. 6218□

Neue Methoden der Zementerzeugung. J. Rosa. (Stavivo **39,** 228—31, 1961; Brno; tschech.) — Es werden die neuesten Meth. der Portlandklinkererzeugung auf trockenem Wege u. die Probleme der Nutzbarmachung von Dolomiten u. dolomit. Kalksteinen erörtert. Ein Überblick über Wärmeaustauscher, die Klinkererzeugung in Reaktoren u. die Verw. elektr. Energie in Zusammenhang mit der Entw. der Kernenergie wird gegeben. J. Noack. 6222□

Zum Problem der Trockenmethode der Zementklinkererzeugung. J. Šafář. (Stavivo **39,** 270—72, Aug. 1961; Přerov; tschech.) — Die Entw.-Richtung der trockenen Zementklinkererzeugung wird beschrieben. Es wird die Technik der Dispersionswärmeaustauscher u. der Verdickung erläutert, sowie ein Vgl. der Syst. Humboldt u. Lepol geführt. Aus einer vorläufigen Wärmebilanz ergibt sich die Notwendigkeit der Verbesserung der Ausmauerung, der Wärmeaustauscher u. Klinkerkühler, sowie die Ausnutzung der Abfallwärme, wodurch der Wärmeverbrauch auf 800 kcal/kg Klinker gesenkt werden kann. J. Noack. 6222□

Die Eigenschaften des Zementschachtofenklinkers. Engelbert Hribernik und V. Tinta. (Tonind.-Ztg. keram. Rdsch. **86,** 276—79, 25/5. 1962; Ljubljana; dt.) — Unterss. an grauschwarzen, braunen u. weißen Anteilen des Schachtofenklinkers zeigen, daß der weiße Klinker am stärksten red. wurde, qual. am schlechtesten aber der braune ist. Obwohl die Bldg.-Bedingungen für beide Klinker gleich sind, wurde im weißen infolge der Abwesenheit größerer Mengen an fl. Phasen kein C_3S-Zerfall festgestellt. H. Noack. 6222

Einfluß von Mahlfeinheit, Lagerdauer und Lagerungsart des Zements auf seine Frühfestigkeiten. Siegfried Reinsdorf. (Silikattechnik **13,** 24—30, Jan. 1962; Dresden, Inst. für Stahlbeton; dt.) — Mit zunehmender Mahlfeinheit verkürzen sich die Erstarrungszeiten des Zements. Bei einer Oberfläche von 5000 cm^2/g ist ein Grenzwert zu erkennen, über den hinaus durch Feinmahlung keine Verkürzung der Erstarrungszeit mehr auftritt. Ferner werden durch höhere Feinmahlung zwar höhere Festigkeiten erreicht, aber die Lagerungsart u. die Dauer beeinflussen stark die erzielbaren Werte. Ergänzend wurden Betonverss. mit Zementen unterschiedlicher Oberfläche durchgeführt, die nachwiesen, daß die festigkeitsbeschleunigende Wrkg. der Feinstmahlung für die Herst. frühhochfester Betone verlorengeht, wenn zu plast. Gemische angewendet werden. G. Bauer. 6222□

Die Erhärtungswärme von Portlandzement, unter besonderer Berücksichtigung der physikalisch-chemischen Natur des im erhärteten Zementmörtel gebundenen Wassers. Harald Elsner v. Gronow. (Tonind.-Ztg. keram. Rdsch. **86,** 219—22, 25/5. 1962; dt.) — Aus dem Mineralbestand der Portlandzemente allein kann die Erhärtungswärme nach verschiedenen Zeiten nicht berechnet werden, da die Dissoziationsarbeit berücksichtigt werden muß, die zur Überführung des fl., assoziierten W. $(H_2O)_8$ in absorbiertes, nichtassoziiertes W., das im erhärteten Zementmörtel zu $13 \pm 7\%$ vorkommt, notwendig ist. Unter diesen Voraussetzungen wird ein einfaches Verf. zur Berechnung der Erhärtungswärme vorgeschlagen, dessen Genauigkeit den Ergebnissen komplizierter Rechen-Verff. u. der Best. der Erhärtungswärme mit dem Lsg.-Kalorimeter entspricht. H. Noack. 6222

Die Herstellung von Erzzementen. István Székely. (Épitöanyag [Baumaterial] **14,** 35—40, Jan. 1962; Budapest, Zentralforsch.-Inst. Baustoffind.; ung.) — Aus Rotschlamm u. Kalkstein können Erzzemente mit einer Druckfestigkeit von ca. 400 kg/cm^2 gebrannt werden. Diese weisen eine sehr hohe Sulfatbeständigkeit auf, sogar gegen H_2SO_4-Lösungen. Die Lsg.- bzw. Hydratationswärme ist hoch, der Alkaligeh. ebenfalls, wodurch die Festigkeit herabgesetzt wird. 97%ig. Brownmillerit (Ca_2AlFeO_5) hat nach 28 Tagen 425 kg/cm^2 Druckfestigkeit. Diese Erzzemente sind nicht für Bauzwecke, sondern zum Brikettieren von Eisenerz geeignet. I. Náray-Szabó. 6222

Vaterit, das metastabile Calciumcarbonat, als sekundäres Zementsteinmineral. Vorl. Mitt. Fritz Schröder. (Tonind.-Ztg. keram. Rdsch. **86,** 254—60, 25/5. 1962; Rheinhausen, Forsch.-Inst. für Hochofenschlacke; dt.) — Nach Angaben über Entdeckung, natürliches Vork. u. Eigg. des Vaterits wird sein Auftreten in Zementmörteln u. Betonen untersucht. Vaterit wird infolge Carbonatisierung von Zementbaustoffen durch Luftkohlensäure gebildet u. wandelt sich dann in Calcit um („sek. Zementsteinminerale"). An Hand der Carbonat-Bldg. in verwittertem Beton wird gezeigt, daß zwischen der Carbonatisierung durch feuchte Luftkohlensäure u. den Calcitverspatungen der Betonoberflächenschichten durch wandernde Bicarbonat-Lsgg. zu unterscheiden ist. Bei der Carbonatisierung wird durch topochem. Rkk. als metastabile $CaCO_3$-Modifikation Vaterit gebildet, während die Verspatungen u. Verkrustungen aus stabilen $CaCO_3$-Modifikationen bestehen. — 23 Literaturangaben. H. Noack. 6222

Poröse Materialien auf Aschebasis ohne Autoklavenbehandlung. L. M. Rosenfeld. (Строительные Материалы [Baumaterialien] **5,** Nr. 4, 8—10, April 1959; russ.) — Auf der Grundlage von Portlandzement lassen sich mit *Brennstoffasche* ohne Autoklavenbehandlung poröse Baumaterialien herstellen. Verss. haben gezeigt, daß die Asche desto aktiver ist, je mehr Ton sie enthält. Eine hohe Dispersität der Asche im natürlichen Zustand, (d. h. ungemahlen), ist ein positiver Faktor bei der Erzeugung von Zellaschebeton (ZAB), da die gegenseitige Wrkg. von dispersen Teilchen in dem Syst. Bindemittel:Asche:W. beschleunigt wird. Die Rk. zwischen CaO u. den Oxiden aus der Asche geht im ZAB sehr intensiv vor sich; nach 14 Tagen ist der Geh. an freiem CaO 4mal geringer u. nach 28 Tagen 15mal geringer als im üblichen Schaumbeton. Der Einfl. verschiedener Zusätze wie $CaCl_2$, Wasserglas u. $Al_2(SO_4)_3$, auf die Erhärtung von ZAB wird untersucht. Diese Zusätze haben eine Vergrößerung der Druckfestigkeit zur Folge. Der Ersatz eines Teils der Asche durch Sand oder Schlacke mit einer Korngröße von 5—10 mm setzt die Druckfestigkeit des ZAB um ca. 40% herab, andererseits aber werden Deformation u. Schrumpfung geringer. Der Ersatz von 25% Zement durch CaO vergrößert die Druckfestigkeit um 15%, von 50% um 52% u. 75% um 100%. Bei der Verw. von Asche für die Herst. von ZAB ist deren verschiedenes Spezif. Gew. zweckentsprechend zu berücksichtigen (schwere u. leichte Betone). K. Wekua. 6222

Erfahrungen bei der Verbrennung groben Kohlenstaubs aus der Gegend von Sokolov in Ringöfen. E. Panoch und J. Uher. (Stavivo **39,** 266—69, Aug. 1961; Brno; tschech.) — Es werden die auf Grund prakt. Verss. erhaltenen Bedingungen angegeben, unter denen dieser minderwertige Brennstoff zum Ausbrennen von Ziegelwaren in Ringöfen erfolgreich verwendet werden kann. J. Noack. 6222□

Zementprobleme bei der Herstellung von hochwertigem Beton. A. Bereczky. (Tonind.-Ztg. keram. Rdsch. **86,** 226—27, 25/5. 1962; Veszprem.; dt.) H. Noack. 6224

Erzeugung von Flugaschenfüllstoff für Beton auf kaltem Wege. J. Tomek und J. Hartman. (Stavivo **39,** 190—93, Juni 1961; Brno; tschech.) — Unter Verw. Hodoniner Flugasche, Mörtel aus Flugasche und Zement werden Füllstoffe für Beton hergestellt. Es wird die Beschreibung der Rohstoffe u. der Probenerzeugung, sowie der Eigg. der Granalien u. des daraus erhaltenen Leichtbetons gegeben. Auf die techn. u. ökonom. Vorzüge des Verf. wird hingewiesen. J. Noack. 6224□

Neuere Ergebnisse über Plastbetone aus Laboratorium und Praxis. W. Franke. (Épitöanyag [Baumaterial] **14,** 1—15, Jan. 1962; ung.) — Der Begriff des Plastbetons wird definiert u. sein Anwendungsgebiet beschrieben, sowie sein Verh. unter wechselnden trocknen u. feuchten Verhältnissen erörtert. Plastbetone werden meistens auf PVA-Basis hergestellt, sie sind jedoch feuchtigkeitsempfindlich, können aber bei trockenen Verhältnissen mit gutem Erfolg angewendet werden. Die Festigkeit nimmt mit dem Plastgeh. ab. Die Schwindung bzw. Ausdehnung u. die Festigkeit werden an Hand von Diagrammen in Abhängigkeit von der Zeit, Luftfeuchtigkeit u. Zus. besprochen. I. Náray-Szabó. 6224

Neue sowjetische Erkenntnisse über die Hydratation von Bindemitteln und über die Erhärtung von Mörteln und Betonen. J. Jamhor. (Stavivo **39,** 194—98, Juni 1961; Bratislava; tschech.) — Übersichtsarbeit unter bes. Berücksichtigung der Theorie von Rebinder. — 14 Zitate. J. Noack. 6226□

Die Gewinnung von hochwertigem technischem Kalk. B. W. Wosskressenski, N. P. Mironow und W. F. Schewtschenko. (Строительные Материалы [Baumaterialien] **5,** Nr. 4, 22—23, April 1959; russ.) — Ein Verf. zur Herst. von *CaO* von bes. Reinheit (90%) C-freies Ferrochrom sowie für andere technolog. Zwecke wird beschrieben. Die Gewinnung eines solchen CaO kann im Drehofen durchgeführt werden. Dabei geht man von einem Kalk von Turgojak der Fraktion 25—50 mm mit folgender Zus. aus: $\leqq$ 52 (%) CaO, $\geqq$ 0,012 P u. $\geqq$ 2 SiO_2. Vff. berichten über die Technologie des Kalkbrennens. K. Wekua. 6226

Kalklöschen bei niedriger Temperatur auf der Howard Bend Station. William B. Schworm. (J. Amer. Water Works Assoc. **52,** 1189—94, Sept. 1960; Chesterfield, Mo., Howard Bent Station, St. Louis Walter Div.; engl.) — Zum Löschen des feinkörnigen, im Drehofen gebrannten Kalks ist nach Erfahrungen, die durch umfangreiche Verss. (auch im Winter) bei niedriger Wassertemp. auf der Howard Bend Station gemacht wurden, eine tiefere Temp. als bisher üblich beim Löschen ausreichend. Nur zu Beginn des Löschvorganges wird das erforderliche W. erhitzt, während dann nur die entstehende Rk.-Wärme ausgenutzt wird. Durch die Feinkörnigkeit des drehofengebrannten Kalks u. das Fehlen totgebrannter bzw. nicht fertiggebrannter Anteile bleibt der gelöschte Kalkbrei auch bei niedrigeren Temp. fl. genug, um aus dem Löschbassin ausfließen zu können.
Evelyn Okruch. 6226□

Über „Kalktreiben", „überbrannten" Kalk und das System $CaO–FeO–Fe_2O_3$. Heinrich zur Strassen und Carl Heinrich Schmitt. (Tonind.-Ztg. keram. Rdsch. **86,** 222–26, 25/5. 1962; Wiesbaden; dt.) — Kalk mit Zusätzen wurde in oxydierender u. reduzierender Atmosphäre bei verschiedenen Temp. gebrannt u. röntgenograph. untersucht. Es bildete sich eine CaO–FeO-Mischkristallphase „Ferrokalk", deren FeO-Konz. mit zunehmender Temp. u. zunehmenden Red.-Grad der Gasatmosphäre steigt (2–3% FeO in schwach reduzierender Atmosphäre bei 1300 bis 1400°). Das „Überbrennen" beruht auf einer Verminderung der Rk.-Fähigkeit des Kalkes, für deren Zustandekommen hohe Brenn-Temp. u. ein durch reduzierendes Brennen erzeugter FeO-Geh. erforderlich sind. H. Noack. 6226

Das Brennen von Gips in Drehtrommeln. M. Markarjan. (Строительные Материалы [Baumaterialien] **4,** Nr. 11, 27–28, Nov. 1958; russ.) — *Gips* wird in einer aus drei kon. Zylindern (kZ) zusammengesetzten Trommel gebrannt. Die kZ sind so ineinander geschoben, daß Gipspulver u. Rauchdämpfe noch genug Raum haben, um vom inneren über den mittleren in den äußeren kZ zu gelangen. Am engen Teil der rotierenden kZ ist eine Schaufel befestigt, die den Zweck hat, das gebrannte Material aus den Räumen der kZ auszuladen. Die Dehydratisierung des Gipssteines wird in Heißgas durchgeführt. Die Temp. der einströmenden Gase wird bei 650 bis 700°, die der ausströmenden bei 200–210° gehalten. Die Strömungsgeschw. der Gase beträgt 1,5 m/Sekunde. Die Produktivität der Trommel beträgt 1,2–2 t/Std. bei 2 Umdrehungen je Min. u. bei 30 Min. Verweilzeit des Gipses in der Trommel. Die Qualität des Gipses hängt von der strengen Beachtung der Trommeltemp. ab. Der erhaltene Gips bindet 4–6 Min. ab, hat zuerst eine Zerreißfestigkeit von 10,47 kg/cm^2 u. nach Erreichen des konst. Gew. von 19,1 kg/cm^2. Die Druckfestigkeit beträgt nach 1,5 Std. 58,09 kg/cm^2. Dieses Verf. der Dehydratisierung von Gips hat vor dem Kochverf. den Vorteil, daß der Prozeß hier ununterbrochen verläuft, die Bedienung des App. einfach ist u. auch an Wärme gespart wird. K. Wekua. 6226

Das Brennen von lockeren Kreiden bei trockener Verarbeitung des Rohstoffes. I. M. Tarassow und I. A. Konopelko. (Строительные Материалы [Baumaterialien] **5,** Nr. 4, 20–22, April 1959; russ.) — Die Bedingungen des Brennens von lockerer *Kreide* nach dem Verf. der Trockenverarbeitung, werden beschrieben. Die Kreide wird über ein Gitter geschickt, das eine unterbrochen bewegte Kette aus Rosten mit 14,5 m Länge u. 3 m Breite darstellt. Der obere Teil des Rostgitters ist mit dem Ofen u. der untere mit dem Rauchabzug verbunden. Die abziehenden Gase werden durch die Kreideschicht (14–15 cm) gesaugt. Der Rohstoff wird hierbei auf 180–300° erwärmt. Gleichzeitig findet das Absetzen von durch die Gase mitgerissenem Staub statt. Die Kreide wird dann in den Drehbrennofen u. darauf in den Kühlraum gebracht. Die Praxis hat gezeigt, daß sich die Kreide bei 0,7–0,8 U/Min. 40–45 Min in der Zerfallszone aufhält. Eine Steigerung der Umdrehung verkürzt die Brennzeit entsprechend. Bei der Korngröße von ∅ 1,5 u. 2 cm Länge sind bei 1000° — 55 Min., 1050° — 36 Min., 1100° — 25 Min. u. 1150° — 18 Min. für das Brennen erforderlich. Die Produktivität der Gitterfließkette läßt sich durch die Bewegungsgeschw. in den Grenzen von 0,7–1,1 m/Min. u. die Schichthöhe regulieren. Zu den Vorzügen des Trockengitters gehört auch die Tatsache, daß hierbei die Wärme der abziehenden Gase ausgenutzt wird u. sie von Staub gereinigt werden. K. Wekua. 6226

Neue Richtungen der Technologie bei der Erzeugung von Baukeramik und feuerbeständigen Waren. F. Biňovec. (Stavivo **39,** 234–37, 1961; Praha; tschech.) — Zusammenfassung der auf diesem Gebiet erzielten Ergebnisse sowie Lösung der technolog. Problematik in Beziehung zur Mechanisierung u. Automatisierung der Betriebe. J. Noack. 6228□

Neue Technologie der Erzeugung keramischer Baustoffe als Grundlage für die Betriebsautomatisierung. H. Širhal. (Stavivo **39,** 238–42, 1961; Brno; tschech.) — Die Möglichkeiten der Modernisierung von Ziegelfabriken mit den verfügbaren maschinellen Ausrüstungen u. die perspektiv. Richtung in der Technologie vom Gesichtspunkt der Möglichkeiten einer Betriebsautomatisierung werden erörtert. J. Noack. 6228□

Die Produktion von hohlen Leichtsteinen nach einer kontrollierten Vorerhitzung. Hristo Stamboliev. (J. Amer. ceram. Soc. **44,** 577–83, 1/12. 1961; Columbus, Ohio, The Ohio State Univ.; engl.) — Ein jugoslaw. u. ein amerikan. Blähton mit hohem Geh. an organ. C, an Alkali u. SO_4^{2-}, bisher ungenutzt wegen Zerfalls beim Brennen in krümelige Aggregate, erwiesen sich unter bestimmten Behandlungsbedingungen für die Herst. von Leichtgewichtssteinen geeignet. Verss. ergaben bes. nach Zusatz geringer Mengen Holzkohle u. Na_2SO_4 durch Erhitzen auf 550—600° innerhalb einer experimentell ermittelten günstigsten Zeit u. nachfolgendem Fertigbrand bei 1250° Pellets mit dem spezif. Gew. = 0,7. Die Kugeln besaßen einen größeren zentralen Hohlraum u. poröse Zwischenwände mit leichtglasierter Oberfläche. R. Kaiser. 6228□

Ein Wandmaterial aus Gips, Kalk und Abfällen der Baumwollwirtschaft. K. M. Chanmamedow und E. A. Gusseinow. (Строительные Материалы [Baumaterialien] **5**, Nr. 7, 37, Juli 1959.) — Ein *Wandmaterial* für Wohnbauten wird aus Gips, Kalk, Sand, Baumwolle u. W. hergestellt, das bes. für Innenausbau geeignet ist. Baumwolle vermindert hierbei die Sprödigkeit von Gips u. wirkt gut dämpfend. D. Rost. 6228□

Möglichkeiten zur Automatisierung der Technologie der Ziegelerzeugung. J. Kulhavý. (Stavivo **39**, 242—44, 1961; Brno; tschech.) — An Hand eines Entwurfs einer komplex automatisierten Ziegelfabrik wird die Möglichkeit der Automatisierung bei Formung im plast. Zustand diskutiert. J. Noack. 6228□

Verbesserung der Eigenschaften von Silicatmassen bei Anwendung von Tonzusätzen. P. A. Em. (Строительные Материалы [Baumaterialien] **5**, Nr. 4, 28. April 1959; russ.) — Da der auf dem Kombinat Tutschkowo zur Herst. von *Ziegeln* verwendete Sand einen brauchbaren Anteil (0,15 mm) von nur 2,6% aufweist, hat Vf. versucht, diesen Mangel durch Erhöhung des Kalkgeh. im Ziegel zu beheben. Diese Maßnahme hat aber brüchige Ziegel wegen ungenügender Lösung des Kalkes zur Folge. Zufriedenstellende Ergebnisse werden durch Zugabe von Ton der Zus. 80,04 (%) SiO_2, 12,32 Al_2O_3, 3,6 Fe_2O_3, 0,40 CaO, 0,47 MgO zu dem Ziegelrohstoff erzielt. Dieser Zusatz erfordert einige Ergänzungen des Herst.-Verf. von Ziegeln, die beschrieben werden. K. Wekua. 6228

Schlackensilicat-Wandblöcke. N. I. Wassiljew. (Строительные Материалы [Baumaterialien] **5**, Nr. 4, 12—14. April 1959; russ.) — *Schlackensilicat*-Erzeugnisse aus CaO von einer Löschgeschw. von mehr als 30 Min. u. 50%ig. Aktivität werden beschrieben. Beim Mahlen wird dem Kalk einheimischer Sand zugegeben. Als Füllstoffe fungieren Sand u. Lokomotivschlacke mit 14% unverbrannter Kohle. Zur Herst. von Wandblöcken wird ein Mischbindemittel aus Kalk-Schlacke u. Kalk-Sand verwendet. Es stellt sich heraus, daß letztere bei einer Autoklavenverarbeitung am wirksamsten ist. Die Verringerung des Kalkgeh. erfordert eine Erhöhung der Wassermenge in der Formmasse, was aber eine Herabsetzung der Festigkeit zur Folge hat. Andererseits erschwert die Erhöhung des Kalkgeh. im Bindemittel die Vermischung der Bindemittelmasse u. die Regulierung der Löschtemp. des CaO, was ebenso die Festigkeit verringert. Eine genügende Festigkeit von Proben bei geringem Vol.-Gew. wird aus den gemischten Zusätzen Sand : Schlacke = 1 : 1 erzielt. Vf. beschreibt die Technologie der Herst. von Schlackensilicat-Wandblöcken u. führt eine Skizze der Anlage an. K. Wekua. 6228

Gasbeton-Erzeugnisse mit Kalk–Schlacken-Bindemitteln. B. N. Odinzow und M. Ss. Belikowa. (Строительные Материалы [Baumaterialien] **5**, Nr. 4, 15. April 1959; russ.) — Zur Gewinnung von *Gasschlackensilicaten* werden ein Bindemittel u. granulierte Bessemer- oder Siemens-Martin-Schlacken im Vol.-Verhältnis 0,5 : 1 verwendet. Als Gasbildner dienen Perhydrol u. Chlorkalk. Während der Rk. bildet sich $CaCl_2$, das die Bindung u. Härtung des Bindemittels beschleunigt. Darüber hinaus begünstigt die freiwerdende Wärme die Härtung u. Stabilisierung der Zellenstruktur des Gemisches. Die Druckfestigkeit des Gasschlackensilicates beträgt nach der warmfeuchten Behandlung 60—100 kg/cm² beim Vol.-Gew. von 1000—1200 kg/m³. Die Blöcke werden nach dem Dämpfen an der Luft gelagert, wobei sie bei Trockenheit nur wenig an Festigkeit zunahmen; bei systemat. Anfeuchten wuchs diese u. erreichte nach 28 Tagen eine Erhöhung von 20—30%. Es können also wirtschaftliche Erzeugnisse auf Grundlage von Kalk–Schlacken-Bindemitteln ohne Autoklaven-Behandlung u. ohne Zement erhalten werden. Vff. beschreiben die Technologie solcher Erzeugnisse. K. Wekua. 6228

Die Anwendung von siliciumorganischen Verbindungen für die Erhöhung der Wasserfestigkeit und Haltbarkeit von Baumaterialien. M. G. Woronkow und N. W. Schorochow. (Строительные Материалы [Baumaterialien] **5**, Nr. 7, 12—17, Juli 1959; russ.) — Verss. über Möglichkeiten zur Erhöhung hydrophober Eigg. von Baustoffen durch Anwendung siliciumorgan. Verbb. zeigen, daß von den untersuchten Stoffen *Na-Methyl-* u. *Na-Äthylsiliconat* die weitaus besten Werte lieferten. Weiter wurden untersucht: Alkylchlorsilane, Na-Alkylsiliconate, Polyorganosiloxanole, Polyalkylhydrosiloxane. Rezepturen u. Verff. werden beschrieben. D. Rost. 6228□

Die Abhängigkeit der Festigkeit von Keramsit von den Bedingungen seiner Abkühlung. B. I. Terechowski. (Строительные Материалы [Baumaterialien] **5**, Nr. 4, 31—32, April 1959; russ.) — Zur Feststellung der Abhängigkeit der Festigkeit von *Keramsit* vom Abkühlungsvorgang werden Verss. mit Tonen aus der Belo-russ. u. Lit.SSR. durchgeführt. Genet. wie auch nach der mineral. u. chem. Zus. waren beide Tone unterschiedlich, beide wiesen aber im natürlichen Zustand Blähvermögen auf. Der Ton wurde im Drehofen bei 1170° u. 1130° gebrannt. Darauf erfolgte die Abkühlung in einem Kühlraum der Keramsit-Anlage, wo die Proben bereits in 20 Min. von der Blähtemp. bis 50—60° abgekühlt waren, im elektr. Muffelofen, wo die Abkühlung bis 100° 8 Std. dauerte u. im Drehofen unmittelbar nach dem Brennen, wo die Abkühlungszeit auf 100° 14 Std. betrug. Es stellte sich heraus, daß die intensive, schnelle Abkühlung die mechan. Festigkeit des Keramsits verringert, daß das Vol.-Gew. von den Abkühlungsbedingungen fast unabhängig ist, daß sich die Wasserabsorption etwas ändert u. daß sich die Spannung verstärkt. Die Unterss. haben eindeutig gezeigt, daß die langsame Abkühlung für die mechan. Festigkeit von Keramsit von großer Bedeutung ist. K. Wekua. 6228

Chemisch-analytische Untersuchungsmethode zur Bestimmung der intergranularen Lösung von abbindenden Zementen. Rudolf Roth. (Tonind.-Ztg. keram. Rdsch. **86**, 267—71, 25/5. 1962; Rheinhausen, Forsch.-Inst. für Hochofenschlacke; dt.) — Das beschriebene chem.-analyt. Unters.-Verf. zur Best. der Konz.-Verhältnisse in den fl. Phasen von Zementleimen gestattet die exakte u. reproduzierbare quant. Analyse geringer Lsg.-Mengen, die durch Zentrifugieren des mit W. ausgeschüttelten Zementleimes erhalten werden. Zur Best. dienen halbmikroanalyt. Verff. (Verw. von Ionenaustauschern, flammenphotometr. Unters.). Die vorläufigen Unterss.-Ergebnisse werden angegeben. H. Noack. 6252

Beitrag zur fällungsfreien komplexometrischen Titration von Zementen. Hans-Dieter Bartholomä. (Tonind.-Ztg. keram. Rdsch. **86**, 234—36, 25/5. 1962; Aachen; dt.) — Die Möglichkeit der Nebeneinanderbest. der Oxide MgO, CaO, Al_2O_3 u. Fe_2O_3 ist darauf zurückzuführen, daß von den in den Klinkern vorliegenden Kationen 1) die 1- u. 4wertigen Kationen (Na, K, Si, Ti) mit AeDTE nicht reagieren, 2) die 2wertigen Kationen Mg u. Ca im alkal., aber nicht im sauren pH-Bereich von AeDTE aufgenommen werden u. 3) die 3wertigen Kationen Fe u. Al sich im sauren pH-Bereich mit AeDTE umsetzen, im alkal. Bereich aber in unlösl. Form vorliegen. Die genauen Analysengänge werden angegeben. H. Noack. 6252

Die Rolle des freien CaO im Portlandzementklinker und seine Bestimmung. Aribert Engel. (Tonind.-Ztg. keram. Rdsch. **86**, 232—34, 25/5. 1962; Berlin, Humboldt-Univ., Inst. für Miner.; dt.) — Die während der Minerogenese des Portlandzementklinker auftretenden 2 Generationen des freien CaO unterscheiden sich durch Korngrößen, Korngrößenverteilung u. Verwachsungsverhältnisse bzw. Paragenesen. Sie sind deshalb für die chem. Analyse in unterschiedlicher Weise zugänglich u. führen bei zu geringer Mahlfeinheit der Analysenproben zu erheblichen Fehlern. Durch Vgl. mit der auflichtmkr. Bearbeitung ergibt sich die Notwendigkeit einer Analysenfeinheit von 5500—6000 cm^2g^{-1}, durch die eine genaue Best. des freien CaO gewährleistet ist. H. Noack. 6252

Die Differentialthermoanalyse hydratisierter Klinkerminerale. Armin Petzold und Irmgard Göhlert. (Tonind.-Ztg. keram. Rdsch. **86**, 228—32, 25/5. 1962; dt.) — Anhand einer Literaturübersicht wird festgestellt, daß die Klinkerminerale (C_3S, C_2S, C_3A, C_4AF), wie charakterist. DTA-Effekte zeigen, weitgehend unbeeinflußt voneinander hydratisieren. Trotzdem stellt die DTA zur Verfolgung der Erhärtungsvorgänge u. Identifizierung der wichtigsten Hydratphasen in der Zementchemie eine durchaus aussagekräftige Meßmeth. dar. — 25 Literaturangaben. H. Noack. 6252

Ein zweckmäßiges röntgenographisches Verfahren zur quantitativen Untersuchung hydratisierender Zemente. Heinz-Günter Smolczyk. (Tonind.-Ztg. keram. Rdsch. **86**, 261—67, 25/5. 1962; Rheinhausen, Forsch.-Inst. für Hochofenschlacke; dt.) — Es wird eine spezielle Meth. der röntgenograph. Phasenanalyse zur quant. Messung der Hydratations-Rkk. in Zementen beschrieben. Der Anwendungsbereich des Verf. wird theoret. abgeleitet u. an Beispielen von Alit, Calciumhydroxid u. Ettringit experimentell überprüft. H. Noack. 6252

Prüfverfahren zur Ermittlung des dynamischen Elastizitätsmoduls von Betonprismen. Reinhard Vinkeloe. (Tonind.-Ztg. keram. Rdsch. **86**, 272–76, 25/5. 1962; Rheinhausen, Forsch.-Inst. für Hochofenschlacke; dt.) – An Hand von Beispielen wird die Bedeutung der Kenntnis des dynam. Elastizitätsmoduls für die Betontechnologie gezeigt. Als zerstörungsfreie Prüfmeth. ist die Best. des dynam. Elastizitätsmoduls aus der Resonanz der Biegeschwingung in Transversalrichtung geeignet. H. Noack. 6252

Zur Methodik der laboratoriumsmäßigen Untersuchung von Tonen auf ihr Blähvermögen. Ja. N. Tschernjak. (Строительные Материалы [Baumaterialien] **5**, Nr. 4, 32–34, April 1959; russ.) – Vgl. C. **1959**, 6599. – Zur Unters. der Brennbedingungen vom Ton zu *Keramsit* werden Labor.-Verss. im Drehofen ausgeführt. Der Ofen wird mit den bereits vorgebrannten Proben beschickt, damit sie gegen Erhöhung der bis zum endgültigen Brennen erforderlichen Temp. nicht mehr empfindlich sind. Die Ofentemp. wird mit Thermoelementen gemessen u. automat. aufgeschrieben. Die gebrannten Proben werden in bestimmten Zeitabständen auf ihren Bläh-Koeff., ihr Vol.-Gew. u. ihre Wasseraufnahme untersucht. Um günstige Brennbedingungen feststellen zu können, schlägt Vf. die Temp. 1100°, 1150° u. 1200° vor, wobei die Wärmezunahme von 400–500° bis zur maximalen Temp. nicht mehr als 20–40°/Min. betragen darf. Der Geh. an freiem Quarz, der chem. bestimmt wird, gestattet ohne Brennen die Qualität des Tons im Voraus zu beurteilen. Es hat sich gezeigt, daß Keramsit mit einem Vol.-Gew. von $\leq$ 0,6–0,7 g/cm³ nur aus Ton mit $\leq$ 15% freiem SiO_2 erhalten werden kann. Als 2. Kriterium zur Schätzung der Keramsitqualität gilt die dilatometr. Kurve. Vf. gibt eine Skizze des Brennofens u. Vers.-Kurven an. K. Wekua. 6256

I. L. Bril, M. I. Gumilewskaja und N. A. Klimowa, **Borfreies, chemisch beständiges Neutralglas** aus 70–71 (%) SiO_2, 6–7 Al_2O_3, 7–7,5 CaO, 2,6–3 MgO, 2–2,5 BaO u. 11–12 Na_2O oder 54–55 SiO_2, 22–23 Al_2O_3, 13,5–14 CaO, 5,5–6 MgO u. 3–3,5 BaO. (**UdSSR. PP. 125359** u. **125360** vom 15/9. 1958.) L. Goßner. 6201

Georg Walter Kühl, Deutschland, **Herstellung von Schichtglas mit veränderbarer Durchsichtigkeit** mittels einer Zwischenschicht aus einem Thermoplast, das Hydratsalze enthält, die beim Erwärmen ihr W. abgeben, so daß die entstehenden feinen Wassertropfen eine Trübung geben, die beim Abkühlen wieder verschwindet. Die Bindung zwischen den Glasplatten erfolgt durch ein härtbares Harz, wie Epoxidharz oder ungesätt. Polyesterharze. (**F. P. 1240525** vom 16/1. 1959, ausg. 20/12. 1960.) M. Pankow. 6201

I. D. Tykatschinski, F. G. Ssolinow, Ss. M. Brechowski, I. M. Bushinski, L. I. Demkina, G. W. Katajewa, Je. M. Gorschkowa und W. W. Pjanitzkaja, **Undurchsichtiges Glas** aus 48–43(%) SiO_2, 22–27 Al_2O_3, 18–23 B_2O_3, 8–13 PbO u. 2–6 F; es wird einer 2stufigen Kristallisation bei 800° u. $\geq$ 1200° unterworfen. Biegefestigkeit 2500 kg/cm²; Erweichungstemp. > 1400°. (**UdSSR. P. 123678** vom 13/6. 1958.) L. Großner. 6201

Mole Norton S.p.A., Corsico, Mailand, Italien, **Herstellung von feuerfestem Material,** bes. für Ofenauskleidungen. Ein Gemisch von 98–99,9(%) SiC u. 2,0–0,1 eines Silicatglases (**I**) wird unter oxydierenden Bedingungen bei Temp. Kegel 12 bis 20 gebrannt, bis eine Rk. des **I** mit dem aus einem Teil des SiC gebildeten SiO_2 eintritt, u. noch auf 1250–1450° erhitzt. Das **I** soll vor dem Brand eine Fließtemp. von 700–1250° besitzen u. z. B. aus 14–24 K_2O, 0–10 Al_2O_3, 76 SiO_2 oder aus 8 K_2O, 8 Al_2O_3 u. 84 SiO_2 oder aus 16 K_2O u. 84 SiO_2 bestehen. (**It. P. 545241** vom 1/12. 1955.) K. Koebke. 6219

Russell Pearce Heuer, Philadelphia, Pa., V. St. A., **Herstellung von feuerfesten Massen** durch Vermischen von einer Magnesia, die mehr als 2% Fe_2O_3, hauptsächlich als Dicalciumferrit enthält u. deren Kalk-Kieselsäure-Mengenverhältnis > 1,5 ist, mit einer Chromerz (Kieselsäuregeh. 1–4%) enthaltenden Magnesia, die beim Brennen das Dicalciumferrit in Magnesiumferrit umwandelt u. unter Bldg. von Merwinit u./oder Dicalciumsilicat in Rk. tritt, u. Erhitzen auf 1000–1700°. (**Ung. P. 150215** vom 3/11. 1961, ausg. 20/8. 1962. A. Prior. 3/11. 1960.) F. Landsberger. 6219

F. S. Dolkart und W. A. Usstitschenko, **Herstellung von Dolomit- und Dolomit-Magnesiterzeugnissen mit freiem Kalk.** Als Bindemittel wird ein Gemisch von Pech oder Teer oder Bitumen mit wasserfreien Kernfestigern (z. B. „P" oder „M") verwendet. (**UdSSR. P. 125507** vom 7/12. 1958.) L. Großner. 6219

I. S. Waldschteinass und A. I. Lassiss, **Erhöhen der Festigkeit von gebranntem Dolomit.** Nach dem Brennen bei 700—800° wird der zerkleinerte Dolomit gelöscht u. nochmals bei 400—550° gebrannt, wobei Periklas in akt. MgO übergeht. (**UdSSR. P. 125751** vom 30/4. 1959.) L. Großner. 6219

Union Carbide Corp., übert. von: Richard S. Fisher, Fostoria, Joseph W. Gartland †, Elizabeth M. Gartland, Lakewood, Isaac P. Mail, Fostoria, und Harry C. Stieber, Lewiston, N. Y., V. St. A., **Herstellung von Formkörpern aus synthetischem Graphit** mit verbesserten therm. u. elektr. Eigenschaften. Die Herst. erfolgt wie üblich durch Brennen eines geformten Gemisches aus Kohlepulver u. einem Bindemittel u. anschließendes Graphitieren bei hoher Temp., wobei die Masse jedoch mindestens 4 (Gew.-%) SiC u. mindestens 5 eines oder mehrerer Carbide von Ti, B, Mo, Nb, V u. Zr enthält. (**A. P. 2992901** vom 29/4. 1958, ausg. 18/7. 1961.) G. Frikell. 6221

Ss. I. Gorlowski, Ju. N. Ginsburg und M. I. Tschudakow, **Herabsetzung der Feuchtigkeit von Zementschlamm** auf 2,5—7,7(%) ohne Verringerung des Fließvermögens durch Zusatz von 0,1—1 *Alkalilignin.* (**UdSSR. P. 126045** vom 18/8. 1958.) L. Großner. 6223

Columbit, Mailand, Italien, **Verbinden von abgebundenem Zement mit frischem Zement.** Die Oberfläche des abgebundenen Zements wird poliert u. mit einer wss. Dispersion von Polyvinylacetat oder Mischpolymerisaten von Vinylacetat u. Vinylchlorid oder von Polyvinylacetat u. Polyvinylacrylsäureestern beschichtet, auf welche man noch eine zweite Schicht von einer ebensolchen Dispersion geben kann, der anorgan. Füllstoffe, auch Zement zugegeben sind. Der ersten Schicht von frischem Zement, die darüber zu liegen kommt, kann man 10—3% Polyvinylacetat, berechnet auf Feststoffteile des Zements, zugeben. (**It. P. 546149** vom 21/12. 1955.) K. Koebke. 6223

S. B. Sacharjan, **Verzögertes Abbinden von Zement** bei > 80°, bes. für *Abdichtung von Öl- u. Gasbohrungen,* durch Zusatz von 0,1—0,5% saurem K-Tartrat, bes. in der natürlichen, bei der Weinherst. anfallenden Form. (**UdSSR. P. 123908** vom 6/3. 1959.) L. Großner. 6223

Edmond Hustinx, Maastricht, Niederlande, **Herstellung einer selbsthärtenden Masse.** Man emulgiert Styrol oder ein Styrol-Deriv. in einer mindestens 15%ig. wss. Alkalisilicat-Lösung. Die Mischung erhärtet bereits bei Raum-Temp., kann jedoch zur Beschleunigung der Polymerisation erhitzt werden. Im Styrol ggf. enthaltene Stabilisatoren, wie p-tert.-Butylalkohol, stören nicht. — Verw. z. B. als *Deckschicht* auf *Beton.* (**Niederl. P. 101439** vom 7/3. 1960, ausg. 15/5. 1962.) F. Böhm. 6225

H$_7$. Agrikulturchemie. Schädlingsbekämpfung.

Über den Ernährungszustand von Obstgartenböden der Provinz Turin. Im Alto Canavese ausgeführte Versuche. Ettore Bottini und Carlo Sapetti. (Ann. Sperimentaz. agrar. [N. S.] **14,** 17—50, 1960; Errata: Staz. chim.-agrar. sperim. Torino, Annu. **20,** [1958/1960], 199, Turin, Staz. chim.-agrar. sperim.; ital.) — Bei 26 analysierten Bodenproben aus Obstgärten (Äpfel, Birnen u. Pfirsiche) konnte ein Mangel an N, P u. organ. Verbb. festgestellt werden. Es handelte sich durchweg um saure Böden. Richtlinien für die Verbesserung des Rk.-Zustandes, für die Düngung u. für die Steigerung der Ertragsfähigkeit werden gegeben. G. Platzer. 6304□

Umwandlung der Düngerphosphate im Boden und Verfügbarkeit des Bodenphosphors. P. Schachtschabel. (Landwirtsch. Forsch., Sonderh. Nr. **14,** 30—37, 1960; Hannover, T. H., Inst. für Bodenkunde; dt.) — Vf. gibt an Hand der neueren Literatur einen Überblick über den heutigen Stand der Kenntnisse über die Umwandlung der Düngephosphate im Boden u. die Verfügbarkeit des Boden-P für die Pflanze. Im einzelnen werden abgehandelt: die P-Formen im Boden (definierte Phosphate des Ca, Al u. Fe; an freie Oxide u. Tonminerale gebunden PO_4-Ionen; organ. P-Verbb.), das Verhalten der Düngerphosphate im Boden, die Verteilung der P-Formen im Boden, die Löslichkeit u. Verfügbarkeit des Boden-P u. die Beziehungen zwischen dem Ertrag und dem P-Versorgungsgrad der Böden. Wilfried Werner. 6304

Die Verteilung und der Zustand des Bodenphosphates unter alter Dauerweide. B. Roscoe. (Plant and Soil [The Hague] **12,** 17—29, Jan. 1960; Newcastle-upon-Tyne, Kings Coll.; engl.) — Der *P*-Zustand eines im Horizont 10 bis 18 in. vergleyten schweren Lehms wurde am Ende eines 58jährigen Dauerdüngungs-Vers. auf Grünland untersucht. Bei regelmäßiger P-Zufuhr als *Super-* oder *Thomasphosphat* fand sich eine P-Anreicherung (Gesamt-P) in den obersten 6 in. u. unterhalb 24 in. Die Zwischenschicht war relativ verarmt. Die P-Verfügbarkeit nahm mit zunehmender Tiefe rasch ab. Nach Umbruch der Narbe angebautes Getreide reagierte auf die unterschiedlichen P-Niveaus ebenso wie auf die während des Dauer-Vers. angewandten Düngerformen. Wilfried Werner. 6304□

Wirksamkeit von während der Vegetationsperiode angewandten Mineraldüngern bei Frühweizen in der Station Tîrgu Frumos. D. Davidescu und M. Dalas. (Comun. Acad. Republ. Populare romîne **8,** 601—06, Juni 1958; rum.) — In 3jährigen Dünge-Verss. mit Frühweizen werden die Ergebnisse bei verschiedenen Zeiten des Einbringens von Mineraldüngern (N, N–P, P, N–P–K) verglichen. In dem einzigen Jahr, in dem klimat. günstige Bedingungen gegeben waren, wurde eine Ertragssteigerung von 5,1 kg Körnern je kg N bei einer Düngung mit 30 kg N/ha unmittelbar nach dem Aufgehen der Saat erzielt. Bei P_2O_5-Düngung (77 kg/ha) zur gleichen Zeit war der Mehrertrag 3,8 kg/kg P_2O_5. K_2O-Düngung war ohne Wirkung. R. K. Müller. 6304□

Zur Wirkung schwerlöslicher N-Verbindungen. N. Atanasiu. (Z. Pflanzenernähr., Düng., Bodenkunde **84 (129),** Verh. int. bodenkundl. Ges., Hamburg **1,** 103—10, 24/31. 8. 1958, herausgeg. 1959; Gießen, Justus-Liebig-Univ., Inst. für Pflanzenbau u. Pflanzenzüchtung; dt.) — Zweijährige Feldverss. (schwach humoser Sandboden) mit 2 *Ureaform*-Präpp. unterschiedlicher Wasser-Löslichkeit ergaben: Im ersten Jahr der Verss. wurde das weniger wasserlösl. Präp. im Boden langsamer umgesetzt, während im zweiten Jahr (Nachwrkg.) keine deutlichen Unterschiede mehr zwischen den Präpp. festzustellen waren. Hinsichtlich der Ertragswrkg. (Kartoffeln, Hafer, Sommerweizen) war das weniger wasserlösl. Präp. überlegen. M. Winiker. 6304□

Einfluß der Düngung auf den Humusgehalt des Bodens. Bohdan Dobrzanski. (Z. Pflanzenernähr., Düng., Bodenkunde **84 (129),** Verh. int. bodenkundl. Ges., Hamburg **1,** 122—27, 24/31. 8. 1958, herausgeg. 1959; Lublin, Hochschule für Landwirtschaft; dt.) — Bericht über Verss., aus deren Ergebnissen hervorgeht, daß der Humusgeh. von Böden durch Düngung, bes. eine solche mit Stallmist, positiv beeinflußt wird. M. Winiker. 6304□

Wirkung der Mineralisation von organischen Abfällen in Böden auf deren Gehalt an verfügbaren Nährstoffen und austauschbaren Basen. A. Karim und A. M. Iajuddin. (Pakistan J. sci. Res. **12,** 29—33, Jan. 1960; Dacca, Univ., Dep. of Soil Sci.; engl.) — Proben von 2 verschiedenen Böden (pH 5,3 bzw 7,6; Ton-Geh. 28 bzw. 40%; Austauschkapazität 8,6 bzw. 25,2 mVal/100 g) wurden mit 1% fein gemahlenem Stadtmüll oder Torf vermischt u. 165 Tage bei 15% Feuchtigkeit (bezogen auf Trockenmasse) inkubiert. Im Abstand von 15 bzw. 30 oder 60 Tagen wurden die Veränderungen im Geh. der Böden an verfügbarem N, P_2O_5, K_2O u. S. sowie austauschbarem K u. Ca untersucht. Beide Böden wurden durch die Beimischung der organ. Materialien verbessert. In der Anreicherung der Böden mit verfügbarem N u. P war der Stadtmüll dem Torf überlegen. Letzterer erhöhte jedoch den Gehalt der Böden an verfügbarem K u. S stärker. In ton- und kalkreichem Boden wurde der Geh. an austauschbarem K u. Ca durch Zers. des Stadtmülls stärker angehoben als durch Torf. Im tonärmeren, sauren Boden wirkte aber Torf in dieser Hinsicht besser. Wilfried Werner. 6304

Wirkung der Magnesiumdünger auf sandigem Rasen-Podsolboden. W. Ss. Rubanow. (Почвоведение [Bodenkunde] **1961,** Nr. 6, 39—46, Juni; Akad. der landw. Wiss. der BelorussSSR; russ., Auszug: engl.) — Die Aufnahme von *Mg* durch die Pflanzenwurzeln hängt u. a. vom Verhältnis Mg : K im Boden ab: Bei hohen K-Gaben vermindert sich die Aufnahme von Mg, bei hohen Mg-Gaben die von K. Bei Mais vermindert sich der prozentuale Mg-Geh. in der Pflanze u. steigt der an K bei Gaben von 100 kg/ha K_2O. In Abhängigkeit von den Witterungsverhältnissen (Feuchtigkeit) reagiert Mais auf die Mg-Düngung unterschiedlich, u. zwar in niederschlagsreicheren Jahren (1958) stärker als in trockenen Jahren (1957, 59). In der mit $NaNO_3$ gedüngten Variante zeigen die Pflanzen einen niedrigeren Mg-Geh. als in der mit $(NH_4)_2SO_4$ gedüngten, was auf einen Antagonismus zwischen dem $NaNO_3$ u. Mg hinweist. Winterroggen reagiert auf den Mg-Mangel merklich: schon Gaben von nur 14 kg/ha MgO erhöhen den Ertrag an Korn u. den Mg-Geh. in diesem. Auch auf den Buchweizen wirkt Mg-Düngung sehr günstig, wenn gleichzeitig K gegeben wird. Der Bedarf der Gelben Lupine an Mg wird auf leichten sandigen bzw. Sandböden in jungen Entwicklungsstadien der Pflanze nicht völlig gedeckt. Erst nach Vertiefung ihres Wurzelsyst. u. Erschließung der unteren Bodenschichten wird die Versorgung mit Mg sichergestellt. Dolomitmehl (als Mg-Dünger) zeigt die gleiche Wrkg. wie $MgSO_4$. M. Gordienko. 6304□

Die Wirkung von Bittersalz auf das Auftreten von Puder-Mehltau auf Apfelunterlagen in Gefäßen. Elsie M. Ford und E. L. Frick. (Annu. Rep., East Malling Res. Stat., Near Maidstone, Kent **48**, 81—84, 1960, herausgeg. 1961; engl.) — In zweijährigen Gefäßverss. wurde der Einfl. des Mg-Ernährungszustandes bzw. von $MgSO_4$-Sprays bei einjährigen Apfelunterlagen auf die Ausbreitung des Apfelmehltaus (Padosphaera leucotricha) nach einer künstlichen Beimpfung untersucht. Es konnte kein sicherer Einfl. der Mg-Versorgung der Pflanzen auf die Anfälligkeit gegenüber Mehltau festgestellt werden. Es bestand keine klare Beziehung zwischen dem Mg-Geh. der Blätter u. dem Infektionsgrad. Demgegenüber wirkten Mg-Sprays (2% Bittersalz) hemmend auf die Mehltauentw., am stärksten dann, wenn eine Besprühung am Tag vor der Infektion vorgenommen wurde, d. h., wenn sich noch $MgSO_4$-Rückstände auf den Blättern befanden. Es liegt demnach eine fungicide Wrkg. des Mg-Salzes vor, jedoch keine Beeinfl. des Mehltaus durch den Mg-Versorgungszustand der Pflanzen. Wilfried Werner. 6312

Absterben von Citrusbäumen — seine Ursachen und Bekämpfung im Staate Hyderabad. M. Sulaiman Varasi. (Poona agric. Coll. Mag. **52**, 21—26, März 1962; Poona; engl.) — Unterss. über die Ursache des von oben nach unten erfolgenden Absterbens („die-back") von Citrusbäumen zeigen, daß es sich um eine physiolog. Unordnung der Pflanze handelt, die sich aus Nährstoffmangel erklärt. Wenn ein Nährstoffelement oder mehrere Elemente fehlen (Cu, Zn, Mn, N, P), beginnt das Absterben. Der Nährstoffmangel kann von Garten zu Garten, ja von Baum zu Baum im gleichen Garten schwanken. — 21 Literaturangaben.
W. Wesly. 6312

Der Einfluß von Bor, Mangan und Kupfer auf die Resistenz der Baumwollpflanze gegenüber der Blattlaus. A. A. Abdinbekowa. (Доклады Академии Наук Азербайджанской ССР [Ber. Akad. Wiss. AserbaidshanSSR] **16**, 299—302, 1960; Aserbaidshan., Auszug: russ.) — In 2jährigen Verss. wurden die besten Resultate durch Spritzen der Baumwolle mit Lsgg. von *Mn* bzw. *B* erzielt. Nach der 4. Behandlung konnte man eine vollständige Vernichtung der Blattlaus auf den Pflanzen feststellen. *Cu*-Lsgg. zeigten sich dagegen als weniger wirksam. Somit können Mn, B u. Cu nicht nur als Dünger, sondern auch als Schädlingsbekämpfungsmittel Anwendung finden. M. Gordienko. 6312□

Versuche zur chemischen Unkrautbekämpfung und zur Toxizität (von Herbiciden) in Kulturen von Karotten und Sellerie. Antonio Quaglia. (Ann. Sperimentaz. agrar. [N. S.] **14**, Nr. 1, Suppl. CXXXV—CXLVI, 1960; Bologna, Univ., Ist. di Patologia veget.; ital.) — Bei Feldverss. zur Unkrautbekämpfung in Karotten u. Sellerie im reifen u. jungen Stadium wurden die Höchst- u. Mindestgaben von Herbiciden untersucht u. gefunden, daß *Monuron* mit einer Dosis von 0,250 (kg/ha) für sehr entwickelte Kulturen die größte herbicide Wrkg. u. die geringste Toxizität aufweist, daß die größten Gaben von 10 *Neburon* für junge Anpflanzungen keine ausreichende Unkrautbekämpfung verbürgen u. daß auch die maximale, für reife Kulturen erträgliche Dosis von 15 *CIPC* u. von 4 *2.4-DES* bes. wirksam ist. Kleinere Gaben dieser Herbicide haben für die Kulturen eine geringe Toxizität, aber eine unbeständige u. unzureichende herbicide Wirkung.
G. Platzer. 6312□

Stimulierung der Fruchtentwicklung bei frostgeschädigten Birnen. Irena Modliwoska. (Annu. Rep., East Malling Res. Stat., Near Maidstone, Kent **48**, 46—51, 1960, herausgeg. 1961; engl.) — Vf. untersuchte die Wrkg. von *Gibberellinsäure* (**I**) und *2.4.5-Trichlorphenoxypropionsäure* (**II**) auf die Entw. von Früchten aus frostgeschädigten Birnenblüten. Bei verschiedenen Sorten wurde durch eine Besprühung mit einer 100 ppm-**I**-Lsg. vor oder nach der Blüte die Bldg. von samenlosen Früchten stimuliert. **II** (25 ppm-Lsg.) war weniger wirksam. Es wird vermutet, daß **I** die Wuchsstoffe substituiert, die normalerweise nach der Befruchtung gebildet werden. In frostgeschädigten Blüten unterbleibt jedoch die Befruchtung u. damit auch die Bldg dieser Wuchsstoffe. Wilfried Werner. 6312

Auswaschungsversuche mit Fungiciden im Laboratorium. András Kovács und Franco Falchieri. (Ann. Sperimentaz. agrar. [N. S.] **14,** Nr. 1, Suppl. CXXV—CXXXIII, 1960; Bologna, Univ., Ist. di Patologia veget.; ital.) — Unter Einsatz 0,3%ig. Suspensionen von *Zineb* (**I**), *Ziram* (**II**), *TMTD* u. 1%ig. neutraler *Bordeauxbrühe* (**III**) werden Scheiben von Blättern von Prunus laurocerasus u. von Ligustrum sp. sowie Polyäthylenfilmscheiben mit künstlichem Regen berieselt u. die biolog. Wirksamkeit der Abscheidungen bestimmt. Die Ergebnisse von Feld- u. Treibhausverss. bestätigen, daß **III** seine Aktivität kaum verliert, während die Auswaschung von **I** u. TMTD bes. stark ist, u. daß die Wrkg. von **II** sich nach 10 mm Regen verringert u. nach weiterem Berieseln eine Haftfestigkeit wie **III** aufweist. Die Blätter zeigen nach dem künstlichen Regen größere Haftfestigkeit als die Polyäthylenfilmscheiben (Diagramme u. Tabellen). G. Platzer. 6312□

Eine für Italien neue Bakteriose der Bohne. Gian Luigi Ercolani. (Ann. Sperimentaz. agrar. [N. S.] **14,** Nr. 1, Suppl. XV—XXXIII, 1960; Bologna, Univ., Ist. di Patologia veget.; ital.) — Es wird die in der phytopatholog. Literatur unter dem Namen „Fettfleckenkrankheit" bekannte Bakteriose der Bohne, die von Pseudomonas medicaginis var. phaseolicola (Burk.) verursacht wird u. in Italien erstmals in der Provinz Bologna im Sommer 1958 identifiziert wurde, beschrieben. Es wird über die makroskop. Eigg. der Veränderung u. die biolog., morpholog. u. bodenkundlichen Eigg. der infizierten Bohne berichtet. Weiter wird eine Übersicht über die wichtigsten direkten u. indirekten Bekämpfungsmeth. gegeben. — 76 Literaturangaben. G. Platzer. 6312□

Einwirkung einiger Fungicide auf die Keimung des Apfelschorfpilzes. Gianfranco Corelli Grappadelli. (Ann. Sperimentaz. agrar. [N. S.] **14,** Nr. 1, Suppl. XXXV—XXXVII, 1960; Bologna, Univ., Ist. di Patologia veget.; ital.) — Es wurden einige Keimungsverss. von Ascosporen von Venturia inaequalis u. von Conidien von Fusicladium dendriticum in Ggw. gewisser Fungicide ausgeführt. Die beste keimungshemmende Wrkg. hatten *Ziram*, *Captan* u. *organ. Hg*-Verbb., gefolgt von *TMTD*, *Zineb* u. *Cu-Oxychlorid*. Die Conidien erwiesen sich gegenüber den Fungiciden weniger empfindlich als die Ascosporen. G. Platzer. 6312□

Bekämpfung von Erdbeer-Botrytis. M. H. Moore. (Annu. Rep., East Malling Res. Stat., Near Maidstone, Kent **48,** 132—33, 1960, herausgeg. 1961; engl.) — Die durch Botrytis cinerea verursachte Fruchtfäule von Erdbeeren kann durch rechtzeitiges u. wiederholtes Besprühen mit Fungiciden unter Kontrolle gebracht werden. *Thiram* u. *Captan* erwiesen sich als am wirksamsten. Die erste Besprühung muß etwa zur Zeit der Vollblüte vorgenommen werden, zwei oder drei weitere Behandlungen sollten zwischen Blüte u. Ernte folgen. Die Menge an aktiven Fungiciden je Behandlung sollte 3—4 lbs./acre betragen. Wilfried Werner. 6312

Die Wirksamkeit einiger organischer Präparate bei der Bekämpfung des Rebenrostes [Plasmopara viticola (Berk. et Curt.) Berl. et de Toni] und des Apfelschorfs [Endostigma inaequalis (Cooke) Syd.] Alice Săvulescu, Vera Bontea und I. Focşăneanu. (Comun. Acad. Republ. Populare romîne **8,** 313—20, März 1958; rum.) — Bei der Bekämpfung des Rebenrostes sind Präpp. auf der Grundlage von *Zn-Diäthylendithiocarbamat* in 0,3—0,8%ig. Konz. wirksamer als *Bordeauxbrühe* (**I**), sie wirken außerdem stimulierend auf die Rebe, jedoch schützen sie im Gegensatz zu **I** nicht gegen Spätinfektionen. Ein rumän. Präp. *Merfazin* auf Phenyl-Hg-Chloridbasis in 0,2%ig. Konz. ist gegen Apfelschorf sehr wirksam, sie hat gegenüber **I** den Vorteil, daß sie kein Verkorken der Früchte bewirkt. R. K. Müller. 6312□

Saatbeizmittel. Je. I. Andrejewa. (Защита Растений от Вредителей и Волезней [Pflanzenschutz] **6,** Nr. 6, 34—35, Juni 1961; russ.) — Vf. berichtet über die Wrkg. u. Dosierung der nachstehenden Saatgutbeizmittel: *Cu-Trichlorphenolat, TMTD, Hexachlorbenzol, Tributol-4, Thiarsin, Phenon* u. *Dinitrofluorbrombenzol.* S. Baryschnikow. 6312

Neue Mittel für das Beizen von Mais. M. A. Fedtschenko. (Защита Растений от Вредителей и Волезней [Pflanzenschutz] **6,** Nr. 10, 33—34, Okt. 1961; Krasnodar, Forsch.-Inst. für Landwirtschaft; russ.) — Vf. berichtet über ein Verf. zur gleichzeitigen Beizung u. Färbung der Samen zwecks rascher Unterscheidung von Saatgutsorten u. Kontrolle der Intensität u. Gleichmäßigkeit der durchgeführ-

ten Beizung mit adhäsiven Gemischen aus W., *Wasserglas, TMDT, Hexachlorcyclohexan* bzw. *Heptachlor* (Insekticide) u. Anilinfarbstoffen.
S. Baryschnikow. 6312□

Im Bordelais 1959 mit verschiedenen Insekticiden gegen Sauerwurm [Clysiella ambiguella Hb] und Eudemis (Lobesia botrana Schiff.) ausgeführte Versuche. F. Chaboussou. (C. R. hebd. Séances Acad. Agric. France **46,** 694—702, Juni 1960; Pont-de-la-Maye [Gironde], Stat. de Zool. agric.-du Sud-Ouest; franz.) — Die wirksamsten Verbb. zur Bekämpfung von Sauerwurm u. Eudemis sind Oleoparathion, Methylparathion, Phosdrin u. Dimethylmethylmercaptoäthylthiophosphat. Weniger wirksam sind Gusathion, Phosphamidon u. Dipterex. Voraussetzung für den Erfolg der Behandlung ist eine gute Durchfeuchtung der Traube; je Weinstock sind mindestens 100—150 ml Brühe erforderlich. W. Wesly. 6312□

Versuche mit Insekticiden der Gruppe der Phosphorsäureester zur Bekämpfung des Sauerwurms. R. Delmas. (C. R. hebd. Séances Acad. Agric. France **46,** 689 bis 694, Juni 1960; franz.) — Auf Grund der Ergebnisse eigener Verss. vertritt Vf. die Auffassung, daß sich bei der Bekämpfung des Sauerwurms *Parathion* nicht durch Verbb. der gleichen Gruppe mit gleicher Wirksamkeit, wenn auch geringerer Giftigkeit für den Menschen, ersetzen läßt. W. Wesly. 6312□

Bekämpfung des Bananenwurzelbohrers (Cosmopolites Sordidus Germar) mit granulierten Insekticiden. R. C. Bullock und C. Evers. (Trop. Agric. **39,** 109 bis 113, April 1962; La Lima, Honduras, Tela Railroad Co., Entomol. Dep., Vining C. Dunlop Labor; engl.) — Unterss. über die Bekämpfung von Cosmopolites sordidus Germar mit granuliertem *Dieldrin* (**I**), *Aldrin* (**II**) u. *Heptachlor* (**III**) (2 lb je acre) zeigen die Überlegenheit von **I** (gemessen an der Verminderung der ausgewachsenen Insekten). **I** gewährleistet eine Vernichtung der Insekten für 18, **II** für 16, **III** für 15 Monate. W. Wesly. 6312□

Ernterückstände von Malathion auf Weichobst und Äpfeln. R. P. Tew und Joan M. Sillibourne. (Annu. Rep., East Malling Res. Stat., Near Maidstone, Kent **48,** 116—19, 1960, herausgeg. 1961; engl.) — Vff. untersuchten, welche Rückstände des im Obstbau gebräuchlichen Schädlingsbekämpfungsmittels *Malathion* (**I**) auf bzw. in den reifen Früchten zum Erntezeitpunkt zu finden sind. Himbeeren, die eine Woche vor der Ernte mit Emulsionen dieses Kontaktinsekticides zwischen 0,025 u. 0,1% besprüht worden waren, enthielten weniger als 1 ppm **I** bei der Ernte. Loganbeeren, die mit **I**-Lsgg. des gleichen Konz. zweimal (19 u. 7 Tage vor der Ernte) besprüht waren, enthielten $< 0,5$ ppm **I**. Unmittelbar nach einer Besprühung mit 0,1% **I** wurde bei Erdbeeren ein **I**-Rückstand von 13,4 ppm gefunden, nach 2 Tagen noch 4,9 u. nach 6 Tagen nur noch 0,5 ppm. Daraus ergibt sich eine Halbwertszeit von 1,5—2 Tagen. Ähnliche Ergebnisse wurden bei Äpfeln gefunden.
Wilfried Werner. 6312□

Geflügelflohbekämpfung an Küken mittels Selbstbehandlung mit Malathionstaub. J. L. Rodriguez und L. A. Riehl. (J. econ. Entomol. **54,** 1212—14, Dez. 1961; Riverside, Calif., Univ. of Calif. Citrus Exp. Stat.; engl.) — Zweimalige Anwendung von 4%ig. *Malathion*-Staub im Abstand von 28 Tagen in Staubbädern (15 lbs/100 Hühner) oder als Bodenstreu (1 lb/20 sqft.) hatte vollen Erfolg gegen Echidnophaga gallinacea Westwood 150 Tage lang. Bei ersterem Verf. war der Verbrauch geringer. Fritz Müller/Ludwigshafen. 6312□

Laboratoriumsversuche mit Toxaphen, DDT und Sevin gegen Lygus hesperus an Baumwolle. G. T. Bottger und A. N. Sparks. (J. econ. Entomol. **54,** 1261, Dez. 1961; Tucson, Ariz. Entomol. Res. Div.; engl.) — Als angenäherte DL_{50} bei Lygus hesperus Knight wurde gefunden für: *Toxaphen* (**I**) + *Sevin* (**II**) 1,0 (lbs/acre), **I** + *DDT* (**III**) 1,5, **I** 1,4, **II** 1,6 u. für **III** 2,0.
Fritz Müller/Ludwigshafen. 6312□

Stechfliegenbekämpfung nach dem Gießverfahren mit Ruelene oder Toxaphen. William M. Rogoff und Paul H. Kohler. (J. econ. Entomol. **54,** 1101—04, Dez. 1961; Brookings, S. Dak., South Dakota Agric. Exp. Stat.; engl.) — Zur Bekämpfung von Haematobia irritans L. wurde Vieh nach dem Gieß-Verf. mit *Ruelene* [**I**, 9,6 (g/Tier)] oder *Toxaphen* (**II**, 18) behandelt oder gesprüht mit 0,25%ig. **I** oder 0,5%ig. **II**. Das erstere Verf. hatte besseren Erfolg sowohl bzgl. der Reduzierung der Fliegenanzahl als auch der Dauer des Schutzes. **II** war wirksamer als **I**. Die Cholinesterasehemmung war gering, sie war mit **I** beim Gieß-Verf. geringer als beim Sprühen. Hautschädigungen wurden nicht beobachtet.
Fritz Müller/Ludwigshafen. 6312□

Heptachlor- und Heptachlorepoxidrückstände an Feldfrüchten. L. H. Dawsey, D. W. Woodham und C. S. Lofgren. (J. econ. Entomol. **54,** 1264—65, Dez. 1961; Tifton, Ga., Entomol. Res. Div., Gulfport, Miss. Plant Pest Control Div.; engl.) — Auf mit 0,25 oder 0,5 lbs/acre mit gekörntem *Heptachlor* (**I**) behandelten Böden nach 28 Tagen gepflanzten 16 Arten von Feldfrüchten zeigten 14 bei der Ernte keine **I**- oder **I**-*Epoxid*rückstände über 0,03 ppm, nur Zwiebeln enthielten 0,03—0,08 u. Rettiche 0,13—0,20 ppm. Fritz Müller/Ludwigshafen. 6312□

Kurze Übersicht der Versuche zur Vertilgung der Blattlaus (Aphis fabae Scop.) in den Jahren 1947—1954. Václav Kočmíd. (Listy Cukrovarnické **72,** 98—102, 15/5. 1956; tschech.) — Ergebnisse der 7jähr. Labor.- u. Feld-Verss. mit 25 angeführten Schädlingsbekämpfungsmitteln. Es werden empfohlen *Pestox III* u. *Systox*, in Ermangelung Mischungen von *Kalk*- u. *Tabak*-Staub (10:1) oder Tabakbrühen in Schmierseifenlauge. E. Rotter. 6312□

Verstärkungswirkung von Carbamat-Insekticiden gegen Larven des Kohlspanners und Rübenheerwurmes. H. H. Shorey. (J. econ. Entomol. **54,** 1243—47, Dez. 1961; Riverside, Calif., Univ. of Calif. Citrus Exp. Stat.; engl.) — Gegen Larven von Trichoplusia ni Hübner (**a**) wurde in 1:1-Gemischen mit *Piperonylbutoxid* (**I**) die Wrkg. von *Sevin* (**II**) auf das 10,3fache, die von *Hercules-5727* auf das 2,6fache, die von *Zectran* (**III**) gar nicht, gegen Larven von Spodoptera exigua Hübner die von **II** auf das 4,4fache, die von **III** auf das 1,2fache verstärkt. Erhöhung des **I**-Anteiles in den Gemischen verursachte gegen **a** eine entsprechende Wrkgs-Verstärkung. *Monsanto-16226* wurde mit seiner relativ hohen Eigengiftigkeit nicht so wirksam als Synergist befunden wie **I**. — 12 Literaturangaben.
Fritz Müller/Ludwigshafen. 6312□

Dieldrinrückstände am Bewuchs bewässerter Weiden. J. V. Smith, J. C. Street, G. R. Schultz und L. E. Harris. (J. econ. Entomol. **54,** 1091—96, Dez. 1961; Greely, Colo., Logan, Utah, Utah State Univ.; engl.) — Das zur Stechmückenbekämpfung auf bewässerten Weiden angewandte *Dieldrin* (**I**) verursachte in gekörnter Form [0,5 u. 1 (lbs/acre)] an den 4 Hauptpflanzen gleichmäßig geringe Rückstände unter 1,2 ppm, 12 Wochen lang. **I**-Emulsion (0,125, 0,25, 0,5, 1,0) dagegen verursachte direkt nach der Anwendung hohe, nach 16 Wochen geringe **I**-Rückstände von 0,3—1,1 ppm. Das Bewässern beeinflußte die Höhe der **I**-Rückstände nicht. Fritz Müller/Ludwigshafen. 6312□

Pflanzengiftigkeit von Netzmitteln an Litchibäumen. S. Nakata und Y. Tanada. (J. econ. Entomol. **54,** 1074—76, Dez. 1961; Honolulu, Univ. of Hawaii, Dep. of Plant Phys. and Entomol.; engl.) — Die Netzmittel *Methocel, Stärke, Triton-B-1956, Oronite-NI-W, CLE, ER-10, Na-Laurylsulfat, Ultrawet, Nekal-WS-25, Igepon-T-51, Igepon-T-77, Colloidal-X-77* verursachten an Blättern von Litchi chinensis Sonnerat mehr oder weniger starke Blattschäden. Am besten verträglich mit den geringsten Schäden war noch *Triton-X-100*. Als vollkommen unschädlich erwies sich *Weizenmehlsuspension*, jedoch verursachte dieses in der zur genügenden Benetzung nötigen Konz. bes. zusammen mit Insekticidnetzpulvern beim Ausbringen der Spritzbrühe störende Verdickungen der Brühe.
Fritz Müller/Ludwigshafen. 6312□

Freilanduntersuchungen zur Giftigkeit von Insekticiden gegen den Mückenfisch Gambusia affinis. Mir S. Mulla und Lewis W. Isaak. (J. econ. Entomol. **54,** 1237—42, Dez. 1961; Riverside, Calif., Univ. of Calif.; Bakersfield, Calif., Kern Mosquito Abatement District; engl.) — In einfacher u. vierfacher Gabe wirkten auf Gambusia affinis Baird u. Girard nicht giftig: *Bayer 29493* (*Baytex*) *Bayer 25198, Dowco 139* (*Zectran*), *AC 5727* u. *Dow K-6882*. *Dekafos* wies nur eine geringe Anfangsgiftigkeit auf. Eine erhebliche Sterblichkeit verursachten *Malathion, DDT, Methyltrithion* u. *Parathion*. Sehr toxisch mit lange andauernder Wrkg. waren *Bayer 25141*, bes. in hoher Gabe, *Bayer 38156, American Cyanamid E. N. 18133, GC-3583, GC-4072* u. *SD-4402*. Fritz Müller/Ludwigshafen. 6312□

Zeitpunkt der Probenahme, Blattalter und Blattfraktion als Faktoren, welche den Nährstoffgehalt von Erdbeerblättern beeinflussen. S. S. Kwong und Damon Boynton. (Proc. Amer. Soc. horticult. Sci. **73,** 168—73, Juni 1959; Ithaca, N. J., Cornell Univ.; engl.) — In zweijährigen Verss. wurde der Einfl. vom Zeitpunkt der Probenahme, Blattalter u. Teil des Blattes auf den Mineralstoffgeh. bei zwei Erdbeersorten geprüft. Zu diesem Zweck wurden von Juni bis Oktober in etwa 14tägigem Turnus Proben gerade ausgewachsener junger bzw. älterer Blätter gezogen u. jedes Blatt in Blattstiel, Seitenblätter u. Endblättchen getrennt. Zwischen dem

Mineralstoffgeh. von Blattstiel u. Blattspreite bestanden erhebliche Unterschiede. Innerhalb eines Blattes (Seiten- bzw. Endblättchen) unterschieden sich die Geh. nur unwesentlich. Der Geh. der Blätter an N, P u. K nimmt in den ersten 6 Wochen stark ab, der Ca-Geh. steigt mit zunehmendem Alter an. Es ist daher erforderlich, stets gleichaltrige Blättchen zu analysieren, um vergleichbare Resultate zu erhalten. Wurden während der gesamten Vegetation „gerade ausgewachsene" Blättchen analysiert, so wurden nahezu konstante Nährstoffspiegel bei N, K u. Ca gefunden, während der P-Geh. eine Tendenz zur Zunahme aufwies. Die Möglichkeiten zur Verw. der Blattanalyse zur Beurteilung des Nährstoffversorgungszustandes der Erdbeere werden an Hand dieser Ergebnisse diskutiert.
Wilfried Werner. 6320

Der Blattgehalt an Phosphor und Kalium unter dem Einfluß der Bodenfeuchtigkeit. A. D. Hibbard und Mohsen Nour. (Proc. Amer. Soc. horticult. Sci. **73**, 33—39, Juni 1959; Columbia, Univ. of Missouri, Agric. Exp. Stat.; Albuquerque, New Mexico, Middle Rio Grande Exp. Stat.; engl.) — In Gefäßverss. mit Pfirsich- u. Apfelsämlingen sowie Erdbeeren u. Senf wurde der Einfl. des W-Geh. des Bodens auf den Geh. der Blätter an P u. K untersucht, sowie bei konst. Bodenfeuchtigkeit der Einfl. des Nährstoffstatus des Bodens. Unabhängig vom P- u. K-Geh. des Versuchsbodens nahm der P- u. K-Geh. der Blätter bei allen Pflanzen mit abnehmender Bodenfeuchtigkeit deutlich ab. Bei konst. Bodenfeuchtigkeit stiegen der K- u. P-Geh. der Blätter mit Zunahme der Versorgung des Bodens an diesen Nährstoffen an. Bei der Verw. der Blattanalyse zur Kennzeichnung des Nährstoffzustandes der Pflanze (u. des Bodens) ist demnach darauf zu achten, daß die Proben möglichst von Böden stammen, die gleichen Feuchtigkeitsbedingungen unterworfen sind, da anderenfalls die Ergebnisse der Blattanalysen nicht vergleichbar sind. So stieg bei einer Bodenfeuchtigkeit von 10% der max. Wasserkapazität der P-Geh. im Apfelblatt bei Steigerung des verfügbaren Boden-P von 80 auf 240 lbs/acre nur von 0,07% auf 0,08% an. Bei 70% max. W.-Kapazität betrug der P-Geh. des Blattes dagegen schon bei niedrigstem P-Spiegel im Boden 0,11% u. stieg bei der angegebenen Verbesserung der P-Versorgung auf 0,15% an. Ähnlich liegen die Verhältnisse bei K. Wilfried Werner. 6320□

Die chemische Analyse von Geweben als ein Mittel zur Bestimmung des Nährstoffbedürfnisses von Laub-Obstpflanzen. Fred H. Emmert. (Proc. Amer. Soc. horticult. Sci. **73**, 521—70, Juni 1959; Storrs, Conn., Univ. of Connecticut; engl.) — Vf. gibt eine Literaturübersicht über den Stand der Kenntnisse über die Brauchbarkeit der Gewebeanalyse, bes. der Blattanalyse, zur Ermittlung des Nährstoffbedarfes von Obstgehölzen und -sträuchern. Die method. Grundlagen der Blattanalyse, und die Faktoren, die den Mineralstoffgeh. der Blätter beeinflussen, werden eingehend abgehandelt. — 160 Literaturangaben. Wilfried Werner. 6320□

Blatt- und Bodenanalysen als Anhaltspunkte für die Düngungspraxis bei Citrus in Obstanlagen Südkaliforniens. H. D. Chapman. (Calif. Agric. **14**, Nr. 10, 13—14, Okt. 1960; Riverside, Univ. of California, Dep. of Soils and Plant Nutrition; engl.) — Vgl. C. **1961**, 1703. — Eine gezielte Bemessung der zur Erzeugung höchster Erträge u. guter Fruchtqualität bei Citrus erforderlichen Düngung ist nach Vf. mit Hilfe einer kombinierten Blatt- u. Bodenanalyse möglich, repräsentative Probenahme vorausgesetzt. Die Blattanalyse sollte auf Makro- u. Mikronährstoffe, die Bodenanalyse auf pH, Geh. an Gesamt-lösl.-Salz, austauschbaren Kationen, PO_4 u. NO_3 ausgedehnt werden. Die in Citrusanlagen mit Höchsterträgen gefundenen Optimalbereiche für die Nährstoffkonzz. in Blatt u. Boden sind angegeben. Wilfried Werner. 6320□

Blattanalysen als Hilfsmittel zur Bemessung der Stickstoffdüngung bei Avocado. T. W. Embleton, W. W. Jones und M. J. Garber. (Calif. Agric. **14**, Nr. 1, 12, Jan. 1960; Riverside, Univ. of California; engl.) — Avocadobäume sind sehr empfindlich gegenüber N-Düngung. Bei unzureichender N-Versorgung ebenso wie auch bei zu hoher N-Düngung werden die Erträge negativ beeinflußt. Vff. führten daher eine achtjährige Unters. in Avocadoanlagen zur Frage der Eignung der Blattanalyse zur genaueren Voraussage des N-Bedarfs durch. Zwischen dem N-Geh. der Blätter (Probenahme: die jüngsten, gerade ausgewachsenen Blätter von nichttragenden Trieben im Zeitraum Aug.–Okt.) u. dem Ertrag bestand eine statist. hoch gesicherte Beziehung. Der Höchstertragsbereich lag bei N-Geh. zwischen 1,6 u. 2,0%. Oberhalb 2% N fielen die Erträge wieder ab. Es wird empfohlen, bei N-Geh. zwischen 1,6 u. 2,0% die N-Düngung im Folgejahr in der üblichen Höhe zu belassen, bei < 1,6% N die N-Düngung zu steigern, u. bei > 2,0% N die N-Zufuhr zu verringern. Wilfried Werner. 6320□

Untersuchungen über Blätterdiagnose von Getreide im Verlauf von Düngungsversuchen auf vulkanischen Analcitböden von Latium. Luciano Tombesi, Maria Teresa Calè und Giovanni Peruzzi. (Ann. Sperimentaz. agrar. [N. S.] **14,** 5 bis 16, 1960; ital. — C. **1962, 4689.**) G. Platzer. 6320□

Die Bedeutung der EAS-Indices nach B. L. Oser für die objektive Ermittlung einer physiologisch ausgewogenen Düngung. W. Schuphan. (Landwirtsch. Forsch., Sonderh. Nr. **14,** 114—21, 1960; Geisenheim/Rhg., Bundesanst. für Qualitätsforsch. pflanzl. Erzeugnisse; dt.) — Vf. weist auf die Bedeutung der Best. der essentiellen *Aminosäuren* (**I**) und des jeweils darauf berechneten *EAS-Indexes* (**a**) nach Oser für die objektive Beurteilung der biolog. Eiweißwertigkeit u. damit der physiolog. ausgewogenen Düngung hin. Die Best. der **I** wird mikrobiolog. vorgenommen. Der Vorteil der Ermittlung des **a** liegt darin, jeden physiolog. Zustand kurzfristig erfassen zu können. Es konnte nachgewiesen werden, daß morpholog. differenzierte Pflanzenteile starke Unterschiede in der **I**-Zus. u. damit auch des **a** aufweisen. Bei Spinat nahm der **a** bei 5 aufeinanderfolgenden Ernten stetig ab, was auf eine Zunahme des Stengelanteils zurückzuführen war. Es zeigte sich eine gewisse Düngungsabhängigkeit des **a**: Hohe N-Gaben führten bei Spinat zu einer **a**-Depression, die bes. in einem Abfall des Geh. an Methionin u. Valin begründet war. Dieser Effekt war jedoch bei getrennter Analyse der Blattspreiten nicht festzustellen. Es wird daher angenommen, daß die sich bei hoher N-Düngung in Sproßachsen u. Mittelrippen ansammelnden lösl. N-Verbb. den **a**-Abfall hervorrufen. Es scheint eine positive Beziehung zwischen **a** u. dem Blattgrüngeh. zu bestehen. Dies konnte u. a. bei einer Vgl.-Unters. von Grün- u. Weißkohl nachgewiesen werden. — Aus umfangreichen Kartoffeldüngungsverss. sowie -sortenverss. ging hervor, daß **a** negativ mit dem Rohproteingeh. der Knollen, jedoch positiv mit dem relativen Eiweißgeh. korreliert. Das Optimum des **a** wurde bei N-Gaben von 50 kg/ha gefunden. Sowohl bei N-Mangel als auch bei N-Überdüngung fiel der **a** ab. Wilfried Werner. 6320□

Beurteilungsrahmen II für Moor- und Anmoorböden. K. H. Göttlich. (Landwirtsch. Forsch. **11,** 156—61, 1958; Sigmaringen, Wasserwirtschaftl. Planungsstelle; dt.) M. Winiker. 6324□

Bestimmung der Wasserbeständigkeit und Festigkeit der Bodenstruktur durch die Deformationsmethode mit einer Zentrifuge. Karel Kudrna. (Sborník Vysoké Školy Zemědělské Praze **1959,** 55—71; tschech.) — In Ergänzung seiner C. **1962,** 13543 referierten Arbeit zeigt Vf., daß die Wasserbeständigkeit u. Festigkeit von Böden auch durch Zentrifugieren bestimmbar sind. — 22 Literaturangaben. E. Vevera. 6324

Bodenlösungsextraktionen mit Feuchtigkeitsgehalten bei 1/10 bar. Frank M. Eaton, R. B. Harding und Tony J. Ganje. (Soil Sci. **90,** 253—58, Okt. 1960; Riverside, Univ. of Calif.; engl.) — Es wird eine Labor.-App. zur Extraktion von Boden-Lsgg. bei 0,1 bar unter CO_2-Atmosphäre beschrieben. Bei 9 untersuchten Boden-Proben wird bei 0,1 bar mehr extrahiert als bei der Sättigung. — 13 Literaturangaben. J. Neels. 6324□

H_8. Metallurgie. Korrosion.

United States Borax & Chemical Corp., Los Angeles, Calif., übert. von: Grover G. Collins, Valhalla, N. Y., Donald S. Taylor, Whittier, und Patrick J. O' Brien, Long Beach, Calif., V. St. A., **Extraktion von Lithium aus Silicaterzen.** Die Erze werden mit einem Gemisch von einem *Alkali-* oder *Erdalkalicarbonat, -sulfat, -oxid* oder *-hydroxid* u. einem zweiten davon verschiedenen Rk.-Mittel (**A**), wie $NaNO_3$ oder *NaOH*, bei Temp. oberhalb des F. von **A**, aber unterhalb des Erzschmelzpunktes, z. B. mit einem $NaNO_3/Na_2SO_4$-Gemisch im Verhältnis 1/20 bis 3/4 bei 300—800°, geröstet, wobei *Li* in eine wasserlösl. Form übergeführt wird. Das Röstgut wird mit wss. H_2SO_4-Lsg. extrahiert. (**Can. P. 562852** vom 1/9. 1955, ausg. 2/9. 1958. A. Prior. 7/9. 1954.) Eberhard Riedel. 6361

Magyar Állam (Erfinder: Ernst Weigl), Budapest, Ungarn, **Schnellstahl,** bestehend aus 5,00—8,00(%) *W*, 4,5—6,5 *V*, 3,5—5 *Cr* u. 1,6—1,80 *C*. Die Stahlleg. kann noch 2—10, bes. 3—6 *Co* u./oder bis 2, bes. 0,50—1,5, *Mo* enthalten. (**Ung. P. 144500** vom 28/3. 1955, ausg. 15/11. 1958.) G. König. 6411

Egyesült Izzólámpa és Villamossági R. T. (Erfinder: Paul Tury und Theodor Milner), Budapest, Ungarn, **Thoriumdioxid enthaltende Wolframstähle** werden für die weitere Bearbeitung dad. verbessert, daß man auf die Oberfläche des Werkstückes vor oder während der Bearbeitung C u./oder C-haltige Gase bei hohen Temp. (1300—1700°) einwirken läßt. Die Gase können in Mischung mit einem Schutzgas, z. B. H_2, verwendet werden. (**Ung. P. 144445** vom 18/5. 1956, ausg. 1/11. 1958.) G. König. 6411

Magyar Állam (Erfinder: Ladislaus Gillemot und Julius Emöd), Budapest, Ungarn, **In der Wärme formbare Al- oder Sn-Bronzen** enthalten außer *Cu*, *Al* oder *Sn* noch mindestens 0,2% *Ti*, wobei der Al- oder Sn-Geh. der Leg. 6—12% betragen soll. Die Zugabe des Ti erfolgt bei Temp. oberhalb des F. von Cu, bis 1200°. Die Verformung erfolgt bei 600—900°. Nach erfolgter Verformung wird rasch abgekühlt u. das Formstück bei 300—500° vergütet. (**Ung. P. 144308** vom 3/8. 1954, ausg. 1/9. 1958.) G. König. 6433

Sierra Metals Corp. (Erfinder: Rudolf Harold Thielemann), **Kobaltlegierung** mit hoher Korrosions- u. mechan. Festigkeit bei Temp. bis zu 982°, bestehend aus 15—30(%) *Cr*, 5—15 *W*, 0,5—5 *Nb*, 0,1—1,3 *C*, 0,01—0,2 *B*, Rest *Co*. (**Aust. P. 233620** vom 23/6. 1959, ausg. 25/5. 1961. A. Prior. 28/7. 1958.) C. Lüttgen. 6435

Council of Scientific & Industrial Research, Neu-Delhi (Erfinder: V. Aravamuthan und S. Gopal, Karaikudi), Indien, **Gewinnung von Mangan** durch Elektrolyse von $MnCl_2$–NH_4Cl-Lsg. in einer Diaphragma-Zelle, gek. durch die Verw. von *NaCl*-Lsg. als Anolyt. Das Verf. eignet sich bes. in Verbindung mit der Verarbeitung von Erzen mit niederem *Mn*-Geh., die mit dem gleichzeitig anfallenden Cl_2 aufgeschlossen werden, wobei man die dabei erhaltene $MnCl_2$–$FeCl_3$-Lsg. mit dem bei dem üblichen Röst-Verf. anfallenden Gemisch aus *MnO* u. magnet. *Fe-Oxid* umsetzt. (**Ind. P. 65646** vom 29/10. 1958, ausg. 22/2. 1961.) C. Lüttgen. 6437

Manufactures de Produits Chimiques du Nord (Établissements Kuhlmann), Frankreich, **Raffination von Natrium** durch Behandlung von *Ca*-haltigem *Na* bei 105—175°, bes. 150°, unter N_2-Atmosphäre in einem elektr. Feld, bes. durch Erhitzen in einem Niederfrequenz-Induktionsofen. Durch diese Raffination u. anschließendes Filtrieren des gereinigten Na kann der Ca-Geh. von z. B. 0,300 auf 0,010% oder von 0,035 auf 0,002% gesenkt werden. (**F. P. 1172643** vom 21/2. 1957, ausg. 12/2. 1959.) K. Bayer. 6443

United States Atomic Energy Commission, V. St. A., übert. von: Oliver J. C. Runnalls, Deep River, Ontario, Canada, **Herstellung von Beryllium-Legierungen** mit *U*, *Pu*, *Ac* u. anderen Metallen als Legierungsbestandteil, wobei z. B. PuF_3 mit *Be*-Pulver gemischt, auf 1000—1350°, bes. 1150°, erhitzt u. im Vakuum red. wird; das gebildete BeF_2 wird abdest. u. eine *Be-Pu*-Leg. gewonnen. (**A. P. 2875041** vom 7/1. 1955, ausg. 24/2. 1959.) K. Bayer. 6443

International Minerals & Chemical Corp., Chicago, übert. von: Robert F. McCullough, Glenview, Ill., V. St. A., **Gewinnung von Uran aus aluminiumhaltigem Phosphat.** Das Material wird mit Alkali digeriert, unlösl. Anteile (**A**) werden abgetrennt, Al aus den Lsgg. als *Trihydrat* isoliert, die **A** werden mit 90 bis 120% der stöchiometr. Menge H_2SO_4 zur Umsetzung alles enthaltenen P_2O_5 zu Monocalciumphosphat behandelt, wasserlösl. Anteile werden ausgelaugt, die feststoff-freien Lsgg. zur Red. von U-Anteilen zu U(IV) mit metall. *Fe* versetzt, die so erhaltenen U-haltigen Phosphat-Lsgg. werden mit einer oberflächenakt. Öl-in-W.-Emulsion versetzt, im Gegenstrom mit einem organ. Lsgm. mit bes. Affinität gegen U, z. B. *Phosphorsäureoctylestern*, umgesetzt u. zentrifugiert, wobei U-freie wss. Lsgg. u. U-reiche organ. Phasen erhalten werden. Die organ. Phasen werden mit wss. *HF* versetzt, der organ. Anteil in den Cyclus zurückgeführt, U-Nd. u. wss. Anteil getrennt aufgearbeitet. (**Can. PP. 563515** vom 23/2. 1956 u. **563516** vom 12/3. 1956, beide ausg. 16/9. 1958. Beide A. Prior. 6/7. 1955.) Eberhard Riedel. 6449

Atomic Energy of Canada Ltd., Ottawa, Ontario, Canada, übert. von: Frank A. Rough und Henry A. Saller, Columbus, Ohio, V. St. A., **Ternäre Uranlegierung** aus 5(%) *Cr* u. 0,5—10, bes. 1, *Fe*, Rest *U*. (**Can. P. 560687** vom 12/7. 1955, ausg. 22/7. 1958. A. Prior. 14/7. 1954.) L. Großner. 6449

Norton Co., Worcester, übert. von: Guy Ervin jun., Shrewsbury, und Herbert F. G. Ueltz, Worcester, Mass., V. St. A., **Extraktion von Ti.** Ti wird, z. B.

aus red. Ti-Verbb., in geschmolzenem Zustand elektrolyt. an einer Ti-Kathode niedergeschlagen. Der Ti-Halogenid enthaltende Elektrolyt besteht aus geschmolzenem (>1660°) *$BaCl_2$, BaF_2, $CaCl_2$, CaF_2, LiF, $MgCl_2$, MgF_2, KCl, KF, RbF, NaCl, NaF* oder *SrF* oder deren Gemischen, bes. aus $CaCl_2$ u. den *Fluoriden* von *Ca, Mg* u. *Sr*, die Zelle aus Cu, Ag oder deren Legg., die Anode aus Ti-Carbid, -Nitrid, red. Ti-Oxid oder Mischungen daraus, hauptsächlich jedoch aus Ti-Carbid. So wird z. B. zwischen der Ti-Verb. u. einem Ti-Block in Ggw. der genannten Salze mit F. <1660° u. Kp. >1660° bis zum Schmelzen ein Lichtbogen aufrechterhalten, dann wird elektrolysiert. — Vorrichtung. (**Can. P. 554685** vom 27/9. 1955, ausg. 18/3. 1958. A. Prior. 10/11. 1954.) H.-J. Nitzschke. 6449

Gebr. Giulini G.m.b.H., Ludwigshafen/Rh. (Erfinder: Egon Cherdron, Hermann Ruter und Fritz Weingärtner), **Gewinnung von Titan und Titanverbindungen** aus *Fe*-haltigen *Ti-Erzen*, z. B. *Ilmenit*. Die Erze werden mit 32%ig. *HCl* bei wenigstens 90° für nicht mehr als 2 Std. unter kräftiger Bewegung der Rk.-Komponenten behandelt, wobei Ti in eine lösl. Form übergeführt wird. (**E. P. 874573** vom 9/3. 1960, ausg. 10/8. 1961.) M. Neckermann. 6449

Küppers Metallwerk G.m.b.H., Bonn, **Flußmittel für Weichlote,** besteht aus Harzen oder Wachsen u. einem Halogensalz eines N.N-disubstituierten Alkanolamins mit 1—6 C-Atomen, z. B. *Dimethylisopropanolamin-Hydrochlorid, Diäthyläthanolamin-Hydrochlorid.* (**E. P. 861244** vom 7/5. 1959, ausg. 15/2. 1961. D. Prior. 14/5. 1958.) W. Hauswald. 6505

General Motors Corp., Detroit, übert. von: Dean K. Hanink, Birmingham, Mich., V. St. A., **Flußmittel** zum *Löten von Al-Oberflächen* aus mindestens 80% Al bestehen aus 15—20 (Gew.-%) *NaCl*, 20—30 *KCl*, 30—48 *$BaCl_2$*, 8—12 *Kryolith* u. 2—10 *AlF_3*. (**Can. P. 555656** vom 27/11. 1953, ausg. 8/4. 1958. A. Prior. 30/3. 1953.) S. Böttcher. 6505

Rihei Ohmi, Ichikawa/Chiba, Japan, **Flußmittelfreies Lot** für Aluminium und dessen Legg., besteht aus 4—4,3(%) *Al*, 4,8—5 *Cu*, weniger als 0,005 Verunreinigungen, Rest *Zn*, Löttemperatur etwa 350°. (**Schwz. P. 359009** vom 6/6. 1957, ausg. 31/1. 1962.) W. Hauswald. 6505

Egyesült Izzólámpa és Villamossági R. T., Budapest, Ungarn, **Löt- und Schweißdrähte** enthalten als Füllstoff *Carbamid*. (**Ung. P. 144441** vom 11/11. 1954, ausg. 1/11. 1958.) G. König. 6505

Arcrods Corp., New York, N. Y., übert. von: Leland M. Kee, Baltimore, Md., V. St. A., **Schweißstab** zur Herst. von *Cr–Ni-Stählen* mit ≦1% *Si* u. mindestens 5mal soviel *Ti* wie C aus einem Cr-Ni-Stahlkern mit einem Überzug aus Erdalkalifluoriden, Al_2O_3, TiO_2, Ton, Alkalisilicaten als Bindemittel, sowie Ti u. Al, letztere in Mengen von zusammen ≧1/5 der Alkalisilicate. Vorzugsweise besteht der Überzug aus 3 (Teilen) *CaF_2*, 0,75 *Al_2O_3*, 4,8 *TiO_2*, 0,2 *Ton*, 0,34 *Mn*, 0,6 *MgO* u. *CaO*, 0,39 *Ferrochrom*, 0,9 *Ti-Al*-Leg. u. 3,28 *Na*- u. *K-Silicaten*. (**Can. P. 560582** vom 8/2. 1956, ausg. 22/7. 1958. A. Prior. 25/3. 1955.) L. Großner. 6507

Armco Steel Corp., Middletown, Ohio, übert. von: George E. Linnert, Baltimore, Md., V. St. A., **Geschweißte Gegenstände aus seigergehärtetem rostfreiem Stahl.** Teile aus einem austenit. Stahl mit 17(%) Cr, 7 Ni, 1—3, bes. 0,5—2,5 Al u. 0,06—0,08, bes. 0,02—0,12 C werden zur Ausseigerung von C auf 1200—1600°F erhitzt u. abgekühlt u. zur Ausseigerung von Al auf 700—1200°F erhitzt u. abgekühlt. Die Schweißnaht wird durch Punktschweißung nach einer der beiden Wärmebehandlungen hergestellt. — Diagramm. (**Can. P. 560932** vom 5/9. 1953, ausg. 29/7. 1958.) L. Großner. 6507

N. V. Philips' Gloeilampenfabrieken, übert. von: Paul C. van der Willigen und Sjerp A. Troelstra, Eindhoven, Niederlande, **Schlackenbildende Masse und Elektroden zum Bogenschweißen.** Eine Suspension von *Mg-*, *Ca-* oder *Sr-Fluoriden* wird in wenig W. durch Zusatz von 2—10% Metallen, die die Erdalkalien im Gitter der Fluoride ersetzen können, geliert u. das Gel getrocknet; die Elektrode erhält einen Überzug mit 40% *Fe*-Pulver u. einem Fluorid. (**Can. P. 561467** vom 13/12. 1956, ausg. 5/8. 1958. Niederl. Prior. 15/12. 1955.) L. Großner. 6507

General Electric Co., New York, übert. von: Robert S. Zeno und Robert F. Gill, Schenectady, N. Y., V. St. A., **Schweißlegierung für höhere Temperaturen.** Die Leg. enthält 0,10—0,20(%) *Cl*, 0,75—3,0 *Cr*, 0,75—1,75 *Mo*, 0,30—1,0 *V*, 0,30 bis 0,80 *Mn* u. 0,28—0,50 *Si*, Rest *Fe*. Die Leg. wird 4 Std. auf 1800—2050 °F erhitzt, dann luftgekühlt u. hierauf bei 1150—1400°F 10—30 Std. getempert. (**A. P. 3003868** vom 30/9. 1959, ausg. 10/10. 1961.) W. Hauswald. 6507

Polychrome Corp., New York, N. Y., V. St. A., **Vorbehandlung von Aluminium-Druckplatten** vor dem Aufbringen lichtempfindlicher Überzüge. Die Al-Platte wird zunächst mit einer Alkalisilcatlsg. behandelt u. dann wird der entstandene Überzug mit einer wasserlösl. organ. Säure (*Zitronensäure, Weinsteinsäure*) nachbehandelt. Eine vorherige Aufrauhung der Platte ist zu empfehlen, ebenso eine Nachbehandlung mit einer wss. *Hydrochinon*lsg. (0,01—0,1 Gew.-%ig). (**E. P. 856993** vom 22/2. 1957, ausg. 21/12. 1960. A. Prior. 26/3. 1956.) H. Baur. 6513

Albright & Wilson (Mfg.) Ltd., Oldbury, Birmingham, Warwickshire (Erfinder: Heinz Spähn, Darmstadt, und Frederick Herbert Wells, Erdington, Birmingham, Warwickshire), England, **Lösung zum chemischen Polieren von Kupfer und seinen Legierungen** besteht aus 5 bis 40 (Vol-%)wss., 80 gew.-prozentiger H_3AsO_4, 2 bis 5 HNO_3 der Dichte 1,5, 5 bis 75 H_3PO_4 der Dichte 1,75, ggf. <70 CH_3COOH u./oder <20 W. u. wird bei 50 bis 80° angewandt. Beispiel: 20(%) H_3PO_4, 15 H_3AsO_4, 45 CH_3COOH, 10 HNO_3 u. 10 W., Temp. 60 bis 80°, Polierdauer 3 Minuten. (**D. A. S. 1086513** Kl. 48d vom 11/8. 1958, ausg. 4/8. 1960. **Belg. P. 569991** vom 1/8. 1958, ausg. 14/7. 1961. Beide E. Prior. 20/8. 1957.) H. Baur. 6513

Crucible Steel Co. of America, Pittsburgh, übert. von: George E. Muns, Industry, und Donald C. Berkebile, Beaver, Pa., V. St. A., **Gewinnung von Stoffen aus Beizabwässern und Koksofenrohgas.** Man führt eine $FeSO_4$ enthaltende Beiz-Fl. mit dem Gas im Gegenstrom, wobei bei einem End-pH von 7,5 bis 7,8 ein Gemisch von $(NH_4)_2SO_4$, *FeS*, NH_4- u. *Pyridinium-Ferrocyaniden* erhalten wird. Das Rk.-Gemisch wird oxydiert, Pyridin wird bei pH 6,8—7,8 abgetrieben, $(NH_4)_2SO_4$ wird in Lsg. abgetrennt, im Rückstand werden die Ferrocyanide durch Alkali gelöst, S wird flotiert u. Fe_2O_3 abzentrifugiert. — Verfahrensschema. (**Can. P. 560312** vom 19/3. 1956, ausg. 15/7. 1958. A. Prior. 20/6. 1955.) L. Großner. 6513

Sylvania Electric Products, Inc., Salem, Mass., übert. von: Edwin R. Bowerman, Whitestone, und Edward B. Saubestre, Elmhurst, N. Y., V. St. A., **Elektropolieren von Nickelteilen** erfolgt durch Eintauchen der Nickelteile als Anode in ein wss. Bad aus 5—66% H_2SO_4 u. 5—60% *HCl*. Die zugehörigen Konz.-Verhältnisse werden in einem tern. Diagramm festgelegt. (**Can. P. 562841** vom 31/10. 1955, ausg. 2/9. 1958.) Eberhard Riedel. 6515

Bell Telephone Laboratories, Inc., New York, N. Y., übert. von: Miles V. Sullivan, Summit, N. J., V. St. A., **Elektrolytische Behandlung von einem Teil der Oberfläche von Halbleiterplättchen.** Die Oberflächenspannung des Elektrolyten u. die des Halbleitermaterials werden so abgestimmt, daß die Plättchen auf dem Elektrolyten schwimmen. Das Plättchen wird dann anod. oder kath. geschaltet gegen eine im Elektrolyten angeordnete entsprechende Elektrode. Bei Stromdurchgang kann dann z. B. eine Schicht von Ni auf der mit der Fl. in Berührung stehenden Oberfläche der Halbleiter abgeschieden werden. Abbildungen. (**A. P. 2983655** vom 18/12. 1957, ausg. 9/5. 1961.) F. Markhoff. 6515

Siemens-Schuckertwerke Akt.-Ges., Berlin und Erlangen (Erfinder: Ferdinand von Sturm, Erlangen), **Galvanisches Abscheiden von dünnen Schichten aus halbleitenden $A^{III}B^{V}$-Verbindungen.** Die Verbb. werden aus komplexbildnerhaltigen Salzlsgg. ihrer Komponenten abgeschieden mit der Maßgabe, daß der pH-Wert des Elektrolyten in einen solchen Bereich eingestellt wird, in dem einerseits die Komplexverb. der edleren Komponente stabiler ist als diejenige der unedleren Komponente u. in dem andererseits bei den aufgezwungenen Potentialen die H_2-Abscheidung an der Kathode vernachlässigbar ist. Beispiel zur Abscheidung einer In–Sb-Schicht: Elektrolyt besteht aus 21 (g/Liter) NH_4Cl, 7,5 *Weinsäure*, 0,2 *Gelatine*, 4,4 $InCl_3$ u. 4,55 $SbCl_3$. pH-Wert 2,5. Abbildung. (**D. A. S. 1121427** Kl. 48a vom 21/7. 1960, ausg. 4/1. 1962.) F. Markhoff. 6515

City Auto Stamping Co., Toledo, übert. von: William H. Safranek und Charles L. Faust, Columbus, Ohio, V. St. A., **Galvanische Herstellung von Cu–Sn-Legierungen** mit $> 15\%$ *Sn* aus Bädern mit Cu^{+}-, Sn^{2+}-Salzen oder *Stannaten* u. *Cyaniden*, dad. gek., daß der Elektrolyt $\geq 0,5$ Mol/Liter *Alkali*- oder NH_4-*Halide* enthält u. durch Verw. einer CuSn-Anode mit $> 15\%$ Sn ergänzt wird. (**Can. P. 560625** vom 8/7. 1954, ausg. 22/7. 1958. A. Prior. 8/7. 1953.) L. Großner. 6517

General Motors Corp., Detroit, Mich., übert. von: Dean K. Hanink, Indianapolis, Ind., V. St. A., **Elektrolytisches Erzeugen von Aluminium–Kupfer-Legierungsüberzügen auf Metallen, wie Eisen.** Die Gegenstände werden zunächst mit einer dünnen *Cu*-Schicht, bes. auf galvan. Wege, überzogen, auf die dann in einem schmelzfl. Bad aus 0,5—12(%) AlF_3, 8—20 *Kryolith*, 25—45 *KCl* u. 37—57 *NaCl* von 1250 bis 1600°F galvan. ein *Al*-Nd. erzeugt wird. Die Menge des Al soll so bemessen werden, daß sie vollständig in die Cu-Schicht hinein diffundiert u. sich mit dem Cu legiert. (**A. P. 2970091** vom 10/9. 1957, ausg. 31/1. 1961.) F. Markhoff. 6517

General Electric Co., übert. von: Thomas J. Connor, Penn Wynne, Pa., V. St. A., **Erzeugen galvanischer Überzüge auf Aluminium.** Die Gegenstände werden in eine heiße Lsg. von *Alkalihydroxid* u. *NaK-Tartrat* getaucht, dann gespült u. in eine Lsg. von $Zn(CN)_2$, *Alkalicyanid*, *Alkalihydroxid* u. *Alkalisulfid* getaucht, bis sich eine *Zn*-Schicht gebildet hat. In diesem Bad wird dann der Gegenstand kathod. mit einer Stromdichte bis zu 1500 A/sq.ft bei 50 bis 120°F. behandelt, um eine weitere Zn-Schicht niederzuschlagen, auf die schließlich eine beliebige Metallschicht galvan. niedergeschlagen werden kann. (**A. P. 2966448** vom 4/6. 1958, ausg. 27/12. 1960.) F. Markhoff. 6517

Melpar, Inc., Falls Curch, übert. von: Paul E. Ritt jun., Vienna, und John R. Sayers jun., Falls Church, Va., V. St. A., **Elektrolytisches Erzeugen einer gedruckten Schaltung auf einer mit Kupfer überzogenen Plastikfolie.** Die Cu-Schicht wird mit einer photograph. lichtempfindlichen Schicht überzogen u. das Schaltschema durch Auflegen einer entsprechenden Abdeckung, Belichten u. Einwirken eines Entwicklers auf die Folie übertragen, wobei die nicht abgedeckte Cu-Oberfläche abgeätzt wird. Als Ätzmittel dient eine wss. Lsg. von 560 g/Liter CrO_3 u. 133 cm^3/Liter konz. H_2SO_4. Auf die Randschicht wird eine Lötmetallschicht galvan. angebracht. Hierzu dient eine Lsg. von 262 (Lbs./Gals.) 47%ig. $Sn(BF_3)_2$, 77 50%ig. $Pb(BF_3)_2$, 47,2 48%ig. HBF_3, 10,3 H_3BO_3, 4,2 *Gelatine* u. 573 *Wasser*. Abbildungen. (**A. P. 2959525** vom 11/10. 1957, ausg. 8/11. 1960.) F. Markhoff. 6517

Minister of Mines & Technical Surveys, übert. von: Thomas R. Ingraham, Ottawa, Ontario, Canada, **Titanüberzüge.** Metallartikel, deren Oberfläche durch eine Metallschmelze nicht angegriffen wird u. mit Ti-Subhalogeniden nicht chem. reagiert, werden in eine Ti-Subchloride enthaltende, aus Ti u. $TiCl_4$ bereitete Schmelze getaucht. Die anhaftende *Ti-Subhalogenid*-Schicht wird durch Disproportionierung in der Hitze in eine *Ti*-Überzugsschicht umgewandelt. (**Can. P. 561205** vom 30/9. 1954, ausg. 19/8. 1958.) Eberhard Riedel. 6517

Metal & Thermit Corp., Woodbridge, übert. von: Jesse E. Stareck, Westfield, N. J., Edgar J. Seib jun., Andy Albert Johnson, Oak Park, Mich., und William H. Rowan, San Diego, Calif., V. St. A., **Galvanische Erzeugung rißfreier Chromüberzüge.** Als Elektrolyt dient eine Lsg. von 100 bis 500 (g/Liter) CrO_3, in der das Verhältnis von CrO_3 zu den Katalysatorionen zwischen 70 : 1 u. 150 : 1 liegen soll. Als Katalysator dienen SO_4-Ionen u. F enthaltende Ionen, wie *Fluoraluminat*, *Fluorzirkonat* u. *Fluortitanat*. Die zweckmäßigen Verhältnisse zwischen CrO_3-Geh. u. Badtemp. sind in Diagrammen dargestellt. (**A. P. 2952590** vom 14/8. 1959, ausg. 13/9. 1960.) F. Markhoff. 6519

United States of America, Secretary of Air Force, übert. von: Dwight G. Moore, Washington, D. C., V. St. A., **Gegen Korrosion, Abrieb u. thermische Beanspruchung widerstandsfähige Schutzüberzüge auf Metallen.** Auf die Metalloberflächen trägt man eine Mischung aus 90 (Teilen) einer feinpulvrigen eutekt. Leg. aus *Ni–Cr–B* u. 40 einer feinteiligen Fritte aus SiO_2, *Feldspat*, *Borax* u. *NiO* sowie 5 *Ton* u. ggfs. 5 Al_2O_3 oder 5 Cr_2O_3 in 40 W. auf. Nach dem Trocknen wird die erhaltene Schicht bei 1850—2100°F aufgeschmolzen. (**A. P. 2857292** vom 9/11. 1954, ausg. 21/10. 1958.) P. Krug. 6529

Reynolds Metals Co., übert. von: Ernest R. Ramirez, Richmond, und Erik F. Barkman, Henrico County, Va., V. St. A., **Anodisches Oxydieren von Aluminiumbändern und Platten.** Um auch an den Kanten eine isolierende Oxidschicht zu erzielen, werden die Bänder u. Bleche zu einer Rolle aufgewickelt. Dann werden von den Kanten durch anod. Behandlung, z. B. in 30%ig. H_2SO_4, mit 100 A/sq.ft. die beim Schneiden entstandenen Vorsprünge u. scharfen Kanten beseitigt. Hierauf werden die Kanten anod. oxydiert u. anschließend die Rolle aufgewickelt u. das Band im ganzen anod. oxydiert. Abbildungen. (**A. P. 2995502** vom 7/10. 1957, ausg. 8/8. 1961.) F. Markhoff. 6531

Jozsef Antoni, Budapest, Ungarn, **Eloxieren von Aluminium und Aluminiumlegierungen** mit mindestens 90% Al. Man behandelt sie zur Entfettung mit 5%ig. *NaOH* bei 70°, neutralisiert mit HNO_3 u. anschließend läßt man auf das Werkstück eine Lsg. aus 60 (Gew.-%) 68%ig. HNO_3, 35 P_2O_5 u. 4 HNO_3 bei 85—90° einwirken. Das nun glänzende Material wird in 25 4%ig. H_2SO_4 der Einw. von Gleich- oder Wechselstrom ausgesetzt u. anschließend mit anorgan. oder organ. Farbstoffen gefärbt. (**Ung. P. 144480** vom 30/12. 1955, ausg. 1/11. 1958.)
G. König. 6531

Maurice Albert Boucard, Frankreich, **Phosphatierungsbad** aus ca. 30 g/Liter W. eines trockenen, zerkleinerten Prod., das durch Mischen von 15 (Gew.-Teilen) *Mn*-Phosphat mit 1 *Fe*-Phosphat u. 24 H_3PO_4 u. Trocknen hergestellt wird. Das Mn-Phosphat erhält man durch Mischen einer Lsg. aus 353 g $MnSO_4$ in 1 Liter W. von ca. 60 bis 70° mit einer Lsg. von 272 g Na_3PO_4 in 1,5 Liter W. derselben Temp., Filtrieren, Waschen in W. von 30 bis 40°, Trocknen bei 300° u. Pulverisieren. Das *Fe-Phosphat* erhält man durch Mischen einer Lsg. aus 450 g $FeSO_4$ in 1 Liter W. von ca. 60 bis 70° mit einer Lsg. aus 272 g Na_3PO_4 in 1,5 Liter W. derselben Temp., Filtrieren, Waschen in W. von 30 bis 40°, Trocknen bei 300° u. Pulverisieren. (**F. P. 1231784** vom 15/4. 1959, ausg. 3/10. 1960.)
H. Baur. 6533

Erminio De Pretto, Mailand, Italien, **Phosphatierung von Eisen und seinen Legierungen,** mit wss. Lsgg., die H_3PO_4 u. HNO_3 oder deren Salze enthalten, dad. gek., daß man mehr als zwei Oxydationsmittel, ein *Nitroamid* (Nitroguanidin), ein *Bromat* u. ein *Nitrit* in Verbindung mit einem *Bromid* zufügt. (**It. P. 541923** vom 28/9. 1955.) K. Koebke. 6533

Imperial Chemical Industries Ltd., London, England, **Verringern der Korrosion von Gegenständen aus Titan in verschiedenen angreifenden Medien, wie Schwefelsäure.** Das Ti wird mit einem Material, das edler als Ti ist, elektr. verbunden, z. B. mit einer Elektrode aus Graphit oder Pt, die von der korrodierenden Fl. nicht angegriffen wird. Es bildet sich eine dünne Schutzschicht auf der Ti-Oberfläche aus. (**Belg. P. 569804** vom 26/7. 1958, ausg. 30/6. 1961. E. Prior. 26/7., 25/11. u. 4/12. 1957.) F. Markhoff. 6539

Esso Research and Engineering Co., Elizabeth, übert. von: Roy A. Westlund jun., Rahway, N. J., V. St. A., **Rostschutzmittel** aus 70,0—95,5(%) Leichtbenzin, 2,5—20 Mineralöl mit einer Viscosität 25—250 SUS/210°F, 1—5 KW-Stoff-Wachs u. 1—5 öllösl. Amid der Formel $R–CO–N(R')–(C_nH_{2n})_x–N(R'')_2$ (R = aliphat. C_{11-21}-KW-Stoff-Rest; R′ u. R″ = H oder C_{1-4}-Alkylrest; n = 1; x = 2—18). — Z. B. aus 79 Bzn., Kp. 305—410°F, 10 *Mineralöl*, Viscosität 200 SSU/210°F, 1,5 *KW-Stoff-Wachs*, F. 130—132°F, 5 *Amid* aus 1 Mol *Ölsäure* u. 1 Mol *Äthylendiamin* u. 4,5 *Cumaron-Inden-Harz*. — Vgl. E. P. 812149; C. **1960,** 15917. (**Can. P. 563420** vom 13/9. 1955, ausg. 16/9. 1958. A. Prior. 1/10. 1954.)
Eberhard Riedel. 6539

Shell Development Co., San Francisco, übert. von: Aaron Wachter und Robert J. Moore, Berkeley, Calif., V. St. A., **Korrosionsschutz von Metallen** durch Verpacken in Papier, das mit ≧ 0,01 g/ft² innerer Oberfläche *Nitrophenolen* (z. B. o-Nitrophenol) oder *Nitrophenolaten*, deren Dampfdruck bei 21° ≧ $2 \cdot 10^{-5}$ mm beträgt, imprägniert ist. (**Can. P. 560441** vom 12/5. 1947, ausg. 15/7. 1958. A. Prior. 13/8. 1946.) L. Großner. 6539

Universal Oil Products Co., Des Plaines, übert. von: Walter G. Toekelt, Downers Grove, Ill., V. St. A., **Wasserlöslicher Korrosionsinhibitor zum Schutz von Fe** gegen den Angriff durch W. besteht aus einem Rk.-Prod. aus ca. 0,5 bis 6 (Molteilen) *Tetrahydroxyalkylalkylenpolyamin* mit 1 *Phytolsäure*. Die erstgenannte Verb. hat 2 bis 5 Amingruppen im Mol., 1 bis 5 C-Atome in jeder der Alkylgruppen u. 2 bis 4 C-Atome in der Alkylengruppe. (**A. P. 2923599** vom 26/3. 1958, ausg. 2/2. 1960.) H. Baur. 6539

H_9. Organische Industrie

Continental Oil Co., Ponca City, Okla., übert. von: Kenneth R. Gerhart, Gretna, La., und Edward J. Karwacki, Karns City, Pa., V. St. A., **Alkarylsulfonate.** Alkaryl-KW-Stoffe (**A**) werden mit H_2SO_4/Oleum sulfoniert, mit der 1—1,5fachen Menge (bezogen auf **A**) eines organ. Lsgm., bes. Bzl. oder Hexan, u. mit soviel W. versetzt, als zur Bldg. einer oberen, Alkarylsulfonsäure, unsulfo-

niertes Öl u. Lsgm. enthaltenden Phase u. einer unteren, 75—80% H_2SO_4 enthaltenden wss. Phase nötig sind, wonach die Alkarylsulfonate aus der organ. Phase isoliert werden. — Zeichnung. (**Can. P. 562004** vom 9/8. 1957, ausg. 19/8. 1958.)
Eberhard Riedel. 6567

Imperial Chemical Industries Ltd. (Erfinder: Isaak Goodman und Robert Alexander Addington), England, **Herstellung von Benzol-1.4-disulfonsäure, Naphthalin-2.6-disulfonsäure und Diphenyl-4.4'-disulfonsäure** durch Erhitzen der Alkalisalze der entsprechenden Monosulfonsäuren unter Inertgas auf 250—600°, ggf. in Ggw. von anorgan. Hg-, Cr-, V-, Ag-, Pb- oder Cd-Verbb., wodurch die Rk.-Temp. auf 250—425° herabgesetzt wird, u. Isolierung der Disulfonsäuren in üblicher Weise. — 392 (Teile) K-Benzolsulfonat u. 41 Pb-Staub werden unter 4 at CO_2 6 Std. auf 375° erhitzt, das Rk.-Prod. wird in heißem W. aufgenommen u. mit einem Kationenaustauscher (H^+-Form) behandelt: 9% *Benzol-1.4-disulfonsäure.* — Analog aus naphthalin-2-sulfonsaurem K u. Cd-Pulver 48% *Naphthalindisulfonsäure.* — Aus 500 diphenyl-4-sulfonsaurem Na durch 6std. Erhitzen auf 425° im geschlossenen Gefäß ohne Zusatz von Katalysatoren u. Inertgas 350 *diphenyl-4.4'-disulfonsaures Na.* (**UdSSR. P. 122151** vom 22/10. 1957.)
L. Großner. 6567

Andre von Szombathy, übert. von: Kalman von Szombathy, Wiesbaden, **Herstellung wasserlöslicher Sauerstoffüberträger,** dad. gek., daß man Dihydroxybenzol, Aminophenol, Benzochinon, Diaminophenol, Phenylendiamine, Naphthole, Aminonaphthole, Naphthochinon oder Dihydroxynaphthalin bei $< 100°$ mit konz. H_2SO_4 sulfoniert, nach dem Abkühlen zur Salzbldg. mit NaOH behandelt, das Salz filtriert, in wss. NaOH, KOH oder NH_4OH löst u. die Lsg. mit O_2 sättigt. (**Can. P. 555810** vom 27/7. 1954, ausg. 8/4. 1958.)
S. Böttcher. 6583

Allied Chemical Corp., New York, übert. von: Allen W. Sogn, Williamsville, N. Y., V. St. A., **Reduktion aromatischer Stickstoffverbindungen,** die das N-Atom als Substituenten an einem Benzolkern u. in Form einer höheren Oxydations-Stufe als der Hydrazo-Stufe enthalten. Die Red. wird mit einem Metallalkoholat, z. B. Na-Methylat, in Ggw. geringer Mengen einer furanonaphthochinoiden Verb., z. B. Dinaphtho-[1.2:2'.3']-furandion-(7.12), durchgeführt. (**Can. P. 563347** vom 2/8. 1955, ausg. 16/9. 1958. A. Prior. 14/7. 1955.) Eberhard Riedel. 6585

Robert N. Haszeldine, Cambridge, England, **Herstellung von polyfluorierten olefinischen Verbindungen** der allg. Formel R_F-$CH{=}CHX$ (R_F = Polyfluor-KW-Stoff-Rest oder Polyhalogen-KW-Stoff-Rest mit mindestens 2 F-Atomen an dem der Doppelbindung benachbarten C-Atom; X = F oder CN) durch Rk. von Verbb. R_F-$C{\equiv}CH$ mit Säuren HX (HF oder HCN) in Ggw. von BF_3 bzw. Cu-Salzen als Katalysator. — Vgl. F. 1086987; C. **1957,** 7787. (**Can. P. 554807** vom 18/11. 1953, ausg. 25/3. 1958.) H.-J. Nitzschke. H 460

Pan American Petroleum Corp., übert. von: Clifton G. Frye, Tulsa, Okla., V. St. A., **Umwandlung von Alkoholen und Carbonylverbindungen ineinander bei der Kohlenwasserstoffsynthese** durch Einleiten in ein Fließbett aus Synth.-Gas u. SiO_2-freiem akt. Fe-Katalysator, bes. Hammerschlag, oberhalb des unteren Drittels der Rk.-Zone. (**Can. P. 561082** vom 17/12. 1951, ausg. 29/7. 1958. A. Prior. 12/3. 1951.) L. Großner. H 460

Gulf Research & Development Co., übert. von: Bernard H. Gwynn und Charles W. Montgomery, Pittsburgh, Pa., V. St. A., **Oxoprozeß.** Synthesegas wird mit einem Olefin in Ggw. eines metall. Hydroformylierungskatalysators umgesetzt, das aldehyd. Rk.-Prod. wird nach Abtrennung von anhaftendem Katalysator adiabat. bei 290—400°F unter erhöhtem Druck durch 2 mit einem Metall der 8. Gruppe, bes. Ni, beschickte Rk.-Zonen geführt, wobei der Katalysator in der 1. Zone Verunreinigungen aufnimmt u. kontinuierlich regeneriert wird, worauf in der 2. Zone zum *Alkohol* hydriert wird. — Verfahrensschema. (**Can. P. 560055** vom 26/8. 1955, ausg. 8/7. 1958.) L. Großner. H 460

Ciba Akt.-Ges., Basel, Schweiz, **Herstellung neuer Ester beziehungsweise Amide.** Man acyliert Hydroxy- oder Amino-Verbb. der Benzophenon-, Pyridophenon-, Acylaminobenzol- oder Cumarin-Reihe, die durch zusätzliche aliphat. oder isocycl. Reste bzw. durch Alkoxy- oder Carbonsäureester-Gruppen substituiert sein können, mit Halogeniden polymerisierbarer Mono- oder Dicarbonsäuren der Formel $H\text{-}(CH_2)_{(2-m)\,(p-1)\,(q-1)}\text{-}C(COOH) = C[COO)_{m-1}H](CH_2)_{(2-m)\,(2-p)\,(q-2)}\text{-}H$ (m, p u. q je = 1 oder 2). — *Acrylsäure, 3-Hydroxy-4-benzoylphenylester,* $C_{16}H_{12}O_4$,

F. 80° (A./W.), aus 2.4-Dihydrobenzophenon (I) durch Umsetzung mit methanol. NaOH, Eindampfen u. Rk. mit Acrylsäurechlorid (II) in abs. Bzl.; gelb glänzende Blättchen; 64% (Ausbeute). Analog: *p-Butyrylaminophenylester*, $C_{13}H_{15}NO_3$, F. 89° (A./W.), aus N-Butyryl-p-aminophenol; Nadeln; 69%. *p-Pelargonoylaminophenylester*, $C_{18}H_{25}NO_3$, F. 96° (A./W.), aus N-Pelargonoyl-p-aminophenol; Nadeln; 66%. *3-Hydroxy-4-[pyridyl-(3)]-carbonylphenylester*, $C_{15}H_{11}NO_4$, F. 125° (A.), aus 2.4-Dihydroxyphenyl-[pyridyl-(3')]-keton; gelbliche Nadeln; 48%. *3-Hydroxy-4-[p-methoxybenzoyl]-phenylester*, $C_{17}H_{14}O_5$, F. 99° (CH_3OH), aus 2.4-Dihydroxy-4'-methoxybenzophenon; gelbliche Blättchen oder Nadeln; 88%. *3-Hydroxy-4-[p-phenylbenzoyl]-phenylester*, $C_{22}H_{16}O_4$, F. 131° (CH_3OH), aus 2.4-Dihydroxy-4'-phenylbenzophenon (III); gelbe Blättchen; 88%. *4-[5-Methylbenzoxazolyl-(2)]-anilid*, $C_{17}H_{14}N_2O_2$, F. 213—214° (A.), aus 2-[p-Aminophenyl]-5-methylbenzoxazol u. II in Bzl. durch 1std. Rühren mit Na_2CO_3; gelbe Nadeln. Analog: *4-Carbäthoxyanilid*, $C_{12}N_{13}NO_3$, F. 116—117° (Bzl./PAe.), aus p-Aminobenzoesäureäthylester; Nadeln; 54%. *N-[4-Methylcumarinyl-(7)]-N-äthylamid*, $C_{15}H_{15}NO_3$, F. 140° ($CH_3 \cdot OH$), aus 4-Methyl-7-äthylaminocumarin u. II in 1.2-Dichloräthan in Ggw. von wss. NaOH; gelbliche Rhomben; 58%. — *Crotonsäure-3-hydroxy-4-benzoylphenylester*, $C_{17}H_{14}O_4$, F. 79° (CH_3OH), aus I u. Crotonsäurechlorid; Nadeln; 56%. — *Methacrylsäure-3-hydroxy-4-[p-phenylbenzoyl]-phenylester*, $C_{23}H_{18}O_4$, F. 124° ($CH_3 \cdot OH$), aus III u. Methacrylsäurechlorid, gelbe Blättchen; 72%. — *Fumarsäure-bis-3-hydroxy-4-benzoylphenylester*, $C_{30}H_{20}O_8$, F. 164° (Essigester), aus I u. Fumarsäurechlorid; gelbliche Nadeln; 60%. — *Lichtschutzmittel*. (**Oe. P. 210406** vom 12/3. 1959, ausg. 10/8. 1960. Schwz. Prior. 13/3. 1958.) Eberhard Riedel. H 460

Farbwerke Hoechst Akt.-Ges., vormals Meister Lucius & Brüning, Frankfurt/M., **Säurechloride** erhält man durch Rk. von $SOCl_2$ oder $COCl_2$ mit organ. Sulfon- oder Carbonsäuren oder deren Salzen in Ggw. geringer Mengen, bes. 1—3%, eines Formamids der allg. Formel R–N(R')–CHO (R u. R' = Alkyl, Aralkyl, Aryl, beide können zusammen mit dem N einen heterocycl. Ring, wie den Piperidin- oder Morpholinring bilden) in An- oder Abwesenheit eines Lsgm. (Chlf., CCl_4, Chlorbenzol, Toluol, Xylol, Dioxan) u. ggf. in Ggw. eines Katalysators (Pyridin, $AlCl_3$, J_2). — Aus 33,2 (Teilen) Benzol-1.4-dicarbonsäure u. 8 $SOCl_2$ in Ggw. von 0,5 Dimethylformamid unter Rückfluß → *Benzol-1.4-dicarbonsäuredichlorid*. — Na-Benzolsulfonat + $SOCl_2$ → *Benzolsulfonsäurechlorid*, $Kp._{22}$ 124°. — Na-4-Chlorbenzolsulfonat + $SOCl_2$ → *4-Chlorbenzolsulfonsäurechlorid*, F. 51°. — Na-1-Chlor-2-nitrobenzol-4-sulfonat → *1-Chlor-2-nitrobenzol-4-sulfonsäurechlorid*, F. 60°. — Na-Benzol-1.3-disulfonat → *Benzol-1.3-disulfonsäuredichlorid*. — Na-1-Hydroxy-8-äthoxynaphthalin-3.6-disulfonat → *1-Hydroxy-8-äthoxynaphthalin-3.6-disulfonsäuredichlorid*, aus CCl_4 Nadeln, F. 156°. — Azofarbstoff aus diazotiertem 1-Amino-4-methylbenzol u. Na-2-Hydroxynaphthalin-6-sulfonat → *6-Sulfonsäurechlorid*, F. 201,5° (korr.). — Azofarbstoff aus diazotiertem o-Chloranilin u. Na-2-Hydroxynaphthalin-3.6-disulfonat → *3.6-Disulfonsäuredichlorid*, aus Chlorbenzol F. 250° (Zers.). — Azofarbstoff aus diazotierter 1-Amino-2-nitrobenzol-4-sulfonsäure u. 2-Hydroxynaphthalin → *4-Sulfonsäurechlorid*, aus Nitrobenzol F. 230—231°. — Laurinsäure + $COCl_2$ in Ggw. von Dimethylformamid bei 80° → *Laurinsäurechlorid*, $Kp._5$ 120°; Ausbeute 95%. — Ölsäure + $COCl_2$ → *Ölsäurechlorid*. — Propionsäure + $COCl_2$ → *Propionylchlorid*. In den Ausgangssäuren vorhandene OH- u. NH_2-Gruppen brauchen im allg. nicht geschützt zu werden. — Zwischenprodd. zur Herst. von Farbstoffen, Heilmitteln, Textilhilfsmitteln, Kunststoffen u. Waschmitteln. (**Belg. P. 553871** vom 31/12. 1956, ausg. 29/1. 1960. D. Prior. 31/12. 1955.) G. Krauß. H 460

M. W. Kellogg Co., Jersey City, übert. von: Horace R. Davis jun., Cedar Grove, und David P. Sorensen, Bloomfield, N. J., V. St. A., **Sulfone und Sulfide** erhält man durch katalyt. Disproportionierung von Sulfoxiden der allg. Formel $(R–SO–R')_n$ (I) oder Polysulfoxiden der allg. Formel $(R–SO–(R')_m–SO–R'')_n$ (II) in Ggw. von OsO_4 im Gew.-Verhältnis 1 : 1 × 10^{-10} bis 10^{-1} u. W. oder auch in dessen Abwesenheit bei 30—300, bes. 75—200° nach dem Rk.-Schema: 2R–SO–R' → R–S–R' + R–SO_2–R'; R–SO–R'–SO–R'' → R–S–R'–SO_2–R'' (n u. m = 1—100, bes. 1—20; R, R' u. R'' = Alkyl, Alkenyl, Cycloalkyl, Cycloalkenyl, Phenyl, O- oder N-haltige heterocycl. Reste, wie Chinolin, Pyrrolidin, Pyrrol, Thiophen, Indol, Carbazol, Pyridin, Acridin, alle Reste können als Substituenten noch Halogen, Alkyl, CO, NO_2, NH_2, COOH, COOR u. SO enthalten). Nach dem anderen Verf. erfolgt die Disproportionierung bei 65—180, bes. 50—120° unter weiterem Zusatz von NO, NO_2, N_2O_5, N_2O_4 u. N_2O_3 als Oxydationsmittel, wodurch die red. Os-Verb. wieder oxydiert wird u. bessere Ausbeuten erhalten werden. — Aus Dimethylsulfoxid in Ggw. von 0,1% OsO_4 bei 100° → *Dimethylsulfid*, (Ausbeute) 48,8%, + *Dimethylsulfon*, 49,4%. — Methylphenyl-, Methyloctyl-, Thiodiglykol-, Diphenyl- u. Thioxansulfoxid → *Sulfid* + *Sulfon*. — Aus Diäthylsulfoxid in Ggw. von 1×10^{-3} g OsO_4 u. 2 g NO_2 bei 110° → *Diäthylsulfon*, 95%. — Benzylsulfoxid → *Benzylsulfon*. — 3.3-Bis-(äthylsulfoxy)-pentan → *Tetronal*. — Diphenylsulfoxid → *Diphenylsulfon*. — Thioxansulfoxid → *Thioxan*. — Methylbutylsulfoxid → *Methylbutylsulfon*. — Äthylpropylsulfoxid → *Äthylpropylsulfon*. — 2.2-Bis-(äthylsulfoxy)-propan → *Sulfonal*. — I u. II können 2—50 C-Atome enthalten. R u. R' kann noch sein: Methyl, Äthyl, Propyl, Butyl, Cetyl, Eicosyl, Heptacontyl, Cyclobutan, -pentan, -hexan, -buten, -hexen-, hexadien, -pentadien, Cyclooctatetraen, Phenyl, Naphthyl, Anthracenyl. — *Lsgm.* für *Polyacrylnitril*; *Wärmeübertragungsmittel*; *Zwischenprodd.*, bes. zur Herst. von *Farbstoffen*. (**A. PP. 2870215** vom 21/2. 1956 u. **2870216** vom 12/12. 1956, beide ausg. 20/1. 1959.) G. Krauß. H 460

Farbwerke Hoechst Akt.-Ges., vormals Meister Lucius & Brüning, Frankfurt/M.-Hoechst, **Pyrolyse von Kohlenwasserstoffen.** Auf 400—800° vorerhitztes Methan wird in einer Verbrennungskammer bei 2—21, bes. 3—9 at Druck mit durch Verbrennung eines auf 200—800° vorerhitzten Brennstoffs mit einer entsprechenden, vorerhitzten Menge O_2 erzeugten Verbrennungsgasen, die 2600 bis 2400° heiß sind u. denen ggf. bis zu 10% H_2 u./oder Wasserdampf als Sekundärgas zugeführt werden, in einer solchen Menge gemischt, daß das resultierende Gemisch 1600—1200° heiß ist. In einer anschließenden Rk.-Kammer werden in das Gemisch auf 200—400° vorerhitzte, mehr als 1 C-Atom enthaltende paraffin. KW-Stoffe bei 0,9—2, bes. 1—1,4 at Druck eingeleitet, wobei das Rk.-Gas 1100—700° erreicht. Danach wird das Rk.-Gas in einer zweiten Rk.-Kammer bei 0,1—0,9, bes. 0,5—0,9 at Druck, abgeschreckt. Die Pyrolysedauer für Methan soll 10^{-3}—10^{-4} Sek., für die paraffin. KW-Stoffe 10^{-2}—10^{-3} Sek. betragen. Als Verbrennungsgase können auch die nach Abtrennung der ungesättigten KW-Stoffe u. des CO_2 aus dem Rk.-Gas übrigbleibenden Restgase verwendet werden. — 2 schemat. Zeichnungen. (**Oe. P. 210867** vom 25/9. 1958, ausg. 25/8. 1960. D. Prior. 27/9. 1957.)
Eberhard Riedel. H 500

General Electric Co., übert. von: Newell C. Cook, Schenectady, und John K. Wolfe, Burnt Hills, N. Y., V. St. A., **Herstellung von Fluorkohlenstoffen** aus C (Koks) u. wasserfreiem HF im elektr. Lichtbogen bei höchstens der Siedetemp. des HF. — Abbildung. (**Can. P. 555970** vom 6/11. 1956, ausg. 15/4. 1958.)
H.-J. Nitzschke. H 500

Edeleanu G. m. b. H., Frankfurt/M., übert. von: Herman Franz, Frankfurt/M.-Fechenheim, Hans Langner und Heinrich Westerhoff, Frankfurt/M., **Abtrennung von n-Paraffinen** aus KW-Stoff-Gemischen durch Umsetzung mit einem Überschuß an Harnstoff (I) in einem Lsgm.-Gemisch von CH_3OH u. CH_2Cl_2, in dem CH_3OH als Aktivator für die n-Paraffin-**I**-Addukt-Bldg. u. CH_2Cl_2 als Lsgm. für die restlichen KW-Stoffe fungieren. Das krist. Addukt wird aus der Rk.-Mischung abgetrennt u. in n-Paraffine u. **I** aufgespalten. Aus dem Lsgm.-Rückstand wird CH_2Cl_2 abdest. u. das zurückbleibende 2phasige, den überschüssigen **I** enthaltende CH_3OH/KW-Stoff-Gemisch getrennt u. aufgearbeitet. — Verf.-Schema. (**Can. P. 562930** vom 23/9. 1954, ausg. 9/9. 1958. D. Prior. 23/9. 1953.)
Eberhard Riedel. H 510

Robert N. Haszeldine, Cambridge, England, **Polyhalogennitroverbindungen.** *Polyhalogennitroalkane* der Formel $RCXY \cdot NO_2$ (R = F oder Polyhalogenalkylrest; X u. Y = F, Cl, Br oder Polyhalogenalkylreste) werden durch Oxydation entsprechender Nitroso-Verbb. RCXY · NO bei 0—150° u. 0,1—50 at mit Mn_2O_7, PbO_2, Cr_2O_3, O_2, NO_2 oder H_2O_2 gewonnen. Als Ausgangs-Prodd. werden bes. Perfluor- u. Perfluorchlornitrosoalkane genannt. — Verbb. der Formel NO_nZ (n = 1 oder 2; Z = Cl, Br) werden mit Halogenolefinen der Formel $R_1R_2C = CXY$ (R_1 u. R_2 = F, Cl, Br, C_{1-20}-Alkyl-, Perfluorcycloalkyl-, Halogen-C_{1-20}-alkyl-, bes. F-, Cl- oder Br-Alkylreste oder R_1 u. R_2 = H, wenn n = 2, X u. Y = F, Cl, Br, wobei wenigstens eines der der Doppelbindung benachbarten C-Atome ein F-Atom trägt), bes. Perfluor- u. Perfluorchlorolefinen, z. B. Tetrafluoräthylen, Chlortrifluoräthylen oder 1.1-Dichlordifluoräthylen, bei 0—150° u. 1—100 at umgesetzt. (**Can. PP. 562549** vom 19/5. 1954, ausg. 2/9. 1958. E. Prior. 9/6. 1953 u. **562550** vom 19/5. 1954, ausg. 2/9. 1958. E. Prior. 19/6. 1953.) Eberhard Riedel. H 510

M. W. Kellogg Co., Jersey City, übert. von: Charles C. King, Short Hills, N. J., V. St. A., **Äthylen** erhält man durch therm. Spaltung von gesätt. oder ungesätt. gasförmigen oder fl. KW-Stoffen mit mindestens 2 C-Atomen (Naphtha, Äthan, Propan, deren Mischungen) bei 900—1600, bes. 1300—1600°F u. 0,05 bis 1 Sek. Verweilzeit, so daß nur 3—10% der KW-Stoffe gespalten werden. Die Rk.-Gase werden dann mit Wasserdampf von 1500—2000°F auf 1200—1700, bes. 1300 bis 1700°F bei einer Verweilzeit von 0,5—3 Sek. erhitzt, so daß 6—55% der KW-Stoffe gespalten werden. Die Rk.-Gase werden hierauf bes. durch Wärmeaustausch auf 400—800°F u. dann durch Fraktionieren auf 200—500°F abgekühlt. Das Verhältnis von Dampf : KW-Stoff beträgt 0,5—3 : 1. — Vorr., Zeichnung. (**A. P. 2890256** vom 3/5. 1955, ausg. 9/6. 1959.) G. Krauß. H 520

Dow Chemical Co., Midland, Mich., übert. von: John H. Brown jun., Freeport, und Winston E. Larson, Lake Jackson, Tex., V. St. A., **Dehydrochlorierung von Chloräthanen** durch Erhitzen von Monomethylpolychlormethanen in der Dampfphase auf ≧ 100° in Ggw. von ≧ 0,1 Mol-% $FeCl_3$. — *CH_2 : CHCl*, durch Überleiten von dampfförmigem CH_3CHCl_2 mit 0,1—5 Mol-% Cl_2 über eine Stahldraht-Kontaktmasse bei 150—500° mit einer Kontaktzeit von 0,2—20 Sek.; analog: *CH_2: CCl_2*, aus CH_3CCl_3. (**Can. P. 561327** vom 22/1. 1954, ausg. 5/8. 1958.) L. Großner. H 520

Müanyagipari Kutató Intézet (Erfinder: Georg Thurzó), Budapest, Ungarn, **Vinylchlorid** erhält man bei der Rk. von C_2H_2 mit HCl u. $HgCl_2$ als Katalysator unter Zugabe von TiO_2 als Promotor, bei 90—150° u. verhältnismäßig hoher Gasgeschwindigkeit, z. B. von 900 l/Stunde. (**Ung. P. 145017** vom 20/3. 1957, ausg. 15/6. 1959.) G. König. H 520

Institut für Silikon- und Fluorkarbon-Chemie, Radebeul, **Perfluoräthylen,** C_2F_4, Kp. —78°, erhält man durch Erhitzen von Chlordifluormethan auf über 400°, z. B. 500°, in Ggw. von Fe–Si, Si oder einer Leg. aus Si u. Cu u. ggf. von Cu als Katalysator, wobei als Nebenprodd. *H_2SiCl_2*, Kp. 8°, u. *$HSiCl_3$*, Kp. 31°, entstehen. Die Rk. kann in Fe-Rohren durchgeführt werden. — *Zwischenprod.* zur Herst. von Polymeren. (**Belg. P. 551405** vom 29/9. 1956, ausg. 18/12. 1959.) G. Krauß. H 520

Gulf Research & Development Co., Pittsburgh, Pa., V. St. A. (Erfinder: A. M. Henke und H. C. Stauffer), **Reinigen von gasförmigem oder flüssigem rohem Isopren,** das als Verunreinigungen z. B. 1—4% 2-Butin, 1-Pentin oder Cyclopentadien enthält, erfolgt durch dessen ein- oder mehrmaliges Behandeln mit Molekülsieben aus natürlichen oder synthet., wasserfreien Zeolithen mit einem Porendurchmesser von 5 Å. Die zurückgehaltenen Verunreinigungen werden durch Erhitzen des Zeoliths auf höchstens 590, bes. 480—510°, bes. unter Zusatz von O_2-haltigem Gas verbrannt. Der Zeolith ist dann wieder verwendbar. — Vorr., Zeichnung. (**Belg. P. 563488** vom 24/12. 1957, ausg. 17/6. 1960. A. Prior. 28/12. 1956.) G. Krauß. H 520

I. L. Knunjanz, W. W. Schokina und Li-Tschshi Juan, **Herstellung von α.ω-Perfluordiolefinen** durch Erwärmen von $F_2C : CF_2$ (**I**) mit $F_2ClC \cdot CFClJ$ (**II**) in Ggw. von Telomerisationsinitiatoren, Rk. des erhaltenen α.β-Dichlor-ω-jodperfluoralkans mit Zn in CH_2Cl_2 u. Acetanhydrid zu α.β.ψ.ω-Tetrachlorperfluoralkanen und Cl-Abspaltung mit Zn in Propanol. — In 200 (g) **II** u. 2 Benzoylperoxid in einem auf —60° gekühlten u. unter N_2 evakuierten 250 ml-Autoklaven werden 14 Liter **I** kondensiert, danach wird 4 Std. auf 130° erhitzt, mit $Na_2S_2O_4$, $NaHCO_3$ u. W. gewaschen u. über eine Kolonne mit 17 theoret. Böden fraktioniert: 72 1.2-Dichlor-4-jodperfluorbutan (**III**), $Kp._{67}$ 66°, n_D^{20} 1,4046, D_{20}^{20} 2,137, u. 37,5 1.2-Dichlor-6-jodperfluorhexan (**IV**), $Kp._{35}$ 81—82°; Kp_{27} 66—67°; n_D^{20} 1,3830; D_{20}^{20} 2,097. Zu 10,5 granuliertem Zn, 31,5 Acetanhydrid u. 50 ml CH_2Cl_2 werden 56,9 **III** in 30 ml CH_2Cl_2 gegeben, danach wird 6 Std. bei 40° gerührt u. danach mit 75 ml W. versetzt. Die untere Schicht wird aufgearbeitet: 29,9 1.2.7.8-Tetrachlorperfluoroctan (**V**), $Kp._3$ 67—68°, $Kp._8$ 82—83°; n_D^{20} 1,3604; D_{20}^{20} 1,840. Analog aus **IV**: 1.2.11.12-Tetrachlorperfluordodecan (**VI**), $Kp._3$ 116°; F. 68—68,5°; Ausbeute 77%. Zu 26 granuliertem Zn u. 60 ml abs. Propanol werden 50 **V** gegeben, danach wird 15 Std. gekocht u. die untere Schicht aufgearbeitet: 24 *Perfluoroctadien-(1.7)*, Kp. 105—107°; D_{20}^{20} 1,695; n_D^{20} 1,3032. Analog aus **VI** *Perfluordodecadien-(1.11)*, $Kp._3$ 97—99°; D_{20}^{20} 1,826; n_D^{20} 1,3139. (**UdSSR. P. 123157** vom 11/2. 1959.) L. Großner. H 520

VEB Leuna-Werke „Walter Ulbricht", Leuna, **1.4-Dichlorbuten-(2),** erhält man bei der katalyt. Isomerisierung von 1.2-Dichlorbuten-(3) bei Temp. > 100°, vorteilhaft zwischen 140—165°, wobei als Katalysator Cu oder Cu-Verbb., wie $CuCl_2$, in Mengen von 0,01—0,1% verwendet werden. (**Ung. P. 145133** vom 8/4. 1957, ausg. 15/8. 1959.) G. König. H 520

Georg Szretkovits, Budapest, Ungarn, **Herstellung von Fettalkoholen.** Sie erfolgt durch katalyt. Hydrierung von Ölen u. Fetten pflanzlicher u. tier. Herkunft bei 180—260° u. 175—220 at in Ggw. eines Cu-Mn-Zn-Katalysators, wobei der zur Hydrierung erforderliche H_2 in 2—5facher Menge des Erforderlichen angewendet wird. Für den Katalysator werden krist. Metallsulfate verwendet u. die durch Fällung mit Na_2CO_3 erhaltenen Metallcarbonate bei 440—420° $3^1/_2$ bis 4 Std. akt., wobei sich die Oxide der Metalle bilden. (**Ung. P. 145365** vom 10/4. 1957, ausg. 15/10. 1959.) G. König. H 560

Sabo Soc. An. Prodotti Chimici Bottazzi & Co., Bergamo, Italien, **Trennung von Fettalkoholgemischen** mit Alkoholen von 12 bis 18 C-Atomen. Man erwärmt, wenn nötig bis zur beginnenden Schmelze u. kühlt während oder nach der Vermischung mit Wasser. Es bildet sich eine leichte, durch Dekantieren, Filtrieren oder Zentrifugieren abtrennbare, ungesätt. Alkohole enthaltende Schicht u. eine wss. Emulsion der gesätt. Alkohole in W., die durch Brechen der Emulsion getrennt wird. Man kann dem W. Stoffe zusetzen, die den Gefrierpunkt des W. herabsetzen. (**It. P. 542115** vom 28/1. 1955.) K. Koebke. H 560

Ladislaus Rakcsányi und Frau Andreas Köllö, Budapest, Ungarn, **Vakuumdestillation alkoholhaltiger wäßriger Flüssigkeiten** erfolgt durch Leiten der abgehenden Rest-Dämpfe nach dem letzten Kühlaggregat über eine Kolonne, die mit inertem Material von 0,5—3 mm Korngröße, bes. Quarzsand, gefüllt ist. Zeichnung. (**Ung. P. 144735** vom 18/9. 1951, ausg. 15/3. 1959.) G. König. H 560

Shell Development Co., New York, N. Y., übert. von: De Loss E. Winkler, Orinda, George W. Hearne, Lafayette, und William E. Vaughn, Berkeley, Calif., V. St. A., **Herstellung von Di-[tert.-alkyl]peroxiden,** bes. von *Di-[tert.-butyl]-peroxid*, durch direkte Umsetzung von mol. O_2 mit einem Isoparaffin, bes. Isobutan, in fl. Phase bei Temp. zwischen 100—135° u. Drucken $>$ 400 lbs./sq. in. unter Ausschluß von Metallionen bis zum 20%ig. Umsatz, Beendigung der Rk. $>$ 135° u. Behandeln der Rk.-Mischung mit einer Mineralsäure, bes. H_2SO_4. (**Can. P. 562818** vom 21/3. 1957, ausg. 2/9. 1958. A. Prior. 27/4. 1956.) Eberhard Riedel. H 560

Shawinigan Chemicals Ltd., Montreal, Quebec, Canada, übert. von: David X. Klein, Upper Montclair, und William R. Cake, Glen Rock, N. J., V. St. A., **Reinigung von Pentaerythrit** und Isolierung aus wss. Lsgg. von alkal. Kondens.-Prodd. von CH_2O u. CH_3CHO durch Zusatz von nichtion., nicht schäumenden wasserlösl. Detergentien, bes. Kondens.-Prod. von Äthylenoxid u. C_{12-24}-Fettsäuren u. Fettalkoholen oder Harzsäuren oder deren Gemischen vor der Fällung. (**Can. P. 561487** vom 14/4. 1953, ausg. 5/8. 1958. A. Prior. 8/8. 1952.) L. Großner. H 580

Gyógyszeripari Kutató Intézet (Erfinder: Ladislaus Vargha, Vladimir Senkariuk, Árpád Lázár, Frau Desiderius Horváth und Tiberius Horváth), Budapest, Ungarn, **Herstellung von 1.6-Dichlor-1.6-desoxy-D-mannit (I),** erfolgt durch Sättigung von D-Mannit in salzsaurer Lsg. mittels HCl in der Kälte u. anschließendem 30—40std. Erhitzen auf 70—90° im Autoklav. Nach beendeter Rk. wird im Vakuum bei 50° eingedampft u. die ausgeschiedenen Kristalle von I abfiltriert; F. 174°. In der Mutterlauge verbliebenes, nichtumgesetztes Mannit wird erneut umgesetzt. Während der Rk. verbrauchte Salzsäure kann durch HCl während der Rk. ersetzt werden. Man kann auch vor dem Erhitzen der Rk.-Mischung ein inertes Gas (N_2) in den Autoklav einpressen. (**Ung. P. 144759** vom 10/4. 1957, ausg. 31/5. 1959.) G. König. H 580

Karl B. Kellogg, Tacoma, und George H. Cady, Seattle, Wash., V. St. A., **Herstellung von Trifluormethylhypofluorit** durch Rk. von CO mit einem stöchiometr. Überschuß von F_2 in Ggw. von Inertgas u. einem hoch wärmeleitfähigen Katalysator bei 125—300°. — Verfahrensschema. (**Can. P. 560219** vom 13/9. 1954, ausg. 15/7. 1958.) L. Großner. H 590

Dow Chemical Co., übert. von: Arthur R. Sexton und Edgar C. Britton, Midland, Mich., V. St. A., **Herstellung von Hydroxyalkansulfonaten,** bes. *Na-Hydroxyäthansulfonat* (I), durch Umsetzung einer aus SO_2 u. 10—20%ig. wss. NaOH erhaltenen $NaHSO_3$-Lsg. vom pH 4,3—4,35 (bei 25°) mit der 10,6—10,8fachen mol. Menge Äthylenoxid bei 60—180°, bes. 15 Min. bei 100°, in fl. Phase unter O_2-Ausschluß. Es wird eine von Sulfat, Sulfit u. Glykolen freie Lsg. von **I** mit pH 10—11,5 erhalten. — Verf.-Schema. (**Can. P. 560328** vom 28/8. 1957, ausg. 15/7. 1958.) L. Großner. H 600

Ruhrchemie Akt.-Ges., Oberhausen-Holten, übert. von: Walter Rottig, Oberhausen-Sterkrade-Nord, und Otto Liethen, Duisburg-Beeck, **Herstellung von Acetalen** durch Kondens. von Aldehyden mit Alkoholen in Ggw. saurer Katalysatoren u. Entfernung des Rk.-Wassers durch azeotrope Dest. mit einem Schleppmittel, dad. gek., daß zur Gewinnung wasserheller Aectale als Katalysator < 0,1% p-Toluolsulfonsäure verwendet wird u. mindestens ein Rk.-Partner durch CO-Hydrierung mit Fe-Katalysatoren oder durch katalyt. Addition von Wassergas an Olefine erhalten wurde. (**Can. P. 560778** vom 16/9. 1952, ausg. 22/7. 1958. D. Prior. 21/9. 1951.) L. Großner. H 660

Magyar Állam (Erfinder: Josef Marton, Julius Zöllner, Ákos Tátraaljai und Georg Bálint), Budapest, Ungarn, **Acetaldehydherstellung durch katalytische Hydratisierung** von C_2H_2 erfolgt durch Rk. von C_2H_2 mit Wasser-Dampf im Verhältnis 1 : 10—35 in Ggw. eines Katalysators, der aus einem Erdalkalimetall, bes. Ca, u. Ni oder aus Erdalkalimetall, Ni u. Co., ggf. unter Zusatz eines den kristallinen Aufbau des Katalysator stabilisierenden Stoffes, bes. eines mehrwertigen Metalls, wie V u./oder Cr, in Mengen bis 3%. Das Mol-Verhältnis in der Katalysatormischung soll zwischen Erdalkalimetall : Ni = 1 : 0,05—0,2 u. Erdalkalimetall : Ni u. Co = 1 : 0,025—0,1 : 0,025—01 betragen. Die Rk. wird bei 250—450° durchgeführt. (**Ung. P. 145057** vom 6/7. 1955, ausg. 31/7. 1959.) G. König. H 670

Merck & Co., Inc., Rahway, übert. von: Glen E. Arth, Cranford, N. J., V. St. A., **Reduktion von Lactonen zu Aldehyden.** β-, γ- u. δ-Lactone mit keinen weiteren reduzierbaren Funktionen werden zu entsprechenden *Hydroxyaldehyden* durch Zusatz von $^1/_4$ (1 + n) (n = Zahl der OH-Gruppen im Lacton) Mol $LiAlH_4$ zu 1 Mol des in einem inerten Lsgm. gelösten Lactons red.; bes. wird aus α-Methyl-δ-caprolacton *α-Methyl-δ-hydroxycapronaldehyd*, aus γ-Benzylbutyrolacton *γ-Hydroxy-γ-benzylbutyraldehyd* erhalten. (**Can. P. 560740** vom 22/2. 1951, ausg. 22/7. 1958. A. Prior. 28/4. 1950.) L. Großner. H 690

Union Carbide & Carbon Corp., New York, N. Y., übert. von: Howard R. Guest, Charleston, und Harry A. Stansbury jun., South Charleston, W. Va., V. St. A., **Herstellung von Halogenaldehyden und -acetalen** der allg. Formel $X–C\cdot(R_1)(R_2)–C(R_3)(R_4)–O–C(R_5)(R_6)–CH(R_7)–Y$ [R_1–R_5 = H oder niedere Alkylgruppen; R_6 u. R_7 = H, Cl, Br oder niedere Alkylgruppen; Y = —CHO oder die Gruppe $-CH(-O-C(R_3)(R_4)-C(R_1)(R_2)-X)_2$], bes. *3-[2-Chloräthoxy]-propionaldehyd* u. *3-[2-Chloräthoxy]-2-chlorpropionaldehyd*, durch Rk. von 1.2-Alkylenhalohydrinen mit α.β-ungesätt. Aldehyden bei 0—170° in Ggw. saurer Katalysatoren. (**Can. P. 561521** vom 17/12. 1953, ausg. 5/8. 1958. A. Prior. 11/3. 1953.) L. Großner. H 690

Celanese Corp. of America, New York, N. Y., übert. von: Robert H. Buchanan, Clarkwood, Tex., V. St. A., **Entwässern von Ketonen,** bes. Aceton, auf ≦ 0,5% W. durch Extrahieren mit 45—50%ig. wss. NaOH u. Abtrennen des Ketons von der wss. Phase. — Verfahrensschema. (**Can. P. 561290** vom 18/3. 1949, ausg. 5/8. 1958. A. Prior. 7/12. 1948.) L. Großner. H 710

Eastman Kodak Co., übert. von: Norris D. Embree und George Y. Brokaw, Rochester, N. Y., V. St. A., **Gemischte Glycerinester.** Triglyceride mit höheren Fettsäureestern werden in Ggw. eines Erdalkalihydroxids bei > 180° im Gemisch mit einem Glycerinpartialester einer niedrigen Carbonsäure, z. B. Gemischen von Glycerintributyrat mit einem Buttersäureglycerinpartialester oder Glycerintriacetat mit einem Glycerinessigsäurepartialester, einer wiederholten Vakuum-Dest. unterworfen. (**Can. P. 562633** vom 10/3. 1956, ausg. 2/9. 1958. A. Prior. 29/6. 1955.) Eberhard Riedel. H 810

B. N. Tjutjunnikow und I. W. Bogdan, **Cis-trans-Isomerisierung ungesättigter Fettsäuren oder deren Ester** durch Erhitzen mit einem durch Fällung aus HCl-saurer Lsg. u. Trocknen bei 500° erhaltenem Gemisch von Al_2O_3 u. SiO_2. — Olivenöl enthält nach 2std. Erhitzen mit 5% Katalysator (10% Al_2O_3) auf 220° unter Inertgas 25—30 trans-Ölsäure. (**UdSSR. P. 123648** vom 12/1. 1959.) L. Großner. H 810

E. I. du Pont de Nemours & Co., Wilmington, Del., übert. von: Charles B. Biswell, Woodstown, N. J., V. St. A., **Alkylacrylate.** Höhere Alkylester von Acryl-, Methacryl- oder Äthacrylsäure, bes. C_{8-18}-Alkyl-, -Alkenyl- oder -Dialkylaminoalkylester erhält man durch Umesterung in Ggw. von 0,001—1% Phenothiazin als Stabilisator. (**Can. P. 562358** vom 26/3. 1955, ausg. 26/8. 1958.) Eberhard Riedel. H 810

Lonza Usines Électriques et Chimiques, Basel, Schweiz, **Bernsteinsäuren** der allg. Formel HOOC–CH(R)–CH(R')–COOH (R u. R' = H, Alkyl, Aryl, Alkyral) erhält man durch Rk. von Acetylenen der allg. Formel R–C≡C–R' mit CO u. W. in Ggw. von Carbonylen der Metalle der 8. Gruppe des Period. Syst. bei 80—250, bes. 100—120° u. 100—500 at in sauren oder neutralen Mitteln u. in Ggw. eines Lsgm. (Aceton, Methyläthylketon, Cyclopentanon, Dioxan, Äthylenglykoldimethyläther). — Aus Acetylen, CO u. W. in Ggw. von $Co_2(CO)_8$ u. Dioxan bei 110° u. 200 at → *Bernsteinsäure* neben Acryl- u. Propionsäure, (Ausbeute) 65%. — Phenylacetylen → *Phenylbernsteinsäure*, 57%. — Als Ausgangsstoffe sind noch verwendbar: Äthyl- u. Diphenylacetylen; als Katalysatoren: $Fe_2(CO)_9$, $Fe_3(CO)_{12}$, $Co_4(CO)_{12}$, $Ru_2(CO)_9$, $Ru_3(CO)_{12}$, $Os_2(CO)_9$, $Ir_2(CO)_8$. — Vorr., Zeichnung. (**Belg. P. 546347** vom 22/3. 1956, ausg. 23/10. 1959. Schwz. Prior. 29/3. 1955 u. 25/2. 1956.) G. Krauß. H 820

Merck & Co., Inc., Rahway, übert. von: Arthur F. Wagner, Princeton, N. J., V. St. A., **6.6'-Dithio-bis-[8-hydroxyoctansäure] und 8.8'-Dithio-bis-[6-hydroxyoctansäure]** u. deren *Alkyl-*, *Alkenyl-*, *Aryl-* u. *Arylkylester* werden aus der entsprechenden 6(8)-Mercapto8(6)-hydroxyoctansäure bzw. deren Ester durch Umsetzung mit einem milden Oxydationsmittel gewonnen. (**Can. P. 561774** vom 30/6. 1955, ausg. 12/8. 1958. A. Prior. 22/7. 1954.) Eberhard Riedel. H 850

Pittsburgh Plate Glass Co., Pittsburgh, Pa., übert. von: Lowell O. Cummings, Henry A. Vogel und Alfred R. Bader, Milwaukee, Wis., V. St. A., **Herstellung von β-Ketonsäureestern** mit Kp. > 230° durch Umesterung der 2 bis 100fach mol. Menge entsprechender Ester von C_{1-4}-Alkoholen mit einem höheren Alkohol bei 120°. (**Can. P. 560111** vom 20/4. 1954, ausg. 8/7. 1958.) L. Großner. H 870

Lonza Electric & Chemical Works Ltd., Basel, Schweiz, **Konzentrierte, wäßrige Acetessigsäureamidlösungen,** die > 40, bes. 50—85% Amid enthalten, erhält man dadurch, daß man Diketen mit wss. NH_3 u. ggf. gasförmigem NH_3 in eine mehr als 35%ig. Acetessigsäureamid(I)lsg. bei 20—60° u. bes. pH 9,5—10 einleitet; Ausbeute an I 95,5%, bezogen auf Diketen. Nach dem anderen Verf. werden 10—85%ig. wss. ammoniakal. I-Lsgg. in einem „Sambay"- oder „Luwa"-Filmverdampfer bei pH 8—10 u. höchstens 100, bes. 25—80° u. 5—100 mm Hg eingedampft. Der Zusatz von NH_3 verhindert die Zers. des Amids; F. 51—52°; Ausbeute 97%. — Vorr., Zeichnung. — Vgl. F. PP. 1202759; C. **1961,** 18129 u. 1202705; C. **1962,** 5096. (**E. PP. 828423** vom 28/8. 1958, ausg. 17/2. 1960 u. **832956** vom 1/10. 1958, ausg. 21/4. 1960. Beide Schwz. Prior. 3/10. 1957.) G. Krauß. H 870

Monsanto Chemical Co., St. Louis, Mo., übert. von: King I. Glass, El Dorado, Ark., und Richard L. Meek, Decatur, Ga., V. St. A., **Herstellung von Carbonylsulfid** durch Umsetzung von CO mit einem Überschuß von S in der Dampfphase in Ggw. eines Katalysators, bes. Tierkohle, bei 400°. Der nicht umgesetzte S wird vom Rk.-Prod. abgetrennt u. in den Rk.-Prozeß zurückgeführt. — Verf.-Schema. (**Can. P. 561794** vom 30/4. 1956, ausg. 12/8. 1958. A. Prior. 20/6. 1955.) Eberhard Riedel. H 880

Harry C. Bierman, New Rochelle, N. Y., V. St. A., **Herstellung von Erdalkalicyaniden,** dad. gek., daß man in einem elektr. beheizten Gefäß Erdalkalicyanamid bei 1000—1450° mit Kohle mischt u. gleichzeitig elektr. Strom durch mehrere in der Schmelze befindliche Elektroden schickt. Anschließend wird N_2 von unten nach oben durch die Schmelze geleitet, der gebildetes CO mitreißt, das mit Luft zu CO_2 oxydiert wird. — Zeichnung. (**Can. P. 555820** vom 4/8. 1956, ausg. 15/4. 1958.) S. Böttcher. H 890

Monsanto Chemical Co., St. Louis, Mo., übert. von: Thomas E. Lesslie, St. Albans, W. Va., und Robert J. O'Neill, Stoneham, Mass., V. St. A., **Alkenylpolyamine** der Formel $R\text{–}NH\text{–}(C_2H_4NH)_n\text{–}H$ (R = ein Polypropenylrest mit einer Doppelbindung u. 12—16 C-Atomen, z. B. Triisobutenyl-Rest; n = 1—5, z. B. 1—4) erhält man durch Erhitzen eines Polypropenylchlorids mit einem Amin der Formel $NH_2(C_2H_4HN)_nH$. (**Can. P. 562439** vom 11/6. 1955, ausg. 26/8. 1958. A. Prior. 21/6. 1954.) Eberhard Riedel. H 910

Ciba Soc. An., Schweiz, **Herstellung von Phosphorsäureestern** oder ihren Kondens.-Prodd. durch Umsetzung von Aminoalkoholen mit ca. der Hälfte der zur völligen Veresterung nötigen Menge Pyrophosphorsäure (I) oder einer entsprechenden Menge Polyphosphorsäure bei 150—250° u. vermindertem Druck, bes. 3—30 mm. Die gebildeten Phosphorsäuremonoester werden über ihre Erdalkalisalze, bes. Ca-Salze, isoliert. — *Di-[β-hydroxypropyl)-amin, Bis-phosphorsäuremonoester*, aus 0,2 Mol I durch Umsetzung mit 0,2 Mol Di-[β-hydroxypropyl]-amin unter Kühlen u. 30—40std. Erhitzen der Mischung bei 3—20 mm auf 170°. — Analog folgende Phosphorsäureester: *Mono-[β-aminoäthyl]-ester*, F. 237°. — *Mono-[β-methylaminoäthyl]-ester*, F. 194°. — *Mono-[β-dimethylaminoäthyl]-ester*, F. 78—81°. — *Mono-[β-äthylaminoäthyl]-ester*, F. 214°. — *Mono-[β-diäthylaminoäthyl]-ester*, F. 118 bis 123°. *Mono-[γ-aminopropyl]-ester*, F. 179°. — *Mono-[β-aminopropyl]-ester, Ca-Salz*. — *Mono-[1-aminopropyl-(2)]-ester*, F. 230—231°— *Mono-[β-aminobutyl]-ester*, F. 237°. — *Mono-[2-amino-2-methylpropyl]-ester*, F. 244°. — *Mono-[5-aminopentyl]-ester*, F. 240°. — *Mono-[6-aminohexyl]-ester*, F. 247°. — *Mono-[β-morpholinoäthyl]-ester, Mono-Ca-Salz*. — *N-[β-Hydroxypropyl]-2.6-dimethylmorpholin, Phosphorsäuremonoester*, aus Tri-[β-hydroxypropyl]-amin u. I. — *1.4-Di-[β-hydroxyäthyl]-piperazin, Bisphosphorsäuremonoester*, aus Di-[β-hydroxyäthyl]-amin u. I. — *1.4-Diphenylpiperazin*, aus β-Phenylaminoäthanol u. I. (**F. P. 1205604** vom 29/4. 1958, ausg. 3/2. 1960. Schwz. Prior. 3/5. 1957.) Eberhard Riedel. H 920

Richter Gedeon Vegyészeti Gyár R. T. (Erfinder: Frau Karl Magyar, Alexander Vajna, Maré Kovatsits und Kurt Thiele), Budapest, Ungarn, **Gewinnung von Betain und Aminosäuren aus den Nebenprodukten der Zucker- u. Spiritusindustrie,** erfolgt durch Behandlung der wss. Lsg. der Nebenprodd. mit „Amberlite IR 120", wobei die anorgan. Kationen, Betain u. Aminosäuren adsorbiert werden. Man eluiert mit 2n NH_4OH u. kocht das Eluat, bis kein NH_3 mehr entweicht. Anschließend konz. man, versetzt das Konzentrat mit 5n $Ca(OH)_2$, erhitzt auf 80° u. filtriert. Das Filtrat wird mit 5n $(NH_4)_2CO_3$ gekocht bis NH_3 nicht mehr wahrnehmbar ist. Die Fl. wird über „Wofatit F" entfärbt u. über einen stark bas. Anionaustauscher geleitet, wobei die Aminosäuren adsorbiert werden u. reines *Betain* abfließt. Die vom „Dowex 2" Ionenaustauscher adsorbierten Aminosäuren werden mittels einer $(NH_4)_2CO_3$-Lsg. eluiert. Man konz., $(NH_4)_2CO_3$ entweicht unter Zers. u. eine *Mischung von Aminosäuren* krist. aus. Betain wird nach an sich bekannten Methoden in das Hydrochlorid übergeführt, die Reinheit entspricht der Pharmakopöe. (**Ung. P. 144824** vom 12/4. 1957, ausg. 15/3. 1959.) G. König. H 950

Stamicarbon N. V., Heerlen (Erfinder: Johan Willem Garritsen, Geleen, und Johannes Hubertus Ottenheym, Sittard), Niederlande, **ω-Aminoalkancarbonsäurenitrile** erhält man durch Wasserabspaltung aus den entsprechenden dampfförmigen Lactamen in Ggw. von überschüssigem NH_3 u. Al_2O_3 oder Kaolin bei bes. 325—375° u. bes. $^1/_4$—$1^1/_2$ oder 4—8 Sek. Verweilzeit. — Zu Niederl. P. 86906; C. **1959,** 7634 ist nachzutragen: Capryllactam → *ω-Aminocaprylsäurenitril*. — 2-Pyrrolidon (= Butyrolactam) → *γ-Aminobuttersäurenitril*. — Valerolactam → *δ-Aminovaleriansäurenitril*. — Önanthlactam → *ω-Aminoönanthsäurenitril*. Ausbeute 93%. (**D. A. S. 1079649** Kl. 12 q vom 27/12. 1956, ausg. 14/4. 1960. Niederl. Prior. 31/12. 1955.) G. Krauß. H 950

Dow Chemical Co., übert. von: Arthur R. Sexton und Edgar C. Britton, Midland, Mich., V. St. A., **N-Methylenglycinnitril** erhält man durch gleichzeitiges Eintragen von 2(Mol) Formaldehyd u. 1 Alkalicyanid in eine mehr als 1—2 überschüssiges NH_4-Halogenid enthaltende wss. Lsg. bei —20 bis 10°. Während des Rk.-Ablaufs wird in der Lsg. pH ~ 6 eingehalten. Die Rk.-Mischung wird mit einer in W. unlösl., nicht reaktionsfähigen Carbonsäure angesäuert u. das Rk.-Prod. isoliert; Ausbeute ca. 80%. (**Can. P. 562348** vom 16/12. 1957, ausg. 26/8. 1958.) Eberhard Riedel. H 950

E. I. Budowski, M. Ja. Karpejski, Je. Ss. Ssewerin und R. M. Chomutow, **Herstellung von β-Alkyl- oder β.β-Dialkyl-β-amino-α-benzoylaminopropionsäuren** durch Red. von 3-Alkyl- bzw. 3.3-Dialkyl-4-benzoylaminoisoxazolidonen-(5) mit PtO_2/H_2 u. Abspaltung der Benzoylgruppe nach üblichen Methoden. — 5 (g) 3.3-Dimethyl-4-benzoylaminoisoxazolidon-(5) werden in 100 ml W. suspendiert u. in Ggw. von 0,1 PtO_2 30—40 Min. hydriert. Es wird filtriert, auf 15—20 ml eingeengt u. mit 30 ml A. versetzt: *β.β-Dimethyl-β-amino-α-benzoylaminopropionsäure*, F. 227—229° (A.–W.); Ausbeute nach Aufarbeitung der Mutterlauge 89—93%. (**UdSSR. P. 123158** vom 20/12. 1958.) L. Großner. H 950

E. I. Budowski, M. Ja. Karpejski, Je. Ss. Ssewerin und R. M. Chomutow, **Herstellung von β-Alkyl-α.β-diaminopropionsäuren** durch Red. von 3-Alkyl-

4-benzoylaminoisooxazolidonen-(5) mit HJ/P, wobei das Rk.-Prod. als *Dibenzoyl-Verb.* oder ein ähnliches Deriv. isoliert wird. — 10 (g) 3-Methyl-4-benzoylamino-isoxazolidon-(5), 100 ml 50%ig. HJ, 5 roter P u. 2 J_2 werden 5 Std. gekocht, danach wird filtriert, eingeengt, mit NaOH alkal. gestellt u. mit 6 ml Benzoylchlorid versetzt. Nach 2 Std. wird angesäuert u. der Nd. mit Ae. gewaschen: 53% *α.β-Dibenzoylaminobuttersäure*, F. 225—227° (A.-W.). (**UdSSR. P. 123159** vom 20/12. 1958.)
L. Großner. H 950

Cesare Panina, Mailand, Italien, **Gewinnung von Glutaminsäure-Hydrochlorid** (**I**) aus Melasse u. anderen bei der Zuckergewinnung anfallenden Flüssigkeiten. Man dickt den Saft auf eine Dichte von 1.3 bis 1.4 ein, gibt bei 20° 20 bis 50 g konz. H_2SO_4 zu, läßt 18 Std. bei 0 bis 30° stehen, filtriert die auskristallisierten Sulfate des Na u. K ab, verd. mit W., läßt bei 85° etwa 15 Min. die Pyrrolidincarbonsäure hydrolysieren, reinigt mit Tierkohle, versetzt mit gasförmigem HCl oder konz. wss. Lsg. von HCl u. läßt das **I** auskristallisieren. (**It. P. 542031** vom 23/12. 1954.)
K. Koebke. H 950

Ogilvie Flour Mills Co. Ltd., Montreal, übert. von: Kenneth M. Gaver, St. Lambert, Alfred M. Barton und Allan A. Eisenbraun, Montreal, Quebec, Canada, **Gewinnung von Glutaminsäure aus Gluten** durch Mahlen des Proteins $\leq$ 35 mesh, Trocknen, Waschen mit heißem abs. A., Propanolen, Butanolen u. bes. CH_3OH u. Hydrolysieren. — Verfahrensschema. (**Can. P. 561451** vom 21/5. 1955, ausg. 5/8. 1958.)
L. Großner. H 950

General Electric Co., Schenectady, übert. von: Harry R. McEntee, Waterford, N. Y., V. St. A., **Herstellung von Organochlorsilanen,** dad. gek., daß man eine Verb. der allg. Formel $(R)_mSi(Cl)_{4-m}$ (z. B. Trimethylchlor-, Phenyltrichlorsilan) unter Feuchtigkeitsausschluß bei 50—225° in Ggw. von $AlCl_3$ u. einem monomeren Silan mit einem an Si gebundenen H-Atom (0,01—10 Gew.-% Trichlorsilan, Methyl- oder Phenyldichlorsilan) mit einer Verb. der allg. Formel $(R')_uSi(Cl)_{4-u}$ (z. B. $SiCl_4$, Trimethylchlorsilan) umsetzt (R = Alkylrest; R' = Alkyl- oder Arylrest; m = 1—4, u = 0—3). (**Can. P. 555650** vom 10/7. 1956, ausg. 8/4. 1958.)
S. Böttcher. H 980

K. A. Petrow, N. K. Blisnjuk, A. W. Fokin und F. L. Makljajew, **Gewinnung von Mono- und Dimethylphosphonaten** aus Rk.-Gemischen von Methylphosphondichlorid (**I**) mit Alkoholen durch Extraktion der Diester aus dem alkalisierten Rk.-Gemisch u. anschließendes Ansäuern u. Abtrennen der Monoester. — Zu 2 (Mol) **I** werden bei 20—25° 2,2 Isobutanol gegeben, danach wird 2—3 Std. Luft durch die Rk.-Lsg. geblasen, mit 40%ig. NaOH $\leq$ 30° alkalisiert u. mit Bzl. extrahiert: 82,5% *Diisobutylmethylphosphonat*, $Kp._{17}$ 122°. Im Rückstand befindet sich etwas Monoester, der in wenig W. gelöst u. der wss. Lsg. zugesetzt wird. Nach Ansäuern mit konz. HCl u. analoges Aufarbeiten 10% *Monoisobutylmethylphosphonat*, $Kp._{2,5}$ 149—150°. (**UdSSR. P. 123526** vom 27/1. 1959.)
L. Großner. H 980

Farbwerke Hoechst Akt.-Ges., vormals Meister Lucius & Brüning, Frankfurt/M.-Hoechst, **Herstellung von aromatischen Kohlenwasserstoffen**, bes. *p-Xylol*, aus Di- u./oder Triisobutylen u./oder deren Hydrierungsprodd. durch Aromatisierung bei 450—650°, bes. 480—590°, u. 50—150 Torr in Ggw. von Katalysatoren, die aus 5—40(%) Cr_2O_3, 1—10 K_2O, 0—5 Ce_2O_3 u. 94—45 γ-Al_2O_3 bestehen. Das Ausgangsmaterial, dem ggf. ein Verdünnungsmittel zugesetzt wird, wird vor der Zuleitung zum Kontaktraum, die mit einer Belastung von 0,4—0,9 Liter fl. KW-Stoff je Liter Kontaktraum u. Std. erfolgt, verdampft. Das dampfförmige Ausgangsgemisch soll < 0,05 Vol-% Wasserdampf enthalten. — Vgl. D. A. S. 1106742; C. **1962,** 356. (**Oe. P. 210871** vom 16/2. 1959, ausg. 25/8. 1960. D. Prior. 18/2. 1958.)
Eberhard Riedel. H 1010

Continental Oil Co., übert. von: Clifford G. McClaflin und Edsel L. Miller, Ponca City, Okla., V. St. A., **Chlormethylierte Alkylbenzole** erhält man durch Umsetzung von Alkylbenzolen mit H_2SO_4 u. einem Rk.-Gemisch aus CH_2O oder dieses erzeugenden Verbb., bes. Trioxan, einem Alkohol, bes. Butanol, u. PCl_3, PCl_5, Acylchloriden, SO_2Cl_2 u. bes. $SOCl_2$. (**Can. P. 560633** vom 30/12. 1954, ausg. 22/7. 1958. A. Prior. 17/5. 1954.)
L. Großner H 1010

Ladislaus Helzler, Budapest, Ungarn, **Entphenolen von Gaswasser.** Hierzu verwendet man eine Mischung aus Butylacetat u. höchstens 40% eines zwischen 110—140° sd. Benzins. (**Ung. P. 145112** vom 26/7. 1955, ausg. 15/8. 1959.)
G. König. H 1060

VEB Leuna-Werke „Walter Ulbricht“, Leuna, **Herabsetzung der Phenolverluste** bei der Entfernung von Neutralölen aus solche enthaltenden Phenolatlaugen durch Klardämpfung erreicht man durch Waschen der aus der Klardämpfung stammenden Dämpfe mit Alkalihydroxyd-Lsg., wobei die Waschung in der Klardämpfungskolonne selbst vorgenommen werden kann. Die anfallenden Wasch-Lsgg. können mehrmals als Wasch-Fl. eingesetzt u./oder mit der klargedampften Phenolatlauge vereinigt oder an Stelle von frischer NaOH zur Extraktion der Phenole aus phenolhaltigen Ölen wieder verwendet werden. — Schemat. Zeichnung. (**Oe. P. 210879** vom 21/11. 1957, ausg. 25/8. 1960.) Eberhard Riedel. H 1060

Dow Chemical Co., übert. von: Edgar C. Britton und Theodore R. Keil, Midland, Mich., V. St. A., **Selektive Reduktion von Chlorbromphenolen**, z. B. von 4-Brom-2,6-dichlor- zu *2,6-Dichlorphenol*, dad. gek., daß man die Chlorbromphenole in einer verd. alkohol. NaOH-Lsg. in Ggw. von Pd-Kohle u. eines Halogenwasserstoffacceptors mit 1 Mol H_2 je Br-Atom umsetzt. (**Can. P. 555934** vom 29/8. 1955, ausg. 15/4. 1958.) S. Böttcher. H 1060

General Electric Co., Schenectady, N. Y., übert. von: Charles T. Hathaway, Berkshire, Mass., V. St. A., **Herstellung alkylierter Phenole.** Phenole mit wenigstens einem unsubstituiertem Kern-C-Atom werden mit einem C_{12}–C_{30}-Chlor-KW-Stoff (**A**), der 15—45% seines Gew. Cl enthält, im Mengenverhältnis Chloratom/Phenol-Mol = 0,1—2/1 in Ggw. von 0,5—10% (bezogen auf **A**) Friedel-Crafts-Katalysator bis zur Beendigung der HCl-Entw. auf 100—200° erhitzt. (**Can. P. 562058** vom 20/3. 1956, ausg. 19/8. 1958.) Eberhard Riedel. H 1060

General Electric Co., Schenectady, N. Y., übert. von: Charles T. Hathaway, Berkshire, Mass., V. St. A., **Herstellung alkylierter hydroxyaromatischer Verbindungen**, bes. *alkylierter Phenole*, durch Umsetzung von Phenolen mit wenigstens einem freien Kern-C-Atom u. < 0,2% Wassergeh. mit 15—45% Cl enthaltenden C_{12-30}-Chlor-KW-Stoffen (**A**) in Ggw. von 0,2—10% (bezogen auf **A**) $AlCl_3$ bei 100—200° bis zur Beendigung der HCl-Entw., Filtrieren der Rk.-Mischung bei 100—150°, Abtrennen des alkylierten Phenols aus dem Filtrat u. Rückführung des Filterkuchens u. des nicht umgesetzten Phenols in den Rk.-Cyclus. — Die Rk. kann statt in Ggw. von $AlCl_3$ in Ggw. von 0,2—5% (bezogen auf **A**) metall. Al u. Jod durchgeführt werden. (**Can. PP. 563113** u. **563114** vom 20/3. 1956, ausg. 9/9. 1958.) Eberhard Riedel. H 1060

Hercules Powder Co., übert. von: Leo J. Filar, Wilmington, Del., V. St. A., **Herstellung zweiwertiger Phenole.** Verbb. der allg. Formel **I** oder **II** (R u. R_1 = C_{1-2}-Alkylgruppen; X = H, niedere Alkylgruppe oder -$CHRR_1$) werden oxydiert, die gebildeten Mono- u. Dihydroperoxide, bes. α.α.α'.α'-Tetramethyl-p-xyloldihydroperoxid u. α.α-Dimethyl-p-(oder m-)isopropylbenzylhydroperoxid, werden katalyt. zerlegt. Das Diphenol wird mit einem Schleppmittel, bes. einem 20—35% Cl enthaltenden chlorierten Biphenyl azeotrop entfernt u. aus dem Destillat mit wss. Alkali extrahiert. (**Can. P. 560058** vom 2/6. 1955, ausg. 8/7. 1958. A. Prior. 1/7. 1954.) L. Großner. H 1060

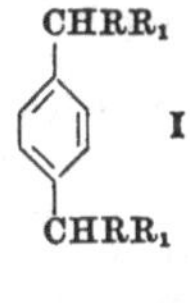
I

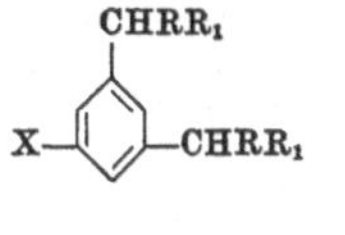
II

Pittsburgh Plate Glass Co., Pittsburgh, Pa., übert. von: Alfred R. Bader, Milwaukee, Wis., und John E. Hyre, Cambridge, Mass., V. St. A., **Äther alkylsubstituierter Arylverbindungen.** Durch Umsetzung von 3,2 (Mol) Äthylenglykol mit 0,15 4.6-Bis-[chlormethyl]-m-xylol bei 50—150° wird polymerisierbares $\alpha^1.\alpha^3$-*Bis-[hydroxyäthoxy]-durol* erhalten. (**Can. P. 560425** vom 24/6. 1955, ausg. 15/7. 1958. A. Prior. 21/10. 1954.) L. Großner. H 1060

Shell Development Co., Emeryville, Calif., V. St. A., übert. von: Jan P. Fortuin und Hein I. Waterman, Delft, Niederlande, **Herstellung und Stabilisierung aromatischer Hydroperoxide**, bes. des durch Rk. von α.α-Dialkylaralkyl-KW-Stoffen mit einem O_2-haltigen Gas erhaltenen Gemisches mit *α.γ-Dialkyl-aralkylhydroperoxiden*, dad. gek., daß alle mit dem Rk.-Gemisch in Berührung kommenden Teile eine Oberfläche aus Cu, Ag, Au u. deren Legg. aufweisen, wobei bes. eine Cu-Oberfläche bei 100—152° stabilisierend für *α.α-Dimethylbenzylhydroperoxid* wirkt. (**Can. P. 561122** vom 5/3. 1952, ausg. 29/7. 1958. Niederl. Prior. 5/7. 1951.) L. Großner. H 1070

Merck & Co. Ltd., Montreal, Quebec, Canada, übert. von: James M. Sprague, Gwynedd Valley, und Charles S. Miller, Lansdale, Pa., V. St. A., **p-Sulf-**

amylbenzoesäuren der Formel $R(R_1)N-SO_2-C_6H_4-COOX$ (X = positiver Rest; R u. R_1 = H oder Alkylreste mit insgesamt 5—8 C-Atomen, wobei R_1 = 2-Äthylbutyl-, Cyclopentyl-, 4-Methylpentyl-(2)-, n-Hexyl-, Cyclohexyl- oder n-Heptyl-Rest, wenn R=H, oder $R=R_1$= n-Propyl-, Isobutyl-, n-Butyl-, sek.-Butyl- oder Isopropylrest) werden durch Umsetzung von p-Cyan- oder p-Carboxybenzolsulfonsäurechlorid mit einem Amin der Formel $NHR(R_1)$ gewonnen. (**Can. P. 561 777** vom 27/8. 1954, ausg. 12/8. 1958.) Eberhard Riedel. H 1090

Sterling Drug, Inc., New York, übert. von: Sydney Archer, Albany, N. Y., V. St. A., **Herstellung von 2-[2-Methyl-5-halogenphenylmercapto]-4-substituierten Benzoesäuren** durch Erhitzen von in 4-Stellung durch Halogenatome, niedere Alkyl- oder Alkoxygruppen substituierte Alkali- oder Erdalkali-2-halogenbenzoaten mit einem 2-Methyl-5-halogenthiophenolat in Ggw. eines Cu-Katalysators u. Ansäuern des Rk.-Gemisches. — *2-[2-Methyl-5-chlorphenylmercapto]-4-chlorbenzoesäure*, aus Na-2-Methyl-5-chlorthiophenolat in Ggw. von Cu-Pulver. (**Can. P. 561134** vom 31/3. 1952, ausg. 29/7. 1958.) L. Großner. H 1090

Welsbach Corp., Philadelphia, übert. von: Edgar A. Blair, Drexel Hill, Pa., V. St. A., **Aromatische Aldehyde, Ketone und Peroxide** erhält man durch Oxydation von Verbb. der allg. Formel $Ar-C(R)=(R)_2$ (Ar=Aryl; R=H, Alkyl) mit O_3 in Ggw. von Essigsäure oder Methanol u. Extraktion der Rk.-Mischung mit W. u. Ae., Bzl. oder PAe.; in der wss. Schicht ist das Peroxid enthalten. — Aus 5 g α-Methylstyrol in Ggw. von 5 ccm W., 40 ccm Essigsäure unter Einleiten von 50 mg O_3 je Min. bei 8° u. fraktionierter Extraktion der Rk.-Mischung mit W. u. Ae. $\rightarrow$ *Acetophenon*, (Ausbeute) 91%, u. Peroxid, 81%. — Isoeugenolacetat $\rightarrow$ *Vanillinacetat*, 98%. — Anethol $\rightarrow$ *Anisaldehyd*, 93%. — Isosafrol $\rightarrow$ *Piperonal*, 94%. (**A. P. 2916499** vom 28/10. 1957, ausg. 8/12. 1959.) G. Krauß. H 1100

Farbenfabriken Bayer Akt.-Ges., Leverkusen, übert. von: Werner Müller, Köln, Wilhelm Möllering, Köln-Stammheim, und Werner Schommer, Leverkusen-Bayerwerk, **Herstellung von aromatischen Hydroxyaldehyden** durch kurzzeitige Rk. (bes. 1—10 Min.) von aromat. Aldehyden mit Halogen-, Nitro- oder Sulfonsäuregruppen, bes. in o-Stellung, sowie deren Substitutions-Prodd. bei 150—300°, bes. 220—280°, mit wss. Alkali, ggf. in Ggw. eines Netzmittels u. Cu, Co, Ni oder deren Verbb. als Katalysator. (**Can. P. 561359** vom 17/8. 1954, ausg. 5/8. 1958. D. Prior. 27/8. 1953.) L. Großner. H 1140

Deutsche Gold- und Silber-Scheideanstalt vormals Roessler, Frankfurt/M., übert. von: Adolf Weihe, Kronberg/Ts., und Karl-Heinz Rink, Hanau/M., **Herstellung von p-Toluylsäure** durch Umsetzung von Toluol mit Cyanursäurechlorid in Ggw. von $AlCl_3$ u. HCl zu 2.4.6-Tri-[p-tolyl]-1.3.5-triazin u. Verseifung des letzteren mit verd. wss. Mineralsäuren. — Vgl. D. B. P. 963331; C. **1958**, 11664. (**Can. P. 559617** vom 30/6. 1955, ausg. 1/7. 1958. D. Prior. 3/7. 1954.) L. Großner. H 1210

Imhausen & Cie. G. m. b. H., übert. von: Ewald Katzschmann, Witten/Ruhr, **Herstellung von aromatischen Polycarbonsäuren.** *Phthalsäure* und *Terephthalsäure* erhält man aus der entsprechenden Toluylsäure durch Überführung in ein Schwermetallsalz, bes. das Pb-, Fe-, Cu-, Mn- oder Tl-Salz, das in fl. Phase mit einem O_2-haltigem Gas unter Wasserausschluß oxydiert wird. Es wird das entsprechende Phthalsäuresalz erhalten, aus dem durch Ansäuern die freie *Säure* hergestellt wird. — Vgl. E. P. 727989; C. **1956,** 4568. (**Can. P. 562412** vom 6/8. 1952, ausg. 26/8. 1958. D. Prior. 6/8. 1951 u. 25/3. 1952.) Eberhard Riedel. H 1220

Hercules Powder Co., übert. von: Wyly M. Billing, Wilmington, Del., V. St. A., **Veresterung aromatischer Carbonsäuren.** Das durch Oxydation von niedermol. aliphat. Toluylsäureestern bes. Methyl-p-toluat, mit O_2 erhaltene Gemisch von Phthalsäuremonoestern u. höhermol. Prodd. wird mit einem niedermol. aliphat. Alkohol, bes. CH_3OH, bei 180—250° u. 100—1000 lbs./sq. in. in Abwesenheit von Veresterungskatalysatoren umgesetzt, wobei Monoester in die Diester übergeführt u. aus den höhermol. Prodd. zusätzliche Diester gewonnen werden (**Can. P. 561022** vom 31/1. 1955, ausg. 29/7. 1958. A. Prior. 19/7. 1954.) L. Großner. H 1220

Hercules Powder Co., Wilmington, Del., übert. von: Richard P. Carter, Berverly, N. J., V. St. A., **Kohlenwasserstoffoxydation.** Ein alkylierter aromat. KW-Stoff, bes. p-Xylol, wird in fl. Phase mit O_2 in Ggw. eines Co-Oxydationskatalysators zur Säure oxydiert, danach wird Dimethylterephthalat zugesetzt, W. u. Xylol werden abdest., der Rückstand wird mit CH_3OH verestert, wobei ein Teil des

Esters in die Stufe der Dest. des Oxydationsgemisches zurückgeführt wird. — Verfahrensschema. (**Can. P. 561023** vom 18/2. 1955, ausg. 29/7. 1958. A. Prior. 21/7. 1954.) L. Großner. H 1220

Imhausen-Fabrik (Erfinder: Ewald Katzschmann), Deutschland, **Herstellung von Terephthalsäure** aus Polyterephthalatabfällen durch Erhitzen in Ggw. von W. auf 150—250° unter Druck, ggf. unter Zusatz von CH_3COOK als Katalysator. — 75 (g) Polyester u. 300 ml W. werden unter Rühren 4 Std. auf 220° unter 23 at erhitzt: 61 *Terephthalsäure*; Neutralisationszahl 672. (**UdSSR. P. 122148** vom 26/7. 1958.) L. Großner. H 1220

Magyar Állam (Erfinder: Adalbert Falkai, Paul Böhm und Friedrich Geleji), Budapest, Ungarn, **Terephthalsäuredimethylester** (I), erhält man — ausgehend vom Bzl. — in mehreren Stufen, indem man Bzl. mit Paraformaldehyd in Ggw. von $ZnCl_2$ unter Durchleiten von HCl zu Benzylchlorid umsetzt. Diese Verb. wird mit wasserfreiem $ZnCl_2$ unter Zusatz von $AlCl_3$ u. CCl_4 u. Durchleiten von HCl 8 Std. auf 50° gehalten, wobei p-Dichlorxylol erhalten wird (Kp. 99°). Dieses unterwirft man bei 102—105° unter Einleiten von Cl_2 der UV-Bestrahlung, wobei *Hexachlor-p-xylol* anfällt, welches mit 80%ig. Methanol in Ggw. von $FeCl_3$ u. konz. H_2SO_4 15 Std. gekocht wird, wonach I aus A. mit F. 139° erhalten wird. (**Ung. P. 145090** vom 29/2. 1956, ausg. 15/8. 1959.) G. König. H 1220

E. I. du Pont de Nemours & Co., Wilmington, Del., übert. von: Jesse E. Hughes, Bridgeport, N. J., V. St. A., **Reinigung von Dimethylterephthalat** (I), das Xylol u. a. niedriger oder höher als I sd. Verunreinigungen enthält, durch Dest. über eine Fraktionierkolonne, wobei das Xylol u. niedriger sd. Anteile enthaltende Kopf-Prod. z. T. in das Gemisch zurückgeführt wird u. I an einer Ableitung unterhalb des Kolonnenkopfes abgezogen wird. — Vorrichtung. (**Can. P. 562361** vom 30/6. 1955, ausg. 26/8. 1958.) Eberhard Riedel. H 1220

Monsanto Chemical Co., St. Louis, Mo., V. St. A. (Erfinder: Lloyd Blair Barkley), **Aromatische Hydroxycarbonsäuren.** Das bekannte Verf. zur Herst. von aromat. Hydroxycarbonsäuren durch Rk. eines Alkaliphenolats mit CO_2 unter Wasserausschluß wird dadurch verbessert, daß man ein Gemisch aus einem Phenol, einem Alkaliphenolat u. einem im wesentlichen wasserunlösl. aliphat. Alkohol mit wenigstens 5 C-Atomen auf mindestens 120°, bes. 140—160°, mit CO unter Druck, bes. 2—5 at, umsetzt. Man verwendet pro Mol Alkaliphenolat zweckmäßig 2—3 Mol Phenol u. den Alkohol in einer mit dem Phenol volumengleichen Menge. — Man erhitzt z. B. 200 (Gew. Teile) Phenol, zu dem eine Lsg. von 30 NaOH in 200 Methanol u. 140 Isooctanol zugegeben wurde, bis alles W. u. Methanol abgetrieben ist, erhitzt die so erhaltene wasserfreie Lsg. von Na-Phenolat u. Phenol in Isooctanol auf 140°, spült den Dampfraum des Gefäßes mit N_2 u. CO_2, preßt nach Verschließen unter Rühren CO_2 ein, bis der Druck konstant bei 40 Lbs./sq.in. bleibt, rührt noch 1 Std. bei 150°, kühlt auf 80° u. bläst nicht umgesetztes CO_2 ab. Das mit 300 W. versetzte Gemisch wird mit H_2SO_4 auf pH 5,5 eingestellt, die abgetrennte wss. Unterschicht mit H_2SO_4 auf pH 2 eingestellt u. hierdurch *Salicylsäure*, F. 159,5—160°, ausgefällt, die frei von p-Hydroxybenzoesäure ist u. weniger als 0,1% 4-Hydroxyisophthalsäure enthält. Analog werden hergestellt: *5-Methyl-6-hydroxybenzoesäure* aus o-Kresol; *2-Methyl-5-isopropyl-6-hydroxybenzoesäure* aus Thymol; *2-Isopropyl-5-methyl-6-hydroxybenzoesäure* aus Carvacrol; *3.5-Dichlor-6-hydroxybenzoesäure* aus 2.4-Dichlorphenol. (**E. P. 824144** vom 23/8. 1957, ausg. 25/11. 1959.) A. Mohr. H 1250

Shell Development Co., New York, N. Y., V. St. A., übert. von: John C. Moseley, Liverpool, William Edyvean, Ince, und James Hartley, Whitby Wirral, Cheshire, England, **Herstellung von aromatischen Hydroxycarbonsäurealkalimetallsalzen** durch Umsetzung eines Phenols mit einem entsprechenden Alkalihydroxyd zum Phenolat, das mit CO_2 in Ggw. von 5—60%, bes. 50% des neutralen aromat. Hydroxycarbonsäurealkalisalzes zur Rk. gebracht wird. (**Can. P. 563180** vom 19/7. 1954, ausg. 9/9. 1958. E. Prior. 23/10. 1953.) Eberhard Riedel. H 1250

Ss. W. Shurawlew und Je. W. Nikolajewa, **Herstellung von 2.6-Dimethylanilin** durch Decarboxylierung von Nitromesitylensäure (I) in Chinolin (II) in Ggw. eines Cu–Cr-Katalysators u. von Cu-Pulver u. Red. des erhaltenen 2.6-Dimethylnitrobenzols (III). — 11,8 (g) I (F. 215°), 0,5 Cu–Cr-Katalysator, 0,15 Cu-Pulver u. 30 ml II werden 4 Std. gekocht, nach Abkühlen wird mit HCl neutralisiert u. mit Dampf dest.: 5,05 III, $Kp._{754}$ 223°, das in üblicher Weise, z. B. mit Fe/CH_3COOH, red. wird. (**UdSSR. P. 123533** vom 7/2. 1959.) L. Großner. H 1310

Parke, Davis & Co., Detroit, Mich., V. St. A., übert. von: Robert M. Jacob, Ablon-sur-Seine, Seine-et-Oise, und Jacques G. Robert, Paris, Frankreich, **2-[Dichloracetamido]-3-[p-nitrophenyl]-3-hydroxypropanal-(1)** wird durch Kondens. von p-Nitrobenzaldehyd mit Dichloracetamidoacetaldehyd in Ggw. von Triäthylamin in einem abs. organ. Lsgm. bei 0—25° gewonnen. (**Can. P. 562139** vom 15/8. 1952, ausg. 19/8. 1958. F. Prior. 19/10. 1951.) Eberhard Riedel. H 1330

Rheinpreussen Akt.-Ges. für Bergbau und Chemie, Homburg/Ndrh., übert. von: Heinrich Schmitz, Moers-Meerbeck, **Herstellung von Estern N-monoalkylierter oder N-monoalkyloxyalkylierter Hydroxyaminobenzoesäuren** der allg. Formel $RNH \cdot C_6H_3(OH)COO\text{-}A\text{-}N(R_1)(R_2)$, dad. gek., daß man einen niedrigmol. Ester der Säure $RNH \cdot C_6H_3(OH)COOH$, z. B. 4-Butylamino-2-hydroxybenzoesäure in Ggw. eines Alkalialkoholats mit einem Aminoalkohol der allg. Formel HO-A-N(R_1)(R_2) (R = Alkyl- oder Alkoxyalkylrest; A = KW-Stoff-Rest mit 2—12 C-Atomen; R_1 R_2 = Alkyl-, Aryl-, Alkaryl- oder Aralkylrest, R_1 auch = H, R_1 u. R_2 auch zusammen mit N = heterocycl. Rest.), z. B. Dimethylamino-, Diäthylamino-, Piperidino-, Pyrrolidino- oder Thiazolidinoäthanol, umsetzt. (**Can. P. 555722** vom 18/2. 1956, ausg. 8/4. 1958. D. Prior. 29/1. 1951.) S. Böttcher. H 1350

Rheinpreussen Akt.-Ges. für Bergbau und Chemie, Homburg/Ndrh., übert. von: Heinrich Schmitz, Moers-Meerbeck, **Herstellung von Hydroxyaminobenzolsäureestern** der allg. Formel $RNH\text{–}C_6H_3(OH)COO\text{–}A\text{–}NR_1R_2$, dad. gek., daß man das Metallsalz einer Hydroxyaminobenzoesäure der allg. Formel RNH-C_6H_3(OH)–COOH, z. B. 4-Butylamino-2-hydroxybenzoesäure in Äthylacetat, A., Isopropanol, Butanol oder Nitrobenzol mit einem Halogenid der allg. Formel M–A–NR_1R_2 (R = Alkyl- oder Alkoxyalkylrest; A = KW-Stoff-Rest mit 2—12 C-Atomen; R_1, R_2 = Alkyl-, Aryl-, Alkaryl- oder Aralkylrest, R_1 auch = H, R_1 u. R_2 auch gemeinsam mit N-heterocycl. Rest, M = Halogen), z. B. 1-Chlor-2-dimethyl- oder -diäthylaminoäthan oder N-Chloräthylpiperidin, umsetzt. (**Can. P. 555723** vom 18/2. 1956, ausg. 8/4. 1958. D. Prior. 29/1. 1951.) S. Böttcher. H 1350

Rheinpreussen Akt.-Ges. für Bergbau und Chemie, Homburg/Ndrh., übert. von: Heinrich Schmitz, Moers-Meerbeck, **Herstellung von Aminohydroxybenzolsäureestern** der allg. Formel $RNH\text{–}C_6H_3(OH)COO\text{–}A\text{–}NR_1R_2$, dad. gek., daß man eine Aminohydroxybenzoesäure der allg. Formel RNH–C_6H_3(OH)·COOH, z. B. 4-Butylamino-2-hydroxybenzoesäure, in Ggw. einer Mineral- oder Arylsulfonsäure mit einem Halogenalkohol u. den gebildeten Ester der allg. Formel RNH–C_6H_3(OH)COO–A–M (R = Alkyl- oder Alkoxyalkylrest, A = KW-Stoff-Rest mit 2—12 C-Atomen; R_1, R_2 = Alkyl-, Aryl-, Alkaryl- oder Aralkylrest, R_1 auch = H, R_1 u. R_2 gemeinsam mit N auch = heterocycl. Rest; M = Halogen), mit einem Amin, z. B. Piperidin oder Thiazolidin, umsetzt. (**Can. P. 555724** vom 18/2. 1956, ausg. 8/4. 1958. D. Prior. 29/1. 1951.) S. Böttcher. H 1350

A. W. Karlin, E. W. Kogan, K. N. Makowetzkaja und W. S. Ryshinski, **Hydrolyse von Alkyl(Aryl)-chlorsilanen** zu niedermol., bes. *tetra-* u. *pentameren cycl. Siloxanen* unter Einhaltung eines Vol.-Verhältnisses Chlorsilan: W.: Lsgm. = 1:1,45—1,55:0,85—0,75 in kontinuierlichen Verfahrensschema. (**UdSSR. P. 123529** vom 17/10. 1958.) L. Großner. H 1380

Esso Research and Engineering Co., Elizabeth, N. J., übert. von: Glen P. Hamner, Baton Rouge, La., V. St. A., **Gewinnung von Cyclopentadien und Methylcyclopentadien** aus ihren Dimeren u. Codimeren in einem Crackkonzentrat, dad. gek., daß man in einer Kolonne eine auf 300—500° vorgewärmte KW-Stoff-Fraktion mit Kp. >371°, dem Konzentrat von oben entgegenströmen läßt u. in einer Zone von 220—230° die Monomeren u. unzersetzte Dimere abzieht. — Schemat. Zeichnung. (**Can. P. 555630** vom 6/8. 1953, ausg. 8/4. 1958. A. Prior. 25/9. 1952.) S. Böttcher. H 1810

Columbia-Southern Chemical Corp., Pittsburgh, Pa., übert. von: Bernard J. DeWitt, Akron, Ohio, V. St. A., **Hexachlorcyclopentadien** erhält man durch Erhitzen von 1 Mol eines C_5-KW-Stoffes, der wenigstens 4 C-Atome in einer Kettenfolge enthält, bes. Isopentan mit einem wenigstens 25%ig. Überschuß an Chlor in Ggw. von 3 Mol CCl_4 auf 425—575°. — Verf.-Schema. (**Can. P. 562319** vom 5/8. 1953, ausg. 26/8. 1958.) Eberhard Riedel. H 1810

American Cyanamid Co., New York, übert. von: Leon Goldman, Nanuet, N. Y., und Richard P. Williams, Westwood, N. J., V. St. A., **3-Bromtropolon** erhält man durch Umsetzung von 1 Mol Cycloheptandion-(1.2) mit 2,5 bis

3 Mol Brom bei 0—100°, bes. 0—60°, in einem inerten organ. Lösungsmittel. (**Can. P. 561638** vom 1/4. 1955, ausg. 12/8. 1958. A. Prior. 5/4. 1954.)
Eberhard Riedel. H 1980

Sterling Drug, Inc., New York, übert. von: William B. Dickinson, Loudonville, und Bernard L. Zenitz, Delmar, N. Y., V. St. A., **Herstellung von Bis-propylaminen.** *Alkyl-bis-cyclohexylpropylamine* der allg. Formel ($RC_6H_{10}CH_2 \cdot CH_2CH_2)_2NR'$ (R = H oder C_{1-4}-Alkyl; R' = C_{1-8}-Alkyl mit 1—3 OH-Gruppen) u. deren *Säureadditionssalze* werden durch Erhitzen des entsprechenden Bis-cyclohexylpropylamins mit dem entsprechenden Alkylhalid oder aus Alkylamin u. Bis-cyclohexylpropylhalid erhalten. (**Can. P. 561510** vom 14/6. 1955, ausg. 5/8. 1958. A. Prior. 14/6. 1954.) L. Großner. H 2110

I. L. Kotljarewski und M. Ss. Schwarzberg, **Herstellung von p-Terphenyl** durch Erhitzen eines Gemisches von 2.5-Dimethyl-2.5-diphenyltetrahydrofuran (**I**) u. 2.5-Diphenylhexadien-(2.4) (**II**) auf 500—570° in Ggw. von $MgO/Cr_2O_3/Al_2O_3$ (2:18:80). Der Katalysator wird aus Al_2O_3 (Körnung 2—3 mm) u. der wss. Lsg. von Cr_2O_3 u. $MgCO_3$ durch Trocknen bei 105° u. 3std. Glühen bei 200—550° hergestellt. — In eine Suspension von 60 (g) 2.5-Diphenylhexandiol-(2.5) (**III**) in 400 ml Bzl. wird 1 Std. HCl eingeleitet, danach wird mit Soda neutralisiert u. dest.: 48,6 Gemisch von **I** u. **II**, $Kp._3$ 160—175°, halbkrist. Masse. 7 d. vorst. Gemisches werden in 35 ml Bzl. bei 530° in 23 Min. durch ein mit 25 ml Katalysator gefülltes Rohr gegeben, nach Verdampfen des Bzl. wird mit 12 ml heißem A. gewaschen: 3 *p-Terphenyl*, F. 209°. Der Katalysator wird durch 3std. Erwärmen auf 600° im Luftstrom regeneriert. — **III** ist z. B. erhältlich durch Kondens. von Methylphenyläthinylcarbinol mit Acetophenon zu 2.5-Diphenylhexin-3-diol-(2.5) u. Hydrierung mit Ni-Mohr oder aus Acetophenon u. C_2H_2 u. Hydrierung. (**UdSSR. P. 123525** vom 23/1. 1959.) L. Großner. H 2210

Pennsalt Chemicals Corp., Philadelphia, übert. von: Maurice E. Miville, Springfield Township, Pa., V. St. A., **2.2-Bis-[2'-hydroxy-5'-chlorphenyl]-1.1.1-trichloräthan** erhält man durch Umsetzung von 1 (Mol) Chloral mit 2 p-Chlorphenol in Ggw. von 3 H_2SO_4 in 1,3—2,6 CCl_4. (**Can. P. 563459** vom 1/11. 1954, ausg. 16/9. 1958. A. Prior. 4/12. 1953.) Eberhard Riedel. H 2260

Dominion Rubber Co. Ltd., Montreal, Quebec, übert. von: Marshall Kulka, Guelph, Ontario, Canada, **Herstellung von o-Hydroxybenzophenonen,** die im nicht-phenol. Ring ggf. durch Halogen oder einen Alkylrest substituiert sind, durch Erhitzen von p-[tert.-Butyl]-anisol mit dem entsprechenden Benzoylchlorid auf 120—160° in Ggw. eines Friedel-Crafts-Katalysators u. Abspaltung der Methyl- u. tert.-Butylgruppe aus dem erhaltenen 2-Methoxy-5-[tert.-butyl]-benzophenon durch Erhitzen mit einem mol. Überschuß von $AlCl_3$ in Benzol. (**Can. P. 560324** vom 6/11. 1954, ausg. 15/7. 1958.) L. Großner. H 2380

G. D. Searle & Co., Chicago, übert. von: Clinton A. Dornfeld, Glenview, Ill., V. St. A., **Herstellung von N-[3-Isopropylaminopropyl]-diphenylacetamid** u. dessen Salzen durch Kondens. von N-Isopropylpropan-1.3-diamin mit Diphenylessigsäure oder deren Haliden bei 100—200° in einem inerten Lsgm., das mit W. ein niedrigsd. Azeotrop bildet, bes. Xylol. (**Can. P. 561121** vom 20/3. 1957, ausg. 29/7. 1958.) L. Großner. H 2410

Dow Corning Corp., übert. von: Herbert J. Fletcher und Gus L. Constant, Midland, Mich., V. St. A., **Phenylmethyltrisiloxan** (*1.1.5.5-Tetraphenyl-1.3.3.5-tetramethyltrisiloxan*) wird erhalten durch Rk. von Diphenylmethylsilanol mit Dimethyldichlorsilan < 100° in Ggw. einer zur Bindung von HCl ausreichenden Menge Pyridin. (**Can. P. 560981** vom 13/6. 1956, ausg. 29/7. 1958. A. Prior. 7/10. 1955.) L. Großner. H 2580

Food Machinery & Chemical Corp., San Jose, Calif., übert. von: Philip L. Southwick, Pittsburgh, Pa., V. St. A., **Herstellung von Naphthyl-(1)-essigsäure,** dad. gek., daß man Chloressigsäure mit 1/10 (Mol) KBr umsetzt u. das gebildete Zwischenprod. mit der äquimol. Menge Naphthalin erhitzt. (**Can. P. 555958** vom 22/7. 1953, ausg. 15/4. 1958.) S. Böttcher. H 2700

M. W. Lisgunowa und O. Ju. Magidsson, **Herstellung von 5.8-Diketo-1.4.5.8.9.10-hexahydronaphthalin-1-carbonsäure,** F. 220—222°, durch Diels-Alder-Rk. von *β*-Vinylacrylsäure (**I**) mit p-Benzochinon (**II**) in CH_3COOH bei Zimmertemperatur. — 1113 (g) **I** (F. 70—72°), 1113 **II** u. 5,5 Liter CH_3COOH werden 20—22 Std. stehen gelassen, der Nd. wird filtriert u. mit CH_3COOH u. Ae. gewaschen; Ausbeute 1750. (**UdSSR. P. 123534** vom 12/2. 1959.)
L. Großner. H 2700

O. I. Kotschetowa und P. N. Jerschow, **Gewinnung von Anthrachinondisulfonsäuren** aus Sulfonierungsgemischen von Anthrachinon (I) mit Oleum in Ggw. von Hg, dad. gek., daß zur Gewinnung Hg-freier Prodd. vor der Abtrennung NaCl oder $ClSO_3H$ zugesetzt wird. — Ein aus 208 (kg) **I**, 176 SO_3 u. 2 Hg erhaltenes Rk.-Gemisch wird bei 130—140° 10—30 Min. mit 15 NaCl behandelt, danach werden die Säuren in bekannter Weise abgetrennt u. Hg-frei erhalten. (**UdSSR. P. 119876** vom 7/8. 1958.) L. Großner. H 2800

P. N. Jerschow und I. Je. Scharanowa, **Gewinnung von 1-Anthrachinonsulfonsäure** (I) durch Sulfonierung von Anthrachinon (II) u. Behandlung des Rk. Gemisches mit Chlorsulfonsäure (III) nach UdSSR. P. 119876. — 52,5 (g) **II** werden mit 65,2%ig. Oleum in Ggw. von 0,29 HgO sulfoniert. Danach wird 1 ml **III** zugesetzt u. 10 Min. bei 130° gehalten. Nach Aufarbeitung wird **I** mit $\leqq$ 0,02% Hg erhalten. (**UdSSR. P. 122747 vom 21/2. 1959. Zusatz zu UdSSR. P. 119876; s. vorst. Referat.**) L. Großner. H 2800

Shell Development Co., Emeryville, übert. von: Harry A. Cheney, Berkeley, Calif., V. St. A., **Oxydation von Olefinen zu Olefinoxiden.** Das Olefin, bes. Äthylen, wird mit O_2 bei 150—400° durch ein Bett von Katalysatorpartikeln mit Ag-Oberfläche, die mit 0,1—40% (bezogen auf Ag) Chloriden, Bromiden, Jodiden u. Cyaniden von Metallen der I., II. u. VIII. Gruppe des Period. Syst., bes. AgCl, vermischt sind, geführt. (**Can. P. 560782** vom 29/12. 1951, ausg. 22/7. 1958. A. Prior. 31/3. 1951.) L. Großner. H 3030

Union Carbide & Carbon Corp., New York, N. Y., übert. von: Benjamin Phillips und Paul S. Starcher, Charleston, W. Va., V. St. A., **Herstellung von Oxiranen** durch Rk. eines gesätt. C_{2-3}-Monoaldehyds mit O_2 u. etwas O_3 < 15° u. Umsetzung des erhaltenen Monoperacylats mit Verbb. mit $\geqq$ 3 C-Atomen u. $\geqq$ 1 Doppelbindung in fl. Phase bei 25—200° unter UV-Belichtung. (**Can. P. 560468** vom 12/6. 1953, ausg. 15/7. 1958. A. Prior. 7/8. 1952.) L. Großner. H 3030

Food Machinery & Chemical Corp., San Jose, Calif., übert. von: Frank P. Greenspan und Ralph J. Gall, Buffalo, N. Y., V. St. A., **Herstellung von Cyclohexenoxid.** Cyclohexen wird mit einem geringen Überschuß von Perpropionsäure in mit Na-Acetat gepufferter Lsg. 2—4 Std. bei 5—20° gerührt, die Rk.-Lsg. wird auf pH 7 eingestellt u. das Prod. isoliert. (**Can. P. 559644** vom 26/1. 1956, ausg. 1/7. 1958.) L. Großner. H 3030

A. P. Sakoschtschikow, Ss. A. Sakoschtschikow und W. I. Roschtschina, **Herstellung von Furfurol** durch Hydrolyse pentosanhaltiger Pflanzenteile, bes. Baumwollabfälle, dad. gek., daß 30—50%ig. H_2SO_4 verwendet wird, wodurch zusätzlich Hexosen durch Oxydation u. Decarboxylierung in Pentosen übergeführt werden u. eine Ausbeute von 12—15% erreicht wird. (**UdSSR. P. 123527** vom 15/12. 1958.) L. Großner. H 3061

Quintin P. Peniston, Port Blakely, Wash., V. St. A., **Herstellung von 5-Hydroxymethylfurfural-(2)** durch Erhitzen einer 2,5—20%ig. Ketohexosezucker-Lsg. in einem W./C_{1-5}-Alkohol-Gemisch mit einem Mol-Verhältnis 1/0, 1—0,4 in Ggw. eines Katalysators, bes. HCl, HBr, H_3PO_4, H_2SO_4, $ZnCl_2$ oder Al_2O_3, dessen Konz. in der Rk.-Mischung 0,02—0,2 n ist, auf 130—225°. (**Can. P. 562567** vom 30/4. 1956, ausg. 2/9. 1958.) Eberhard Riedel. H 3061

Air Reduction Co., Inc., New York, N. Y., übert. von: Daniel C. Rowlands, Worthington, Ohio, V. St. A., **4-Piperonyliden-2.2.5.5-tetramethyltetrahydrofuranon-(3)** wird durch Rk. von Piperonal mit Tetramethyltetrahydrofuranon-(3) in Ggw. von A., NaOH u. W. gewonnen. (**Can. P. 561942** vom 14/6. 1956, ausg. 19/8. 1958. A. Prior. 2/8. 1955.) Eberhard Riedel. H 3061

Pennsylvania Salt Mfg. Co., übert. von: George McCoy, Charles E. Inman und Glendon W. Kyker, Philadelphia, Pa., V. St. A., **Herstellung von Dichlorthiophen,** dad. gek., daß man ein bei der Chlorierung von Thiophen gewonnenes Gemisch aus Dichlorthiophen u. Tetrachlorthiolan in Ggw. von Aktivkohle auf 170—260° erhitzt. (**Can. P. 556052** vom 24/8. 1953, ausg. 15/4. 1958.) S. Böttcher. H 3071

B. W. Ssuworow, Ss. R. Rafikow, B. A. Shubanow und M. I. Chmura, **Herstellung von Phthalimid** durch oxydierende Ammonolyse von o-Xylol in der Dampfphase in Ggw. von Sn- u. Ti-Vanadaten. — Ein Gemisch von 0,1 (Vol) o-Xylol, 0,6 NH_3 u. 4000 Luft wird bei 400° durch einen Rohrkonverter von 1100 mm Länge u. 22 mm ∅, der mit einer granulierten Mischung von 30(%) SnO_2 u. 70 V_2O_5

gefüllt ist, geleitet u. das *Phthalimid*, F. 234—235°, in W. aufgefangen; Ausbeute 75%. (**UdSSR.P. 123156** vom 5/3. 1959.) L. Großner. H 3081

N. N. Ssuworow, M. W. Fedotowa und O. B. Ogarewa, **Herstellung von 6-Methoxyindol** (**I**) durch Bromieren von 2-Nitro-4-methoxytoluol (**II**) mit N-Bromsuccinimid (**III**), Hydrolyse, Kondens. des erhaltenen 2-Nitro-4-methoxy-benzaldehyds (**IV**) mit CH_3NO_2 zu 2.β-Dinitro-4-methoxystyrol (**V**) u. Red. mit Fe/CH_3COOH. — 20 (g) **II**, 42,4 **III**, 2,4 Benzoylperoxid u. 200 ml abs. CCl_4 werden bis zum Verschwinden von **III** gekocht, danach wird filtriert, Lsgm. verdampft, der Rückstand mit 24 $NaHCO_3$ in 300 ml W. gekocht u. mit Dampf dest.: 14,92 **IV**, F. 94—95°. Aus der Mutterlauge können durch Extraktion mit CH_2Cl_2 u. Dampf-dest. noch 0,63 erhalten werden. 20 **IV** werden bei 50° in 320 ml CH_3OH gelöst, die Lsg. wird rasch gekühlt, so daß der Aldehyd feinkrist. ausfällt. Es werden 8 ml CH_3NO_2 u. bei —2° in 15—18 Min. 4,64 NaOH in 12 ml W. zugesetzt. Nach 30 Min. wird in verd. HCl von 0—5° gegossen: 17,5 **V**, F. 100—103°. 5 **V** werden in 80 ml A u. 100 ml CH_3COOH mit 20 Fe-Pulver versetzt, nach Abklingen der Rk. wird mit W. verd., mit Na_2CO_3 neutralisiert, mit Dampf dest. u. das Destillat in Ae. aufgenommen: 2 **I**, F. 90—91°. Das Ausgangs-Prod. **II** wird erhalten durch Nitrieren von p-Toluidin, Diazotieren, Verkochen u. Methylierung mit Dimethylsulfat. (**UdSSR. P. 123531** vom 27/12. 1959.) L. Großner. H 3081

Chas. Pfizer & Co., Inc., Brooklyn, N. Y., übert. von: Martin E. Synerholm, Leonard H. Jules und Melville Sahyun, Santa Barbara, Calif.,V.St.A., **2-substituierte Imidazoline.** *2-[1.2.3.4-Tetrahydronaphthyl-(1)]-* u. *2-[Indanyl-(1)]-imidazolin* werden durch Kondens. von 1.2.3.4-Tetrahydronaphthoesäure-(1) bzw. Indancarbonsäure-(1), deren Estern oder Nitrilen mit Äthylendiamin oder seinem p-Toluylsulfonat gewonnen. (**Can. P. 562141** vom 7/6. 1954, ausg. 19/8. 1958. A. Prior. 15/6. 1953 u. 21/5. 1954.) Eberhard Riedel. H 3122

Ciba Ltd., Basel, übert. von: Franz Ackermann, Binningen, und Adolf-Emil Siegrist, Basel, Schweiz, **Herstellung von α.β-Di-[aryloazolyl-(2)]-äthylenen** aus entsprechenden Hydroxyäthanen durch Wasserabspaltung mittels Arylsulfonsäuren, Borsäure, SO_3 oder $ZnCl_2$. — *α.β-Di-[benzoxazolyl-(2)]-äthylen*, aus α.β-Di-[benzoxazolyl-(2)]-äthanol u. $ZnCl_2$ bei erhöhter Temperatur. — *α.β-Di-[5-chlorbenzoxazolyl-(2)]-äthylen*, aus *α.β-Di-[5-chlorbenzoxazolyl-(2)]-äthanol*. — *α.β-Di-[5-methylbenzoxazolyl-(2)]-äthylen*, aus α.β-Di-[5-methylbenzoxazolyl-(2)]-äthanol u. p-Toluolsulfonsäure in o-Dichlorbenzol. — Vgl. F. P. 1154216; C. **1959**, 5300. (**Can. P. 554514** vom 15/6. 1956, ausg. 8/3. 1958.) H.-J. Nitzschke. H 3132

Gyógyszeripari Kutató Intézet (Erfinder: Andreas Bajusz, Josef Gyimesi und Emmerich Mezö), Budapest, Ungarn, **4-Aminoisoxazolidinon-(3)** (Cycloserin) erhält man bei der Einw. von Hydroxylamin auf β-Halogenalaninester bzw. dessen Salzen in Ggw. alkal. wirkender Stoffe. Bes. vorteilhaft werden in W. lösl. Alkalien oder Hydroxylionen aufweisende Anionaustauscher verwendet. Hydroxylamin wird als Hydrochlorid eingesetzt. Wird als Ausgangsstoff die rac. Verb. verwendet, so gelangt man zu DL-*Cycloserin*, woraus man durch Spaltung zum *D-4-Amino-isoxazolidinon-(3)* gelangt. (**Ung. P. 145107** vom 25/7. 1957, ausg. 15/8. 1959.) G. König. H 3132

Merck & Co., Inc., Rahway, N. J., übert. von: James M. Sprague und Edward L. Engelhardt, Gwynedd Valley, Pa., V. St. A., **Substituierte Thiaxanthene,** die ggf. in den carbocycl. Ringen durch Cl u. Br einfach substituiert sind u. deren nichttox. *Säureadditionssalze*, bes. *2-Chlor-* u. *2.8-Dichlor-10-[3'-dimethylaminopropyl]-thiaxanthen*, werden erhalten durch Rk. des Thiaxanthens mit Li-Alkyl oder -Aryl u. Alkylierung mit einem 3-Dimethylaminopropylhalid. (**Can. P. 561062** vom 7/5. 1956, ausg. 29/7. 1958. A. Prior. 16/5. 1955.) L. Großner. H 3221

B. W. Ssuworow, Ss. R. Rafikow, B. A. Shubanow und M. I. Chmura, **Herstellung von Nicotinsäure** (**I**) u. des *Amids* (**II**) durch Ammonolyse von β-Picolin (**III**) in Ggw. von Ti- oder Sn-Vanadaten u. feuchter Luft bei 330—430° u. Verseifung des erhaltenen Nicotinsäurenitrils (**IV**) durch Erhitzen mit 0,1—3%ig. NH_4OH auf 120—220° unter 20—80 at zu **II** oder **I**. — 0,35 (Vol.) 20%ig. wss. Lsg. von **III**, 0,16 NH_3 u. 6000 Luft werden bei 400° durch einen mit einer auf 3 mm gekörnten Schmelze von 30% SnO_2 u. 70% V_2O_5 beschickten Rohrkonverter geleitet; in 10 Std. werden 92 (g) **III** durchgesetzt. Aus dem Rk.-Prod. werden mit Ae. 70 **IV**, F. 50—51°, extrahiert; aus der extrahierten Lsg. nach Neutralisieren auf pH 3,6 u. Eindampfen mit A. 6,1 **I**. 10 **IV** u. 30 ml 1%ig. NH_4OH werden im Autoklaven 9 Std. auf 150° erhitzt, danach wird auf pH 3,6 neutralisiert, 3,2 nicht umgesetztes **IV** werden mit Ae. extrahiert u. nach Eindampfen der Lsg. 7,2 **II**, F. 137 bis 138°, mit Aceton u. 0,7 **I**, F. 233–234°, mit A. extrahiert. (**UdSSR. P. 119878** vom 22/7. 1958.) L. Großner. H 3231

B. W. Ssuworow, Ss. R. Rafikow, W. Ss. Kudinowa und B. A. Shubanow, **Herstellung von Isonicotinsäure** durch oxydierende Ammonolyse von γ-Picolin in Ggw. von oxid. V-Ti oder V–Sn-Katalysatoren. — Das Verf. wird in 2 Stufen durchgeführt, in deren 1. ein Gemisch von 20–50 (g) γ-Picolin, 150–1200 W., 20–200 NH_3 u. 200–1500 Liter Luft je Std. u. Liter Katalysator (Verb. aus 20(%) TiO_2 u. 80 V_2O_5 oder 30 SnO_2 u. 70 V_2O_5) bei 320–420° in einem Rohrkonverter unter Bldg. des Nitrils mit 65–77% Ausbeute umgesetzt wird. In 2. Stufe wird das Nitril bei 150–200° u. unter 30–60 at mit 5%ig. NH_4OH 20 Std. verseift; Ausbeute 90–98%. (**UdSSR. P. 123155** vom 22/7. 1958. **Zusatz zu UdSSR. P. 119878; s. vorst. Referat.**) L. Großner. H 3231

Wellcome Foundation Ltd., übert. von: Donald W. Adamson, London, England, **Heterocyclisch substituierte Propane** der allg. Formel **I** (R_1 = Phenyl, Thienyl, p-Chlorphenyl oder p-Methoxyphenyl; R_2 = Dimethyl, Diäthyl oder als Piperidyl oder Pyrrolidyl cyclisiert) erhält man durch Red. der entsprechenden α.β-ungesätt. Propane mit Pd–C/H_2. (**Can. P. 560172** vom 28/6. 1956, ausg. 8/7. 1958. E. Prior. 20/7. 1948.)

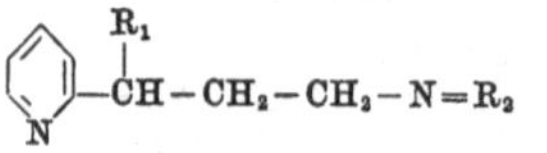

I

L. Großner. H 3231

Dr. Karl Thomae G.m.b.H., übert. von: August Kottler und Ernst Seeger, Biberach a. d. Riss, **Herstellung von p.p'-Diaminodiphenylpyridylmethanen** der nebenst. Formel (R = H oder Alkylrest) durch Kondens. eines entsprechenden Pyridinaldehyds mit Anilin in Ggw. eines Kondens.-Mittels, bes. $ZnCl_2$, $SnCl_4$, H_3PO_4, H_2SO_4, BF_3, HCl Phosphorhalogeniden, bei 100 bis 125°. (**Can. P. 562723** vom 8/4. 1957, ausg. 2/9. 1958. D. Prior. 12/1. 1953.)

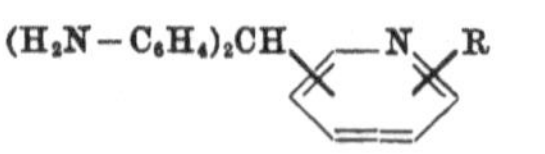

Eberhard Riedel. H 3231

A. Ss. Ssultanow, N. W. Wassiljewa und A. Ss. Ssafajew, **Herstellung von Piperidin** durch Hydrieren von Pyridin (**I**) im fließenden Syst. u. unter Druck in Ggw. von mit Fe aktiviertem Raney-Ni u. wss. NaOH. — **I** u. 2% 10%ig. wss. NaOH werden bei 125–130° u. 150–200 at mit einer Kontaktbeladung von 0,1 bis 1 Liter/Std. in Ggw. eines durch Verschmelzen von 106 (g) Al, 94 Ni u. 2 Fe (aus der Zers. des Oxalats im CO_2-Strom) erhaltenen Katalysators mit einer Ausbeute von 65–68% hydriert. Die Lebensdauer des Katalysators beträgt mindestens 750 Stunden. (**UdSSR. P. 123528** vom 8/1. 1959.) L. Großner. H 3231

Schering Corp., übert. von: Domenick Papa, Bloomfield, N. J., V. St. A., **Piperidylester von Glykolsäurederivaten** der nebenst. Formel (R = Phenyl-, Cycloalkyl- oder Cycloalkenylrest mit 5–6 C-Atomen; R_1 u. R_2 = Alkylreste mit 1–6 C-Atomen; Y = nichttox. Anion) werden durch Umsetzung eines N-Alkylpiperidinols-(4), z. B. N-Methylpiperidindiol-(4), mit einem Halogenid oder einem Ester einer entsprechenden Säure C_6H_5–C(OH)(R)–COOH, z. B. Diphenylchloracetylchlorid, erhalten. Die Prodd. werden in ihre quart. Salze umgewandelt. — *Phenylcyclohexylglykolsäure-N-methylpiperidyl-(4)-ester*. (**Can. P. 561823** vom 13/8. 1955, ausg. 12/8. 1958.)

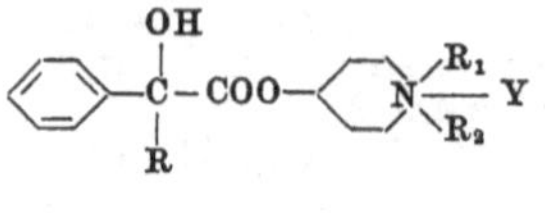

Eberhard Riedel. H 3231

Allen & Hanburys Ltd., übert. von: William C. Austin, Henry O. J. Collier, Michael D. Potter und Edwin P. Taylor, London, England, **Chinaldinderivate.** Polymethylen-bis-[4-aminochinaldiniumhalogenide], in denen die Polymethylenkette 4–20 C-Atome enthält, werden durch Erhitzen entsprechender ω.ω'-Polymethylendihalogenide mit 4-Aminochinaldin (48–450 Std.) in einem organ. Lsgm. erhalten. (**Can. P. 561948** vom 26/10. 1954, ausg. 19/8. 1958. E. Prior. 12/11. 1953.) Eberhard Riedel. H 3231

Eli Lilly & Co., Indianapolis, übert. von: Edwin R. Shepard, Beech Grove, Ind., V. St. A., **1-Benzyl-6-alkoxy-7-methoxyisochinoline** (-alkoxy- = -methoxy- oder -äthoxy-), deren Benzylkern in 3- u. 4-Stellung voneinander verschiedene Methoxy- u. Äthoxy-Reste enthält, werden durch Dehydrierung entsprechender 3.4-Dihydroisochinoline in Ggw. von Pd erhalten. (**Can. P. 562108** vom 23/8. 1950, ausg. 19/8. 1958. A. Prior. 9/11. 1949.) Eberhard Riedel. H 3231

American Cyanamid Co., New York, N. Y., übert. von: William B. Wright jun., Plainfield, N. J., V. St. A., **Dihydropyrrolopyridine** der allg. Formel **I** (R = OH, niedere Alkoxygruppe oder Halogen), bes. *2.3-Dihydro-7-hydroxy-6-methyl-1H-pyrrolo[3.4.c]pyridin* u. *2.3-Dihydro-7-alkoxy-6-methyl-1H-pyrrolo[3.4.c]pyridin*, erhält man durch Diazotierung von entsprechenden, in 5-Stellung durch eine Aminogruppe u. am Pyrrol-N-Atom durch eine niedere Carbalkoxy-, Acyl- oder Aroylgruppe substituierten Verbb., Ersatz der Diazogruppe durch R u. Hydrolyse des Pyrrolsubstituenten. (**Can. P. 559950** vom 6/7. 1954, ausg. 8/7. 1958. A. Prior. 31/12.1953.) L. Großner. H 3231

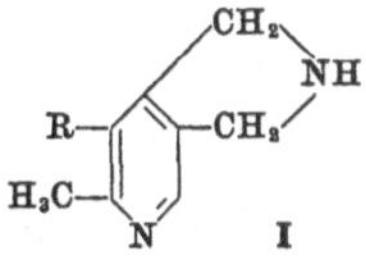
I

M. W. Rubzow und Je. Je. Michlina, **Herstellung von Chinuclidin-3-essigsäure** (**I**) aus Chinuclidon-(3) (**II**) über 3-Hydroxychinuclidin-3-essigsäureäthylester (**III**) u. Dehydrochinuclidin-3-essigsäureäthylester (**IV**). — Zu der aus 26,4 (g) Zn-Staub u. 33,4 Bromessigester in 96 ml Ae.-Bzl. (1 : 1) erhaltenen Zn-organ. Verb. werden 10 **II** in 50 ml Ae.-Bzl. (1 : 1) unter Kühlung gegeben, danach wird 3 Std. gekocht. Nach Erkalten wird mit 80 ml CH_3COOH versetzt, mit W. u. verd. HCl extrahiert, u. nach Alkalisieren der sauren Extrakte in Ae. aufgenommen: 10,2 **III**, F. 101—102°. 7 **III**-Hydrochlorid, 6,7 $SOCl_2$ u. 50 ml Bzl. werden 7 Std. auf 55—60° erwärmt. Nach Einengen u. Zusatz von Ae. 5,87 **IV**-Hydrochlorid, F. 180—182°. 5 **IV**-Hydrochlorid werden mit 0,2 PtO_2 in 80 ml Bzl. bei Zimmertemp. bis zur Aufnahme von 1 Mol H_2 hydriert, danach wird filtriert, die Lsg. verdampft u. mit 50 ml verd. HCl (1 : 1) erwärmt. Nach Abdampfen u. Waschen mit abs. A. 3,3 **I**-*Hydrochlorid*, F. 246—248°. (**UdSSR. P. 123530** vom 27/2. 1959.) L. Großner. H 3231

American Cyanamid Co., New York, N. Y., übert. von: Thomas Rees, Plainfield, N. J., V. St. A., **Herstellung von Pyrazin-2.3-dicarbonsäure (I)**, dad. gek., daß man ihre Erdalkalisalze, bes. das Mg-Salz, in W. dispergiert, mit einer starken Mineralsäure, z. B. HCl oder H_2SO_4, behandelt u. durch Abkühlen **I** zur Abscheidung bringt. (**Can. P. 555560** vom 26/4. 1954, ausg. 8/4. 1958. A. Prior. 10/6. 1953.) S. Böttcher. H 3272

Wellcome Foundation Ltd., London, England, übert. von: George H. Hitchings, Tuckahoe, und Roland K. Robins, Yonkers, N. Y., V. St. A., **Pyrimidinverbindungen.** 4-Hydroxypyrido-[2.3:d]-pyrimidine der allg. Formel **I** (R = H oder Alkyl) erhält man durch Umsetzung von ggf. alkylierter α-Aminonicotinsäure mit Formamid > 120°. (**Can. P. 560170** vom 27/1. 1953, ausg. 8/7. 1958.) L. Großner. H 3272

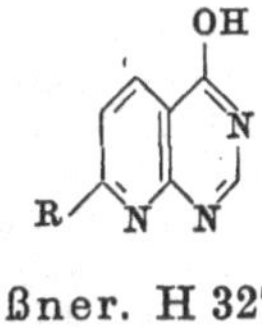
I

Wellcome Foundation Ltd., London, England, übert. von: George H. Hitchings, Tuckahoe, Gertrude B. Elion, Bronxville, und Irving Goodman, Yonkers, N. Y., V. St. A., **Herstellung von Purinderivaten** der allg. Formel **I** (X = H oder $-NH_2$; R = $-CH_2COCH_3$, $-CH_2CH_2OH$ oder $-CH_2COOH$) durch Umsetzung der 6-Mercaptopurine mit dem entsprechenden Halid in alkal. Lsg. u. in Ggw. eines Säureacceptors. (**Can. P. 560171** vom 30/11. 1955, ausg. 8/7. 1958. E. Prior. 22/6. 1955.) L. Großner. H 3272

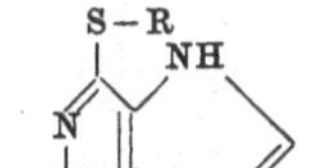
I

American Cyanamid Co., New York, N. Y., V. St. A., **Herstellung von 3-Aminopyridazinen,** die in 6-Stellung eine Alkoxy-, Aryloxy- oder Aralkyloxygruppe tragen, durch Erhitzen eines 3-Amino-6-halogenpyridazins mit einem entsprechenden Na-Alkoholat bzw. -Phenolat, ggf. in einem inerten organ. Lsgm., auf 50—200°. — 3-Aminopyridazine: *6-Methoxy-*, $C_5H_7N_3O$, F. 103—105° (n-Amylchlorid), aus 3-Amino-6-chlorpyridazin (**I**) durch 20std. Erhitzen mit Na-Methylat in CH_3OH im verschlossenen Rohr auf 120°; 34% (Ausbeute). — *6-[n-Hexyloxy]-*, F. 25–30°, sublimiert bei 100—125°/ca. 0,3 mm, aus **I** durch 24std. Kochen mit Na in n-Hexanol; wachsartiges Produkt. — *6-Phenoxy-*, aus **I** durch 24std. Erhitzen mit Phenol u. Na-Phenolat auf 150°. — Analog: *6-Benzyloxy-*. — Vgl. A. P. 2891953; C. **1960, 16183.** (**Oe. P. 210429** vom 9/7. 1957, ausg. 10/8. 1960. A. Prior. 9/7. 1956.) Eberhard Riedel. H 3272

Dr. Karl Thomae G.m.b.H., Biberach/Riss, **Herstellung von Pteridinderivaten.** Halogenierte Pteridine (**I**) der allg. Formel **II** werden mit Verbb. vom Typus HR zu **I**-Derivv. der allg. Formel **III** umgesetzt. Hierbei ist mindestens einer der

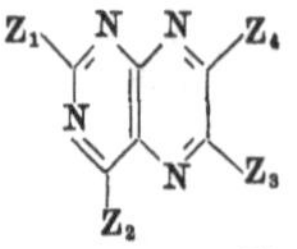
II

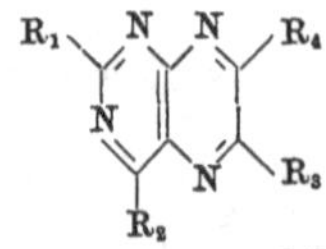
III

Z-Substituenten ein Halogenatom u. mindestens 2 andere sind substituierte Aminogruppen oder N-Atome, die einem Kern angehören, der weitere Heteroatome enthalten kann, oder weitere Halogenatome, u. der 4. Z-Rest ist ein H- oder Halogenatom, eine ggf. substituierte Alkyl-, Aryl- oder Aralkylgruppe, ferner eine OH-, NH_2- oder Thiogruppe oder ein N-Atom, das zu einem Heterocyclus gehört, der weitere Heteroatome enthalten kann. R ist ein N-Atom eines Heterocyclus, der weitere Heteroatome enthalten kann, eine NH_2-, OH- oder Thiogruppe, die substituiert sein können. Von den R-Resten ist mindestens einer ein N-Atom, das einem Ring angehört, der ggf. weitere Heteroatome enthält, mindestens 2 weitere R sind (ggf. substituierte) NH_2-Gruppen oder N-Atome, die zu einem Heterocyclus gehören, der andere Heteroatome enthalten kann, u. der 4. R-Rest ist ein H- oder Halogenatom, ein (ggf. substituierter Alkyl-, Aryl-, Aralkyl-, NH_2-, OH- oder Thiorest oder ein weiteres N-Atom, das einem Heterocyclus (mit ggf. weiteren Heteroatomen angehört. Die Rkk. werden in Ggw. von Säurebindemitteln (Alkalihydroxyde, Carbonate, u. -Alkoholate, Amine oder RH-Überschuß) u. Katalysatoren (bes. Cu, Cu-Salze, Alkalijodide) bei Tempp. von —20° bis 250° in Lsgm. ausgeführt, die an der Rk. nicht teilnehmen, wobei auch erhöhter Druck angewandt werden kann. Als RH-Komponenten werden z. B. verwendet: Alkohole, Phenole, prim., sek. u. cycl. Amine, wobei die letzteren noch andere Heteroatome als N enthalten können, ferner Aminoalkohole, Mercaptane, Thiophenole, Dialkylaminoalkylamine usw. — Beispiele: 2-Morpholino-4-chlor-6.7-dipiperidin-**I**, $C_{20}H_{28}ClN_7$, gelbe Nadeln aus A., F. 158—159°; 2-Methylamino-4-chlor-6.7-dimorpholino-**I**, gelbe Nadeln aus Methanol, F. 224—226°; 2.4-Dimorpholino-6.7-bis-(dimethylamino)-**I**, $C_{18}H_{28}N_8O_2$, gelbe Platten, F. 191—192°; 2.4-Bis-(dimethylamino)-6.7-dimorpholino-**I**, $C_{18}H_{28}N_8O_2$, gelbes mikrokristallines Pulver, F. 164—165°; 4-Chlor-2.6.7-tripiperidin-**I**, gelbbraune Prismen aus Methanol, F. 147 bis 148°; 2.4.6.7-Tetramorpholino-**I**, $C_{22}H_{32}N_8O_4$, gelbes mikrokristallines Pulver, F. 187—188°; 2-Morpholino-4-dimethylamino-6.7-dipiperidino-**I**; gelbgrüne Prismen aus W. + Dioxan, F. 141—142°, $C_{22}H_{34}N_8O$; 4-Diäthanolamino-2.6.7-trimorpholino-**I**, $C_{22}H_{34}N_8O_5$, gelbe Nadeln aus W., F. 224—225°; 2-(β-Oxyäthylamino)-4-morpholino-6.7-dipiperidino-**I**, $C_{22}H_{34}N_8O_2$, gelbe Kristalldrusen, F. 168 bis 170°; 2-Methylamino-4-chlor-6.7-dipiperidino-**I**, gelbes mikrokristallines Pulver aus Methanol, $C_{17}H_{24}ClN_7$, F. 240—242°; 2-Methylamino-4.6.7-trimorpholino-**I**, gelbe Prismen aus Methanol, F. 254—256°; 2.4.7-Trimorpholino-6-phenyl-**I**, $C_{24}H_{29}N_7O_3$, gelbes mikrokristallines Pulver aus Methanol, F. 201—202°; 4-Äthoxy-2.6.7-trimorpholino-**I**, farblose Nadeln, $C_{20}H_{29}N_7O_4$, F. 198—200° aus Methanol; 4-(β-Äthoxyäthoxy)-2.6.7-trimorpholino-**I**, $C_{22}H_{33}N_7O_5$, blaßgelbe Nadeln aus Bzl., F. 149—150°; 4-Phenoxy-2.6.7-trimorpholino-**I**, $C_{24}H_{29}N_7O_4$, blaßgelbe Nadeln aus Methanol F. 239—240°; 4-Äthylthio-2.6.7-trimorpholino-**I** $C_{20}H_{33}N_7O_3$ gelbe Prismen aus Methanol F. 193—195°; 4-Phenylthio-2.6.7-trimorpholino-**I** $C_{24}H_{29}N_7O_3S$, gelbes mikrokristallines Pulver aus Methanol, F. 186—187°; 2-Phenyl-4.6.7-trimorpholino-**I**, $C_{24}H_{29}N_7O_3$, mikrokristallines Pulver aus Methanol, F. 209 bis 210°, 2-Äthylthio-4-pyrrolidino-6.7-dimorpholino-**I**, gelbe Kristalle aus W. + A., F. 118—120°; 2(4)-Oxy-4(2)-6.7-trimorpholino-**I**, $C_{18}H_{25}N_7O_4$, schmutziggelbes Pulver, F. 242—243°; 2.4-Dimorpholino-7-dimethylamino-**I**, $C_{16}H_{23}N_7O_2$, elfenbeinfarbige Kristalle aus Methanol, F. 194—195°; 2.7-Dimorpholino-4-pyrrolidino-6-carboxymethyl-**I**, olivenfarbiges Pulver, F. 115—117°. 40 weitere Beispiele in Form von Tabellen der Substituenten R_1–R_4. (**Belg. P. 568931** vom 26/6. 1958, ausg. 2/12. 1960. D. Prior. 27/6. 1957.) A. Kalix. H 3272

VEB Leuna-Werke „Walter Ulbricht" (Erfinder: Friedrich Asinger, Max Thiel, Leuna, und Walter Höringklee, Halle), **Dihydro-m-thiazin-($\Delta^{3.4}$) und dessen Derivate,** erhält man bei der Rk. von β-Mercaptoketonen mit Oxoverbb. in Ggw. von NH_3 oder Ammoniumsalzen schwacher Säuren, wie $(NH_4)_2CO_3$. Als Oxoverbb. kommen aliphat., alicycl., heterocycl. oder aralkyl-Ketone oder aliphat., aromat., heterocycl. oder Aralkyl-Aldehyde in Betracht. Die Ketone u. Aldehyde können noch funktionelle Gruppen enthalten. — *4.6.6-Trimethyl-dihydro-m-thiazin-($\Delta^{3.4}$)* erhält man bei der Rk. von 2-Methyl-2-mercaptopentanon-(4) mit CH_2O in 40%ig. Lsg. unter Einleiten von NH_3. Das Thiazin extrahiert man mit Ae. u. nach Entfernen des Ae. dest. man das Rk.-Prod., F. 74—76°, F. des Pikrates 195°. An Stelle von CH_2O kann man Hexamethylentetramin verwenden. — Mit Butanon erhält man *2-Äthyl-2.4.6.6-tetramethyl-dihydro-m-thiazin-($\Delta^{3.4}$)*, $Kp._{12}$ 85—87°,

F. des Pikrates 173°; mit Salicylaldehyd erhält man *4.6.6-Trimethyl-2-o-hydroxyphenyldihydro-m-thiazin-*($3^{3.4}$), F. aus n-Propanol 136°. — Die Verbb. zeigen ausgesprochen *physiolog., vulkanisationsbeschleunigende, schädlingsbekämpfende, holzkonservierende, rostverhütende,* sowie *alterungsschützende* Wrkgg. u. finden in entsprechenden Präparaten Verwendung. (**Ung. P. 145358** vom 29/3. 1957, ausg. 15/10. 1959. D. Prior. 13/9. 1956.) G. König. H 3292

American Cyanamid Co., New York, N. Y., übert. von: Johnstone S. Mackay, Pittsburgh, Pa., V. St. A., **Synthese von Melamin.** Die durch Erhitzen von Harnstoff erhaltenen NH_3-Cyansäure-Dämpfe werden $> 220°$, bes. 275—400°, mit Silicagel in Kontakt gebracht. (**Can. P. 560215** vom 19/11. 1957, ausg. 8/7. 1958.) L. Großner. H 3313

Consolidated Mining & Smelting Co. of Canada Ltd., Montreal, Quebec, übert. von: Joseph N. Robinson und Frederick J. L. Miller, Trail, und John R. Wellington, Rossland, British Columbia, Canada, **Herstellung von Melamin und Guanidinsulfamat** durch Erhitzen von Guanidinsulfamat oder Harnstoff u. SO_2 oder Harnstoff u. Ammoniumsulfamat mit NH_3 über Atmosphärendruck bei $> 100°$, bes. mit > 200 lbs/sq. in. NH_3 auf 280—360°, u. Abkühlen des Rk.-Gemisches auf 100—250°, wobei alle mit dem Rk.-Gemisch in Kontakt kommenden Metallteile aus Legg. von 20—26(%) Cr, 24—60 Ni, 2—6 Mo, Rest Fe oder 13 bis 17,5 Cr, 16—18 Mo, 3,7—5,3 W, 4,5—7 Fe, Rest Ni oder bes. 25 Cr, 35 Ni, 5 Mo, Rest Fe bestehen. (**Can. P. 561300** vom 5/5. 1956, ausg. 5/8. 1958.) L. Großner. H 3313

Consolidated Mining & Smelting Co. of Canada Ltd., Montreal, Quebec, übert. von: Joseph N. Robinson, Trail, und John R. Wellington, Rossland, British Columbia, Canada, **Herstellung von Melamin und Guanidinsulfamat** aus NH_3 u. Harnstoff u. SO_2 oder Guanidinsulfamat oder Harnstoff u. Ammoniumsulfamat, dad. gek. daß die mit dem Rk.-Gut in Kontakt kommenden Metallteile der Kühlzone aus Al bestehen. — Vgl. verst. Referat. (**Can. P. 561301** vom 5/5. 1956, ausg. 5/8. 1958.) L. Großner. H 3313

Consolidated Mining & Smelting Co. of Canada Ltd., Montreal, Quebec, übert. von: Hary E. Jackson und Basil McDonnell, Rossland, British Columbia, Canada, **Herstellung von Melamin** durch Pyrolyse von Harnstoff bei 275—400° in Ggw. von 1 Mol-% Borsäuren, deren Salzen oder Anhydriden u. ggf. unter Zusatz von NH_3. (**Can. P. 561303** vom 19/6. 1957, ausg. 5/8. 1958.) L. Großner. H 3313

Shea Chemical Corp., Jeffersonville, Ind., übert. von: Ingenuin Hechenbleikner, Clarksburg, Carl W. Pause, Adams, und Francis C. Lanoue, North Adams, Mass., V. St. A., **Herstellung von Phenoxy-1.3.2-dioxaphosphorinanen** der allg, Formel I (R_{1-6} = H oder niedere Alkylgruppen; R_7 = H, Halogen, Nitro- oder niedere Alkylgruppe) durch Rk. des entsprechenden Glykols mit dem entsprechenden Triphenylphosphit. (**Can. P. 560781** vom 14/12. 1957, ausg. 22/7. 1958. A. Prior. 28/12. 1956.)

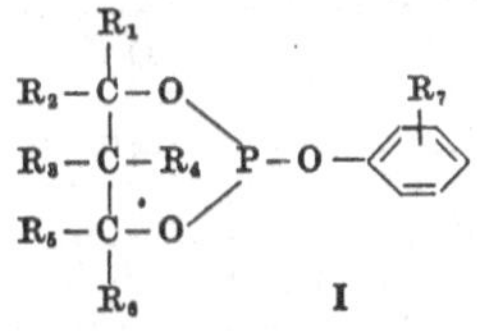

I

L. Großner. H 3354

Dominion Rubber Co. Ltd., Montreal, Quebec, Canada, übert. von: Henry J. Shine, Lubbock, Tex., und Robert H. Snyder, North Caldwell, N. J., V. St. A., **Carbonsäureester cyclischer Halbacetale** werden durch Umsetzung von O_2 mit einem cycl. C_{5-6}-KW-Stoff, bes. Cycloalkenen oder Benzocycloalkanen, u. 0,5—8 Mol eines Alkancarbonsäureanhydrids in Ggw. freier Radikale bei 20 bis 150° gewonnen. — *2-Oxacyclohepten-(3)-ylacetat.* — *2-Oxacyclohepten-(3)-ylpropionat.* (**Can. P. 563117** vom 5/7. 1956, ausg. 9/9. 1958.) Eberhard Riedel. H 3370

Inventa Akt.-Ges. für Forschung und Patentverwertung, Zürich, übert. von: Clau Berther, Gisela Buck-Hansen, Chur, und Johann Giesen, Haldenstein/Chur, Schweiz, **ε-Caprolactam** wird aus Adipinsäurediamid durch Erhitzen in Ggw. von NH_3 u. eines Hydrierungs/Dehydrierungs-Katalysators, bes. einer Co-Ni/SiO_2-Mischung, in fl. Phase auf $\leq 200°$ bei Drucken bis 200 at gewonnen. Die Rk. kann auch in einem Äther vom Kp. $> 50°$ bei normalem Druck durchgeführt werden. — Verf.-Schema. (**Can. P. 561761** vom 1/5. 1957, ausg. 12/8. 1958. Schwz. Prior. 20/5. 1956.) Eberhard Riedel. H 3370

Sun Oil Co., Philadelphia, übert. von: James L. Jezl, Swarthmore, Pa., V. St. A., **Behandlung von Naphthensäuren.** Farbstabilisierung wird durch Lagern bei 60—200° F in Ggw. von Al- u. Mg-Partikeln von 100—400 mesh (Tyler) oder Hindurchleiten bei 200—500°F durch ein Bett aus diesen Partikeln erreicht. (**Can. P. 560143** vom 15/11. 1956, ausg. 8/7. 1958.) L. Großner. H 3950

Sun Oil Co., Philadelphia, übert. von: Samuel E. Jolly, Ridley Park, Pa., V. St. A., **Raffinieren von Naphthensäuren.** Farbstabilisierung wird durch Behandlung mit Halogen-KW-Stoffen, bes. CCl_4, bei 250—550°F, bes. 350—450°F, u. anschließende Vakuum-Dest. der Naphthensäuren erzielt. (**Can. P. 560144** vom 8/4. 1957, ausg. 8/7. 1958.) L. Großner. H 3950

Sun Oil Co., Philadelphia, übert. von: Ivor W. Mills, Glenolden, Pa., V. St. A., **Behandlung von Naphthensäuren** zur Farbstabilisierung mit einer aus überwiegend H_3PO_4 u. einem SiO_2-haltigen Adsorptionsmaterial durch Calcinieren bei 392—572°F erhaltenen Kontaktmasse bei 150—400°F mit einem stündlichen Vol.-Durchsatz von 0,5—10 in Abwesenheit zusätzlicher olefin. Verbindungen. (**Can. P. 560797** vom 10/12. 1955, ausg. 22/7. 1958.) L. Großner. H 3950

Ridbo Laboratories, Inc., Trenton, übert. von: Harold H. Zeiss, Tenafly, N. J., V. St. A., **Abtrennung von Harzsäuren.** Disproportioniertes Kolophonium wird in wss. Alkalihydroxid oder -carbonat gelöst, nach Abtrennung von Neutralstoffen wird mit Mineralsäure auf pH 8,5 gebracht u. nach Abtrennung des Nd. die *Dehydroabietinsäure* durch Einstellen auf pH 7,5 gefällt. (**Can. P. 560437** vom 9/6. 1949, ausg. 15/7. 1958. A. Prior. 14/7. 1948.) L. Großner. H 3950

Monsanto Chemical Co., St. Louis, Mo., übert. von: Harry M. Walker, Dickinson, Tex., V. St. A., **Cyanäthyläther von Lignin** mit 1,5—5% N-Geh. bzw. 1—4 Cyanäthylgruppen je Lignineinheit werden durch Rk. von 1 (Teil) Lignin mit 5—10 Acrylnitril bei 70—80° in einer 2—20%ig. wss. Lsg. eines stark bas. Hydroxids gewonnen. (**Can. P. 563010** vom 12/11. 1954, ausg. 9/9. 1958. A. Prior. 23/4. 1954.) Eberhard Riedel. H 3950

H_{10}. Färberei. Organische Farbstoffe

Spektroskopische Untersuchungen des Färbemechanismus von Textilien. Ottó Dobozy und László Láng. (Magyar tudományos Akad., kémiai Tudományok Osztályának Közleményei [Ung. Akad. Wiss., Ber. Abt. chem. Wiss.] **18,** 221—42, 1962; Budapest, Zentralforsch.-Labor. Koloristik; ung.) — Die *Färbung* verschiedener *Textilien* mit der gleichen Menge verschiedener Farbstoffe wird untersucht. Textilien aus Wolle, Seide, Polyamid- u. Viscosefasern werden mit Azo-, Azin-, Triphenylmethan-, Anthrachinon- u. Metallkomplexfarbstoffen entsprechend (direkt, sauer usw.) angefärbt u. die Farbstoffaufnahme wird durch Extinktionsmessungen der Flotte vor u. nach der Behandlung, ferner durch Lösen des aufgezogenen Farbstoffs mit 10% Pyridin enthaltendem W. u. nachfolgende Extinktionsmessung bestimmt. Absorptionsspektren, Extinktionswerte, sowie deren Unterschiede bei verschiedenen Textilien bzw. verschiedenen Anfärbeverff. werden ermittelt. Aus den Ergebnissen wird gefolgert, daß die Bindungstypen zwischen Fasern u. Farbstoffen sehr verschiedenartig sind (beim sauren Verf. bilden sich neben salzartigen Primärbindungen z. B. auch sek.) u. daher der Färbmechanismus nicht auf einige Gruppenrkk. vereinfacht werden kann. P. Tolnay. 7002

Über die Reaktion von Reaktiv-Farbstoffen mit Polyamidfasern. A. D. Wirnik und M. A. Tschekalin. (Текстильная Промышленность [Textil-Ind.] **21,** Nr. 12, 47, Dez. 1961; russ.) — Die Reaktivfarbstoffe werden jetzt mit Erfolg auch zum Anfärben von synthet. Fasern, bes. von Polyamidfasern, verwendet. Während man beim Färben von Cellulose u. Naturseide direkte Beweise der Covalenzbindung des Reaktivfarbstoffes mit der Faser hatte, war man bei den Polyamidfasern bisher nur auf indirekte Folgerungen angewiesen. Mit Hilfe der Papierchromatographie wird nun der direkte Nachweis der Covalenzbindung zwischen Reaktivfarbstoff u. Polyamidfaser erbracht. Die Arbeitsweise u. die Ergebnisse werden beschrieben. H. Bieber. 7002□

Experimentelle Beiträge zur Erklärung der Carrierwirkung. Albrecht Würz. (Melliand Textilber. **42,** 913—17, Aug. 1961; Ludwigshafen/Rhein, Bad. Anilin- & Soda-Fabrik AG., Anwendungstechn. Abt., Textil-Labor.; dt.) — Die *Carrierwrkg.* beruht vor allem auf einer Wechselwrkg. zwischen Faser u. Färbebeschleuniger.

Das Relaxationsverh. von mit folgenden Carriern behandelten Polyesterfasern im mechan. Wechselfeld wird untersucht: Palanilcarrier A, o-Phenylphenolcarrier, Methylsalicylcarrier u. o-Dichlorbenzolcarrier. Die Ergebnisse der mechan.-dynam. Messungen werden an Hand von Kurven (tg des mechan. Verlustes gegen Temp.) wiedergegeben u. der Einfl. der verschiedenen Carrier auf Grund der durch sie bewirkten Verschiebungen des Kurvenverlaufs der unbehandelten Faser erörtert. Ferner werden diese Ergebnisse mit denen der Messungen des Schrumpfungsverh. von Polyesterfasergeweben nach Carrierbehandlung verglichen, wobei eine Beziehung zwischen der Lage der amorphen Verlustmaxima u. den Schrumpfungsdaten erkannt wird. H. Sontag. 7002☐

Die Anwendung der Stärke und ihrer Derivate im Textildruck. P. Schüller. (Stärke **14**, 131—34, April 1962; Tutzing bei München; dt.) — Überblick über die Verw. von *Stärke* (I) (bes. Mais- u. Weizen-I), Dextrin u. I-Äther (in 10—12%igen Lsgg.) als Verdickungsmittel im *Textildruck.* J. Seidemann. 7006☐

Neuheiten auf dem Gebiet der Textilfarbstoffe. A. Rückert. (Tinctoria [Milano] **58**, 285—91, Juli 1961; Farbwerke Hoechst A. G.; Labor. di appl. coloranti; ital. — C. **1961**, 11900.) A. Sander. 7018☐

Warum müssen Direktfarbstoffe dispergiert werden? Ja. Ch. Schtiwelman. (Textil-Ind. [UdSSR] **22**, Nr. 7, 46—47, Juli 1962; Tschernowzy, Strumpfkombinat, Labor.; russ.) — Kritik der Arbeit von Borodajenko (vgl. C. **1962**, 17570). Eine Reihe von Direktfarbstoffen sind sogar in geringer Konz. in W. unlösl., deshalb müssen sie dispergiert werden. In den Lsgg. sind außer Ionen u. Ionenaggregaten auch Mol.-Aggregate enthalten, wodurch sich ein polydisperses Syst. bildet. Durch Einw. von Ultraschall werden durch den Kavitationseffekt die Mol.-Aggregate zerkleinert u. dadurch die Diffusion des Farbstoffes in die Faser beschleunigt. Bei Verw. von dispergierten Farbstoffen kann die Zeitspanne bis zur Einstellung des krit. I. P. verkürzt werden. P. Scheer. 7020☐

Kombinierte Applikation von Reaktivfarbstoffen und Kunstharzen. N. G. Senger. (Textil-Rdsch. [St. Gallen] **16**, 604—11, Sept./Okt. 1961; Manchester, Imp. Chem. Ind. Ltd.; dt.) — Der Chemismus der Bindung von *Reaktivfarbstoffen* u. *Reactantharzen* an *Cellulose* wird erörtert u. auf die sich daraus ergebenden Möglichkeiten, Farbstoffe u. Kunstharze aus gleicher Flotte bzw. mit gleicher Druckpaste aufzubringen, eingegangen. Ferner wird die empir. bekannte Tatsache, daß Cellulosefasern nach Ausrüstung mit Reactant-Kunstharzen nicht mehr mit Reaktivfarbstoffen angefärbt werden können, diskutiert. Auf Basis dieser Kenntnisse werden das kombinierte Procion-Kunstharz-Verf., das Zweiphasen-Procion-Kunstharz-Verf. u. das Procion-Kunstharz-Reservedruck-Verf. entwickelt. Die Durchführung dieser Verff. wird unter Angabe von Arbeitsvorschriften erläutert u. die mit ihnen erzielten Ausrüstungseffekte gekennzeichnet. H. Sontag. 7020☐

Das Anfärben mit Küpenfarbstoffen von Stapelfasern in Zentrifugalapparaten. N. N. Marssel und M. K. Swerkowa. (Textil-Ind. [UdSSR] **22**, Nr. 2, 53—54, Febr. 1962; russ.) — Eine Rezeptur u. Arbeitsweise zum Anfärben von Cu-Ammoniak- u. Viscose-Stapelfasern mit grünen u. blauen Küpenfarbstoffen, die ein gleichmäßiges Anfärben der Fasern sichern, werden beschrieben. Die Vers.-Arbeiten wurden im Zentrifugal-App. *KZW-120* durchgeführt. H. Bieber. 7020☐

Das Färben der Polyesterfasern unter besonderer Berücksichtigung des Egalisierproblems. U. Lerch. (SVF Fachorg. Textilveredl. **16**, 403—14, Juni 1961; Basel, Sandoz AG.; dt.) — Das *Egalisiervermögen* von *Dispersionsfarbstoffen* auf *Polyesterfasern* ist nicht in erster Linie von der Aufziehgeschw. des Farbstoffs, sondern von dessen Migriervermögen abhängig. Das Migrieren wird durch den Carrier und seine Konz. im Färbebad, der Färbedauer, der Färbetemp. u. der Konstit. des Farbstoffs beeinflußt. Beim Färben unter Normaldruck ist der Carrier zur Erhöhung der Aufziehgeschw. u. zur Ermöglichung der Migration notwendig. Die Färbetemp. ist möglichst hoch zu halten; auch bei der Druckfärbung erweist sich ein Zusatz von 1—2 cm^3/l Carrier als günstig. Auf Grund der sich z. T. widersprechenden Faktoren, Brillanz, Echtheit, Egalisiervermögen, Preis, gibt es bis jetzt keine vollständige Palette mit gut egalisierenden u. gleichzeitig gut sublimier- u. plissierechten Polyesterfarbstoffen. H.-H. Michel. 7020☐

Das Anfärben von Lawsan unter Druck. W. I. Kaplan, W. W. Brasausskass und M. A. Zinelene. (Текстильная Промышленность [Textil-Ind.] **22**, Nr. 3, 69—71, März 1962; Kaunas, Wiss. Forsch.-Inst. für Textilind.; russ.) — Das

Färben von *Lawsan* mit Überträgern hat Nachteile, wie ungenügende Echtheit der Färbungen gegen Abrieb u. lange Färbedauer. Die meisten dieser Nachteile können durch Färben unter Druck bei 120—135° in einer Spezial-App. vermieden werden. Diese besteht aus der eigentlichen Färbeeinrichtung u. dem App. zum Konstanthalten des Druckes von 3 atü. Beide Vorr. werden ausführlich beschrieben u. ebenso die Arbeitsweise des Färbevorganges. H. Bieber. 7020□

Das Färben von Lawsan in der Faser und Trikotagen. M. T. Jakunkin und M. W. Almasowa. (Текстильная Промышленность [Textil-Ind.] **22**, Nr. 3, 71—72, März 1962; russ.) — Die chem. Zus., Struktur u. hydrophoben Eigg, von Lawsan erschweren das Anfärben. Die Dispersionsfarbstoffe benötigen eine Temp. von 120—130°, wozu eine spezielle App. notwendig ist. Das Färben mittels Farbstoffträgern, wie Oxydiphenyl, Betanaphthol u. a. wird erschwert durch das Entfernen der Farbstoffträger. Es wurden nun Vers. durchgeführt, das Färben von Lawsan auf den vorhandenen App. zu ermöglichen. Für Stapelfasern wurden die App. *KZW* u. *KFA* erprobt. Eine große Bedeutung für das gleichmäßige Anfärben hat die Vorbereitung der Suspension der Dispersionsfarbstoffe. Für das Dispergieren wurden gute Ergebnisse mit der Hydrovibrationsanlage unter Zusatz von Glycerin, Präp. *OP-10,* Dispergator *NF* u. *Slawosol* erzielt. Die Arbeitsweise beim Anfärben von Lawsan-Stapelfasern u. Trikotagengeweben ist beschrieben.
H. Bieber. 7020□

Das Einfärben von mit Wasserstoffperoxid behandelten Nitronfasern. F. I. Ssadow und A. R. Boldenko. (Textil-Ind. [UdSSR] **21,** Nr. 12, 44—46, Dez. 1961; russ.) — Die *Nitron*fasern lassen sich schwer färben, weil rk.-fähige Gruppen fehlen, die sich mit den Farbstoffen verbinden könnten. Von den bas. Farbstoffen sind nur wenige geeignet. Erhöht wird die Anfärbbarkeit durch Behandlung der Faser mit H_2O_2. Dabei bilden sich aus den CN-Gruppen des Polyacrylonitrils Säure- u. Amidgruppen, was die Anfärbbarkeit erhöht. Von Einfl. dabei sind Temp., Dauer, Konz. u. Art der Behandlung mit H_2O_2. Die Intensität u. Beständigkeit der Färbung ist abhängig von der Struktur der Farbstoffe. Methylenblau wird durch die Faser besser aufgenommen als Rhodamin C. Eine neue Färbe-Meth. bei normalen Bedingungen ohne Anwendung von Hochtemp.-Anlagen u. intensivierenden Trägern wurde ausgearbeitet. H. Bieber. 7020□

Aus Versuchen zur Anwendung von Ultraschallschwingungen bei der Färberei. M. M. Golzman und F. M. Fischer. (Textil Ind. [UdSSR] **22,** Nr. 7, 44—46, Juli 1962; russ.) — Bei den Verss. wurde ein Ultraschall-Generator (1300 W, 15—78 kHz) mit Magnetostriktions-Vibrator (21 kHz, elektr. Leistung 400 W, akust. 200 W, schallerzeugende Oberfläche 20 cm^2) verwendet. Die Verss. mit Ultraschall erfolgten beim Färben mit Direkt- u. Küpenfarbstoffen. Hierbei wurde die Wrkg. des Ultraschalls sowohl unmittelbar im Einfärbungsprozeß als auch bei der Dispergierung der Farbstoffe untersucht. Die Beschallung der Lsgg. von Direktfarbstoffen ergab kein positives Ergebnis. Nur bei im W. unlösl. Farbstoffen wurde unter Einwrkg. von Ultraschall eine Erhöhung des Dispersionsgrades erreicht.
P. Scheer. 7020□

Die Anwendung von Ultraschall beim Färben von Geweben. Je. I. Tschush und Ss. P. Domorosslow. (Textil-Ind. [UdSSR] **22,** Nr. 2, 54, Febr. 1962; russ.) — Die Verss. wurden mit einer Ultraschallanlage vom Typ *USM-1,5* durchgeführt, die zur Intensivierung der verschiedenen Färbeprozesse bestimmt ist. Dabei wird der Ultraschall nur während der Dauer bestimmter Operationen angewendet, nicht während des ganzen Färbeprozesses. Die Prüfung dieser Färbungen zeigte positive Ergebnisse. Man erreicht eine größere Gleichmäßigkeit u. ein schnelleres Eindringen des Farbstoffes in das Gewebe. Die Produktivität der Färbeeinrichtung wird beträchtlich erhöht, der H_2O-, Dampf-, Farbstoff- u. Chemikalienverbrauch verringert.
H. Bieber. 7020□

Das Färben von Leder mit Reaktivfarbstoffen. A. I. Lewtschenko. (Кожевенно-Обувная Промышленность [Leder- u. Schuhwaren-Ind.] **4,** Nr. 7, 33—34, Juli 1962; russ.) — 3 Meth. zum Färben von Leder mit Reaktivfarbstoffen werden angegeben. Die Verss. wurden mit 10 verschiedenen Farbstoffen ausgeführt. Die Färbungen, bes. bei den Verss. in Methanol, sind intensiv, klar u. echt.
J. v. Schroeder. 7024□

Lichtechtheitsschutz von Farbstoffen und Färbungen. H. Rath und H. J. Brielmaier (unter Mitarbeit von Chr. Rückert und M. Shah). (Melliand Textil-

ber. **42,** 911—12, Aug. 1961; dt.) — Der durch Lichteinwrkg. bewirkte, angeregte Zustand des Farbstoffmol. wird durch Zusatz von „Fluorescenzlöschern" abgekürzt u. dadurch die durch erhöhte Rk.-Bereitschaft bedingte Lichtempfindlichkeit dieser Verbb. vermindert. Verss. werden sowohl mit Lsgg. *bas. Farbstoffe* unter Verw. von Phenol, Resorcin u. Hydrochinon als auch mit *Färbungen* auf Cellulose unter Verw. von p-Aminophenol, Aminosalicylsäure, Aminoresorcin u. I-Säure durchgeführt. Um im Fall der Färbungen eine chem. Fixierung der Fluorescenzlöscher an die Faser zu erzielen, wird vor dem Färben entweder die Faser durch Behandlung mit Alkali u. Cyanurchlorid (**I**) modifiziert u. dann mit Fluorescenzlöschern behandelt oder sie wird durch Behandlung mit dem Rk.-Prod. aus **I** u. Fluorescenzlöscher behandelt. Auf Grund der *Lichtechtheitswerte* wird die durch die Behandlung mit Fluorescenzlöschern erzielte Erhöhung der Lichtechtheit von Farbstoffen u. Färbungen dargelegt. Der Chemismus dieser Rkk. wird erörtert.
H. Sontag. 7028□

Beständigkeit von Azomethinfarbstoffen gegen verdünnte Mineralsäuren. J. J. Jennen. (Chim. et Ind. **86,** 400—06, Okt. 1961; Mortsel, Belgique, Photoproduits Gevaert S. A.; franz.) — In einer Übersicht über bereits bekannte, aus Pyrazolonderivv. hergestellte *Azomethinfarbstoffe* wird dargelegt, daß gewisse Substituenten in 1- u. 3-Stellung am Pyrazolonkern das sek. Maximum der Spektralkurven dieser Verbb. bei 450 mμ erniedrigen oder sogar zum Verschwinden bringen, wobei sich in gleichen Maß die *Beständigkeit* dieser Farbstoffe gegen *verd. Säuren* erhöht. Auf Grund der Elektronenverteilung in den verschiedenen möglichen Strukturformeln dieser Verbb. wird die Theorie aufgestellt, daß sie in ihrer Carbeniatform mit dem Proton der Säuren reagieren u. die Unbeständigkeit gegen Säuren u. die Intensität des sek. Maximums proportional dem Anteil an Carbeniatstruktur ist. Die Theorie wird dadurch bestätigt, daß die vornehmlich in der Carbeniatform vorliegenden gelben Vertreter dieser Farbstoffklasse durch ihre starke Absorption im blauen Gebiet des Spektrums u. durch ihre Unbeständigkeit gegen Säuren gek. sind. H. Sontag. 7028□

Der Einfluß von Ausrüstungspräparaten und organischen Lösungsmitteln auf die Anfärbung mit Küpenfarbstoffen. Je. Ss. Nekrassowa. (Textil-Ind. [UdSSR] **22,** Nr. 7, 58—61, Juli 1962; Woroshilow-Forsch.-Inst. für organ. Zwischenprodd. u. Farbstoffe; russ.) — Folgende Ausrüstungspräparate wurden untersucht: zum Knitter- u. Schrumpffestmachen *Glykasin, Methazin, Carbamol* u. *Carbamol ZEM*; Zur Verbesserung des Griffes u. Aussehens der Gewebe *Alkamon OC-2,* Präparat *AM* u. *Stearox-6*; zur Erhöhung der hydrophoben Eigg. *Chromolan* u. *246-N.* Für die chem. Reinigung von Stapelfasern untersuchte man die organ. Lsgm. Aceton, Trichloräthylen, Chlf., CCl_4, White spirit. Verss. erfolgten an mit Küpenfarbstoffen angefärbten Baumwollgeweben u. Zellwolle. Die Bestimmung der Lichtfestigkeit erfolgte nach dem ISO-Achtpunkt-Syst., der Beständigkeit gegen Seifenlauge, Schweiß, trockenes u. feuchtes Reiben nach GOST 5751—51. Die Eignung der einzelnen Präparate wird diskutiert u. die Ergebnisse werden tabellar. gebracht.
P. Scheer. 7028□

Untersuchung der Dispergierung von Küpensolfarbstoffen durch oberflächenaktive Stoffe. W. W. Paschkewitschjuss. (Textil-Ind. [UdSSR] **22,** Nr. 2, 55, Febr. 1962; russ.) — Als oberflächenakt. Mittel beim Färben mit Küpensolfarbstoffen wurde Sulfitcelluloseextrakt *SZE* verwendet. Für die Unters. der Dispergierfähigkeit von Farbstoffen wurde die modifizierte Meth. von Hornuff (Faserforsch. u. Textiltechn., **1960,** Nr. 6, S. 286) angewendet u. zum Vgl. verschiedene Dispergierungsmittel herangezogen. Aus einer Tabelle ist ersichtlich, daß sich als beste Dispergiermittel für diesen Zweck die nichtionogenen Präpp. *OP-10, Sapal R* u. *SZE* zeigten. H. Bieber. 7068□

Die Wege zur Erhöhung der Lichtbeständigkeit von Färbungen mit Indigosol- und Küpensolfarbstoffen. Ss. Ss. Rachlina, S. A. Strunina und L. P. Koslowa. (Textil-Ind. [UdSSR] **22,** Nr. 2, 56—59, Febr. 1962; russ.) — Die Lichtbeständigkeit kann durch Mercerisation nach dem Färben erhöht werden. Bei einigen Indigosol- u. Küpensol-Farbstoffen führt eine Behandlung mit Seifen–Soda-Lsg. bei höheren Temp. zum gleichen Ziel. Färbungen, die durch nachfolgende Mercerisation u. Behandlung mit Seifen-Lsg. erhalten werden, zeigen eine unterschiedliche Widerstandsfähigkeit gegen Sonnenbestrahlung. Die Verss. sind beschrieben u. die verwendeten Farbstoffe angegeben. H. Bieber. 7068□

H_{11a}. Farben. Anstriche. Lacke. Naturharze

Bestimmung der isolierenden Eigenschaften von Lackfarbenüberzügen nach ihren ohmschen Widerstand. P. I. Wasserman und W. W. Tschebotarewski. (Лакокрасочные Материалы и их Применение [Lacke Farben Anwend.] **1961,** Nr. 2, 35—43; russ.) — Zur Best. der isolierenden Eigg. von Anstrichfilmen wird Gleichstrom durch den Film senkrecht durchgeschickt u. die Abnahme der Spannung im Stromkreis in Ohm gemessen. Die Verss. werden an freien, mit dest. W. befeuchteten Filmen angestellt. Dabei wird der Einfl. der Trocknungstemp., der Dicke des Filmes, der Art des Auftragens, wie auch der Pigmentmenge auf den Widerstand berücksichtigt. Vff. stellen fest, daß es eine Beziehung zwischen dem Widerstand der Filme u. der Charakteristik ihrer isolierenden Eigg., bes. ihrer Dampfdurchlässigkeit u. Wasserquellung gibt. Anstrichfilme können als submkr. Kapillarsyst. betrachtet werden. Die Dichte der Struktur dieser Filme wird durch die chem. Natur der filmbildenden Stoffe, durch den Geh. an Pigment u. den Grad seiner Dispersität bestimmt. Die Durchlässigkeit von Feuchtigkeit durch den Anstrichfilm stellt eine kapillare Strömung u. Diffusion dar. Es wird experimentell festgestellt, daß die Überzüge mit geringen isolierenden Eigg. einen geringeren elektr. Widerstand u. eine erhöhte Dampfdurchlässigkeit aufweisen u. somit eine ungenügende Schutzwrkg. ausüben. K. Wekua. 7090☐

Elektrochemische Methoden zur Untersuchung der passivierenden Eigenschaften von Pigmenten bei Lackfarbenüberzügen. I. L. Rosenfeld, F. I. Rubinstein, Ss. W. Jakubowitsch und A. G. Kurskaja. (Лакокрасочные Материалы и их Применение [Lacke Farben Anwend.] **1961,** Nr. 3, 50—55.; russ.) — Zur Unters. der passivierenden Eigg. von Pigmenten in Anstrichen haben Vff. sich folgender Meth. bedient: 1. Messung der elektr. Potentiale in dünner Schicht wss. Extrakte von Pigmenten, 2. Aufnahme der Polarisationskurven angestrichener Metalle. 3. Unters. der Korrosionseigg. von Anstrichen mit Hilfe eines bes. Elementes u. 4. Messung der elektrischen Kapazität von Anstrichen. Die 1. Meth. hat gezeigt, daß die Pigmente nach ihrer passivierenden Aktivität nachst. eingereiht werden können: Gemische aus $BaCrO_4 + K_2CrO_4 > SrCrO_4 > ZnCrO_4$. Die 2. Meth. gestattet es, bestimmte Ergebnisse über die passivierenden Eigg. verschiedener Pigmente zu erhalten. Alle Pigmente erschweren die Auflösung des Metalls, was durch eine merkliche anod. Polarisation bewiesen wird. Gemische aus $BaCrO_4 + K_2CrO_4$ verlangsamen den anod. Prozeß stärker als $ZnCrO_4$. Bei der 3. Meth. ist eine Elektrode aus Stahl mit einem Lack auf Grundlage eines bestimmten Filmbildners bedeckt, ohne bzw. mit Pigment, die 2. Elektrode ist nicht überzogen. Die Eigg. der Filmbildner können an Hand der Potentialdifferenz, der EMK, der Stromstärke u. des Widerstandes beurteilt werden. Für die 4. Meth. haben Vff. ein Gerät entwickelt, das beschrieben wird. K. Wekua. 7092☐

Herstellungsmethode des Pigments Coeruleum für Kunstmalerfarben. W. N. Glotow und Je. I. Geine. (Лакокрасочные Материалы и их Применение [Lacke Farben Anwend.] **1961,** Nr. 2, 18—20; russ.) — Ein Verf. zur Gewinnung des Pigmentes *Coeruleum* für Künstlerfarben wird ausgearbeitet u. überprüft. Die Abhängigkeit des Farbtons u. anderer techn. Eigg. vom Geh. an einzelnen Komponenten u. den technolog. Bedingungen der Herst. wird untersucht. (1 CoO, 1,9 SnO_2, 2,2 MgO, 0,13 Al_2O_3, 0,3 CaO) das durch Glühen von entsprechenden Oxiden u. Hydroxiden erhalten wird. Das Pigment ist für Ölfarben sehr gut geeignet.
K. Wekua. 7092☐

Die Vermahlung von Zinkweiß in der Kugelmühle in einem Lösungsmittel. M. D. Bodnja, W. W. Kirejewa, G. M. Baranowskaja und I. N. Ssemiletkowa. (Лакокрасочные Материалы и их Применение [Lacke Farben Anwend.] **1961.** Nr. 3. 62—63. russ.; Taschkent Fabrik für Lacke u. Farben.) — Es wird festgestellt, daß Verdickung, Absetzen u. Verschmutzung von Emaillen auf *Alkydharz*grundlage auf die unsachgemäße Vermahlung des Pigments, in diesem Falle von *Zinkweiß* (**I**), zurückzuführen ist. Vff. haben ein neues Verf. zur Herst. der **I**-Paste ausgearbeitet. 80,5(%) **I,** 16,8 White spirit u. 2,7 Lack werden in einer Kugelmühle bis 20—25 μ Korngröße des Pigmentes 3—5 Std. vermahlen; der Paste werden 3—15% Lack zugesetzt u. sie wird 5—10 Min. weiter vermahlen. Die so verdünnte Paste ist aus der Mühle in den Behälter leicht abzusaugen. Die so erhaltenen Emaillen verfügen über ein höheres Deckvermögen, eine bessere Haftfestigkeit u. Wasserbeständigkeit als die nach dem alten Verf. hergestellten. K. Wekua. 7092☐

Photometrische Bestimmung des Färbevermögens von Ultramarin. B. L. Rubinstein und Ss. W. Jakubowitsch. (Лакокрасочные Материалы и их Применение [Lacke Farben Anwend.] **1961,** Nr. 2, 70—71; russ.) — Eine Meth. zur Best. des Färbevermögens von *Ultramarin* auf Grund der Messung des Helligkeits- oder Reflexions-Koeff. der Gemische von trocknem Ultramarinpulver mit Zinkweiß u. zur Beurteilung seines Färbevermögens nach Eichungsgraden, die für Ultramarin erstellt wurden, wird ausgearbeitet. Vff. haben auf Grund der durchgeführten Verss. festgestellt, daß die nach dieser Meth. erhaltenen Ergebnisse mit denen von OST NKTP, Nr. 3160 gut übereinstimmen. K. Wekua. 7092□

Über die Reaktion von Carboxyl enthaltenden Bindemitteln mit Pigmenten in dünnen Filmen. A. M. Frosst und A. A. Blagonrawowa. (Лакокрасочные Материалы и их Применение [Lacke Farben Anwend.] **1960,** 32—38; russ.) — Die Möglichkeit der Gewinnung von dreidimensionalen Polymeren bei normaler Temp. unter dem Einfl. von mehrwertigen Metalloxiden wird untersucht. Hierfür werden Copolymere von *Styrol* u. *Maleinsäureanhydrid* mit *Butanol* verestert. Die Veresterung erfolgt partiell (~ 25%), so daß eine bedeutende Zahl von Carboxyl-Gruppen freibleibt. Es wird festgestellt, daß die Intensität der Salz-Bldg. von dem Überschuß an ZnO abhängt. Bei Zugabe von H_3PO_4 wird die Salz-Bldg. verhindert, weil H_3PO_4 mit dem Copolymersalz reagiert u. das Gleichgew. der Salz-Bldg. auf die Seite der $Zn_3(PO_4)_2$-Bldg. verschiebt. Beim Auftragen des Syst. Copolymer-ZnO-H_3PO_4 auf Stahl wird letztere an Stahl gebunden, u. das Gleichgew. verlagert sich in Richtung der Salz-Bldg. von dreidimensionaler Struktur. Die so erhaltenen Salze ergeben Grundfarben, die in ihren Eigg. phosphatierende Grundierungen auf Polyvinylbutyral-Basis übertreffen. C. Kozák. 7096□

Der Austausch von Hydrolysenalkohol gegen synthetischen bei der Herstellung von Möbel-Spirituslacken. M. D. Bodnja, G. M. Baranowskaja, M. A. Ossowetzki, A. D. Obnossowa und M. M. Ssalkowa. (Лакокрасочные Материалы и их Применение [Lacke Farben Anwend.] **1961,** Nr. 3, 65—66; russ.) — Die Möglichkeit eines Austausches von Hydrolysen-A. (I) gegen synthet. (II), den man durch Hydratisierung von Äthylen erhält, wird untersucht. Es wird festgestellt, daß II an Stelle von I zur Erzeugung von Spirituslacken u. Polituren angewandt werden kann. Daraus ergibt sich eine Verbilligung der Produktion dieser Materialien. Allerdings ist es erforderlich, den Einfl. einer erhöhten Menge des Aldehydgeh. von II (5412 (mg/Liter) gegen 440 in I) auf die Qualität von Lacken, sowie auf die Unschädlichkeit ihrer Verw. zu untersuchen. K. Wekua. 7096□

Herstellung thixotroper Alkydharze. I. Mlesiwa und Ja. Jaruschek. (Лакокрасочные Материалы и их Применение [Lacke Farben Anwend.] **1961,** Nr. 2, 12—17, Pardubice, Forsch.-Inst. für synthet. Harze u. Lacke; Chem.-Technol. Inst. der ČSSR; russ.) — Der Einfl. der Synth.-Bedingungen (Art der Komponenten, Dauer u. Temp. der Rk.) auf die Eigg. thixotroper *Alkydharze* (I) wird untersucht. Die Modifizierung der I erfolgte nach Erreichen der Rk.-Temp. (180 bis 220°) durch langsame Zugabe von *Polyamidharz* (II) in inertem Gas. Für die Unters. der rheolog. Eigg. der I haben Vff. sich des Rheoviscosimeters von Höppler bedient. Es wird festgestellt, daß die Herst.-Bedingungen von thixotropen I nicht für alle I gelten, sondern für alle I- u. II-Typen gesondert ausgearbeitet werden müssen. Der Geh. an II in I muß jedoch nur 7—10% betragen. Ungünstig sind niedrigmol. II mit hoher Aminozahl, da die mit diesen II modifizierten I keine thixotropen Eigg. besitzen. Die mit II modifizierten I haben eine geringe Stabilität u. büßen unter atmosphär. Einfl. ihren Glanz ein. Zugabe von zu hohen Mengen an Sikkativen ruft eine Filmbildung an der Oberfläche des Anstriches hervor. Das Interesse für thixotrope I ist dadurch bedingt, daß diese beim Auftragen nicht zusammenlaufen, u. kein Absetzen der Pigmente stattfindet. 19 Literaturangaben. K. Wekua. 7096□

Synthese von Styrol-Butadien-Latices und Herstellung von Farben auf ihrer Grundlage. A. B. Peisner, A. W. Lebedew, N. A. Fermor, Je. W. Rosengardt, W. W. Shebrowski, Ch. M. Liwschitz, A. Ja. Drinberg, W. M. Kobetzkaja und O. N. Usstinowa. (Лакокрасочные Материалы и их Применение [Lacke Farben Anwend.] **1961,** Nr. 2, 7—12; russ.) — Latices (Ls) aus *Butadien* (I) u. *Styrol* (II) für Anstriche werden synthetisiert u. hierfür die optimalen Bedingungen festgestellt. Bei der Gewinnung von Ls *SKS-60 GP* u. *SKS-65 GP* wird eine 100%ig. Umsetzung von Monomeren mit Nekal als Emulgator ohne Desodorierung u. Konz. erzielt. Die Ls genügen den Anforderungen der Lackindustrie. Es wird eine Rezeptur u. Technologie der Herst. von Überzügen aus diesen Ls, die auch bei längerer Aufbewahrung über 0° stabil sind, ausgearbeitet. Die Ls-Anstrichmittel können mit W. bis zur gewünschten Konsistenz leicht verdünnt u. mit Pinsel, Walze u. Spritzpistolen auf Holz u. Putz aufgetragen werden. Überzüge aus diesen Lacken stehen mit ihren Eigg. denen aus Öl nicht nach. Bezüglich der Trocknungsgeschw., Wasserfestigkeit u. Härte übertreffen sie diese sogar. K. Wekua. 7096□

Dispergierung von Ruß in Lösungen von Nitrocellulose mit erniedrigter und niedriger Viscosität. L. N. Lutschanski und I. A. Redtschenko. (Лакокрасочные Материалы и их Применение [Lacke Farben Anwend.] **1960,** Nr. 4, 80 bis 83; Lwow, Zentr. Betriebslabor. des Lackfarbenwerkes; russ.) — Zur Gewinnung von hochwertigen schwarzen *Nitrocellulose*-Lacken (I) haben Vff. Ruß mit 1,2% Feuchtigkeit, 0,04% Asche u. 8,7% flüchtigen Substanzen mit einem Plastifikator auf einem Dreiwalzenstuhl verrieben u. die Paste mit Nitrocellulose in einem mit Rollenmischer versehenen Gefäß verarbeitet. Da die nach diesem neuen Verf. erhaltenen Lacke verhältnismäßig verdünnt sind, findet keine Gelbldg. statt. Aus den Vers.-Ergebnissen wird gefolgert, daß die neue Methode die Herst. hochwertiger schwarzer I ohne Verw. trockengewalzter Pasten ermöglicht.
K. Wekua. 7096□

Neue organische Lösungsmittel und Möglichkeiten ihrer Anwendung bei der Herstellung von Lacken und Farben. A. L. Labutin, N. A. Kalinitschewa, R. W. Katschalowa und K. M. Trenke. (Лакокрасочные Материалы и их Применение (Lacke Farben Anwend.] **1961,** Nr. 3, 25—26; Allunions-Lebedew-Forsch.-Inst. für synthet. Kautschuk; russ.) — Bei der Herst. von Isopren aus Isobutylen u. Formaldehyd fallen $C_5H_{14}O_3$ (I) u. *Methyldihydropyran* (II) als Nebenprodd. an. Die Möglichkeit der Verw. dieser Stoffe als Lsgm. für Lacke u. Anstriche wird an Hand der physikal. Eigg. dieser Stoffe, bes. der Verdampfungszeit bei 20° u. 760 mm Druck, sowie ihres Lösungsvermögens gegenüber einigen Bitumina, plast. Massen u. Naturharzen untersucht. Es zeigt sich, daß sowohl **I** als auch **II** als Lsgm. bei der Herst. von Lacken u. Farbanstrichen, Kitten u. Filmmaterialien herangezogen werden dürfen. K. Wekua. 7100□

Eine Bichromatmethode zur Bestimmung von Äthylalkohol in Gemischen, die aromatische Lösungsmittel enthalten. Je. I. Gambardella. (Лакокрасочные Материалы и их Применение [Lacke Farben Anwend.] **1961,** Nr. 3, 60—61; russ.) — Der zur Best. von A. in aromat. Lsgm. ausgearbeiteten Meth. liegen folgende Rkk. zugrunde: $2K_2Cr_2O_7 + 3C_2H_5OH + 8H_2SO_4 = 2K_2SO_4 + 11H_2O + 2Cr_2(SO_4)_3 + 3CH_3COOH$. Der Mischung werden dann H_2SO_4 + KJ zugegeben. Hierbei wird unverbrauchtes $K_2Cr_2O_7$ reduziert u. die äquivalente Menge J_2 ausgeschieden. J_2 wird mit $Na_2S_2O_3$ titriert: $3J_2 + 6Na_2S_2O_3 = 6NaJ + 3Na_2S_4O_6$. Vf. gibt die zur Analyse erforderlichen Reagenzien nach GOST u. die Berechnung der Analysenergebnisse an. Vers.-Dauer: 3 Stunden. K. Wekua. 7100□

Anwendung von Harnstoff-Formaldehydharz-Lack MTsch-52 für die Behandlung von Möbeln und Holzteilen für Binnenschiffe. Ju. K. Matassow. (Лакокрасочные Материалы и их Применение [Lacke Farben Anwend.] **1961,** Nr. 2, 75—76; russ.) — Der Harnstoff-Formaldehydharz-Lack *Msch-52* (I) erhärtet schon bei 18—20° u. darunter. Damit ist die Möglichkeit gegeben, die Binnenschiffe im Frühjahr vor der Navigation zu streichen. Die Filme aus I sind nicht brennbar u. ändern ihre Eigg. bei tiefen Temp. u. bei Sonneneinwrkg. nicht. Die Filme werden während des Winters nicht zerstört u. blättern von Holzoberflächen nicht ab; auch während 10—12 Tagen in W. bleiben die Filme ganz. Sollte die Haftigkeit während dieser Zeit nachgelassen haben, so wird sie nach dem Trocknen wiederhergestellt. **I** kann Schellack u. Nitrocellulose für diesen Zweck vollkommen ersetzen. Vf. berichtet über die Herst.-Technologie von **I**. K. Wekua. 7106□

Bestimmungsmethodik des Staubhaftvermögens an Lackfarbenüberzügen. A. D. Simon und Ju. N. Petunin. (Лакокрасочные Материалы и их Применение [Lacke Farben Anwend.] **1961,** Nr. 2. 63—66; russ.) — Auf Grund von Berechnungen u. mittels beschriebener App. wird eine Meth. zur Bestimmung des Haftvermögens von Staub auf der Anstrichoberfläche, bezogen auf die Eigg. pulverförmiger Staubteilchen (thermodynam. Theorie des Haftvermögens pulverförmiger Teilchen an festen Körpern) ausgearbeitet. Jedoch bezieht sich die Bestimmung auf Teilchen bis 150 μ. Teilchen von größerem Ausmaß können auf der Oberfläche schlecht haften, da ihre Haftkraft geringer ist als ihr Eigen-Gewicht. Die Meth. bedarf noch der weiteren Prüfung, bevor sie als Standardmeth. empfohlen werden kann.
K. Wekua. 7106□

Elektroisolierende, bei 60° trocknende Lackfarbenüberzüge. R. P. Ioffe. (Лакокрасочные Материалы и их Применение [Lacke Farben Anwend.] **1961**, Nr. 2, 49—52; russ.) — Bei 60° trocknende Anstrichsyst. sollen folgenden Anforderungen genügen: Dicke der Überzüge ≦ 0,8 mm; Durchschlagsspannung ≧ 1,5 kW; Isolationswiderstand (IW), im Ausgangszustand ≧ 10^{10} Ohm; bei 60° ≧ 10^7; nach der Beanspruchung durch Einwrkg. von Meeres- u. trop. Feuchtigkeit während 120 Std. (Temp. 50°, relative Feuchtigkeit 98%) ≧ 10^7. Zu den Verss. werden herangezogen: *Epoxidharze* von verschiedenen Typen, *Alkyd-Styrolharze, Butylacrylatharze*. Nach Durchführung von Verss. empfiehlt Vf. die Epoxidemaille *OEP-4173*-1 ohne Grundierung u. *E-4021* mit Grundierung für Überzüge mit einer hohen elektr. Festigkeit (EF) von 9 KW u. einem IW von 10^9—10^{10} Ohm. Für einen Überzug mit einem IW von 10^{11} Ohm bei der Herabsetzung der EF bis zu 1—3 KW sind Überzüge aus Butylmetacrylatlacken *AS-72* auf Grundierung *AG-3a* zu empfehlen. Dabei soll die Dicke des Filmes etwa 100 μ betragen. Bei einer möglichen Senkung des IW bis zu 10^9 Ohm beim Aufrechterhalten einer hohen elast. Festigkeit sind Überzüge aus Alkyd-Styrol-Methacrylaten mit der Grundierung *MS-015*, Emaille *ES-41* u. Lack *MS-25* zu empfehlen. Hierbei beträgt die Gesamtschicht etwa 150 μ. K. Wekua. 7106□

Methoden zur Untersuchung der thixotropen Eigenschaften von kolloiden Systemen und ihre Verwendung für die Untersuchung von Lackfarbenmaterialien. T. A. Amfiteatrowa. (Лакокрасочные Материалы и их Применение [Lacke Farben Anwend.] **1960**, Nr. 4, 58—63; russ.) — Übersicht an Hand der Literatur. — 35 Literaturangaben. K. Wekua. 7106□

Auftragen von Lackfilmen auf Kineskop-Schirme während ihrer Metallisierung. B. M. Gugel und P. G. Gissin. (Лакокрасочные Материалы и их Применение [Lacke Farben Anwend.] **1961**, Nr. 2, 55—58; russ.) — Halbautomat. Anlagen zum Auftragen organ. Filme auf Kineskop-Schirme, ein halbautomat. Pulverisator u. die Bedienung von App. werden beschrieben. Bei den Verss. wird festgestellt, daß die Filmeigg. erheblich verbessert werden können, wenn man gegen W. stabile u. instabile Lacke zusammen verwendet. Das Syst. Polyalkylmethacrylat-Toluol-W. ist ein stabiles, während die Toluollsg. des Copolymeren von Cyclohexylmethacrylat mit Methylmethacrylat mit W. gelatiniert. Verwendet man aber das vorst. Copolymere als instabilen u. Polybutylmethacrylat oder Polyisobutylmethacrylat mit einem Molgew. von 40000 als stabilen Filmbildner, so wird ein homogenes Lackmaterial für Kinoskop-Schirme gebildet. Vff. geben Skizzen der App., sowie Tabellen für die Berechnung des Fließvermögens des Lackes u. der Auftragsmeth. an. K. Wekua. 7106□

Schutzüberzüge aus Polyurethanen. A. A. Blagonrawowa und I. A. Pronina. (Лакокрасочные Материалы и их Применение [Lacke Farben Anwend.] **1961**, Nr. 2, 3—7; russ.) — Für die Gewinnung nichttox. stabiler Zweikomponenten-*Polyurethanlacke* wurden Polyisocyanate synthetisiert. Diese Überzüge aus Isocyanaten u. Hydroxylgruppen enthaltenden Polyestern entsprechen denen, die durch Verw. von 2.4-Toluylendiisocyanaten erhalten werden. Diese „blockierten" (beim Erhitzen Isocyanat ausscheidende Verbb.) Isocyanate ermöglichen die Herst. von Einkomponentenlacken von unbegrenzter Stabilität als Anstriche für Hochtemperaturerhärtung (z. B. Kabellacke für Cu-Leitungen). K. Wekua. 7106□

Überzüge für Betonoberflächen aus Äthinollack. Je. M. Krassnitskaja und O. A. Wereschtschagin-Janko. (Лакокрасочные Материалы и их Применение [Lacke Farben Anwend.] **1961**, Nr. 3, 61—62; russ.) — Anstelle der zur Vermeidung einer schnellen Trocknung von frischem Beton gebrauchten Anstriche, wie Firnis, Steinkohlenteer, Bitumenemulsionen, Si-organ. Verbb., empfehlen Vff. *Äthinollack* (**I**), der einen billigen Abfall bei der Erzeugung von synthet. Kautschuk darstellt. Die Lacklsg. von **I** ist dunkelbraun, weist ein Vol.-Gew. von 0,96 kg/Liter auf u. polymerisiert in Ggw. von O_2. Aufgetragen auf Betonoberflächen, bildet sie zuerst ein Gel, das sich dann in einen festen, wasserundurchlässigen Film verwandelt. **I**-Lacke sind daher als Überzüge für Kanäle aus Beton sehr geeignet. K. Wekua. 7106□

Hitzebeständige siliciumorganische Überzüge. A. F. Moissejew, D. Ja. Shinkin und M. F. Borissow. (Лакокрасочные Материалы и их Применение [Lacke Farben Anwend.] **1960**, Nr. 4, 35—40; russ.) — Übersicht an Hand der Literatur. — 57 Literaturangaben. K. Wekua. 7106□

Halbautomatisches Gerät für Titration mit Fischer's-Reagenz. Ju. W. Tarassow, Ss. T. Baibajewa und A. B. Kokurina. (Лакокрасочные Материалы и их Применение [Lacke Farben Anwend.] **1961,** Nr. 2, 72—74; russ.) — Zur Best. von H_2O in Lacken, Harzen, Lsgm. u. Erdölfraktionen und des Geh. an organ. u. funktionellen Gruppen mit dem Fischer-Reagenz wird ein halbautomat. elektr. Titrationsgerät (*TWL-1*) entwickelt, das sowohl helle als auch dunkle Fll. zu titrieren gestattet. Mit dem Gerät kann man den Endpunkt der Titration mit einer Genauigkeit von $\pm$ 0,03 ml des Reagenz fixieren u. den Geh. an H_2O von 0,005% bis 3—4% ermitteln. Vff. beschreiben das Gerät u. seine Gebrauchsweise u. empfehlen es sowohl für die Industrie als auch für Forschungsarbeiten in den Laboratorien. K. Wekua. 7154□

Schnellbestimmungsmethoden für Calcium und gebundenes Formaldehyd in Pentaerythrit. P. M. Bogatyrew, E. A. Nawjashskaja und W. Ss. Sporychina. (Лакокрасочные Материалы и их Применение [Farben Lacke Anwend.] **1961,** Nr. 2, 66—69; russ.) — Eine Schnellmeth. zur direkten colorimetr. Best. kleiner Mengen von *Ca* (**I**) im *Pentaerythrit* (**II**) mit *Calcion IREA* (**III**) u. *Myrexid* (**IV**) wird ausgearbeitet. Die Meth. wird an künstlichen Mischungen von **I** u. **IV** in **II** überprüft. Die Genauigkeit der Meth. beträgt $\pm$ 9%, die Empfindlichkeit von **III** beträgt 0,1 γ **I** in 1 ml Lsg. u. die von **IV** 0,4 γ **I** in 1 ml Lösung. Verff. haben eine photocolorimetr. Meth. zum qual. u. quant. Nachweis kleiner Mengen von gebundenem Formaldehyd (**V**) in **II** in Ggw. von Chromotropsäure (**VI**) ausgearbeitet. Auch diese Meth. wurde an künstlichen Mischungen von **V** u. **VI** überprüft u. zeichnet sich durch eine größere Genauigkeit ($\pm$ 3%) aus.
K. Wekua. 7154□

Spektrophotometrische Untersuchungen von Alkylphenolformaldehydharzen. M. I. Archipow und A. D. Walgin. (Лакокрасочные Материалы и их Применение [Lacke Farben Anwend.] **1961,** Nr. 2, 59—62; Iwanowo, Lehrstuhl für Lacke u. Farben des Chem.-Technol. Inst.; russ.) — Einfache Esterbindungen in den unter verschiedenen Bedingungen erhaltenen *Alkylphenolformaldehydharzen* werden spektrophotometr. qual. nachgewiesen. Als Vers.-Lsg. dienen Butylhexyl-, Octyl- u. Dodecylphenolformaldehydharze von sauren, alkal. u. ammoniakal. Kondensaten mit verschiedenem Geh. an Methylolgruppen (0,3—0,6%). Die opt. Eigg. werden in den verdünnten A.- u. Bzl.-Lsgg. bei einer Konz. von 10^{-2}—10^{-3} Mol/Liter untersucht. Die opt. Dichte u. der molare Absorptions-Koeff. werden im sichtbaren Gebiet der UV-Spektren mit dem Spektrophotometer *SF-4* u. *SFD-1*, wie auch mit dem registrierenden Spektrophotometer *SF-2M* festgestellt. Die Verss. ergeben, daß für Harzlsgg., die bei der Kondensation in Ggw. von alkal. Katalysatoren zustande kommen u. einen erheblichen Geh. an Methylolgruppen aufweisen, die entsprechenden Kurven Maxima zeigen, was auf die Bldg. von Dimethylenesterbindungen hindeutet. Die Erhöhung der opt. Dichte mit der Zunahme von Formaldehyd u. Alkylphenol oder mit der Verlängerung der therm. Behandlung äquimolarer Lsgg. beweisen die Bldg. von Esterbindungen.
K. Wekua. 7154□

Eine Kammer für die Untersuchung von Lackfarbenüberzügen auf Widerstandsfähigkeit gegenüber der Einwirkung von Schwefeldioxid. M. I. Karjakina und Ss. W. Jakubowitsch. (Лакокрасочные Материалы и их Применение [Lacke Farben Anwend.] **1961,** Nr. 3, 58—59; russ.) — Eine Schnellmeth. zur Prüfung von Anstrichen auf Widerstandsfähigkeit gegen *SO_2* wird beschrieben. Die Gase werden in einer Kammer durch Verbrennung von S erzeugt. Die mit Lackfarben angestrichenen Platten werden in die Kammer, deren Boden mit H_2O bedeckt ist, durch eine Lucke hineingebracht u. an einem Stativ befestigt. Darauf wird die Lucke dicht geschlossen u. S verbrannt. Die Proben werden der Einwrkg. des Gases bei 50—55°, 7 Std. u. anschließend bei 20—23°, 16 Std. ausgesetzt. Die Proben werden täglich untersucht, bis eine Änderung ihres Aussehens bzw. Auftreten eindeutiger Zeichen der Zerstörung, wie Blasen, Risse, Abblättern oder Korrosion des Metalles, festgestellt werden. K. Wekua. 7158□

Vorrichtungen für die Untersuchung der Widerstandsfähigkeit von Lackfarbenüberzügen gegenüber Seewasser. R. G. Gadshijewa, L. N. Semskowa und G. B. Mirsojew. (Лакокрасочные Материалы и их Применение [Lacke Farben Anwend.] **1961,** Nr. 3, 56—57; russ.) — Vff. haben zwei Geräte zur Schnellbest. der Festigkeit von Anstrichen unter Navigationsbedingungen konstruiert. Das 1. dient zur Best. der Festigkeit von Anstrichen beim period. Tauchen der Anstriche in Meereswasser bei 20—25°, bis Schäden auf den Anstrichen auftreten. Das Gerät ist mit einem Zähler, an dem die Anzahl von Tauchungen (1—100000) abgelesen werden kann, ausgestattet. Mit dem 2. Gerät wird die Festigkeit der Anstriche gegen Reibung im schnellströmenden Versuchswasser bestimmt. Mit diesen Geräten wird die Stabilität von Überzügen, darunter von Anstrichen auf Grundlage von fl. *Phenol-Formaldehydharz, Epoxidharz ED-6* u. a. untersucht. Die Resultate sind mit den auf üblichem Wege erhaltenen identisch.

K. Wekua. 7158□

Dow Chemical Co., Midland, Mich., V. St. A., **Herstellung modifizierter Phenolaldehydharze,** die als *Bestandteil von Überzugsmitteln* geeignet sind. Man kondensiert einen Phenol-CH_2O-Novolak mit 4—10 phenol. OH-Gruppen im Mol. mit 0,85—1,2 Mol Äthylen- oder Propylenoxyd je Phenolkern u. verestert das Rk.-Prod. mit einer solchen Menge an Carbonsäuren, das 0,1—1 alkohol. OH-Gruppen verestert werden. Mindestens 60% der COOH-Gruppen der Carbonsäure sollen hierbei von trocknenden Fettsäuren geliefert werden, während mindestens die Hälfte der Phenolbestandteile des Novolaks aus gewöhnlichem Phenol (C_6H_5OH) bestehen soll. Vgl. F. P. 1138371; C. **1958,** 7259. (**Niederl. P. 100404** vom 22/9. 1955, ausg. 15/2. 1962.) F. Böhm. 7097

Shell Oil Co., Del., übert. von: Hans Low, Edwardsville, und William W. Reynolds, East Alton, Ill., V. St. A., **Lösungsmittel für Harze und Lacke** mit geringem Eigengeruch u. hohem Lösungsvermögen sind Propylentetrapolymere (**I**) oder solche enthaltende Mischungen. Propylenpolymerisate werden einer fraktionierenden Dest. unterworfen u. dabei eine Fraktion zwischen 345 u. 550 °F abgeschieden. Diese wird mit einem absorbierend wirkenden Ton, wie Bentonit, $<$ 200 °F behandelt. Man filtriert u. setzt dem Filtrat geringe Mengen an Oxydationsverhinderern, z. B. N.N'-Di-sek.-butylphenylendiamin, 2.6-Di-tert.-butyl-4-methylphenol, oder 2.4-Dihydroxybenzophenon, zu. (**A. P. 2944915** vom 6/12. 1957, ausg. 12/7. 1960.) G. König. 7101

Eastman Kodak Co., Rochester, übert. von: Raymond G. Pinder, Rochester, N. Y., V. St. A., **Lacke für Metall, Plastikgegenstände, Holz** usw. enthalten 10—20% Epoxyharz, 12—15% eines Acrylharzes (**I**), 20—10% eines Polyamidharzes der allg. Formel $HO(-CO-R-CO-NH-CH_2-CH_2-NH)_nH$, worin n eine ganze Zahl von 5 bis 15 u. R eine Alkylengruppe mit 5—20 C-Atomen, z. B. $C_{17}H_{34}$, bedeuten. Der Rest besteht aus organ. Lösungsmitteln. Das **I** ist vorzugsweise ein Methylmethacrylatpolymeres. (**A. P. 2987492** vom 13/3. 1958, ausg. 6/6. 1961.)

M. Böttcher. 7107

Micafine Ltd., Derby, England (Erfinder: Herbert Walter Chatfield), **Verbesserung der Dispergierung von Glimmer in Anstrichmitteln und Druckfarben.** Man vermischt den Glimmer entweder in trockenem Zustand mit der Lsg. einer gesätt. Fettsäure (**I**) in einem organ. Lsgm. oder aber in feuchtem Zustand mit der wss. Lsg. einer Alkaliseife von **I**. Nach der Behandlung wird das Lsgm. oder das W. entfernt. (**E. P. 871411** vom 13/3. 1959, ausg. 28/6. 1961.) P. Krug. 7107

Airkem, Inc., New York, N. Y., übert. von: Alton J. Ward, Miami, Fla; V. St. A., **Mehrfarbige Überzüge bildende Mischungen.** Man stellt zunächst eine Lsg. (A) eines Filmbildners (**I**) in einem hauptsächlich aus KW-Stoffen bestehenden Lsgm.-Gemisch her. Ein anderer, in KW-Stoffen unlösl. Filmbildner (**II**) wird in einem Gemisch aus sauerstoffhaltigen Lsgm. (Äthern, Ketonen, Alkoholen u. deren Mischungen) mit geringen, nicht ausfällend wirkenden Mengen von KW-Stoffen gelöst. Diese Lsg. wird langsam in (A) eingerührt, wodurch **II** in Faser- bzw. Plättchenform ausgefällt wird. Geeignete **I** sind z. B. Celluloseacetobutyrat in Kombination mit Alkydharzen, Polyvinylacetat oder Siliconharzen. Als **II** können z. B. Nitrocellulose oder Polyacrylate verwendet werden. (**A. P. 2964417** vom 14/9. 1959, ausg. 13/12. 1960.) P. Krug. 7107

American Cyanamid Co., New York, N. Y., V. St. A., **Herstellung von verätherten methyloliertem Melamin** durch Rk. von 1 Mol monomerem methyloliertem Melamin mit 12—24 Mol CH_3OH u. wenigstens 1 Mol Diäthylenglykolmono-C_{1-4}-alkyläther oder Äthylenglykolmono-C_{1-3}-alkyläther. — 386 (Teile) 37%ig. HCHO-Lsg., mit $NaHCO_3$ auf pH 7,4—7,5 eingestellt, werden bei 55—65° mit 80 Melamin stark gerührt, wobei der pH-Wert auf 8,2—8,5 steigt, nach Lsg. wird langsamer gerührt, nach 1 Std. mit 15°/Std. abgekühlt u. bis 52—65% (der Rk.-Mischung) W. zugesetzt, filtriert u. getrocknet. 612 des erhaltenen Alkmethylolmelamins, 134 Diäthylenglykolmonoäthyläther, 512 CH_3OH u. 3,7 konz. H_2SO_4 (pH ca. 3) werden 2 Std. bei 40° gerührt, wieder 512 CH_3OH zugesetzt, u. 2 Std. wird bei 40° gerührt, mit NaOH auf pH 8—10 gestellt, filtriert, das Filtrat wird bei

Unterdruck eingeengt: Sirup mit 84% Feststoffen. Das Material dient zum *Überziehen von Gewebe*, auch zur Verbesserung der Haltbarkeit zusammen mit anderen Harzen, wie Harnstoff-, Äthylenharnstoff-, Guanamin-HCHO, Harzen oder Acrylharzen. (**Jap. A. S. 14919/1960** vom 1/12. 1958, ausg. 10/10. 1960. A. Prior. 5/5. 1958.) M. Pankow. 7107

American Viscose Corp., Philadelphia, Pa., V. St. A., **Herstellung von zu Filmen und Überzügen verarbeitbaren Mischpolymeren.** Man polymerisiert Vinylidenchlorid mit soviel Alkylmethacrylat (C_{8-18}-Alkyl), daß das Mischpolymerisat wenigstens 13 Gew.-% davon enthält, während die maximale Menge sich entsprechend der Größe der Alkylgruppe von ca. 25 Gew.-% bei einer C_8-Alkylgruppe bis 32 Gew.-% bei einer C_{18}-Alkylgruppe ändert. — 6 (Teile) Stearylmethacrylat, 94 Vinylidenchlorid, 150 Cyclohexan u. 0,25 Azodiisobutyronitril werden 18 Std. bei 45° gerührt. Man fällt mit CH_3OH, löst das gefällte Polymere in Tetrahydrofuran u. fällt erneut. Das Polymere ist bei $\geq$ 80° in Toluol lösl. u. dient zum *Überziehen von Celluloseregeneratplatten* oder zur Herst. von *Filmen*, die nicht kleben. (**Jap. A. S. 13694/1960** vom 15/2. 1958, ausg. 19/9. 1960.) M. Pankow. 7107

E. I. du Pont de Nemours & Co. (Erfinder: Boynton Graham), Wilmington, Del., V. St. A., **Überzüge auf hochmolekularen Formkörpern.** (Nachtrag zu E. P. 816024; C. **1962,** 12848). Die Hochmol. werden als Pulver, Fäden, Perlen, Bänder, Gewebe, Filme angewandt, die Überzüge werden baldestmöglich auf die bestrahlten Unterlagen aufgebracht, die bei längerer Dauer bei tiefen Temp. (bis — 80°) u. in indifferenter Atmosphäre gelagert werden. Die Bestrahlungsdosis soll 100—1000 W-Sek./cm², bei widerstandsfähigen Polymeren 1000—10000 W.-Sek./cm² betragen. (**F. P. 1172992** vom 15/3. 1957, ausg. 18/2. 1959. **Jap. A. S. 14778/1960** vom 25/3. 1957, ausg. 6/10. 1960. Beide A. Prior. 27/3. u. 12/7. 1956.) M. Pankow. 7107

Esso Research and Engineering Co., Elizabeth, N. J., V. St. A., **Überzugsmassen,** bes. für den Schutz von eisernen Flächen, enthaltend ein fl. Polymerisat aus einem konjugierten Diolefin mit 4—6 C-Atomen, welches durch Blasen oder durch Rk. mit 0,01—2,5% Maleinsäureanhydrid modifiziert ist, sowie 0,5—3,5% einer sauren Phosphorverbindung. Letztere kann z. B. H_3PO_4, saures Ammoniumphosphat, Dibutylphosphat sein. Die aus den Massen erhaltenen Schichten werden bes. zwischen 375—420° während 8—15 Min. eingebrannt. (**E. P. 863244** vom 7/9. 1959, ausg. 22/3. 1961. A. Prior. 28/10. 1958.) P. Krug. 7107

Farbenfabriken Bayer Akt.-Ges., Deutschland (Erfinder: Günter Kolb), **Stabile wäßrige Emulsionen von mittels Oxydation vernetzbaren Polymeren** durch Polymerisation von Estern α.β-ungesätt. Carbonsäuren mit aliphat. oder cycloaliphat. Ätheralkoholen mit 50—98% eines anderen mischpolymerisierbaren Monomeren mit einem radikalbildenden Katalysator u. einem letzterem gegenüber überschüssigen Red.-Mittel. Die erhaltenen Dispersionen können mit Sikkativen u. Peroxiden gemischt werden u. eignen sich für *Überzüge* auf Holz, Papier, Textilien. — Man hält 400 (Gew.-Teile) Äthylacrylat, 200 3-Methoxybutylacrylat, 250 Acrylnitril u. 150 Styrol mit 20 Laurylsulfonat, 2,5 Na-Pyrosulfit u. $2 K_2S_2O_8$ in 1500 W. bei 25°. Die Emulsion wird von Monomeren befreit u. nach Zusatz von Co-Naphthenat für *Überzüge* verwendet. (**F. P. 1228455** vom 16/4. 1959, ausg. 31/8. 1960. D. Prior. 16/4. 1958.) M. Pankow. 7107

Farbwerke Hoechst Akt.-Ges., vormals Meister Lucius & Brüning, Deutschland, **Festhaftende Überzüge von Makromolekularen auf Polyolefinen.** Man bewirkt zwischen den beiden Schichten eine Vernetzung durch Bestrahlung oder Radikalbldg. (Bldg. von Radikalen durch Erhitzen von Perverbb., Aminoxiden, Hydrazinsalzen oder -derivaten). Man bestreicht Niederdruckpolyäthylenfolien mit einer 5 Mol-%ig. Benzoylperoxidlsg. in Bzn. u. die noch feuchte Oberfläche mit einem Lack aus 5(Gew.-%) Polyvinylchlorid, 2 atakt. Polypropylen mit 5% istotakt. Teilen, 30 Bzn., 60 Cyclohexanon u. 1 Pigment, worauf man ca. 30 Min. auf 110° erhitzt. — Zeichnung. (**F. P. 1215753** vom 13/11. 1958, ausg. 20/4. 1960. D. Prior. 13/11. 1957.) M. Pankow. 7107

Farbwerke Hoechst Akt.-Ges., vormals Meister Lucius & Brüning, Deutschland, **Verbesserung der Haftung an Polyolefinen** von Überzügen, wie Lacken, Druckfarben u. Leimen. Die Polyolefinoberflächen werden mit einer Cl_2–SO_2-Mischung bei gleichzeitiger Bestrahlung mit einer starken Lichtquelle (UV-Licht) behandelt, worauf man den Überzug aufbringt. — Zeichnung. (**F. P. 1223395** vom 24/12. 1958, ausg. 16/6. 1960. D. Prior. 24/12. 1957.) M. Pankow. 7107

Stephen George Frater und Bruce Handsaker (Erfinder: Stephen George Frater), **Plastische Überzugs- und Formmasse,** die gegen viele Säuren u. gegen Alkali widerstandsfähig ist u. sich unter 400°F nicht verformt. Sie besteht aus 10—95 Gew.-% Teer (I) oder Pech oder deren Gemischen, einem Epoxidharz (II), einem Härtungsmittel für **II**, wie einem Polyäthylenpolyamin oder Polyamidharz, u. einem Lsgm. z. B. einem aromat. KW-Stoff, wie Xylol. Man stellt z. B. 2 Ansätze mit 120(Gew.-Teilen) **I**, 50 Füllstoffen, 9 Amin u. 14 Lsgm. sowie mit 45 **II**, 35 Lsgm. u. 2 Butanol her u. mischt vor Gebrauch. (**Aust. P. 230141** vom 10/4. 1958, ausg. 22/9. 1960.) O. Roick. 7107

Pittsburgh Plate Glass Co., übert. von: Henry A. Vogel, Richland Township, Pa., und Robert F. Roach, Milwaukee, Wis., V. St. A., **Überzugsmittel für Metalle,** enthaltend als Bindemittel 1) 5—35 (Gew.-%) eines Alkenylphenolaldehydharzes (**I**) sowie 2) 50—95 eines Mischpolymerisats aus Vinylhalogenid, Vinylester einer gesätt. aliphat. Carbonsäure mit nicht mehr als 6C-Atomen sowie 1—3% eines carboxylgruppenhaltigen Monomeren oder eines Mischpolymerisats aus Vinylhalogenid u. Vinylester mit nicht mehr als 6C-Atomen im Carbonsäurerest, wobei ein Teil der Estergruppen soweit hydrolysiert ist, daß insgesamt 1—3% als OH-Verb. vorliegen. **I** ist hergestellt durch Kondens. eines unsubstituierten Aldehyds mit einer Alkenylphenolmischung u. anschließende Nachbehandlung mit einem Alkanol in saurem Medium; bei der Alkenylphenolmischung handelt es sich um Rk. Prod. von acycl. konjugierten Dienen mit einem Phenol. (**A. P. 2948702** vom 14/5. 1957, ausg. 9/8. 1960.) P. Krug. 7107

Plax Corp., Hartford, Conn., V. St. A., **Wässerige Überzugsmasse zum Aufbringen auf Polystyrol,** enthaltend 15—40 (Gew.-%) eines thermoplast. Mischpolymerisats (**I**), 0,2—4 eines wasserlösl. härtbaren Aldehydaminharzes (**II**). Geeignete **I** sind z. B. erhalten aus 58—98(%) a) Vinylchlorid, Vinylacetat, Vinylidenchlorid oder deren Mischungen u. 2—42 b) Acrylnitril, Acrylsäure- oder Methacrylsäurealkylester. Es ist dafür zu sorgen, daß auf je 100 Gew.-Teile der Überzugsmasse 0,004—0,046 Carboxyläquivalente in Form einer zur Emulsion zugesetzten freien gesätt. oder ungesätt. Carbonsäure mit < 8 C-Atomen oder durch Einpolymerisation einer ungesätt. Carbonsäure in **I** vorhanden sind. Geeignete **II** sind z. B. Harnstoff-, Thioharnstoff- oder Melaminformaldehydharze. (**E. P. 870437** vom 7/12. 1959, ausg. 14/6. 1961. A. Prior. 23/12. 1958.) P. Krug. 7107

Minnesota Mining & Mfg. Co., St. Paul, Minn., übert. von: Elizabeth S. Lo, Fords, N. J., und George H. Crawford jun., Staten Island, N. Y., V. St. A., **Mischpolymerisate** aus 1.1.2.4-Tetrafluorbutadien-(1.3) u. einem fluorierten Äthylen erhält man durch Polymerisation einer Monomerenmischung aus 5—75% des Diens u. 95—125% des Äthylens in Ggw. von freie Radikale bildenden Katalysatoren, vorzugsweise in wss. Suspension. — Verw. als *Überzugsmittel.* (**A. P. 2992211** vom 30/10. 1956, ausg. 11/7. 1961.) L. Stadelmann. 7107

Minnesota Mining & Mfg. Co., St. Paul, Minn., übert. von: Archibald N. Bolstad, Maplewood, N. J., und John M. Hoyt, Woodside, N. Y., V. St. A., **Mischpolymerisate von fluorierten Butadienen** erhält man durch Polymerisation einer Mischung aus 2—90% 1.1-Difluor-, 1.1.2-Trifluor-, 1.1.3-Trifluor- oder 1.1.2.4.4-Pentafluorbutadien u. 98—110% Vinylchlorid oder Vinylidenchlorid bei —20 bis +150° in Ggw. eines freie Radikale bildenden Katalysators. Die Polymerisation kann im Block, in Emulsion oder in Suspension durchgeführt werden. Die Prodd. sind gegen Öle beständig, Verw. zur Herst. von *Überzügen.* (**A. P. 2996487** vom 30/10. 1956, ausg. 15/8. 1961.) L. Stadelmann. 7107

Shell Oil Co., Del., übert. von: Paul A. Devlin, Orinda, Calif., V. St. A., **Mischpolymerisate aus Mesityloxid und einem Diolefin,** bes. 1.3-Butadien, erhält man durch Polymerisieren einer Lsg. des Diolefins in Mesityloxid bei 75—175° in Ggw. eines Peroxids. Man erhält fl. Mischpolymerisate von Molgew. 700—5000, die 2—35% Mesityloxid gebunden enthalten. — *Überzugsmittel.* (**A. P. 2986580** vom 25/4. 1958, ausg. 30/5. 1961.) L. Stadelmann. 7107

Standard Oil Co., Chicago, Ill., V. St. A., **Herstellung von harzartigen Produkten** durch Rk. von Trimellitsäureanhydrid (**I**) mit Monoepoxidverbb. bei 20—200° in Ggw. von alkal. Katalysatoren, wobei man pro Mol des Anhydrids 1,5—5 Mol Epoxid verwendet. — 5 (g) **I**, 5,2 Propylenoxid u. 0,05 Trimethylamin werden 8 Std. bei 25° gerührt, überschüssige Fl. wird im Vakuum entfernt: Harz mit F. 63—65° (SZ. 94; OH-Zahl 73). Man kann das Harz mit anderen Harzen, wie Alkyden, Polyamiden oder Harnstoff–HCHO-Harzen, mischen oder umsetzen

u. z. B. für *Überzüge* verwenden. (**Jap. A. S. 14948/1960** vom 17/9. 1959, ausg. 10/10. 1960. A. Prior. 17/9. 1958.) M. Pankow. 7107

Sylvania Electric Products, Inc., Wilmington, Del., übert. von: George H. Bouchard, Ipswich, Sahag R. Dakesian, Somerville, und Arthur W. Dolan, Peabody, Mass., V. St. A., **Durch Kataphorese aufzubringende Überzugsmittel**, bestehend aus einer Mischung von 25 g Harnstoff, 12—180 (ml) dest. W., 588—420 Methanol, 5,5 eines Polyäthylenglykols vom Molgew. ca. 350, 5,5 eines Polyäthylenglykols vom Molgew. ca. 550, 10 (Tropfen) einer 20%ig. Al-Acetatlsg., 10 einer 13%ig. Al-Nitratlsg., sowie 400 g Al_2O_3-Teilchen von einer Stärke von 5 bis 10 μ. (**A. P. 2966449** vom 22/5. 1958, ausg. 27/12. 1960.) P. Krug. 7107

Farbenfabriken Bayer Akt.-Ges., Deutschland (Erfinder: Herbert Bartl und Hans Scheurlen), **Herstellung schrumpfender Filme aus Äthylen-Vinylester-Mischpolymerisaten.** Man polymerisiert Äthylen u. Vinylester im Gew.-Verhältnis 2 bis 20: 1 in Ggw. der 3—10fachen Menge (des Vinylestergew.) von tert.-Butylalkohol bei $\geqq$ 10 at in Ggw. eines Freiradikalkatalysators. Das erhaltene Mischpolymerisat kann wenigstens teilweise verseift werden. — Man mischt 400 (cm^3) W. vom pH 4, 9600 tert.-Butylalkohol u. 8 g $\alpha.\alpha$-Azobis-isobutyronitril in 1200 Vinylacetat unter Äthylen, drückt letzteres bis 100 at ein, erwärmt auf 63°, drückt Äthylen bis 400 at nach u. hält bei dem Druck 18 Stunden. — Filme aus dem Polymeren dienen als *Verpackungsmaterial* u. schrumpfen beim Erwärmen auf 60—100° (**F. P. 1238589** vom 6/10. 1959, ausg. 2/12. 1960. D. Prior. 7/10. 1958.) M. Pankow. 7107

H_{13}. Ätherische Öle. Parfümerie. Kosmetik

Lemongrasöl aus dem italienischen Somaliland. P. Rovesti und G. L. Variati. (France et ses Parfums **3**, Nr. 19, 39—44, Dez. 1960; Mailand; franz.) — Inhaltlich ident. mit der C. **1962**, 2930 referierten Arbeit. H. Franzen. 7262☐

Wirkung der Bestrahlung auf brasilianisches Pfefferminzöl. P. G. Garratt, H. Fazackerley, P. R. Hills und R. Roberts. (Perfum. essent. Oil Rec. **52**, 488—91, Aug. 1961; Wantage, Berks., Wantage Res. Labor., Isotope Res. Div.; engl.) — Zur Erklärung der empir. bekannten Duftverbesserung von Pfefferminzöl durch Bestrahlung mit γ-Strahlen wurden die durch diese Bestrahlung ($0,175 \times 10^6$ rad/h) bewirkten chem. u. physikal. Veränderungen an natürlichem u. künstlichem Pfefferminzöl untersucht. Dabei ergaben die physikal. Unterss., daß Dichte, Brechungsindex, Drehvermögen, IR- u. UV-Spektren des Öls durch die Bestrahlung nicht verändert werden. Die Aufnahme des Gas-Fl.-Chromatogramms u. die Best. der Peroxide nach der Ferrothiocyanat-Meth. ließen eine Abnahme des Campher-Geh. u. eine Zunahme des Peroxid-Geh. durch die Bestrahlung erkennen, während der Anteil der übrigen Komponenten dadurch prakt. nicht verändert wurde. Vf. folgert, daß geringfügige, durch die vorgenommenen Unterss. nicht erkannte chem. Veränderungen in der Zus. des Öls die olfaktor. Wrkg. der γ-Bestrahlung verursachen. H. Sontag. 7262☐

Zur Kenntnis des ätherischen Öles der Salvia Sclarea. P. Teisseire. (France et ses Parfums **4**, 243—54, Mai/Juni 1961; Roure-Bertrand, Labor. de recherches; franz.) — Der Vorlauf bis zum Kp. des Linalools (2—2,5% des Gesamtöls) dieses Öls französ. Provenienz wurde sowohl in seiner Gesamtheit als auch nach Fraktionierung gemäß der funktionellen Gruppen seiner Komponenten mit Hilfe der Gas-Fl.-Verteilungschromatographie unter Verw. von H_2 bzw. He als Träger analysiert. Die an Hand der Chromatogramme u. IR-Spektren erörterten Ergebnisse zeigen als wesentliche Komponenten dieser Ölfraktion die Aldehyde: n-Nonanal, n-Heptanal, n-Octanal u. Benzaldehyd, die Alkohole: Linalol, n-Hexanol, Octanol-(3), cis-β-Hexenol u. Octen-(1)-ol-(3) sowie die Terpene: α-Pinen, Camphen, β-Pinen, Myrcen, Limonen, β-Ocimen, p-Cymen, allo-Ocymen u. ein nicht identifiziertes Terpen (wahrscheinlich α-Terpinen). H. Sontag. 7286☐

Untersuchungen über Treibgas/Glykol-Systeme. Paul A. Sanders. (Aerosol Age **5**, Nr. 2, 26—29, 95, Febr. 1960; Wilmington, Del., E. I. du Pont de Nemours, Freon Prod. Div. Labor.; engl.) — Untersucht werden die Eigg. von *Glykol*(**I**)-, *Glykoläther*(**II**)- u. *Polyglykol-Freon*(**III**)-Gemischen, sowie Gemische aus A. mit **I** u. **III** sowie mit **II** u. **III**. Von **III** wurden verwendet die Typen 12, 114, 12/11 (je 50%) u. 22/11 (30 u. 70%). Die Gemische finden Anwendung für Aerosol-Zubereitungen auf kosmet. Gebiet. E. Boye. 7284☐

Halbmikro- und Mikrowasserdampfdestillation. Bestimmung des Gehaltes an ätherischen Ölen von kleinen Pflanzenproben. W. J. Franklin und H. Keyzer. (Analytic. Chem. **34**, 1650—53, Nov. 1962; Sydney, New South Wales, Museum of Appl. Arts and Sci.; engl.) — Es werden zwei Mikro- u. eine Halbmikro-Wasserdampf-Dest.-App. beschrieben (Abb.), die die Abtrennung u. Best. einiger μl an äther. Öl gestatten. Die Genauigkeit ist die gleiche wie bei den üblichen Makromethoden. P. Kurzmann. 7286 □

Pierre François Isidore Joseph Marie Soum, Frankreich, **Kosmetische Hautcreme,** welche als Trägerstoff *Glykolmonostearat* enthält, um das kosmet. Prod. bes. haltbar zu machen. Als akt. Bestandteil ist H_2O_2 genannt. (**F. P. 74281** vom 15/10. 1958, ausg. 8/3. 1961. **Zusatz zu F. P. 1159138; C. 1959, 7653.**) M. F. Müller. 7285

Gabrielle Valmond, Frankreich, **Kosmetische Tages- und Reinigungscreme** aus: 150 (g) Glycerinmono- u. -distearat als Emulgator, 50 Isopropylmyristat, 20 Extrapon V. C., 75 Getreidekeimöl, 75 Avocadoöl, 40 des akt. Prinzips von Kamille u. a. Pflanzen, 25 Lavendelparfüm, 4 Nipagin u. Vitamine, 50 Eifl., 510 Eau d'Évian u. 1 Azulen. (**F. P. 1248192** vom 12/1. 1960, ausg. 1/3. 1961.) M. F. Müller. 7285

Jean Hrand Marcarian, Frankreich, **Flüssiges kosmetisches Präparat** aus 400 (ml) A., 700 dest. W., 300 Meerwasser, 1 g Cysteinchlorhydrat, 10 g Caseinhydrolysat u. Milchsäure bis pH 6. — Ein cremeartiges Prod. wird hergestellt aus 200 (g) eines Gemisches von Wachsen, Fetten u. Ölen, 100 Glycerin, 700 dest. W., 300 Meerwasser, 25 Hefeautolysat, 1 Cysteinchlorhydrat, 0,1 Cystein u. Milchsäure bis pH 6. (**F. P. 1248181** vom 30/12. 1959, ausg. 1/3. 1961.) M. F. Müller. 7285

Antoine François Régis Peyron, Frankreich, **Kosmetische Augentinktur.** Sie enthält 2,7 (g) Triäthanolamin, 3,25 Propylenglykol, 65 Hamameliswasser, 17 Rosenwasser, 0,1 Frigydil, 2,7 organ. Al-Salze u. 0,08 p-Hydroxybenzoesäuremethylester. (**F. P. 1248196** vom 12/1. 1960, ausg. 1/3. 1961.) M. F. Müller. 7285

Laboratoires Scientifiques de Neuilly, Frankreich, **Kosmetisches Haarwaschmittel** aus einer wss. Lsg., welche 10—30 (%) koll. wss. Ton u. 1—10 eines synthet. Reinigungsmittels (**I**) ggf. eine geringe Menge einer organ. Säure, z. B. Weinsäure, u. Parfüm enthält. Als **I** sind genannt: Polyglykoläthersulfate, prim. oder sek. Alkylsulfate, Alkylsulfonate, Alkylpolypeptide, Saponine, Polyoxyäthylenverbb. von Fettalkoholen, Alkylphenolen, Fettaminen u. -amiden. (**F. P. 1240074** vom 23/7. 1959, ausg. 20/12. 1960.) M. F. Müller. 7285

Soc. Monsavon-l'Oréal, Frankreich (Erfinder: Charles Zviak und Jean Rouet), **Dauerwellmittel** aus einer wss. Lsg. eines Salzes einer Mercaptocarbonsäure, z. B. der Thioglykol- oder Thiomilchsäure, einer organ. Base u. einem Carbonat dieser Base; pH 7—9. Als Basen sind genannt: Monoäthanolamin, Morpholin, Monoäthylamin, Diäthanolamin u. Guanidin. Der pH-Wert wird durch Einleiten von CO_2 eingestellt. (**F. P. 1241160** vom 23/7. 1959, ausg. 20/12. 1960.) M. F. Müller. 7285

Soc. Monsavon-Oréal, Paris, Frankreich, **Fixieren von Haardauerwellen.** Man behandelt die Haare, die in der ersten Behandlungsstufe eines Dauerwell-Verf. der Einw. eines Red.-Mittels, z. B. einer Mercaptocarbonsäure oder eines ihrer Derivv., unterworfen wurden, in der zweiten, sog. „Neutralisations"-Stufe mit einer Lsg., die Polythionationen, bes. Tetrathionationen, enthält, wobei man bes. eine ca. 10%ig. Lsg. von Na- oder K-Tetrathionat mit pH ca. 7 oder schwach saurem pH-Wert verwendet, die ferner auch noch andere kosmet. oder Haarpflegemittel enthalten kann. Die verwendete „Neutralisations"-Lsg. besitzt eine spezif. u. selektive Wrkg. bzgl. einer schnellen Wiederbldg. der –S–S–-Bindungen des Haarkeratins. — Beispiele. (**Oe. P. 219770** vom 12/10. 1960, ausg. 26/2. 1962. F. Prior. 15/4. 1960.) W. Raetz. 7285

General Aniline & Film Corp., New York, N. Y., V. St. A. (Erfinder: Jesse Werner), **Haarpflegemittel,** bestehend aus einer Lsg. von Polyvinylimidazol, Mol.-Gew. 20000—400000 in einem Aerosoltreibmittel u./oder einem niedrig sd. wasserfreien aliphat. Alkohol. (**E. P. 889291** vom 8/4. 1960, ausg. 14/2. 1962.) C. Lüttgen. 7285

„Novag" Akt.-Ges., Zürich, Schweiz, **Haarfarbe in Pulverform.** Das Präp. enthält mindestens eine durch Oxydation auf der Faser farbstoffbildende Verb., wie p-Toluylendiamin, p-Diaminodiphenylamin oder Aminophenole in Form ihrer Salze, ein Oxydationsmittel, wie Na-Perborat, Harnstoffperoxid, Na-Percarbonat oder Alkalipersulfate, u. ein Mittel zur Regelung des pH-Wertes zwischen 6 u. 11, wie $Na_2B_4O_7$, $NaHCO_3$, Na-Phosphate, $(NH_4)_2CO_3$ oder Metallnitride, sowie ggf. ein Verdickungsmittel, wie Traganth, Carboxymethylcellulose, Polyvinylalkohol, Polyvinylpyrrolidon, Salze der Polyacrylsäure, koll. SiO_2 oder koll. Al-Silicate, bzw. außerdem noch einen Oxidationsinduktor, wie Metallsalze oder radikalbildende organ. Verbb., oder eine anorgan. oder organ. Substanz, die den Zerfall von relativ beständigen Oxidationsmitteln beschleunigt, wie Katalasen oder Fermente, jedoch soll mindestens eine der bei der Farbstoffbldg. beteiligten Komponenten in einer Form vorliegen, die in Abwesenheit von Feuchtigkeit eine vorzeitige Einw. des Oxidationsmittels auf den Farbstoffbildner ausschließt, wobei z. B. die Teilchen des Oxidationsmittels von einer wasserlösl. Schutzschicht umhüllt sind. — Eine bevorzugte pulverförmige Haarfarbe, die sich auch zu Tabletten verpressen läßt, enthält z. B. p-Aminophenolhydrochlorid, 2,5-Diaminotoluolsulfat, Polyacrylsäure, Na-Perborat u. Na-Laurylalkoholsulfonat; sie kann zum Gebrauch mit warmem W. angeteigt u. als Brei auf das Haar aufgetragen werden. Das Präp. besitzt eine gute Haltbarkeit u. ist bes. oxidationsbeständig. — Beispiele. (**Oe. P. 219769** vom 16/7. 1958, ausg. 26/2. 1962. Schwz. Prior. 31/12. 1957.)

W. Raetz. 7285

H_{14}. Zucker. Kohlenhydrate. Stärke

Neue Arten von Mineraldünger. Zbigniew Kwiatoń. (Gaz. Cukrownicza **63**, 188—89, Juni 1961; Bydgoszcz, IHAR, Zakł. Buraka i Innych Roślin Korzeń; pol.) — In Feldverss. mit Zuckerrüben zeigte ein Mischdünger mit den Mikroelementen Mg, B, Mn, Cu u. Zn sowie ein kombinierter N-Dünger mit 25% N ($NH_4HCO_3 + KNO_3 + NH_4Cl$) gute Wrkg. auf den Ertrag u. den Zuckergehalt.

F. Urban. 7406☐

Diskussionsbeitrag zum gegenwärtigen Stand der Magnesiumfrage im Zuckerrübenbau. H. Lüdecke. (Landwirtsch. Forsch., Sonderh. Nr. **13**, 59—60, 1959; dt.) — Mg-Mangel bei Zuckerrüben ist in seinen Symptomen schwer von der virösen Vergilbung zu unterscheiden. Im allg. tritt letztere Erkrankung aber erst Ende Juni auf, während Mg-Mangelsymptome oft schon Anfang Juni zu erkennen sind. Der Mg-Ertrag der Zuckerrübe wurde in mehrjährigen Verss. mit 65—103 kg MgO/ha ermittelt. Mg-Mangel bei Zuckerrüben tritt selbst schon auf den degradierten Lößböden Niedersachsens auf. In einem Gefäßvers. auf einem derartigen Boden (5 mg Mg/100 g nach Schachtschabel) wurde durch Mg-Düngung ein Mehrertrag von 42% an Frischmasse u. 36% an Zucker erzielt. Ein Feldversuch erbrachte mit Mg (270 kg Mg/ha) einen Mehrertrag an Frischrüben von 7% u. eine Erhöhung der Polarisation um 0,5%. Vf. empfiehlt, auf Grund dieser Befunde auf diesen Böden im Rahmen der Fruchtfolge eine vorbeugende Mg-Düngung vorzunehmen.

Wilfried Werner. 7406☐

Periodisch-kontinuierliche Diffusion und das Abwasserproblem. Rudolf Krajewski. (Gaz. Cukrownicza **63**, 149—50, Mai 1961; pol.) — Durch period.-kontinuierliche Diffusion der Rübenschnitzel werden aus dem Verarbeitungsprozeß der Zuckerrüben die am stärksten verschmutzten Abwässer beseitigt. Gegenüber der rein period. Diffusion wird auch der Zuckerverlust verkleinert.

F. Urban. 7412☐

Die heiße Vorscheidung in Gegenstrom. Konstantin Vukov. (Cukoripar [Zuckerindustrie, Budapest] **13**, 152—58, Mai 1960; ung.) — Bei der heißen (85°) Vorscheidung im Gegenstrom nimmt die Alkalität allmählich zu, ohne daß sich die Farbe des Zuckersaftes verschlechtert; die Filtrierbarkeit des 1. Saturationssaftes u. die Absitzfähigkeit werden verbessert.

R. K. Müller. 7412☐

Brennen von Scheideschlamm nach dem Staubwirbelverfahren. Stanisław Zagrodzki und Wiktor Fornalek. (Gaz. Cukrownicza **63**, 170—76, Juni 1961; Łódź, Politechn., Kat. Cukr. i Technol. Środkow spoż; pol.) — Es werden Labor- u. halbtechn. Verss. zum Brennen von trockenem Saturationsschlamm zu CaO u. CO_2 in der Wirbelschicht beschrieben. Als Brennstoff sind Kohlenstaub, Öl oder Leuchtgas geeignet. Im Vgl. zu Schachtöfen wird ein 5 mal kleineres Rk.-Vol. benötigt, ebenso verkleinert sich die Verweilzeit im Ofen u. die Wärmebilanz wird günstiger. — 27 Literaturangaben.

F. Urban. 7412☐

Entfärbung der Klären in der Zuckerfabrik Witaszyce. Kazimierz Kopera und Antoni Jarzęcki. (Gaz. Cukrownicza **63,** 146—49, Mai 1961; pol.) — Die Entfärbung der Klären mit dem Harz Asmit 259 ist einfacher u. billiger als mit Aktivkohle. F. Urban. 7412□

Die Temperaturabhängigkeit der Zuckerinversionsgeschwindigkeit oberhalb 100° C. Gábor Vavrinecz. (Cukoripar [Zuckerindustrie, Budapest] **13,** 75—77, März 1960; ung.) — Die im Dünnsaft während des Eindampfens stattfindende Inversion kann (auf Grund von Angaben aus der Literatur) aus der Menge i der innerhalb 1 Min. sich bildenden Invertzuckermenge in Gew.-% des Zuckers u. der abs. Temp. T nach der empir. Beziehung $\log i = 34 \cdot \log T - 88{,}26$ berechnet werden. R. K. Müller. 7414□

Experimentelle Untersuchung der Oberflächenspannung der Melassenschlempe. Ss. M. Konstantinow. (Hochschulnachr., [Krasnodar], Nahrungsmittel-Technol. [UdSSR] **1960,** Nr. 3, 130—31; Kiew, Technol. Inst. für Lebensmittelind., Lehrstuhl für Wärmeenergetik; russ.) — Die Oberflächenspannung (OS) der Melasseschlempe mit 10—80% Trockensubstanz (TS) im Temp.-Intervall 20—95° wurde als Funktion von TS-Geh. u. Temp. graph. dargestellt. Es wird gezeigt, daß die Erhöhung der Temp. u. des TS-Geh. eine Herabsetzung des OS-Koeff. derSchlempe zu Folge hat. S. Baryschnikow. 7418□

Chemismus der Farbstoffbildung und der Einfluß des Schwefeldioxyds auf die farbigen Nichtzuckerstoffe. Zbigniew Nitschke. (Gaz. Cukrownicza **63,** 330—35, Nov. 1961; Inst. Przem. Cukr.; pol.) — Gefärbte Substanzen in Zuckerprodd. bilden sich während der technolog. Vorgänge, wobei Tyrosin u. Polyphenole die wichtigsten Ausgangsstoffe sind. SO_2 wirkt reduzierend u. damit entfärbend. Es hemmt auch die enzymat. Rkk., die zur Bldg. der gefärbten Substanzen führen. — 48 Literaturangaben. F. Urban. 7438□

Beseitigung von Saponinen und Bittergeschmack im Saft von Agavenstämmen mit Kohle. D. M. Samuel und M. Srinivasan. (J. sci. ind. Res. [New Delhi], Sect. B **18,** 264, Juni 1959; Mysore, Centr. Food Technol. Res. Inst.; engl.) — Zur Beseitigung von Saponinen u. Bittergeschmack im Saft von Agavenstämmen verrührt man 1 g Aktivkohle in 1 Liter eines wss. Extraktes von 65°, läßt 15 Min. stehen u. filtriert. W. Wesly. 7442□

Schnellmethode für die Massenbestimmung des Markgehaltes in der Zuckerrübe. Imre Holly. (Cukoripar [Zuckerindustrie, Budapest] **13,** 69—71, März 1960; Sopronhorpács; ung.) — Im Rübenbrei wird der Gesamt-Geh. an Trockensubstanz bestimmt, dann wird der Rübenbrei mit dest. W. digeriert u. in der Lsg. der Geh. an lösl. Trockensubstanz mittels des Zeiss-Eintauchrefraktometers mit Thermostatkopf ermittelt. Die Differenz beider Best. ergibt den Trockenmarkgehalt.
R. K. Müller. 7472□

H_{15}. Gärungsindustrie

Zusammenhang zwischen der Atmung der Hefezellen und dem Gehalt an gelöstem Sauerstoff in ihrer Nährlösung. Antal Pelc und Ivánné Szép. (Erjedésipari Kutatóintézet Közleményei [Mitt. Inst. Gär.-Ind.] **1959,** 31—33; Budapest; ung.) — Die Verss. zur Feststellung des Einfl. von O_2 auf die Atmung der Hefezellen wurden teils im Warburg-App., teils in aus weiten Glasröhren gebildeten Vorrichtungen ausgeführt. Belüftet wurde mit Luft bzw. O_2–N_2 Gasgemischen. Im Warburg-App. konnte bei höherer O_2-Konz. der Nährlsg. keine Zunahme der Atmung beobachtet werden. In den Labor.-Vorrichtungen, wo das Gas durch Glassinterscheiben eintrat, war die Atmung u. auch die Hefevermehrung bei höherem O_2-Geh. größer. J. Plank. 7506□

Untersuchung von Hefebelüftungssystemen im Laboratorium. 1. Mitt. Antal Pelc und László Varga. (Erjedésipari Kutatóintézet Közleményei [Mitt. Inst. Gär.-Ind.] **1959,** 34—37; Budapest; ung.) — Vff. untersuchten den Wrkg.-Grad der in der Hefeindustrie verwendeten keram. u. Rohrsyst.-Luftverteiler vermittels der Oxydation von Sulfit. Durch Verminderung der Lochdurchmesser von 2 auf 0,12 bzw. 0,03 mm steigt der Wrkg.-Grad von 1,8 auf 7,5 bzw. 20%. Bei gleicher Lochzahl wird mit ansteigender Luftgeschw. der Oxydationswert größer, aber die Ausnützung kleiner. Glassinterplatten (G 1, 2, 3) bewirken eine bes. gute Gasverteilung, hierdurch guten Oxydationswert auch bei großer Luftgeschwindigkeit.
J. Plank. 7506□

Benutzung von Spurenelementen bei der Fermentation in Hefefabriken. Emil Píš. (Kvasný Průmysl **8,** 56—58, März 1962; Trenčín, Západoslov. konzerv. a liehov., n. p.; tschech.) — Da in der Melasse nicht alle wichtigen Spurenelemente anwesend sind, hat man bei der Fermentation in der Hefefabrik prakt. 2 Konzentrate, „Stopynal" u. „MEB-49", langjährig geprüft. „Stopynal" enthält 15 Spurenelemente (Li, Cu, Zn, B, Sn, Mn, Ni, Co, J, Br, U, F, Mo, As u. Cr), „MEB-49" 11 (B, Mn, Cu, Zn, J, Br, Ti, Sn, Li, Ni u. Co). Zur Kultur-Fl. mit 12° Ballung u. pH 4,5 setzt man „Stopynal" im Verhältnis 1:1000 u. alternativ „MEB-49" 1:5000 zu u. sterilisiert. Als Kontrolle hat man Kultur-Fll. ohne Zusatz von Spurenelementen benutzt u. zur Beimpfung gewöhnliche Betriebskultur verwendet. Nach der Gärung wurde in der abzentrifugierten Hefesubstanz die Trockensubstanz bestimmt u. auch qual. bewertet. Nach langjähriger Bewertung hat man festgestellt, daß im Vgl. mit Betriebsverff. ohne Spurenelemente die langfristige Führung der Kulturen mit Spurenelementen eine günstige Wrkg. auf die Ausbeute, bes. aber auf die Qualität, Gärkraft, bessere Farbe u. andere Eigg. der Hefen hat. J. Spinka. 7506□

Einfluß der Temperatur, des pH-Wertes und des Rohstoffes auf Qualität und Ausbeute der Backhefe. Ferenc Simek. (Erjedésipari Kutatóintézet Közleményei [Mitt. Inst. Gär.-Ind.] **1959**, **27**—30; Budapest; ung.) — Die beste Qualität u. Ausbeute an Backhefe wird bei 30—35° u. pH 4,5—5,0 erreicht. Bei niedrigerer Temp. wird der Ertrag, bei höherer die Haltbarkeit vermindert, höheres pH vermindert die Haltbarkeit. Durch Erhöhen der Nährsalzzugabe wächst der N-Geh. der Hefe, dabei wird aber die Qualität verschlechtert. Die untersuchten Melassen verschiedener Herkunft waren auf Ertrag u. Güte ohne Einfluß. J. Plank. 7506□

Zur Frage der Natur der Chereshefen. G. G. Agabaljanz, P. F. Iwlew und I. M. Rjabtschenko. (Hochschulnachr., Nahrungsmittel-Technol. [UdSSR] **1959**, Nr. 1, 63—72; Krasnodar, Inst. Lebensmittelind., Lehrstuhl für Technol. der Weinbereitung; russ.) — Es wird gezeigt, daß unter der Einw. einer Hefehaut, unabhängig von der Heferasse (die aerobe Entw. der Wein- u. Chereshefen verläuft analog), der Wein einen Cheres-Charakter annimmt u. daß typ., nicht zu der Gruppe der „Hautbildner" gehörige Heferassen, die im aerob. Entw.-Stadium gegenüber erhöhten A.-Konzz. beständig sind, bes. leicht eine Haut an der Oberfläche der gärenden Fll. bilden können. Ein anhaltendes Verbleiben des Weines unter der Hefehaut vermindert den Cheres-Charakter des hergestellten Produktes. Eine biolog. Nichtverträglichkeit der Wein- u. Chereshefen wird von Vff. bestritten. — 15 Literaturangaben. S. Baryschnikow. 7506

Untersuchungen über Schimmelpilzamylase in Submerskultur. 3. Mitt. Die Herstellung von Schimmelpilz-Amylase in Submerskultur mittels des Belüftungsfermentors und ihre Verwendung bei der Alkoholherstellung. 1. u. 2. Teil. Takashi Fukinbara, Jirō Kobayashi, Tōru Eguchi, Akira Ishida, Yasuhiko Miyoshi und Sadajirō Tobe (J. agric. chem. Soc. Japan [Nippon Nôgei Kagaku Kaishi] **31**, 406—10, u. 411—13, 1957; The Sci. Res. Inst. Noda Shogu Co., Ltd.; jap.) J. Lehmberg. 7508□

Beschreibung einer Röhrenmikrogärungsapparatur. T. Gheorghiu. (Rev. Chim. [Bucureşti] **10**, 99—100, Febr. 1959; rum.) — Eine Röhrenmikrogärungsapp. mit einer Kapazität von 600—700 cm^3 sowie Verwendungsmöglichkeiten im Labor. u. in Vers.-Anlagen werden eingehend beschrieben. — 22 Literaturhinweise. H. Guischard. 7510□

Chemie der Verzuckerung der Kartoffelstärke. József Bártfay. (Erjedésipari Kutatóintézet Közleményei [Mitt. Inst. Gär.-Ind,] **1959**, **19**—24; Budapest; ung.)— Kartoffeln wurden in üblicher Weise mit Dampf aufgeschlossen u. die verd. Brühe mit Gerstenmalz bzw. Pilzmalz (Aspergillus oryzae) verzuckert. Pilzmalz verzuckert die Kartoffelstärke schneller u. vollständiger u. ist sogar fähig, in der mit Gerstenmalz erhaltenen Schlempe gelöste Kohlenhydrate in vergärbare Zucker zu spalten. Der Verlauf der Verzuckerung wurde in den verschiedenen Phasen papierchromatograph. verfolgt u. die Kohlenhydrate qual. u. quant. bestimmt. Infolge der besseren Verzuckerung mit Pilzmalz wird auch der Spritertrag erhöht. J. Plank. 7536□

Steigerung des biologischen Wertes von Brennereischlempen. Ferenc Simek. (Erjedésipari Kutatóintézet Közleményei [Mitt. Inst. Gär.-Ind.] **1959**, **25**—27; Budapest; ung.) — Eine Anreicherung des Eiweiß-Geh. von Brennereischlempen kann man mit Durchlüftung allein nicht erreichen, wohl aber durch Zugabe von 0,15(%) $(NH_4)_2SO_4$, 0,09 Superphosphat u. 0,12 $CaCO_3$ zum Einstellen des pH-Wertes. 0,02% Formaldehyd verhindern die Infektion der Schlempe. In dieser Weise kann man eine Anreicherung an Eiweißstoffen von 8—10%, auf den Proteingeh. der Maische bezogen, erreichen. J. Plank. 7536□

Die Gewinnung von Futter-Biomycin in Alkoholfabriken. I. F. Naletow. (Spirituosen-Ind. [UdSSR] **26**, Nr. 2, 28—30, 1960; russ.) — Vf. beschreibt

eingehend die Technologie der Herst. von Futter-Biomycin u. schlägt vor, den Gewinnungsprozeß in Alkoholfabriken durchzuführen, um vorhandene freie Kapazitäten ausnützen zu können. Die einzelnen Stufen des technolog. Prozesses sind: Bereitung der Nährböden, Züchtung von Saatgut, Fermentierung, Fällung u. Abtrennung des Präp., Trocknung, Zerkleinerung u. Verpackung.
H.-P. Pietsch. 7536□

Beurteilung des Hopfens. 9. Mitt. **Geschmack der Hopfenölbestandteile.** G. A. Howard und R. Stevens. (J. Inst. Brewing **65** ([N. S.] **56**), 494—96, Nov./Dez. 1959; Nutfield, Surrey, Brewing Ind. Res. Found.; engl.) — 7. vgl. C. **1961**, 688. — Bei der Verkostung von 1,0, 0,1 u. 0,02 ppm Hopfenöl in W. ließen sich nur Konzz. von 1,0 ppm, jedoch nicht von 0,1 ppm oder weniger geschmacklich wahrnehmen. Ein Vgl. der KW-Stoff- u. O-haltigen Fraktionen des Hopfenöls ergab bei gleicher Konz. eine stärkere Beeinflussung des Geschmacks durch die O-haltigen Verbb. als durch die KW-Stoffe, wobei Myrcen eine stärkere Wrkg. als die Sesquiterpen-KW-Stoffe zeigte. Im Bier konnten nur über 1 ppm Hopfenöl organolept. festgestellt werden. Der entsprechende Wert für die O-haltige Fraktion lag über 0,3 u. für die KW-Stoff-Fraktion über 1 ppm. Auf Grund prakt. Verss. beruht die Geschmackswrkg. des trockenen Hopfens hauptsächlich auf äther. Ölen. W. Kreipe. 7540□

Beurteilung des Hopfens. 10. Mitt. **Hulupone und die Bedeutung der β-Säuren beim Brauen.** R. Stevens und D. Wright. (J. Inst. Brewing **67** ([N. S.] **58**), 496—501, Nov./Dez. 1961; engl.) — 9. vgl. vorst. Referat. — Durch O_2-Behandlung von β-Säuren in methanol. Lsg. in Ggw. von Na_2S wurde *Cohulupon* (**I**) gewonnen, dessen chem., chem.-physikal. u. bakteriostat. Eigg. angegeben werden. Der **I**-Geh. in Hopfen wurde durch Chromatographie mit umgekehrten Phasen zu 0,05—0,19%, bei einer Best. zu 0,5% ermittelt. Dennoch werden colorimetr., spektrophotometr. u. konduktometr. Hopfenanalysen durch **I** beeinträchtigt. Auch das Vorkommen von Isohumulonen in Bier wird vorgetäuscht. Mit 28 mg **I**/Liter gebrautes Bier ergab „Isohumulon"-Geh. von 5—13 mg/Liter. Höhere Geh. von **I** im Hopfen lassen sich auf künstliche Oxydationsprodukte der β-Säuren (bei der Extraktion entstanden) zurückführen. Der **I**-Geh. von Bieren lag bei 0,5—2 mg/Liter. Die β-Säuren werden beim Würzekochen zu **I** oxydiert (nach 2 Std. 10%) u. können so zur Bittere beitragen. Einblasen von O_2 in die kochende Würze verminderte jedoch den **I**-Gehalt. — 30 Literaturangaben. H. G. Schultze-Berndt. 7540

Desinfektionstechnik in Brauereien. Alois Lhotský. (Kvasný Průmysl **8**, 49—54, März 1962; Praha, Pražské pivovary, n. p.; tschech.) — Übersicht über die Theorie der Wrkg., über Bewertung u. prakt. Verw. der Desinfektionsmittel im Brauereibetrieb. Für die Bierwürzerohrleitung wird heiße NaOH-Lsg. empfohlen, für Filterpressen Desinfektion mit Dampf, für Al-Gärbottiche Reinigung mit 3%ig. HNO_3, für Betonbottiche mit Auskleidung verd. H_2SO_4, für Transportfässer aus Holz 2std. Einw. von SO_2, für Flaschen NaOH-Lösung. J. Spinka. 7544□

Das Bier als Produkt mikrobieller Tätigkeit. František Hlaváček. (Kvasný Průmysl **8**, 25—28, Febr. 1962; Praha, Výzk. úst. pivovarskýa sladařs.; tschech.) — Übersicht über die chem. Zus. des Bieres. Helle 7gradige Biere enthalten 1.6—2.0 Gew.-% A., 10gradige 2,7—3,1 u. 12gradige 3,5—4,0 Gew.-%. Der CO_2-Geh. beträgt 0,3—0,4 Gew.-%, Thiamin 0,04 (mg/Liter), Riboflavin 0,03—0,4, Pyridoxin 0,47, Niacin 8,8 u. Pantothensäure 1,0, Geh. an Mineralstoffen 2,0—2,5 g/Liter. Von Spurenelementen sind Zn, Cu, Mn u. Al anwesend. Auch nach der Filtration enthält das Bier bis zu 35 Sorten verschiedener Mikroorganismen.
J. Spinka. 7550□

Die Bewegung des Alkohols in der Kolonne bei der kontinuierlichen Weindestillation. W. A. Masslow. (Hochschulnachr. (Krasnodar), Nahrungsmittel-Technol. [UdSSR] **1960**, Nr. 3, 122—29; Krasnodar, Inst. Lebensmittelind., Lehrstuhl für Technol. der Weinbereitung; russ.) — Infolge der ständigen Entfernung der Tropfen (fl. Phase) während des Dest.-Prozesses in der Kolonne befinden sich die Kurven der A.-Bewegung in der Gasphase immer unter der Gleich-Gew.-Kurve des Syst., u. zwar um so niedriger, je höher die Dampfgeschw. ist. Die Intensität der Entfernung der Tropfen erreicht ihr Maximum in den unteren Böden der Apparatur. Die maximal zulässige Dampfgeschw. bei der kontinuierlichen Weindest. beträgt 0,4 m/s, was einem Wrkg.-Koeff. der Böden von 0,86 entspricht.
S. Baryschnikow. 7554△

Voraussetzung für die Sicherung biologischer Weinstabilität. Zdeněk Kuttelvaser und Oldřich Žváček. (Kvasný Průmysl **8**, 109—12, Mai 1962; Bratislava, Vinař. závody n. p., výzk. prac.; Praha; tschech.) — Vff. beschreiben die Ursachen der Bldg. biolog. Trübungen der Flaschenweine u. stellen fest, daß eine einzige Hefezelle in 1 ml des Weines bei günstigen physiolog. Bedingungen binnen 14 Tagen dieselbe Trübung hervorrufen kann wie Beimpfung mit 100000 Hefezellen in 1 ml; deswegen ist in den Betrieben eine strenge Hygiene unbedingt notwendig. Zur Sicherung der biolog. Stabilität werden physikal. u. chem. Meth. beschrieben. Kalte Sterilfüllung hat sich im Ausland bewährt, verlangt aber verläßliche Entkeimungsfilter. Warme Sterilfüllung wird entweder bei 55—65° oder bei 40—45° durchgeführt, aber bei niedrigerer Temp. muß man natürlich längere Zeit pasteurisieren. Von den chem. Mitteln kommt in erster Linie SO_2 in Betracht, seine amtlich zugelassene Menge beträgt aber nur 40 mg/Liter, was Vff. als ungenügend betrachten. Andere Mittel, z. B. Monobromessigsäure, Na-Propionat usw., sind amtlich nicht zugelassen. Antibiot. wirksame Stoffe u. Phytoncide haben sich in der Praxis nicht bewährt. Ascorbinsäure kann man wegen Oxydationsgefahr nur gemeinsam mit SO_2 benützen. Konservierung mit enzymat. Präpp. (Glucoseoxydasen) ist noch nicht in die Praxis eingeführt. — 27 Literaturangaben. J. Spinka. 7554□

Erhöhung der Weinstabilität mittels Ionenaustauscher. Vladimir Krumphanzl, Josef Dyr und Rostislav Zábojník. (Kvasný Průmysl **8**, 58—62, März 1962; Praha/VŠCHT, Kat. kvas. chem. a technol.; tschech.) — Vff. haben den Einfl. der Weinbehandlung mit verschiedenen Kationenaustauschern auf die chem. Zus. des Weines untersucht u. dazu „Katex FN", „Katex FK", „Katex S" u. außerdem 2 ausländ. Erzeugnisse „Katex Zerolith 225" u. „Katex Dowex 50" verwendet. Vor dem Vers. wurde der Wein analysiert u. folgende Zus. festgestellt: A. 11,28 Vol.-%, pH 3,35, Fe 6,8, Cu 1,0, u. K 712 mg/Liter. Seine Farbe war goldgelb mit mäßiger Trübung. Nach der Behandlung des Weines mit „Katex FN" sank der Fe-Geh. auf 4,40 (mg/Liter), mit „FK" auf 4,40, mit „S" auf 2,90, mit „Zerolith 225" auf 4,10 u. mit „Dowex 50" auf 3,40. Der Cu-Geh. sank mit „FN" auf 0,74 (mg/Liter), mit „FK" auf 0,92, mit „S" auf 0,74, mit „Zerolith 225" auf 0,82 u. mit „Dowex 50" auf 0,64. Ebenso sank auch der K-Geh. mit „FN" auf 550,0 (mg/Liter), mit „FK" auf 568,0, mit „S" auf 415,0, mit „Zerolith 225" auf 476,0 u. mit „Dowex 50" auf 465,0. Nach 2 monatiger Aufbewahrung des Weines bei 5—6° nach der Behandlung mit „S", „Dowex 50" u. „Zerolith 225" war der Wein klar, ohne Trübung u. ohne Änderung des ursprünglichen Geruches, Geschmackes u. der Farbe. J. Spinka. 7554□

Oxydierende Gärung von Sorbit zu Sorbose. I. Vasilescu, M. Sternberg, Al. Iscovici und S. Jurubiţă. (Rev. Chim. [Bucureşti] **10**, 87—89, Febr. 1959; rum.) — Allg. Ausführungen über Isolierung u. techn. Aktivierung von Mikroorganismen (*Acetobacter suboxidans, Acetobacter melanogenum*), die Sorbit zu Sorbose oxydieren. H. Guischard. 7578□

Die analytischen Kriterien hiesiger und ausländischer Hopfen. Miroslav Vančura. (Kvasný Průmysl **8**, 28—32, Febr. 1962; Praha, Výzk. úst. slad. a piv.; tschech.) — Nach der gravimetr. Meth. extrahiert man Hopfen mit Ae., u. der Extrakt wird in Methylalkohol gelöst. Hopfenwachs wird abfiltriert, aber Hopfenharz bleibt in der Lösung. In einem Teil der Lsg. werden die Gesamtharzstoffe nach der Abdampfung des Methanols bestimmt, im zweiten Teil wird Humulon als Pb-Salz festgestellt. Der Geh. an β- u. α-Bittersäure kann auch spektrophotometr. nach der Extraktion mit Bzl. bestimmt werden. Oft wird die α-Bittersäure polarimetr. oder konduktometr. festgestellt, u. außerdem ist es möglich, mit der Papierchromatographie α- u. β-Bittersäuren getrennt zu bestimmen. Vf. ist der Ansicht, daß die gravimetr. Meth. nach Wöllmer die beste Übersicht über die Zus. der Hopfenharze liefert u. daß die Menge der weichen Harze bei der Bewertung der Hopfenqualität wichtig ist. Für den Hopfen aus der Umgebung von Žatec (Saaz) ist das Verhältnis von α- u. β-Bittersäure charakteristisch. J. Spinka. 7598□

Bestimmung von Kupfer im Wein und Cognac mit Hilfe von Ionenaustauschharzen. Ju. Je. Falkowitsch. (Hochschulnachr. (Krasnodar), Nahrungsmittel-Technol. [UdSSR] **1960**, Nr. 3, 144—47; Krasnodar, Inst. Lebensmittelind., Lehrstuhl für Technol. der Weinbereitung; russ.) — 200 ml des zu untersuchenden 0—10 mg/Liter Cu enthaltenden Prod. (Wein, Cognac) werden durch eine Kolonne mit aufgequollenem Kationenaustauschharz KU-2 bzw. SBS (H-Form) durchgeleitet. Nach dem Waschen der Filtrierkolonne mit 200 ml W., 50 ml 4n HCl u. 50 ml. W. werden 100 ml des erhaltenen Eluats zur Trockene eingedampft u. die Rückstände in 10 ml W. + 3ml Eisessig gelöst. Nach Zugabe von 50 ml W. u. etwas NaH_2PO_4 (Fällung von Fe^{2+} als $FePO_4$) wird Cu jodometr. titriert. Der Fehler der Best. ist prakt. unbedeutend. S. Baryschnikow. 7606△

H_{16}. Nahrungs-, Genuß- und Futtermittel.

Ionenaustauschharze in der Lebensmittelindustrie. K. M. Olschanowa. (Hochschulnachr., Nahrungsmittel-Technol. [UdSSR] **1960,** Nr. 6, 65—71; Moskau, Techn. Inst. für Fleisch- u. Milchind., Lehrstuhl für anorgan. u. analyt. Chemie; russ.) — Übersicht über die Anwendung von *Ionenaustauschern* in der Zucker- u. Hefeindustrie, in der Weinbereitung u. im Molkereiwesen. — 45 Literaturangaben. S. Baryschnikow. 7630

Neue Polymere in der Lebensmittelindustrie und die an sie gerichteten hygienischen Anforderungen. Ss. W. Genel und A. I. Stenberg. (Fragen d. Ernähr. [UdSSR] **21,** Nr. **3,** 3—8, Mai/Juni 1962; Moskau, Erissman-Inst. für Hyg., Abt. für Ernährungshyg. u. Allunions-Forsch.-Inst. für den Maschinenbau der Lebensmittelind.; russ.) — Allg. Ausführungen über die physikal., chem. u. hygien. Eigg. von *Polymeren,* die zur Verpackung von Lebensmitteln verwendet werden.
S. Baryschnikow. 7630

Einige Überlegungen bezüglich der „Durchlässigkeit" der zur Verpackung von Lebensmitteln verwendeten Kunststoff-Folien. L. Telegdy Kováts, M. Kelemen-Szilas und F. Örsi. (Nahrung **5,** 362—69, 1961; Budapest, Univ. für techn. Wiss., Inst. für Lebensmittelchem.; dt.) — Vgl. C. **1962,** 2922. — Die Durchlässigkeit von mehreren *Kunststoff-Folien* für trockene Gase wird untersucht u. festgestellt, daß das beste Verf. die Vol.-Messung des durchgegangenen Gases auf der Seite des geringeren Druckes ist. Sie entspricht am besten den theoret. Betrachtungen, ist rasch durchführbar, zuverlässig u. genügend empfindlich.
P. Teichgräber. 7630☐

Verwendung von Paraffin-Polyisobutylen-Gemischen für die Herstellung feuchtigkeitsundurchlässiger Verpackungsmaterialien. A. A. Berlin, W. D. Ssurkow und Ss. M. Barkan. (Hochschulnachr., Nahrungsmittel-Technol. [UdSSR] **1959,** Nr. 1, 94—99; Moskau, Technol. Inst. für Fleisch- u. Milchind., Lehrstuhl für Technol. der Milch u. der Milchprodd.; russ.) — Die Einw. von *„SPI-200"* (Gemisch aus Polyisobutylen vom mittleren Molgew. 200000 mit Paraffin im Verhältnis 1 : 1—1 : 1,5) auf *Papier, Kraftpapier, Cellophan* u. *Folie* sowie auf die Erhöhung der Wasser-Undurchlässigkeit, Festigkeit, Verschweißfähigkeit u. Korrosionsbeständigkeit dieser Verpackungsmaterialien, deren Verw. zur Verpackung von Schmelzkäse u. Trockenmilch sich als bes. zweckmäßig erweist, wird erörtert. S. Baryschnikow. 7630

Die Verwendung von flexiblen Folien zur Verpackung von für den Export bestimmten Fleisch- und Milcherzeugnissen. E. B. Gilbert. (Food Technol. Australia **12,** 148, 151, 153, 175, März 1960; Fawkner, Victoria, Dewey & Almy Pty. Ltd.; engl.) — Zur Verpackung von Fleisch- u. Milcherzeugnissen sind *Cryovac*-Folien geeignet. M. Winiker. 7630☐

Einige Angaben über die natürliche Radioaktivität von Lebensmitteln. N. N. Grigorjanz. (Вопросы Питания [Fragen d. Ernähr.] **21,** Nr. **3,** 89—90, Mai/Juni 1962; Aschchabad, Turkmen. Med. Inst.; russ.) — Die mittlere *Radioaktivität* (c/kg) der in Aschchabad verkauften Lebensmittel wird angegeben.
S. Baryschnikow. 7630

Lebensmittelkonservierung. S. W. Souci. (Pharmaz. Rdsch. **2,** 169—73, Sept. 1960; München, Deutsche Forschungsanst. für Lebensmittelchemie; dt.)
M. Winiker. 7634☐

Sterilisation und Haltbarmachung durch kurzwellige Infrarot-Strahlung. M. Geslin. (Ind. aliment. agric. **78,** 1119—21, Nov. 1961; franz.) — Zur Sterilisation von in *Rilsan*-Folien verpackten Lebensmitteln hat sich kurzwellige IR-Strahlung bewährt. M. Winiker. 7634☐

Verkürzung der Sterilisationsdauer von schwach sauren Konserven durch Temperaturerhöhung. B. L. Flaumenbaum, L. M. Petrshikowskaja und L. E. Kaiser. (Hochschulnachr., Nahrungsmittel-Technol. [UdSSR] **1960,** Nr. 6, 90—95; Odessa, Technol. Inst. für Lebensmittel- u. Kälteind., Lehrstuhl für Konservierungstechnol.; russ.) — Neue Sterilisationsverff. bis 130° für 4 *Gemüse-* u. 2 *Fleischkonserven* werden angegeben. Die Anwendung der vorgeschlagenen, verkürzten Sterilisationsformeln, die auf einer mathemat. Ableitung der therm. Prozesse beruhen, verringert die übliche Sterilisationsdauer um 30—200%, bedarf jedoch einer betrieblichen Nachprüfung. S. Baryschnikow. 7634

Fortschritte bei der Trocknung von Lebensmitteln. E. G. B. Gooding und J. C. Forrest. (Trop. Sci. **2,** 184—99, 1960; engl.) M. Winiker. 7636□

Nahrungsmittelzusätze in Europa. C. Nieman. (Zucker- u. Süßwaren-Wirtsch. **12,** 340—41, 5/5., 380—82, 25/5., 424—25, 5/6., 466—68, 20/6. 1959; dt.) — Vortrag. M. Winiker. 7642□

Untersuchung der Qualität von angereichertem Soja-Eiweiß bei der Lagerung. K. A. Steptschkow und Je. Ss. Paramonowa. (Konserven- u. Dörrgemüse-Ind. [UdSSR] **15,** Nr. 3, 28—30, März 1960; Zentr. Forsch.-Inst. für die Konserven- u. Dörrgemüse-Ind.; russ.) — Unterss. der organolept. u. physikal. chem. Eigg. von angereichertem *Soja-Eiweiß* ergeben, daß es bei luftdichter Verpackung unter verschiedenen Bedingungen 1 Jahr lang aufbewahrt werden kann. Die Eigg. verändern sich dabei nicht. Unter anderen Bedingungen hält sich das Prod. 1 Jahr lang nur bei 65% relativer Luftfeuchtigkeit. H. Treumann. 7646□

Zum Abbau der Stärke in der Grütze nach hydrothermischer Behandlung. F. G. Kriwolapow und L. Je. Ssinelnikowa. (Hochschulnachr., Nahrungsmittel-Technol. [UdSSR] **1959,** Nr. 1, 90—93; Odessa, Technol. Stalin-Inst., Lehrstuhl für anorg. Chem.; russ.) — Der enzymat. Abbau von *Stärke* (**I**) in Grütze (G) u. Brei aus Buchweizen (a), Reis (b), Erbsen (c), Hirse (d) u. Hafer (e), die unter verschiedenen Bedingungen der hydrotherm. Behandlung (HB) hergestellt worden sind, wird untersucht. Als Enzyme werden *Malzdiastase* u. *Speichelptyalin* verwendet. Die Menge an abgebauter **I**, die an Hand des Red.-Wertes nach Bertrand gemessen wird, hängt von der Art der G ab u. steigt bei unbehandelter G in folgender Reihenfolge: b > d > a > e > c. Diese Reihenfolge entspricht dem unterschiedlichen **I**-Geh. in den G-Arten. Nach der HB ändert sich die Menge der amylolyt. spaltbaren **I** beträchtlich u. damit die angegebene Reihenfolge. Der enzymat. Abbau von **I** nimmt um so intensiver zu, je drast. die Bedingungen der HB sind. S. Augustat. 7660□

Untersuchung der Verteilung von Tryptophan in den Mahlprodukten von Weizen. I. F. Krjuk. (Hochschulnachr. (Krasnodar), Nahrungsmittel-Technol. **1961,** Nr. 5, 28—30; Beloruss. Kuibyschew-Inst. für Volkswirtschaft, Lehrstuhl für Warenkunde; russ.) — Der *Tryptophan* (**I**)-Geh. in den Mahlprodd. von *Weizen* beträgt 0,20—0,27% bzw. 0,10—0,21% je nach Mehlsorte. S. Baryschnikow. 7670

Bestimmung des Wasseraufnahmevermögens von Mehl nach den elastisch-zähen Eigenschaften des Teiges. B. A. Nikolajew und R. P. Gluchowa. (Хлебопекарная и Кондитерская Промышленность [Brot- u. Konditorei-Ind.] **5,** Nr. 10, 10—14, Okt. 1961; Zentr. Forsch.-Inst. für Bäckereiwesen; russ.) — Unterss. an 6 *Weizenmehlen* über die Beziehungen zwischen dem Wasser-Aufnahmevermögen des Mehles u. der Elastizität des Teiges sowie dem Schubmodul [dyn/cm²] u. der Viscosität [p] des Teiges bzw. seines Klebers. Der Einfl. einer 5%ig. Zucker- bzw. 3,5%ig. Fettzugabe zum Teig auf die erwähnten Faktoren wird diskutiert. S. Baryschnikow. 7670

Tiefgefrieren und die Herstellung von Backwaren. J. T. Herbert. (Mod. Refrigerat. **63,** 1169, Nov., 1258, Dez. 1960; engl.) — Überblick über die Bedeutung des Tiefgefrierens für die Backwarenindustrie. M. Winiker. 7674□

Bereitung einer Trockenkultur von Bact. Delbrückii. Je. W. Korobina und K. A. Tscherwonetzkaja. (Brot- u. Konditorei-Ind. [UdSSR] **4,** Nr. 12, 28—29, Dez. 1960; Rostow, Trust für Bäckereiwesen, Gebietslabor; russ.) — Eine Reinkultur von *Bact. Delbrückii* auf *Malzwürze* wird 1—1,5 Tage lang bei Zimmertemp. aufbewahrt. Nach der Dekantation der oberen Fl.-Schicht wird der Bodensatz mit sterilisierter Kleie sorgfältig durchgemischt u. 2—3 Tage lang bei 40—42° getrocknet. S. Baryschnikow. 7674

Bewertung der Methoden zur Diagnostik des Brotbefalls durch Bac. mesentericus. A. P. Demtschuk. (Hochschulnachr. (Krasnodar), Nahrungsmittel-Technol. **1961,** Nr. 5, 149—55; Kiew, Technol. Inst. für Lebensmittelind., Lehrstuhl für Bäckereiwesen; russ.) — Die Meth. zum Nachw. des Brotbefalls durch *Bacillus mesentericus* werden verglichen. Eine Variante der biochem. Meth. wird beschrieben. In 2 Kolben werden je 5 g vom zu untersuchenden *Mehl* mit 5 g Kreide u. 15 ml W. 30 Min. lang im Sterilisator aufbewahrt. Der wasserlösl. Anteil des Mehls (WAM) wird refraktometr. bestimmt (im 1. Kolben sofort, im 2. nach 14std. Aufbewahrung bei 37°). Die Erhöhung des WAM des bei 37° aufbewahrten Präp. um 50—80% entspricht einem geringen, um 200% einem mittleren u. > 200% einem starken bakteriellen Befall. S. Baryschnikow. 7674

Das Kupferreagens — eine einfache Methode zur Diagnose von virusbefallenen Kartoffelknollen. Marian Gubański. (Postępy Nauk Rolniczych 8(**13**), Nr. 2, 83—88, 1961; pol.) — Die Ermittlung von viruskranken *Kartoffeln* mit $CuSO_4$ (0,5%ig. Lsg.) u. KOH (1n-Lsg.) ist bei 27—28° am sichersten. Dabei lassen sich geringe Unterschiede im Krankheitsgrad leicht feststellen. Die Genauigkeit des Testes ist nach der Ernte am größten, 80% der kranken Knollen werden mit Sicherheit erkannt. F. Urban. 7678□

Qualitativer Nachweis essentieller und halbessentieller Aminosäuren im Konzentrat aus Reis-Polierabfällen. C. H. Chakrabarti, K. L. Saxena, K. S. Morey und M. C. Nath. (Sci. and Cult. [Calcutta] **27**, 441—42, Sept. 1961; Nagpur, Univ., Dep. of Biochem.; engl.) — In einem aus den Abfällen bei der Herst. von poliertem Reis gewonnenen Konzentrat werden nach Hydrolyse mit HCl und Aufarbeitung über eine Kationenaustauschersäule papierchromatograph. *Lysin, Leucin, Isoleucin, Threonin, Valin, Phenylalanin, Arginin* u. *Cystin* nachgewiesen.
R. Ristow. 7686□

Erster Beitrag zur Kenntnis der Tomaten aus Algerien im Hinblick auf ihre industrielle Verwertung. Aldo Buffa und H. de la Gironière. (Ind. aliment. agric. **77**, 105—07, Febr. 1960; franz.) — Analysendaten von verschiedenen alger. Tomaten. M. Winiker. 7688□

Wachsbehandlung von Citrusfrüchten. J. K. Long und D. Leggo. (Food Technol. Australia **12**, 137, 139, 141, März 1960; engl.) — C. **1960**, **5346**.
M. Winiker. 7688□

Der Einfluß von Ammoniakgasbehandlung auf die Atmungsintensität, die chemische Zusammensetzung der Säfte, das allgemeine Aussehen und die Lebensbedingungen von Citronen und Orangen. Irving L. Eaks. (Proc. Amer. Soc. horticult. Sci. **73**, 237—41, Juni 1959; Riverside, Calif., Univ. of California, Citrus Exp. Stat.; engl.) — Eine 10std. Behandlung von Citrusfrüchten (Limonen u. Orangen) mit NH_3-Gas (100 bzw. 500 ppm) zur Vermeidung des Befalls mit *Penicillium italicum* u. *P. digitatum* hat keinen nachteiligen Einfl. auf die Atmungsintensität u. das Aussehen der Früchte sowie die Eigg. der Säfte (Saftausbeute, Geh. an Trockensubstanz, Gesamtsäure u. Ascorbinsäure, sowie pH-Wert), schädigt jedoch die Knospen, die je nach NH_3-Konz. zur Entfärbung u. zum Abfallen neigten. E. Lück. 7688□

Der Einfluß von Unkrautvertilgungsmitteln auf den Geschmack von verarbeiteten Früchten und Gemüsen. F. J. McArdle, A. N. Maretzki, R. C. Wiley und M. G. Modrey. (J. agric. Food Chem. **9**, 228—30, Mai/Juni 1961; College Park, Md., Maryland Agric. Exp. Stat.; Univ. Park, Pa., Pennsylvania Agric. Exp. Stat.; engl.) — Unterss. über die Einw. zahlreicher *Unkrautvertilgungsmittel* auf den Geschmack (G) verarbeiteter Gemüse- u. Fruchtarten zeigen, daß einige der Mittel den G beeinträchtigen, andere einen leichten Beigeschmack verursachen, bes. bei übermäßiger Anwendung, u. wieder andere den G nicht beeinflussen. Die beobachteten G-Veränderungen sind gering, so daß sie der Verbraucher kaum wahrnimmt.
W. Wesly. 7688□

Über den Nährwert von entwässertem Fleisch. W. P. Karandajewa. (Konserven- u. Dörrgemüse-Ind. [UdSSR] **16**, Nr. 10, 27—28, Okt. 1961; Moskau, Erisman-Forsch.-Inst. für Hygiene; russ.) — Die Assimilierbarkeit von *Protein* in gekochtem u. entwässertem *Fleisch* (gemessen am Menschen) beträgt 89,4—96,3% (rohes Fleisch 89,2—93,7%), die *N-Bilanz* (24std. Differenz zwischen zugeführtem u. ausgeschiedenem Prod. in g) 0,34—0,59 gegenüber 1,75—4,10 bei rohem Fleisch u. die *P-Bilanz* 0,032—0,324 (0,377—0,538). S. Baryschnikow. 7750

Zur Verhinderung des proteolytischen Verderbs von bestrahltem Fleisch. M. P. Ssilajew. (Konserven- u. Dörrgemüse-Ind. (UdSSR) **17**, Nr. 3, 11—15, März 1962; Zentr. Forsch.-Inst. für Konserven- u. Dörrgemüseind.; russ.) — Die Bestrahlung von Kaninchen vor dem Schlachten mit 800 r gewährleistet bei Raumtemp. eine Lagerbeständigkeit des Fleisches von 4 Monaten. Zeitkurven des *Glykogen-*, *Monosaccharid-*, *Phosphat-*, *Adenosintriphosphat-* u. *Milchsäure*-Geh. sowie vom pH des Fleisches u. der Proteolyse im Muskelgewebe (opt. Dichte des proteinfreien Fleischextraktes) für bestrahlte u. unbestrahlte Tiere werden angegeben.
S. Baryschnikow. 7750

Konserven aus Fisch mit Gemüseeinlage. G. N. Kuschtalow und L. A. Melkowa. (Hochschulnachr., Nahrungsmittel-Technol. [UdSSR] **1960**, Nr. **3**, **74**—**78**; Astrachan, Techn. Inst. für Fischind.; russ.) — Rezepturen für *Fischkonserven* mit Gemüseeinlage werden angegeben, u. der Produktionsprozeß wird beschrieben.

Der Wasser- u. Fettgeh. der Fische vor u. nach dem Braten wird untersucht, u. die Gew.-Verluste werden bestimmt. H.-P. Pietsch. 7752□

Der elektrohydraulische Stoß und dessen homogenisierende Wirkung auf Milch. W. Ssurkow, N. Fedorow und I. Rogow. (Milch-Ind. [UdSSR] **20,** Nr. 3, 33–35, März 1959; Moskau, Technol. Inst. für Fleisch- u. Milchind.; russ.) — Mit Hilfe einer beschriebenen elektr. Vorr. wird der homogenisierende Einfl. eines hydraul. Stoßes bei einer Impulsentladung auf *Milch* untersucht. In erwärmter Milch, deren Fett geschmolzen ist, werden die Fettkügelchen um das 7- bis 8fache verkleinert. Es verbleibt ein geringer Rest von 2–3 μ-Kügelchen, was auf die Unvollkommenheit der Vorr. zurückgeführt wird. Otto Maier. 7756

Die Autoxydation der Milchlipide. E. A. Day. (J. Dairy Sci. **43,** 1360–65, Sept. 1960; Corvallis, Oregon State College, Dep. of Food and Dairy Technol.; engl.) — Übersicht über den derzeitigen Stand der Kenntnisse zur Autoxydation der Milchfette. — 28 Literaturangaben. M. Winiker. 7756□

Fetteilchen auf der Oberfläche von gesüßter Kondensmilch. A. van Kreveld. (Nederl. Melk- en Zuiveltijdschr. **13,** 141–48, April/Juni 1959; Leeuwaarden, Cooperatiewe Condensfabriek „Friesland"; engl.) — Die mkr. Unters. der Oberfläche von gesüßter *Kodensmilch* (Abb.) läßt weiße, fl. u. schwarze, mit einem festen Kern versehene Teilchen erkennen, die beim Erwärmen auch weiß werden u. größer sind als die erstgenannten Teilchen. Beim Aufbewahren steigt die Teilchenzahl in der obersten Schicht, u. sie wachsen zu größer werdenden Konglomeraten zusammen. W. Wesly. 7756

Nährwertverluste, Qualität und Futterwert von welkem und frischem Gras aus Obstgärten, das in Lagerräumen oder Turmsilos gelagert wurde. C. H. Gordon, E. A. Kane, J. C. Derbyshire, W. C. Jacobson, C. G. Melin und J. R. McCalmont. (J. Dairy Sci. **42,** 1703–11, Okt. 1959; Beltsville, Md., USDA, Agric. Engng. Res. Div., Animal Husbandry Res. Div., Dairy Cattle Res. Branch.; engl.) — Alle Proben haben die gleiche Qualität u. den gleichen Nährwert. E. Lück. 7782□

Verminderung der Verluste bei der Grünfutter-Silage. Jenö Toth und Károly Bálint. (Budapesti Müszaki Egyetem mezögazdasági kém. technol. Tanszékének, Közleményei [Commun. Inst. agric. chem. Technol. Polytechn. Univ., Budapest] **1961,** 46–50, Sept.; ung.) — Zur besseren Annäherung der anaeroben Bedingungen wird statt der mechan. Luftverdrängung die Wrkg. von CO_2-Zusatz geprüft u. festgestellt, daß durch Entzug der Lebensbedingungen für die schädlichen aeroben Organismen die Aufbewahrungsmöglichkeit des Grünfutters wesentlich ansteigt. K. Gärtner. 7782

Bewertung von Zinkbacitracin in Broilerrationen. A. K. Halama. (Z. Tierphysiol., Tierernähr., Futtermittelkunde **16,** 242–49, Sept. 1961; Perchtoldsdorf bei Wien; dt.) — Unter sanitären Labor.-Verhältnissen kommt dem *Zinkbacitracin* ein eindeutiger nutritiver Effekt zu, u. zwar nicht nur in „Provokationsrationen", sondern auch in wirtschaftlichen Broilerrationen. M. Winiker. 7786□

Chemische Rückstände und der analytische Chemiker. Milton S. Schechter und W. E. Westlake. (Analytic. Chem. **34,** 25A–32A, Jan. 1962; Beltsville, Md., U. S. Dep. of Agric., Agric. Res. Serv., Ent. Res. Div.; engl.) — Allg. Betrachtungen im Zusammenhang mit Meth. zur Aufarbeitung u. Analyse von Nahrungsmitteln im Hinblick auf ihren Geh. an Spuren gesundheitsschädlicher Stoffe. Hinweise auf Anwendungsbereiche u. Empfindlichkeiten solcher Verff., sowie auf die Schulung von Fachkräften für den genannten Aufgabenbereich. W. Betcke. 7788□

Anwendungen chromatographischer Methoden bei der Analyse der Bestandteile von Lebensmitteln. Claudio Calzolari und Anita Furlani. (Rassegna Chim. **12,** Nr. 1, 27–36, Jan./Febr. 1960; Trieste, Univ., Ist. die Merceologia; ital.) — Übersicht. — 273 Literaturhinweise für das Jahr 1956. M. Winiker. 7788□

Anwendungen chromatographischer Methoden bei der Analyse der Bestandteile von Lebensmitteln. Claudio Calzolari und Anita Furlani. (Rassegna Chim. **12,** Nr. 4, 15–26, Juli/Aug. 1960; ital.) — Vgl. vorst. Referat. — Übersicht. — 310 Literaturhinweise für das Jahr 1957. M. Winiker. 7788□

Die Gaschromatographie der flüchtigen Bestandteile von Nahrungsmitteln. Ein verbessertes Sammlersystem. Irwin Hornstein und Patrick F. Crowe. (Analytic Chem. **34,** 1354–56, Sept. 1962; Beltsville, Md., U.S. Dep. of Agric.,

Agric. Res. Serv., East. Utiliz. Res. and Dev. Div., Meat Labor.; engl.) — Flüchtige Nahrungsmittelbestandteile werden im N_2-Strom aus der erhitzten Probe ausgetrieben u. in einer Kühlfalle gesammelt. Von dort werden sie der Gaschromatographiersäule zugeführt. Mit diesem Syst. wird eine erhebliche Verbesserung der Empfindlichkeit gegenüber den üblichen Ausfrier-Verff. erreicht.
W. Betcke. 7788□

Die Colorimetrie von Säuglingsnahrung. Gideon E. Livingston, Bertram Gersten und Joseph Shore. (Food Technol. **12**, 273—75, Juni 1958; Amherst, Mass., Univ. of Massachusetts, Dep. of Food Technol.; engl.) — Reflektometr. Messungen von *Säuglingsnahrungsmitteln* (Karotten, grüne Bohnen, Pfirsiche, Apfelsaft u. a.) werden mit dem *American Optical Spektralphotometer* (a), *Garduer Colorimeter* u. dem *Photovolt Modell 610* durchgeführt u. diese mit den Werten vom *Beckman-DU-Spektralphotometer* verglichen. Am wenigsten differieren die Messungen bei a, jedoch ist die Reproduzierbarkeit kaum befriedigend.
E. Wiehr. 7788

Die Bestimmung von Kupfer in einigen Nahrungsmitteln mit 2.9-Dimethyl-1.10-phenanthrolin. P. D. Jones und E. J. Newman. (Analyst **87**, 637—42, Aug. 1962; Chadwell Heath, Essex, Hopkin and Williams Ltd.; engl.) — *2.9-Dimethyl-1.10-phenanthrolin* (**I**) wird zur photometr. Best. geringer *Cu*-Mengen in *Saccharose, Milchpulver, Mehl* u. *Käse* verwendet. **I** ist ein spezif. Reagens auf Cu^+, so daß Ca^{2+} u. a. Metallionen nicht stören. Um eine Ausfällung von Ca^{2+} zu verhindern, wird mit Citratzusatz bei pH 5—7 gearbeitet. Wird die Cu-haltige Lsg. mit einem Gemisch aus $NH_2OH \cdot HCl$ u. Na-Citrat red., mit **I** versetzt u. mit wenig Chlf. extrahiert, so ergibt die Extinktionsmessung der mit A. verd. Lsg. des Cu-Komplexes bei 457 nm einen molaren Extinktions-Koeff. von 8500. Der optimale Konz.-Bereich des Cu liegt bei 0—150 μg. Die erhaltenen Meßergebnisse werden mit den Cu-Best. durch Diäthylammoniumdiäthyldithiocarbamat u. Zn-Dibenzyldithiocarbamat verglichen. Ferner ist die extraktive Abtrennung von Cu^+ mit Hilfe von **I** möglich. Die Extinktion einer Cu-**I**-Komplex-Lsg., die 40 μg Cu^+ entwickelt, wird durch Ggw. von je 400 μg Fe^{2+}, Cr^{3+}, Ni^{2+}, Bi^{3+}, Zn^{2+}, Sn^{2+}, Hg^{2+}, Sb^{3+} u. As^{3+} nicht beeinflußt. Ggw. von S^{2-} gibt zu kleine Werte, größere Mengen Phosphat erschweren die Extraktion des Komplexes. K. Ohls. 7788□

Spektrophotometrische Bestimmung von Nickel in den Mahlfraktionen von Weizen. I. Hoffman. [Analyst **87**, 650—52, Aug. 1962; Ottawa, Ontario, Canada, Dep. of Agric., Analyt. Chem. Res. Service; engl.) — Eine Meth. zur Best. von *Ni* in Kleie, Futter u. Mehl wird angegeben. Die Probe wird mit H_2SO_4 u. HNO_3 naß verascht, Ni wird mit Dimethylglyoxim abgetrennt u. photometr. bestimmt.
P. Kurzmann. 7796□

Über den Einfluß von Peptiden, Peptonen und Proteinen auf die Zuckerbestimmung nach Potterat-Eschmann. W. Kupferschmid. (Nahrung **3**, 754—58, 1959; Gera, Bezirks-Hyg. Inst., Lebensmittelchem. u. Chem. Abt.; dt.) — Die Zucker-Best. nach Potterat-Eschmann wird ebenso wie durch Aminosäuren (vgl. Hadorn u. Biefer, C. **1959**, **12653**) auch durch Peptide, Peptone u. Proteine gestört. Einen starken Einfl. übt Glutathion (oxydierte Form F. 170°, Zers.), Eiereiweiß u. *Difco*-Proteosepepton No. 3 (mit 2,8% Aminosäure-N), einen mäßigen Casein, Caseinpepton (1,85% N) u. Glycylglycin (F. 216—219°) u. einen geringen Lactalbumin aus. Nach Carrez-Klärung läßt sich die Zucker-Best. in den meisten Fällen ausreichend genau durchführen. E. Moisar. 7816□

Spektrophotometrisches Verfahren zur Bestimmung von Pyrokohlensäurediäthylester. Gábor Török, Gyula Nagy und Klára E. Bálint. (Élelmiszervizsgálati Közlemények [Lebensmittelanalyt. Mitt.] **7**, 291—96, Dez. 1961; Budapest, Zentralforsch.-Inst. Lebensmittelind.; ung.) — Der neuerdings zum Konservieren von *Wein* u. *Obstsäften* verwendete *Pyrokohlensäurediäthylester* ist ein ideales bakericides Mittel, da er zu W. u. CO_2 hydrolysiert. Bei der photometr. Best. bei 190 nm ist die Extinktion der Konz. von 0—0,3% proportional. Die Hydrolyse verläuft nach einer Rk. I. Ordnung. Der Temp.-Koeff. beträgt 1,442.
K. Gärtner. 7818

Nachweis von Wein- und Oxalsäure im Citronensaft durch Papierchromatographie. Giovanni d'Amore und Athos Bellomo. (Atti Soc. Peloritana Sci. fisiche mat. natur. **6**, 471—76, 1960; Messina, Univ., Ist. di Chim. gen.; ital.) — Zum Nachw. von *Wein-* u. *Oxalsäure*, die *Citronensaft* zur Erhöhung des Säure-Geh. zugesetzt worden sind, durch aufsteigende, eindimensionale Papierchromatographie auf Whatman Nr. 1- bzw. Nr. 4-Papier mit einer 0,04%ig. Dibromphenolblau-Lsg. in 95%ig. A. (pH 5,50) als Sprühreagens können folgende 2 Laufmittel benutzt werden: *Isopropanol/tert. Butanol/Benzylalkohol/W. /98%ig. HCOOH* (5,0/5,0/15,0/ 5,0/ 1,2 ml) in 15 Std. u. abs. *A./Isopropanol/n-Butanol/Chlf./98%ig. HCOOH* (3,0/3,0/3,0/1,5/0,55 ml) in 5 Std. bei 20 ± 2°. G. Platzer. 7818□

Einfluß der Temperatur und der Sterilisationsdauer auf den Tryptophangehalt von Rindfleisch. A. A. Ssokolow und M. Kamal Jussef. (Fragen d. Ernähr. [UdSSR] **21,** Nr. 4, 82—84, Juli/Aug. 1962; Moskau, Technol. Inst. für Fleisch- u. Milchind., Lehrstuhl für Fleischtechnol.; russ.) — Die Best. des *Tryptophan* (**I**)-Geh. im sterilisierten *Rindfleisch* erfolgt nach Spies u. Chambers (C. **1949, 1150**) u. zeigt, daß selbst eine Erwärmung von 100 Min. auf 125° den **I**-Geh. des Prod. nur um 2,9% erniedrigt. S. Baryschnikow. 7850

Die gaschromatographische Untersuchung von Milchfett. Stuart Patton. (J. Dairy Sci. **43,** 1350—54, Sept. 1960; University Park, Pa., Agric. Exp. Stat., Dep. of Dairy Sci.; engl.) — An einigen Beispielen wird der Wert der Gaschromatographie bei der Unters. von Milchfett gezeigt. M. Winiker. 7856□

Die Trennung von Strontium aus Milch und Protein-Lösungen durch Gel-Filtration. W. H. S. George. (Nature [London] **195,** 155—57, 14/7. 1962; Birmingham, Univ., Dep. of exper. Path.; engl.) — Sr^{2+} wird bei der Gel-Filtration von der Gel-Phase absorbiert u. kann so quant. von Proteinen getrennt werden. Zur Isolierung von Sr aus entrahmter Milch (das Milchfett ist Sr-frei) wird eine 25—30 cm lange Säule mit dem Gel Sephadex G 50 gefüllt, mit Phosphatpuffer-Lsg. (pH 7,4) gewaschen u. mit ca. 5 ml Milch beladen. Beim Eluieren mit der Puffer-Lsg. wird das Eiweiß herausgewaschen u. kann im Eluat durch Absorptionsmessung bei 290 mμ bestimmt werden. Sr^{2+} findet sich im oberen Drittel der Säule u. läßt sich am besten mit dem Tüpfeltest-Indicator p-Dimethylaminobenzylidenrhodanin nachweisen. Beim Eluieren einer mit Sephadex G 25 beschickten u. mit einer Sr^{2+} haltigen γ-Globulin Lsg. beladenen Säule wird Sr^{2+} nach dem Eiweiß mit dem Phosphatpuffer eluiert u. kann durch Leitfähigkeitsmessung nachgewiesen werden. W. Betcke. 7856□

Messung der Radioaktivität von Milch. P. Gaglione, A. Malvicini und L. Vido. (Minerva nucleare [Torino] **4,** 198—202, Juli/Aug. 1960; Ispra, Comitato naz. per le Ric. nucl.-Centro di Stud. nucl.-Gruppo di Fis. sanit.; ital.) — Eine chem. Meth. zur Trennung von ^{90}Sr u. ^{137}Cs aus *Milch* u. die Messung der γ- u. β-Aktivität in den Proben wird beschrieben, u. die Werte der im November 1959 bei Ispra gesammelten Proben werden mitgeteilt. Der positive Befund ist wahrscheinlich der Verseuchung vom Frühjahr 1959 zuzuschreiben. Die Konz. von ^{90}Sr in den untersuchten Milchproben beträgt durchschnittlich 25 (pc/Liter) u. die von ^{137}Cs 430. Beide entsprechen damit der maximal zulässigen Grenze im Trinkwasser. G. Platzer. 7856□

Antony Joseph Mee, Fordingbridge, Hamsphire, und Thomas Abel Smith, Hertford, Hertfordshire, England, **Herstellung von trockenen, frei fließenden, fein verteilten, stabilen Zubereitungen fettlöslicher Vitamine oder anderer oxydationsempfindlicher aktiver Bestandteile von Lebensmittel- oder Futtermittelerzeugnissen.** Man emulgiert den akt. Bestandteil in wss. Polyvinylalkohol bei einer Temp. über dem F. des akt. Bestandteils u. weit über der Geliertemp. des Polyvinylalkohols, kühlt u. trocknet wenigstens teilweise die Emulsion in Form von fein versprühten Teilchen oder Tröpfchen, sammelt die teilweise getrockneten Teilchen u. vervollständigt die Trocknung bei einer niedrigen Temp. wie 35°. Als Polyvinylalkohol dient ein teilweise hydrolysiertes Polyvinylacetat, welches ggf. andere Polymere oder Mischpolymere enthalten kann. (**E. P. 863040** vom 10/6. 1958, ausg. 15/3. 1961.) H. Maaß. 7643

S. A. T. I. A. Soc. An. des Techniques Industrielles des Algues, Paris, Frankreich, **Herstellung von reversiblen, genußfähigen Gelen,** wie Cremes, Gallerten, Puddings, Eisspeisen u. a. Nahrungsmitteln, auf der Grundlage von Milch u. Milchprodd., dad. gek., daß als Verdickungsmittel Trockenextrakte von Algen vom Carraghenattyp mit einer Teilchengröße von 20—104, bes. 20—50 μ, verwendet werden. (**Oe. P. 215772** vom 20/6. 1958, ausg. 26/6. 1961. F. Prior. 22/6. 1957.) T. Oppermann. 7643

Swift & Co., Chicago, übert. von: Robert S. Geister, Palos Heights, und John H. Silliker, Park Forest, Ill., V. St. A., **Trocknen von proteinhaltigem**

Material. Eialbumin (auf pH 4—5 eingestellt) oder Gelatine werden zu Schaum geschlagen; dieser wird in einem für W. durchlässigen u. für Bakterien undurchlässigen Behälter auf 150—195°F bis zur Entfernung des W. u. der Abtötung der Bakterien erhitzt. (**Can. P. 560807** vom 22/11. 1955, ausg. 22/7. 1958. A. Prior. 25/10. 1955.) L. Großner. 7647

General Foods Corp., White Plains, übert. von: Raymond J. Moshy, North Tarrytown, N. Y., V. St. A., **Herstellung eines eßbaren Keratinproteins.** Ein keratinhaltiger Rohstoff, z. B. Federn, Wolle oder Pferdehufe, wird bei 85 bis 190° mit einem Dialkylsulfoxid mit 1—6 C-Atomen im Alkylrest behandelt. Die Mischung wird nach dem Abkühlen zentrifugiert. Durch Zugabe eines Ketons, Alkohols oder Äthers wird das Keratin ausgefällt, zerkleinert u. getrocknet. — Z. B. werden 25 g weiße Gänsefedern mit 600 ml Dimethylsulfoxid bei 127° 1 Std. lang behandelt. Die Masse wird auf Normaltemp. abgekühlt u. zentrifugiert. Durch Zugabe von 1800 ml Aceton wird das Keratin ausgefällt, zerkleinert u. im Vakuum getrocknet. (**A. P. 2993794** vom 25/6. 1958, ausg. 25/7. 1961.) W. Kranz. 7647

Alexander Winterberg, Haifa, Israel, **Überziehen von Lebensmitteln.** Man stellt eine viscose wss. Emulsion her, in welcher die dispergierte Phase eine nicht tox., zu einer KW-Stoffkette polymerisierbare Verb. ist, z. B. Polyvinylacetat, Vinylacetat mit Wachs vermischt, Vinylidenchlorid u. Vinylidenchlorid vermischt mit Vinylchlorid. Diese Emulsion vermischt man mit reiner Sorbinsäure in körniger Form u. verwendet sie mit noch ungelösten Körnchen für das zu überziehende Lebensmittel. (**A. P. 2975067** vom 1/2. 1957, ausg. 14/3. 1961.) H. Maaß. 7659

Unilever Ltd. (Erfinder: Charles Watt Schroeder), **Behandlung von entwässerten Vegetabilien** wie Wurzeln, Blattgemüse, Bohnen, Erbsen usw. **mit ionisierender Strahlung,** die eine Energie von nicht mehr als 10 Millionen eV aufweist u. deren Quelle z. B. ein radioakt. Isotop ist, zwecks Verringerung der Rehydratisierungszeit der entwässerten Vegetabilien. (**Aust. P. 231508** vom 9/7. 1958, ausg. 19/1. 1961.) K. Demmler. 7661

Gustavo Maranca, Nocera Inferiore, Salerno, Italien, **Erhöhung der Zellpermeabilität von frischem pflanzlichem Material,** bevor es in an sich bekannter Weise zur Gewinnung von Extraktionsstoffen behandelt wird, dad. gek., daß man das Material bei normaler Temp. mit den Dämpfen von Trichloräthylen, Chlf. oder Bzl., bes. in einem luftfreien oder inertes Gas (N_2) enthaltendem Raum, behandelt. — Vorr., Zeichnung. — Beispiele für Behandlung von Gemüse, Obst, Pilzen. (**D. A. S. 1128082** Kl. 30h vom 8/7. 1958, ausg. 19/4. 1962. It. Prior. 10/7. u. 27/11. 1957.) K. Koebke. 7661

J. R. Short Milling Co., Chicago, übert. von: Charles G. Ferrari, Evanston, Ill., V. St. A., **Herstellung eines Brotverbesserungsmittels,** das imstande ist, eine verzögerte Wrkg. während des Mischens des Teiges zu verhindern. Man vermischt zuerst eine feste, genießbare Trägersubstanz (**I**), wie Weizenmehl, einer durchschnittlichen Teilchengröße von 30—80 Maschen mit einer Anfangsmenge eines festen, mit W. emulgierbaren, genießbaren Schutzmaterials (**II**), das als vorherrschenden Bestandteil mindestens Monoglyceride mit einer JZ. < 50, eine Mischung von Mono- u. Diglyceriden mit einer JZ. < 50, Weinsäureester von Mono- u. Diglyceriden mit einer JZ. < 50 u. feste Mischungen von solchen Verbb. mit Lecithin enthält. Während man die Mischung bei erhöhter Temp. mindestens in der Nähe des Erstarrungspunktes des **II** hält, versprüht man das **II** in Form eines kontinuierlichen Überzuges über die Oberflächen der Teilchen des **I**. Dann bringt man in die Mischung ein fein verteiltes anorgan. Brotverbesserungsmittel (**III**) mit einer durchschnittlichen Teilchengröße von < 100 Maschen u. eine zusätzliche Menge von **II** u. vermischt weiter, um auf den Teilchen der **I** dickere Überzüge des **II** zu erzeugen, in die Teilchen des anorgan. **III** eingelagert sind. Dann kühlt man das sich ergebende Prod. unter Umrühren bis zum Erstarren. Das **II** benutzt man in einer $^1/_{10}$—$^1/_2$fachen Gew.-Menge des **III**. Die **I** verwendet man in einer $^1/_2$—3fachen Gew.-Menge des **III**. — Zeichnung. (**A. P. 2978331** vom 27/6. 1958, ausg. 4/4. 1961.) H. Maaß. 7675

Elmer Aloysius Weaver, **Konservieren von Vegetabilien, besonders Früchten.** Man erhitzt diese in einem fl. eßbaren Medium, das weniger als 0,1 Gew.-% eines Konservierungsmittels (Sorbinsäure, Na- oder K-Sorbat) enthält, 5—30 Min. auf 37—55°, läßt ohne Luftzutritt erkalten u. lagert das Prod. bei < 25°. Als fl. Medium wird bes. frisch gepreßter Fruchtsaft verwendet. (**Aust. P. 228650** vom 10/12. 1958, ausg. 7/7. 1960. A. Prior. 18/12. 1957.) K. Demmler. 7689

H_{17}. Fette. Seifen. Wasch- und Reinigungsmittel usw.

Lagerung und Verarbeitung von ölreichen Sonnenblumensamen. M. Singer, V. Dumitrescu und P. Stoiculescu. (Ind. Alimentară-Produse veget. **11**, 314—16, Okt. 1960; rum.) — Bei der Lagerung von Sonnenblumensamen vor der Extraktion muß der Feuchtigkeits-Geh. der Luft des Lagerraumes im Gleichgew. mit dem Wassergeh. der Samen stehen. Als Beispiel wird die Lagerung von 2 Samensorten mit 11—15% W. besprochen. R. K. Müller. 7894□

Fortschrittliche Arbeitsverfahren bei der Erzeugung von Pflanzenölen. M. Singer. (Ind. Alimentară-Produse veget. **11**, 132—34, Mai 1960; rum.) — Überblick über Probleme der Extraktion pflanzlicher Öle: Lagerung der Samen, Wahl der optimalen Reifezeit, neue Typen von Pressen u. Extraktoren. R. K. Müller. 7894□

Die Entsäuerung von Olivenölen mit Ionenaustauschharzen. M. De Felice und V. Bolcato. (Riv. ital. Sostanze grasse **39**, 125—29, März 1962; Bari, Univ., Ist. di Ind. Agrarie; ital.) — Die zu entsäuernden Olivenöle werden 1:2 oder 1:1 in Bzn., Bzl. oder Hexan gelöst u. anschließend mit Ionenaustauschharzen bei 20 oder 40° behandelt. Verwendet wurden für die Verss. IMACS-5-30 (**I**), Dowex 2 (**II**) u. IRA-410 bzw. 402 (**III**). 1 g **I** bindet 0,8, 1 g **II** 0,6 u. 1 g **III** 0,5 g Ölsäure (**IV**). Die Regeneration der Austauscher wird in wss. alkohol. NaOH vorgenommen. **I** wurde 55, **III** 35 u. **II** 15mal zur Entsäuerung eingesetzt. Bei **I** sank dabei die Bindungsfähigkeit pro 1 g **I** von 0,8 auf 0,74 g **IV**. H. P. Fiedler. 7894□

Zur Kenntnis des Waschvorganges. 11. Mitt. Das Verhalten von flüssig/festem Schmutz in der Waschlösung. K. Goebell und W. Kling. (Melliand Textilber. **42**, 1026—28, Sept. 1961; Düsseldorf, Henkel & Cie., GmbH.; dt.) — 9. vgl. C. **1955**, 4733. — Durch 6 mkr. Aufnahmen wird die Wrkg. von Lsgg. grenzflächenakt. Stoffe auf fest-fl. Pigmentschmutz gezeigt. Es findet eine Umnetzung des Pigmentes u. anschließende Ausschwemmung statt. W. Bernard. 7912□

Untersuchungen an Waschmitteln unter Benutzung eines radioaktiven Tracers. R. E. Wagg und C. J. Britt. (J. Textile Inst., Trans. **53**, T205—T216, April 1962; London, Brit. Launderers Res. Assoc.; engl.) — ^{14}C-markierte Stearinsäure, Stearinsäureglycerinester, Cholesterin, Octadecan, Linolsäure wurden jeweils in Verbindung mit Graphit einzeln oder im Gemisch auf verschiedene Fasern aufgebracht. Die Proben wurden unter verschiedenen Bedingungen mit Alkylarylsulfonat, sek. Alkylsulfat, Äthylenoxid-Kondens.-Prod. u. Seife behandelt. Die Ergebnisse werden diskutiert. G.-D. Gollnisch. 7912□

Eine Untersuchung über das Waschen, die Trockenreinigung und die Abnutzung von 8 Fabrikaten aus Wintercotton und einer Reyonacetatseide. Evelyn E. Stout, Carol E. Zillgitt und Muriel R. Ferraro. (Cornell Univ. agric. Exp. Stat., Bull. **962**, 1—40, Dez. 1960; New York, State Coll. of Home Economics; engl.) — Alle geprüften Textilien ergaben in Bezug auf die Erhaltung der ursprünglichen Qualität (Einlaufen in Kette u. Schußrichtung, Gewichtsverlust, Reißfestigkeit, Knitterfestigkeit usw.) beim Trockenreinigen bessere Ergebnisse als beim Waschen. H. Rossow. 7912□

Industrielle Reiniger. 1. Mitt. Donald Price. (Soap chem. Specialties **36**, Nr. 12, 61—64, 255—56, Dez. 1960; New York; engl.) — Übersicht. — 14 Literaturangaben. F. Rosendahl. 7916□

Industrielle Metallreiniger. 2. Mitt. Donald Price. (Soap chem. Specialties **37**, Nr. 1, 49—50, 116, Jan. 1961; engl.) — 1. vgl. vorst. Referat. — Übersicht über einige Reinigungsmittel für Metalle, bes. zur Entfernung von Rost bei Fe, die aus 80—90(%) Erdöl (unter Zusatz von Triäthanolamin oder Tallöl) oder aus 50—90 NaOH unter Zusatz von 10—30 Na-Gluconat bestehen. F. Rosendahl. 7916□

Charakterisierung der Tocopherole in pflanzlichen Ölen mittels IR-Spektrophotometrie. Walter W. Morris, jun. und Edward O. Haenni. (J. Assoc. off. agric. Chemists **45**, 92—98, Febr. 1962; Washington, D. C., Food and Drug Admin., Div. of Nutrit. u. Div. of Food; engl.) — Das zu untersuchende Öl wird verseift u. das Unverseifbare abgetrennt. Letzteres wird in näher angegebener Weise über Al_2O_3 chromatographiert u. mit PAe. bzw. mit PAe.–Ae.-Gemischen eluiert. In den Eluaten werden die 3 β-Hydroxysterine mit Digitonin gefällt u. die *Tocopherole* (**I**) abgetrennt. Die **I** können mit Phosphormolybdänsäure als Farbflecken identifiziert werden. Um festzustellen, welche **I** in dem untersuchten Öl vorhanden sind, wird der **I**-Extrakt IR-spektrophotometr. untersucht. Hier liefern die verschiedenen **I** im Bereich von 7,5—10 μ typ. Peaks, die zur Unterscheidung von D-α-, D-β-, D-γ- u.

D–δ-I geeignet sind. Die Meth. ist auch zur I-Best. in pharmazeut. Zubereitungen verwendbar. — 15 Literaturangaben. H. P. Fiedler. 7932□

Die Entwicklung von Schnellmethoden zur Bestimmung des Ölgehaltes einzelner Baumwollsamen. 2. Mitt. **Ein erster Überblick über einige zerstörungsfreie Methoden.** S. Hilal Ahmad und Mazhar M. Qurashi. (Pakistan J. sci. ind. Res. **2,** 223 bis 228, Okt. 1959; Karachi, W.-Pakistan, Council of Sci. and Ind. Res.; engl.) — 1. vgl. C. **1962,** 16527. — Spez. Gewicht u. DK können als Anhalt für den Öl-Geh. dienen. Die Genauigkeit hängt von der Meßgenauigkeit für Δ C (Änderung der Kapazität) u. 1/R ab. Vff. skizzieren die Maßnahmen, die zur Verringerung der Meßfehler nötig sind. G. Meinhardt. 7932□

Entwicklung von Schnellmethoden zur Bestimmung des Ölgehaltes einzelner Baumwollsamen. 3. Mitt. **Kritische Prüfung der Ölauspreßmethode.** S. Nurul Ahmad, Saeed A. K. Lodhi und Mazhar Mahmood Qurashi. (Pakistan J. sci. ind. Res. **3,** 87—92, April 1960; engl.) — 2. vgl. vorst. Referat. — Die Meth. (vgl. C. **1962,** 16527) durch Auspressen eines einzelnen von der Hülle befreiten Baumwollsamens, den Ölgeh. desselben zu bestimmen, wird überprüft. Es wird der Einfl. des Druckes u. des Wassergeh. des Kernes sowie des Feuchtigkeitsgeh., des Durchmessers u. der Qualität des verwendeten Filterpapiers (FP) untersucht. Unter Einhaltung bestimmter Bedingungen (5—10 t Druck, ca. 80% relative Feuchtigkeit, 5—11 cm Durchmesser des FP u. Lagen von mindestens je 4 Blatt FP), kann der Ölgeh. aus der Ausdehnung des Ölfleckes berechnet werden. K. Hinterauer. 7932□

Schweineschmalz, raffinierte Schweinefette und deren analytische Differenzierung. 1. Mitt. E. Pascucci und F. Paolini. (Riv. ital. Sostanze grasse **39,** 294 bis 301, Juni 1962; Roma, Labor. Chim Centrale delle Dogane e I. I.; ital.) — Einleitend werden Begriffs-Best. u. Definition für Schweineschmalz (**I**) u. raffinierte Schweinefette (**II**), die in den verschiedenen europäischen EWG-Ländern gültig sind, diskutiert. Auch die Herst. von **I** u. **II** wird ausführlich besprochen. Bestimmt werden die UV-Absorptionen im Bereich von 232, 264, 268, 270 u. 272 mμ, K_{268} u. R (K_{232}/K_{270}); ist $K_{268} < 0{,}13$ u. $R > 25$, liegt einwandfrei durch Ausschmelzen gewonnenes **I** vor. Abweichende Werte sprechen für **II**. H. P. Fiedler. 7934□

Die Verwendung von Ionenaustauschern zur Analyse von Netzmitteln. 2. Mitt. P. Voogt. (Recueil Trav. chim. Pays-Bas **78,** 899—912, Nov. 1959; Vlaardingen, Unilever Res. Labor.; engl.) — 1. vgl. C. **1961,** 11075. — Das l. c. beschriebene Verf. zur selektiven Adsorption der stark- u. schwachsauren Netzmittel (NM) an Ionenaustauschern u. nachfolgenden Eluierung mit alkohol. HCl hat den Nachteil, daß hierbei leichthydrolysierbare Verbb. (Alkylschwefelsäuren, Acyltaurine u. dgl.) zersetzt werden können. Diese Hydrolyse kann vermieden werden, wenn man mit einer wss.-alkohol. Lsg. von Na-Acetat eluiert. Nach Umwandlung der Salze in die freien Säuren werden die starken NM-Säuren nach dem Verf. des Ionenausschlusses von R. M. Wheaton u. W. C. Bauman [1953] von der in saurer Lsg. prakt. undissoziierten Essigsäure mittels eines Kationenaustauschers in H-Form getrennt. Eine Abtrennung der Fettsäuren erfolgt an Dowex-1X2 in OH-Form mit anschließender Eluierung mit KOH. E. Moisar. 7942□

H_{18a}. Holz. Cellulose. Zellstoff. Papier. Papierdruck. Celluloid. Linoleum.

Holzkrankheiten und Holzschutz. Herbert Zycha. (Fortschr. Bot. **21,** 433 bis 437, 1958, herausgeg. 1959; Hann.-Münden; dt.) — Übersicht; 1957—1958; Stamm- u. Lagerfäulen, Holzzerstörung unter W., Holzzerstörung im Labor-Vers., Holzschutzmaßnahmen, Erfolgsprüfung bei Holzschutzmaßnahmen. — 38 Literaturangaben. P. Gregorzewski. 7952□

Theoretischer Wert des dynamischen Dehnungsmoduls von Cellulose. W. James Lyons. (J. appl. Physics **30,** 796—97, Mai 1959; Princeton, N. J., Text. Res. Inst.; engl.) — Unter Verw. früher (**1959,** 16666) entwickelter Ausdrücke wird erneut der *dynam. Dehnungsmodul* von *Cellulose* berechnet, wobei den Berechnungen das von Meyer u. Lotmar [1936] bei ihren analogen Berechnungen verwendete Mol.-Modell zugrunde gelegt wird. Für die kristalline Cellulose ergibt sich hierbei der Modul $E = 18{,}0 \times 10^{11}$ dyn. cm^{-2} = 18370 kg · mm^{-2}. Die unter normalen Bedingungen erhaltenen experimentellen Werte für die dynam. Module liegen zwischen $9{,}0 \times 10^{10}$ dyn. cm^{-2} für „Textil"-Viscose bis zu $33{,}3 \times 10^{10}$ dyn. cm^{-2} für ein hochorientiertes Produkt; der Mittelwert liegt bei etwa 21×10^{10} dyn. cm^{-2}, ist demnach um eine Größenordnung kleiner als der berechnete Wert. C. Gottfried. 7954

Die heterogene Hydrolyse und die übermolekulare Struktur der Cellulose. Olli Ant-Wuorinen und Esko Lehtinen. (Valtion tekn. Tutkimuslaitos, Sarja IV [State Inst. techn. Res., Ser. IV] **1957,** Nr. 7, 1—43; engl. → C. **1958,** 886.)
P. Golinske. 7954◇

Untersuchungen über die Oxydation von Cellulose durch Cersalze und die Pfropfpolymerisation. Iwao Terasaki und Mutsuo Matsuki. (J. Soc. Textile Cellulose Ind., Japan [Sen-i Gakkaishi] **18,** 147—52, Febr. 1962; Nobeoka City, Miyazaki Prefect., Japan, Asahi Chem. Ind. Co. Ltd., Rayon Factory; jap., Auszug: engl.) — Die *Oxydation* von *Cellulose* (A) durch *Ce^{4+}-Salze* verläuft über einen Ce-A-Komplex. Die Geschw. von Bldg. u. Zerfall des Komplexes sind gleich. Es gibt reaktive u. weniger reaktive Zentren in der Cellulose. Die Rk. an reaktiven Stellen beginnt bei pH 1,8, an weniger reaktiven Stellen bei pH 1,0. Die Aktivierungsenergie für die weniger reaktiven Stellen ist doppelt so groß wie für die reaktiven. Es besteht Proportionalität zwischen Oxydations-Geschw. u. Menge an gepfropftem $CH_2 = CHCN$.
G.-D. Gollnisch. 7954□

Untersuchungen über die Kontrolle der durch Harze verursachten Störung in Sulfitzellstoff durch oberflächenaktive Stoffe. 1. Mitt. Entharzung von Weichholz-Sulfitzellstoff mit oberflächenaktiven Stoffen. Hiroshi Yamada und Wasaburō Kimura. (J. Soc. Textile Cellulose Ind., Japan [Sen-i Gakkaishi] **18,** 131—37, Febr. 1962; Nagoya City, Japan, Nagoya Univ., Fac. of Engng.; jap., Auszug: engl./S. 130.) — *Oberflächenakt. Stoffe* sind bei der *Entharzung* am wirksamsten, wenn sie während der heißen Alkalibehandlung zugegeben werden. Nichtionogene Stoffe sind wirksamer als anionakt.; bes. wirkungsvoll sind Gemische.
G.-D. Gollnisch. 7962□

Untersuchungen über die Kontrolle der durch Harze verursachten Störung in Sulfitzellstoff durch oberflächenaktive Stoffe. 2. Mitt. Entharzung von Hartholz-Sulfitzellstoff mit oberflächenaktiven Stoffen. Hiroshi Yamada und Wasaburō Kimura. (J. Soc. Textile Cellulose Ind., Japan [Sen-i-Gakkaishi] **18,** 137—41, Febr. 1962; jap., Auszug: engl./S. 130—31.) — 1. vgl. vorst. Referat. — Während der heißen Alkalibehandlung des *Zellstoffs* wirken *anionakt. Stoffe* bei Zusatz von 0,1%, *nichtionogene* bei Zusatz von 0,025% entharzend. Kombinationen der oberflächenakt. Stoffe mit HCHO oder Harnstoff sind weniger wirksam.
G.-D. Gollnisch. 7962□

Zur Frage der Verwertung der Schwarzlaugen. Jacinto Julián. (Afinidad **17(37),** 56—67, März/April 1960; span.) — Übersicht über die Verff. zur *Wiedergewinnung* der *nutzbaren Bestandteile* von *Schwarzlaugen.* — 73 Literatur- u. Patenthinweise.
R. K. Müller. 7966□

Optische Aufhellmittel und ihr Verhalten in der Papierfabrikation. A. J. Hinton. (Textil-Rdsch. [St. Gallen] **15,** 654—58, Dez. 1960; Manchester, Imp. Chem. Ind., Dyestuffs Div.; dt.) — Vgl. C. **1963,** 2273. — Auf das von den Anwendungsbedingungen abhängige unterschiedliche Verhalten *opt. Aufheller* vom Typ des disubstituierten 4.4′-Diamino-2.2′-disulfostilbens wird hingewiesen u. Prüfverff. zur Feststellung der Unterschiede werden angegeben.
J. Arndt. 7980□

Der Einfluß der Faserform auf die Papiereigenschaften. 2. Mitt. Früh- und Spätholz. A. J. Watson und H. E. Dadswell. (APPITA — J. Austral. Pulp Paper Ind. **15,** 116—28, Mai 1962; C. S. I. R. O., Div. of Forest Prod.; engl.) — 1. vgl. C. **1962,** 9944. — *Papiere* aus Zellstoffmischungen werden untersucht, die aus 100% *Frühholz* bis 100% *Spätholz* hergestellt sind. Die besten Festigkeitseigg. bezüglich Berstdruck u. Dehnung sowie Falzzahl werden bei handgemachten Blättern aus 100% Frühholz-Zellstoff erhalten, auch erreichen sie die Festigkeitshöchstwerte beim Mahlen schneller als solche aus 100% Spätholz-Zellstoff. Spätholz-Zellstoff aus *Pinus taeda* erhöht die Reißlänge, bei *P. radiata*-Zellstoffen ist diese Wrkg. viel geringer. Bei Hartholz-Zellstoff mit seinen wandstärkeren Fasern ist keine Verbesserung der Reißlängen zu beobachten. Zellstoffe aus *P. taeda,* die 20—50% Fasern aus Spätholz enthalten, haben gute Reißlängen bei ausreichenden Werten für Berstdruck u. Dehnung. Bei *P. radiata*-Zellstoffen dürfte der normal vorhandene Anteil an Spätholz die Papiereigg. nicht beeinflussen. Bei Zellstoffen aus Hartholz mit ihren wandstärkeren Fasern fallen alle Festigkeitswerte ab. Im allg. können bei Mischungen von gemahlenen Früh- u. Spätholz-Zellstoffen die Festigkeitseigg. bei Kenntnis der Festigkeitseigg. der gemahlenen Zellstoffe von 100% Frühholz u. 100% Spätholz vorhergesagt werden.
F. Zeidler. 7984□

Betrachtungen über einige Merkmale von Offset-Kunstdruckpapier. M. Zamfirescu. (Celuloža şi Hírtie **10,** 173–76, Mai 1961; rum.) — Einige wichtige Eigg. von *Offset-Kunstdruckpapier* unter bes. Berücksichtigung der Wasseraufnahme, der Zerreiß- u. Verdrehungsfestigkeit, sowie der Tönung des Druckbildes werden beschrieben. H. Guischard. 7988◇

Alkaliblau. Lyle E. Squire. (Amer. Ink Maker **36,** Nr. 4, 33–35, 65, April 1958; Huntington, W. Va., Standard Ultramarine & Color Co.; engl.) — Einleitend wird die *Fabrikation* aus Fuchsin über verschiedene Zwischenstufen beschrieben. Früher wurde das wasserlösl. Alkalisalz verwendet, heute die freie wasserunlösl. Sulfosäure. Als farbstärkstes u. im Vgl. dazu billigstes *Blaupigment* wird es in USA in großen Mengen für *Druckfarben* eingesetzt, u. zwar als 100%ig. Pigment, zu 50% verlackt, als Preßkuchen, geflusht u. als Dispersion für flexograph. Wasserfarben. Ein großes Anwendungsgebiet ist auch die Schönung von Schwarzfarben. G. Grunow. 7990◇

Gummidruck-Farben (Flexographie-Farben). Herbert J. Wolfe. (Amer. Ink Maker 34, Nr. 10, 35–38, 69, Okt. 1956; engl.) — Nach einer Übersicht über die Entw. des *Gummidrucks* (*Flexographie*), den Namen u. die *Farben* werden die einzelnen Farbbestandteile (Farbstoffe, Pigmente, Bindemittel, Lsgm.) u. ihre Rezeptur für den Druck auf verschiedenen Materialien beschrieben, sowie die Gründe für die Beschränkung in der Auswahl durch Klischee- u. Walzengummi. Es folgt die Herst. der Bindemittel-Lsgg., der Farbstoff-Farben durch Lösen, der Pigmentfarben durch Dispergieren, Einstellung auf Trockenzeit u. Viscosität, Farbton sowie die Kontrolle derselben durch Messung, Aufstreichen u. Andruck. Zum Schluß werden die einzelnen Bestandteile der Flexodruckmaschinen u. die Herst. der Klischees beschrieben. G. Grunow. 7990◇

Das Fließverhalten von Druck- und Offsetfarben. E. A. Apps. (Res. appl. in Ind. **13,** 212–17, Juni 1960; London, Wynne and Selby Ltd.; engl.) — Jedes Druckverf. stellt an die Druckfarben (A) bes. Ansprüche: **A** *für Schnelldruck-Rotationspressen* für Zeitungsdruck z. B. haben eine Viscosität von 5–12 P u. eine Fließgrenze von 200 dyn/cm², bei *Offsetfarben* sind die entsprechenden Werte 400–4000 P bzw. 10000–60000 dyn/cm²; alle diese Farben sind mehr oder weniger thixotrop. Dementsprechend ist auch das *Fließverh.* sehr verschieden, die erstgenannten verhalten sich wie Newtonsche Fll., letztere wie Pasten. Von allen **A** wird stetiges Fließen verlangt, um zunächst die Speisewalze fortlaufend mit Farbe zu versorgen. Sie wird vom „Farbwerk" mit seinen Verteilerwalzen unterschiedlicher Umdrehungszahlen allmählich zu einem dünnen Film ausgewalzt u. auf die Farbwalze übertragen, von der die Druckform (beim Offsetdruck das Gummituch) ihre Farbe erhalten. Der Farbfilm wird sehr hohen Scher- u. Druckkräften ausgesetzt, er muß überall gleichmäßig dick sein, was nur durch gutes Fließverh. der Farbe gewährleistet ist. Ist ihre Konsistenz zu hoch, so verteilt sie sich nicht genügend, ist sie zu niedrig, so verursacht sie Streifenbldg.; sie darf beim Druck nicht seitlich ausweichen, was durch eine gewisse Thixotropie erreicht wird. Die **A** nehmen beim Offsetverf. von der Druckform bzw. dem Gummituch, die sowohl mit der Anfeucht- wie der Farbwalze in Berührung kommen, leicht W. auf. Dieses W. kann zur Veränderung der Viscosität u. zur Emulsionsbldg. führen, u. die Farbzuführung beeinflussen. Andererseits können **A**, die W. enthalten, dieses im „Farbwerk" durch Verdunstung verlieren, wodurch wiederum Unzuträglichkeiten entstehen. F. Zeidler. 7990◇

Die chemischen Bestandteile von unter natürlichen Bedingungen verfaultem Holz und ihre Eigenschaften. Kiyoshi Kawase. (J. Fac. Agric. Hokkaido Univ. **52,** 186–245, März 1962; engl.) — Die *chem.* Zus. u. *Eigg.* von *58 Holzarten*, die unter dem Angriff der verschiedensten holzzerstörenden Pilze mehr oder weniger verfault waren, werden untersucht. Diese verfaulten Hölzer haben im Vgl. mit gesundem Holz 40–60% an Gew. verloren. Nach dem Verhältnis Holocellulose/Ligningeh. lassen sich 3 Gruppen aufstellen: 1) Ligninreiches *Faulholz* (**A**) 2) Cellulosereiches **A** 3) Normales **A**. Zur 1. Gruppe gehörendes braungefärbtes **A** wird braunfaul genannt, während die zu Type 2 u. 3 gehörenden meist hellfarbig sind u. weißfaul genannt werden. Vom chem. Standpunkt auf der Basis der chem. Zus. von **A** wird eine andere Klassifikation vorgeschlagen u. die Namen für die einzelnen Gruppen scheinen geeigneter. Jedes **A**, das zu einer der 3 Gruppen gehört, hat seine eigene Zus. mit unterschiedlichen Eigg. der Komponenten. So ist z. B. Lignin im ligninreichen **A** in Alkali löslicher u. hat einen geringeren Methoxylgeh. als das der beiden anderen Typen, während das

Lignin im normalen **A** sich etwas von dem gesunden Holzes unterscheidet, jedoch fast die gleichen Eigg. wie cellulosereiches **A** hat. Die Holocellulosen von lignin- u. cellulosereichem **A** haben beide hohe Alkalilöslichkeit, jedoch hat das erstere niedrigen Mannangeh., das zweite niedrigen Xylangehalt. Die Holocellulose in normalem **A** ist von der gesunden Holzes wenig verschieden. Der Polymerisationsgrad im lignin- u. cellulosereichen **A** ist niedrig u. bedeutend höher in normalem **A**. Der Heizwert von ligninreichem **A** ist hoch, von cellulosereichem niedrig, der Heizwert von normalem **A** ist von dem gesunden Holzes wenig abweichend. Ein Mittel, um den Fäulnisgrad zu messen, ist der Alkaliverbrauch. Wenn **A** mit verd. heißen Alkalilsgg. behandelt wird, so ist es unter Berücksichtigung der Bestandteile u. der Eigg. einleuchtend, daß der Alkaliverbrauch um so höher ist, je weiter die Fäulnis des Holzes vorgeschritten ist. Die gleiche Erscheinung zeigen auch Lignin u. Holocellulose, die aus **A** isoliert werden; hoher Alkaliverbrauch deutet auf weitgehende Zers. der Bestandteile. Bei Anwendung dieser Meth. zeigen lignin- u. cellulosereiches **A** hohen Alkaliverbrauch; verhältnismäßig gering ist er bei normalem **A**. Diese Meth. gestattet es, mit kleinen Proben u. einfachen Operationen schnell u. zuverlässig den Fäulnisgrad von Holz zu bestimmen. Als Indicator zur Titration der braunroten 0,1 n NaOH-Auszüge ist Fluorescein-Na gut geeignet. — 89 Literaturangaben. F. Zeidler. 8004◇

Die Basenbindungskapazität von Cellulose als ein Maß für ihren Carboxyl- und Lactongruppengehalt. Olli Ant-Wuorinen und Asko Visapää. (Paperi ja Puu **43,** 699—710, 23/11. 1961; engl. — C. **1962,** 16531.) R. Grundmann. 8006◇

Über die Steifigkeitsprüfung von Papieren, Kartons und Pappen. Walter Brecht und Friedrich Müller. (Papier **14,** 414—22, Sept. 1960; Darmstadt, TH, Inst. für Papierfabrikation; dt.) — Vgl. C. **1961,** 15965. — Als theoret. Ausdruck für die *Steifigkeit* wird die elast. u. überelast. Biegesteifigkeit gekennzeichnet u. zu ihrer Messung das Spannungs–Dehnungs-Diagramm herangezogen. Meßwerte von neun Steifigkeitsprüfgeräten werden auf den Zusammenhang der elast. sowie der überelast. Biegesteifigkeit u. auf ihren Zusammenhang untereinander untersucht. Es werden Gleichungen für diese Meßwerte entwickelt, die eine Umrechnung jeden Gerätes untereinander gestatten. Ein weiterer Vgl. zeigt den Wert jedes Gerätes in der Praxis unter verschiedenen Bedingungen u. bei der Messung unterschiedlicher Flächengew. von *Papier* u. *Karton.* H. Meyer. 8010◇

Die Analyse der Wechselbeziehung zwischen dem Flächengewicht von Papier und den in verschiedenen Fabrikationsphasen kontrollierten Parametern. N. Rancu und L. Tövissi. (Celuloža şi Hîrtie **10,** 164—72, Mai 1961; rum.) — An einem prakt. Beispiel wird das Berechnungsverf. für eine *Analyse* der *Beziehung* zwischen dem *Flächen-Gew.*, dem *Aschen-Geh.* im W. unter der Siebpartie u. dem Aschen-Geh. des Papierstoffs im Stoffauflauf der Papiermaschine gezeigt. H. Guischard. 8010◇

Anwendung der Dampf/Flüssigkeits-Verteilungschromatographie bei der Analyse und Kontrolle von flüchtigen Lösungsmitteln in Druckfarben. Robert W. Bassemir und William E. Rusterholz. (Amer. Ink Maker **35,** Nr. 11, 44—47, 79, Nov. 1957; Sun Chem. Co., Graph. Arts Labor.; engl.) — Die in der *Druckfarben-Industrie* verwendeten *Lsgm.* sind meist komplizierte Gemische, deren Analyse auf dem üblichen Wege schwierig u. zeitraubend ist. Nach Beschreibung der App. mit Abb. — He als Trägergas, Trikresylphosphat bzw. Siliconöl als stationäre Phase — werden Berechnungsweise der %-Anteile aus dem Diagramm u. Eichung mit reinen Lsgm. angegeben. Prakt. Anwendungsgebiete sind: *Analyse* von Lsgm. in Farben, Rohstoffkontrolle der Fabrikation u. Lsgm.-Rückgewinnung, Betriebskontrolle, Ermittlung von Trockenschwierigkeiten u. allg. Kundendienst. Variation der stationären Phase, der Säulenlänge u. der Temp. erlauben die Analyse von Fll. über einen großen Kp-Bereich. G. Grunow. 8014◇

H_{18b}. Textilfasern

Canadian Celanese Ltd., Montreal, Canada, **Entbasten von Bastfasern.** Man behandelt das Gut, z. B. *Chinagras,* 10—20 Min. bei 85—100° mit einer wss. (z. B. 0,1%ig.) Lsg. von $KMnO_4$. Nach dem Spülen behandelt man mit einer reduzierend wirkenden wss. Lsg. von Oxalsäure (z. B. 0,14%ig.) 10—20 Min. bei 85 bis 95°, wodurch die Pektinanteile lösl. gemacht werden. Um aus der erhaltenen *Ramiefaser* Reste von Mn-Oxalat zu entfernen, wäscht man mit einer wss. (höchstens

1%ig.) Lsg. von H_2SO_4 bei 60—70°. (**E.P. 872800** vom 3/7. 1959, ausg. 12/7. 1961. A. Prior. 17/4. 1959). H. Möllering. 8051

Precision Processes (Textiles) Ltd., London, England (Erfinder: Eric Tom Fell und George Guthbert Gibbons), **Krumpffreie Wolltextilien** werden durch Behandlung des Gutes mit einer wss. Lsg. von *Peroxomonoschwefelsäure* (oder deren Salze) u. *KMnO₄* bei p_H unter 11, bes. 3—10, erhalten. Eine Behandlung mit wss. Bleichlsg. kann angeschlossen werden. — Geeignet ist eine Lsg. mit Geh. von 1,5% Peroxomonoschwefelsäure u. 1,5% $KMnO_4$. (**E. P. 872292** vom 28/6. 1956, ausg. 5/7. 1961.) H. Möllering. 8061

American Enka Corp., Enka, N. C., V. St. A., übert. von: Arnold L. McPeters, West Asheville, und Albin F. Knight, Asheville, N. C., V. St. A., **Herstellung von Kunstseide** mit hoher Festigkeit u. großem Ermüdungswiderstand. Man verspinnt eine Viscose, der man ein quatern. Deriv. eines äthoxylierten Amins (I) einverleibt hat, in ein H_2SO_4, $ZnSO_4$ u. 800—2000 ppm eines Äthylenoxid-Kondens.-Prod. eines langkettigen aliphat. tert. Amins (II) enthaltendes Bad. Als II wird beispielsweise ein mit 15 Mol Äthylenoxid umgesetztes Cocosnußölamin verwendet u. als I das entsprechende mit CH_3Cl quaternisierte Produkt. (**A. P. 2974005** vom 2/6. 1958, ausg. 7/3. 1961.) F. Böhm. 8075

American Viscose Corp., Philadelphia, übert. von: John P. Hollihan jun., Chester, Pa., John A. Howsmon, Wilmington, Del., und Wayne A. Sisson, Media, Pa., V. St. A., **Herstellung von Viscosekunstseide.** Inhaltlich ident. mit A. P. 2916391; C. **1961**, 5657. (**A. P. 2971816** vom 3/11. 1954, ausg. 14/2. 1961.) F. Böhm. 8075

American Viscose Corp., Philadelphia, Pa., übert. von: John A. Howsmon, Wilmington, Del., V. St. A., **Herstellung von Viscosekunstseide.** Inhaltlich ident. mit A. P. 2890132; C. **1962**, 351. (**A. P. 2975019** vom 3/11. 1954, ausg. 14/3. 1961.) F. Böhm. 8075

American Viscose Corp., Philadelphia, übert. von: Wayne A. Sisson, Media, Pa., V. St. A., **Herstellung von Viscosekunstseide.** Inhaltlich ident. mit A. P. 2906634; C. **1962**, 351. (**A. P. 2975021** vom 3/11. 1954, ausg. 14/3. 1961.) F. Böhm. 8075

American Viscose Corp., Philadelphia, Pa., übert. von: Carl Schlatter, Wilmington, Del., V. St. A., **Herstellung von Viscosekunstseide.** Inhaltlich ident. mit A. P. 2904446; C. **1962**, 351. (**A. P. 2976113** vom 3/11. 1954, ausg. 21/3. 1961.) F. Böhm. 8075

VEB Sächsisches Kunstseidenwerk „Siegfried Rädel", Pirna (Erfinder: Alfred Keil, Peter Popp und Edeltraud Krause), **Herstellung pigmentierter Fäden aus regenerierter Cellulose.** Zur besseren Dispergierung der Pigmente setzt man der Viscose oder Cuprammonium-Lsg. außer dem üblichen anionakt. Dispergiermittel noch ein Äthylenoxidkondens.-Prod. der allg. Formel $A(CH_2 \cdot CH_2O)_x \cdot CH_2CH_2OH$, bes. Isooctylphenylpolyglykoläther mit 5—20 Äthylenoxideinheiten zu ($A = R \cdot CH_2O, R \cdot C_6H_4O, R \cdot NH$ oder $R \cdot COO$; R = Alkylrest mit 5—50 C-Atomen; $x > 1$). (**E. P. 872207** vom 6/1. 1958, ausg. 5/7. 1961.) F. Böhm. 8075

J. P. Bemberg Akt.-Ges., Wuppertal, **Fäden und Folien aus Niederdruckpolyolefinen** lassen sich herst. durch Zusatz von 5—60% eines aliphat., aromat. oder hydroaromat. KW-Stoffes oder deren Gemischen, die einen Kp. von 100—215° haben u. das Polymerisat in der Wärme, nicht aber in der Kälte lösen, worauf die Mischung auf 120—180° bis zur Gelatinierung erhitzt, stranggepreßt u. ggf. weiterverformt wird, wobei oder worauf die Temp. auf 16—30° über die Gelatinierungstemp. erhöht u. das Lsgm. entfernt wird. (**E. P. 869151** vom 21/10. 1958, ausg. 31/5. 1961. D. Prior. 5/11. 1957.) W. Overbeck. 8081

American Cyanamid Co., New York, N. Y., übert. von: Percival W. Cummings jun., Cos Cob, Conn., V. St. A., **Herstellung von Fäden aus Polymerisaten oder Mischpolymerisaten des Acrylnitrils.** Fäden hoher Trocken- u. Naßfestigkeit werden erhalten, wenn man frisch gesponnene, noch im Gelzustand befindliche Fäden, die noch 50—200%, bezogen auf Trockensubstanz, aus der Spinn-Lsg. bzw. dem Fällbad stammendes Alkalithiocyanat (I) enthalten, bei —2 bis 40° auf das $1^1/_2$- bis 4fache ihrer ursprünglichen Länge verstreckt, mit W. I-frei wäscht u. dann in Ggw. von Feuchtigkeit bzw. W. bei 70—100° noch einmal auf das $1^1/_2$- bis 10fache ihrer Länge verstreckt. Die Gesamtverstreckung in beiden Stufen soll das 3- bis 15fache der ursprünglichen Länge betragen. (**A. P. 2948581** vom 20/12. 1955, ausg.

9/8. 1960. **Schwz. P. 352779** vom 28/6. 1956, ausg. 28/4. 1961. A. Prior. 20/12. 1955.) F. Böhm. 8081

Chemstrand Corp., übert. von: George E. Ham und Alfred B. Craig, Decatur, Ala., V. St. A., **Polymerengemisch zur Herstellung leichtanfärbbarer Fäden,** bestehend aus einem Mischpolymerisat aus mindestens 75(%) Acrylnitril (**I**) u. bis zu 25 eines anderen Monomeren, bes. Vinylacetat (**II**) u. einem Mischpolymerisat aus 10—70 **I** u. 70—90 N-Vinylpyrrolidon (**III**), wobei **III** zu 2—10 in der Gesamtmischung vorhanden sein soll. Statt des **II** ist in einem Beispiel noch N-Vinylcaprolactam eingesetzt. In gleicher Weise wirken N-Vinylpiperidon, N-Methallylpiperidon u. N-Allylpyrrolidon. Die aus Lsg. versponnenen Fäden sind bes. mit sauren Wollfarbstoffen färbbar. (**A. P. 2971937** vom 29/5. 1953, ausg. 14/2. 1961.) H. Schindler. 8081

Dow Chemical Co., Midland, Mich., V. St. A., **Verspinnbare Mischung** aus Polymerisaten oder Copolymerisaten eines monoäthylenungesätt. Acrylsäurenitril-Monomeren u. einem Propfpolymerisat daraus mit einem Polymerisat mit einer funktionsfähigen Gruppe (**I**), verteilt oder aufgelöst in einem wss. organ. Lsgm., z. B. wasserhaltiges Äthylencarbonat, Dimethylsulfoxyd oder Butyrolacton. Als **I** dient z. B. Polyvinylpyrrolidon. (**E. P. 869180** vom 12/12. 1957, ausg. 31/5. 1961. A. Prior. 13/12. 1956.) W. Overbeck. 8081

Crylor, Paris, Frankreich, **Permanentfinish auf Textilien aus Polyacrylnitril** (**I**) erhält man durch Imprägnierung des Gutes mit einem für **I** latenten Lsgm. mit einem Geh. an einem darin lösl. Polymerisat. — Ein Gewebe aus **I**-Fäden wird mit einer 2%ig. Lsg. von **I** in *Dimethylformamid* bei 20° über 30 Min. imprägniert, worauf zentrifugiert u. dann das Gewebe 2 Std. bei 60° getrocknet wird. — Ferner geeignet zur Imprägnierung ist eine 1%ig. Lsg. eines Mischpolymerisates (90% **I** u. 10% Methylmethacrylat) in *Butyrolacton* oder je 5%ig. Lsg. von *sek. Celluloseacetat* oder *Polyvinylacetat* in Dimethylformamid. — Die erhaltene Steifausrüstung ist wasch-, färbe- u. bleichecht. (**E. P. 870701** vom 21/12. 1959, ausg. 14/6. 1961. F. Prior. 2/2. 1959.) H. Möllering. 8081

Stockholms Superfosfat Fabriks Aktiebolag, Stockholm, übert. von: Olof Sunden, Ljungaverk, Sven Hugo Sönnerskog, Bramhult, Nils Barthold Sunden, Enskede, und Hans Erik Larsson, Ljungaverk, Schweden, **Naßspinnen von Polyacrylnitril enthaltenden Fasern.** Man verspinnt eine 10—30%ig. Lsg. von Polyacrylnitril (**I**), das bis zu 15(%) eines anderen Monomeren einpolymerisiert enthalten kann u. ein Molgew. von 40000—200000 besitzt, in ein Fällbad, das aus Kerosin mit einem Geh. von höchstens 35 an aromat. KW-Stoffen besteht u. dessen Temp. 60—180° beträgt. Als Lsgm. für **I** dient Dimethylformamid oder Dimethylacetamid. Die Fäll-Fl. kann regeneriert werden, indem man sie auf 40° oder darunter kühlt, wobei sich Lsgm. u. Fällmittel in 2 Schichten trennen. Nach A. P. 2967086 verwendet man Kerosin von 60—160° mit einem Geh. an aromat. KW-Stoffen von 50—75 u. als Lsgm. Dimethylsulfoxyd, Äthylen- oder Propylencarbonat. (**A. PP. 2967085** u. **2967086** vom 29/5. 1957, ausg. 3/1. 1961.) F. Böhm. 8081

E. I. du Pont de Nemours & Co., Wilmington, Del., V. St. A., **Polyester** zur *Herst. von Fäden* enthalten in der Kette das Metallsalz der Sulfonsäure. Die Kette hat den Aufbau $-XZ(SO_3M)-Y$, wobei Z eine 2wertige Alkylgruppe u. X = $O-CO$; $-(CH_2)_n-O-$; $-O-(CH_2)_n[O(CH_2)_n]_m-O-$; $-CO-[O-(CH_2)_n]_m-O-$ bedeutet; Y = X oder H-Atom; zwischen X u. Z sind wenigstens 3 C-Atome. (**E. P. 868496** vom 18/11. 1957, ausg. 17/5. 1961. A. Prior. 19/11. 1956.) F. Koch. 8081

Chemstrand Corp., Decatur, Ala., V. St. A., **Modifizierte Polyester** zur Herst. von *Fäden*, mit einem F. P. von über 200° sind das Rk.-Prod. einer üblichen aromat. Dicarbonsäure (Terephthal-, Isophthalsäure, deren Mischungen oder auch Dialkylestern), einem Glykol (2—10 C-Atome), sowie einem Dialkylester einer gesätt. aliphat. Dicarbonsäure der Formel $R_1 \cdot O \cdot CO \cdot A(C_nH_{2n+1})_y \cdot CO \cdot O \cdot R_2$, worin R_1 u. R_2 Alkylgruppen mit 1—10 C, A = eine lineare aliphat. Gruppe mit 14—18 C; n = 1 oder 2 u. y = 0, 1 oder 2 bedeuten; z. B. Dimethyl-1,20-eicosandioat; Dimethyl-8-äthyloctadecan-1.18-dioat). (**E. P. 869956** vom 18/8. 1958, ausg. 7/6. 1961. A. Prior. 6/9. 1957.) F. Koch. 8081

Chemstrand Corp., Decatur, Ala., V. St. A., **Faserbildende Polyurethane** erhält man durch Rk. von Diisocyanaten mit monohydroxysubstituierten Hydraziden der allg. Formel: $HO-R_1-\underset{\underset{O}{\|}}{C}-NH-NH_2$; R_1 ist zweiwertiger organ. Rest mit 2—8 C-Atomen, auch aromat., in Ggw. von Katalysatoren, Weichmachern,

Pigmenten, Farbstoffen oder Oxydationsinhibitoren. (**E. P. 880401** vom 4/9. 1959, ausg. 18/10. 1961. A. Prior. 10/9. 1958.) E. Dörfel. 8081

Imperial Chemical Industries Ltd. (Erfinder: John Mather), London, England, **Lösungen aromatischer Polysulfonamide,** bes. solcher, wie Polyhexamethylenbenzol-p-disulfonamid, Polyhexamethylenbenzol-m-disulfonamid, deren N-Methylderivv. oder deren Gemischen, erhält man durch Lösen in Säuren mit einer pK $> 5 \cdot 10^{-2}$ u. einem Wassergehalt von nicht mehr als 15% (Vol.), wie H_2SO_4, Dichloressigsäure oder Trifluoressigsäure. — Herst. von *Fäden u. Folien.* (**E. P. 867486** vom 9/6. 1958, ausg. 10/5. 1961.) E. Dörfel. 8081

Kurashiki Rayon Kabushiki Kaisha, Kurashiki, Japan, **Stabile Polymerisatemulsionen** erhält man durch Polymerisation einer Mischung aus einer quatern. Vinylpyridinium-Verb., z. B. 2-Methyl-5-vinylpyridinmethobromid, u. Styrol, Acrylaten, Vinylchinolin, Divinylbenzol oder Vinylpyridin in wss. Medium. Verw. als *Zusatz zu wss. Spinnlsg. von Polyvinylalkohol,* wodurch die erhaltenen Fasern besser anfärbbar sind. (**E. P. 883750** vom 5/10. 1959, ausg. 6/12. 1961. Jap. Prior. 14/10. 1958.) L. Stadelmann. 8081

Hess, Goldsmith & Co., New York, N. Y., übert. von: Merrill R. May, Florham Park, N. J., V. St. A., **Entschlichten von Glasgewebe** erfolgt durch Durchführen des Gewebes durch eine Erhitzungszone mit O_2-Zuführung, in der die auf dem Gut enthaltene organ. Schlichte mit gelber, C enthaltender Flamme verbrennt, worauf das Gewebe unmittelbar in eine Kühlzone eingebracht wird. Geeignet sind Temp. zwischen 482 u. 566°. Geeignet ist ein vertikaler oder ein horizontaler Muffelofen. (**A. P. 2970934** vom 27/8. 1956, ausg. 7/2. 1961.) H. Möllering. 8083

H_{19}. Brennstoffe. Erdöl. Mineralöle

Naßverkohlung von Torf. Sven-Erik Hägglund. (Tekn. Tidskr. **90,** 633—39, 3/6. 1960; Lund; schwed.) — Beschreibung einer halbtechn. Anlage zur *Entwässerung u. Verkohlung* von *Torf* in pumpbarer Suspension durch Druckerhitzung mit indirektem oder direktem Wärmeaustausch u. einer danach entwickelten techn. Anlage. R. K. Müller. 8122

Plastische Eigenschaften von Sunnyside-Kohlen. Produkte von Aufbereitungsanlagen, Oxydation und Lagerung im Gemisch mit anderen Kohlen und anderen Stoffen. Glenn C. Soth. (Blast Furnace Steel Plant **50,** 420—27, Mai 1962; Fontana, Calif., Kaiser Steel Corp.; engl.) — Die Sunnyside-Kohle (SK) besteht zu 90% aus Klarain oder Vitrinit. Unterss. mit dem Gieseler-Plastometer zeigen eine eindeutige Abnahme der *Plastizität* bei den feineren Kohlen u. eine Zunahme der Feuchtigkeit, während der Geh. an Flüchtigen abnimmt. Bei der Lagerung im Freien tritt bei SK nur eine geringe Änderung durch die Bewetterung ein, was sich bei der Verwendung kaum bemerkbar macht, doch werden die plast. Eigg. stark beeinflußt, was sich in stark schwankenden Werten bemerkbar macht. Es zeigt sich, daß der plast. Zustand beim Lagern bei Raumtemp. beeinflußt wird, so daß bei längerer Lagerzeit niemals übereinstimmende Werte erhalten werden. Diese Änderung der plast. Eigg. hat eine große Bedeutung bei der Mischung von SK mit anderen Kohlen, da es möglich ist, beim Mischen von SK mit anderen Kohlen solche Kohlen zu nehmen, die ähnliche plast. Eigg. zeigen, wodurch ein Gemisch erhalten wird, das von den ursprünglichen plast. Werten nicht stark abweicht. Wird SK mit Petrolkoks gemischt, so tritt kein Schmelzen ein, während die Mischung mit Gilsonit so dünnfl. ist, daß keine Plastometerbest. durchgeführt werden konnte.
F. Rosendahl. 8126□

Die Gewinnung des Galliumgehaltes von Kohlen. András Halász und Antal Jánosi. (Veszpremi Vegyipari Egyetem Közleményei [Mitt. Univ. chem. Ind. Veszprém] **5,** 273–79, März 1961; Lehrst. analyt. Chem.; ung.) — Einige ungar. *Kohlen* enthalten *Ge* u. *Ga* als Spurenelemente in größenordnungsmäßig gleicher Konzentration. Beide werden im Laufe der Kohlenverarbeitung in der Flugasche, im Gaswasser u. im Teer angereichert. Ge wird aus HCl-Lsg. als $GeCl_4$ gewonnen, die restliche Lsg. enthält einige Zehntelgramm Ga pro Liter. Die stark salzsaure Lsg. wird mit Ae. (besser mit Diisopropyläther) extrahiert; der anfallende Ga–Fe-Komplex wird durch Dest. vom Ae. befreit, dann mit NaOH behandelt. So wird Na-Gallat u. $Fe(OH)_3$ erhalten, aus der Lsg. durch Neutralisation $Ga(OH)_3$ abgeschieden u. nach Filtrieren in 30%ig. NaOH-Lsg. gelöst. Die so erhaltene Na-Gallatlsg. wird bei $>30°$ mit $1-1{,}5$ A/cm^2 kathod. Stromdichte elektrolysiert.

Das erhaltene Ga kann durch weitere Reinigung auf 99,99% gebracht werden (ca. 1500 g wurden so hergestellt). I. Náray-Szabó. 8126

Elektrochemische Reduktion der Kohle. Heinz W. Sternberg und Irving Wender. (U. S. Dep. Interior, Bur. Mines, Rep. Invest **1962,** Nr. 5943, 1—10; Pittsburgh, Pa., Pittsburgh Coal Res. Center, Bur. of Mines; engl.) F. Rosendahl. 8126□

Das Verfahren der hängenden Probe zur Bestimmung des Umsatzgrades zwischen Kohlenstoff und Dampf. W. T. Abel und J. H. Holden. (U. S. Dep. Interior, Bur. Mines, Rep. Invest. **1962,** Nr. 6000, 1—22; Morgantown, W. Va., Morgantown Coal Res. Center, Bur. of Mines.; engl.) — Bei dem Verf. wird eine *Probe* des zu untersuchenden *Graphits* (I) in einem elektr. geheizten Rohr aufgehängt, wobei der Draht mit dem Probestück an einem Waagebalken befestigt wird, so daß die Abnahme des I-Gew. ständig beobachtet werden kann. Die Abnahme von I geht von 0,4% je Min. bei 1040° bis zu 7% bei 1320°. Bei >1200° hat die Menge des Dampfes nur eine schwache Wirkung. Bei Verdünnung des Dampfes mit einem inerten Gas verlangsamte sich die Rk. etwas, doch nicht in dem Maße, wie das durch die Rk.-Prodd. selbst geschieht. Die durchschnittliche Rk. von I liegt bei 1100° bei 0 u. bei 1260° bei 0,45%. Die Aktivierungsenergie (AE) liegt zwischen 1040 u. 1150° u. 2 Mol. Dampf je Mol. I liegt bei 50 kcal/Mol. bei einer Größe der Probe von 7,9 × 7,9 × 31,7 mm u. bei 70 kcal bei einer Probengröße von 0,7 × 19 × 28,5 mm. 83 kcal beträgt die AE bei einer anderen Verf.-Technik, die einen pulvrigen I (200—230 Maschensieb) verwendet. Die AE nähert sich einem Maximum in dem Maße, wie sich die I-Probe der Pulvergröße nähert. F. Rosendahl. 8126□

Steinkohle und Koks gehen mit der Zeit. Mario Niccolini. (Gas [Roma] **11,** 59—61, Febr. 1961; ital.) — Folgende Anforderungen werden an einen „Dauer-Allesbrenner" gestellt: 70—80% Wärmeausbeute, 12—18std. Brenndauer mit einer Füllung, Einstellung bis auf 1/4 der Normalleistung, einfache Reinigung des Rostes, Regelung der Luft. Um der Konkurrenz der Öl- u. Gasbrenner in Italien gewachsen zu sein, ist eine weitere Verbesserung der Wärmeausbeute bis zu 93% u. der automat. Regelung notwendig. W. Rauchenberger. 8128□

Verbrennungssysteme für Öfen. Rolf Collin. (Tekn. Tidsk. **90,** 867—76, 16/9. 1960. Surahammar; schwed.) — Überblick über Brennstoffe, Mechanik der Verbrennung, Stabilisierung eines Verbrennungsweges, Verbrennung von fl. Brennstoffen, Stabilisierungsprobleme, Flammenhalter, Austauschbarkeit der Gase, Flammenstrahlung, Schnellbrenner u. Aussichten. R. K. Müller. 8128□

Die Verbrennung und die Vergasung der Kohle auf dem Rost. Wilhelm Nusselt. (Int. J. Heat Mass Transfer **3,** 359—69, Dez. 1961; dt.) — Wiederabdruck einer in der Z. Ver. dtsch. Ing. **60,** [1916], 102, erschienenen Veröffentlichung, die histor. insofern bemerkenswert ist, als hier anscheinend erstmals die Analogie zwischen Wärme- u. Stoffübergang quant. angewendet wird. J. Martins. 8128□

Experimentelle Untersuchung über die Instabilität der Verbrennung fester Treibstoffe. E. W. Price, H. B. Mathes, J. E. Crump und M. R. McGie. (Combust. and Flame **5,** 149—62, Juni 1961; China Lake, Calif., U. S. Naval Ordnance Test Stat., Res. Dep.; engl.) — Zur Unters. der Instabilität der Verbrennung benutzen Vff. relativ einfache Verbrennungskammern mit einer Vorr., die es erlaubt, die relativ hochfrequenten Schwankungen des Verbrennungsdruckes zu registrieren. Dadurch ist es möglich neue Erkenntnisse über das Verh. von festen Treibstoffen während der Verbrennung zu gewinnen. J. Peters. 8128□

Die Rußbildung bei der Zersetzung und Verbrennung von Kohlenwasserstoffen. P. A. Tesner. (Gas [Roma] **11,** 384—90, Dez. 1961; ital.) — Die *Ruß-Bldg.* vollzieht sich in 2 Stufen: Keim-Bldg. u. Wachsen der Teilchen. Die Keime sind Radikale von intermediär entstehenden aromat. oder Acetylen-KW-Stoffen. Das Wachsen geschieht durch therm. Zerfall der KW-Stoffe in H_2 u. C. Die Geschw. der Keim-Bldg. hängt von der Gas-Temp., der Strömungs-Geschw. u. dem Rohrdurchmesser ab. Im einzelnen werden die therm. u. explosive Zers. von C_2H_2, sowie die Verbrennung in laminarer u. turbulenter Strömung u. im Gemisch mit Luft besprochen. W. Holland. 8128□

Eine theoretische Untersuchung der Wechselwirkungen zwischen zwei parallel brennenden Brennstoffplatten. Tau-Yi Toong. (Combust. and Flame **5,** 221—27, Sept. 1961; Cambridge, Mass., MIT; engl.) — An Hand eines theoret. Modells werden die Hauptursachen u. der Mechanismus der *Wechselwrkg.* auf 2 nebeneinander brennende *Brennstofftropfen* untersucht, auf die senkrecht zu ihrer Verbindungslinie ein oxydierender Strom geführt wird. Untersucht wird mit Hilfe einer Integralmeth. die Wechselwrkg. zwischen 2 Platten, die mit Brennstoff bedeckt sind. Die angewandte Meth. ist jedoch nur gültig in einem Gebiet, in dem die Dicke der Grenzflächenschicht klein ist im Vgl. zu dem Abstand der Platten. In diesem Gebiet nimmt die Verdampfungsgeschw. an der Brennstoffoberfläche mit kleiner werdendem Abstand der Platten ab, während inzwischen die Verbrennungsgeschw. an der Flammenfront abnimmt. Werden die erhaltenen Ergebnisse auf 2 Brennstofftropfen angewendet, die Seite an Seite brennen, dann kann vorausgesagt werden, daß die Verbrennungsgeschw. u. die Flammenlängen mit kleiner werdendem Abstand der beiden Tropfen zunehmen, u. zwar so lange, wie die Flammen, die die Tropfen umgeben, von einander getrennt sind. Diese Vorhersagen stimmen gut mit exprimentellen Ergebnissen überein. C. Gottfried. 8128

Der Einfluß der Kohlesorte und des Feinheitsgrades auf den Entzündungsindex von Kohlestaub. R. H. Essenhigh. (Combust. and Flame **5,** 300—01, Sept. 1961; Sheffield, Univ., Dep. of Fuel Technol. and Chem. Engn.; engl.) — Unter Bezugnahme auf Explosionsvers. von Mason u. Wheeler [1931—36] an 11 verschiedenen Kohlensorten wird auf Grund der l. c. erhaltenen Ergebnisse für den Entzündungsindex Z die folgende empir. Gleichung abgeleitet: $Z-Z_0 = m(V-V_0)(F-F_0)$, wo V der %ig. Anteil der flüchtigen Bestandteile der Kohle, F der Feinheitsfaktor u. Z_0, V_0, F_0 u. m empir. Konst. sind, die aus den l. c. mitgeteilten Vers.-Ergebnissen zu 0,95; 12,5; 0,15 u. 0,042 bestimmt wurden. Werden die erhaltenen Werte des Entzündungsindex gegen das Prod. $\Delta V \cdot \Delta F$ graph. aufgetragen, dann ergibt sich eine lineare Beziehung. C. Gottfried. 8128

Walzenmühlen. Ein Beitrag zur Beurteilung und Auswahl von Kohlenmühlen. W. Schöning. (Mitt. Vereinig. Großkesselbesitzer **1961,** 123—27, April; dt.) — Bei der Konstruktion von Kohlenstaub-Mühlen ergeben sich aus der unbekannten Vermahlbarkeit einer neuen Kohlesorte nur ungenaue Werte für Durchsatz u. Antriebsleistung der Mühle, da die Übertragung von in Labor.-Mühlen erhaltenen Hardgrove-Werten auf Großmühlen nur in seltenen Fällen ohne Korrekturfaktoren möglich ist. Für Feder-Walzenmühlen werden aus langjähriger Betriebserfahrung erhaltene Korrektur-Faktoren angegeben. Sie gelten unter der Voraussetzung, daß der nachgeschaltete Sichter gut auf die Mühle abgestimmt ist, um die Mühle möglichst schnell von dem fertig gemahlenen Staub zu befreien. Weiter wird über die Anwendung der Walzenmühlen in Zentralmahlanlagen, über die Kombination mit Mühlengebläsen u. über den Anwendungsbereich und Betriebsdaten dieses Mühlen-Typs berichtet. H. Giehring. 8134□

Die Wirkung ausgewählter Arbeitsbedingungen auf die kontinuierliche Flotation von Kohlen in Zellen. Eine Laboratoriumsuntersuchung. J. B. Gayle und W. H. Eddy. (U. S. Dep. Interior, Bur. Mines, Rep. Invest **1962,** Nr. 5989, 1—18; Tuscaloosa, Ala., Tusculoosa Metallurgy Res. Center, Bur. of Mines; engl.) — Das Ausbringen bei der *Flotation* (FL) wird durch den Geh. an festen Teilchen im Rohstoff bestimmt, jedoch ist diese Veränderliche sehr komplex, weil sie von der Kohle u. den Arbeitsbedingungen abhängt. Im allg. steigt die Ausbeute bei der Zunahme der Konz. in den Zellen. Bei Verw. von Kerosin-Fichtenöl als Emulgator ist die FL wesentlich besser, wenn auch diese Veränderliche stark von der Kohle abhängt, weil zwischen den Partikeln auch bei starkem Unterschied in der Größe Rkk. stattfinden. Die Änderung der Verweilzeit durch Änderung der Tiefe der Zellen hat keine Einw. auf die FL. Bei alleiniger Verwendung eines Schaummittels tritt ein besseres Ausbringen bei Erhöhung der Strömungsgeschw. ein. Es war nicht möglich, die verschiedenen Feststellungen in eine geeignete Formel zu kleiden, da die Wrkg. der Teilchengröße, des Rohstoffs u. der Verf.-Bedingungen zu komplex sind. F. Rosendahl. 8134□

Die Schwelung von Gasflammkohle mit verschiedenen Gasen als Spülmittel. Hans Steinbrecher und Rudolf Novotny. (Brennstoff-Chem. **40,** 50—52, 18/2. 1959; Braunschweig, TH, Inst. für Chem. Technol.; dt.) — *Gasflammkohle* wird bei 350—440° mit verschiedenen *Spülgasen* (Wasserdampf, N_2, CO_2, H_2 u. CO) bei gleichzeitiger Steigerung der Strömungsgeschw. (=Verkürzung der Verweilzeit) *geschwelt.* Wird die Ausbeute der Normalschwelung ohne Spülgas als Nullpunkt genommen, so ergibt sich für N_2 und CO_2 (letzteres bis 520°) eine Ausbeuteänderung an Phenolen von + 28,9% (diese ist jedoch *nur* auf die Verkürzung der Verweilzeit zurückzuführen), während sie bei H_2 nur + 19,5% u. bei CO sogar —10% beträgt.

Nur der (ebenso wie CO bzw. H_2) reaktive Wasserdampf bewirkt (gegenüber der reinen Einw. der Verweilzeit gemessen) eine echte positive Ausbeuteveränderung mit insgesamt + 32,6%. E. Tiedemann. 8140□

Untersuchungen über die Eigenschaften von Naturkoks. 3. Mitt. Eigenschaften des Naturkokses aus Fördergruben. Riichi Shioda, Hisanori Nakamura und Eiichi Sato. (J. Fuel Soc. Japan **40,** 628—43, Aug. 1961; Furukawa Mining Co., Ltd.; jap., Auszug: engl. S. 643.) — 2. vgl. C. **1962,** 9572. — *Senseki-Koks* enthält verschiedene Arten: *Hartsenseki*, der mit Lava in Berührung steht, *Weichsenseki* u. *Anthrazit*. Proben aus *Senseki* enthalten alle Sorten, die durch Analyse nicht getrennt werden können. Durch Bearbeitung von 30 Proben aus verschiedenen Stellen der Grube können verschiedene Eigg. durch Analyse ermittelt werden. Durch Mikroaufnahmen kann die Bldg.-Temp. bestimmt werden.
F. Rosendahl. 8144□

Untersuchungen über die Eigenschaft von Naturkoks. 4. Mitt. Die Eigenschaften der Asche von Senseki. Riichi Shioda, Hisanori Nakamura und Eiichi Satō. (J. Fuel Soc. Japan **40,** 777—93, 1961; jap., Auszug: engl.) — 3. vgl. vorst. Ref. — Die Waschkurve von *Senseki* (**I**) unterscheidet sich erheblich von der von normaler bituminöser Kohle. Schaumflotation ist bei **I** nicht geeignet, da mit gewöhnlichen Schaummitteln **I** nicht flotiert. Zum Entaschen wird **I** im Autoklaven mit konz. Alkalilauge behandelt u. anschließend mit HCl gewaschen. Der *Ascheg eh.* ist höher als der von Graphit; ebenso ist die Zus. eine andere. Graphitasche besteht aus SiO_2 u. Al_2O_3, die von **I** aus Fe_2O_3 u. CaO. Die Hauptmenge der Asche von **I** ist mit verkohltem Bitumen bedeckt. Die beste Waschmeth. ist die Behandlung mit der Baum-Setzmaschine u. die Windsichtung verglichen mit der Schaumflotation oder anderen Verfahren. 3 Zitate. F. Rosendahl. 8144□

Untersuchungen über die Eigenschaften von Naturkoks. 5. Mitt. Untersuchungen über die Hauptbestandteile von Senseki (Natur-Koks). Riichi Shioda. (J. Fuel Soc. Japan **40,** 855—65, Nov. 1961; jap., Auszug: engl. S. 865.) — 4. vgl. vorst. Referat. — Aus verschiedenen Eigg. von *Senseki-Naturkoks* (**I**) wird gefolgert, daß er mit gewöhnlichem Steinkohlenkoks oder bituminöser Kohle nicht verglichen werden kann. Seine Eigg. erklären sich aus der Carbid-Theorie, nach der **I** eine Reihe von Carbiden enthält, die bei der Bldg. von **I** entstanden, indem die Metalle der Asche mit bituminöser Kohle reagierten. **I** kann als Mischkomponente für Kokskohle, als Rohstoff für Gaserzeuger, als Aktiv-Kohle usw. verwendet werden.
F. Rosendahl. 8144□

Über die Gewinnung von Mischkoks aus Stein- und Braunkohle mit öligen Zusätzen. 1. Mitt. Das Verhalten der Lignite. D. Mirew und D. Rusčew. (Brennstoff-Chem. **43,** 46—48, Febr. 1962; Sofia, Bulgar. Akad. der Wiss., Chem. Inst. u. Chem.-technolog. Inst.; dt.) — Bei Tiegel-, plastometr. u. Kammerverkokungen zur Gewinnung von *Mischkoks* aus backender *Steinkohle* u. *Ligniten* oder deren Schwelkoksen wurde festgestellt, daß Zusatz von Steinkohlenteer ein gut aufgeschmolzenes u. aufgeblähtes Prod. ergibt. Die Endtemp. der Schwelung der Lignite hat wesentlichen Einfl.; höchste Festigkeit weist ein Mischkoks auf, der mit bei 400° hergestelltem Schwelkoks gewonnen worden war. Zugabe von Lignitkohle zu backender Steinkohle verschlechtert den Mischkoks, Anwendung von Schwelkoks (erhalten bis 400°) statt Ligniten ergibt gute Gasdurchlässigkeit u. Festigkeit.
W. Lauk. 8144□

Vergasung feinteiliger Kohle mit Wasserdampf und Sauerstoff in einer Wirbelschicht bei erhöhtem Druck. 1. Mitt. Reaktion von Kohlenstoff mit Wasserstoff. Arthur M. Squires. (Trans. Instn. chem. Engr. **39,** 3—9, 1961; New York City, Hydrocarbon Res., Inc.; engl.) — Ein halbtechn. Wirbelschichtvergaser wird beschrieben. Die Kinetik der Rk. $C + 2H_2 = CH_4$ bei der *Vergasung* von *feinteiligem Anthrazit* mit *Wasserdampf* u. O_2 bei Drücken bis zu 245 lbs/sq. in u. Temp. bis zu 1676 °F wird untersucht. Mit der Anlage werden täglich bis zu 650000 standard cubic feet an H_2, CO u. CH_4 erzeugt. H. Schroeder. 8148□

Vergasung feinteiliger Kohle mit Wasserdampf und Sauerstoff in einer Wirbelschicht bei erhöhtem Druck. 2. Mitt. Reaktion von Kohlenstoff mit Dampf. Arthur M. Squires. (Trans. Instn. chem. Engr. **39,** 10—15, 1961; engl.) — 1. vgl. vorst. Ref. — Es werden empir. Wechselbeziehungen zwischen *Kohle* u. *Dampf* gefunden, die sowohl für Anthrazit als auch für Halbkokse von bituminösen Kohlen zutreffen. Wird eine Zirkulation der Kohle im *Wirbelbett* erreicht, so tritt in der Nähe des Bodens eine Reaktivierung der Kohle an den Stellen ein, wo der Teildruck von H_2 gering u. der von Dampf hoch ist. Die Aktivität der Kohle bleibt im ganzen Wirbelbett aufrechterhalten, während beim Festbettvergaser eine hohe Aktivität der Kohle nur in der Nähe des Dampfeintrittes zu verzeichnen ist. Die Ausbeute an CH_4 ist im Festbettvergaser wesentlich geringer als dem Graphitgleichgew. entspricht, weil die Aktivität der Kohle zum Dampfaustritt hin nachläßt. F. Rosendahl. 8148□

Vergasung feinteiliger Kohle mit Wasserdampf und Sauerstoff in einer Wirbelschicht bei erhöhtem Druck. 3. Mitt. **Beziehung zwischen integralen und differentiellen Geschwindigkeiten; Einfluß der Höhe der Kohle auf die Vergasungsgeschwindigkeit und die Rolle der Verschiebungsreaktion.** Arthur M. Squires. (Trans. Instn. chem. Engr. **39**, 16—21, 1961; engl.) — 2. vgl. vorst. Ref. — Die Möglichkeit wird untersucht, empir. *Beziehungen* zwischen der *integralen Geschw.* der C-Wasserdampf-Rk. u. den entsprechenden *differentiellen Geschw.* herzustellen. Eine empir. Beziehung für die Wassergas-Verschiebungs-Rk. wird aufgestellt. Es wird gefunden, daß bei einigen Kohlearten ein Absinken der Vergasungsgeschw. erfolgt, wenn nur noch wenige % der ursprünglichen Kohleart vorhanden sind.
H. Schroeder. 8148□

Der Shell-Ölvergasungsprozeß und seine Anwendung in der Industrie. M. Gattiker. (Chem. Ind. [Solothurn] **9**, 47—50, 1960/61; Den Haag, N. V. De Bataafsche Petroleum Mij.; dt.) — Neben der Verf.-Beschreibung des *Shell-Ölvergasungsprozesses* werden verschiedene Anwendungsmöglichkeiten, wie die Erzeugung von Synth.-Gas, von H_2 für die hydrierende Entschwefelung von Erdölfraktionen, Red.-Gas für den Hochofenprozeß u. von normgerechtem Stadtgas (modifizierte Ausführungsform zur direkten Erzeugung aus leichten Erdölfraktionen), angeführt.
R. Bätz. 8148□

Gewinnung von Synthesegas aus Erdgas in einer Gasmaschine. Tamechika Yamamoto, Kyozo Kaneko, Kazuo Kuwae und Youki Hiratsuka. (J. Fuel Soc. Japan **40**, 823—31, Nov. 1961; Nihon Gas Kagaku Kōgyō Co.; Hitachi Seisakusyo; jap., Auszug engl. S. 831.) — Die Hauptschwierigkeit bei der *Gewinnung* von *Synth.-Gas* (H_2 + CO) in einer *Gasmaschine* mit innerer Verbrennung ist die Bldg. von freiem C, ferner die Gefahr des Rückschlags bei zu wenig O_2 u. die des Klopfens bei zu viel O_2. Diese Schwierigkeiten werden überwunden durch eine geeignete Kompression, gutes O_2/KW-Stoff-Verhältnis u. die Anpassung des Drucks an das jeweils zugeführte Gasgemisch. Hierzu wird eine geeignete Maschine mit 8 Zylindern mit einem Gesamtvol. von 42,2 Litern entwickelt. Eingesetzt wird Erdgas mit 94% CH_4 u. 96%ig. O_2 unter ständigem Wechsel des O_2/CH_4-Verhältnisses, des Druckes, der Geschw. usw. 77% der Verbrennungswärme von CH_4 werden übergeführt in das Synth.-Gas, 8% werden in mechan. Arbeit umgesetzt. Somit wird der höchste Grad der Ausnutzung des Effektes eines Synth.-Gas-Herst.-Verf. erreicht. Alle Werte werden in einem 1000stündigem Betrieb erhalten. Es kann kein Schaden an der Maschine u. nur eine unbedeutende Ablagerung von C festgestellt werden. F. Rosendahl. 8152□

Über Einflüsse, die die Anteile an Äthan, Äthylen, Acetylen, Propan und Propylen im Koksofengas bestimmen. Fritz Gebert und Günther Herbst. (Brennstoff-Chem. **43**, 20—24, Jan. 1962; Essen, Ruhrgas AG, Chem. Labor.; dt.) — Das *Koksofengas* aller Lieferkokereien der Ruhrgas AG wird mit Hilfe der Gaschromatographie auf seinen Anteil an *C_2- u. C_3-KW-Stoffen* untersucht. Mit steigendem Geh. an flüchtigen Bestandteilen der zur Verkokung eingesetzten Kohle nimmt der auf Koksofengas bezogene Gesamtanteil der C_2- u. C_3-KW-Stoffe zu. Dieser Einfl. des Inkohlungsgrades wird teilweise von dem Einfl. der Betriebsbedingungen der Kokereien überlagert. Die aus den Gasanalysen einiger Kokereien des Ruhrgebietes sich ergebenden Werte für die Verbrennungswärme H_0 der sog. „schweren KW-Stoffe" schwanken im Bereich von 17000 bis 22000 kcal/Nm³. Je nach Änderung der Betriebsbedingungen werden diese Werte größer oder kleiner.
S. Gipp. 8156□

Anreicherung und Extraktion von Germaniumverbindungen in Braunkohlen-Gaswässern durch Niederschlagsbildung mit Formaldehyd. 2. Mitt. **Bindungstyp des Germaniums im Phenol-Formaldehyd-Kondensat.** Miklós Nádasy. (Magyar Kémiai Folyóirat [Ung. Z. Chem.] **68**, 109—115, März 1962; Veszprém, Forsch.-Inst. chem. Schwerind.; ung.) — 1. vgl. C. **1962**. 15367. — *Brenzcatechin/Resorcin/HCHO-Polykondensate* binden *Ge* (**I**) durch die o-ständigen OH-Gruppen chem. u. nicht durch Adsorptionskräfte. **I** gibt Chelatkomplexe mit o-ständigen OH-Gruppen unabhängig vom Molgew.; **I** führt dagegen mit solche Gruppen nicht enthaltenden

Phenol/HCHO/Kondensaten zu keiner Bindung; Temp.-Erhöhung vergrößert auch die Menge an gebundenem **I**; **I** wird aus dem Kondensat-Komplex weder durch Waschen mit W. oder wss. Lsg. selbst bei Siedetemp. noch durch Elektrodialyse bei 200 V entfernt. Der Komplex besitzt wahrscheinlich die Struktur **I**/2 Brenzcatechin/2 H_2O. Auch im organ. Anteil der *Kohle* ist **I** wahrscheinlich an o-ständige OH-Gruppen gebunden. P. Tolnay. 8164

Neuere Tendenzen bei der Technologie der Gasaufbereitung in Europa. Masao Futo. (J. Fuel Soc. Japan **40,** 817—22, Nov. 1961; Tokyo Gas Co., Ltd.; jap., Auszug engl. S. 822.) — Bericht über die Entfernung von organ. u. anorgan. S aus *Gasen*, Entfernung von NO u. Dienen nach neueren Meth. u. Vgl. mit den bisher üblichen in Deutschland, England, Belgien u. Italien. F. Rosendahl. 8164□

Fraktionierung von rohem Steinkohlenteer in einer modernen Destillationsanlage. Harold S. Turnbell. (Blast Furnace Steel Plant **50,** 411—14, Mai 1962; US Steel Corp., Clairton Works, Coke and Coal Chem. Div., Tar plant; engl.) — Mit der neuen Anlage ist es möglich, sehr scharfe Fraktionen abzunehmen: ca. 144 gegenüber nur 12 bei einer 1928 errichteten Anlage. Alle Vorgänge werden zentral überwacht u. gesteuert. Zur Feuerlöschung sind Sprinkler-Anlagen mit Schaumerzeugung vorgesehen. Die komplette Anlage besteht aus einer Flash-Einrichtung u. 3 Fraktionierkolonnen; der Werkstoff ist rostfreier Stahl.
F. Rosendahl. 8176□

Über die Extraktion von Teerölen mit Harnstoff. 1. Mitt. **Über die Extraktion von basenfreiem Karbolöl.** Georg Kowalski und Leo Lewicki. (Brennstoff-Chem. **40,** 33—41, 18/2. 1959; Breslau, TH, Inst. für Chem. u. Technol. der Braunkohle; dt.) — 2. vgl. C. **1962,** 6642. — Die Gruppe der Säureamide, Thioamide usw., bes. *Harnstoff* und *Thioharnstoff*, sind hervorragend zur Bildung von krist. Additionsverb. mit *Phenolen* befähigt. Dieser Umstand ermöglicht eine bequeme und einfache *Entphenolierung* von *Ölen* und die Gewinnung von fast neutralölfreien Phenolextrakten. Bes. zweckmäßig ist die Entphenolung in der fl. Phase mit wss. Harnstofflösungen. Extraktionsverlauf und Entphenolungswrkg.-Grad können durch Zugabe von aliphat. KW-Stoffen als Extraktionshilfsmittel zum Phenolöl verbessert werden. Die Verw. von aliphat. KW-Stoff-Fraktionen der Fischer-Tropsch-Synth., außerdem Möglichkeiten zur Abtrennung der Phenole aus den Extrakten sowie die Regeneration von Harnstoff werden beschrieben.
E. Tiedemann. 8176□

Analytische Methode zur Untersuchung des thermischen Abbaues von Ölschiefer. John Ward Smith. (U. S. Dep. Interior, Bur. Mines, Rep. Invest **1962,** Nr. 5932, 1—17; Laramie, WYO., Lamarie Petroleum Res. Center, Bur. of Mines; engl.) — Mit der neuen Meth. kann der *Verf.-Gang* der *therm. Zers.* von *Ölschiefer* verfolgt werden unter gleichzeitiger Kontrolle von Temp., Geschw., Rk.-Atmosphäre usw. Zur gleichen Zeit werden die Abbauprodd., wie Öl, Gas u. Rückstand, gravimetr. erfaßt. Best. von Art u. Menge des erzeugten Gases, Elementaranalyse der Prodd. u. Best. des Heizwertes werden angegeben. Die benötigte App. u. ihre Arbeitsweise werden beschrieben. F. Rosendahl. 8180□

Versuchsergebnisse zur Lagerung von flüssigem Naturgas. J. Besnard und R. Vincent. (Gas [Roma] **11,** 86—91, März 1961; ital.) — Wegen des interkontinentalen Transports von *Flüssiggas* wurden von der „Direction des Etudes et Techniques Nouvelles" (Gas de France) Verss. bei tiefen Temp. im Labor. u. im halbindustriellen Maßstab ausgeführt, um 1) das Verh. der Metalle, 2) die Konstruktion der Behälter, 3) die Isolierstoffe, 4) ihre Anbringung u. 5) die zusätzlich notwendigen App. zu prüfen. Als Isolierstoffe werden Polyvinylchlorid-, Polystyrol-, Korkgespinnst u. Balsaholz verwendet, deren Wärmeleitfähigkeit u. -ausdehnung, Schlag- u. Bruchfestigkeit bei —195° in fl. N_2 geprüft werden. Ferner werden ihre Widerstandsfähigkeit gegen höhere Temp., Temp.-Wechsel u. Vibrationen, die Löslichkeit in fl. CH_4 u. die Eigg. von entsprechenden Klebstoffen untersucht. Zur Sicherung bei Lagerung u. Transport werden die Feststellung von Gasverlusten, der Zusatz von Geruchsstoffen, die Widerstandsfähigkeit von Beton, die Folgen von Isolationsbrüchen, der Schutz gegen Ausbreitung u. Verbrennung von CH_4 auf festem Boden und W. untersucht. Halbindustrielle Verss. mit Behältern von 5 m^3 Inhalt aus Al u. Stahl werden durchgeführt. W. Rauchenberger. 8186□

Fragen der Behandlung von Ölquellen vom „geschlossenen" Typ. Petraq Xhaçka. (Bul. Univ. Shtetëror Tiranës, Ser. Shkencat Hatyrore [Bull. Inst. Sci. Tirana, Sër. Sci. natur.] **16,** Nr. 1, 37—45, 1962; alb.) — Unter bestimmten physikal. u. litholog. Bedingungen ist es bei gewissen *Ölquellen* unmöglich, eine Wasserinjektion anzuwenden. Es muß dann versucht werden, das W. durch die Gaskappe in das Erdgas einzudrücken. Wird das W. an der Berührungsschicht zwischen Öl u. Gas zugeführt, so tritt eine Trennung zwischen Öl u. Gas ein, während das W. nach unten strömt. Durch das Einspritzen von W. wird der Produktionskoeff. gesteigert. Ist die Gaskappe bedeutend geringer als der Ölvorrat, so muß W. zugeführt werden. Die Menge des einzuspritzenden W. richtet sich nach der Menge des zu fördernden Öls u. der frei gewordenen Menge Gas, wodurch der Druck nachläßt. Fragen über Anzahl der Ölquellen, wie das W. eingespritzt werden soll, des Abstandes der Ölquellen untereinander u. der Entfernung der Wassereinspritzstelle von der Trennlinie Gas/Öl werden erörtert. Von Wert sind die Meth. der Berechnung des Öldruckes mit Hilfe einer Materialbilanz u. die Meth. der Best. der Poren nach dem freien Gas, das durch Druckabfall unter den Sättigungsdruck gebildet wird. F. Rosendahl. 8188□

Über Veränderungen des spezifischen Gewichtes von Gas-Erdölgemischen in der Bohrlochfontäne. A. M. Dadaschsade und F. A. Gassimowa. (Азербайджанское Нефтяное Хозяйство [Erdöl-Wirtsch. Aserbaidshan.] **39,** Nr. 6, 16—19, Juni 1960; aserbaidshan., Auszug: russ.) — Ergebnisse von Messungen des spezif. Gew. von Gas-Öl-Gemischen in der Bohrlochfontäne oberhalb u. unterhalb des Sättigungsdruckes im Stadium des mit Gas gesättigten Erdöls, der Gasphase u. des Zweiphasengemisches. J. Lehmberg. 8188

Untersuchung der mikrobiologischen Prozesse der Reduktion von Sulfaten in Gemischen von Wasser bei Gegenwart von Erdöl verschiedener Aktivität. M. W. Gassanow. (Азербайджанское Нефтяное Хозяйство [Erdöl-Wirtsch. Aserbaidshan.] **39,** Nr. 6, 27—29, Juni 1960; russ.) — Verss. über die Sulfatreduzierung in künstlichen *Schichtwasser* (**I**)/*Meerwasser* (**II**)-Gemischen zeigen, daß die Gärung bei einem Verhältnis von **I** : **II** = 4: 1 am lebhaftesten vonstatten geht. Je größer der **II**-Anteil wird, um so geringer wird die Rk.-Geschw. u. erreicht bei **II** = 59 bis 60% einen Tiefstand. Wird bei jeweils gleichen Bedingungen Erdöl hinzugesetzt, so vollzieht sich die Gärung bei wenig oder nicht oberflächenakt. Erdöl am schnellsten. Bei einem Gemisch von **II** mit hochmineral. **I** geht die Red. nur sehr schwach vor sich. J. Lehmberg. 8188

Die Anwendung von Emulsions-Waschlösungen für die Reinigung der inneren Oberfläche von Erdölleitungen vor ihrem Anstrich. A. A. Gonik und Je. M. Tichowa. (Лакокрасочные Материалы и их Применение [Lacke Farben Anwend.] **1961,** Nr. 3, 39—42; russ.) — Zur Reinigung von Ölleitungen wurde ein Verf. ausgearbeitet, das bei Raumtemp. gleichzeitig sowohl eine mechan. als auch chem. Vorbehandlung der Rohrinnenwände vor dem Auftragen des Anstriches gestattet. Es wurden Ölkratzer mit Verteilern für die Waschlsg. konstruiert. Die Rohrkratzer drücken während der Reinigung auf die Rohrwände mit 0,1—0,2 kg/cm². Von den untersuchten Waschlsg. erwies sich am geeignetsten ein Gemisch aus 3 g des Emulgators *OP-7* (Carboxymethylcellulose), 50 g HCl, 50 g H_3PO_4, 1—2 g des oberflächenakt. Stoffes *BNIINP-58*, der bei der Verarbeitung von Erdöl bei der Oxyäthylierung von Alkylphenolen gewonnen wird, u. 300 g White spirit auf 1 Liter Wasser. K. Wekua. 8190□

Versuche mit Salzwasser zur Kühlung in der Antwerpener Raffinerie der S.J.B.P. P. Tritsmans. (Bull. Centre belge Étude Doc. Eaux **1961/III,** 127—28; Anvers, S. A., Soc. ind. Belge des Pétroles; franz.) — Die Zus. des *Salzwassers* schwankt je nach Jahreszeit u. Klima, Häufigkeit der Schleusenöffnungen u. den Gezeiten. Zur Algenbekämpfung werden 5 ppm gasförmiges Cl_2 zugesetzt. Eine große Zahl Überzüge wird auf ihre Widerstandskraft gegen Korrosion geprüft. Da bisher keine befriedigenden Resultate erzielt wurden, werden die Verss. fortgesetzt, bes. mit Rein-Al, das in gewissen Fällen bessere Resultate zu geben scheint als Cu-Legg. oder 2-Metallrohre aus Al-Stahl oder die besten Überzüge, Inhibitoren usw. A. Leibbrandt. 8194□

Neue Methoden zur Kennzeichnung von Aktivtonerden. Ernst Münzing, Hermann Blume und Herbert Rost. (Z. Chem. **1,** 257—62, 1961; Leuna/Krs. Merseburg, VEB Leuna-Werke „Walter Ulbricht"; dt.) — Durch Unters. einer Reihe physikal.-chem. Daten werden die Eigg. von *Aktivtonerdekatalysatoren* genauer bestimmt u. die Prüfung der Reproduzierbarkeit eines nach einem bes. Verf. dargestellten Kontaktes ermöglicht. Die Best. der Acidität dieser Katalysatoren erlaubt Voraussagen über die spezif. Wrkg.-Weise des Kontaktes, da bei *Crackkatalysatoren* saure HO-Gruppen für den Rk.-Ablauf der Crack-Rkk. notwendige Voraussetzung sind. Vergiftung dieser sauren Zentren durch Alkalien hebt die Crackaktivität auf. Somit lassen sich Parallelitäten zwischen Acidität u. Aktivität annehmen u. durch das Verhältnis von spezif. Aktivität [äquiv. H^+/m^2] zum Porenradius wiedergeben. Das Verhältnis Acidität/Basizität ändert sich im gleichen Sinne wie der häufigste Mikroporenradius. Daraus ergibt sich eine Funktionsabhängigkeit von Basiszität u. Oberfläche. Diese Zusammenhänge zwischen amphoteren Eigg. der Tonerde u. der Textur finden Verw. zur Produktionsüberwachung, u. es gelingt ein rascher Nachw. von Fehlchargen, der bisher nur röntgenograph. möglich war. Für katalyt. Zwecke ist die Glühtemp. der Tonerde ausschlaggebend. Mit den temperaturabhängigen Texturdaten kann die mittlere Glühtemp. bestimmt u. eine Kennzeichnung von Tonerden ermöglicht werden.

Versuche: Aciditätsbest.: 0,5 g einer bei 450° 4 Std. lang geglühten u. fein zerriebenen Probe werden in 50 ml wasserfreiem $HCON(CH_3)_2$ suspendiert u. unter Zusatz von wenigen Tropfen 1%ig. o-Nitroanilin in Bzl. mit 0,1 n $KOCH_3$ in Bzl./Methanol (9:1) bis zur bleibenden Rotfärbung titriert. Während der Titration wird N_2 als Schutzgas gegen den Zutritt von CO_2 in die Lsg. eingeleitet. Nach 30 Sek. wird noch 1 ml 0,1 n $KOCH_3$ zugesetzt u. ein gelinder Überschuß nach 60 Sek. mit benzol. 0,1 n 2.4-Xylenollsg. zurücktitriert. Basizitätsbest.: 0,5 g der Probe werden in 50 ml wasserfreiem Eisessig suspendiert u. nach Zugabe von einigen Tropfen 0,1%ig. Kristallviolett in Eisessig mit 0,04 n $HClO_4$ in Eisessig bis zur bleibenden Grünfärbung titriert. Nach 30 Sek. wird 1 ml $HClO_4$ im Überschuß zugegeben u. nach 60 Sek. mit 0,04 n Tribenzylaminlsg. in Eisessig bis zur deutlichen Blaufärbung zurücktitriert. W.-D. Heussner. 8196□

Die Aktivität eines durch Tränken oder durch Mischen beigegebenen Molybdänbeschleunigers bei der Hydrierung von Kohle. M. D. Schlesinger, L. V. Frank und R. W. Hiteshue. (U. S. Dep. Interior, Bur. Mines, Rep. Invest. **1962,** Nr. 6021, 1—12; Pittsburgh, Pa, Pittsburgh Coul Res. Center, Bur. of Mines; engl.) — Wenn ein aus der Kohle gewonnenes Trägeröl vorhanden ist, wird die Kohle in dem gleichen Maße hydriert, ganz gleich ob der *Beschleuniger* auf die Kohle aufgetragen oder dem Brei beigemischt wird. Unterschiede in der Prod.-Verteilung könnten als Folge der Änderung der Rk.-Bedingungen erkannt werden. Es wird keine Mindestmischzeit festgelegt, doch genügten im allg. 2 Stunden. Eine längere Mischzeit — bis zu 14 Std. — hat keinen Einfluß. Hydriert wird bei 400—500° u. 560—600 at, der Zusatz des Beschleunigers beträgt 0,01, 0,1 u. 1%. Unter diesen Bedingungen kann die Kohle in 15—60 Min. zu 98% umgewandelt werden. Der Kp. des Trägeröls spielt dabei keine Rolle. F. Rosendahl. 8198□

Die Umgestaltung des Gaserzeugers „Marischka" zur katalytischen autothermischen Reformierung von Naturgas. L. Chabrouty und C. Jungbluth. (Gas [Roma] **11,** 306—12, Okt. 1961; ital.) — Es wird die apparative *Umgestaltung* des *Gaserzeugers „Marischka"* zu dem genannten Zweck mittels Ni-Katalysatoren beschrieben. W. Holland. 8200□

Schwerbenzine und landwirtschaftliche Treibstoffe. Das Problem der Treibstoffe für Düsenflugzeuge. D. Vicente Gómez Aranda (Combustibles [Zaragoza] **20,** 3—16, Jan.—Juni 1960; Inst. Nac. de. Combustile, Secc. de Zaragoza; span.) — Übersicht über die Verw. von Bzn. mit Kp. 150—300° für landwirtschaftliche Traktoren u. für Düsenflugzeuge. — 69 Literaturhinweise. R. K. Müller. 8204□

Entspannung elektrostatisch aufgeladener flüssiger Kohlenwasserstoffe beim Fließen durch leitende und nichtleitende Rohre. J. A. Carruthers und K. J. Marsh. (J. Inst. Petroleum **48,** 169—79, Juni 1962; Brit. Petroleum Co., Ltd.; engl.) — Über die *Entspannung* der *fließenden Fll.* wird eine Theorie entwickelt, die in einer „Entspannungsfunktion" zum Ausdruck kommt, die ihrerseits von zwei dimensionslosen elektr. Parametern abhängt. Diese bestimmen die elektr. Leitfähigkeiten der *KW-Stoffe* u. der Leitung u. der Strömungsbedingungen. Die Ergebnisse werden unter verschiedenen Bedingungen überprüft. Bei allen Strömungsbedingungen nimmt die Entspannung der KW-Stoffe in leitenden Rohren zu. In engen isolierten Rohren entspricht die Entspannung der Theorie, während sie in Rohren mit großem ∅ unter der Theorie lag. Die Ergebnisse ermöglichen, im Labor. ein Syst. zu konstruieren, aus dem alle elektr. u. elektrostat. Verhältnisse erkannt werden können, die beim Einfüllen von *Treibstoffen* in Lagertanks auftreten können. F. Rosendahl. 8204□

Das Bleitetramethyl. Elvio Cianetti. (Rassegna Chim. **13,** Nr. 3, 29—32, Juli/Aug. 1961; ital.) — Nach einem Überblick über Additive u. deren Wrkg. werden die Eigg. von $Pb(CH_3)_4$ (I, F. — 30,3°, Kp. 110°, $D.^{20}$ 1,995) im Vgl. zu $Pb(C_2H_5)_4$ (II, F. — 130,2°, Kp. 200°, $D.^{20}$ 1,650) angegeben. I kann analog II aus Na/Pb u. CH_3Cl hergestellt werden. Die anwendungstechn. Eigg. von I werden im Vgl. zu denen von II erörtert. W. Holland. 8208□

Flammpunkt und Selbstzündung von Kohlenwasserstoffbrennstoffen unter statischen und dynamischen Bedingungen. Joseph M. Kuchta, Sotirios Lambiris und Michael G. Zabetakis. (U. S. Dep. Interior, Bur. Mines, Rep. Invest. **1962**, Nr. 5992, 1—21; Pittsburgh, Pa., Explosives Res. Labor Bur. of Mines; engl.) — Auf die Wichtigkeit, genaue Kenntnis über *Flammpunkt*, Mindesttemp. der *Selbstzündung*, des Zündpunktes u. die Verdampfungstemp. von *KW-Stoffen* zu haben, die als Brennstoffe zur Anwendung kommen sollen, wird hingewiesen. Bes. gilt das für den Transport u. den Umschlag von Brennstoffen, wobei auch die elektr. Aufladung eine Rolle spielt. F. Rosendahl. 8216□

Legierte Motorenöle. (Praxis-Anforderung/Entwicklungstendenzen). Hans-Joachim Kindler. (Mineraloel-Techn. **7**, Nr. 5, 1—15, April 1962; Hamburg; dt.) — Nach Erläuterung der Kurzstrecken- u. Langstrecken-Betriebsbedingungen für Otto- u. Dieselmotore werden die erforderlichen Eigg. der *legierten Motorenöle* zusammengestellt. Weiterhin werden die zur Verfügung stehenden Motorenöltypen u. die Test-Bedingungen so wie die Kosten der zur Zeit üblichen Motorprüfläufe angegeben. O. Henning. 8220□

Überblick über die Entwicklung der Militär-Spezifikationen für Motorenöle im Vergleich mit der API-Klassifikation. Horst Geissen. (Mineraloel-Techn. **7**, Nr. 4, 1—18, März 1962; Hamburg; dt.) — Vgl. u. Erläuterung der US-amerikan. u. engl. Militär-Spezifikationen (Heer, Luftwaffe u. Marine) für Otto- u. Dieselmotorenöle. O. Henning. 8220□

Der Effekt von Strahlung hoher Energie auf die Eigenschaften der Kohlenwasserstoffe im Schmierölbereich. M. F. Hoare. (Chem. Ind. [Solothurn] **9**, 30—36, 1960/61 Abingdon, England, Esso Res. Ltd.; dt.) — Typ. Resultate der *Bestrahlung* von *Schmierölen* aller Typen bei Temp. von $< 200°$ sind Gas-Entw. u. Verdickung des Öles. Im allgemeinen sind, unabhängig von der Strahlungsart, die entwickelte Gasmenge u. der Verdickungsgrad proportional zur Menge der absorbierten Strahlungsenergie. Stark aromatenhaltige Schmieröle besitzen durch die Fähigkeit der Aromaten, Energie ohne Dissoziation der Moll. zu absorbieren, die größte Strahlungsbeständigkeit. Durch Bestrahlung (6×10^8 R, 70°) dünnfl. naphthen. Öle mit niedrigem Viscositätsindex werden Schmieröle 1. Qualität mit hohem Viscositätsindex u. tiefem Stockpunkt erhalten. Die Verbesserung des Viscositätsindex durch Bestrahlung scheint jedoch auf die niedrig-viscosen Öle mit tiefem Viscositätsindex beschränkt zu sein. R. Bätz. 8220□

Über Korrosionsschutzzusätze in Mineralölen und ihre Bewertung. Klaus Morche. (Mineraloel-Techn. **7**, Nr. 6, 1—18, April 1962; Mannheim; dt.) — Die *Korrosionsprobleme* im Bereich der *Mineralölindustrie* werden in 4 Gruppen eingeteilt, die jeweils verschiedene Maßnahmen (Inhibitorzusätze) erforderlich machen. Zur Prüfung der Korrosionsschutz-Wrkg. von Motoren- u. Konservierungsölen werden folgende Verff. beschrieben u. diskutiert: 1) Feuchtkammertest (JAN-H-792); 2) HBr-Test; 3. Seewassertest; Verff. 1—3 nach MIL-L-21260; 4) Salzsprühtest; 5) Korrosionsschutzzahl (nach Daimler-Benz). O. Henning. 8220□

Faktoren, die die Bleikorrosivität von Esterölen bei langdauernder Lagerung beeinflussen. C. M. Murphy, H. Ravner und C. O. Timmons. (J. chem. Engng. Data **6**, 135—41, Jan. 1961; Washington, DC, US Naval Res. Labor.; engl.) — Die Pb-Korrosivität von Diesterölen geht in der gleichen Weise vor sich wie bei KW-Stoffen, wonach die Säure mit dem PbO an der Oberfläche lösl. Pb-Salze bildet. Eingehend wird Lagerung des Schmieröls *MIL-L7808* (I) besprochen, dessen Grundsubstanz aus Bis-[2-äthylhexyl]-sebacat (II) besteht. Hieraus entsteht während der Lagerung *2-Äthylhexylhydrogensebacat* durch Hydrolyse von II u. nicht durch Oxydation. *Phenothiazin* scheint bei der Lagerung kein ausreichendes Antioxydans zu sein. Die durch W.-Einw. auf *Tritolylphosphat* entstehende P-Säure beschleunigt die Hydrolyse von **II**. *Aliphat. Amine* verhindern die schnelle Verschlechterung von I, da sie neutrale Salze mit den entstehenden organ. Säuren bilden. Polycarbonsäuren, die an sich korrodierend auf Pb einwirken, verlieren diese Eig. in Ggw. von freien Alkoholen u. von Feuchtigkeit. Die beste Meth., eine lange Lagerung von I zu gewährleisten, ist, das Öl in trockenen, verschlossenen Behältern zu lagern. Diese Vorsichtsmaßnahme gilt auch für andere ähnliche Öle, bes. wo

P-Säuren oder andere starke organ. Säuren auftreten können. Gute Additive zur Verhinderung der Verschlechterung von **I** oder dgl. sind solche mit einem Geh. an aliphat. Aminogruppen. F. Rosendahl. 8220□

Der Einfluß von Blei, Eisen, Zinn und Kupfer auf die Oxydation von Schmierölen. 1. Mitt. **Die Identifizierung eines gelben Bleiniederschlages.** N. K. Chakravarty. (J. Inst. Petroleum **48,** 196—98, Juni 1962; Birmingham, Univ., Dep. of Chem. Energ.; engl.) — Bei der *Oxydation* von *Weißölen* mit Luft in Ggw. von *Pb-Salzen* wird ein gelber Nd. gebildet, der als *Tetraalkyldibleiperoxid* erkannt wird: $R_2Pb-O-O-PbR_2$. Es wird angenommen, daß bei der Oxydation der Öle Radikale entstehen, die sich dann ihrerseits mit den vorhandenen Pb-Oxiden umsetzen. F. Rosendahl. 8220□

Über Arbeiten amerikanischer Forschungsinstitute auf dem Gebiet der Schmierung. A. von Hoyningen-Huene. (Mineraloel-Techn. **7,** Nr. 7, 1—24, Mai 1962; Hamburg; dt.) — Es werden folgende Gebiete behandelt: Vorgänge an geschmierten Oberflächen bei Verw. von Zn-Dialkyldithiophosphat (Alkyl = C_3—C_6) als akt. Zusatz, feste Schmierstoffe (Graphit; Sb-, Ag-, Ti-, Pb-, Zn-, Sn-, Mo- u. W-Sulfid; BiJ_3, CdJ_2, Indanthrenblau, Naphthalindisulfonamid, Acetylaceton, B_2O_3, PbO), synthet. Schmierstoffe (Polyphenyläther, Siliconöle, aliphat. KW-Stoffe, Sebacinsäureester) u. Dickungsmittel für T-beständige Schmierfette (Säureimide aus Maleinsäureanhydrid, p-Chloranilin u. Styrol oder aus Pyromellitsäureanhydrid u. p-Aminosalicylsäure, Urethane u. Imidazole). O. Henning. 8220□

Neuzeitliche Erkenntnisse über Reibung und Schmierung an Textilmaschinen. H. Kittel. (Melliand Textilber. **43,** 411—14, April 1962; dt.) — Über die Bedeutung der *Schmierung* für *Hochleistungsmaschinen* wird berichtet. Eine Berechnung des durch *Reibung* verursachten Leistungsverlustes wird durchgeführt. Theoret. Grundlagen zum Verständnis der Aufgaben eines Schmiermittels werden erörtert. Für verschiedene Textilmaschinen werden geeignete Schmiermittel angegeben. I. Beßer. 8220□

Beitrag zur Untersuchung der Verunreinigungen an Nockenstößeln und Ventilen bei Automobilmotoren. M. C. Daubertes, M. M. Renout und R. Cazaud (Bull. Assoc. franç. Techniciens Pétrole **1962,** 427—62, 31/5.; Soc. Simea; franz.) — Parallele Verss. am Prüfstand u. im Labor über Zerstörungen an *Nockenstößeln* u. *Ventilen* beim Festfressen lassen den Einfl. von Werkstoff, Oberflächenbehandlung, *Schmierung* u. *Schmierstoff* erkennen. F. Rosendahl. 8220□

Schwerbrennbare Hydraulikflüssigkeiten in Theorie und Praxis. Kurt M. Selk. (Mineraloel-Techn. **7,** Nr. 8, 1—18, Juni 1962; Hamburg; dt.) — Überblick über den gegenwärtigen Stand der Kenntnisse u. der Anwendung von schwer brennbaren hydraul. Fll. (wss. u. synthet. Fll.). F. Rosendahl. 8220□

Über den Mechanismus der Schmierung mit Molybdändisulfid. Josef Gänsheimer. (Mineraloel-Techn. **7,** Nr. 3, 1—19, Febr. 1962; München; dt.) — Vgl. C. **1962,** 4784. — Nach Vers.-Ergebnissen versagt ein *MoS_2*-Film infolge Abblätterns 1—2 μ dicker MoS_2-Schichten nach anfänglicher Bläschen-Bldg. u. nicht infolge kontinuierlicher u. gleichmäßiger Lamellenabtragung. Für die Abnahme des Reibungs-Koeff. von MoS_2 mit zunehmendem Druck gibt es noch keine befriedigende Theorie. Das durch mechanochem. Rk. gebildete H_2S soll keinen entscheidenden Einfl. auf den Schmiermechanismus haben. Eine Anlagerung von MoS_2 an Oberflächen in Ggw. anderer Schmiermittel erfolgt um so leichter, je härter die Bedingungen sind. Die Desorption adsorbierter Schmierstoffe u. damit die Adsorption von MoS_2 wird begünstigt durch den Druck zwischen den sich berührenden Oberflächenspitzen (Mischreibung) u. die Temp.-Erhöhung an diesen Punkten. Der Einlaufvorgang in Ggw. von legiertem Motorenöl, unlegiertem Motorenöl + MoS_2 u. trockenem MoS_2 wird erläutert. Es folgt ein Überblick über die öllöslichen organ. Mo-Verbb., die schmierwirksam sind, wobei Molybdänblaukomplexe mit organ. substituierter Phosphorsäure, molybdänsaure Salze organ. aliphat. Amine, Umsetzungs-Prodd. aus $MoCl_5$ mit Phenol, Kresol, Naphthol u. Thiophenol sowie tetraglykolatomolybdänsaure Salze organ. Amine hervorgehoben werden. O. Henning. 8222□

Pyrolusit des Mangans als Katalysator der Paraffinoxydation. B. N. Tjutjunnikow und A. A. Pertschenko. (Химия и Технология Топлив и Масел [Chem. Technol. Brennstoffe Öle] **5,** Nr. 4, 14—19, April 1960; russ.) — Bei der Herst. von synth. Fettsäuren beruht die Wrkg. von $KMnO_4$ (**I**) als Rk.-Beschleuniger für die

Paraffinoxydation auf einer heterogenen Katalyse durch das Gemisch aus höheren Mn-Oxiden (**II**) u. K-Oxid (**III**). Die Induktionsperiode der Säurebldg. wird hierbei durch die Wrkg. der Oxydationsprodd. verkürzt, die sich beim Erhitzen des Paraffins in Ggw. von Katalysator u. Luft bilden. Mit fortschreitender Auflösung der **II** unter Bldg. von im Oxydationsprod. lösl. Mn-K-Seifen beginnt die homogene Phase der Katalyse, die vorwiegend durch Mn-K-Komplexverbb. bedingt ist. **I** kann für diesen Zweck durch **II** u. **III** ersetzt werden, die als Nebenprodd. bei der Vitaminherst. anfallen. Beide jedoch können mit Erfolg durch *Pyrolusit* ersetzt werden, das durch Erhitzen mit Lauge aktiviert wird. H. V. Adolphi. 8226□

Über die Faktoren die die Stabilität von Asphaltbelägen beeinflussen. Niilo Oksala. (Valtion tekn. Tutkimuslaitos, Julkaisu [State Inst. techn. Res., Publ.] **1962,** Nr. 72, 1—35; finn.) — Mit zunehmender Korngröße des Gesteins steigt auch die Stabilität (ST) des Belages. Die ST eines aus Bruchstein hergestellten Belages ist besser als die eines aus Naturkies hergestellten. Mit zunehmender Sortierung des Gesteins im Belag wird die ST geringer, u. zwar je gröber die Körnung ist, in deren Bereich die Sortierung liegt. Die ST des *Asphaltbelages* nimmt mit vermehrter Verdichtungsbearbeitung des Belages zu, jedoch nur bis zu einem Höchstwert. Beläge mit einem großen Hohlraumvol. haben geringere ST. Die ST-Werte steigen mit abnehmender Temp. dauernd an, wobei der Anstieg im Bereich hoher Temp. gering ist, während ab 40° u. weniger ein steiler Anstieg der ST eintritt. Es wird angenommen, daß das Bindemittel bei niederen Temp. durch sein Festwerden diese Steigerung der ST herbeiführt. F. Rosendahl. 8236□

Thermische Zersetzung von Kohle. Analyse der Zersetzungsprodukte mit einem Massenspektrometer. Koji Ōuchi und Hidemasa Honda. (J. Fuel Soc. Japan **40,** 845—54, Nov. 1961; Resources Res. Inst.; jap., Auszug: engl. S. 854.) — Die *Kohlen* werden unter geringem Druck erhitzt. Zuerst entstehen CO, CO_2 u. W., dann steigt die Temp. auf 400—500° unter Bldg. von KW-Stoffen. Die höchste Ausbeute an H_2 liegt bei 700°. Für die verschiedenen Stufen der Inkohlung werden bezeichnende Mengen an H_2, KW-Stoffen u. Primärteer festgestellt. Mit fortschreitender Inkohlung nehmen CO, CO_2 u. W. zu. Unter der Annahme, daß CO, CO_2 u. W. aus der phenol. OH-Gruppe entstehen, kann der Geh. an phenol. O berechnet werden. Die Zahl der Aromatenringe liegt bei niederer Kohle bei 1, bei 2—4 bei bituminöser Kohle u. bei 10—12 für Anthrazit. — 18 Zitate.
F. Rosendahl. 8246□

Änderung der Radikalkonzentration eines Vitrits und des acetylierten Vitrits bei Erhitzung bis 200° C. E. de Ruiter und H. Tschamler. (Brennstoff-Chem. **40,** 41—43, 18/2. 1959; Brüssel, Belgien, Europ. Res. Assoc. S. A.; dt.) — Kohlen enthalten unabhängig vom Inkohlungsgrad stabile freie *Radikale.* Beim Übergang auf hohe Temp. ändern sich die Radikalkonzentrationen. Bes. interessant müßte jedoch die Verfolgung der Änderung der Radikalkonz. bei ca. *200°* sein, da bei dieser Temp. noch keine wesentliche strukturelle Änderung der Kohle zu erwarten ist. Die empfindlichste Best.-Meth. stabiler freier Radikale erfolgt durch die Messung der paramagnet. Resonanz, die an einem amerikan. *Vitrit* und einem *acetylierten* amerikan. *Vitrit* vorgenommen wird. Bei der Erhitzung an Luft steigt die Radikalkonz. (Einheit: 10^{18} Zentren/g) zunächst an, fällt aber danach unter den ursprünglichen Wert ab. Beim acetylierten Vitrit liegt die Erhitzungskurve auf einem wesentlich tieferen Niveau. Folgerung: Die bei Erhitzung an Luft auftretenden freien Radikale entstehen durch Oxydation von OH-Gruppen. Da die Acetylierung ein Maß für den Geh. an OH-Gruppen darstellt, ist es verständlich, daß beim acetylierten Vitrit weniger zusätzliche Radikale als beim Vitrit selbst auftreten.
E. Tiedemann. 8246□

Änderung der Radikalkonzentration von Kohle und Kohleextrakten in konzentrierter Schwefelsäure. E. de Ruiter und H. Tschamler. (Brennstoff-Chem. **40,** 43—45, 18/2. 1959; Brüssel, Belgien, Europ. Res. Assoc. S. A.; dt.) — Im Anschluß an die vorhergehende Arbeit werden *Kohle* (*Vitrit*), *Kohle mit H_2SO_4 befeuchtet, Kohle-Pyridinextrakte, unlösl. Rückstand der Pyridinextrakte* u. einige *Modellsubstanzen* in bezug auf die Konz. der in ihnen enthaltenen Radikale untersucht. Es ergibt sich sowohl aus paramagnet. Resonanzmessungen als auch aus Messungen der Lichtabsorption, daß bei Berührung der Kohlesubstanz mit H_2SO_4 die *Radikalkonz.* reversibel auf ca. das 11fache der ursprünglichen gesteigert wird. Analoge Unterss. an chem. reinen definierten Modellsubstanzen (Tetracen, Anthracen, Pyren, 3.4-Benzpyren, Perylen, 2.3- oder 10.11-Dibenzperylen; sowie einiger Chinonderivv.: Naphtochinon-(1.4), Antrachinon-(9.10), 1-Hydroxyanthrachinon,

1.5-Dihydroxyantrachinon, 1.2.4-Trihydroxyanthrachinon) geben analoge Ergebnisse. Es gibt theoret. folgende Möglichkeiten: Auftreten von Carboniumionen, von negativen u. positiven Ionen. Die mit den Modellsubstanzen erhaltenen Ergebnisse lassen Rückschlüsse auf das Verhalten der Kohlesubstanz zu.
E. Tiedemann. 8246□

Die Wirkung des Verbleibens von Schwefel in der Asche bei deren Bestimmung in jüngeren Kohlen. W. H. Ode und F. H. Gibson. (U. S. Dep. Interior, Bur. Mines, Rep. Invest **1962**, Nr. 5931, 1—11; Pittsburgh, Pa., Pittsburgh Coal Res. Center, Bur. of Mines; engl.) — Etwa 60—95% von in *jüngeren Kohlen* vorhandenem *S* wird in der *Asche* als SO_3 festgehalten. Dadurch können Irrtümer bei der Asche bis zu 6% auftreten, bei Ligniten 2—3% u. bei subbituminösen Kohlen 1%, was dann wieder falsche Werte für O_2 ergibt, wenn S durch Differenz bestimmt wird. Es konnte jedoch kein Verf. ausgearbeitet werden, bei dem das Zurückbehalten von S ausgeschaltet werden kann, so daß S in der Asche von jungen Kohlen bestimmt werden muß, um korrekte Werte zu erhalten.
F. Rosendahl. 8246□

Beitrag zur Methodik der röntgenometrischen Analyse von metallurgischem Koks. M. F. Kessler und V. Večeřikova. (Brennstoff-Chem. **40**, 52—55, 18/2. 1959; Prag, Tschechoslowak. Akad. der Wiss., Bergbauinst.; dt. — C. **1962**, 13262.)
E. Tiedemann. 8246□

Ein Tiefenviscosimeter. K. I. Ibragimow. (Азербайджанское Нефтяное Хозяйство [Erdöl-Wirtsch. Aserbaidshan.] **39**. Nr. 6. 25—26. Juni 1960; aserbaidshan., Auszug: russ.) — Beschreibung eines Viscosimeters, mit dem unmittelbar im Bohrloch der Viscositäts-Koeff. des Erdöls bestimmt werden kann.
J. Lehmberg. 8252

Colorimetrische Bestimmung von Spurenmetallen in Erdölderivaten. Maja Somogy-Kaučić. (Nafta [Zagreb] **9**, 330—36, Nov. 1958; Zagreb, Inst. za naftu; kroat.) — Die *colorimetr. Best.* von *Fe* (mit KCNS), *Ni* (mit Dimethylglyoxim) u. *V* (mit Na_2WO_4 u. H_3PO_4) in der Asche von *Erdöl-Prodd.* wird beschrieben.
R. K. Müller. 8252□

Die Bestimmung von Tributylphosphat in Petroleum: eine oscillometrische Methode. A. K. Sundaram. (J. electroanalyt. Chem. [Amsterdam] **2**, 490—92, Nov./Dez. 1961; Baton Rouge, La., USA, Louisiana State Univ., Coates Chem. Labor.; engl.) — Die *Best.* wird mit einem *Oscillometer* (E. H. Sargent u. Co., USA) auf Grund der großen Verschiedenheit der DK durchgeführt [bei 25° für *Tributylphosphat* (**I**) 7,29, für *Petroleum* ca. 2]. Die Instrumentablesung für **I** beträgt 5700, für **II** 1000, die Gemische ergeben eine nahezu geradlinige Beziehung. Die 40%ige Lsg., wie sie gewöhnlich zur Extraktion von $UO_2(NO_3)_2$ verwendet wird, muß vor der Messung durch Waschen mit W. u. Na_2CO_3 von U befreit und die Messungen müssen mit an mit W. gesätt. Lsgm. erhaltenen verglichen werden. Genauigkeit der Best. ±0,2% **I.**
W. Stross. 8252□

Die Bestimmung der elektrostatischen Potentiale, Felder und Energien in einem rechteckigen Metallbehälter, der aufgeladenen Treibstoff enthält. J. A. Carruthers und K. J. Wigley. (J. Inst. Petroleum **48**, 180—95, Juni 1962; Brit. Petroleum Co., Ltd.; engl.) — Eine Meth. wird bekanntgegeben, mit deren Hilfe es möglich ist, die *elektrostat. Aufladung* eines *Treibstoffs*, der sich in einem Behälter befindet, zu *messen*, unabhängig vom Standort. Die Meth. gilt auch für nur teilweise gefüllte Behälter.
F. Rosendahl. 8254□

Johann Bányász, Budapest, Ungarn, **Abbinden staubfeinen Pulvers,** z. B. von *Kohlenstaub in Bergwerken*, erfolgt durch Besprengen mit W., welches einen neutralen Stoff in Mengen von 0,025% gelöst oder suspendiert enthält, der die Eig. aufweist, die Oberflächenspannung des W. bei Zimmertemp. um mindestens 30 din/cm zu senken. Es erweist sich als vorteilhaft, neben den die Oberflächenspannung senkenden Wirkstoffen, einen die Feuchtigkeit anziehenden Stoff, z. B. 0,5 g/Liter Glycerin, zuzusetzen. (**Ung. P. 145703** vom 15/4. 1958, ausg. 15/12. 1959.)
G. König. 8135

California Research Corp., San Francisco, übert. von: John W. Scott jun., Ross, Calif., V. St. A., **Verkoken von schweren Kohlenwasserstoffölen.** Diese werden bei 850—1200°F in einem Kokswirbelbett in niedrigsd. Prodd. u. Koks umgewandelt. Die gröberen Koksteilchen werden vom Koksbett abgezogen u. gleichzeitig werden feine Koksteilchen dem Bett zugeführt, damit der Stand des

Bettes aufrechterhalten bleibt. Ein Teil des Kokses, etwa 10 Gew.-%, wird abgezogen u. einer getrennten Zentrifugal-Verbrennungszone zugeführt u. dort auf 1500°F unter teilweiser Verbrennung des Kokses erhitzt. — Zeichnung. (**A. P. 2985585** vom 7/8. 1958, ausg. 23/5. 1961.) E. Kahles. 8145

Esso Research and Engineering Co., Elizabeth, N. J., V. St. A., übert. von: Allan M. Edelman, Brooklyn, N. Y., und Harold N. Weinberg, Milltown, N. J., V. St. A., **Verkoken von schwerem Kohlenwasserstofföl.** Das Öl wird in ein Wirbelbett von inerten Teilchen bei 850—1200°F eingeleitet u. in Koks u. flüchtige Prodd. gespalten. Die letzteren werden fraktioniert. Am unteren Ende der Fraktionierzone werden die flüchtigen Prodd. durch eine Abschreck-Fl. auf $<$230°F gekühlt. Da das Öl Chloride aufweist u. diese in dieser Abschreckzone niedergeschlagen werden, wird period. die Temp. in dieser Zone auf 250—350°F gebracht, mindestens 1 Std. aufrechtgehalten u. dadurch die Sublimation dieser Chloride bewirkt. — Zeichnung. (**A. P. 2984618** vom 21/7. 1958, ausg. 16/5. 1961.) E. Kahles. 8145

Československá Socialistická Republika (Erfinder: Bedřich Fotr-Smolík, Prag), Tschechoslowakei, **Schutz eines Nickel-Katalysators auf Basis von Magnesitklinker, der zur Umwandlung KW-Stoff-haltiger Gase in ein Gemisch von Kohlenmonoxid u. H_2 geeignet ist, vor dem teilweisen Zerfall infolge Hydratisierens,** dad. gek., daß man den Katalysator mit einer Schicht durch Ni aktivierten Schamotte-Splitts (1,5—2% Ni) überzieht u. bei 500° anwendet. (**Tschech. P. 97825** vom 14/8. 1959, ausg. 15/12. 1960.) L. Macher. 8151

Esso Research and Engineering Co., Elizabeth, N. J., übert. von: Warren K. Lewis, Newton, Edwin R. Gilliland, Arlington, Mass., und William A. Reed, Oak Ridge, Tenn., V. St. A., **Umwandlung von Kohlenwasserstoffen zu *CO* u. H_2,** dad. gek., daß man das bei der Konvertierung anfallende Gemisch aus CO_2, CO, H_2, W. u. unverbrauchten KW-Stoffen (CH_4) in einer weiteren Rk.-Zone bei 2000—2400°F mit einem mit Cu imprägnierten Silicagelkatalysator behandelt, wobei CO_2, W. u. CH_4 miteinander reagieren. — Schema der Anlage. (**Can. P. 555289** vom 17/2. 1949, ausg. 1/4. 1958. A. Prior. 12/6. 1948.) S. Böttcher. 8155

Magyar Állam, Budapest (Erfinder: Ladislaus Herédy, Veszprém, Ludwig Kreybig, Budapest, Nikolaus Kovács und Adalbert Ráskay, Veszprém), Ungarn, **Kontinuierliches Aufarbeiten von rohem Gaswasser** erfolgt in einem Kolonnensyst., wobei das in einer 1. Kolonne abgetrennte Destillat kondensiert u. die phenol. Schicht abgeleitet wird. Die wss. Phase mit etwa 2,2% Phenol- u. 8,8% NH_3-Geh. wird in einer Dest.-Kolonne unter mindestens 2 at, vorteilhaft 5—6 at, von CO_2 befreit, u. das Bodenprod. gelangt zur Gewinnung des NH_3 in eine Rektifizierkolonne. In dieser wird das NH_3 als Kopfprod. abdest. u. das Bodenprod., enthaltend das restliche Phenol, zur Eingangskolonne zurückgeführt. — Skizze. (**Ung. P. 145445** vom 11/5. 1955, ausg. 15/11. 1959.) G. König. 8165

Gas Council, London, übert. von: John E. Mills, Twickenham, Middlesex, England, **Entfernen von H_2S aus Gasen,** dad. gek., daß man die Gase mit der wss. Lsg. von Farbbasen (Methylenblau) wäscht, die man durch Behandlung des Farbsalzes mit Red.-Mitteln erhalten hat. Mit H_2S findet eine Oxydored. statt. Durch nachfolgende Oxydation wird die Farbbase regeneriert. (**Can. P. 554575** vom 1/3. 1956, ausg. 18/3. 1958. E. Prior. 1/3. 1955.) S. Böttcher. 8173

Pittsburgh Consolidation Coal Co., übert. von: Martin B. Neuworth, Pittsburgh, Pa., V. St. A., **Katalytisches Cracken von Teersäuren** mit Kp. $>$230°, in solche mit niedrigerem Kp., dad. gek., daß man ein Gemisch der Säuren mit Neutralölen in der Dampfphase über einen 5 Gew.-% C enthaltenden Al_2O_3–SiO_2-Katalysator von 700—850°F leitet. Der Katalysator wird durch teilweise Verbrennung der Kohle regeneriert. — Schema der Anlage. (**Can. P. 555027** vom 21/7. 1953, ausg. 25/3. 1958. E. Prior. 6/8. 1952.) S. Böttcher. 8177

Esso Research and Engineering Co., übert. von: Eger V. Murphree, Summit, N. J., V. St. A., **Gewinnung von Schieferöl.** Der körnige Ölschiefer fließt in einem Schwelofen nach unten. Im Gegenstrom wird am Boden eine Suspension aus feinen Teilchen u. einem Motortreibstoff eingeführt. Die feinen Teilchen weisen eine höhere Temp. als die Ölschieferteilchen auf. — Zeichnungen. (**A. P. 2992975** vom 20/3. 1958, ausg. 18/7. 1961.) E. Kahles. 8181

Oil Shale Corp., Beverly Hills, Calif., übert. von: Thomas D. Nevens, Robert A. Fisher und William J. Cubbertson jun., Denver, Colo., V. St. A.,

Gewinnung von Abstreiföl aus Ölschiefer. Die Pyrolyse des Ölschiefers erfolgt mittels Wärmeträger. Der C-haltige Ölschieferrückstand u. die Wärmeträger weisen verschiedene Korngröße auf. Das Gemisch aus beiden gelangt in die Verbrennungszone, in der die C-haltigen Rückstände des Ölschiefers verbrannt u. dabei die Wärmeträger erhitzt werden. Die heißen Wärmeträger werden vom Ölschieferrückstand getrennt u. zur Pyrolysezone zurückgeleitet. — Vorr., Zeichnungen. (**A. P. 2984602** vom 11/12. 1957, ausg. 16/5. 1961.) E. Kahles. 8181

Union Oil Co. of California, Los Angeles, übert. von: Arnold E. Kelley, Fullerton, Calif., V. St. A., **Gewinnung von Öl aus festen Mineralien.** Diese werden mit einer wss. Lsg. von Na-Silicat u. KW-Stoff-Lsgm. gemischt. Dieses Gemisch wird in eine Trennzone eingebracht, u. die festen Prodd. fließen von oben nach unten; von unten wird ein Gegenstrom, in dieser Trennzone die wss. Lsg., nach oben geführt, u. es bildet sich neben der wss. Phase eine KW-Stoffphase, die voneinander getrennt werden. — Vorr., Zeichnungen. (**A. P. 2980600** vom 19/7. 1957, ausg. 18/4. 1961.) E. Kahles. 8181

Union Oil Co. of California, Los Angeles, übert. von: William Smith Dorsey, Fullerton, Calif., V. St. A., **Gewinnung von Schieferöl.** Ölschiefer wird abwärts durch eine Zone geführt, in der das Öl u. das Gas ausgetrieben werden. Der vom Öl u. Gas befreite Ölschiefer wird der Verbrennungszone zugeleitet u. die C-haltigen Anteile des Ölschiefers durch O_2-Gas verbrannt. Ein Teil des Verbrennungsgases wird mit den gasförmigen Prodd. des Ölschiefers gemischt. — Vorr., Zeichnung. (**A. P. 2989442** vom 8/12. 1958, ausg. 20/6. 1961.) E. Kahles. 8181

Rohm & Haas Co., Philadelphia, übert. von: Harold L. Greenwald und Ralph L. Givens jun., Levittown, Pa., V. St. A., **Mittel zur Einführung in wasserblockierte Ölbohrungen.** Hierzu dient ein Öl, dem 2 Verbb. folgender Formeln I u. II zugesetzt sind:

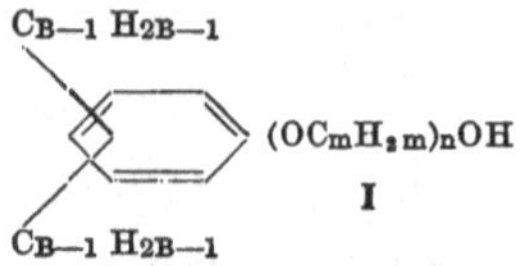

I II R_3OH. $\left(\begin{array}{l}CH_2COOR_4 \\ | \\ CHCOOR_5 \\ | \\ SO_3- \end{array}\right)_x$ M III

I u. II betragen zusammen 0,1—8 Gew.-%. B = 1—21, C total 13—26, m = 2—4 u. n = 6—15. R_3 eine Alkylphenylgruppe mit 14—16 C-Atomen oder eine Alkoxyalkylgruppe mit 12—25 C-Atomen. II beträgt 5—50% von I, das mindestens einige Oxyäthylen-Einheiten enthält. Außer I u. II kann noch eine Verb. der allgem. Formel III anwesend sein. Hierin sind R_4 u. R_5 Alkyl-, Alkylen- oder Aralkylgruppen mit 10—20 C-Atomen, M = Na, K, Mg, Ca, Sr oder NH_4 oder eine niedermolekulare Amino-Gruppe, x = 1—2 (entsprechend der Wertigkeit von M. III beträgt $^1/_{10}$ bis zum 10fachen von I. (**A. P. 2978409** vom 9/7. 1957, 4/4. 1961.) W. Hauswald. 8191

Standard Oil Co., Chicago, Ill., übert. von: Manford R. Haxton, Texas City, Lyle M. Lovell, Dickinson, und Jesse L. Kitchens jun., La Marque, Tex., V. St. A., **Platformieren von Kohlenwasserstoffen.** Es werden mehrere Reaktoren verwendet, wobei ein Reaktor regeneriert wird, während der andere Reaktor als Reaktionszone zur Platformierung dient. Die Umschaltung von Regenerierung zu Hydroformierung erfolgt mittels Ventile. Um die Explosion durch Einw. von O_2 auf das Schwerbenzin zu vermeiden, werden mit Regeneriergas gespülte Ventile benutzt. — Vorr., Zeichnungen. (**A. P. 2989462** vom 31/10. 1958, ausg. 20/6. 1961.) E. Kahles. 8193

Texaco, Inc., übert. von: Du Bois Eastman, Whittier, und Warren G. Schlinger, Pasadena, Calif., V. St. A., **Umwandlung von Kohlenwasserstoffen.** Durch eine Reaktionszone werden bei 800—1500°F u. 500—20000 lbs./sq.in. ein KW-Stoffgemisch u. H_2 mit einem Turbulenzwert von mindestens 25 geleitet u. unter teilweiser Verbrennung ein Synthesegas erhalten. Dieses Gas wird bei 680—850°F in Ggw. eines Katalysators mit Dampf zu einem H_2-reichen Gas umgewandelt. — Zeichnung. (**A. P. 2989460** vom 5/6. 1958, ausg. 20/6. 1961.) E. Kahles. 8193

Delta Tank Mfg. Co., Baton Rouge, La., übert. von: Willard M. Dow, Houston, Tex., V. St. A., **Gewinnung von flüssigen Kohlenwasserstoffen aus Gasströmen.** Der Gasstrom wird durch ein Adsorptionsbett geführt, in dem die fl. KW-Stoffe festgehalten werden. Durch Dest. werden die fl. KW-Stoffe vom Waschöl getrennt. Das Waschöl hat einen niedrigeren Kp. als die aus dem Gas zu gewinnenden KW-Stoffe. Als Waschöl dient ein KW-Stoffgemisch, welches vorher vom Gas abgetrennt worden war. — Vorr., Zeichnung. (**A. P. 2982721** vom 20/12. 1957, ausg. 2/5. 1961.) E. Kahles. 8195

Pure Oil Co., Chicago, übert. von: George W. Ayers, Chicago, und William A. Krewer, Arlington Heights, Ill., V. St. A., **Schwerbenzine** aus hauptsächlich geruchfreien KW-Stoffmischungen werden durch Dest. in Ggw. kleiner Mengen Phenothiazin geruchlos gemacht. (**A. P. 2978406** vom 7/7. 1959, ausg. 4/4. 1961.) P. Unger. 8195

Monsanto Chemical Co., St. Louis, Mo., übert. von: Earle C. Makin jun., El Dorado, Ark., V. St. A., **Trennung von Kohlenwasserstoffgemischen.** Als Extraktionsmittel zur Trennung der *Aromaten* von den *Nichtaromaten* werden *cyanoäthylierte Polysaccharide* verwendet. (**A. P. 2983768** vom 3/6. 1959, ausg. 9/5. 1961.) E. Kahles. 8195

British Petroleum Co. Ltd., London, übert. von: Frederick W. B. Porter und John N. Haresnape, Sunbury-on-Thames, Middlesex, England, **Entschwefelung von Petroleumkohlenwasserstoffen,** dad. gek., daß man diese unter Druck bei erhöhter Temp. über einen Bauxittrihydrat-Katalysator leitet, der zuvor 2 Std. auf 550° erhitzt wurde, dessen Oberfläche $>120-125$ qm/g ist u. der mit $5-12$(%) Mo als MoO_3 u. $1-2{,}5$ Co als CoO imprägniert ist. (**Can. P. 554878** vom 19/2. 1952, ausg. 25/3. 1958. E. Prior. 23/2. 1951.) S. Böttcher. 8195

Comp. Française de Raffinage Soc. An., Paris (Erfinder: André Gislon, Paris und Edouard Joseph Weisang, Le Havre), Frankreich, **Entfernung von Mercaptanen aus alkalischen Lösungen, beziehungsweise aus mercaptanhaltigen Kohlenwasserstoffölen** erfolgt durch Oxydation der Mercaptane mit O_2-haltigen Gasen zu Disulfiden in Ggw. eines Schwefelfarbstoffes als Katalysator. — Zu F. P. 1105484; C. **1958,** 10544, ist nachzutragen: Die Oxydation kann auch in Ggw. eines Lsgm. (Methanol, A., Isopropanol, Trikresol, Isobuttersäure) durchgeführt werden. — Zu 1000 ccm einer 30%ig. alkohol. NaOH mit 30% Methanol, die 0,309 g S als Na-n-Butylmercaptid enthält, gibt man 0,2 g Sulfanolgrün foncé B (Color-Index Nr. 1002) u. rührt das Gemisch in Ggw. von Luft; nach 40 Min. ist kein Mercaptid mehr vorhanden. Ähnlich können schwefelhaltige Mineralöle entschwefelt werden. (**D. A. S. 1085519** Kl. 12o vom 7/4. 1955, ausg. 21/7. 1960. F. Prior. 7/4. 1954 u. 1/3. 1955.) G. Krauß. 8195

Esso Research and Engineering Co., Elizabeth, übert. von: Raymond E. Bittner, Westfield, Channing C. Nelson, Richard O. Wright, Cranford, Clarke T. Harding, Hillside, und Maurice W. Mayer, Summit, N. J., V. St. A., **Raffination von Erdöl,** dad. gek., daß man das Rohöl fraktioniert u. die Fraktion vom Kp. ca. 700°F unter Druck nochmals fraktioniert, wobei gleichzeitig die Dämpfe der Fraktion <500°F eingeleitet werden, die die herabfließende fl. Fraktion verdampfen. Die Dämpfe werden katalyt. gecrackt u. in die Fraktionszone eingeführt. — Zeichnung. (**Can. P. 554926** vom 15/12. 1952, ausg. 25/3. 1958. A. Prior. 1/4., 1/5. u. 3/6. 1950.) S. Böttcher. 8195

Shell Development Co., New York, N. Y., V. St. A., übert. von: Johann H. F. D. Schmidt, Amsterdam, Niederlande, **Behandlung von Ölen,** die Mercaptane enthalten, bes. von *Kerosin,* dad. gek., daß man 1 (Vol.) Öl mit $0{,}1-0{,}3$ fl. H_2F_2 behandelt unter Zusatz von $1-10$ Mol Aceton je g-Atom Mercaptan-S. (**Can. P. 555058** vom 28/7. 1955, ausg. 25/3. 1958. Niederl. Prior. 20/8. 1954.) S. Böttcher. 8195

Desiderius Mauthner, Budapest, Ungarn, **Vergasen von Mineralölen und Pakura** erfolgt in 2 Stufen, wobei die Ausgangsstoffe in der 1. Stufe in einer Retorte auf 300° in Ggw. von $50-80$ mm Durchmesser aufweisenden Koksstücken erhitzt werden. In einer 2., von der 1. Stufe getrennten Kammer werden die mit bei 300° sd. Ölbestandteilen getränkten Koksstücke auf $800-1000$° erhitzt u. die KW-Stoffe gespalten. Die vom Öl befreiten Koksstücke mit darauf niedergeschlagenen Rußteilchen gelangen in die Retorte der 1. Stufe. Dieser Vorgang kann etwa 30mal durchgeführt werden. Die Poren des Kokses sind dann verstopft. Man kann auch in Ggw. von Katalysatoren, wie porösen Oxiden oder keram. Massen, arbeiten, wodurch die Rk.-Temp. sich erniedrigen. In manchen Fällen tritt auch eine Erniedrigung des S-Geh. ein, da die Katalysatoren sich mit dem S zu Metallsulfiden verbinden. Das kontinuierliche Vergasungsverf. kann nur dann ausgeführt werden, wenn

2 gleichartig ausgerüstete Syst. vorliegen. In die 2. Stufe der Vergasung kann man Wasserdampf oder mit O_2 gemischten Wasserdampf einleiten, wodurch man die *Herst. von Wassergas* erreicht. — Skizze. (**Ung. P. 145470** vom 29/1. 1958, ausg. 15/11. 1959.) G. König. 8197

Phillips Petroleum Co., übert. von: Kenneth A. Harper, Bartlesville, Okla., V. St. A., **Umwandlung von Kohlenwasserstoffen.** Die KW-Stoffe werden von unten in einem Rohr in die unter dem Wirbelbett gelegene Zone eingeleitet. Um das Einleitungsrohr für die KW-Stoffe ist ein Dampfrohr angeordnet. Der regenerierte Katalysator gelangt in die um diese beiden Rohre angeordnete Zone u. das ganze wird mittels Dampf in Bewegung gehalten. Diese Zone steht mit dem Wirbelbett der Umwandlungszone, durch ein Sieb getrennt, in Verbindung. Durch Kontrolle der Temp. des Wirbelbettes u. der Zufuhr der heißen Katalysatorteilchen mittels Wirbelgas, kann die Temp. in Wirbelbett konst. gehalten werden. — Vorr., Zeichnungen. (**A. P. 2985517** vom 14/3. 1957, ausg. 23/5. 1961.) E. Kahles. 8197

Esso Research and Engineering Co., übert. von: James W. Brown, Elizabeth, und Charles E. Jahnig, Red Bank, N. J., V. St. A., **Verkoken und Cracken von Erdölrückständen,** dad. gek., daß man diese fein verteilt (100—500 μ) bei 800—1100° F im Wirbelbett mit einer weniger dichten Phase verkokt u. die Dämpfe anschließend über ein Katalysatorwirbelbett ($<100\,\mu$, 900—1100° F) leitet. Der Katalysator wird durch Behandeln mit O-haltigen Gasen bei 1000 bis 1300° F regeneriert. Dabei werden durch verbrennende Kohle die Partikeln des Katalysators in der Schwebe gehalten u. in einer 2. Verkokungszone bei $>800°$ F mit einem trockenen inerten Gas von den Koksteilchen getrennt. Diese werden bei 1100° F erneut mit Katalysator behandelt, dieser wiederum abgetrennt u. erneut verwendet. — Zeichnung. (**Can. P. 554924** vom 20/11. 1951, ausg. 25/3. 1958. A. Prior. 9/6. 1951.) S. Böttcher. 8197

Phillips Petroleum Co., übert. von: Paul M. Waddill, Bartlesville, Okla., V. St. A., **Katalytisches Spalten von Kohlenwasserstoffen.** Der mit C u. anderen Verunreinigungen beladene Katalysator wird aus der Crackzone der Regenerierzone zugeleitet. Die Wärmebilanz zwischen Crackzone u. Regenerierzone wird dadurch im gewünschten Gleichgewicht gehalten, daß ein hochsd. KW-Stoff vom Kp. 50—450° F dem Einsatzprod. der Crackzone beigemischt wird. — Zeichnungen. (**A. P. 2982717** vom 2/8. 1957, ausg. 2/5. 1961.) E. Kahles. 8197

Redaktionsschluß: 13. März 1963.

Herausgeber: Prof. Dr. Heinrich Bertsch, Berlin, u. Prof. Dr. Dr. h. c. Wilhelm Klemm, Münster. Chefredakteure und verantwortlich für den Inhalt: Dr. Eugen Klever, Berlin 30, Geisbergstraße 39. Fernsprecher: 249541 u. Prof. Dr.-Ing. Eberhard Leibnitz, Berlin N 4, Schiffbauerdamm 19, Fernsprecher: 425571.

Verlag: Akademie-Verlag GmbH, Berlin W 8, Leipziger Str. 3—4 (Fernsprecher: 220441, Telex-Nr. 011773, Postscheckkonto Berlin 35021), und Verlag Chemie, GmbH, Weinheim/Bergstr. (Fernsprecher: Weinheim 3635 [Sammelnummer]; Fernschreiber: 0465516 chemieverlwnh; Postscheckkonten: Frankfurt/M. 145314 u. Berlin [West] 7430). Bestellnummer 1007/134. Das Chemische Zentralblatt erscheint wöchentlich. Preis des Jahrganges einschl. Autoren-, Patent-, Sach- u. Formelregister: DM 1200,—; einseitig bedruckte Ausgabe: DM 1350,—. Abgabe der Zeitschrift nur mit sämtlichen Registern. Abbestellungen nur bis spätestens 6 Wochen vor Ablauf des Kalenderjahres.

Satz u. Druck: Druckhaus „Maxim Gorki", Altenburg

Veröffentlicht unter der Lizenznummer 1273 des Presseamtes beim Vorsitzenden des Ministerrates. Printed in Germany.

31305

FSC
www.fsc.org
MIX
Papier | Fördert
gute Waldnutzung
FSC® C083411

Kolibri 360 GmbH
Ferdinand-Jühlke-Straße 7
99095 Erfurt, Deutschland
produktsicherheit@kolibri360.de